Die
Werkzeugmaschinen

ihre neuzeitliche Durchbildung für wirtschaftliche
Metallbearbeitung

Ein Lehrbuch

von

Professor Fr. W. Hülle

Oberlehrer an den Staatl. Vereinigten Maschinenbauschulen
in Dortmund

Vierte, verbesserte Auflage

Mit 1020 Abbildungen im Text und auf
Textblättern, sowie 15 Tafeln

Springer-Verlag Berlin Heidelberg GmbH
1919

Manuldruck 1922

Additional material to this book can be downloaded from http://extras.springer.com.

ISBN 978-3-642-89890-7   ISBN 978-3-642-91747-9 (eBook)
DOI 10.1007/978-3-642-91747-9

Vorwort zur vierten Auflage.

Soll sich die deutsche Industrie nach diesem Weltkriege wieder einen Platz auf dem Weltmarkt erobern, so kann sie es nur durch sparsamste Bewirtschaftung der Rohstoffe, hohe Wirtschaftlichkeit in den Arbeitsverfahren und eine weise Preispolitik.

Die zweite Forderung setzt genaue Kenntnisse über die Werkzeugmaschinen und ihre wirtschaftliche Ausnutzung voraus. In dieser Richtung ist die vorliegende Auflage des Buches vervollständigt. Zahlreiche neue Bauarten von Maschinen sind aufgenommen. Weitgehende Berücksichtigung fanden die Werkzeugmaschinen mit Stahlwechsel, wie die Hand- und selbsttätigen Revolverbänke, die Ein- und Mehrspindel-Ganz- und Halbautomaten. Die Zukunft fordert von unseren Maschinenherstellern weitgehende Beschränkung auf möglichst wenig Maschinenarten — Spezialisierung — und auf möglichst wenig Maschinengrößen — Typisierung — als Grundlage für die Reihenfertigung — Serienbau —, sowie ein weitgehendes Vereinheitlichen der Maschinenteile für die Massenfertigung — Normalisierung. Nur auf dieser Grundlage ist eine wirtschaftliche Fertigung und ein Wettbewerb auf dem Weltmarkt möglich. Den Arbeitsmaschinen mit Stahlwechsel wird daher die Zukunft gehören. Wesentlich erweitert ist der Abschnitt über Schleifmaschinen im Hinblick auf ihre Bedeutung für die Fertigung austauschbarer Massenteile. Die Maschinen für die Bearbeitung der Zahnräder sind in eingehender Weise behandelt. Neue Abschnitte über das Prüfen von Werkzeugmaschinen und ihre wirtschaftliche Ausnutzung sind aufgenommen.

Möge das Buch auch in der neuen Auflage weitere Freunde finden.

Dortmund, im Juli 1919.

F. W. Hülle.

Vorwort zum Neudruck 1922.

Nachdem bereits das Buch in früherer Auflage ins Russische übersetzt wurde, ist es nunmehr auch in die französische und spanische Sprache übertragen worden. Trotzdem hat der Neudruck 1920 zur 4. Auflage einen so schnellen Absatz gefunden, daß abermals zu einem Neudruck geschritten werden mußte, um das Buch nicht für längere Zeit entbehren zu müssen. Der Verfasser konnte sich zu diesem Schritt um so leichter entschließen, da die in dem Buche enthaltenen Werkzeugmaschinen durchweg neuester Bauart sind.

Dortmund, im Frühjahr 1922.

F. W. Hülle.

Inhaltsverzeichnis.

Drittes Kapitel.

Die Werkzeugmaschinen mit kreisender Hauptbewegung.

Inhaltsverzeichnis.   VII

Viertes Kapitel.

Die Werkzeugmaschinen mit gerader Hauptbewegung.

Erstes Kapitel

Allgemeines über Werkzeugmaschinen.

1. Die Bedeutung der Werkzeugmaschinen und ihre Entwicklung.

In der hochentwickelten Industrie unserer Zeit, in der Völker gegen Völker wetteifern, ist es jedem Fabrikbetriebe zur Lebensbedingung geworden, immer mehr menschliche Arbeit der leistungsfähigeren Maschine zuzuweisen; denn die Macht und Wohlfahrt eines gewerbetreibenden Volkes hängt von der Leistungsfähigkeit seiner Unternehmungen ab.

Große volkswirtschaftliche Dienste leistet hier die rastlos fortschreitende Technik. Das Ziel ihrer wissenschaftlichen und praktischen Bestrebungen ist, die Leistung der Kraft- und Arbeitsmaschinen zu heben, um die durch die höheren Arbeitslöhne und Rohstoffpreise gesteigerten Gestehungskosten auszugleichen und so die Erzeugnisse der Industrie auf dem Weltmarkte wettbewerbsfähig zu halten.

Die hier in Frage kommenden Fortschritte verdanken wir einerseits der Verbesserung der Baustoffe, der Einführung höherer Arbeitsgeschwindigkeiten und Betriebsdrücke und andererseits der Vervollkommnung unserer Werkzeugmaschinen. Die höheren Betriebsdrücke und Geschwindigkeiten ergeben zwar eine größere indizierte Leistung der Maschinen, doch die eigentliche Nutzleistung läßt sich nur durch geringe Reibungswiderstände in den Getrieben erhöhen. Diese Aufgabe fällt den Werkzeugmaschinen zu. Sie haben daher saubere Arbeitsflächen zu schaffen, welche die Gleitwiderstände und die Abnutzung in den Getrieben vermindern, so daß sich Wirkungsgrad und Lebensdauer der Maschine günstiger gestalten.

Die Bedingungen, die auf Grund dieser Betrachtung jede zeitgemäße Werkzeugmaschine zu erfüllen hat, sind, daß sie

1. eine große Leistungsfähigkeit besitzt und
2. gute Arbeit liefert.

Diese beiden Forderungen bedingen als Grundsatz für den gesamten Werkzeugmaschinenbau: „alle Arbeitsmaschinen in möglichst kräftiger Bauart auszuführen". Soll nämlich eine Werkzeugmaschine saubere Arbeit liefern, so ist vor allem ein ruhiger Gang anzustreben, damit Stahl und Werkstück keine Erschütterungen erfahren. Ruhiger Gang läßt sich aber bei der großen Anstrengung der Maschine, wie sie die Wirtschaftlichkeit ihres Betriebes verlangt, nur durch eine kräftige Bauart erreichen.

Die Erhöhung der Leistung.

Die Leistung einer Werkzeugmaschine wird durch das Gewicht der Späne in kg/Std. oder bei Massenteilen durch die Stückzahl i. d. Std. bestimmt. Bei Schlichtmaschinen, wie Schleifmaschinen, kann die in der Stunde geschlichtete Fläche als Leistung betrachtet werden.

Das Bestreben der Technik, die Leistung der Werkzeugmaschinen zu heben, war sehr mannigfach. Die zunächstliegenden Mittel waren größere Schnittgeschwindigkeiten und stärkere Späne. Mit diesen Größen wächst aber die Beanspruchung von Werkzeug und Maschine. Der Stahl wird durch die große Reibungswärme stark angelassen, weich und stumpf. Die besten Werkzeuge aus gewöhnlichem Werkzeugstahl halten Hitzen von höchstens 250° C stand. Schon bei 150° C macht sich bei dauernder Erwärmung eine Abnahme in der Härte des Stahles unangenehm bemerkbar. Die Schneidhaltigkeit unserer gewöhnlichen Werkzeuge gestattet daher nur kleine Schnittgeschwindigkeiten, die beim Drehen nicht über 13 m gehen.

Einen großen Sieg errangen hier die Schnellstähle. Die Eigenart dieser Stähle liegt in der großen Arbeitshitze, die sie vertragen, ohne weich zu werden. Ihre Erhitzung kann auf 600 bis 700° C (dunkle Rotglut) gesteigert werden, ohne daß sich eine wesentliche Abnutzung der Schneiden bemerkbar macht. Vermöge dieser Rotwarmhärte eignen sich die Schnellstähle nicht nur für stärkere Späne und größere Schnittgeschwindigkeiten, sondern sie zeichnen sich auch durch eine längere Schnittdauer aus. Die Schnellstähle können also nicht nur schneller, sondern auch länger arbeiten. Hierin liegen für die Leistungsfähigkeit eines Betriebes unverkennbare Vorzüge.

Die Zahlentafel I gibt einen interessanten Vergleich über die praktisch zulässigen Schnittgeschwindigkeiten bei Verwendung der ver-

Zahlentafel I.[1]
Praktische Schnittgeschwindigkeiten in m/Min.

Stoff des Werkstückes	Werkzeugstahl			Schnellstahl		
	Bohren	Drehen	Fräsen	Bohren	Drehen	Fräsen
Gußeisen . . .	5—9	6—10	12—16	12—18	14—20	25—38
Maschinenstahl .	6—8	7—9	13—18	14—20	16—24	30—40
Schmiedeeisen . .	7—9	10—13	20—25	18—25	22—32	45—60
Messing	20—28	32—40	50—60	32—40	45—52	70—80

[1] Ludw. Loewe & Co., Schnellschnittstahl.

schiedenen Werkzeugstähle, und die Zahlentafel II zeigt die Überlegenheit des Schnellstahles gegenüber einem guten Selbsthärter.

Zahlentafel II.[1]
Vergleich zwischen Selbsthärter und Schnellstahl.

Rohstoff	Art des Werkzeugstahles			
	Selbst-härter	Schnell-stahl	Selbst-härter	Schnell-stahl
Beschaffenheit des bearbeiteten Fluß-eisens	hart	hart	weich	weich
Anzahl der bearbeiteten Stücke bis zum Stumpfwerden des Stahles .	18	80	40	100
Schnittgeschwindigkeit m/Min. . . .	20,7	27,4	18,3	32,3
Vorschub mm/Min.	175	216	93	165
Kosten des Werkzeugstahles für je 100 Arbeitsstücke M.	2,94	1,09	1,26	0,84
Kosten der Arbeit für je 100 Stück M.	13,80	12,60	3,15	2,40
Anzahl der in einem Jahr hergestellten Stücke	38 371		19 025	
Lohnersparnis für je 100 Stück M. .	—	1,20	—	0,75
Ersparnis in einem Jahr M.	—	460,00	—	143,00
Anzahl der Arbeitstage, an denen die Maschine für andere Arbeiten frei geworden ist	—	57	—	19,5

Durch die größere Schnittgeschwindigkeit und durch die schwereren Schnitte wird in erster Linie eine größere Spanleistung der Maschinen erzielt. Ein klares Bild von dem Einfluß, den die Schnellstähle auf die Entwicklung unserer Metallbearbeitungsmaschinen gehabt haben, geben zwei Zahlen: Noch in den 60er Jahren galt eine Drehbank als außergewöhnlich stark, wenn sie in der Stunde 5 kg Späne lieferte, und noch vor 30 Jahren zerspanten unsere schwersten Bänke höchstens 9 kg in der Stunde. Unsere heutigen Schnelldrehbänke erzeugen Spanmengen, die das 30- bis 50 fache betragen. Auch der Arbeitsbedarf älterer und neuerer Maschinen zeugt von diesem Einfluß. Früher verlangte der Antrieb einer Werkzeugmaschine selten mehr als 3 bis 5 PS., heute beanspruchen unsere Schnelldrehbänke 10 bis 20 PS. und mehr. Die schwerste Sonderdrehbank, die auf dem Festlande je gebaut worden ist, erfordert einen Arbeitsaufwand von nicht weniger als 120 PS. und leistet bei einem Spanquerschnitt von 200 qmm und Stahl von 50 bis 60 kg/qmm Festigkeit 1300 bis 1400 kg Späne in der Stunde.

Die größere Schnittdauer der Schnellstähle vermindert das häufige Auswechseln der Stähle, die hiermit verbundene Unterbrechung der Arbeit und die Zeitverluste und die Unkosten, die durch das häufige

---

[1] The Iron Age 1. XII. 1904, S. 14.

1*

Nacharbeiten der Werkzeuge entstehen. Außerdem hält die größere
Schneidhaltigkeit den Arbeitsbedarf der Maschinen ziemlich gleich,
während er bei den weniger schneidhaltigen Werkzeugen stärkeren
Schwankungen unterworfen ist. Der ganze Betrieb muß also viel wirtschaftlicher arbeiten.

Durch diese Erfahrungen haben sich in der Metallbearbeitung bereits große Umwälzungen vollzogen. Noch vor wenigen Jahrzehnten
zielte man schon beim Gießen und Schmieden auf möglichst genaue
Abmessungen hin. Die Maschinenarbeit erstreckte sich meist nur auf
die Paß- und Gleitflächen. Heute werden die Maschinenteile roh ge-
gossen oder geschmiedet und auf leistungsfähigen Werkzeugmaschinen
fertig bearbeitet. Dieses Verfahren hat sich bei den hohen Arbeits-
löhnen als billiger erwiesen. Ja, die Hüttenwerke gehen sogar so weit,
daß sie, um Fracht zu sparen, rohe Schmiedestücke vor dem Versand
schruppen.

Zahlentafel III.[1)

Gegenstand	Rohgewicht ab Schmiede kg	Fertig- gewicht kg	Späne kg
1 Druckwelle, 180 mm Schaft ∅ . .	1 250	483	767
1 Druckwelle, 540 mm Schaft ∅ . .	23 500	11 850	11 650
1 einfache Kurbelwelle, 125 mm Hub, 110 mm Schaft ∅	162	76	86
1 Kurbelwelle mit 2 Kurbeln, 450 mm Hub, 185 mm Schaft ∅	2 050	800	1 250

Auf Grund dieser Erfahrungen hat sich eine neue Arbeitsteilung
vollzogen: „Schruppen als Ersatz des teueren Schmiedens"
Klassische Beispiele, wie weit die Praxis mit der mechanischen Bearbeitung heute geht, gibt uns die Tafel III. Sie zeigt, daß bei großen
Schmiedestücken bis zu 60 v. H. des Rohgewichts auf Werkzeugmaschinen zerspant werden. Die Massen- und Gruppenherstellung nutzt
diese Fortschritte in noch größerem Maße aus. Sie schält aus Walzeisen und Blöcken fertige Gegenstände unter Vermeidung jeder Schmiedearbeit heraus (Tafel IV, S. 5).

Der Aufschwung zum Schnellbetrieb mußte sich auch in den Arbeitszeiten bemerkbar machen. In der Zahlentafel V, S. 6, sind für einige
Maschinenteile die Schruppzeiten vor der Einführung des Schnellstahles
denen nach der Einführung gegenübergestellt. Im allgemeinen kann man
rechnen, daß sich mit dem Schnellstahl mindestens 25—30 v. H. Zeitersparnisse erzielen lassen. Dieser Umstand gewinnt bei den heutigen
kurzen Lieferfristen besondere Bedeutung.

[1)] Nach Angaben des „Vulcan", Stettin.

Zahlentafel IV.[1])

Vergleich der Selbstkosten beim Ausschälen aus dem Vollen und dem Ausschmieden.

Gegenstand mit Hauptmaßen in mm	Stoff	Maße des Rohblockes in mm	Die aus dem Block hergestellte Stückzahl	Selbstkostenverhältnis (ausgeschält: geschmiedet)
Kreuzkopf	Flußeisen	$265 \times 80 \times 1580$	6	0,75:1
Schieberstangenkopf	Flußeisen	$155 \times 135 \times 1440$	6	0,76:1
Federgehänge	Flußeisen	$135 \times 85 \times 1720$	4	0,78:1
Federkorb	Flußeisen	$125 \times 105 \times 1700$	5	0,60:1

Eine große Errungenschaft für die Leistungsfähigkeit der Werkzeugmaschinen ist auch das mehrschneidige Werkzeug, der Fräser. Er

---

[1]) WT 1907, S. 219. H. Fischer, Über das Ausschälen von Werkstücken aus rohen Blöcken.

hat ein großes Arbeitsgebiet in der Metallbearbeitung erobert, weil er starke Späne von der Breite des Werkstückes zu nehmen vermag und mit größerer Geschwindigkeit arbeiten kann als das einschneidige Werkzeug (siehe Tafel I, S. 2).

Zahlentafel V.[1])
Schruppzeiten vor und nach Einführung des Schnellstahles.

Gegenstand	Arbeitszeiten für das Vorschruppen	
	vor Einführung des Schnellstahles Std.	nach Einführung des Schnellstahles Std.
Kurbelwelle aus geschmiedetem Stahl	70	38
Kolbenstange aus geschmiedetem Stahl	30	18
Lokomotivkolben aus geschmiedetem Stahl	15	10
Schwungrad aus Stahlguß	220	145

Ein weiteres Mittel für eine größere Leistung der Werkzeugmaschinen ist die Benutzung mehrerer Werkzeuge bei ein und derselben Maschine. Arbeiten sie gleichzeitig, so können sie das Schruppen und Vorschlichten mit einem Gang der Maschine erledigen oder das Werkstück an mehreren Stellen zugleich bearbeiten. Einen Rekord hat hier wohl eine Maschine von Martin H. Blancke aufgestellt, die mit 32 Stählen zugleich arbeiten kann. Arbeiten die Werkzeuge nacheinander (Revolverbank), so gestatten sie durch den Stahlwechsel,

---

[1]) Nach Angaben der Gutehoffnungshütte, Oberhausen.

die bei Massenteilen vorkommenden Arbeiten an einer Maschine vorzunehmen, ohne Werkzeug und Werkstück umzuspannen. Sie vereinfachen daher nicht nur die Bedienung, sondern sie kürzen auch die Arbeitszeit in hohem Maße.

Ein sehr dankbares Mittel, die Werkzeugmaschinen leistungsfähiger zu gestalten, ist schließlich die Vereinfachung der Bedienung. Dieser Weg ist bei allen Maschinen zu benutzen. In der Massenherstellung hat er zu sich selbsttätig auslösenden oder gar vollkommen selbsttätig arbeitenden Maschinen, Automaten, geführt.

Durch die Selbstauslösung wird der Vorschub des Werkzeuges an bestimmten Arbeitsgrenzen durch die Maschine ausgeschaltet. Diese Grenzen werden meist durch verstellbare Anschläge festgelegt, die auf die gleichen Arbeitslängen der Massenteile einzustellen sind.

Eine Vervollkommnung höheren Grades bieten die selbsttätig arbeitenden Maschinen (Zahnradfräsmaschinen, Schraubenschneidmaschinen), die die Werkstücke vollkommen selbsttätig bearbeiten, trotzdem die Werkzeuge nur zeitweise tätig sind.

Die Werkzeugmaschinen mit Selbstauslösung des Vorschubes oder rein selbsttätiger Wirkungsweise verdienen eine besondere Beachtung für die Massenherstellung. Sie liefern stets gleiche Arbeitsstücke und gestatten die Bedienung mehrerer Maschinen durch einen Arbeiter. Sie gewähren daher große Zeitersparnisse und verringern die Herstellungskosten in hohem Maße. Über den Erfolg dieser Entwicklungslinie gibt die Tafel VI, S. 8, Auskunft.

Das Prüfen der Arbeitserzeugnisse.

Die Güte der Arbeit wird durch die Genauigkeit der Arbeitserzeugnisse festgestellt. Jedes Arbeitsstück läßt sich nämlich auf die Genauigkeit der Maße und die Genauigkeit der Form prüfen.

Die Genauigkeit der Form hat eine untergeordnete Bedeutung, wenn das Werkstück nur des besseren Aussehens oder des geringeren Gewichtes wegen bearbeitet wird. Sie spielt dagegen eine große Rolle bei Passungen, die nicht nur volle Genauigkeit der Maße, sondern auch volle Genauigkeit der Form verlangen.

Die Genauigkeit der Maße wird durch das Messen der Arbeitsstücke mit Meßwerkzeugen geprüft.

Die älteren Meßwerkzeuge sind Zollstock, Taster, Schublehren und Schraublehren. Bei diesen verstellbaren Meßwerkzeugen spielt das Gefühl des Menschen eine große Rolle, so daß bei Passungen viel Nacharbeit nötig ist.

Seit die Massenherstellung die Austauschbarkeit der Einzelteile fordert, mußte die Praxis zu den festen Meßwerkzeugen übergehen, die einfacher und schneller zu handhaben sind.

Die Normallehren werden heute fast nur noch zum Messen von Kegeln und als Prüf- und Einstellehren benutzt. Das Arbeitsstück

Zahlentafel VI.[1]

Vergleich der Herstellungskosten von Maschinenteilen auf der Drehbank, der Hand-Revolverbank und der selbsttätigen Revolverbank.

Nr.	Stoff	Gegenstand	Gewöhnliche Drehbank		Hand-Revolver-Drehbank		Selbsttätige Revolver-Drehbank		Bemerkungen
			Zeit	Kosten	Zeit	Kosten	Zeit	Kosten	
1	Naben-stahl	Fahrradnabe	Min.	Mark	Min.	Mark	Min.	Mark	Auf der Hand-Revolver-Drehbank und auf der selbsttätigen Revolver-Drehbank werden die Naben, wie die Figur zeigt, von der Stange hergestellt. Auf der gewöhnlichen Drehbank werden auf erforderliche Länge abgeschnittene Stücke verarbeitet. Es sind daher für diesen Fall noch die Kosten für das Abstechen mit 0,05 M. zu berücksichtigen.
			Stundenlohn 0,60—0,65 M.		Stundenlohn 0,40—0,45 M.			bei 1 Maschine 0,04—0,045, bei 4 Maschinen 0,01—0,012	
			40 Ab-stechen	0,40—0,45 / 0,05 0,05 / 0,45—0,50	10	0,07—0,08	6		
2	Achsen-stahl	Tretkurbelachse	30 Ab-stechen	0,30—0,33 / 0,02 0,02 / 0,32—0,35	7½	0,05—0,06	6	bei 1 Masch. 0,04—0,045, bei 4 Masch. 0,01—0,012	Für die Herstellung der Achsen gilt das oben Erwähnte.
3	Kegel-stahl	Fahrradkegel	10	0,10—0,11	3	0,02 bis 0,025	2	bei 1 Masch. 0,013—0,015. bei 4 Masch. 0,003—0,004	Die Kegel werden auf allen drei Maschinen von der Stange hergestellt.
4	Gußeisen	Nähmaschinenschwungrad	60	0,60—0,65	12	0,08—0,09	3¾	bei 1 Maschine 0,025—0,028, bei 4 Maschinen 0,006—0,007	Die Nähmaschinenschwungräder werden auf der Drehbank bei dreimaligem Aufspannen, auf der Hand-Revolver-Drehbank bei zweimaligem Aufspannen und auf der selbsttätigen Revolver-Drehbank in einer Aufspannung fertig gestellt. Auf der letzten Maschine wird das Rad gleichzeitig von vier Seiten bearbeitet. Hieraus erklärt sich die kurze Arbeitszeit gegenüber den anderen Maschinen.

[1] Nach Angaben der Leipziger Werkzeugmaschinenfabrik vorm. W. v. Pittler, A.-G., Leipzig.

gilt erst dann als normal, wenn das Meßwerkzeug überall gleichmäßig sitzt (Abb. 1).

Die Grenzlehren geben die Grenzen an, zwischen denen die Abmessungen der Werkstücke liegen sollen. Sie haben als Kennzeichen

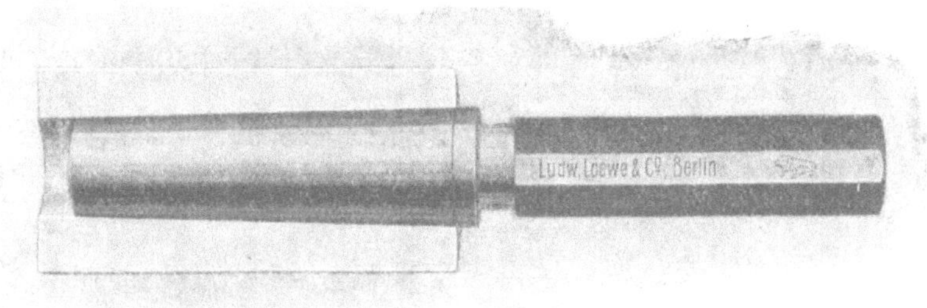

Abb. 1. Normalkegel.

eine „Gutseite" und eine Ausschußseite". Die Gutseite der Grenzrachenlehre muß leicht über die Welle herübergehen (Abb. 2), dagegen darf die Ausschußseite höchstens anschnäbeln (Abb. 3). Beim Messen

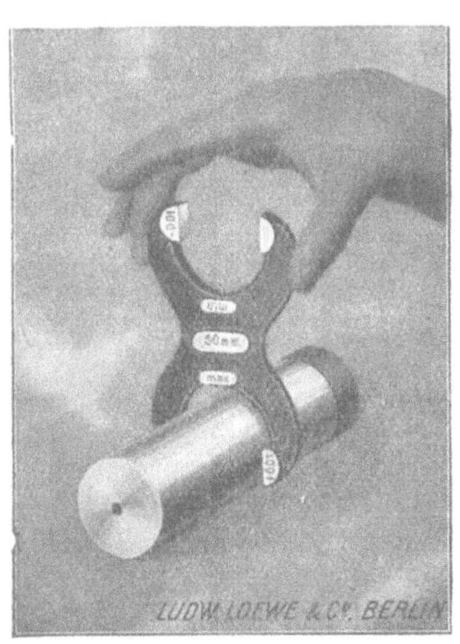

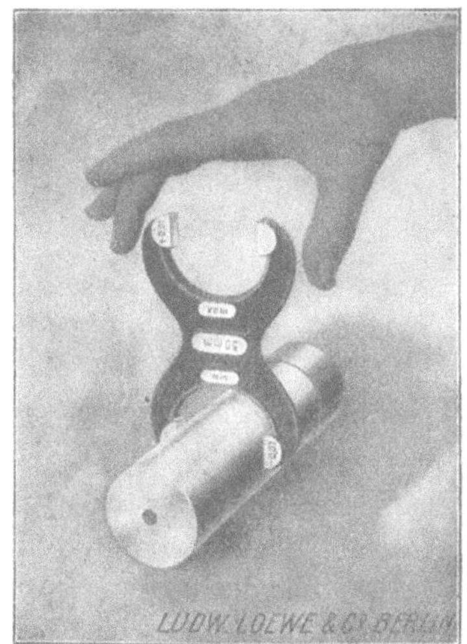

Gutseite   Ausschußseite

Abb. 2 und 3.   Grenzrachenlehre.

von Bohrungen muß die Gutseite des Grenzlehrdornes leicht in das Loch hineingehen (Abb. 4), während die Ausschußseite höchstens anfassen darf (Abb. 5). Die Grenzlehren lassen also kleine Unterschiede zu, die von der Art der Passung abhängen.

Bei den Passungen unterscheiden wir nämlich:

1. den **Laufsitz** für Teile, die ineinander laufen und Spiel für Öl haben müssen, z. B. Lager und Welle,

2. den **Schiebesitz** für Teile, die noch hinreichend Spiel für ein leichtes Aufschieben haben sollen, z. B. Riemscheibe und Welle,

3. den **festen Sitz** für Teile, die so genau passen müssen, daß sie sich durch leichte Schläge oder leichten Druck aufbringen lassen, z. B. Zahnrad und Welle,

4. den **Preßsitz** oder **Schrumpfsitz** für Teile, die sich nur unter starkem Druck oder durch Erwärmen miteinander vereinigen

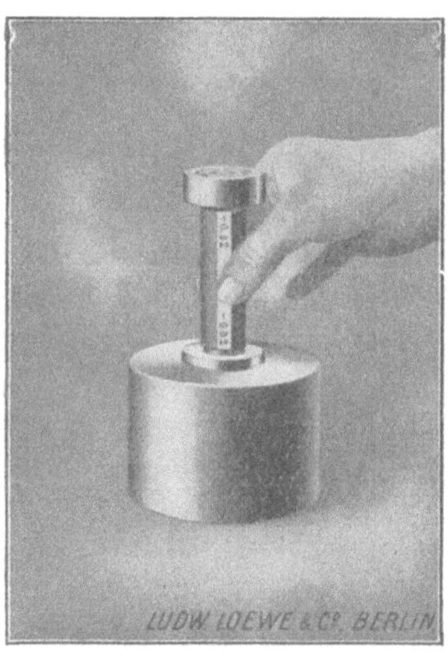

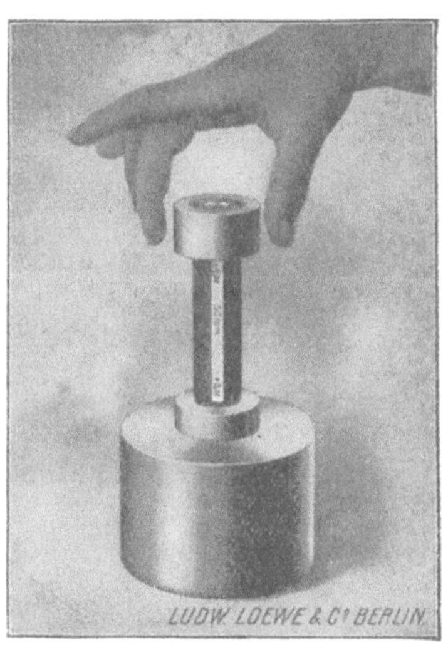

Gutseite   Ausschußseite

Abb. 4 und 5.   Grenzlehrdorn.

lassen, z. B. Aufpressen von Eisenbahnrädern auf die Achsen oder Aufziehen von Radreifen.

Bei der Anwendung obiger Sitze sind zwei Systeme zu beachten:

Bei dem System der „gleichbleibenden Bohrung" erhält die Bohrung für alle Passungen den vollen Durchmesser, z. B. 50 mm, dagegen die Welle die verschiedenen Sitze.

Bei dem System der „gleichbleibenden Welle" hat die Welle überall den gleichen Durchmesser, dagegen erhalten die Bohrungen die betreffenden Sitze.

Die Zahlentafel VII gibt die Grenzmaße für die beiden Systeme und die verschiedenen Sitze an, während die Abb. 6 bis 25 von beiden Systemen je ein Beispiel mit Arbeitslehren zum Messen der Arbeitsstücke und den Prüflehren zum Nachprüfen der Arbeitslehren zeigen.

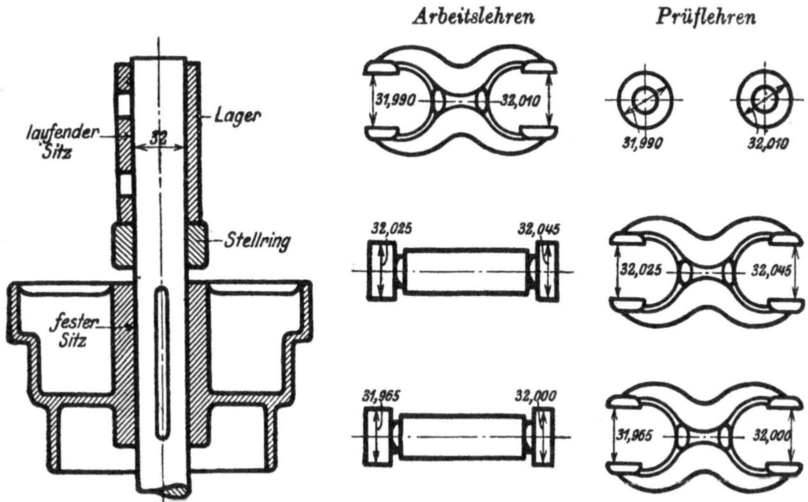

Abb. 6 bis 13. Arbeits- und Prüflehren für Welle, Lager und Scheibe, System
der gleichbleibenden Welle.

Zahlentafel VII.[1)
Grenzmaße für Durchmesser bis 100 mm.
Grenzmaße für die gleichbleibende Bohrung.

Paßstück-∅	Bohrung gleichbleibend		Welle Laufsitz		Schiebesitz		Fester Sitz	
6—10	+ 0,01	— 0,01	— 0,015	— 0,025	— 0,007	— 0,012	± 0,00	+ 0,02
11—20	+ 0,01	— 0,01	— 0,015	— 0,03	— 0,01	— 0,015	± 0,00	+ 0,025
21—30	+ 0,015	— 0,015	— 0,02	— 0,035	— 0,012	— 0,02	± 0,00	+ 0,03
31—50	+ 0,015	— 0,02	— 0,025	— 0,045	— 0,012	— 0,025	± 0,00	+ 0,035
51—75	+ 0,02	— 0,02	— 0,03	— 00,5	— 0,012	— 0,03	± 0,00	+ 0,04
76—100	+ 0,02	— 0,025	— 0,035	— 0,06	— 0,015	— 0,035	± 0,00	+ 0,045

Grenzmaße für gleichbleibende Welle.

Paßstück.∅	Welle gleichbleibend		Bohrung Laufsitz		Schiebesitz		Fester Sitz	
6—10	+ 0,01	— 0,01	+ 0,015	+ 0,03	+ 0,01	+ 0,018	± 0,00	— 0,02
11—20	+ 0,01	— 0,01	+ 0,018	+ 0,035	+ 0,01	+ 0,02	± 0.00	— 0,025
21—30	+ 0,01	— 0,01	+ 0,02	+ 0,04	+ 0,012	+ 0,022	± 0.00	— 0,03
31—50	+ 0,01	— 0,01	+ 0,025	+ 0,045	+ 0,012	+ 0,025	± 0,00	— 0,035
51—75	+ 0,01	— 0,01	+ 0,03	+ 0,05	+ 0,012	+ 0,03	± 0,00	— 0,04
76—100	+ 0,01	— 0,01	+ 0,035	+ 0,06	+ 0,015	+ 0,035	± 0,00	— 0,045

[1]) Rich. Weber & Co., Das Grenzlehrsystem.

Bei der Auswahl des Systems ist zu beachten: Das System der „gleichbleibenden Bohrung“ verlangt nur einen Satz Bohrwerkzeuge und einen Satz Grenzlehrdorne, aber kostspielige Dreharbeiten und für jede Passung je einen Satz Grenzrachenlehren. Bei dem System der „gleichbleibenden Welle“ braucht man nur einen Satz Grenzrachenlehren, dagegen erfordert jede Passung einen Satz Bohrwerkzeuge und Grenzlehrdorne. Die Anschaffungskosten für Werkzeuge sind daher bei der „gleichbleibenden Welle“ höher, dagegen die Löhne für Dreharbeiten geringer. Geben die Dreharbeiten den Ausschlag, wie bei den langen Wellen im Triebwerksbau, so ist das System der gleichbleibenden Welle vorzuziehen (Abb. 6 bis 13). Das System der gleichbleibenden

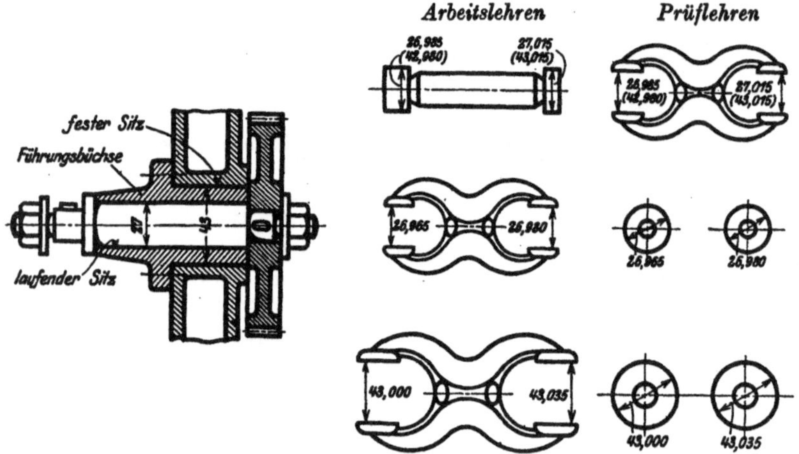

Abb. 14 bis 22. Arbeits- und Prüflehren für Bolzen und Büchse, System der gleichbleibenden Bohrung.

Bohrung hat den Vorteil, daß die Passungen am Bolzen leichter zu messen sind und Handräder, Kurbel, Handgriffe, Stirnräder sich leicht auf die Zapfen schieben lassen. Die gleichbleibende Bohrung ist daher für kurze und besonders mehrfach abgesetzte Teile zu empfehlen (Abb. 14 bis 22).

Zum Messen genauer Maße dienen die **Endmaße**. Es sind dies Meßplättchen, die aufs sauberste und genauste geschliffen sind. Sie werden unter leichtem Druck aufeinander geschoben und saugen sich so fest. Mit einem Satz von 103 Endmaßen lassen sich 20 000 Maße von 1 mm bis 200 mm steigend um $1/_{100}$ mm zusammensetzen (Abb. 23).

Die Genauigkeit der Form prüft man:

1. mit dem Lichtspalt: Ein Lineal mit abgeschrägter Kante wird nach verschiedenen Richtungen über die zu prüfende Fläche geführt und das Erscheinen eines Lichtspaltes beobachtet. Ist die

Fläche eben, so muß das Lineal in jeder Richtung vollkommen aufliegen (Abb. 24).

2. mit der Tuschierplatte: Eine mit der Tusche bestrichene Platte wird auf der Prüffläche leicht hin- und herbewegt. Dabei wird an den tragenden Stellen der Fläche die Farbe haften bleiben. Diese Stellen sind daher nachzuschaben.

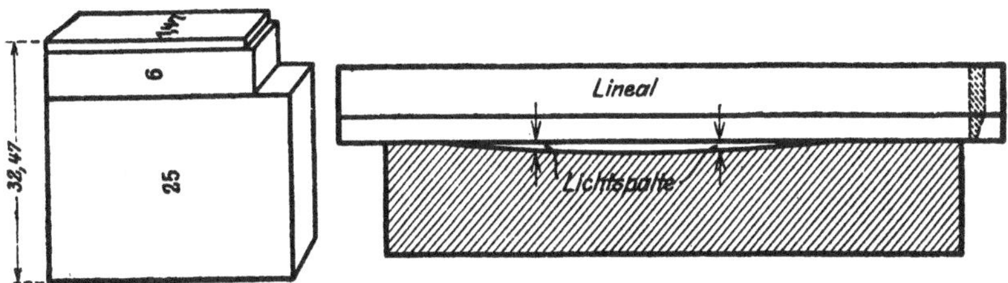

Abb. 23. Endmaße.   Abb. 24. Prüfen einer gehobelten Fläche nach dem Lichtspalt.

3. mit der Wasserwage: Eine beliebige Stelle der Prüffläche wird nach der Wage ausgerichtet und dann eine kleine Wasserwage oder Libelle auf der Fläche verschoben, die überall einspielen muß.

4. mit dem Fühlhebel: Das zu prüfende Stück wird auf eine Richtplatte gelegt und der Fühlhebel mit dem Taster angesetzt. Der Fühlhebel wird dann mit dem Fuß verschoben, dabei muß der

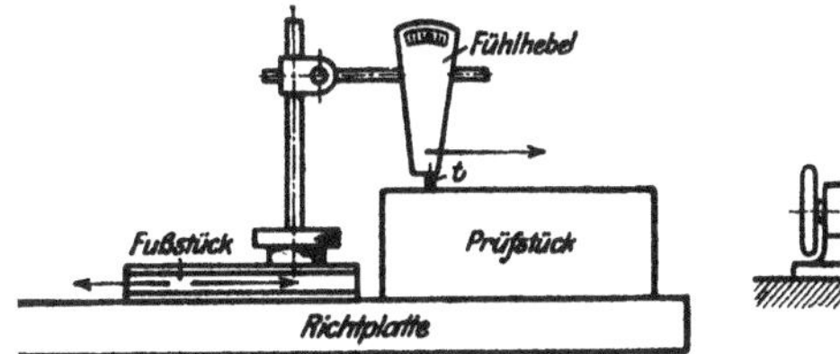

Abb. 25. Prüfen ebener Flächen mit dem Fühlhebel.

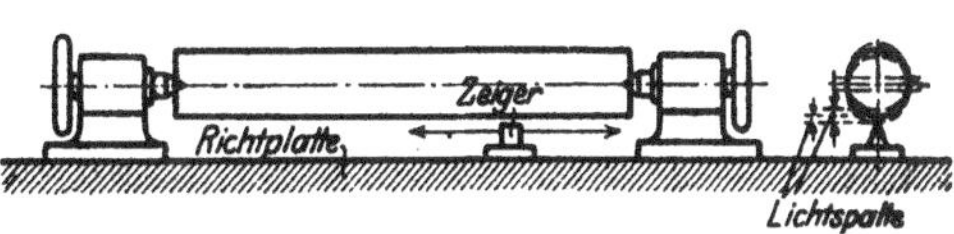

Abb. 26. Prüfen runder Flächen nach dem Lichtspalt.

Fühlknopf alle Stellen der Fläche bestreichen. Bei ebenen Flächen bleibt der Zeiger auf Null stehen. Sind jedoch die Ausschläge vorhanden, so müssen die Stellen geschabt werden (Abb. 25).

Diese Prüfverfahren sind auch für runde Körper verwendbar, die man zum Prüfen zwischen Spitzen spannt. Bei langsamem Drehen lassen sich ihre Ungenauigkeiten mit dem Fühlhebel oder einem Lichtspaltzeiger feststellen (Abb. 26).

2. Das Aufstellen der Werkzeugmaschinen.

Unerläßliche Vorbedingung für gute Arbeit ist, wie bereits erwähnt, ein ruhiger Gang der Maschine. Er erfordert außer einer soliden

Bauart der Maschine ein kräftiges und dauerhaftes Grundmauerwerk, das den Arbeitsdruck ohne Erschütterungen aufzunehmen vermag. Leichte Maschinen werden auf dem Fußboden, Holz- oder Eisenschwellen befestigt (Abb. 27) oder auf einem Steinsockel verankert (Abb. 28). Größere und schwere Werkzeugmaschinen verlangen einen Steinunterbau, auf dem sie durch kräftige Ankerschrauben verankert werden (Abb. 359).

Dem Steinmauerwerk soll man genügend Zeit zum Setzen und Trocknen lassen, bevor man die Maschine aufstellt und ausrichtet, da sonst durch ungleichmäßiges Setzen ein Verziehen der Maschine zu befürchten ist.

Das Ausrichten der Maschine hat nach der Wasserwage zu geschehen, die mindestens längs und quer zum Bett an allen Stellen ein-

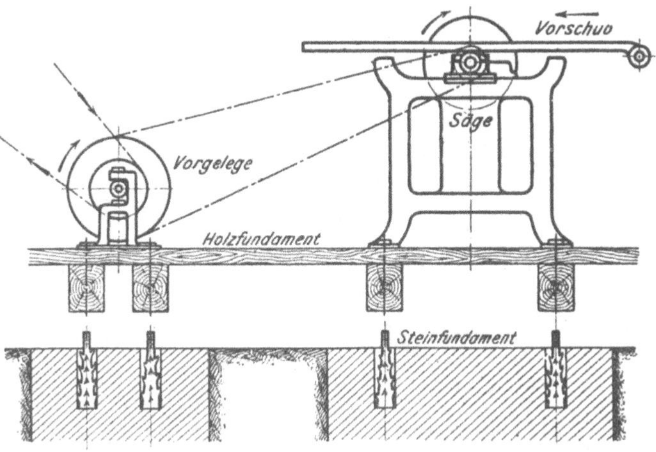

Abb. 27 und 28. Aufstellen einer Säge.

spielen muß. Zu diesem Zweck sind unter das Bett nicht zu schmale Eisenkeile mit ganz geringem Anzug zu legen. Um ein Lockern dieser Keile zu verhindern, lege man um sie einen Lehmrand und umgieße sie mit Beton oder Schwefel; bei Holzunterbau ist ein Gemisch von Pech oder Asphalt mit Sand zu empfehlen. Nach dem Erstarren der Gußmasse ist der Lehmrand zu entfernen und die Stelle etwas zu beputzen.

Beim Aufstellen einer Fräsmaschine (Abb. 29) sind bei A, B und C Keile unterzulegen. Vor allem dürfen bei schweren Modellen die Keile B nicht vergessen werden, da sich sonst die Grundplatte durchhängt und die Teleskopspindel verbiegt. Die Keile C müssen zunächst ganz lose liegen, so daß die ganze Last auf A und B ruht. Jetzt versuche man, ob sich der Tisch leicht heben läßt. Ist dies nicht der Fall, so sind die Keile C nach Bedarf anzuziehen. Die Wage muß sowohl quer als auch längs zum Aufspanntisch einspielen.

3. Die Arbeitsweise der Werkzeugmaschinen.

Die Aufgabe der Werkzeugmaschinen ist, die zum selbsttätigen Bearbeiten eines Werkstückes erforderlichen Bewegungen hervorzubringen. Danach arbeiten die Werkzeugmaschinen mit einer Haupt-

Abb. 29. Aufstellen einer Fräsmaschine.

oder Arbeitsbewegung und einer Schalt- oder Fortrückbewegung. Zu diesen beiden Bewegungen treten noch die zum Einstellen von Werkzeug und Werkstück erforderlichen Einstellbewegungen.

1. Die Haupt- oder Arbeitsbewegung einer Werkzeugmaschine vermittelt den Schnitt des Werkzeuges. Sie hat daher stets die Rich

tung des Schnittes und kann eine geradlinige oder eine kreisförmige Bewegung sein. Ist demgemäß die Hauptbewegung einer Werkzeugmaschine zu bestimmen, so ist nur die Bewegung zu beobachten, durch die das Werkzeug den Span abhebt.

Die Hauptbewegung der Maschine wird gemessen durch die Schnittgeschwindigkeit in mm/Sek. oder in m/Min.

Bei den Maschinen mit kreisender Hauptbewegung berechnet man die Schnittgeschwindigkeit v in mm/Sek. aus:

$$v = \frac{\pi d n}{60},$$

wenn d der Durchmesser des Werkstückes oder des Werkzeuges in mm ist und n die Umläufe in der Minute.

Bei der geraden Hauptbewegung berechnet man die Schnittgeschwindigkeit c aus:

$$c = \frac{s}{t} = \frac{\text{Weg des Schnittes}}{\text{Zeit}}.$$

Zur raschen Bestimmung der Schnittgeschwindigkeit sind besondere Schnittgeschwindigkeitsmesser in den Verkehr gebracht, die durch leichtes Andrücken einer Reibscheibe die Geschwindigkeit in m in der Minute anzeigen.

Die Größe der Schnittgeschwindigkeit hängt in der Hauptsache von dem Stoff des Werkstückes und des Werkzeuges ab (Tafel I).

2. Die Schalt- oder Fortrückbewegung ist stets senkrecht zum Schnitt gerichtet. Sie rückt das Werkzeug oder das Werkstück stetig oder auch ruckweise vor, so daß durch sie die Spanbreite festgelegt ist. Die Schaltung kann geradlinig, kreisförmig oder nach einer Lehre (Schablone) erfolgen.

Die Größe der Schaltbewegung wird gemessen durch den Vorschub der Maschine. Bei der kreisenden Hauptbewegung ist der Vorschub die Verschiebung des Werkstückes oder des Werkzeuges in mm bei einer Umdrehung der Maschine, bei der geraden die Verschiebung in mm vor jedem neuen Schnitt. Erstreckt sich dieser Vorschub ununterbrochen auf die Dauer des ganzen Arbeitsvorganges, so arbeitet die Maschine mit einem Dauervorschub. Vollzieht die Maschine den Vorschub ruckweise vor jedem neuen Schnitt, so daß er sich jedesmal nur auf einen Augenblick erstreckt, so bezeichnen wir ihn als Augenblicksvorschub oder Ruckvorschub.

Die Haupt- und Schaltbewegung werden bei den einzelnen Werkzeugmaschinen verschieden ausgeführt. Bei der Tischhobelmaschine besitzt nämlich das Werkstück die gerade Hauptbewegung (Abb. 30) und das Werkzeug die ruckweise Schaltung (Abb. 31). Bei der Drehbank vollzieht das Werkstück die kreisförmige Hauptbewegung (Abb. 32) und der Stahl ununterbrochen den geraden Vorschub (Abb. 33). Nach der Arbeitsweise der Fräsmaschine erhält der Fräser die kreisende Hauptbewegung und das Arbeitsstück den geraden Vorschub (Abb. 34). Das Werkzeug der Bohrmaschine arbeitet gleichzeitig mit beiden Bewegungen. Der Bohrer schneidet nicht nur durch seine kreisende Arbeitsbewegung, sondern er dringt auch durch seinen geraden Vorschub tiefer in das Werkstück ein.

Als Grundsatz für den Aufbau einer Werkzeugmaschine ist jedoch festzuhalten, daß getrennte Bewegungen leichter und mit größerer Genauigkeit zu erzeugen sind als zusammengesetzte Bewegungen. Maschinen mit getrennter Haupt- und Schaltbewegung werden daher eine größere Gewähr für genaue Arbeit bieten als solche, bei denen das Werkstück oder Werkzeug beide Bewegungen zugleich ausführt. Zu diesem Grundsatz tritt noch ein zweiter: Da bei dem Ruckvorschub die Belastung der Maschine jedesmal

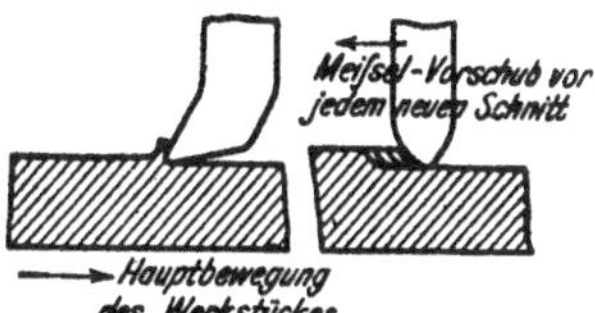

Abb. 30 und 31. Arbeitsweise der Hobelmaschine.

ruckweise einsetzt, so wird bei diesen Schwankungen der ruhige Gang der Maschine gefährdet. Für die Güte der Arbeit spricht daher, die Maschinen möglichst mit einem Dauervorschub auszustatten.

Sind für die Bearbeitung eines Werkstückes Schnittgeschwindig-

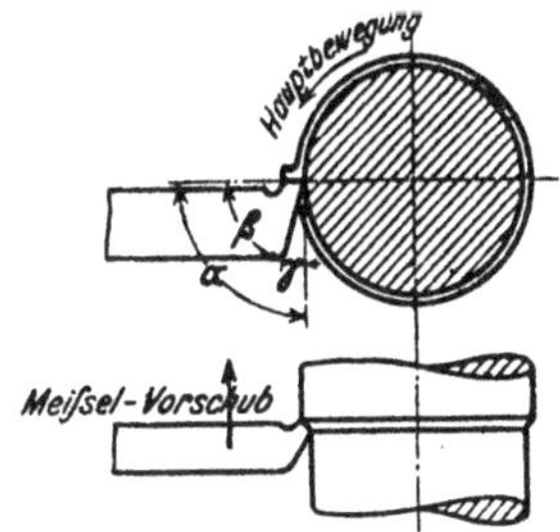

Abb. 32 und 33. Arbeitsweise der Drehbank.

Abb. 34. Arbeitsweise der Fräsmaschine.

keit und Vorschub gewählt, so ist damit auch die Arbeitszeit der Maschine bestimmt.

Bei Werkzeugmaschinen mit kreisender Hauptbewegung ist

$$\text{die Arbeitszeit } t = \frac{\text{Länge der Arbeitsfläche}}{\text{Vorschub in der Minute}} = \frac{L}{n \cdot \delta}$$

wenn δ der Vorschub für eine Umdrehung und n die Umläufe in der Minute sind. Bei Werkzeugmaschinen mit gerader Hauptbewegung

$$\text{ist die Arbeitszeit } t = \frac{\text{Breite der Arbeitsfläche}}{\text{Vorschub in der Minute}} = \frac{B}{n \cdot \delta}$$

wenn n die minutliche Hubzahl und δ der Vorschub für einen Hub ist.

Ist z. B. eine Welle bei 75 Umläufen in der Minute und bei einem

Vorschub von 1 mm auf eine Länge von 1500 mm abzudrehen, so ist

die reine Drehzeit $= \dfrac{1500}{75 \cdot 1} = 20$ Min.

3. Die Einstellbewegungen sind meist gerade Bewegungen zum Einstellen des Werkzeuges oder des Werkstückes. Hierzu ist in der Regel eine Doppelbewegung nach zwei sich kreuzenden Richtungen erforderlich, die in der Bauart des Werkzeugschlittens oder des Arbeitstisches durch einen Kreuzschlitten geschaffen wird. In besonderen Fällen kann das Einstellen auch eine Drehbewegung erfordern, die dann eine Drehscheibe notwendig macht. Die Einstellungen können von Hand oder auch durch die Maschine vorgenommen werden.

Zweites Kapitel

Die Getriebe der Werkzeugmaschinen.

Die Mittel, welche zur Erzeugung der Haupt- und Schaltbewegung dienen, bezeichnet der Werkzeugmaschinenbau als Getriebe oder Mechanismen. Die Getriebe der Hauptbewegung, die Hauptgetriebe, haben den Antrieb, das Umsteuern und das Ausrücken der Maschine zu bewirken. Die gleiche Aufgabe haben die Schaltgetriebe für die Schaltbewegung der Maschine. An alle Getriebe müssen wir eine gemeinsame Bedingung stellen: Um glatte Schnitte zu erzielen, müssen sie uns volle Gewähr für einen ruhigen Gang der Maschine bieten.

Die Aufgabe des Erbauers ist es nun, für die Haupt- und Schaltbewegung in jedem Falle die vorteilhaftesten Getriebe zu wählen, sie sachgemäß anzuordnen und so eine handliche und gut arbeitende Werkzeugmaschine zu schaffen.

Die Hauptgetriebe.

Der Antrieb.

Die Aufgabe des Antriebes ist, die Hauptbewegung einer Werkzeugmaschine hervorzubringen. Diese Bewegung ist entweder von dem Triebwerksvorgelege oder dem Motor abzuleiten. Nach der Art der zu erzeugenden Arbeitsbewegung unterscheiden wir: Antriebe für eine kreisende, eine gerade und eine gerade hin- und hergehende Hauptbewegung.

a) Der Antrieb der kreisenden Hauptbewegung.

Der Antrieb der kreisenden Hauptbewegung hat die Drehbewegung des Deckenvorgeleges auf die Maschine zu übertragen. Diese Bewegungsübertragung muß gleichförmig erfolgen, wenn die Maschine ruhig arbeiten soll. Sie beansprucht daher zwangläufige Getriebe, und zwar ist bei größeren Wellenentfernungen der Riemen-, Seil- oder Kettentrieb zu verwenden und bei kleineren Wellenabständen der Rädertrieb.

Nach dem Grundgesetz eines gleichmäßig arbeitenden Antriebes müssen die zusammenarbeitenden Räder und ebenso die Riemscheiben, Seilscheiben und Kettenräder gleiche Geschwindigkeit haben. Hieraus ergibt sich:

$$r_1\,n_1 = r_2\,n_2$$

oder:

$$\frac{r_1}{r_2} = \frac{n_2}{n_1}.$$

Die praktische Ausführung dieser Getriebe bedarf noch einer kurzen Bemerkung. Der Werkzeugmaschinenbau stellt an die Rädergetriebe höhere Ansprüche als der allgemeine Maschinenbau. Er verlangt von ihnen vollkommen ruhigen Gang und möglichst stoßfreies Umsteuern. Dies bedingt gefräste Zähne, die ohne Spiel arbeiten, und bei höheren Ansprüchen Schraubenräder.

Um den Verschleiß in der Verzahnung, der sich stets in dem Gange der Maschine störend bemerkbar macht, nach Möglichkeit unschädlich zu halten, werden die Räder vielfach aus Stahl gefertigt und gehärtet. Für weitergehende Ansprüche sind die Räder ihrer Breite nach zu teilen, so daß durch ein Verstellen der Radhälften jeder Verschleiß auszugleichen ist.

Aus denselben Gründen erklärt sich auch die vielfache Anwendung des Schneckengetriebes. Es bietet nicht nur eine große Übersetzung, sondern es gewährt auch bei guter Ausführung ruhigen Gang und stoßfreien Richtungswechsel, ohne zu große Arbeitsverluste zu verursachen.

Die jüngsten Verbesserungen des Riementriebes zielen auf eine größere Sicherheit in dem Antriebe hin. Diese setzt eine größere Anhaftung zwischen Riemen und Scheibe voraus, so daß Scheibendurchmesser und Breite möglichst groß zu nehmen sind.

Ein sehr dankbares Mittel, den Riemenbetrieb für ein ruhiges und gleichmäßiges Arbeiten zu verbessern, ist auch eine hohe Riemengeschwindigkeit. Hat der Riemen z. B. NPS. zu übertragen, so läßt die hohe Riemengeschwindigkeit V_{max}, wie die Gleichung $N = \dfrac{P_{min}\,V_{max}}{75}$ zeigt, eine kleinere Durchzugskraft P_{min} des Riemens zu. Die kleinere Durchzugskraft P_{min} verbiegt auch die Wellen weniger und verringert die Lagerreibung, so daß der Riemen leichter durchziehen kann. Außerdem gestattet die hohe Riemengeschwindigkeit schmale Riemen und Riemenscheiben. Infolgedessen wird auch das Umsteuern der Maschine eine geringere Riemenverschiebung und dementsprechend einen geringeren Arbeitsaufwand beanspruchen. Der Riemen selbst wird sich weniger abnutzen und durch seine hohe Geschwindigkeit schnell und sicher umsteuern. Wir gewinnen also durch die höhere Arbeitsgeschwindigkeit des Riemens, die bis auf die 40- bis 50 fache Schnittgeschwindigkeit gesteigert wird, nicht nur einen zuverlässigeren sondern auch einen billigeren Antrieb, der auch weniger Platz erfordert.

Der Stufenscheibenantrieb.

Jede Werkzeugmaschine soll in ihrem Betriebe die höchste Leistung mit einer guten Arbeit vereinigen. Dieser Grundsatz bedingt für die verschiedenen Rohstoffe bestimmte Schnittgeschwindigkeiten, die durch Versuche festgelegt sind. Ihre Grenzen müssen stets eingehalten werden, weil die Werkzeuge höheren Schnittgeschwindigkeiten nicht standhalten.

Die Anwendung einer bestimmten Schnittgeschwindigkeit $v = \pi d n$ erfordert jedoch, bei den verschieden großen Durchmessern der Werkstücke die Umdrehungen der Maschine entsprechend ändern zu können. Diese Veränderung der Umlaufszahl wird beim Riemenantrieb vielfach durch Stufenscheiben (Abb. 35) erreicht. Bei leichten Maschinen ersetzt man sie wohl durch mehrrillige Schnurläufe.

Das Baugesetz für zusammenarbeitende Stufenscheiben verlangt unter der Voraussetzung einer gleichbleibenden Riemenlänge L, daß beim gekreuzten Riemen die Summe der zusammengehörigen Halbmesser gleich ist, d. h. $R_1 + r_1 = R_2 + r_2 = R_3 + r_3 = \ldots R_n + r_n$. Für den offenen Riemen genügt diese Beziehung jedoch nur, wenn die Wellenentfernung $E \geqq 20$ $(R_1 - r_1)$ ist. Sobald der Wellenabstand kleiner ist, muß die

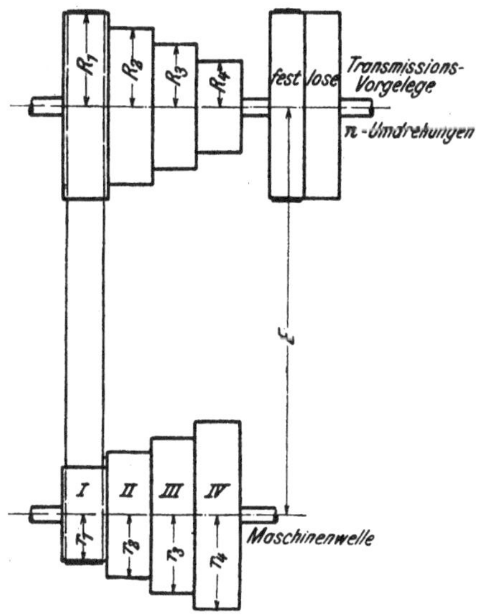

Abb. 35. Stufenscheibenantrieb.

Stufenscheibe in anderer Weise berechnet werden, wie dies in dem Abschnitt VII behandelt ist.

Größte Umdrehungszahl d. Maschinenwelle $n_{\max} = n_1 = \dfrac{n \cdot R_1}{r_1}$, Riemen auf I.

Kleinste   „   „   „ $n_{\min} = n_4 = \dfrac{n \cdot R_4}{r_4}$,   „   „ IV.

Die im Werkzeugmaschinenbau sehr gebräuchliche Stufenscheibe ist allerdings nicht frei von Unvollkommenheiten.

Die Sicherheit ihres Antriebes wird stark beeinträchtigt durch die geringe Umspannung der kleinsten Scheiben in den äußersten Riemenlagen. In ihnen ist entweder die höchste Umlaufszahl oder die größte Leistung der Maschine zu erzeugen, so daß der Riemen leicht gleitet, zumal er bei der größten Belastung der Maschine mit der kleinsten

Geschwindigkeit läuft. Um die Verhältnisse zu verbessern, besitzen neuere Stufenscheiben, wie bereits erwähnt, größere Durchmesser und Breiten. Diese Verbesserung ist besonders bei den Fräsmaschinen und den Schnelldrehbänken charakteristisch.

Für die Bedienung bietet die Stufenscheibe den Nachteil, daß das Riemenumlegen sehr umständlich und zeitraubend ist. Dieser Übelstand beeinträchtigt die Leistung der Maschine sehr. Er verführt den Arbeiter zu oft, den Stufenwechsel zu unterlassen. Die Maschine wird daher entweder nicht mit ihrer vollen Leistung arbeiten oder aber den Stahl überlasten, der frühzeitig stumpf wird. Der einfache Stufenriemen genügt daher weitergehenden Ansprüchen nicht mehr. Diese Tatsache führt zu einer Reihe von Riemenumlegern [1]).

Der Grundgedanke des Bamag - Riemenumlegers (Abb. 36 und 37) ist, mit einer drehbaren Gabel den Stufenriemen umlegen zu können. Ein derartiger Riemenumleger stellt zwei Bedingungen. Zum ersten muß sich die Gabel auf einem Kreise bewegen, der durch die Mitte der größten und kleinsten Scheibe geht. Zum zweiten muß sich die Gabel selbst auf den jedesmaligen Scheibenabstand einstellen können.

Die erste Forderung erfüllt der Bamag-Riemenumleger durch die als ringförmiger Riemenführer ausgebildete Gabel g, die sich auf dem Kreisbogen RR bewegt. Die Einstellbarkeit der Gabel auf den jedesmaligen

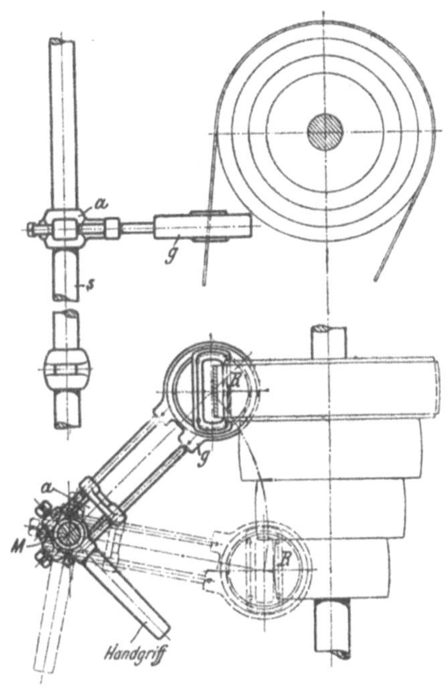

Abb. 36 und 37. Bamag - Riemenumleger.

Scheibenabstand ist durch das Doppelauge a geschaffen, in dem sich die 2 Führerstangen längs verschieben. Der Stufenwechsel wird mit dem unteren Handgriff vollzogen. Er legt die Stange s mit der Gabel herum, wobei diese den Riemen auf die Nachbarstufe bringt. Zur besseren Führung des Riemens dient noch eine Blechscheibe, die sich lose in dem Ringe dreht. Bei einiger Geschicklichkeit lassen sich mit dem Umleger beträchtliche Zeitersparnisse erzielen.

----

[1]) WT 1907, S. 410. Hülle, Schnellbetrieb.

Die Vergrößerung des Geschwindigkeitswechsels.

Die Vorbedingung für den wirtschaftlichen Betrieb einer Maschine ist bekanntlich, bei allen Arbeiten die volle Leistung auszunutzen. Die strenge Durchführung dieses Grundgesetzes scheitert jedoch an der Verschiedenheit der Werkstücke in ihren Abmessungen und der Beschaffenheit ihres Stoffes, sowie der Güte der einzelnen Arbeitsstähle. Jedenfalls ist es eine billige Forderung jeder Werkstatt, um wirtschaftlich arbeiten zu können, von ihren Maschinen einen ausreichenden Geschwindigkeitswechsel zu verlangen.

Gegenüber dieser Forderung besitzt die Stufenscheibe einen großen Nachteil. Sie gestattet bekanntlich nur eine stufenweise Änderung der Umläufe. Der Geschwindigkeitswechsel ist daher sehr beschränkt, da die Stufenscheibe entsprechend der Zahl ihrer Stufen nur 3 bis 5 Umlaufszahlen gestattet. Die volle Schnittgeschwindigkeit kann daher nur selten ausgenutzt werden.

Welche Zeitverluste dadurch entstehen, möge ein Beispiel zeigen: Es sollen 30 Wellen aus Schmiedeeisen bei 30 m Schnittgeschwindigkeit und 0,75 mm Vorschub abgedreht werden. Der Durchmesser der Wellen ist 105 mm und die Drehlänge 1200 mm.

Die erforderliche Umlaufzahl der Bank berechnet man aus:

$$v = \pi \, d \, n,$$
$$30 = \pi \cdot 0{,}105 \cdot n,$$
$$n = 91.$$

Die reine Drehzeit wäre demnach für die 30 Wellen

$$t = \frac{30 \cdot L}{n \cdot \delta} = \frac{30 \cdot 1200}{91 \cdot 0{,}75} = 527 \text{ Min.} = 8 \text{ Std. } 47 \text{ Min.}$$

Da jedoch die Maschine als nächstliegende Umlaufzahl 75 hat, so ist die wirkliche Drehzeit

$$= \frac{30 \cdot 1200}{75 \cdot 0{,}75} = 640 \text{ Min.} = 10 \text{ Std. } 40 \text{ Min.}$$

Durch den nicht ausreichenden Geschwindigkeitswechsel sind daher fast 2 Stunden verloren.

Die Vergrößerung des Geschwindigkeitswechsels kann am Deckenvorgelege, an der Maschine oder an dem Antriebsmotor vorgenommen werden.

1. Der Geschwindigkeitswechsel am Deckenvorgelege.

a) Das Deckenvorgelege mit mehreren Riemen.

Ein praktisches Mittel, in dem Antriebe der Maschine zu einer größeren Reihe von Umdrehungen zu gelangen, ist ein Deckenvorgelege mit verschiedenen Umläufen. Ein derartiges Vorgelege verlangt natürlich eine entsprechende Anzahl von Treibriemen, von denen immer nur ein Riemen arbeiten darf, während die übrigen lose mitlaufen. Diese Bedingung kann durch Verschieben der Riemen auf Fest- und Losscheiben oder durch Kuppeln der betreffenden Riemscheibe (Tafel I) erfüllt werden.

Dem mehrfachen Deckenvorgelege muß man von praktischer Seite entgegenhalten, daß es bei mehreren Riemen teuer und wenig übersichtlich ist. Es erfordert daher eine größere Aufmerksamkeit in der Bedienung und außerdem viel Platz. Durch das ständige Mitlaufen aller Riemen wird viel Arbeit vergeudet. Man geht daher über 2 Arbeitsriemen und einen Rücklaufriemen selten hinaus. Bei der vierstufigen Scheibe gewährt das doppelte Deckenvorgelege 8 verschiedene Umläufe der Maschine.

Soll das Deckenvorgelege einen größeren Geschwindigkeitswechsel haben, so ist es mit Stufenscheiben, Rädervorgelegen oder mit stufenlosen Scheiben auszustatten.

b) Das Deckenvorgelege mit 2 Stufenscheiben.

Das Deckenvorgelege der Gray-Hobelmaschine hat 2 vierläufige Stufenscheiben, auf denen der Riemen R läuft (Abb. 38). Dieser

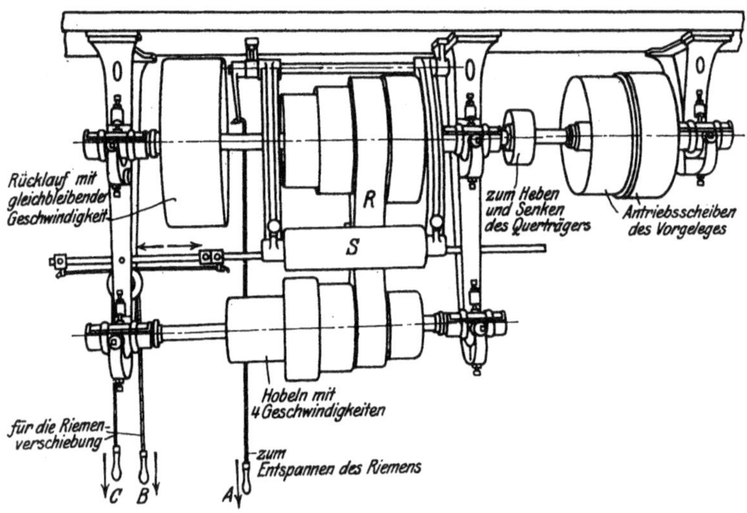

Abb. 38. Gray-Deckenvorgelege mit Stufenriemen.

Stufenriemen hat die Eigenart, durch einen Seilzug rasch von Stufe zu Stufe verschoben und durch die Spannrolle S angespannt zu werden. Der Riemen muß also in jeder Lage durchziehen und sich auch während des Ganges einstellen lassen. Zum Verschieben des Riemens ist zunächst durch Ziehen am Seil A die Spannrolle S zu lüften und hierauf an einem der Seile B oder C zu ziehen. Das Deckenvorgelege von Gray gestattet daher 4 Geschwindigkeiten für das Hobeln und eine Geschwindigkeit für den Rücklauf der Maschine.

c) Das Deckenvorgelege mit Stufenrädern.

Die Deckenvorgelege von Gust. Wagner in Reutlingen vollziehen den Geschwindigkeitswechsel mit Rädern (Abb. 39 bis 41). Auf 2 gleichlaufenden Wellen sitzt je ein Satz von 10 Staffelrädern ohne gegenseitigen Eingriff. Den Eingriff vermittelt das verschiebbare Zwischenrad r. Es läuft auf einer schräggebohrten Büchse, mit der es sich auf der schrägen Welle I verschieben läßt. Da die Welle I mit den Kegellinien $A A$ gleich läuft, so steht das Verschieberad r stets zum Eingriff bereit. Das Einstellen einer neuen Geschwindigkeit verlangt daher nur, das Verschieberad r zunächst durch Anheben auszurücken, dann auf I vor das betreffende Räderpaar zu schieben und hierauf durch Senken einzurücken.

Bei dem Wandvorgelege wird das Zwischenrad r mit dem Handhebel h ein- und ausgerückt. Die Welle I ist hier an zwei senkrechten Zapfen geführt, die sich durch den Handhebel h so weit heben lassen, daß r nicht mehr kämmt (in Abb. 39 gestrichelt). Das Verschieben von r geschieht mit der Einstellgabel g, die sich mit der Hand auf die Rasten des Gehäuses einstellen läßt. An einer Zahlentafel lassen sich die betreffenden Geschwindigkeiten ablesen.

Bei dem Deckenvorgelege (Abb. 41) wird das Ausheben des Zwischenrades mit dem Kettenzug bewirkt, der zum Anhalten der Räder zugleich die links sichtbare Bandbremse einrückt.

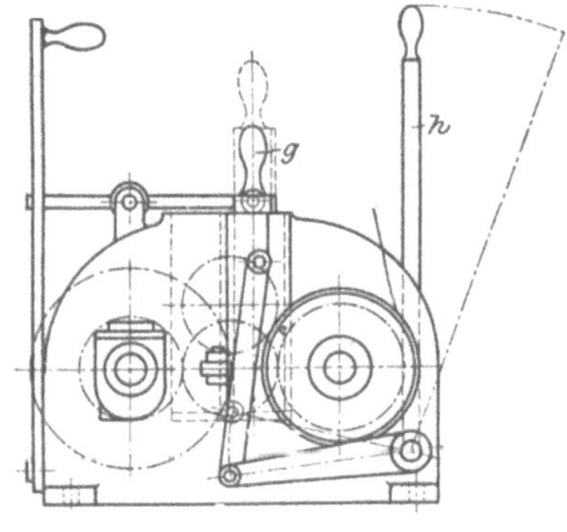

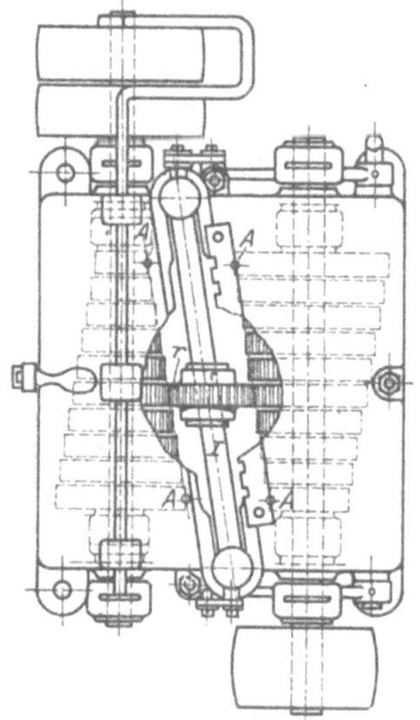

Abb. 39 und 40. Boden- und Wandvorgelege mit Stufenrädern. G. Wagner, Reutlingen.

Das Einstellen der Geschwindigkeit geschieht mit dem Handgriff nach der Zahlentafel.

Jedes Deckenvorgelege hat 2 Fest- und Losscheiben für einen offenen und einen gekreuzten Riemen, so daß 10 Geschwindigkeiten für den Vor- und Rücklauf vorrätig sind oder bei 2 verschiedenen Antriebsscheiben am Haupttriebwerk 20 Geschwindigkeiten.

d) Das Deckenvorgelege mit stufenlosen Scheiben.

Die Deckenvorgelege mit stufenlosen Scheiben, d. h. mit kegelförmigen Riementrommeln verfolgen den Grundgedanken, durch

Abb. 41. Deckenvorgelege. G. Wagner, Reutlingen.

Verstellen der Trommeln auf verschiedene Übersetzungen die Umläufe der Maschine innerhalb n_{max} und n_{min} beliebig ändern zu können (Abb. 42).

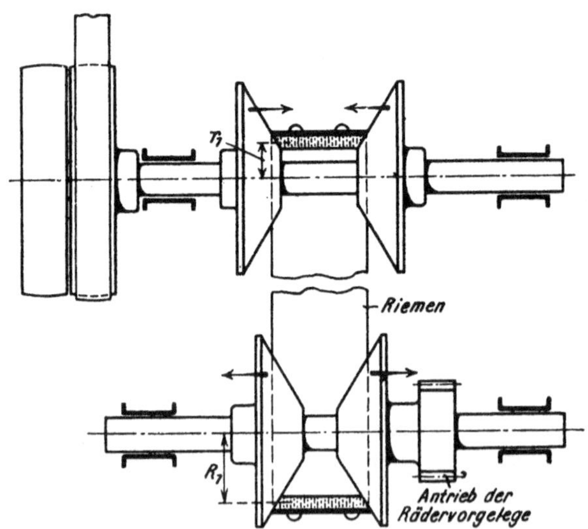

Abb. 42. Keilriemenantrieb von Reeves.

Ein Antrieb dieser Art ist der Keilriemen von Reeves. Um die erforderliche Geschwindigkeitsreihe zu bekommen, wählte Reeves 2 in der Achsenrichtung verstellbare Riementrommeln. Sie bestehen aus je 2 Kegelscheiben (Abb. 42), auf deren Mantel der mit Holzstäben besetzte Keilriemen läuft. Der Geschwindigkeitswechsel bedingt daher,

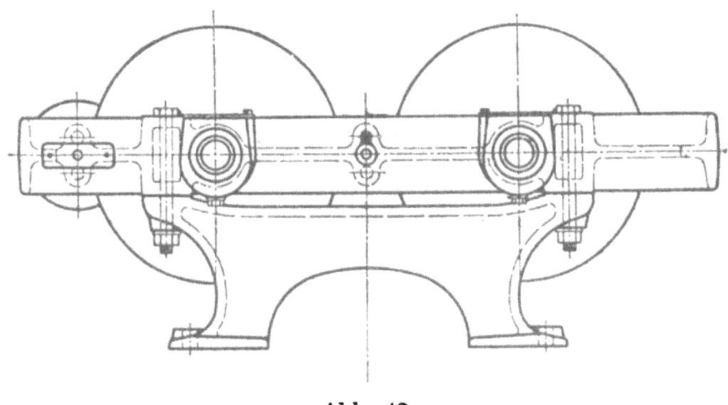

Abb. 43.

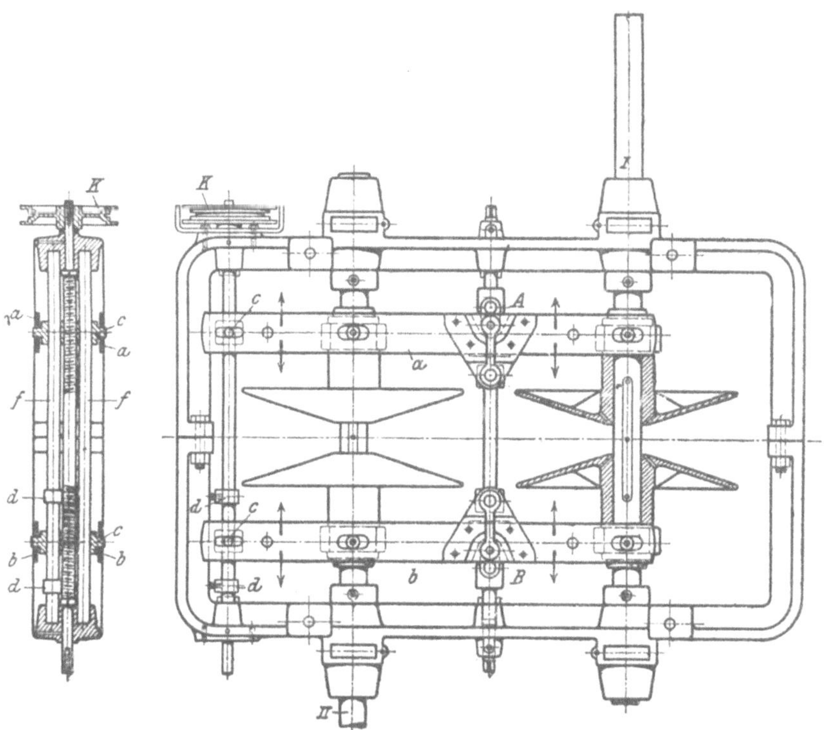

Abb. 45.   Abb. 44.
Abb. 43 bis 45. Geschwindigkeitsregler von G. Polysius, Dessau.

abwechselnd das eine Kegelpaar zusammenzuziehen und gleichzeitig das zweite auseinanderzuschieben. Die Folge ist, daß der Keilriemen sich mit den Scheiben einstellt und jede Umdrehung zwischen n_{max}

und $n_{\min}$ zuläßt. Man könnte dieser Bauart vorhalten, daß sich die Holzstäbe an den Stirnseiten stark abnutzen, jedoch sind sie leicht wieder zu ersetzen.

Der Grundgedanke des Reevesschen Keilriemens ist auch in dem Geschwindigkeitsregler von G. Polysius, Dessau, vertreten (Abb. 43 bis 45). Der als Fuß- oder Deckenvorgelege gebaute Geschwindigkeitsregler besitzt auf der treibenden Welle *I* wie auf der getriebenen Welle *II* die verschiebbaren Kegel zum Einstellen des Treibriemens auf große und kleine Übersetzungen. Bemerkenswert ist hier die Einstellvorrichtung. Um die Trommeln gesetzmäßig einstellen zu können, werden ihre Kegelscheiben von je zwei Laschen *a* und *b* gefaßt. Da sie in der Mitte bei *A* und *B* ihren Drehpunkt haben, so muß sich durch Bewegen der Laschen das eine Kegelpaar zusammenschieben, während das zweite auseinander geht. Zum handlichen Einstellen des Reglers ist ein Ketten- oder Handrad *K* vorgesehen, das eine Stellschraube *d* mit Rechts- und Linksgewinde betätigt (Abb. 45). Die Muttern *c*, die mit Zapfen in die Laschen *a* und *b* fassen und sich auf zwei glatten Spindeln *f* führen, werden daher die vorschriftsmäßige Einstellung der beiden Kegeltrommeln vermitteln. Die Endstellungen von *c* sind hierbei durch die Anschläge *d* festgelegt.

Die verschiebbaren Riemenkegel gestatten daher eine rasche Bedienung, die im Betriebe vorgenommen werden kann, und damit jederzeit die Ausnutzung der vollen Schnittgeschwindigkeit.

2. Der Geschwindigkeitswechsel an der Maschine.

a) Der Spindelstock mit Stufenscheibe und 2 Rädervorgelegen.

Der Grundsatz, die Schnittgeschwindigkeit innerhalb der vorgeschriebenen Grenzen zu halten, führt bei schweren Werkstücken zu kleinen Umdrehungen der Maschine $\left(v = \dfrac{\pi\, d_{\max} \cdot n_{\min}}{60}\right)$. Sie verursachen aber bei den hohen Umläufen der Deckenvorgelege große Scheibendurchmesser. Soll die Maschine noch dazu für leichtere Werkstücke gebaut sein, so erfordert dies eine große Stufenzahl und infolgedessen eine übermäßig schwere Stufenscheibe und Maschine. Um diesem zu begegnen, sind in dem Spindelstock der Maschine mit der 3- bis 5 stufigen Scheibe Rädervorgelege zu vereinigen (Abb. 46). Sie gewähren dem Arbeiter eine bessere Übersicht über seine Maschine, als dies bei manchen Deckenvorgelegen der Fall ist.

Die Rädervorgelege des Spindelstockes haben folgende Bedingung zu erfüllen: Sie sollen für die kleinen Umdrehungen der Maschine eine genügende Übersetzung bieten, damit die vorgeschriebene Schnittgeschwindigkeit nicht überschritten wird und der Riemen beim Schruppen schwerer Werkstücke gleichmäßig durchzieht.

Die Anordnung dieser Rädervorgelege muß daher gestatten, daß die Maschine mit und ohne Vorgelege arbeiten kann. Bei hohen Umlaufszahlen muß der Antrieb der Maschine durch die Stufenscheibe allein erfolgen und bei kleinen Umdrehungen durch die Stufenscheibe und die Vorgelege zusammen. Unter dieser Voraussetzung ist die Stufenscheibe S lose auf der Arbeitsspindel D anzuordnen (Abb. 47) und mit dem losen Rade r_1 zu verbinden. R_2 ist auf der Spindel D zu befestigen, und die Vorgelege sind zum Aus- und Einrücken einzurichten (Abb. 48). Die Bedienung eines derartigen Spindelstockes (Abb. 46) erfordert daher, beim Arbeiten ohne Vorgelege R_2 mit S zu kuppeln und die Vorgelege auszurücken. Soll hingegen die Maschine mit Vorgelegen laufen, so

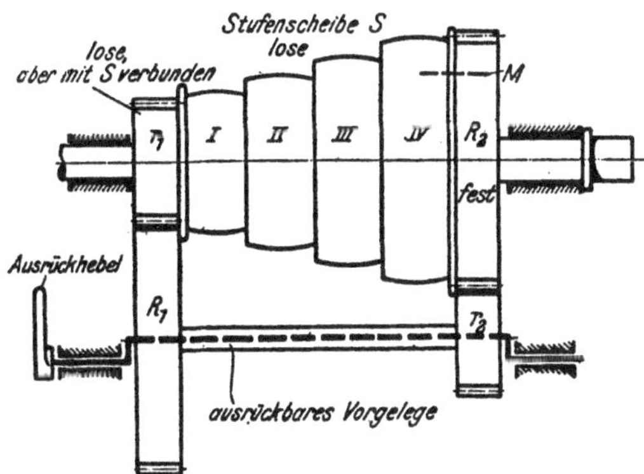

Abb. 46. Plan eines Spindelstockes.

sind R_2 und S zu entkuppeln und die Vorgelege wieder einzurücken. In dieser Anordnung gestattet der Antrieb im Vergleich zur vierstufigen Scheibe die doppelte Anzahl Umdrehungen, und zwar:

a) ohne Vorgelege, n_1 bis n_4,

b) mit Vorgelegen von der Übersetzung $\varphi = \dfrac{1}{R_1} \cdot \dfrac{r_2}{R_2'}$ und

Riemen auf I, $\quad n_5 = \varphi \cdot n_1$,
,,   ,, II, $\quad n_6 = \varphi \cdot n_2$,
,,   ,, III, $\quad n_7 = \varphi \cdot n_3$,
,,   ,, IV, $\quad n_8 = \varphi \cdot n_4$.

In der Ausführung der Einzelteile dieses Spindelstockes lassen sich noch Feinheiten für ruhigen Gang der Maschine treffen. Um jede Erschütterung durch die Fliehkraft der Stufenscheibe von der Arbeitsspindel fernzuhalten, ist die Scheibe genau zu zentrieren und auszugleichen. Manche Firmen drehen die Scheiben sogar innen aus, um jede Erschütterung zu vermeiden. Zum Schutz gegen Schlagen sind die Laufflächen der Scheibe möglichst lang zu halten. Derartige Stufenscheiben laufen bei guter Schmierung nur unwesentlich aus. Sie gewähren durch ihre

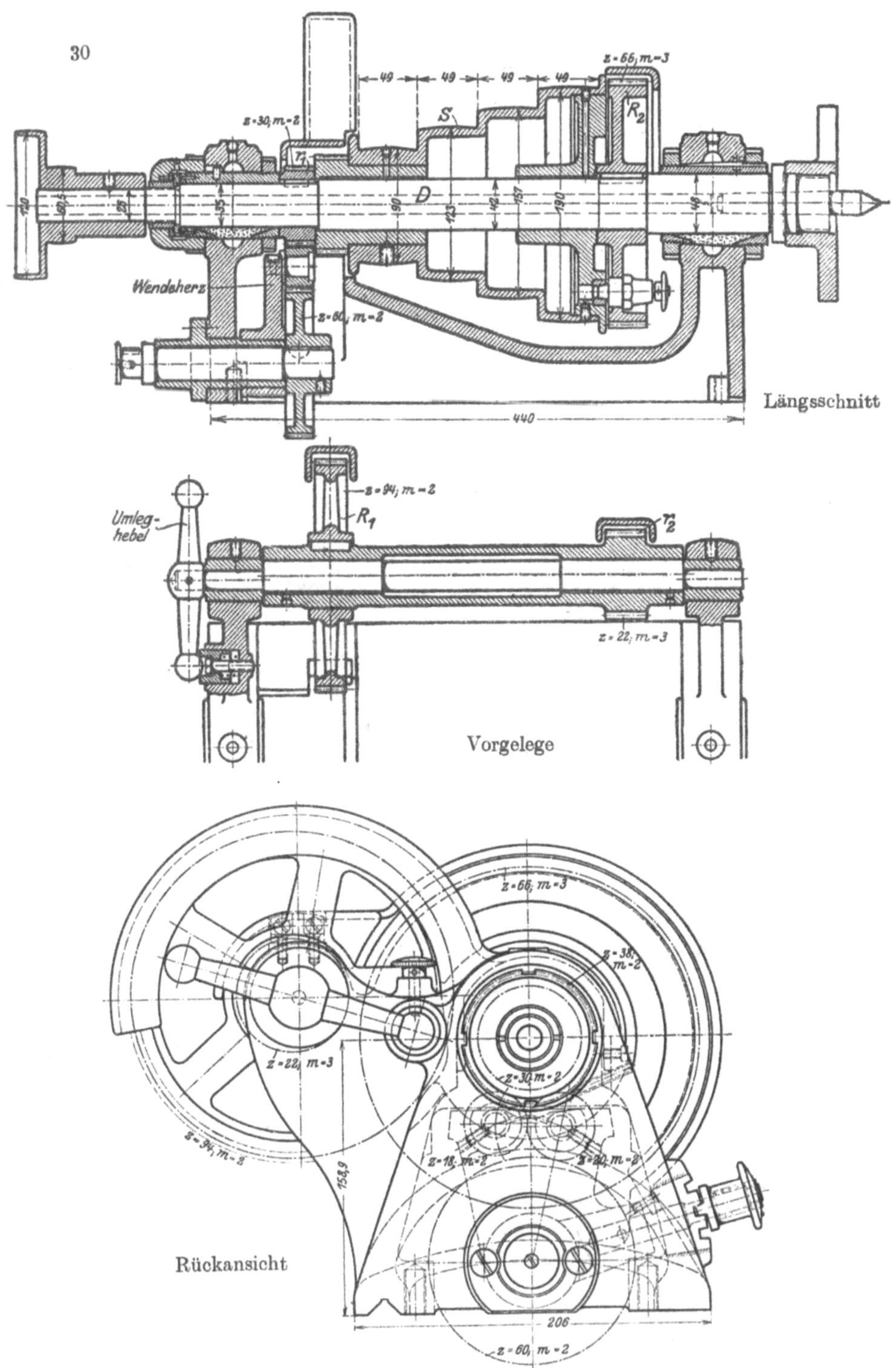

Abb. 47 bis 49. Spindelstock der Drehbank von Ludw. Loewe & Co., Berlin.

langen Naben noch eine gute Versteifung für die stark beanspruchte
Spindel.

Das Kuppeln der Stufenscheibe.

Das Kuppeln der losen Stufenscheibe mit dem festen Zahnrade R_2
erfolgt durch den Mitnehmer. Die Mitnehmerschraube wird mit
dem Kopf in die Nut der Stufenscheibe geschoben und festgezogen.
Dieser Mitnehmer wird nur noch bei schweren Maschinen angewandt.
Er verlangt aber eine ganze Reihe Handgriffe und ist nur beim Stillstand der Maschine zu bedienen.

Praktischer ist der Federbolzen in Abb. 47 und 50, der durch Feder-
druck einspringt. Für das Kup-
peln der Scheibe ist nur der
Knopf so weit zu drehen, bis der
Federkeil s vor die Nut der
Glockenmutter kommt. Der
Springbolzen springt dann von
selbst ein, sobald sich die
Büchse c an ihm vorbei bewegt.
Zum Entkuppeln der Scheibe
ist der Knopf zurückzuziehen,
etwas zu drehen und mit dem
Keil s vor die Stirnfläche zu
legen. Diese Vorrichtung ist

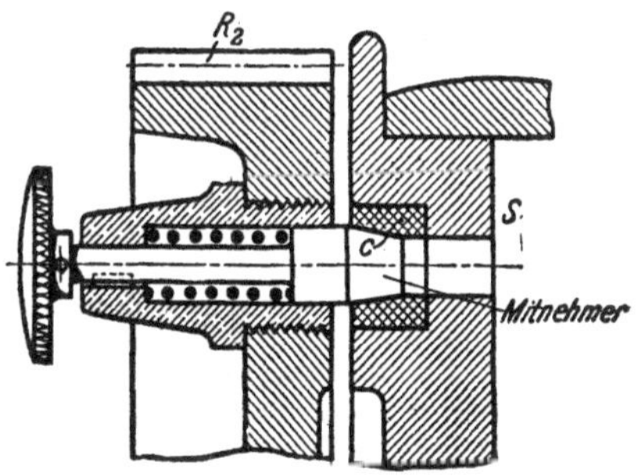

Abb. 50. Mitnehmer. Springbolzen.

bei allen leichten und mittleren Maschinen zu empfehlen, bei denen
häufiger die Geschwindigkeit gewechselt wird.

Das Ausrücken der Rädervorgelege.

Die bisher besprochenen Kupplungen (Abb. 47 bis 50) erfordern für
die Bedienung des Spindelstockes noch eine besondere Ausrückung für
die Vorgelege. Für sie bieten sich drei Möglichkeiten: Die Räder können
entweder in ihrer Achsenrichtung verschoben werden — Verschieberäder — oder seitlich ausgeschwenkt — Schwenkräder — oder auch
durch eine Kupplung entkuppelt werden — Kuppelräder.

Das Ausrücken der Vorgelege verlangt bei der Anwendung von
Verschieberädern, daß die Räder r_2 und R_1 in ihrer Achsenrichtung gemeinsam verschoben werden. Das Einrücken der Vorgelege wird durch
das Aufsuchen zweier Zahneingriffe erschwert, doch läßt es sich durch
Zuspitzen der Zähne etwas erleichtern.

Das Ausschwenken der Vorgelege ist handlicher und daher auch
sehr gebräuchlich. Es wird durch eine außerachsig gelagerte Vorgelegewelle erreicht (Abb. 48).

Die Vorgelegewelle hat beiderseits einen außerachsigen Zapfen, so
daß sie beim Umlegen des Handhebels die Vorgelege ein- und aus-
schwenkt. Um sie beim Arbeiten mit Vorgelegen in Eingriff zu halten,

sind die Schwenkräder auf einer losen Hülse anzuordnen, und die Vor-
gelegewelle selbst ist gegen nicht beabsichtigtes Umlegen zu verriegeln.
Der letzten Aufgabe dient eine Federbüchse, die den Handgriff sichert.
Zur weiteren Sicherheit ist noch ein Einsteckstift vorgesehen (Abb. 49).

Das Einschwenken der Vorgelege bietet keine Schwierigkeit, da
sich die Räder selbst den Eingriff suchen. Wird dabei der Handgriff
um 180° herumgelegt, so muß die Vorgelegewelle um ein wenig mehr
als die halbe Zahnhöhe h außerachsig gelagert sein $\left(e > \dfrac{h}{2}\right)$.

b) Spindelstöcke für Schnellbetrieb.

Den erhöhten Anforderungen des Schnellbetriebes entspricht der
bisher besprochene Spindelstock nicht immer. Er verlangt nämlich für
das Ein- und Ausschwenken der Rädervorgelege und das Kuppeln und
Entkuppeln der Stufenscheibe mindestens 2 Handgriffe. Bei schweren

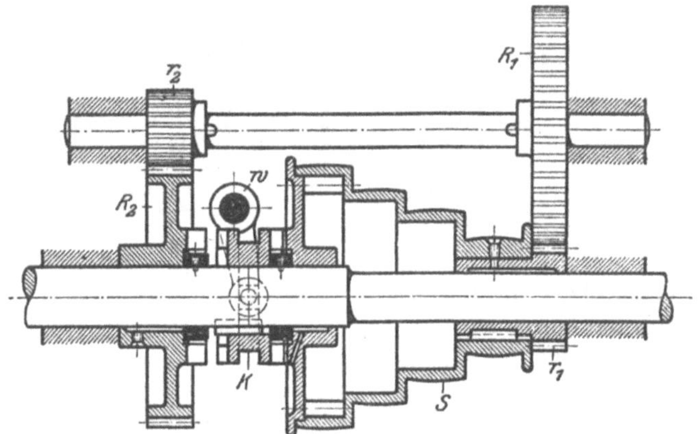

Abb. 51. Spindelstock mit kuppelbaren Vorgelegen.

Maschinen ist der Arbeiter vielfach noch gezwungen, um den Ausrückhebel der Vorgelege fassen zu können, auf die Rückseite zu treten. Bei
den stehenden Maschinen muß der Spindelstock stets in handlicher
Höhe liegen, so daß er häufig den Raum beengt. Der Spindelstock ist
auch nicht vollkommen betriebssicher. Denn vergißt der Arbeiter,
bei eingerückten Vorgelegen die Stufenscheibe zu entkuppeln, so können
leicht Zahnbrüche eintreten. Wo heute alles auf möglichste Ausnutzung
der Arbeitskräfte hinstrebt, und der Arbeiter oft seine Aufmerksamkeit
mehreren Maschinen zuwenden muß, ist es Pflicht des Erbauers, die
Bedienung der Maschinen möglichst handlich und sicher zu gestalten.
Für Maschinen, die in ihrem Betriebe öfter die Geschwindigkeit zu
wechseln haben, wäre daher ein großer Fortschritt erreicht, wenn der
Spindelstock mit einem einzigen Handgriff und ohne jeden
Fehler bedient werden könnte. Derartige Vervollkommnungen lassen
sich nur mit Kupplungen erreichen.

Der in Abb. 51 gezeichnete Spindelstock besitzt für das Kuppeln der Stufenscheibe und der Rädervorgelege eine Zahnkupplung K, die auf Federn verschiebbar auf der Maschinenwelle sitzt. Soll bei diesem Spindelstock die Maschine ohne Vorgelege arbeiten, so ist die Kupplung K in die Stufenscheibe S einzurücken und beim Arbeiten mit Vorgelegen in das lose Kuppelrad R_2. Hierzu ist nur der Ausrückhebel w nach rechts oder links herumzulegen, wobei die Stellringe den Stoß der Kupplung aufnehmen.

Der Spindelstock in Abb. 51 ist auch nicht frei von Mängeln, da die Räder beim Arbeiten ohne Vorgelege leer mitlaufen. Sollen sie ausgerückt werden, so müßten die Räder R_1 und r_2 beim Umlegen des Kupplungshebels seitlich verschoben oder ausgeschwenkt werden. Dieser Gedanke ist bei dem Spindelstock der Wanderer-Fräsmaschine (Abb. 506) durchgeführt.

Für schnellaufende Arbeitsmaschinen haben die letzten Spindel-

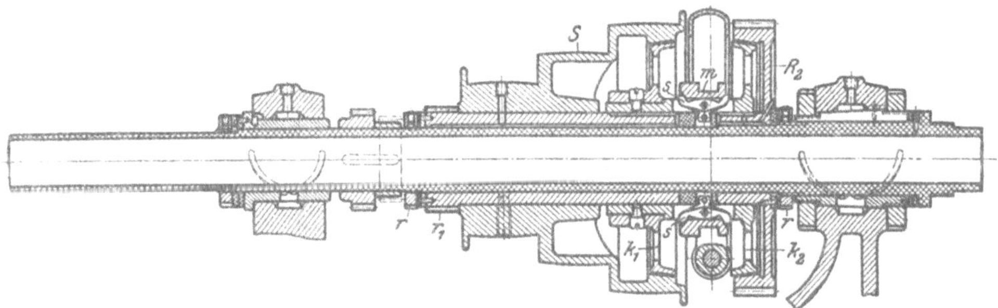

Abb. 52. Spindelstock mit Kegelreibkupplung. Stufenscheibe 126, 221, 280 mm ⌀.
Ludw. Loewe & Co., A. G., Berlin.

stöcke eine Unvollkommenheit: Die Zahnkupplung ist nämlich nur bei mittleren Umdrehungen im Betriebe zu benutzen und kuppeln nie stoßfrei. Werkzeugmaschinen, die mit hohen Umdrehungen arbeiten und außerdem im Betriebe ein häufiges Aus- und Einrücken der Vorgelege verlangen (Revolverbänke), sind daher mit Reibkupplungen auszurüsten, die jederzeit stoßfrei kuppeln.

Die Kegelkupplung (Abb. 52) setzt eine genaue und feste Lage der Gegenkegel voraus. Sie ist bei der Stufenscheibe S und dem Rade R_2 durch Druckringe und die Ringmuttern r gesichert. Mit den Ringmuttern r können die Kupplungen eingeregelt und bei etwaigem Verschleiß nachgestellt werden.

Der Rückdruck der Kegelkupplung verlangt ein zwangläufiges Kuppelschloß als Schutz gegen selbsttätiges Ausrücken. Zu diesem Zweck sind in Abb. 52 sichelförmige Hebel s eingebaut, die durch den verschiebbaren Schließring m die Kupplung rechts oder links einrücken. Die Sicheln s stützen sich hierbei mit ihrer unteren Stelze gegen den

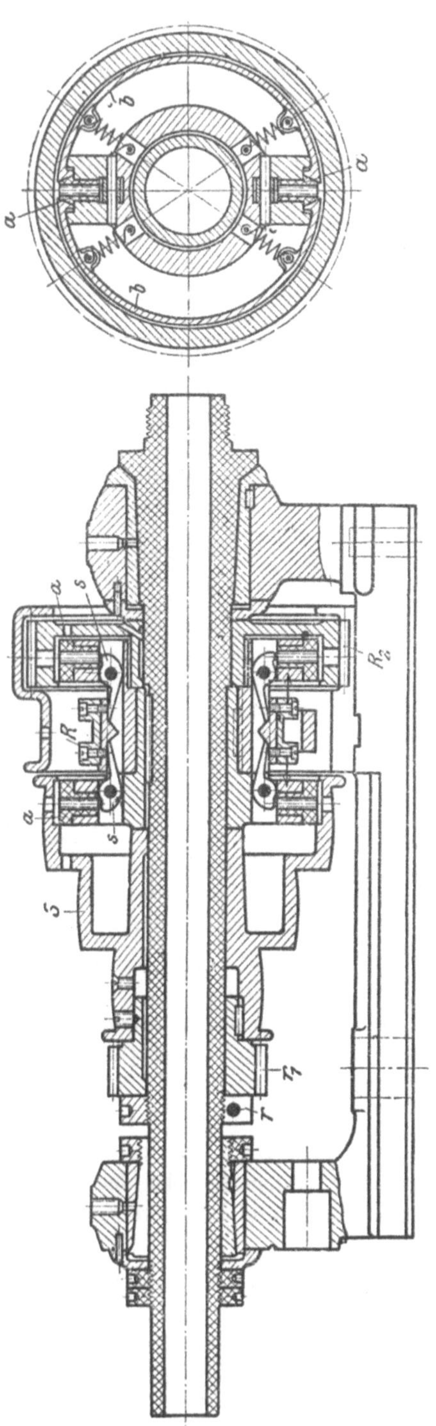

Abb. 53 und 54. Spindelstock mit Zylinderreibkupplung für Revolverbänke. 150 mm Spitzenhöhe. Karl Hasse & Wrede, Berlin N.

festen Ring und drücken so die Kupplung k_1 in die Stufenscheibe S oder k_2 in das lose Zahnrad R_2. Sie sind dabei durch die ihr eigene Sichelform und durch den Schließring m gegen Zurückgehen gesichert.

Die Kegelkupplung wird ihres Rückdruckes wegen vielfach durch eine Zylinderkupplung ersetzt, wie sie in Abb. 53 und 54 ausgeführt ist. Diese Kupplung besitzt rechts und links einen Bremsring b, durch den die Stufenscheibe S oder das lose Zahnrad R_2 gekuppelt wird. Das Bremsband b ist hierzu zweiteilig und durch 2 Kegel a aufzuspreizen, so daß es sich gegen den inneren Kranz der Scheibe oder des Rades preßt und sie abwechselnd kuppelt. Für das Einrücken der Kupplung sind beiderseits 2 Sicheln s eingebaut, die die Kegel a anheben und den Bremsring andrücken, sobald der Schließring R verschoben wird. Das Ausrücken der Kupplung ist dadurch gesichert, daß 4 Federn das Bremsband zurückziehen.

Als Nachteil dieser Spindelstöcke könnte man anführen, daß die Kupplungen die Baulänge vergrößern. Dieser Punkt verschwindet aber vollständig gegenüber der großen Vereinfachung und Sicherheit in der Bedienung. Die Kupplungen gestatten, nicht nur den Spindelstock durch einen Handgriff zu bedienen, sondern sie schließen auch die Gefahr aus, daß bei eingerückten Vorgelegen die Stufenscheibe noch gekuppelt ist. Sie bieten daher eine größere Sicherheit gegen Zahnbrüche. Bei senkrechten Maschinen lassen sie eine beliebige Höhenlage des Spindelstockes zu. Ihre Einführung in den Werkzeugmaschinenbau bedeutet daher einen anerkennenswerten Erfolg des Schnellbetriebes.

c) Spindelstöcke mit mehreren Rädervorgelegen.

Die Ausnutzung des Schnellstahles verlangt bei den Werkzeugmaschinen einen größeren Geschwindigkeitswechsel, als die bisher besprochenen Spindelstöcke bieten. Denn soll dieser Stahl zum Schruppen und Schlichten der Werkstücke gebraucht und dabei stets die volle Schnittgeschwindigkeit ausgenutzt werden, so ist eine größere Geschwindigkeitsreihe in dem Antriebe der Maschine erforderlich. Sie läßt sich bei dem Stufenscheibenantrieb nur durch mehrere ausrückbare Rädervorgelege erreichen, die für das Durchziehen des Riemens beim Schruppen schwerer Werkstücke die ausreichende Übersetzung haben müssen. Selbst bei der Stufenscheibe ist der Einfluß des Schnellstahles unverkennbar: alle Stufenscheiben für Schnellarbeitsmaschinen zeichnen sich nämlich durch ihre großen Durchmesser und Breiten aus, ihre Riemen laufen schneller und sichern so eine größere Durchzugskraft.

Von den Spindelstöcken mit mehreren Rädervorgelegen muß man als Grundbedingung eine einfache und übersichtliche Bedienung verlangen. Die einfachste Bauart ist, links der Stufenscheibe zwei Rädervorgelege anzuordnen. Bei dem Spindelstock der Magdeburger Schnelldrehbank ist diese Anordnung gewählt (Abb. 55 und 56). Mit der Stufenscheibe St sind die Triebe r_1, r_2 verbunden. Auf der Radhülse der Vorgelegewelle können die Räder R_1 und R_2 durch den Ziehkeil z einzeln gekuppelt werden. Hierzu ist der Stellring S mit dem Schnäpper s auf I oder II einzurücken. Um ein rasches Einstellen des Ziehkeiles zu sichern, ist die gleiche Lage der Keilnuten durch Striche an dem Stellring, den Rädern und der Radhaube angezeigt. Der Ziehkeil kann nur bei ausgeschwenkten Vorgelegen verstellt werden, da sich die Striche nur in eine Gerade bringen lassen, wenn sich die Räder R_1, R_2 lose drehen.

Schaltungen:

a) Ohne Vorgelege: mit h Vorgelege ausschwenken und M kuppeln. Umläufe. $n_1 = 317$ bis $n_4 = 114$,

b) mit den Vorgelegen $\dfrac{r_1}{R_1} \cdot \dfrac{r_3}{R_3} = \dfrac{1}{4}$: M ausrücken, mit h Vorgelege einschwenken, S nach I. Umläufe: $n_5 = n_1 \dfrac{r_1}{R_1} \cdot \dfrac{r_3}{R_3} = 79$ bis $n_8 =$

$$n_4 \cdot \dfrac{r_1}{R_1} \cdot \dfrac{r_3}{R_3} = 28{,}5$$

c) mit den Vorgelegen $\dfrac{r_2}{R_2} \cdot \dfrac{r_3}{R_3} = \dfrac{1}{14}$, Schaltung wie bei b, nur S nach II.

Umläufe: $n_9 = n_1 \cdot \dfrac{r_2}{R_2} \cdot \dfrac{r_3}{R_3} = 22{,}6$ bis $n_{12} = n_4 \cdot \dfrac{r_2}{R_2} \cdot \dfrac{r_3}{R_3} = 8$

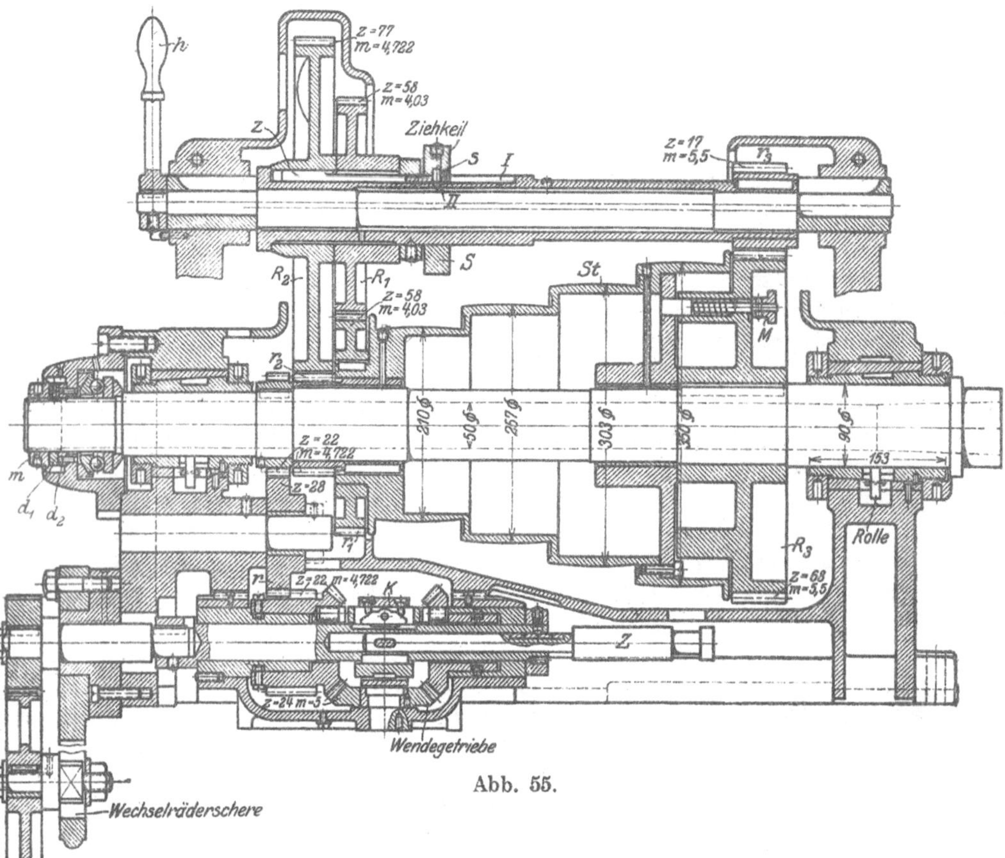

Abb. 55.

Wird von dem Spindelstock volle Betriebssicherheit verlangt, so muß mit dem Ausschwenken der Vorgelege die Stufenscheibe gekuppelt werden. Eine Ausführung dieser Art ist in dem Aufsatz: Neuere Schnelldrehbänke, Z. d. V. deutsch. Ing. 1910, S. 337, besprochen.

Für die fachmännische Welt dürfte der Wohlenbergsche Spindelstock neuester Bauart (Abb. 57 bis 59) von Bedeutung sein. Die Stufenscheibe S und die 5 Rädervorgelege lassen sich mit 3 Handgriffen fehlerfrei schalten, ein Meisterstück technischer Kunst. Zum Ein- und Ausschalten der Vorgelege, sowie zum Kuppeln der Stufenscheibe sind nur verschiebbare Räder gewählt, so daß jede außerachsig gelagerte Welle und auch der umständliche Mitnehmer fehlen. Der Mitnehmer ist hier durch die Innenverzahnung der Stufenscheibe ersetzt.

Soll die Maschine ohne Rädervorgelege laufen, so ist das auf I verschiebbare Zahnrad R_5 mit dem Ausrücker $e\,f\,g$ in den Zahnkranz der Stufenscheibe S zu schieben. In dieser Stellung treibt die Stufenscheibe S über R_5 die Drehbankspindel. Eine besondere bauliche Aufgabe stellt noch das Einschalten von 2 und 4 Vorgelegen. Soll nämlich die Maschine mit den Vorgelegen $\frac{r_2}{R_2}$, $\frac{r_3}{R_3}$, $\frac{r_4}{R_4}$, $\frac{r_5}{R_5}$ oder mit $\frac{r_1}{R_1}$, $\frac{r_3}{R_3}$, $\frac{r_4}{R_4}$, $\frac{r_5}{R_5}$ betrieben werden, so laufen die linken Räder R_2, R_1 und r_3 schneller

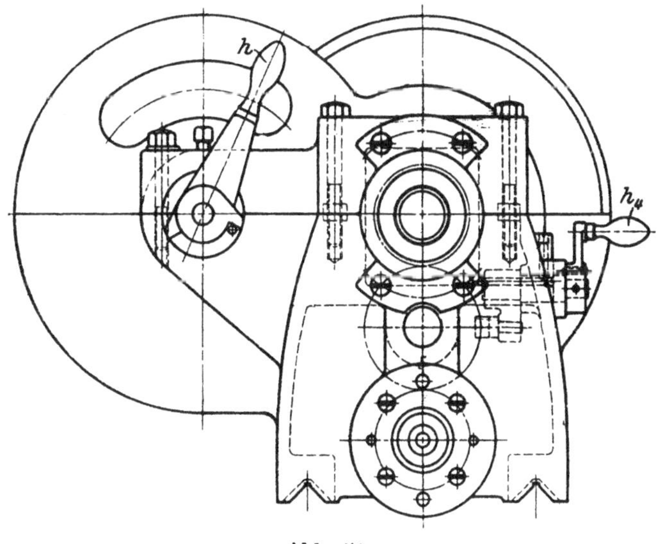

Abb. 56.

Abb. 55 und 56. Spindelstock der Schnelldrehbank der **Magdeburger Werkzeugmaschinenfabrik, A. G., Magdeburg-Neustadt.**

als r_5 und R_4. Infolgedessen müssen die linken Räder mit einer Laufbüchse L auf II sitzen, während die rechten r_5 und R_4 festzukeilen sind. Für das abwechselnde Einschalten von $\frac{r_1}{R_1}$ und $\frac{r_2}{R_2}$ sind die Räder R_1 und R_2 auf L zu verschieben. Hierzu ist der Zahnbogen a mit einem Handgriff zu drehen. so daß die Zahnstange v mit der Gabel c diese Räder einstellt. Bei 2 Vorgelegen, z. B. $\frac{r_2}{R_2}$, $\frac{r_5}{R_5}$, muß das Rad R_2 treibend auf die Welle II wirken, während die Vorgelege $\frac{r_3}{R_3}$ und $\frac{r_4}{R_4}$ auszuschalten sind. Hierzu ist die Welle III mit ihren Rädern R_3 und r_4 nach links

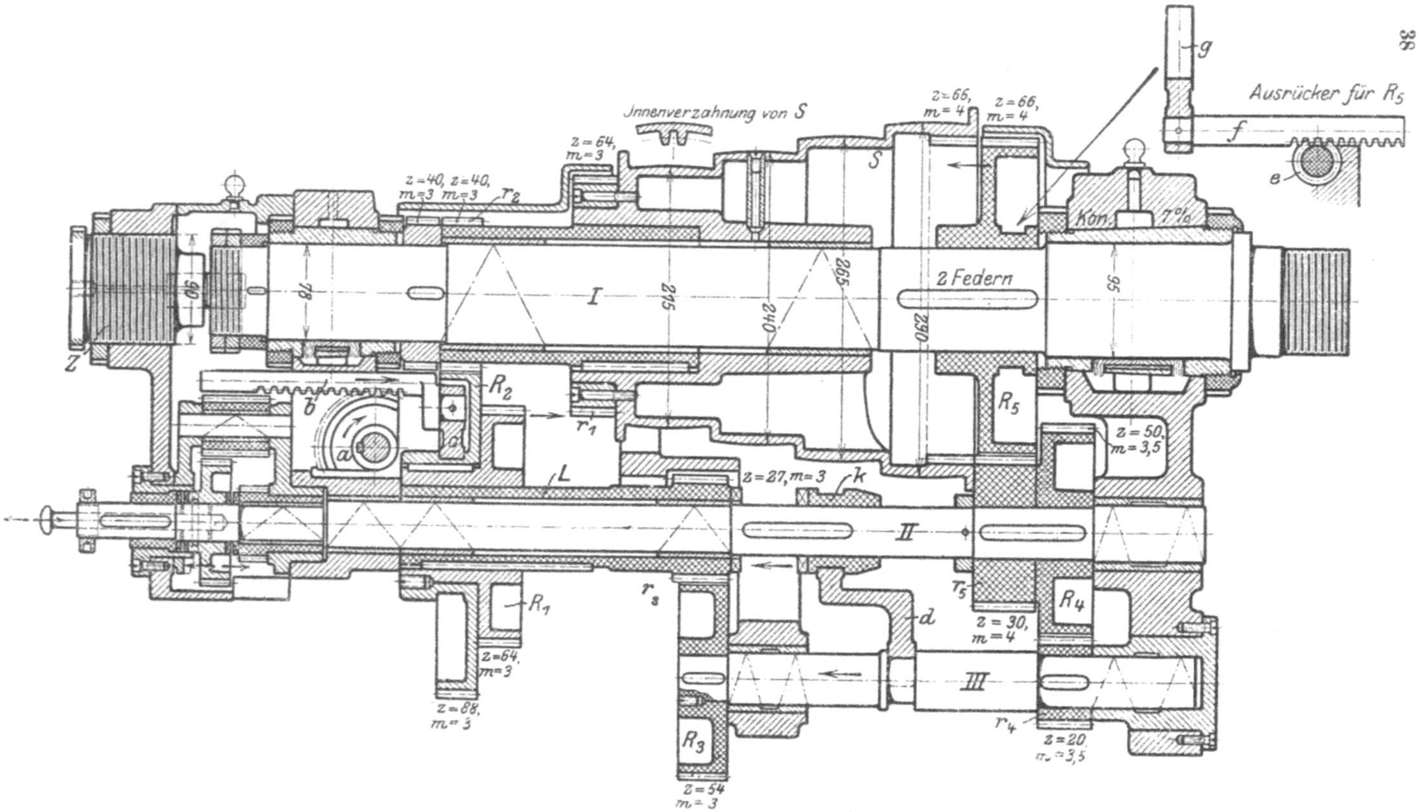

Abb. 57. Spindelstock (D.R.P.) von **H. Wohlenberg**, Drehbankfabrik. **Hannover.**

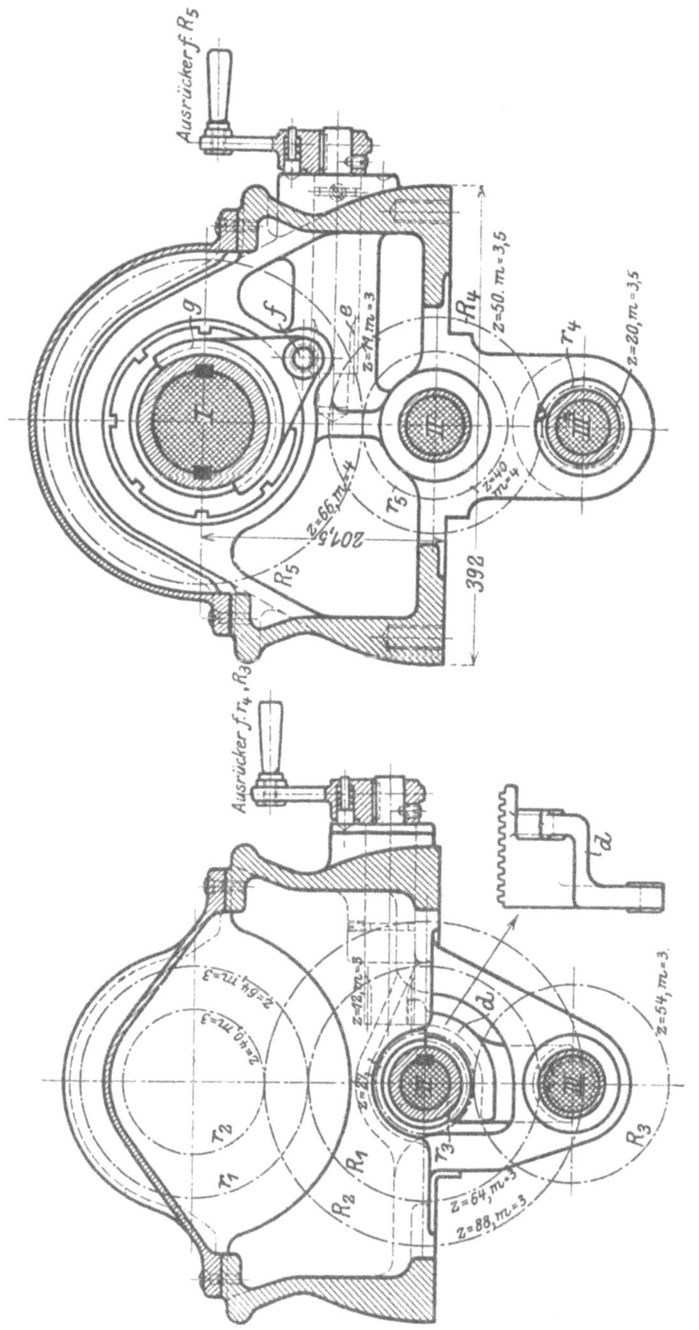

Abb. 58 und 59. Seitenrisse des Wohlenbergschen Spindelstockes.

zu verschieben. Dabei rückt sie durch den Arm d die Kupplung k in die Laufbüchse L ein, so daß r_2 auf R_2 und r_5 auf R_5 arbeiten.

Die 20 Geschwindigkeiten dieses Spindelstockes erforden daher die folgenden Schaltungen:

a) Ohne Vorgelege, Einstellung: R_5 in S einrücken, Umläufe n_1 bis n_4;

b) mit den Vorgelegen $\dfrac{r_1}{R_1}$, $\dfrac{r_5}{R_5}$ von der Übersetzung $\varphi_1 = \dfrac{64}{64} \cdot \dfrac{30}{66} = \dfrac{1}{2,2}$, Einstellungen: R_5 aus S zurückziehen, R_1 auf r_1 einschalten, ebenso k auf L. Umläufe: $n_5 = n_1 \varphi_1$ bis $n_8 = n_4 \varphi_1$;

c) mit den Vorgelegen $\dfrac{r_2}{R_2}$, $\dfrac{r_5}{R_5}$ mit $\varphi_2 = \dfrac{40}{88} \cdot \dfrac{30}{66} = \dfrac{1}{4,84}$, Einstellung: wie bei b, nur R_2 in r_2 einrücken, Umläufe: $n_9 = n_1 \varphi_2$ bis $n_{12} = n_4 \varphi_2$;

d) mit den Vorgelegen $\dfrac{r_1}{R_1}$, $\dfrac{r_3}{R_3}$, $\dfrac{r_4}{R_4}$, $\dfrac{r_5}{R_5}$ mit $\varphi_3 = \dfrac{64}{64} \cdot \dfrac{27}{54} \cdot \dfrac{20}{50} \cdot \dfrac{30}{66} = \dfrac{1}{11}$, Einstellungen: R_1 auf r_1, k ausrücken und damit R_3 in r_3 und r_4 in R_4 einrücken, Umläufe: $n_{13} = n_1 \varphi_3$ bis $n_{16} = n_4 \varphi_3$;

e) mit den Vorgelegen $\dfrac{r_2}{R_2}$, $\dfrac{r_3}{R_3}$, $\dfrac{r_4}{R_4}$, $\dfrac{r_5}{R_5}$ mit $\varphi_4 = \dfrac{40}{88} \cdot \dfrac{27}{54} \cdot \dfrac{20}{50} \cdot \dfrac{30}{66} = \dfrac{1}{24,2}$, Einstellungen: wie bei d, nur R_2 auf r_2 einrücken, Umläufe: $n_{17} = n_1 \varphi_4$ bis $n_{20} = n_4 . \varphi_4$.

Da Schnelldrehbänke selten mit der Stufenscheibe allein betrieben werden, so sind meist nur 2 Handgriffe zu schalten.

Die Stufenrädergetriebe.

Der Kampf gegen die Unvollkommenheiten der Stufenscheibe brachte in dem Antriebe vieler Werkzeugmaschinen eine Umwälzung hervor. Mit dem Bestreben, die Arbeitsleistung der Maschinen zu steigern, machte sich besonders die mangelhafte und ungleiche Durchzugskraft des Stufenriemens bemerkbar. Es wird namentlich bei den äußersten Stufen die Sicherheit des Antriebes durch die geringe Umspannung der kleinsten Scheibe stark beeinträchtigt. Dazu tritt noch der Übelstand, daß der Riemen in dieser Lage mit der kleinsten Geschwindigkeit läuft. Der Riemen arbeitet also unter den ungünstigsten Bedingungen, wenn die Maschine am stärksten belastet ist.

Zu diesen Mängeln kommt noch die bei manchen Maschinen leider zu weit getriebene Vielseitigkeit, die einen häufigen Stufenwechsel des Riemens und eine größere Zahl von Antriebsgeschwindigkeiten erfordert. Auch hierfür bietet der Stufenriemen mit seinem umständlichen und langwierigen Riemenumlegen keinen einwandfreien Antrieb. Einen wesentlichen Einfluß hatte auch die Einführung der Schnellstähle und der härteren und zäheren Baustoffe.

Von den neu zu schaffenden Antrieben mußte man daher für eine höhere Leistung der Maschine in erster Linie eine größere Zwangläufigkeit verlangen und neben ihr eine sichere und raschere Handhabung. Die Hauptforderung, die größere Zwangläufigkeit, lenkte naturgemäß auf die Rädergetriebe. Sollten sie wie die Stufenscheibe eine gewisse Zahl Geschwindigkeiten gestatten, so mußten sie das Kennzeichen eines Stufenrädergetriebes erhalten. Diese Getriebe werden vom Deckenvorgelege oder vom Motor durch einen Riemen angetrieben, der nicht verlegt wird (Einscheibenantrieb). Die Geschwindigkeit wird durch das Ein- und Ausschalten von Rädervorgelegen gewechselt. Hierzu ist bei jedem Getriebe die passende Zahl Handgriffe vorgesehen, die nach einer Tafel rasch und sicher einzustellen sind.

Mit den Stufenrädergetrieben ist daher eine ganze Reihe Vorzüge verknüpft. Bei jedem Geschwindigkeitswechsel wird viel Zeit gespart, und er ist für die Maschine selbst gefahrlos. Der Riemen besitzt eine gleichmäßige und größere Durchzugskraft und braucht nicht verlegt zu werden. Er ist daher für größere Leistungen weit besser geeignet, da die eine Riemscheibe breit und groß sein und mit hoher Umlaufszahl laufen kann. Vielfach läßt sich sogar die Spindel von dem Riemenzug entlasten, ein Vorzug, der für die Güte der Arbeit spricht.

Die Stufenrädergetriebe vollziehen, wie bereits erwähnt, den Geschwindigkeitswechsel durch das Ein- und Ausschalten von Rädern. Diese Schalträder können entweder verschiebbare Räder — Verschieberäder — oder auch kuppelbare Räder — Kuppelräder — sein.

Die einfachen Verschieberäder sind lediglich auf ihren Wellen in der Achsenrichtung verschiebbar und können so mit ihren Zahnkränzen in und außer Eingriff gebracht werden. Die schwenkbaren Verschieberäder werden dagegen mit einem Stellhebel zunächst seitlich ausgeschwenkt, hierauf verschoben und dann in den Zahnkranz eines anderen Rades eingeschwenkt. Die Kuppelräder halten die Zahnkränze stets in Eingriff und werden bei den Hauptgetrieben meist durch Klauen- oder Reibkupplungen, seltener durch Ziehkeile auf ihren Wellen gekuppelt. Bei den meisten Stufenrädergetrieben wird der Geschwindigkeitswechsel sowohl durch Verschieberäder als auch durch Kuppelräder vollzogen.

Ein Stufenrädergetriebe, das die Geschwindigkeit mit 3 einfachen Verschieberädern und 2 Kuppelrädern ändert, ist in Abb. 60 bis 64 dargestellt. Die Welle I kann hier durch Verschieben der Blockräder r_1, r_2, r_3 der Welle II 3 verschiedene Umläufe erteilen, je nachdem $\dfrac{r_1}{R_1}$ oder $\dfrac{r_2}{R_2}$ oder $\dfrac{r_3}{R_3}$ eingeschaltet wird. Wird die Kupplung k auf R_4 eingerückt, so empfängt die Drehbankspindel III von der Welle II die gleichen Umläufe,

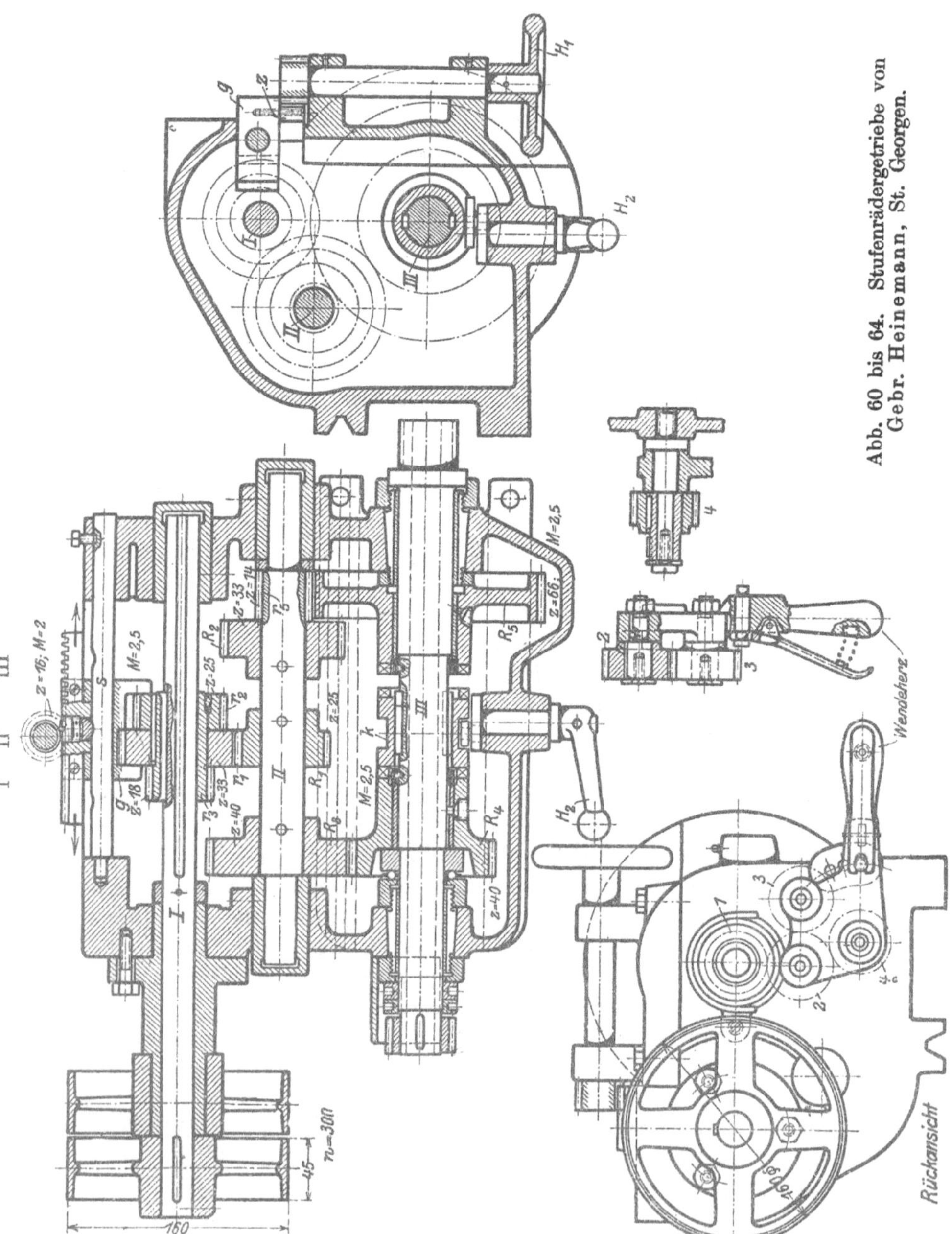

Abb. 60 bis 64. Stufenrädergetriebe von Gebr. Heinemann, St. Georgen.

da $R_3 = R_4$ ist. Schaltet man hingegen k auf R_5 um, so erfährt die Drehbankspindel 3 weitere Umläufe, so daß das Getriebe einen 6 fachen Geschwindigkeitswechsel zuläßt. Durch die Wahl der Blockräder sind Fehler in der Bedienung ausgeschlossen. Das Verschieben der Blockräder geschieht mit dem Handrade H_1, das beim Drehen durch das Zahnrädchen die Zahnstange z mit der Gabel g verschiebt, die die Blockräder faßt. Sobald die Zahnkränze kämmen, hält ein Federriegel die Zahnstange auf s fest. Zum Umschalten der Kupplung k ist der Handgriff H_2 vorgesehen.

Schaltplan zu Abb. 60 bis 64.

Lfd. Nr.	Arbeitende Räder	Stellung des Blockrades	Stellung des Schalthebels H_2	Umdrehungen der Maschine
1	$\dfrac{r_1}{R_1} \cdot \dfrac{R_3}{R_4}$	II		$n_1 = 300 \cdot \dfrac{33}{25} \cdot \dfrac{40}{40} = 396$
2	$\dfrac{r_2}{R_2} \cdot \dfrac{R_3}{R_4}$	III		$n_2 = 300 \cdot \dfrac{25}{33} \cdot \dfrac{40}{40} = 227$
3	$\dfrac{r_3}{R_3} \cdot \dfrac{R_3}{R_4} = \dfrac{r_3}{R_4}$	I		$n_3 = 300 \cdot \dfrac{18}{40} \cdot \dfrac{40}{40} = 135$
4	$\dfrac{r_1}{R_1} \cdot \dfrac{r_5}{R_5}$	II		$n_4 = 300 \cdot \dfrac{33}{25} \cdot \dfrac{14}{66} = 84$
5	$\dfrac{r_2}{R_2} \cdot \dfrac{r_5}{R_5}$	III		$n_5 = 300 \cdot \dfrac{25}{33} \cdot \dfrac{14}{66} = 48$
6	$\dfrac{r_3}{R_3} \cdot \dfrac{r_5}{R_5}$	I		$n_6 = 300 \cdot \dfrac{18}{40} \cdot \dfrac{14}{66} = 29$

Das Norton-Getriebe wechselt die Geschwindigkeit mit einem einschwenkbaren Verschieberad (Abb. 65 bis 68). Auf der Welle II sitzt das Triebrad r_5, das durch das Zwischenrad r auf die 4 Räder r_6 bis r_9 der Hauptspindel III einzeln eingeschwenkt werden kann. Hierzu ist mit dem Handhebel h_1, der durch den Bügel u die Norton-Schwinge S aushebt, das Zwischenrad r seitlich auszuschwenken. In dieser eingriffsfreien Stellung ist die Schwinge S mit dem Zwischenrade r vor eins der Wechselräder r_6 bis r_9 zu schieben. Dies geschieht durch Drehen der Kurbel h_2, die durch das Zahnrad g und die Zahnstange z_1 die Schwinge S auf II verschiebt. Auf der Schalttafel t sind die einzelnen Stellungen der Schwinge und die zugehörigen Spindelgeschwindigkeiten angegeben. Durch Vorziehen von h_1 läßt sich jetzt die Schwinge S mit dem Zwischenrade r wieder einschwenken. Um hierbei jedesmal die genaue Eingriffsstellung festzuhalten, legt sich die Schwinge S gegen die Nasen n des Räderkastens. Durch diese 4 Schaltungen erfährt die lose Radhülse L 4 Geschwindigkeiten, die sich durch Einschalten der Klauenkupplung K unmittelbar auf die Drehbankspindel III übertragen lassen.

Wird dagegen K auf das Rad r_{14} umgeschaltet, so arbeiten die Vorgelege $\dfrac{r_{11}}{r_{12}}$, $\dfrac{r_{13}}{r_{14}}$ mit, so daß 8 Geschwindigkeiten zur Verfügung stehen. Da dem Norton-Getriebe noch 2 ausrückbare Vorgelege $\dfrac{r_1}{r_2}$ und $\dfrac{r_3}{r_4}$ vorgebaut sind, die sich mit dem Handgriff h_3 einzeln einschalten lassen, so gestattet der Norton-Antrieb 2×8 Geschwindigkeiten. Diese 16 Ge-

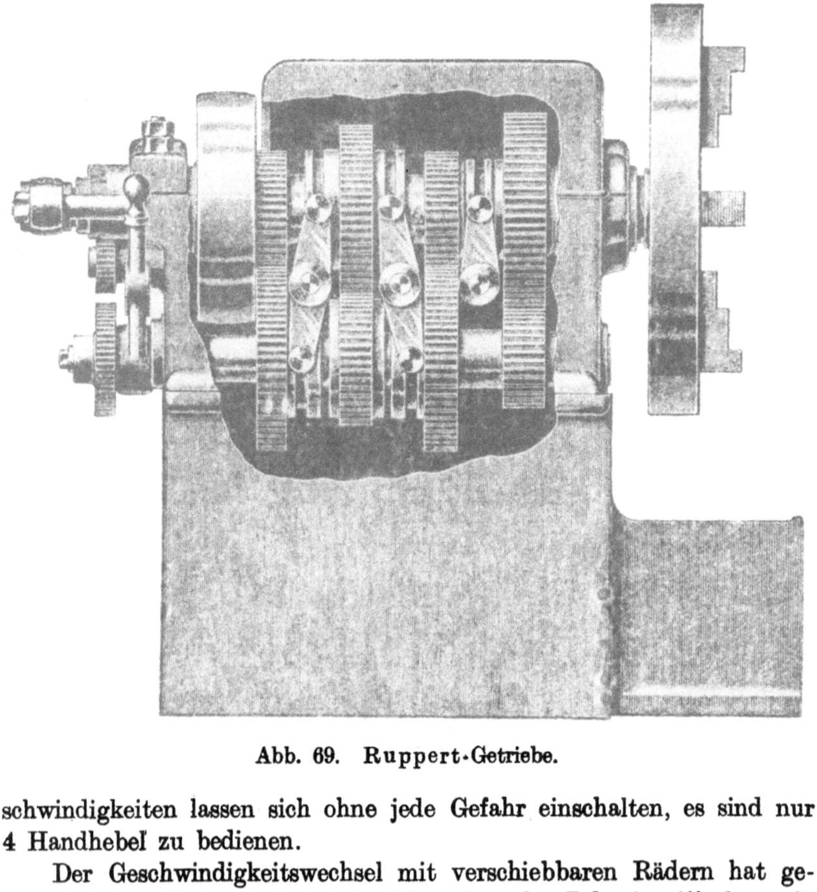

Abb. 69. Ruppert-Getriebe.

schwindigkeiten lassen sich ohne jede Gefahr einschalten, es sind nur 4 Handhebel zu bedienen.

Der Geschwindigkeitswechsel mit verschiebbaren Rädern hat gewöhnlich den Nachteil, daß beim Einrücken der Zahneingriff abgepaßt werden muß. Bei hohen Umläufen ist es fast unmöglich, das Zwischenrad einzuschalten, und beim Stillstand der Maschine müssen die Räder von Hand langsam bewegt werden. Dieser Nachteil ist in Abb. 68 in sinnreicher Weise beseitigt. Sobald nämlich die Norton-Schwinge S mit dem Zwischenrad r zurückgelegt wird, hält ein Klingengetriebe die Räder in langsamer Drehung, so daß die Zahnkränze schnell kämmen können.

Das Klinkengetriebe besteht hier aus dem Rad r_{10}, das auf der Laufbüchse L lose läuft und unter Mitwirkung eines Federringes die Klinke k gegen die Zähne z von r_9 stemmt. Bei zurückgelegter Schwinge S treibt r_5' über ein Zwischenrad (Abb. 65) das Klinkenrad r_{10}, das durch die Klinke k das Rad r_9, also auch L, mitnimmt. Hierdurch bleibt das ganze Räderwerk in langsamer Drehung. Wird die Schwinge S auf r_6, r_7, r_8 oder r_9 eingerückt, so eilt der Räderblock gegenüber r_{10} vor. Die Klinke wird infolgedessen durch den Federring ausgehoben, so daß r_{10} lose weiterläuft.

Mit dem Klinkengetriebe wird nicht nur das Räderwerk zum bequemen Einrücken der Norton-Schwinge in langsamer Drehung gehalten, sondern auch durch Umschalten von h_3 und K werden 4 weitere Umläufe der Spindel erreicht, so daß sich der gesamte Geschwindigkeitswechsel auf 20 Geschwindigkeiten stellt.

Schalttafel zu Abb. 65 bis 68.

Lfd. Nr.	Schaltung der Vorgelege $\dfrac{r_1}{r_2}$, $\dfrac{r_3}{r_4}$	Schaltung des Norton- oder Klinkengetriebes	Schaltung von K auf	Übersetzuug des Räderantriebes
1	$\dfrac{r_1}{r_2}$	$\dfrac{r_5}{r_6}$	L	$\dfrac{r_1}{r_2} \cdot \dfrac{r_5}{r_6}$
2	,,	$\dfrac{r_5}{r_7}$	,,	$\dfrac{r_1}{r_2} \cdot \dfrac{r_5}{r_7}$
3	,,	$\dfrac{r_5}{r_8}$	,,	$\dfrac{r_1}{r_2} \cdot \dfrac{r_5}{r_8}$
4	,,	$\dfrac{r_5}{r_9}$	,,	$\dfrac{r_1}{r_2} \cdot \dfrac{r_5}{r_9}$
5	,,	$\dfrac{r_5'}{r_{10}}$	,,	$\dfrac{r_1}{r_2} \cdot \dfrac{r_5}{r_{10}}$
6	$\dfrac{r_3}{r_4}$	$\dfrac{r_5}{r_6}$	L	$\dfrac{r_3}{r_4} \cdot \dfrac{r_5}{r_6}$
7	,,	$\dfrac{r_5}{r_7}$	,,	$\dfrac{r_3}{r_4} \cdot \dfrac{r_5}{r_7}$
8	,,	$\dfrac{r_5}{r_8}$	,,	$\dfrac{r_3}{r_4} \cdot \dfrac{r_5}{r_8}$
9	,,	$\dfrac{r_5}{r_9}$	,,	$\dfrac{r_3}{r_4} \cdot \dfrac{r_5}{r_9}$
10	,,	$\dfrac{r_5}{r_{10}}$	,,	$\dfrac{r_3}{r_4} \cdot \dfrac{r_5}{r_{10}}$

Wird jetzt K auf r_{14} umgeschaltet, so laufen die Vorgelege $\dfrac{r_{11}}{r_{12}}$, $\dfrac{r_{13}}{r_{14}}$ mit, und es ergeben sich nochmals 10 Schaltungen. Ihre Übersetzungen erhält man, indem man die unter 1 bis 10 mit $\dfrac{r_{11}}{r_{12}} \cdot \dfrac{r_{13}}{r_{14}}$ vervielfacht.

Das Ruppert-Getriebe (Abb. 69) vollzieht den Geschwindig-

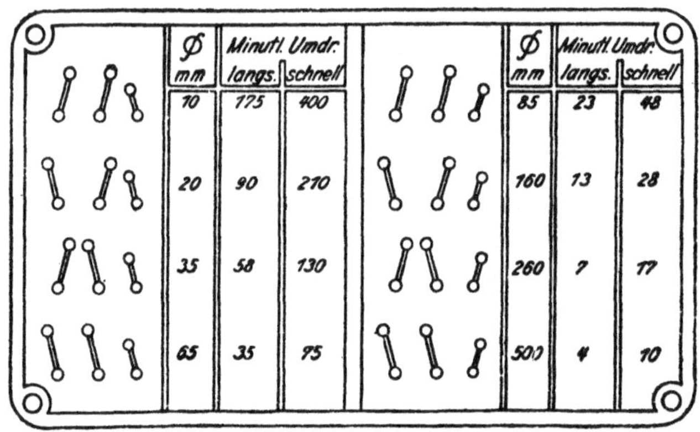

Ø mm	Minutl. Umdr.		Ø mm	Minutl. Umdr.	
	langs.	schnell		langs.	schnell
10	175	400	85	23	48
20	90	210	160	13	28
35	58	130	260	7	17
65	35	95	500	4	10

Abb. 70. Schalttafel.

keitswechsel lediglich mit Kuppelrädern. Es besitzt bereits bei 4 Räderpaaren und 5 Kupplungen 8 Geschwindigkeiten. Die verhältnismäßig große Geschwindigkeitsreihe ist durch eine sehr sinnreiche Anordnung der 8 Räder auf 2 Wellen und entsprechenden Laufbüchsen erreicht. Die 4 Räderpaare sind durch 2 zwangläufig verbundene Kupplungspaare und eine freie Kupplung zu schalten. Die Bedienung erfordert höchstens 3 Handgriffe, die nach einer Tafel (Abb. 70) auszuführen sind. Hierdurch entstehen die in Abb. 71 dargestellten Schaltungen. Um die in diesem Getriebe steckende geistige Arbeit auch nur annähernd schätzen zu lernen, sei es jedem ans Herz gelegt, auf Grund der Abbildungen den Aufbau des Getriebes selbst zu entwickeln [1]).

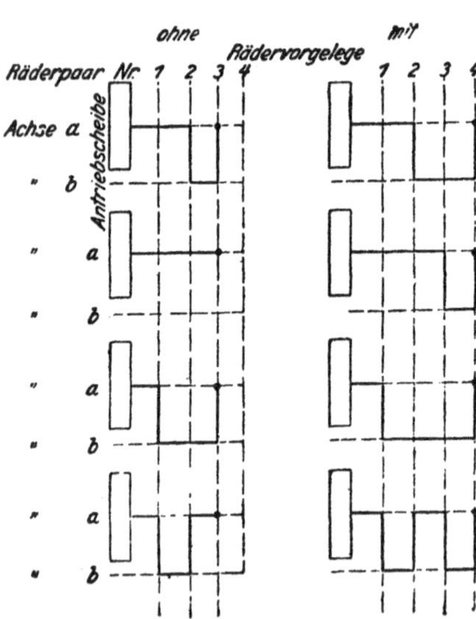

Abb. 71. Schaltplan der Vorgelege.

Die Stufenrädergetriebe, die den Geschwindigkeitswechsel mit Reibkupplungen vollziehen, gleichen in ihrem Aufbau denen mit Klauen-

---

[1]) Zeitschr. für Werkzeugmaschinen und Werkzeuge 1908, S. 193.

Additional information of this book

(Die Werkzeugmaschinen; 978-3-642-89890-7; 978-3-642-89890-7_OSFO1) is provided:

http://Extras.Springer.com

kupplungen. Sie besitzen jedoch den Vorzug, daß sie sich im Betriebe schalten lassen; es empfiehlt sich aber, die Maschine dabei anzuhalten.

Bei dem Böhringer-Stufenrädergetriebe in Abb. 72 bis 80 treibt die Einscheibe E die Welle I, auf der sich die Räder r_1 und r_3 durch je eine Reibkupplung kuppeln lassen, die mit der Muffe k_1 eingerückt werden. Zwischen den Wellen I und II ist ein Wendegetriebe eingebaut, das mit $\dfrac{r_1}{r_2} = \dfrac{36}{56}$ den Arbeitsgang der Maschine treibt und mit $\dfrac{r_3}{r_4} \cdot \dfrac{r_4}{r_5} = \dfrac{44}{43}$ den schnellen Rücklauf. Diese Vor- und Rücklaufgeschwindigkeit gelangt über r_6 oder über die Vorgelege $\dfrac{r_6}{r_7} \cdot \dfrac{r_8}{r_9}$ auf die Laufbüchse L_{II}. Hierzu wird k_3 auf r_6 oder auf r_9 eingeschaltet. L_{II} erhält also 2 Geschwindigkeiten für den Vor- und Rücklauf. Sie können auf vierfachem Wege über L_{III} nach L_D gelangen, so daß L_D 4×2 Geschwindigkeiten erhält.

Schaltet man k_2 und k_4 nach rechts, so treibt L_{II} durch $\dfrac{r_{10}}{r_{11}} \cdot \dfrac{r_{11}}{r_{12}}$ die Laufbüchse L_D, nach links, durch $\dfrac{r_{13}}{r_{14}} \cdot \dfrac{r_{14}}{r_{15}}$. Das sind die beiden geraden Schaltwege. Schaltet man k_2 nach rechts und k_4 nach links oder umgekehrt, so treten zwei Zickzackwege hinzu, d. h. L_{II} treibt über $\dfrac{r_{10}}{r_{11}} \cdot \dfrac{r_{14}}{r_{15}}$ oder über $\dfrac{r_{13}}{r_{14}} \cdot \dfrac{r_{11}}{r_{12}}$. Die so erzielten 8 Geschwindigkeiten können durch Einschalten von k_5 auf L_D direkt auf die Drehspindel D übertragen werden oder durch Umschalten von k_5 auf r_{19} über die Vorgelege $\dfrac{r_{16}}{r_{17}} \cdot \dfrac{r_{13}}{r_{19}}$. Die Maschine hat also für die Hauptbewegung $2 \times 8 = 16$ Geschwindigkeiten für den Vor- und Rücklauf. Diese große Geschwindigkeitsreihe ist durch die geschickte Anordnung der Vorgelege erreicht, die zwar Laufbüchsen, aber keine neuen Wellen erfordert, die Ausladung des Räderkastens wird daher nicht vergrößert. Die Laufbüchsen müssen natürlich gut geölt werden.

Schalttafel zu Abb. 72 bis 80.

Schaltung Nr.	Hebelstellungen					Eingeschaltete Räder	Umläufe der Maschine
	h_1	h_2	h_3	h_4	h_5		
1						$\dfrac{r_1}{r_2}\cdot\dfrac{r_{10}}{r_{11}}\cdot\dfrac{r_{14}}{r_{15}}=\dfrac{36}{56}\cdot\dfrac{37}{50}\cdot\dfrac{61}{53}$	$n_1=420\dfrac{36}{56}\cdot\dfrac{37}{50}\cdot\dfrac{61}{53}=230$
2						$\dfrac{r_1}{r_2}\cdot\dfrac{r_{10}}{r_{12}}=\dfrac{36}{56}\cdot\dfrac{37}{64}$	$n_2=420\cdot\dfrac{36}{56}\cdot\dfrac{37}{64}=156$
3						$\dfrac{r_1}{r_2}\cdot\dfrac{r_{13}}{r_{15}}=\dfrac{36}{56}\cdot\dfrac{26}{53}$	$n_3=420\cdot\dfrac{36}{56}\cdot\dfrac{26}{53}=132,5$
4						$\dfrac{r_1}{r_2}\cdot\dfrac{r_{13}}{r_{14}}\cdot\dfrac{r_{11}}{r_{12}}=\dfrac{36}{56}\cdot\dfrac{26}{61}\cdot\dfrac{50}{64}$	$n_4=89,9$
5						$\dfrac{r_1}{r_2}\cdot\dfrac{r_6}{r_7}\cdot\dfrac{r_8}{r_9}\cdot\dfrac{r_{10}}{r_{11}}\cdot\dfrac{r_{14}}{r_{15}}=\dfrac{36}{56}\cdot\dfrac{34}{53}\cdot\dfrac{29}{58}\cdot\dfrac{37}{50}\cdot\dfrac{61}{53}$	$n_5=73,8$
6						$\dfrac{r_1}{r_2}\cdot\dfrac{r_6}{r_7}\cdot\dfrac{r_8}{r_9}\cdot\dfrac{r_{10}}{r_{12}}$	$n_6=50$
7						$\dfrac{r_1}{r_2}\cdot\dfrac{r_6}{r_7}\cdot\dfrac{r_8}{r_9}\cdot\dfrac{r_{13}}{r_{15}}$	$n_7=42,5$
8						$\dfrac{r_1}{r_2}\cdot\dfrac{r_6}{r_7}\cdot\dfrac{r_8}{r_9}\cdot\dfrac{r_{13}}{r_{14}}\cdot\dfrac{r_{11}}{r_{12}}$	$n_8=28,8$

Für die 8 weiteren Schaltungen wiederholen sich die Hebelstellungen für h_2, h_3, h_4, nur muß h_5 auf ⊘ stehen. Die Umläufe der Maschine sind dann: $n_9=n_1\cdot\dfrac{r_{16}}{r_{17}}\cdot\dfrac{r_{18}}{r_{19}}=230\cdot\dfrac{33}{66}\cdot\dfrac{17}{68}=\dfrac{230}{8}=28,8$; $n_{10}=n_2\cdot\dfrac{1}{8}=19,5$; $n_{11}=n_3\cdot\dfrac{1}{8}=16,5$; $n_{12}=n_4\cdot\dfrac{1}{8}=11,2$; $n_{13}=73,8\cdot\dfrac{1}{8}=9,2$; $n_{14}=\dfrac{n_6}{8}=6,25$; $n_{15}=\dfrac{n_7}{8}=5,3$ und $n_{16}=\dfrac{n_8}{8}=3,6$.

Für den Rücklauf ist h_1 auf ⊘ zu schalten.

Die Stufenrädergetriebe mit Ziehkeilschaltung lassen sich ebenfalls im Betriebe schalten, aber auch hier wird die Maschine zweckmäßig angehalten.

Das Getriebe in Abb. 81 ist für 6 Geschwindigkeiten gebaut, die durch 2×3 Rädervorgelege geschaffen sind. Von den ersten beiden Vorgelegen sind die Räder r_1, r_3 auf I festgekeilt, während die Kuppelräder r_2, r_4 auf II durch den Ziehkeil k_1 zu kuppeln sind. Von den letzten drei Vorgelegen sitzen r_5, r_7, r_9 fest auf II und die durch den Ziehkeil k_2 einzuschaltenden Kuppelräder r_6, r_8, r_{10} auf III. Durch die beiden Einstellungen von k_1 und die drei von k_2 empfängt die Welle III von der Antriebsscheibe S_1 6 Geschwindigkeiten, die über die Räder r_{11}, r_{12} auf die Antriebsscheibe S_2 und von hier durch einen zweiten Riemen auf die Frässpindel gelangen.

Eine besondere Frage ist das Unterbringen der Ziehkeile. Hierzu sind die Wellen *II* und *III* auf passende Tiefen gebohrt und der Breite der Kuppelräder entsprechend genutet. In den Bohrungen von *II* und *III* befindet sich je ein ausziehbarer Stift, in dessen schmalem Schlitz der Ziehkeil sitzt. Er ist einerseits um einen Zapfen drehbar und wird andererseits durch eine Feder in die Keilnut des betreffenden Kuppelrades gedrückt. Sollen Fahrlässigkeiten in der Schaltung vermieden werden, so darf der Ziehkeil selbst beim Verstellen immer nur ein Rad kuppeln. Diese Bedingung ist durch Zwischenringe erfüllt, die zwischen je 2 Kuppelrädern sitzen. Sobald der Ziehkeil eingestellt wird, drücken ihn die Zwischenringe beim Übergang von einem Rade ins andere in die Nut der Welle zurück. Er kann also erst einspringen, wenn die Keilnut des langsam kreisenden Rades vor ihm steht.

Schaltplan zu Abb. 81.

Lfd. Nr.	Arbeitende Räder	Einstellungen	Umläufe von S_2
1	$\dfrac{r_1}{r_2} \cdot \dfrac{r_5}{r_6} \cdot \dfrac{r_{11}}{r_{12}}$	k_1 auf B, k_2 auf III	$n_1 = n \cdot \dfrac{r_1}{r_2} \cdot \dfrac{r_5}{r_6} \cdot \dfrac{r_{11}}{r_{12}}$
2	$\dfrac{r_1}{r_2} \cdot \dfrac{r_7}{r_8} \cdot \dfrac{r_{11}}{r_{12}}$	,, ,, ,, ,, ,, II	$n_2 = n \dfrac{r_1}{r_2} \cdot \dfrac{r_7}{r_8} \cdot \dfrac{r_{11}}{r_{12}}$
3	$\dfrac{r_1}{r_2} \cdot \dfrac{r_9}{r_{10}} \cdot \dfrac{r_{11}}{r_{12}}$	,, ,, ,, ,, ,, I	$n_3 = n \dfrac{r_1}{r_2} \cdot \dfrac{r_9}{r_{10}} \cdot \dfrac{r_{11}}{r_{12}}$
4	$\dfrac{r_3}{r_4} \cdot \dfrac{r_5}{r_6} \cdot \dfrac{r_{11}}{r_{12}}$	k_1 auf A, k_2 auf III	$n_4 = n \cdot \dfrac{r_3}{r_4} \cdot \dfrac{r_5}{r_6} \cdot \dfrac{r_{11}}{r_{12}}$
5	$\dfrac{r_3}{r_4} \cdot \dfrac{r_7}{r_8} \cdot \dfrac{r_{11}}{r_{12}}$	,, ,, ,, ,, ,, II	$n_5 = n \cdot \dfrac{r_3}{r_4} \cdot \dfrac{r_7}{r_8} \cdot \dfrac{r_{11}}{r_{12}}$
6	$\dfrac{r_3}{r_4} \cdot \dfrac{r_9}{r_{10}} \cdot \dfrac{r_{11}}{r_{12}}$	,, ,, ,, ,, ,, I	$n_6 = n \cdot \dfrac{r_3}{r_4} \cdot \dfrac{r_9}{r_{10}} \cdot \dfrac{r_{11}}{r_{12}}$

Wollte man die Stufenrädergetriebe einem Vergleich unterziehen, so wären sie auf ihre Räderzahl, ihren Wirkungsgrad, ihre rasche und sichere Handhabung und ihre Übertragungsfähigkeit zu prüfen.

Die geringste Räderzahl beanspruchen die Stufenrädergetriebe mit schwenkbaren Verschieberädern nach der Bauart von Norton. Bei ihnen laufen auch keine Räderpaare leer mit, so daß sie den günstigsten Wirkungsgrad haben. Sie gewähren volle Zwangläufigkeit und sind daher auch für größere Kraftübertragungen geeignet. Sie lassen sich am schnellsten beim Anlaufen der Maschine schalten, jedoch nicht im Betriebe. Ihre Handhabung ist vollkommen fehlerfrei. Ähnlich liegen die Verhältnisse bei den Getrieben mit einfachen Verschieberädern, nur verlangen sie eine größere Räderzahl. Die Getriebe mit Kuppelrädern erfordern die größte Räderzahl, und alle Räder laufen leer mit. Diese Getriebe sind daher mit einem etwas schlechteren Wirkungsgrad behaftet. Für das Ein- und Ausrücken der Kupplungen ist eine Reihe Handhebel erforderlich, die nach einer Schalttafel einzustellen ist. In vollem Betriebe lassen sich nur die Reibkupplungen schalten, dafür bieten die Klauenkupplungen eine große Übertragungsfähigkeit.

Von diesen Gesichtspunkten betrachtet wären die Getriebe mit Klauenkupplungen wegen ihrer großen Übertragungsfähigkeit für die schwersten Maschinen besonders geeignet, die Getriebe mit Verschieberädern für mittelschwere und die mit Reibkupplungen für leichtere und

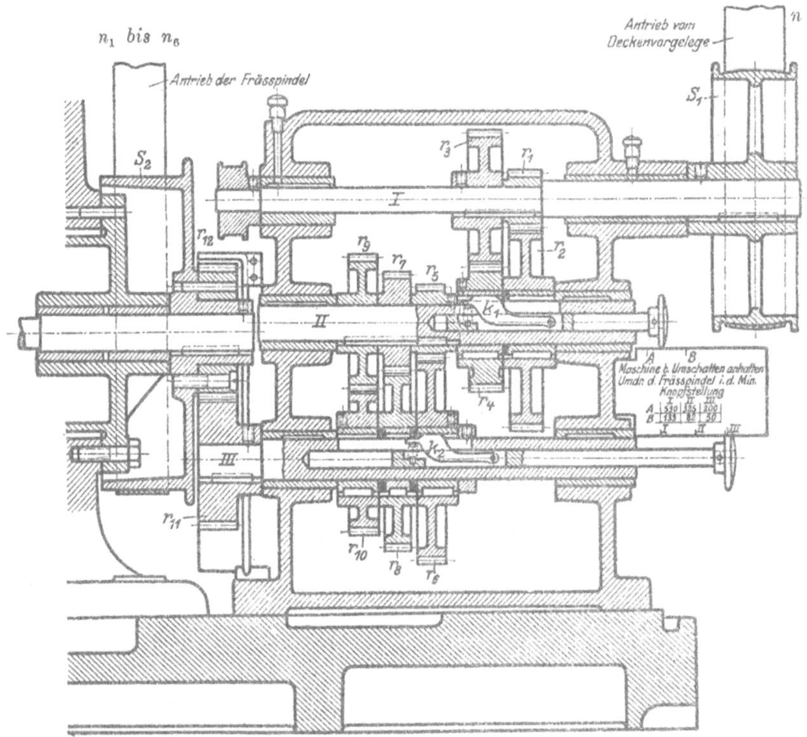

Abb. 81. Stufenrädergetriebe mit Ziehkeilschaltung.

mittelschwere Maschinen, vorausgesetzt, daß die Reibung an genügend großen Hebelarmen wirkt.

Es läßt sich nicht leugnen, daß der Stufenräderantrieb empfindlicher und in seinem Aufbau schwieriger ist als der Stufenscheibenantrieb. Er ist auch stärkerem Verschleiß ausgesetzt und in seiner Herstellung 2- bis 3 mal so teuer. Es ist daher wohl die Frage berechtigt: Wann soll man bei einer Maschine den teueren Räderantrieb verlangen? Diese Frage läßt sich leicht entscheiden, wenn man bedenkt, daß die Stufenrädergetriebe 1. für hohe Leistungen und 2. für eine rasche und sichere Handhabung gebaut sind.

Von dem ersten Gesichtspunkte aus betrachtet, kann man wohl sagen, daß für alle Maschinen, die mehr als 5 bis 8 Pferdestärken verlangen, der Räderantrieb gerechtfertigt ist. Leistungen unter 5 PS. lassen sich mit dem Stufenscheibenantrieb in den meisten Fällen leicht bewältigen. Der Räderantrieb wäre daher in erster Linie bei schweren Werkzeugmaschinen, z. B. Schruppmaschinen, und der Stufenscheibenantrieb bei leichteren Maschinen angebracht. Doch ist bei den leichteren Maschinen noch eine Einschränkung zu machen: Wird nämlich bei einer leichten Werkzeugmaschine die Geschwindigkeit häufig gewechselt, wie bei Maschinen für Einzelarbeiten, so läßt das Stufenrädergetriebe große Zeitersparnisse erzielen, die die Mehrkosten mehr als wettmachen. Bei leichten Maschinen für Massenarbeiten, die stets mit derselben Geschwindigkeit laufen, ist dagegen das teure Räderwerk nicht gerechtfertigt.

Der Geschwindigkeitswechsel am Antriebsmotor.

Die nächste Entwicklungslinie in dem Antriebe der kreisenden Hauptbewegung wäre, den Geschwindigkeitswechsel ganz oder teilweise in den Antriebsmotor der Maschine zu verlegen. Dies erfordert regelbare Motoren — Stufenmotoren —, deren Umläufe sich durch Anlasser im Verhältnis 1:3 bis 1:4 regeln lassen. Die Vorzüge eines derartigen elektrischen Antriebes liegen in dem einfachen Räderwerk der Maschine und der bequemen Regelbarkeit. Der Arbeiter kann mit dem Regler die Maschine anlassen, regeln und umsteuern. Aus diesem Grunde sind die regelbaren Motoren für den Antrieb schwerer Maschinen besonders geeignet, bei leichten Maschinen sind sie meist zu teuer.

Die Abb. 82 und 83 zeigen den Antrieb der Schnelldrehbank von Gebr. Böhringer in Göppingen. Der Stufenmotor hat 20 PS. und einen Regelbereich in 5 Abstufungen von 400 bis 1400 Umläufen in d. Min. Der Motor treibt durch die Vorgelege $\frac{r_1}{R_1}$, $\frac{r_2}{R_2}$ die Laufbüchse L, deren 5 Geschwindigkeiten durch den Mitnehmer M über R_4 auf die Drehspindel D gelangen. 5 weitere Geschwindigkeiten werden durch die 2 Vorgelege $\frac{r_3}{R_3}$, $\frac{r_4}{R_4}$ erreicht und nochmals 5 Geschwindigkeiten durch die 3 Vorgelege $\frac{r_3}{R_3}$, $\frac{r_5}{R_5}$, $\frac{r_6}{R_6}$, von denen r_6 als Verschieberad in den Zahnkranz R_6 der Planscheibe eingerückt werden kann. Mit dem Griff h wird der Mitnehmer M, mit h_1 die Vorgelege $\frac{r_3}{R_3}$, $\frac{r_4}{R_4}$ und mit dem Handrade H der Zahnkranzantriebe in- und ausgerückt (Schaltp an S. 53).

Die Druckknopfsteuerung [1] bietet in der elektrischen Steuerung einer Werkzeugmaschine große Bequemlichkeit. Wird der Motor mit dem Anlasser auf die richtige Umlaufszahl eingeregelt, so muß der

---

[1] Pollok, Anlaß und Regelvorrichtungen. Z. d. V. deutsch. Ing 1916, S. 362.

4*

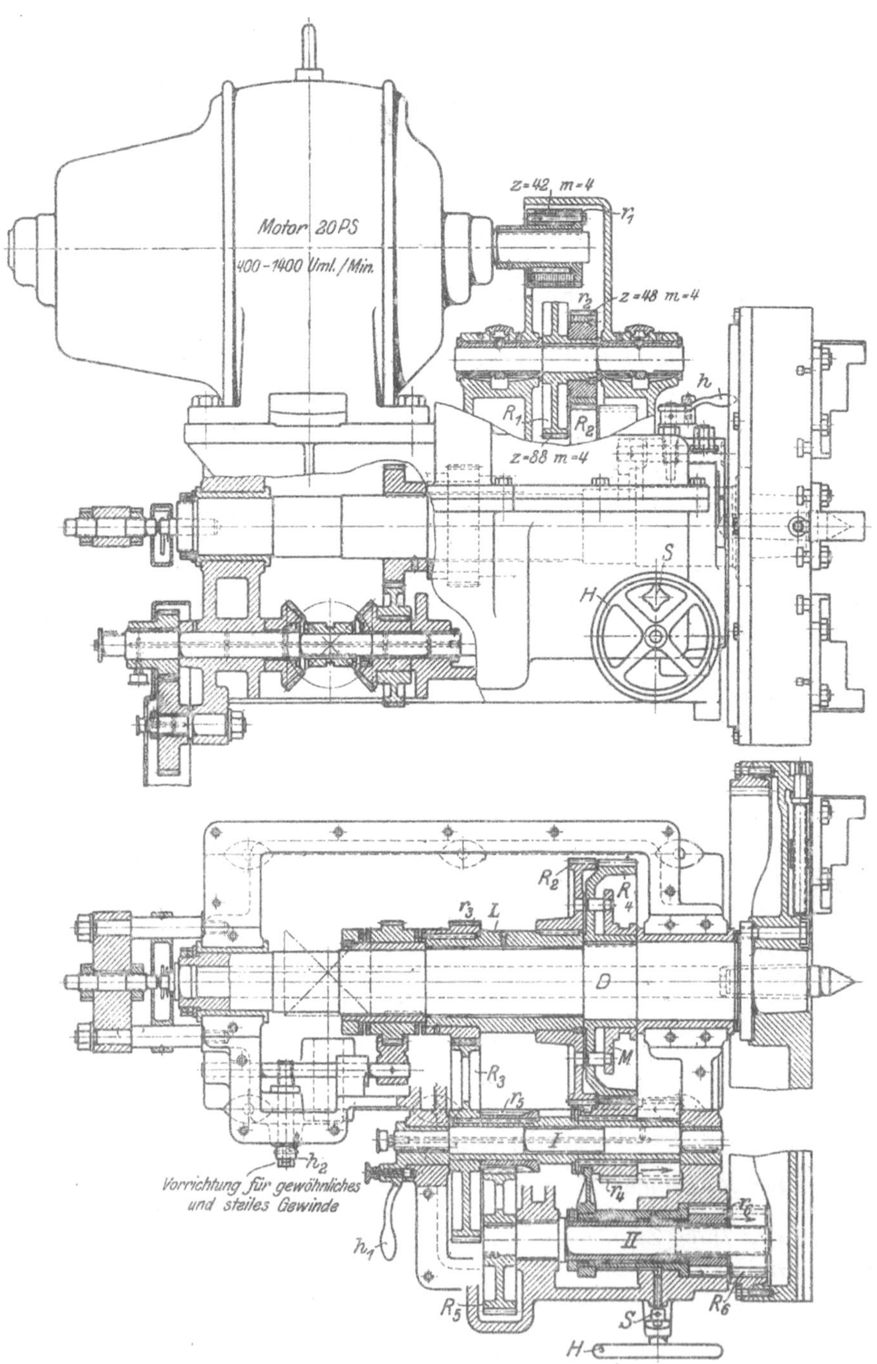

Fig. 82 u. 83. Antrieb mit Stufenmotor. Gebr. Böhringer, Göppingen.

Schaltplan zu Abb. 82 und 83.

Lfd. Nr.	Arbeitende Räder	Einstellungen	Umläufe der Maschine
1	$\varphi_1 = \dfrac{r_1}{R_1} \cdot \dfrac{r_2}{R_2} = \dfrac{42}{88} \cdot \dfrac{48}{122}$	I mit h_1 ausschwenken, mit $H\,r_6$ aus R_6 zurückziehen, mit $h\,M$ in R_2	$n_1 = 1400 \cdot \varphi_1 = 263,$ $n_2 = 1155 \cdot \varphi_1 = 217,$ $n_3 = 903 \cdot \varphi_1 = 170,$ $n_4 = 652 \cdot \varphi_1 = 123,$ $n_5 = 400 \cdot \varphi_1 = 75$
2	$\dfrac{r_1}{R_1} \cdot \dfrac{r_2}{R_2} \cdot \dfrac{r_3}{R_3} \cdot \dfrac{r_4}{R_4}$ $= \dfrac{42}{88} \cdot \dfrac{48}{122} \cdot \dfrac{54}{90} \cdot \dfrac{25}{75}$	M mit h ausrücken, mit $H\,r_6$ ausrükken und r_4 einrücken, I einschwenken	$n_6 = 52,6,\ n_7 = 43,4,\ n_8 = 33,8,$ $n_9 = 24,6,\ n_{10} = 15$
3	$\dfrac{r_1}{R_1} \cdot \dfrac{r_2}{R_2} \cdot \dfrac{r_3}{R_3} \cdot \dfrac{r_5}{R_5} \cdot \dfrac{r_6}{R_6}$ $= \dfrac{42}{88} \cdot \dfrac{48}{122} \cdot \dfrac{54}{90} \cdot \dfrac{20}{50} \cdot \dfrac{16}{96}$	wie bei 2, nur mit $H\,r_6$ auf R_6 einrücken und damit ist r_4 aus R_4 ausgerückt	$n_{11} = 10,5,\ n_{12} = 8,7,\ n_{13} = 6,8,$ $n_{14} = 4,9,\ n_{15} = 3$

Arbeiter seinen Platz verlassen und zum Anlasser laufen. Diese Unbequemlichkeit beseitigt die Druckknopfsteuerung. Die Druckknöpfe werden an dem Spindelstocke angebracht. Durch Drücken auf die betreffenden Knöpfe kann man die Maschine ein- und ausschalten, langsamer und schneller laufen lassen. Der Druckknopf schaltet nämlich einen kleinen Hilfsmotor ein, der den Regulieranlasser auf die Anlaßwiderstände für langsamen oder schnellen Gang oder auf Stillstand steuert. Diese Einrichtung ist besonders wertvoll bei langen, schweren Maschinen, insbesondere bei ortsveränderlichen.

b) Der Antrieb der geraden Hauptbewegung.

Die Aufgabe dieses Antriebes ist, die Drehbewegung des Deckenvorgeleges oder des Motors in eine gerade Hauptbewegung der Maschine umzusetzen.

Für diesen Antrieb kommen demnach in Betracht:

    1. Zahnrad und Zahnstange,

    2. Schnecke und Zahnstange,

    3. Schraubenspindel und Mutter.

Bei dem Antrieb durch Zahnrad und Zahnstange bewirkt das von dem Deckenvorgelege aus betätigte Treibrad die gerade Hauptbewegung der mit dem Tisch verschraubten Zahnstange. Das Getriebe gewährt jedoch nur bei guten Eingriffsverhältnissen ruhigen Gang. Infolgedessen verlangt ein guter Zahnstangenantrieb ein großes Treibrad, das allerdings bei den hohen Riemengeschwindigkeiten wiederum eine große Übersetzung in den Rädervorgelegen verursacht (Kap. IV, 1).

Ein Nachteil, den die Zahnstange mit sich führt, ist der auf den Tisch hebend wirkende Zahndruck, der den Gang der Maschine beeinträchtigen kann. Toter Gang ist schwer ganz zu vermeiden, so daß ein vollkommen stoßfreier Hubwechsel nur bei guter Ausführung zu erwarten ist. Eine Verbesserung des Antriebes ist noch durch die Doppelzahnstange und das Doppelrad angestrebt, die durch Nachstellen den toten Gang in der Verzahnung ausgleichen und so den Gang ruhiger gestalten.

Der Zahnstangenantrieb war bisher nur bei mittleren Maschinen beliebt. Seitdem aber die Zahnstange aus Stahl gefertigt wird, findet sie auch bei schweren Maschinen immer mehr Aufnahme, weil sie als solche eine große Sicherheit gegen Zahnbrüche bietet, und der schräge Zahndruck auf den schweren Tisch ohne Einfluß bleibt.

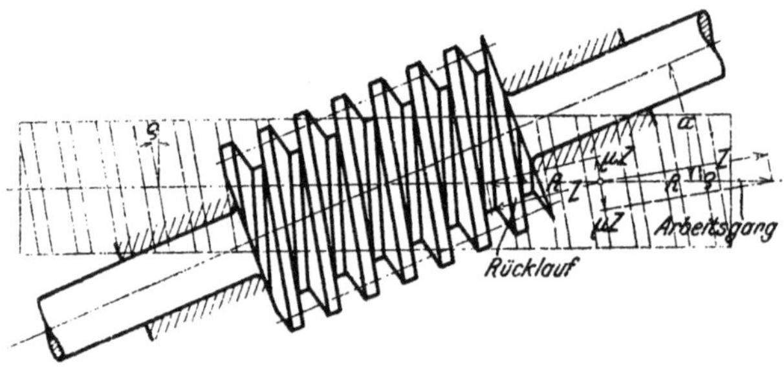

Abb. 84. Schnecke-Zahnstangenantrieb nach Sellers.

Bei dem Antriebe durch Zahnstange und Schnecke (Abb. 84) wirkt die Schnecke treibend. Prüfen wir dieses Getriebe auf ruhigen Gang der Maschine, so ist er nur zu erwarten, wenn kein Seitendruck auf den Tisch kommt. Die Bedingung ist erfüllt, sobald die Mittelkraft R aus dem Zahndruck Z und der Zahnreibung μZ beim Hin- und Rückgang in die Bewegungsrichtung des Tisches fällt. Dies erfordert allerdings eine schräge Lage der Schnecke. Für den Eingriff der Zähne muß nämlich die Schnecke unter ihrem Steigungswinkel a angeordnet sein. Für den ruhigen Gang des Tisches müssen außerdem die Zähne der Zahnstange noch schräg stehen und zwar unter ϱ $\left(\text{tg}\,\varrho = \dfrac{\mu Z}{Z} = \mu\right)$, damit die Mittelkraft R beidemal in die Zahnstangenachse fällt und kein seitlicher Druck auf den Tisch kommt. Der Schneckenantrieb besitzt in sich schon eine große Übersetzung. Der Riemen kann daher schnell laufen, ohne daß die Maschine die Schnittgeschwindigkeit überschreitet.

Die Verzahnung des Antriebes bietet aber an jedem Gewindegang nur ein geringes Angriffsfeld, das einen größeren Verschleiß mit sich bringt. Diese Unvollkommenheit ist jedoch neuerdings beseitigt durch die Schraubenzahnstange (Abb. 85 und 86). Sie besteht aus einem langgestreckten Schneckenrade, das der Schnecke ein größeres Eingriffsfeld bietet. Die Schnecke läßt sich vorzüglich schmieren, da sie in einem Ölbade läuft. Der erste Antrieb eignet sich besonders für leichte und

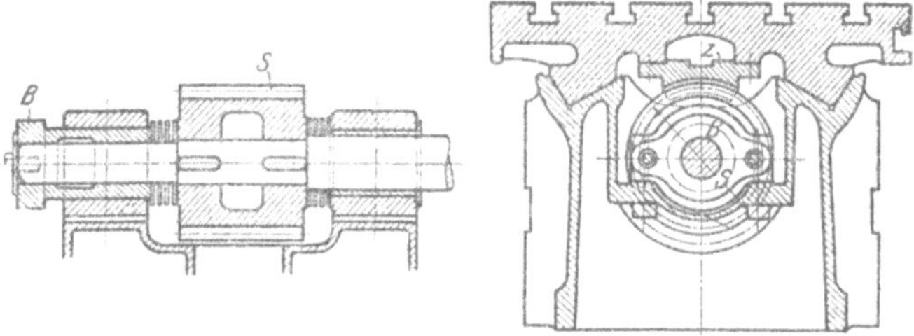

Abb. 85 und 86. Schraubenzahnstangenantrieb.

mittlere Maschinen, der letzte wird selbst bei den schwersten Hobelmaschinen angewandt. So zeigen die Abb. 85 und 86 den Antrieb einer Hobelmaschine der Mammutwerke, Nürnberg. Die Schraubenzahnstange Z ist hier mit dem Hobeltisch verschraubt. Mit ihr steht die parallel zum Tisch liegende Schnecke S in Eingriff, die abwechselnd durch einen offenen und gekreuzten Riemen angetrieben wird und so den Vor- und Rücklauf des Tisches vermittelt. Gegenüber ihrem Arbeitsdruck ist die Schnecke S nach beiden Richtungen durch Druck-

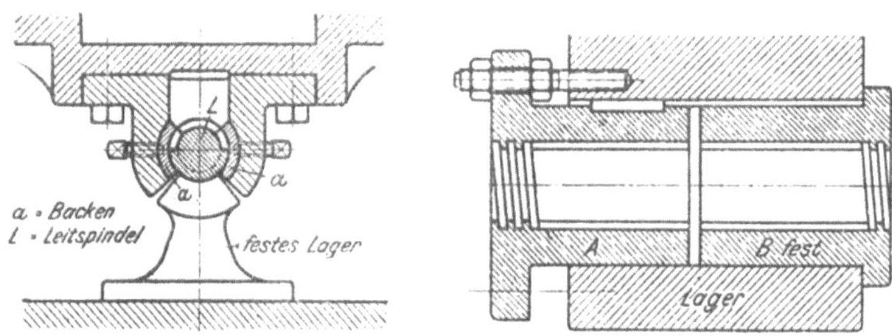

Abb. 87. Leitspindelmutter.   Abb. 88. Nachstellbare Leitspindelmutter.

ringe festgelegt (Abb. 85), und jedes Spiel in ihrer Lagerung ist durch Anziehen der Büchse B auszugleichen. Die Schnittgeschwindigkeit beträgt bei n Umdrehungen und der Steigerung s bei der gerade liegenden Schnecke $c = \dfrac{n \cdot s}{60}$, bei der schräg liegenden $c = \dfrac{n \cdot s}{60} \cdot \cos \alpha$.

Bei der Schraubenzahnstange wirkt allerdings der schräge Zahndruck auf den Tisch. Soll er den Gang nicht beeinträchtigen, so muß $Z \sin \alpha = \mu\, Z . \cos \alpha$, d. h. $\operatorname{tg} \alpha = \mu$ sein, andernfalls sind zwei Zahnstangen von entgegengesetzter Steigung anzuordnen.

Schraubenspindel und Mutter arbeiten als Antrieb der geraden Hauptbewegung in der Regel so, daß die Leitspindel sich dreht, während die mit dem Tisch verschraubte Mutter den geraden Arbeitsweg vollzieht. Hierzu muß die Schraube gegen Verschieben festgelegt und die Mutter gegen Drehen gesichert sein. Bei langen, freitragenden Leitspindeln muß die Mutter noch eine Unterstützung der Spindel durch feste Lager zulassen (Abb. 87). Zu diesem Zweck umfaßt die Mutter die Leitspindel nur seitlich, und ihre Backen a sind dabei durch Schrauben gehalten. An die Stelle des festen Lagers kann auch ein Kipp- oder Pendellager treten, das durch die Mutter umgelegt und durch ein Gegengewicht wieder eingestellt wird (Kap. IV, 6).

Die Anwendung des Schraubenantriebes bietet den Vorzug, daß Flächendruck und Verschleiß durch die Mutterhöhe leicht geregelt werden kann. Bei guter Ausführung gewährt er stets ruhigen Gang und eine große Übersetzung, so daß der Riemen mit großer Geschwindigkeit arbeiten kann. Der Schraubenantrieb ist daher bei schweren Maschinen zu empfehlen. Er bietet allerdings Schwierigkeiten in einer gut wirkenden Schmierung.

Der Verschleiß in dem Muttergewinde wird auf die Dauer nicht ohne Einfluß auf den Gang der Maschine bleiben. Will man auch hier den toten Gang ausgleichen können, so ist die Mutter zweiteilig auszuführen und die eine Hälfte nachstellbar einzurichten. Hierzu ist in Abb. 88 die Mutterhälfte A nach Art einer Stopfbüchsbrille anzuziehen, während der Backen B festsitzt. Es trägt somit die eine Mutterhälfte beim Hingang des Tisches und die andere beim Rücklauf.

c) Der Antrieb der geraden hin- und hergehenden Hauptbewegung.

Der Grundgedanke dieses Antriebes ist, die Drehbewegung des Deckenvorgeleges umzusetzen in eine gerade hin- und hergehende Haupt-

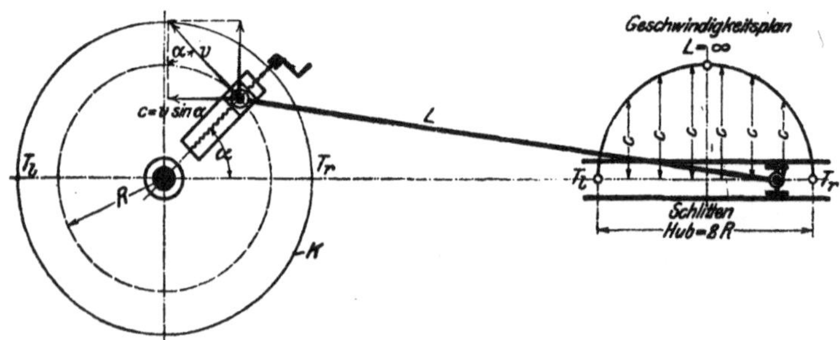

Abb. 89. Plan des Kurbelantriebes.

bewegung der Maschine. Die Getriebe dieser Art müssen daher in jedem Totpunkt zwangläufig umsteuern, obwohl die Maschinenwelle ständig in derselben Richtung läuft. Da die Maschinen mit gerader Hauptbewegung nur während des Vorwärtsganges arbeiten, so bedeutet der leere Rücklauf tote Arbeitszeit. Im Interesse einer größeren Leistung ist daher dieser Zeitverlust möglichst zu kürzen. Dies stellt an das Getriebe die weitere Forderung, den Rücklauf der Maschine zu beschleunigen.

Ein Getriebe mit zwangläufiger Umsteuerung ist das Kurbelgetriebe. Prüfen wir es auf ruhigen Gang und Leistungsfähigkeit der Maschine, so zeigt es in seiner bei Kraftmaschinen üblichen Form zwei Fehler, die der Werkzeugmaschinenbau zu beseitigen hat. Erstens wird beim Kurbelantrieb die Hauptbewegung der Maschine stets ungleichförmig, und zweitens erfolgt ihr Vor- und Rücklauf mit gleicher Geschwindigkeit (Abb. 89). Die Ungleichförmigkeit in der Hauptbewegung beeinflußt aber die Arbeitsweise der Maschine, so daß ein gleichmäßiger Schnitt selten erzielt wird. Als Antrieb besserer Werkzeugmaschinen ist daher das einfache Kurbelgetriebe auszuschließen. Höchstens wäre es bei kurzhübigen Arbeitsmaschinen, wie Stemmaschinen, Pressen, Gattersägen usw. anzuwenden.

Das Kurbelgetriebe mit unrunden Rädervorgelegen.

Die Ursache der ungleichförmigen Hauptbewegung liegt darin, daß die beiden Totpunkte der Maschine T_r und T_l die Wendepunkte der

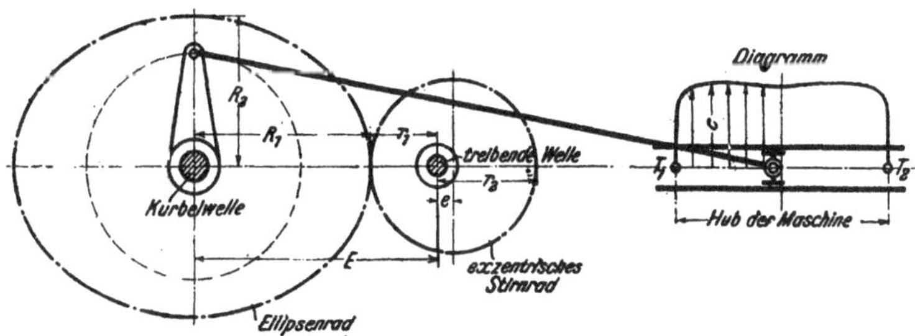

Abb. 90. Antrieb einer Langlochbohrmaschine.

Hauptbewegung sind, in denen die Geschwindigkeit $c = v \cdot \sin \cdot \alpha = 0 \left(\dfrac{R}{L} = 0 \right)$ ist. Infolgedessen hat die Maschine in der ersten Hubhälfte die Geschwindigkeit des Schlittens auf $c = v \sin 90^0 = v$ zu beschleunigen und in der zweiten wieder auf $c = 0$ zu verzögern (Abb. 89). Dieser ständige Wechsel von Beschleunigung und Verzögerung läßt einen glatten Schnitt selten zustande kommen.

Ein Mittel, die Geschwindigkeitsverhältnisse zu verbessern, wäre, den Gang der Maschine gegen Hubmitte etwas zu verzögern und gegen Hubende zu beschleunigen. Durch diese Arbeitsweise würde die Schnittgeschwindigkeit ziemlich gleichmäßig ausfallen, die Maschine aber in den Totpunkten schnell umsteuern. Der Gedanke läßt sich durch ein Vorgelege aus unrunden Rädern verwirklichen. Es ändert stetig seine Übersetzung, so daß die Kurbel zwar ungleichmäßig läuft, der Tisch sich aber ziemlich gleichmäßig bewegt.

Einen Antrieb nach obigen Gesichtspunkten zeigt das Kurbelgetriebe mit einem Vorgelege aus einem ellipsenähnlichen Rade und einem außerachsigen Stirnrade in Abb. 90. Das Getriebe steuert in T_1 und T_2 schnell um mit $\dfrac{r_2}{R_2}$ und verzögert gegen Hubmitte mit $\dfrac{r_1}{R_1}$ den Gang der Maschine. Der Vorgang wiederholt sich beim Vor- und Rücklauf. Das Getriebe wird daher bei Langlochbohrmaschinen, die beim Vor- und Rücklauf arbeiten, anzuwenden sein. Das Baugesetz für dieses Getriebe ist:

$$r_1 + R_1 = r_2 + R_2 = r_n + R_n = E.$$

Der Umfang des Stirnrades muß dabei gleich dem halben Umfang des Ellipsenrades sein.

Bei den meisten Werkzeugmaschinen mit gerader Hauptbewegung ist nicht nur die Schnittgeschwindigkeit zu verbessern, sondern auch der

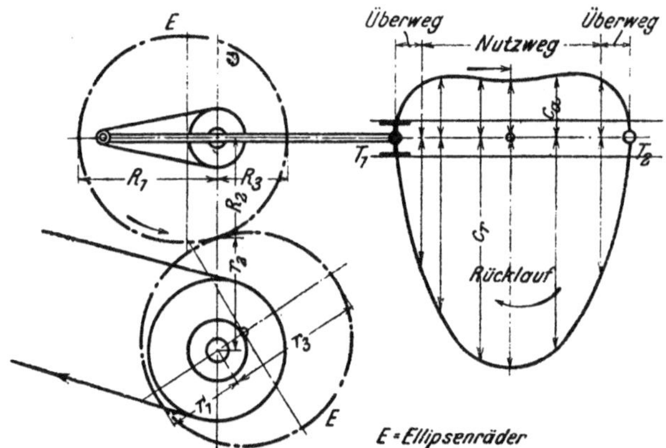

Abb. 91. Kurbelantrieb mit Ellipsenrädern.

Rücklauf zu beschleunigen. Beide Bedingungen sind erfüllt, sobald das Vorgelege aus zwei gleichen Ellipsenrädern E besteht, die sich um einen ihrer Brennpunkte drehen (Abb. 91). Diese Räder bewirken durch ihre sich stetig ändernde Übersetzung, daß die Maschine etwa gegen Mitte Arbeitslauf durch $\dfrac{r_1}{R_1}$ ihren Gang etwas verzögert, in den Totpunkten aber mit $\dfrac{r_2}{R_2}$ schneller umsteuert und ihren Rücklauf mit $\dfrac{r_3}{R_3}$ stark beschleunigt.

Die unrunden Räder sind, sofern sie nicht nach einem genauen Verfahren hergestellt sind, mit unruhigem Gang behaftet. Sie entsprechen den erhöhten Anforderungen der Neuzeit nicht mehr und stehen nur noch vereinzelt in Anwendung.

Die Kurbelschleifen.

Das zweite Mittel, beim Kurbelantrieb die Schnittgeschwindigkeit zu verbessern und den Rücklauf zu beschleunigen, wäre, für den Arbeitsgang der Maschine den größeren Kurbelweg $A B$ zu nehmen und für den Rücklauf den kleineren Weg $B A$ (Abb. 92). Die gleichförmig kreisende Kurbel würde gewissermaßen einen Uhrzeiger bilden, und die von ihr durcheilten Winkel α und β würden ein Zeitmaß sein für die Dauer von Arbeitsgang und Rücklauf. Wäre z. B. $\alpha = 3\,\beta$, so würde der Rücklauf der Maschine auf das Dreifache beschleunigt. Dieser Gedanke liegt den Kurbelschleifen zugrunde, bei denen im Vergleich zu dem gewöhnlichen Kurbelantrieb (Abb. 89) zwischen Kurbel und Schubstange eine Schleife eingebaut ist. Liegt der Drehpunkt dieser

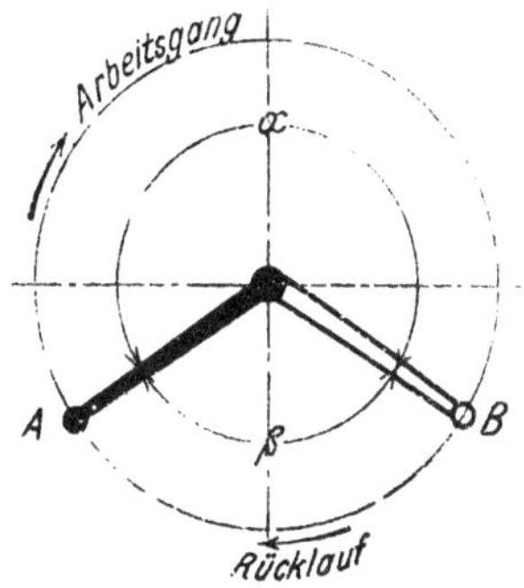

Abb. 92. Kurbel.

Schleife innerhalb des Kurbelkreises, so muß sie als Umlaufscheibe die vollen Umläufe der Kurbel mitmachen, liegt hingegen der Drehpunkt außerhalb des Kurbelkreises, so macht die Schleife als Kurbelschwinge nur eine hin- und herschwingende Bewegung.

Die Umlaufschleife.

Die Kurbel kreist bei der Umlaufschleife gleichförmig um den Zapfen A (Abb. 93) und die Schleife um den Zapfen B, der um e außer-

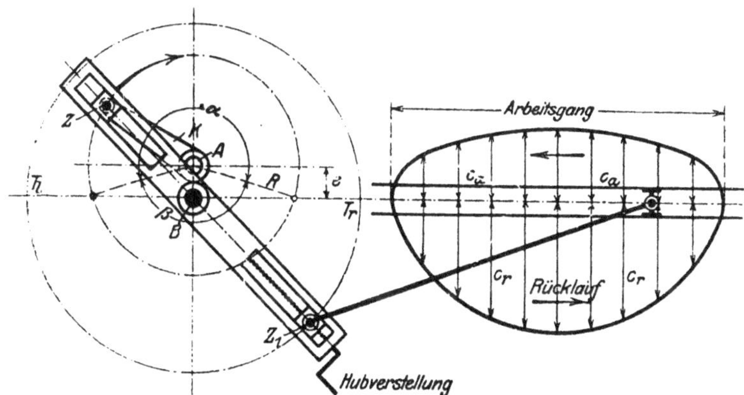

Abb. 93. Plan der Umlaufschleife.

achsig zu A sitzt, aber innerhalb des Kurbelkreises liegt. Geht die Schleife mit dem Zapfen Z_1 von T_r nach T_l, so durchläuft die Kurbel K den größeren Winkel α. Bewegt sich die Schleife von T_l nach T_r zurück, so durcheilt die Kurbel K den kleineren Winkel β. Da die Winkel α und β für die gleichmäßig laufende Kurbel Zeitmaße sind, so ist der

Stößelhub nach links als Arbeitsgang der Maschine zu wählen und der Hub nach rechts als Rücklauf. Der Einfluß dieser Bewegungsverhältnisse wird sein, daß der Arbeitsgang der Maschine infolge der größeren Zeitdauer sich langsamer und gleichmäßiger vollzieht, während der Rücklauf stark beschleunigt wird.

Die Kurbelschwinge.

Bei der schwingenden Kurbelschleife dreht sich die Kurbel gleichförmig um A (Abb. 94), und die Schleife schwingt um B außerhalb

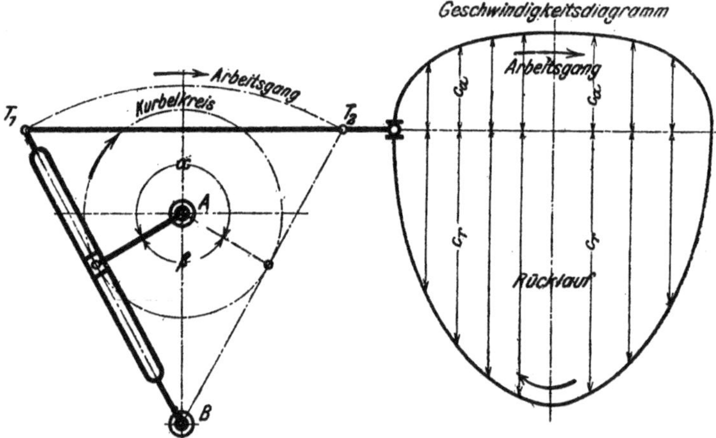

Abb. 94. Plan der Kurbelschwinge.

des Kurbelkreises. Schwingt die Schleife aus ihrer linken Totlage T_1 in die rechte T_2, so durcheilt die Kurbel auch hier den größeren Winkel α und beim Zurückschwingen der Schwinge von T_2 nach T_1 den kleineren Winkel β. Aus denselben Gründen ist auch hier der Hub der Maschine während des Winkels α für den Arbeitsgang und der während des Winkels β für den beschleunigten Rücklauf zu nehmen.

Durch ihre Grundform gewähren daher die Kurbelschleifen den Vorzug einer ziemlich gleichmäßigen Schnittgeschwindigkeit der Maschine und eines beschleunigten Rücklaufs. Das erreichbare Höchstmaß der Beschleunigung ist der bei Umlaufschleife $= 1:2$, bei der Schwinge $= 1:3$. Üblich ist jedoch, bei der Umlaufschleife nur $4:7$ und bei der Schwinge nur $2:5$ auszuführen.

Der beschleunigte Rücklauf ist nicht das einzige Mittel, die tote Arbeitszeit der Maschine zu kürzen. Ihre Überwege, die für den An- und Auslauf des Tisches oder des Stößels erforderlich sind, müssen ebenfalls möglichst knapp bemessen sein. Aus diesem Grunde ist der Hub der Maschine jedesmal der Hobellänge L des Werkstückes anzupassen:

$$\text{Hub} = L + l_1 + l_2. \quad \text{(Abb. 95.)}$$

Dabei kann beim Kurbelantrieb infolge der zwangläufigen Umsteuerung der Auslauf l_2 sehr klein sein, während der Anlauf l_1 für das Schalten der Werkzeuge etwa $^1/_6$ bis $^1/_8$ der Kurbelumdrehung in Anspruch nimmt. Dieser verhältnismäßig große Kurbelweg ist auch ein Nachteil des Kurbelgetriebes. Der Hub wird bei der Umlaufschleife mit dem Zapfen Z_1 und bei der Schwinge mit dem Kurbelzapfen verstellt (Abb. 100).

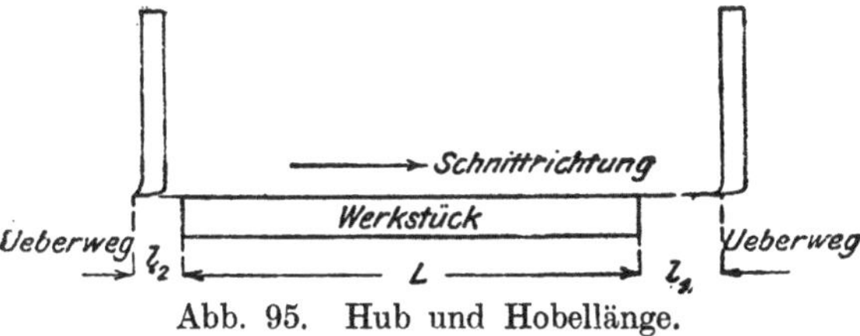

Abb. 95. Hub und Hobellänge.

Die Anwendung des Kurbelgetriebes und seine bauliche Anordnung.

Die Anwendung des Kurbelgetriebes bietet im Vergleich zum Zahnstangen- und Schraubenantrieb den Nachteil, daß mit jedem Hubwechsel ein Druckwechsel im Gestänge auftritt. Er nimmt zu mit der Größe des Hubes und der Inanspruchnahme der Maschine. Infolgedessen bietet das Kurbelgetriebe bei schweren Maschinen keine genügende Sicherheit für ruhigen Gang. Mit der Größe des Hubes wächst auch die Ungleichförmigkeit in der Hauptbewegung, wodurch ein glatter Schnitt schwer möglich ist. Die Anwendung des Kurbelgetriebes ist daher nur auf leichte Hobel- und Stoßmaschinen zu beschränken. Ein Vorzug, den allerdings der Kurbelantrieb mit sich bringt, ist die zwangläufige Umsteuerung der Hauptbewegung und ihre scharfe Hubbegrenzung, die bei dem Zahnstangen- und Schraubenantrieb eine besondere, gute Umsteuerung erfordert.

In der Ausführung ist die Umlaufschleife (Abb. 96 bis 98) als Kurbelarm auszubilden, der sich um den Zapfen z dreht. An der Vorderseite besitzt dieser Arm die Führung für den verstellbaren Stangenzapfen Z und auf der Rückseite diejenige des Steines s auf dem Kurbelzapfen z_1. Die Länge der letzten Führung ergibt sich durch die senkrechten Stellungen der Kurbel, in denen der Stein s beiderseits nicht anstoßen darf. Der Antrieb der Schleife erfolgt von der als Zahnrad ausgebildeten Kurbel vom Halbmesser r. Sie ist um e außerachsig zur Schleife gelagert, so daß sie beim Hin- und Rückgang der Maschine verschiedene Wege durcheilt. Der Antrieb vollzieht sich dabei in der Weise, daß das Zahnrad durch den Zapfen z_1 die Schleife mitnimmt, wobei sich der Stein s in seiner Führung hin- und herbewegt. Die hierdurch entstehende ungleichförmige Drehbewegung der Schleife wird in der bekannten Weise durch die Schubstange auf den sich geradlinig bewegenden Tisch oder den Stößel der Maschine übertragen. Der Hub der Maschine wird durch Verstellen des Stangenzapfens Z geändert.

Die Kurbelschwinge (Abb. 99 bis 100) ist als schwingender Hebel auszuführen, in dem sich der Stein S des Kurbelzapfens Z auf-

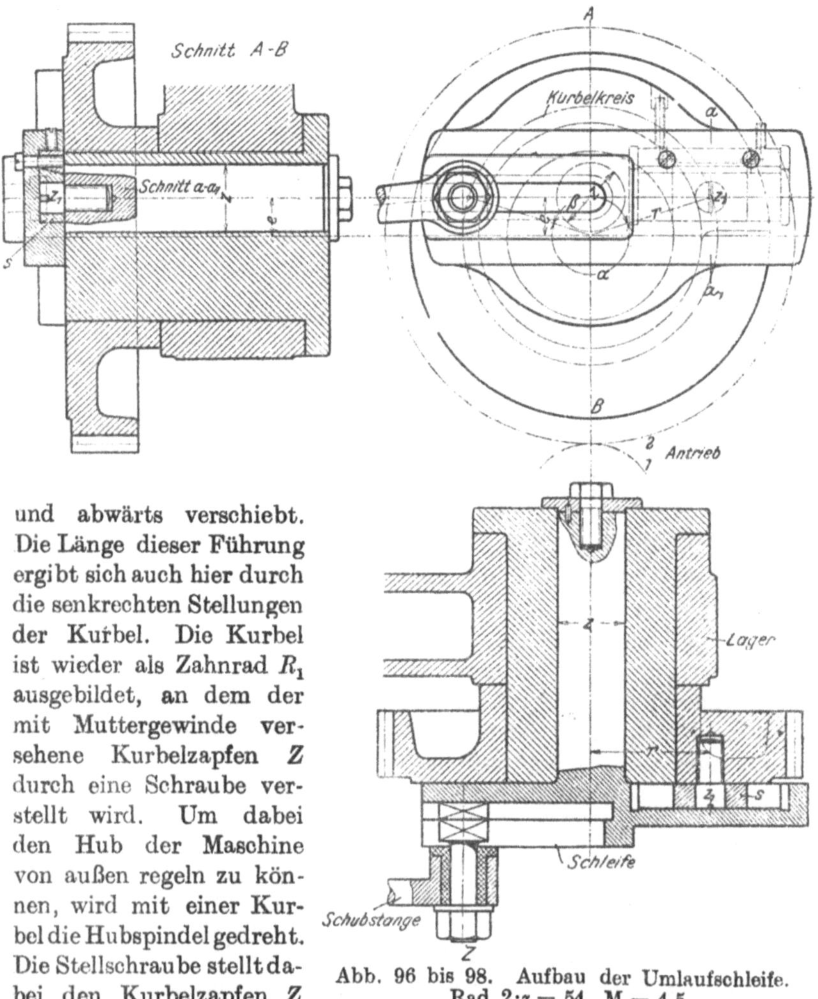

und abwärts verschiebt. Die Länge dieser Führung ergibt sich auch hier durch die senkrechten Stellungen der Kurbel. Die Kurbel ist wieder als Zahnrad R_1 ausgebildet, an dem der mit Muttergewinde versehene Kurbelzapfen Z durch eine Schraube verstellt wird. Um dabei den Hub der Maschine von außen regeln zu können, wird mit einer Kurbel die Hubspindel gedreht. Die Stellschraube stellt dabei den Kurbelzapfen Z auf den Hub ein.

Abb. 96 bis 98. Aufbau der Umlaufschleife.
Rad 2:z = 54, M = 4,5.

Der Antrieb gestaltet sich in der Weise, daß das durch den Stufenriemen betätigte Rad r_1 die Kurbel R_1 treibt. Hierdurch erzeugt sie die hin- und herschwingende Bewegung der Kurbelschwinge, die den Stößel mitnimmt.

Die Schwinge besitzt infolge ihres kleineren Schwingungsbogens den

Vorzug, daß sie sich in das Gehäuse der Maschine bequem einbauen läßt, während die Umlaufscheibe in der Anordnung in den Abb. 96 bis 98 frei liegen muß.

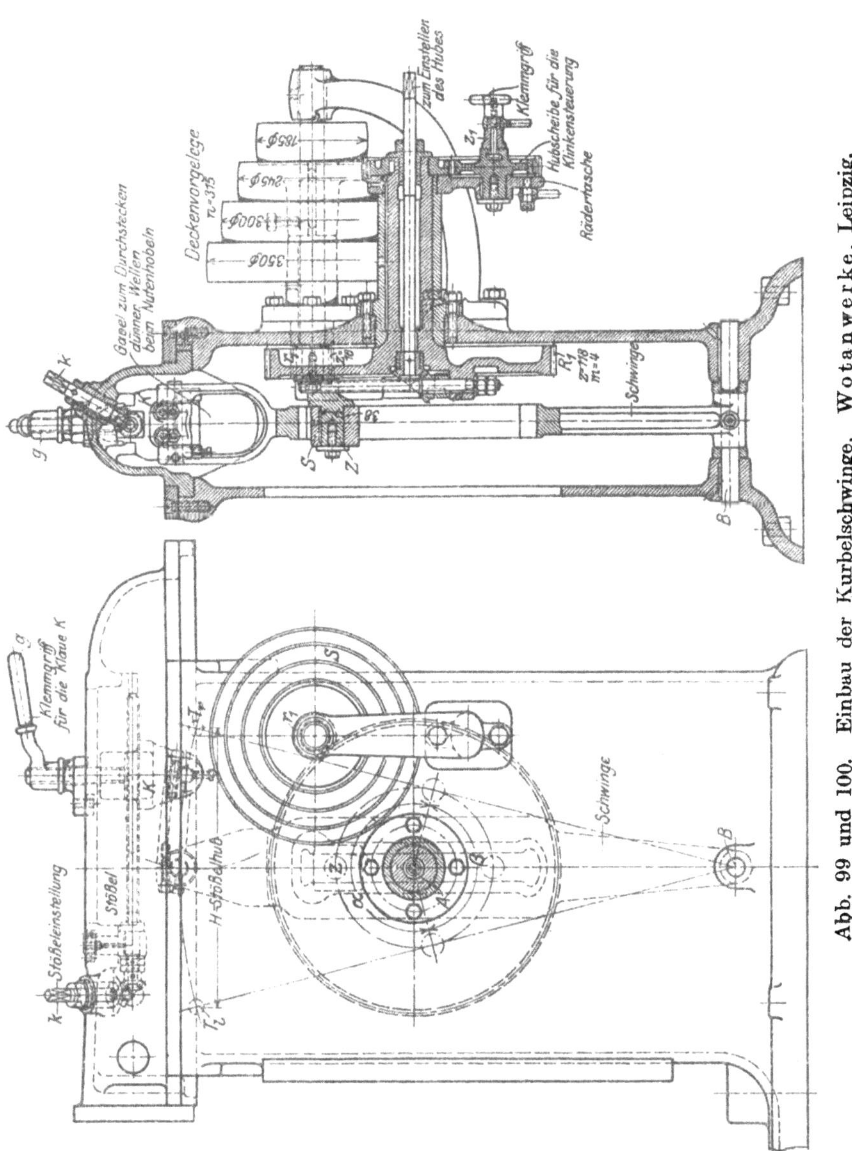

Abb. 99 und 100. Einbau der Kurbelschwinge. Wotanwerke, Leipzig.

Die Umsteuerungen oder die Wendegetriebe.

Der Antrieb der geraden Hauptbewegung durch Zahnstange oder Leitspindel bedarf für den Vor- und Rücklauf des Hobeltisches einer besonderen Umsteuerung. Die Hauptaufgabe dieser Umsteuerung ist daher, den Richtungswechsel der Hauptbewegung hervorzubringen.

Das Bestreben, die Maschine leistungsfähig zu gestalten, stellt an die Umsteuerung noch zwei weitere Forderungen: nämlich mit Rücksicht auf eine geringe Arbeitszeit 1. den Rücklauf der Maschine zu beschleunigen und 2. den Hobeltisch oder Stößel ohne große Überwege rasch umzusteuern. Dazu verlangt noch der ruhige Gang der Maschine ein sanftes und stoßfreies Umsteuern.

Der Richtungswechsel des Stößels oder des Hobeltisches wird durch das Umsteuern der Maschinenwelle erreicht, sei es durch Räder (Räderumsteuerung), Riemen (Riemenumsteuerung), Kupplungen (Kupplungsumsteuerung) oder durch den Antriebsmotor selbst (Elektrische Umsteuerung). Den beschleunigten Rücklauf erreicht man durch eine entsprechend kleinere Übersetzung in dem Rücklaufgetriebe.

Die Räderumsteuerungen.

Die Räderumsteuerungen sind je nach dem Antriebe des Tisches als Stirnräder- oder als Kegelräderwendegetriebe auszuführen. Wird der

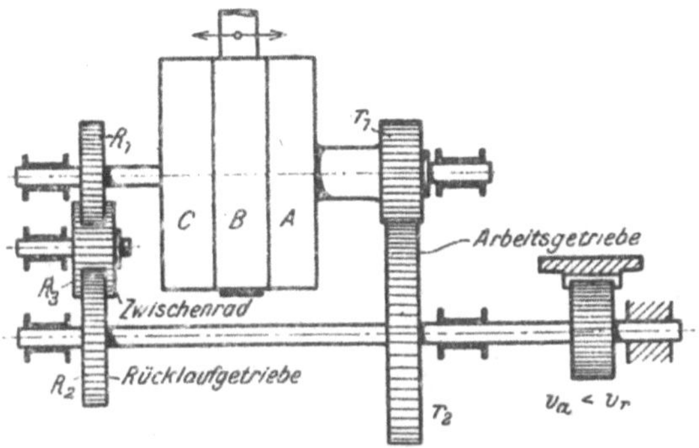

Abb. 101. Stirnräderwendegetriebe.

Antrieb durch Zahnrad und Zahnstange bewirkt, so sind in der Regel die Stirnräderwendegetriebe anzuwenden und bei Schraube und Mutter oder Schnecke und Zahnstange die Kegelräderwendegetriebe.

Bei den Stirnräderwendegetrieben wird der Richtungswechsel in der Weise vollzogen, daß beim Arbeitsgang zwei Räder und bei dem Rücklauf drei Räder arbeiten (Abb. 101), von denen das Zwischenrad R_3 die Maschinenwelle umsteuert. Für den beschleunigten Rücklauf ist die Übersetzung $\varphi_r = \dfrac{R_1}{R_2}$ kleiner als $\varphi_a = \dfrac{r_1}{r_2}$ zu wählen.

Ein derartiges Wendegetriebe zeigt Abb. 101. Es wird als Kennzeichen durch einen Riemen von dem Deckenvorgelege angetrieben. Für den Arbeitsgang, Stillstand und Rücklauf der Maschine ist daher je eine

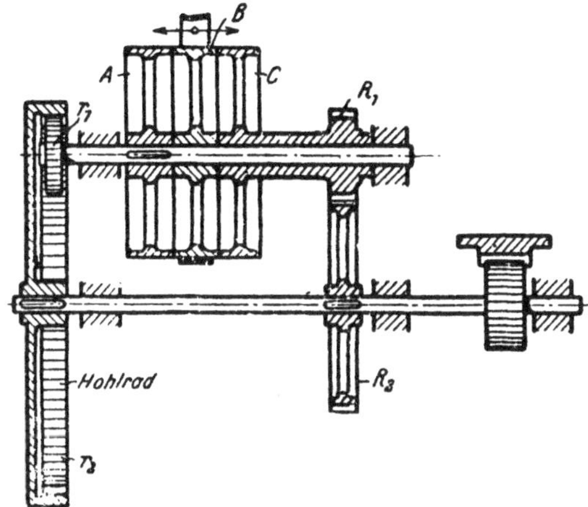

Abb. 102. Hohlrad- und Stirnräderwendegetriebe.

Riemenscheibe einzubauen, auf die der einzige Riemen abwechselnd zu verschieben ist. Auf Grund dieser Anordnung wird der Riemen auf der losen Scheibe A mit dem Räderpaare $\dfrac{r_1}{r_2}$ den Arbeitsgang vollziehen und auf der festen Scheibe C den Rücklauf, bei dem die Räder R_1, R_3, R_2

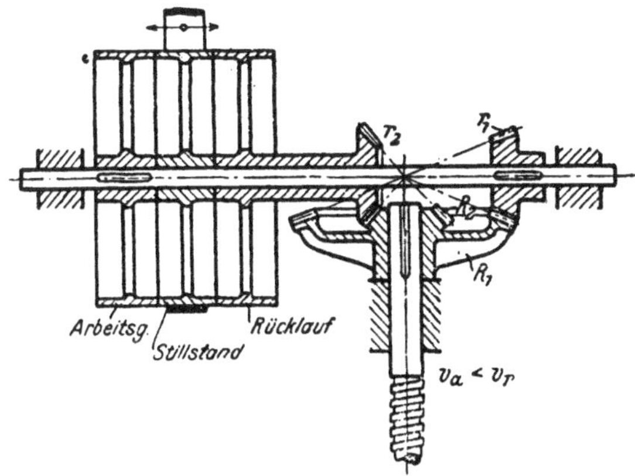

Abb. 103. Kegelräderwendegetriebe mit schnellem Rücklauf.

arbeiten. Die Übersetzung ist demnach beim Arbeitsgang $\varphi_a = \dfrac{r_1}{r_2}$ und beim Rücklauf $\varphi_r = \dfrac{R_1}{R_2}$.

Der Richtungswechsel läßt sich auch durch Stirnräder mit Innen und Außenverzahnung erreichen. Mit Rücksicht hierauf ist in Abb. 102 als Arbeitsgetriebe ein Hohlradgetriebe $\dfrac{r_1}{r_2}$ benutzt, das sich durch gute Eingriffsverhältnisse auszeichnet, und für den Rücklauf das Stirnrädergetriebe $\dfrac{R_1}{R_2}$. Das Zwischenrad des Rücklaufgetriebes ist also fortgefallen.

Die Kegelräderwendegetriebe bauen sich in ähnlicher Weise auf. Für den Richtungswechsel genügt aber schon das abwechselnde Arbeiten zweier Gegenräder r_1 und r_2, die auf den Gegenseiten der Haupträder R_1 und R_2 angebracht sind. Die Beschleunigung des Rücklaufs

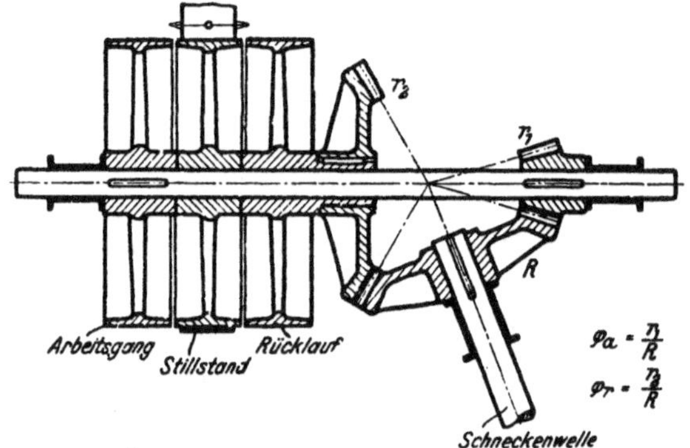

Abb. 104. Kegelräderwendegetriebe mit schnellem Rücklauf.

erfordert auch hier eine entsprechend kleinere Übersetzung. Sie läßt sich durch ein Doppelrad erreichen mit den Übersetzungen $\varphi_a = \dfrac{r_1}{R_1}$ und $\varphi_r = \dfrac{r_2}{R_2}$ (Abb. 103).

Bei dem schrägliegenden Schneckenantrieb fallen die Triebräder r_1 und r_2 schon durch die Bauart verschieden aus, so daß das Wendegetriebe den Rücklauf mit $\varphi_r = \dfrac{r_2}{R}$ beschleunigt (Abb. 104).

Ein allgemeiner Nachteil der Räderwendegetriebe ist das ständige Mitlaufen aller Räder, das theoretisch Arbeitsverluste bedeutet. Die Riemenverschiebung beansprucht große Wege und demzufolge einen großen Arbeitsaufwand der Maschine. Prüft man die Räderwendegetriebe auf ruhigen Gang, so arbeiten sie selten stoßfrei, da toter Gang in der Verzahnung schwer zu vermeiden ist. Bei jedem Hubwechsel werden daher mehr oder weniger starke Stöße auftreten. Aus diesen Gründen werden bei Genauigkeitsmaschinen mit gerader Hauptbewegung heute die Riemen-, Kupplungs- und elektrischen Umsteuerungen vorgezogen.

Bei den Maschinen mit kreisender Hauptbewegung liegt die Umsteuerung entweder im Deckenvorgelege oder im Spindelstock.

Die Firma H. Wohlenberg, Hannover, führt ihr Deckenvorgelege mit einer Räderumsteuerung aus (Abb. 105). Auf der Festscheibe A

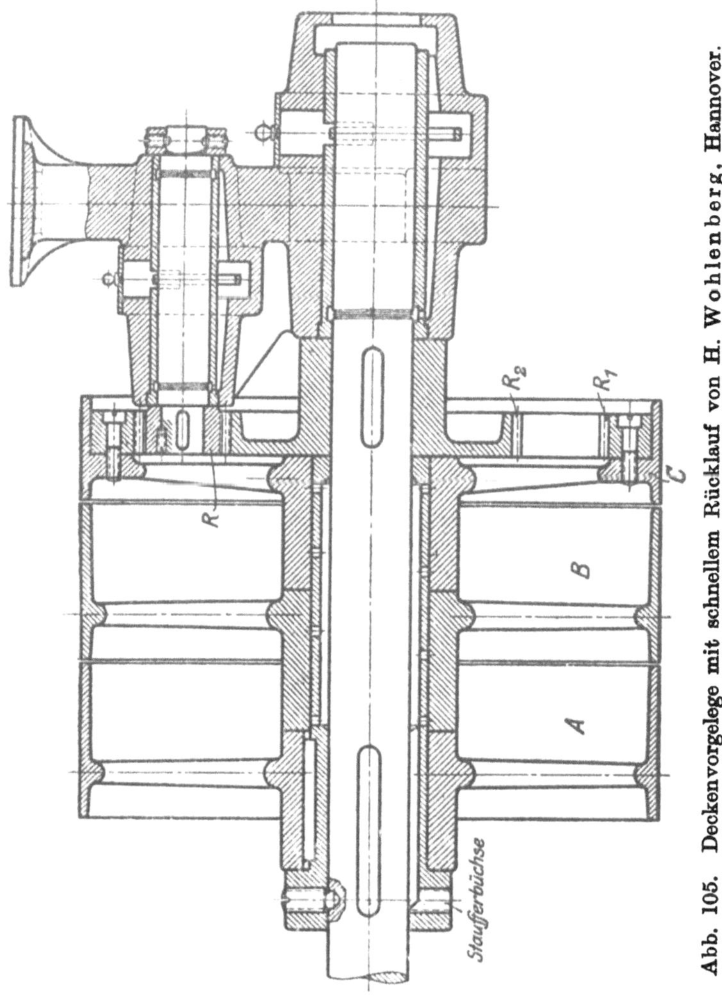

Abb. 105. Deckenvorgelege mit schnellem Rücklauf von H. Wohlenberg, Hannover.

vollzieht der Riemen den Arbeitsgang der Maschine, auf der Losscheibe B setzt er sie still, und auf der Zahnkranzscheibe C steuert er die Maschine mit dem Zwischenrade R und der Übersetzung $\frac{R_1}{R_2} = \frac{107}{67}$ in den schnellen Rücklauf um.

Bei dem Böhringer-Stufenrädergetriebe ist ein Räderwendegetriebe zwischen den Wellen *I* und *II* eingebaut. Mit der Ausrückstange wird die Kupplung k_1 entweder auf das Räderpaar $\dfrac{r_1}{r_2}$ oder auf die drei Räder $\dfrac{r_3}{r_4}\dfrac{r_4}{r_5}$ eingerückt und die Maschine umgesteuert (Abb. 72).

Die Riemenumsteuerungen.

Die Riemenumsteuerungen erfordern das abwechselnde Arbeiten von 2 Riemen und zwar eines offenen und eines gekreuzten Riemens.

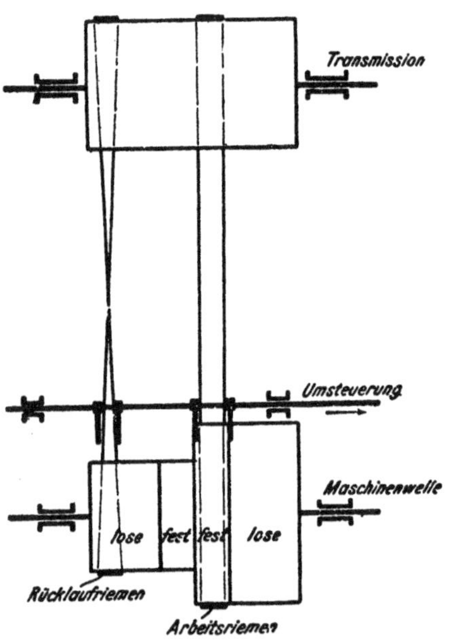

Abb. 106. Plan eines Riemenwendegetriebes mit gleichzeitiger Riemenverschiebung.

Hierzu sind beide Riemen vor jedem Hubwechsel auf die entsprechenden Fest- und Losscheiben zu verschieben. Die Kennzeichnung der Riemenwendegetriebe liegt daher in den zwei verschiebbaren Riemen.

An die Riemenverschiebung sind jedoch einige Bedingungen geknüpft, die für ein sanftes Umsteuern der Maschine zu beachten sind. Soll nämlich die Umsteuerung möglichst stoßfrei arbeiten, so haben die Riemengabeln zuerst den arbeitenden Riemen auf die Losscheibe zu bringen und hierauf den zweiten Riemen auf die feste Scheibe. Hierdurch gewinnt der Tisch Zeit für einen ruhigen An- und Auslauf. Dieser Grundsatz ist sowohl bei der gleichzeitigen Verschiebung beider Riemen durchzuführen als auch bei der aufeinanderfolgenden Riemenverschiebung.

Verschiebt die Umsteuerung beide Riemen gleichzeitig durch eine gemeinsame Steuerstange (Abb. 106), so erfordert dies Losscheiben von mindestens der doppelten Riemenbreite. Nur unter dieser Voraussetzung gelangt der zurzeit arbeitende Riemen auf die Losscheibe, bevor der andere seine feste Scheibe erreicht. Die breiten Losscheiben sind aber bei einer gedrängten Bauart hinderlich. Die Riemenverschiebung selbst beansprucht große Riemenwege, die bei dem ständigen Hubwechsel einen großen Verschleiß der Riemen verursachen. Das Umsteuern erfordert dazu einen beträchtlichen Arbeitsaufwand der Maschine, da beide Riemen zugleich und um große Wege zu verschieben sind. Aus diesen Gründen erscheint es praktischer, die Riemen durch je eine Riemengabel nacheinander zu verschieben.

Bei der aufeinanderfolgenden Riemenverschiebung wird daher zuerst der jeweilig arbeitende Riemen verschoben, so daß beide noch kurze Zeit auf den Losscheiben liegen. Der Tisch gewinnt hierdurch Zeit, ruhig auszulaufen, bevor der andere Riemen umsteuert. Riemenwendegetriebe, die nach diesen Gesichtspunkten gebaut sind, besitzen daher kleine Riemenwege und schmale Scheiben von etwas mehr als der einfachen Riemenbreite.

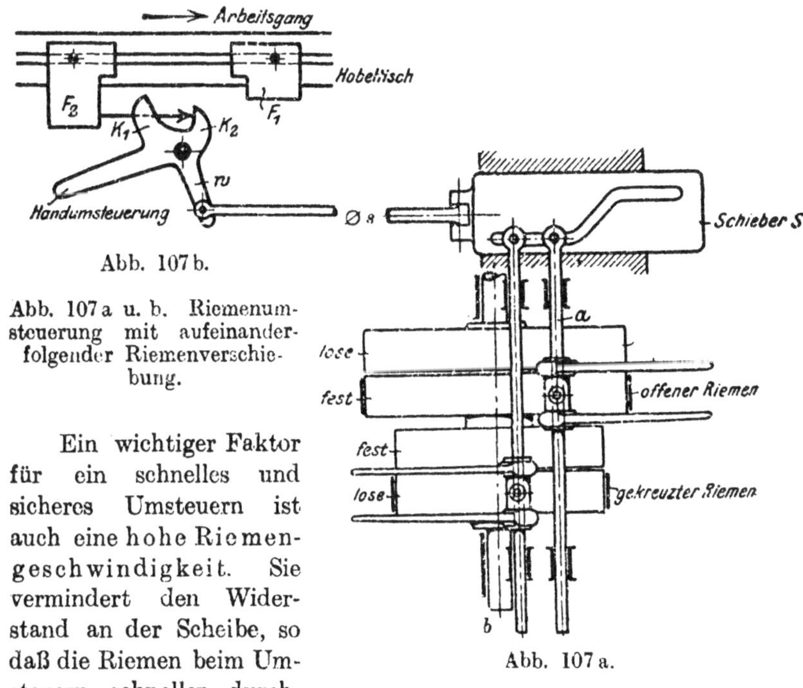

Abb. 107 b.

Abb. 107 a u. b. Riemenumsteuerung mit aufeinanderfolgender Riemenverschiebung.

Ein wichtiger Faktor für ein schnelles und sicheres Umsteuern ist auch eine hohe Riemengeschwindigkeit. Sie vermindert den Widerstand an der Scheibe, so daß die Riemen beim Umsteuern schneller durchziehen können. Die Praxis steigert daher die Riemengeschwindigkeit vielfach auf die 40—50 fache Schnittgeschwindigkeit.

Abb. 107 a.

Noch ein Wort über die Verwendung der beiden Riemen. Mit Rücksicht auf die ungünstigere Inanspruchnahme des gekreuzten Riemens empfiehlt es sich, ihn als Rücklaufriemen zu benutzen und den offenen als Arbeitsriemen. Diese Bestimmung läßt sich aber nicht immer streng durchführen. Bei größeren Übersetzungen bietet nämlich der gekreuzte Riemen eine größere Sicherheit in dem Antriebe, während der offene leicht schleift. Der Umstand zwingt häufig dazu, den gekreuzten Riemen als Arbeitsriemen zu verwenden.

Ein Riemenwendegetriebe, das die beiden Riemen zugleich verschiebt, bringt Abb. 106. Steuert es in den Rücklauf um, so zieht die nach rechts gehende Riemenstange mit ihren beiden Gabeln zuerst den offenen Riemen auf die lose Scheibe und etwas später den gekreuzten auf die feste Scheibe. Soll dazu der Rücklauf beschleunigt werden, so muß der gekreuzte Riemen auf einer kleineren Scheibe arbeiten als der offene. Als äußeres Kennzeichen hat dieses Wendegetriebe breite Losscheiben und eine Umsteuerstange mit zwei Riemengabeln.

In der Neuzeit wird jedoch aus den bereits erwähnten Gründen die aufeinanderfolgende Riemenverschiebung allgemein bevorzugt (Abb. 107a). Sie erfordert als äußeres Merkmal 2 Steuerstangen a und b mit je einer Gabel und einen Steuerschieber S mit einer $\underline{}$ Nut. Das Umsteuern geschieht folgendermaßen: Steuert der Tisch aus dem Arbeitsgang in den Rücklauf um, so stößt die Knagge F_2 gegen den Anschlag K_2 und legt den Steuerhebel w herum, der mit der Stange s den Steuerschieber S nach links zieht. (Abb. 107b.) Dabei bringt die ansteigende Nut mit der Gabel a den offenen Hobelriemen von der Festscheibe auf die Losscheibe, während der gekreuzte Rücklaufriemen für den ruhigen Auslauf des Tisches noch etwas auf der Losscheibe bleibt. Sobald die ansteigende Nut die Gabel b faßt, wird der Rücklaufriemen auf die Festscheibe gezogen und der Tisch in den schnellen Rücklauf umgesteuert. Die beiden Riemen werden also nacheinander verschoben. Die Losscheiben können daher schmaler sein, und die Riemenwege sind etwas größer als die Riemenbreite. Die Umsteuerung erfordert daher weniger Platz und verursacht einen geringeren Riemenverschleiß.

Die Kupplungs-Umsteuerungen.

Die Riemenwendegetriebe mit verschiebbaren Riemen verursachen durch die häufige Riemenverschiebung einen starken Verschleiß der Riemen und einen größeren Arbeitsaufwand der Maschine im Augenblick des Umsteuerns. Will man bei den Riemenwendegetrieben diese Nachteile umgehen, so müssen die beiden Riemen auf losen Scheiben laufen, die zum Umsteuern auf der Antriebswelle der Maschine abwechselnd gekuppelt werden können. Das Kuppeln der Antriebsscheiben kann durch eine Hebelsteuerung (Kap. IV, 2) oder durch Elektromagnete erfolgen. Als äußeres Merkmal haben diese Umsteuerungen als Riemenwendegetriebe nur 2 schmale Scheiben und 2 nicht verschiebbare Riemen.

Bei der elektromagnetischen Umsteuerung in Abb. 108 sind die Arbeitsscheibe A und die Rücklaufscheibe B mit Magnetspulen ausgerüstet, die an die Schleifkontakte angeschlossen sind. Zwischen A und B sitzt fest auf der Welle I die Ankerscheibe C. Steuert die Maschine in den Rücklauf um, so wird durch den Umschalter der Stromkreis wie gezeichnet auf die Scheibe B geschaltet. In demselben Augenblick wird sie mit der festen Ankerscheibe C magnetisch gekuppelt, wobei sich jedoch nur die äußeren Reibringe berühren. Legt nun gegen

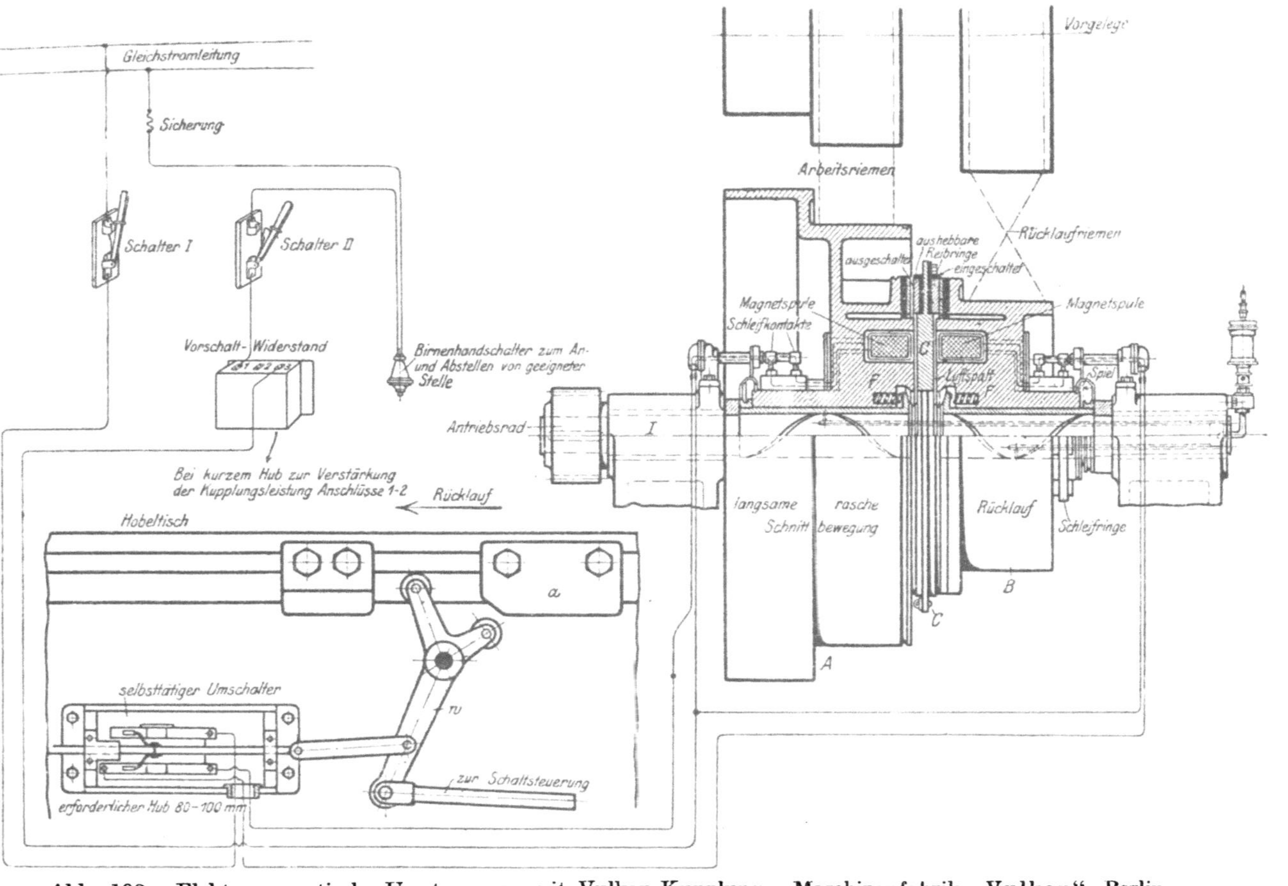

Abb. 108. Elektromagnetische Umsteuerung mit Vulkan-Kupplung. Maschinenfabrik „Vulkan", Berlin.

Ende des Rücklaufes der Anschlag a des Hobeltisches den Steuerhebel w herum, so schaltet der Umschalter den Stromkreis auf die Arbeitsscheibe A um, die infolgedessen mit C magnetisch gekuppelt wird. Die Maschine steuert daher aus dem Rücklauf in den Arbeitsgang um. Die

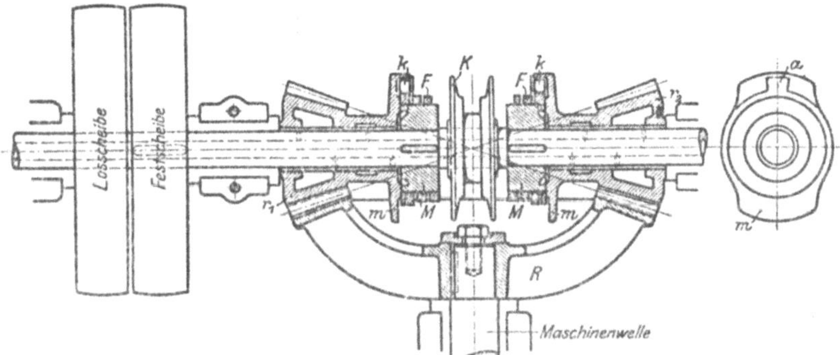

Abb. 109 und 110.   Kegelräderwendegetriebe mit Schraubenfeder-Kupplung von L. Schwarz & Co., Dortmund.

Scheibe B wird stromlos und durch die Feder F um etwa 1 bis 2 mm zurückgeschoben. Stellt man den Umschalter auf Mitte, so laufen die Scheiben A und B lose, und die Maschine steht still. Der Vorzug dieser Umsteuerung ist der genaue und sanfte Hubwechsel.

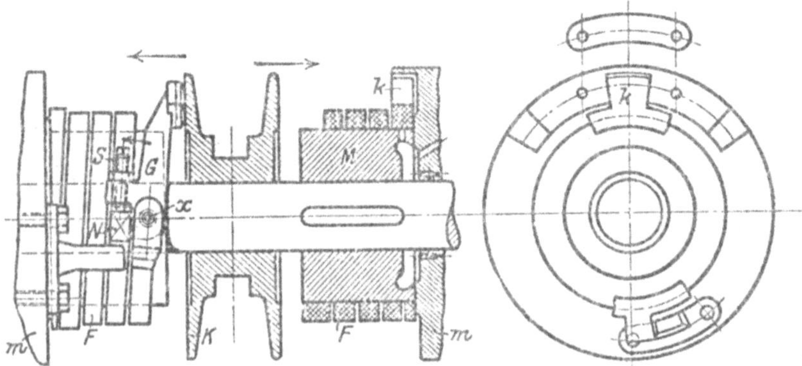

Abb. 111 und 112.   Schraubenfeder-Kupplung.   L. Schwarz & Co., Dortmund.

Für das Umsteuern von Werkzeugmaschinen hat sich auch die Schraubenfeder-Kupplung von L. Schwarz & Co., A.-G. in Dortmund, gut bewährt. In Abb. 109 und 110 ist sie in ein Kegelräderwendegetriebe einer Blechkantenhobelmaschine eingebaut.

Die einfache Kupplung besteht aus nur 3 Hauptteilen: der Hartgußmuffe M, der Kuppelscheibe K und der Schraubenfeder F. In den Abb. 111 u. 112 sind die Hartgußmuffen M auf der Vorgelegewelle festgekeilt.

Die Schraubenfedern F sind mit dem Federkopf k in eine Aussparung der Mitnehmerscheiben m von r_1 und r_2 eingepaßt. Sie tragen auf der Freiseite einen um den Bolzen x drehbaren Gelenkhebel G, der sich mit der Stellschraube S gegen einen Nocken N des zweiten Schraubenganges stützt. Wird nun die Kuppelscheibe K durch die Maschine verschoben, so wickelt sich die Schraubenfeder unter dem Druck von K fest um die Hartgußmuffe M und kuppelt so abwechselnd r_1 und r_2. Da das Kuppeln durch Reibung allmählich geschieht, so muß das Umsteuern stoßfrei vor sich gehen.

Das elektrische Umsteuern oder das Umsteuern mit dem Umkehrmotor.

Die nächste Entwicklungsstufe der Umsteuerungen ist der u m - s t e u e r b a r e M o t o r , W e n d e m o t o r oder U m k e h r m o t o r , der durch das Umschalten des Anlassers umgesteuert wird und so den langsamen Arbeitsgang und den schnellen Rücklauf der Maschine bewirkt (Kap. IV, 1). Auch hierbei hat sich die Druckknopfsteuerung bestens bewährt, mit der man den Umkehranlasser von der Werkzeugmaschine aus steuern kann.

Die Ausrückung.

Die Aufgabe der Ausrückvorrichtung erstreckt sich auf das Aus- und Einrücken einer Arbeitsmaschine. Hierzu ist beim Riemenantrieb neben der festen Antriebsscheibe eine Losscheibe anzuordnen, auf die der Riemen zum Ausrücken der Maschine verschoben wird. Die Ausrückung liegt entweder im Deckenvorgelege oder sie ist an der Maschine selbst untergebracht.

Der B a m a g - R i e m e n r ü c k e r ist für das Deckenvorgelege bestimmt (Abb. 113), dessen Antriebsriemen er verschiebt. Hierzu besitzt er eine Stange, die mit einer Gabel den Riemen faßt. Für die Handlichkeit des Ausrückers ist durch einen Winkelhebel gesorgt. Zieht man an einer der beiden Stangen, so wird die Maschine ein- oder ausgerückt. Die Endstellungen der Gabel sind dabei durch die rechten Anschläge festgelegt, die durch die obere Verbindung zugleich die Riemengabel führen.

In neuerer Zeit werden die Riemenrücker mit einem Zugseil ausgestattet (Abb. 114). Mit dem Seil wird meist eine kleine Seilscheibe gedreht, die die Riemengabel von der Losscheibe nach der Festscheibe zieht und dabei eine Spiralfeder aufwickelt. Eine Klinke sichert die Scheibe in ihrer Endstellung. Beim weiteren Ziehen am Seil löst sich die Klinke aus, und die Feder schnellt die Riemengabel mit dem Riemen zurück.

Das Ausrücken des Deckenvorgeleges hat den Nachteil, daß der Arbeiter meist seinen Stand verlassen muß, um die Maschine stillzusetzen. Der Umstand hat veranlaßt, die Ausrückung nach der Maschine selbst zu verlegen. Dieser Schritt war jedoch erst seit der Ein-

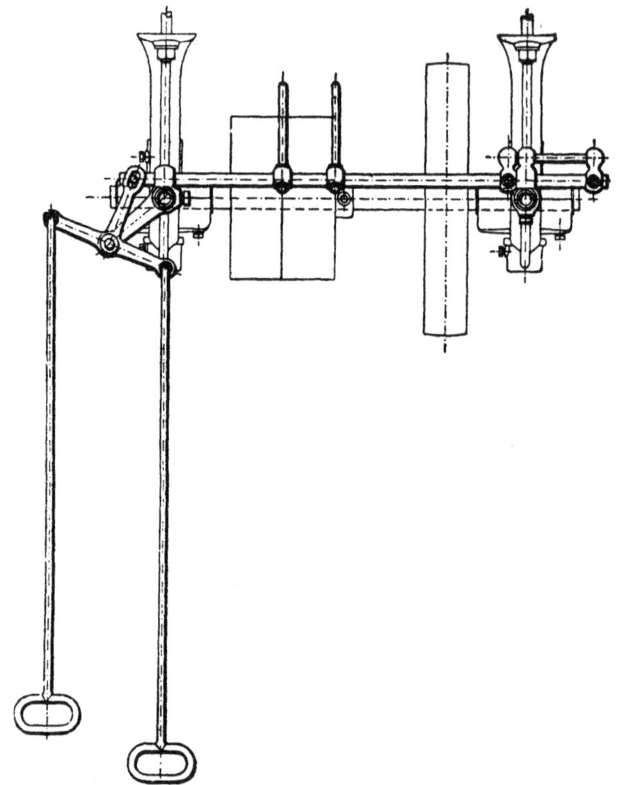

Abb. 113. Riemenrücker. Bamag, Dessau.

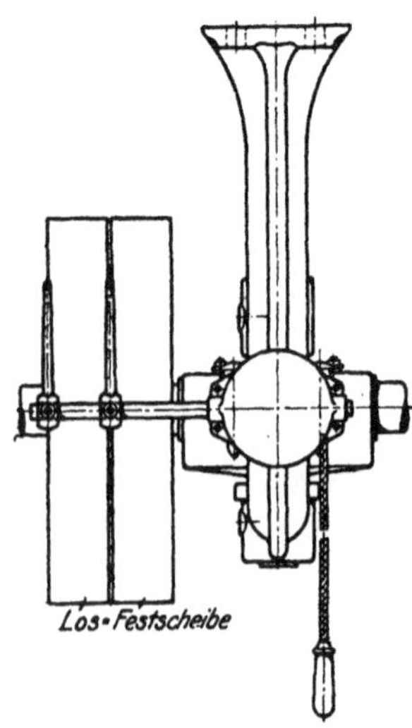

Abb. 114. Riemenrücker.

führung des Stufenräderantriebes möglich. Die Ausrückung wird beim Einscheibenantrieb durch das Entkuppeln der Antriebsscheibe der Maschine vorgenommen. Hierzu ist eine lange Ausrückstange vorgesehen, so daß der Arbeiter von seinem Stande aus die Maschine jederzeit stillsetzen kann (Abb. 65).

Die Massenherstellung fordert, wie bereits früher erwähnt, von ihren Werkzeugmaschinen vielfach Selbstauslösung des Antriebes, d. h. eine selbsttätige Ausrückung. Sie verlangt, daß sich die Maschine nach beendeter Arbeit stillsetzt, wenn z. B. die Räderfräsmaschine das Rad fertig gefräst oder die selbsttätige Revolverbank die Rohstange aufgearbeitet hat.

Eine derartige Selbstausrückung bietet den Vorzug, mehrere Maschinen durch einen Arbeiter bedienen zu können. Praktisch ist die Selbstausrückung in der Weise zu erreichen, daß die Verschiebung der Riemengabel durch eine kräftige Spiralfeder bewirkt wird. Dieser Gedanke ist in dem Deckenvorgelege in Abb. 115 und 116 durchgeführt. Zum Einrücken der Maschine dient hier ein Handhebel c, der den Riemen rechts auf die feste Scheibe bringt und hierbei die Feder a anspannt. In dieser Stellung ist aber die Stange b, solange die Maschine arbeiten soll, gegen Zurückschnellen zu verriegeln. Die Aufgabe übernimmt der durch Federdruck schließende Riegel d, der die Stangengabel b festhält. Die Selbstauslösung vollzieht sich wie folgt: Ein verstellbarer Anschlag der Maschine zieht den Draht e nach unten und löst hierdurch den Riegel d aus. In dem Augenblick wird die entriegelte Riemengabel

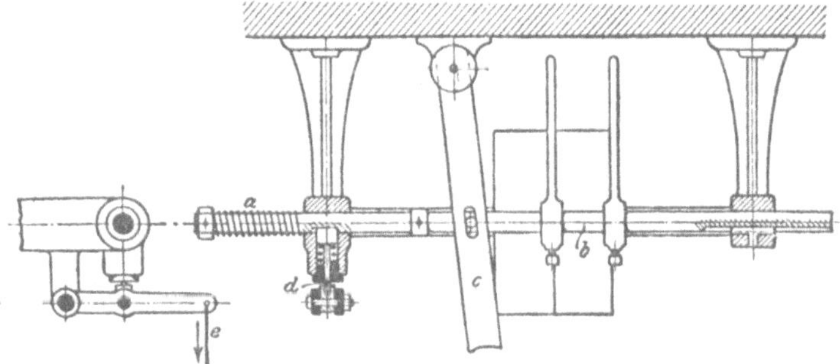

Abb. 115 und 116. Selbstausrücker. Wanderer-Werke, Chemnitz.

durch die Spiralfeder zurückschnellen und den Riemen auf die Losscheibe bringen.

Eine ähnliche Selbstausrückung läßt sich auch mit einem Fallgewicht erreichen, das mit einem Winkelhebel die Ausrückstange b zurückzieht, sobald die Maschine ihn freigibt.

Die Schaltgetriebe oder die Schaltsteuerung.

Die Aufgabe der Schaltgetriebe einer Werkzeugmaschine ist, den Vorschub zu erzeugen und nach Bedarf umzusteuern, sowie seine Größe zu regeln. Je nach der Arbeitsweise der Maschine wird der Vorschub entweder vom Werkstück oder vom Werkzeug ausgeführt. Grundlegend für die Bauart der Steuerung ist die Art des zu erzeugenden Vorschubes. Wie bereits bekannt, kann der Vorschub entweder ein Dauervorschub oder ein Augenblicks- oder Ruckvorschub sein.

Die Maschinen mit kreisender Hauptbewegung arbeiten in der Regel mit einem Dauervorschub, der sich auf die ganze Dauer des Arbeitsganges erstreckt. Bei ihnen muß daher die Steuerung dauernd in Tätigkeit sein (Drehbank, Bohrmaschine usw.). Bei den Maschinen mit gerader Hauptbewegung darf infolge des leeren Rücklaufs der Vorschub erst in dem Augenblick beginnen, in dem das zu schaltende Werkzeug von dem zurücklaufenden Werkstück freigegeben wird, und er muß beendet sein, bevor der neue Schnitt beginnt (Hobelmaschine, Stoßmaschine usw.). Infolgedessen arbeiten diese Maschinen mit einem Ruckvorschub, so daß ihre Steuerung nur ruckweise, d. h. augenblicklich schalten darf.

Die Schaltung dieser Dauer- und Ruckvorschübe kann geradlinig (Drehbank, Bohrmaschine), kreisförmig (Rundstoßen, Rundfräsen) oder kurvenartig (Formdrehbänke) erfolgen.

Die Steuerungsgetriebe für gerade Vorschübe sind wie bei der geraden Hauptbewegung Schraube und Mutter, Zahnrad und Zahnstange oder Zahnstange und Schnecke. Sie betätigen einen Schlitten, auf dem das zu schaltende Werkstück oder Werkzeug festgespannt ist. Bei der Kleinheit der Vorschübe kommt die große Übersetzung von Schraube und Mutter besonders zur Geltung. Dasselbe gilt von dem Schneckenantriebe der Zahnstange. Sie gewähren daher beide eine einfache Steuerung. Zahnrad und Zahnstange beanspruchen hingegen eine größere Räderübersetzung in ihrem Antriebe, damit die Größe der Vorschübe eingehalten wird.

Für den kreisförmigen Vorschub wird meist das Schneckengetriebe, seltener der Riemen- und Räderbetrieb benutzt. Das Schneckengetriebe besitzt in sich eine große Übersetzung, die bei den kleinen Vorschüben sehr zustatten kommt, und beansprucht daher wenig Raum.

Der Antrieb der Schaltsteuerung erfolgt in der Regel von dem Hauptantriebe der Maschine oder von einem besonderen Deckenvorgelege. Im letzten Falle ist man in der Wahl des Vorschubes von der Hauptbewegung unabhängig. Bei schweren Maschinen mit elektrischem Antrieb findet man auch wohl einen besonderen Motor für den Antrieb des Vorschubes.

Die Schaltsteuerung für Ruckvorschübe.

Die Schaltsteuerung für Ruckvorschübe darf bekanntlich nur in dem geeigneten Augenblick schalten. Erfolgt ihr Antrieb von der ständig laufenden Hauptwelle der Maschine, so ist das Antriebsmittel eine Nutenscheibe N (Abb. 117), die mit ihrer Steuernut ABC die Schaltung augenblicklich vollzieht. Solange nämlich der runde Teil der Nut um den Rollenzapfen Z läuft, ruht die Steuerung. Sie tritt erst in Tätigkeit, sobald die ausgekragte Nut AB den Zapfen Z faßt. Bei einer rechtslaufenden Scheibe N wird daher durch die steigende Nut AB der Zapfen Z nach oben bewegt und durch den fallenden Teil BC wieder zurückgeführt. Dieser kurze Ausschlag des Steuerhebels h verursacht während des oberen Hubwechsels der Stoßmaschine eine auf- und abspielende Bewegung des Gestänges s, die zum Schalten des Werkstückes zu benutzen ist. Sie darf aber nur in einer Richtung auf die Querschlittenspindel g übertragen werden, da sonst der Schlitten Q wieder zurückgeschoben und kein Vorschub zustande kommen würde. Diese Aufgabe übernimmt ein Klinkenschaltwerk, dessen Schaltzahnrad S mit dem Kegelrade 1 zu einem Block vereinigt ist, während die Klinke k an dem frei drehbaren Winkelhebel w sitzt. Die Steuerung wird daher auf dem Wege AB schalten, da die Klinke K gegen die Zähne des Rades S drückt und so über die Räder 1 bis 6 mit einem Ruck den Vorschub des Querschlittens Q vollzieht. Auf dem Wege BC zieht sie die Schal-

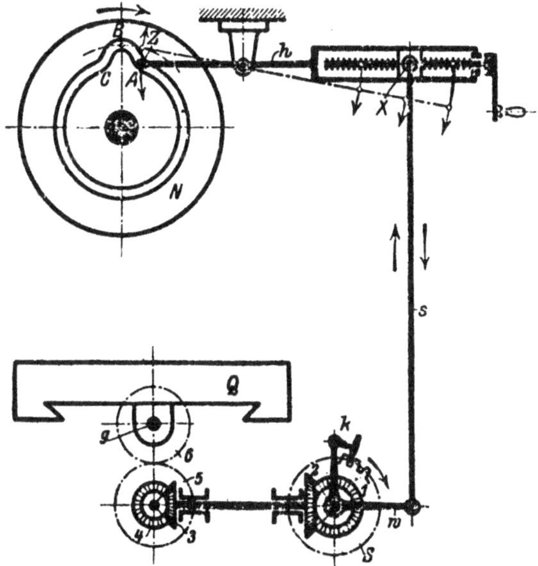

Abb. 117. Plan der Steuerung einer Stoßmaschine.

tung wieder auf, d. h. die Klinke gleitet über einige Zähne in ihre Anfangslage zurück. Es wird also zuerst geschaltet, so daß der Stahl vor jedem neuen Schnitt richtig zur Ruhe kommt.

Die Schaltsteuerung für Dauervorschübe.

Die Schaltsteuerung für Dauervorschübe wird durch Riemen, Ketten, Reibscheiben oder Räder angetrieben. Der Riemenantrieb besitzt den Vorzug, daß er gleitet, sobald der Vorschubwiderstand eine außergewöhnliche Größe erreicht. Er bietet daher infolge seiner begrenzten Durchzugskraft eine gewisse Sicherheit gegen eine Überlastung des Werkzeuges und der Maschine. Dasselbe gilt von dem Antriebe mit Reibrädern. Für die schweren Schnitte des Schnellstahles genügt der Riemenantrieb häufig nicht mehr, weil bei der kleinen Riemengeschwindig-

keit die Durchzugskraft versagt. An seine Stelle sind bereits die Ketten-
und Zahnräderantriebe getreten. Sie gewähren beide durch ihre
Zwangläufigkeit einen gleichmäßigen und genauen Vorschub. Der
Räderantrieb wird zur Notwendigkeit beim Gewindeschneiden auf der
Drehbank, um Gewindegänge von gleicher Steigung zu erhalten.

Der Vorschubwechsel.

Die Leistung einer Werkzeugmaschine ist nicht nur ein Faktor der
Schnittgeschwindigkeit sondern auch des Vorschubes. Die zulässige
Größe des Vorschubes ist in gleicher Weise wie die Schnittgeschwindig-
keit abhängig von der Härte des Arbeitsstückes, dem Querschnitt des
Spanes (Schruppen, Schlichten) und der Schneidhaltigkeit des Stahles.
Diesen Gesichtspunkten Rechnung tragend, hat der Erbauer jeder Ma-
schine für einen ausreichenden Vorschubwechsel zu sorgen.

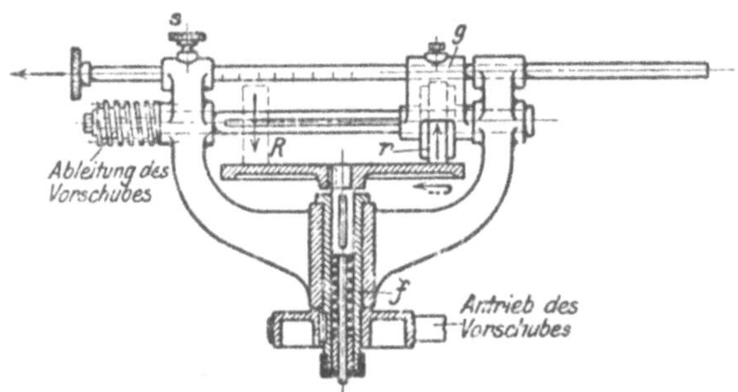

Abb. 118. Reibscheibenantrieb.

Beim Stufenriemenantrieb ist der Größenwechsel des Vorschubes durch Verlegen des Riemens auf den Stufenscheiben zu erreichen. Die Anzahl der Vorschübe ist hierbei gleich der Stufenzahl
der Scheiben. Der Vorschubwechsel läßt sich jedoch durch gegenseitiges Vertauschen beider Scheiben verdoppeln, sobald sie verschieden
groß und fliegend angeordnet sind. Auf diese Weise lassen sich mit
2 dreiläufigen Scheiben 6 Vorschübe erreichen.

Die gleiche Zahl der Vorschübe erhält man auch durch 2 Riemen,
von denen der erste auf zweiläufigen und der zweite auf dreiläufigen
Scheiben läuft. Immerhin ist der Riemenwechsel lästig und zeitraubend,
ein Umstand, der ebenfalls bei der Bevorzugung des Räderantriebes
mitgesprochen hat.

Große Bequemlichkeit bietet der Vorschubwechsel mit Reibscheiben (Abb. 118). Hierbei ist nur die Scheibe r mit der Stange s
und der Gabel g auf R für große Vorschübe nach außen und für kleine
nach der Mitte zu schieben. Von der Schneckenwelle kann die Maschine
daher beliebige Vorschübe empfangen, die sich im Betriebe einstellen

lassen. Die Feder f, die die Scheiben andrückt, sichert das Durchziehen der Reibscheiben

Der Kettenantrieb gestattet praktisch nur einen Vorschubwechsel durch das Ein- und Ausschalten verschiedener Rädervorgelege (Abb. 506 und 512).

Der Vorschubwechsel wird beim Räderantrieb durch Wechselräder (Satzräder) vollzogen, mit denen man die Übersetzung zwischen Drehspindel und Leitspindel ändert. Diese Räder sitzen vor der Bank auf verschiedenen Zapfen (Abb. 119). Das erste Rad r_5 sitzt auf der Umsteuerwelle vom Wendeherz und das letzte r_8 auf dem Kopf der Leitspindel. Die Zwischenräder r_6, r_7 verlangen, um den Zahneingriff

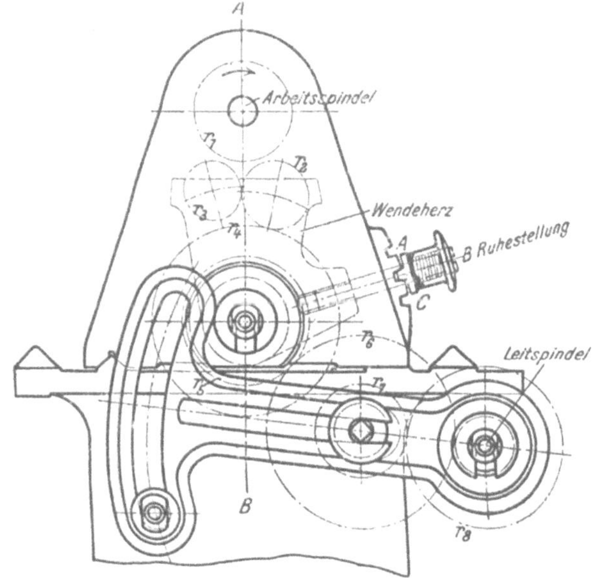

Abb. 119. Wechselräderantrieb mit Wendeherz.

herzustellen, eine einstellbare Lagerung. Diese Einstellbarkeit ist meist durch eine Schere geboten, die auf der Leitspindel drehbar sitzt und zur Aufnahme der verschiedenen Räder einen verstellbaren Zapfen trägt. In ihrer jeweiligen Arbeitsstellung ist die Schere durch eine Bogennut und eine Schraube festzuklemmen.

Das Auswechseln dieser Räder ist sehr zeitraubend und erschwerend für die Bedienung der Maschine. Etwas einfacher gestaltet sich das Auswechseln der Räder bei der geschlitzten Vorsteckscheibe, die aufgesteckt und weggezogen werden kann.

Ein besonderer Fortschritt ist mit diesen zeitsparenden Mitteln nicht erreicht. Den größten Zeitaufwand erfordert nämlich, die Räder von den einzelnen Zapfen wegzunehmen, aus dem Satz die passenden auszusuchen und wieder richtig aufzustecken.

Die Wechselrädergetriebe.

Will man das zeitraubende Auswechseln der Wechselräder umgehen, so müssen sie in der erforderlichen Anzahl gleich in der Maschine gebrauchsfertig eingebaut sein. Soll die Maschine z. B. 4 Vorschübe haben

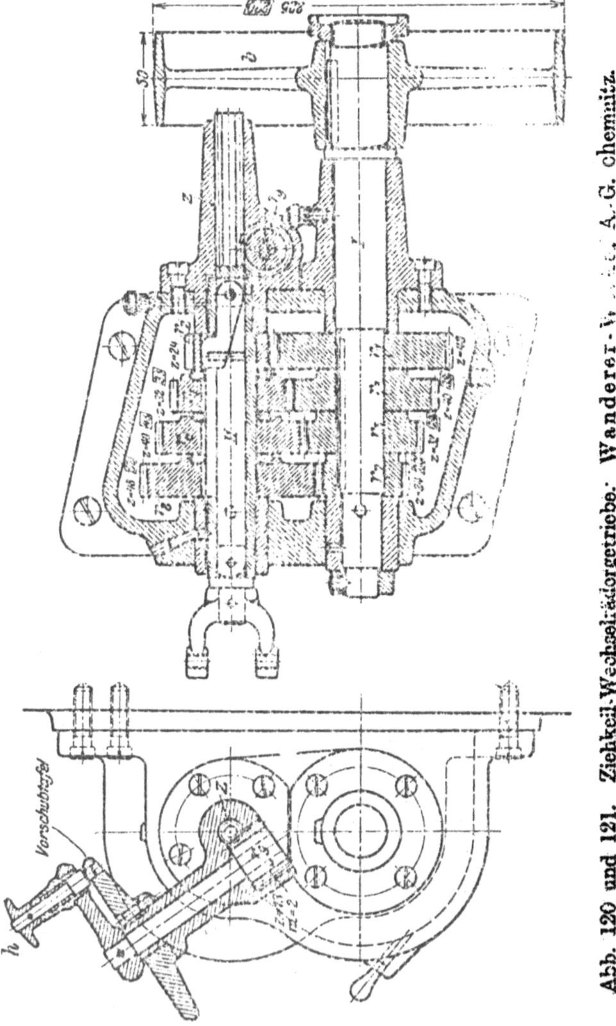

Abb. 120 und 121. Ziehkeil-Wechselrädergetriebe. Wanderer-Werke, A.-G. Chemnitz.

und sie stets gebrauchsfertig halten, so wären in dem Antrieb der Vorschubwellen 4 Räderpaare von entsprechender Übersetzung einzubauen. Dabei müßte noch eine weitere Bedingung erfüllt sein: Von den 4 Räderpaaren dürfte wie bei den Stufenrädergetrieben immer nur eins arbeiten, alle übrigen müßten lose laufen. Hierzu sind die Wechselräder in 2 Gruppen von festen und losen Rädern zu ordnen. Von der losen Gruppe muß aber das jeweilig arbeitende Rad mit der Welle zu kuppeln sein, sei es durch eine **Kupplung** oder durch einen **Ziehkeil.** Derartige Wechselrädergetriebe können in einem geschlossenen Räderkasten untergebracht werden, so daß sie vollständig geschützt sind. Ein Vorschubwechsel verlangt nur, nach einer Tafel die erforderlichen Handgriffe einzustellen.

Die einzelnen Gesichtspunkte sind in dem **Ziehkeil-Wechselrädergetriebe der Wanderer-Werke, A.-G., Chemnitz-Schönau,** Abb. 120 bis 121, zum Ausdruck gebracht. Die Scheibe b wird von der Hauptspindel aus angetrieben. Auf I sitzt die Gruppe der festgekeilten Räder r_1 bis r_7, auf II die der losen Räder r_2 bis r_8. Um die Räder der losen Gruppe einzeln einrücken zu können, steckt in einer langen Nut der hohlen Welle II der Ziehkeil, der sich in II nach rechts und links ziehen läßt. Hierzu ist der Handgriff h zu drehen, der durch das Ritzel r_9 und die Rundzahnstange z den Ziehkeil einstellt. Dabei gibt der Zeiger auf der Tafel die Größe des Vorschubes an. Der Ziehkeil springt augenblicklich durch Federdruck ein, sobald die Keilnut des betreffenden Rades vor ihm steht. Zum Ausrücken dieses **Springkeiles** ist zwischen je zwei Rädern ein voller Ring eingelegt, der den Keil beim Übergang von einem Rade zum andern nach unten drückt und ausrückt. Dieses Getriebe hat also 4 Schaltungen, die dem Tische 4 Vorschübe von 0,41—0,72—1,26—2,13 mm erteilen.

Zu beachten ist, daß der Ziehkeil möglichst in der getriebenen Welle liegt, damit kein Zurücktreiben der Räder ins Schnelle stattfindet, wodurch das Öl herausgeschleudert würde.

Die einfache Ziehkeilschaltung erfordert allerdings für jeden Vorschub ein Räderpaar. Durch eine geeignete Anordnung läßt sich aber die Zahl der Wechselräder noch wesentlich vermindern. So gewährt das Schaltwerk der Gruson-Säge (Kap. V) bei nur 8 Räderpaaren 15 Vorschübe.

Eine bedeutende Ersparnis an Wechselrädern ist zu erzielen, sobald man den Vorschubwechsel nach **Norton** mit einem einschwenkbaren Verschieberad vollzieht.

Bei dem **Norton-Wechselrädergetriebe,** Abb. 122 bis 123, sitzen auf der Leitspindel 12 Wechselräder R_1 bis R_{12} staffelförmig angeordnet und in einem Räderkasten geschützt. In dem Kasten ist unten die treibende Welle d gelagert, die durch außen liegende Wechselräder von der Arbeitsspindel angetrieben wird. Für das Einschalten der einzelnen Übersetzungen sitzt auf d das Verschieberad r_2, das durch das Schwenkrad r_1 auf jedes der 12 Wechselräder arbeiten kann. Zu diesem Zweck sind beide Räder r_2 und r_1 in einer auf d verschiebbaren Tasche T untergebracht. Durch Verschieben und Einschwenken der Tasche auf die 12 Kämme läßt sich jedes der 12 Räder in den Antrieb der Leitspindel einzeln einschalten. Hierbei ist die Tasche mit dem

Griff b zu fassen und durch die Fallsperre a, die in die Löcher c der Stellplatte einschnappt, gegenüber dem Arbeitsdruck zu verriegeln. Diese Einrichtung bietet daher ohne weiteres die Vorschübe für 12 der gebräuchlichsten Gewinde.

Das Nortongetriebe hat im deutschen Werkzeugmaschinenbau eine große Verbreitung gefunden. Besonders wird es bei den Gewindedrehbänken bevorzugt. Die Firma Gebr. Böhringer in Göppingen wendet das Nortongetriebe in der Bauart der Abb. 124 bis 129 an. Die Wechselräder in der Schere A treiben die Welle I. Soll Whitworthgewinde geschnitten werden, so schaltet man das 52er Rad auf das 90er.

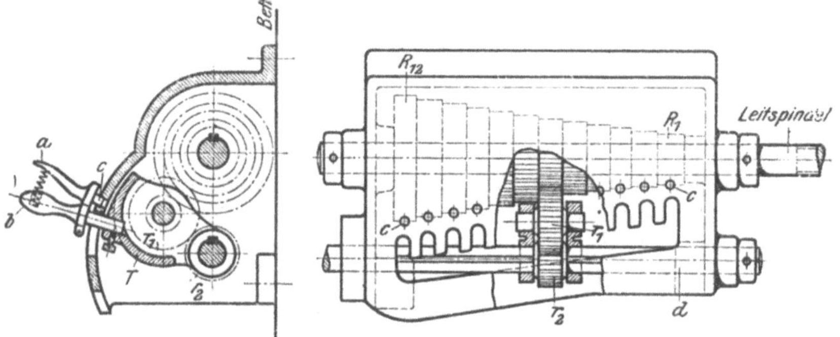

Abb. 122 und 123.   Norton-Wechselrädergetriebe.

Für Millimetergewinde senkt man die Schere A und zieht das 52er Rad vor, so daß $\dfrac{52}{127}$ und $\dfrac{90}{104}$ geschaltet sind. Die Welle I treibt mit den Rädern a die beiden losen Doppelräder b und c auf II. Mit der Schwinge S_1 kann man 4 mal auf III schalten $(A\,B\,C\,D)$ und mit der Schwinge S_2, die das Doppelrad $d\,e$ trägt, 8 mal von III auf den Räderblock f auf II (Löcher 1 bis 8). Für Whitworthgewinde sind daher 4×8 Steigungen vorgesehen. Das Millimetergewinde wird mit den Rädern g geschnitten. Die Schwinge S_2 läßt sich hierzu mit ihrem Doppelrade $d\,e$ auf 9 bis 11 schalten, so daß beide Schwingen S_1 und S_2 $3 \times 4 = 12$ Millimetersteigungen gestatten. Passende Millimetersteigungen ergeben auch die Stellungen S_2 auf 1, 2 und 6. Damit steigt die Gesamtzahl der Millimetersteigungen auf 6×4. Die beiden Vorgelege i übertragen von g aus die Bewegung auf f und II. Mit dem Griff h kann das Rad k auf die Leitspindel L oder die Zugspindel Z geschaltet werden. Um die Räder zu schützen, ist die Zugspindel Z mit einer Sicherheitskupplung angekuppelt, deren Draht bei einer etwaigen Überlastung reißt. Durch die Vereinigung der beiden Nortongetriebe sind daher $4 \times 11 = 44$ Schaltungen erreicht.

Eine Frage von wesentlicher Bedeutung ist auch hier: Wann soll man den Räderantrieb dem Riemenantrieb des Vorschubes vorziehen?

Additional information of this book

(Die Werkzeugmaschinen; 978-3-642-89890-7;

978-3-642-89890-7_OSFO2) is provided:

http://Extras.Springer.com

Wie bei den Stufenrädergetrieben der Hauptbewegung, so ist auch hier zu bemerken, daß die Wechselrädergetriebe teurer und empfindlicher sind als Riemenantriebe. Kommt der Schlitten gegen ein Hindernis, so fehlt die Sicherheit gegen Brüche. Außerdem muß der Stahl beim Räderantrieb harte und weiche Stellen mit gleichem Vorschub nehmen. Dadurch werden Werkzeug und Maschine stark belastet. Geradezu stoßweise wirkt die Belastung bei Werkstücken mit unterbrochenen Arbeitsflächen. In allen diesen Fällen wirkt der nachgiebige Riemen als Puffer.

Diesen Nachteilen gegenüber steht der rasche und bequeme Vorschubwechsel. Bei Maschinen, die im Betriebe häufig den Vorschub wechseln müssen, sind daher die Wechselrädergetriebe äußerst wertvoll. Sie sind daher wie bei der Hauptbewegung in erster Linie bei Maschinen für Einzelarbeiten zu empfehlen, wie bei Drehbänken, Bohrmaschinen, Fräsmaschinen usw. Da die Vorschubarbeit nur einen geringen Bruchteil der Schnittarbeit ausmacht, so kann man sie wohl bei leichten und mittleren Maschinen einem genügend schnellaufenden Riemen zumuten. Man hat also alle Vorzüge vereinigt, sobald man bei diesen Maschinen das Wechselrädergetriebe durch einen Riemen von der Hauptwelle aus betreibt. Bei schweren Maschinen muß man der größeren Leistung wegen zum vollen Räderantrieb greifen, es sei denn, daß der Vorschub von einem besonderen Deckenvorgelege abgeleitet wird.

Die Größe des Vorschubes läßt sich auch elektrisch mit Druckknöpfen oder Schaltern regeln wie die Schnittgeschwindigkeit bei der Druckknopfsteuerung. Damit fallen die umfangreichen Räderkästen fort. Doch dürfte sich die elektrische Vorschubsteuerung nur auf schwere Werkzeugmaschinen beschränken, bei denen sie große Bequemlichkeit bietet.

Der Größenwechsel wird bei den Ruckvorschüben durch verstellbare Zapfen erreicht. Sie sind wie in Abb. 117 mit einem Stein in einer Schleife des Gestänges geführt und durch Stellschraube zu verstellen.

Die Umsteuerung des Vorschubes.

Die Leistung einer Arbeitsmaschine wird sehr gesteigert, wenn sie nach beiden Richtungen arbeiten kann. Die Zeitverluste zwischen den einzelnen Arbeitsgängen werden dadurch stark gekürzt und die Arbeitskräfte besser ausgenutzt.

Will man die Maschine vor- und rückwärts arbeiten lassen, so muß der Vorschub seine Richtung wechseln. Der Richtungswechsel kann beim Riemenantrieb der Steuerung durch einen offenen und gekreuzten Riemen bewirkt werden. Allerdings ist dieser Weg umständlich und nur gangbar, wenn die Umsteuerung des Vorschubes den Wendegetrieben der Hauptbewegung nachgebildet werden kann.

Viel handlicher ist das Einrücken eines oder mehrerer Zwischenräder. Der Gedanke ist auch in der Herzumsteuerung der Drehbank verkörpert, bei der durch ein Wendeherz entweder das Zwischenrad r_2 oder beide Zwischenräder r_2 und r_3 in den Antrieb der Leitspindel eingerückt werden (Abb. 119 und 49). Durch die Zwischenräder wird, ohne die Übersetzung zu ändern, der Richtungswechsel vollzogen, so daß die Maschine vor- und rückwärts arbeiten kann. Steht z. B. das Wendeherz auf A, so ist nur r_2 in Eingriff und die Leitspindel läuft rechts herum. Die Übersetzung ist hierbei $\varphi = \dfrac{r_1}{r_2} \cdot \dfrac{r_2}{r_4} \cdot \dfrac{r_5}{r_6} \cdot \dfrac{r_7}{r_8} = \dfrac{r_1}{r_4} \cdot \dfrac{r_5}{r_6} \cdot \dfrac{r_7}{r_8}$. Rückt man das Wendeherz auf C ein, so arbeiten beide Zwischenräder. Die Leitspindel steuert infolgedessen um und schiebt den Schlitten mit gleicher Geschwindigkeit zurück, da die Übersetzung wieder $\varphi = \dfrac{r_1}{r_3} \cdot \dfrac{r_3}{r_2} \cdot \dfrac{r_2}{r_4} \cdot \dfrac{r_5}{r_6} \cdot \dfrac{r_7}{r_8} = \dfrac{r_1}{r_4} \cdot \dfrac{r_5}{r_6} \cdot \dfrac{r_7}{r_8}$ ist.

Wie bei den Räderwendegetrieben der Hauptbewegung, so läßt sich auch der Vorschub mit Kegelrädern umsteuern. Eine derartige Umsteuerung läßt sich in der Weise erreichen, daß wie in Abb. 72 die Räder 2, 3 von der Drehspindel D aus das Kegelräderwendegetriebe 4, 5, 6 treiben. Die Räder 4, 6 des Wendegetriebes laufen lose, können aber durch die Kupplung k_6 auf der Umsteuerwelle V gekuppelt werden. Zum Ein- und Ausrücken der Kupplung k_6 ist am Spindelkasten ein Handgriff h_6 vorgesehen (Abb. 76), der mit der Kurbel E die Kupplung verstellt. Ein Federstift f sichert den Griff in seinen 3 Stellungen. Wird z. B. k_6 auf 6 eingerückt, so läuft die Umsteuerwelle V in demselben Sinne wie die Arbeitsspindel. Rückt man hingegen k_6 auf 4 ein, so steuert V um. Diese beiderseitige Bewegung wird durch die Wechselräder in der Schere auf die Leitspindel übertragen. Mit dem Griff h_7, Ritzel und Zahnstange (Abb. 74 und 80) läßt sich das Verschieberad 3 auf 2 einstellen. Damit wird für steile Gewinde der Vorschub bei eingerückten Vorgelegen von der schnellaufenden Laufbüchse L abgeleitet und auf das $\dfrac{66}{33} \cdot \dfrac{68}{17} = 8$fache erhöht.

Die Umsteuerung des Vorschubes kann bei Drehbänken auch als Kegelräderwendegetriebe in die Schloßplatte verlegt werden (Abb. 169), so daß der Arbeiter von seinem Stande aus jederzeit den Werkzeugschlitten umsteuern kann.

Sehr bequem ist das Umsteuern des Vorschubes bei Reibscheiben (Abb. 118), bei denen r nur über die Mitte von R hinaus zu verschieben ist.

Der Richtungswechsel wird bei den Ruckvorschüben durch Umlegen der Schaltklinke erreicht (Abb. 117).

Die Selbstausrückung des Vorschubes.

Die Massenherstellung stellt an die Schaltsteuerung ihrer Arbeitsmaschinen schärfere Bedingungen. Sie verlangt von ihr zum mindesten **Selbstausrückung des Vorschubes** oder sogar **Selbstumsteuerung**. Um an toter Arbeitszeit zu sparen, ist mit diesem Umschalten oder Ausrücken des Vorschubes vielfach noch ein beschleunigter Rücklauf des Tisches zu verbinden.

Eine derartige Einrichtung einer Reinecker-Zahnstangenfräsmaschine zeigt Abb. 130. Für den Vorschub des Frästisches ist hier ein Schneckengetriebe und für den schnellen Rücklauf ein Schraubenrädertrieb vorgesehen. Soll die Maschine jedesmal den Tisch stillsetzen, so ist sein Antrieb vor jedem Hubwechsel durch den Frästisch selbst zu entkuppeln. Diese Aufgabe vollführt der Anschlag s, der gegen Ende des Arbeitsganges den Gegenanschlag m_1 mit der Steuerstange um die Strecke l verschiebt. Dabei wird die Schneide des Schlosses k den Riegel u zurückdrücken, die Kupplung a aber zunächst noch eingerückt bleiben. In dem Augenblick, wo aber Schneide auf Schneide steht, vollzieht sich die Ausrückung vollkommen selbsttätig. Sobald nämlich der Tisch nur ein

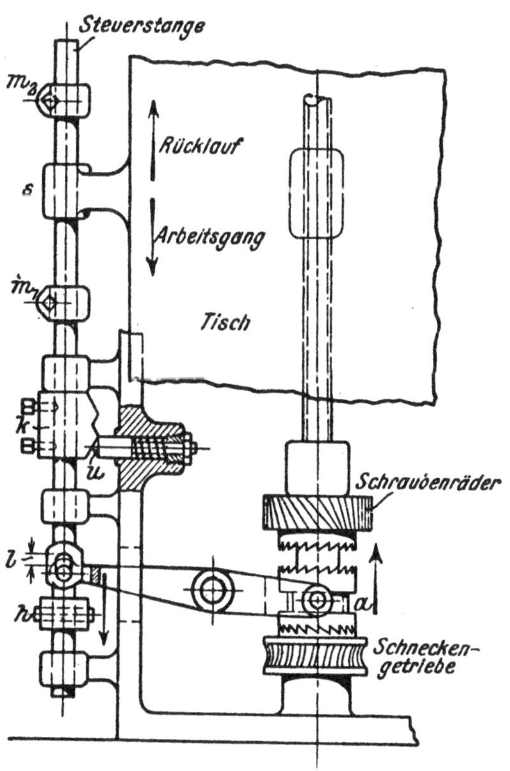

Abb. 130. Selbstausrückung und Umsteuerung mit Schneiden an einem Arbeitstische einer Fräsmaschine von J. E. Reinecker, Chemnitz.

wenig weiter läuft, springt der Riegel u durch den Druck der Feder augenblicklich auf die Mittelbrust von k ein. Mit dem Einschnappen des Riegels wird zugleich die Steuerstange mit einem Ruck weiter vorgeschoben, der Kupplungshebel herumgelegt und die Kupplung a ausgerückt. Etwaige Zwischenarbeiten können jetzt vorgenommen werden, worauf der Arbeiter mit einem Handhebel h die Kupplung a für den Rücklauf in das Schraubenrad einrückt. Beim Rücklauf wird die Maschine in ähnlicher Weise den Tisch stillsetzen und zwar mit dem Anschlage m_2 und der zweiten Schneide von k.

Diese Ausrückung läßt sich auch in einfacher Weise als Selbstumsteuerung ausbauen. Bei ihr müßte natürlich die Kupplung a direkt in das andere Getriebe überspringen. Hierzu wäre das Schloß k nur mit einer Schneide auszustatten, so daß die Mittelbrust fehlt.

Obige Einrichtungen sind in hohem Maße geeignet, die Arbeitsleistung einer Maschine zu heben. Sie nutzen Zeit und Arbeitskräfte in wirtschaftlicher Weise aus und machen den Betrieb viel unabhängiger von der Person des einzelnen. Dem Arbeiter selbst fällt bei diesen entwickelten Maschinen nur eine bedienende Stellung zu. Derartige Vervollkommnungen an Arbeitsmaschinen bilden in vielen Fällen die Grundlage für einen lebensfähigen Betrieb, namentlich dort, wo der Wettbewerb scharfe Kämpfe führt.

Drittes Kapitel

Die Werkzeugmaschinen mit kreisender Hauptbewegung.

Prüft man die Werkzeugmaschinen mit kreisender Hauptbewegung auf ihre Leistung und die Güte ihrer Arbeit, so besitzen sie gegenüber den Maschinen mit geradem Schnitt zunächst den Vorzug einer größeren Leistungsfähigkeit. Sie arbeiten in der Regel mit einem Dauervorschub, so daß sich ihre tote Arbeitszeit nur auf den einmaligen An- und Auslauf erstreckt. Bei der geraden Hauptbewegung hingegen verursacht der mit jedem Hubwechsel verbundene leere Rücklauf der Maschine große Zeitverluste und eine entsprechend geringere Leistung. Für die Güte der Arbeit spricht der mit der kreisenden Hauptbewegung verbundene ruhige und gleichmäßige Gang der Maschine. Bei ihrem Dauervorschub fällt das häufige Ansetzen des Stahles fort, was bei den Maschinen mit geradem Schnitt vielfach Erschütterungen verursacht und Werkzeug und Getriebe stark beansprucht.

Eine besondere Bedeutung gewinnt bei den Maschinen mit kreisender Hauptbewegung die günstigere Wirkung der sich bewegenden Massen. Sind die kreisenden Maschinenteile gut ausgeglichen, so beeinträchtigen sie den Gleichförmigkeitsgrad der Maschine nicht. Die geradlinig sich bewegenden Teile vollziehen den Vorschub und erzeugen infolge ihrer geringen Geschwindigkeit nur kleine Massendrücke, die auf den Gang der Maschine keinen Einfluß haben. Bei den Maschinen mit gerader Hauptbewegung treten aber bei jedem Hubwechsel große Massendrücke auf, die nur durch eine schwere und kostspielige Bauart zu beherrschen sind. Die kreisende Hauptbewegung wird infolgedessen trotz ihrer größeren Leistung eine verhältnismäßig leichte Bauart der Maschine gestatten, ohne deren ruhigen Gang zu gefährden. Ein klares Bild bietet hier der Vergleich einer Drehbank mit einer Hobelmaschine, die für gleiche Schnitte gebaut sind. (Zahlentafel VIII, § 88.)

Zahlentafel VIII.

Vergleich der Gewichte von Drehbänken und Hobelmaschinen.

Maschinengattung	Hauptmaße in mm	Zulässiger Spanquerschnitt in qmm	Gewicht der Maschine in kg
Drehbank	225×2000	30	2750
Hobelmaschine	$2000 \times 800 \times 800$	30	5300
Drehbank	250×2500	45	3800
Hobelmaschine	$2500 \times 1000 \times 1000$	45	7600
Drehbank	300×3000	60	5250
Hobelmaschine	$3000 \times 1400 \times 1400$	60	14725

Die Schnittgeschwindigkeit der Maschinen mit kreisender Hauptbewegung kann infolge der günstigeren Massenwirkung auch größer gewählt werden. So beträgt die Schnittgeschwindigkeit beim Hobeln selten mehr als 8 bis 15 m in der Minute, während sie beim Drehen 20 bis 30 m und beim Fräsen 25 bis 60 m in der Minute sein kann. Hieraus erklärt sich auch das Bestreben der Technik, die Maschinen mit geradem Schnitt soweit als möglich durch solche mit kreisender Hauptbewegung zu ersetzen. Ein treffendes Beispiel hierfür bietet die Fräsmaschine, die als Ersatz für die Hobel- und Stoßmaschine überall warme Aufnahme gefunden hat.

1. Drehbänke.

Eine unserer bewährtesten und wichtigsten Werkzeugmaschinen mit kreisender Hauptbewegung ist die Drehbank. Sie besitzt vor anderen Arbeitsmaschinen den Vorzug einer vielseitigen Verwendung, derzufolge sie mit Recht als die allgemeine Arbeitsmaschine der Metallbearbeitung bezeichnet werden kann. Aus ihrem Urbilde, der Spitzendrehbank, ist eine Reihe Sonderdrehbänke entstanden, die den gesteigerten Bedürfnissen der Praxis in vollendetem Maße angepaßt sind. Einen besonderen Ansporn hat hier der Aufschwung der Massenherstellung gegeben. Durch den starken Wettbewerb auf diesem Gebiete sind die Sondermaschinen zur Lebensbedingung der Betriebe geworden. Als Sonderdrehbänke wären zu erwähnen: die Plan- oder Kopfdrehbänke, die Revolverdrehbänke, die Form- und Hinterdrehbänke und andere. Ihre Bauarten beruhen jedoch alle auf demselben Grundgedanken. Nach ihm soll das Werkstück die kreisende Hauptbewegung und das Werkzeug den Vorschub vollziehen.

Die verschiedenen Dreharbeiten.

Die vielseitige Anwendung der Drehbank findet ihre Begründung in ihren zahlreichen Arbeitsverfahren. Ihre Hauptarbeit erstreckt sich wohl auf das Lang- und Plandrehen.

Das Langdrehen umfaßt das Abdrehen zylindrischer Arbeitsflächen. Hierbei wird das Werkzeug parallel zur Maschinenachse geschaltet (Längsgang). Die Späne werden daher nach einer Schraubenlinie geschnitten, deren Steigung gleich dem Vorschube der Maschine ist.

Mit dem Langdrehen verwandt ist das Gewindeschneiden. Es erfordert jedoch einen bestimmten Vorschub, der gleich der Steigung des zu schneidenden Gewindes sein muß.

Das Kegeldrehen ist ebenfalls ein Langdrehen, das sich jedoch verschieden handhaben läßt. Zum Abdrehen schlanker Kegel wird vielfach der Reitstock gegenüber dem Spindelstock um $e = \dfrac{d_1 - d_2}{2\,l} \cdot L$ = Steigung $\times$ Werkstücklänge verschoben (Abb. 131). Das Verfahren ist

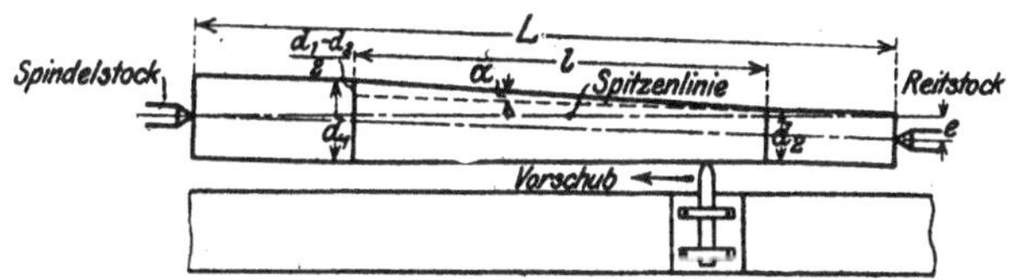

Abb. 131. Kegeldrehen mit versetztem Reitstock.

zwar handlich, aber nicht einwandfrei, weil die Spitzenlinie der Bank nicht mit der Mittelachse des Drehkörpers zusammenfällt. Genaue Kegel sind infolgedessen schwer zu erreichen. Richtiger wäre es, den Stahl gleichzeitig mit einem Längs- und Planvorschub arbeiten zu lassen, so daß bei einer Neigung von 1:25 auf 100 mm Längsgang 4 mm Plangang kämen. Dieses Kegeldrehen ist allerdings weniger üblich, weil es bei gewöhnlichen Drehbänken bestimmte Übersetzungen in dem Plan- und Längszug verlangt.

Ein bequemes und zugleich brauchbares Verfahren ist das Kegeldrehen nach dem Leitlineal. Bei ihm wird der in der Längsrichtung wandernde Stahl durch das geneigt stehende Lineal gleichzeitig in der Planrichtung vorgeschoben (siehe Formdrehbänke).

Für die massenweise Bearbeitung kegeliger Schäfte hat man Reit- und Spindelstock auf einer drehbaren Bettplatte angeordnet, die sich auf dem Bett auf die Neigung des zu drehenden Kegels einstellen läßt.

Kurze Kegel werden meist mit der Hand gedreht. Hierzu ist der obere Werkzeugschlitten auf die Neigung des Kegels $\operatorname{tg} \alpha = \dfrac{d_1 - d_2}{2\,l}$ (Abb. 131) einzustellen und der Stahl mit der Hand zu schalten.

Das Plan-, Quer- oder Freidrehen umfaßt das Abdrehen ebener Flächen (Stirnflächen von Naben und Flanschen). Bei diesem Vorgang ist der Vorschub quer zur Bank (Plangang), also senkrecht zum Werkstück gerichtet. Die Späne werden daher nach einer Spirale geschnitten.

Das Bohren läßt sich ebenfalls auf der Drehbank ohne weitere Abänderungen vornehmen. Zum Lochbohren können Reitstock und Spindelstock benutzt werden. Beim Bohren mit dem Reitstock sitzt der Bohrer an dem Reitstock, so daß er durch Drehen des Handrades geschaltet werden kann. Das Werkstück hingegen ist am Spindelstock eingespannt und vollzieht mit ihm die Hauptbewegung. Dieses Verfahren ist nur bei kleinen Werkstücken möglich, die in ein Spannfutter oder eine Planscheibe zu spannen sind. Sperrige Werkstücke müssen am Schlitten festgespannt und mit dem Spindelstock gebohrt werden. Der Bohrer sitzt hierbei an der Spindel und erhält durch sie die Hauptbewegung, während das Werkstück mit dem Schlitten geschaltet wird. In ähnlicher Weise erfolgt auch das Ausbohren mit dem Bohrmesser. Bei dem Verfahren wird die Bohrstange zwischen den Spitzen eingespannt, während der Werkzeugschlitten den sperrigen Zylinder vorschiebt. Kleinere Büchsen werden hingegen in der Planscheibe oder einem Spannfutter ausgebohrt, wobei das Messer durch den Werkzeugschlitten geschaltet wird.

Außer diesen allgemeinen Dreh- und Bohrarbeiten gestattet die Drehbank noch eine ganze Reihe Sonderarbeiten, wie Kugeldrehen, Formdrehen, Hinterdrehen von Fräsern und dergleichen. Allerdings erfordern die Arbeiten einige Abänderungen in der Bauart des Werkzeugschlittens, wie sie bei den betreffenden Drehbänken besprochen werden

a) Die Spitzendrehbank.

Die Spitzendrehbank erfordert in ihrer Bauart für die kreisende Hauptbewegung des Werkstückes einen Spindelstock und für den geraden Vorschub des Werkzeuges einen Werkzeugschlitten. Sie trägt lange Arbeitsstücke zwischen zwei Spitzen, von denen der erste Körner im Spindelstock sitzt und der zweite im Reitstock. Für die handliche Bedienung der Bank sind diese Einzelteile auf dem Drehbankbett so anzuordnen, daß der Reitstock rechts und der Spindelstock links vom Dreher sitzt, und der Werkzeugschlitten sich zwischen beiden frei bewegen kann (Abb. 132 und 133).

Der Spindelstock.

Die Aufgabe des Spindelstocks (Abb. 47 bis 49 und 55 bis 59) ist, die Hauptbewegung zu vermitteln, infolgedessen muß er zugleich Träger des kreisenden Werkstückes sein. Hierzu verlangt der Spindelstock eine Arbeitsspindel, von der der Antrieb des Werkstückes abzuleiten ist.

Die Arbeitsspindel ist jedoch gewissen Bedingungen unterworfen: Soll nämlich die Drehbank gute Arbeit liefern, so darf ihre

Additional information of this book

(Die Werkzeugmaschinen; 978-3-642-89890-7; 978-3-642-89890-7_OSFO3) is provided:

http://Extras.Springer.com

Spindel unter keinen Umständen federn. Sie darf daher unter der Last des Werkstückes, des Stahldruckes und des Riemenzuges nicht nachgeben, da die geringste Federung der Spindel Erschütterungen des Werkstücks verursacht und zu Unebenheiten in den Arbeitsflächen führt. Danach bildet eine kräftige Arbeitsspindel gewissermaßen die Vorbedingung für eine gute Drehbank.

Die Federung der Spindel ist bei einer Belastung von P kg:

$$f = \frac{P \cdot l^3}{C \cdot E \cdot J}.$$

Die Gleichung lehrt, die Spindel aus widerstandsfähigem Tiegelstahl herzustellen, sie in dem Durchmesser möglichst kräftig und in der Länge recht kurz zu halten, da die Federung mit l^3 zunimmt und mit E und d^4 abnimmt. Sehr zu empfehlen ist, die Spindel vom Riemenzug zu entlasten (P_{min}) und bei stark beanspruchten Bänken dreimal zu lagern (C_{max}) (Abb. 197). Auch das Ausbohren der Spindel ist sehr zweckmäßig, weil man hierbei eine bessere Kontrolle über den Rohstoff gewinnt. Die hohle Spindel gewährt außerdem eine bessere Kühlung und ein leichtes Heraustreiben der Körner (Abb. 47 und 55).

Die Spindellager.

Eine weitere Forderung, die ebenfalls die Güte der Arbeit an den Spindelstock einer Drehbank stellt, ist die ruhige und unverschiebbare Lage der Spindel. Sie darf unter dem Arbeitsdruck des Stahles weder Quer- noch Längsbewegungen erfahren, d. h. sie darf nicht schlagen. Diese Aufgabe fällt den Spindellagern zu. In ihnen müssen demnach die Laufzapfen allseitig schließen, ohne daß die Spindel ihren leichten Gang einbüßt. Gegenüber dem nach rechts oder links wirkenden Arbeitsdruck des Stahles muß die Spindel in ihren Lagern vollkommen festliegen, so daß sie sich in keiner Richtung verschieben kann. Nur unter diesen Voraussetzungen vermag die Drehbank gut zu arbeiten.

Der größte Feind einer ruhig laufenden Spindel ist das Auslaufen der Lager und die Abnutzung der Zapfen. Hierdurch bekommt die Spindel Spiel und schlägt. Die weitere Forderung muß daher sein, den Verschleiß der Lager und Zapfen möglichst gering zu halten und ein Mittel zu schaffen, ihn jederzeit ausgleichen zu können.

Aus dem Grunde sind zunächst die Laufzapfen der unter starkem Druck laufenden Spindel zu härten und sauber einzuschleifen. Außerdem sind die Lagerschalen aus harter Phosphorbronze und bei größeren Beanspruchungen sogar aus Stahl zu wählen. Die Spindellager selbst sind möglichst lang zu halten ($l = 1{,}5 \div 2\,d$) und mit einer gut wirkenden Schmierung auszustatten. Um aber den unvermeidlichen Verschleiß ausgleichen zu können, sind die Spindellager nachstellbar einzurichten. Durch die Nachstellbarkeit ist sodann die Möglichkeit geboten, den toten Gang der Spindel auszugleichen und den Flächendruck in den Lagern zu regeln, so daß ein Bremsen und Festbrennen der Zapfen vermieden wird, und die Spindel leicht laufen kann.

Die Bedingungen für die Spindel und ihre Lagerung lassen sich danach in 3 Fragen zusammenfassen:

1. Wie begegnet man dem Zittern der Spindel?

2. Wie wird die Spindel gegenüber den Schubkräften nach rechts und links festgelegt?

3. Wie gleicht man den Verschleiß der Lager aus?

Die Mittel für eine nachstellbare Spindellagerung sind Kegelzapfen oder Kegelschalen, die gleichachsig nachzuziehen sind. In dieser Form erfüllen die Spindellager noch einen weiteren Zweck. Für ein genaues Langdrehen muß nämlich die Spitzenhöhe des Reit- und Spindelstockes scharf übereinstimmen. Um sie genau auszurichten,

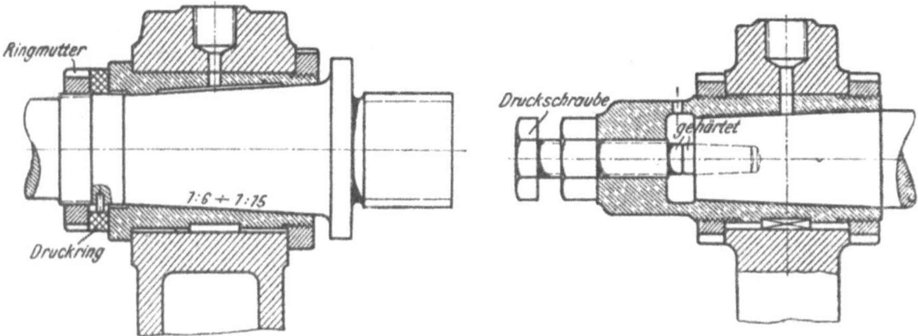

Abb. 134. Hauptlager mit Kegelzapfen.   Abb. 135.   Entlastetes Endlager
                                                            mit Kegelzapfen.

können die nachstellbaren Spindellager benutzt werden, sofern sich die Spindel durch das Auslaufen der Lager etwas gesenkt hat. Nach diesen Gesichtspunkten sind die folgenden Lager entworfen.

Der Kegelzapfen (Abb. 134) nimmt beim Drehen nach dem Spindelstock den nach links wirkenden Arbeitsdruck auf. Beim Drehen nach dem Reitstock wirft sich der nach rechts wirkende Zug auf den Druckring am Hauptlager. Diese Festlegung genügt, da der Hauptdruck ja auf dem Reitstock lastet. In diesem Lager liegt demnach die Spindel nach beiden Richtungen unverschiebbar fest. Der leichte Gang der Spindel läßt sich durch ein sachgemäßes Anziehen der Ringmutter erreichen.

Ein wirksames Mittel, das Hauptlager von dem starken Spindeldruck teilweise zu entlasten, wäre, in dem Endlager einen zweiten Kegelzapfen und eine gehärtete Druckschraube anzuordnen (Abb. 135). Diese Lagerung erfordert allerdings beim Nachstellen eine ganze Menge Handgriffe. Da das Hauptlager stärker verschleißt, so muß auch das Endlager jedesmal eingestellt werden. Man hat daher zuerst die Druckschraube und die vordere Ringmutter zu lüften. Hierauf wird die Spindel am Hauptlager angezogen, das Endlager und die Druckschraube wieder nachgestellt.

Die gleiche Entlastung des Haupt- und Endlagers kann auch durch ein Kugellager erreicht werden.

Soll die Drehspindel mit zylindrischen Laufzapfen laufen und dabei den obigen Anforderungen genügen, so müssen die Lagerschalen

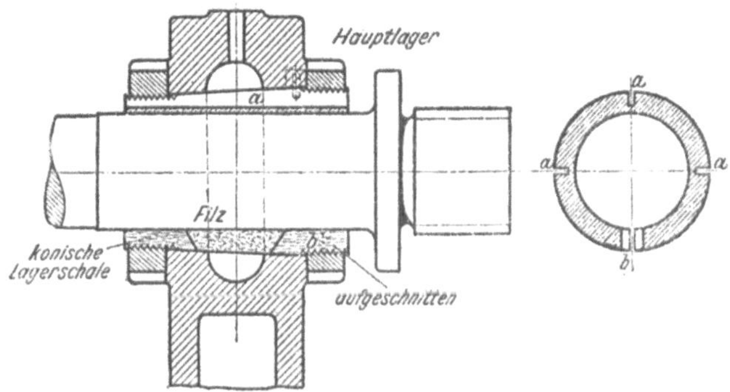

Abb. 136 und 137. Hauptlager mit Kegelschale.

Kegelschalen sein, die beiderseits durch Ringmuttern in dem geschlossenen Lagerkörper gehalten werden (Abb. 136). Das Einstellen der Spindel erfolgt hierbei durch ein Anziehen der Schalen, die durch einen Stift gegen Drehen zu sichern sind. Zur besseren Nachgiebigkeit sind die Schalen bei b geschlitzt und am äußeren Umfang bei a angeschnitten (Abb. 137). In dieser Form vermögen sie sich beim Nachstellen dem Zapfen besser anzupassen.

Für die Schmierung der artiger Lager bieten sich zwei Möglichkeiten. Bei oben liegendem Schlitz kann das Öl dem Zapfen direkt zufließen. Liegt der Schlitz unten, so ist der Lagerkörper als Ölbehälter auszubilden, das Öl durch Filzeinlagen anzusaugen und durch sie dem Laufzapfen zuzuführen (Abb. 136). Dabei können die Schlitze durch Leder abgedichtet werden.

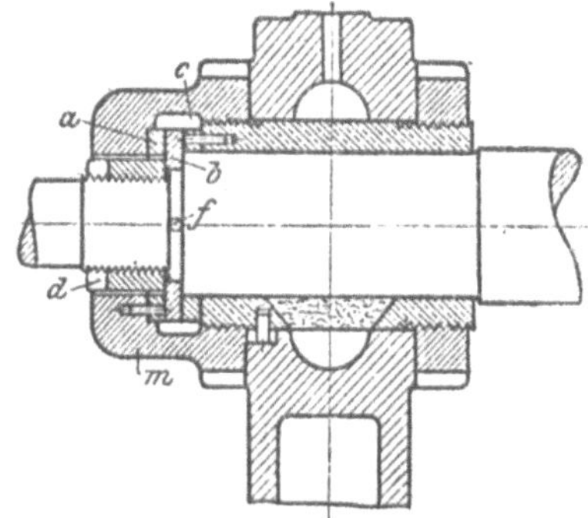

Abb. 138. Drucklager. Ludw. Loewe & Co., Berlin.

Die Aufnahme des nach rechts und links wirkenden Spindeldruckes erfordert bei zylindrischen Laufzapfen ein besonderes Drucklager, durch das die Spindel nach beiden Richtungen festzulegen ist (Abb. 138). Dieses Lager besteht aus drei gehärteten Druckringen, die aufeinander

gleiten und den Spindeldruck aufnehmen. Von ihnen sitzt der mittlere
Ring b durch die Feder f und die Mutter d fest auf der Spindel. Die
äußeren Ringe a und c sind an der Überwurfmutter m und an der Lagerschale befestigt. Der nach links wirkende Spindeldruck wird daher
von b auf a übertragen, während der nach rechts wirkende von c aufgenommen wird. Die Spindel ist demnach durch den mittleren Druckring b nach beiden Richtungen gehalten. Diese Lagerung gestattet daher, mit dem Hauptlager das Schlagen der Spindel in der Querrichtung
auszugleichen und mit dem Schwanzlager jedes Spiel in der Längsrichtung zu beseitigen. Hierzu sind nur die vorderen Ringmuttern
etwas zu lüften, die hinteren anzuziehen und die vorderen wieder fest-
zuziehen. Die Lager sind also bequemer in ihrer Handhabung. Diese
Lagerung ist auch in Abb. 47 gewählt.

Ein Nachteil des letzten Lagers liegt in der gleitenden Reibung, die
sich aber durch Kugellager beseitigen läßt (Abb. 55). Bei dem Schaerer-

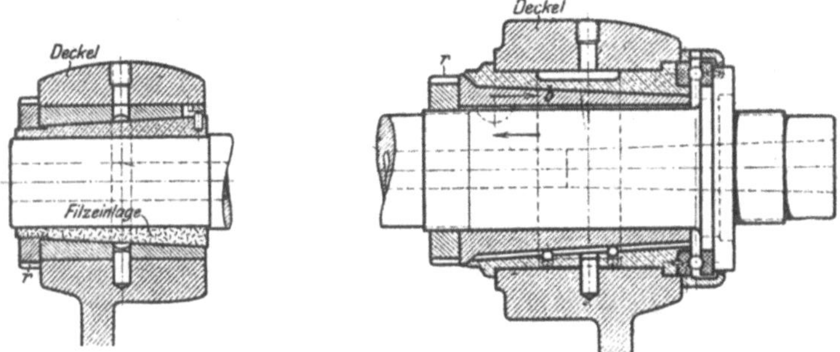

Abb. 139 und 140.   Spindellager von Schaerer & Co., Karlsruhe.

Lager (Abb. 140) wird der Hauptdruck der Spindel durch den Kugelring am Hauptlager aufgenommen, der Spindelzug hingegen von der
Ringmutter r und dem gußeisernen Laufkegel b. Beim Nachstellen
mit der Ringmutter r verschieben sich Büchse b und Spindel im Sinne
der Pfeile.

Das Endlager (Abb. 139) hat eine Kegelschale, die sich mit ihrer
Ringmutter r nachstellen läßt. Die Drehspindel D in Abb. 72 läuft im
Hauptlager in einer nachstellbaren Kegelschale, während das Schwanz-
lager den Spindeldruck mit einem Kugellager und den Zug mit den
Ringmuttern r aufnimmt. Die Spindel kann sich daher bei dieser
Lagerung im Hauptlager frei ausdehnen.

Auch die Druckschraube kann bei diesen Lagern zur Aufnahme
des Spindeldruckes benutzt werden. So nimmt bei den Wohlenbergschen Lagern (Abb. 141 und 142) die Druckschraube s den nach links
gerichteten Druck auf und der Druckring m den nach rechts gerichteten.
Die Spurfläche der Druckschraube wird hier durch Ringschmierung

geölt. Ein derartiges Drucklager ist allerdings etwas umständlicher nachzustellen.

Seit der Einführung des Schnellbetriebes hat man die Güte und die Betriebssicherheit der Spindellager noch durch die besser wirkende Ringschmierung oder federnd gelagerte Ölrollen erhöht, wie dies aus den Abb. 55, 65, 80, 141 und 142 ersichtlich ist.

Bei allen leichten Bänken können die Spindellager geschlossen ausgeführt werden. Beim Einbauen ist daher die Arbeitsspindel von vorn gleichzeitig in die Lager, Stufenscheibe und Räder zu stecken. Um dieses Einfädeln zu erleichtern, ist die Spindel in ihrem Durchmesser mehrfach abzusetzen (Abb. 47). Bei mittleren und schweren Drehbänken ist ein solches Einbauen zu mühsam. Hier sind Stufenscheibe und Räder zunächst auf die Spindel zu bringen und so in die Lager hineinzulegen. Zu diesem Zweck sind die Spindellager als Deckellager auszuführen (Abb. 55 und 56). Bei schweren Bänken wird meist auf ein vollkommen gleichachsiges Nachziehen verzichtet, so daß die Lager nur durch die Deckelschrauben nachzustellen sind (Abb. 143 bis 145). Der Spindelzug wird hierbei wie früher am Hauptlager durch den Druckring d aufgenommen und der nach links wirkende Druck durch den Bund b am Hauptlager und durch die Druckschraube s am Endlager. Man findet aber auch bei schweren Planbänken Kegelzapfen, die im Sinne der früheren Lager nachzustellen sind.

Ein Vergleich der Kegelzapfen mit den Zylinderzapfen gibt, theoretisch betrachtet, den ersteren den Vorzug; denn der Kegelzapfen läßt sich gut einpassen, und er läuft sich auch gut ein. Er gibt einen kräftigen Spindelkopf, und die Spindel selbst läßt sich genau ausrichten. Kegelzapfen beanspruchen aber eine sachgemäße Wartung, weil sie, zu stark angezogen, bremsen und warm laufen. Das Einstellen der Spindel ist vielfach sehr umständlich, da es sich auf beide Lager erstreckt. Die letzten Punkte, in denen man auf die Zuverlässigkeit und Geschicklichkeit des Arbeiters angewiesen ist, haben veranlaßt, zylindrische Laufzapfen zu nehmen, die sich sehr gut bewährt haben. Dazu kommt noch, daß die Kegelzapfen keine Ausdehnung der Spindel zulassen, ein schwerer Nachteil bei den heutigen, höheren Geschwindigkeiten. Selbst Firmen, die mit großer Beharrlichkeit an ihren alten Bauweisen festhielten, haben sich daher diesen Neuerungen nicht verschließen können. So besitzen die neueren Drehbänke fast durchweg zylindrische Spindelzapfen. Das Kugellager wird bei Genauigkeitsmaschinen nur zur Aufnahme des Spindeldruckes benutzt, während das Nachstellen der Lager mit Kegelschalen geschieht.

Der Antrieb des Spindelstockes ist in seinen Grundzügen bekannt. Nach ihnen hat der Erbauer, um die Leistung der Drehbank voll ausnutzen zu können, bei seinem Entwurf die Schnittgeschwindigkeit den vorgeschriebenen Grenzen entsprechend einzuhalten und auf eine einfache und sichere Bedienung Rücksicht zu nehmen.

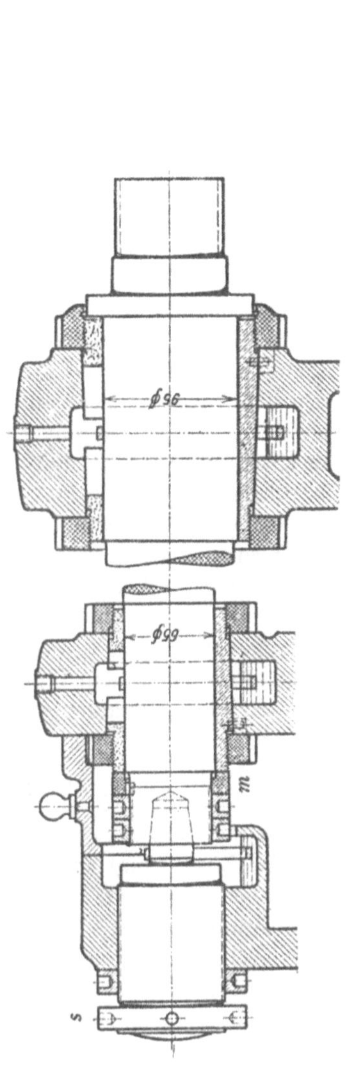

Abb. 141 und 142. Spindellagerung von H. Wohlenberg, Hannover.

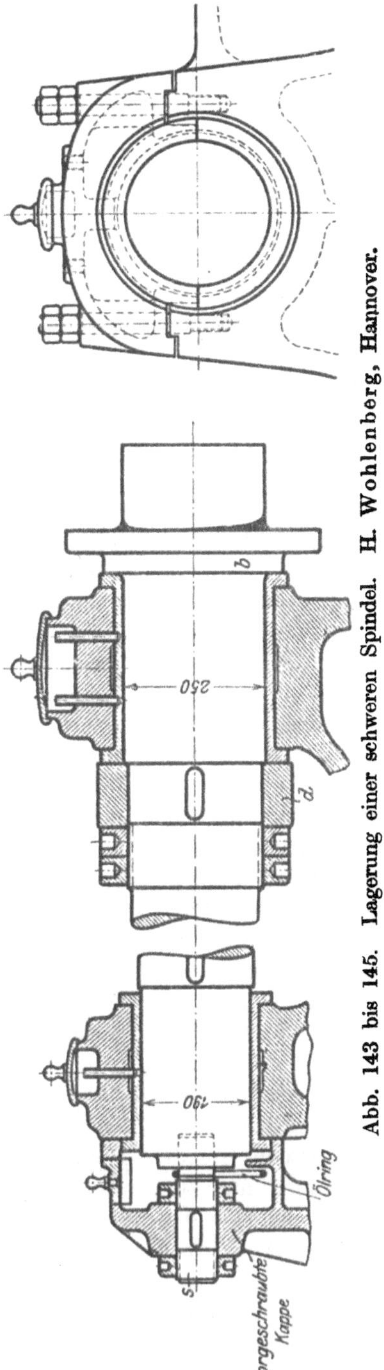

Abb. 143 bis 145. Lagerung einer schweren Spindel. H. Wohlenberg, Hannover.

Der Reitstock.

Der Reitstock hat mit dem Spindelstock die gemeinsame Aufgabe, beim Langdrehen zum Einspannen des Werkstückes zu dienen. Hierzu trägt er wie die Arbeitsspindel einen Körner, den Reitnagel R, der in das Werkstück eingesetzt wird. Aus dieser Handhabung folgt auch der innere Bau des Reitstockes. Für das gerade Ansetzen des Körners erscheinen Schraube und Mutter mit Selbsthemmung am besten geeignet. Ihre Anwendung gestattet zwei Formen, die bei dem Reitstock· mit äußerer und innerer Spindel zum Ausdruck kommen.

Bei dem Reitstock mit äußerer Spindel (Abb. 146) sitzt der Körner in der Schraube, Patrone, so daß die Mutter als Handrad auszubilden ist. Es wird durch eine zweiteilige Scheibe gehalten, während die Patrone durch eine Feder f gegen Drehen gesichert ist. Auf diese Weise kann der Körner mit dem Handrade angesetzt werden, ohne daß ihn das kreisende Werkstück wieder zurückschraubt. Um aber ein ruhig laufendes Werkstück zu bekommen und die Feder f von dem ständigen Druck zu entlasten, ist namentlich bei schweren Schnitten die Patrone in dem Reitstock festzuklemmen. Diese Mantelklemmung besteht aus der Schraube s und der Handmutter m, die den geschlitzten Reitstockmantel zusammendrücken (Abb. 147).

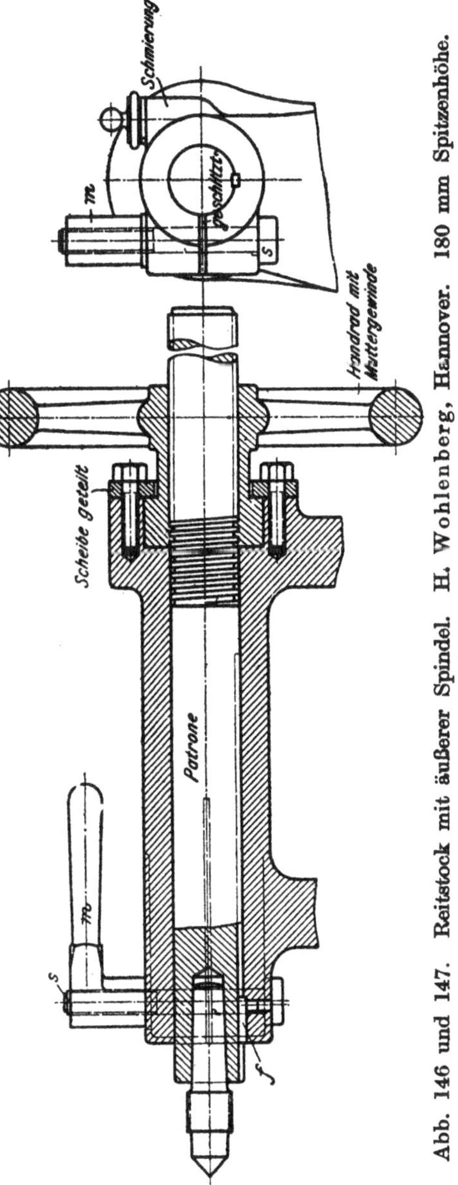

Abb. 146 und 147. Reitstock mit äußerer Spindel. H. Wohlenberg, Hannover. 180 mm Spitzenhöhe.

Der Reitstock mit innerer Spindel (Abb. 148) trägt den Körner R in der langen Patrone P, die durch die Schraube f gegen Drehen gesichert und rechts mit einer Mutter ausgestattet ist. Zum Ansetzen des Reitnagels muß daher die Spindel S mit dem Handrade gedreht werden. Hierzu ist sie im Gehäuse G durch einen Bund und durch das Handrad selbst gehalten.

Ein Vergleich dieser Ausführungen gibt der letzten den Vorzug, daß die Spindel geschützt liegt und sich leichter drehen läßt. Der Körner kann zum Nachschleifen mit dem Handrad leicht herausgedrückt werden. Der Reitstock mit äußerer Spindel erscheint allerdings kräftiger und wäre bei schweren Maschinen vorzuziehen.

Die Mantelklemmung kann bei schlecht schließender Patrone leicht die Körnerspitze seitlich verschieben, ein Nachteil, der zur Backenklemmung geführt hat. So wird bei dem Reitstock in Abb. 7, Tafel XII, die Patrone durch die beiden Klemmbacken genau in der Spitzenrichtung gehalten, da ja beim Umlegen des Handgriffs die Backen die Patrone von beiden Seiten gleichmäßig fassen.

Der äußere Aufbau des Reitstockes gestaltet sich nach folgenden Gesichtspunkten: Vorbedingung für ein genaues Langdrehen ist bekanntlich die gleichachsige Lage beider Körner. Sie müssen sich sowohl in gleicher Höhe als auch in gleicher Richtung treffen, d. h. die Spitzen müssen fluchten. Hierzu werden Reitstockgehäuse G und Spindelkasten zweckmäßig zusammen gehobelt, so daß die Bearbeitung schon eine gleiche Spitzenhöhe sichert. Kleine Unterschiede, die sich im Betriebe einstellen, können dann durch die Spindellager beseitigt werden. Zum Einstellen der Spitzenrichtung muß der Reitstock quer zum Bett verschiebbar sein. Hierzu ist das Reitstockgehäuse G auf einer Bettplatte B durch die Leiste F geführt und mit den Stellschrauben s quer zur Bank fein einzustellen (Abb. 151). Diese Feineinstellung kann in Abb. 67 auch mit dem Spindelstock vorgenommen werden.

Mit der Querverschiebung des Reitstocks ist noch eine weitere Bedingung erfüllt. Beim Abdrehen schlanker Kegel muß bekanntlich der Reitstock verstellt werden. Diese Einstellung läßt sich ebenfalls mit den Schrauben s vornehmen und zwar zweckmäßig nach einem angebrachten Maßstab.

Die Anordnung des Reitstockes auf dem Drehbankbett hat mit Rücksicht auf die schwankende Spitzenlänge zu erfolgen. Um sie dem Werkstück bequem anpassen zu können, ist der Reitstock auf dem Drehbankbett zu verschieben und festzuklemmen; dabei darf er aber seine Achsenrichtung nicht ändern. Infolgedessen ist der Reitstock auf einer Leiste L des Bettes zu führen (Abb. 149 und 151). Zum Festklemmen des Reitstockes können Schraube und Mutter benutzt werden, die beim Anziehen die Klemmplatte gegen die inneren Bettwangen drücken (Abb. 8, Tafel XII). Diese Schraubenklemmung ist zwar umständlich, dafür kann sich der Reitstock aber nicht so leicht

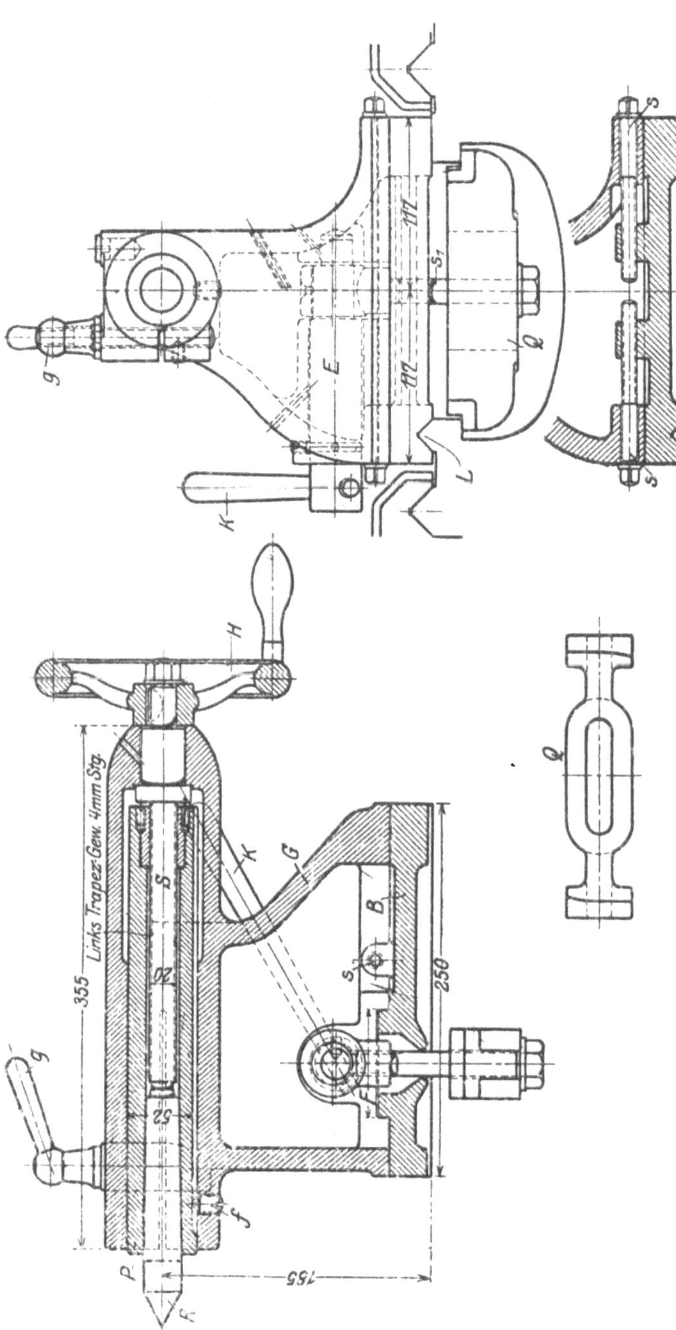

Abb. 148 bis 151. Reitstock von Ludw. Loewe & Co., A. G., Berlin.

lockern. Sie ist daher bei schweren Bänken stets anzuwenden und zwar am besten in doppelter Ausführung (Abb. 7, Tafel XII).

Viel handlicher ist die Kurbelklemmung (Abb. 148 und 149). Sie besteht aus einer im Reitstock gelagerten Kurbelwelle E, die beim Umlegen des Handgriffs K den Reitstock festklemmt, wobei sich das Querhaupt Q gegen die Bettwangen legt. Sie läßt sich aber nur bei leichten Drehbänken verwenden, bei mittleren dürfte die Kurbelklem:mung vereint mit der Schraubenklemmung von Vorteil sein [1]). Erstere kann hierbei zum raschen Einspannen der Werkstücke benutzt werden, während letztere erst nach dem Ausrichten angezogen wird.

Von der Breite des Reitstockes ist noch die nutzbare Drehlänge der Bank abhängig. Um nämlich den Werkzeugschlitten möglichst nahe an den Reitstock kurbeln zu können, ist sein Gehäuse nur so breit zu wählen, daß die Führungswangen des Bettschlittens noch zu beiden Seiten des Reitstockes Platz finden. Auch die Handlichkeit des Werkzeugschlittens ist von der Form des Reitstockes abhängig. Um nämlich in der Nähe des Reitstockes den Oberteil des Werkzeugschlittens auch senkrecht zur Bettplatte benutzen zu können, ist das Reitstockgehäuse nach hinten ausgekragt, und die Griffe sind auf die Rückseite gelegt.

Soll durch den Reitstock die Güte der Arbeit nicht beeinträchtigt werden, so darf die Patrone P nicht nachgeben. Sie ist daher recht kräftig zu halten und namentlich bei schweren Schnitten festzuklemmen. Der Reitstock selbst darf durch den Gegendruck des Werkstückes nicht kippen. Die Festklemmung muß daher möglichst vorn liegen und bei schweren Maschinen sogar doppelt ausgeführt werden (Abb. 7, Tafel XII).

Der Werkzeugschlitten.

Der Werkzeugschlitten oder das Stichelhaus dient für gewöhnlich als Einspannvorrichtung des zu schaltenden Werkzeuges. Er muß daher alle Vorschübe und Arbeitsstellungen des Stahles gestatten, die für die einzelnen Dreharbeiten notwendig sind. Neben diesem Grundsatz ist bei dem Bau des Werkzeugschlittens auf eine einfache Handhabung, sowie auf eine sichere Führung des Stahles als Vorbedingung für gute Arbeit besonders Rücksicht zu nehmen.

Die erste Aufgabe, die verschiedenen Vorschübe des Stahles zu erzeugen, fällt dem Unterschlitten zu. Da sich beim Lang- und Plandrehen die Vorschübe kreuzen, so muß die Grundform des Unterteiles ein Kreuzschlitten sein. Von ihm ist der Bettschlitten L für den Längsgang bestimmt und hierzu auf dem Drehbankbett geführt (Abb. 152 und 153). Der Planschlitten P, der die Planvorschübe auszuführen hat, muß seine Führung auf dem Bettschlitten L erhalten, so daß sich ihre Vorschübe rechtwinklig kreuzen.

---

[1]) Z. d. V. d. Ing. 1910, S. 337.

Die zweite Aufgabe ist durch den Oberschlitten zu lösen. Er hat also den Stahl in die verschiedenen Arbeitsstellungen beim Lang- und Plandrehen, Bohren, Kegeldrehen mit der Hand zu bringen und auch hierin den Span anzustellen. Diese Arbeitsstellungen des Stahles verlangen zunächst einen drehbaren Stahlhalter, mit dem der Drehstahl in jeder Schnittstellung festgespannt werden kann.

Eine besondere Aufgabe stellt das Kegeldrehen mit dem Werkzeugschlitten. Bedingung hierfür ist, daß der Stahl parallel zum Kegelmantel, also schräg zur Bank, geschaltet werden kann. Dies ist aber nur möglich, wenn der Oberteil nach einer Gradteilung auf die Neigung des Kegels schräg zu stellen ist. Diese Schrägstellung des Werkzeugschlittens verlangt daher als Grundlage für den Oberteil eine Drehscheibe D. Sie sitzt mit einem Zapfen Z auf dem Planschlitten P und kann auf ihm mit den Schrauben k in einer Kreisnut festgeklemmt werden (Abb. 153). Zum Schalten des Stahles in der schrägen Richtung ist der eigentliche Stahlhalter auf einem Aufspannschlitten A angeordnet, der mit der Hand gekurbelt werden kann. Mit dem Aufspannschlitten A kann auch der Stahl in einzelnen Arbeitsstellungen, wie beim Plandrehen, angesetzt werden.

In dieser Bauart ist der Werkzeugschlitten einfach zu. handhaben. Der Längsschlitten läßt sich mit einem Handrade einstellen und der Planschlitten mit der Kurbel h auf der Planspindel p.

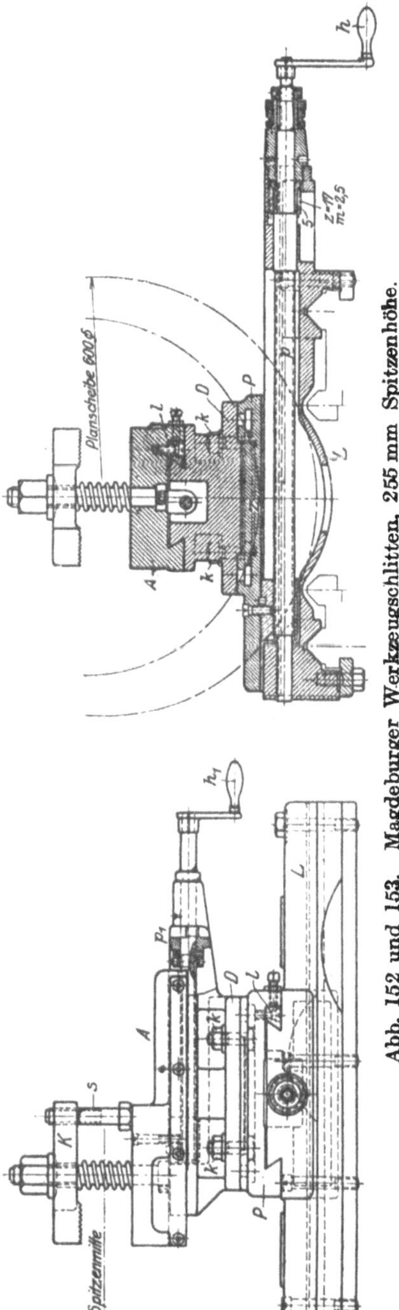

Abb. 152 und 153. Magdeburger Werkzeugschlitten, 255 mm Spitzenhöhe.

Die Drehscheibe D gestattet, den Werkzeugschlitten beim Kegeldrehen mit der Hand schräg zu stellen. Der Span ist beim Langdrehen mit der Planspindel p anzustellen, die zum Feineinstellen meist einen Teilring hat. Beim Plandrehen kann es mit der oberen Spindel p_1 erfolgen. Die genaue Schnittstellung des Stahles läßt sich dabei mit dem drehbaren Stahlhalter ausrichten.

Eine letzte Bedingung, die der Werkzeugschlitten noch zu erfüllen hat, ist seine richtige Bauhöhe. Damit der Stahl in der Spitzenlinie angesetzt werden kann, ist die Bauhöhe des Werkzeugschlittens der Spitzenhöhe der Bank anzupassen. Hierzu ist die Drehscheibe D bei größeren Spitzenhöhen als Drehschemel auszubilden (Abb. 153), bei kleineren als ebene Platte. Bei der Formgebung der Bettplatte ist noch das Bearbeiten größerer Drehkörper zu berücksichtigen. Bei Werkstücken von großen Durchmessern muß nämlich der Oberteil weit nach vorn gekurbelt werden. Hierfür muß der Bettschlitten auf der Vorderseite der Bank eine größere Ausladung haben (Abb. 153).

Die sichere Führung des Stahles erfordert als Vorbedingung für ruhigen Gang einen kräftigen Werkzeugschlitten, der ohne Erschütterungen arbeitet. In den einzelnen Schlittenführungen ist wie bei den Spindellagern jeder tote Gang zu vermeiden. Hierzu sind bei allen Schlitten Stelleisten l anzubringen (Abb. 152 bis 153), die durch Schrauben nachzustellen sind. Die genaue Führung des Stahles erfordert noch eins: Um den Werkzeugschlitten gegen Ecken durch den einseitigen Zug der Leitspindel zu schützen, ist die Bettplatte in langen Bahnen auf dem Bett zu führen. Sie hat daher eine ⊢⊣-förmige Grundform mit langen Führungslappen (Abb. 156).

Der Stahlhalter.

Der Stahlhalter dient zum Festspannen des Drehstahles. Soll der Stahl ruhig arbeiten, so muß der Stahlhalter nicht nur kräftig gebaut sein, sondern auch dem Werkzeug eine sichere Auflage bieten. Der Stahl ruht für gewöhnlich auf dem Aufspannschlitten. Er wird bei dem Z-förmigen Stahlhalter (Tafel XIII, Abb. 1, 2) durch zwei Druckschrauben festgespannt. In Abb. 152 und 153 besorgt dies eine Klemmplatte K, die durch eine Feder hochgehalten und durch die Stellschraube s angedrückt wird. Durch Drehen des Halters kann, wie bereits erwähnt, der Stahl in jeder Schnittstellung festgespannt werden. Beide Stahlhalter erfordern jedoch genau zum Schnitt geschliffene Werkzeuge. Will man die richtige Schnittstellung des Stahles mit dem Stahlhalter etwas ausrichten können, so erfordert dies eine bewegliche Unterlage. Sie ist in Abb. 154 und 155 durch den Meißelteller geschaffen, der mit einer Zylinderfläche in dem Ringe ruht, so daß der Drehstahl genau mit ihm eingestellt werden kann. Bei langen Stählen lassen sich sogar zwei derartige Stahlhalter hintereinander benutzen. Gegenüber schweren Schnitten bietet aber die letzte Bauart dem Werkzeug keine genügend ruhige Lage. In diesen Fällen sind die Klemmplatten mit mehreren Druckschrauben vorzuziehen.

Sind an einem Werkstück auf der Drehbank mehrere Arbeiten

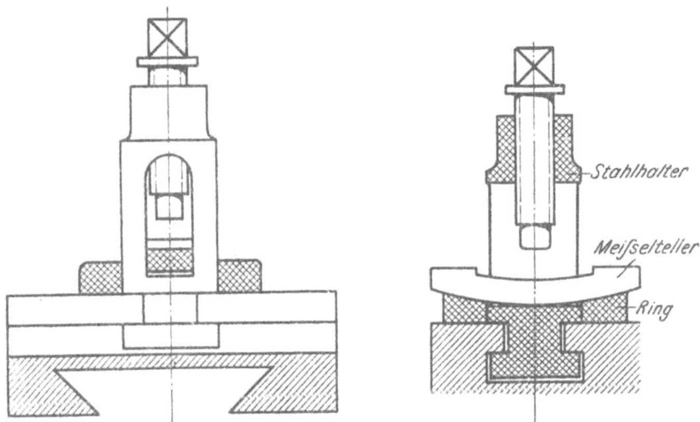

Abb. 154 und 155. Stahlhalter.

vorzunehmen, z. B. Schruppen, Schlichten, Abfasen oder Abstechen, so muß bei den obigen Stahlhaltern das Werkzeug jedesmal gegen ein anderes ausgewechselt werden. Diese Zeitverluste werden heute durch

Abb. 156. Viereckiger Revolverkopf.

den Revolverstahlhalter vermindert. Als Vierkantkopf (Abb. 156) kann er 4 Werkzeuge fassen, die mit den Klemmschrauben festgespannt werden. Für den Stahlwechsel ist der Kopf mit dem Griff hochzuschrauben, bis ein Riegel ihn freigibt. Er wird hierauf um einen Zapfen geschwenkt und wieder festgezogen.

Die Steuerung des Werkzeugschlittens.

Will man die Leistung einer Drehbank und die Güte ihrer Arbeit heben, so sind in der Steuerung des Werkzeugschlittens verschiedene Bedingungen zu erfüllen: Soll die Bank selbsttätig arbeiten, so müssen die Vorschübe beim Lang- und Plandrehen von der Maschine selbst erzeugt werden, d. h. die betreffenden Schlitten müssen Selbstgang haben. Diese Aufgabe fällt der Steuerung zu. Sie hat also beim Langdrehen den Längsgang des Werkzeugschlittens hervorzubringen und beim Plandrehen den Plangang. Als Steuerung für den Längs- und Plangang dienen die Längs- und Planzüge. Beide Züge müssen also selbsttätig — Selbstzüge — sein und außerdem einzeln arbeiten können, so daß beim Plandrehen der Längszug auszuschalten ist und umgekehrt beim Langdrehen der Planzug.

Die beiden Züge des Werkzeugschlittens sind, da es sich um gerade Vorschübe handelt, durch Schraube und Mutter, Zahnstange und Zahnrad oder durch Zahnstange und Schnecke zu bilden. Wird der Längszug durch eine Schraube gebildet, so heißt die Bewegungsschraube Leitspindel. Von ihr ist auch der Antrieb des Planzuges zu vermitteln. Benutzt man eine Zahnstange zum Steuern des Werkzeugschlittens, so ist der Vorschub von einer glatten Triebwelle, der Zugspindel, abzuleiten, die auch den Planzug zu treiben hat. Die Leitspindel ist in ihrer Anwendung zwar teurer, dafür gibt sie aber einen genaueren Vorschub als die glatte Zugspindel. Sie ist daher beim Gewindeschneiden stets anzuwenden.

Einfache Drehbänke besitzen zum Steuern des Werkzeugschlittens nur eine Leitspindel, die bei allen Dreharbeiten benutzt wird. Bei derartigen Leitspindelbänken wird daher die Leitspindel sehr angestrengt, so daß sie bald durch den Verschleiß der Mutter und der Spindel beim Gewindeschneiden mangelhafte Arbeit liefert.

Die gesteigerten Ansprüche an die Leistung der Bank und die Güte ihrer Arbeit haben daher veranlaßt, neben der Leitspindel eine Zugspindel anzuordnen. Bei diesen Leit- und Zugspindeldrehbänken (Abb. 132 und 133) ist daher bei gewöhnlichen Dreharbeiten die Zugspindel zu benutzen und nur beim Gewindeschneiden die Leitspindel. Auf diese Weise schonen sie die Leitspindel und sichern so für längere Betriebszeiten eine größere Genauigkeit des Gewindes. Drehbänke für allgemeine Zwecke sollten daher stets eine Leit- und Zugspindel haben, dagegen genügt für Gewindedrehbänke eine Leitspindel und für Wellendrehbänke und sonstige Langdrehbänke eine Zugspindel.

Außer den erwähnten Selbstzügen für den Längs- und Plangang muß jeder Werkzeugschlitten noch eine Handsteuerung besitzen für das Einstellen mit der Hand. Dieser Handzug besteht für gewöhnlich aus einem Handrade, mit dem ein Zahnstangengetriebe bedient wird. Alle Züge der Steuerung sind in der Schloßplatte oder Schürze geschützt unterzubringen, die dem Dreher bequem zur Hand liegen soll.

Die Steuerung der Leitspindeldrehbänke.

Die Leitspindel erhält als Bewegungsschraube Trapezgewinde. Sie wird zweckmäßig dicht vor dem Bett gelagert, so daß sie unter der Bettwange geschützt liegt. In dieser Anordnung übt sie zwar einen einseitigen Zug auf die Bettplatte des Werkzeugschlittens aus, der sich aber um so weniger eckt, je näher man die Spindel an das Bett heranrückt, und je länger die Führungswangen der Bettplatte sind. Im Innern des Bettes würde die Leitspindel den seitlichen Zug zwar beseitigen, dafür aber die Bedienung ihrer Züge erschweren.

Die von der Leitspindel betriebenen Züge sind in ihrer Bauart möglichst einfach und kräftig zu halten. Sie müssen schnell bedient werden können und ein irrtümliches gleichzeitiges Einrücken zweier Züge ausschließen. Zum Schutz gegen Späne und zur Sicherheit des Arbeiters sind ihre einzelnen Räder verdeckt anzuordnen. Aus diesem Grunde liegen die Züge zweckmäßig hinter der Schloßplatte und nur die Handgriffe auf der Vorderseite. Ist diese Anordnung nicht durchzuführen, so sind die Räder vor der Schloßplatte wenigstens einzukapseln. Für den ruhigen Gang der Steuerung sind die einzelnen Getriebe in der Schloßplatte gut zu lagern und die Zapfen recht kräftig zu nehmen. Bei größeren Längen ist eine Doppellagerung der Zapfen anzustreben.

Das Mutterschloß.

Der Längsgang des Werkzeugschlittens erfordert für seinen Antrieb durch die Leitspindel eine Mutter, die beim Plandrehen zu öffnen und für das Langdrehen zu schließen ist. Kommt der Stahl an der Arbeitsgrenze an, so muß der Werkzeugschlitten mit einem Griff stillzusetzen sein. Die Leitspindelmutter ist daher als Mutterschloß auszubilden (Abb. 157 bis 159). Zu diesem Zweck ist die Mutter in zwei Backen zerlegt, die zum Mitnehmen des Werkzeugschlittens in der Schloßplatte geführt sind. Durch den Schlüssel des Schlosses läßt sich die Mutter öffnen und schließen.

Als Schlüssel kann eine Nutenscheibe dienen, in deren außerachsige Nuten die Stifte a der Mutterbacken fassen. Durch Drehen der vorderen Kurbel wird daher die Nutenscheibe das Schloß öffnen und schließen, indem die Nuten die Mutterbacken auseinanderschieben oder zusammenziehen. Bei diesem Mutterschloß ist zuerst der Schlüssel in die Schloßplatte einzubauen. Hierauf sind die Mutterbacken von oben und unten in die Führung einzuführen, wobei die Stifte a die gegenseitig ausmündenden Nuten des Schlüssels zugleich fassen.

Eine zweite Schlüsselform bieten Schraube und Mutter (Abb. 160).
Da sich die Backen a und b beim Öffnen und Schließen entgegengesetzt
bewegen, so ist die Schraube mit Rechts- und Linksgewinde zu ver-

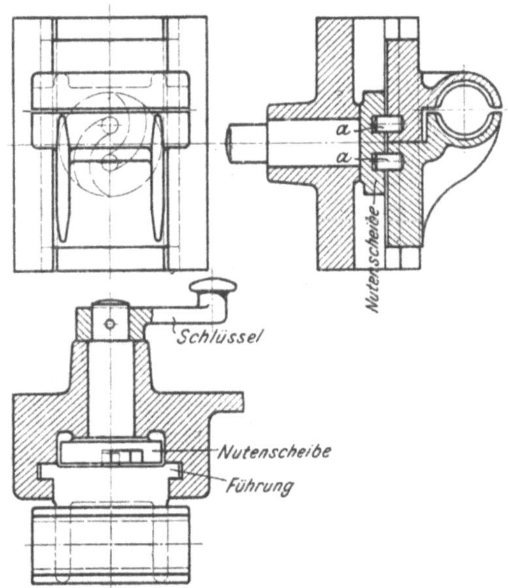

Abb. 157 bis 159. Mutterschloß.

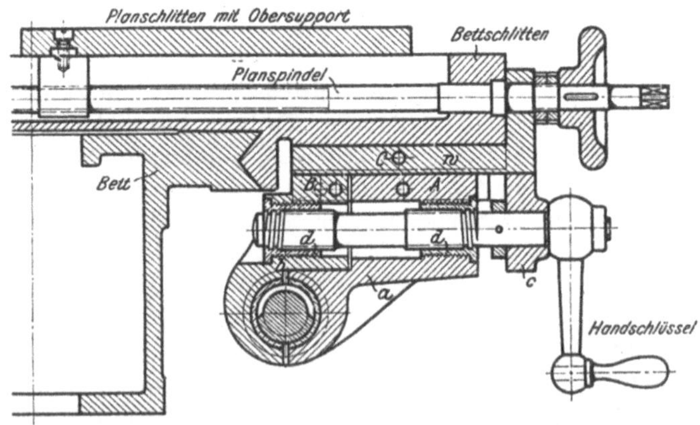

Abb. 160. Mutterschloß mit Stahlrückzug. Wohlenberg, Hannover.

sehen, so daß durch Drehen der Handkurbel das Mutterschloß geöffnet
und geschlossen werden kann (S. 135).

Die Neuerungen an dem Mutterschloß sind auswechselbare Gewindebacken mit besonderer Ölzufuhr (Abb. 161 und 162). Um einen

ruhigen Gang zu sichern, sind Stelleisten angebracht, die ein Nachstellen der Führung gestatten. Vielfach wird das Mutterschloß in aus-

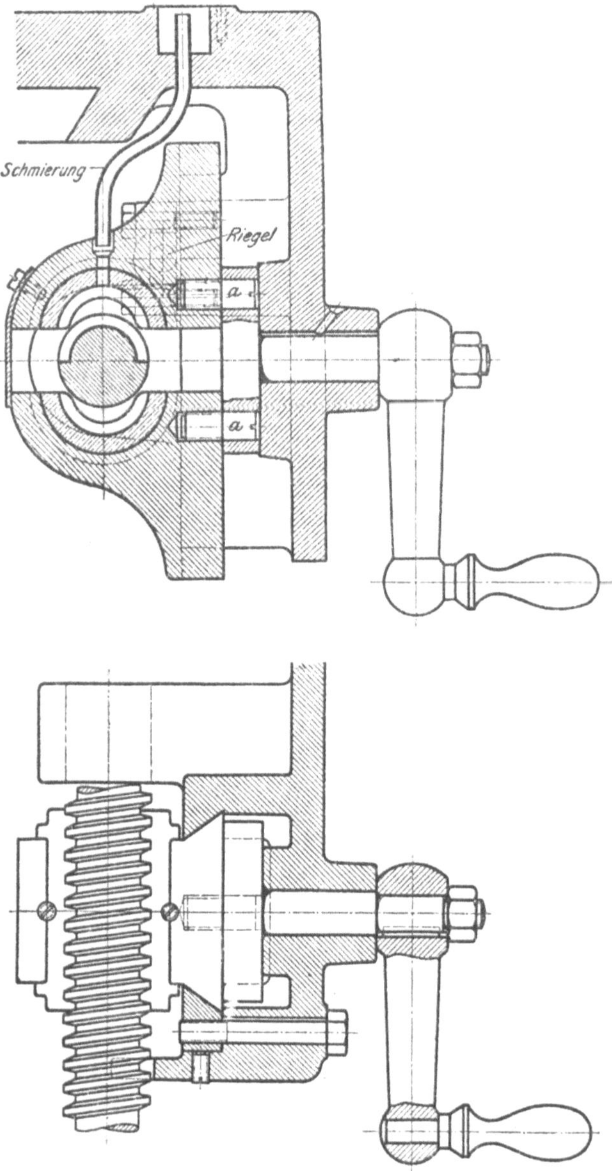

Abb. 161 und 162. Mutterschloß. Braun & Bloem, Düsseldorf.

gerücktem Zustande verriegelt (Abb. 179), sobald man den Planzug
eingerückt hat.

Die Planzüge.

Den Plangang des Werkzeugschlittens hat die Planspindel zu vermitteln, die hierzu ebenfalls von der Leitspindel anzutreiben ist. Für die Gestaltung des Planzuges bieten sich verschiedene Möglichkeiten.

Der nächste Weg wäre, die Planspindel unmittelbar von der Leitspindel anzutreiben. Das hierzu erforderliche Schneckengetriebe würde aber durch das große Rad den Planschlitten zu sehr hemmen

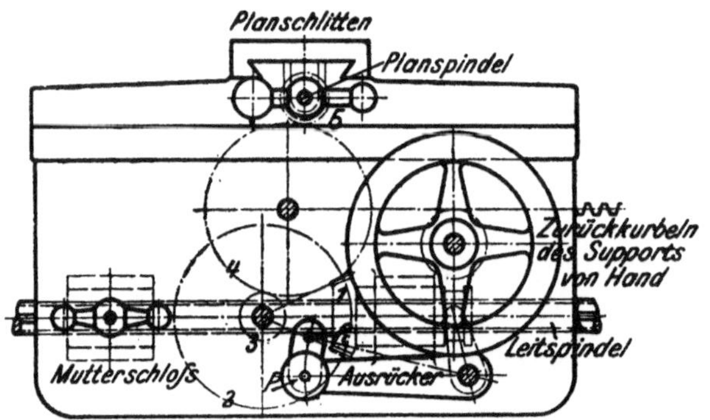

Abb. 163. Plan einer Schloßplatte.

und bei der Bedienung hinderlich sein. Bei dem Planzuge ist daher stets ein kleines Planrad 5 anzustreben, das sich in den Bettschlitten einbauen läßt (Abb. 153). Für die praktische Ausführung des Plan

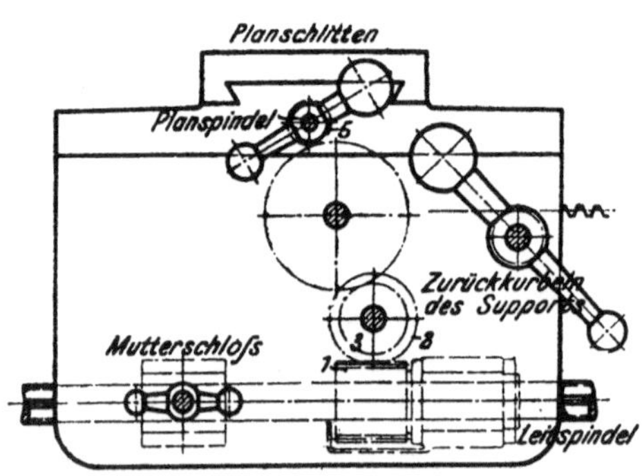

Abb. 164. Plan einer Schloßplatte.

zuges verbleibt somit nur der Antrieb der Planspindel durch Zwischengetriebe

Der Aufbau des Planzuges wird daher im wesentlichen von der Anordnung des ersten Zwischengetriebes abhängig sein. Sitzt es in der Ebene der Leitspindel, so besteht das erste Getriebe aus Kegelrädern. Sitzt es hingegen höher oder tiefer als die Leitspindel, so daß sich Leitspindel und Zapfen kreuzen, so ist als erstes Getriebe ein Schraubenräder- oder Schneckengetriebe einzubauen. Für den weiteren Ausbau des Planzuges kommen nur noch Stirnräder in Frage, welche die Bewegungsübertragung von dem ersten Zwischengetriebe auf die gleich gerichtete Planspindel vermitteln. Jeder Planzug wird danach aus einem Kegelräder- oder Schneckengetriebe und einer Reihe Stirnräder bestehen.

Zwei nach diesen Gesichtspunkten entworfene Planzüge zeigen die

Schloßplatten in Abb. 163 und 164. Der erste Planzug besteht hier aus den Kegelrädern *1* und *2*, sowie den Stirnrädern *3, 4* und *5*, von denen *5* als Planrad auf der Planspindel sitzt. Der zweite Planzug besitzt zum Steuern des Planschlittens ein Schneckengetriebe *1, 2* und die Stirnräder *3, 4* und *5*.

Eine sehr wichtige Aufgabe ist hierbei die Ausbildung des Planzuges als Planschloß, das bekanntlich beim Langdrehen zu öffnen und für das Plandrehen zu schließen ist. Hat der Stahl beim Arbeiten die Grenze erreicht, so muß auch das Planschloß mit einem Griff auszurücken sein. Für ein derartiges Planschloß bieten sich mehrere Lösungen. Da es sich hierbei um das Ein- und Ausschalten eines Räder-

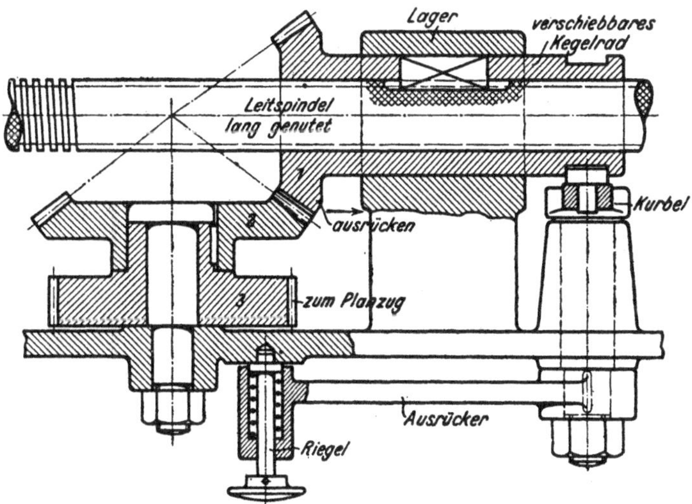

Abb. 165. Planschloß mit Verschieberad 1.

werkes handelt, so müssen grundsätzlich dieselben Mittel wie bei den Stufenrädergetrieben benutzt werden können. Das Planschloß kann daher entweder aus einem Verschieberad oder Schwenkrad bestehen, das beim Verschieben oder Schwenken mit seinem Zahnkranz in oder außer Eingriff kommt, oder es besteht aus einem Kuppelrade, das zum Einrücken des Planzuges gekuppelt und zum Ausrücken entkuppelt wird.

Sehr gebräuchlich ist ein in der Achsenrichtung verschiebbares Kegelrad (Abb. 165). Das Rad *1* ist als solches durch Feder und Nut mit der Leitspindel verbunden. Zum Aus- und Einrücken dient eine Kurbel, die die Radnabe faßt und durch einen Ausrücker vor der Schloßplatte zu bedienen ist. Der Ausrücker besitzt zwei gekennzeichnete Stellungen P und R (Abb. 163). Stellt man ihn auf P ein, so wird die Kurbel nach links ausschlagen, das Verschieberad *1* einrücken und den Planzug schließen. Legt man den Ausrücker auf *R*, so ist das Schloß geöffnet. Beide Stellungen sind durch den Federriegel gesichert.

Eine ähnliche Lösung bietet ein verschiebbares Stirnrad. Als solches kann das Planrad *5* oder eins der Räder *3*, *4* dienen.

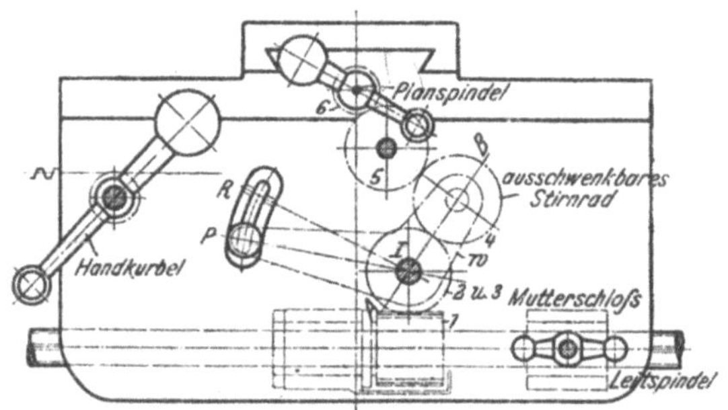

Abb. 166.   Plan einer Schloßplatte.

Die Verschieberäder verlangen, beim Schließen des Planzuges den Zahneingriff abzupassen. Sie werden heute nur noch selten angewandt.

Das Einrücken des Planzuges wird erleichtert durch ein Schwenkrad, dessen Zähne sich schneller den Eingriff verschaffen. Dieses Mittel ist bei dem Planschloß in Abb. 166 benutzt. Das Schwenkrad *4* sitzt hier lose auf einem Zapfen des Winkelhebels *w*. Er ist zum Ein- und Ausschwenken des Rades *4* um *I* drehbar und durch den Ausrücker in seinen Stellungen zu verriegeln. Setzt man den Ausrücker auf *P*, so ist der Planzug eingerückt, auf *R* ausgerückt.

Soll das Ein- und Ausrücken des Planzuges mit einem Kuppelrade geschehen, so kann das betreffende Rad durch eine Zahnkupplung, Reibkupplung oder Klemmkupplung gekuppelt werden. Hiermit ist der Vorzug verbunden, daß die Zahnkränze der Räder stets in Eingriff bleiben. Das Planschloß mit Zahnkupplung gewährt den Ver-

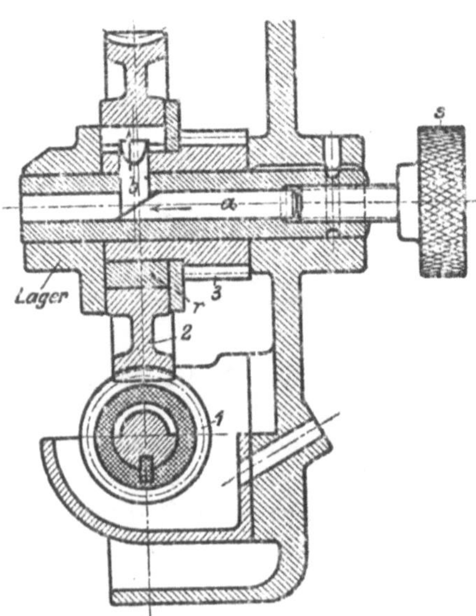

Abb. 167.   Planschloß.   Schaerer & Co., Karlsruhe.

schieberädern gegenüber insofern Vorzüge, daß alle Zähne der Kupplung auf einmal fassen und sich etwas zuspitzen lassen, so daß sie auch rascher fassen. Seiner Zwangläufigkeit wegen ist dieses Planschloß für schwere Maschinen besonders geeignet.

Größere Bequemlichkeit bietet das Planschloß mit Reibkupplung. So wird in Abb. 167 das Schneckenrad 2 des Planzuges durch Reibung gekuppelt. Das lose Schneckenrad 2 sitzt hier auf dem geschlitzten Spreizring r des Stirnrades 3. Wird nun die Schraube s angezogen, so drückt der Stift a mit seiner schrägen Stirn den Druckstab b hoch, der den Ring r aufspreizt und so durch Reibung 2 mit 3 kuppelt. Mit einem ähnlichen Planschloß läßt sich das Rad 3 mit 4 kuppeln.

Eine ähnliche Lösung läßt auch das Planrad 5 zu. Um es mit der Planspindel kuppeln zu können, sitzt auf ihr ein verschiebbarer, fester Kegel a (Abb. 168), der in der Bohrung des losen Planrades ein-

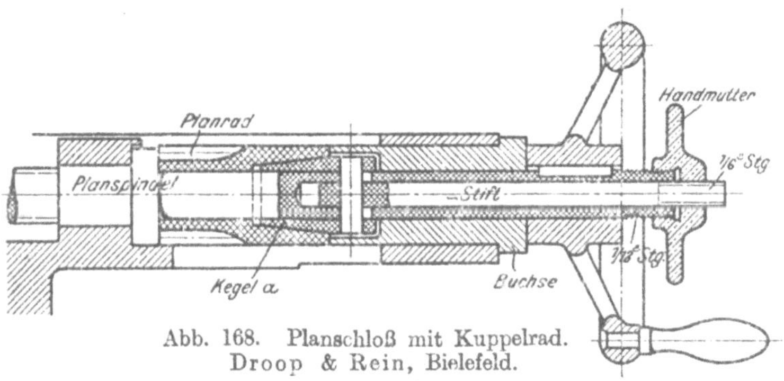

Abb. 168. Planschloß mit Kuppelrad.
Droop & Rein, Bielefeld.

zurücken ist. Hierzu ist das Kopfende der Spindel ausgebohrt und mit Rechtsgewinde von $1/12''$ Steigung versehen. In der Bohrung der Spindel liegt ein Stift, der einerseits den Kegel a faßt und andererseits Rechtsgewinde von $1/6''$ Steigung hat. Wird die vordere Differenzmutter etwas zurückgeschraubt, so schließt sie daher die Kupplung. Dabei verschiebt sich der Kegel a bei jeder Umdrehung der Mutter um den Unterschied in den Gewindesteigungen und kuppelt so das Planrad durch Reibung. Zum Ausrücken des Planzuges ist nur die Handmutter etwas anzuziehen, so daß der Kegel a aus dem Planrade wieder zurückgezogen wird.

Alle Planzüge mit Reibkupplungen können bei schweren Schnitten versagen. Sie bieten aber eine nicht zu unterschätzende Sicherheit gegen Zahnbrüche. Dieser Vorzug mag auch mitgewirkt haben, daß selbst mittelschwere Schnelldrehbänke derartige Züge aufweisen. Allerdings muß hierbei die Reibung an genügend großen Scheiben wirken.

Die Steuerung der Leit- und Zugspindeldrehbänke.

Bei den Leit- und Zugspindeldrehbänken (Abb. 132) ist, wie bereits erwähnt, die Leitspindel nur beim Gewindeschneiden zu benutzen und die Zugspindel bei allen übrigen Dreharbeiten. Die für die verschiedenen Arbeiten bestimmten Züge der Steuerung müssen daher voneinander unabhängig arbeiten können. Aus diesem Grunde sind sie wie bei der einfachen Leitspindelbank zum Öffnen und Schließen als Schloß auszubilden.

Unter Zugrundelegung der obigen Gebrauchsanweisung ist demnach bei den Leit- und Zugspindeldrehbänken für die Leitspindel ein Mutterschloß in die Schloßplatte einzubauen und für die Zugspindel ein Längs- und Planschloß. Hierzu kommt noch ein Handzug für das Einstellen des Werkzeugschlittens.

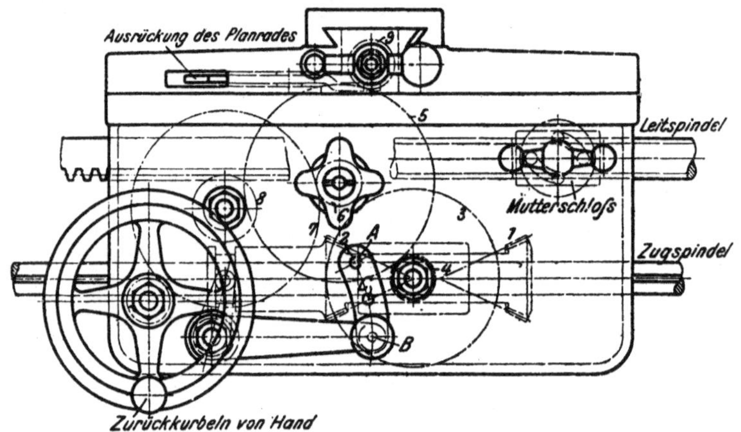

Abb. 169. Plan einer Schloßplatte für eine Leit- und Zugspindelbank.

Die Bedienung einer solchen Schloßplatte verlangt demnach, daß beim Gewindeschneiden die Zugspindel ausgeschaltet und die Leitspindelmutter geschlossen wird. Beim gewöhnlichen Langdrehen hingegen sind Planschloß der Zugspindel und Mutterschloß der Leitspindel zu öffnen, der Längszug der Zugspindel hingegen zu schließen. Beim Plandrehen ist das Planschloß zu schließen, und beide Längszüge sind auszuschalten. Für das Zurückkurbeln und Einstellen des Werkzeugschlittens sind Leit- und Zugspindel auszuschalten.

Die Grundzüge, nach denen man derartige Schloßplatten zu entwerfen und zu prüfen hat, sind:

1. möglichst geringe Räderzahl,
2. möglichst wenig Handgriffe für das Ein- und Ausschalten der Züge,
3. volle Sicherheit in der Bedienung.

Die beiden ersten Bedingungen verlangen eine geschickte und übersichtliche Anordnung der vier Züge, die letzte eine gegenseitige Verriegelung der zu bedienenden Handgriffe.

Eine nach obigen Angaben entworfene Schloßplatte zeigt Abb. 169. Sie besitzt für das Gewindeschneiden mit der Leitspindel ein Mutterschloß. Die Zugspindel steuert den Werkzeugschlitten durch ein Kegelräderwendegetriebe, von dem die Räder *1* und *2* als verschiebbare Räder abwechselnd in *3* einzurücken sind. Hierzu sitzen beide Räder auf einer Hülse, die durch Feder und Nut mit der Zugspindel verbunden ist. Dieses Wendegetriebe wird durch einen Ausrücker bedient (Abb. 165), der in seinen äußersten Stellungen *A* und *B* den Rechts- oder Linksgang des Werkzeugschlittens einstellt und in seiner Mittelstellung *C* die Zugspindel ausschaltet. Die Steuerung gestattet daher dem Dreher, den Werkzeugschlitten umzusteuern, ohne daß er zum Wendeherz des Spindelstockes greifen muß, ein Vorzug, der besonders für lange Bänke wertvoll ist. Das Wendegetriebe der Zugspindel treibt hier zugleich den Längs- und Planzug. Den Längszug bilden außer dem Wendegetriebe die Räder *4* und *5, 6* und *7* und das Triebrad *8*, das mit der Zahnstange kämmt. Den Planzug vermitteln die Räder *4, 5* und das Planrad *9*. Da beide Züge einzeln arbeiten

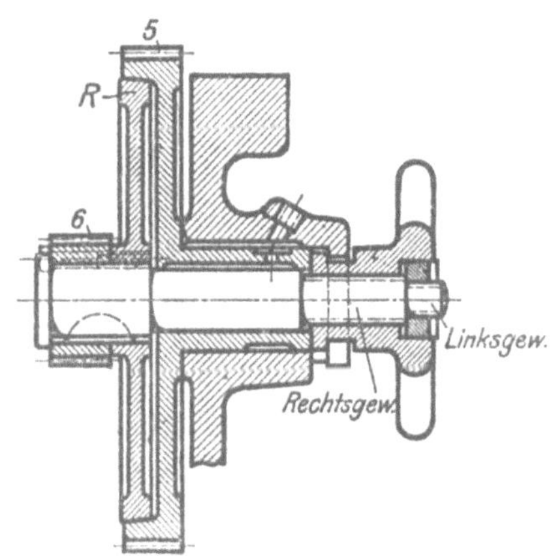

Abb. 170. Längsschloß.

müssen, so liegt das Schloß für den Plan- und Längszug in den Rädern *5* und *6*. Von diesen Rädern darf nämlich beim Plandrehen nur *5* laufen, dagegen beim Langdrehen beide. Diese Bedingung ist in der Weise gelöst, daß *6* fest auf dem Zapfen sitzt und sich mit dem losen Rade *5* durch eine Reibkupplung *R* kuppeln läßt (Abb. 170). Sie wird durch Anziehen des Handschlüssels eingerückt. Bei dieser Steuerung ist daher beim Langdrehen die obige Kupplung zu schließen und das Planrad *9* auszurücken, so daß *4* mit *5*, *6* mit *7* und *8* mit der Zahnstange arbeiten kann. Für das Plandrehen ist die Kupplung zu lösen und *9* einzurücken, so daß *4, 5* und *9* arbeiten.

Prüft man diese Schloßplatte auf ihre Bedienung, so sind, um die Zugspindel zu benutzen, im ungünstigsten Falle 4 Ausrücker zu untersuchen. Dabei bietet sie wenig Sicherheit gegen fahrlässiges Einrücken der einzelnen Züge. Als Vorzug wäre zu rühmen, daß bei ihr durch die weitgehende Vereinigung von Plan- und Längszug nur wenig Räder kämmen.

Ein schönes Beispiel, welche Mittel der Werkzeugmaschinenbau benutzt, eine einfache und sichere Bedienung zu erreichen, zeigt die Schloßplatte der Magdeburger Schnelldrehbank in Abb. 171 bis 173

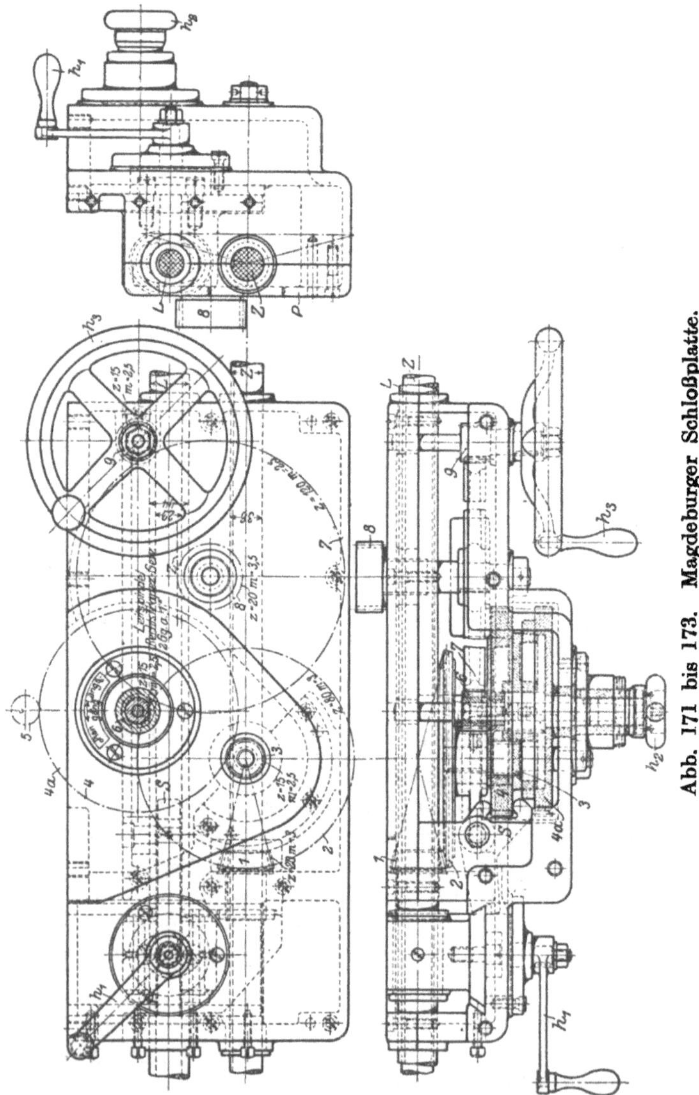

Abb. 171 bis 173. Magdeburger Schloßplatte.

Mit dem Griff h_1 wird das Mutterschloß ein- und ausgerückt. Der Planzug besteht aus den Rädern *1* bis *5* und der Längszug aus den Rädern *1* bis *4*, *6* bis *8* und der Zahnstange *Z* am Bett der Bank. Mit dem Handrade h_3, das mit $\frac{9}{7}$ auf das Zahnstangengetriebe wirkt, läßt sich der

Werkzeugschlitten einstellen. Das Schloß liegt im Rade *4*, das als Doppelkegelkupplung ausgebildet ist. Der Planzug wird durch Linksdrehen des Handschlüssels h_2 eingerückt, wobei *4* die Plansteuerung *4 a* kuppelt. Der Längszug schließt durch Rechtsdrehen des Handschlüssels h_2, der zunächst den Planzug zwangläufig auslöst und hierauf *4* mit *6* kuppelt. Es arbeiten daher *1* mit *2*, *3* mit *4*, *6* mit *7* und *8* mit der Zahnstange. Der Vorzug dieses Schlosses liegt darin, daß ein gleichzeitiges Einrücken beider Selbstzüge ausgeschlossen ist. Die Radbolzen sind in der Schloß- und Gegenplatte *P* doppelt gelagert und bieten Gewähr für ruhigen Gang der Räder. Die Schloßplatte hat für die 4 Züge nur die 2 Handgriffe h_1 und h_2 und das Handrad h_3, während hierzu in Abb. 169 5 Handgriffe nötig waren. Dazu sperren sich die

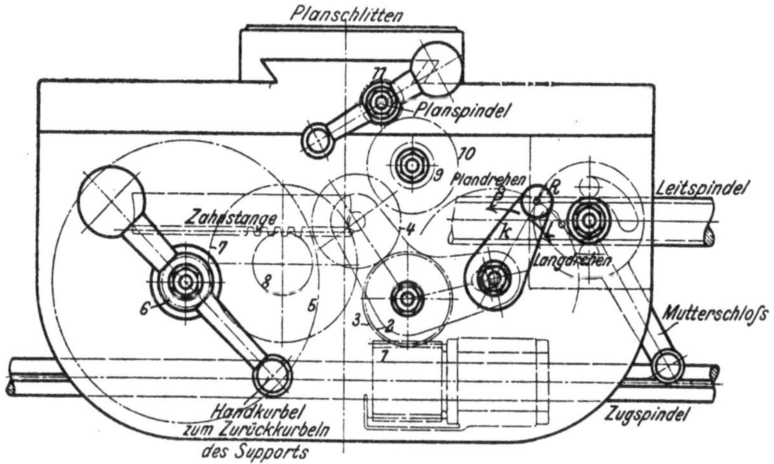

Abb. 174. Plan einer Schloßplatte. 250 mm Spitzenhöhe.
Räder: $z_1=22$, $M=4$, $z_3=z_4=40$, $z_5=120$, $M=2{,}25$. $z_6=20$, $z_7=60$, $M=2{,}5$. $z_8=15$, $M=4$. $z_9=20$, $z_{10}=40$, $z_{11}=20$, $M=2{,}25$.

Griffe h_1 und h_2 gegenseitig, so daß volle Betriebssicherheit erreicht ist (S. 117).

Die gleiche Sicherheit in der Bedienung ist in Abb. 174 mit dem Schwenkrad *4* erreicht. Es ist für den Plangang in *9* und für den Längsgang in *5* einzuschwenken. Hierzu sitzt es an einem Winkelhebel, der durch den Ausrücker *k* umzulegen ist. Bei dieser Schloßplatte wird demnach der Plangang durch das Schneckengetriebe *1*, *2* und die Stirnräderpaare *3* und *4*, *4* und *9*, *10* und *11* vollzogen. Den Längsgang bewirken die Räderpaare *1* und *2*, *3* und *4*, *4* und *5*, *6* und *7* und das Zahnstangengetriebe *8*. Von ihnen sind die Räder *7* und *8* in einem zweiten Schilde gelagert, der auch als Stütze für die übrigen Zapfen dient. Die Bedienung der Zugspindel erstreckt sich daher nur auf das Umlegen des Ausrückers *k* auf eine der drei Stellungen *L*, *P* und *R*. Von diesen ist auf *L* der Längsgang, auf *P* der Plangang eingerückt, während auf *R*

die Zugspindel ausgerückt ist. Es ist deshalb ausgeschlossen, beide
Züge der Zugspindel gleichzeitig einzurücken. Der Werkzeugschlitten
wird auch hier durch das Wendeherz im Spindelstock umgesteuert.
Durch den gemeinsamen Schneckenantrieb des Plan- und Längszuges
ist die Räderzahl sehr beschränkt. Es fehlt allerdings jede Sicherheit
gegen Zahnbrüche, die sich aber durch eine Sicherheitskupplung im
Antriebe der Zugspindel schaffen läßt (Abb. 124).

Die Verriegelung der Züge.

Verfolgt man die Entwicklung der Drehbänke, so zeigt sich vielfach das Bestreben, sie für alle Arbeiten einzurichten. Bei derartigen

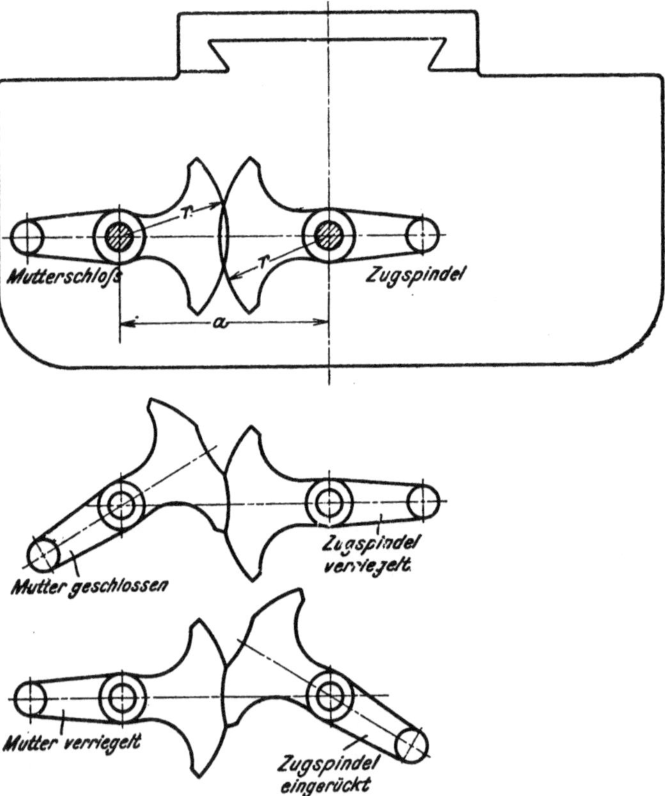

Abb. 175 bis 177. Verriegelung der Leit- und Zugspindel.
J. E. Reinecker, Chemnitz.

Drehbänken für allgemeine Zwecke kommt daher eine Menge Handgriffe
zusammen, so daß es zweifelhaft erscheint, ob ein Durchschnittsarbeiter
jederzeit die erforderliche Übersicht über seine Maschine hat. Besonders
erschwert wird ihm dies in der Massenherstellung, wo er meistens mehrere
Maschinen zu bedienen hat. Bei dieser Vielseitigkeit der Drehbänke ist

man gezwungen, Sicherheitsvorrichtungen zu treffen, durch die sich die einzelnen Handgriffe der Schloßplatte gegenseitig sperren. Unter dieser Voraussetzung kann der Arbeiter keine Fahrlässigkeiten begehen.

Um die Züge der Leit- und Zugspindel gegenseitig zu sperren, sind sie derartig einzurichten, daß bei eingerücktem Mutterschloß die Züge der Zugspindel ausgerückt und verriegelt sind. Sie dürfen daher nicht eher einzuschalten sein, bis die Mutter geöffnet ist.

Eine derartige zwangsweise Verriegelung läßt sich in der in Abb. 175 angegebenen Weise erreichen. Die zum Schließen der Leit- und Zugspindelzüge dienenden Handgriffe sind mit Scheiben vom Halbmesser

$r > \dfrac{a}{2}$ ausgestattet. Sie besitzen ihrem Halbmesser entsprechende Ausschnitte, so daß eine Scheibe in die andere gedreht werden kann. Durch

das Umlegen dieser Handgriffe ergeben sich demnach drei bemerkenswerte Stellungen, die in Abb. 175 bis 177 gezeichnet sind. Bei der in Abb. 175 abgebildeten Stellung sind alle Züge ausgerückt, so daß einer von ihnen geschlossen oder der Werkzeugschlitten zurückgekurbelt werden kann. In Abb. 176 ist das Mutterschloß eingerückt und die Zugspindel infolgedessen verriegelt. In Abb. 177 ist der Längs- oder

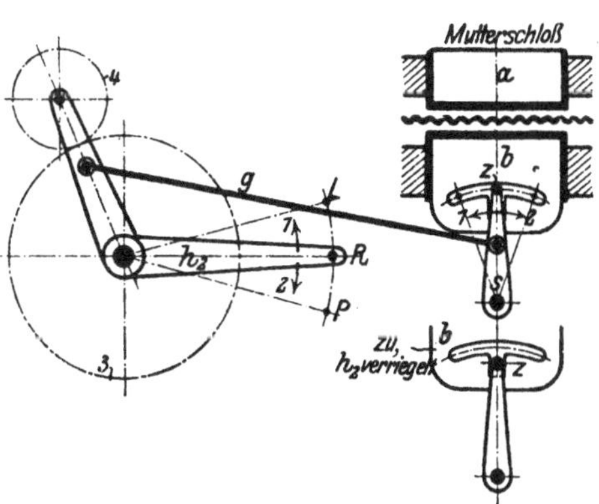

Abb. 178. Verriegelung der Züge.

Plangang der Zugspindel eingerückt und die Leitspindel verriegelt.

Die Verriegelung der Züge ist in Abb. 178 durch die Stange g und die Sperrkurbel S erreicht. Steht der Griff h_2 des Schwenkrades 4 auf Langdrehen (L), so steht die Kurbel S bei 1 und sperrt mit dem Zapfen Z die Mutter. Beim Plandrehen steht h_2 auf P und S in der Sperrstellung 2. Soll Gewinde geschnitten werden, so muß h_2 auf R stehen, damit die Mutter geschlossen werden kann. Der Sperrzapfen Z kommt dann in die Mittelnut des Mutterbackens b und sperrt so den Hebel h_2.

Eine einfache Verriegelung ist auch bei der Magdeburger Schloßplatte in Abb. 171 mit dem Sperrhebel S getroffen. Wird das Schloß (Abb. 173) auf Lang- oder Plandrehen eingestellt, so legt sich der Sperrhebel S in die Mutter und sperrt sie. Steht h_2 auf Mitte, so faßt die geschlossene Mutter in den linken Schlitz von S und sperrt damit das Kuppelrad 4.

Im Anschluß an diese Besprechung soll die Schloßplatte einer Drehbank von 210 mm Spitzenhöhe der Firma Gebr. Böhringer, Göppingen, behandelt werden (Abb. 179 bis 186).

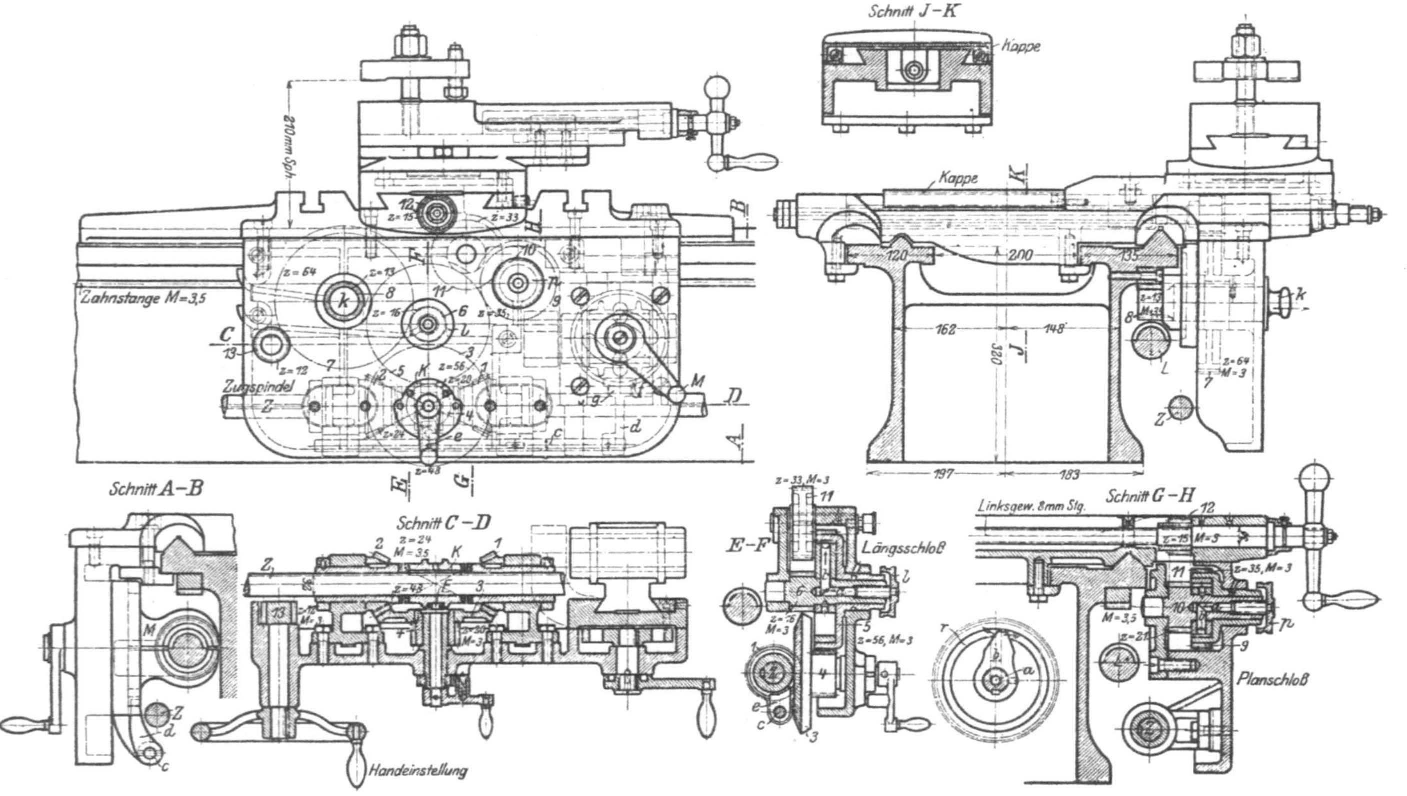

Abb. 179 bis 186. Werkzeugschlitten mit Schloßplatte. Gebr. Böhringer, Göppingen.

Die Schloßplatte zeigt eine gewisse Verwandtschaft mit den bereits bekannten. Das Mutterschloß M dient auch hier zum Gewindeschneiden. Der Längszug besteht aus dem Wendegetriebe *1*, *2*, *3*, sowie den Rädern *4* bis *8* und der Zahnstange. Er zeigt eine praktische Neuerung dadurch, daß der Zahnstangentrieb *8* mit dem Knopf *k* zurückgezogen werden kann, so daß die Räder beim Gewindeschneiden nicht mitlaufen (Abb. 181). Der Planzug setzt sich aus den Rädern *1* bis *5* und *9* bis *12* zusammen. Das Längsschloß liegt in den Rädern *5* und *6*, das Planschloß in den Rädern *9* und *10*. Sie bestehen beide aus einer Reibkupplung, die in Abb. 184 das Rad *5* mit *6* und in Abb. 186 das Rad *9* mit *10* kuppelt. Wird nämlich der Schlüssel *l* oder *p* angezogen, so drücken die Stäbe *a*, *b* den Reibring *r* im Sinne der Pfeile auseinander und kuppeln so das Rad *5* oder *9*. Bei diesen Kupplungen wirkt die Reibung am größten Hebelarm und schützt vor Zahnbrüchen.

Die Verriegelung der Leit- und Zugspindel geschieht durch die Stange *c* (Abb. 179). Sie faßt mit dem festen Kloben *e* in die Nut der Kupplung K (Abb. 184) und mit dem festen Riegel *d* in die $\top$-förmige Nut *f g* des unteren Mutterbackens (Abb. 179). Ist nun die Mutter zu, so steht der Riegel *d* in der schmalen Nut *g*. Infolgedessen läßt sich die Kupplung K nicht einrücken, da sich *c* weder nach rechts noch nach links verschieben läßt. Ist hingegen die Mutter offen und K z. B. in *2* eingerückt, so sitzt der Riegel *d* links in der oberen Nut *f* und verriegelt so das Mutterschloß.

Die Selbstausrückung der Züge.

Das vorhin erwähnte Bestreben hat noch eine weitere Vervollkommnung in der Steuerung des Werkzeugschlittens hervorgebracht. Die Massenherstellung verlangt nämlich von den Erzeugnissen ihrer Maschinen gleiche Arbeitslängen. Um dieser Forderung gerecht zu werden, muß der Werkzeugschlitten stets an derselben Stelle stillgesetzt werden. Soll dabei aus Gründen der Wirtschaftlichkeit der Arbeiter mehrere Maschinen zugleich bedienen, so ist für die Züge der Zugspindel eine Selbstausrückung einzurichten. Sie sichert die bei Massenerzeugnissen stets erforderlichen gleichen Arbeitslängen, ohne daß man von der Gewissenhaftigkeit des Arbeiters abhängig ist.

Die Selbstausrückung der Züge kann in dem Antriebe der Zugspindel liegen (Abb. 187). Die Stufenrolle *1*, die von der Arbeitsspindel betrieben wird, treibt hier durch das Vorgelege *2*, *3* die Zugspindel. Die Selbstausrückung wird mit dem Rade *3* vollzogen und zwar durch Zurückziehen der Kupplung K. Die Schloßplatte schiebt nämlich an der Arbeitsgrenze durch den Anschlag *a* die Zugspindel nach links und mit ihr auch die Kupplung K. Die Folge ist, daß das lose Rad *3* entkuppelt und die Zugspindel stillgesetzt wird. Kurbelt man den Werkzeugschlitten zurück, so schaltet sich die Zugspindel unter dem Druck der Feder *f* wieder ein.

Statt der Verschiebung der langen Zugspindel läßt sich bequemer ihr Kegelrad *1* entkuppeln (Abb. 188). Stößt der Werkzeugschlitten mit der Ausrückstange *s* gegen einen der verstellbaren Anschläge a_1, a_2

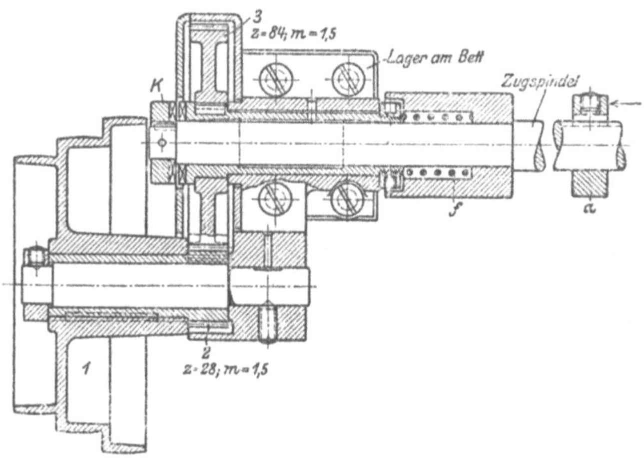

Abb. 187. Selbstausrückung der Zugspindel. Ludw. Loewe & Co., Berlin.

des Bettes, so hebt das Schloß *m* den Winkelhebel *w* an, der die Kupplung *k* aus *1* zurückzieht. Damit ist der Vorschub ausgerückt. Beim Zurückkurbeln des Schlittens stellen die Federn *f* das Schloß *m* wieder

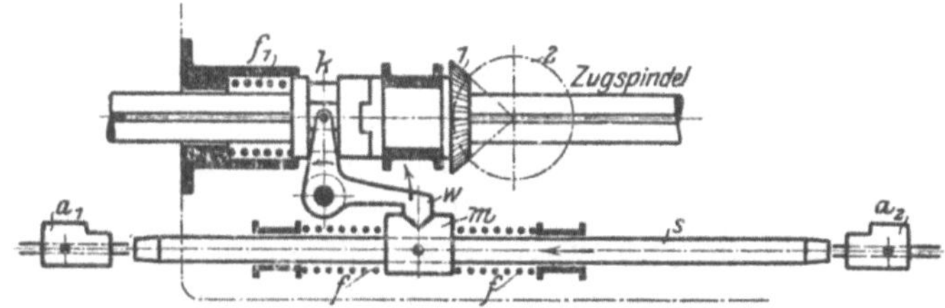

Abb. 188.   Selbstausrückung der Zugspindel.

ein, während f_1 die Kupplung *k* einrückt. Damit springt auch *w* wieder auf die Nut von *m* ein.

Der Antrieb der Leit- und Zugspindel.

Für den Selbstgang des Werkzeugschlittens ist die Leitspindel oder die Zugspindel vom Spindelstock aus anzutreiben. Zum Antriebe der Zugspindel dienen Riemen oder Räder oder auch Zahnketten. Bei der Leitspindel sind stets Räder anzuwenden, sobald es sich um das Gewindeschneiden handelt. Die neuzeitliche Anordnung ist, daß beide Spindeln durch dasselbe Räderwerk angetrieben werden, das nach Bedarf auf die Leitspindel oder auf die Zugspindel umgeschaltet werden kann. Auf diese Weise wird der Leerlauf der Spindeln vermieden (Tafel V).

Das Gewindeschneiden stellt an den Leitspindelantrieb noch einige besondere Bedingungen. Wie bereits früher erwähnt, müssen die Wechselräder dieses Antriebes Satzräder sein. Für das Schneiden von Rechts- und Linksgewinde ist die Leitspindel durch das Wendeherz umzusteuern.

Es bleibt nur noch das Schneiden von steilem Gewinde zu besprechen, für das manche Drehbänke eine besondere Einrichtung haben. Diese Bänke treiben beim Schneiden von gewöhnlichem Gewinde die Leitspindel von der Hauptspindel an und bei steilem Gewinde von der rasch-

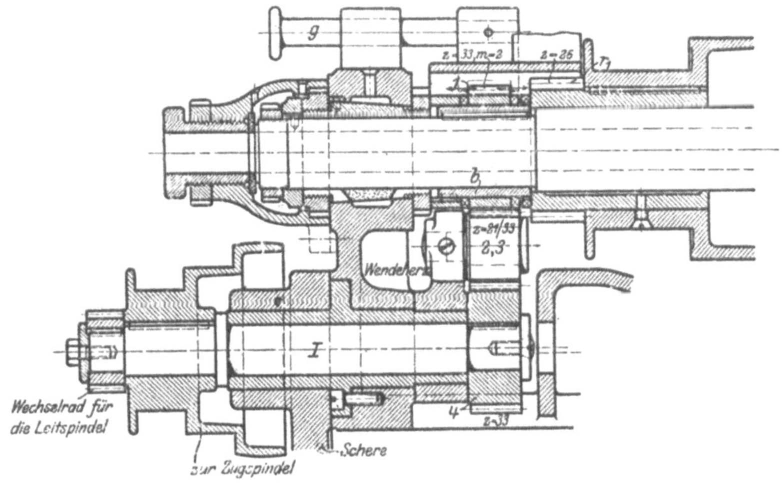

Abb. 189. Wendeherz für gewöhnliches und steiles Gewinde. Gebr. Böhringer, Göppingen.

laufenden Stufenscheibe. Hierzu sitzt auf der Hauptspindel in Abb. 189 die feste Büchse b mit dem Verschieberad 1, das sich mit dem Griff g nach rechts mit der Stufenscheibe kuppeln läßt und nach links durch b mit der Spindel selbst. Das Rad 1 treibt über die Herzräder $2, 3$ das Rad 4 auf der Umsteuerwelle I, von der aus durch Wechselräder die Leitspindel und durch Riemen die Zugspindel angetrieben wird. Haben dabei die Vorgelege im Spindelstock die Übersetzung $1:10$, so wird durch das Umschalten von 1 auf r_1 der Vorschub für das steile Gewinde verzehnfacht.

In Abb. 72 ist das Verschieberad 3 mit dem Kegelräderwendegetriebe vereinigt, so daß es mit dem Griff h_7 auf 1 oder 2 eingeschaltet werden kann.

Neuere Drehbankbauarten.

Allgemeine Drehbänke, Schnelldrehbänke, Schruppdrehbänke, Großdrehbänke.

Im neuzeitlichen Drehbankbau mußte man sich unter dem Einfluß des Schnellstahles und der Entwicklung der Massenherstellung und des Großmaschinenbaues zu verschiedenen Bauarten der Drehbänke entschließen, die man als allgemeine Drehbänke, Schnelldrehbänke, Schruppdrehbänke und Großdrehbänke bezeichnen kann.

Die allgemeine Drehbank ist für allgemeine Zwecke des Maschinenbaues bestimmt. Ihr Wesen liegt also in der Vielseitigkeit ihrer Arbeit. Sie soll lang- und plandrehen, kegeldrehen, bohren und Gewinde schneiden, Sonderarbeiten verrichten und schruppen, schlichten, feilen und polieren. Für diese Arbeiten muß sie alle Einrichtungen haben. Neben dieser Vielseitigkeit verlangt man von ihr eine hinreichende Genauigkeit der Arbeitserzeugnisse. Eine allgemeine Drehbank darf daher nicht überlastet werden, da sie sonst durch starke Abnutzung in Lagern und Führungen die Eigenschaft als Genauigkeitsmaschine ein-

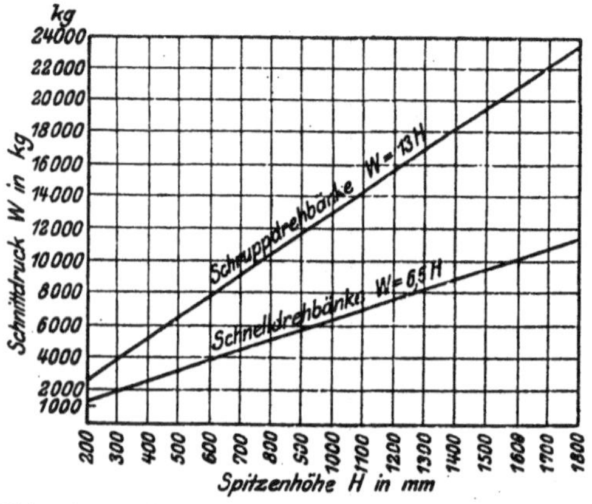

Abb. 190. Schnittdruck bei Schnelldreh- und Schruppbänken.

büßt. Sie nutzt daher nur die hohe Schnittgeschwindigkeit und Schnittdauer des Schnellstahles aus, nicht aber seine große Spanleistung.

Die Schnelldrehbank ist nur fürs Schnelldrehen, nicht fürs Schnellschruppen eingerichtet. Nach H. Fischer soll sie einem Schnittdruck gewachsen sein, der das 6,5 fache der Spitzenhöhe in Millimetern beträgt (Abb. 190). Dieser Belastung entsprechend müssen ihre Einzelteile gebaut sein. Die äußeren Kennzeichen einer Schnelldrehbank sind daher breite und große Stufenscheiben, breite Räder mit hinreichend großer Übersetzung, großer Geschwindigkeitswechsel, kräftige Spindel und lange Lager mit guter Schmierung, lange Schlitten mit guten Führungen, Leitspindel fürs Gewindeschneiden und Zugspindel fürs Drehen, Schloßplatte mit gesperrten Zügen, Räderkasten für 4 bis 6 Vorschübe mit Selbstausrückung und die wichtigsten Steigungen fürs Gewindeschneiden. Für Bänke mit mehr als 5 PS. soll der Hauptantrieb ein Stufenrädergetriebe sein. Alle Forderungen kann man an jede neuzeitliche allgemeine Drehbank stellen, die ohne weiteres als Schnelldrehbank bezeichnet werden kann.

Die Schruppbank ist eine vorbereitende Arbeitsmaschine mit großer Spanleistung. Ihre Hauptarbeit erstreckt sich auf das Schruppen von Rundstangen. Die Hauptforderungen sind stärkste Bauart und größte Einfachheit. H. Fischer hat den zulässigen Schnittdruck zu 13 mal Spitzenhöhe in Millimetern ermittelt. Die erste Forderung verlangt, Spitzenhöhe und Spitzenweite möglichst klein zu halten, damit die starken Schruppkräfte am kleinsten Hebelarm wirken, und die Einzelteile sehr stark zu halten. Die Einfachheit der Bank verlangt Geschwindigkeits- und Vorschubwechsel und alle Einzelteile nur fürs Schruppen einzurichten und alles Entbehrliche zu vermeiden.

Die Großdrehbänke sind durch die Entwicklung des Groß-maschinenbaues, insbesondere der Schiffsturbine entstanden. Diese Riesenbänke haben eine Spitzenhöhe bis 2500 und 3000 mm, eine Spitzenweite bis zu 16 000 mm und ein Gewicht bis zu 350 000 kg Das Gewicht der zu bearbeitenden Turbinenwelle mit Laufrädern beträgt 150 000 kg und mehr. Spindelstock und Reitstock haben vielfach besonderen Motorantrieb, alle Getriebe sind eingekapselt und alle Handräder und Griffe leicht faßbar, durch Treppen und Bühnen ist die Bank leicht zugänglich gemacht. Bauliche Schwierigkeiten verursacht die ungewöhnliche Lagerbelastung. Um die Gefahr des Warmlaufens am Hauptlager zu beseitigen, wird es durch eine Öldruckpumpe geschmiert. Durch den Motorantrieb des Reitstockes ist es möglich, nicht nur zwischen den Spitzen zu drehen, sondern auch beide Seiten der Maschine zum Plandrehen zu benutzen.

Die allgemeine Drehbank von Ludw. Loewe & Co., A.-G., Berlin.

Als Drehbank für allgemeine Zwecke ist hier die Leit- und Zug-spindeldrehbank von Ludw. Loewe & Co., Berlin NW, auf Tafel I, Abb. 1 bis 3 dargestellt.

Der Spindelstock (Tafel II, Abb. 1 bis 4) ist für 9 Geschwindigkeiten eingerichtet. Die dreiläufige Stufenscheibe S kann allein mit zwei Doppelvorgelegen $\dfrac{r_1}{R_1} \cdot \dfrac{r_3}{R_3} = \dfrac{1}{3}$ oder $\dfrac{r_2}{R_2} \cdot \dfrac{r_3}{R_3} = \dfrac{1}{10}$ die Bank treiben. Die Einzelheiten dieses Antriebes sind aus der Abb. 55 bekannt, nur werden die Vorgelegeräder R_1, R_2 verschoben. Hierzu müssen die Vorgelege ausgeschwenkt werden, da sonst die Sperrscheibe s keine Verschiebung der Räder zuläßt. Der Vorgelegehebel h ist mit einer Fallsperre gesichert und der Mitnehmerbolzen M durch die Feder f.

Die Endstellungen vom Wendeherz sind durch die Anschläge a festgelegt. Die Drehspindel läuft in einem nachstellbaren Hauptlager und überträgt den Druck auf das hintere Drucklager.

Der Reitstock hat eine innere Spindel und ist in seiner Bauart aus Abb. 148 bis 151, S. 99, bekannt.

Der Werkzeugschlitten (Tafel III, Abb. 1 bis 6) ist mit dem Längsschlitten L und dem Planschlitten P für das Lang- und Plandrehen eingerichtet. Der Oberschlitten gestattet mit der Drehscheibe D und dem Aufspannschlitten A das Kegeldrehen mit der Hand. Die Schlittenspindeln p und p_1 haben Feineinstellung und sind gegen Späne geschützt. Mit dem Griff g kann der Bettschlitten beim Plandrehen festgeklemmt werden.

Bemerkenswert ist die Schloßplatte (Tafel IV, Abb. 1 bis 4). Sie enthält die Züge fürs Lang- und Plandrehen, die mit Selbstausrückung ausgeführt sind, sowie einen Gewindezug und einen Handzug. Der Längszug besteht aus den Kegelrädern 1, 2, den Stirnrädern 3, 4, 6, 7, 8 und der Zahnstange Z_1, der Planzug aus den Trieben 1 bis 5. Das Längs- und Planschloß liegt in den Schwenkrädern 4 und 6, die mit einem Zapfen in einer drehbaren Büchse außerachsig gelagert sind. Steht der Hebel h_2 auf Plandrehen, so sind 3, 4. 5 eingeschwenkt mit der Radmitte in M_1. Steht h_2 auf Langdrehen, so kämmt 3 mit 4 und 6 mit 7 mit der Radmitte in M_2. Um eine Sicherheit gegen Zahnbrüche zu haben, sind die Räder 4 und 6 durch eine große Reibkupplung (Abb. 170) gekuppelt. Das Mutterschloß wird auch hier mit dem Griff h_1 ein- und ausgerückt. Die Verriegelung der Züge der Zug- und Leitspindel geschieht durch die Stange s_1 und die Sperrkurbel k nach Abb. 178. Die Selbstauslösung der Längsvorschübe besorgt die Ausrückstange s_2, die gegen die Anschläge des Bettes stößt. Dadurch hebt das Schloß m den Winkelhebel w an und rückt die Längskupplung K_1 aus (s. auch Abb. 188). Neu ist die Selbstausrückung der Planvorschübe, die mit der Kupplung K_2 vollzogen wird. Stellt man h_2 auf Plandrehen, so rückt die Stange s_3 mit der Kurbel w_1 die Plankupplung K_2 in das Kegelrad 1 ein. Gleichzeitig hebt der Daumen d von w_1 die Kurbel w aus, die K_1 zurückzieht. Die Selbstausrückung besorgt der Planschlitten P selbst (Tafel III). Er stößt mit der Stellschraube a gegen einen Anschlag, z. B. a_4, und schiebt die Ausrückstange s_4 nach rechts. Das Schloß m_1 drückt mit dem Stab s_5 die Stange s_6 nach unten, die mit den Hebeln h_4, h_5 die Kupplung K_2 ausrückt und damit den Plangang stillsetzt. Mit dem Einrücken des Planzuges stellt die Stange s_3 diese Ausrückvorrichtung ein. Die Schloßplatte entspricht also den höchsten Ansprüchen auf Sicherheit in der Bedienung und gegen Radbrüche sowie Selbstauslösung der Vorschübe. In der Nut des Bettes lassen sich zwischen den Anschlägen a noch wegklappbare b anbringen, so daß Werkstücke mit mehreren Absätzen selbsttätig auf genaue Längen gedreht werden können.

Der Vorschub wird vom Rade r_4 auf der Drehspindel hergeleitet. (Tafel II, Abb. 1 und 3.) Das Wendeherz treibt mit r_5, r_6, r_7 die Welle w, die entweder durch die äußeren Wechselräder oder durch die inneren Räder r_8, r_9, r_{10} auf das Ziehkeilgetriebe wirkt (Tafeln V, VI und VII). Der Handgriff h_5 stellt bei I den Antrieb über r_8, r_9, r_{10} ein; bei II bringt er das Verschieberad r_{10} außer Eingriff,

d. h. er löst den Vorschubantrieb aus. In der Stellung *III* ist die Kupplung *k* eingerückt, so daß die äußeren Wechselräder den Vorschubantrieb vollziehen. Das Ziehkeilschaltwerk r_{11} bis r_{20} zwischen *I* und *II* (Tafel VII) ist für 5 Schaltungen eingerichtet, die mit h_6 auf *1* bis *5* eingestellt werden. Von der Welle *II* aus kann die Leitspindel *L* oder die Zugspindel *Z* betrieben werden. Steht h_7 auf *L*, so kämmt das Verschieberad r_{21} mit r_{22} auf der Leitspindel *L*, steht h_7 auf *Z*, so greift r_{21} in r_{23} ein und treibt über dieses Zwischenrad die Zugspindel mit r_{24}. Für das Drehen sind ohne weiteres 5 Vorschübe vorhanden, deren Zahl durch die äußeren Wechselräder aber noch erhöht werden kann. Der Zugspindelantrieb durch die Wechselräder gestattet auch, Plangewinde zu schneiden. Als Schutz für das Räderwerk ist auch in dem Zugspindelantrieb eine Sicherheitskupplung vorgesehen. Das Rad *24* sitzt nämlich auf einer Büchse *b* (Tafel VI), in der die Zugspindel *Z* lose läuft. Die kräftige Druckfeder *f* drückt die Kuppelmuffe *m* der Zugspindel gegen die Büchse *b*, so daß die Zugspindel *Z* durch Reibung gekuppelt wird. Wird die Bank zu stark belastet, so setzt die Kupplung aus. Durch Anziehen der äußeren Kappe *k* kann die Durchzugskraft der Kupplung geregelt werden.

Die Schnelldrehbank der Magdeburger Werkzeugmaschinenfabrik, A.-G., Magdeburg-Neustadt.

Die Magdeburger Schnelldrehbank (Abb. 132 und 133) hat als Hauptantrieb eine Stufenscheibe mit zwei Doppelrädervorgelegen, deren Anordnung aus den Abb. 55 und 56 bekannt ist. Dieser Antrieb kann auch durch ein Stufenrädergetriebe ersetzt werden. Die Drehspindel läuft in dem Hauptlager mit Kegelschale, in die zum gleichmäßigen Anliegen außerachsig Nuten eingefräst sind. Der Hauptdruck wird am Endlager durch ein Kugellager und der Spindelzug durch die Druckringe d_1, d_2 aufgenommen. Das Querschlagen der Spindel beseitigt man durch Nachstellen des Hauptlagers und das Längsschlagen durch Anziehen der Ringmutter *m*. Das Schmieren besorgen federnd gelagerte Ölrollen. Der Werkzeugschlitten ist aus den Abb. 152 und 153, bekannt und die Schloßplatte aus den Abb. 171 bis 173. Der Schlitten zeigt außer kräftigen Formen lange Führungen. Die Schloßplatte enthält die Züge fürs selbsttätige Lang- und Plandrehen mit der Zugspindel und das Mutterschloß fürs Gewindeschneiden mit der Leitspindel. Die Züge und das Mutterschloß sperren sich gegenseitig, so daß Fahrlässigkeiten ausgeschlossen sind. Der Antrieb der Leit- und Zugspindel liegt im Spindelkasten (Abb. 55 und 56). Für gewöhnliche Gewindesteigungen und fürs Drehen wird er von dem Spindelrade hergeleitet, für steile Gewinde wird mit der Kurbel h_4 (Abb. 56) das Zwischenrad *r* auf das Stufenscheibenrad r_2 eingerückt. Damit erhöhen sich die Steigungen auf das Vier- oder Vierzehnfache. Der Rechts- und Linkslauf der Schaltspindeln ist durch das Kegelräderwendegetriebe vorgesehen, das mit h_5

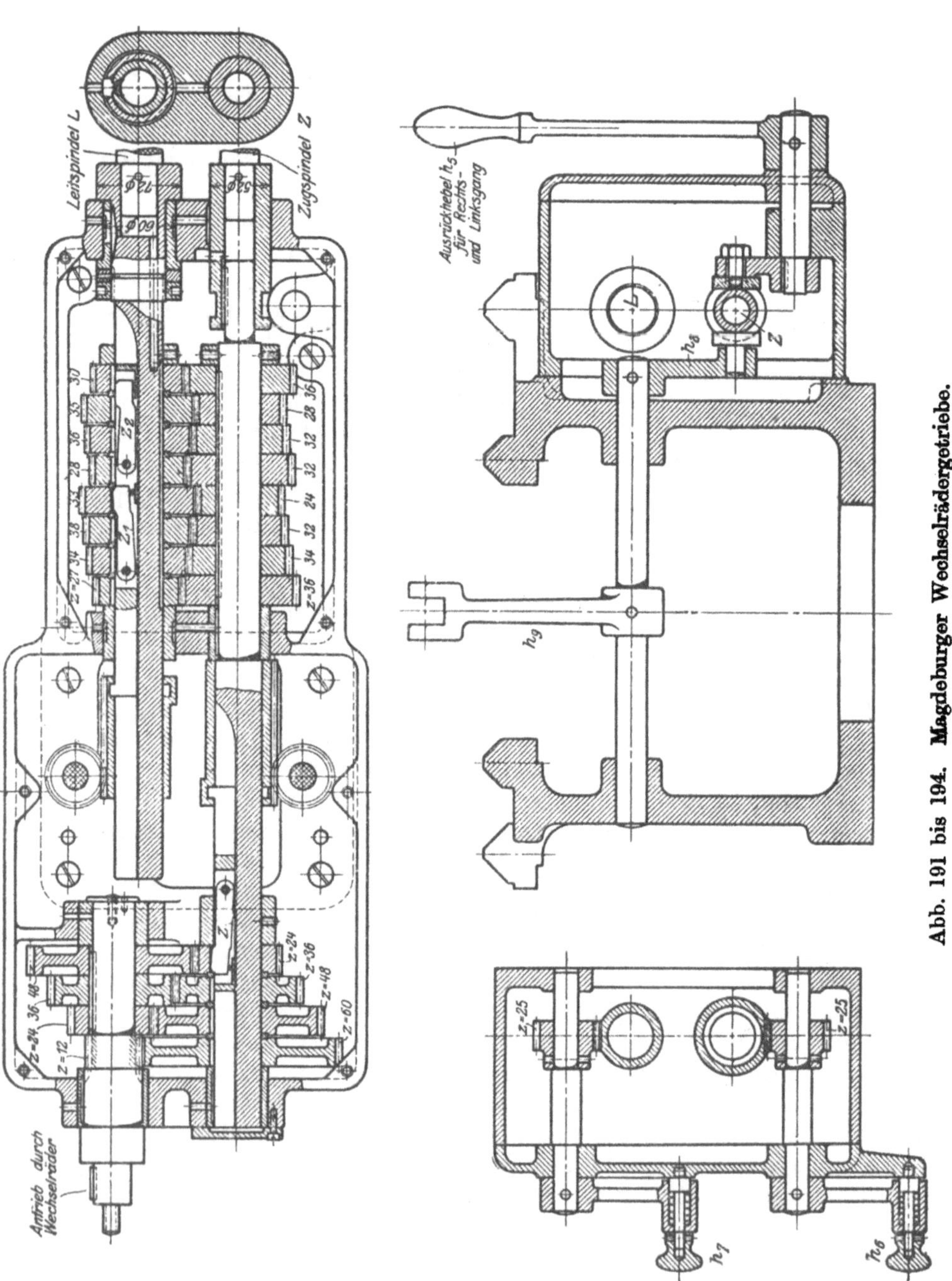

Abb. 191 bis 194. Magdeburger Wechselrädergetriebe.

(Abb. 152) umgeschaltet wird. Die Bank arbeitet daher lang und plan nach beiden Richtungen. Der Wechselräderkasten (Abb. 191 bis 194) enthält ein linkes und ein rechtes Ziehkeilschaltwerk. Das linke Schaltwerk ist für 4 Schaltungen eingerichtet, die mit der Kurbel h_6 eingestellt werden und auf die Zugspindel gelangen. Das rechte Schaltwerk ist für die Leitspindel und gestattet 8 Schaltungen mit der Kurbel h_7. Die beiden Ziehkeile z_1, z_2, von denen immer einer ausgerückt ist, gestatten kurze Schaltwege und damit eine gedrungene Bauart des Räderkastens. Durch die Hintereinanderschaltung beider Getriebe stehen für die Leitspindel $4 \times 8 = 32$ Schaltungen zur Verfügung. Die Bank kann daher mit 4 Vorschüben lang- und plandrehen und alle gebräuchlichen Gewinde schneiden. Der Vorschubwechsel verlangt nur, die Kurbeln h_6 und h_7 nach einer Vorschub- und Gewindetafel einzustellen. Ist die hohe Steigung ausgeschaltet, d. h. steht h_4 rechts, so können die Kurbeln während des Laufens der Maschine geschaltet werden, nur soll mit h_5 das Kegelwendegetriebe ausgerückt werden. Bei hoher Steigung soll man die Hebel h_5, h_6, h_7 nur beim Stillstand der Maschine verstellen.

Das Selbstausrücken der Vorschübe beim Langdrehen und Gewindeschneiden besorgt die Bank mit der Zugspindel. Der Werkzeugschlitten stößt an der Arbeitsgrenze gegen die Anschläge a und verschiebt die Zugspindel nach rechts oder links. Hierdurch wird mit den inneren Hebeln h_8, h_9 und der Zugstange Z die Kupplung k aus dem Kegelräderwendegetriebe (Abb. 194) zurückgezogen. Die Bank besitzt alle Einrichtungen, die man von einer Schnelldrehbank erwarten kann.

Die Schnelldrehbank von H. Wohlenberg, Hannover.

Die Wohlenberger Schnelldrehbank (Tafel VIII) hat für die Haupt- und Vorschubbewegung Räderantriebe.

Der Stufenräderantrieb (Tafel IX bis XI) gestattet 16 Geschwindigkeiten, die mit 16 Rädern, 7 Reibkupplungen und 1 Zahnkupplung erreicht sind (Abb. 4). Die Welle I treibt nämlich die Welle II mit 4 Geschwindigkeiten durch die Vorgelege $\dfrac{r_1}{R_1}$, $\dfrac{r_2}{R_2}$, $\dfrac{r_3}{R_3}$, $\dfrac{r_4}{R_4}$.

Diese 4 Geschwindigkeiten können durch Umschalten von k_3 entweder durch $\dfrac{r_5}{R_5}$ oder durch $\dfrac{r_6}{R_6}$ auf die Laufbüchse L gelangen und durch Einschalten von k_4 auf die Drehspindel III, die somit von L 8 Geschwindigkeiten empfängt. Schaltet man noch k_4 auf R_8 um, so treibt die Laufbüchse L über $\dfrac{r_7}{R_7}$, $\dfrac{r_8}{R_8}$ die Drehspindel III nochmals mit 8 Geschwindigkeiten, so daß sich die Geschwindigkeitsreihe auf 16 stellt.

Die ersten Kuppelräder R_1 bis R_4 sitzen hier auf II, so daß die Reibung den größten Hebelarm findet und so ein Durchziehen der Kupplungen sichert. Zum Einschalten der 4 Kupplungen dienen die beiden Hebel h_1 und h_2, die mit je einer Gabel die Kuppelmuffen k_1 und k_2 fassen. Gegen Fahrlässigkeiten sind die beiden Handhebel verriegelt. Sobald nämlich h_2 nach rechts herumgelegt wird, faßt der Riegel r in die Brust des Sperrhebels von h_1 (Tafel X, Abb. 5).

Die letzten 4 Kupplungen werden mit den Hebeln h_3 und h_4 gefahrlos geschaltet. Dabei ist die gegenseitige Lage der Kupplungen so getroffen, daß h_1 in h_3 und h_2 in h_4 liegen kann. Die Hauptspindel III läuft in nachstellbaren Ringschmierlagern und ist nach beiden Richtungen durch die Druckschraube s und Druckringe festgelegt (Abb. 141).

Der Vorschub wird von der Hauptspindel III abgeleitet und zwar bei gewöhnlichem Gewinde von r_9 und bei steilem Gewinde von r_7 (Abb. 1, X). Hierzu ist r_{10} mit dem Knopf h_6 zu verschieben (Abb. 2, X). Umgesteuert wird der Vorschub durch das Kegelräderwendegetriebe r_{11}, r_{12}, r_{13} durch Umschalten von k_5 mit dem Hebel h_5 (Abb. 2, Tafel XI).

Die äußeren Wechselräder *1*, *2*, *3* übertragen den Vorschubantrieb auf das Mäander-Getriebe (Abb. 1 bis 4, Tafel XII), dessen 5 Schwenkräder *6*, *5*, *8*, *9* und *12* auf das Verschieberad *13* einzeln einzuschalten sind. Das Rad *13* treibt ein 8 stufiges Norton-Getriebe (Abb. 5 und 6, Tafel XII), das sich entweder auf die Leitspindel oder die Zugspindel einschalten läßt. Durch die 5 Schaltungen des Mäander-Getriebes und die 8 Schaltungen des Norton-Getriebes sind 5×8 Vorschübe möglich.

Das Mäander-Getriebe hat mit dem Norton-Getriebe die einschwenkbare Stelltasche gemeinsam, die aber nicht verschiebbar ist. Auf ihrem Zapfen Z sitzen als Schwenkräder 2 Blockräder *5* und *6*, *8* und *9* und das Einzelrad *12*. Die fehlende Verschiebbarkeit der Tasche ist durch das Verschieberad *13* ersetzt, das sich mit einem Schieber vor jedes der 5 Schwenkräder bringen läßt, so daß die Tasche eingeschwenkt werden kann. Hierdurch entsteht eine Art Zickzackschaltung.

Lfd. Nr.	Schaltung	Übersetzung
1	Rad *13* vor Rad *6*	$\dfrac{4}{5} \cdot \dfrac{6}{13} = \dfrac{60}{30}\,\dfrac{60}{60} = 2$
2	„ *13* „ „ *5*	$\dfrac{4}{5} \cdot \dfrac{5}{13} = \dfrac{60}{30} \cdot \dfrac{30}{60} = 1$
3	„ *13* „ „ *8*	$\dfrac{7}{8} \cdot \dfrac{8}{13} = \dfrac{30}{60} \cdot \dfrac{60}{60} = \dfrac{1}{2}$
4	„ *13* „ „ *9*	$\dfrac{7}{8} \cdot \dfrac{9}{13} = \dfrac{30}{60} \cdot \dfrac{30}{60} = \dfrac{1}{4}$
5	„ *13* „ „ *12*	$\dfrac{7}{8} \cdot \dfrac{9}{10} \cdot \dfrac{11}{12} \cdot \dfrac{12}{13} = \dfrac{30}{60} \cdot \dfrac{30}{60} \cdot \dfrac{30}{60}\,\dfrac{60}{60} = \dfrac{1}{\ }$

Bei dem Norton-Getriebe kann das Zwischenrad *15* mit der auf *A* verschiebbaren Tasche auf jedes der Staffelräder *16* bis *23* auf *B* eingeschwenkt und so die 8 fache Schaltung erreicht werden.

Für das abwechselnde Einschalten der Leitspindel und der Zugspindel ist das verschiebbare Doppelrad *25*, *27* auf *C* vorgesehen. Für die Leitspindel ist *25* auf *26* und für die Zugspindel durch Verschieben *27* auf *28* einzuschalten.

Die Schloßplatte (Abb. 2 bis 8, Tafel XIII) hat für das Gewindeschneiden mit der Leitspindel ein Mutterschloß, das mit dem Handgriff h_1 eingerückt werden kann. Der Längszug besteht aus dem Kegelräderwendegetriebe r_1, r_2, r_3 und den Stirnrädern r_4 bis r_{10}, von denen r_{10} mit der Zahnstange des Bettes kämmt. Der Planzug setzt sich aus r_1 bis r_5 und r_{11} bis r_{13} zusammen. Das Schloß liegt in den Rädern r_8 und r_{11}, die in einer um *Z* drehbaren Wippe *w* untergebracht sind. Wird sie mit dem Handgriff h_2 auf *L* eingestellt, so kommt r_8 mit r_9 in Eingriff und schließt den Längszug. Stellt man h_2 auf *P* ein, so schaltet r_{11} mit r_{12} den Planzug ein. Sobald der Plan- oder Längszug der Zugspindel

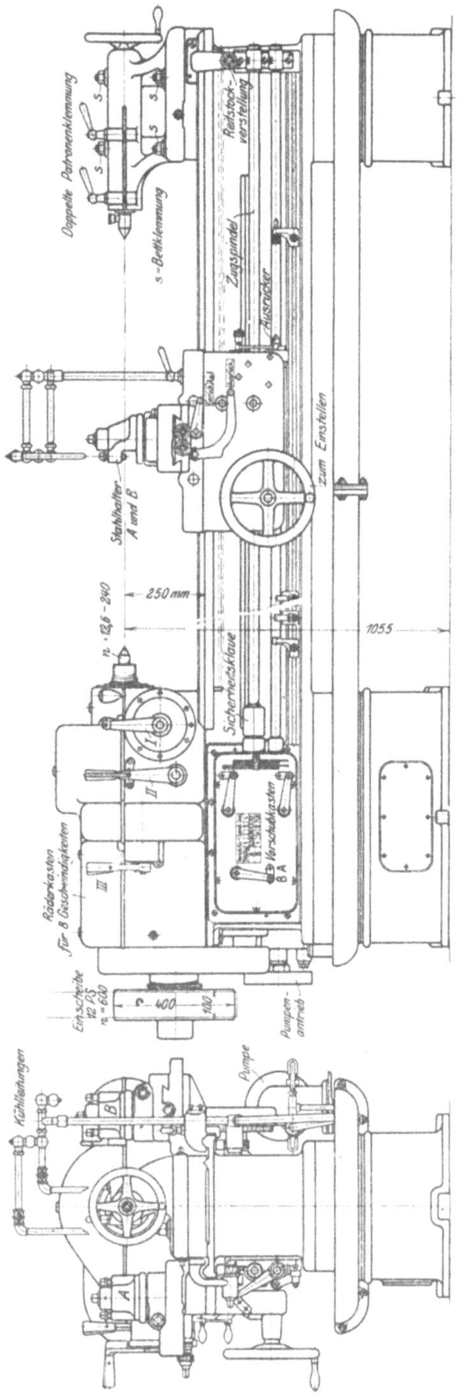

Abb. 195 und 196. Schruppbank von Ludw. Loewe & Co., A. G., Berlin.

geschlossen ist, sperrt der Schieber *s* das Mutterschloß. Dem Dreher ist dadurch jede Möglichkeit genommen, Fehler zu begehen. Mit

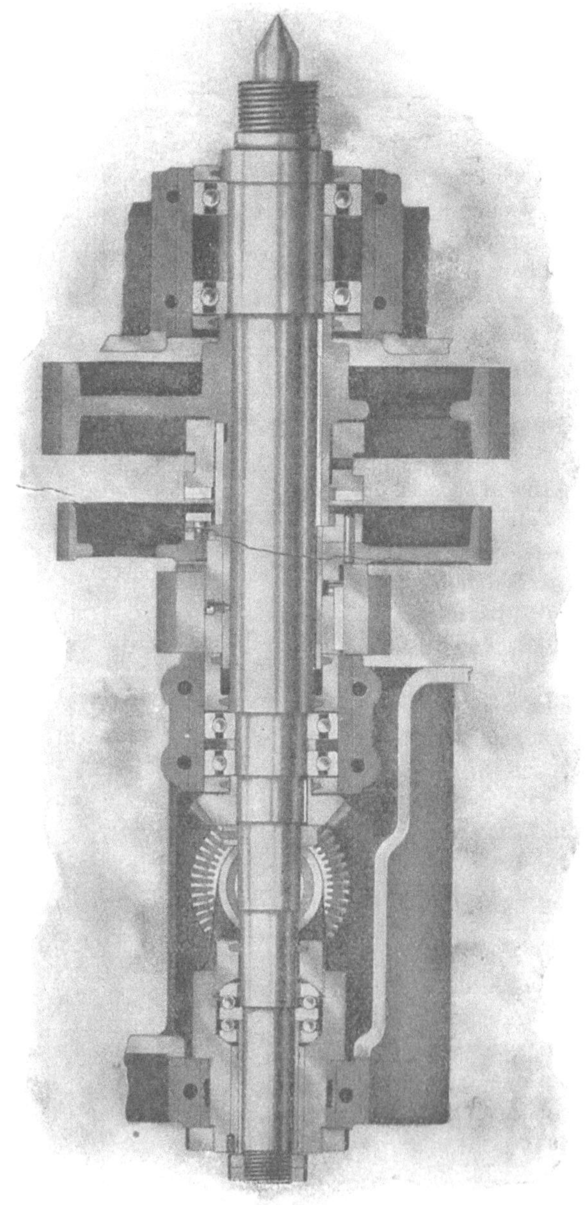

Abb. 197. Spindellagerung von Ludw. Loewe & Co., Berlin.

dem Handgriff h_3 kann er von seinem Stande aus den Werkzeugschlitten jederzeit umsteuern.

Der Werkzeugschlitten hat die bekannte Bauart und zeichnet sich durch seine langen Führungen aus (Abb. 1 und 2, Tafel XIII).

Der Reitstock (Tafel IX) hat für die Hülse die neuere Backenklemmung und ist auf dem Bett mit Schrauben festgeklemmt.

Die Drehbank ist in allen Teilen gut durchdacht. Das ganze Räderwerk liegt eingeschlossen und die Handgriffe leicht faßbar. Dabei ist auf gefahrlose Bedienung gebührend Rücksicht genommen. Die Stellungen der Handgriffe sind auf Tafeln angegeben.

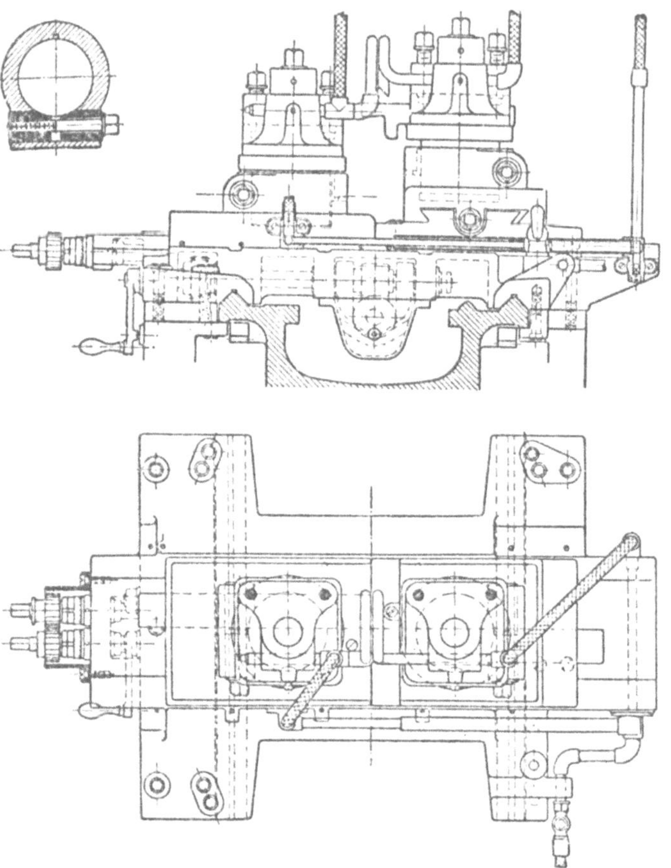

Abb. 198 und 199. Schruppwerkzeugschlitten.

Die Schruppbank von Ludw. Loewe & Co., A.-G., Berlin.

Die Loewe-Schruppbank (Abb. 195 und 196) hat ein Stufenrädergetriebe für 8 Geschwindigkeiten mit $n_1 = 12{,}6$ und $n_8 = 240$, die sich mit 3 Hebeln und großen Reibkupplungen schalten lassen. Dieser Geschwindigkeitswechsel ist ausreichend, da ja Stoff und Durchmesser der Werkstücke sich wenig ändern. Als Kennzeichen des Haupt-

antriebes ist die größte Übersetzung 1 : 48. Die Bank verlangt für den
Antrieb einen 12 PS.-Motor und kann bei einem Wirkungsgrad $\eta = 0{,}64$
nach Kapitel 8 bei den üblichen Schnittgeschwindigkeiten große Schnittdrücke und Spanquerschnitte bewältigen.

Schnittgeschwindigkeit	Schnittdruck	Spanquerschnitt
$v_1 = 10$ m/Min.	$W_1 = 3450$ kg	$q_1 = 28{,}8$ qmm
$v_2 = 15$,,	$W_2 = 2300$,,	$q_2 = 19{,}2$,,
$v_3 = 20$,,	$W_3 = 1725$,,	$q_3 = 14{,}4$,,
$v_4 = 25$,,	$W_4 = 1380$,,	$q_4 = 11{,}5$,,

Die Drehspindel ist zur größeren Widerstandsfähigkeit voll ausgeführt und nach Abb. 197 dreimal gelagert. Um bei dem hohen Lager-
druck die Reibungsverluste auf das Mindestmaß zu beschränken, läuft
die Spindel im Haupt- und Mittellager in Kugeln und nimmt auch den
Achsdruck mit einem Kugellager auf. Hierdurch erreicht der Wirkungsgrad der Bank das Höchstmaß.

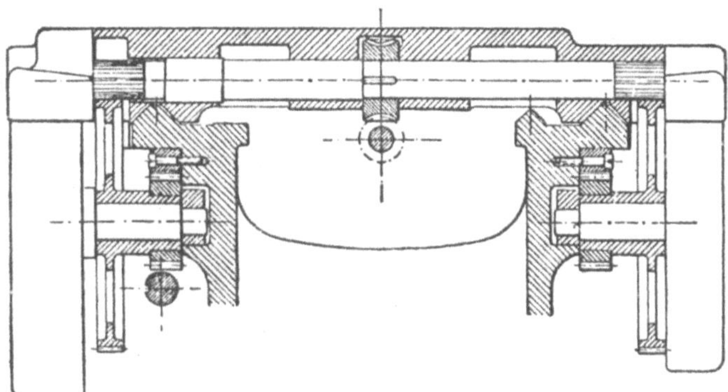

Abb. 200. Doppelseitiger Antrieb des Werkzeugschlittens.

Der Reitstock hat doppelte Festklemmung der Patrone und vierfache Klemmung auf dem Bett, um der hohen Belastung gewachsen zu
sein. Mit Kurbel, Ritzel und Zahnstange wird er auf die Spitzenlänge
eingestellt. Der Werkzeugschlitten (Abb. 198 und 199) hat 2 Stahlhalter für eine bessere Druckverteilung auf die Führungen und eine
ausgiebige Kühlung für die Drehstähle, so daß die Schnittgeschwindigkeit beträchtlich gesteigert werden kann, bei Gußeisen um 16 bis
40 v. H. Gegen Ecken ist der Antrieb des Bettschlittens auf beiden
Seiten ausgeführt (Abb. 200). Planschlitten und Kegeldrehvorrichtung
fehlen, da sie beim Schruppen nicht benutzt werden. Die Schloßplatte
enthält nur einen Längszug für die Zugspindel und einen Handzug für
das Einstellen. Die Leitspindel fehlt, dagegen ist Selbstausrückung
für die Vorschübe angebracht, da sie dem Dreher gestattet, mehrere
Bänke zu bedienen. Der Vorschubantrieb muß bei Schruppbänken
besonders stark sein. Er erfolgt zwangläufig von der Drehspindel über

Additional information of this book

(Die Werkzeugmaschinen; 978-3-642-89890-7;

978-3-642-89890-7_OSFO4) is provided:

http://Extras.Springer.com

einen Räderkasten für 8 Vorschübe zwischen 0,25 und 2,8 mm. Das Kastenbett hat zur Versteifung viele hohle Querrippen und Dachleisten für die Führung des Schlittens. Eine umfangreiche Ölschale ist Bedingung für ein Schruppbankbett, das ohne Kröpfung sein muß.

Die Großdrehbank von Wagner & Co., Dortmund.

Die Großdrehbank von Wagner & Co. (Abb. 201 bis 204) hat eine Spitzenhöhe von 2500 mm und eine Spitzenweite von 16 000 mm, das Gewicht ist etwa 300 000 kg. Der Spindelstock wird von einem eingebauten regelbaren 80 PS.-Motor betrieben. Die Planscheibe hat 75 Geschwindigkeiten. Mit den Handrädern a, a_1 wird die Umlaufszahl des Motors geregelt und mit den Griffen b, b_1 das Stufenrädergetriebe von der Brücke aus geschaltet. Die Werkzeugschlitten lassen sich mit

Abb. 205. Erste aus England eingeführte Drehbank. Baujahr 1810.

den Hebeln c c_1 auf den Vorschub oder auf Schnellverstellen einrücken. Sie haben fürs Lang- und Plandrehen 8 gleichmäßig abgestufte Vorschübe zwischen 0,3 und 8 mm bei einem Umlauf der Planscheibe. Von der Brücke der Werkzeugschlitten lassen sich mit Handrädern und Kurbeln alle erforderlichen Schaltungen vornehmen, wie Regeln des Motors, der Vorschub- und Schnellbewegung der Werkzeugschlitten, Umsteuern derselben, Einstellen der Längs- und Planbewegungen, sowie Einschalten des Gewindeschneidganges. Der Dreher beherrscht daher von seinem Arbeitsstande aus die ganze Maschine.

Der Reitstock wird zum Einstellen auf die Spitzenweite mit dem Hebel q auf Rollen angehoben und mit Handrad r verschoben. Mit dem Hebel p wird eine Klinke zum Abstützen des Reitstockes eingelegt. Das Handrad o setzt den Reitnagel an das Werkstück an.

Und nun 100 Jahre im Drehbankbau! Die Abbildung 205 zeigt

die erste Drehbank, die um 1810 von England nach Deutschland geliefert wurde. Sie steht heute als Wahrzeichen aus der guten alten Zeit im Deutschen Museum zu München. Die ganze Formgebung der Maschine trägt für das fachmännische Auge noch den Stempel der Unvollkommenheit. Wie anders die Maschinen in Abb. 196, 201, Tafel 1, Erzeugnisse deutscher Wissenschaft und deutschen Fleisses.

Das Gewindeschneiden auf der Drehbank.

Da der Stahl nicht mit einem Schnitt die volle Gewindetiefe schaffen kann, so ist er bei jedem folgenden von neuem anzusetzen. Hierbei ist zu beachten, daß der Gewindestahl jedesmal die ursprüngliche Stellung zum Gewinde wieder einnimmt. Diese Beobachtung genügt jedoch nur, sobald beide Gangzahlen, d. h. die der Leitspindel und die des Bolzens gerade oder ungerade Zahlen sind. Die Anfangsstellung des Werkzeugschlittens kann dabei durch den Reitstock oder durch Kreidestriche am Bett festgelegt werden.

Ist aber die Gangzahl der Leitspindel gerade und die des Bolzens ungerade, so ist bei jedem Schnitt die anfängliche Stellung der Leit- und Arbeitsspindel wieder einzurücken, die durch Kreidestriche gekennzeichnet werden kann.

Ist mehrgängiges Gewinde zu schneiden, so muß zum Einstellen der einzelnen Gänge die Zähnezahl des Arbeitsspindelrades durch die Gangzahl teilbar sein.

Diese Beobachtungen erfordern jedoch viel Zeit und beeinträchtigen die Leistung der Bank. Neuere Drehbänke umgehen diese Zeitverluste dadurch, daß sie für den Werkzeugschlitten einen im Deckenvorgelege beschleunigten Rücklauf mit einem gekreuzten Riemen im Sinne der Abb. 106 haben. Bei diesen Bänken ist daher nur die Anfangsstellung des Stahles zu beachten.

Die Berechnung der Wechselräder für das Gewindeschneiden.

Bei jeder Umdrehung der Arbeitsspindel muß der Stahl um die Steigung s des zu schneidenden Gewindes vorgeschoben werden. Dieser Vorschub wird von der Leitspindel erzeugt. Ist die hierzu erforderliche Übersetzung von der Arbeitsspindel auf die Leitspindel φ und die Steigung der Leitspindel s_l mm, so schiebt sie den Werkzeugschlitten um $\varphi \cdot s_l$ mm vor und zwar bei jeder Umdrehung der Arbeitsspindel.

Demnach muß

$$s = \varphi\, s_l \ \text{oder}$$

$$1. \quad \frac{s}{s_l} = \varphi$$

sein, d. h.

$$\text{Übersetzung der Wechselräder} = \frac{\text{Steigung des zu schneidenden Gewindes}}{\text{Steigung der Leitspindel}}$$

Ist die Anzahl der Gewindegänge gegeben, so ist

$$2. \quad \frac{g_1}{g} = \frac{s}{s_1} = \varphi, \quad \text{d. h.}$$

$$\text{Übersetzung der Wechselräder} = \frac{\text{Gangzahl der Leitspindel}}{\text{Gangzahl des zu schneidenden Gewindes}}.$$

Beispiel. Auf einer Drehbank soll ein Gewinde von 1,5 mm Steigung geschnitten werden. Die Leitspindel der Bank hat 5 Gänge auf 1″, also $\dfrac{25,4}{5}$ mm Steigung.

Lösung: a) mit 127er Rad. Übersetzung der Wechselräder

$$\varphi = \frac{s}{s_l} = \frac{1,5 \cdot 5}{25,4} = \frac{15}{2} \cdot \frac{5}{127} = \frac{75}{80} \cdot \frac{40}{127}.$$

Nach Abb. 119 war

$$\varphi = \frac{r_1}{r_4} \cdot \frac{r_5}{r_6} \cdot \frac{r_7}{r_8}.$$

Ist nun am Wendeherz $r_1 = r_4$, so müßten die äußeren Wechselräder folgende Zähnezahlen haben:

$$r_5 = 75 \text{ Zähne}, \quad r_6 = 80 \text{ Zähne},$$
$$r_7 = 40 \quad \text{,,} \quad r_8 = 127 \quad \text{,,} \quad .$$

b) ohne 127er Rad.

$$\varphi = \frac{1,5 \cdot 5}{25,4} = \frac{1,5 \cdot 5 \cdot 6,5}{25,4 \cdot 6,5} = \frac{1,5 \cdot 5 \cdot 6,5}{11 \cdot 15} = \frac{60}{88} \cdot \frac{39}{90}$$
$$r_5 = 60 \text{ Zähne}, \, r_6 = 88 \text{ Zähne}$$
$$r_7 = 39 \quad \text{,,} \quad r_8 = 90 \quad \text{,,}$$

Die Vereinfachungen für das Gewindeschneiden.

Das zeitraubende Auswechseln der Wechselräder entspricht nicht mehr den heutigen Grundsätzen des Werkzeugmaschinenbaues. Eine weitgehende Verbesserung ist hier mit den Wechselrädergetrieben mit Ziehkeil- oder Norton-Schaltung geschaffen, bei denen die hauptsächlichsten Übersetzungen ohne weiteres einzustellen sind (Abb. 114 und Tafel XII).

Die Drehbänke fürs Gewindeschneiden haben einen großen Vorschubwechsel mit einem Norton- oder Ziehkeilschaltwerk (Abb. 124, 191), ein Wendegetriebe für Rechts- und Linksgewinde (Abb. 55) und einen Selbstausrücker für den Vorschub (Abb. 191).

Eine bemerkenswerte Vereinfachung für das Gewindeschneiden bietet auch das Wohlenbergsche Mutterschloß mit Stahlrückzug (Abb. 160). Sein Grundgedanke ist, bei jedem Schnitt die Leitspindel und den Gewindestahl mit einem Griff gleichzeitig ein- und ausrücken zu können. Hierzu muß das Mutterschloß beim Öffnen den Gewindestahl zurückziehen und beim Schließen den Stahl wieder ansetzen. Diese Aufgabe ist in der Weise gelöst, daß die Mutterbacken a und b an einem

Winkel w geführt sind, der auch die Planspindel faßt. Wird dieser
Winkel w verschoben, so nimmt er den Planschlitten mit dem Oberteil mit, der den Stahl zurückzieht. Diese Verschiebung des Winkels w
soll das Mutterschloß bewerkstelligen. Es besitzt als Schlüssel eine
Spindel d mit Rechts- und Linksgewinde. Soll daher die Mutter den
Winkel mitnehmen, so ist ein Backen mit w zu kuppeln. Hierzu dient
ein Stift, der in Loch A oder B gesteckt wird. Auf Grund dieser Einrichtung ist für Bolzengewinde der rechte Mutterbacken a mit w
zu kuppeln (Stift in A), so daß die sich öffnende Mutter auch den Stahl
aus dem Gewinde zurückzieht und beim Schließen wieder ansetzt. Beim
Schneiden von Muttergewinde ist der linke Mutterbacken b mit dem
Winkel w zu kuppeln (Stift in B), während bei gewöhnlichen Dreharbeiten der Stift in C stecken soll. In diesem Falle ist der Winkel w

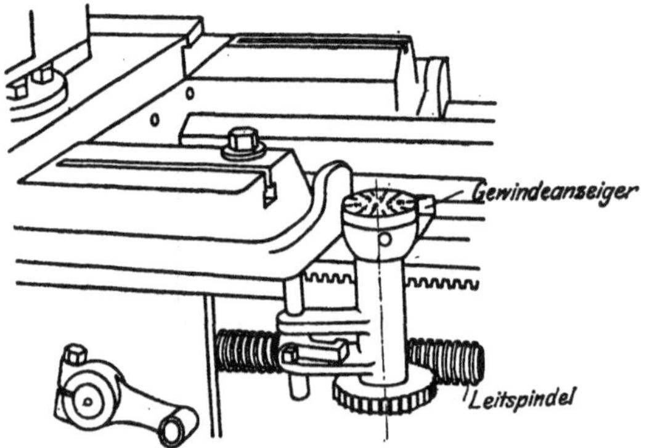

Abb. 206.   Gewindeanzeiger.

mit dem Bettschlitten verriegelt und nur die Mutter zu öffnen oder zu
schließen.

Eine Erleichterung für das Einstellen des Werkzeugschlittens bietet
auch die Gewindeuhr (Abb. 206). Sie steht durch ein Schneckenrädchen
mit der Leitspindel in Eingriff, und nach ihrer Zeigerstellung kann der
Stahl jedesmal angesetzt werden.

Eine große Vereinfachung beim Gewindeschneiden bieten auch die
Drehbänke mit Einscheibenantrieb. Sie haben in dem Räderkasten außer
dem Hauptgetriebe ein Wendegetriebe, das mit einer Ausrückstange umgeschaltet werden kann, so daß der Arbeiter nicht ständig zum Deckenvorgelege zu greifen braucht (Abb. 72).

Die Gewindedrehbank.

Wird die Drehbank zur massenweisen Herstellung von Gewindebolzen, Spindeln usw. benutzt, so wäre die nächste Verbesserung, die
Anfangs- und Endstellung des Schlittens durch verstellbare Anschläge
festzulegen und die Maschine selbsttätig arbeiten zu lassen.

Die selbsttätige Gewindedrehbank zieht daher nach jedem Schnitt den Stahl oder die Stähle aus dem Gewinde zurück, bringt den Werkzeugschlitten mit schnellem Rücklauf in die Anfangsstellung, ohne daß das Mutterschloß geöffnet wird, und stellt hierauf den Stahl wieder an. Ist das Gewinde fertig, so setzt die Maschine selbsttätig aus. Alle Bewegungen erfolgen selbsttätig, so daß der Dreher die Maschine nebenbei bedienen kann oder mehrere zugleich. Den wirtschaftlichen Einfluß dieser Entwicklungslinie zeigt die Zahlentafel IX.

Zahlentafel IX[1]).

Vergleich der Herstellungskosten von Gewinde auf der Drehbank und Gewindedrehbank.

Gewindeart	Stoff	Drehbank		Gewindedrehbank		Ersparnisse in M.	Bemerkung
		Zeit in Std.	Kosten M.	Zeit in Std.	Kosten M.		
Spindel mit Trapezgewinde, einf. rechts, 4 Gänge auf 1″	Gußstahl, besonders zäh und hart	15	9,75	8	1,60	8,15	Die Maschine wurde von einem Dreher nebenbei bedient
Spindel mit Trapezgewinde, einf. rechts, 3 Gänge auf 1″	Gußstahl, besonders zäh und hart	18	11,70	9	1,80	9,90	
Mutter mit flachem Gewinde von 4 Gängen auf 1″	Rotguß	2	1,20	$^2/_3$	0,14	1,06	

b) Die Formdrehbänke.

Die Formdrehbänke sind Arbeitsmaschinen für Massenerzeugnisse. Ihre Aufgabe ist, gleichartig geformte Drehkörper von veränderlichem Durchmesser herzustellen. Um derartige Formen drehen zu können, muß sich der Stahl gleichzeitig in der Längsrichtung und in

---

[1]) Blätter für den Betrieb.

der Planrichtung steuern lassen (Abb. 207). Nach diesem Grundsatz sind alle Formdrehbänke zu entwerfen. Ihre Eigenart liegt daher in dem Werkzeugschlitten, der hier gleichzeitig mit beiden Vorschüben arbeiten muß.

Der Werkzeugschlitten der Formdrehbank besitzt daher für den Längsgang einen Handzug oder einen selbsttätigen Längszug in bekannter Ausführung. Die wichtigste Aufgabe bei ihm ist die Durchbildung des Planzuges. Er hat nämlich den Stahl gegenüber dem Werkstück abwechselnd vorzuschieben und zurückzuziehen. In der Regel besteht er aus einer der zu drehenden Form entsprechenden Lehre

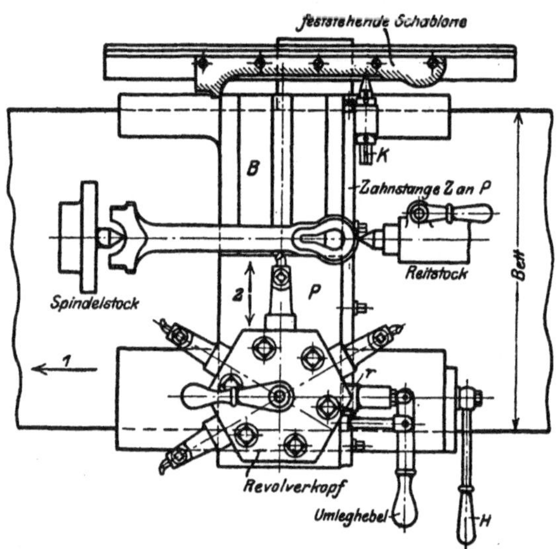

Abb. 207. Plan einer Formdrehbank.

oder Schablone, an der der Planschlitten entlang gleitet. Zu diesem Zweck trägt der Planschlitten P an der seitlich angeschraubten Zahnstange z den Leitstift K. Mit dem Handgriff H, der durch das Rädchen r die Zahnstange Z faßt, kann daher der Leitstift ständig gegen die Lehre gedrückt werden. Vollzieht nun der Bettschlitten B den Längsgang nach 1, und wird zugleich der Planschlitten mit dem Handgriff H nach 2 gesteuert, so muß der Stahl nach Maßgabe der Lehre die Form herausschälen. Wird der Planschlitten hierbei durch einen Gewichtshebel oder Federdruck gesteuert, so arbeitet der Werkzeugschlitten selbsttätig

Das Kegeldrehen nach dem Leitlineal.

Nach obigen Gesichtspunkten sind auch die Vorrichtungen für das Kegeldrehen mit einem Leitlineal auszuführen. Bei diesen Arbeiten ist die Schablone durch ein gerades Leitlineal zu ersetzen, das sich auf die

Neigung des Kegels einstellen läßt. Diese Vorrichtung eignet sich für kleine und mittlere Bänke vorzüglich.

Die Oval-Drehwerke.

Die Ovalwerke zum Ausschneiden und Abdrehen von Mannlöchern und Deckeln sind ähnlich gebaut (Abb. 208). Als Plansteuerung dient hier eine ovale Lehre S. Sie kreist mit der seitlich liegenden Welle I und ist auf ihr mit dem Werkzeugschlitten verschiebbar. Durch ein Spanngewicht wird die Rolle r des Planschlittens ständig gegen die langsam laufende Lehre S gedrückt. Das Werkstück ist an der Planscheibe festgespannt und dreht sich mit der Umlaufszahl der Lehre. Die Folge ist, daß auch hier der Stahl der Form der Lehre folgen muß.

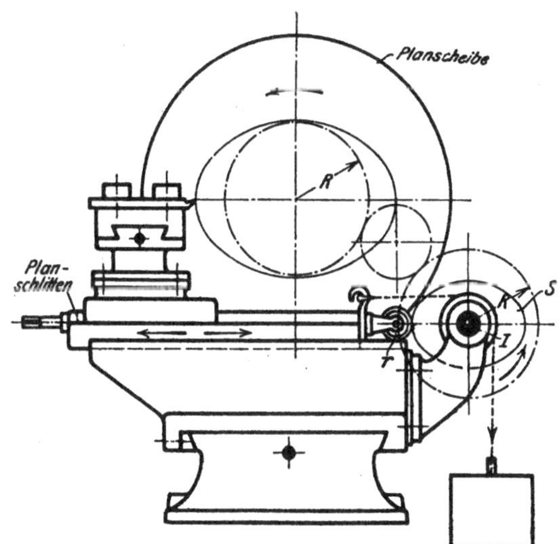

Abb. 208. Plan eines Ovalwerkes.

Die Radsatzdrehbänke.

Die Radsatzdrehbänke müssen zum Fertigdrehen der genauen Form der Radreifen ebenfalls nach Lehre arbeiten. Die auf diesem Sondergebiete bekannte Maschinenfabrik Deutschland in Dortmund stattet ihre Radreifendrehbänke mit 2 Werkzeugschlitten A und B aus (Abb. 209 bis 211), von denen A den Spurkranz und B die schräge Lauffläche des Radreifens nach Lehren fertigdreht. Die Lehren sind in das Innere der Schlitten verlegt und sichern so ein ruhiges Arbeiten.

Das Schaltwerk S, das vom Spindelstock aus ruckweise betätigt wird, verschiebt durch die Schaltschraube s das Stichelhaus B nach 1. Dabei gleitet sein Zapfen z_2 in dem schrägen Schlitz der Lehre β, so daß der Kugelstahl b nicht nur nach *1*, sondern auch der Neigung der Lauffläche entsprechend nach *2* vorgeschoben wird.

Das Stichelhaus A überwindet den steilen Spurkranz wie folgt: Die Spindel s treibt durch das Schneckengetriebe *1, 2* eine Kurbelscheibe k, in deren Schlitz der Stein x geführt ist. Das Stichelhaus A faßt nun mit dem Führungszapfen z_1 durch den Schlitz der Lehre a

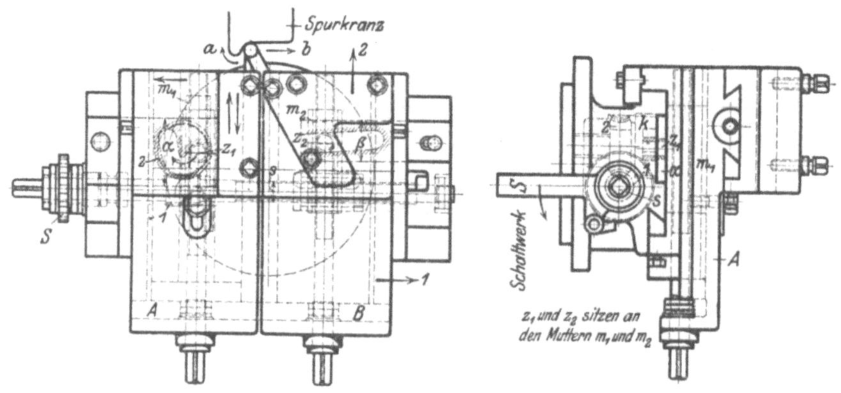

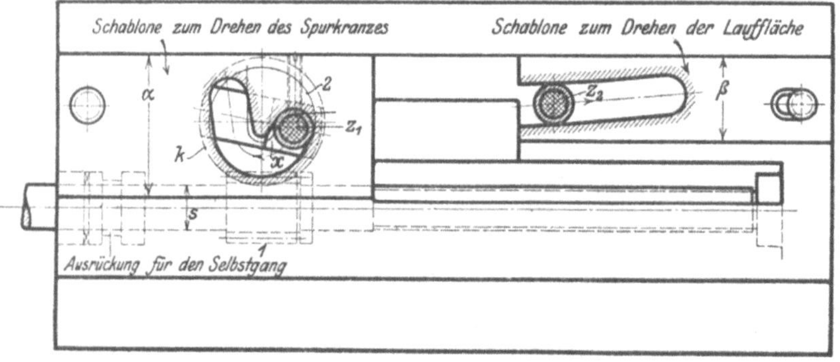

Abb. 209 bis 211. Werkzeugschlitten der Radsatzdrehbänke der Maschinenfabrik Deutschland, Dortmund.

in die Bohrung des Steines x. Infolgedessen wird im Betriebe die Lehre a den Kugelstahl a um den Spurkranz herumführen.

Interessant dürfte auch die wirtschaftliche Entwicklung dieser Drehbänke sein, wie sie die Tafel X, S. 141, zeigt.

Zahlentafel X[1]).

Arbeitszeiten und Kosten für 1 Radsatz (2 Reifen) mit Auf- und Abspannen.

Radsatzdrehbank älterer Bauart bei Verwendung				Radsatzdrehbank neuerer Bauart mit Schnellstahl arbeitend	
von gewöhnlichem Drehstahl		von Schnellstahl			
Zeit	Kosten	Zeit	Kosten	Zeit	Kosten
weiche Reifen 2 Std. bis 2 Std. 20 Min.	1,40 M.	1 Std. 12 Min. bis 1 Std. 20 Min.	0,90 M.	35 bis 40 Min.	0,65 M.
harte Reifen 3³/₄ bis 4 Std.	2,40 M.				

c) Die Hinterdrehbänke.

Die Hinterdrehbänke dienen zum Drehen unrunder Querschnitte und spielen in der Werkzeugtechnik eine große Rolle, seitdem die Vorzüge hinterdrehter Schneidwerkzeuge allseits erkannt sind. Der Zweck des Hinterdrehens ist, Fräserzähne zu erhalten, die beim radialen Nachschleifen ihre Querschnittsform und ihren Anstellungswinkel beibehalten.

Der Grundgedanke der Hinterdrehbank ergibt sich aus folgender Betrachtung: Zum Hinterdrehen eines Fräserzahnes muß der Formstahl um die Hinterdrehung f auf den Fräser zugeschoben und hierauf schnell zurückgezogen werden. Seine Bahn zum kreisenden Fräser ist in Abb. 212 gestrichelt angegeben. Sie muß eine logarithmische Spirale sein, weil bei ihr die Tangente in jedem Punkte des Zahnrückens mit dem Halbmesser r stets den gleichen Winkel δ bildet, der Anstellungswinkel γ gleichbleibt. Diese wechselseitige Bewegung hat der Stahl bei jeder Umdrehung des Fräsers so oft auszuführen, wie die Zähnezahl beträgt. Sie kann natürlich nur durch einen entsprechenden Planzug des Werkzeugschlittens erreicht werden, der diese Maschinen kennzeichnet.

Einen derartigen Planzug bringt Abb. 213. Für den hin- und herspielenden Vorschub trägt die Planspindel p eine selbsttätige Zahnkupplung. Die Kuppelmuffe a ist auf p festgekeilt, die Muffe b in einem Auge des Planschlittens P durch die Ringmutter festgespannt und durch eine Feder gegen Drehen gesichert. Treibt die Hinterdrehwelle H die Planspindel im Sinne des Pfeiles 3, so schieben die schrägen Zähne der Kupplung den Planschlitten P nach 1 zum Hinterdrehen vor. Sobald die Kuppelzähne aneinander vorbei sind, schnellt der Planschlitten P unter dem Druck der gespannten Feder f zurück. Die Kupplung rückt sich daher beim Hinterdrehen eines Fräserzahnes aus und springt wieder ein, wenn die Zahnlücke des Fräsers am Hinterdrehstahl vorbeigeht.

---

[1]) Nach Angaben des Königl. Eisenbahn-Werkstätten-Amtes 2, Dortmund.

Hat der Fräser z_f Zähne, so muß die Kupplung z_f mal geöffnet und geschlossen werden. Bei $z_k = 4$ Kuppelzähnen müßte die Planspindel p

$$n_p = \frac{z_f}{z_k} = \frac{z_f}{4}$$ Umdrehungen machen. Der Hub der Kupplung muß der Hinterdrehung f entsprechen, die von der Zahnteilung und dem Anstellungswinkel abhängt. Die Kupplung muß daher leicht auswechsel-

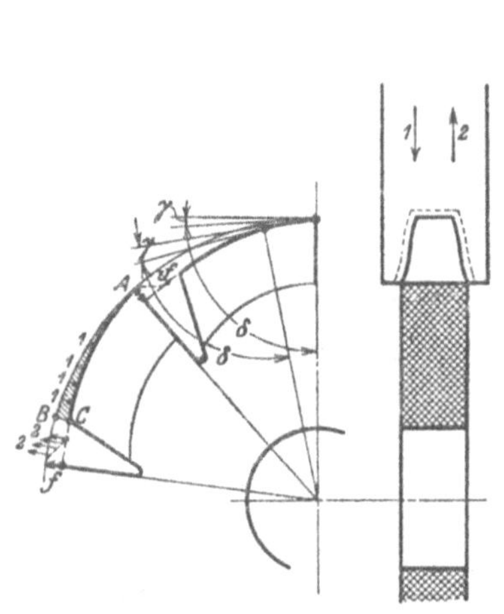

Abb. 212. Hinterdrehen eines Fräsers.

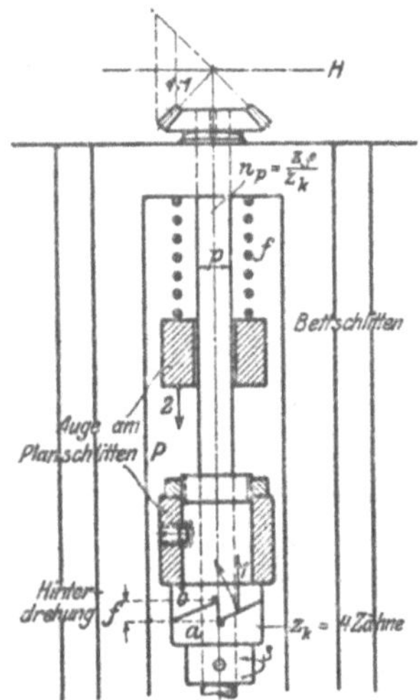

Abb. 213. Plan einer Hinterdrehbank.

bar sein. Die Hinterdrehung ist vielfach $f = kt = k\,\dfrac{\pi D}{z}$, hierin $k =$

$\dfrac{1}{2\pi}$. Bei einem Fräser von 60 mm Durchmesser mit 20 Zähnen ist

$$f = \frac{1}{2\pi} \cdot \frac{\pi \cdot 60}{20} = 1{,}5 \text{ mm}.$$

Der vorstehende Planzug gestattet jedoch nur ein Hinterdrehen der Zahnkrone. Für das seitliche oder schräge Hinterdrehen eines Fräsers müßte der Planschlitten bestimmte Gradstellungen einnehmen. Sie erfordern eine Drehscheibe b, die zwischen dem Planschlitten c und dem Bettschlitten a sitzt (Abb. 214 und 215). Bei dieser Ausführung muß jedoch der Antrieb $1, 2$ der Plansteuerung in der Mitte des Drehscheibenzapfens liegen. Bei der Reinecker-Bank besteht diese Plansteuerung aus einer kreisenden Daumenscheibe d, gegen die der Dorn e des Planschlittens c durch die vordere Spannfeder gedrückt wird. Soll nun der Stahl in schräger Richtung hinterdrehen, so ist die Drehscheibe vorher auf den Hinterdrehungswinkel einzustellen.

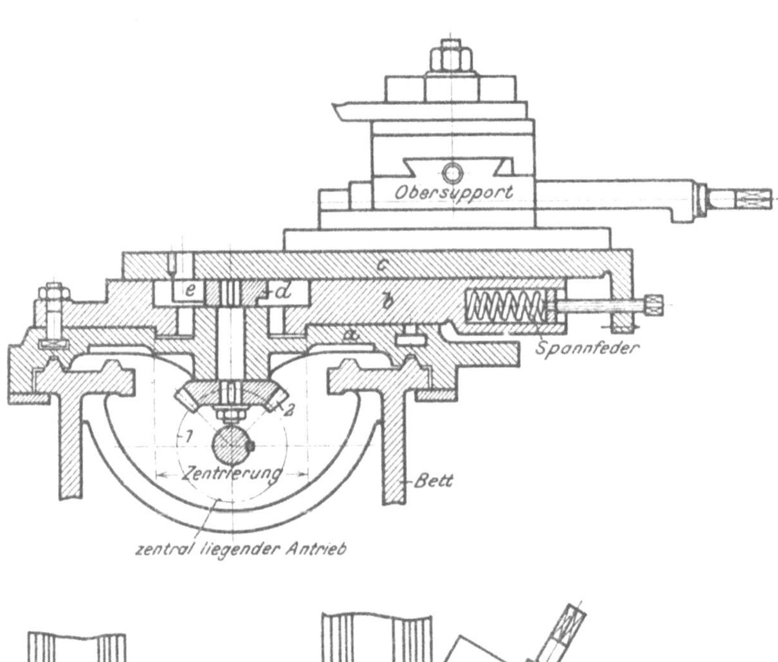

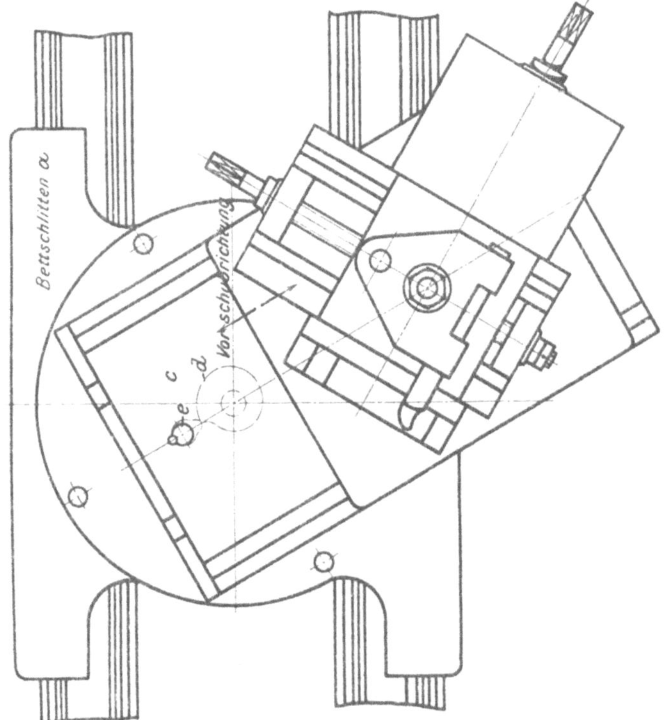

Abb. 214 und 215.   Hinterdrehbank.   J. E. Reinecker, Chemnitz.

1. **Aufgabe:** Ein Scheibenfräser von 90 mm Durchmesser und 24 Zähnen ist zu hinterdrehen.

Um in dem Antrieb der Hinterdrehwelle H (Abb. 216) allzu große Übersetzungen der Wechselräder r_5 bis r_8 zu vermeiden, wird H von der Vorlegewelle V angetrieben, die bei $\dfrac{R_3}{R_4} = \dfrac{1}{3}$ dreimal so schnell läuft als die Drehspindel D.

Übersetzung zwischen D und H:

$$\frac{R_4}{R_3} \cdot \frac{r_5}{r_6} \cdot \frac{r_7}{r_8} = \frac{n_H}{n_D}.$$

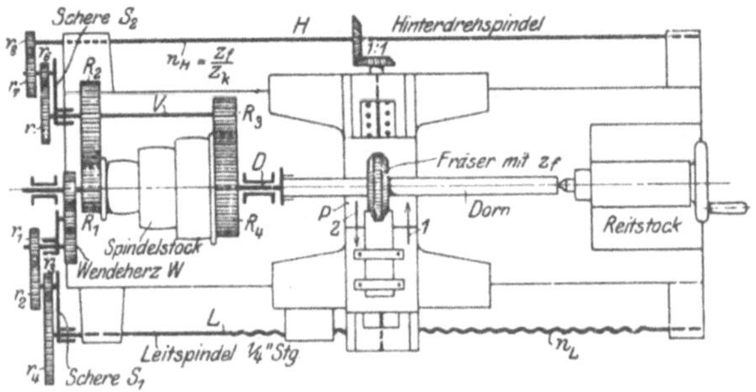

Abb. 216. Plan einer Hinterdrehbank.

Hierin ist für das Hinterdrehen der z_f Fräserzähne $n_H = \dfrac{z_f}{z_k}$ und $n_D = 1$.

$$\text{Wechselräder:} \quad \frac{r_5}{r_6} \cdot \frac{r_7}{r_8} = \frac{R_3}{R_4} \cdot \frac{z_f}{z_k} = \frac{1}{3} \cdot \frac{z_f}{4} = \frac{z_f}{12} = \frac{24}{12} = 2 = \frac{48}{24}$$

Rad auf V: $r_5 = 48\,z$ | statt r_6 und r_7 ein Zwischenrad auf S_2

„   „ H: $r_8 = 24\,z$ | z. B. mit $36\,z$

$$\textbf{Hinterdrehkupplung:} \quad f = \frac{D}{2\,z} = \frac{90}{2 \cdot 24} = 2\,\text{mm Hub}$$

Beim Hinterdrehen von Walzenfräsern mit geraden Längsnuten schiebt die Leitspindel L den Werkzeugschlitten wie beim Langdrehen bei jedem Fräserumlauf um den Vorschub δ vor. Die Hinterdrehwelle H besorgt dabei jedesmal die z_f Hinterdrehungen, für die sie $\dfrac{z_f}{z_k}$ Umdrehungen macht.

2. **Aufgabe:** Ein Walzenfräser von 100 mm Durchmesser und mit geraden Zähnen ist zu hinterdrehen.

1. Zähnezahl des Fräsers $z_f = \dfrac{D}{9} + 7 = 18$ Zähne.

2. Wechselräder für die Leitspindel bei $^1/_{24}{}''$ Vorschub. Nach S. 134.

$$\frac{r_1}{r_2} \cdot \frac{r_3}{r_4} = \frac{^1/_{24}{}''}{^1/_4{}''} = \frac{1}{6} = \frac{28}{84} \cdot \frac{63}{126}$$

Rad auf W: $r_1 = 28\,z$ | treib. Rad auf S_1: $r_3 = 63\,z$

„   „ L: $r_4 = 126\,z$ | getr.   „   „ S_1: $r_2 = 84\,z$

3. Wechselräder für die Hinterdrehwelle H:

$$\frac{r_5}{r_6} \cdot \frac{r_7}{r_8} = \frac{z_f}{12} = \frac{18}{12} = \frac{36}{24}$$

Rad auf V : $\quad r_5 = 36 z$

„ „ H : $\quad r_8 = 24 z$

Zwischenrad auf $S_2 = 42 z$

4. Hinterdrehkupplung: Hub $f = \dfrac{D}{2z} = \dfrac{100}{2 \cdot 18} \backsim 3$ mm.

Beim Hinterdrehen der Spiralfräser müssen die Hinterdrehbewegungen der Bank je nach Gängigkeit der Spirale um z_f Hinterdrehungen vor- oder nacheilen, während der Werkzeugschlitten um die Spiralsteigung s verschoben wird. Für diese z_f Hinterdrehungen muß die Hinterdrehwelle $H \dfrac{z_f}{z_k}$ Umläufe mehr oder weniger machen. Die Drehspindel D macht bei einem Vorschub δ auf die Spiralsteigung s $n_D = \dfrac{s}{\delta}$ Umläufe.

Die Hinterdrehwelle H macht bei einem Umlauf von $D \dfrac{z_f}{12}$ Umläufe,

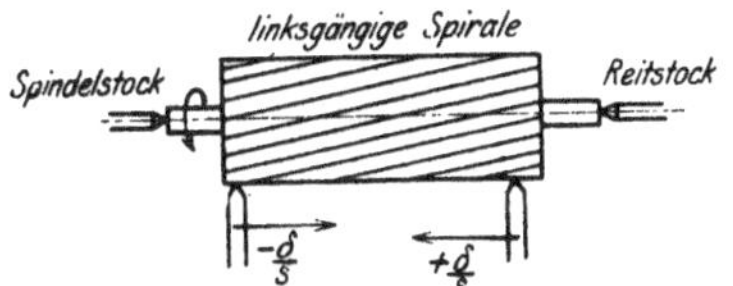

Abb. 217. Hinterdrehen von Linksspiralen.

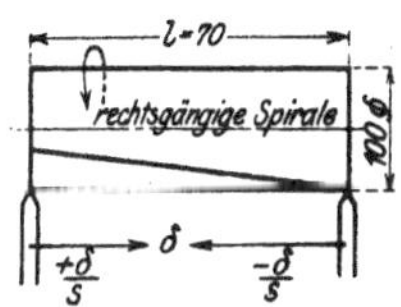

Abb. 218. Hinterdrehen von Rechtsspiralen.

also bei $\dfrac{s}{\delta}$ Umläufen von D macht $H \dfrac{z_f}{z_k} \cdot \dfrac{s}{\delta}$ Umläufe. Da nun H um $\dfrac{z_f}{z_k}$ Umläufe vor- oder nacheilen muß, so ist beim Hinterdrehen der Spiralfräser

$$n_H = \frac{z_f}{z_k} \cdot \frac{s}{\delta} \pm \frac{z_f}{z_k} = \frac{z_f}{12}\left(\frac{s}{\delta} \pm 1\right)$$

Übersetzung zwischen D und H:

$$\frac{R_4}{R_3} \cdot \frac{r_5}{r_6} \cdot \frac{r_7}{r_8} = \frac{n_H}{n_D} = \frac{\dfrac{z_f}{z_k}\left(\dfrac{s}{\delta} \pm 1\right)}{\dfrac{s}{\delta}} = \frac{z_f}{z_k}\left(1 \pm \frac{\delta}{s}\right)$$

Hierin ist $\delta =$ Vorschub der Bank und $s =$ Steigung der Spirale. Dreht man bei einer linksgängigen Spirale (Abb. 217) nach dem Spindelstock, so müssen die Hinterdrehungen voreilen, d. h. $+\dfrac{\delta}{s}$; dreht man nach dem Reitstock, so müssen sie nacheilen, d. h, $-\dfrac{\delta}{s}$. Bei einer rechtsgängigen Spirale und Vorschub nach dem Spindelstock (Abb. 218) muß das Hinterdrehen nacheilen, d. h. $-\dfrac{\delta}{s}$ und beim Vorschub nach dem Reitstock $+\dfrac{\delta}{s}$.

Aufgabe: Ein Spiralfräser von 100 mm Durchmesser, 14 Zähnen, ist zu hinterdrehen.

1. Wechselräder für die Leitspindel L bei $^1/_{24}{}''$ Vorschub wie in Aufg. 2.

2. Wechselräder für die Hinterdrehwelle H bei $\dfrac{R_3}{R_4}=\dfrac{1}{3}$ und $z_k=4$:

$$\frac{r_5}{r_6}\cdot\frac{r_7}{r_8}=\frac{zf}{12}\left(1\pm\frac{\delta}{s}\right)$$

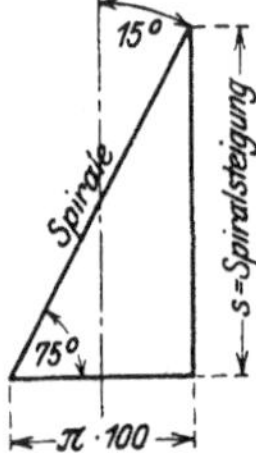

Abb. 219. Abwicklung
der Spirale.

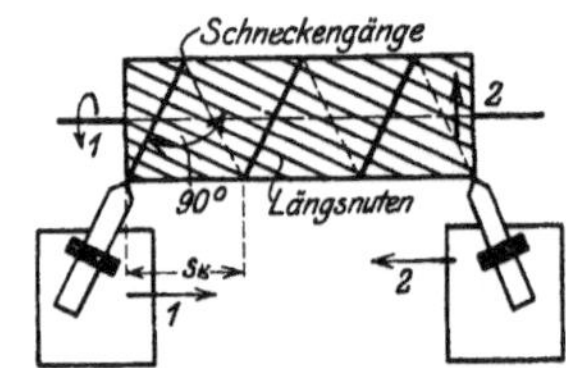

Abb. 220. Hinterdrehen eines
Schneckenfräsers.

Hierin ist nach Abb. 219 die Spiralsteigung $s=\pi\cdot100\cdot\mathrm{tg}\,75^0=1172\,\mathrm{mm}=46^1/_4{}''$. Auf der Fräsmaschine sei eine Linksspirale von $46^1/_4{}''$ Steigung geschnitten, sie soll mit Vorschub nach dem Spindelstock hinterdreht werden (Abb. 217).

$$\frac{r_5}{r_6}\cdot\frac{r_7}{r_8}=\frac{14}{12}\left(1+\frac{^1/_{24}{}''}{46^1/_4{}''}\right)=\frac{7}{6}\left(1+\frac{1}{6\cdot185}\right)=1{,}16772=\backsim\frac{34}{38}\cdot\frac{47}{36}$$

<table>
<tr><td>Rad auf V: $r_5=34z$</td><td>treib. Rad an S_2: $r_7=47z$</td></tr>
<tr><td>„ „ H: $r_8=36z$</td><td>getrieb. „ „ S_2: $r_6=38z$</td></tr>
</table>

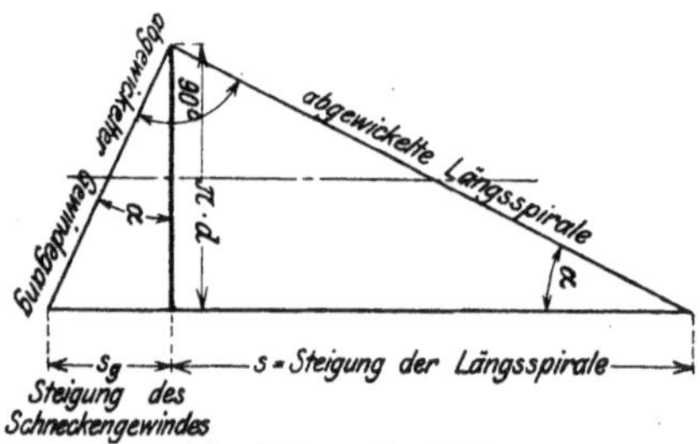

Abb. 221. Abwicklung.

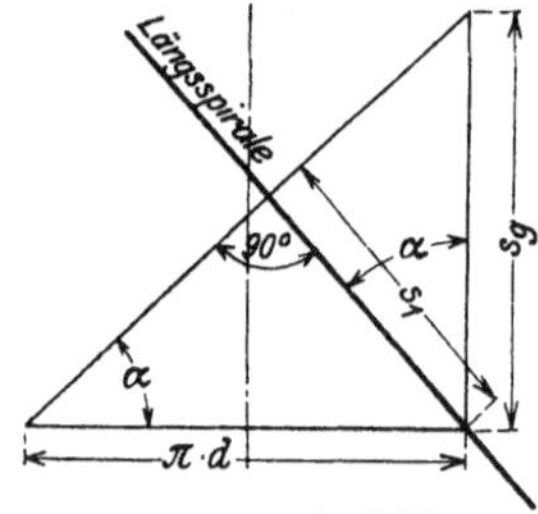

Abb. 222. Abwicklung.

Beim Hinterdrehen von Schneckenfräsern mit spiraligen Längsnuten muß die Leitspindel wie beim Gewindeschneiden den Werkzeugschlitten bei jedem Fräserumlauf um die Steigung der Schnecke vorschieben, d. h. Vorschub $\delta=$ Schneckensteigung s_g. Die Hinterdrehwelle H hat den spiraligen Längsnuten entsprechend die Hinterdrehungen zu besorgen (Abb. 220).

1. $\dfrac{r_1}{r_2} \cdot \dfrac{r_3}{r_4} = \dfrac{s_g}{s_l} = \dfrac{\text{Schneckensteigung}}{\text{Leitspindelsteigung}}$

2. $\dfrac{r_5}{r_6} \cdot \dfrac{r_7}{r_8} = \dfrac{z_f}{12}\left(1 \pm \dfrac{s_g}{s}\right)$ $s_g = \text{Schneckensteigung}$ $s = \text{Spiralsteigung}$

Die Spiralsteigung s nach Abb. 221, $\dfrac{s}{\pi d} = \dfrac{\pi d}{s_g}$ und $s = \dfrac{\pi^2 \cdot d^2}{s_g}$, da die Spirale senkrecht zu den Schneckengängen geschnitten wird.

Bei Abwälzfräsern für Stirnräder wird die Schneckensteigung in der Spiralnut $= s_1$ gemessen. Nach Abb. 222 ist $s_g = \dfrac{s_1}{\cos \alpha}$. Zur Erzeugung dieser Bewegung besitzt die Maschine noch einen besonderen Antrieb [1]).

Eine bemerkenswerte Neuerung bringt die Firma Ludw. Loewe & Co.,

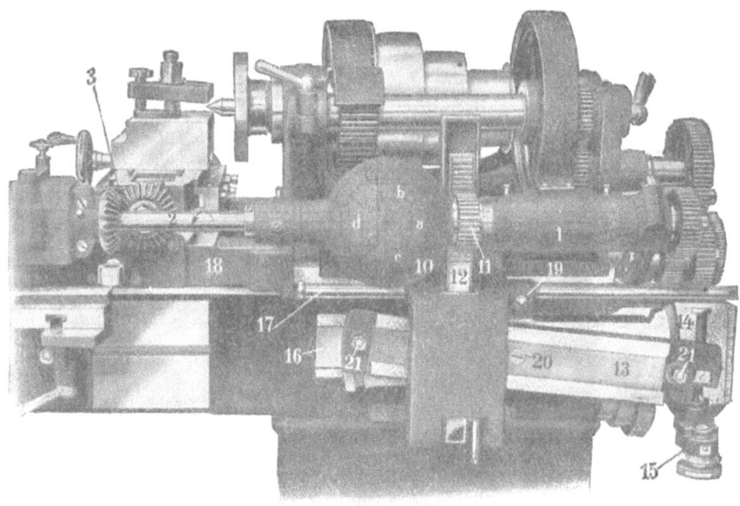

Abb. 223. Vorrichtung für das genaue Hinterdrehen beliebiger Spiralen (D.R.P.).

A.-G. in Berlin, bei ihren Hinterdrehbänken an (Abb. 223). Sie besteht in einer Vorrichtung für das genaue Hinterdrehen beliebiger Spiralsteigungen, die in dem Antriebe der Hinterdrehwelle 1, 2 sitzt. Der Werkzeugschlitten 18 nimmt nämlich durch die Zugstange 17 auf der Führung 16 den Schlitten 14 mit, auf deren Stellschiene 13 die Zahnstange 12 gleitet. Die Zahnstange 12 bewegt sich bei dieser Verschiebung in senkrechter Richtung, wobei sie durch das Rad 11 auf das Vierradgetriebe 10 einwirkt. Hierdurch erfahren dessen Räder $b\,c$ eine Schwenkung und die Welle 2 eine schnellere oder langsamere Drehung als 1. Steht dagegen die Stellschiene 13 wagerecht, so kehrt das Vierradgetriebe nur den Drehsinn von 1 auf 2 um.

---

[1]) Z. V. d. Ing. 1900, S. 1165.

Die mathematische Grundlage dieser Vorrichtung ist folgende: Ist die berechnete Übersetzung zwischen D und $H = \varphi$, die wirklich eingebaute $= \varphi_1$, so läuft H bei jedem Umlauf von D um $\varphi - \varphi_1$ Umläufe zu schnell oder zu langsam (Abb. 216). Dieser Drehungsunterschied $\varphi - \varphi_1$ muß der Hinterdrehwelle 2 durch das Rad 11 und die Zahnstange 12 als Zusatzbewegung erteilt werden. Die Zahnstange 12 muß daher auf den Vorschub δ um $\pi d \cdot (\varphi - \varphi_1)$ gehoben oder gesenkt werden, wenn d der Durchmesser von 11 ist. Nach Abb. 224 ist demnach $x = (\varphi - \varphi_1)\, \pi \cdot d \cdot \dfrac{L}{\delta}$ z. B. $d = 100$ mm, $L = 360$

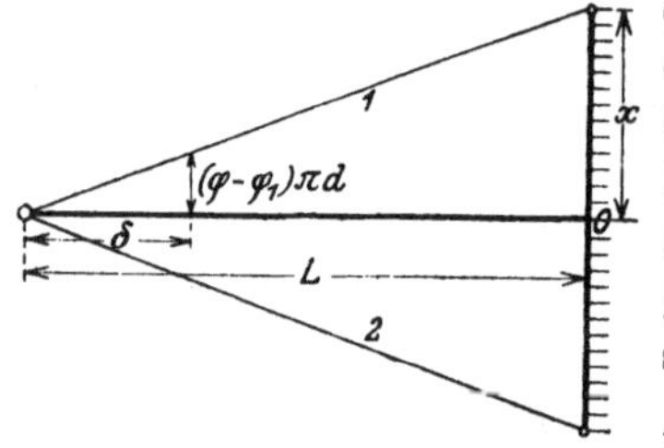

Abb. 224. Geometrische Grundlage der Hinterdrehvorrichtung.

$$x = 113098 \cdot \frac{(\varphi - \varphi_1)}{\delta}.$$

Bei Rechtsgewinde und Linksspirale ist $+ x$ unter 0, $- x$ über 0, bei Linksgewinde und Rechtsspirale $+ x$ über 0 und $- x$ unter 0 einzustellen. $\delta = s_g$ bei Schneckenfräsern.

Aufgabe: Beim Spiralfräser war berechnet $\varphi = 1{,}16772$, eingebaut $\varphi_1 = \dfrac{34}{38} \cdot \dfrac{47}{36} = 1{,}16813$. $\varphi - \varphi_1 = 1{,}16772 - 1{,}16813 = -0{,}00041$.

Einstellung der Stellschiene 13 auf $x = \dfrac{113098\,(-0{,}00041)}{^1/_{24} \cdot 25{,}4}$ $= -43{,}8$ mm über 0.

d) Die Vorrichtung zum Kugeldrehen.

Das Kugeldrehen stellt an den Werkzeugschlitten die Bedingung, daß sich der Stahl im größten Kugelkreise bewegt. Hierzu muß der Oberteil auf einer Drehscheibe sitzen, die sich durch ein Schneckengetriebe stetig schalten läßt.

e) Die Revolverdrehbänke.

Die Massenherstellung verlangt bekanntlich von ihren Arbeitsmaschinen eine große Leistungsfähigkeit, die als Vorbedingung eine einfache und schnelle Bedienung der Maschine voraussetzt. Der Gedanke ist in der Revolverbank (Abb. 225) aufs vollkommenste verkörpert. Sie hält in ihrem Revolverkopf mehrere Werkzeuge bereit, die nacheinander zum Schruppen, Schlichten, Bohren, Gewindeschneiden, Formdrehen und Abstechen benutzt werden können (Abb. 247 bis 255). Mit dieser Einrichtung gestattet die Revolverbank, gleichgestaltete Drehkörper, die für ihre Herstellung mehrere Arbeiten und verschiedene Werkzeuge erfordern, unter einer Maschine zu bearbeiten. Sie erspart

Additional information of this book

(Die Werkzeugmaschinen; 978-3-642-89890-7;

978-3-642-89890-7_OSFO5) is provided:

http://Extras.Springer.com

daher das zeitraubende Umspannen der einzelnen Werkstücke und Werkzeuge und verlangt nur ein einmaliges Einstellen der Maschine.

Die Kennzeichnung der Revolverbank liegt in erster Linie in dem Revolverkopf, in dem die Stahlhalter mit den verschiedenen Arbeitsstählen eingespannt sind. Für jeden Stahlwechsel muß der Revolverkopf um einen bestimmten Winkel um seine wagerechte, senkrechte oder schräge Achse gedreht und hierauf gegenüber dem Arbeitsdruck verriegelt werden. Wenn man bedenkt, daß sich der Stahlwechsel in der Stunde oft 100 bis 150 mal wiederholt, so folgt daraus, daß eine einfache Handhabung die Grundbedingung für jeden Revolverkopf sein muß.

Die Kurzdreh-Revolverbänke.

Die Kurzdrehrevolverbänke haben kurze Massenteile herzustellen. Die Rohstange ist daher nur auf kurze Länge aus dem Spannfutter vorzuschieben und wird meist fliegend bearbeitet. Der Reitstock kann deshalb fehlen, so daß der Revolverkopf fluchtend mit dem Spindelstock auf dem Bett geführt werden kann.

Die Revolverbank (Abb. 225 und 226) von Ludw. Loewe & Co., A.-G., Berlin, hat einen senkrechten Revolverkopf, der auf einem Längsschlitten sitzt. Er kann daher nur langdrehen, bohren und Gewinde schneiden. Fürs Querdrehen, wie Formdrehen, Abstechen usw., sind besondere Querschlitten vorgesehen. Mit der Trennung der Längs- und Querschlitten sind zwei Vorzüge verbunden: 1. Der Revolverkopf fluchtet stets mit der Drehspindel der Bank und 2. Revolverkopf und Querschlitten können gleichzeitig arbeiten und die Arbeitszeit beträchtlich herabsetzen.

Der Revolverschlitten ist auf einem Bettschlitten geführt, mit dem er sich auf passende Entfernung von dem Spannfutter einstellen läßt. Mit dem Handkreuz K, dem Ritzel r_1 und der Zahnstange z_1 wird der Revolverkopf zum Langdrehen und Bohren vorgeschoben und zurückgeholt. Das Merkmal seiner Bauart (Abb. 227 bis 232) besteht in dem selbsttätigen Entriegeln, Umschalten und Verriegeln beim Zurückholen. Das Verriegeln besorgt der Sperring R am Sechskantkopf mit dem Federriegel a im Kanal des Schlittens und das Entriegeln die Klinken k_1 und k_2. Der Umschalter besteht aus der Schaltscheibe S mit den 6 Stiften s und dem Anschlag k_3. Diese Einrichtungen wirken wie folgt: Beim Vorschieben des Revolverkopfes gleitet die Klinke k_1 über k_2 hinweg und der betreffende Stift s über k_3. Beide Anschläge k_2 und k_3 werden umgelegt und durch Federn wieder aufgerichtet. Wird der Revolverkopf zurückgeholt, so stößt zuerst k_1 gegen den Anschlag k_2, so daß die Klinke k_1 den Riegel a zurückzieht und den Kopf entriegelt. Mit dem Entriegeln kommt ein Stift s des Schalters S gegen k_3 und legt den Revolverkopf um 60° herum. Unter dem Druck der Feder f springt jetzt der Riegel a in die neue Sperre ein. Der große Sperring R mit dem zugespitzten Riegel a und dem Stellkeile b sichern ein ruhiges Arbeiten des Kopfes, der bei schweren Schnitten noch mit dem Handgriff h festgezogen werden kann. Bemerkenswert ist noch die Einrichtung für 3 Hubgrößen.

Um den Hub des Revolverschlittens der Werkstücklänge anpassen zu können, ist das Klinkengehäuse x in dem Unterschlitten verschiebbar und seine Lage durch den Einsteckstift y in den Löchern I, II oder III (Abb. 232) bestimmt. Wird der Revolverschlitten zurückgeholt, so schiebt er mit dem Stift y_1 zunächst das Klinkengehäuse gegen den Einsteckstift in I, II oder III. Hierauf setzt das Entriegeln und Umschalten ein. Beim Vorschieben des Revolverschlittens wird auch das Klinkengehäuse wieder mitgenommen, bis es sich gegen die Rückwand des Unterschlittens stützt. Hierauf legen sich die Klinken k_2 und k_3 um.

Eine wichtige Bedingung für Revolverbänke sind die gleichen Abmessungen der Massenteile. Für sie hat der Revolverkopf eine Trommel t mit 6 verstellbaren Anschlägen. Sie stellen sich beim Umschalten des Kopfes mit dem zugehörigen Werkzeug selbsttätig ein und schalten an der Arbeitsgrenze den Längszug aus. Die Anschlagtrommel t wird hier von dem Umschalter S gesteuert, der mit seinen Stiften s die Zahnscheibe z jedesmal um 60^0 dreht. Die Kegeltriebe r_2, r_3 legen die Welle w mit der Trommel t herum, die den passenden Anschlagstift einstellt. An der Arbeitsgrenze stößt der Anschlag a_1 an den Gegenanschlag b_1 und sichert jedesmal die gleichen Drehlängen. Die Bank steuert den Revolverkopf auch selbsttätig. Für diesen Längszug hat sie mit den 10 Schaltungen des Nortongetriebes und den 2 Schaltungen der beiden Vorgelege (Schalthebel h_2) in der hinteren Rädertasche 20 Vorschübe verfügbar. Die Selbstauslösung des Revolvervorschubes besorgt der Anschlag a_1, der beim Anstoßen gegen b_1 mit der Klinke c_1 die Fallschnecke auslöst (Abb. 227 und 228). Dies kann auch im Bedarfsfalle mit dem Handgriff h_3 geschehen.

Der Werkzeugschlitten fürs Querdrehen (Abb. 233 bis 235), der Querschlitten, ist ein einfacher Kreuzschlitten, der aus dem Bettschlitten B und dem Planschlitten P besteht. Für das Einspannen der Form- und Abstechstähle ist auf beiden Seiten ein Stahlhalter vorgesehen. Der Selbstgang des Querschlittens wird von der Zugspindel II gesteuert und zwar mit den 10 Vorschüben des Nortongetriebes II. Die Schloßplatte (Abb. 236 bis 238) enthält einen Längszug und einen Planzug, die mit dem Schwenkrad 6 (Abb. 237) geschaltet werden. Der Längszug umfaßt die Räder 1 bis 6, 8, 9 und die Zahnstange Z, der Planzug die Räder 1 bis 7. Mit dem Handrad H wird der Schlitten verstellt. Die Eigenart der Revolverbank verlangt nach allen Richtungen Arbeitsgrenzen für die gleichen Durchmesser und Längen. Sie sind mit der Fallschnecke 3 geschaffen, die sowohl vom Längsschlitten als auch vom Planschlitten ausgelöst wird. Hebt man die Sperre s

Additional information of this book

(Die Werkzeugmaschinen; 978-3-642-89890-7;

978-3-642-89890-7_OSFO6) is provided:

http://Extras.Springer.com

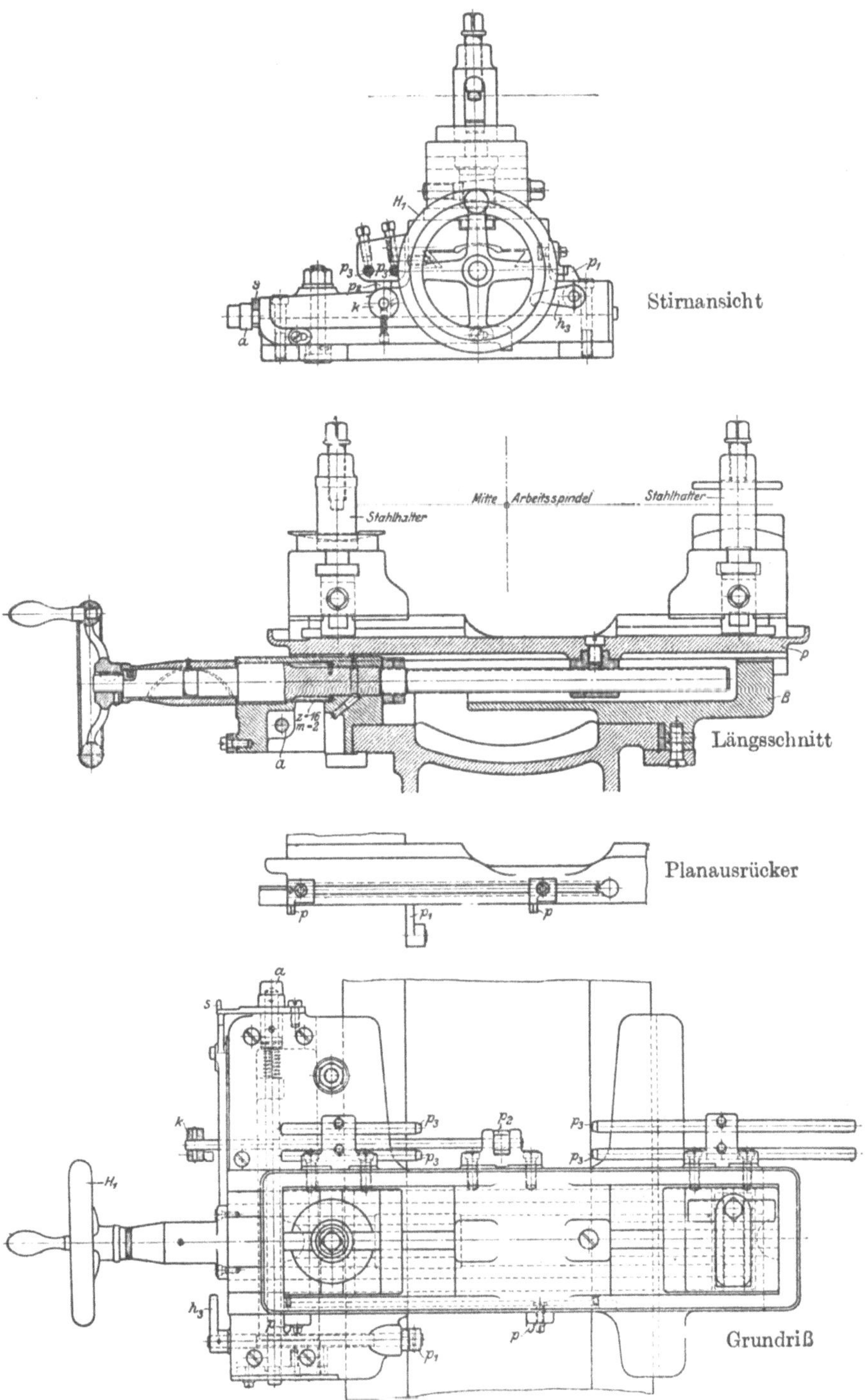

Abb. 233 bis 235. Querdreh- und Abstechschlitten der Loewe-Revolverbank.

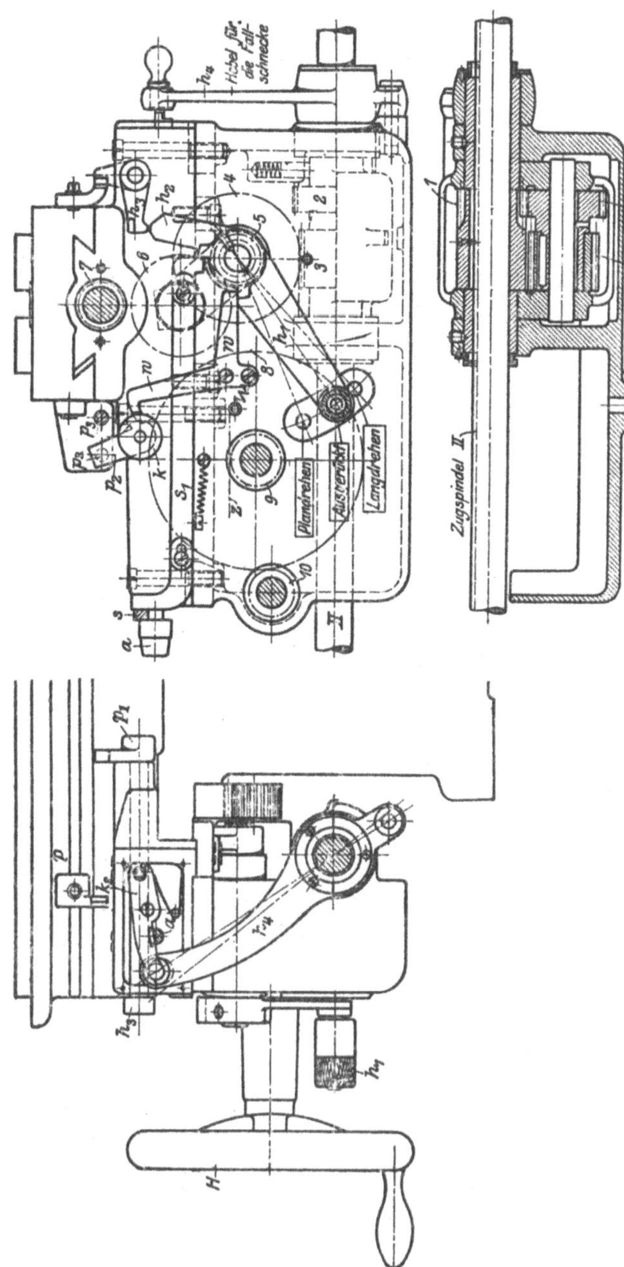

Abb. 236 bis 238.   Schloßplatte der Loewe-Revolverbank.

aus, so kann mit dem Griff h_1 der Längszug eingeschaltet werden. Kommt jetzt beim Langdrehen der Ausrücker a gegen den Gegenanschlag, so hebt er mit einer Schräge die Klinke k_2 aus, so daß die Fallschnecke ausfällt. Solange der Längszug eingerückt ist, sperrt die Schiene s_1 den Sperrhebel s_1. Wird er ausgerückt, so zieht eine Feder die Schiene s_1 zurück, und die Sperre s des Längszuges kann eingelegt werden. Beim Langdrehen mit der Hand (Handrad H) kann jetzt der Ausrücker a als fester Anschlag benutzt werden. Er sperrt zugleich den selbsttätigen Längszug. Soll h_1 auf Plandrehen gestellt werden, so muß zuerst der Plananschlag p_2 zwischen die Anschläge p_3 gedreht werden, damit der Planschlitten nicht anrennt. Jetzt faßt beim eingerückten Planzug der Winkel w mit seiner Nase in die Nut des Knopfes k und sperrt p_2. Mit dem Griff h_3 stellt man den Planausrücker p_1 vor die Anschläge p des Planschlittens. An der Arbeitsgrenze kommt p gegen p_1, löst die Klinke k_2 und damit die Fallschnecke 3 aus. Beim Plandrehen mit dem Handrade H_1 können die Anschläge p_3 und der Gegenanschlag p_2 benutzt werden. Mit dem Knopf k läßt sich p_2 vor den rechten oder linken Anschlag p_3 stellen, so daß es möglich ist, Abstufungen im

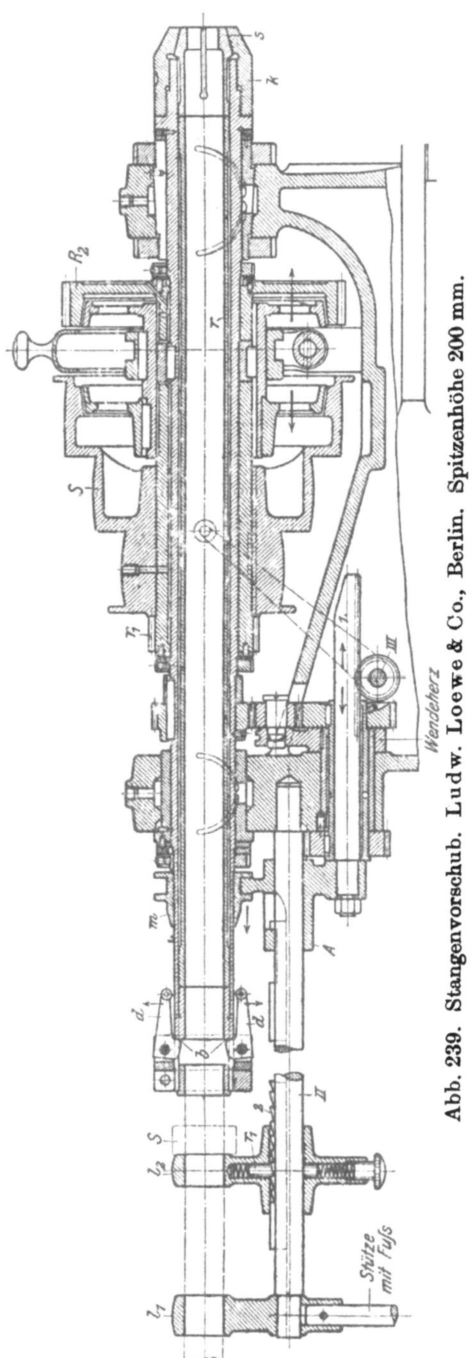

Abb. 239. Stangenvorschub. Ludw. Loewe & Co., Berlin. Spitzenhöhe 200 mm.

Durchmesser der Werkstücke zu drehen. Der Winkel w sperrt dabei den selbsttätigen Planzug und h_2 seinen Ausrücker p_1 gegen Anrennen.

Zur Kennzeichnung einer Revolverbank gehört auch der **Stangenschieber**. Diese Vorrichtung hat nach dem Abstechen des fertigen Arbeitsstückes die Rohstange von neuem vorzuschieben und festzuspannen.

Bei der Revolverbank von Ludwig Loewe & Co., Berlin, ist die Aufgabe wie folgt gelöst (Abb. 239): Durch die ausgebohrte Arbeitsspindel geht die Rohstange, die zur besseren Führung noch von dem hinteren Lager l_1 getragen wird. Das Vorschieben der Stange übernimmt der Schieber l_2. Bei der Arbeit drückt nämlich die Klaue A mit m gegen d. Wird nun der gestrichelte Handhebel rechts herumgelegt, so zieht die Zahnstange 1 die Klaue A nach rechts zurück. Hierdurch wird im ersten Augenblick die Rohstange von dem vorderen Spannfutter s losgelassen. Gleich darauf nimmt die in II geführte Sperrstange 2 den Schieber l_2 mit nach rechts, der durch den aufgesetzten Stellring S die Rohstange von neuem gegen den Anschlag vorschiebt.

Wie wird nun die Stange festgespannt? Auch diese Aufgabe ist sehr einfach gelöst. In dem Spindelkopf sitzt nämlich ein mehrfach geschlitztes Spannfutter s, das zusammengedrückt wird und so die Rohstange festspannt, sobald es gegen den aufgeschraubten Kegel k kommt. Dieses Festspannen der Rohstange geschieht ebenfalls mit dem Handhebel und zwar beim Linksdrehen. Die Zahnstange 1 schiebt dabei die Klaue A nach links. A nimmt die Muffe m mit, die die Druckstäbe d etwas aufrichtet. Hierdurch drücken die Stäbe d mit der Kante b ein langes Rohr, die Seele r, in der Arbeitsspindel nach vorn. Das Spannfutter wird infolgedessen geschlossen, und die Stähle können arbeiten. Zu erwähnen wäre noch ein Punkt. Wird die Klaue A wieder zurückgezogen, so muß die Rohstange natürlich stehen bleiben. Hierzu gleitet die Sperrstange 2 wie die Klinke beim Sperrade unter dem Riegel r_1 zurück, der bei jedem Zahn hochgeht und wieder einspringt. Außerdem ist der Schieber l_2 noch durch den unteren Federriegel gegen Zurückgehen gehalten. Der Stangenvorschub erfordert daher nur, den Handhebel zu drehen. Beim Rechtsdrehen wird die Rohstange vorgeschoben und beim Linksdrehen festgespannt. Der Antrieb ist aus Abb. 52 bekannt.

Die Revolverbank wird in der Hauptsache für Stangenarbeit benutzt (Abb. 312 bis 315). Sie läßt sich aber auch für leichte Futterarbeiten mit besten Erfolgen verwenden.

Die Langdreh-Revolverbänke.

Die Hauptarbeit der Kurzdreh-Revolverbank erstreckt sich auf die üblichen kurzen Massenteile. Längere Arbeitsstücke müssen mit einem Reitnagel abgestützt werden, der hier nur im Revolverkopf sitzen kann. Für das Drehen sind daher nur die Querschlitten mit ihren Werkzeugen verfügbar. Sind mit dem Revolverkopf an der

Stirn des Werkstückes Arbeiten zu verrichten, so müßte es auf dem Querschlitten geführt werden. Bei langen Stücken läßt sich daher die Leistung dieser Bänke nicht ausnutzen. Langdrehrevolver-

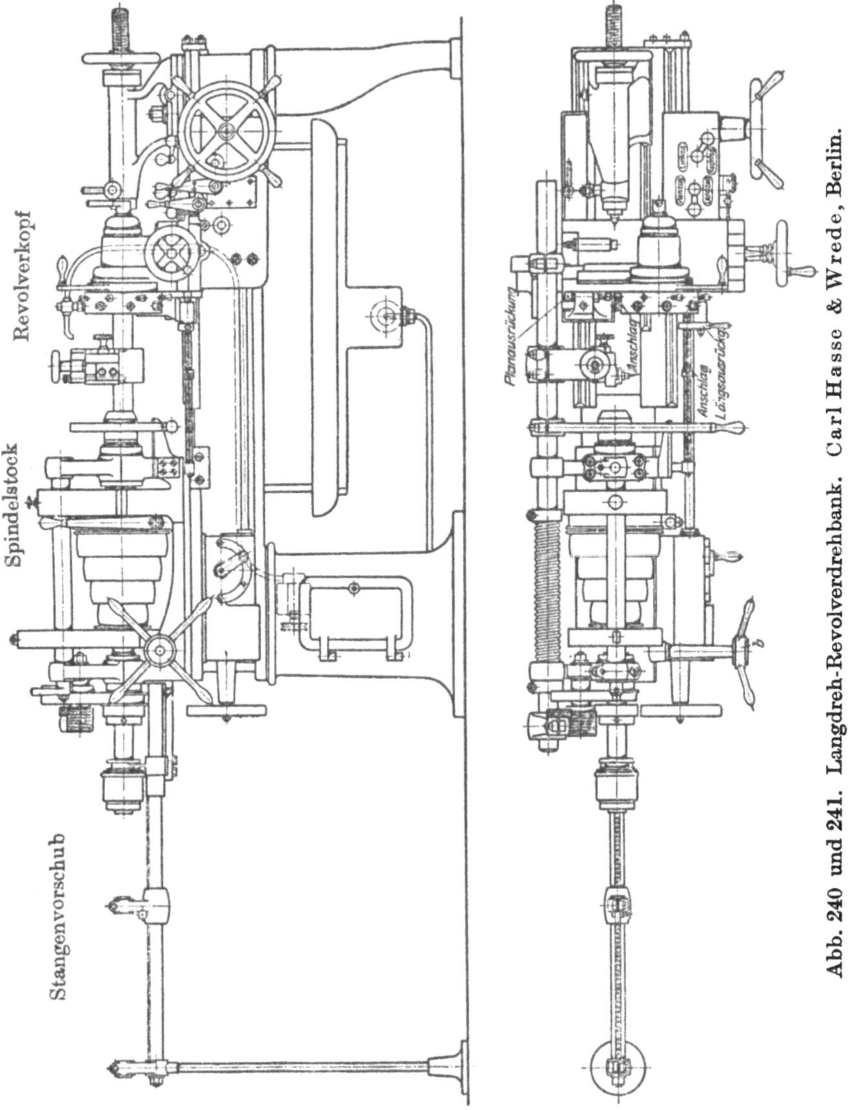

Abb. 240 und 241. Langdreh-Revolverdrehbank. Carl Hasse & Wrede, Berlin.

bänke (Abb. 240 und 241) verlangen einen Reitstock als Gegenstütze für die langen Arbeitsstücke. Der Revolverkopf muß sich daher aus der Spitzenlinie der Bank bringen lassen. Dies ist nur möglich, wenn Querschlitten und Revolverschlitten vereinigt sind.

Diese Aufgabe hat die Firma Carl Hasse & Wrede, Berlin, in altbewährter Weise gelöst. Der Werkzeugschlitten dieses Langdrehrevolvers besteht aus dem Bettschlitten und dem Planschlitten, in dem der Revolverkopf mit einem kräftigen Kegelzapfen z wagerecht gelagert ist (Abb. 242). Diese Bauart gestattet, den Revolverkopf zum Langdrehen am Werkstück entlang zu führen und zum Plandrehen und Abstechen mit dem Planzug zu steuern. Die Bank wird also einfacher, doch muß auf das gleichzeitige Arbeiten des Revolvers und der Querschlitten verzichtet werden.

Der Revolverkopf der Langdrehrevolverbank wird durch Hin- und Herschwenken des Handhebels H entriegelt, umgeschaltet und

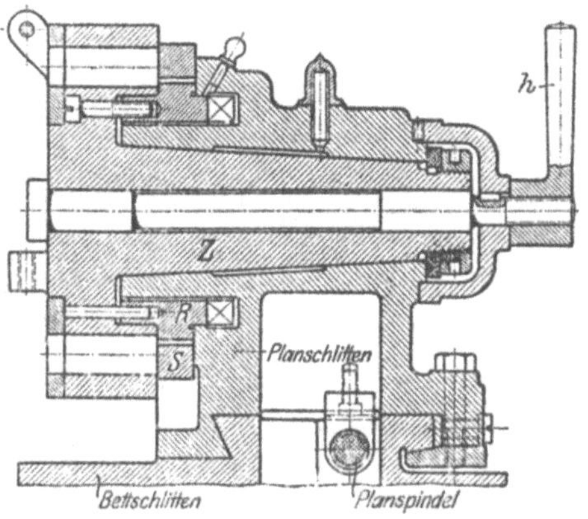

Abb. 242. Revolverkopf. Carl Hasse & Wrede, Berlin.

verriegelt. Hierzu ist er um seinen Zapfen Z drehbar und mit dem verzahnten und gelochten Ring R versehen (Abb. 242). Wird der Schalthebel H (Abb. 243) nach links gedreht, so schiebt die Klinke k_1 mit ihrem Rücken r den Federriegel a zurück und entriegelt so den Revolverkopf. Bei weiterem Linksdrehen stößt der Schaltring S mit der Klinke k_2 gegen die Zähne des Ringes R und schaltet dadurch den Revolverkopf auf die neue Arbeitsstellung um (Abb. 244). Sobald er um 45° gedreht ist, steht der Sperring R mit dem nächsten Loch vor dem Riegel a, der unter dem Druck der Feder augenblicklich einschnappt und so den Revolverkopf wieder verriegelt (Abb. 245). Bei schweren Arbeiten, wie Schruppen und Vorbohren, kann er noch mit dem Hebel h besonders festgeklemmt werden (Abb. 242). Beim Zurückdrehen des Schalthebels H nach rechts wird die Klinke k_1 wieder durch den Stift s des Riegels a in ihre ursprüngliche Lage zurückgedrückt; dabei gleitet die Klinke k_2 über die Zähne von R in die neue Schaltstellung (Abb. 243 und 246). Die Verwendung dieser Bank zeigen die Arbeitsfolgen in den Abb. 247 bis 255.

Frei von Mängeln ist die Revolverarbeit selten. Bei längeren Arbeitszeiten zeigen die Erzeugnisse der Revolverbank in ihren Abmessungen
geringe Unterschiede. Sie sind meist auf die Abnutzung der Werk-

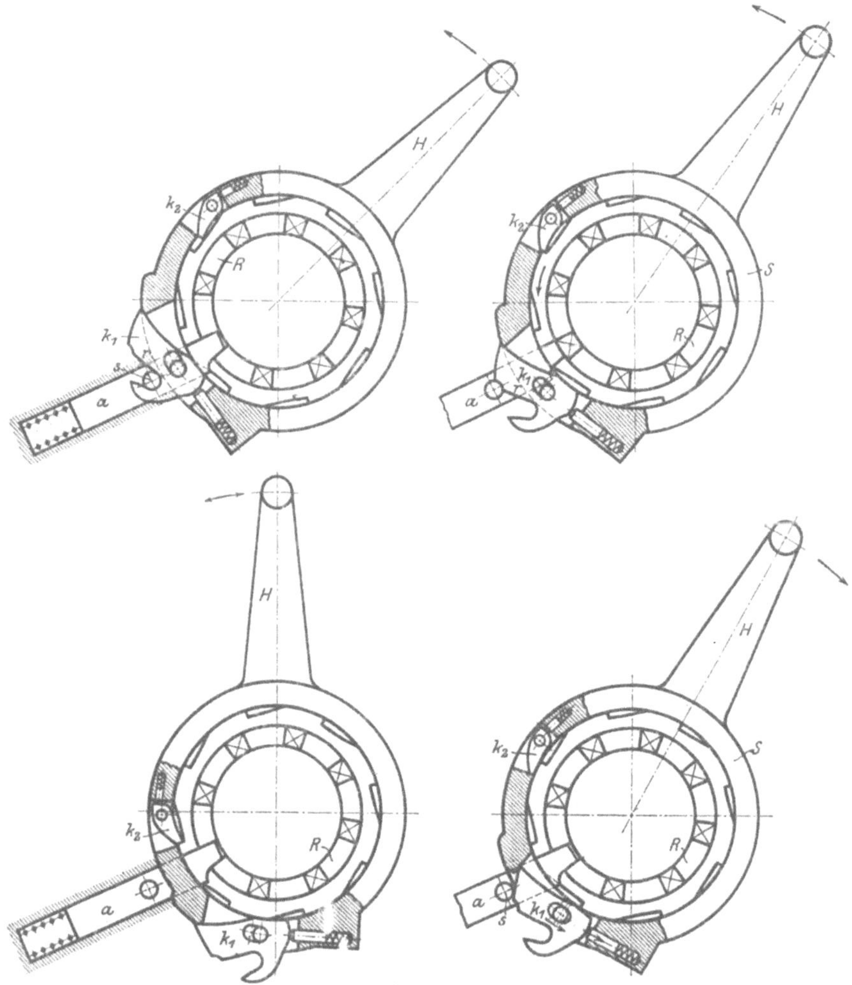

Abb. 243 bis 246. Schaltwerk und Verriegelung des Revolverkopfes.

zeugschneiden und der Einzelteile der Maschine, sowie auf das Werfen
der Rohstange zurückzuführen.

Viellochrevolverbänke.

Schwierige Formstücke verlangen eine größere Zahl Werkzeuge
oder Werkzeuggruppen, als sie in einem Vier-, Sechs- oder Achtloch-

Revolver unterzubringen sind. Man mußte daher die Revolverbank zu einem Viellochrevolver ausbauen, der in der Zusammenstellung der Werkzeuge eine größere Vielseitigkeit bietet. Einen guten Ruf hat sich der Pittler - Vielloch - Revolver (Abb. 256 bis 259) erworben, der schon durch sein kräftiges Kastenbrett seine Leistungsfähigkeit anzeigt. Das Bett ist rechts als Werkzeugschrank und links zur Aufnahme der Späne und des Kühlwassers ausgebildet. Das Kühlwasser

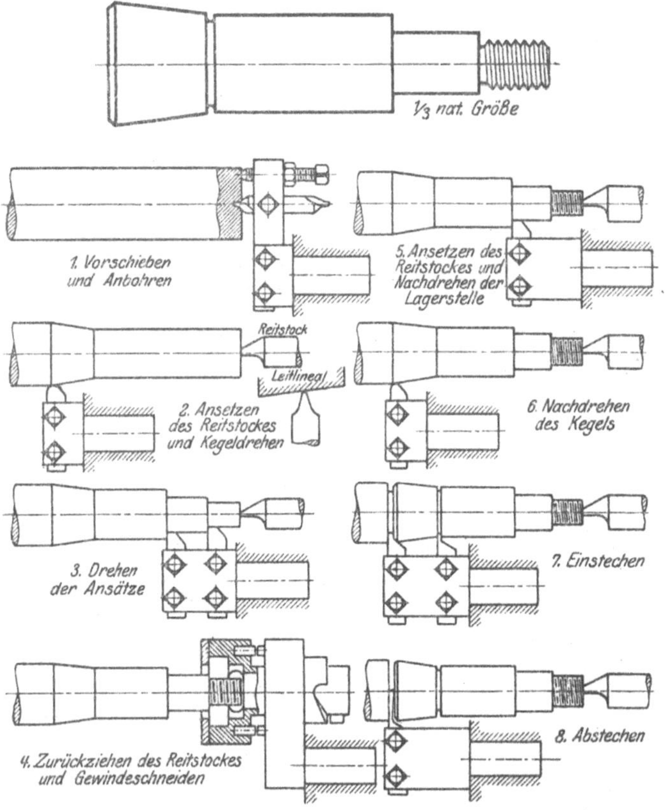

Abb. 247 bis 255.   Bearbeiten eines Kreuzkopfzapfens.

läuft, von den Spänen befreit, in den Seitenbehälter, während man die Späne durch die rechte Seitentür entfernt. Die hohle Drehspindel D ist im Hauptlager durch Druckringe gegen Längsschlagen und in beiden Lagern durch geschlitzte Kegelschalen gegen Querschlagen gesichert. Den Antrieb der Drehspindel vermitteln eine dreiläufige Stufenscheibe S und 3 Doppelvorgelege. Mit dem Griff h_1 werden die Vorgelege nach Abb. 52 geschaltet und mit h_2 das Vorgelegerad R_1 oder R_2 gekuppelt.

Additional information of this book

*(Die Werkzeugmaschinen; 978-3-642-89890-7;
978-3-642-89890-7_OSFO7)* is provided:

http://Extras.Springer.com

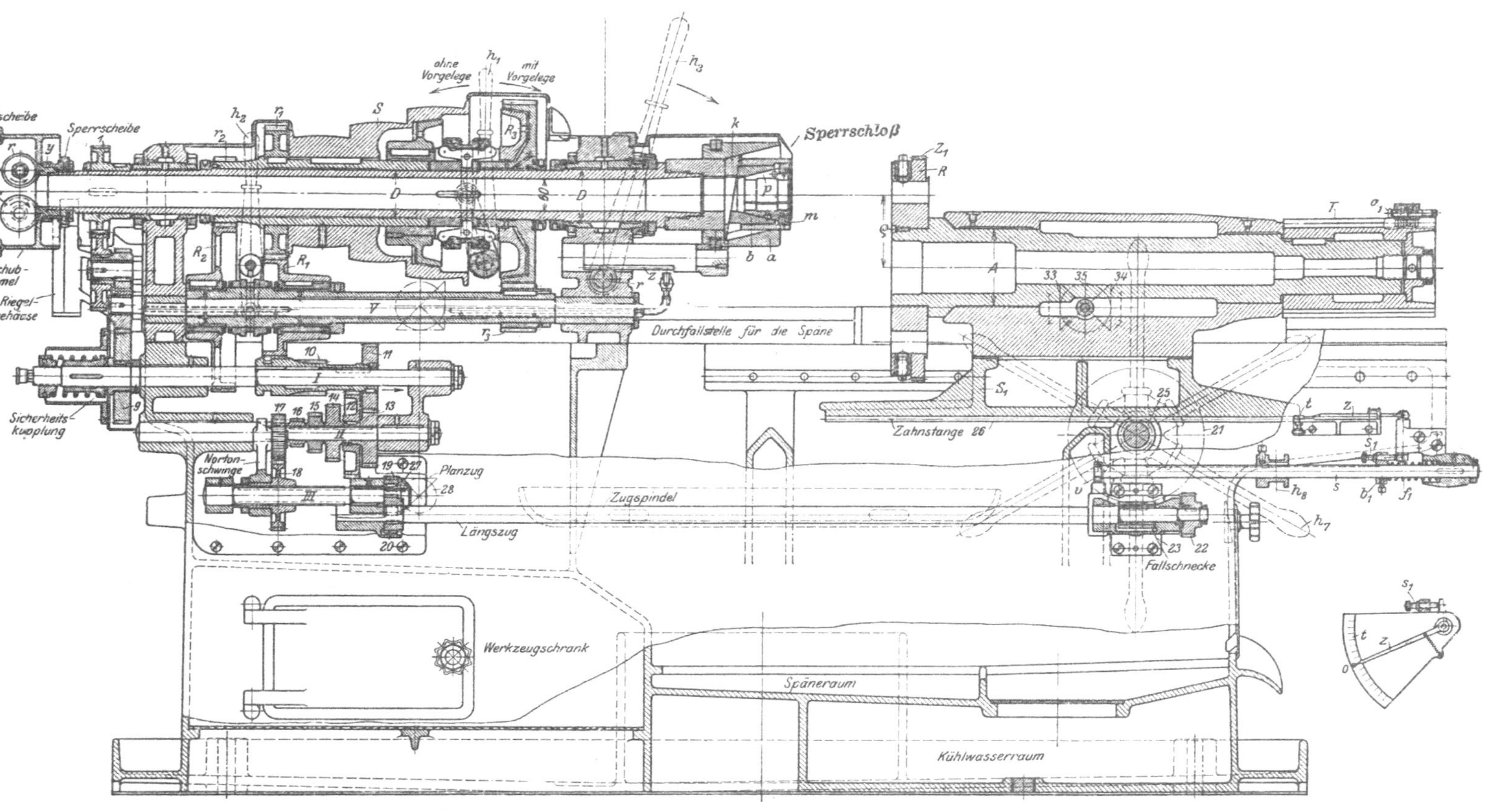

Abb. 256. Pittler-Vielloch-Revolverbank. Pittler-A.-G., Leipzig-Wahren.

Die Maschine hat daher für die Hauptbewegung des Werkstückes 3 × 3 Geschwindigkeiten.

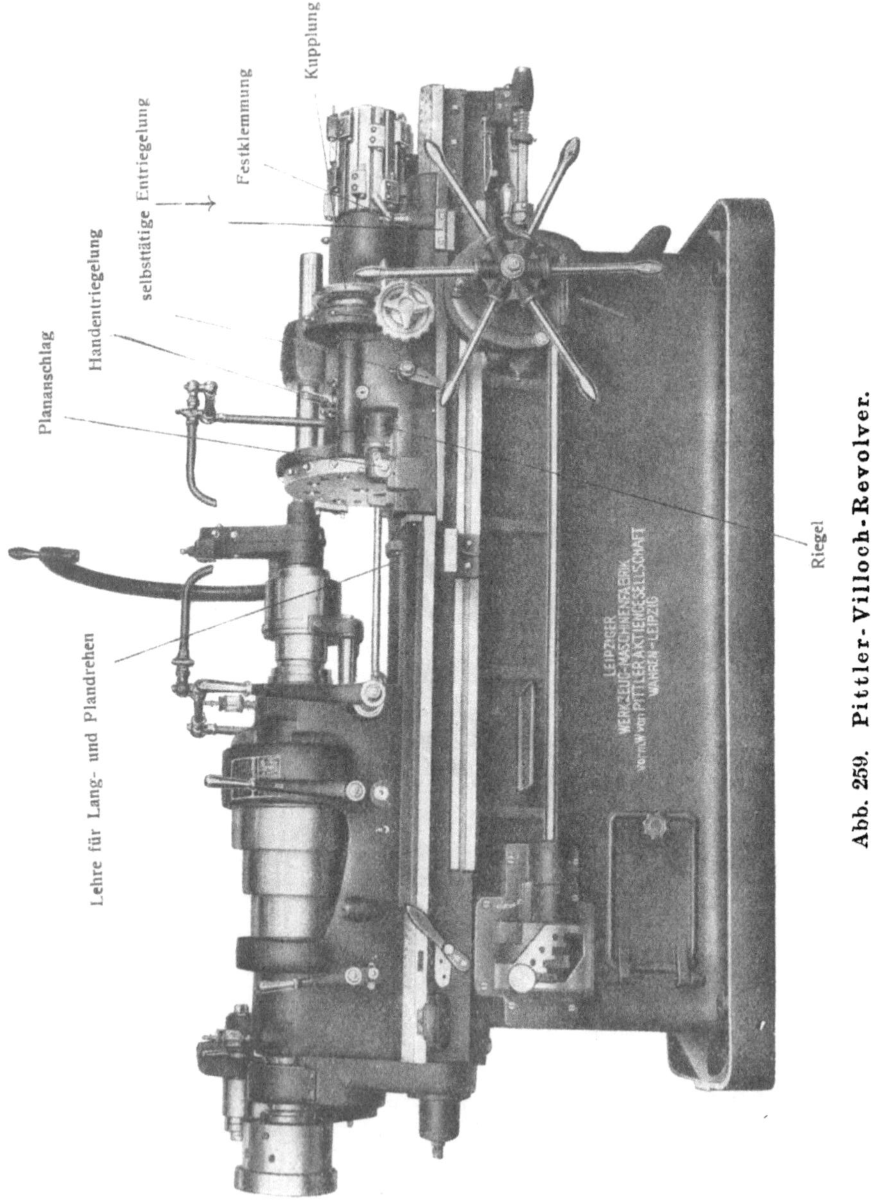

Abb. 259. Pittler-Villoch-Revolver.

Zum Einspannen der Rundstangen trägt die Drehspindel D an ihrem Spindelkopf das Keilspannschloß. Es hat den Vorzug, daß die ganze Spindelbohrung für die Stange ausgenutzt werden kann. Mit dem Griff h_3, dem Ritzel r und der Zahnstange z wird die Spannmuffe a vorgeschoben. Der durchlochte Spannkeil k, der sich quer zur Spindel verschiebt, drückt den Spannkegel b vor und preßt damit die dreiteilige Patrone p fest um die Rundstange. Mit der Gegenmutter m läßt sich die Patrone auf kleine Unterschiede im Stangendurchmesser nachstellen und mit Einsatzbacken für jede Stange einrichten. Den Stangenvorschub besorgt die Vorschubtrommel am Spindelschwanz mit Reibrollen. Mit dem Öffnen des Keilschlosses wird durch eine Stange auf der Rückseite der Maschine der Riegel r_1 gegen die Sperrscheibe geschoben (Abb. 257) und das Rad y angehalten. Die Trommel läuft mit der Drehspindel weiter, so daß das gesperrte Rad y durch Schraubenrädchen die Reibrollen r treibt, die die Rundstange gegen den Anschlag des Revolverkopfes vorschieben. Die drehbare Stellscheibe stellt mit ihren außermittigen Nuten die Reibrollen an die Stange an.

Der Revolverkopf R hat als Viellochrevolver 16 Löcher, so daß die Werkzeuge in mannigfacher Zusammenstellung arbeiten können (Abb. 260). Eine Eigenart zeigt er in seiner Anordnung. Er liegt nämlich um den Halbmesser ϱ des Lochkreises tiefer als die Spindelmitte, so daß das oberste Werkzeug stets in der Mittelebene des Spannfutters steht. Mit dieser Bauart ist ein Plandrehen ohne Planschlitten möglich, da sich beim Drehen des Revolverkopfes das Werkzeug quer zum Werkstück bewegt. Mit dem starken Kegelzapfen A ist der Revolverkopf im Revolverschlitten doppelt gelagert. Diese Lagerung gestattet, Loch- und Spindelmitte in gleicher Höhe zu halten. Auf dem Zapfenende sitzt die Anschlagtrommel T für 16 Anschläge a_1 mit Feineinstellung zur Sicherung der gleichen Drehlängen. Die Verriegelung des Kopfes übernimmt ein kräftiger Riegel, der in eine große Sperrscheibe faßt und ein ruhiges Arbeiten sichert. Beim Zurückziehen des Revolverschlittens entriegelt eine Klinke, sobald sie gegen ihren Gegenanschlag kommt, den Kopf. Nach dem Schalten des Kopfes springt der Riegel wieder selbst ein. Mit einem Handgriff kann der Riegel zum Plandrehen ausgeschaltet werden.

Die Steuerung des Revolverkopfes fürs Lang- und Plandrehen ist als Handsteuerung und Selbststeuerung eingerichtet. Mit dem Handkreuz h_7 kann der Revolverkopf angesetzt, vorgeschoben und zurückgeholt werden. Der Selbstgang wird vom Rade 1 der Drehspindel D hergeleitet. Der Längszug besteht aus den Getrieben 1 bis 26, von denen das Zahnrad 25 mit der Zahnstange 26 des Revolverschlittens kämmt. Die ausrückbaren Vorgelege $\dfrac{10}{12}$ und $\dfrac{11}{13}$ und das Nortongetriebe 14 bis 18 mit 4 Schaltungen gestatten 8 Längsvorschübe. Die Selbstauslösung geschieht mit der Fallschnecke 23. Sobald die Anschlagtrommel T mit einem Anschlag a_1 gegen den Gegenanschlag a_2 stößt,

zieht der umgelegte Hebel h_8 die Ausrückstange s mit ihrem Vierkantkopf v von dem Arm des Schneckenlagers weg. Gleich löst die Feder f
die Fallschnecke 23 aus und damit den Längsvorschub. Nach dem
Zurückholen des Revolverkopfes hebt man mit dem Griff h_9 die Schnecke
wieder in das Schneckenrad ein. Gleich schiebt die Feder f_1 die Ausrückstange s mit dem Sperrkant v vor. Für das Plandrehen wird der
Revolverkopf mit dem Handrad h_5 über das Schneckengetriebe $\dfrac{36}{37}$ und
das Zahnkranzgetriebe $\dfrac{z_1}{Z_1}$ plangesteuert, d. h. langsam gedreht. Der
Anschlag x dient hierbei als Arbeitsgrenze und der Anschlag p, der gegen
das Leitlineal gesteuert wird, zum Formdrehen. Zum Schnellverstellen
dient das Handrad h_4, das zuvor mit dem Sterngriff h_{10} von dem
Schneckenrade 37 zu entkuppeln ist.

Der selbsttätige Planzug des Revolverkopfes umfaßt die Getriebe
1 bis 18 und 27 bis 37, sowie das Zahnkranzgetriebe $\dfrac{z_1}{Z_1}$. Da Längs- und
Planzug gemeinsamen Antrieb haben, so sind auch 2×4 Planvorschübe
vorhanden. Mit dem Griff h_6 läßt sich die Kupplung des Kegelräderwendegetriebes 33 bis 35 umstellen, so daß die Bank nach beiden Richtungen plandreht. Gegen Überlastung der Räder dient die Sicherheitskupplung auf I, die die Feder nur solange geschlossen hält, bis die Belastung die Grenze erreicht.

Eine bemerkenswerte Neuerung in der Längssteuerung des Revolverkopfes verdient hier noch erwähnt zu werden. Sie besteht in einem
Feineinsteller für die genaue Drehlänge, die sich mit dem Längszug allein
wegen des toten Ganges in den Getrieben schwer erreichen läßt. Der
Pittlersche Feineinsteller gestattet, den Revolverkopf nach Auslösung des Selbstganges mit dem Handkreuz h_7 so weit nachzuschieben,
bis zwischen den Trommelanschlägen a_1 und dem Gegenschlag a_2 stets
derselbe Druck erreicht ist. Damit ist auch jedesmal die genaue
Drehlänge gesichert.

Um den Anschlagdruck beobachten zu können, sitzt an der Ausrückstange s ein Bund b_1 mit der Stellschraube s_1. Mit s_1 kann der
Zeiger z nach einer Ziffertafel t eingestellt werden. Beim ersten Arbeitsstück, das aufs genaueste zu drehen ist, wird nach dem Vorschieben
des Revolverkopfes der Zeiger z auf Null der Ziffertafel mit der Stellschraube s_1 gestellt. Bei den nächsten Stücken wird jedesmal nach dem
Ausfallen der Schnecke der Revolverkopf mit dem Handkreuz so lange
vorgeschoben, bis der Zeiger auf Null steht, so daß der gleiche Druck
zwischen den Anschlägen erreicht ist.

Für außergewöhnlich lange Arbeiten und für große Durchmesser
hat der Pittler-Revolver einen seitlichen Werkzeugschlitten mit vierfachem Stahlwechselkopf (Abb. 257). Er ist auf seitlichen Bahnen

des Bettes geführt, so daß Revolver und Seitenschlitten gleichzeitig arbeiten können. Der Längs- und Plangang des Seitenschlittens wird mit 8 Vorschüben von der Zugspindel betrieben (Abb. 257).

Der Pittler-Revolver dient sowohl für Stangenarbeit als für Futterarbeit. Die Arbeitsfolgen in den Abb. 260 bis 275 zeigen die mannigfache Verwendung der Werkzeuge.

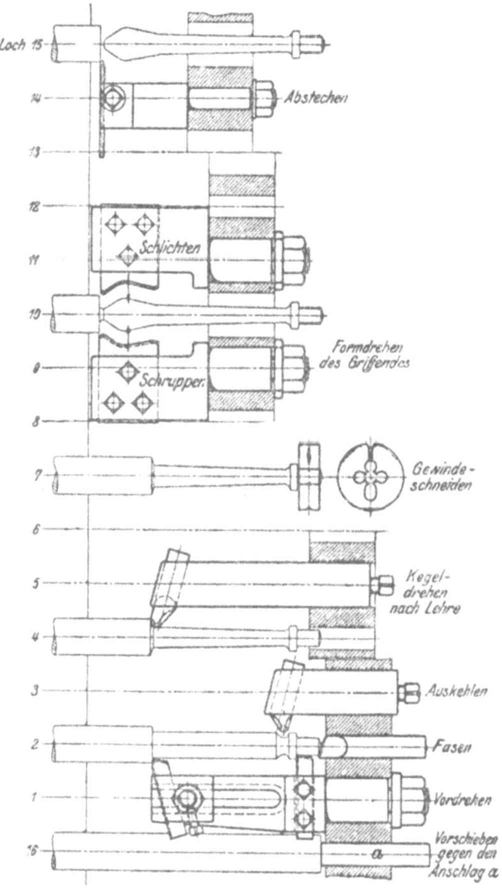

Abb. 260 bis 265. Drehen eines Griffes auf einem Vielloch-Revolver.

Ein weiteres Beispiel für Futterarbeiten auf einem Pittler-Revolver zeigt die Bearbeitung eines Ventilkörpers. In Abb. 276 ist das rohe Gußstück mit einem Winkel an der Planscheibe P eingespannt. Der vordere Flansch wird außen überdreht und hierauf durch Linksdrehen des Revolverkopfes seine Planfläche mit 2 Stählen vorgedreht. Die Doppelstähle gewähren dabei bedeutende Zeitersparnisse, denn die

Planfläche ist bereits fertig, nachdem jedes Werkzeug den halben Weg zurückgelegt hat. Durch weiteres Linksdrehen des Revolverkopfes wird zunächst die Planfläche geschlichtet und zum Schluß auch der Flansch außen (Abb. 277).

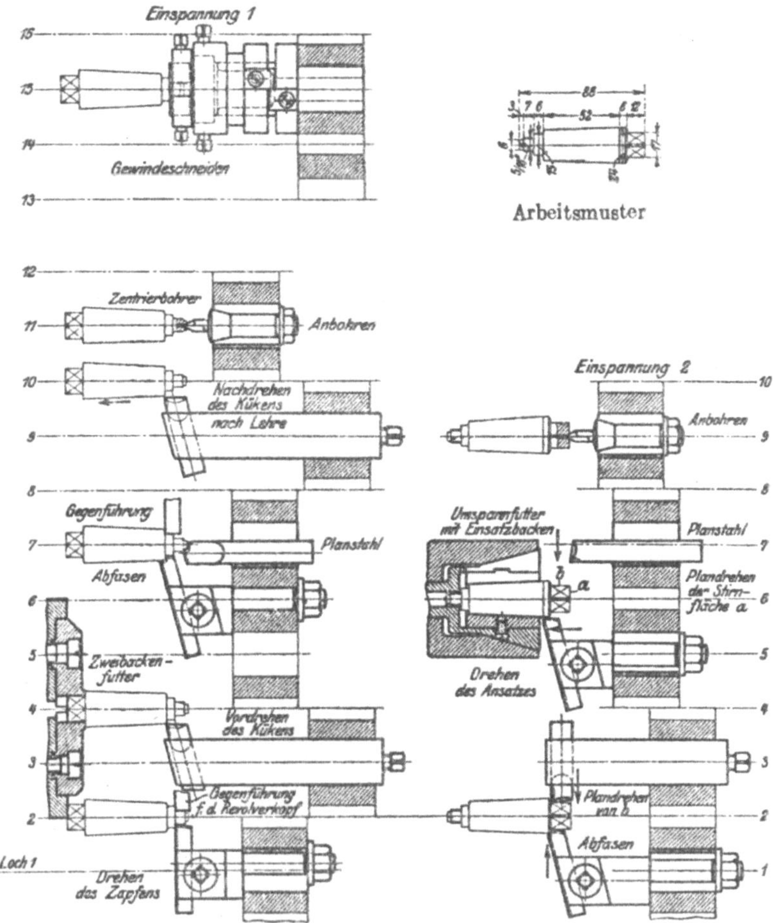

Abb. 266 bis 275. Drehen eines Hahnkükens.

Um den gegenüberliegenden Flanschen *II* bearbeiten zu können, ist zunächst der Aufsatz *A* der Planscheibe zu entriegeln und um 180° zu drehen. Hierzu ist der Aufsatz um den Zapfen *Z* drehbar. Durch den Riegel *r* kann *A* gegenüber dem Arbeitsdruck wieder verriegelt werden. Jetzt wiederholen sich dieselben Vorgänge wie bei dem ersten Flanschen.

Für den dritten Flanschen und den Ventilsitz ist *A* um 90° zu drehen und die Bearbeitung des Flanschen in derselben Weise vorzu-

nehmen. Der Ventilhals und der Sitz werden gleichzeitig mit einer
Bohrstange mit 4 Stählen zunächst vorgedreht (Abb. 278) und hierauf
in gleicher Weise geschlichtet (Abb. 279). Das Ventil hat 100 mm
Durchmesser und wird nach den Angaben der Firma in 58 bis 60 Minuten
fertig bearbeitet.

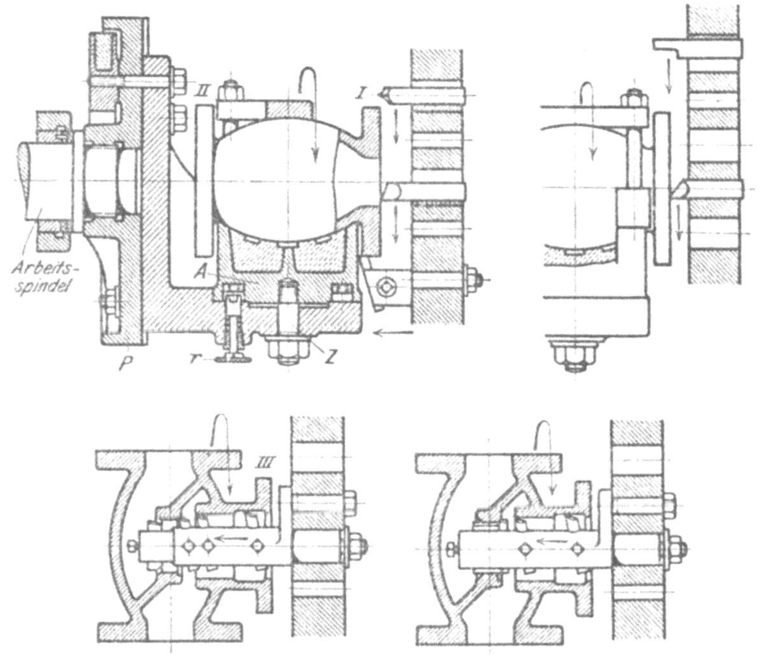

Abb. 276 bis 279. Das Bearbeiten eines Ventilkörpers.

Revolverbank für schwere Futterarbeiten.

Schwere Futterarbeiten verlangen von einer Revolverbank 1. eine
hohe Durchzugskraft, wie sie nur der Stufenräderantrieb bietet, 2. einen
großen Drehdurchmesser, der durch die Formgebung des Querschlittens
und seine Anordnung auf dem Bett anzustreben ist, 3. eine ausreichende
Anzahl Spindelgeschwindigkeiten und Vorschübe, 4. die Verwendung möglichst vieler gleichzeitig arbeitender Werkzeuge, 5. Unabhängigkeit in den
Vorschüben der Werkzeugschlitten und 6. selbsttätiges Schnellverstellen
des schweren Revolverkopfes. Die Bedingungen sind in allen Einzelheiten
streng zu befolgen, wenn die Bank wirtschaftlich betrieben werden soll.

Die schwere Revolverbank der Gebr. Böhringer, Göppingen,
hat diese Gesichtspunkte in ihrem Bau verkörpert (Abb. 280). Sie ist
eine Maschine für schwere Futterarbeiten, für die sie ein kräftiges Zwei-
oder Dreibackenfutter hat. Für Bohr- und Dreharbeiten an der Stirn
des Werkstückes hat die Bank einen Sechskantrevolver und für Längs-

und Planarbeiten einen Vierkantrevolver. Der Sechskantrevolver hat
3 breite Aufspannflächen für Drehmesserhalter und 3 schmale Aufspann-

Abb. 280.   Revolverdrehbank von Gebr. Böhringer in Göppingen.

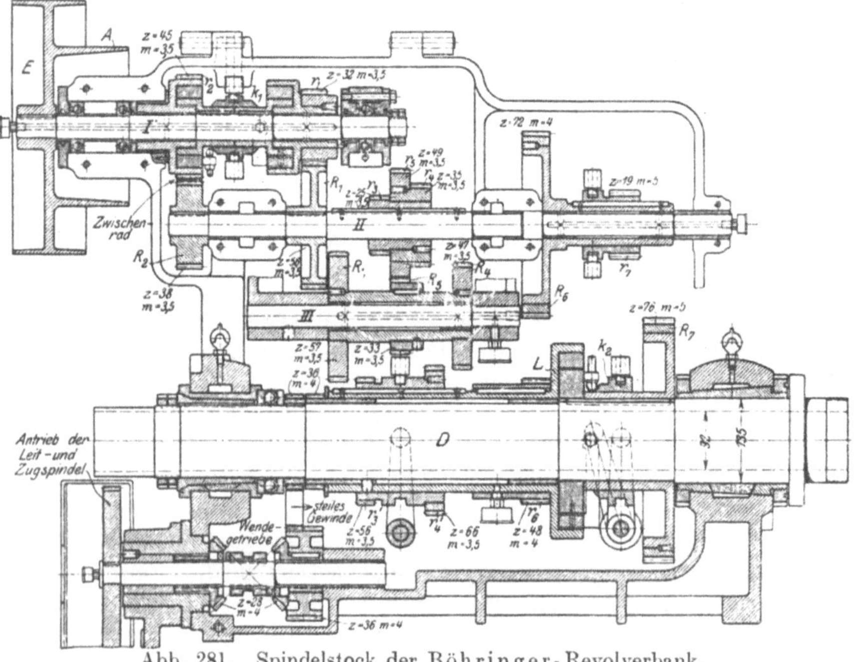

Abb. 281.   Spindelstock der Böhringer-Revolverbank.

flächen für Bohrwerkzeuge (Abb. 295 und 296).   Die Anordnung läßt
ein Zurückfahren des Vierkantrevolvers hinter das Spannfutter zu, so

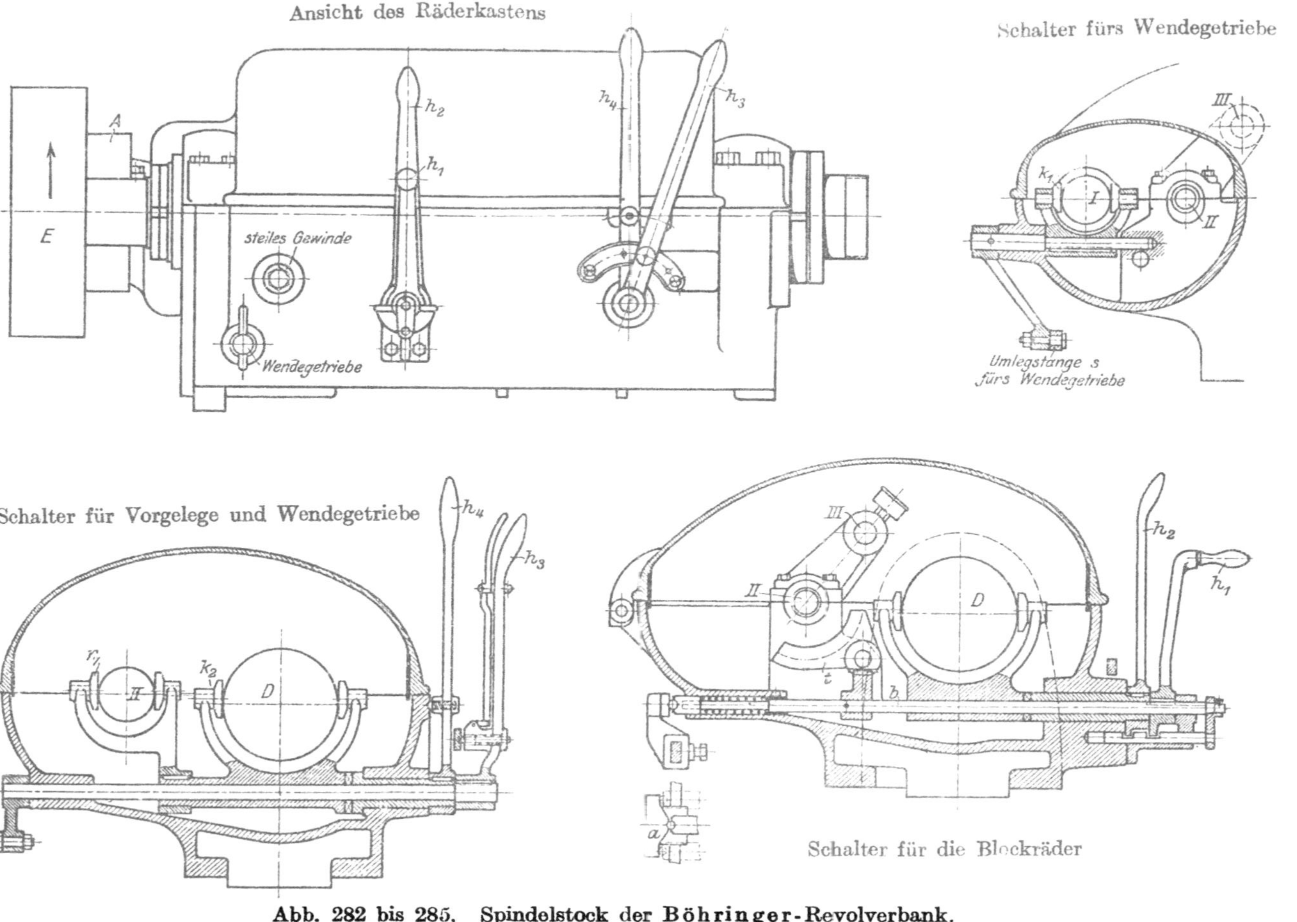

Abb. 282 bis 285. Spindelstock der Böhringer-Revolverbank.

daß der Sechskantrevolver dicht an dem Futter arbeiten kann. Die Bohrstangen und Werkzeughalter fallen somit recht kurz aus. Die starke Drehspindel ist durchbohrt, so daß die Bank auch für Stangenarbeit herangezogen werden kann. Der Spindelstock der Bank (Abb. 281 bis 285) ist mit 12 Geschwindigkeiten und einem Wendegetriebe für Vor- und Rücklauf ausgerüstet. Mit dem Schalthebel h_3, der Umlegstange s und der Kupplung k_1 wird das Wendegetriebe auf Vor- oder Rücklauf geschaltet. Der Räderblock auf II hat 3 Schaltungen $\dfrac{r_3}{R_3}$, $\dfrac{r_4}{R_4}$ und $\dfrac{r_5}{R_5}$ und der Block auf L 2 Schaltungen $\dfrac{R_4}{r_4}$ und $\dfrac{R_3}{r_3}$. Die Laufbüchse L auf der Drehspindel D erhält daher 2×3 Geschwindigkeiten. Mit der Kupplung k_2 können sie gleich von L auf die Drehspindel D geleitet werden oder durch das Verschieberad r_7 von L über $\dfrac{r_6}{R_6}$, $\dfrac{r_7}{R_7}$ auf D. Die Geschwindigkeitsreihe umfaßt daher 2×6 Geschwindigkeiten für den Vor- und Rücklauf. Der Räderblock auf II läuft in einer Radtasche t, die mit dem Griff h_1, einem Zahnbogen und einer Zahnstange verstellt wird. Das Verschieben des Blockes auf L geschieht mit h_2, während für das Verschieberad r_7 und die Kupplung k_2 der gemeinsame Schalthebel h_4 vorgesehen ist. Damit die Blockräder auf II und L nur beim An- oder Auslaufen geschaltet werden, sind die Griffe h_1 und h_2 mit einer Sperre versehen. Wird das Wendegetriebe entkuppelt, so drückt die Schneide a die Spindel b vor, so daß die Hebel h_1 und h_2 zum Schalten frei sind (Abb. 285). Sobald aber das Wendegetriebe eingerückt wird, springt b durch Federdruck zurück und hält die Griffe h_1 und h_2 fest.

Die Längsvorschube des Sechskant- und Vierkantrevolvers werden von der vorderen Leitspindel L gesteuert, während die Zugspindel Z nur die Planvorschübe des Vierkantrevolvers erzeugt. Beide Spindeln erhalten ihren Antrieb durch Wechselräder vom Spindelkasten. Der Vorschubräderkasten (Abb. 286 bis 289) gestattet 8 Vorschübe, die mit verschiebbaren Kuppelrädern geschaltet werden. Sind die Kupplungen a, b ausgerückt, c eingerückt, so ist die Übersetzung

$$\frac{r_1}{r_2} \cdot \frac{r_4}{r_3} \cdot \frac{r_5}{r_6} = \frac{38}{38} \cdot \frac{25}{50} \cdot \frac{25}{50} = \frac{1}{4}\,;\ \text{sind } a \text{ und } c \text{ eingerückt, so ist } \frac{r_5}{r_6} = \frac{25}{50} = \frac{1}{2}\,,$$

b und c eingerückt, $\dfrac{r_1}{r_3} = 1$ und bei 3 eingerückten Kupplungen ist

$$\frac{r_3}{r_4} = \frac{50}{25} = \frac{2}{1}.$$ Diese 4 Geschwindigkeiten gelangen bei eingerückter Kupplung c gleich auf die Zugspindel Z und über $\dfrac{r_{11}}{r_{12}} \cdot \dfrac{r_{13}}{r_{14}} = \dfrac{13}{26} \cdot \dfrac{14}{42} = \dfrac{1}{6}$ auf die Leitspindel L. Rückt man c aus, so übertragen

Additional information of this book

(Die Werkzeugmaschinen; 978-3-642-89890-7; 978-3-642-89890-7_OSFO8) is provided:

http://Extras.Springer.com

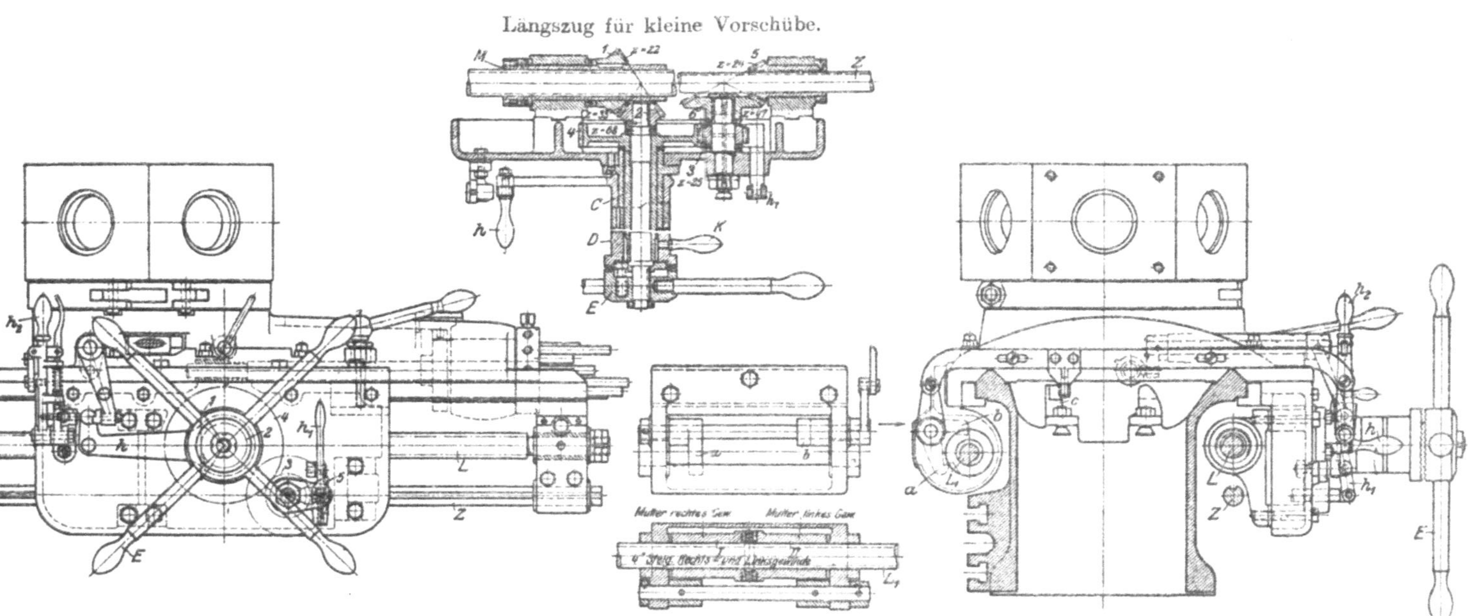

Abb. 290 bis 294. Böhringer-Revolverwerkzeugschlitten mit Schloßplatte.

die Vorgelege $\dfrac{r_7}{r_8} \cdot \dfrac{r_9}{r_{10}} = \dfrac{22}{55} \cdot \dfrac{15}{60} = \dfrac{1}{10}$ und vermindern die Vorschübe auf $\dfrac{1}{10}$.

Besondere Anerkennung verdient die Steuerung der beiden Revolverköpfe, von denen trotz gemeinsamer Leitspindel der Vierkantkopf mit

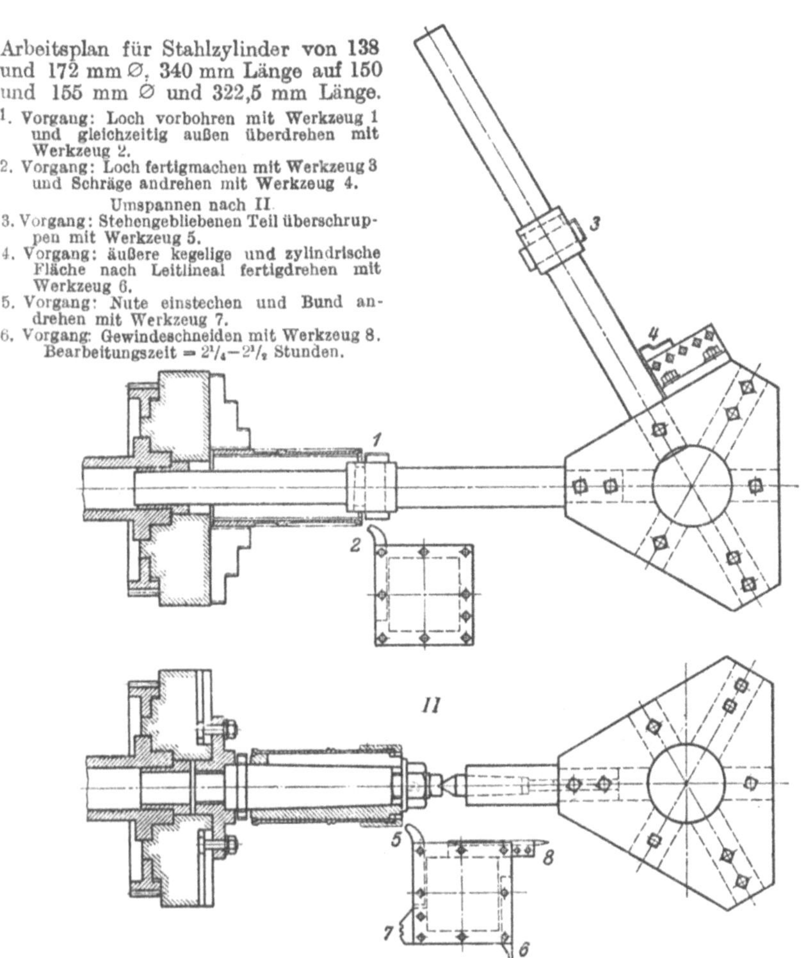

Abb. 295. Bearbeiten von Stahlzylindern für Luftschiffsmotoren.

grobem Vorschub schruppen kann, während der Sechskantkopf mit feinem Vorschub bohrt. Diese Einrichtung liegt in der Räderplatte des Sechskantkopfes (Abb. 290 bis 294). Die Leitspindelmutter M muß nämlich für den Längsgang des Sechskantkopfes festgehalten werden. Dies geschieht durch Niederdrücken des Hebels h, der die auf der langen

Radnabe C verschiebbare Kuppelmuffe D mit der Gegenmuffe E kuppelt, die fest auf der Spindel des Kegelrades 2 sitzt. Wird das Verschieberad 3 mit dem Griff h_1 vorgezogen und mit der Schloßplatte gekuppelt, so sperrt es das Rad 4. Die Leitspindelmutter M ist daher festgehalten, und die Leitspindel verschiebt bei jeder Umdrehung beide Köpfe um ihre Steigung. Um aber unabhängig von den groben Vorschüben des Vierkantkopfes feine Bohrvorschübe für den Sechskantkopf zu haben, wird

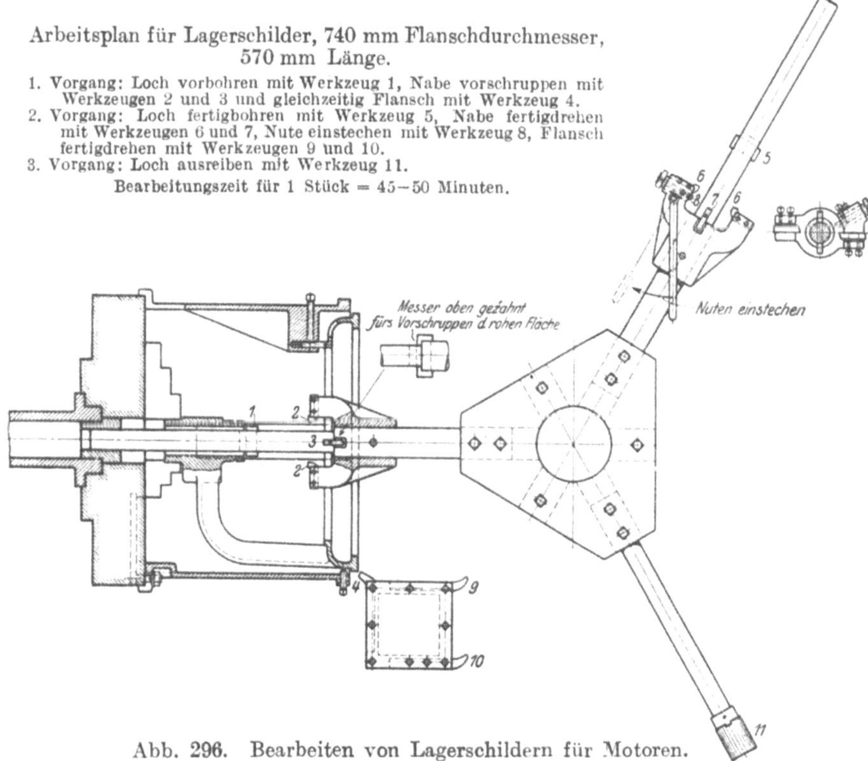

Abb. 296. Bearbeiten von Lagerschildern für Motoren.

der Leitspindelmutter M eine unterschiedliche Bewegung erteilt. Durch sie werden die Vorschübe des Sechskantkopfes auf $1/4$ derjenigen des Vierkantkopfes herabgemindert. Die unterschiedliche Bewegung der Leitspindelmutter M wird von der Zugspindel Z entnommen. Wird nämlich das Verschieberad 3 mit 6 gekuppelt, so erteilen die Räderpaare $\dfrac{5}{6} \cdot \dfrac{3}{4} \cdot \dfrac{2}{1}$ der Mutter M die langsame Drehung. Da die Zugspindel Z 6 mal so schnell läuft als die Leitspindel L, so wird die durch das Räderwerk mit der Übersetzung $\dfrac{24}{47} \cdot \dfrac{25}{68} \cdot \dfrac{22}{33} \sim \dfrac{1}{8}$ betriebene Leitspindelmutter $M = 6 \cdot \dfrac{1}{8}$ Umläufe bei jeder Umdrehung der Leitspindel machen. Der Vorschub ist daher $\left(1 - \dfrac{6}{8}\right) s = \dfrac{1}{4} s$ bei dem Sechskantkopf und s beim Vierkantkopf.

Die Eilbewegungen des Sechskantkopfes werden von einer steilgängigen Leitspindel L_1 mit Rechts- und Linksgewinde hergeleitet. Sie liegt auf der Rückseite der Bank und erhält von der Hauptscheibe A den Antrieb. Sie steuert den Kopf mit der Mutter I oder II nach vorwärts oder rückwärts. Mit dem Griff h_2 wird der Hebel a oder b in die Mutter I oder II eingerückt und festgehalten, so daß die Leitspindel L_1 mit großer Geschwindigkeit den Kopf bewegt.

Der Vierkantrevolver hat einen Längszug für die Leitspindel ähnlich dem des Sechskantkopfes, jedoch ohne Zusatzräderwerk, und einen Planzug für die Zugspindel nach Abb. 163 u. f. Alle Wege sind durch Anschläge begrenzt.

Die wirtschaftliche Ausnutzung der Böhringer-Revolverbank zeigen die Arbeitsbeispiele in den Abb. 295 und 296.

f) Die selbsttätigen Revolverdrehbänke (Ganzautomaten).

1. Die Einspindelrevolverbänke (Einspindelautomaten).

Die Handrevolverbank verlangt für das Lösen, Vorschieben und Festspannen der Rohstange, für das Aus- und Einschalten der Rädervorgelege des Spindelstockes, für das Arbeiten mit dem Revolverkopf und den Querschlitten eine ständige Bedienung. Die nächste Entwicklungsstufe der Revolverdrehbank wäre daher, alle Einstell- und Vorschubbewegungen von der Maschine selbst ausführen zu lassen. Die selbsttätige Revolverdrehbank (Abb. 297) hat hierzu eine Steuerwelle k mit den Steuertrommeln A und E, den Nockenscheiben B und D und den Steuerdaumen $C C_1$ (Abb. 305). Die Vorschubtrommel A schiebt zuerst mit einer rechtsgängigen Leiste und der Rolle w den vorderen Schloßschieber t nach rechts vor und löst damit das Spannschloß (Abb. 298 bis 301). Die innere Spannseele läßt damit die Rohstange los. Gleich darauf faßt eine zweite Rechtsleiste die Rolle s des Stangenschiebers x, der mit der inneren Vorschubseele die Rohstange auf die passende Arbeitslänge vorschiebt. Jetzt drückt eine Linksleiste mit der Rolle w den Schloßschieber t zurück und schließt das Spannschloß. Eine zweite Linksleiste bringt den Stangenschieber x wieder in die Anfangsstelle. Die Nockenscheibe B stellt den Antrieb der Bank für das Drehen und Gewindeschneiden ein. Auf der Antriebsscheibe b liegt der offene Drehriemen und auf a der gekreuzte Gewinderiemen. Beim Übergang vom Drehen zum Gewindeschneiden stößt der Nocken b_1 gegen den Anschlag c_1 des Kupplungshebels h, der nach rechts ausweicht und die Kupplung aus b auslöst und in a einrückt. Die Bank läuft jetzt

langsam und entgegengesetzt. Nach beendetem Gewindeschneiden
schaltet ein gleicher Nocken auf der Gegenscheibe von B die Maschine
wieder auf den schnellen Lauf fürs Drehen um. Das Steuern des
Revolverkopfes fürs Längdrehen, Bohren und Gewindeschneiden besorgt die Revolvertrommel E, die mit ihren Leisten die Rolle m des
Kopfes faßt. (Abb. 302 und 303.) Mit linksgängigen Vorschubleisten
drückt sie von rechts gegen die Rolle m und schiebt den Revolverkopf
zum Arbeiten vor. An der Arbeitsgrenze gibt die Vorschubleiste die

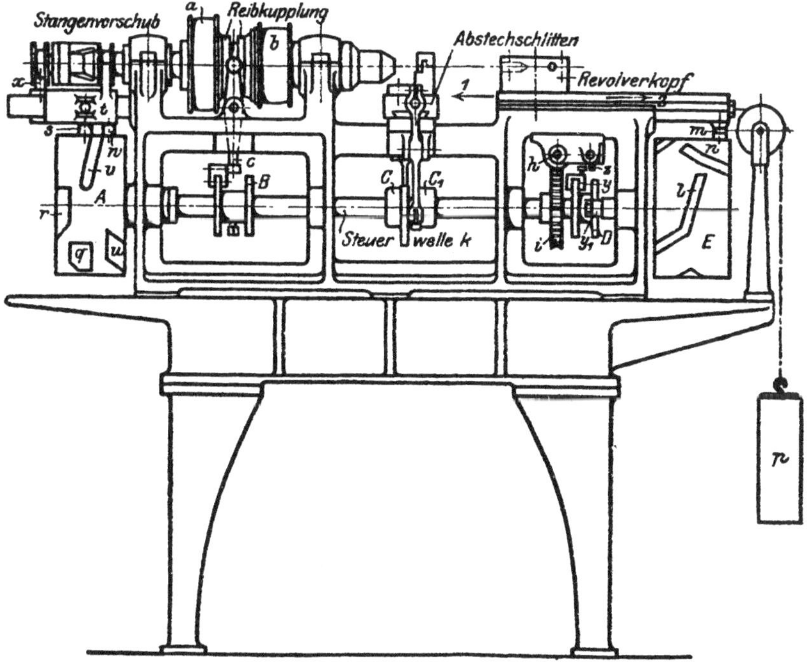

Abb. 297. Selbsttätige Revolverbank. Ludw. Loewe & Co., A. G., Berlin.

Rolle m frei, und das Gewicht p holt den Kopf schnell zurück. Bald
darauf kommt die Rückzugsleiste von links gegen die Rolle m und schiebt
den Revolverkopf für den Stahlwechsel in die Endstellung zurück.
Vor beendetem Rückzug stößt nämlich die Klinke k_1 gegen den Winkel w.
Die umgelegte Klinke k_1 zieht den Riegel r_1 zurück und entriegelt den
Kopf. Mit dem Entriegeln tritt der Umschalter des Revolverkopfes
in Kraft. Ein Schaltstift s kommt, wie in Abb. 229, gegen den Gegenanschlag und dreht den Revolverkopf um ein Loch weiter. Der Riegel
r_1 springt unter dem Druck einer Feder in die neue Sperre ein.

Fürs Formdrehen hat die Bank den hinteren Querschlitten Q und
fürs Abstechen den vorderen Q_1 (Abb. 304 und 305). Sie werden durch
die Steuerdaumen C und C_1 gesteuert. Sobald der Formstahl zum
Drehen des Schraubenkopfes angesetzt werden soll, gelangt der Daumen C

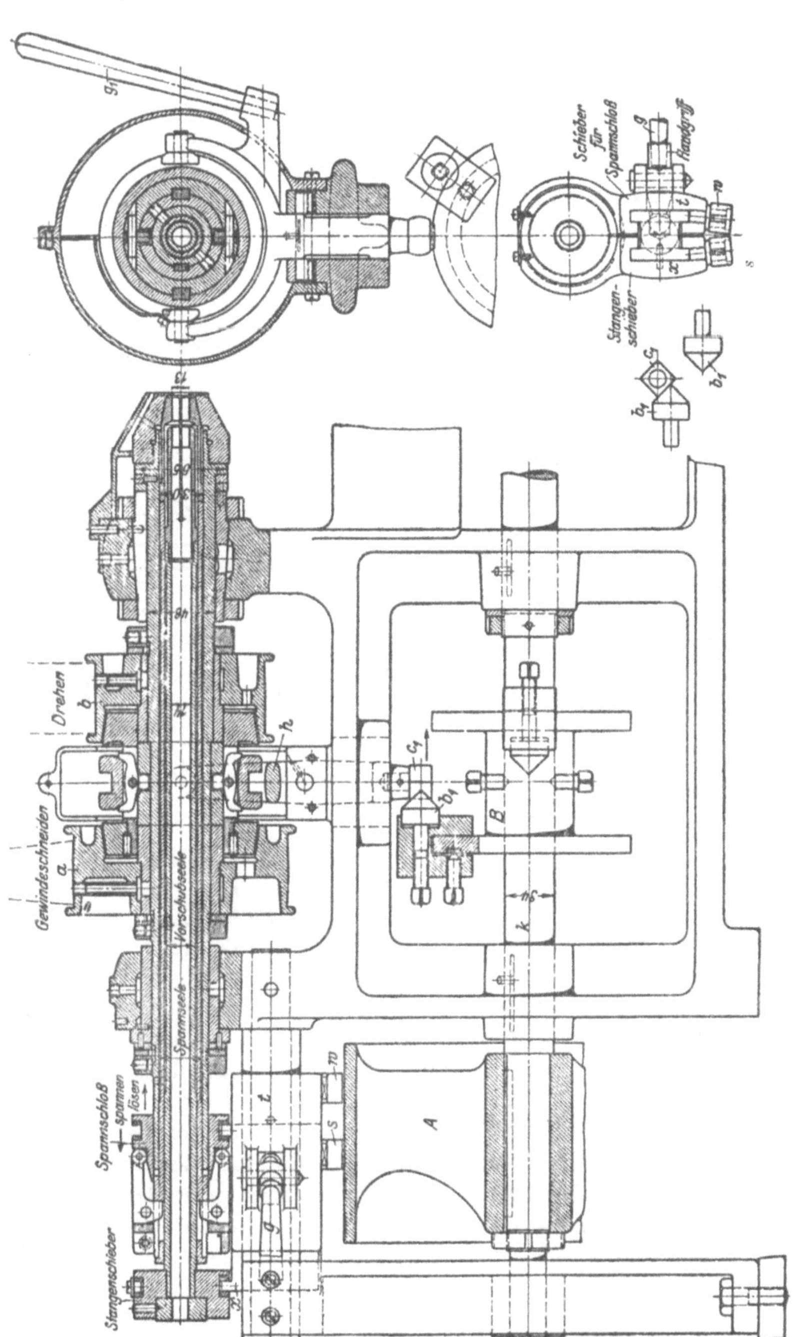

Abb. 298 bis 301.   Spindelstock der selbsttätigen Revolverbank von Ludw. Loewe & Co.

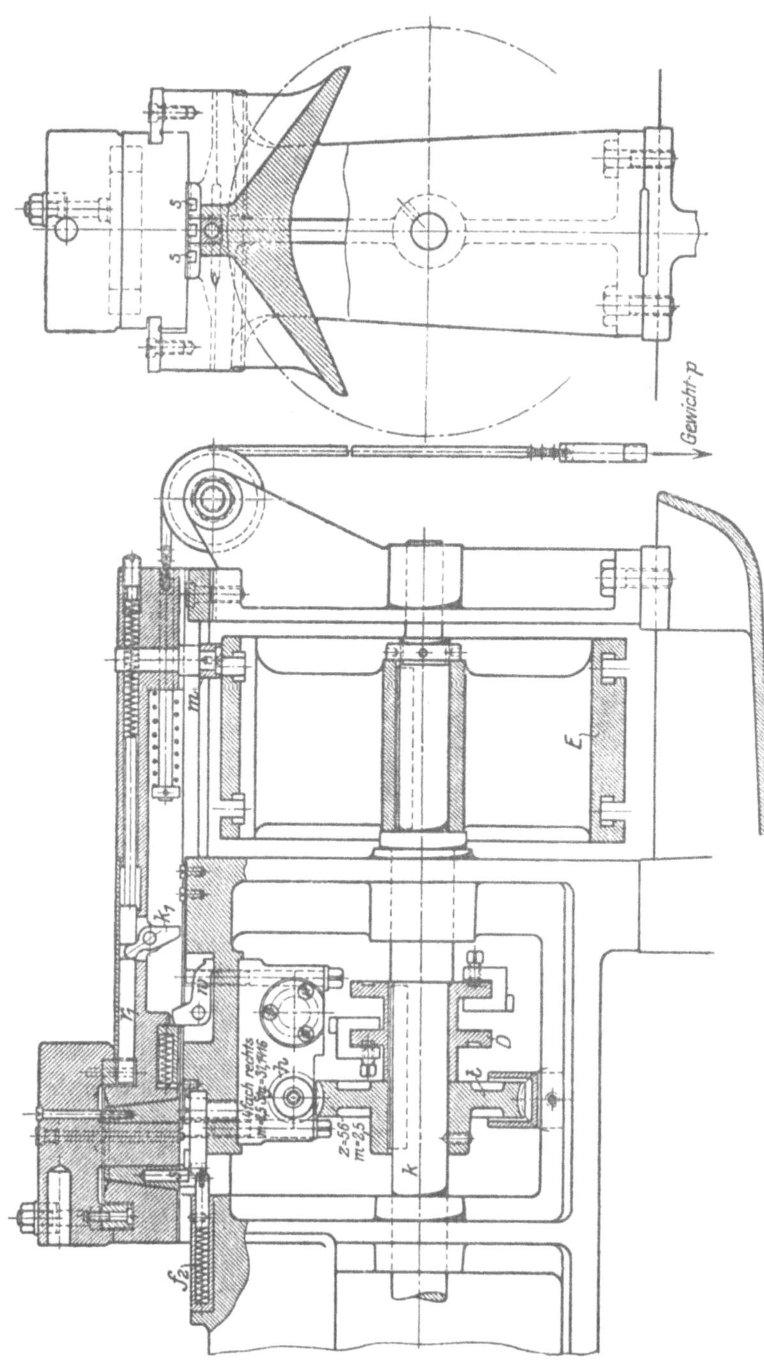

Abb. 302 und 303. Revolverkopf der selbsttätigen Revolverbank von Ludw. Loewe & Co.

gegen die Rolle des Vorschubhebels H. Er setzt zuerst schnell den Form-
schlitten Q an und schiebt ihn dann allmählich bis auf den Durchmesser
des Kopfes vor. Ist die letzte Arbeit der Maschine fast verrichtet, so
setzt schon die Daumenscheibe C_1 mit dem vorderen Vorschubhebel H_1

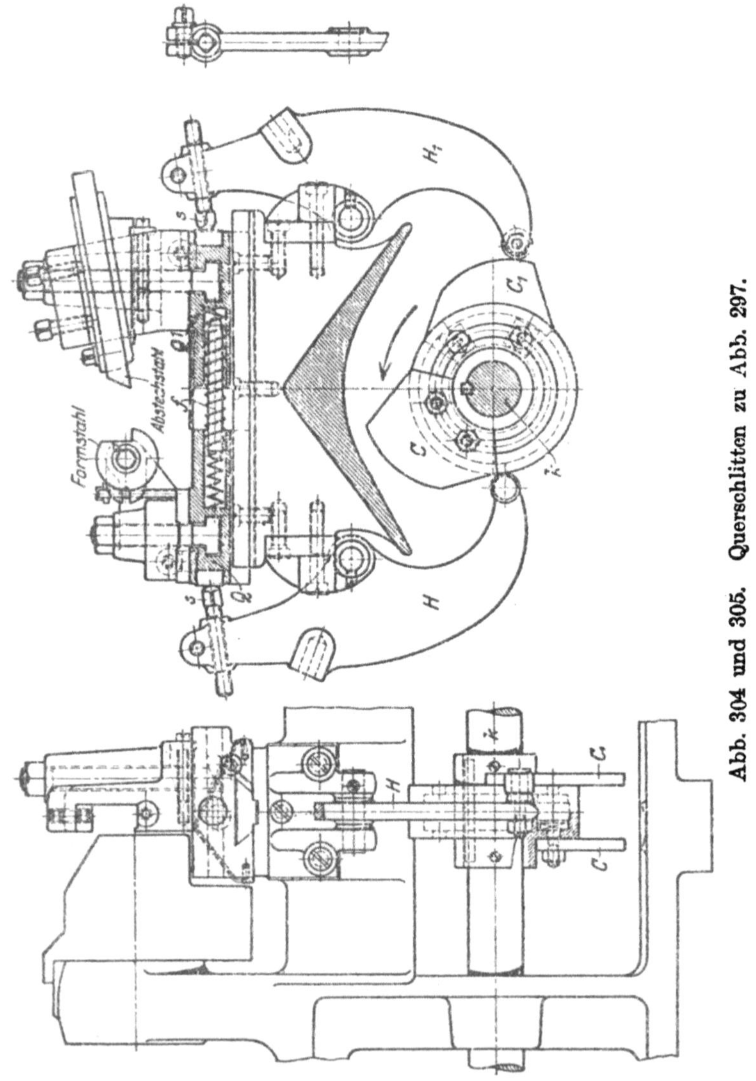

Abb. 304 und 305.   Querschlitten zu Abb. 297.

den Abstechschlitten Q_1 an und schiebt ihn zum Abstechen vor. Der
ständige Kraftschluß zwischen den beiden Querschlitten und ihren
Vorschubhebeln wird durch die Feder f aufrecht erhalten.

Besondere Aufmerksamkeit verdient der Antrieb der Steuerwelle k

Solange die Bank die Einstellungen besorgt, soll sie schnell laufen, sobald sie mit der Arbeit beginnt, muß sie langsam laufen. Der schnelle Lauf der Steuerwelle k ist daher einzuschalten beim Lösen des Spann-

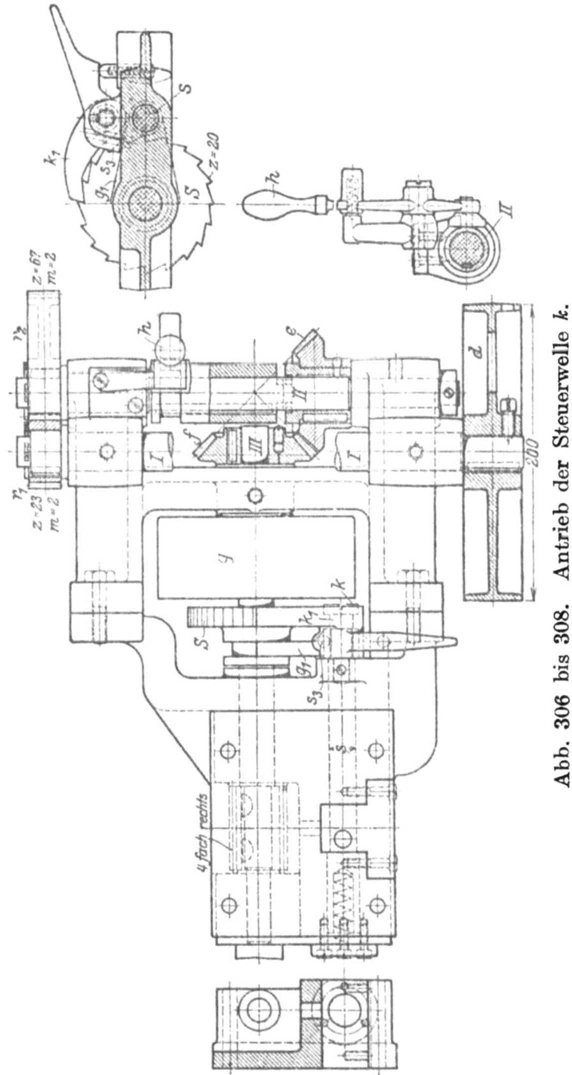

Abb. 306 bis 308. Antrieb der Steuerwelle k.

schlosses, Vorschieben der Stange und Schließen des Spannfutters, sowie beim Zurückziehen und Ansetzen des Revolverkopfes. Kurz bevor die Werkzeuge schneiden, muß die Maschine jedesmal auf langsamen Gang umgeschaltet werden. Diese Aufgabe ist durch ein Umlauf-

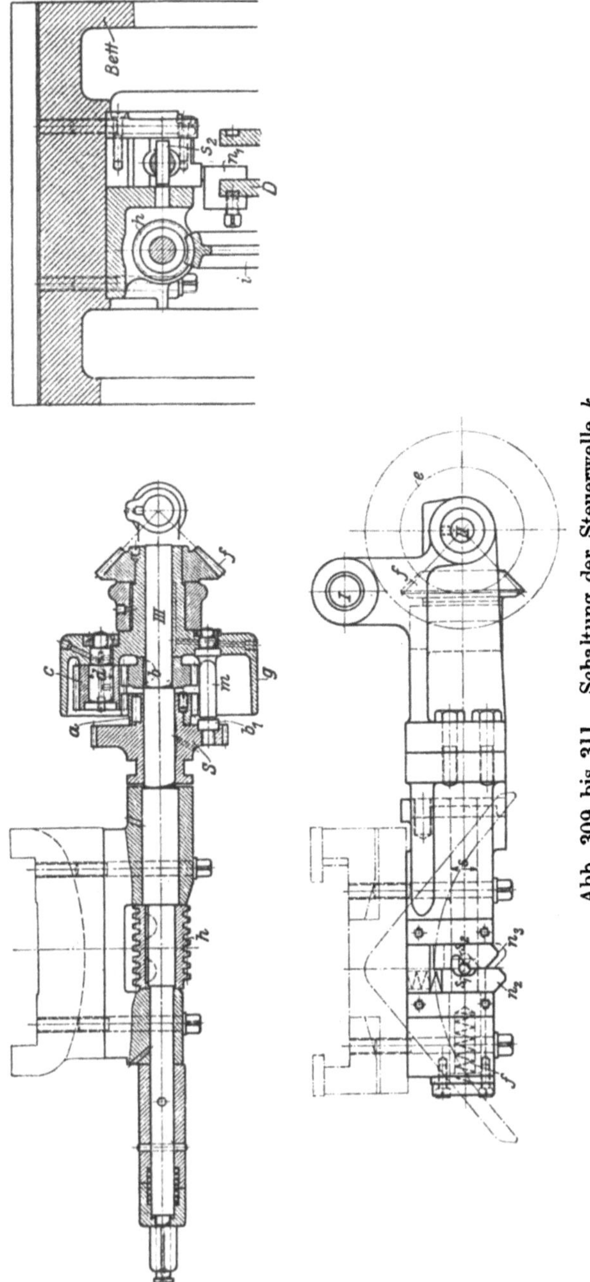

Abb. 309 bis 311. Schaltung der Steuerwelle *k.*

räderwerk — Planetenräderwerk — gelöst, dessen große Übersetzung für den langsamen Gang der Maschine von der Nockenscheibe D aus in den Antrieb der Steuerwelle k eingeschaltet und für den schnellen Leerlauf ausgeschaltet wird.

Der Antrieb der Steuerwelle k wird durch einen Riemen auf der Scheibe d vom Deckenvorgelege hergeleitet (Abb. 306 bis 311). Die Wechselräder r_1, r_2 treiben durch die Kegelräder $\dfrac{e}{f}$ über das Umlaufräderwerk $a\,c\,b$ die Schneckenwelle III, die über das Schneckengetriebe $\dfrac{h}{i}$ der Steuerwelle k den schnellen oder langsamen Lauf erteilt. Kurz bevor die Werkzeuge zum Schnitt ansetzen, drückt die Steuerscheibe D mit einem Nocken die Knagge n_3 hoch. Sie schiebt mit dem Querstift s_2 die Steuerspindel s soweit nach links vor, bis die unter Federdruck stehende Knagge n_2 einschnappt und die Spindel s in ihrer Lage festhält. Auf s sitzt fest die Kupplungsgabel g_1, die mit einer Abschrägung versehen ist. Während die Spindel s nach links geschoben wird, gleitet der Stift s_3 der unter Federdruck stehenden Sperrklinke k_1 die Schräge an g_1 herunter und legt die Klinke k_1 in das Sperrrad S und sperrt so das Rad a. Das Rädergehäuse g wälzt daher das Umlaufrad c auf den Mittelrädern $a\,b$ ab. Dabei treibt das gesperrte Rad a das Umlaufrad c, das langsam das Rad b und die Schneckenwelle III dreht. Bei jedem Umlauf des Rädergehäuses g empfängt das Rad c von dem stillstehenden Rade $a\ \dfrac{z_a}{z_c} = \dfrac{19}{13}$ Umläufe. Dabei wird das Umlaufrad c auf dem Rade $b\ \dfrac{z_a}{z_c} \cdot z_c = z_a = 19$ Zähne abrollen. Da nun das Rad b selbst $z_b = 20$ Zähne hat, so muß es sich bei jedem Umlauf des Radgehäuses um $z_b - z_a = 20 - 19 = 1$ Zahn vorwärtsdrehen. Das Rad b macht also bei jedem Umlauf des Gehäuses $g\ \dfrac{1}{20}$ Umläufe. Mit dieser großen Übersetzung von $1 : 20$ ist der langsame Lauf der Steuerwelle k erreicht. Nach beendetem Schnitt eines Werkzeuges drückt die Nockenscheibe D mit dem Steuernocken n_1 die Knagge n_2 hoch (Abb. 311), die die Steuerspindel s freigibt. Die Feder f schiebt sie wieder nach rechts zurück. Dabei wird die Knagge n_3 von dem Querstift s_2 soweit nach unten gedrückt, bis er in der Aussparung anliegt. Mit der Welle s wird auch die Kupplungsgabel g_1 nach rechts geschoben, die mit ihrer Schräge die Sperrklinke k_1 aushebt. Zugleich kommt das Sperrad S mit dem Bolzen b_1 vor den Mitnehmer m und kuppelt das Planetengetriebe. Das ganze Getriebe wird starr, und das Rad c wirkt gewissermaßen als Keil auf die Räder $b\,c$. Die Welle III empfängt jetzt für den Schnellgang die vollen Umläufe des Rädergehäuses g und läuft mit der 20fachen Geschwindigkeit. Der Revolverkopf wird daher schnell zurückgeholt, umgeschaltet und zum neuen Schnitt vorgeschoben.

Kurz vor dem neuen Schnitt kommt die Gegenscheibe von D mit einem Nocken wieder gegen die Knagge n_3, die das Umlaufräderwerk von neuem zum langsamen Arbeitsgang der Maschine einschaltet. Die Wechselräder r_1, r_2 gestatten ohne Änderung des Riemenantriebes die Vorschubgeschwindigkeiten dem Rohstoff anzupassen. Beim Einrichten wird mit dem Griff h das Kegelrad e auf II entkuppelt und die Steuerwelle mit einer auf III gesteckten Kurbel gedreht.

Soll die selbsttätige Revolverbank nach dem Arbeitsplan in den Abb. 312 bis 315 eine Schraube aus dem Vollen herausschälen, so wird zunächst die Trommel A mit dem Schloßschieber t das Spannschloß öffnen und mit dem Stangenschieber x die Rohstange vorschieben. Mit den Gegenleisten schließt A das Spannschloß und holt den Stangenschieber zurück. Die Trommel E schiebt schon den Revolverkopf mit den 3 Schruppstählen vor. Bevor sie den Schnitt ansetzen, schaltet die Steuerscheibe D den langsamen Arbeitsgang ein. Die Trommel E schiebt den Revolverkopf vor, so daß der Schraubenbolzen herausgeschält wird (Abb. 312). Nach beendeter Arbeit schaltet D den schnellen Leerlauf der Steuerwelle k ein, so daß die Gegenleiste von E den Revolverkopf schnell zurück-

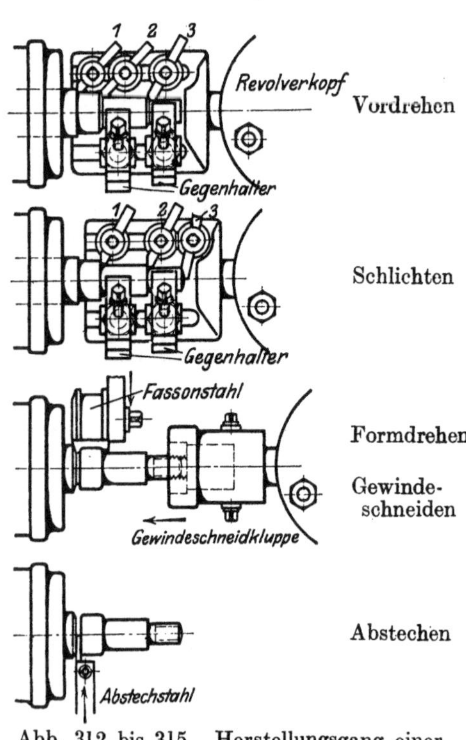

Abb. 312 bis 315.   Herstellungsgang einer Schraube.

holt und umschaltet. Dasselbe Spiel wiederholt sich beim Fertigdrehen und Abfasen des Bolzens (Abb. 313). Bevor der Revolverkopf mit der Schneidkluppe zum Gewindeschneiden vorgeht (Abb. 314), schaltet die Nockenscheibe B am Spindelstock den Gewindeschneidgang ein. Gleichzeitig schiebt der ·Nocken C den Querschlitten mit dem Formstahl zum Fertigdrehen des Kopfes vor (Abb. 314). Sobald eins dieser Werkzeuge mit der Arbeit beginnt, muß die Steuerscheibe D wieder den langsamen Gang der Steuerwelle k einschalten. Gleich darauf setzt der Daumen C_1 den Abstechstahl an (Abb. 315).

Es gibt im Werkzeugmaschinenbau wohl kaum eine zweite Entwicklungslinie, die so große wirtschaftliche Erfolge aufzuweisen hat, wie die der Drehbank zum Handrevolver und Automaten. Sie ersetzt die Kunstfertigkeit des gelernten Drehers durch ein Beaufsichtigen mehrerer Maschinen. So können von einem gelernten Arbeiter, der in erster Linie die Werkzeuge zu schärfen hat, und einem ungelernten Hilfsarbeiter bis zu 10 größere Maschinen bedient werden.

Einen klaren Überblick gibt folgende Aufstellung von Ludw. Loewe & Co., Berlin.

Zur Herstellung von 100 Schraubenbolzen von 105 mm Länge und $^3/_4''$ Gewinde (Abb. 312 bis 315) in zehnstündigem Arbeitstag sind notwendig:

a) Bei der Herstellung auf der Drehbank: 1 Abstechmaschine mit $2^1/_2$ Stunden Arbeitszeit, 1 Ankörnmaschine mit $1^1/_2$ Stunden und 7 Drehbänke mit zusammen 66 Arbeitsstunden. Die Gesamtarbeitszeit stellt sich also auf 70 Stunden und der Arbeitslohn für den Bolzen auf etwa 42 Pfg.

b) Bei der Herstellung auf der Handrevolverbank sind 2 Bänke mit zusammen 14 Arbeitsstunden notwendig, so daß die Arbeitslöhne für den Bolzen auf etwa 7 Pfg. kommen.

c) Bei der Herstellung auf Automaten genügt eine Maschine mit 10 Stunden Arbeitszeit und $^1/_5$ Mann Bedienung. Die Arbeitslöhne für den Bolzen würden etwa 1,2 Pfg. sein.

Die Zahlentafel VI, S. 8, legt ebenfalls Zeugnis über den wirtschaftlichen Erfolg dieser Entwicklung ab.

2. Die selbsttätigen Mehrspindelrevolverbänke (Mehrspindelautomaten).

Beobachtet man den Einspindelrevolver in seiner Arbeitsweise, wie er mit seinen eisernen Händen die Werkzeuge und das Werkstück handhabt, so versteht man Naumanns Ausspruch von dem „eisernen Mann". Er verrichtet seine Arbeit nach streng vorgeschriebenen Gesetzen mit einer Genauigkeit und Leistungsfähigkeit, wie sie Menschenhände nicht erreichen können. Mit diesem unbestrittenen Erfolg hat aber der Erfinder seine geistige Tätigkeit noch nicht abgeschlossen. Das allgemeine Streben nach leistungsfähigeren Maschinen zeitigte auch bei den Automaten weitere Vervollkommnungen. Der Einspindelautomat verlangt bekanntlich, daß der Revolverkopf so oft seinen Arbeitshub vollführt, wie Arbeitsfolgen nötig sind. Die Leistung des Automaten würde jedenfalls vervielfacht, wenn mit jedem Hub des Revolverkopfes ein Arbeitsstück fertig würde. Um diesen Gedanken zu verwirklichen, muß jedem Werkzeug eine Stange gegenüberstehen, damit beim Vorschieben des Werkzeugkopfes alle Werkzeuge zugleich arbeiten können, d. h. drehen, bohren, abfasen, gewindeschneiden, abstechen usw. Nach dem Zurückholen des Werkzeugkopfes müssen die Rohstangen vor das nächste Werkzeug geschwenkt werden, damit es die folgende Arbeit

verrichten kann. Das gleichzeitige Arbeiten der Werkzeuge an mehreren
Stangen verlangt aber, daß der Automat für jede Rohstange eine Spindel
hat. Der Einspindelautomat muß daher zu dem Mehrspindelautomaten
ausgebaut werden.

Der Vierspindelautomat (Abb. 316) hat für das Durchstecken
der 4 Rohstangen als äußeres Kennzeichen 4 Drehspindeln, denen ein
Werkzeugkopf mit 4 Werkzeugen oder Werkzeuggruppen gegenüber-
steht, die beim Vorschieben drehen, bohren oder gewindeschneiden.

Abb. 316. Vierspindelautomat von Gildemeister & Co., A. G., Bielefeld.

Das Anwendungsgebiet dieses Vierspindelautomaten würde auch vielgestaltete Formstücke umfassen, wenn er an jeder Stange nicht nur
in der Längsrichtung sondern auch in der Querrichtung Werkzeuge
ansetzte. An jeder Stange würden dann 2 Werkzeuge gleichzeitig
arbeiten, so daß die Leistung des Vierspindelautomaten durch die zugleich arbeitenden 8 Werkzeuge (Tafel X, S. 203) vervielfacht wäre.

Der Vierspindelrevolver beansprucht in seinem Aufbau, wie bereits
erwähnt, 4 Drehspindeln für das Durchstecken der 4 Rohstangen (Abb.
317 und 318). Jede Spindel hat eine Spannseele für das Lösen und
Festspannen und eine Vorschubseele mit Greifer für das Vorschieben
der Rohstange. Der Antrieb verlangt, die 4 Drehspindeln auf einem
Kreise um die Antriebswelle A anzuordnen, so daß die Spindelräder R_1
bis R_4 von dem Mittelrad R getrieben werden. Die Hauptwelle A erhält

von der Einscheibe E (Abb. 320 bis 321) über die Vorgelege $\dfrac{r_1}{R_1} \cdot \dfrac{r_2}{R_2}$ ihren Antrieb. Durch Auswechseln der Vorlegeräder r_2, R_1 lassen sich

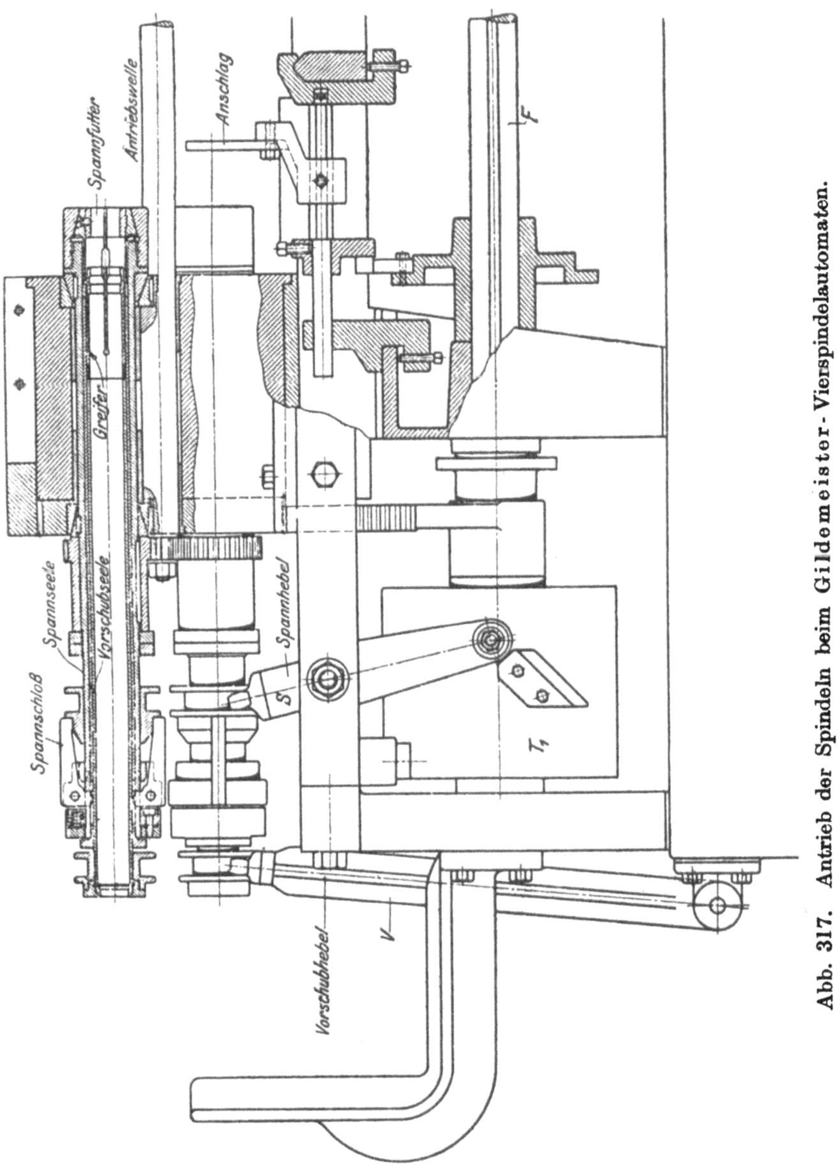

Abb. 317. Antrieb der Spindeln beim Gildemeister-Vierspindelautomaten.

die passenden Schnittgeschwindigkeiten einstellen. Die Arbeitsfolge schreibt vor, die Rohstangen von Werkzeug zu Werkzeug zu schwenken.

Diese Aufgabe ist dadurch gelöst, daß die 4 Spindeln in einer Trommel laufen, die in dem Trommelhause jedesmal eine Vierteldrehung macht (Abb. 318). Der Schwerpunkt liegt in der gleichachsigen Lage der

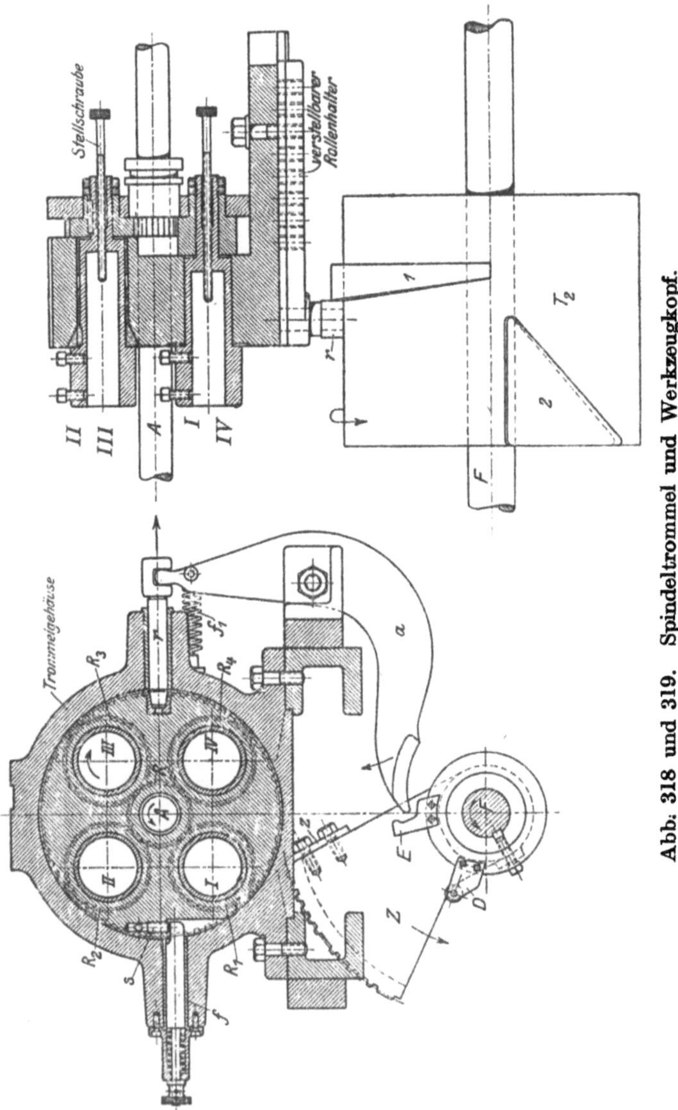

Spindeln und Werkzeuge, ohne die genaue Arbeit nicht zu erreichen ist. Sie darf auch durch das Schalten der Trommel nicht gestört werden. Bei dem **Gildemeister-Automaten** (Abb. 317) läuft daher jede

Spindel auf Kegelzapfen, so daß man sie durch Nachziehen der Ringmuttern *r* wieder genau aufs Werkzeug ausrichten kann. Das Trommelhaus ist geschlitzt, um mit Stellschrauben jeden Verschleiß ausgleichen

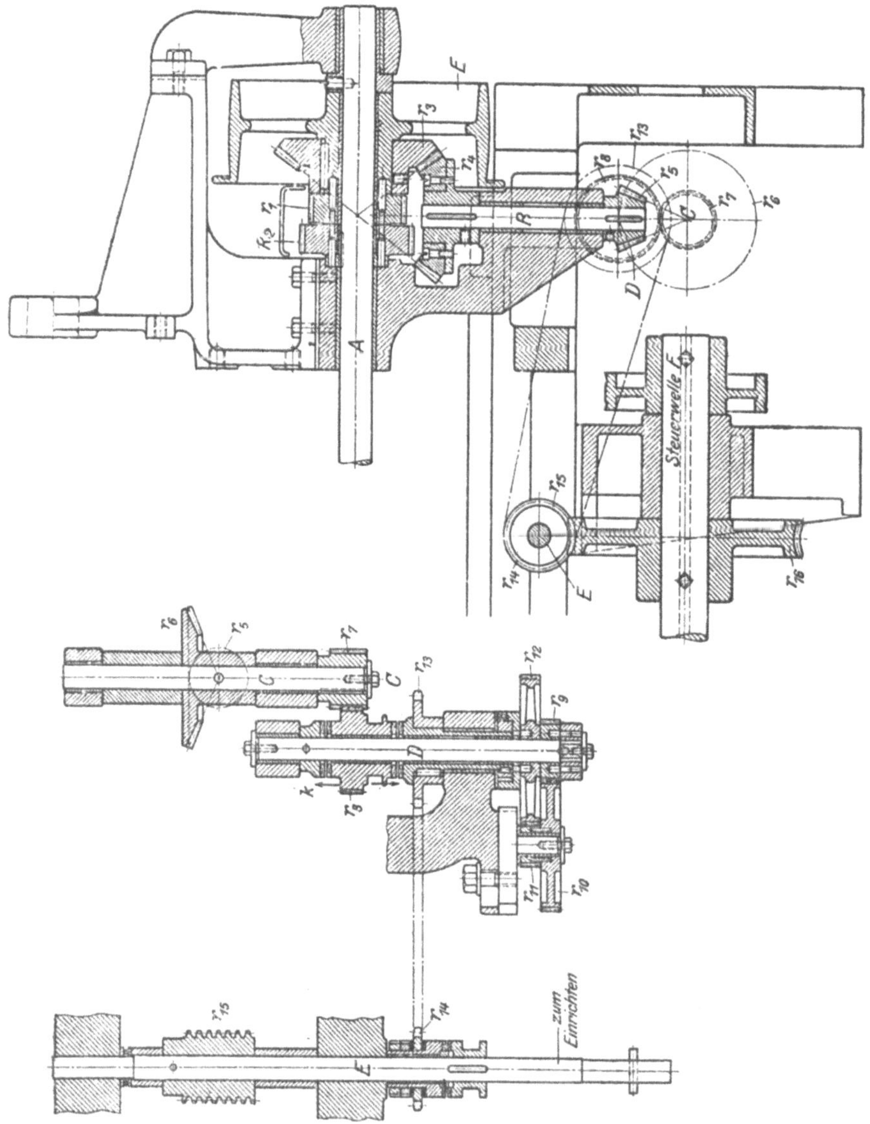

Abb. 320 und 321. Antrieb des Gildemeister-Vierspindelautomaten.

zu können. Das Umlegen der Stangentrommel, das Lösen, Vorschieben
und Festspannen der Rohstangen besorgt die Steuerwelle *F*. Sie
wird ebenfalls von der Einscheibe *E* angetrieben (Abb. 320 bis 321)

und zwar durch die Kegelräderpaare $\frac{r_3}{r_4}$, $\frac{r_5}{r_6}$, die Stirnräder r_7, r_8 und den Kettentrieb $\frac{r_{13}}{r_{14}}$, sowie das Schneckengetriebe $\frac{r_{15}}{r_{16}}$. Schaltet eine Steuerleiste das Rad r_8 auf das Kettenrad r_{13} ein, so läuft die Steuerwelle F schnell für den Leerlauf. Kurz vor Beginn der Arbeit schaltet die Gegenleiste das Rad r_8 auf die Kuppelmuffe k um, und die Wechselräder r_9 bis r_{12} vermitteln den langsamen Gang. Der Vorschub der Werkzeuge läßt sich mit den Wechselrädern regeln.

Die Steuerwelle F schaltet die Stangentrommel mit dem Zahnbogen Z um, der nach jedem Umlauf mit dem Trommelzahnkranz in Eingriff kommt. (Abb. 318.) Bei dieser Schaltung ist zu beachten, daß der Daumen D mit dem Steuerhebel a das Entriegeln der Trommel ansetzt, bevor der erste Zahn von Z mit dem Trommelkranz kämmt. Der Gegenriegel f wird beim Umlegen der Trommel von ihr selbst zurückgedrückt. Verläßt der letzte Zahn z des Zahnbogens Z den Zahnkranz, so soll der Arm a gerade von der Schulter des Daumens E abschnappen und den Riegel r vorschieben. In diesem Augenblick muß der Zahnbogen die Trommel so weit gedreht haben, daß die Richtschraube s eben am Riegel f vorbei ist, der jetzt einspringt. Der Arm a schließt jetzt durch den Zug der Feder f_1 den Riegel r. Um diese Genauigkeit in der Schaltung zu erreichen, ist der letzte Zahn z einstellbar, ebenso die Daumen D und E. Der spitze Riegel r bringt durch seinen Schluß die 4 Drehspindeln mit den Werkzeugspindeln zum Fluchten. Ist diese gleichachsige Lage durch Abnutzung gestört, so stellt man die Richtschraube s nach. Damit ist auch die Hauptbedingung für genaue Arbeit gelöst. Das Lösen, Vorschieben und Festspannen der Rundstangen übernimmt die Steuertrommel T_1, sobald die Stangentrommel die betreffende Stange aus der Lage IV in die Lage I bringt (Abb. 317). Mit einer Anschlagleiste faßt sie den Spannhebel S, der das Spannfutter öffnet und mit einer zweiten Leiste die Vorschubgabel V, die die Stange vorschiebt. Um die passende Länge einzustellen, schiebt die Steuerwelle F mit einem Daumen einen Anschlag vor die Stange. Die erste Gegenleiste der Trommel T_1 schließt jetzt das Spannfutter, und die zweite legt die Vorschubgabel V zurück. Inzwischen ist auch der Stangenanschlag zurückgeholt, damit die Werkzeuge vorgehen können. Zur Führung laufen die Stangen in engen Röhren, die sich dicht an die Drehspindeln anschließen. Um den Röhrenkorb leicht schalten zu können, ist er in Rollen gelagert.

Der Werkzeugschlitten (Abb. 319) trägt in dem Werkzeugkopf die Werkzeugspindeln I bis IV. Sie sollen, wie schon erwähnt, den Drehspindeln genau gegenüberstehen. Der Werkzeugkopf ist daher mit seiner Achse wagerecht angeordnet, und die Werkzeugspindeln sind wie die Drehspindeln in gleichem Abstande um die Antriebswelle A gelagert. Die Werkzeugspindeln I und IV sind im Kopf festgespannt.

Um ein ruhiges Arbeiten der Kopfwerkzeuge zu sichern, sollen die Werkzeughalter mit ihren Schäften so tief als möglich in den Spindeln stecken und mit den Klemmschrauben ordentlich festgezogen werden. Die Arbeitslänge wird mit den langen Stellschrauben eingestellt. Die vordere, obere Spindel *II* kann als Schnellbohrspindel für kleine Löcher dienen. Sie läuft als solche auf einem Zapfenkegel, mit dem sie sich aufs genaueste ausrichten läßt. Um die nötige Schnittgeschwindigkeit zu erreichen, wird sie von der Hauptwelle *A* durch Einschalten eines Zwischenrades angetrieben und zwar dem Drehsinn der Arbeitsspindel entgegen.

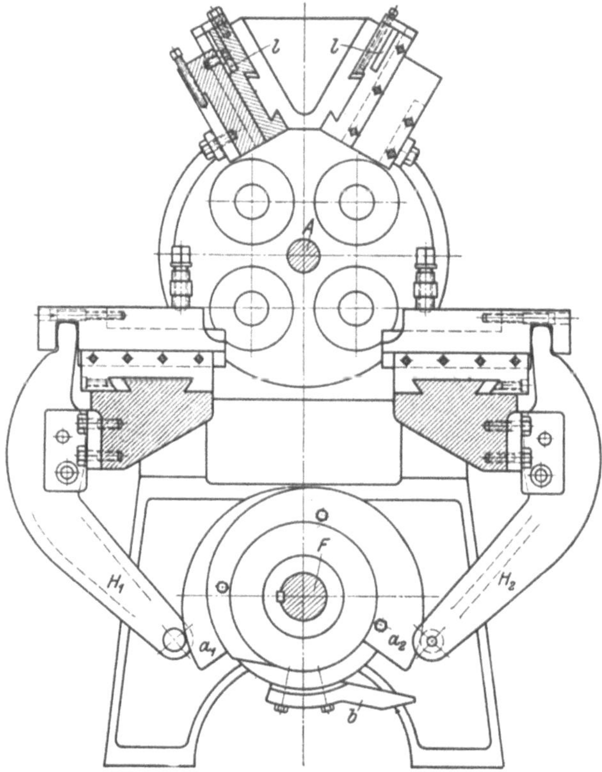

Abb. 322.   Querschlitten und Schlichtschieber.

Fürs Drehen oder Fräsen wird dieser Antrieb ausgeschaltet und die Spindel festgestellt. Die hintere, obere Spindel *III* ist die Gewindeschneidspindel, die ebenfalls mit Zwischenrädern von der Hauptwelle *A* angetrieben wird. Sie läuft schneller als die Stange, so daß mit dem Geschwindigkeitsunterschied geschnitten wird. Durch Ausrücken einer Kupplung wird der Antrieb stillgesetzt.

Den Vorschub des Werkzeugschlittens vermittelt die Steuertrommel T_2. Sie schiebt ihn mit einer Steuerschiene *l* und der Rolle *r* zum Arbeiten der Werkzeuge langsam vor und holt ihn mit der Gegenschiene 2 schnell zurück. Dieses Spiel soll einen Umlauf der Steuerwelle F umfassen, so daß die Steuertrommel T_2 nur 2 Schienen gebraucht. Um den Werkzeugschlitten auf passende Entfernung von der Stangentrommel einstellen zu können, ist der Rollenhalter an ihm verschiebbar.

Für die Seitenwerkzeuge, wie Form- und Abstechstähle, stehen den unteren Spindeln I und IV die beiden Querschlitten zur Seite. Sie lassen sich mit Stellschrauben einstellen, um die Werkzeuge genau zum Werkstück zu bekommen. Gesteuert werden beide auch hier durch

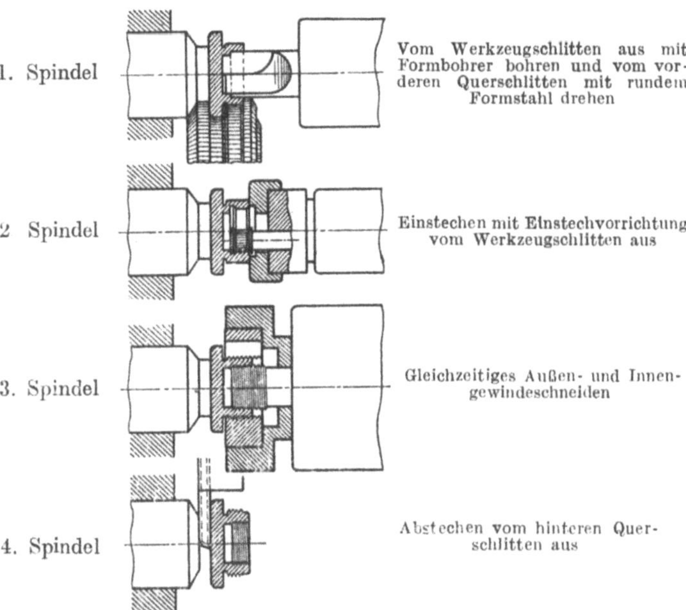

Abb. 323 bis 326.   Werkzeugeinstellung bei der Herstellung eines Formteiles mit zwei Gewinden.

Daumen a_1, a_2 und Hebel H_1, H_2 (Abb. 322). Zum Schlichten der Außenform sind oberhalb der oberen Drehspindeln II und III zwei Schlichtschieber angebracht. Beim Vorgehen des Werkzeugschlittens werden durch Führungsschienen l und Rollen die Schlichtwerkzeuge der Stange zugeschoben und beim Zurückgehen des Schlittens wieder abgezogen. An den Schlichtschiebern lassen sich auch Werkzeuge zum Rändern usw. anbringen.

Die zwangläufige Arbeitsfolge des Mehrspindelautomaten soll an dem Herstellungsgang eines Verschlußstückes erklärt werden. Nach dem oben beschriebenen Umschalten und Verriegeln des Stangenrevolvers löst die Trommel T_1 mit S den Spannkopf der Stange I und schiebt mit V die Stange gegen den inzwischen vorgeschobenen Anschlag vor. Jetzt schließt T_1 den Spannkopf und holt den Stangenschieber zurück. Der Stangenanschlag wird seitlich weggezogen. Während dieser Zeit hat die Steuerwelle F mit schnellem Lauf den Werkzeugkopf bis kurz vor die Stangen vorgeschoben. Jetzt schaltet der Automat auf langsamen Lauf um, und die Werkzeuge beginnen ihre Arbeit an den einzelnen Spindeln, wie in den Abb. 323 bis 326 angegeben. Die Schlichtschieber und die Werkzeugspindel IV werden hier nicht benutzt. Haben die Werkzeuge ihre Arbeit beendet, so schaltet die Maschine augenblicklich den schnellen Leerlauf ein, und die Trommel T_2 holt den Werkzeugschlitten zurück. Sobald die Werkzeuge die Stangen freigegeben haben, schaltet der Zahnbogen den entriegelten Stangenrevolver um. Da die Werkzeuge zugleich arbeiten, so wird mit jedem Vor- und Zurückgehen des Werkzeugschlittens und Umschalten der Stangentrommel ein Werkstück fertig. Die Herstelldauer richtet sich allgemein nach dem Arbeitsvorgang, der die meiste Zeit erfordert. Für gewöhnlich ist es das Schruppen, das daher möglichst zu beschleunigen ist. Die übrigen Arbeiten können hingegen mit größter Genauigkeit erledigt werden.

g) Die halbselbsttätigen Revolverbänke (Halbautomaten).

1. Die Einspindel-Halbautomaten.

Die Ganzautomaten sind für Stangenarbeit eingerichtet. Nach jedem fertigen Stück schieben sie die Stange von neuem vor und setzen sich erst still, wenn das Stangenende erreicht ist. Der Arbeiter wird meist durch ein Glockenzeichen darauf aufmerksam gemacht. Er kann daher in der Zwischenzeit mehrere andere Automaten beaufsichtigen und bedienen.

Die Halbautomaten sind für Futterarbeiten gebaut. Die Werkstücke — meist Gußstücke — werden mit der Hand in das Futter gespannt. Halbautomaten müssen daher für das Ein- und Abspannen der einzelnen Werkstücke jedesmal stillgesetzt werden. Alle Arbeitsvorgänge verrichten sie dagegen selbsttätig. Den Halbautomaten fehlt somit der selbsttätige Stangenvorschub, der das Kennzeichen der Ganzautomaten ist. Revolverkopf und Querschlitten, Geschwindigkeits- und Vorschubwechsel werden dagegen selbsttätig gesteuert, und nach jedem fertigen Stück werden Quer- und Revolverschlitten selbsttätig stillgesetzt.

Der Pittler - Halbautomat (Abb. 327 bis 330) ist in seinem äußeren Aufbau durch ein kräftiges Kastenbett mit angegossenem Spindelkasten gekennzeichnet. Zwischen den Querschlitten ist das Bett für die Aufnahme der Späne offen. Der Antrieb der Drehspindel D geht von der Einscheibe E aus und geschieht durch das Räderwerk R_1

bis R_{12} (Abb. 331). Das Nortongetriebe I hat mit dem Schwenkrade R auf R_4 bis R_7 4 Schaltungen. Die 3 Rädervorgelege zwischen den Wellen

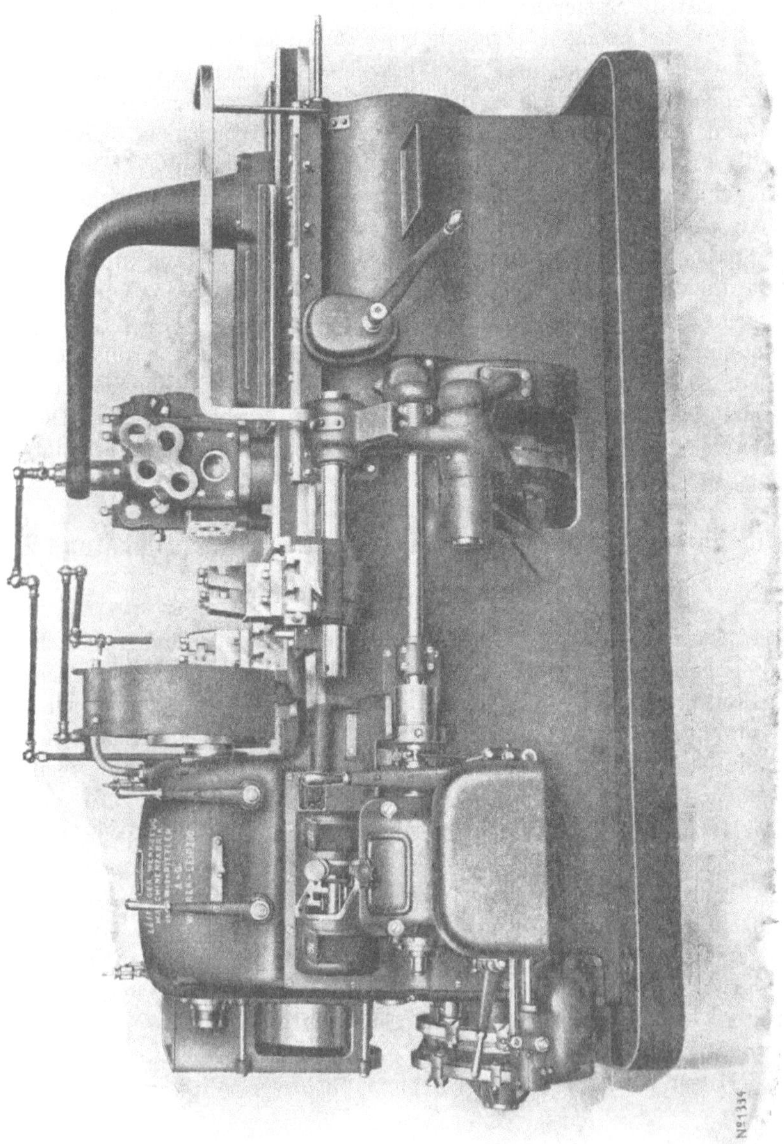

Abb. 327. Halbselbsttätige Revolverbank (Halbautomat) Akt.-Ges. Pittler, Leipzig-Wahren.

III und IV lassen sich mit Kupplungen schalten, so daß für die Drehspindel D 4 × 3 Geschwindigkeiten verfügbar sind. Die Räder R_9 und

Additional information of this book

(Die Werkzeugmaschinen; 978-3-642-89890-7; 978-3-642-89890-7_OSFO9) is provided:

http://Extras.Springer.com

R_{10} haben nämlich Spreizringkupplungen, die mit der Muffe k_1 und Hebel h_1 geschaltet werden. Das Rad R_8 ist als Rollenkupplung (Abb. 332) ausgebildet, die nur arbeitet, wenn k_1 ausgeschaltet ist. Wird hingegen die Kupplung k_1 auf R_9 oder R_{10} eingerückt, so wird die Rollenkupplung überholt, da R_9 und R_{10} schneller laufen als R_8. Durch Umstecken der beiden Wechselräder R_1, R_2 läßt sich die Zahl der Geschwindigkeiten auf 2×12 erhöhen. Der Halbautomat stellt die Schnittgeschwindigkeiten für die Arbeitsfolgen, wie Drehen, Bohren, Gewindeschneiden usw. selbsttätig ein (Abb. 333 und 334). Die beiden Vorgelege $\dfrac{R_6}{R_9}$, $\dfrac{R_7}{R_{10}}$ werden nämlich von der Steuerscheibe K geschaltet. Sie verschiebt mit ihren Steuerknaggen die Zahnstange b auf der Rückseite

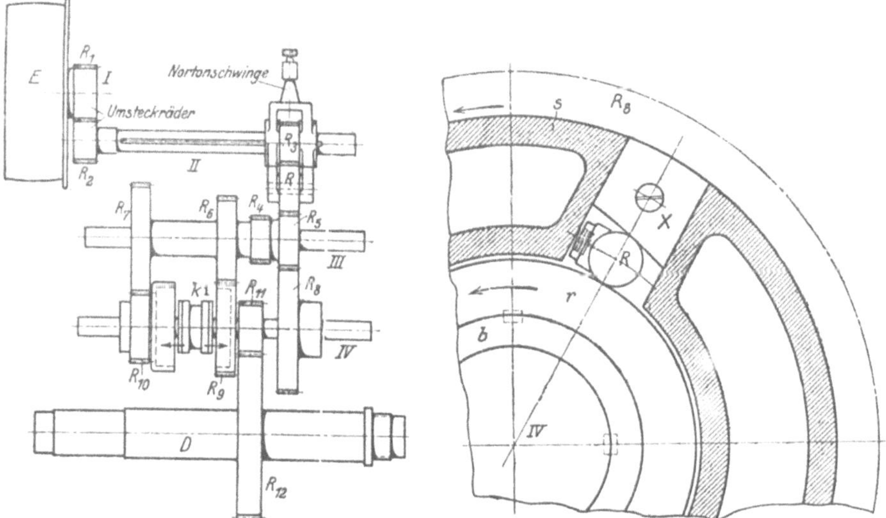

Abb. 331. Antrieb der Hauptspindel.   Abb. 332. Rollenkupplung.

der Maschine in 3 Lagen, in denen sie mit dem Gestänge c bis f die Kupplung k_1 auf R_9 oder R_{10} einschaltet oder ausrückt, so daß die Rollenkupplung von R_8 zur Wirkung kommt. Das lose laufende Rad R_8 drückt mit dem Schlußstück X die Rolle R unter Mitwirkung der Federkappe gegen den festgekeilten Ring r. Die Rolle kuppelt so R_8 auf der Nabe b. Ist R_9 oder R_{10} eingerückt, so eilt die Nabe b vor, und der Ring r lüftet die Rolle. Mit dem Nortongetriebe läßt sich die Schnittgeschwindigkeit den verschiedenen Werkstücken anpassen, und mit dem Handgriff h_2 und der Kupplung k_2 kann die Maschine, ohne das Deckenvorgelege zu benutzen, stillgesetzt werden. Dies ist besonders beim Einrichten von Vorteil. Eine Spiralfeder hält die Kupplung k_2, solange die Maschine arbeitet, in Eingriff, während sie ausgerückt durch einen Riegel des Schalthebels h_2 gesperrt wird (Abb. 328).

Der Revolverschlitten ist auf einem Stellschlitten geführt, mit dem er nach einem Maßstab auf passende Entfernung vom Futter gebracht werden kann. Der Revolverkopf hat 4 Werkzeuglöcher. Er wird durch den Riegel r verriegelt, durch die Zahnstange Z_1 auf seiner Unterlage festgezogen und durch die Schaltbolzen s_1 umgeschaltet. Diese Einrichtung wirkt wie folgt: Holt die Steuertrommel T mit ihrer Rückzugsleiste den Revolverschlitten zurück, so stößt zuerst der Hebel g gegen den Gegenanschlag g_1 am Unterschlitten. Die Zahnstange Z_1 wird zurückgeschoben, bis sich die Flächen a gegeneinander legen. Unter dem Druck der Feder f_2 ist die Zahnstange jetzt gesperrt. Sie hat beim Zurückschieben das mit Gewinde auf dem Bolzen b_1 sitzende Zahnrad r_1 gedreht und den Revolverkopf auf seiner Unterlage gelüftet. Nach dem Lüften setzt gleich das Entriegeln des Kopfes ein. Der Riegel r kommt mit der Rolle r_2 an den Anschlag a_1. Die schräge Steuerkante an a_1

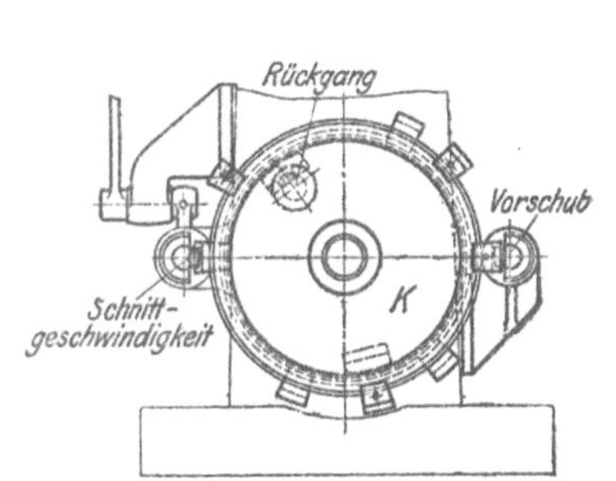

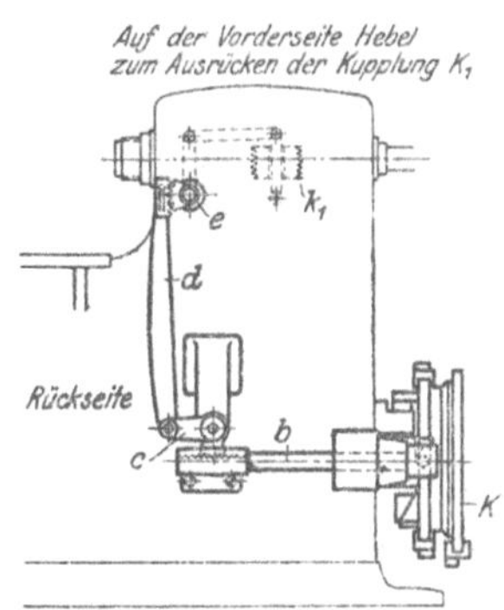

Abb. 333 und 334.   Schaltsteuerung.

zieht den Riegel r zurück und entriegelt den Kopf. Gleich darauf stößt der Umschalter mit einem der Bolzen s_1 gegen den festen Anschlag a_2 am Unterschlitten. Der Revolverkopf wird um eine Vierteldrehung herumgelegt, und der Riegel r springt durch den Druck der Feder f_1 in die neue Sperre ein.

Schiebt jetzt die Steuertrommel T mit der Vorschubleiste und der Vorschubrolle r_1 den Revolverschlitten vor, so kommt der Hebel g von rechts gegen g_1 und wird wieder in die erste Lage zurückgeführt. Sobald die Sperre a ausgelöst ist, schiebt die gespannte, kräftige Feder f_2 die Zahnstange rasch vor, die den Kopf auf seiner Unterlage festzieht. Der Federbolzen h stellt den Hebel g wieder in seine richtige Lage. Die Anschläge a_1 und a_2 weichen beim Vorgehen des Revolverschlittens aus und stellen sich durch die Feder und den Federstift wieder ein.

Das Steuern des Revolverkopfes besorgt, wie bereits erwähnt, die Steuertrommel T. Sie schiebt bei jeder Umdrehung den Revolverschlitten zum Arbeiten langsam vor und holt ihn schnell zurück. Sie hat daher nur eine Vorschubleiste und eine Rückzugsleiste, so daß ein Auswechseln der Leisten fortfällt. Die Steuertrommel T hat einen dreifachen Antrieb, den Arbeitsgang fürs Drehen, Bohren usw., den Gewindeschneidgang fürs Gewindeschneiden und Aufreiben und den schnellen Rückgang. Der Arbeits- und Gewindeschneidgang werden von der Drehspindel D hergeleitet, der Rückgang hingegen von der Einscheibenwelle I. Arbeitsgang und Gewindeschneidgang haben in dem Räderwerk 1 bis 12 gemeinsamen Antrieb und in dem Nortongetriebe II einen vierfachen Vorschubwechsel (Abb. 335). Wird die Kupplung k (Abb. 336) auf das Kegelrad 13 geschaltet, so geht der Arbeitsgang über 13, 14 auf

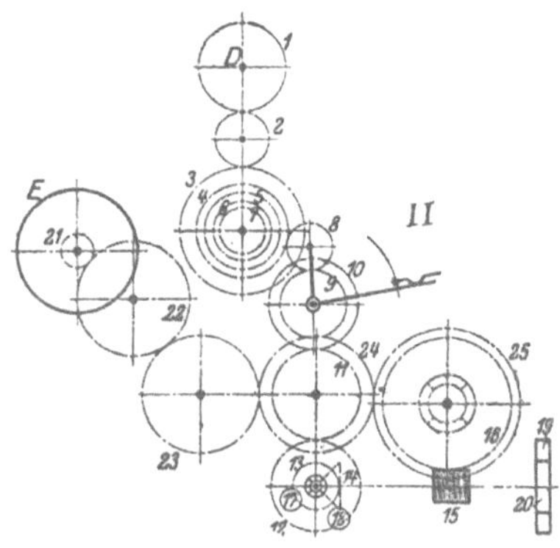

Abb. 335. Steuerungsantrieb.

das Schneckengetriebe $\dfrac{15}{16}$; stellt man k auf 17 um, so erfolgt der Gewindeschneidgang über 17, 18, 19, Wechselräder und 20 auf das Schnek-

kengetriebe $\dfrac{15}{16}$. Don schnellen Rückgang leiten die Räder 21 bis 25 (Abb. 329) von der Einscheibe E her, so daß der Revolverschlitten und die Querschlitten selbst bei der kleinsten Spindelgeschwindigkeit stets gleich schnellen Rücklauf haben. Diese Gänge werden einzeln auf die Welle W_1 geschaltet, die über die mit einer Sicherheitsklaue angekuppelte Welle W_2 und das Räderwerk 26 bis 31 die Steuertrommel T treibt. Für den Arbeitsgang und den Gewindeschneidgang ist das Schnekkenrad 16 mit einer Rollenkupplung (Abb. 328) ausgerüstet, die die Bewegung über die Büchse b und die Kupplung k_3

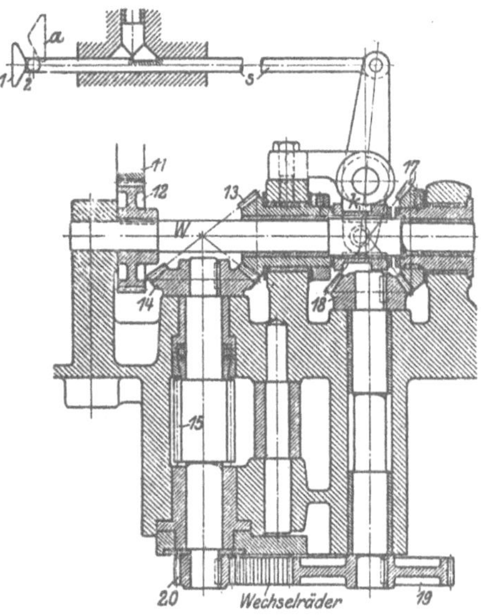

Abb. 336. Umsteuerung.

auf die Vorschubwelle W_1 überträgt. Schaltet die Maschine aber die Kupplung k_4 auf das Rad 25 des Rückganges ein, so wird infolge der größeren Geschwindigkeit von 25 der Arbeits- und Gewindeschneidgang überholt, und die Vorschubwelle W_1 läuft schnell.

Die beiden Querschlitten sind geteilt ausgeführt. Sie können daher einzeln, zusammen und auch mit dem Revolverkopf gleichzeitig arbeiten. Für breite Werkstücke sind sie einzeln in der Längsrichtung des Bettes verstellbar, so daß der eine Querschlitten vorn und der andere hinten arbeiten kann. Diese getrennte und verstellbare Anordnung der Querschlitten erhöht die Verwendungs- und Anpassungsfähigkeit der Maschine sehr. In der Steuerung der Querschlitten hat der Pittler-Halbautomat eine erwähnenswerte Neuerung. Um das Rattern, das z. B. beim gleichzeitigen Einstechen mit den Querschlitten und Bohren mit dem Revolverkopf auftreten könnte, von dem Antrieb der Steuertrommel fernzuhalten, haben die Querschlitten und der Revolverkopf getrennte Antriebe. Die Welle W_2 treibt nämlich durch das große Schneckengetriebe $\frac{32}{33}$ die Welle W_3 mit der Steuerscheibe S, die mit Steuerdaumen, doppelarmigen Zahnbogenhebeln h_4 auf die Welle W_5 und von hier die Querschlitten mit Zahnrad 34 und Zahnstange 35 steuern. Tritt mal in diesen Getrieben ein Rattern auf, so ebbt es auf dem Wege zur Steuertrommel T ab.

Die Steuerscheibe K, von der aus Schnittgeschwindigkeit und Vorschub gesteuert werden, sitzt ebenfalls auf der Welle W_3.

Es bleibt noch die Frage zu erörtern: Wie schaltet sich die Maschine auf den Arbeitsgang, Gewindeschneidgang, Rückgang und Stillstand um? Der Arbeitsgang und der Gewindeschneidgang werden, wie bekannt, mit der Kupplung k geschaltet (Abb. 336). Schiebt die Steuerscheibe K mit ihren Anschlägen a die Stange s nach links, so springt die Kupplung k wegen der Umsteuerschneiden augenblicklich auf den Gewindeschneidgang 17 ein und löst vorher den Arbeitsgang 13 aus.

Der Rückgang der Maschine wird mit Hebel h_5 eingestellt, mit dem auch die Schlitten stillgesetzt werden. Der Hebel h_5 hat 3 gekennzeichnete Stellungen. In der Mittelstellung ist k_3 eingerückt und k_4 durch den angeschlossenen Hebel h_6 ausgerückt (Abb. 328). Die Rollenkupplung des Schneckenrades 16 wirkt, und die Maschine vollzieht je nach der Stellung der Kupplung k den Arbeitsgang oder den Gewindeschneidgang. In der Linksstellung von h_5 sind k_3 und k_4 ausgerückt, so daß die Querschlitten und der Revolverschlitten stillstehen. Die Rechtsstellung von h_5 ist schneller Rückgang, da k_4 das Rad 25 kuppelt, und die Rollenkupplung 16 überholt wird. Die Maschine vollzieht den Wechsel der Gänge wie folgt: Die Steuerscheibe K zieht mit dem Anschlag a_3 zuerst den Riegel zurück, der den Winkel w freigibt. Gleich darauf schiebt ein Anschlag unter Mitwirkung der Feder die Stange s_2 nach links und schaltet damit den Rückgang ein. Nach beendeter Arbeit kommt ein neuer Anschlag der Steuerscheibe K, der die Stange s_2 ganz nach rechts schiebt und die Schlitten stillsetzt.

Additional information of this book

(Die Werkzeugmaschinen; 978-3-642-89890-7; 978-3-642-89890-7_OSFO10) is provided:

http://Extras.Springer.com

2. Die Mehrspindel-Halbautomaten.

Der Einspindel-Halbautomat muß für das Ein- und Abspannen
der Werkstücke jedesmal stillgesetzt werden. Die hierzu erforderliche
Zeit geht für das Arbeiten der Maschine verloren. Will man diese Um-
spannzeit ausnutzen, so muß der Halbautomat mit mehreren Werkzeugspindeln an mehreren Arbeitsstücken zugleich arbeiten, währenddessen ein fertiges Stück abgespannt und ein neues eingespannt wird.
Bei einem Vierspindel-Halbautomaten würden daher 4 Spindeln mit
ihren Werkzeugen an 4 Werkstücken zugleich ihre Arbeit verrichten,
das fünfte, fertige Stück müßte während dieser Zeit gegen ein neues
umgespannt werden. Zur Durchführung dieses Arbeitsplanes verlangt

Abb. 337. Vierspindel-Halbautomat. Gildemeister & Co., A. G., Bielefeld.

der Vierspindel-Halbautomat außer den 4 Werkzeugspindeln, die zum
Drehen, Bohren, Fasen und Gewindeschneiden benutzt werden, einen
Revolverkopf mit 5 Löchern für die Spannfutter der Arbeitsstücke.
Der Revolverkopf muß jedesmal den Werkzeugspindeln 4 Werkstücke
zum Bearbeiten zuschieben, während der Arbeiter am Loch V ab- und
einspannt. Nach dem Rückgang wird der Revolverkopf geschaltet, so
daß jedes Stück vor die nächste Spindel kommt. Die Arbeitsstücke
machen daher einen Kreislauf von der Einspannstelle über die 4 Spindeln
zur Ein- oder Abspannstelle zurück. Dieser Kreislauf wird nur durch
die Arbeit der Werkzeugspindeln unterbrochen. Für das Bearbeiten
eines Stückes kommt nur die reine Maschinenarbeitszeit in Betracht,
weil wie bei dem Mehrspindelautomaten mit jedem Hin- und Rückgang
des Revolverkopfes ein fertiges Arbeitsstück geliefert wird.

13*

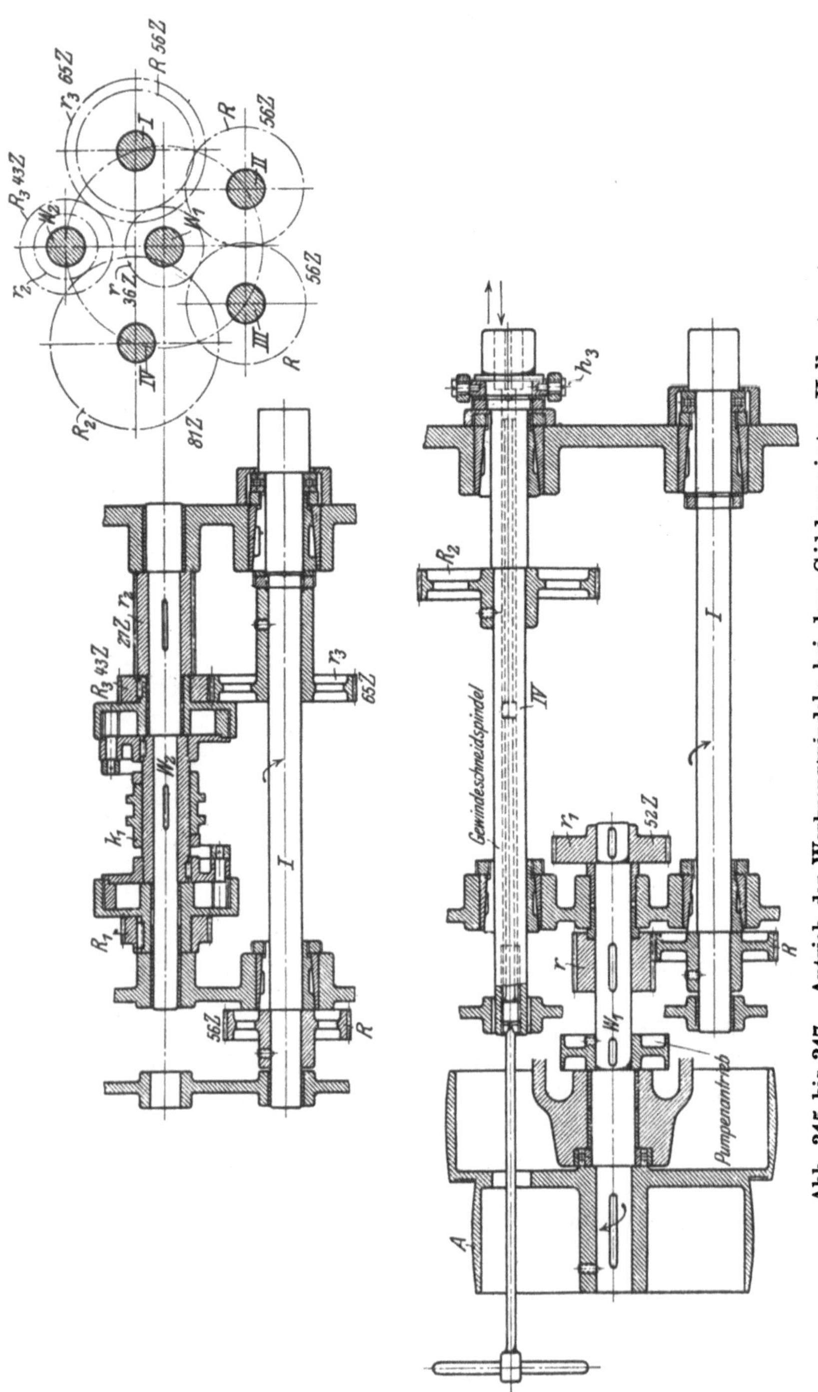

Abb. 345 bis 347. Antrieb der Werkzeugspindeln bei dem Gildemeister-Halbautomaten.

Der Gildemeister - Vierspindel - Halbautomat (Abb. 337 bis 344) hat als Grundbedingung für eine leistungsfähige Maschine ein kräftiges Kastenbett mit angegossenem Spindelkasten und mit breiten Ölschalen. In den nachstellbaren Lagern des Spindelkastens laufen die 4 Werkzeugspindeln I, II, III, IV. Die Spindeln I, II, III können bohren, drehen und fasen, während die Spindel IV zum Gewindeschneiden dient. Der Antrieb aller Spindeln (Abb. 345 bis 347) geht von der Zweistufenscheibe A aus. Die Dreh- und Bohrspindeln I, II, III werden von dem Mittelrade r auf W_1 angetrieben, das mit den 3 Spindelrädern R kämmt. Die Gewindespindel IV muß für den Vor- und Rückgang Rechts- und Linkslauf haben. Der Vor- oder Rechtslauf der Gewindespindel IV kommt von der Spindel I über die Räderpaare $\dfrac{r_3}{R_3}, \dfrac{r_2}{R_2}$. Der Links- oder Rücklauf wird durch das Vorgelege $\dfrac{r_1}{R_1}$ von W_1 entnommen und durch $\dfrac{r_2}{R_2}$ von W_2 auf IV übertragen. Zum abwechselnden Einschalten des Vor- und Rücklaufes sind die Räder R_1 und R_3 durch Verschieben der Kuppelmuffe k_1 auf W_2 zu kuppeln. Damit ist der Antrieb der Hauptbewegung der Werkzeugspindeln erschöpft. Die Werkstücke werden in den Revolverkopf Rv gespannt, der hierzu 5 Löcher hat. Die Löcher I, II, III, IV liegen

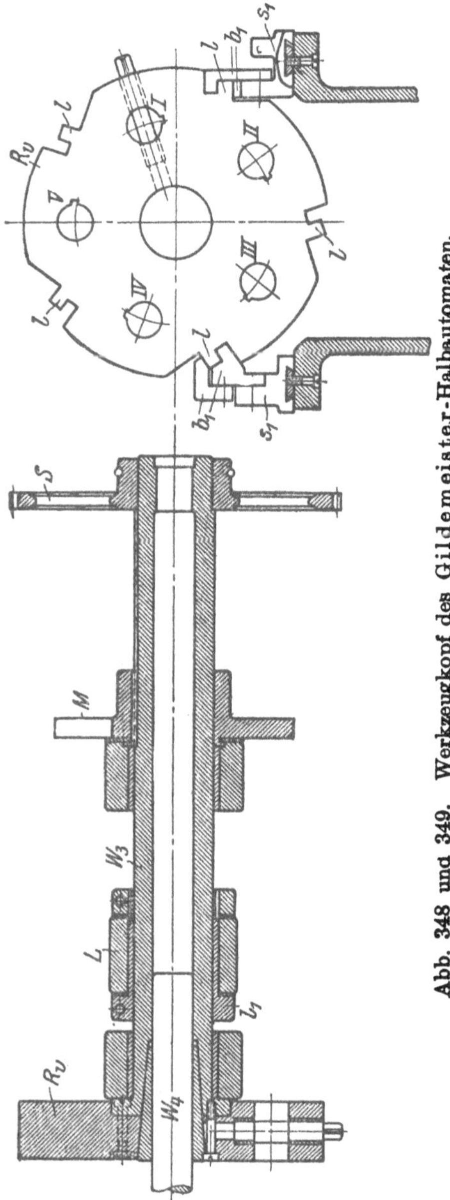

Abb. 348 und 349. Werkzeugkopf des Gildemeister-Halbautomaten.

gleichachsig mit den 4 Werkzeugspindeln und halten mit ihren Spannbacken die Werkstücke den Spindeln bereit. An dem Loch V werden die fertigen Stücke gegen neue ausgewechselt. Um die genaue Lage des Revolverkopfes zu sichern, ist er mit den Stirnflanschen der kräftigen Revolverspindel W_3 verschraubt, die doppelt gelagert (Abb. 348) und auf der Welle W_4 mit einer Kegelschale geführt ist. Zu seiner Entlastung hat der Revolverkopf am äußeren Umfang besondere Leisten l (Abb. 349), die kurz vor dem Schnitt von den Backen b_1 der Schieber s_1 geführt werden. Durch diese doppelseitige Führung ist ein erschütterungsfreies Arbeiten gewährleistet. Das Vorschieben und Zurückziehen des Revolverkopfes geschieht mit dem Schlittenlager L. Es ist auf dem Bett geführt und seine Büchse l_1 auf W_3 festgeklemmt.

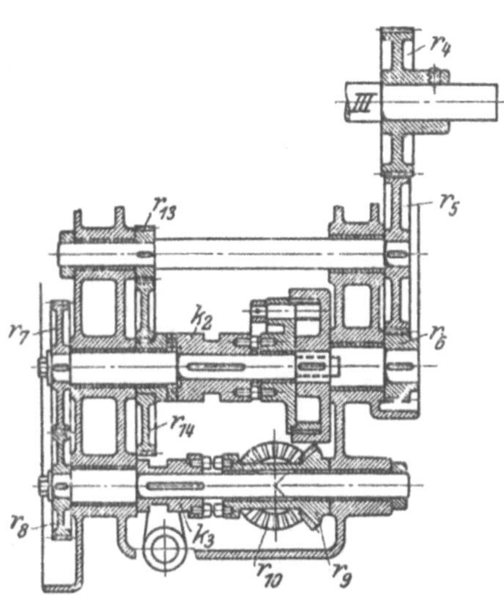

Abb. 350.   Räderkasten.

Zum Umschalten des Kopfes dient das Schaltkreuz M (Maltheserkreuz) und zum Verriegeln die Sperrscheibe S. Solange die Steuerscheibe N mit ihrem vollen Umfang in der Aussparung des Schaltkreuzes läuft und solange der Sperrhebel h_{10} mit der Nase n in die Nut der Sperrscheibe S faßt, ist der Revolverkopf verriegelt. Wird aber der Sperrhebel h_{10} durch den Daumen d ausgelöst und das Schaltkreuz M durch N freigegeben, so kommt der Umschalthebel r mit der Rolle in den Schlitz von M und schaltet den Kopf um, indem r das Kreuz M um 72° mitnimmt. Hierauf schnappt unter dem Zug der Feder f_1 der Sperrhebel h_{10} in die neue Sperre ein und verriegelt den Kopf von neuem.

Alle Vorschub- und Einstellbewegungen des Halbautomaten werden von der Steuerwelle K hergeleitet. Sie muß wie bei den Ganzautomaten während des Arbeitens der Werkzeuge langsam laufen und beim Rückgang und Ansetzen des Revolverkopfes schnell. Der Antrieb der Steuerwelle K geht von der Werkzeugspindel III aus (Abb. 350). Ihren schnellen Leerlauf vermitteln die Stirnräder r_4 bis r_8, die Kegelräder r_9, r_{10} und das Schneckengetriebe $\dfrac{r_{11}}{r_{12}}$. Der langsame Vorschubgang wird von den Räderpaaren $\dfrac{r_4}{r_5}$, $\dfrac{r_{13}}{r_{14}}$, $\dfrac{r_7}{r_8}$, $\dfrac{r_9}{r_{10}}$, $\dfrac{r_{11}}{r_{12}}$ erzeugt. Das Umschalten geschieht mit der Kupplung k_2, die für den Schnellgang rechts und für den Vorschubgang links eingeschaltet wird. Mit den Wechselrädern r_7, r_8 wird die Geschwindigkeit dem Rohstoffe angepaßt. Zum Einrichten des Automaten muß der Selbstgang der Steuerwelle K ausgelöst und der Handantrieb eingeschaltet werden. Hierzu ist der Handhebel h_1 herumzulegen, so daß die Kupplung k_3 im Räderkasten ausgerückt und die Kupplung k_4 eingerückt wird. Mit einer Kurbel auf Vierkantwelle a läßt sich jetzt die Steuerwelle K über die Kegelräder r_{15} bis r_{18} und das Schneckengetriebe $\dfrac{r_{11}}{r_{12}}$ drehen.

Die Steuerwelle K hat in dem selbsttätigen Betriebe der Maschine folgende Schaltungen und Vorschubbewegungen zu erzeugen: 1. Das Umschalten der Kupplung k_1 für den Vor- und Rücklauf der Gewindespindel IV. Sobald das Gewinde bis zur vorgeschriebenen Tiefe geschnitten ist, legt die Steuerscheibe b mit einem verstellbaren Anschlage a_1 den Hebel h_2 herum, der die Kupplung k_1 auf das Rücklaufrad R_1 umschaltet. 2. Das Vorschieben der Gewindespindel IV zum Ansetzen der Gewindeschneidwerkzeuge. Diese Vorschubbewegung erzeugt die Steuerwelle K mit der Trommel d, die mit ihrer Vorschubleiste l_1 die Gabel h_3 umlegt und damit die Gewindespindel verschiebt. Bei dieser Verschiebung bewegt sich ihr Antriebsrad R_2 in dem langen Ritzel r_2. 3. Das Umschalten der Kupplung k_2 für den Schnell- und Langsamgang der Steuerwelle selbst. Diese Umstellung besorgt die äußere Steuerscheibe f. Nach beendetem Schnitt schaltet sie mit ihren Anschlägen a_1 den Hebel h_4 um, der mit der Gabel h_5 und der Stange s die Kupplung k_2 auf schnellen Gang einrückt. Damit diese Schaltung augenblicklich erfolgt, steht der zweite Schenkel von h_5 unter dem Federdruck zweier Umsteuerschneiden u (Abb. 301). 4. Das Vorschieben und Zurückholen des Revolverkopfes R_v bewirkt die Steuerwelle K mit der Trommel e. Während Zweidrittel einer Umdrehung läuft sie langsam und schiebt mit ihren Leisten den Revolverkopf R_v zum Arbeiten vor. Bei der folgenden Dritteldrehung läuft sie schnell und schiebt den Revolverkopf rasch zurück und setzt ihn wieder an. 5. Das Umschalten des Revolverkopfes wird von dem Umschalthebel r vollzogen (Abb. 343). Die Sperrscheibe S wird durch Daumen d, Hebel h_6 bis h_{10} entriegelt und Kreuz M durch Scheibe N. Darauf kommt der Umschalthebel mit der Rolle r in einen Schlitz des Schaltsternes M und dreht den Revolverkopf um eine Fünfteldrehung. Die Feder f_1 legt jetzt den Sperrhebel h_{10} wieder in die Sperrscheibe S ein. 6. Das Verriegeln des Revolverkopfes während der Arbeit führt die Steuerscheibe c mit ihren Anschlägen aus. Sie legt die Hebel h_{11} um, die mit den Zugstangen l die Schieber s_1 mit den Backen b_1 zur Führung des vorgehenden Revolverkopfes vorschieben. Die strenge Folge aller Bewegungen ist natürlich nur durch hohe Genauigkeit in der Her-

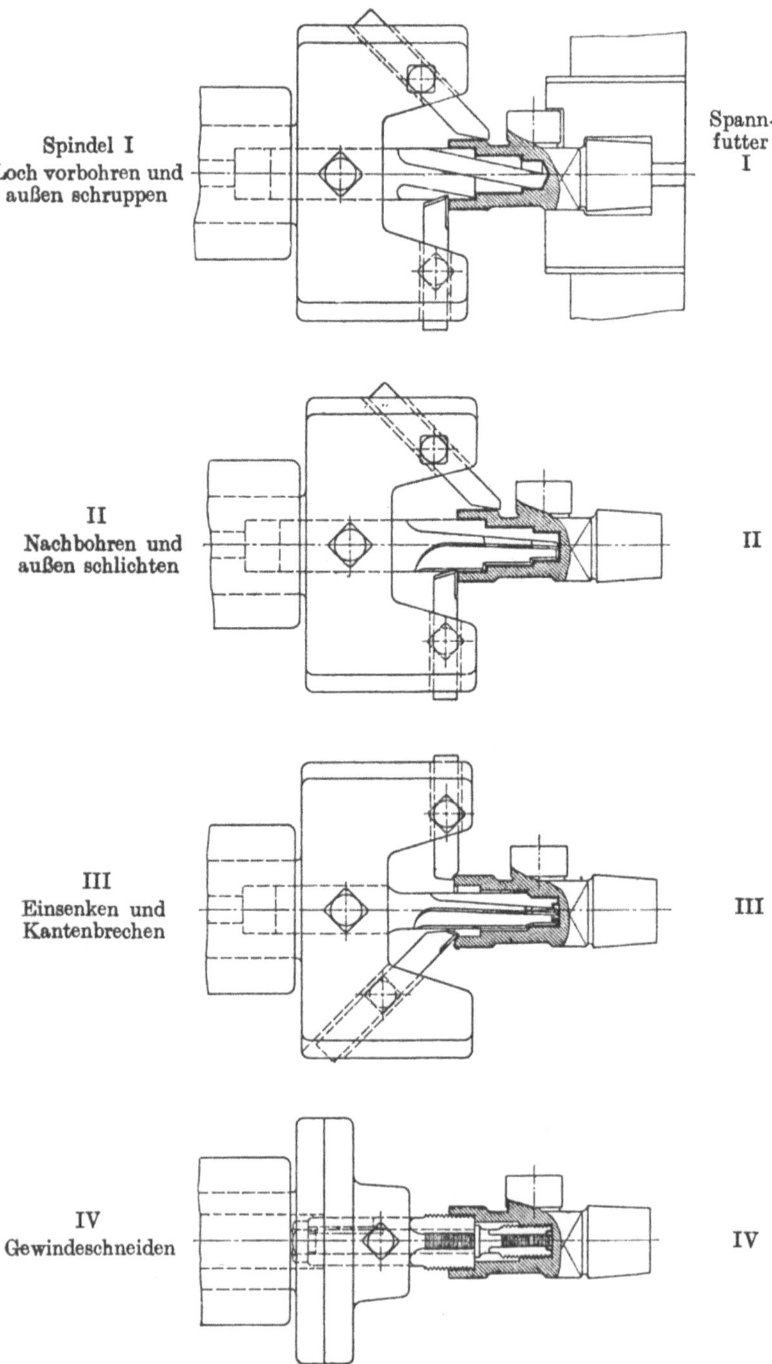

Abb. 351 bis 354. Bearbeiten eines Ventilkörpers. I. Einspannung.

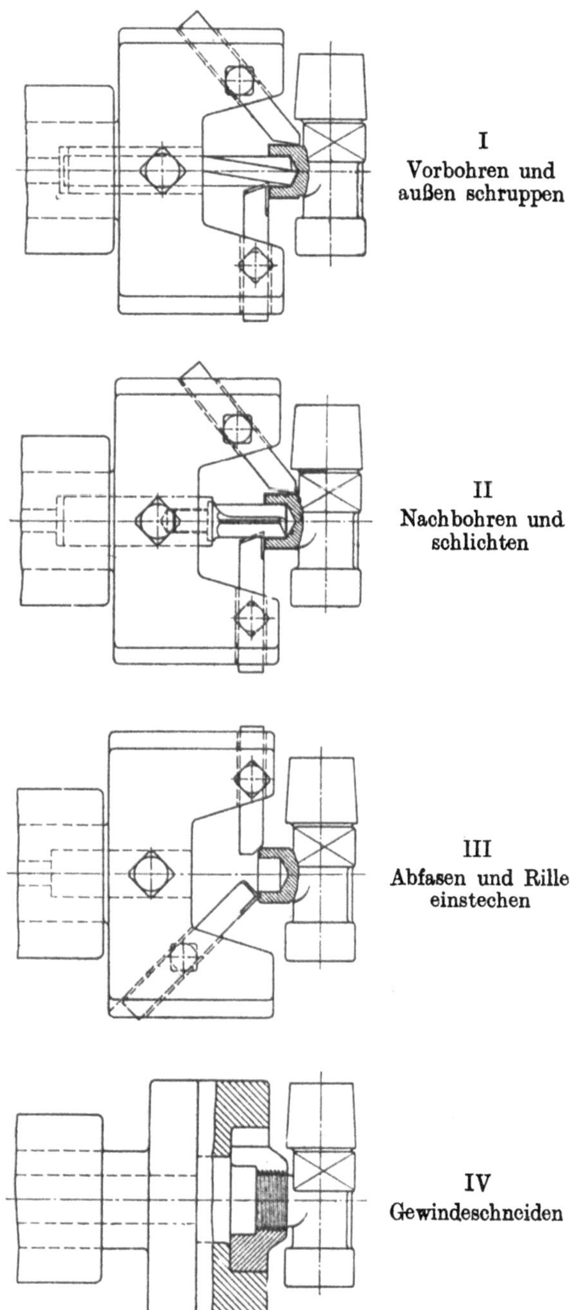

Abb. 355 bis 358. Bearbeiten eines Ventilkörpers. II. Einspannung.

stellung und durch genaues Beobachten und Einrichten der Maschine bei ihrer Arbeit zu erreichen.

Die Arbeitsweise des Vierspindel-Halbautomaten soll an einem Ventilkörper erklärt werden (Abb. 351 bis 354). In den Spannfuttern *I, II, III, IV* sind 4 in der Bearbeitung begriffene Ventilkörper eingespannt. Die schnellaufende Steuerwelle *K* schiebt mit der Trommel *e* den Revolverkopf vor und mit der Steuerscheibe *c* die Führungsbacken des Kopfes. Kurz vor dem Schnitt schaltet die Steuerscheibe *f* den Vorschubgang der Steuerwelle *K* ein, und die Trommel *d* schiebt die Gewindespindel *IV* zum Ansetzen der Gewindebohrer vor. Der Revolverkopf geht jetzt mit den eingespannten Arbeitsstücken langsam gegen die 4 Werkzeugspindeln vor. An der Spindel *I* wird das Loch vorgebohrt und an *II* geschlichtet, an *III* wird das Loch eingesenkt und die Kanten gebrochen und an *IV* das Gewinde geschnitten. Während die Spindeln arbeiten, spannt der Mann am Loch *V* das fertige Stück gegen ein neues um. Sobald die Gewindespindel *IV* den Grund erreicht, schaltet die Trommel *b* sie auf den Rücklauf, so daß sie sich zurückschraubt. Hierauf schaltet die Steuerscheibe *f* wieder den Schnellgang der Steuerwelle *K* ein. Der Revolverkopf wird von der Trommel *e* schnell zurückgeholt, die Scheibe *N* und Daumen *d* entriegeln ihn, und Hebel *r* legt ihn mit *M* um eine Teilung um, worauf die Sperre *n* einschnappt. Mit dem Umlegen des Kopfes steht jedes Stück für die nächste Arbeit vor einer neuen Spindel.

In gleicher Folge würde sich die Bearbeitung in Abb. 355 bis 358 abspielen.

Noch ein Wort über das Arbeitsgebiet der einzelnen Drehbänke: Die Spitzenbank ist eine Arbeitsmaschine für allgemeine Zwecke. Sie kommt für alle Maschinenteile in Betracht, an denen Dreharbeiten zu verrichten sind, verlangt aber die volle Geschicklichkeit eines gelernten Drehers, der an seine Maschine gebunden ist. Die Handrevolverbänke erfordern als zeitraubende Arbeit das Einrichten der Werkzeuge. Ihr Arbeitsgebiet ist wegen der Möglichkeit, die Werkzeuge mannigfach zusammenzustellen, recht groß, doch arbeitet sie nur wirtschaftlich bei Massenarbeiten, da für Einzelarbeiten das Einrichten der Maschine zuviel Zeit beansprucht. Ihre Bedienung verlangt einen angelernten Mann, der auch ständig an seine Maschine gebannt ist. Die Automaten sind Maschinen für die Großmassenherstellung. Ihr Anwendungsgebiet ist beschränkt, da die Arbeitsstücke mit den Werkzeugen der Maschine fertiggestellt sein müssen. Der Arbeiter ist aber von der einzelnen Maschine frei und kann mehrere beaufsichtigen. In noch höherem Maße gilt das Gesagte von den Mehrspindel-Ganz- und Halbautomaten, deren Leistung die Tafel X, S. 203, zeigt.

Additional information of this book

(Die Werkzeugmaschinen; 978-3-642-89890-7; 978-3-642-89890-7_OSFO11) is provided:

http://Extras.Springer.com

Zahlentafel X.
Vergleich der Leistung von Revolver und Automaten.

Arbeitsstück	Stückleistung i. d. Std.		
	auf Viellochrevolver	auf Einspindel-automat	auf Vierspindel-automat
Fahrradnabe	5	10	24
Nähmaschinen-Kurvenrolle	—	20	50
Ventildeckel	10	—	50

h) Die Plan- oder Kopfdrehbänke.

Mit der Planbank (Abb. 359 und 360) soll eine Arbeitsmaschine geschaffen werden, die vorwiegend zum Plandrehen dient. Zum Unterschied von der Spitzendrehbank darf daher der Reitstock fehlen, wodurch die Machine zugängliche wird. Zum Einspannen des Werkstückes dient eine größere Planscheibe, die mit dem Kopf der Arbeitsspindel verschraubt ist. Um einen ruhigen Gang zu erreichen, wird bei den schweren Maschinen die Planscheibe von einer seitlich liegenden Stufenscheibe und den mehrfachen Rädervorgelegen oder besser von einem Stufenrädergetriebe angetrieben, so daß die Hauptspindel von dem Drehmoment entlastet ist. Für diesen Antrieb besitzt die Planscheibe einen Zahnkranz mit innerer Verzahnung. Für die Ausnutzung des Schnellstahles bei den stark schwankenden Durchmessern größerer Werkstücke hat die Maschine zum Regeln der Geschwindigkeiten einen Stufenmotor und 2 Schalthebel a und a_1 am Räderkasten.

Trommelartige Werkstücke laufen mit ihrer Achse in dem Lagerbock C so daß der Werkzeugschlitten A lang- und B plandrehen kann.

Die besprochenen Radsatzdrehbänke sind doppelte Planbänke. Als Sondermaschinen arbeiten sie zur größeren Leistungsfähigkeit mit mehreren Werkzeugen. Mit den hinteren Werkzeugschlitten werden die Radreifen vorgeschruppt und abgestochen, während die vorderen sie nach Lehre fertig drehen (Abb. 209 bis 211). Das Einspannen des Radsatzes geschieht mit der Laufachse in den Lagern der Planscheibe.

i) Die senkrechten Dreh- und Bohrwerke.
(Karusselldrehbänke.)

Die stehende Planscheibe ist mit mehreren Nachteilen behaftet. Die grubenartige Aussparung des Bettes, die oft für die Planscheibe nötig ist, beeinträchtigt die Widerstandsfähigkeit der Maschine stark. Die Arbeitsspindel wird durch die schwere Scheibe und das Werkstück sehr stark beansprucht und das vordere Lager stark belastet. Sehr zeitraubend ist das Aufspannen und Ausrichten schwerer Werkstücke, das fast nie ohne Kran geschieht. Diese Nachteile verschwinden jedoch, sobald die Planscheibe wie bei einem Karussell liegend angeordnet wird.

Die Drehwerke mit liegender Planscheibe (Abb. 380 und 331) sind Schöpfungen der Neuzeit. Ihr Grundgedanke ist, durch die liegende Planscheibe das Einspannen und Ausrichten der Werkstücke zu erleichtern, den Arbeitsverlauf übersichtlicher zu gestalten und eine Werkzeugmaschine zu schaffen, die gleichzeitig zum Drehen, Ausbohren und verwandten Arbeiten benutzt werden kann.

Ihre Bauart ergibt sich durch das Aufrichten der gewöhnlichen Planbank. Die liegende Planscheibe erfordert allerdings für ihren Antrieb einige Abänderungen des Spindelstockes. Zunächst ist der Spindelkasten als Grundrahmen der Maschine auszubilden und in ihm der Antrieb des Drehtisches unterzubringen. Er besteht aus einem Zahnkranz, dessen Trieb auf einer senkrechten Welle sitzt. Um eine genügende Auswahl in den Antriebsgeschwindigkeiten des Tisches zu haben, müßte diese Welle von einer Stufenscheibe, einem Stufenrädergetriebe oder einem regelbaren Motor angetrieben werden. Die ganze Anordnung des Antriebes gibt bei der liegenden Planscheibe eine viel größere Gewähr für ruhigen Gang. Einmal läßt sich die Planscheibe, die heute schon bis zu 11 m Durchmesser ausgeführt ist, an der Spindel durch kräftige Halslager abstützen und am Umfang durch eine Rundbahn tragen.

Für den weiteren Aufbau der Maschine ist zu beachten, daß die Werkzeuge über dem Werkstücke quer zu schalten sind. Die Werkzeugschlitten müssen daher auf einem langen Querträger sitzen, der an den beiden Ständern der Maschine hoch- und tiefzustellen ist. Auf der Bahn dieses Querträgers können daher die Werkzeugschlitten zum Abdrehen der Oberfläche quer zum Werkstück geschaltet werden. Zum Ausbohren kegelförmiger Löcher und zum Abdrehen kegeliger Dreh-

Additional information of this book

*(Die Werkzeugmaschinen; 978-3-642-89890-7;
978-3-642-89890-7_OSFO12)* is provided:

http://Extras.Springer.com

körper lassen sich die langen Werkzeugschieber mit einer Drehscheibe schrägstellen und in dieser Richtung schalten

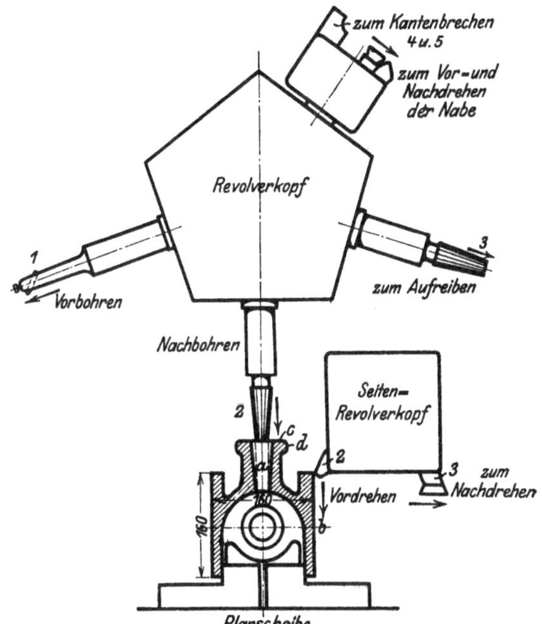

Abb. 363. Bearbeiten eines Kreuzkopfes.

Arbeitsplan:

Vorg.-Nr.		Fläche	Umdr. i. d. Min.	Vor-schub bei 1 Umdr.	Arbeitszeit a) Min.	b) Min.
	Aufspannen	—	—	—	5	5
1	Vorbohren mit der Bohrstange .	a	31	2	3	3
2	Nachbohren } gleichzeitig . . {	a	31	2	3	3
	Vordrehen	b	31	2	3	—
3	Reiben } gleichzeitig . . {	a	31	—	2	2
	Nachdrehen	b	31	4	1,5	—
4 u. 5	Vor- und Nachdrehen } gleichz. {	c	31	2	2	2
	Kante brechen	d	31	—	2	—
	Abspannen	—	—	—	2	2
	a) Gesamtzeit der einzelnen Vorgänge:				23,5	—
	b) Tatsächlich erforderliche Zeit:				—	17

Angenommene Schnittgeschwindigkeit ∽ 15,6 m/Min.

Einen förmlichen Siegeszug haben die Dreh- und Bohrwerke mit Stahlwechselköpfen gehalten (Abb. 361 und 362). Sie sind

besonders wirtschaftliche Arbeitsmaschinen für Drehkörper, an denen
Bohr- und Dreharbeiten zu erledigen sind. So zeigen die Abb. 363 bis 366
die Arbeitspläne für die Bearbeitung der Kreuzköpfe und Kolben und

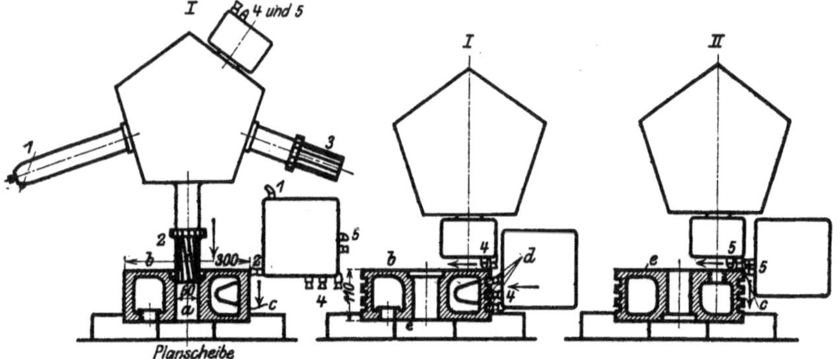

Abb. 364 bis 366.   Bearbeiten eines Kolbens.

Arbeitsplan:

Aufsp.	Vorg.-Nr.		Fläche	Umdr. i. d. Min.	Vor-schub bei 1 Umdr.	Arbeitszeit a) Min.	b) Min.
I		Aufspannen	—	—	—	5	5
	1	Vorbohren ⎱ gleichzeitig . . ⎰	a	16,5	2	4	4
		Vordrehen ⎰	c	16,5	2	4	—
	2	Nachbohren ⎱ gleichzeitig . . ⎰	a	16,5	2	4	4
		Fertigdrehen ⎰	c	16,5	4	2	—
	3	Reiben	a	16,5	4	2	2
	4	Vor- und Fertigdrehen ⎱ gleichz. ⎰	b	16,5	2	5	5
		Einstechen ⎰	d	16,5	—	3	—
		Abspannen	—	16,5	—	2	2
II		Aufspannen	—		—	5	5
	5	Vor- und Fertigdrehen ⎱ gleichz. ⎰	e	16,5	2	5	5
		„ „ „ ⎰	c	16,5	2	2	—
		Abspannen	—	—	—	2	2
		a) Gesamtzeit der einzelnen Vorgänge:				45	—
		b) Tatsächlich erforderliche Zeit:				—	34

Angenommene Schnittgeschwindigkeit ⌀ 15,6 m/Min.

die Zahlentafel XI die wirtschaftliche Seite dieser Entwicklungslinie
der Drehbank.

Die Firma de Fries, A.-G., Düsseldorf, stellt ihr kleinstes Dreh-
und Bohrwerk in der Bauart der Abb. 361 und 362 her. Der Antrieb
des Drehtisches P wird von der fünfläufigen Stufenscheibe S über

Zahlentafel XI.

Vergleich der Arbeitszeiten und Kosten auf Drehbank und Drehwerk.

Gegenstand	Drehbank		Senkrechtes Bohr- und Drehwerk		Er- sparnisse
	Zeit Std.	Kosten M.	Zeit Std.	Kosten M.	M.
Zylinderdeckel[1]) Gewicht ∞ 2,2 t	35	21,80	11	7,00	14,80
Gaskolben[1]) Gewicht ∞ 1,5 t	Mit 1 Werkzeugschlitten				
	50	31,00	—	—	16,00
	Mit 2 Werkzeugschlitten				
	31,5	22,00	21,5	15,00	7,00
Gußeisen-Schwungrad[2])	Mit 1 Stahl		Mit 3 Stählen		
	39	25,00	11	7,00	18,00
Stahlguß-Radscheibe[2])	Mit 1 Stahl		Mit 2 Stählen		
	2,5	1,65	1	0,65	1,00

$$\frac{r_1}{R_1} \cdot \frac{r_2}{R_2} \cdot \frac{r_3}{R_3} \cdot \frac{r_4}{R_4}$$ hergeleitet. Mit dem Hebel h_1 kann man die Vorgelege $$\frac{r_1}{R_1} \cdot \frac{r_2}{R_2}$$ ein- und auskuppeln. Der Drehtisch hat also 2×5 Geschwindigkeiten und bei dem doppelten Deckenvorgelege 2×10 Geschwindigkeiten. Durch einen Tritt auf den Fußhebel F wird das Bremsband b

---

[1]) Z. d. V. d. Ing. 1910, S. 461.
[2]) Nach Angaben der Deutzer Gasmotorenfabrik.

auf der Bremsscheibe B angezogen und die Maschine zum Stillsetzen schnell abgebremst. Der Antrieb des Drehtisches ist in dem unteren Ständer untergebracht. Die Stufenscheibe S kann durch einen Räderkasten mit Einscheibe oder auch durch einen regelbaren Motor ersetzt werden. Der Drehtisch läuft in einem kräftigen Halslager und auf einer schrägen Rundbahn, die den Schnittdruck gut abfängt. Die Maschine bohrt und dreht selbsttätig senkrecht und quer zum Tisch. Für das Bohren und Senkrechtdrehen dient der lange Schieber S_1 mit dem Stahlwechselkopf R und für das Querdrehen der Querschlitten Q auf der oberen

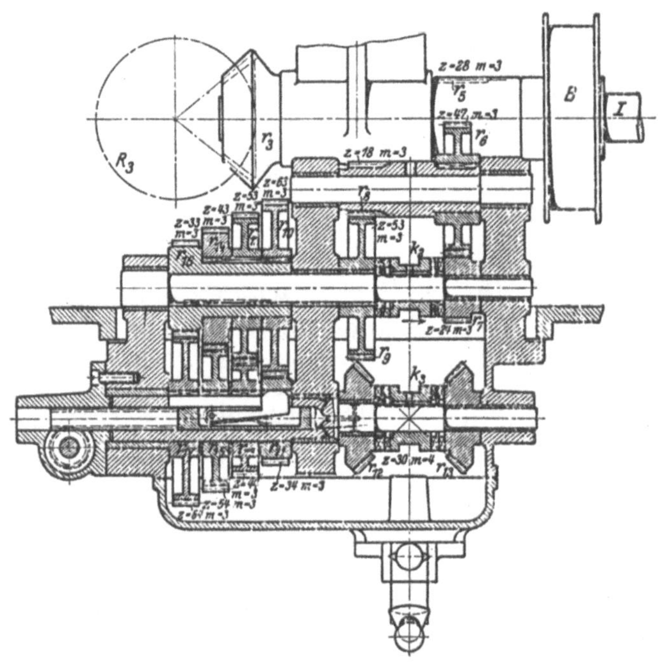

Abb. 372.   Vorschubräderkasten (Schnitt).

Querbahn des Ständers (Abb. 367 bis 371). Mif dem Vierkant k, der Schnecke s, dem Zahnbogen z und der Drehscheibe D stellt man den Schieber S_1 für das Ausbohren der Kegellöcher schräg. Durch das Gegengewicht G ist der Schieber ausgeglichen und für das Ansetzen und Hochkurbeln handlich gemacht. Die Bohr- und senkrechten Drehvorschübe werden von der Zugspindel Z und die Quervorschübe von der Leitspindel L gesteuert. Beide Spindeln liegen geschützt in der Querbahn des Ständers. Der Antrieb dieser oben liegenden Schaltspindeln gestaltet sich naturgemäß etwas umständlich, da er von der unteren Stufenscheibenwelle I abgeleitet wird (Abb. 372 bis 375). Die Welle I treibt entweder durch

Additional information of this book

(Die Werkzeugmaschinen; 978-3-642-89890-7;

978-3-642-89890-7_OSFO13) is provided:

http://Extras.Springer.com

$$\frac{r_5}{r_6} \cdot \frac{r_6}{r_7} \text{ oder durch } \frac{r_5}{r_6} \cdot \frac{r_8}{r_9}$$

das Ziehkeilgetriebe r_{10} bis r_{17}. Die Vorgelege werden mit dem Handhebel h_2 geschaltet, der die Kupplung k_2 auf r_7 oder r_9 einrückt. Das Ziehkeilgetriebe läßt sich mit dem Handrade h_4 4 mal schalten, so daß mit 2×4 Vorschüben gedreht und gebohrt werden kann. Mit dem Hebel h_3 und der Kupplung k_3 steuert man durch das Kegelräderwendegetriebe r_{12} bis r_{14} die Vorschubrichtung um. Die senkrechte Steuerwelle a (Abb. 376 bis 379) treibt durch das Schnecken-

getriebe $\dfrac{r_{15}}{r_{16}}$ die obere

Querwelle b, von der aus durch r_{17}, r_{18}, r_{20} die Leitspindel L oder durch r_{17}, r_{18}, r_{19} die Zugspindel Z 8 Vorschub - Geschwindigkeiten erhält. Die Zugspindel Z treibt über r_{23}, r_{24} und r_{25} das Mutterrad r_{26}, das mit der Spindel s_1 den Schieber S_1 vorschiebt. Interessant ist die Selbstauslösung des Vorschubes beim Bohren und Drehen. Mit dem Handgriff h_5 stellt man zum Einrücken des Vorschubes die Kupplung k_4

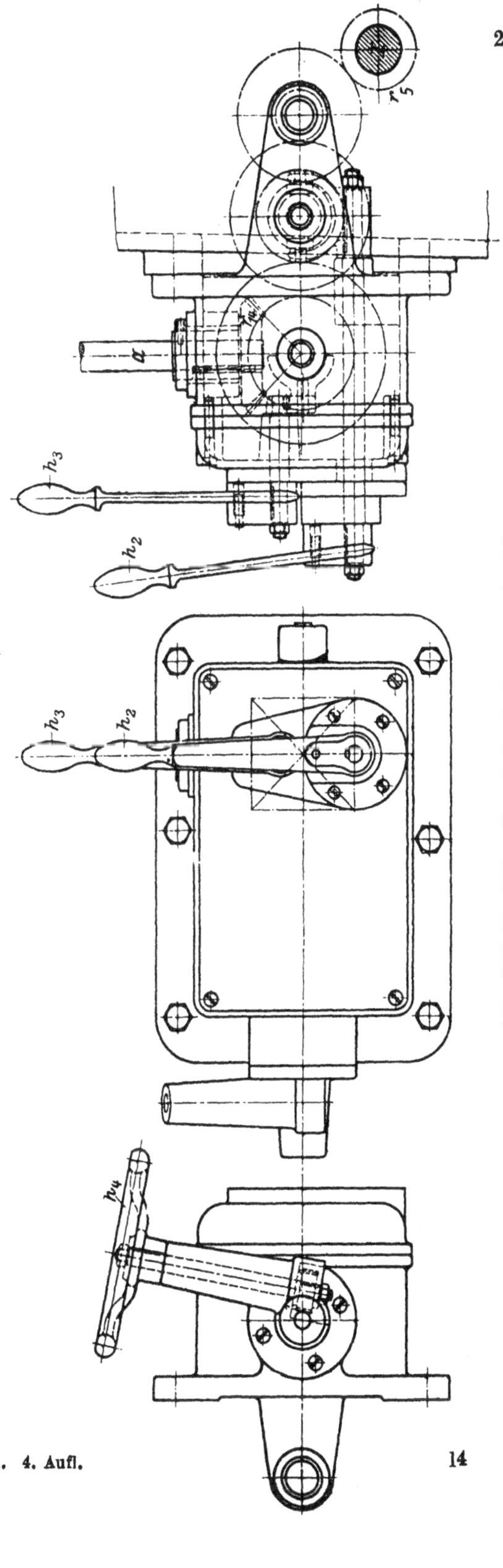

Abb. 373 bis 375. Vorschubräderkasten. Ansichten.

auf das lose Schneckenrad r_{16} ein und mit dem Griff h_6 den Sperrbacken s gegen die Rast von h_5, während die Federn f_1 und f_2 die Sperre unter Druck halten. Für das selbsttätige Ausrücken des Vorschubes muß diese Sperre ausgelöst werden, damit f_1 f_2 die Kupplung k_4 aus r_{16} zurückziehen. Dies besorgt die Ausrückscheibe A mit dem Steuernocken n. Wird nämlich die Handmutter h_7 angezogen (Abb. 377), so ist die Scheibe A mit dem Schneckenrade r_{22} gekuppelt und läuft mit. Ihr Nocken n stößt dabei gegen n_1 des Sperrhebels, der etwas gedreht wird und die Sperre auslöst. Augenblicklich ziehen die Federn f_1 f_2 die Kupplung k_4 zurück und lösen den Vorschub aus. Die Ausrückscheibe A ist mit einem äußeren und einem inneren Maßring versehen zum Einstellen bestimmter Vorschubgrößen fürs Drehen und Bohren.

Die Fortschritte im Dampfturbinenbau haben auf die Ausgestaltung der senkrechten Dreh- und Bohrwerke einen großen Einfluß gehabt. Das Ausbohren der Turbinentrommeln veranlaßte auf dem Querträger ein Bohrwerk anzuordnen, so daß mit dem Karussellwerk ein Zylinderbohrwerk vereinigt wurde. Auf der Maschine in Abb. 380 und 381 kann mit den beiden Schlitten S_r S_l auf der oberen Seite, mit dem Seitenschlitten S_s an der Außenseite gedreht und mit dem Bohrwerk B ausgebohrt werden. Die beiden Schlitten S_r S_l lassen sich aber auch zu Bohrarbeiten benutzen.

Um diese großen Maschinen für die Bedienung handlich zu machen, ist in der Neuzeit die Druckknopfsteuerung angewandt worden. Durch sie kann der Arbeiter den Antriebsmotor von den Schlitten und dem Bohrwerk aus an-, abstellen und regeln.

k) Die Kurbelzapfendrehwerke.

Von den Drehbänken grundverschieden sowohl in ihrer Bauart als auch in ihrer Arbeitsweise sind die Kurbelzapfendrehwerke für das Abdrehen der Zapfen gekröpfter Kurbelwellen. Für die Bearbeitung derartiger Werkstücke gibt es zwei Wege: Um den außerachsigen Kurbelzapfen abzudrehen, kann die Welle außerachsig eingespannt werden, so daß das Zapfenmittel in der Spitzenlinie der Bank liegt. Das Verfahren stößt aber bei größeren Wellen auf praktische Schwierigkeiten, so daß man gezwungen ist, dem Drehstahl beide Bewegungen zu erteilen. Die Kurbelzapfendrehwerke arbeiten daher mit kreisenden Stählen, die auch den Vorschub vollziehen, während die sperrige Kurbelwelle stillsteht. Diese Arbeitsweise gestattet eine leichte Maschine und eine gute Beobachtung der Drehflächen.

Das Kurbelzapfendrehwerk der Kalker Maschinenfabrik, A.-G., Köln - Kalk, in den Abb. 382 bis 389 gestattet, die Kurbelzapfen und die inneren und äußeren Flächen der Kurbelwangen an ein- und mehrfach gekröpften Kurbelwellen zu drehen. Um den Drehstählen die kreisende Hauptbewegung zu erteilen, ist der frühere Werkzeugschlitten

Additional information of this book

(Die Werkzeugmaschinen; 978-3-642-89890-7;

978-3-642-89890-7_OSFO14) is provided:

http://Extras.Springer.com

als Laufring ausgebildet, der in einem kräftigen Ringgehäuse läuft und auf besonderen Führungen die Meißelschieber M trägt. Die Genauigkeit der Kurbelzapfen von mindestens 0,02 mm hängt in hohem Maße von der Lagerung und Führung dieses Laufringes ab. Der Stahlgußlaufring läuft daher mit einem großen Kegel in dem Ringgehäuse, in dem er durch Stellschrauben und Leisten nachgestellt werden kann. Der Antrieb des Laufringes geschieht von der vierläufigen Stufenscheibe S über die Räder R_1, R_2, R_3, R_4 auf den Zahnkranz R_5 (Abb. 385 bis 389). Für den Vorschub in der Längsrichtung des Zapfens ist das Drehwerk auf einem Bett lang geführt und wird von der Leitspindel gesteuert. Der Vorschubantrieb geht von der Hauptwelle II aus und umfaßt die Stufenscheiben S_2, S_3 und die Räder r_1 bis r_{11}. Mit den vierläufigen Stufenscheiben S_2, S_3 und dem dreifachen Ziehkeilgetriebe $\dfrac{r_1}{r_2}$, $\dfrac{r_3}{r_4}$, $\dfrac{r_5}{r_6}$ sind 4 × 3 Vorschübe zwischen 0,189 und 4 mm fürs Schruppen und Schlichten verfügbar. Das Kegelräderwendegetriebe $\dfrac{r_7}{r_9}$, $\dfrac{r_8}{r_9}$ gestattet, das Drehwerk nach beiden Richtungen zu steuern. Zum Schnellverstellen auf dem Bett ist mit dem Handgriff h_1 die Kupplung k_2 auf r_{14} umzuschalten, so daß die Leitspindel von r_{12}, r_{13}, r_{14} betrieben wird. Mit einer Ratsche auf b läßt sich das Feineinstellen an die Arbeitsfläche vornehmen.

Die Werkzeuge sitzen in den langen Meißelschiebern M, die oben und unten auf der mit dem Laufring verschraubten Platte P nachstellbar geführt sind. Durch diese Ausführung ist ein ruhiges Arbeiten der kurzen Stähle gesichert. Mit einer Kurbel auf c werden die Stähle mit der Hand angestellt oder auch selbsttätig mit Sternrad s und Anschlägen a_1 geschaltet.

Zum Einlegen und Festspannen der Kurbelwelle sitzt rechts und links eine aufklappbare Brille (Abb. 384), die sich längs und quer zum Bett einstellen läßt. Die Querverschiebung ist nach einem Maßstab auf $^1/_{10}$ mm genau vorzunehmen, so daß der Kurbelzapfen sicher in die Mitte des Ringgehäuses kommt. Der rechte Brillenständer trägt eine Zange zum Festspannen des Kurbelschenkels. Die genaue und ruhige Lage des Werkstückes, sowie das ruhige Arbeiten der Werkzeuge ist bei dem Drehwerk voll und ganz gewahrt. Die breiten Laufflächen und langen Führungen erhalten einen geringen Flächendruck, so daß sie sich gut ölen lassen und nur wenig abnutzen.

2. Die Bohrmaschinen.

Die Bohrmaschinen sind Arbeitsmaschinen, die, wie schon der Name sagt, in erster Linie für das Bohren eingerichtet sind. Die Drehbank kann zwar auch zum Bohren benutzt werden, jedoch ist sie mehr dem Bearbeiten kreisender Werkstücke angepaßt und daher für ein rasches Bohren zu unhandlich. Für das Lochbohren liegt die Spindel am besten senkrecht, so daß das Arbeitsstück auf den wagerechten Bohrtisch gelegt und auf ihm festgehalten werden kann.

Wollte man die Drehbank auch für ein handliches Bohren ausbauen, so würde sie nicht nur erheblich teurer, sondern auch in ihrer Bauart viel zu unübersichtlich. Dieser Umstand hat veranlaßt, für das Bohren Sondermaschinen — Bohrmaschinen — zu bauen.

Die Drehbank soll deshalb nur zum Lochbohren dienen, wenn an demselben Werkstück außer den Dreharbeiten noch Bohrarbeiten vorzunehmen sind, so daß ein Umspannen erspart wird. Die Bohrmaschine arbeitet sonst billiger und ist daher im allgemeinen vorzuziehen.

Es ist jedoch nicht zu verkennen, daß die Drehbank für gewöhnlich genauer bohrt. Sie arbeitet bekanntlich mit getrennter Haupt- und Schaltbewegung, während bei der Bohrmaschine das Werkzeug beide Bewegungen zugleich vollzieht. Diese Doppelbewegung fällt aber nur selten so genau aus wie zwei getrennte Einzelbewegungen. Aus dem Grunde verläuft sich auch der Bohrer bei der Bohrmaschine leichter als bei der Drehbank. Diese Erfahrung hat bekanntlich dem Bohr- und Drehwerk ein großes Arbeitsfeld geschaffen, das sich insbesondere auf das genaue Ausbohren der Radnaben usw. erstreckt (Zahlentafel XI, S. 207).

Ist die Bohrmaschine gut durchgebildet, und führt sich der Bohrer in dem Werkstück selbst (Spiralbohrer), so genügt ihre Arbeit bei nicht zu hohen Ansprüchen und bei kleineren und mittleren Bohrtiefen vollkommen.

Bei größeren Bohrtiefen, bei denen die Gefahr des Verlaufens viel größer ist, ist jedoch die Anwendung einer gewöhnlichen Bohrmaschine ausgeschlossen, sobald es sich um eine gewisse Genauigkeit handelt. Für größere Bohrtiefen ist daher die Hauptbewegung von der Schaltbewegung zu trennen. Wie die Erfahrung lehrt, gibt man zweckmäßig dem Werkstück die Hauptbewegung und dem Bohrer den Vorschub. Bei dieser Arbeitsweise wird nämlich die Bohrerspitze, sobald sie sich nur etwas verläuft, durch das kreisende Werkstück wieder in die Drehachse zurückgeführt. (Ausbohren von Gewehrläufen[1]).

Das Arbeitsgebiet der Bohrmaschine umfaßt außer den gewöhnlichen Bohrarbeiten noch das Aufreiben und Versenken von Bohrlöchern und das Gewindeschneiden. Diese Verfahren gewinnen erst recht an Bedeutung bei schweren Werkstücken (Panzerplatten), deren Löcher unter derselben Maschine gebohrt, aufgerieben, versenkt und mit Gewinde versehen werden, so daß das mühsame und zeitraubende Umspannen erspart bleibt.

Nach den Bohrarbeiten lassen sich die Bohrmaschinen in Lochbohrmaschinen und in Ausbohrmaschinen einteilen, ohne hier-

---

[1] Zeitschr. für Werkzeugmaschinen und Werkzeuge 1906, S. 6. v. Roeßler, Das Herstellen tiefer Bohrlöcher.

durch der Anwendung jeder einzelnen Maschine eine feste Grenze zu ziehen. Von beiden dient die Lochbohrmaschine zum Bohren von Löchern aus dem Vollen (Lochbohren). Ihre Werkzeuge sind demnach die Spitzbohrer, Zentrumbohrer und die Spiralbohrer. Die Ausbohrmaschinen sind für das Ausbohren bereits vorhandener Löcher bestimmt. Ihre Anwendung erstreckt sich daher auf das Ausbohren größerer Gußstücke (Zylinder). Die Werkzeuge dieser Maschinengattung sind die Bohrmesser, die in eine Bohrstange oder in einen Bohrkopf gespannt werden (Abb. 469 u. f.).

Aus der Arbeitsweise der Bohrmaschine ergeben sich als wichtigste Einzelteile:

1. Die Bohrspindel, die zum Einspannen des Bohrers dient. Sie hat also dessen Hauptbewegung und auch dessen Vorschub zu erzeugen.

2. Der Bohrtisch, der das Werkstück aufzunehmen und einzustellen hat.

Die Lage der Bohrspindel gibt der Maschine die kennzeichnende Form einer senkrechten oder einer wagerechten Bohrmaschine.

Sie werden als freistehende Säulen- und Ständerbohrmaschinen oder als Decken- und Wandbohrmaschinen gebaut.

a) Die senkrechten Bohrmaschinen.

Die senkrechten Bohrmaschinen (Abb. 399 bis 401) haben eine senkrecht gelagerte Bohrspindel, die für das Lochbohren sehr handlich ist; denn der Bohrer kann mit der senkrechten Spindel genau und rasch angestellt werden. Für das Werkstück genügt ein Festhalten oder ein einfaches Festspannen auf dem Bohrtisch, da es ja ständig unter dem Bohrdruck steht. Nur eine Umständlichkeit bringt die senkrechte Spindel mit sich: Der Antrieb erfordert nämlich 2 Riemen (Abb. 399).

1. Die Einzelteile der Senkrechtbohrmaschinen.

α) Die Bohrspindel.

Die Aufgabe, die der Bohrspindel zufällt, ist eine doppelte. Sie soll, wie schon erwähnt, dem Bohrer die vorschriftsmäßige Schnittgeschwindigkeit erteilen und auch seinen Vorschub erzeugen.

Die erste Aufgabe ist Sache des Antriebes. Um bei den verschiedenen Lochdurchmessern die volle Schnittgeschwindigkeit möglichst ausnutzen zu können, verlangt der Antrieb der Bohrspindel einen weitgehenden Geschwindigkeitswechsel, der durch eine Stufenscheibe mit ausrückbaren Rädervorgelegen erreicht werden kann. Die Anordnung dieses Antriebes ist bekannt. Es wäre nur noch zu erwähnen, daß für senkrechte Bohrmaschinen Spindelstöcke mit Kupplungen besonders geeignet sind, weil sie jede Höhenlage gestatten und auch ohne Fehler bedient werden können. Immerhin ist dieser Antrieb umständlich. Um nämlich den Stufenriemen rasch umlegen zu können, muß er in handlicher Höhe liegen. Die Gegenstufenscheibe kann daher nicht mehr im Deckenvorgelege liegen, sondern sie muß im Fußvorgelege der Maschine untergebracht werden. Dadurch wird für den Antrieb der Maschine ein zweiter Riemen erforderlich, der vom Deckenvorgelege zur Fußscheibe geht und zum Ein- und Ausrücken auf eine Fest- und Losscheibe gebracht werden kann (Abb. 399).

Bei den Bohrmaschinen muß bekanntlich mit dem Bohrer die Umlaufszahl gewechselt werden, so daß sich der Stufenräderantrieb wegen seines bequemen und raschen Geschwindigkeitswechsels lohnt (Abb. 408). Bei größeren Maschinen mit mehr als 5 PS. kommt noch die größere Leistungsfähigkeit hinzu.

Die zweite Aufgabe der Bohrspindel ist die Erzeugung des geraden Vorschubes, der entweder durch Schraube und Mutter oder durch Zahnrad und Zahnstange hervorgebracht wird.

Die Schaltschraube gewährt zwar einen gleichmäßigen Vorschub, sie läßt aber für gewöhnlich den Bohrer nicht schnell genug ansetzen und wieder hochziehen. Bohrspindeln mit Schaltschraube werden daher in der heutigen Zeit des Schnellbetriebes nicht mehr ausgeführt, weil die Schaltzahnstange für diese Zwecke viel handlicher ist. Die Zahnstange verlangt aber, da ihr die Selbsthemmung fehlt, die Bohrspindel oder gar den Bohrschlitten durch ein Gegengewicht auszugleichen (Abb. 402).

Eine wichtige Aufgabe ist noch die Führung der Bohrspindel gegen ein Verlaufen des Bohrers. Da die Bohrspindel die Haupt- und Schaltbewegung ausführt, so muß sie zum Unterschiede von der Drehbankspindel in ihren Lagern verschiebbar sein. Durch die Verschiebbarkeit wird aber ihre genaue Führung erschwert und zwar um so mehr, je weiter sich die Spindel aus ihren Lagern herausbewegt. Sie vereinfacht sich allerdings dadurch, daß der Bohrer sich im Werkstück selbst führt.

Die Mittel für eine genaue Spindelführung sind auch hier nachstellbare Lager, die zum Ausrichten der Spindel dienen. Doch wird mit Rücksicht darauf, daß sich Spiralbohrer im Werkstück selbst führen, bei den Lochbohrmaschinen auf die hochgradige Führung der Spindel verzichtet und nur bei den Ausbohrmaschinen davon Gebrauch gemacht.

Die wesentlichste Forderung, welche die Neuzeit an eine Bohrspindel stellt, ist die rasche und handliche Bedienung. Diese Bedingung hat zur allgemeinen Einführung der Zahnstangenschaltung geführt. Sie hat den Vorzug, den Bohrer schneller ansetzen und zurückziehen zu können. Für den Größenwechsel des Vorschubes ist sie auch besser geeignet, da sich die geringste Änderung in den Umdrehungen des Zahnstangengetriebes im Vorschube viel stärker bemerkbar macht.

Für die Anordnung der Zahnstange gibt es 3 Möglichkeiten: Um die Schaltzahnstange gleich mit dem Schalthebel fassen zu können, muß sie in greifbarer Höhe sitzen, also an der Spindel unmittelbar über dem Spindelkopf oder auch in gleicher Höhe an dem Maschinengestell. Die dritte Anordnung ist, die Zahnstange als Hülse auf das Schwanzende der Bohrspindel zu stecken.

Die erste Anordnung ist bei der deutsch-amerikanischen Bohrspindel (Abb. 390) getroffen. Wegen der kreisenden Hauptbewegung ist die Zahnstange mit einer Hülse verschraubt, in der sich die Bohrspindel frei drehen kann. Durch sie wird die Spindel noch gegen Verbiegungen geschützt. Der nach oben wirkende Bohrdruck wird durch das untere Kugellager aufgenommen, der abwärts gerichtete durch die oberen Druckringe. Die Zahnstangenhülse dient hier zugleich als Spindelführung (Abb. 415) und ist daher in dem langen Lager des Bohrschlittens sauber geführt. Kleinere Unebenheiten lassen sich dabei mit der Mantelklemmung (Abb. 416) des Lagers ausgleichen. Diese Führung ist vollkommen ausreichend, da der Schaltdruck nahezu in der Mittelachse wirkt und der Bohrer sich selbst führt.

Die zweite Anordnung verlangt, daß die Bohrspindel mit dem Bohrschlitten geschaltet wird. Sie ist nicht zweckmäßig, da der Bohrschlitten zu unhandlich bleibt. Der Bohrschlitten wird heute nur benutzt, um ihn auf die Höhe des Werkstückes einzustellen, damit die Spindel gut geführt ist. Da der Bohrschlitten den Bohrdruck aufzufangen hat, so muß er auf der Führung des Ständers festgeklemmt werden. Zum Verstellen dienen meist Zahnrad und Zahnstange (Abb. 395).

Die dritte Anwendung zeigt Abb. 391. Die Zahnstangenhülse ist hier auf das schwächere Schwanzende der Bohrspindel gesteckt und durch einen Gewindezapfen und Ringmuttern gehalten. Der Bohrdruck wird durch den Druckzapfen aufgenommen, der in einer aufgeschraubten Glocke sitzt, und der Spindelzug durch die Druckringe d_1 und d_2. Von ihnen sitzt d_1 fest an der Zahnstange, während d_2 mit der Bohrspindel verbunden ist. Durch das Drucklager ist daher die Schulter S der Bohrspindel vollständig entlastet. Neuere Bohrspindeln dieser Bauart haben im Drucklager und an der Schulter S Kugellager. Bei senkrechten Bohrmaschinen wird die letzte Bohrspindel seltener angewendet und die

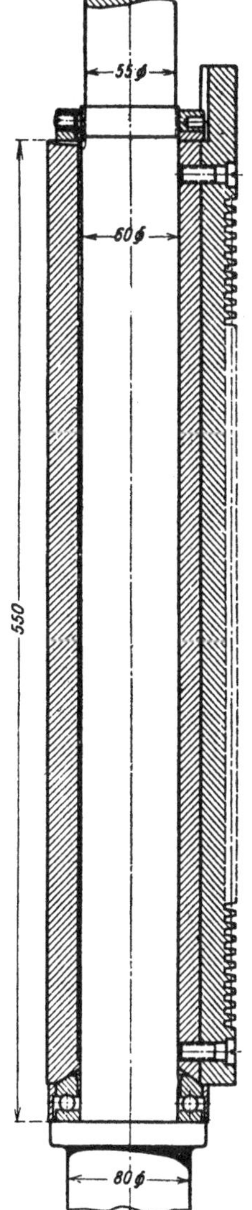

Abb. 390. Bohrspindel.

Bauart in Abb. 390 allgemein bevorzugt, da sich die Steuerung besser auf dem Bohrschlitten unterbringen läßt.

Der Antrieb der senkrechten Bohrspindel erfolgt von der oberen Hauptwelle durch zwei Kegelräder r_3, R_3 (Abb. 402), von denen R_3 durch Feder und Nut mit der auf- und absteigenden Bohrspindel verbunden und durch einen Stellring oder Bund im Lager gehalten ist. Bei manchen Maschinen wird auch ein Winkelriemen benutzt (Abb. 417). Der oben liegende Antrieb hat allerdings den Nachteil, daß die lange Spindel stark auf Verdrehung beansprucht ist.

Eine besondere Bedingung stellt noch das Gewindeschneiden. Hierbei muß nämlich beim Zurückziehen des Gewindebohrers die Bohrspindel umgesteuert werden. Die Aufgabe ist in Abb. 399 durch das Kegelräderwendegetriebe gelöst, das mit dem Hebel h umgeschaltet wird.

β) Die Steuerung der Bohrmaschine.

Das Grundgesetz für die Steuerung ist, die Maschine in jeder Hinsicht voll ausnutzen zu können. Danach muß die Bohrmaschine für ein selbsttätiges Bohren den Vorschub selbst erzeugen können. Ihre Steuerung verlangt hierzu als Selbststeuerung Selbstgang von der Maschine. Um auch mit der Hand bohren zu können, muß die Maschine mit einer Handsteuerung bedient werden. Die Handsteuerung hat aber nicht nur den Vorschub beim Bohren mit der Hand zu vermitteln,

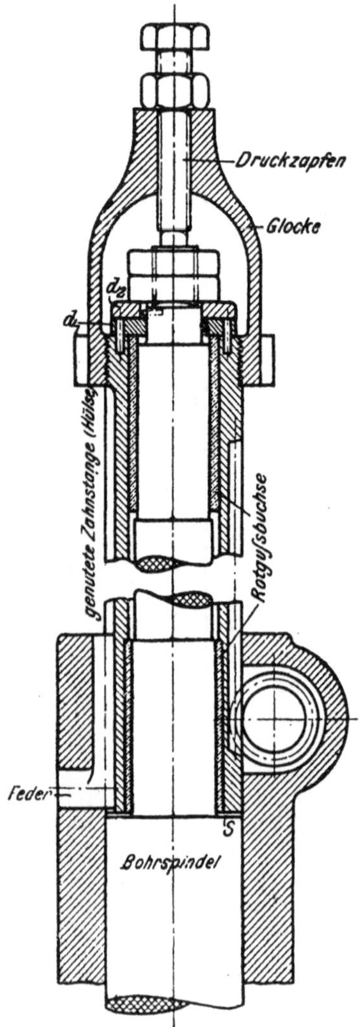

Abb. 391. Wagerechte Bohrspindel.

sondern auch den Bohrer schnell hochzuziehen und wieder schnell anzusetzen. Diese drei Bedingungen sind in der Steuerung erfüllt, sobald die Selbst- und Handsteuerung einzeln benutzt werden können.

Ein weiterer Punkt, der bekanntlich bei jeder Steuerung zu beachten ist, ist der Größenwechsel des Vorschubes. Mit ihm ist die Möglichkeit geboten, den Vorschub dem Werkstück und dem Bohrer

Additional information of this book

(Die Werkzeugmaschinen; 978-3-642-89890-7;

978-3-642-89890-7_OSFO15) is provided:

http://Extras.Springer.com

anzupassen und so stets die volle Leistung der Maschine auszunutzen. Der Arbeiter benutzt hierzu vielfach die Handsteuerung, um den Vorschub nach Gefühl zu regeln. Dieser Weg kommt aber nur in Frage, wenn er nur eine Maschine bedient, andernfalls hat die Selbststeuerung diesem Punkte Rechnung zu tragen. Die Mittel für den Größenwechsel des Vorschubes sind, wie bereits früher besprochen, Stufenscheiben, Reibscheiben oder Wechselräder, die den Antrieb der Steuerung bewirken.

Eine Vervollkommnung bietet auch hier die Selbstauslösung des Vorschubes für gleiche Bohrtiefen. Sie wird heute von jeder selbsttätigen Bohrmaschine verlangt, zumal, wenn es sich um Maschinen für Massenarbeiten handelt. Die Selbstauslösung des Vorschubes wird auch hier wieder durch Anschläge erreicht, die sich auf die vorgeschriebene Bohrtiefe einstellen lassen und an der Arbeitsgrenze ein Getriebe der Steuerung ausrücken.

Eine besondere Berücksichtigung erfordert noch der Umstand, daß die Schneiden des Bohrers bei der Arbeit nicht beobachtet werden können. Tritt bei zu harten Stellen des Werkstückes ein Bohrerbruch ein, so wird die zwangläufige Steuerung überlastet. Als Sicherung gegen Zahnbrüche ist daher irgend ein nachgiebiges Antriebsmittel, z. B. eine Reibkupplung, in die Steuerung einzubauen. Der Vorschub setzt dann aus, sobald der Bohrdruck eine ungewöhnliche Größe erreicht. Seit der Aufnahme des Schnellstahlbohrers haben jedoch manche Firmen die letzte Bedingung fallen lassen. Es mag dies einmal mit Rücksicht auf die größere Bruchsicherheit dieser Bohrer geschehen sein, zum andern versagt auch das nachgiebige Antriebsmittel, wenn es sich um eine große Leistungsfähigkeit der Maschine handelt.

Bei der Bohrmaschine der Sächsischen Maschinenfabrik vorm. Richard Hartmann, A.-G. in Chemnitz, wird der Selbstgang der Steuerung von der Bohrspindel durch Räder abgeleitet, die die Steuerwelle I treiben (Abb. 392 bis 395). Die Welle I wirkt über das Ziehkeilgetriebe r_1 bis r_{10} und die Kegelräder r_{11}, r_{12} auf das Schneckengetriebe r_{13}, r_{14}. Auf der Schneckenradwelle IV sitzt der Trieb r_{15}, der mit der Zahnstange 16 der Bohrspindel kämmt.

Soll bei den Bohrmaschinen mit Selbststeuerung der Bohrer auch mit dem Handrade h_1 gesteuert und mit dem Handgriff h_3 schnell angesetzt oder hochgeschlagen werden, so müssen die 3 Steuerungen wie bei der Schloßplatte der Drehbank einzeln einzuschalten sein. Die Selbststeuerung wird hier durch das Kuppelrad r_{12} eingeschaltet. Mit der Unterschiedsgewindemutter h_2 läßt sich wie in Abb. 168 die Reibungskupplung k schließen und das Kuppelrad r_{12} auf der Schneckenwelle III kuppeln.

Zum Steuern mit dem Handrade h_1 ist die Kupplung k auszuschalten, so daß r_{12} lose auf III läuft. Soll der Bohrer mit dem Handgriff h_3 hochgeschlagen oder angesetzt werden, so ist das Schneckengetriebe $\frac{r_{13}}{r_{14}}$ außer Eingriff zu bringen. Diese Aufgabe ist durch eine Fallschnecke gelöst. Wird nämlich die Sperrklinke s ausgerückt, so fällt das an dem Bolzen A aufgehängte Schneckenlager gegen die Fangschraube B und rückt so die Schnecke r_{13} aus.

Für den Vorschubwechsel des Bohrers ist zwischen der Steuerwelle I und der Kegelradwelle II ein dreifaches Ziehkeilgetriebe mit 2 ausrückbaren Vorgelegen vorgesehen. Der Vorschubwechsel erstreckt sich also auf 3×2 Vorschübe.

Der Ziehkeil z läßt sich mit h_4 auf r_2, r_4 oder r_6 schalten. Für den kupplungsfreien Übergang sind die beiden Ausbohrungen b bestimmt, in denen der Keil z nicht kuppelt. Wird nun mit h_5 die Kupplung k_1 auf r_7 eingeschaltet, so gelangen die 3 größten Vorschübe gleich auf II. Schaltet man hingegen k_1 auf r_{10} um, so bringen die Vorgelege $\frac{r_7}{r_8} \cdot \frac{r_9}{r_{10}}$ 3 kleinere Vorschübe hervor.

Als Sicherheit gegen Überlastung des Bohrers und der Räder ist die Reibkupplung k anzusehen, die nachgibt, sobald bei harten Stellen des Werkstückes der Bohrdruck eine ungewöhnliche Größe erreicht. Durch die Fallschnecke r_{13} und einen verstellbaren Anschlag der Bohrspindel ist auch eine Selbstauslösung des Vorschubes für gleiche Bohrtiefen vorgesehen, die im nächsten Abschnitt näher besprochen ist. Der Bohrschlitten läßt sich auf das Werkstück einstellen und an dem Ständer festklemmen. Durch diese Verschiebbarkeit ist die Möglichkeit geboten, mehr als die doppelte Lochtiefe des feststehenden Bohrschlittens zu bohren, weil der verschiebbare nach einer gewissen Bohrtiefe nachgestellt werden kann. Zur größeren Handlichkeit sind sowohl Bohrspindel als auch Bohrschlitten durch ein Gegengewicht ausgeglichen.

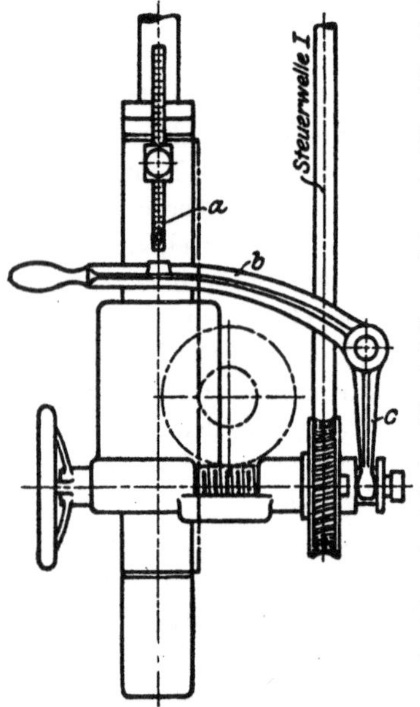

Abb. 396. Selbtauslösung des Bohrvorschubes.

γ) Die Selbstauslösung des Vorschubes.

Die Selbstauslösung des Vorschubes ist bekanntlich das dankbarste Mittel, eine Maschine, sowie die Arbeitskräfte eines Betriebes bei Massenarbeiten wirtschaftlich auszunutzen und zugleich die erforderlichen

gleichen Bohrtiefen zu sichern. Sie erfolgt, wie schon mehrfach erwähnt,
durch verstellbare Anschläge, die an Hand eines Maßstabes auf die
vorgeschriebene Bohrtiefe eingestellt werden. Sie sitzen an der Bohrspindel, die beim Niedergehen ein Getriebe in der Steuerung ausrückt.
Die Mittel für die Selbstauslösung des Vorschubes sind wieder Kuppelräder oder Fallschnecken.

Die Selbstausrückung des Vorschubes mit einem Kuppelrade ist in
Abb. 396 durchgeführt. Das Schneckenrad der Steuerung wird hier
entkuppelt, sobald der einstellbare Anschlag a den Winkelhebel b herum

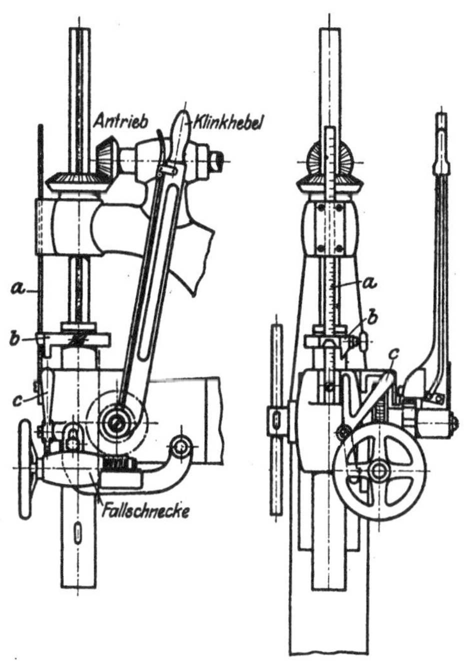

Abb. 397 und 398.   Selbstausrücker mit Tiefenanzeiger.
A. H. Schütte, Cöln-Deutz.

legt, dessen Schenkel c die Zahnkupplung zurückzieht. Mit dem Maßstab a kann die Bohrtiefe eingestellt werden.

Bei der Säulenbohrmaschine der Sächsischen Maschinenfabrik
ist die Fallschnecke angewandt. Eine Stellschraube, die mit einem Ring
auf der Zahnstangenhülse festgeklemmt wird, rückt beim Bohren die
Sperrklinke s aus (Abb. 392). Infolgedessen fällt das Schneckenlager
gegen die Fangschraube B und bringt so die Schnecke außer Eingriff.
Gegen unbeabsichtigtes Ausrücken ist der Federriegel f vorgesehen.

Mit der selbsttätigen Auslösung des Bohrvorschubes läßt sich sehr
hübsch ein Tiefenanzeiger verbinden. In Abb. 397 und 398 ist der Maßstab a an dem Spindellagerkopf befestigt und auf der Zahnstangenhülse

der verstellbare Anschlag b festgeklemmt, der die Fallschnecke c auslöst, sobald er beim Bohren auf Null zeigt. Soll demnach ein 30 mm
tiefes Loch gebohrt werden, so ist der Anschlag b auf 30 mm einzustellen.

δ) Der Bohrtisch.

Der Bohrtisch hat die Aufgabe, das Werkstück aufzunehmen. Für
ihn ist Bedingung, daß jede Stelle des Werkstückes ohne Umspannen
unter den Bohrer gebracht werden kann. Eine praktische Lösung dieser
Aufgabe besteht in einem Rundtisch, der sich sowohl um seine eigene
Achse als auch um die Säule der Maschine drehen läßt. Durch diese
Doppelbewegung des Tisches kann die ganze Oberfläche des Arbeitsstückes unter den Bohrer kommen. Er kann daher Löcher auf allen
Lochkreisen bohren und auch parallele Lochreihen herstellen. Bei Benutzung der Grundplatte kann der Bohrtisch, ohne hinderlich zu sein,
seitlich ausgeschwenkt werden. Das Hochstellen des Tisches erfolgt
mit einer Handkurbel, die durch Schraubenräder und Ritzel auf die
Zahnstange wirkt, die sich mit dem Tisch um die Säule dreht. In jeder
Lage läßt sich der Rundtisch durch die Schelle festklemmen (Abb. 399).

2. Die Säulenbohrmaschinen.

Die Säulenbohrmaschine der Mammutwerke in Nürnberg zeigt
in ihrem Aufbau sehr gefällige Formen. Alle Räder sind in Kästen
staubdicht eingeschlossen und die Schalthebel handlich angeordnet
(Abb. 399 bis 401). Der Antrieb der Maschine ist für 8 Geschwindigkeiten eingerichtet (Abb. 402 bis 405), die durch 2 vierläufige Stufen-
scheiben $S_1 S_2$ und 2 ausrückbare Rädervorgelege $\dfrac{r_1}{R_1} \cdot \dfrac{r_2}{R_2}$ in dem oberen
Räderkasten geboten sind. Der Geschwindigkeitswechsel wird bei den
Vorgelegen mit dem verschiebbaren Kuppelrad R_2 vollzogen, das mit
dem Hebel h_1 eingestellt wird. Für den Betrieb der Maschine ohne
Vorgelege ist R_2 auf r_1 einzukuppeln, und für die Benutzung der Vorgelege ist R_2 mit seinem Zahnkranz in r_2 einzurücken. Die Hauptwelle läuft in 3 Ringschmierlagern und die Stufenscheibe auf Rotguß-
büchsen.

Der Vorschub wird hier von der Hauptwelle entnommen. Die
Schraubenräder a, b treiben die Steuerwelle I, die über das Ziehkeilgetriebe r_1 bis r_8 und die Kegeltriebe r_9, r_{10} auf das Schneckengetriebe
r_{11}, r_{12} wirkt. Auf der Schneckenradwelle sitzt der Trieb r_{13}, der durch
die Zahnstange Z der Bohrspindel die 4 Vorschübe erteilt. Der Vorschubwechsel wird durch die 4 Schaltungen des Ziehkeiles erreicht,
der mit dem oberen Knopf eingestellt wird.

Zum Hochschlagen des Bohrers mit dem Handkreuz H_2 ist die
Fallschnecke r_{11} durch einen Druck auf den Winkel w auszurücken.

Additional information of this book

(Die Werkzeugmaschinen; 978-3-642-89890-7;

978-3-642-89890-7_OSFO16) is provided:

http://Extras.Springer.com

Sie wird beim Bohren gleicher Tiefen durch den Anschlag x ausgelöst. Für das Bohren größerer Löcher mit der Hand ist das Handrad H_1 einzukuppeln, kleinere Löcher können auch mit dem Handkreuz H_2 gebohrt werden. Das Steuern mit dem Handrade H_1 verlangt, den Selbstgang mit dem Ziehkeil auszuschalten. Der Bohrschlitten ist auch hier für außergewöhnliche Bohrtiefen auf den Führungen der Säule verstellbar.

Prüft man diese Maschine nach den früher aufgestellten Bedingungen, so sind alle erfüllt. Der Vorschub ist vollkommen zwangläufig mit Rücksicht auf die Kennzeichnung der Maschine als Schnellbohrmaschine von hoher Leistung.

Ähnliche Einrichtungen hat auch die Bohrmaschine der Dresdener Bohrmaschinenfabrik in Abb. 406 aufzuweisen. Die Bohrspindel erhält 8 Geschwindigkeiten durch die vierläufigen Stufenscheiben und die beiden Rädervorgelege im Kasten. Der Vorschub erfolgt zwangläufig und wird von der Bohrspindel über ein doppeltes Ziehkeilgetriebe mit 6 Schaltungen auf die Bohrspindel übertragen. Für gleiche Bohrtiefen wird auch hier die Fallschnecke durch den Anschlag der Bohrspindel ausgelöst.

Besonderes Interesse verdient die Sicherung gegen Bohrerbrüche (Abb. 407). Das Antriebskegelrad r_{12} der Schneckenwelle wird nämlich durch eine Reibkupplung k gekuppelt, die nach einer Teilscheibe T entsprechend der Festigkeit des Bohrers eingerückt wird. Hierzu dient die Griffmutter m, die nach Teilstrichen auf T angezogen wird und so durch die Blattfedern f die Durchzugskraft der Kupplung regelt. Wird der Nullstrich der Griffmutter m z. B. auf 20 der Teilscheibe T eingestellt, so ist damit die Kupplung für den 20 mm-Bohrer angezogen. Der Vorschub wird dabei aussetzen, sobald der Bohrdruck bei harten Stellen zu groß wird.

Das Einregeln der Reibkupplung soll wie folgt geschehen: Steht die Mutter m auf Null, so soll das Kegelrad die Schneckenwelle III noch gerade mitnehmen. Die geringste Hemmung des Handrades soll jedoch den Selbstgang zum Stillstand bringen. Stimmen die Nullstriche in dieser Weise nicht mehr überein, so löst man die Schraube und drückt die Teilscheibe T ab. Während des Ganges wird jetzt die Griffmutter m so weit angezogen, bis das Handrad mitläuft und sich mit der Hand leicht anhalten läßt. Die Maschine wird wieder stillgesetzt und die Nullmarke der Teilscheibe T auf die der Griffmutter eingestellt und jetzt die Schraube fest angezogen.

Die nächste Entwicklungsstufe würde ein Stufenrädergetriebe für die Hauptbewegung sein. Bei Bohrmaschinen wird nämlich die Schnittgeschwindigkeit häufiger gewechselt, so daß der Stufenräderantrieb mit seinem raschen Geschwindigkeitswechsel große Zeitersparnisse erzielen läßt.

Diesem Grundsatz folgend, hat die Bohrmaschine von Ludwig Loewe & Co., Berlin (Abb. 408), Einscheibenantrieb mit einem Stufenrädergetriebe für 9 Schaltungen und auf der Hauptwelle *IV* 2 ausrückbare Vorgelege, so daß die Maschine über 2×9 Spindelgeschwindigkeiten verfügt (Abb. 409 bis 411).

Das Stufenrädergetriebe (Abb. 412 bis 414) hat auf 3 Wellen 9 Räder in 3 Reihen angeordnet, von denen die 3 oberen und die 3 unteren Räder durch je eine Reibkupplung zu kuppeln sind. Mit den Stellhebeln h_1 und h_2 lassen sich nämlich in den hohlen Wellen *I* und *III* die Nockenstangen s_1 und s_2 verschieben, die mit ihren Nocken Druckstäbe hoch drücken und dadurch die entsprechende Reibkupplung schließen.

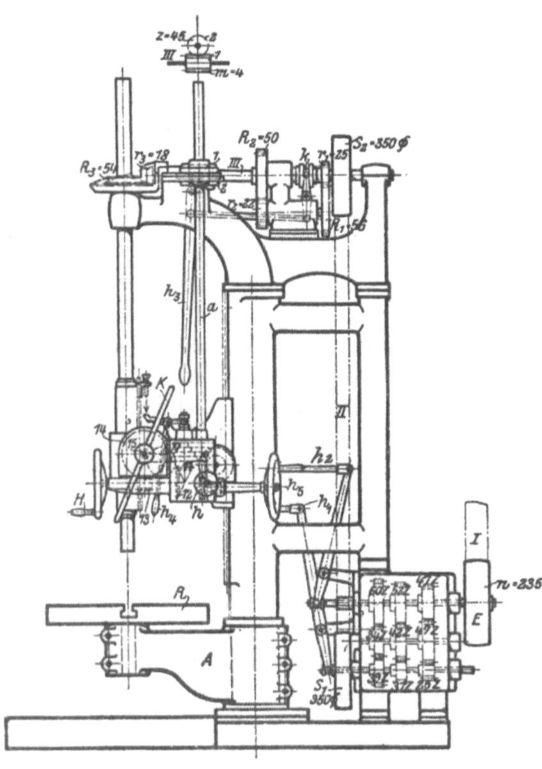

Abb. 408. Säulenbohrmaschine.
Ludw. Loewe & Co., Berlin.

Schaltplan zu Abb. 412.

Lfd. Nr.	Schaltungen	Kuppelräder	Lfd. Nr.	Schaltungen	Kuppelräder
1.	$\dfrac{r_1}{r_2} \cdot \dfrac{r_2}{r_3} = \dfrac{r_1}{r_3}$	r_1, r_3	6.	$\dfrac{r_4}{r_5} \cdot \dfrac{r_8}{r_9}$	r_4, r_9
2.	$\dfrac{r_1}{r_2} \cdot \dfrac{r_5}{r_6}$	r_1, r_6	7.	$\dfrac{r_7}{r_8} \cdot \dfrac{r_8}{r_9} = \dfrac{r_7}{r_9}$	r_7, r_9
3.	$\dfrac{r_1}{r_2} \cdot \dfrac{r_8}{r_9}$	r_1, r_9	8.	$\dfrac{r_7}{r_8} \cdot \dfrac{r_2}{r_3}$	r_7, r_3
4.	$\dfrac{r_4}{r_5} \cdot \dfrac{r_5}{r_6} = \dfrac{r_4}{r_6}$	r_4, r_6	9.	$\dfrac{r_7}{r_8} \cdot \dfrac{r_5}{r_6}$	r_7, r_6
5.	$\dfrac{r_4}{r_5} \cdot \dfrac{r_2}{r_3}$	r_4, r_3			

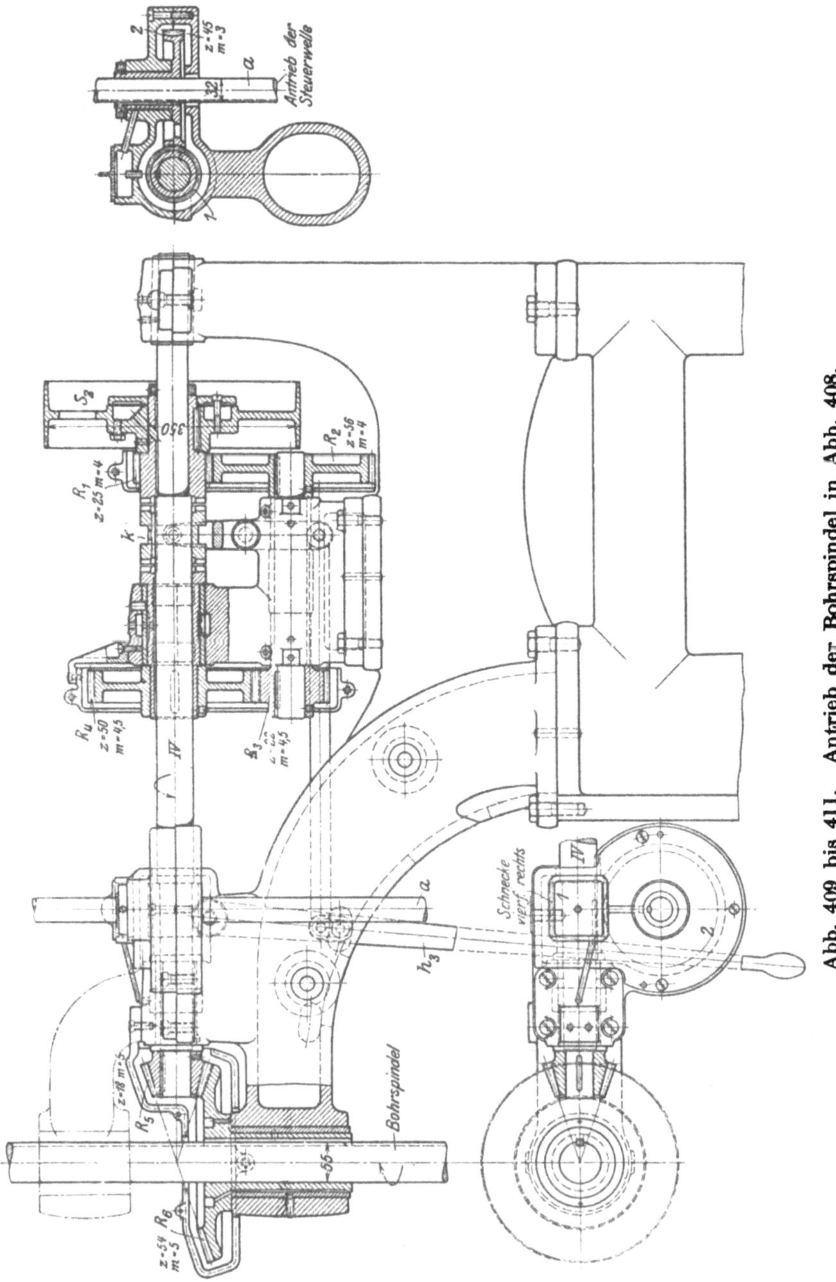

Abb. 409 bis 411. Antrieb der Bohrspindel in Abb. 408.

Diese 9 Schaltungen lassen sich mit den Griffen h_1, h_2 vornehmen. Die Vorgelege $\dfrac{R_1}{R_2} \cdot \dfrac{R_3}{R_4}$ werden mit der Kupplung k und dem Griff h_3

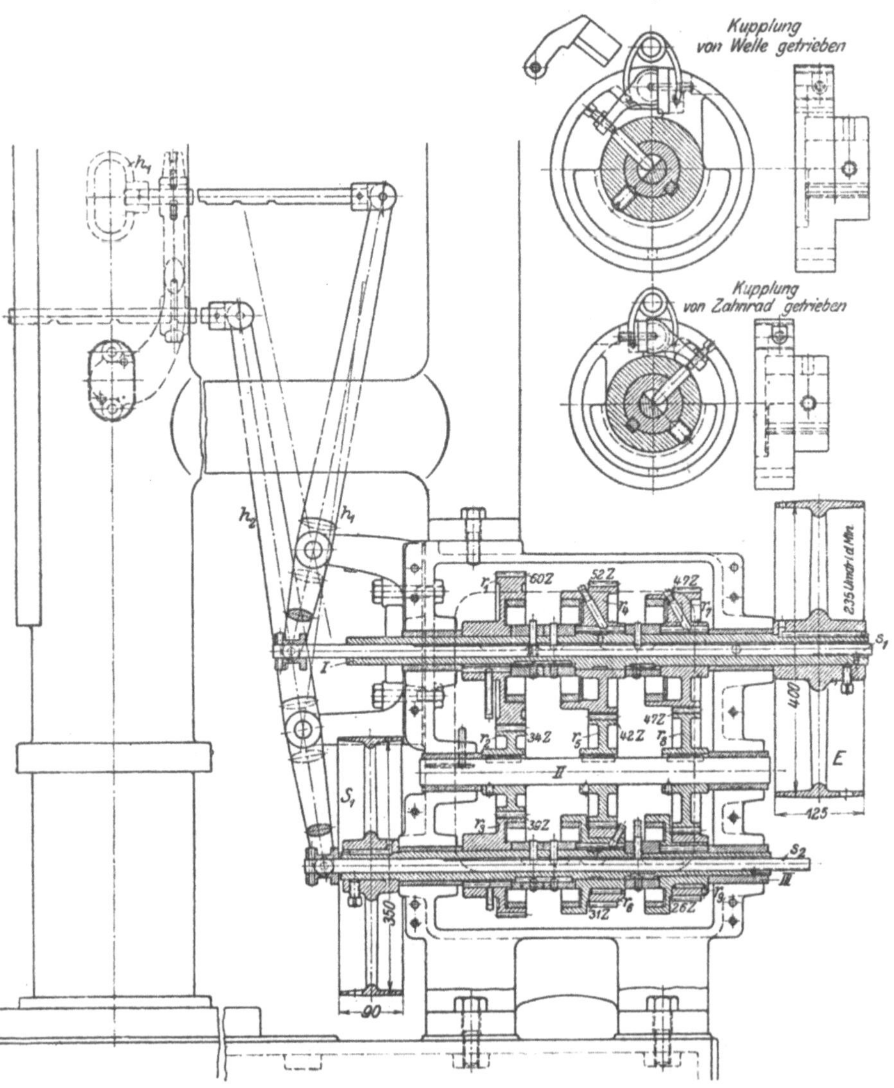

Abb. 412 bis 414.   Stufenrädergetriebe der Loewe-Bohrmaschine.

geschaltet. Alle 3 Griffe liegen bequem zur Hand (Abb. 408). Die Steuerung der Bohrspindel erfolgt zwangläufig von der Antriebswelle *IV* aus. Das Schneckengetriebe *1, 2* treibt die senkrechte Steuerwelle *a* (Abb. 409 bis 411), die über das Ziehkeilschaltwerk

3 bis *10*, die Kegelräder *11*, *12* und das Schneckengetriebe $\frac{13}{14}$ mit dem Trieb 15 auf die Schaltzahnstange 16 wirkt (Abb. 415 und 416). Mit dem Griff h_4 wird dieser Selbstgang stillgesetzt. Die

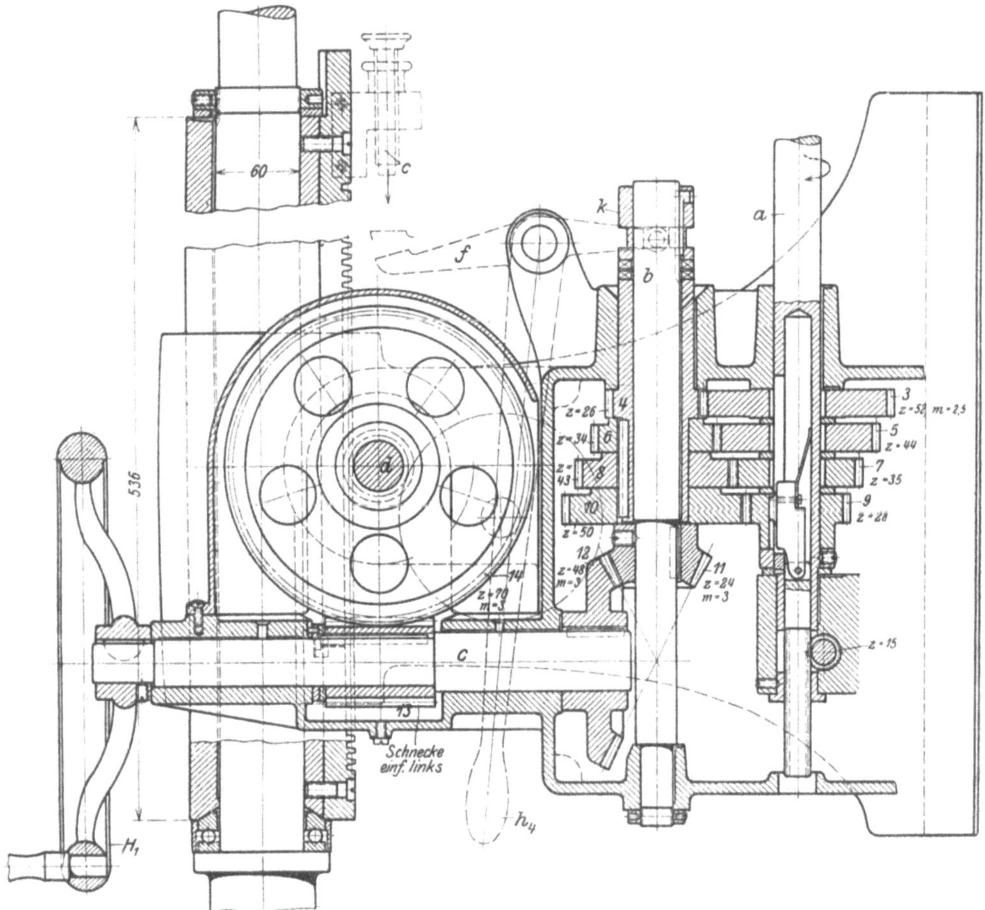

Abb. 415. Bohrschlitten der Loewe-Bohrmaschine.

Selbstauslösung des Vorschubes vollzieht der Anschlag c, der an der Bohrgrenze mit dem Hebel f die Kupplung k ausrückt. Das Wechselrädergetriebe kann mit dem Sterngriff h_5 4 mal geschaltet werden, so daß 4 Bohrvorschübe 0,14 — 0,21 — 0,33 — 0,50 mm verfügbar sind. Soll die Maschine mit dem Handrade H_1 gesteuert werden, so ist der Selbstgang mit h_4 auszulösen. Zum Hochschlagen oder Ansetzen des Bohrers dienen die **Griffe** K. Beim Vorziehen entkuppeln sie das Schnecken-

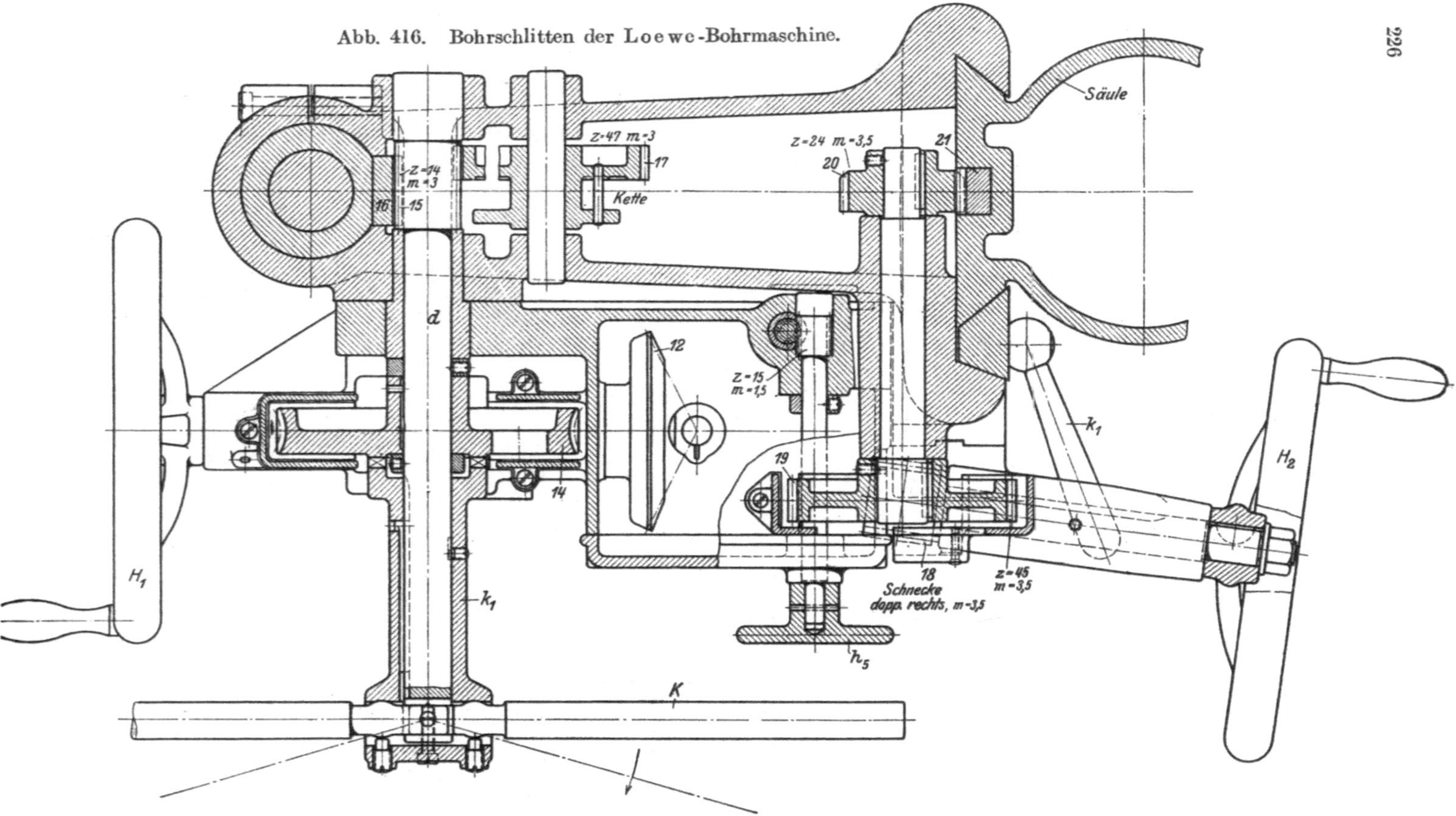

Abb. 416. Bohrschlitten der Loewe-Bohrmaschine.

rad *14,* und beim Umschwenken schlagen sie die Bohrspindel hoch
Mit dem Zahnstangentrieb *15* kämmt das Zahnrad *17,* an das mit einer
Kette das Ausgleichgewicht angeschlossen ist. Der Bohrschlitten kann
mit dem Handrade H_2, dem Schneckengetriebe $\frac{18}{19}$ und dem Zahnstangengetriebe $\frac{20}{21}$ an dem Ständer eingestellt werden. Um den Bohrdruck wirksam aufzufangen, ist das sperrend wirkende Schneckengetriebe und der Knebel k_1 vorgesehen.

3. Die Schnellbohrmaschinen.

Die Schnellbohrmaschinen sollen den gesteigerten Ansprüchen der
Massenherstellung gerecht werden und leichtere Bohrarbeiten, wie
Lochbohren, Aufreiben, Versenken und Gewindeschneiden mit größter
Schnelligkeit erledigen. Sie sind daher in erster Linie für die Werkstätten der Feinmechanik, Elektrotechnik und des Kleinmaschinenbaues
gebaut. Ihrer Bauart nach sind sie als leichte Säulenbohrmaschinen
zu bezeichnen.

Die Schnellbohrmaschinen stellen an ihren Aufbau vorzugsweise
zwei Bedingungen: Als erste Forderung muß der Antrieb die hohen
Umläufe der Bohrspindel hervorbringen, wie sie die Schnittgeschwindigkeiten bei den kleinen Lochdurchmessern vorschreiben. Hierzu tritt als
zweite Forderung die rasche Bedienung, wie sie ja die Massenherstellung von ihren Arbeitsmaschinen fordert.

Die erste Bedingung macht die Schnellbohrmaschinen für den
elektrischen Einzel- und Gruppenantrieb besonders geeignet. Der Geschwindigkeitswechsel wird meist mit einem Stufenriemen vollzogen.
Auf geräuschlosen Gang ist bei den hohen Umläufen besonders Wert
zu legen. Kegelräder, die selten geräuschlos laufen, sind daher möglichst zu vermeiden. Diese Erfahrung hat sogar zu dem für den Geschwindigkeitswechsel so umständlichen Winkelriemen greifen lassen
(Abb. 417). Allerdings hat er bei den Schnellbohrmaschinen eine weitgehende Verbesserung erfahren. Zum Umlegen wird er nämlich durch
Zurückziehen der Leitrollen entspannt und nach dem Verlegen wieder
durch Vorschieben der Leitrollen angespannt (Abb. 417 und 418). Hierzu
sind die Leitrollen auf einem Schlitten S des hinteren Armes A gelagert
(Abb. 419 bis 420). Sie laufen hier auf 2 Zapfen Z, die um B drehbar
sind und mit je einer Nase n in das Mittelstück C fassen. Die mit dem
Arm A verschraubte Zahnstange Z_1 ist ein wenig stärker geneigt als der
Arm selbst. Dies hat den Zweck, die Leitrollen richtig auf die jeweilige
Lage des Riemens einstellen zu können. Wird nämlich der Schlitten S
mit dem Griff nach der Säule zu bewegt, so zieht die stärker geneigte
Zahnstange Z_1 das Mittelstück C etwas tiefer in den Schlitten S hinein,
so daß sich die Zapfen Z um B auf die neue Riemenlage einstellen. In
Abb. 417 liegt die Zahnstange über dem Arm.

15*

Die rasche Bedienung, die zweite Hauptforderung, hängt von der Einrichtung der Steuerung ab. Sie beschränkt sich meist auf eine ein-

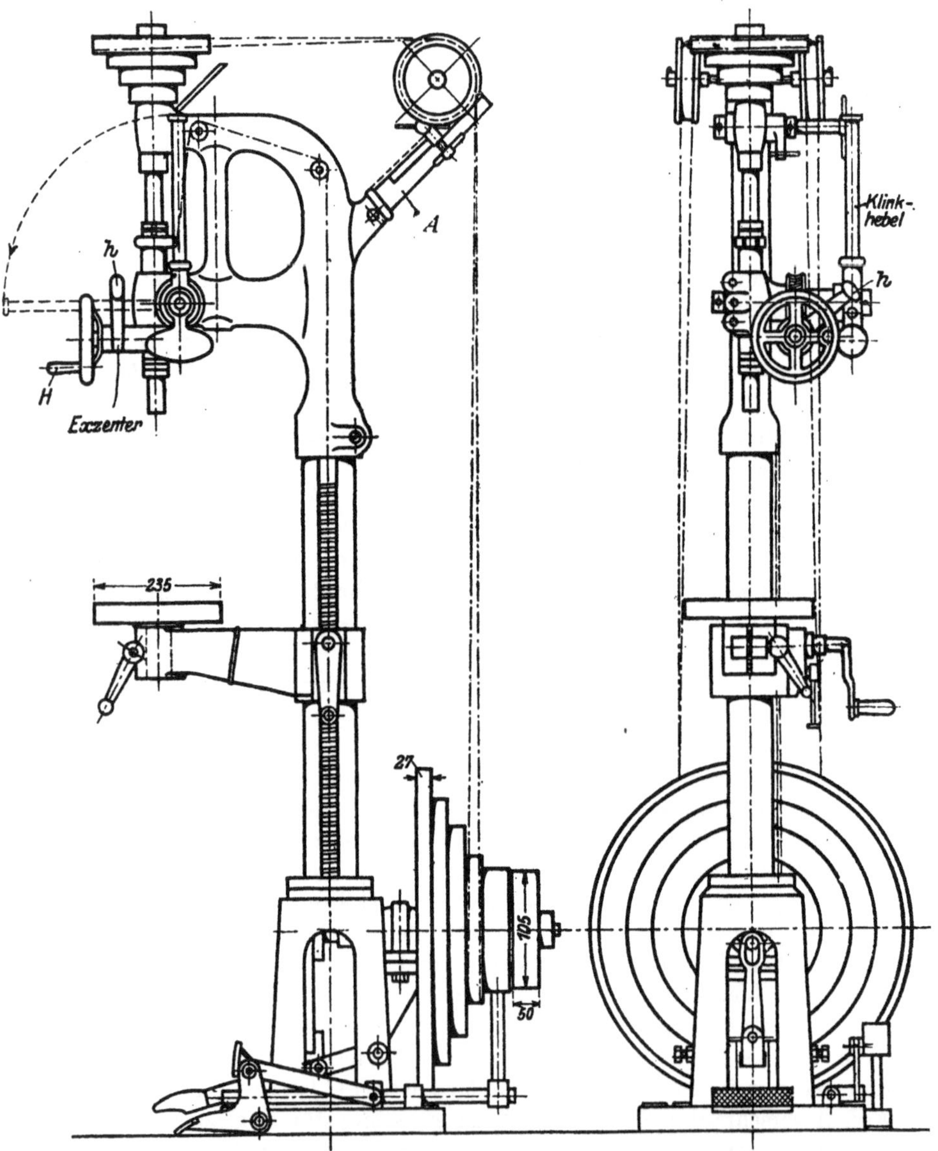

Abb. 417 und 418. Schnellaufbohrmaschine. Dresdener Gasmotorenfabrik vorm. M. Hille, Abt. Dresdener Bohrmaschinenfabrik, Dresden.

fache Handsteuerung. Mit einem Handgriff wird nämlich die Bohrspindel beim Bohren vorgeschoben und nachher hochgeschlagen. Dabei soll der Steuerhebel unbenutzt außer dem Gesichtskreis des Arbeiters stehen, d. h. aufrecht stehen.

Die letzte Bedingung wird oft durch eine Spiralfeder erfüllt, die beim Niederdrücken des Steuerhebels gespannt wird und dadurch die Bohrspindel hochzieht, sobald der Arbeiter den Hebel losläßt. Es kann daher die Kette mit dem Gegengewicht fehlen. In Abb. 417 und 429 erfüllt das Gegengewicht des ausklinkbaren Steuerhebels die gleiche Aufgabe. Die Bohrspindel ist hier durch ein besonderes Gewicht ausgeglichen.

Das Bohren größerer Tiefen verlangt noch von dem Steuer-

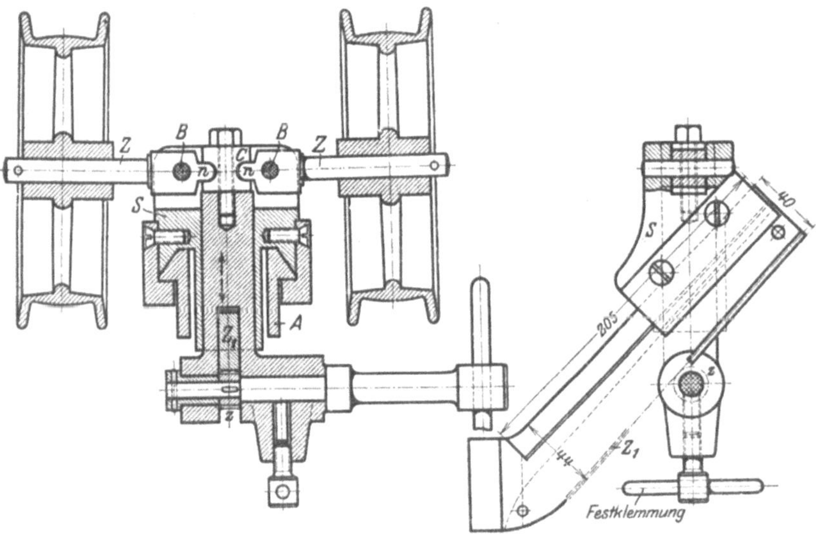

Abb. 419 und 420. Spannschlitten für die Leitrollen.

hebel, daß er nachklinkbar ist. Hierzu faßt der Hebel in Abb. 429 bis 433 mit einem Vierkant in ein verzahntes Schaltrad. Nach dem ersten Hub kann er daher seitlich ausgeklinkt und hierauf für einen weiteren Hub in eine andere zurückstehende Lücke eingeklinkt werden. In gleicher Weise läßt sich auch in Abb. 417 der Gewichtshebel nachklinken.

Eine kleine Erweiterung hat noch die Steuerung in Abb. 417 erfahren. Die größeren Löcher können hier bei ausgeklinktem Hebel mit dem Handrade H gebohrt werden, das über ein Schneckengetriebe auf das Zahnstangengetriebe wirkt. Für die Benutzung des Klinkhebels ist die außerachsig gelagerte Schnecke mit dem Griff h auszurücken.

Eine wichtige Aufgabe bildet noch bei den Schnelläufern die Führung der Bohrspindel gegen ein Verlaufen der dünnen Bohrer. Diese Aufgabe übernimmt die Zahnstangenhülse, die in dem Lagerarm auf sauberste geführt ist und die Spindel auch gegen Verbiegen schützt.

Um die dünne Spindel auch vom Riemenzug zu entlasten, ist die Antriebsscheibe in Abb. 430 auf einer besonderen Büchse befestigt, die durch 2 Federn die Spindel treibt.

Der Bohrtisch der Schnellbohrmaschinen ist meist eine runde oder viereckige Tischplatte, die um die Säule ausschwenkbar ist. Bei den

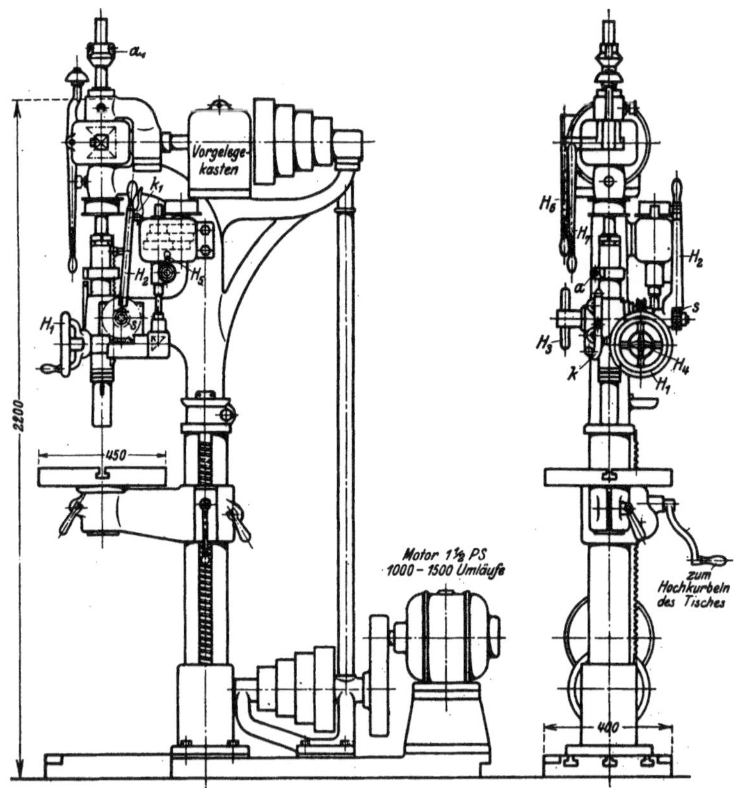

Abb. 421 und 422. Schnellbohrmaschine, Carl Schwemann, Gevelsberg i. W.

Säulenbohrmaschinen (Abb. 417) lassen sie sich noch hochstellen und festklemmen.

Größere Schnellbohrmaschinen haben eine größere Vielseitigkeit in ihrer Steuerung. Sie gestatten den Bohrer 1. durch die Maschine selbst, 2. mit einem Handrade und 3. mit einem Klinkhebel zu steuern. Nach diesen Gesichtspunkten ist auch die Schnellbohrmaschine in den Abb. 421 und 422 entworfen. Der Selbstgang wird von der Bohrspindel durch einen Riemen hergeleitet, der als Puffer gegen Überlastungen wirkt. Mit dem Griff H_5 läßt sich das Ziehkeilgetriebe auf die 3 Vorschübe 0,1—0,2—0,33 mm schalten. Die Selbstauslösung vollzieht der Anschlag a, der die Klinke k der Fallschnecke auslöst. Mit dem Griff H_2 wird der Bohrer hochgeschlagen. Kleine Löcher können bei ausgeklinkter Fallschnecke mit Steuerhebel H_2 gebohrt werden. Beim Andrücken der Klinke k_1 faßt er mit einer Stange in das Schaltrad s, so daß er sich auch zum Nachklinken bei größeren Bohrtiefen eignet. Größere Löcher werden mit dem Handrade H_1 gebohrt. Der Selbstgang muß vorher mit H_4 ausgerückt sein.

Der Antrieb der Maschine gestattet 8 Umläufe. Die Vorgelege in dem oberen Räderkasten werden mit H_6 bedient. Für das Gewindeschneiden ist ein Wendegetriebe eingebaut, das mit H_7 gesteuert wird. Der obere Spindelanschlag a_1 rückt es bei der vorgeschriebenen Gewindetiefe aus.

4. Die Ständerbohrmaschinen.

Die Säulenbohrmaschinen haben unter dem Einfluß der Schnellbohrer an der Säule Rückenstreben erhalten, um dem großen Bohrdruck gewachsen zu sein. Für schwere Bohrarbeiten muß die Maschine einen Hohlgußständer erhalten und einen vollkommen zwangläufigen Antrieb für die Hauptbewegung und den Vorschub. Die Hauptwellen und Bohrspindel sollen möglichst in Kugeln laufen, damit ein günstiger Wirkungsgrad erzielt wird. Der ganze Aufbau muß das Kennzeichen der Hochleistung tragen.

Die Ständerbohrmaschine von H. A. Waldrich, Siegen, hat elektrischen Antrieb (Abb. 423 und 424). Der Räderkasten ist für 12 Geschwindigkeiten der Bohrspindel eingerichtet. Mit dem Wendehebel h_5 kann die Maschine fürs Gewindeschneiden auf Vor- und Rücklauf gestellt werden. Der Hauptantrieb umfaßt den Räderkasten mit aufgesetztem Motor, der mit dem Handrade H angelassen wird, das Wendegetriebe 1 und die Stirnräder 2 bis 4. Der Vorschub wird von dem Zwischenrade 3 des Hauptantriebes (Abb. 425 und 426) durch die Vorgelege $\frac{r_1}{r_2} \cdot \frac{r_3}{r_4}$ hergeleitet. Das Ziehkeilgetriebe r_4 bis r_{11} hat 4 Schaltungen, und die Kupplung k kuppelt entweder $\frac{r_{14}}{r_{15}}$ oder $\frac{r_{12}}{r_{13}}$. Die Steuerwelle I empfängt daher 2×4 Geschwindigkeiten. Das Schneckengetriebe $\frac{r_{16}}{r_{17}}$ überträgt sie auf das Zahnstangengetriebe $\frac{r_{18}}{r_{19}}$, so daß die Bohrspindel 8 Vorschübe zwischen 0,17 und 2,66 mm erfährt. Der Ziehkeil wird mit dem Griff h_6 nach der Vorschubtafel vom Stande des Arbeiters verstellt und die Vorgelege $\frac{r_{12}}{r_{13}}$, $\frac{r_{14}}{r_{15}}$ mit h_7 geschaltet. Die Einrichtung des Bohrschlittens ist bekannt. Mit dem Handrade H_1 kann gebohrt werden, sobald die Schnecke r_{15} mit h_8 entkuppelt ist. Mit dem Kreuz K erfolgt

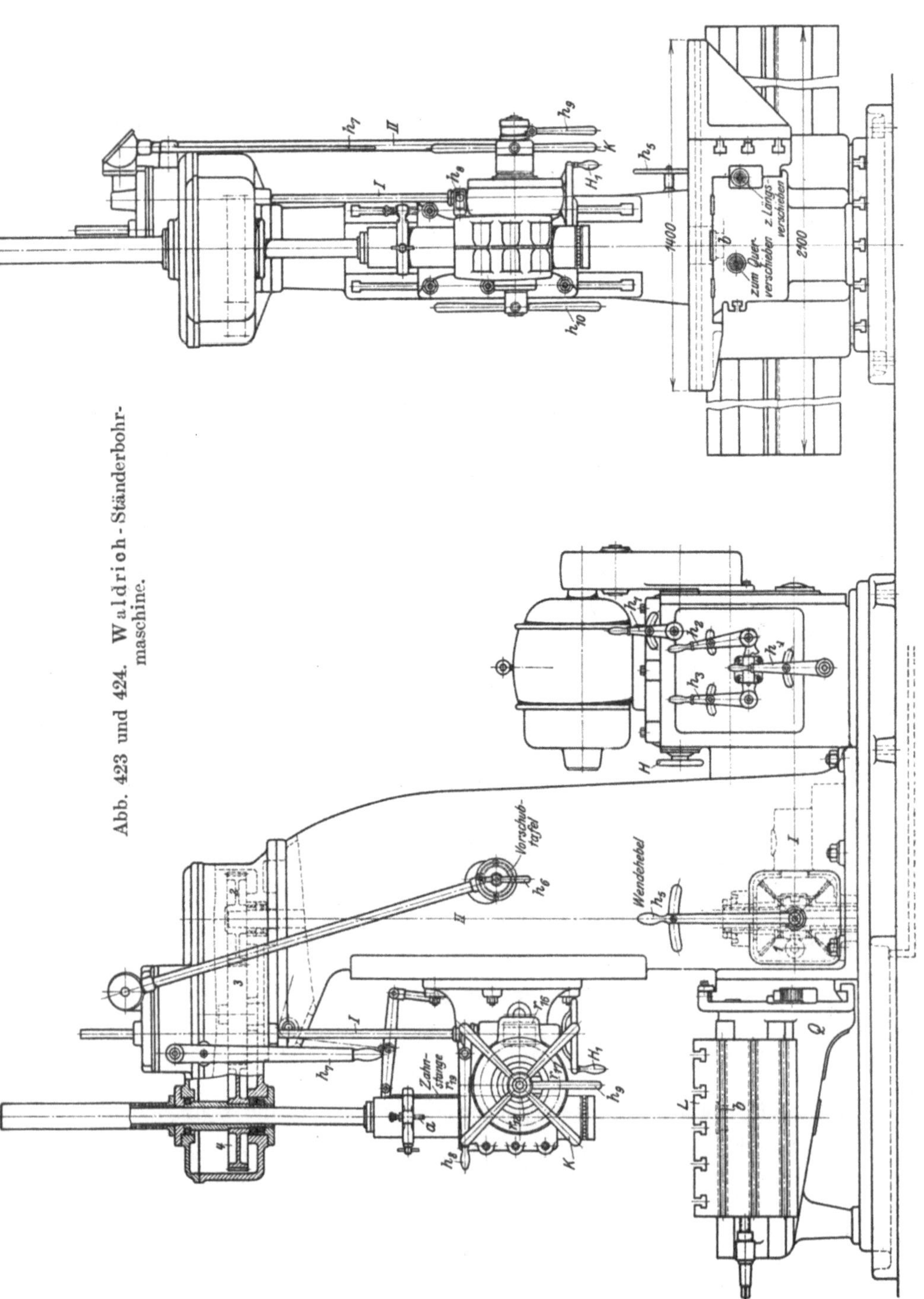

Abb. 423 und 424. Waldrich-Ständerbohrmaschine.

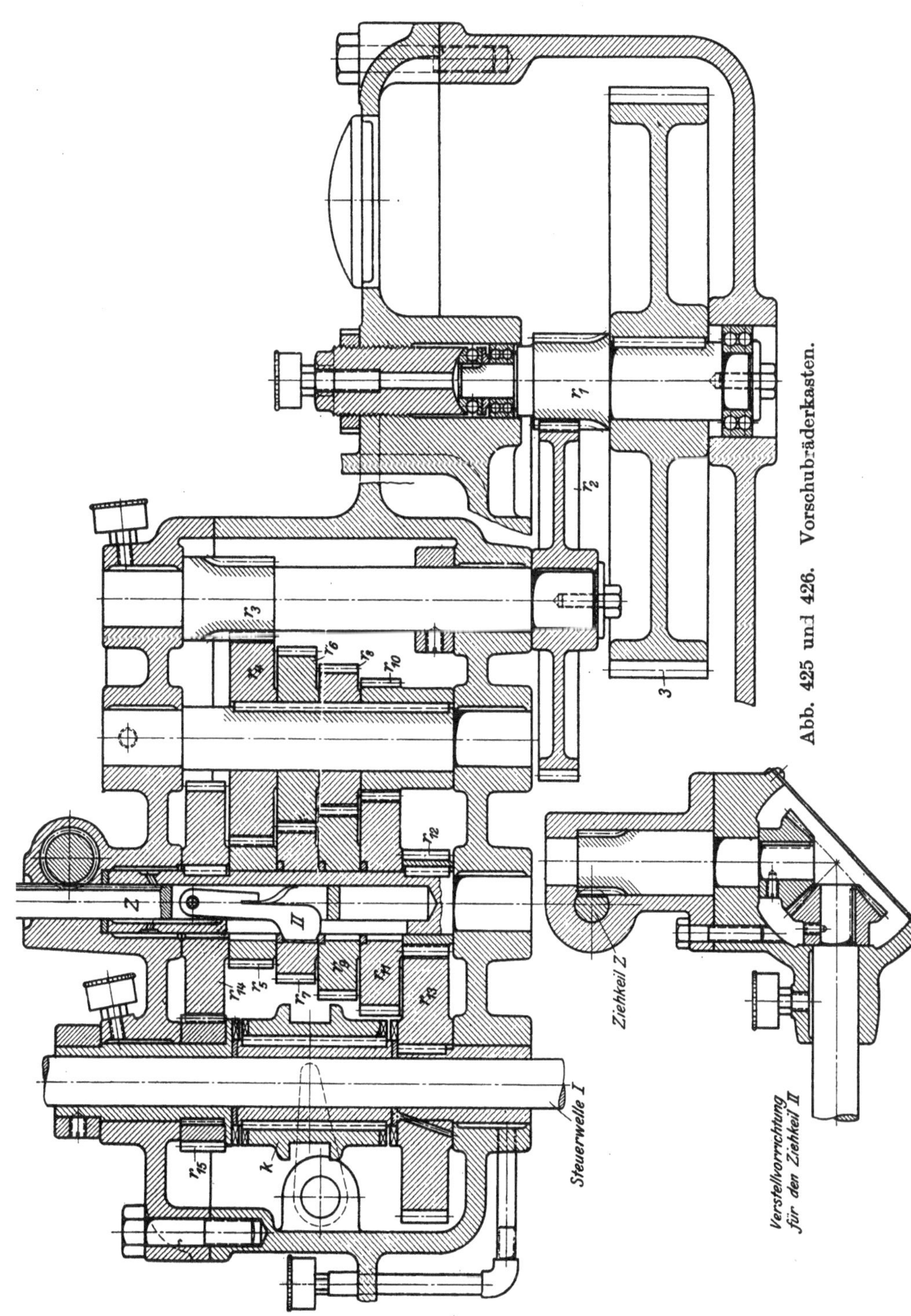

Steuerwelle I
Ziehkeil Z
Verstellvorrichtung
für den Ziehkeil II
Abb. 425 und 426. Vorschubräderkasten.

das Ansetzen und Hochschlagen des Bohrers, nachdem man mit h_9 das Schneckenrad r_{18} gelöst hat. Die Selbstauslösung des Vorschubes vollzieht der Anschlag a mit h_8. Um den starken Bohrdruck auffangen zu können, ist der Bohrschlitten an dem Ständer mehrfach festgeklemmt.

Abb. 427. Alte Bohrmaschine mit 3 bis 5 PS. Arbeitsbedarf.

Nach dem Lösen der Klemmschrauben kann der Bohrschlitten mit dem Griff h_{10} auf die passende Höhe verstellt werden.

Der Bohrtisch hat einen Querschlitten und einen Längsschlitten mit den erforderlichen Spannuten. Der Querschlitten Q ist auf einer Querplatte des Ständers langgeführt und vorn durch einen Stützfuß gegen den Bohrdruck abgestützt. Beim Ausbohren wird die Bohrstange in einem Büchslager *b* geführt. Hohe Werkstücke werden bei seitlich stehendem Tisch auf der Grundplatte festgespannt. Zum Schnellbohren gehört eine ausgiebige Kühlung des Bohrers. Das Kühlwasser wird von der Pumpe durch eine Kühlleitung dem Bohrer zugedrückt

Abb. 428. Neue Waldrich-Bohrmaschine mit 100 PS.-Motor.

a Handrad zum Ein- und Ausrücken der Rädervorgelege.
b Handrad für Ziehkeil.
c „ „ „
q Vorschubtafel.
d Hebel zum Ausrücken des Vorschubes.
m Antriebskette für den Vorschub-Räderkasten.
o Geschwindigkeitsmesser zum Anzeigen der Schnittgeschwindigkeit.
n Antriebsriemen für *o*.
e Handrad zum Einstellen der Bohrspindel bei großen Werkstücken.
h Handkreuz zum Einstellen der Bohrspindel bei kleinen Werkstucken.
g Ausrückhebel für den Selbstgang des Vorschubes nach dem Durchbohren.
i Handrad zum Bohren von Hand.
k Handrad zum Einrücken des selbsttätigen Bohrvorschubes.
p Handhebel zum Einschalten von Rädervorgelegen.
f Zeiger zum Anzeigen der Lochtiefe.

und das Abwasser durch die Rinne der Grundplatte gesammelt und dem Behälter zugeführt.

Die Zweiständerbohrmaschinen.

Die Einständerbohrmaschine bohrt mit ihrer festliegenden Bohrspindel nur in einer Ebene. Die Werkstücke müssen daher mit dem Tisch genau unter den Bohrer gebracht werden. Bei sperrigen Stücken reicht der Arbeitsraum der Einständermaschine nicht aus. Man muß daher zur Zweiständermaschine greifen, die in ihrem Aufbau dem Stoßwerk in Abb. 894 gleicht. Die beiden Ständer stehen auf einer großen Grundplatte und tragen einen Querträger mit dem Bohrschlitten. Das Werkstück liegt auf einem Rundtisch. Durch den drehbaren Tisch und den Bohrschlitten kann der Bohrer die ganze Oberfläche des Werkstückes bestreichen.

Welch großzügige Entwicklung die Bohrmaschinen erfahren haben, zeigt die Gegenüberstellung der beiden Maschinen in den Abb. 427 und 428. Die ältere Maschine hat einen Arbeitsbedarf von etwa 3 bis 5 PS., die neue, eine Waldrich-Schnellbohrmaschine, ist mit einem 100 PS.-Motor und allen neuesten Errungenschaften der Technik ausgestattet. So zeigt die Uhr o die jedesmalige Schnittgeschwindigkeit an, der Zeiger f die jeweilige Lochtiefe auf einer Zahlentafel, und die Tafel q gibt den Bohrvorschub an.

5. Die Wandbohrmaschinen.

Die Wandbohrmaschinen verfolgen den Zweck, die Wände der Werkstätten zum Aufstellen der Maschine heranzuziehen. Sie haben somit den Vorzug, daß sie den freien Durchgang des Fabrikraumes nicht stören und keinen Steinsockel erfordern. Ihre Aufhängung leidet allerdings unter dem sich setzenden Mauerwerk. Im allgemeinen werden nur leichte Bohrmaschinen als Wandbohrmaschinen gebaut. Die Wandbohrmaschine in den Abb. 429 bis 433 ist eine Schnellbohrmaschine, die mit einem Wandbock aufgehängt wird. Der Hauptantrieb erfolgt von dem seitlichen Vorgelege aus mit einem Stufenriemen und dem oberen Winkelriemen. Durch Verschieben des Deckenriemens kann die Maschine ein- und ausgerückt werden. Die Steuerung ist die besprochene Hebelsteuerung mit Nachklinken für tiefere Löcher. Größere Ausführungen haben wie die Säulenbohrmaschinen selbsttätige Vorschubsteuerungen. Wandbohrmaschinen werden auch als Auslegerbohrmaschinen nach den Abb. 436 bis 437 gebaut und werden als solche viel benutzt.

6. Die Auslegerbohrmaschinen.

Der Grundgedanke der Auslegerbohrmaschinen ist, schwere Werkstücke an verschiedenen Stellen bohren zu können, ohne sie umspannen

zu müssen. Mit dieser Vereinfachung ist naturgemäß eine größere
Arbeitsleistung verbunden, die noch erhöht wird, sobald die Maschine

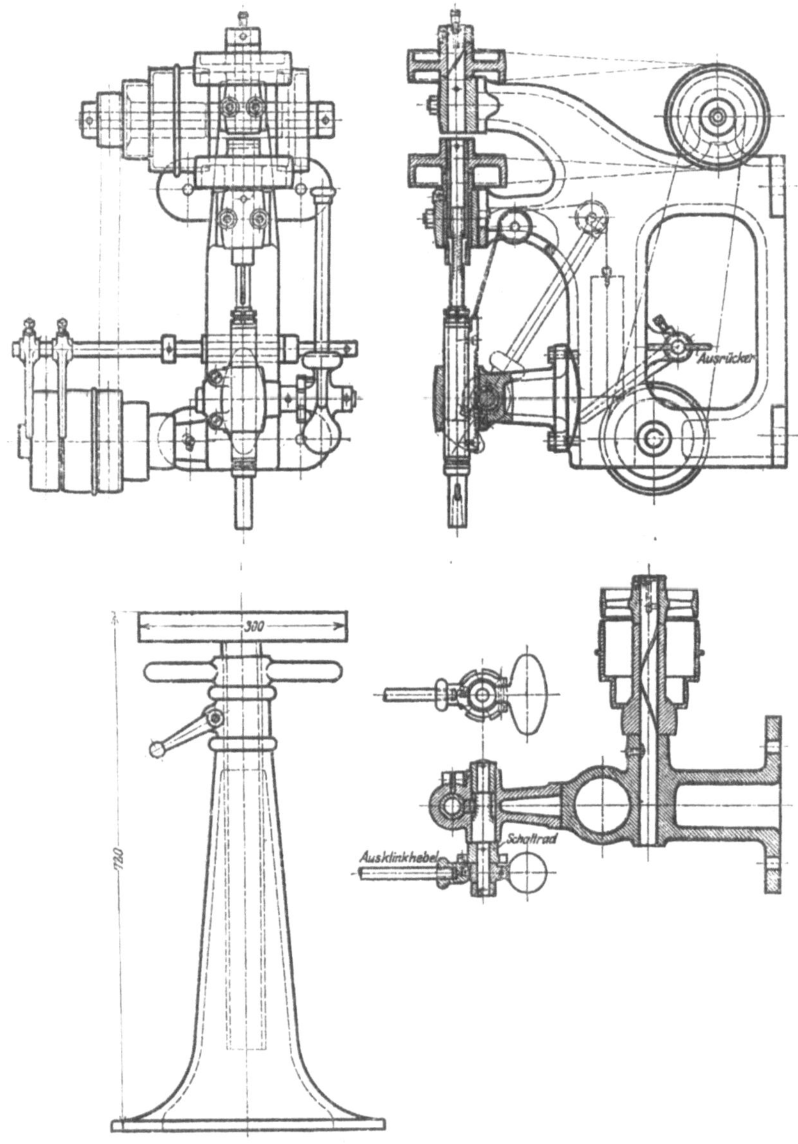

Abb. 429 bis 433. Wandbohrmaschine.
Dresdener Bohrmaschinenfabrik, Dresden.

auch für verwandte Arbeiten, wie Gewindeschneiden, Aufreiben eingerichtet wird. Die Auslegerbohrmaschine bietet daher ein unersetz-

liches Hilfsmittel für Schiffswerften, Kesselschmieden und ähnliche Betriebe zum Bohren der Panzerplatten und schwerer Kesselbleche.

Um den Grundgedanken der Maschine praktisch durchzuführen,

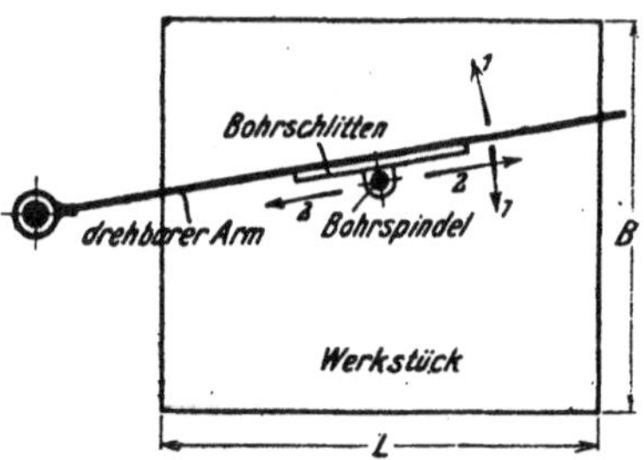

Abb. 434. Einstellbarkeit der Auslegerbohrmaschine.

muß die Bohrspindel die ganze Oberfläche des Werkstückes bestreichen
können (Abb. 434). Die Spindel muß daher, um die Breite B zu fassen,
durch die Maschine in Richtung 1 seitlich auszuschwenken und für die

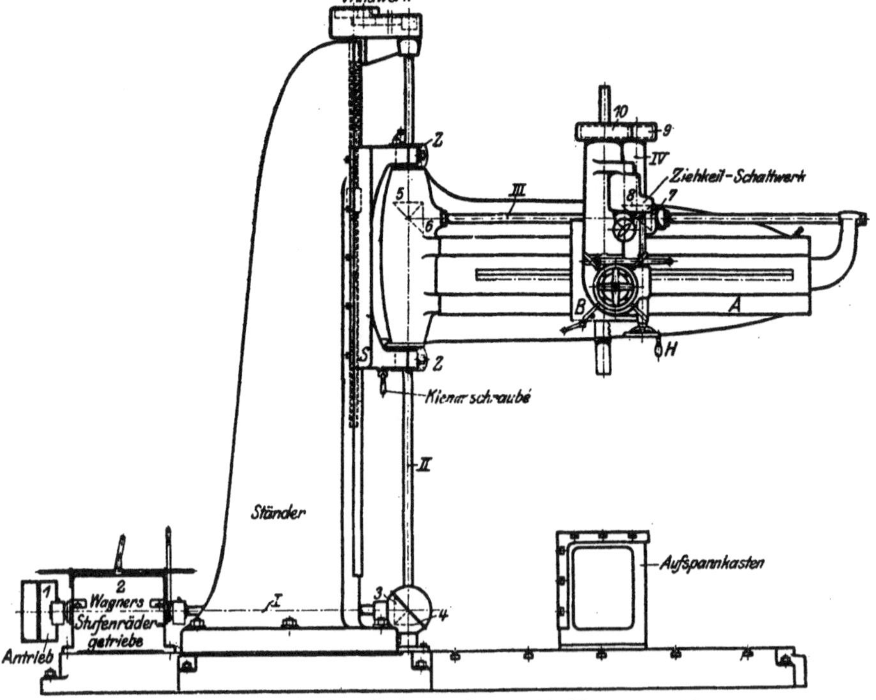

Abb. 435. Auslegerbohrmaschine. E. Hettner, Münstereifel.

Länge L in Richtung 2 einzustellen sein. Zu dieser doppelten Einstellbarkeit kommt noch eine dritte, durch die die Bohrspindel auf die Höhe
des Werkstückes gebracht wird.

Eine praktische Lösung der in drei Richtungen verstellbaren Maschine ist in Abb 435 dargestellt Der Ausleger A ist hier mit den Zapfen Z in den Lagern des Schlittens S drehbar aufgehängt Die Drehbarkeit des Auslegers A gestattet daher, den Bohrer in Richtung 1 über das Werkstück zu schwenken. Das Einstellen des Bohrers in Richtung 2 geschieht mit dem Bohrschlitten B, der sich mit dem Handrade H auf dem Ausleger A verschieben läßt. Um die Maschine auf die Höhe des Werkstückes zu bringen, wird der Ausleger A mit dem Schlitten S an dem Ständer hoch und tief gestellt. Das Einstellen auf die Werkstückhöhe erfolgt selbsttätig, indem man mit einem in der Abbildung nicht

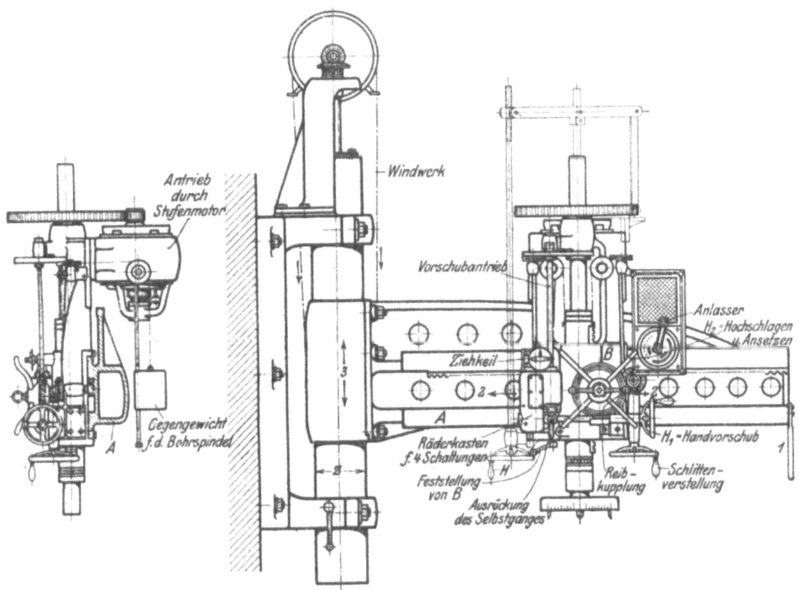

Abb. 436 und 437. Wand-Auslegerbohrmaschine. E. Hettner, Münstereifel.

sichtbaren Hebel das obere Räderwerk einschaltet, das die Schraubenwinde nach beiden Richtungen treiben kann.

Eine gewisse Schwierigkeit bietet bei den drehbaren und verschiebbaren Einzelteilen der Maschine der Antrieb der Bohrspindel. Er ist nur möglich, wenn die Triebwelle II auf Mitte der Zapfen Z liegt.

Die Hauptbewegung wird von dem Wagner-Stufenrädergetriebe (Abb. 39) mit 12 Geschwindigkeiten abgeleitet und durch die Triebe 3 bis 10 auf die Bohrspindel übertragen.

Ähnliche Einrichtungen hat auch die Wand - Auslegerbohrmaschine von E. Hettner, nur ist der freistehende Ständer durch die Wandplatte ersetzt (Abb. 436 und 437). Der Antrieb erfolgt von dem an dem Bohrschlitten festgeschraubten Motor Zum Hoch- und Tiefstellen und zum Schwenken ist der Ausleger mit einer Säule z in den Lagern der Wandplatte geführt. Der Vorschub wird von der Bohrspindel entnommen. Zum Bohren mit H_1 ist der Selbstgang auszurücken und zum Hochschlagen des Bohrers mit H_2 ist das Schneckenrad zu entkuppeln.

Mit der Aufnahme des Rundschleifens hat die Auslegerbohrmaschine vielfach an Stelle des Ständers eine Säule erhalten. Diese Bauart (Abb. 438) des Ständers läßt vorzügliche Führungen für die Einstellbewegungen des Auslegers zu.

Der Säulenständer besteht aus der Außensäule S_2 und der Innen-

Abb. 438. Auslegerbohrmaschine. H. Hessenmüller, Ludwigshafen.

säule S_1 (Abb. 439), die mit ihrem Fuß auf der Grundplatte verschraubt wird. Die Drehbarkeit des Auslegers in Richtung 1 ist durch die Außensäule S_2 geboten, die sich zur leichteren Beweglichkeit unten auf ein Kugellager stützt und durch den Klemmring K festzustellen ist. Die Hochstellung wird mit dem Ausleger A vorgenommen, der hierzu mit einer langen Schelle auf der Außensäule S_2 sitzt und auf ihr festzuklemmen ist. Die Schraubenwinde des Auslegers wird von einer senkrechten Außenwelle angetrieben und mit einem Handgriff auf Rechts oder Linksgang eingeschaltet. Die Einstellung in Richtung 2 wird auch hier mit dem verschiebbaren Bohrschlitten vollzogen.

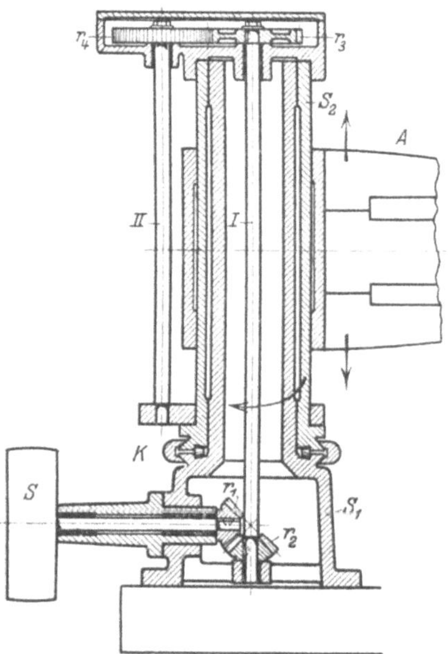

Abb. 439. Säule der Hessenmüllerschen Auslegerbohrmaschine.

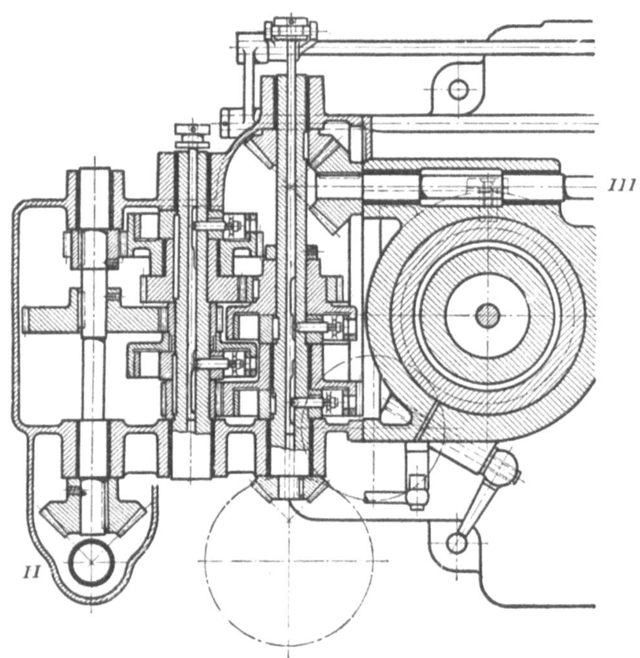

Abb. 440. Antriebsräderwerk.

Auch der Stufenräderantrieb hat bei den Auslegerbohrmaschinen Aufnahme gefunden und dies mit Recht, weil sie meist mehr als 5 PS. verlangen. So wird die Bohrmaschine von Hessenmüller von der Einscheibe S angetrieben, während der Geschwindigkeitswechsel in dem Räderkasten des Auslegers untergebracht ist.

Abb. 441. Wand-Auslegerbohrmaschine. Dresdener Gasmotorenfabrik vorm. M. Hille, Dresden. Abt. Dresdener Bohrmaschinenfabrik.

Die Hauptwelle I muß hier wegen des drehbaren Auslegers in der Mitte der Säule liegen, so daß der Räderkasten von der Welle II angetrieben wird. Er läßt mit den 4 Reibkupplungen 4 Schaltungen zu (Abb. 440). Die hintere Welle III treibt also mit 4 Geschwindigkeiten auf ein Räderwerk des Bohrschlittens, das nochmals 3 Schaltungen gestattet, so daß die Bohrspindel über 12 Geschwindigkeiten verfügt. Die 6 Vorschübe werden durch ein Ziehkeil-Wechselrädergetriebe erreicht.

Abb. 442. Allgemeine Auslegerbohrmaschine der Dresdener Gasmotorenfabrik vorm. M. Hille, Dresden, Abt. Dresdener Bohrmaschinenfabrik.

Der Grundgedanke der Auslegerbohrmaschine läßt noch eine andere Lösung zu, wie sie bei der Wandbohrmaschine in Abb. 441 durchgeführt

16*

ist. Der Ausleger ist in den Lagern der Wandplatte drehbar aufgehängt und der Bohrschlitten als Laufkatze ausgeführt. Durch Schwenken des Auslegers und Verschieben der Bohrkatze kann die Maschine die Oberfläche des Werkstückes bestreichen.

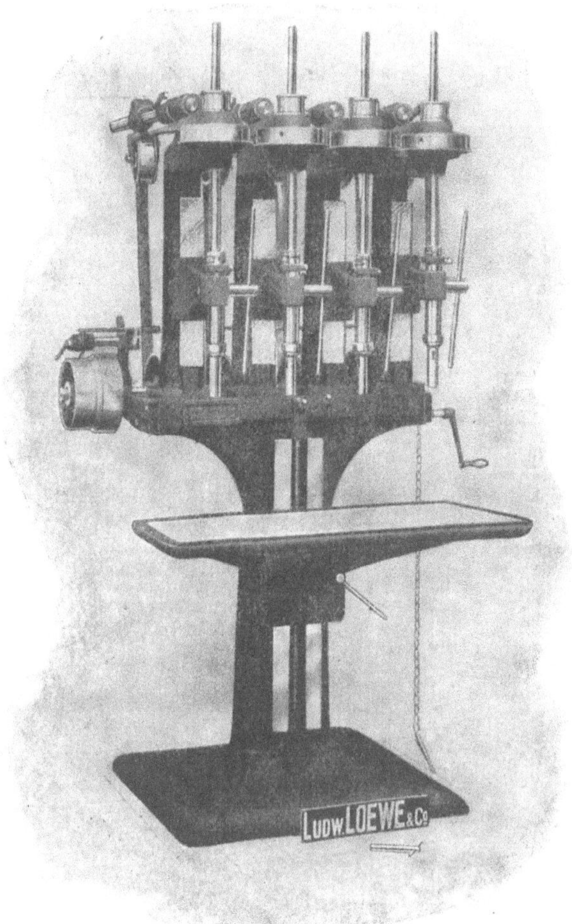

Abb. 443. Mehrspindel-Bohrmaschine.

Die Auslegerbohrmaschine kann auch zum Lochausschneiden und Flachfräsen benutzt werden. Für das Lochausschneiden haben die Maschinen von E. Hettner, Münstereifel, eine besondere Vorrichtung (Abb. 436). In der hohlen Bohrspindel steckt eine Körnerstange, deren Körner mit dem Handrade auf Lochmitte angesetzt wird. Der an der Bohrspindel sitzende Messerkopf schneidet unter Führung der Körnerstange die Scheibe heraus, die durch den Körner herausgedrückt werden kann.

Eine weitere Ausstattung der Auslegerbohrmaschine ist eine zweite Bohrspindel für das Gewindeschneiden. Es kann daher ohne Auswechseln der Werkzeuge gebohrt und Gewinde geschnitten werden.

Die bisherigen Auslegerbohrmaschinen können nur senkrecht bohren. Wird von ihnen verlangt, daß die Bohrspindel in jeder Lage schräg bohrt, so muß der Bohrschlitten eine Drehscheibe haben zum Schrägstellen der Spindel nach rechts oder links, und der Ausleger eine Drehscheibe am Ständerschlitten zum Ausschwenken der Spindel nach vorn oder hinten. Die allgemeine Auslegerbohrmaschine (Abb. 442) hat daher 5 Einstellungen und kann in jeder Lage und Richtung bohren.

7. Die Mehrspindelbohrmaschinen.

Die mehrspindeligen Bohrmaschinen verfolgen in ihrer Bauart zwei Gesichtspunkte: Sie sollen entweder die sich bei Massenerzeugnissen stets wiederholenden Arbeiten nacheinander erledigen oder mit einem Gang eine Reihe von Löchern bohren, wodurch die Leistung sehr gesteigert wird.

Die erste Aufgabe verlangt eine Reihe nebeneinander liegender Bohrspindeln, die zum Bohren, Versenken, Aufreiben und Gewindeschneiden nacheinander benutzt werden können (Abb. 443).

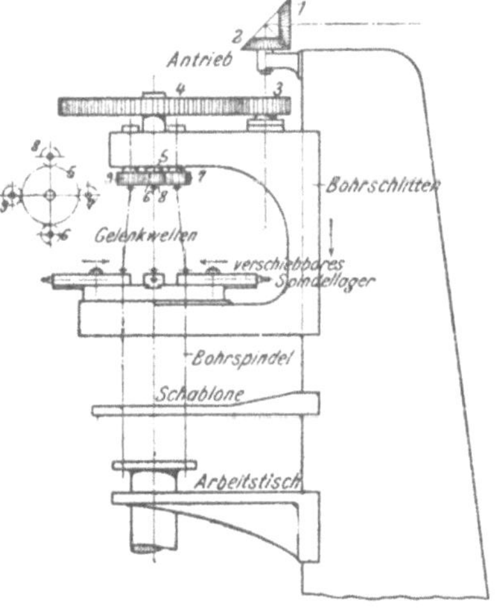

Abb. 444 und 445. Plan einer Flanschenbohrmaschine.

Die gleiche Aufgabe kann auch im Sinne der Revolverbank gelöst werden. Nach ihrem Grundgedanken wäre die Bohrmaschine mit einem Revolverkopf auszustatten, der mehrere Bohrspindeln trägt, die beim Umlegen des Kopfes einzeln oder gruppenweise arbeiten können. (Z. Ver. deutsch. Ing. 1892, S. 1260.)

Die nächste Entwicklungsstufe der Revolver-Bohrmaschine wäre der Mehrspindel-Bohrautomat, der in ähnlicher Weise wie der Drehbank-Automat alle Bewegungen durch Schaltkurven selbsttätig vollzieht. Diese Bohrautomaten leisten beim Bohren der Grundplatten von Nähmaschinen, Schreibmaschinen große Dienste. Sie fassen bis 152 Spindeln. So kann eine Nähmaschinen-Grundplatte in $2^1/_4$ Minuten mit allen Löchern versehen werden.

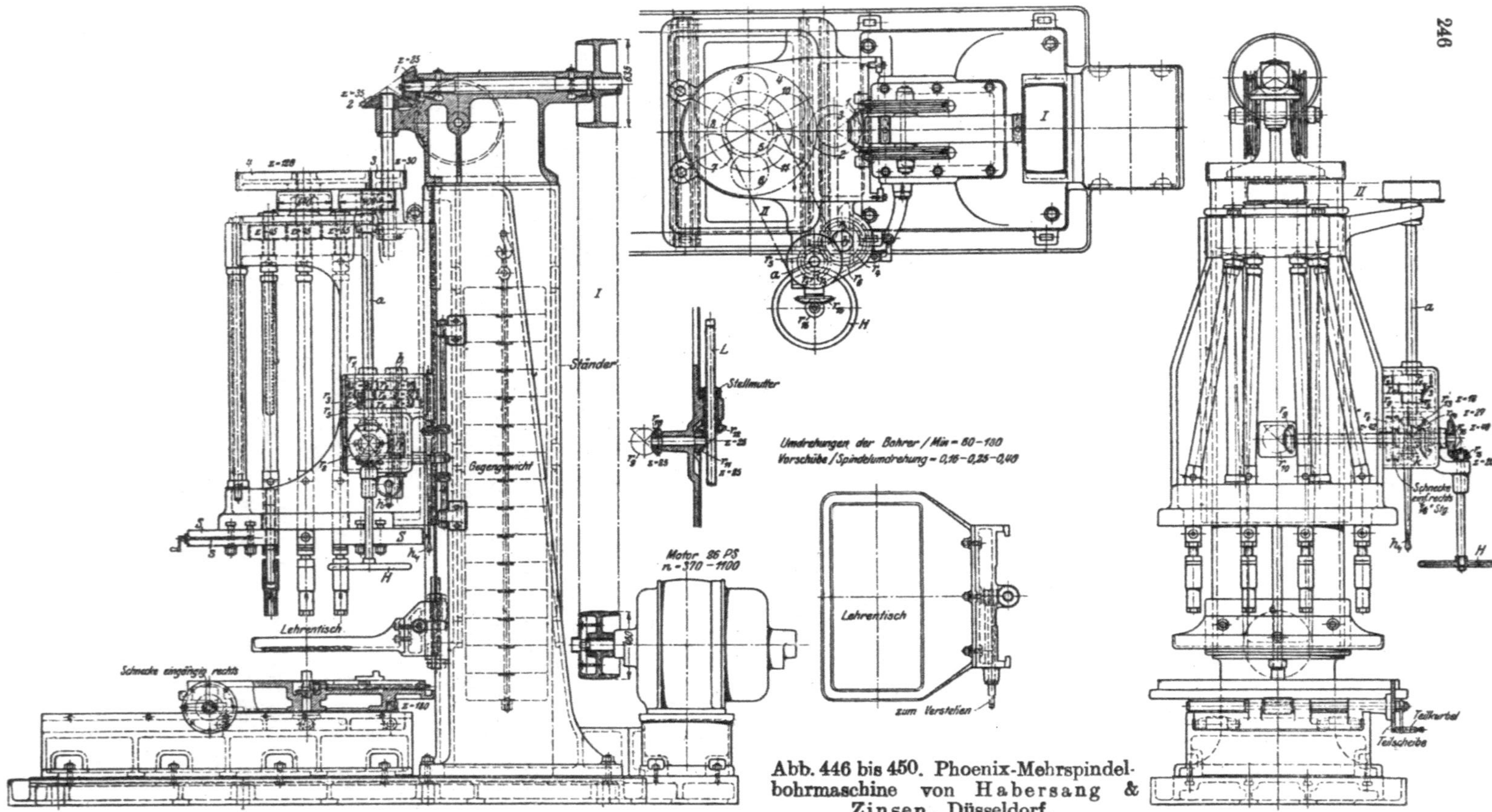

Abb. 446 bis 450. Phoenix-Mehrspindel-bohrmaschine von Habersang & Zinsen, Düsseldorf.

Die Lochreihen - Bohrmaschinen.

Für das Bohren ganzer Lochreihen bietet die Praxis zahlreiche
Fälle, die sich nach der Lage der Bohrlöcher in zwei Gruppen scheiden
lassen. Die Bohrlöcher liegen entweder wie die Schraubenlöcher eines
Flanschen auf einem Kreise oder wie die Nietlöcher der Längsnaht
eines Kessels auf einer Geraden.

Will man alle Schraubenlöcher eines Flanschen gleichzeitig
bohren, so erfordert das Verfahren eine entsprechende Anzahl Bohrspindeln, die sich auf den Lochkreis einstellen lassen. Eine derartige
Anordnung zeigen die Abb. 444 bis 445 in vereinfachter Darstellung. Die

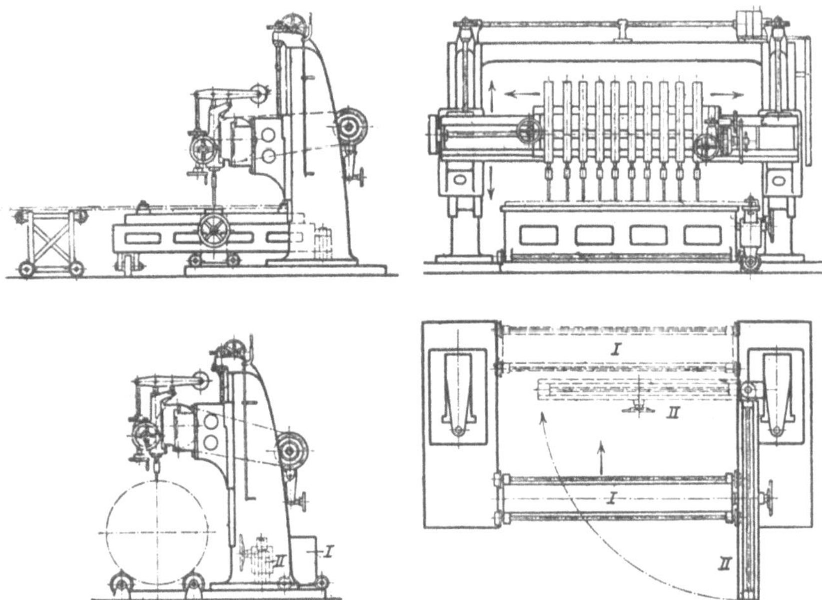

Abb. 451 bis 454. Plan einer Lochreihenbohrmaschine.

einzelnen Bohrspindeln laufen hier in mittig verstellbaren Schiebern, mit
denen sie sich auf den betreffenden Lochkreis ausrichten lassen. Ihr
Antrieb erfolgt durch das Hauptrad *5*, mit dem der Trieb jeder Spindel
(*6*, *7*, *8* und *9*) in Eingriff steht. Die Verbindung dieser verstellbaren
Bohrspindeln mit dem festliegenden Antrieb erfordert natürlich aus-
ziehbare Kugelgelenkwellen.

Der Vorschub des Bohrers wird hier durch den Bohrschlitten erzeugt, der von der Maschine gesteuert wird und sich an der Arbeitsgrenze selbst auslöst. Um die einzelnen Bohrer jedesmal genau einstellen zu können, sind Bohrlehren mit den betreffenden Lochkreisen
vorgesehen.

Die Phoenix - Bohrmaschine von Habersang & Zinsen, Düsseldorf (Abb. 446 bis 450), hat einen Spindelkorb mit 6 Spindeln. Der Antrieb geschieht vom Motor über den Riemen I, die Kegelräder $1, 2$ und die Stirnräder $3, 4$. Mit dem Mittelrade 5 kämmen die 6 Spindelräder 6 bis 11. Das Grobeinstellen der Spindeln auf den Lochkreis wird mit den Schiebern S, das Feineinstellen mit den Stellschrauben s vor-

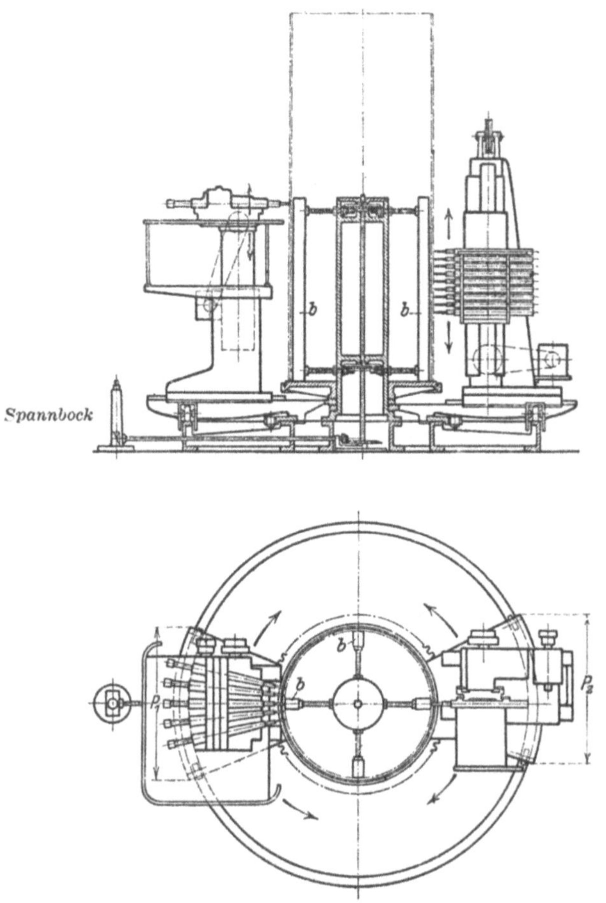

Abb. 455 und 456. Plan einer mehrspindeligen Kesselbohrmaschine für Längs- und Rundnaht.

genommen. Für den Bohrvorschub ist der Spindelkorb als Schlitten an dem Ständer geführt. Die Steuerung wird von dem Riemen II betrieben. Sie umfaßt das Ziehkeilschaltwerk r_1 bis r_6, das Schneckengetriebe r_7, r_8 und die Kegeltriebe r_9 bis r_{12}, von denen letztes als Stellmutter auf der Vorschubspindel L sitzt. Das Ziehkeilgetriebe läßt sich mit dem Griff h auf die 3 Vorschübe 0,16—0,25—0,4 mm schalten. Der Selbstgang des Bohrschlittens wird mit dem Griff h_1 eingerückt, der die Kupplung k auf das Schneckenrad r_8 einstellt. Nach dem Durchbohren schaltet ein Anschlag die Kupplung k auf das Kegelrad r_{14} um. Damit ist das Ziehkeil- und Schneckengetriebe ausgeschaltet, und der Bohrschlitten geht schnell hoch. Für das Einstellen mit der Hand ist das Handrad H vorgesehen.

Um das Werkstück bequem handhaben zu können, ist der Bohrtisch auf Rollen ausfahrbar und zum Teilen als Rundtisch mit Teilscheibe versehen.

Die Leistung derartiger Flanschenbohrmaschinen läßt sich noch bedeutend steigern. Sollen z. B. die Schraubenlöcher der 3 Flanschen eines T-Stückes mit einem Gang gebohrt werden, so erfordert dies im Aufbau der Maschine 3 wagerechte Spindelkörbe, die mit ihren Spindeln auf je einen Flanschen vorgehen.

Das Bohren gerader Lochreihen verlangt eine Reihe nebeneinander liegender Bohrspindeln, die auf die vorgeschriebene Teilung oder auf ein Vielfaches derselben einzustellen sind. Die Lochreihenbohrmaschine in Abb. 451 bis 454 hat 10 Bohrspindeln zum Bohren der Löcher gerader Rohr- und Kondensatorplatten, sowie der Längsnähte an Kesselschüssen. Der Aufspanntisch hat hierzu eine Einrichtung zum parallelen Verschieben der Blechplatten und ist ausschwenkbar für das Bohren von Kesselschüssen.

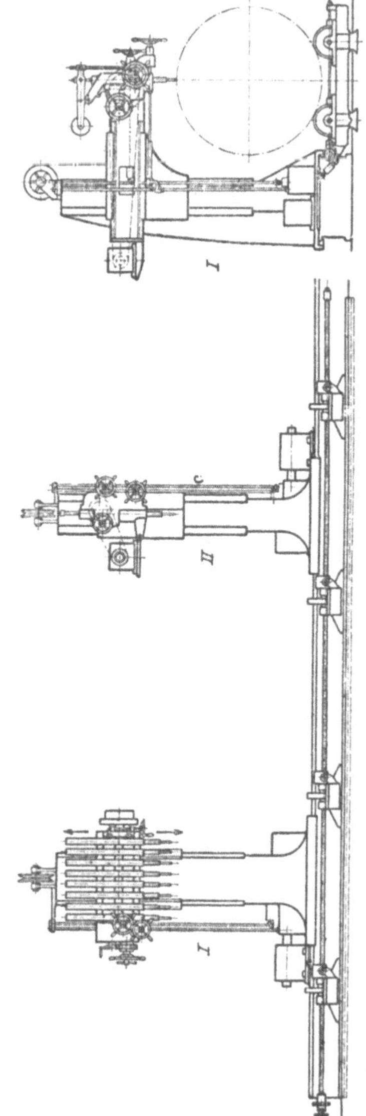

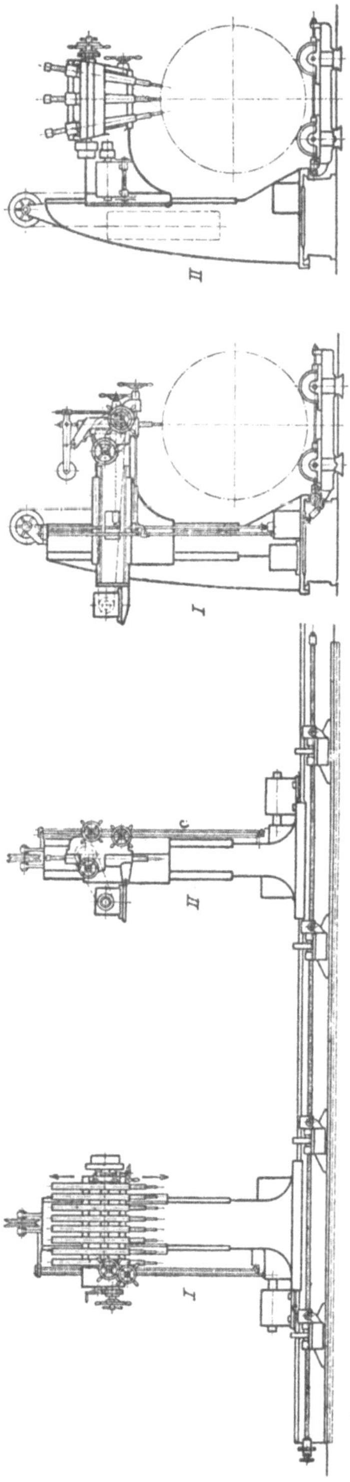

Abb. 457 bis 459. Plan einer Kesselbohrmaschine.

Das Bohren zusammengesetzter Kesselschüsse erfordert für die Nietlöcher der Längs- und Rundnähte beide Maschinenarten (Abb. 455 und 456). Die linke Bohrmaschine bohrt mit 5 Spindeln die Löcher der Rundnaht und die rechte mit 9 Spindeln die der Längsnaht. Die zusammengesetzten Schüsse werden auf einem Rundtisch durch die 4 Druckleisten b gehalten. Die beiden Maschinen stehen auf je einer Grundplatte P_1 und P_2, mit denen sie sich auf dem Bett einzeln einstellen lassen. Auch die Auslegerbohrmaschine läßt sich für die gleichen Aufgaben des Kesselbaues einrichten (Abb. 457 bis 459). Sie sind als Mehrspindelbohrmaschinen sehr leistungsfähig, aber nur wirtschaftlich, wenn sie auch genügend ausgenutzt werden können.

b) Die wagerechten Bohr- und Fräswerke.

Die wagerechten Bohrmaschinen haben eine wagerechte Bohrspindel. Sie sind für gewöhnlich Ausbohrmaschinen, die aber auch zum Lochbohren benutzt werden. Ihr Arbeitsbereich umfaßt das Bohren, Ausbohren und Fräsen mittelschwerer und schwerer Werkstücke, wie Lager, Zylinder und Maschinengehäuse von den kleinsten bis zu den größten Abmessungen.

Je nach der Größe und dem Gewicht der Werkstücke werden die wagerechten Bohrmaschinen mit festliegender (Abb. 460 bis 465) oder verschiebbarer Spindel (Abb. 466) ausgeführt. Die Maschinen mit festliegender Spindel müssen daher das Werkstück mit dem Arbeitstisch anstellen, so daß sich ihre Anwendung vorwiegend auf mittelschwere Maschinenteile erstreckt. Schwere Werkstücke werden vorteilhaft auf einem Schlitten der Grundplatte festgespannt, so daß die Bohrspindel an das Arbeitsstück anzusetzen ist. Hierzu verlangt die Maschine einen verschiebbaren Spindelstock, der sich als Bohrschlitten heben und senken läßt.

In ihren Hauptteilen stimmen jedoch beide Maschinen mit den Lochbohrmaschinen grundsätzlich überein. Allerdings verlangen die schwereren Schnitte einer Ausbohrmaschine eine überaus kräftige Bauart.

1. Die wagerechten Bohrwerke mit festliegender Spindel.

Der Antrieb der wagerechten Bohrmaschine mit festliegender Spindel vereinfacht sich dadurch, daß sich Stufenscheibe und Rädervorgelege wie bei einer Drehbank anordnen lassen. Der Vorschub der Bohrstange B_1 verlangt allerdings eine hohle Bohrspindel B, die in ihren Lagern nachstellbar läuft. Die Bohrspindel treibt durch Feder und Nut die verschiebbare Bohrstange, die durch sie hochgradig geführt und gut versteift wird. Der Geschwindigkeitswechsel wird mit dem Stufenriemen und dem Griff h vollzogen, der die Vorgelege schaltet. Den Bohrdruck nimmt der Kugelring am Schlittenlager auf.

Additional information of this book

(Die Werkzeugmaschinen; 978-3-642-89890-7;

978-3-642-89890-7_OSFO17) is provided:

http://Extras.Springer.com

Den Bohrvorschub vermittelt das Schlittenlager, das mit einer Zahnstange verschoben wird. Die Schaltsteuerung soll sachgemäß so angeordnet sein, daß alle Handräder und Handgriffe auf der Vorderseite der Maschine liegen und alle Getrieberäder möglichst auf der Rückseite und in Kasten verschlossen. Diese Anordnung ist zwar kostspielig, bietet aber dem Arbeiter einen größeren Schutz.

Der Gedanke ist auch in den Abb. 460 bis 465 vertreten. Der selbsttätige Bohrvorschub wird hier durch die Räder 1 bis 4 von der Bohrspindel entnommen und über den Vorschubräderkasten auf die Zahnstange des Schlittenlagers geleitet. Mit den 3 Schalthebeln h_1 lassen sich die 8 Vorschübe und mit h_2 die Vorschubrichtung wechseln. Zum Schnellverstellen der Bohrstange wird das Handkreuz H benutzt und zum Feineinstellen das Handrad H_1, das mit den Rädern 5 bi 12 und dem Zahnstangengetriebe das Schlittenlager verschiebt. Das Handkreuz H ist so eingeriohtet, daß das Ein- und Ausrücken einer Kupplung fortfällt.

Schwere Maschinen haben als Antrieb ein Stufenrädergetriebe mit etwa 8 Schaltungen.

Der Bohrtisch hat bei den Maschinen mit fester Spindel das Werkstück anzusetzen und beim Fräsen den Vorschub zu erzeugen. Zu dem Zweck ist wie bei der einfachen Fräsmaschine der Untertisch als Winkeltisch ausgeführt und der Obertisch als Kreuzschlitten. Der Arbeitstisch gestattet daher, das Werkstück mit dem Winkeltisch zu heben und mit dem Kreuzschlitten längs und quer einzustellen. Er gewährt durch den vorderen Klemmrahmen ein erschütterungsfreies Arbeiten als Grundbedingung für glatten Schnitt.

Durchgebildete Maschinen haben zur größeren Handlichkeit und Leistungsfähigkeit für sämtliche Tischbewegungen Selbstgang. Die Vervollkommnung ist auch in die Abb. 460 bis 465 aufgenommen. Der Längsgang und der Quergang des Kreuzschlittens werden ebenfalls von dem Vorschubräderkasten betrieben. Es sind daher für den Längs- und Querschlitten 8 Vorschübe nach beiden Richtungen verfügbar. Der Querzug umfaßt vom Räderkasten ab die Räder 13 bis 21, von denen 21 auf der Querspindel q gekuppelt werden kann. Der Längszug besteht aus den Rädern 13 bis 16 und 22 bis 24, von denen sich 24 auf der Längsspindel L kuppeln läßt. Den Hochgang des Tisches leitet ein Riemen E vom Deckenvorgelege ab. Das Schraubenwindwerk des Untertisches wird daher durch die Getriebe 25 bis 31 angetrieben und mit dem Wendegetriebe 27 (Griff h_3) umgesteuert. Mit einer Kurbel auf einem der Vierkante I kann man den Tisch quer, auf II lang, auf III hoch und tief verstellen und auf IV schwenken. Für die einzelnen Schlitten sind Maßstäbe zum genauen Einstellen vorgesehen.

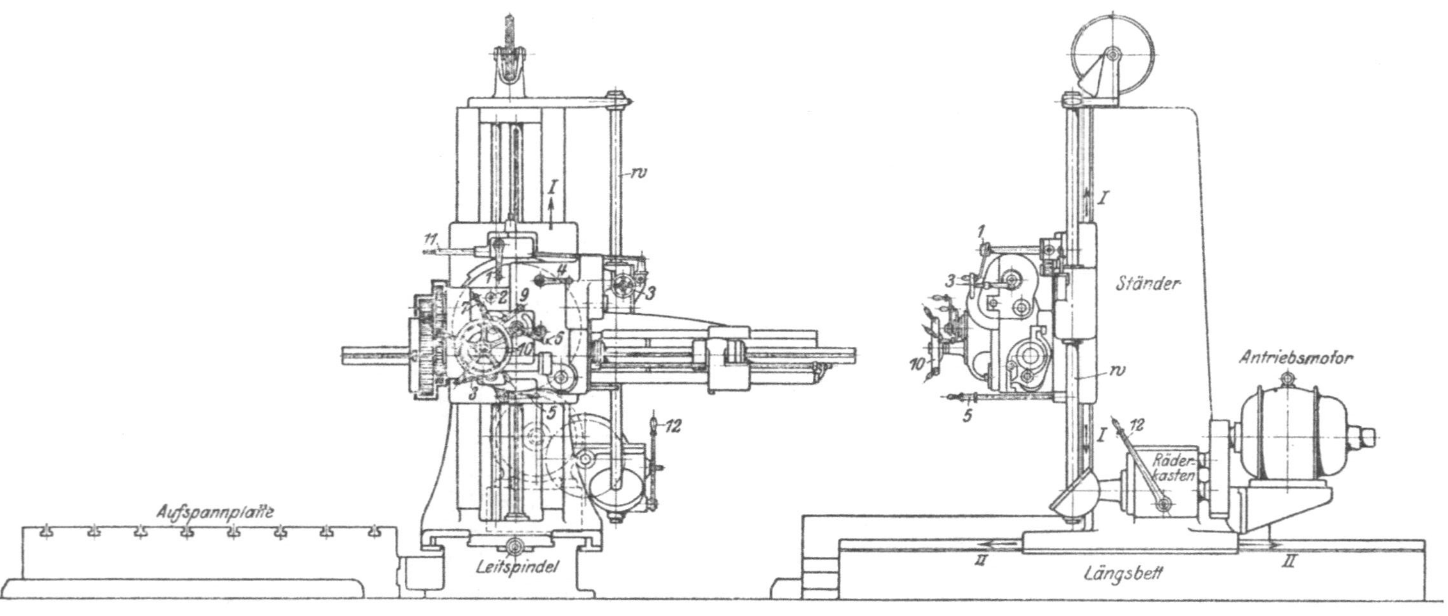

Abb. 466 und 467. Bohr- und Fräswerk von de Fries & Co. A. G., Düsseldorf.

2. Die wagerechten Bohr- und Fräswerke mit verschiebbarer Spindel.

Das Ausbohren schwerer Werkstücke verlangt von dem Bohrwerk, daß sich die Bohrspindel auf die Lochmitte ausrichten läßt. Das Arbeitsstück soll auf einer Aufspannplatte festgespannt bleiben. Die schweren Bohr- und Fräswerke (Abb. 466 und 467) haben daher eine verschiebbare Bohrspindel, die mit dem Bohrschlitten an dem Ständer nach *I* auf die Mittelebene des Bohrloches eingestellt wird. Das Ausrichten der Spindel auf die Lochmitte geschieht mit dem Ständer, der sich auf dem Längsbett nach *II* verschieben läßt. Zum Schrägbohren und Fräsen schrägliegender Flächen (Abb. 468) hat der Bohrschlitten eine Drehscheibe, mit der die Bohrspindel geschwenkt wird. Die Maschine hat daher 3 Hauptverstellungen. Die Kunst des Erbauers ist, Antrieb und Steuerung übersichtlich auf dem Bohrschlitten anzuordnen. Alle Handgriffe sollen bequem zur Hand liegen, nach einer Schalttafel zu schalten und alle Räder verkapselt sein. Als schwere Maschine hat das Bohrwerk für den Antrieb einen Einzelmotor und für den Ge-

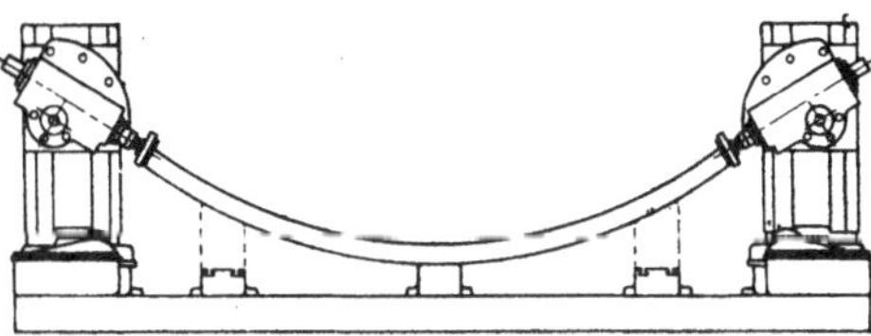

Abb. 468. Panzerplatten-Fräswerk.

schwindigkeitswechsel einen Räderkasten. Von der senkrechten Welle *w* aus wird die Bohrspindel über das Räderwerk am Bohrschlitten angetrieben.

3. Die Zylinderbohrmaschinen.

Die Zylinderbohrmaschinen sind Sondermaschinen für den Großmaschinenbau. Sie dienen, wie schon der Name sagt, zum Ausbohren größerer Dampf-, Pumpen- und Gebläsezylinder. Ihre Werkzeuge sind die Bohrmesser, die in einen Bohrkopf der Bohrspindel gespannt werden. Liegt die Bohrspindel wagerecht, so ist die Maschine eine liegende Zylinderbohrmaschine und bei senkrechter Bohrspindel eine stehende.

α) Die liegenden Zylinderbohrmaschinen.

Für den Aufbau der liegenden Zylinderbohrmaschinen gibt es zunächst zwei Wege: Erteilt man dem Bohrkopf mit den Bohrmessern beide Bewegungen (Abb. 469), so wird die Maschine verhältnismäßig kurz und ihre Lagerentfernung $a > L$. Die Kennzeichnung dieser Bauart liegt in dem **wandernden Bohrkopf**.

Trennt man Hauptbewegung und Vorschub (Abb. 470), so daß der Arbeitstisch mit dem Zylinder den Vorschub ausführt, so wird $a > 2L$. Diese Arbeitsweise wäre zwar nach dem früher Gesagten für die Güte der Arbeit vorteilhafter, für den Bau und Betrieb der Maschine aber unzweckmäßig. Sie würde nämlich für den Vorschub des schweren Zylinders einen größeren Arbeitsbedarf beanspruchen und in ihrer Bauart viel schwerer ausfallen. Die Maschine, deren Kennzeichnung in

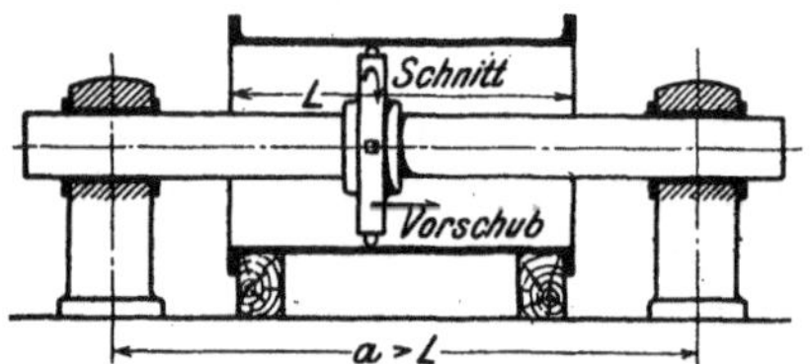

Abb. 469. Plan einer Ausbohrmaschine mit wanderndem Bohrkopf.

dem wandernden Arbeitstisch liegt, würde also wirtschaftlich ungünstig arbeiten.

Die Bauart der Zylinderbohrmaschine hängt demnach von ihrer besonderen Arbeitsweise ab. Sollen die Werkzeuge beide Bewegungen vollziehen, so verlangt die Maschine einen wandernden Bohrkopf, der die Haupt- und die Schaltbewegung zugleich ausführt. Beide Bewegungen werden ihm von der Bohrspindel erteilt. Der Bohrkopf sitzt hierzu auf der äußeren Bohrhülse (Abb. 471 und 472), mit der er durch Feder und Nut verbunden ist. Die Hülse wird durch die Stufen-

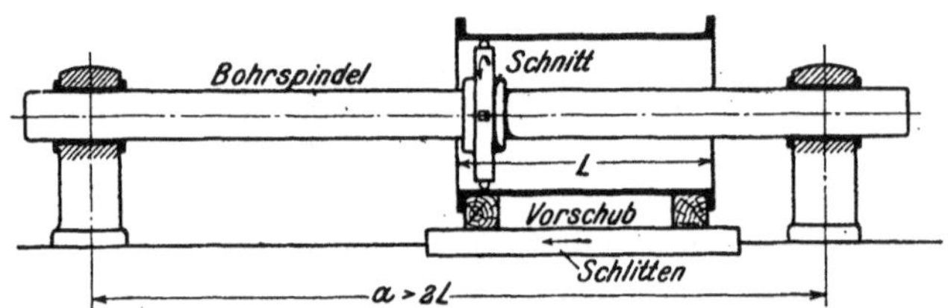

Abb. 470. Plan einer Ausbohrmaschine mit wanderndem Arbeitstisch.

scheibe 1, die Kegelräder 2, 3 und das Schneckengetriebe 4, 5 angetrieben, so daß sie den im Bohrkopf eingespannten Messern die vorgeschriebene Schnittgeschwindigkeit erteilt.

Der Vorschub des Bohrkopfes wird durch Schraube und Mutter erzeugt. Die Schaltschraube liegt hier als Leitspindel in der Bohrhülse. Sie faßt den Bohrkopf mit der Mutter m und schiebt ihn bei jedem Umlauf der Bohrhülse um den Vorschub vor (Abb. 473).

Der Schwerpunkt liegt auch bei diesen Maschinen in der Ausbildung der Bohrspindel. Soll nämlich die Maschine bei ihren schweren Schnitten gute Arbeit liefern, so darf die Spindel unter der Last ihres

Eigengewichtes, des Bohrkopfes und des Stahldruckes nicht zu stark federn. Nur unter dieser Voraussetzung werden genau runde Zylinder entstehen.

Die Gesetze für die Gestaltung der Bohrspindel lassen sich aus der Gleichung für die Durchbiegung $f = \dfrac{P \cdot a^3}{C \cdot E \cdot J}$ entwickeln. Sie besagt, daß die Federung der Spindel naturgemäß mit der Belastung P wächst, die durch das Eigengewicht und den Stahldruck hervorgebracht wird. Der Erbauer muß daher die Spindel von diesen auf Biegung wirkenden Kräften möglichst zu entla ten suchen.

Ein dankbares Mittel für diese Entlastung bietet die senkrechte Bohrspindel, die unter ihrem Belastungsgewicht bedeutend weniger federt als die wagerechte. Von dem Gesichtspunkte betrachtet, müßte die stehende Zylinderbohrmaschine empfehlenswerter sein als die liegende. Man sollte sie daher vorzugsweise bei den größten Zylindern anwenden, weil sie hier verhältnismäßig leicht ausfällt.

Ein weiteres Mittel, die Spindel zu entlasten, wären mehrere gleichzeitig arbeitende Werkzeuge. Sitzen sie im Bohrkopf entsprechend verteilt, so gleichen sie den auf die Spindel biegend wirkenden Bohrdruck ziemlich aus.

Der wichtigste Faktor ist, wie die Gleichung lehrt, eine kurze und dicke Spindel, weil die Durchbiegung mit a^3 wächst und mit J, also d^4, abnimmt. In dieser Hinsicht verdient die Maschine in Abb. 469 entschieden den Vorzug. Ihre Spindel wird

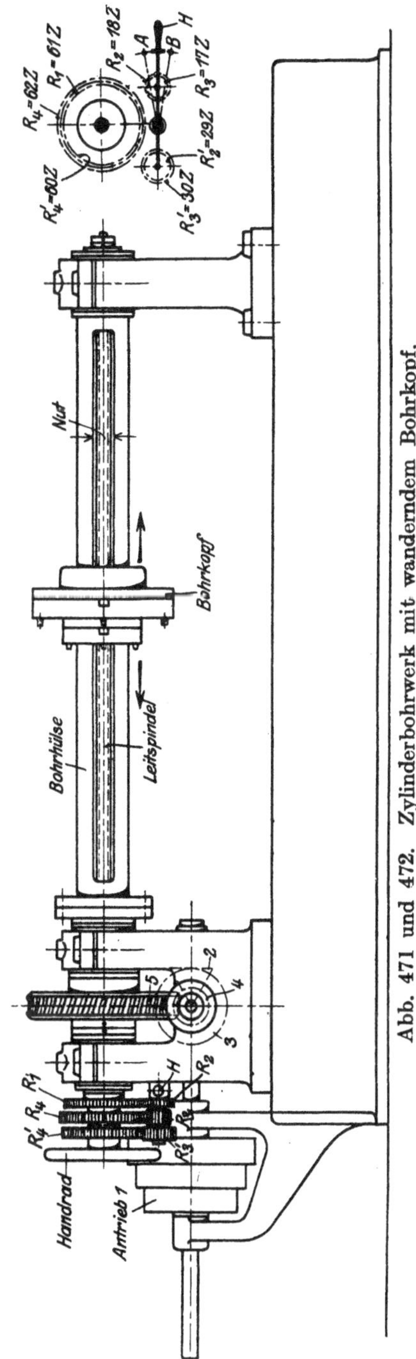

Abb. 471 und 472. Zylinderbohrwerk mit wanderndem Bohrkopf.

bei gleichen Abmessungen wie in Abb. 470 bedeutend widerstands-
fähiger sein und infolgedessen auch einen glatteren Schnitt liefern.
Nur eins ist zu bemängeln: Die im Innern gleichachsig liegende Leitspindel verursacht eine hohle Bohrspindel mit breiter Nut, die stark geschwächt ist ($J\ min$). — Zu praktisch brauchbaren Werten gelangt man,
wenn die durch den Stahldruck verursachte Durchbiegung der Spindel
kleiner als $^1/_{100}$ mm gehalten wird. — Günstiger erweist sich schon die
außerachsig gelagerte Leitspindel, die
die Widerstandsfähigkeit der Hülse weniger beeinträchtigt (Abb. 477).

Eine interessante Aufgabe bietet die
Selbststeuerung der Zylinderbohrmaschine mit wanderndem Bohrkopf.
Soll die gleichachsige Leitspindel den
Bohrkopf vorschieben, so ist sie von
der Bohrhülse anzutreiben. Ein Vorschub wird dabei aber nur zustande
kommen, wenn ein Unterschied in den
Umdrehungen der Spindel und der Hülse
vorhanden ist. Denn bei gleicher Umlaufszahl würde der Bohrkopf auf derselben Stelle kreisen, ohne sich nach
rechts oder links zu verschieben.

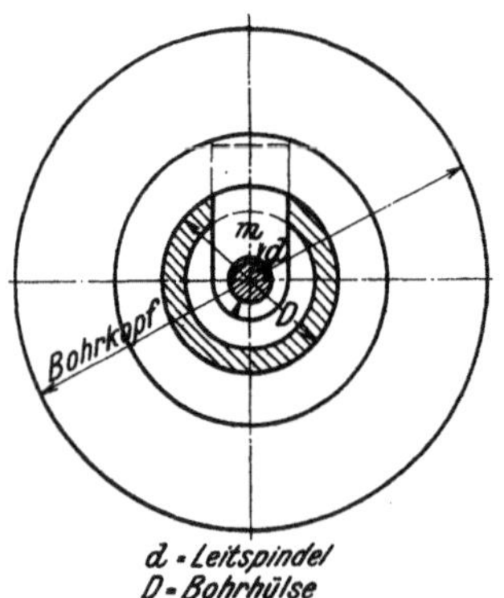

Abb. 473. Bohrspindel mit
gleichachsiger Leitspindel.

Obiger Aufgabe dient das Unterschiedsräderwerk (Abb. 471 und 472).
Von ihm sitzt das Rad R_1 auf der Bohrhülse und $R_4\ R_4{'}$ auf der Leitspindel. Die Räder R_2 und R_3 laufen mit einer gemeinsamen Büchse
auf einem Zapfen. Sollen nun verschiedene Umdrehungen beider Spindeln
erzeugt werden, so muß die Übersetzung dieses Getriebes

$$\varphi = \frac{R_1}{R_2}\cdot\frac{R_3}{R_4} \begin{array}{c}<\\>\end{array} 1$$

sein. Ist z. B. die Übersetzung $\varphi > 1$, so wird die Leitspindel gegenüber der Bohrhülse jedesmal um $\varphi - 1$ Umdrehungen voreilen und den
Bohrkopf bei jeder Umdrehung der Maschine um $\delta = (\varphi - 1)\,s$ mm
vorschieben, wenn s die Steigung der Leitspindel ist. Ist demnach die
Leitspindel rechtsgängig, so wandert der Bohrkopf bei Rechtsdrehung
der Maschine nach links. Wäre $\varphi < 1$, so eilt die Bohrhülse vor und
schiebt den Bohrkopf bei jeder Umdrehung um $\delta = (1 - \varphi)\,s$ mm nach
rechts. Soll der Bohrkopf nach beiden Richtungen arbeiten, so sind
2 Unterschiedsräderwerke nach Abb. 472 einzubauen. Steht der Umschalthebel H auf A, so vollzieht die Maschine mit

$$\delta = (1 - \varphi)\,s = \left(1 - \frac{R_1}{R_2}\frac{R_3}{R_4}\right)s = \left(1 - \frac{61}{18}\cdot\frac{17}{62}\right)10 = 0{,}7 \text{ mm}$$

den Vorschub nach rechts, steht H auf B, so erfolgt der Vorschub mit

Additional information of this book

(Die Werkzeugmaschinen; 978-3-642-89890-7; 978-3-642-89890-7_OSFO18) is provided:

http://Extras.Springer.com

$$\delta = \left(1 - \frac{R_1}{R'_2}\frac{R'_3}{R'_4}\right)s = \left(1 - \frac{61}{29}\cdot\frac{30}{60}\right)10 = -0,5 \text{ mm}$$

nach links, vorausgesetzt, daß die Leitspindel rechtsgängig ist. Um den Bohrkopf von Hand einstellen zu können, sind die Räder $R_2 R_3$ und $R'_2 R'_3$ durch Umlegen des Hebels H auszurücken, so daß die Leitspindel mit dem Handrade gedreht werden kann.

Die Zylinderbohrmaschine von Otto Froriep, G. m. b. H., Rheydt (Abb. 474 bis 479), ist mit allen Neuerungen ausgestattet. Ihre Kennzeichnung liegt in dem 4fachen Vorschubwechsel des Bohrkopfes nach beiden Richtungen, in seinem Schnellverstellen und in der gesicherten Handhabung der Züge. Der Antrieb der Bohrhülse geht von der fünfläufigen Stufenscheibe S aus über die Kegelräder $1, 2$ und das große Schneckengetriebe $3, 4$, das einen ruhigen Gang der Maschine sichert. Als Antrieb kann auch ein Räderkasten gewählt werden. Die Leitspindel liegt außerachsig in der Bohrhülse. Durch ein doppeltes und ein vierfaches Ziehkeilgetriebe wird sie von der Bohrhülse aus mit Rechts- oder Linkslauf gesteuert, so daß der Bohrkopf nach beiden Richtungen vorgehen kann. Mit dem Handrade H_1 läßt sich der Ziehkeil Z_1 für die 4 Bohrvorschübe auf die Räder r_5 bis r_{11} einstellen und mit H_2 und dem Ziehkeil Z_2 die Vorschubrichtung wechseln. Schaltet man den Ziehkeil Z_2 auf r_2 und Z_1 auf r_{11}, so ist der Vorschub

$$\delta = \left(1 - \frac{r_1}{r_2}\cdot\frac{r_{11}}{r_{12}}\right)\frac{r_{13}}{r_{14}}s = \left(1 - \frac{64}{56}\cdot\frac{60}{51}\right)\frac{20}{20}19,1 = -2,4 \text{ mm},$$

d. h. der Bohrkopf wird bei jeder Umdrehung um 2,4 mm rückwärts verschoben. Schaltet man Z_2 auf r_4 um, so ist der Vorschub

$$\delta = \left(1 - \frac{r_3}{r_4}\frac{r_{11}}{r_{12}}\right)\frac{r_{13}}{r_{14}}\cdot s = \left(1 - \frac{60}{60}\cdot\frac{60}{61}\right)\frac{20}{20}\cdot 19,1 = 0,31 \text{ mm}$$

nach vorwärts. Das Umsteuern des Bohrkopfes erfordert daher nur, das Handrad H_2 auf Vorwärts oder Rückwärts zu stellen. Zum Schnellverstellen des Bohrkopfes sind ein offener und ein gekreuzter Riementrieb vorgesehen, der über die Welle A die Leitspindel treibt. Mit dem Griff H_3 wird die Kupplung K auf eine der beiden Riemscheiben eingerückt und der Bohrkopf mit einer Geschwindigkeit von $c = \dfrac{n \cdot s}{60} = \dfrac{70 \cdot 19,1}{60} = 22 \dfrac{\text{mm}}{\text{sek.}}$ verschoben.

Sollen Zahnbrüche vermieden werden, so darf der Riementrieb erst gekuppelt werden, wenn der Ziehkeil Z_2 ausgerückt ist. Diese Bedingung ist durch eine Sperre des Griffs H_3 gelöst. Neben H_2 sitzt nämlich die Sperrscheibe s mit 2 Nuten. Ist Z_2 eingerückt, so liegen die Sperrklauen k vor der vollen Scheibe s und sperren H_3. Bei ausgerücktem Ziehkeil Z_2 stehen hingegen die Nuten vor den Klauen k, so daß der Griff H_3 benutzt werden kann. Eine Klaue k würde dann in die Nut der Sperrscheibe s das Handrad H_2 fassen und verriegeln.

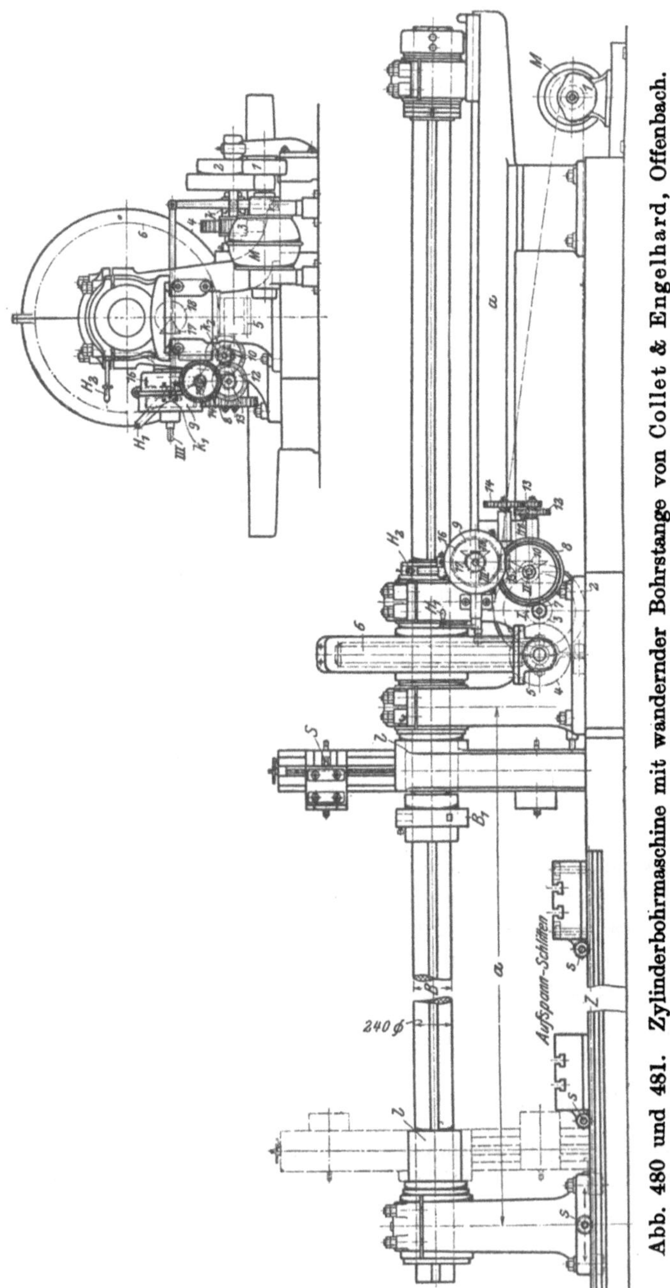

Abb. 480 und 481. Zylinderbohrmaschine mit wandernder Bohrstange von Collet & Engelhard, Offenbach. $Z_7 = 17$, $Z_8 = 68$, $Z_9 = 51$, $M = 6$; $Z_{10} = 18/86$, $M = 7$; $Z_{11} = 29$, $Z_{12} = 55$, $M = 4$; $Z_{13} = 35$, $Z_{14} = 68$, $M = 3,5$; $Z_{15} = 64$, $t = 5'8''$.

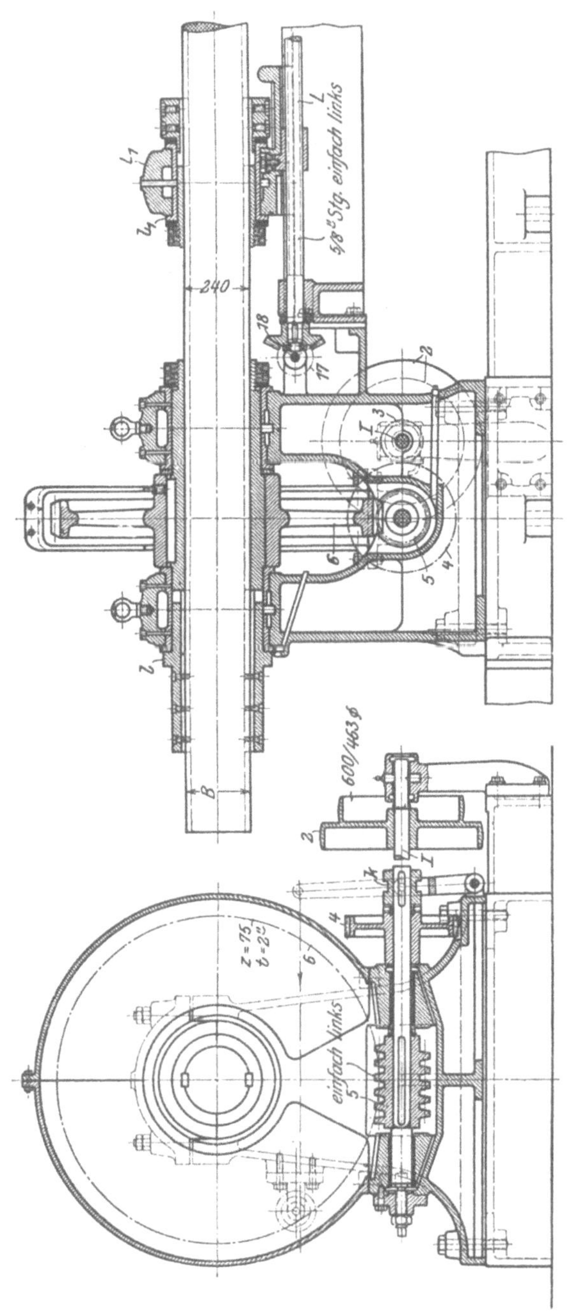

Abb. 482 und 483. Antrieb der Zylinderbohrmaschine. Collet & Engelhard.
$z_3 = 20$, $z_4 = 50$, $M = 8$; $z_{17} = 18$, $z_{18} = 27$, $M_z = 7,5$.

Für ein ruhiges Arbeiten besonders empfehlenswert ist die Maschine mit **wandernder Bohrstange** (Abb. 480). Die Stange erteilt dem Bohrkopf die Haupt- und die Schaltbewegung dadurch, daß sie sich selbst dreht und gleichzeitig vorgeschoben wird. Die Arbeitsweise verlangt zwar eine Bohrstange von mehr als doppelter Hublänge und eine ebenso lange Maschine. Sie gestattet aber, die Stange in der Entfernung $a > L$ zu lagern und das freie Ende noch durch ein drittes verschiebbares Lager zu führen. Vor allem kann die Bohrspindel jetzt aus Schmiedestahl aus dem Vollen geschmiedet werden ($J\,max$). Die Leitspindel liegt nämlich außerhalb der Bohrspindel, so daß diese höchstens durch die beiden Keilnuten etwas geschwächt wird.

Nach diesen Gesichtspunkten ist auch die Zylinderbohrmaschine von **Collet & Engelhard, Offenbach,** gebaut (Abb. 480 und 481). Der Antrieb dieser Maschine erfolgt von dem Elektromotor M, der durch den Riementrieb $1, 2$ und das Rädervorgelege $3, 4$ das Schneckengetriebe $5, 6$ treibt. Das Schneckenrad 6 sitzt auf der doppelt gelagerten Laufbüchse l, die durch 2 Federkeile die Bohrstange B mit dem Bohrkopf B_1 mitnimmt (Abb. 482 und 483).

Eine praktische Lösung hat hier auch die **Vorschubsteuerung** gefunden. Der Vorschub der Maschine wird nämlich von der Vorgelegewelle I abgeleitet. Sie treibt durch die Räder $7, 8$ über das Kegelräderwendegetriebe 10, die Vorgelege $11/12$, $13/14$, das Schneckengetriebe $15/16$ und die Kegelräder $17, 18$ die Leitspindel L. L verschiebt das Schlittenlager L_1, das auf der langen Bahn a in nachstellbaren Führungen gleitet. Das Schlittenlager soll die wandernde Bohrstange B verschieben und zugleich gestatten, daß sie sich in ihm dreht. Diese Aufgabe wird durch die Laufbüchse l_1 gelöst. Sie ist durch die beiden Federkeile auf B festgeklemmt, so daß sie sich mit der Bohrstange dreht und auch verschiebt. Zum Verschieben ist außerdem die Büchse l_1 in dem Gleitlager beiderseits durch Druckringe festgelegt. Durch diese Lagerung wird daher der Vorschub einwandfrei von der Leitspindel L auf die Bohrstange B übertragen.

Die **Steuerung** der Maschine ist sowohl für das Arbeiten nach beiden Richtungen als auch für das schnelle Zurückziehen des Bohrkopfes eingerichtet. Die erste Aufgabe ist durch das Kegelräderwendegetriebe 10 gelöst, das auf der Welle II sitzt. Es steuert durch Umlegen des Handhebels H_2 die Leitspindel um, so daß die Bohrstange nach rechts und links wandern kann.

Das schnelle Zurückziehen des Bohrkopfes erfolgt ebenfalls durch die Maschine. Es verlangt aber, vorher den Bohrkopf stillzusetzen. Hierzu dient der Handhebel H_1. Mit ihm wird gleichzeitig der Antrieb der Bohrstange ausgerückt und der schnelle Rückgang eingeschaltet. Der Hebel H_1 zieht nämlich beim Umlegen die Kupplung k aus dem Antriebsrade 4 zurück, so daß der Bohrkopf augenblicklich stillsteht. Gleichzeitig entkuppelt H_1 auf III das Schneckenrad 16 der Vorschub-

Additional information of this book

(Die Werkzeugmaschinen; 978-3-642-89890-7;

978-3-642-89890-7_OSFO19) is provided:

http://Extras.Springer.com

steuerung, schaltet aber k_1 auf der Gegenseite auf das Rad *9* ein. Hierdurch tritt der Rückzug *7, 8, 9, 17, 18* in Kraft, so daß die Maschine von der Vorlegewelle *I* aus die Bohrstange schnell zurückzieht.

Um den Bohrkopf mit der Hand einstellen zu können, ist die Welle *III* mit einem Vierkant zum Aufstecken einer Kurbel versehen und die Kupplung k_1 auszurücken. Sämtliche Handgriffe liegen auch hier auf der Vorderseite der Maschine, so daß sie vom Stande des Arbeiters bequem zu fassen sind.

Das Einspannen des Werkstückes geschieht auf zwei Aufspannschlitten, die durch die Zahnstange *Z* und die Triebe *s* einzustellen sind. Ebenso läßt sich das linke Lager auf die passende Entfernung einstellen. Bei der Maschine sind daher alle Bedingungen erfüllt, die zum wirtschaftlichen Arbeiten notwendig sind. Sie läßt sich durch zwei einfache Handgriffe augenblicklich stillsetzen und umsteuern und auch den Bohrkopf schnell zurückziehen.

Eine dankbare Erweiterung erfahren diese Maschinen noch durch fliegende Stirnschlitten oder Schwärmer *S* zum Abdrehen der Zylinderflanschen. Die Maschine wird dadurch zum Zylinderbohr- und Drehwerk. Die Schwärmer können wie in Abb. 474 auf der Bohrhülse sitzen oder wie in Abb. 480 auf der verlängerten Laufbüchse *l* festgeklemmt werden. Es kann daher gleichzeitig gebohrt und gedreht werden. Zum Anstellen und Schalten des Werkzeuges sitzt auf dem Schwärmer ein Kreuzschlitten (Abb. 474 und 479). Der Vorschub wird nach jedem Umlauf durch einen Anschlag erzeugt, der das Sternrad etwas dreht (Abb. 474).

β) Die stehenden Zylinderbohrmaschinen.

Die stehenden Zylinderbohrmaschinen (Abb. 484 und 485) verlangen, daß zum Einsetzen des Zylinders die Bohrspindel mit einem Kran hochgezogen und der untere Arbeitstisch aus- und eingefahren werden kann. Der Antrieb und die Steuerung für den wandernden Bohrkopf der Maschine liegen oben und sind durch eine Plattform zugänglich. Muß man auch theoretisch der stehenden Spindel den vorhin erwähnten Vorzug einräumen, so bietet doch ihre erschütterungsfreie Lagerung praktische Schwierigkeiten. Sie erfordert, wie das Bild zeigt, ein kräftiges und massiges Bauwerk.

Im allgemeinen werden die stehenden Zylinderbohrmaschinen für das Ausbohren der Zylinder stehender Maschinen benutzt, weil sich diese Zylinder beim liegenden Bearbeiten zu stark verbiegen würden. Dies gilt im besonderen von dünnwandigen Zylindern. Sie werden also unter der stehenden Maschine besser für ihren Zweck vorgearbeitet.

3. Die Fräsmaschinen.

Das Bestreben der Technik, die Maschinen mit hin- und hergehender Hauptbewegung durch die leistungsfähigeren mit kreisender Hauptbewegung zu ersetzen, hat der Fräsmaschine ein großes Arbeitsfeld eröffnet. Durch die Erfahrungen der letzten Jahre ist diese Maschine derart vervollkommnet worden, daß sie den höchsten Anforderungen genügt. Viele Arbeiten, die früher auf der Hobel- und Stoßmaschine, der Drehbank und Bohrmaschine vorgenommen wurden, werden heute durch Fräsen erledigt.

a) Die Entwicklung des Fräsers und der Fräserei.

Um die Bedeutung des Fräsens für die Metallbearbeitung schätzen zu lernen, ist es notwendig, zunächst die Vorzüge des Fräsers und seiner Arbeitsweise zu kennen.

Der Fräser besitzt als mehrschneidiges Werkzeug eine Reihe von Schneidzähnen. In dieser Bauart liegt schon seine Überlegenheit gegenüber dem einschneidigen Dreh- und Hobelstahl. Die schmale Schneide der letzten Stähle arbeitet ständig oder mit kurzen Unterbrechungen. Sie erwärmt sich und wird bald stumpf, selbst der leere Rücklauf der Hobelmaschine vermag dies nicht zu verhindern. Der kreisende Fräser hingegen arbeitet gleichzeitig mit mehreren Schneiden. Sie sind aber nur während Bruchteile einer Umdrehung der Arbeitswärme ausgesetzt und können sich dann wieder abkühlen. Aus dem Grunde ist jeder Fräser höheren Schnittgeschwindigkeiten gewachsen als der beste Dreh- und Hobelstahl. Diese Schnittgeschwindigkeiten können noch verdoppelt werden, wenn man den Fräser aus Schnellstahl herstellt. Hiervon überzeugt ein Blick auf die Zahlentafel I, S. 2. Dazu kommt noch, daß im Vergleich zum schmalen Span des Hobelstahles der Fräser die ganze Breite des Werkstückes mit einem Gange faßt. Der Fräser wird daher im allgemeinen die größere Leistung aufzuweisen haben.

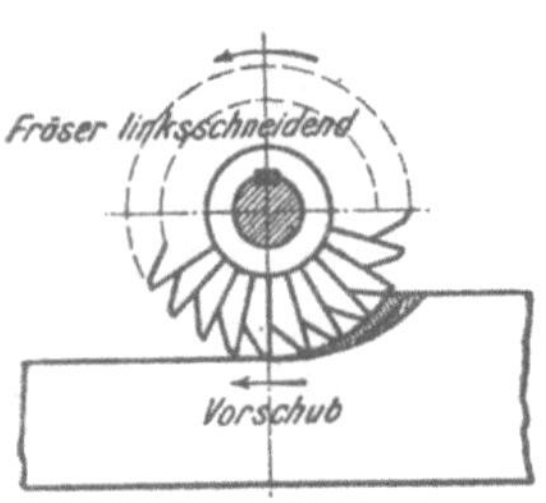

Abb. 486. Zweckmäßige Arbeitsweise des Fräsers.

Auch in der Arbeitsweise hat der Fräser vor dem Hobelstahl gewisse Vorzüge, die für einen ruhigen Gang der Maschine und somit für die Güte der Arbeit nicht zu unterschätzen sind. Während der Hobelstahl bei jedem Schnitt von neuem ansetzt und hierdurch mehr oder weniger starke Stöße verursacht, erfolgt das Ansetzen der einzelnen Fräserzähne so schnell aufeinander, daß die Stöße verschwinden. Bei richtiger Schaltung zeigt sich noch eine weitere günstige Eigenart des

Fräsers, die in seinem kommaartigen Span liegt. Durch den allmählichen Vorschub des Werkstückes wird nämlich von jedem Fräserzahn ein Span abgehoben, dessen Querschnitt allmählich zunimmt (Abb. 486). Infolgedessen wächst auch der Schnittwiderstand eines jeden Fräserzahnes allmählich, so daß bei mehreren gleichzeitig arbeitenden Schneiden ein Ausgleich in den Schwankungen des Schnittdruckes eintritt. Diese Arbeitsweise des Fräsers gestattet daher der Maschine einen ruhigen Gang und läßt jeden Fräserzahn auf glatte Flächen ansetzen. Beide Vorzüge bedingen jedoch, daß das Werkstück dem Fräser entgegengesetzt seiner Schnittrichtung zugeführt wird. Andernfalls beginnt jeder Fräserzahn gleich mit einem starken Span. Der Fräser würde dabei nicht nur den ruhigen Gang einbüßen, sondern auch durch das Einhacken in die harte Gußkruste äußerst stark beansprucht.

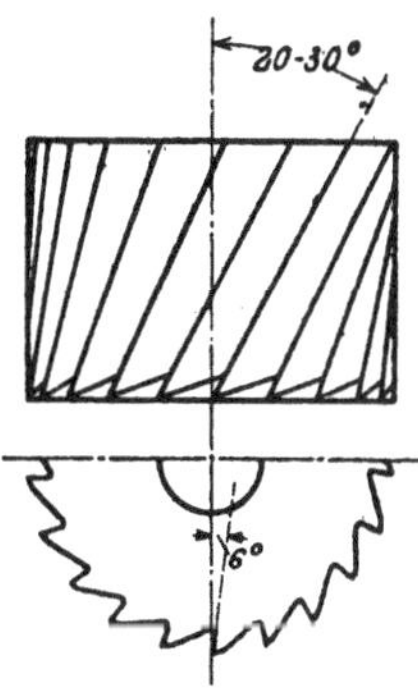

Abb. 487. Spiralfräser.

Eine weitere Vervollkommnung bietet der Spiralfräser (Abb. 487). Er arbeitet ruhiger als der Fräser mit geraden Zähnen, weil bei ihm eine größere Zahl von Schneiden gleichzeitig in Angriff stehen. Sie nehmen zurzeit verschiedene Späne, so daß der Schnittdruck ziemlich gleichmäßig ausfällt. Die Länge der Spirale wählt man vorteilhaft gleich dem 7 bis 9fachen Fräserdurchmesser oder den Spiralwinkel zur Fräserachse 10° bis 20° oder gar 30°.

Für die Grob- und Formfräserei von höchster Bedeutung ist das Hinterdrehen der Fräserzähne (Abb. 488). Hinterdrehte Fräser besitzen eine kräftige Zahnform. Die Zähne können bis zum völligen Aufbruch ohne jede Formänderung nachgeschliffen werden.

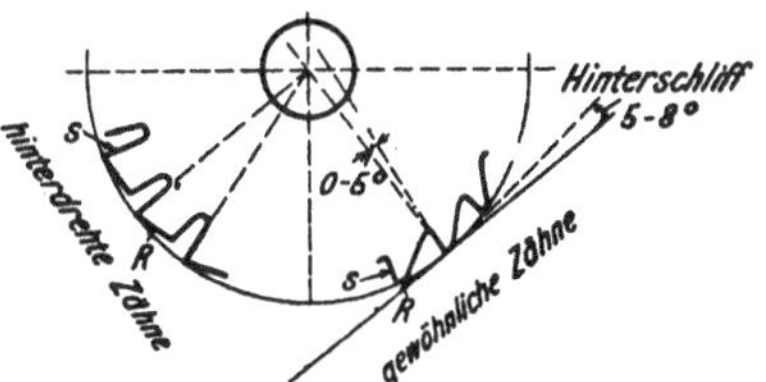

Abb. 488. Gewöhnliche und hinterdrehte Fräserzähne.

Anstellungswinkel bei und können eine starke Belastung vertragen. Sie halten beim Nachschleifen ihre

Das Hinterdrehen eines Fräsers ist stets von dem vorliegenden Zweck abhängig zu machen. Walzen- und Stirnfräser zu hinterdrehen, empfiehlt sich nicht immer, weil ihre Instandhaltung zu kostspielig wird. Denn der hinterdrehte Fräser erfordert zum genauen Rundlauf ein sehr sorgfältiges Nachschleifen der einzelnen Zähne, das bei dem einen mehr und bei dem anderen weniger sein muß. Die Erfahrungen haben daher gelehrt, den Fräser mit spitzen Zähnen bei allen Planfräsarbeiten zu verwenden, bei denen es auf Genauigkeit ankommt — Schlichtarbeiten —, dagegen den hinterdrehten Fräser nur bei schweren Schrupparbeiten. Aber auch als Schruppfräser leistet der Fräser mit spitzen Zähnen gute Dienste, nur muß er eine genügend grobe Teilung haben. Hierdurch unterscheidet sich der spitze Schruppfräser von dem Schlichtfräser mit seiner feinen Teilung.

Eine für die Formfräserei wichtige Eigenschaft der hinterdrehten Fräser ist, daß sie bei richtigem, mittigem Nachschleifen der Schneidflächen S die Zahnform nicht ändern (Abb. 488). Sie bieten daher die

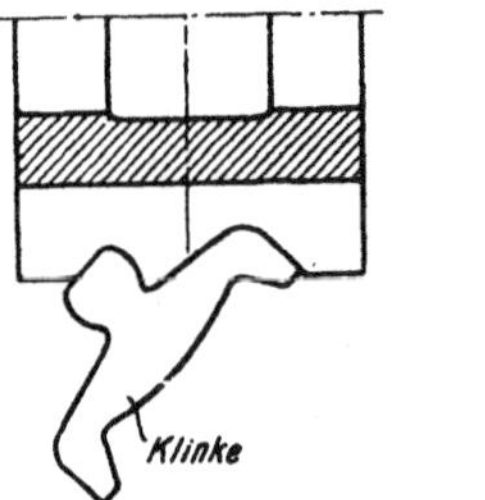

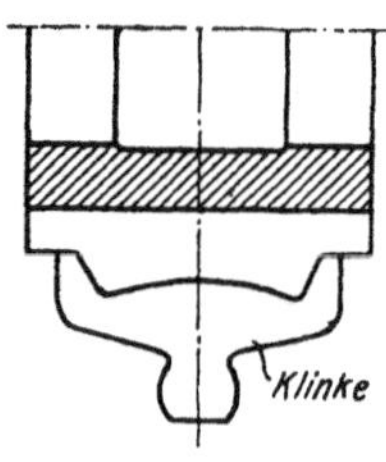

Abb. 489 und 490. Fräsen einer Klinke.

Möglichkeit, Zahnräder, Kettenräder mit gleichen Zähnen fräsen zu können. Somit erstreckt sich das Hauptarbeitsgebiet des hinterdrehten Fräsers auf die Formfräserei.

Für die Massenerzeugung von hohem Werte ist auch die eigene Formgebung des Fräsers, der sich mit den mannigfachsten Formen ausstatten läßt. Derartige Formfräser gewähren den Vorzug, vielgestaltete Flächen mit einem Gang der Maschine fräsen und Massenstücke ohne große Nacharbeit fertigstellen zu können (Abb. 489 und 490). Mit Rücksicht auf die Erhaltung der genauen Form müssen die Formfräser hinterdreht werden.

Größere Fräser verlieren aber ihre Formgebung durch die immer größer werdenden Schwierigkeiten beim Härten. Die geringste Verletzung einer Schneide macht schon das zeitraubende Nachschleifen des ganzen Fräsers notwendig, wenn er seinen Rundlauf bewahren soll. Diesem Übel begegnen die zusammengesetzten Formfräser (Abb. 491) und die Gruppen- oder Satzfräser (Abb. 492 und

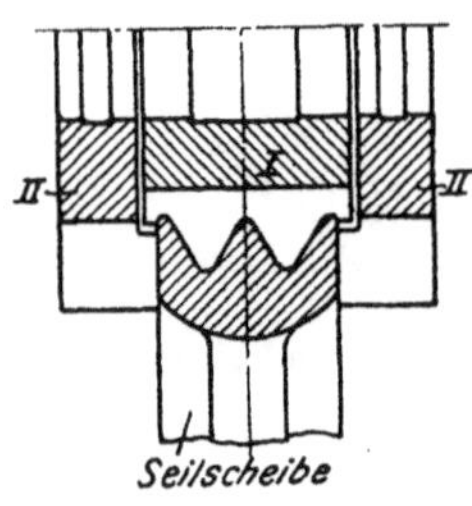

Abb. 491. Rundfräsen einer Seilscheibe.

494). Von ihnen ist jeder Einzelfräser für sich zu härten und zu schleifen.

Eine ähnliche Verbesserung bildet auch der Fräskopf mit auswechselbaren Einzelmessern (Abb. 495 und 496). Diese Bauart gestattet, bei verschieden eingestellten Messern Spantiefen von mehr als 20 mm zu nehmen. Sie sind also für besonders große Arbeitsleistungen geschaffen.

Die Entwicklung der Fräserei verdient noch einige Worte: Anfangs erstreckte sich das Fräsen nur auf gewisse Massenarbeiten

(Abb. 489) und den Werkzeugbau (Abb. 497), später auch auf die Zahnrad-
fräserei. In diesen Arbeitsgebieten ist der Fräser allen anderen Werkzeugen stets überlegen, weil er fertige Arbeit liefert.

Ein scharfer Wettkampf setzte mit der Einführung des Fräsers
zwischen der Hobelmaschine und der Fräsmaschine ein, und so ent-
brannte die Frage: Hobeln oder Fräsen? Hierzu sei bemerkt, daß der
Hobelstahl ein einfaches Werkzeug ist, das für alle Hobelarbeiten be-

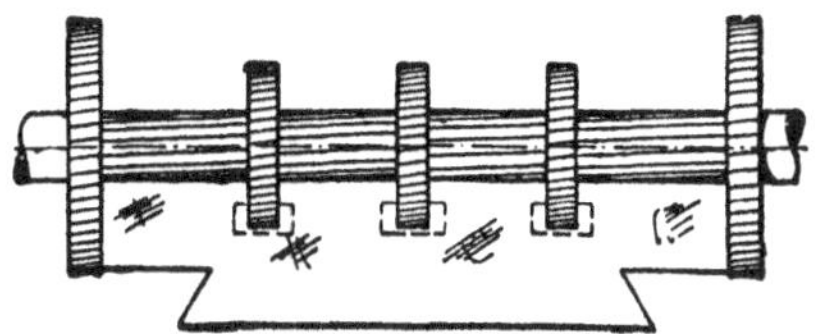

Abb. 492. Gruppenfräser zum Fräsen eines
Schlittens mit Spannnuten.

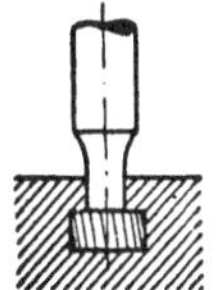

Abb. 493. Ausfräsen der
Spannnuten.

nutzt werden kann und billig in seiner Herstellung und Unterhaltung
ist. Der Fräser hingegen ist ein vielgestaltetes Werkzeug, teuer in der
Anschaffung und Unterhaltung. So kostet nach Listen ein 5 kg schwerer
Hobelstahl 17 M. und ein 5 kg schwerer Fräser 28 M. Die Unterhaltung
stellt sich beim Fräser doppelt so hoch, doch muß der Hobelstahl etwa
6 mal so oft nachgearbeitet werden. Durch langjährige Ermittlungen
sind in den Werkstätten der Comp. de l'Est in Epernay die Werkzeug-

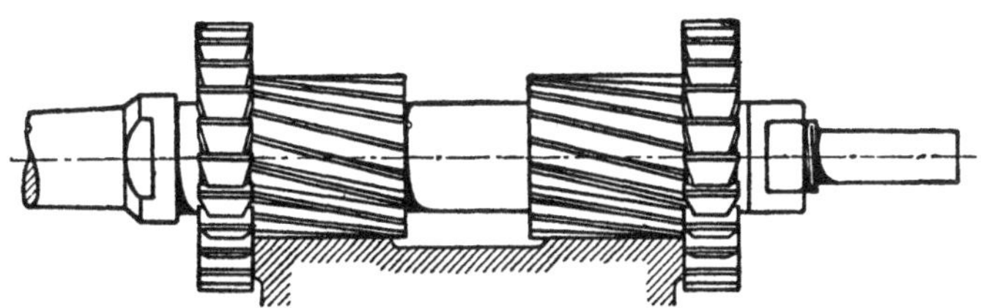

Abb. 494. Gruppenfräser.

und Unterhaltungskosten im Vergleich zu dem Spangewicht festgestellt
worden. Sie betrugen bei Hobelstählen 2,2 Pfg. für das kg Späne und
bei Fräsern 6,4 Pfg.

Soll bei den höheren Anschaffungs- und Unterhaltungskosten der
Fräser einen wirtschaftlichen Vorsprung bieten, so muß er in einer
kürzeren Arbeitszeit liegen. Da aber die Hobelmaschine das Werkstück
in der Minute um 10 bis 20 m zuschiebt, dagegen die Fräsmaschine um
höchstens 120 bis 180 mm, so wird das Hobeln bei langen und schmalen
Arbeitsflächen wirtschaftlicher sein, weil hierzu nur wenig Hübe notwendig sind. Dagegen werden breite Flächen zweckmäßig mit einem
Schnitt gefräst, weil sie beim Hobeln zuviel Hübe und damit auch zuviel Rückläufe erfordern.

So erfordert das Hobeln einer 5 mm breiten Fläche bei 1,5 m Hobelhub und 1 mm Vorschub und Rücklauf 2 : 1 etwa $1^1/_4$ Minuten, dagegen das Fräsen bei 100 mm Vorschub etwa 14 Minuten. Eine Fläche von 160 mm Breite und 350 mm Länge verlangt bei einem Hobelhub

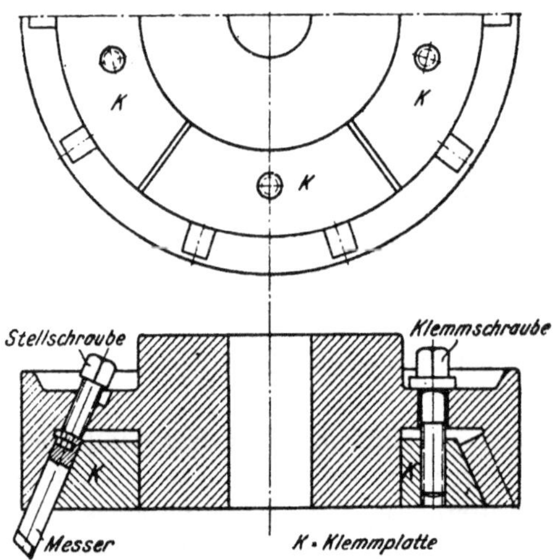

Abb. 495 und 496. Fräskopf „Hanseat". Grosset, Hamburg.

von 450 mm und 2 mm Vorschub, 150 mm Schnittgeschwindigkeit, Rücklauf 3 : 1 etwa 5 Minuten und 20 Sekunden Hobelzeit, dagegen beim Fräsen nur etwa $1^2/_3$ Minuten.

Die Erfahrung lehrt jedoch, daß sich gefräste Werkstücke selbst nach dem zweiten Schnitt noch verziehen, falls sie nicht hinreichend stark gebaut sind. So hat sich denn für Genauigkeitsarbeiten eine Arbeitsteilung vollzogen: Schruppen auf der Fräsmaschine und Schlichten auf der Hobelmaschine.

Für eine wirtschaftliche Fräserei ist daher Vorbedingung, daß einmal die Werkstücke fürs Fräsen gebaut sind, d. h. sie dürfen unter dem starken Arbeitsdruck des Fräsers nicht nachgeben, und zum andern, daß für die teueren Fräser genügend Arbeit vorhanden ist. Das letzte besagt, daß große Satzfräser die Werkzeuge für Massen- und Gruppenarbeiten sind (Abb. 492 bis 494).

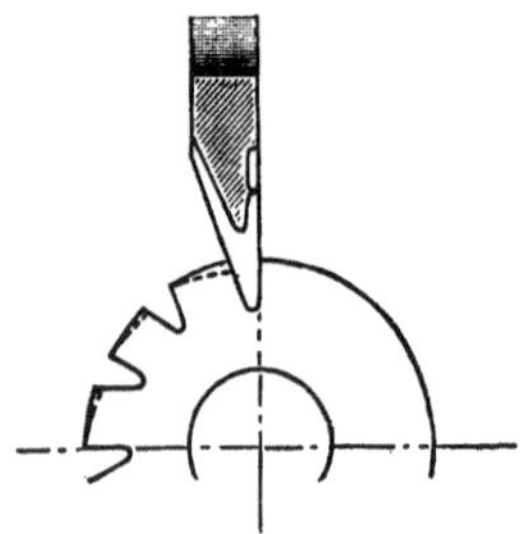

Abb. 497. Ausfräsen der Nuten eines Fräsers.

Auch mit der Drehbank ist die Fräsmaschine in den Wettbewerb getreten und zwar durch das Rundfräsen und das Gewindefräsen, ohne allerdings die Genauigkeit der Drehbank zu erreichen.

Die Rundfräsmaschine bietet große wirtschaftliche Vorteile

wenn vielgestaltete Drehkörper massenweise zu bearbeiten sind (S. 327). Ähnliche Vorzüge besitzt auch die Gewindefräsmaschine für das Gewindeschneiden (S. 330). Sowohl beim Rundfräsen als auch beim Gewindefräsen kann ein Mann mehrere Maschinen bedienen.

b) Die verschiedenen Bauarten der Fräsmaschinen.

Mit dem Fräser hat auch die Fräsmaschine ihren Entwicklungsgang durchgemacht. Die höheren Schnittgeschwindigkeiten und die größeren Arbeitswiderstände beim Fräsen stellten dem Erbauer Aufgaben, deren Lösung neue Grundlagen erforderte. Vor allem wurde der Arbeitsdruck unterschätzt. Bei den älteren Arbeitsverfahren nimmt bekanntlich das einschneidige Werkzeug immer nur schmale Späne, der Fräser aber vielfach solche von der ganzen Breite des Werkstückes. Zu diesem größeren Arbeitsdruck tritt noch das sich stetig wiederholende Ansetzen der einzelnen Fräserzähne. Diese Arbeitsweise des Fräsers gewährt zwar eine größere Leistung, verlangt aber als Grundbedingung der Fräserei Arbeitsmaschinen von durchaus kräftiger Bauart. Nur durch sie kann man den weit größeren Arbeitsdrücken gerecht werden und die Vorzüge der Fräserei voll ausnutzen.

Nach der üblichen Arbeitsweise der Fräsmaschinen besitzt der Fräser die kreisende Hauptbewegung und das Werkstück den geraden Vorschub (Abb. 482). Diese Betriebsweise verlangt einen Spindelstock und einen Arbeitstisch als die wichtigsten Einzelteile einer Fräsmaschine. Von ihnen dient der Spindelstock zur Erzeugung der Hauptbewegung des Fräsers und der Arbeitstisch für das Einstellen und den Vorschub des Werkstückes. Nach der Lage der im Spindelstock untergebrachten Frässpindel unterscheiden wir wagerechte und senkrechte Fräsmaschinen, deren Formen der Mehrzahl unserer klassischen Werkzeugmaschinen nachgebildet sind.

1. Die wagerechten Fräsmaschinen.

α) Die einfache Fräsmaschine.

Der Grundgedanke der einfachen Fräsmaschine (Abb. 498 und 499) ist, an Werkstücken, die sich von Hand oder durch die Maschine bequem an den Fräser anstellen lassen, einfache gerade Schnitte auszuführen. Ihr Arbeitsbereich umfaßt daher vorwiegend kleinere Werkstücke und solche von höchstens Mittelgröße. Ihre Arbeiten erstrecken sich auf das Planfräsen und das Fräsen gerader Nuten. In ihrer äußeren Form ist die einfache Fräsmaschine der Stößelhobelmaschine (Kap. IV, 2.) nachgebildet, und zwar ist in der Hauptsache der Stößel mit dem Schwinghebelantrieb durch die Frässpindel mit dem Stufenscheibenantrieb ersetzt.

1. Der Spindelstock.

Für die Hauptbewegung besitzt die einfache Fräsmaschine wie
die Drehbank einen. feststehenden Spindelstock, weil das Werk-

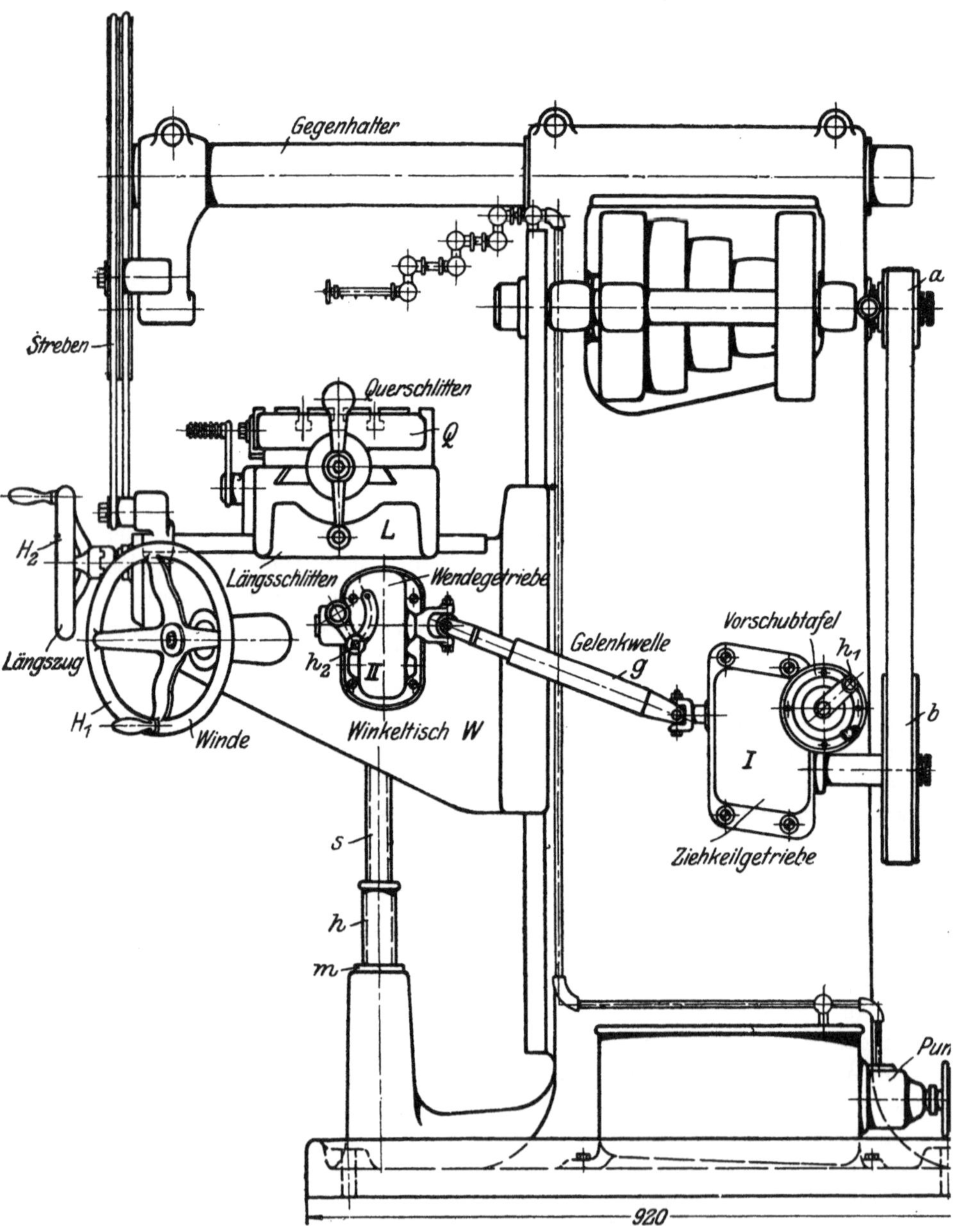

Abb. 498. Einfache Fräsmaschine, Wandererwerke, A. G., Chemnitz.

stück mit dem Tisch angestellt wird. Der Spindelkasten bildet mit dem Kastenständer ein Gußstück von großer Widerstandsfähigkeit. In dem Spindelstock (Abb. 498) ist die Frässpindel wagerecht gelagert, so daß sie parallel zum Deckenvorgelege liegt. Infolgedessen gestaltet sich der Antrieb der Spindel in ähnlicher Weise wie bei der Drehbank.

Um bei den verschiedenen Fräsarbeiten die volle Schnittgeschwindig-

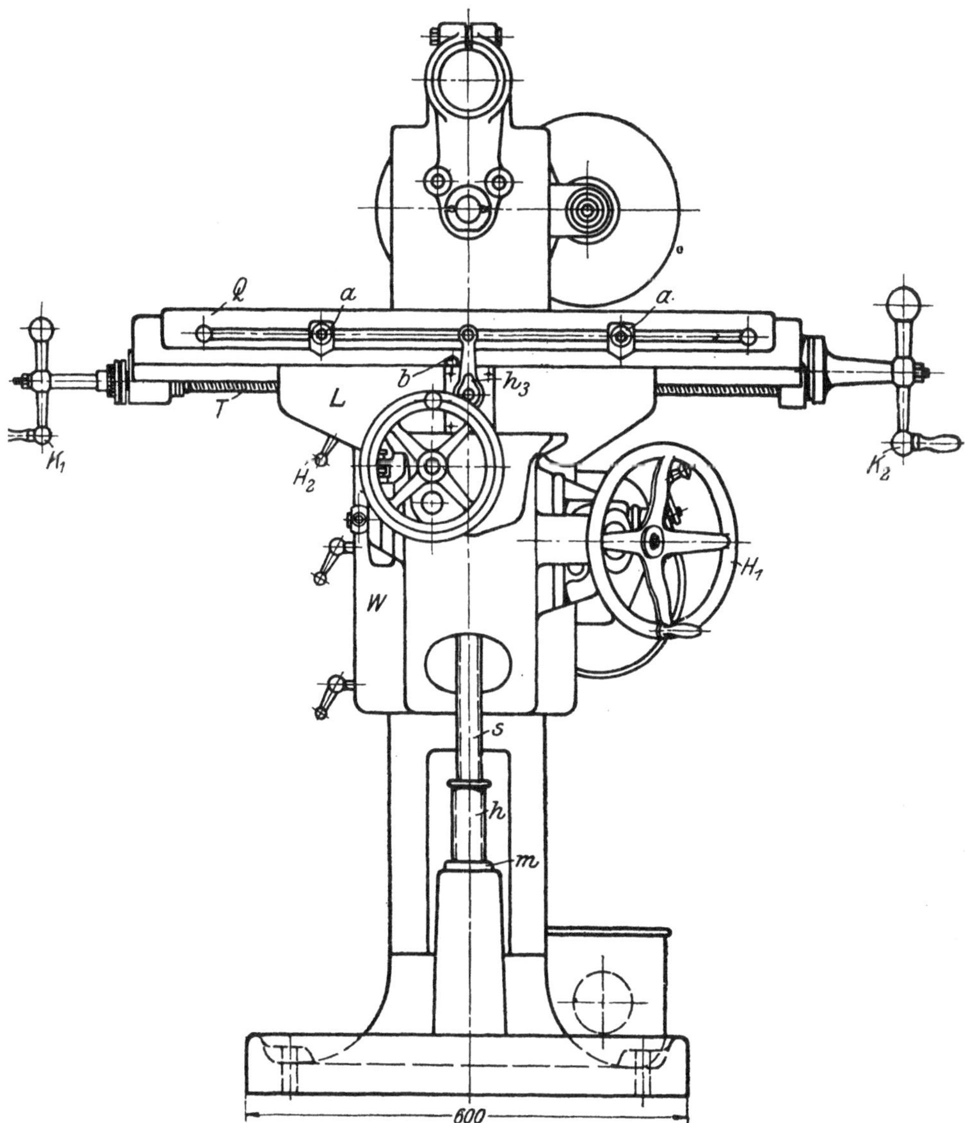

Abb. 499. Einfache Fräsmaschine, Wandererwerke, A. G., Chemnitz.

keit ausnutzen zu können, sind Maschinen unter 5 PS. durch Stufenscheibe und Rädervorgelege anzutreiben, weil die Fräser nicht so oft gewechselt werden. Bei schweren Maschinen sind die Stufenrädergetriebe ihrer größeren Übertragungsfähigkeit wegen vorzuziehen.

Für die Lagerung der Frässpindel gelten ebenfalls die früheren Gesichtspunkte. Danach ist die Spindel gegenüber dem Arbeitsdruck nach beiden Richtungen festzulegen und in ihrer Lage, sowie in ihrem Gang genau auszurichten. Diese Aufgabe erfordert bekanntlich eine gleichachsig nachstellbare Frässpindel. Bei der Fräsmaschine ist aber noch auf eins hinzuweisen. Der größere Arbeitsdruck des mehrschneidigen Fräsers setzt als Vorbedingung für ruhigen Gang und gute Arbeit eine

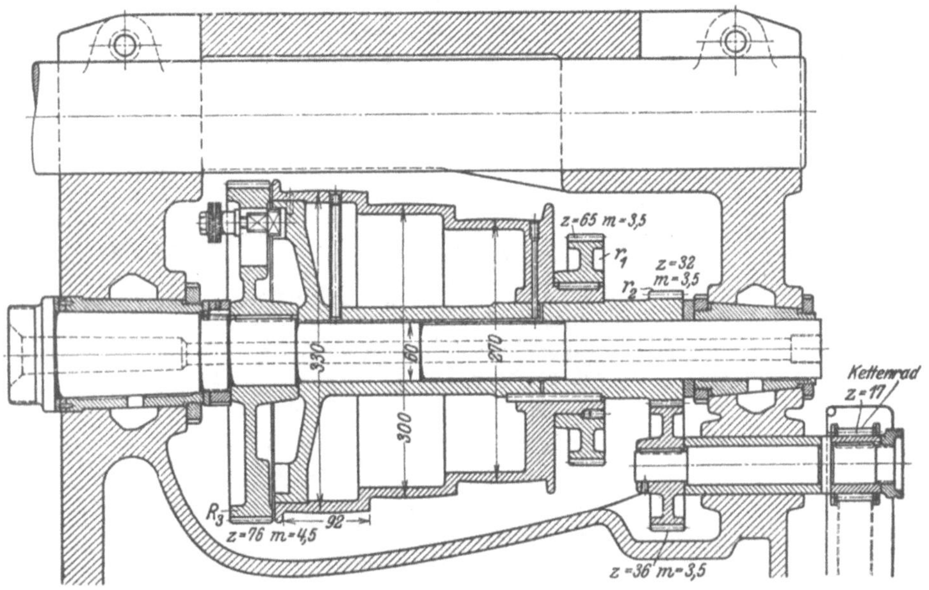

Abb. 500. Spindelstock der Wanderer-Fräsmaschine.

besonders kräftige Frässpindel voraus und für das gleichmäßige Durchziehen des Riemens breite und große. Scheiben. Die höheren Schnittgeschwindigkeiten verlangen besonders lange Lager mit vorzüglich wirkender Schmierung und die Möglichkeit einer Ausdehnung der Spindel.

Die einzelnen Gesichtspunkte sind bei dem Spindelstock der Wanderer-Fräsmaschine gewürdigt. Der Spindeldruck wird hier nach beiden Richtungen am Hauptlager aufgenommen (Abb. 500), der Druck nach rechts durch den Zapfenkegel und die vorderen Druckringe und der Zug nach links durch den rechten Druckring und die Ringmutter. Im Endlager, das mit der Kegelschale nachgestellt wird, kann sich die Spindel frei ausdehnen. Die Beibehaltung des Zapfenkegels als Hauptzapfen hat 2 Gründe: Erstens gewährt er einen kräftigen Spindelkopf, und zweitens paßt er sich dem Einspannkegel des Fräsdornes gut an. Er gestattet auch die Spindel aufs genaueste auszurichten und zwar durch Anziehen der Ringmutter. Die Stufenscheibe hat große Durchmesser und Breiten und die beiden Doppelvorgelege große Übersetzung in Würdigung einer großen Durchzugskraft der Maschine (Abb. 501).

Eine neue Aufgabe bietet bei der Fräsmaschine die hochgradige Führung des Fräsers gegenüber dem starken Arbeitsdruck. Sie ist gewissermaßen die Vorbedingung für gute Fräsarbeiten. Diese Bedingung erfüllt der fliegend eingezogene Fräser nur unvollkommen,

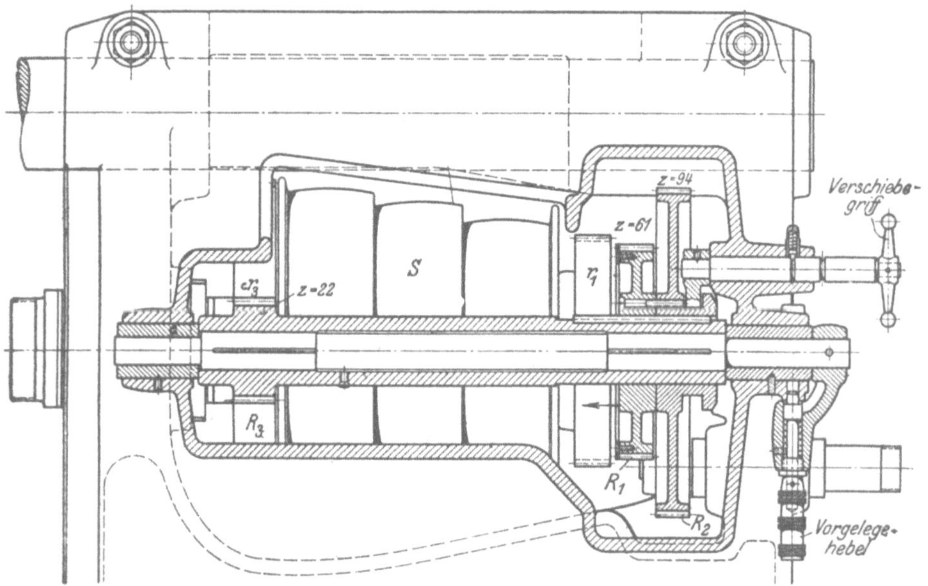

Abb. 501. Spindelstock. (Ausrückbare Vorgelege.)

weil der Fräserdorn zu stark federn würde. Das freie Ende des Fräserdornes ist daher durch eine Gegenspitze (Reitnagel) zu unterstützen, die dem Reitstock der Drehbank entspricht. Da der Reitstock auf dem Arbeitstisch zuviel Platz erfordern würde, so wird der Reitnagel in dem langen Gegenhalter untergebracht, der über der Frässpindel liegt und durch seine lange, schellenförmige Führung den Spindelstock noch versteift.

Gegenüber schweren Schnitten genügt selbst diese Versteifung nicht. Bei schweren Maschinen ist zur größeren Widerstandsfähigkeit der Gegenhalter noch mit dem Arbeitstisch zu verstreben (Abb. 498 und 499), so daß Tisch und Maschine ein geschlossenes Ganze bilden.

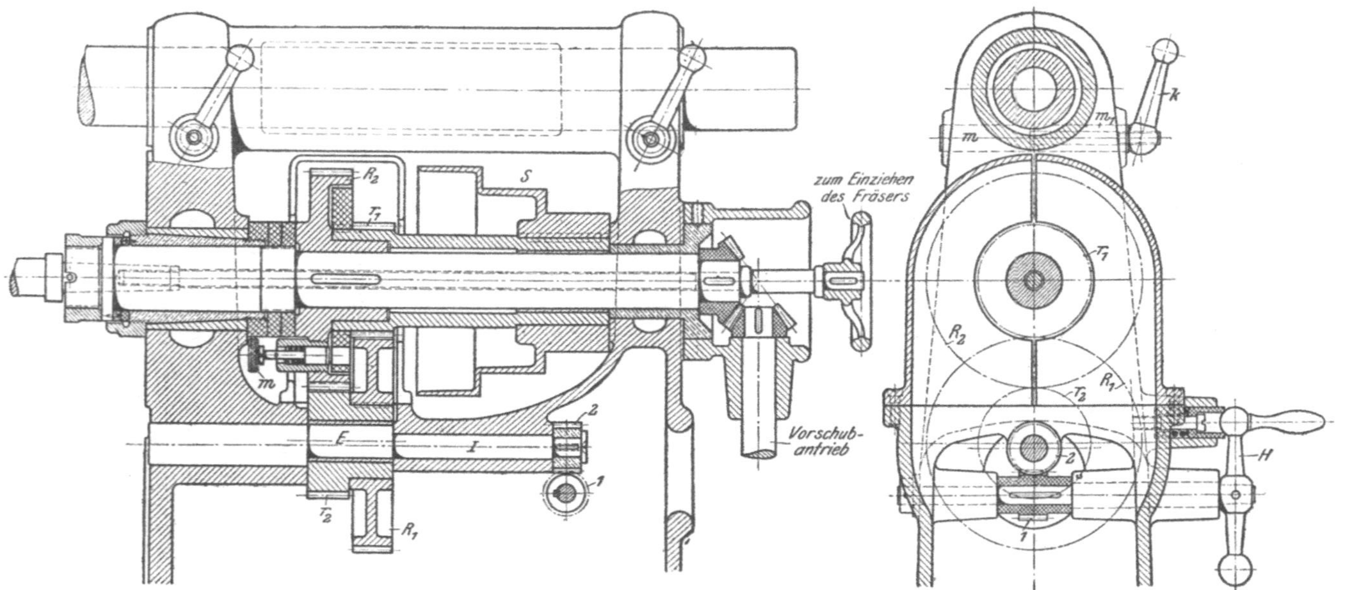

Abb. 502 und 503. Spindelstock der Fräsmaschine von Gildemeister & Co., A. G., Bielefeld. Stufenscheibe 165, 220, 275 mm Durchm., 90 mm breit. Räder: $z_1 = 39$, $Z_1 = 78$, $M = 3$; $z_2 = 29$, $Z_2 = 58$, $M = 4$. Deckenvorgelege $n = 180$ und 230.

Die Lagerung des Gegenhalters bedarf noch einer kurzen Bemerkung. Der Gegenhalter muß, um ihn auf die Länge des Dornes einstellen oder beim Arbeiten mit Stirnfräsern nach oben schwenken zu können, in seinen Lagern verschiebbar und drehbar sein. Hierzu sind die Lager mit Mantelklemmung (Abb. 499) oder besser mit Backenklemmung ausgestattet (Abb. 503).

Der Spindelstock der Gildemeister-Fräsmaschine zeichnet sich vor anderen durch die praktische Anordnung der Rädervorgelege aus. Sie liegen vollständig eingekapselt in dem Maschinengehäuse und sind durch Drehen einer Handkurbel H ein- und auszurücken (Abb. 502 und 503). Hierzu liegen beide Vorgelege links vor der Stufenscheibe S, und die Schwenkräder R_1 und r_2 laufen auf dem Hubzapfen E der Vorlegewelle I. Durch Drehen der Handkurbel H werden daher durch Vermittlung der Schraubenräder 1, 2 die Vorgelege ein- und ausgeschwenkt. Für das Arbeiten ohne Vorgelege kuppelt auch hier der Mitnehmer m die lose Stufenscheibe S mit dem festen Rade R_2. Zum Festklemmen des Gegenhalters ist die Backenklemmung gewählt. Mit dem Knebel k werden die beiden Klemmbacken m und m_1 angezogen, die die Gegenspitze in genauer Richtung halten.

Bei den größeren Arbeitsleistungen der Fräsmaschinen zeigten sich die Mängel des Stufenscheibenantriebes in noch grellerem Lichte als bei den Maschinen mit einschneidigen Werkzeugen. So fanden die Stufenrädergetriebe bei den Fräsmaschinen für mittlere und größere Leistungen eine willkommene Aufnahme.

Die neuen Wanderer-Fräsmaschinen (Abb. 504 und 505) haben daher den im Schnellbetrieb überall vordringenden Einscheiben-Antrieb und zum Wechseln der Schnittgeschwindigkeit ein Stufenrädergetriebe für 16 Geschwindigkeiten. Die geometrisch abgestuften Umläufe der Maschine liegen zwischen 16 und 352 in der Minute.

Der Antrieb der Maschine (Abb. 506) geht von der Einscheibe a aus. Sie hat 300 mm Durchmesser, 110 mm Breite und macht 280 Uml./Min. Auf der Antriebswelle I sitzt das breite Ritzel b, von dem die Frässpindel fr durch ein Stufenrädergetriebe nach der Norton-Bauart zunächst 4 Geschwindigkeiten erhält.

Durch das Ein- und Ausschwenken der Wippe w und durch das Verschieben des Rades c auf c_1 gestattet das Getriebe nämlich 4 Schaltungen:

$$1.\ \frac{b}{c}\,\frac{c}{d_1}\,\frac{d_1}{e} = \frac{b}{e}, \qquad 2.\ \frac{b}{c}\,\frac{c}{d_2}\,\frac{d_1}{e} = \frac{b}{d_2}\,\frac{d_1}{e},$$

$$3.\ \frac{b}{d_3}\,\frac{d_1}{e}, \qquad 4.\ \frac{b}{d_4}\,\frac{d_1}{e}.$$

Für 4 weitere Spindelgeschwindigkeiten ist die verzahnte Radhülse f_1 nach links zu verschieben. Hierdurch kommt f mit d_3 in Eingriff, so daß das Stufenrädergetriebe vier neue Schaltungen zuläßt:

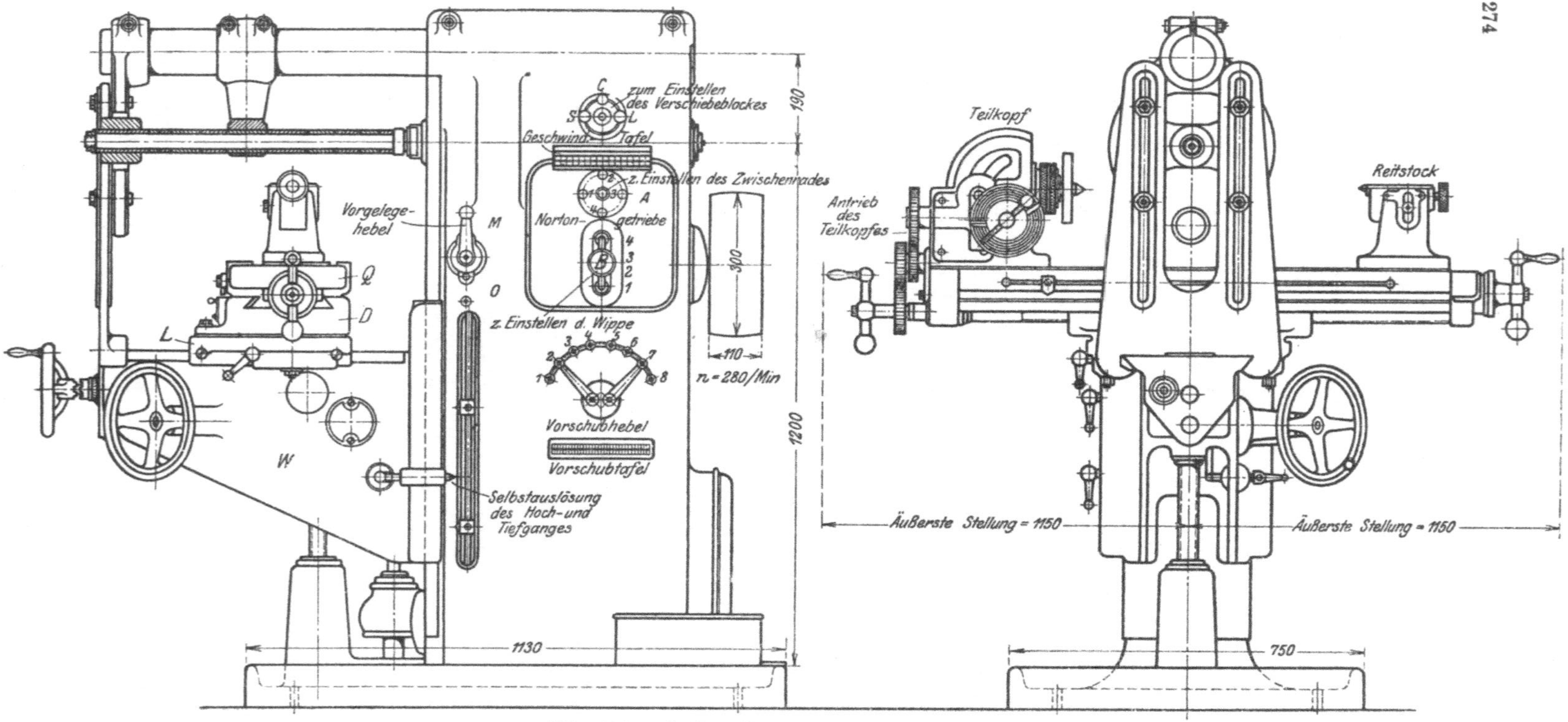

274

Abb. 504 und 505. Wanderer-Fräsmaschine.

$$5.\ \frac{b}{d_1}\frac{d_3}{f}, \qquad 6.\ \frac{b}{d_2}\frac{d_3}{f}, \qquad 7.\ \frac{b}{d_3}\frac{d_3}{f}=\frac{b}{f}, \qquad 8.\ \frac{b}{d_4}\frac{d_3}{f}$$

Die noch fehlenden 8 Spindelgeschwindigkeiten werden durch das Einschalten der Vorgelege $\frac{g}{h}$, $\frac{i}{k}$ erreicht. Das Arbeiten ohne und mit Vorgelegen verlangt bekanntlich, daß die Antriebsräder e, f der Frässpindel fr, sowie das Rad g auf einer Laufbüchse f_2 angeordnet sind,

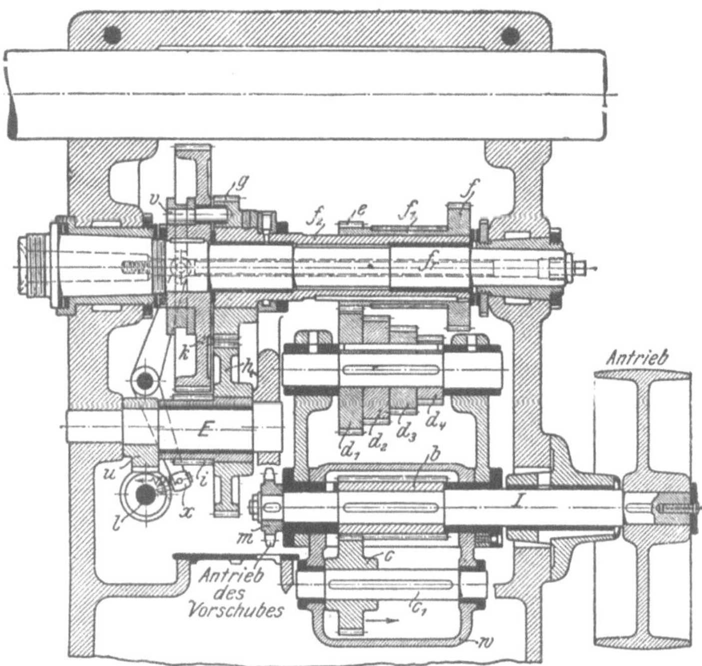

Abb. 506. Hauptantrieb der Wanderer-Fräsmaschine.

die sich auf der Arbeitsspindel fr kuppeln und entkuppeln läßt. Dabei müssen die Schwenkräder h, i auf einem Hubzapfen E laufen.

Eine praktische Lösung hat das Ein- und Ausschwenken der Vorgelege $\frac{g}{h}$, $\frac{i}{k}$, sowie das Kuppeln und Entkuppeln der Laufbüchse f_2 gefunden. Beides erfolgt, wie es der Schnellbetrieb ja verlangt, zwangläufig durch Umlegen eines einzigen Handhebels. Die Schnecke l zieht nämlich beim Umlegen des Handhebels auf M (Abb. 504) mit einem Ruck durch den Winkelhebel x die Stiftkupplung v aus dem Rade g zurück und schwenkt dann die Vorgelege ein, indem der Radbogen u den Hubzapfen E herumlegt.

Das Einspannen des Fräsers.

Die Verbindung des Fräsers mit der Frässpindel muß ein leichtes Auswechseln zulassen, ohne daß sich der Dorn beim Arbeiten lockern kann. Für diese Zwecke bietet der mit einem Querkeil eingezogene Fräserdorn den Nachteil, daß er nur mit dem Hammer eingezogen und gelöst werden kann, und die Spindel leicht angeschlagen wird. Aus

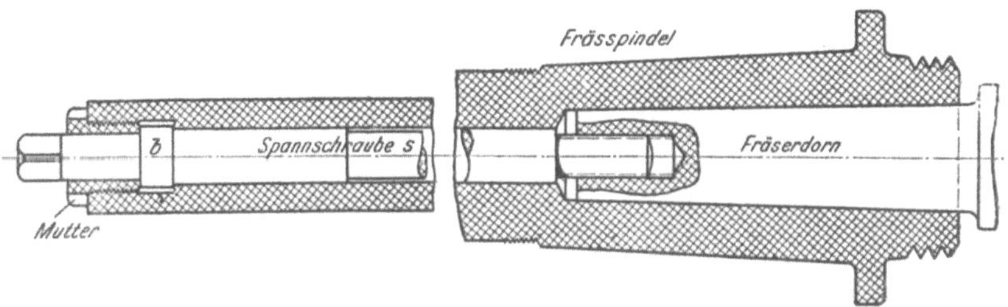

Abb. 507. Einspannen· des Fräsers mit einer Spannschraube.

dem Grunde wird das Einziehen des Fräsers mit Spannschrauben allgemein bevorzugt.

Das Festspannen des Fräsers mit einer Spannschraube ist in Abb. 507 durchgeführt In der ausgebohrten Frässpindel liegt hier die lange Spannschraube s, die durch den beiderseits festgelegten Bund b gehalten ist. Mit ihrem vorderen Gewinde faßt sie den Fräserdorn und

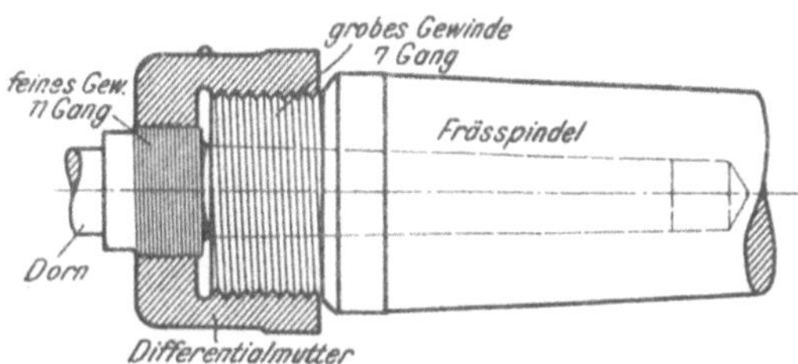

Abb. 508. Einspannen des Fräsers mit einer Unterschiedsgewindemutter.

zieht ihn fest, sobald die Schraube mit dem vorstehenden Vierkant angezogen wird.

Eine ziemliche Verbreitung hat auch das Unterschiedsgewinde zum Einspannen des Fräsers gefunden, sei es als Unterschiedsgewindemutter oder sei es als Unterschiedsgewindeschraube.

Die Unterschiedsgewindemutter (Abb. 508) faßt den Kopf der Frässpindel mit grobem Gewinde und den Dorn mit feinem Gewinde. Sie wird daher bei jeder Umdrehung den Dorn um den Unterschied der beiden Gewindesteigungen anziehen. Beim Einspannen ist aber zu beachten, daß der Dorn sich erst festsetzt, wenn die Mutter noch etwa zwei Gänge frei hat. Sie gewährt dann durch scharfes Anziehen eine sehr feste Verbindung. Zum Auswechseln des Fräsers ist hier nur die Kappe abzuschrauben, wobei sie zugleich den Dorn herausdrückt. Die Unterschiedsgewindemutter verlangt allerdings einen entsprechend freien Raum vor der Spindel. Ihn beseitigt die in der Frässpindel liegende Unterschiedsgewindeschraube (Abb. 509). Sie faßt den Fräserdorn mit grobem Gewinde und die Spindel mit feinem Gewinde. Zum Einziehen und Auswechseln des Fräsers ist sie mit dem hinteren Vierkant anzuziehen. Ein allgemeiner Vorzug des Unterschiedsgewindes ist noch, daß es sich selbst sichert. Der Fräser wird sich daher niemals lockern können.

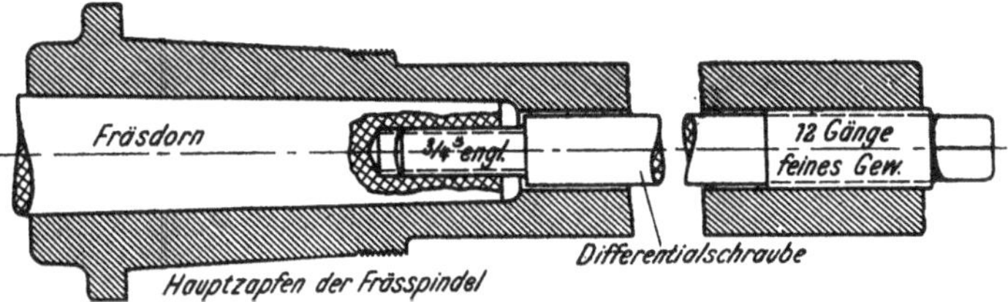

Abb. 509. Einspannen des Fräsers mit einer Unterschiedsgewindeschraube.

Die Spannschrauben (Abb. 507 und 509) lassen sich jedoch nur bei wagerechten Frässpindeln anwenden, bei senkrechten sind sie zu wenig zugänglich. Hierbei ist die Unterschiedsgewindemutter handlicher.

Der Arbeitstisch.

Das Arbeitsgebiet der einfachen Fräsmaschine erstreckt sich vorwiegend auf das Planfräsen. In Verbindung mit einem Teilkopf und einem Reitstock ist ie auch beim Fräsen gerader Nuten, wie beim Fräsen von Zahnrädern und Werkzeugen mit geraden Zähnen, zu verwenden, bei denen das Werkstück senkrecht zur Frässpindel vorgeschoben wird.

Der Arbeitstisch (Abb. 498 und 499) hat daher in seinem Aufbau zwei Bedingungen zu genügen: 1. Zum Einstellen der Maschine hat er das Werkstück an den Fräser anzustellen und 2. beim Fräsen den Vorschub quer zur Frässpindel zu erzeugen. Beide Bedingungen sind erfüllt durch einen Kreuzschlitten, der von einem kräftigen Winkeltisch W getragen wird. Von ihnen hat der obere Querschlitten Q als Aufspanntisch den Vor chub senkrecht zur Frässpindel zu vollziehen, für den er selbsttätigen Quergang beansprucht. Um das Werkstück auf die Spanbreite einstellen zu können, ist der Querschlitten auf dem Längsschlitten L zu führen, der sich in der Richtung der Frässpindel verschieben läßt. Zum Anheben des Werkstückes und zum Einstellen der Spantiefe dient der Winkeltisch W. Jeder Schlitten besitzt zum Einstellen eine Schraubenspindel mit Handrad oder Handkurbel und der Winkeltisch eine Schraubenwinde. Die Handräder für den Hoch und Längsgang werden zweckmäßig ausrückbar angeordnet (Abb. 498), damit kein unbeabsichtigtes Verstellen des Schlittens eintritt. Für das genaue Einstellen sind Teilringe vorzusehen. Der Querschlitten hat eine Kurbel K_1 für das langsame und genaue Einstellen und eine Kurbel K_2 für das Schnellverstellen mit 3facher Beschleunigung. Das Windwerk wird durch eine wagerechte Welle w_1 gebildet, die durch zwei Kegelräder c_{11}, c_{12} die mit dem Winkeltisch auf- und absteigende Gliederspindel

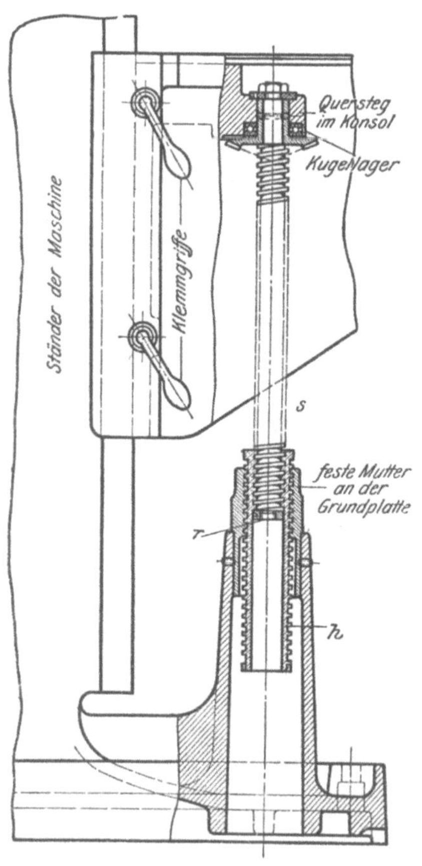

Abb. 510. Gliederspindel (Teleskopspindel).

(Abb. 576) treibt. Die Schraube S faßt eine Hülse h, die innen und außen Gewinde hat (Abb. 510). Wird der Tisch höher gekurbelt, so nimmt die Schraube durch die Ringmutter r die Hülse h mit, die sich jetzt aus der festen Mutter herausschraubt. Beide legen daher beim Ein tellen des Tisches nur Teilwege zurück. Die Durchbrechung des Fußbodens, wie sie die einfache Stellschraube erfordert, ist nicht mehr nötig. Als weitere Neuerung besitzt die Spindel oben ein Kugellager für ein leichtes und feines Einstellen des Tisches (Abb. 510).

Grundbedingung für ein gutes Arbeiten ist auch hier ein kräftiger Arbeitstisch, damit das Werkstück unter dem Druck des Fräsers keine Erschütterungen erfährt. Diese Forderung erklärt auch die Form des Winkeltisches, der als Körper gleicher Festigkeit ein stärkes Biegungsmoment aufzunehmen vermag.

Das Streben nach größerer Arbeitsleistung hat auch hier eine Verbesserung gezeitigt. Bei Maschinen für schwere Schnitte wird nämlich das freie Ende des Arbeitstisches durch einen Schieber abgestützt, der sich mit dem Tische einstellt und in jeder Stellung festgeklemmt werden kann. Durch diese Verstrebung mit der Grundplatte des Ständers und dem Gegenhalter bietet der Tisch eine größere Gewähr für ein erschütterungsfreies Arbeiten.

Der Antrieb des Vorschubes.

Für den Antrieb des Aufspanntisches bieten sich zwei Möglichkeiten. Sein Vorschub kann entweder von der Maschine abgeleitet werden oder von einem besonderen Deckenvorgelege. Der letzte Weg hat den Vorzug, daß Schnittgeschwindigkeit und Vorschub der Maschine voneinander unabhängig sind und sich dem Rohstoff und dem Arbeitsverfahren (Schruppen und Schlichten) besser anpassen lassen. Er ist jedoch nur zweckmäßig, wenn die Maschine die genügende Widerstandsfähigkeit besitzt.

Erfolgt der Antrieb des Aufspanntisches von der Maschine selbst, so ist er von der Frässpindel abzuleiten. Durch den Antrieb darf aber die Einstellbarkeit des Arbeitstisches in keiner Weise gehemmt werden, andererseits muß auch der Vorschub des Querschlittens in jeder Stellung des Tisches gewahrt bleiben. Diese Bedingungen sind erfüllt, sobald sich der Antrieb des Aufspanntisches mit dem Arbeitstische selbst einstellen kann, so daß die Getriebe nicht unbeabsichtigt außer Eingriff kommen. Aus dem Grunde sind für den Quergang des Aufspanntisches Gelenkwellen (Abb. 498) oder Kegelräder (Abb. 504) zu verwenden.

Die Gelenkwelle g stellt sich mit dem Tisch ein, gewährt aber nur ruhigen Gang, wenn beide Gelenke symmetrisch eingebaut sind. Die Welle selbst muß ausziehbar sein, damit sie sich jedesmal auf die passende Länge einstellt. Die Gelenkwellen vereinfachen den Antrieb, sind aber nur bei leichten Maschinen zu empfehlen. In Abb. 498 wird durch den Riementrieb $a\,b$ das Ziehkeilgetriebe I betrieben, das durch die Gelenkwelle g auf ein Ziehkeilwendegetriebe II wirkt. Stellt man den Ziehkeil z_2 auf r_9, so treiben $\dfrac{r_9}{r_{10}}\cdot\dfrac{r_{14}}{r_{15}}\cdot\dfrac{r_{16}}{r_{17}}\cdot\dfrac{r_{18}}{r_{19}}$ die Tischspindel T (Abb. 574).

Schaltet man z_2 auf r_{11} um, so steuern $\dfrac{r_{11}}{r_{12}}\cdot\dfrac{r_{13}}{r_{10}}\cdot\dfrac{r_{14}}{r_{15}}\cdot\dfrac{r_{16}}{r_{17}}\cdot\dfrac{r_{18}}{r_{19}}$ die Tischspindel um. Mit dem Griff h_1 kann das Ziehkeilgetriebe I viermal geschaltet werden, so daß durch Umstecken der Scheiben a, b 2×4 Vorschübe verfügbar sind (Abb. 120). Mit dem Griff h_2 läßt sich der Tisch auf Rechts- und Linksgang schalten und mit h_3 stillsetzen, dadurch daß die Kupplung k aus r_{19} zurückgezogen wird (Abb. 573).

Bei schweren Fräsmaschinen wird der Antrieb des Aufspanntisches mit Kegelrädern und sich schneidenden Wellen meist bevorzugt, jedoch mit dem Nachteil der größeren Umständlichkeit. Der Antrieb kann dabei innerhalb oder außerhalb der Maschine liegen. Im Innern der Maschine ist er vor Spänen geschützt und bietet eine größere Sicherheit für den Arbeiter.

Der innenliegende Antrieb ist in Abb. 511 dargestellt. Der Kraftweg von der Frässpindel auf die Tischspindel T wird hierbei durch die sich schneidenden Wellen a, b, c, d, e, f gebildet, die teils im Ständer, teils im Tisch geschützt liegen. Durch einen einfachen Riementrieb wird hier der Quergang des Tisches von der Frässpindel abgeleitet. Zwischen den Wellen *a*, *b* und *c* ist ein doppeltes Ziehkeil-Schaltwerk mit 2 × 4 Schaltungen eingebaut. Hierdurch stehen 8 Vorschübe zur Verfügung, die man von einer guten Fräsmaschine fordern muß. Die Welle *c* treibt durch die Kegelräder *1* und *2* die stehende Welle *d*, die im

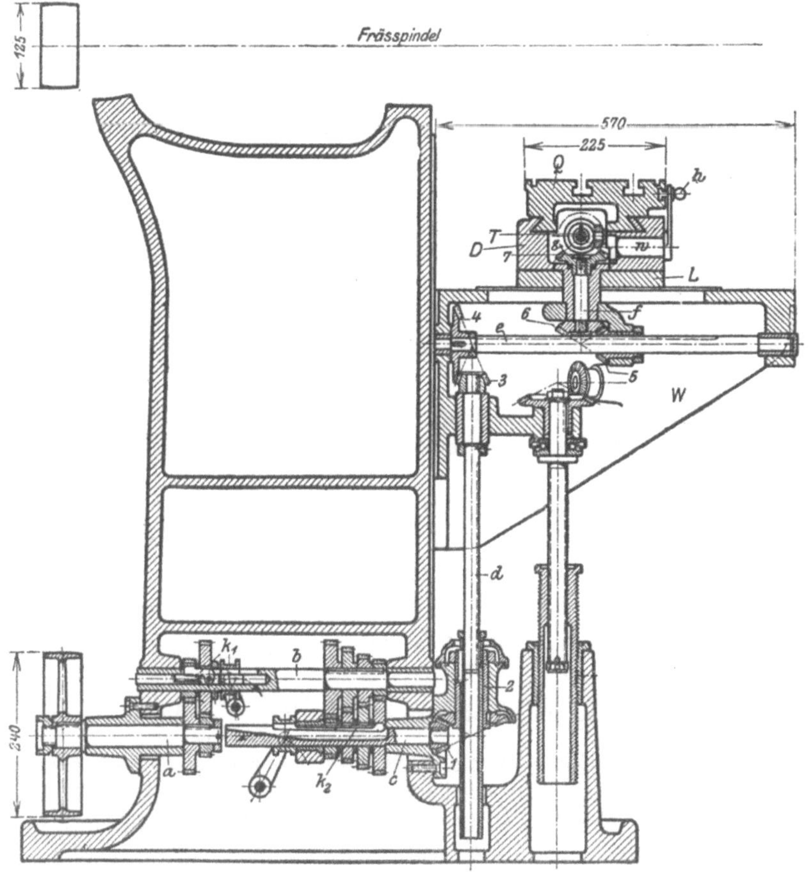

Abb. 511. Antrieb des Querschlittens.

Winkeltisch gelagert ist. Von *d* aus wird der Antrieb durch *3* und *4* auf *e* übertragen und von hier durch *5* und *6* auf das Wellenstück *f*, das im Längsschlitten liegt. Durch die Räder *7* und *8* wird dann die Spindel *T* des Aufspanntisches angetrieben. Soll dieser Antrieb, wie vorhin erwähnt, in allen Stellungen des Arbeitstisches gewahrt bleiben, so muß zunächst die Spindel *d* in *2* gliedweise ausziehbar sein, so daß der Winkeltisch gehoben und gesenkt werden kann. Beide Räder *1*

und *2* laufen daher in einem gemeinsamen Lager, das mit dem Maschinengestell verschraubt ist. Außerdem erfordert der Längsschlitten für seine
Einstellbarkeit auf *e* ein Verschieberad *5*, das in einem Lager des Längsschlittens läuft.

Der außenliegende Antrieb wird bei einfachen Fräsmaschinen nur
sehr wenig angewandt. Er kommt jedoch häufiger bei senkrechten Fräsmaschinen zur Ausführung, und zwar als Antrieb für den Rundtisch
und den Bohrvorschub des Frässchlittens (Abb. 577).

Der Größenwechsel des Vorschubes.

Auch auf den Vorschubwechsel haben die Neuerungen des Werkzeugmaschinenbaues ihren Einfluß gehabt. Da bei den Fräsmaschinen

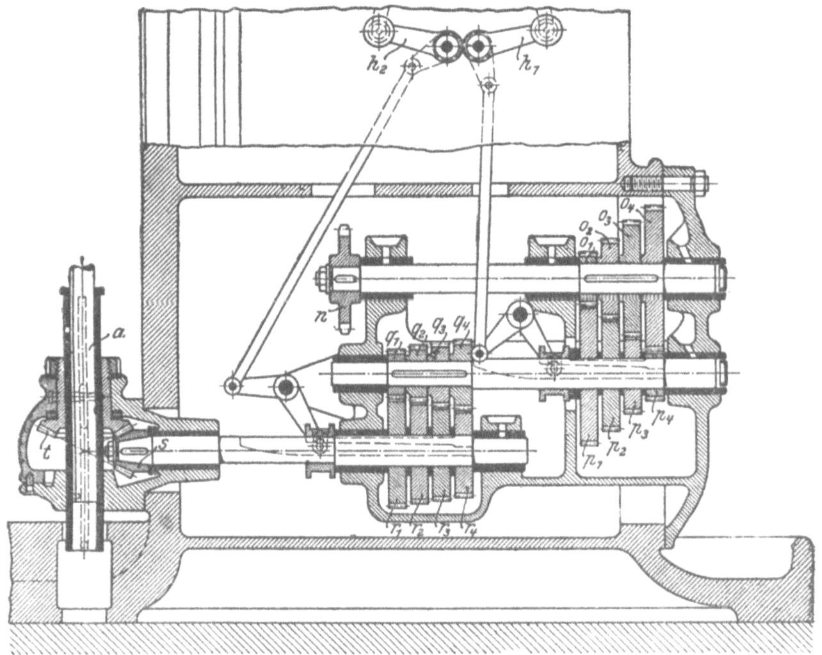

Abb. 512. Ziehkeilschaltwerk der Wanderer-Fräsmaschine.

der Vorschub häufiger gewechselt wird, jedenfalls häufiger als die Schnittgeschwindigkeit, so dürften hier die Wechselrädergetriebe am Platze sein.

Der in Abb. 511 beschriebene Vorschubantrieb hat zwei einfache
Ziehkeilschaltwerke, von denen das erste mit dem Ziehkeil k_1 2 Schaltungen zuläßt und das zweite mit dem Ziehkeil k_2 4 Schaltungen, so
daß der Tisch 2×4 Vorschübe erfährt.

Einen ähnlichen Aufbau zeigt das Ziehkeilschaltwerk der Wanderer-
Fräsmaschine (Abb. 504). Durch den Zahnkettentrieb *m n* wird hier
der Vorschub von der Antriebswelle *I* der Maschine abgeleitet (Abb. 506

und 512). Mit der Handkurbel h_1 kann der Ziehkeil des ersten Getriebes in 4 Schaltungen abwechselnd auf die Vorgelege $\frac{o_1}{p_1}$ bis $\frac{o_4}{p_4}$ eingestellt werden und mit der Handkurbel h_2 der Ziehkeil des zweiten Getriebes ebenfalls in 4 Schaltungen auf $\frac{q_1}{r_1}$ bis $\frac{q_4}{r_4}$. Es stehen also 4×4 Geschwindigkeiten zur Auswahl, die durch die Kegelräder $\frac{s}{t}$ über die Welle a nach Abb. 511 auf die Tischspindel T gelangen.

Auch die Wanderer-Fräsmaschine in Abb. 498 und 499 hat für den Vorschubwechsel ein Ziehkeil-Wechselrädergetriebe (Abb. 120 und 121). Mit der Kurbel h_1 läßt sich der Ziehkeil k auf die Räder *1* bis *7* einschalten. Die Größe der 4 Vorschübe ist auf der Tafel angegeben, nach der die Kurbel eingestellt wird. Mit den Umsteckscheiben a, b läßt sich die Zahl der Vorschübe auf 8 erhöhen.

Die Fräsmaschinen von Gildemeister & Co., A.-G., Bielefeld, haben für die Vorschübe des Arbeitstisches ein doppelseitiges Norton-Getriebe. Dieses Schaltwerk (Abb. 513 bis 515) ist für die 16 Vorschübe der Maschine wie folgt eingerichtet: Die Welle *I* wird von der Frässpindel angetrieben. Auf *I* sitzen die Triebe *1* und *1'*, von denen *1* das linke Doppelrad *2, 3* treibt und *1'* das rechte *2', 3'*. Die Doppelräder *2, 3* und *2', 3'* können einzeln auf die Räder *4* oder *5* eingeschaltet werden. Durch diese Schaltung erhält die Welle *II* bereits 8 verschiedene Umläufe, und die ausrückbaren Vorgelege $\frac{6}{7}$, $\frac{8}{9}$ erhöhen diese Zahl auf 16. Die 16 verschiedenen Umläufe gelangen über das Vorgelege *10/11* auf die Welle *III*, die durch Kegelräder die Welle d in Abb. 511 treibt.

Die Ausrückung der Vorgelege $\frac{6}{7} \cdot \frac{8}{9}$ ist in der bekannten Weise durch die Kupplung k gelöst. Durch einen Handgriff am Ständer der Maschine wird k auf *4* oder *9* eingerückt, so daß einmal ohne und das andere Mal mit den Vorgelegen $\frac{6}{7} \cdot \frac{8}{9}$ gesteuert wird. In der Mittelstellung setzt der Handgriff den Tischantrieb still.

Der Schwerpunkt dieses Räderwerkes liegt in der Schaltung der oberen Wechselräder. Um die Doppeltriebe *2, 3* und *2', 3'* in die Ebene von *4* oder *5* zu bringen, ist der ganze Wechselräderblock B auf *I* zu verschieben. Um ferner den Eingriff mit *4* oder *5* zu bekommen, müssen die Doppelräder rechts und links einzuschwenken sein. Diese Einstellungen sollen natürlich von außen her vorgenommen werden.

Zum Verschieben des Räderblockes auf *I* ist daher ein bequem faßbares Handrädchen h vorgesehen, das beim Drehen durch ein Zahnrad und eine Zahnstange Z die Triebe *2, 3* und *2', 3'* in die Ebene von *4* oder *5* einstellt. Das Einschwenken der Triebe geschieht mit der

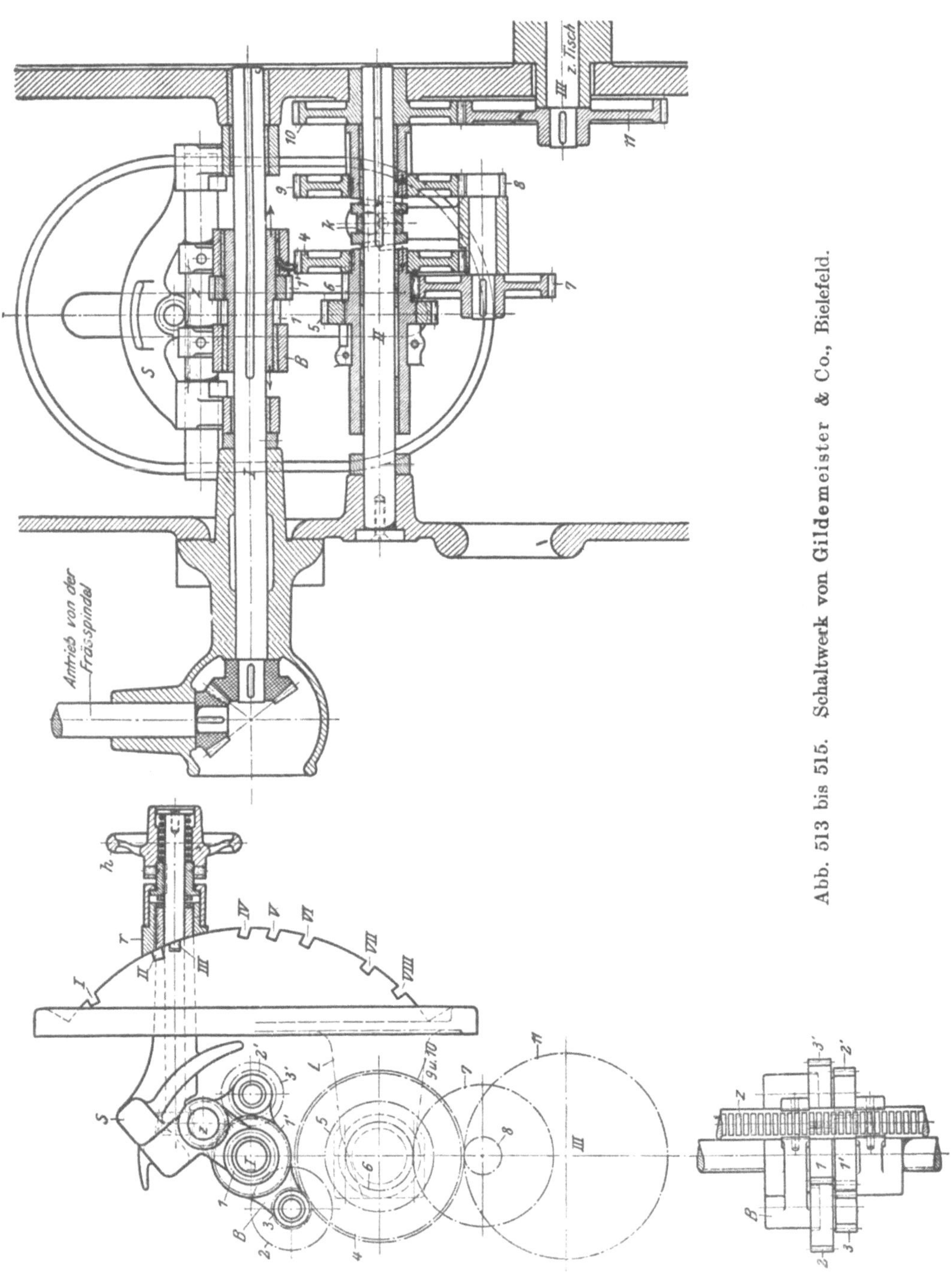

Abb. 513 bis 515. Schaltwerk von Gildemeister & Co., Bielefeld.

Schwinge S Durch Zurückziehen des Riegels r läßt sich nämlich die Schwinge S auf die 8 Einschnitte I bis VIII einrücken. In den 4 oberen Stellungen von S arbeitet das linke Doppelrad 2, 3 auf 4 oder 5 und in den 4 unteren das rechte $2'$, $3'$ auf 4 oder 5. Hierdurch entstehen folgende Schaltungen:

$$\text{bei } I.\ \frac{1}{2}\cdot\frac{3}{5} \qquad\qquad \text{bei } V.\ \frac{1'}{2'}\cdot\frac{3'}{4}$$

$$II.\ \frac{1}{2}\cdot\frac{2}{5} \qquad\qquad VI.\ \frac{1'}{2'}\cdot\frac{2'}{4}$$

$$III.\ \frac{1}{2}\cdot\frac{3}{4} \qquad\qquad VII.\ \frac{1'}{2'}\cdot\frac{3'}{5}$$

$$IV.\ \frac{1}{2}\cdot\frac{2}{4} \qquad\qquad VIII.\ \frac{1'}{2'}\cdot\frac{2'}{5}$$

Ist nun k auf 4 eingerückt, so treiben die vorstehenden Rädergruppen über das Vorgelege $\frac{10}{11}$ den Tisch. Schaltet man hingegen k auf 9 ein, so treten zu den obigen Räderpaaren noch die Vorgelege $\frac{6}{7}$, $\frac{8}{9}$ hinzu. Das Schaltwerk wird auch für 8 Vorschübe gebaut.

Die Selbstausrückung des Vorschubes.

Der heutige Werkzeugmaschinenbau verlangt bekanntlich von seinen Arbeitsmaschinen, insbesondere von denen für Massenerzeugnisse, Selbstausrückung der Vorschübe. Durch diese Einrichtung wird die Maschine den Arbeitstisch stets an derselben Arbeitsgrenze selbsttätig ausrücken und daher immer gleiche Längen fräsen. Alle diese Vervollkommnungen, die auf eine einfache Bedienung und eine bessere Ausnutzung der Maschine hinzielen, sind berufen, die Herstellungskosten der Massenerzeugnisse zu verringern, indem ein Arbeiter mehrere Maschinen zugleich bedienen kann.

Die Selbstausrückung des Aufspanntisches wird fast ausschließlich durch verstellbare Anschläge bewirkt, die den Antrieb der Tischspindel T ausrücken. Das ausrückbare Getriebe ist entweder ein Kuppelrad oder eine Fallschnecke.

Bei dem Tischantrieb mit sich schneidenden Wellen nach Abb. 511 wird meist das Kegelrad 8 als Kuppelrad ausgeführt, in das eine Kupplung von außen her eingerückt werden kann. Hierzu liegt in dem Längsschlitten eine kurze Kurbelwelle w, die mit der inneren Kurbel die Kupplung faßt. Mit dem vorderen Handgriff h kann sie auf 8 eingestellt werden.

Als Ausrücker für die Kupplung k kann die Vorrichtung in Abb. 516 dienen. Sie ist ganz in den Längsschlitten eingebaut, so daß nur der Handgriff vorsteht. Der Ausrücker wird jedesmal durch den Federriegel f verriegelt, damit er nicht so leicht unbeabsichtigt ein- oder ausgerückt werden kann. Die Ausrückung des Vorschubes vollzieht der Anschlag a, der den Stab b nach unten drückt. Hierdurch wird der Hebel h herumgelegt, der die Kupplung aus dem Kuppelrad 8 zurückzieht und so den Tisch stillsetzt. Mit dem Handhebel kann die Kupplung wieder eingerückt werden, sobald der Tisch mit dem Anschlag a etwas zurückgekurbelt ist.

Bei dem Tischantriebe in Abb. 573 und 574, wird ebenfalls das Kegelrad r_{19} von dem Anschlage a entkuppelt. Hierzu drückt a den Schieber b zurück, der die Kurbelwelle w dreht und die Kupplung zurückzieht. Der Riegel f sichert auch hier die Hebelstellung.

Das Ausrücken des Vorschubes mit einer **Fallschnecke** ist bei dem Arbeitstisch in

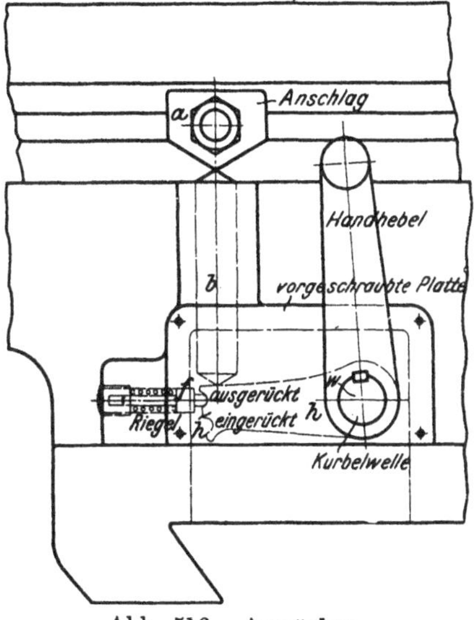

Abb. 516. Ausrücker.

den Abb. 526 bis 528 durchgeführt und aus Abb. 392 bekannt.

β) **Die allgemeine Fräsmaschine oder Universal-Fräsmaschine.**

Die allgemeine Fräsmaschine (Abb. 504 und 505) ist nicht nur in den Werkstätten des allgemeinen Maschinenbaues zu Hause, sondern auch in denen der Werkzeug- und Massenherstellung. Ihr Arbeitsgebiet umfaßt sowohl das Fräsen von Schneidwerkzeugen und Zahnrädern, als auch sämtliche Planfräsarbeiten.

Die einfache Fräsmaschine gestattet bekanntlich alle Arbeiten, die einen Vorschub senkrecht zur Frässpindel verlangen. Die einzige Ausnahme ist daher das Spiralfräsen, d. h. das Fräsen von Schnecken, Schraubenrädern, Spiralfräsern und Spiralbohrern. Alle Werkzeuge mit geraden Schneiden, sowie alle Räder mit geraden Zähnen lassen sich hingegen auf der einfachen Fräsmaschine fräsen, sie ist insbesondere die Maschine für Planarbeiten.

Aus den verwandten Arbeitsgebieten erklärt sich auch die Ähnlich-

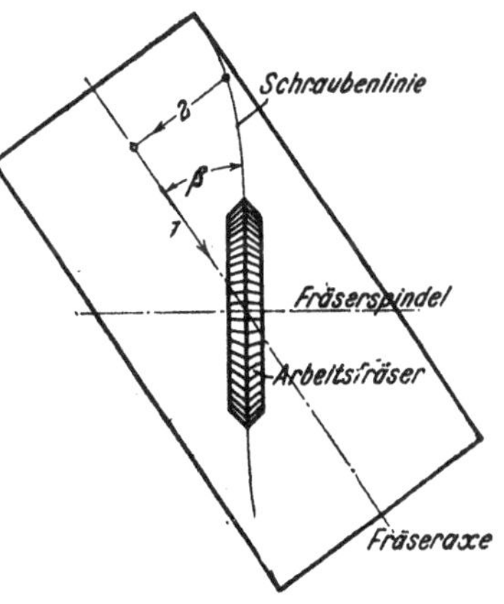

Abb. 517. Spiralfräsen.

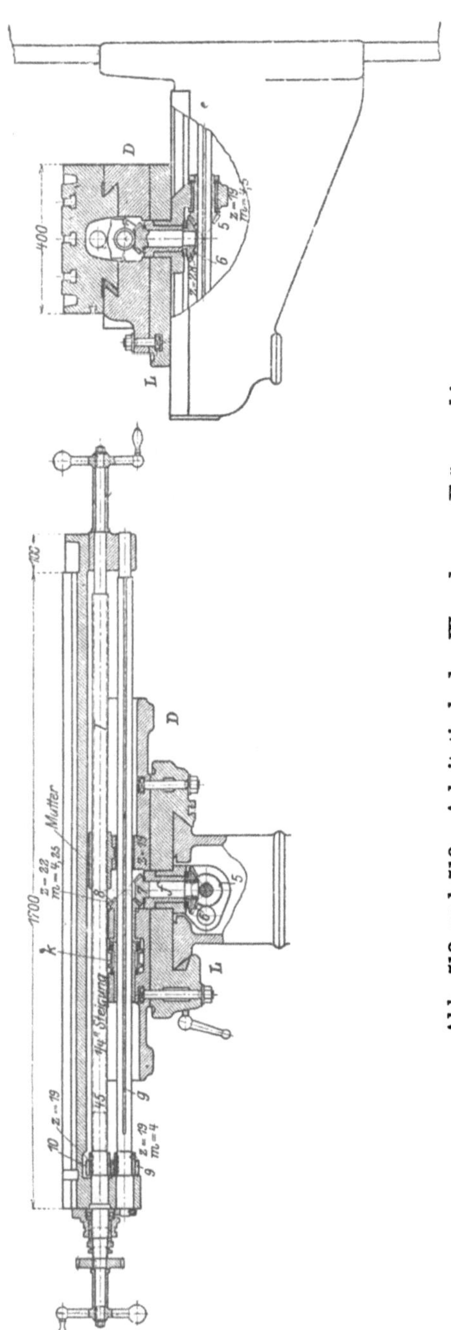

Abb. 518 und 519. Arbeitstisch der Wanderer-Fräsmaschine.

keit in der Bauart beider Maschinen. Denn sämtliche Arbeiten verlangen einen Vorschub senkrecht zur Frässpindel, nur das Spiralfräsen stellt die Bedingung, daß der Tisch auch schräg zur Spindel verschoben werden kann.

Der Hauptunterschied beider Maschinen liegt daher in dem drehbaren Aufspanntisch der allgemeinen Fräsmaschine, der zum Spiralfräsen schräg zur Frässpindel eingestellt und vorgeschoben werden kann. Zum Fräsen von Spiralen muß nämlich das Werkstück mit dem Aufspanntisch auf. den Spiralwinkel β eingestellt werden, den die Spirale oder besser gesagt die Schraubenlinie mit der Achse des Werkstückes bildet (Abb. 517). Durch diese Schrägstellung des Tisches gelangt der schneidende Fräser in die Schnittebene der Spirale. Wird nun das Werkstück gegenüber dem Arbeitsfräser in der Richtung nach *1* vorgeschoben und zugleich durch die Maschine im Sinne *2* langsam gedreht, so schneidet der Fräser die Spirale gesetzmäßig heraus.

Die verlangte Einstellbarkeit gewährt nur der drehbare Aufspanntisch (Abb. 518 und 519). Er ist für seine Gradstellungen auf einer Drehscheibe *D* geführt, die auf dem Zapfen des Längsschlittens *L* sitzt und sich auf ihm mit Klemmschrauben festklemmen läßt. Diese Bauart gestattet daher, den Tisch nach einer Gradteilung schräg zu stellen und das Werkstück in der schrägen Richtung vorzuschieben. Die

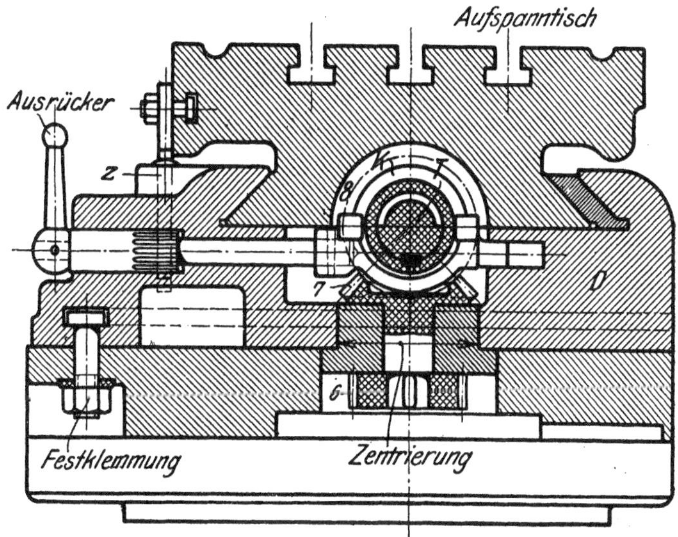

Abb. 520. Drehbarer Arbeitstisch.

Maschine kann hierdurch alle möglichen Fräsarbeiten erledigen. Ihr Arbeitstisch ist aber schweren Schnitten gegenüber weniger widerstandsfähig, ein Übel, das sich jedoch durch eine mehrfache Festklemmung

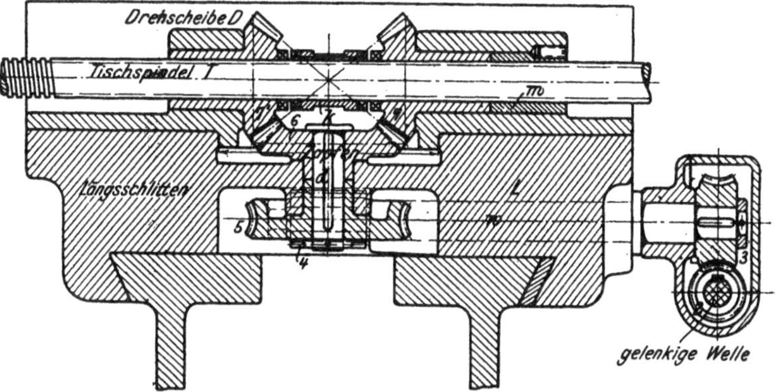

Abb. 521. Tischantrieb.

heben läßt. Eine besonders kräftige Ausführung zeigt der Querschnitt des drehbaren Tisches in Abb. 520.

Eine neue Aufgabe bildet hier der Antrieb des drehbaren Aufspanntisches. Soll er stets gewahrt bleiben, so dürfen die Triebräder der

Spindel T beim Schrägstellen des Tisches nicht außer Eingriff kommen, eine Bedingung, die nur erfüllt ist, wenn der Antrieb von T in der Mitte des Drehzapfens liegt.

Diese Anordnung ist in Abb. 521 für den Tischantrieb mit Gelenkwellen durchgeführt. Der Zapfen d liegt hier im Drehpunkt der Scheibe D. Er erhält seinen Antrieb durch ein im Längsschlitten liegendes Schneckengetriebe $4, 5$ von außen her und treibt durch das Wendegetriebe $6, 7$ und $7'$ die Tischspindel T. Die Spindel bewirkt hierdurch mit der festen Mutter m den Rechts- und Linksgang des Tisches, je nachdem die Kupplung k in 7 oder $7'$ eingerückt wird

Liegt der Antrieb des Aufspanntisches in dem Innern der Maschine (Abb. 511), so muß der Zapfen d wieder auf Mitte des Drehzapfens liegen, damit der Tisch schräg ge tellt werden kann, ohne die Räder der Tisch-

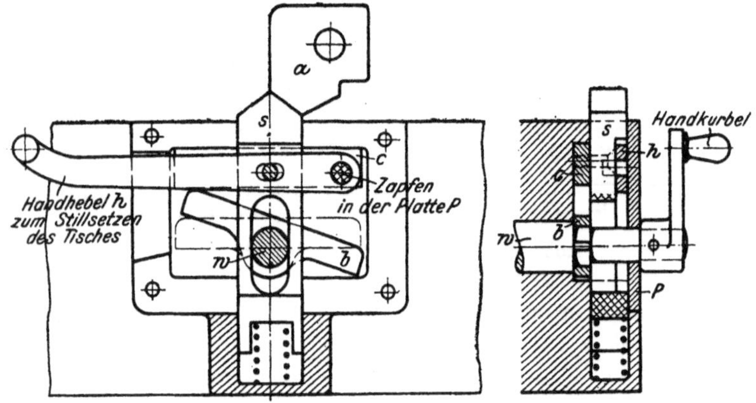

Abb. 522 und 523. Ausrücker für Rechts- und Linksgang.

spindel T außer Eingriff zu bringen (Abb. 518 und 519). Die nach Abb. 511 angetriebene Spindel e treibt auch hier durch die Kegelräder $5, 6$ und $7, 8$ über f die glatte Spindel g, von der durch die Räder $9, 10$ die Tischspindel T betrieben wird.

Die Selbstauslösung des Vorschubes kann wie bei der einfachen Fräsmaschine erfolgen. Hat jedoch der Tisch ein Wendegetriebe (Abb. 521), so verlangt die Selbstausrückung des Vorschubes einen Ausrücker, der den Tisch nach beiden Richtungen stillsetzt. Hierzu sitzt auf der Kurbelwelle w (Abb. 522 und 523), die die Kupplung k bedient, vorn ein fester Querstab b. Ist z. B. k rechts in 7 eingerückt (Abb. 521), so stellt sich der Stab b rechts schräg nach unten. Drückt nun nach beendeter Arbeit der Anschlag a des Aufspanntisches die Schneide s nach unten, so dreht sie mit dem angeschraubten Querstabe c den schrägstehenden Stab b wieder in die wagerechte Lage zurück. Hierbei rückt die Kurbel die Kupplung k aus, die aber noch nicht auf der Gegenseite in $7'$ eingerückt werden kann. Für den Rückgang ist nämlich der Tisch erst so weit zurückzukurbeln, bis der Anschlag a die Schneide s freigibt. Sie schnellt dann durch die untere Feder hoch, so daß mit der Handkurbel die Kupplung k in $7'$ eingerückt werden kann, wobei sich der Stab b entgegengesetzt einstellt.

In Abb. 520 wird die Ausrückung in jeder Richtung durch je eine kleine Zahnstange z vollzogen. Die Anschläge des Tisches drücken sie nach unten. Dabei legt sie den verzahnten Ausrücker herum, der die Kupplung k zurückzieht und den Tisch augenblicklich stillsetzt.

Der Arbeitstisch mit Selbstgang nach 3 Richtungen.

Das Bestreben, die Maschinen durch eine möglichst einfache Handhabung leistungsfähiger zu gestalten, hat veranlaßt, den Arbeitstisch

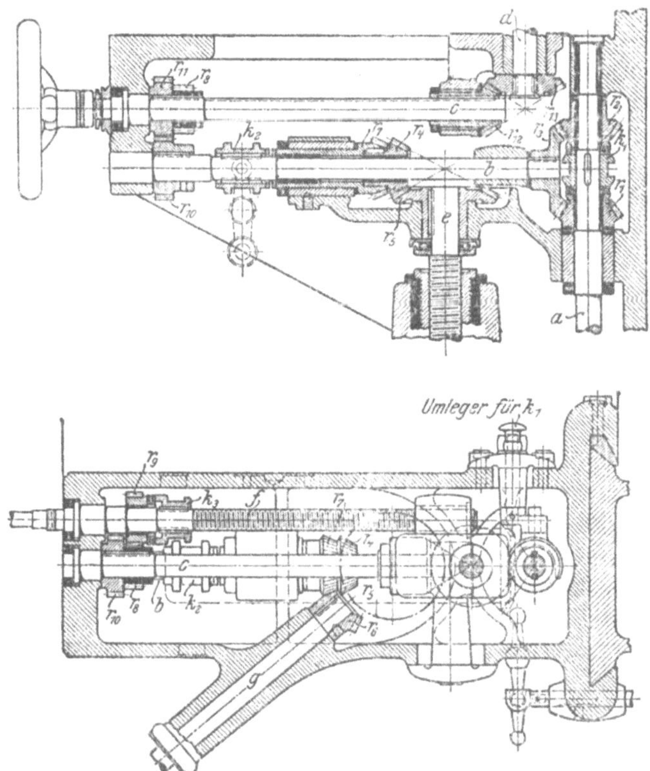

Abb. 524 und 525. Arbeitstisch mit 3 Selbstgängen.

nach allen Richtungen selbsttätig einzurichten. Diese Einrichtung ist bei schweren Maschinen, wo das Bedürfnis näher liegt, schon länger durchgeführt, aber neuerdings auch auf leichtere Maschinen übertragen worden. Es erscheint jedoch fraglich, ob der Arbeiter sie in dem letzten Falle genügend würdigt.

Soll die Maschine den Hoch-, Längs- und Quergang des Arbeitstisches selbst vollziehen, so sind die einzelnen Schlitten von der senkrechten Welle d in Abb. 511 anzutreiben. Diese Aufgabe ist in Abb. 524 und 525 gelöst. Als gemeinsamer Antrieb der einzelnen Züge dient hier die Welle a ($a = d$ in Abb. 511) mit dem Wendegetriebe r_1, r_2, r_3, das sich durch die Kupplung k_1 umschalten läßt, so daß sämtliche Schlitten nach beiden Richtungen Selbstgang haben. Der Auf- und Abwärtsgang des Winkeltisches wird mit k_2 eingerückt, so daß die Kegeltriebe r_4, r_5 auf die Gliederspindel e arbeiten. Den Längsgang schließt die Kupplung k_3, die die Räder r_8, r_9 auf die Schlittenspindel f einschaltet.

Der Quergang des Aufspanntisches wird durch $\dfrac{r_{10}}{r_{11}} \cdot \dfrac{r_{12}}{r_{13}}$ in bekannter Weise nach Abb. 511 vollzogen. Außer dem Selbstgang hat jeder Schlitten Handeinstellung. So geschieht das Heben oder Senken des Tisches mit dem Handrade auf der Spindel g, die durch r_6, r_7 auf die Gliederspindel wirkt. Für das Einstellen des Längsschlittens ist das Handrad auf der Schlittenspindel f zu benutzen. Bei jeder Handeinstellung müssen natürlich die betreffenden Kupplungen ausgerückt sein.

Der nächste Schritt in der Ausbildung des Arbeitstisches wäre, den Aufspannschlitten mit beschleunigtem Rücklauf auszustatten. Hierzu wäre wie in Abb. 130 in dem Rücklaufgetriebe eine kleinere Übersetzung als im Arbeitsgetriebe erforderlich. Von dem Gesichtspunkte betrachtet, erscheint es zweckmäßig, auch hier den Arbeitsgang des Tisches durch ein Schneckengetriebe und den beschleunigten Rücklauf durch Schraubenräder vollziehen zu lassen.

J. E. Reinecker, Chemnitz, hat diesem Gedanken die in den Abb. 526 bis 528 dargestellte Form gegeben. Der auf Mitte Drehscheibe liegende Zapfen d treibt durch die Schraubenräder *1*, *2* auf der einen Seite die Kegelräder *3*, *4* und das Schneckengetriebe *5*, *6*, von dem das Schneckenrad *6* auf der Spindel T sitzt. Die Spindel kann als Gewindespindel den Vorschub des Aufspanntisches erzeugen oder auch mit einer Schnecke auf eine Schraubenzahnstange des Tisches arbeiten. Die Selbstauslösung des Vorschubes erfolgt durch eine Fallschnecke. Hierzu ist die Schneckenwelle s links gelenkig an b aufgehängt und rechts durch die Klinke c gehalten. Sobald nun der Anschlag a des Tisches die Klinke c seitlich auslöst, fällt die Schnecke *5* aus ihrem Rade *6* heraus, und der Selbstgang ist ausgerückt. In gleicher Weise ist auch das Rücklaufgetriebe eingerichtet, nur ist das Schneckengetriebe durch zwei gleiche Schraubenräder *5'* und *6'* ersetzt, so daß der Tisch schnell zurücklaufen muß. Beide Getriebe dürfen natürlich nur abwechselnd arbeiten. Um ein irrtümliches Einrücken beider Züge zu verhüten, ist eine einfache Verriegelung getroffen. Sie besteht aus dem um einen Zapfen drehbaren Hebel h, der nur gestattet, daß entweder

beide Selbstzüge ausgerückt sind, oder einer von beiden eingerückt ist,
während der andere durch den schrägstehenden Hebel h gesperrt ist.

Die höchste Entwicklung wäre, den Arbeitstisch nach jedem Schnitt
durch die Maschine selbsttätig umsteuern, schnell zurücklaufen und

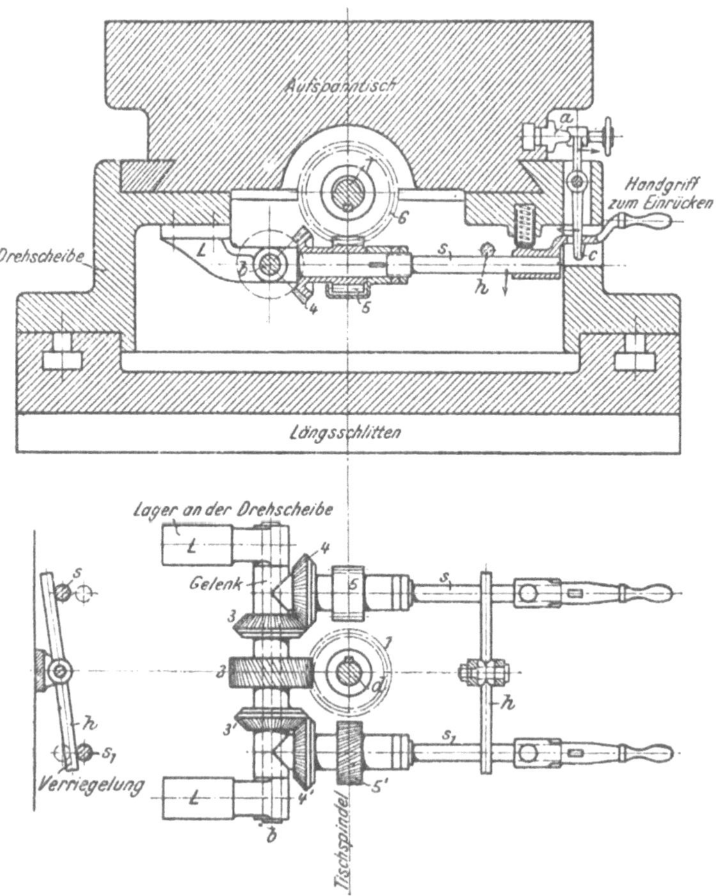

Abb. 526 bis 528.   Plan eines Arbeitstisches mit beschleunigtem Rücklauf.
J. E. Reinecker.

wieder zum neuen Schnitt selbsttätig umschalten zu lassen. Diese Erweiterung des Tischantriebes hat jedoch nur Wert, wenn die Maschine,
wie beim Fräsen von Zahnrädern, eine ganze Reihe von gleichen Schnitten
auszuführen hat. Ihre Lösung bietet keine Schwierigkeit; sie ist bereits
in Abb. 130 behandelt

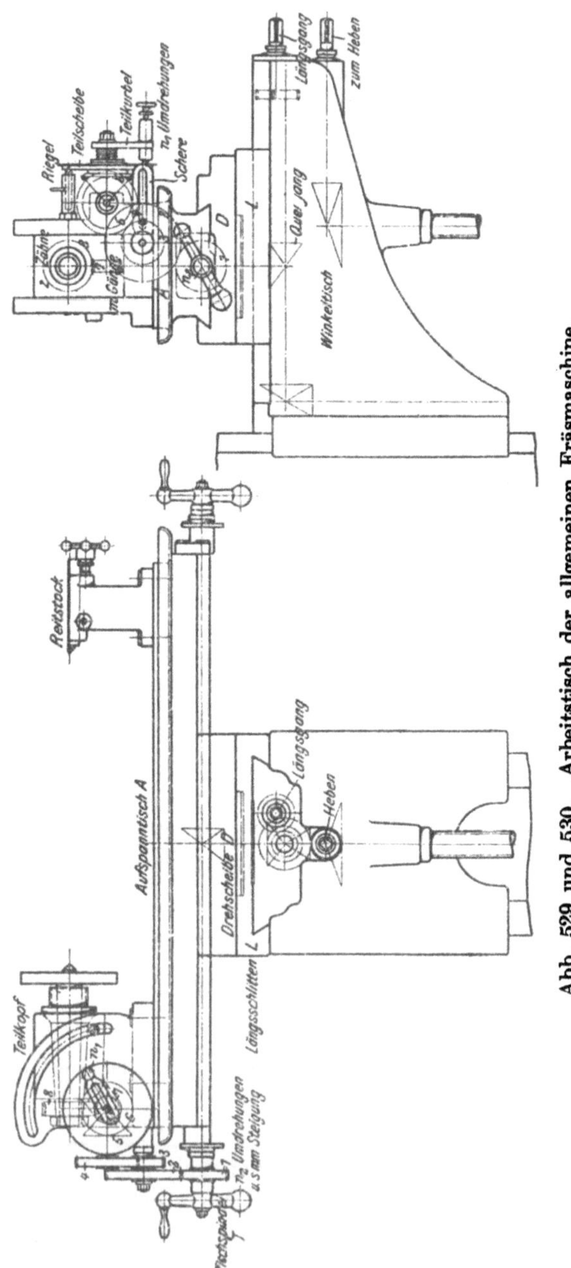

Abb. 529 und 530. Arbeitstisch der allgemeinen Fräsmaschine.

Der Teilkopf und seine Anwendung.
Die Bauart des Teilkopfes.

Das Fräsen von Zähnen und Nuten erfordert zum Einspannen und Einteilen der Werkstücke einen Teilkopf und einen Reitstock (Abb. 529

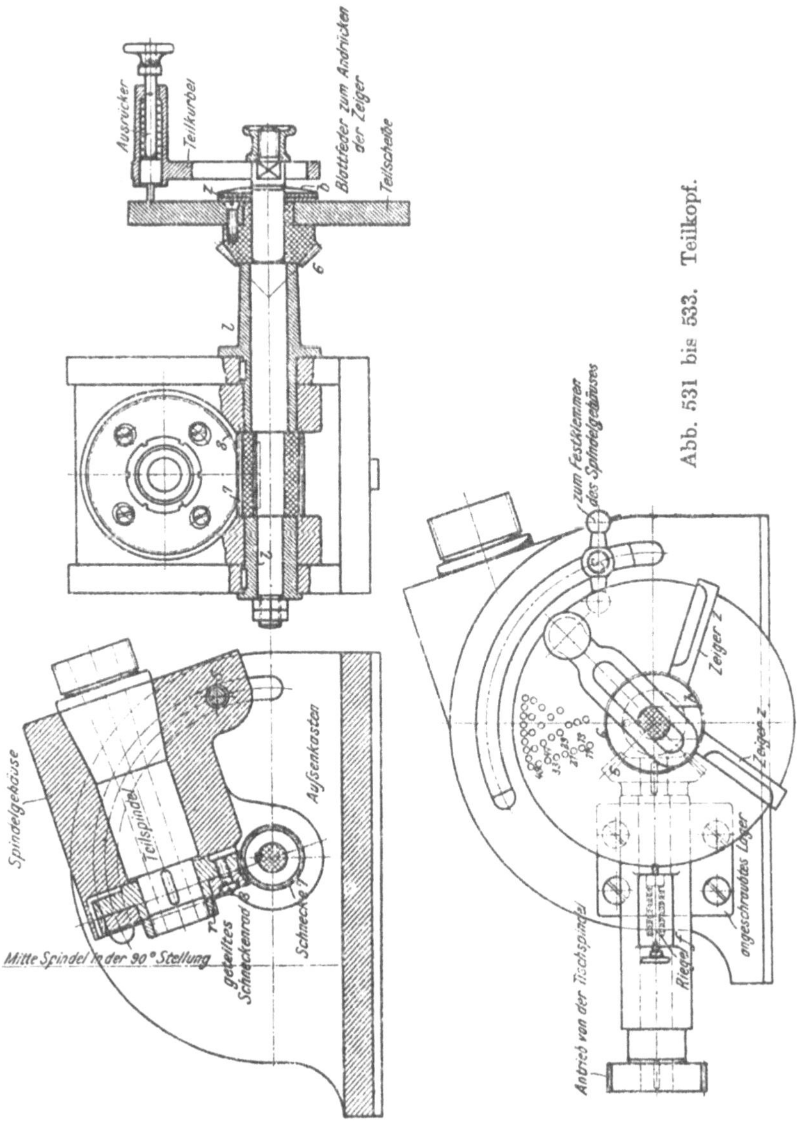

und 530). Ohne diese Vorrichtungen sind genaue Fräsarbeiten, mögen gerade oder spiralige Nuten zu fräsen sein, nicht zu erreichen.

Die Bauart des Teilkopfes (Abb. 531 bis 533) ergibt sich aus seiner

Anwendung in der Räder- und Werkzeugfräserei. Seine Hauptaufgabe ist, das Werkstück auf Grund der vorgeschriebenen Teilung einzuteilen. Hierzu verlangt er eine Teilspindel, die das Arbeitsstück zu tragen hat. Zum Einziehen der erforderlichen Dorne und zum Aufschrauben der Spannfutter ist daher der Spindelkopf kegelig ausgebohrt und außen mit Gewinde versehen.

Das Einstellen der Teilung erfolgt durch Drehen der Teilkurbel, die durch das Schneckengetriebe *7, 8* das Werkstück nach jedem Schnitt von neuem einteilt und anstellt. Dieser Vorgang verlangt eine Teilscheibe mit gezählten Lochkreisen, auf der Bruchteile einer Umdrehung mit voller Genauigkeit auszuführen sind. Um hierbei die Teilkurbel auf die einzelnen Lochkreise einstellen zu können, muß sie den Vierkant der Schneckenwelle mit einer Schleife fassen.

Eine besondere Berücksichtigung in dem Aufbau des Teilkopfes erfordert das Anstellen von Kegelrädern und Kegelfräsern. Diese Werkstücke müssen zum Fräsen ihrer Zähne so weit hochgestellt werden, bis der Zahnfuß wagerecht liegt (Abb. 534). Hierzu muß die Teilspindel wie eine Haubitze aufzurichten sein. Diese Bedingung erfüllt der Teilkopf durch das einstellbare Spindelgehäuse, das in dem Außenkasten drehbar

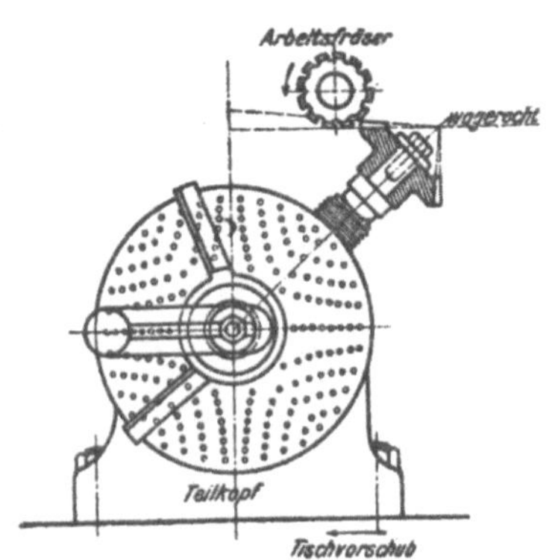

Abb. 534. Fräsen von Kegelrädern.

gelagert und zwischen seinen Wangen durch die Schraube *S* festzuklemmen ist. Durch diese Einrichtung kann daher die Teilspindel auf die erforderlichen Winkel eingestellt werden. Um hierbei den Eingriff des Schneckengetriebes zu wahren, dreht sich das Spindelgehäuse um die Laufbüchsen *l* der Schneckenwelle.

Dem Teilkopf fällt noch eine weitere Aufgabe zu. Beim Spiralfräsen muß bekanntlich das Werkstück außer dem geraden Vorschub gleichzeitig noch eine Drehbewegung ausführen. Von diesen Vorschüben (Abb. 517) wird der gerade vom Aufspanntisch erteilt, der das Werkstück schräg zur Frässpindel vorschiebt, während der Teilkopf es langsam zu drehen hat. Den hierzu erforderlichen Selbstgang erhält der Teilkopf von der Spindel *T* des Aufspanntisches und zwar durch die Wechselräder *1, 2, 3, 4* und die Kegelräder *5, 6*, die durch das Schneckengetriebe *7, 8* den Teilkopf treiben (Abb. 529 und 530). Um aber mit der Teilkurbel teilen zu können, ohne jedesmal die Wechselräder auszurücken, sitzt das Kegelrad *6* lose auf der Schneckenwelle. Dieses lose Kegelrad verlangt allerdings, den Selbstgang des Teilkopfes von der Tischspindel über die Teilkurbel auf die Schneckenwelle zu leiten. Fürs

Fräsen von Spiralnuten muß daher die Teilscheibe mit dem Kegelrade *6*
verschraubt sein und die Teilkurbel mit dem Ausrücker in die Teilscheibe fassen. Unter dieser Voraussetzung geht der Kraftweg von *5*
auf *6* über die Teilscheibe und von ihr über die Teilkurbel auf das
Schneckengetriebe *7/8*. Diese Anordnung gestattet auch, daß beim
Einteilen des Werkstückes die Teilscheibe durch den Riegel *f* verriegelt
wird, damit beim Drehen der Teilkurbel die Übersicht über den Lochkreis nicht verloren geht.

Im Anschluß an den Teilkopf sei noch ein wichtiger Grundsatz
erwähnt, dessen Bedeutung sich auf alle Teilvorrichtungen erstreckt.
Die vornehmste Aufgabe dieser Vorrichtungen soll sein, Arbeitserzeugnisse von höchster Genauigkeit zu gewinnen. Die Bedingung ist aber
nur erfüllt, wenn ihre Einzelteile weder federn noch beim Ansetzen
des Fräsers nachgeben. Hierzu müssen die einzelnen Teile nicht nur
kräftig gebaut sein, sondern auch ohne jeden toten Gang laufen. Die
Spindel ist daher mit einem Kegel eingepaßt und durch die Ringmutter *r*
anzuziehen. Das Schneckenrad besteht zum Nachstellen aus zwei
Scheiben, die miteinander verschraubt sind. Die vordere Radscheibe
hat längliche Löcher, so daß die eine Scheibe gegenüber der anderen
ein wenig verstellt werden kann, sobald sich toter Gang in der Verzahnung bemerkbar macht.

Die Bedienung des Teilkopfes gestaltet sich auf Grund seiner
Bauart wie folgt:

1. Bei geraden Einfräsungen (Stirnrädern usw.) hat der Teilkopf
nur die Aufgabe, das Werkstück einzuteilen. Hierbei wird die Teilscheibe durch den Riegel *f* verriegelt und die Kurbel nach jedem Schnitt
um die entsprechende Lochzahl weiter gedreht. Die sich ergebenden
Bruchteile einer Umdrehung sind in der Weise auszuführen, daß der
Nenner des Bruches den Lochkreis angibt, auf dem die Kurbel um die
Löcher des Zählers weitergerückt wird. So können, um z. B. $^1/_5$ Umdrehung auszuführen, die Lochkreise *5, 10, 15* oder *20* gewählt werden,
auf denen die Kurbel um 1, 2, 3 oder 4 Löcher jedesmal zu verstellen
wäre. Um diese Einstellungen mit größerer Sicherheit vornehmen zu
können, sind 2 Zeiger vorgesehen, die auf den Ausgangs- und End-
punkt der einzustellenden Löcher einzurücken sind, bevor die Teilkurbel
benutzt wird. Die Zeigerschenkel *z* müssen daher immer ein Loch
mehr einschließen, als zur Teilung gebraucht wird.

Das Teilen kann auch mit 2 Lochkreisen geschehen, sobald der
gesuchte Lochkreis auf der Teilscheibe nicht vorhanden ist. Sind z. B.
$\frac{40}{57}$ Umdrehungen mit der Teilkurbel zu machen, und ist der Lochkreis 57
nicht vorhanden, so zerlegt man

$$\frac{40}{57} = \frac{21}{57} + \frac{19}{57} = \frac{7}{19} + \frac{1}{3} = \frac{7}{19} + \frac{5}{15},$$

Hiernach sind mit der Teilkurbel auf dem 19 Lochkreis 7 Löcher zu nehmen. Steht nun der Riegel im Lochkreis 15, so ist er zurückzuziehen, mit der eingelegten Kurbel die Teilscheibe um 5 Löcher auf 15 in gleichem Sinne zu drehen und hierauf der Riegel wieder einzurücken (Abb. 530).

Die Anwendung des Teilkopfes.

1. Das Fräsen von Stirnrädern.

Beim Fräsen von Stirnrädern wird das Rad mit einem Dorn zwischen den Spitzen des Teilkopfes und des Reitstockes eingespannt und nach jedem Schnitt mit dem Teilkopf um eine Teilung weiter geteilt (Abb. 535).

Aufgabe: Es ist ein Stirnrad mit 20 Zähnen zu fräsen. Das Schneckenrad des Teilkopfes habe 45 Zähne, und die Schnecke sei eingängig.

Lösung: Ist nach Abb. 535 x die auszuführende Umdrehung der

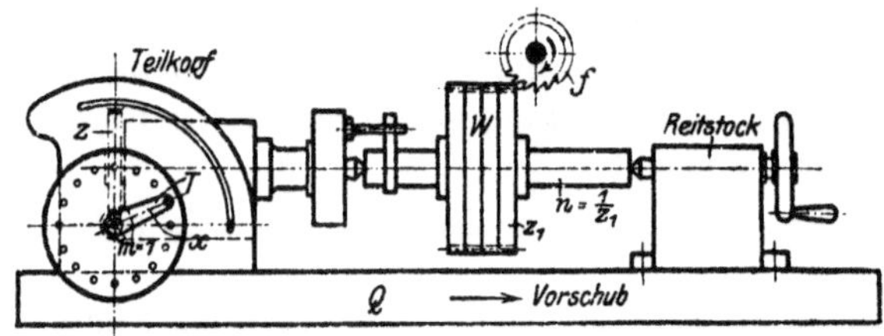

Abb. 535. Fräsen von Stirnrädern.

Teilkurbel, n die Umdrehung des zu fräsenden Rades entsprechend seiner Teilung, z_1 seine Zähnezahl, z die des Schneckenrades und m die Gängigkeit der Schnecke, so ist allgemein:

$$\frac{x}{n} = \frac{z}{m}.$$

Hierin ist: $m = 1$ und $n = \dfrac{1}{z_1}$ für das jedesmalige Einstellen der Teilung.

Aus dieser Gleichung ergibt sich als Umdrehung der Teilkurbel:

$$x = \frac{n \cdot z}{m} = \frac{z}{z_1} = \frac{\text{Schneckenrad}}{\text{Arbeitsrad}} = \frac{45}{20} = 2 + \frac{5}{20}$$

$$x = 2 + \frac{5}{20}.$$

Die Kurbel ist demnach auf den zwanziger Lochkreis einzurücken und jedesmal um 2 volle Umdrehungen $+$ 5 Löcher weiter zu drehen, wenn das Rad um seine Teilung gedreht werden soll. Die Zeiger z müssen dabei 6 Löcher umfassen.

2. Das Fräsen von Spiralfräsern.

Beim Spiralfräsen ist der Aufspanntisch bekanntlich auf den Spiralwinkel β einzustellen, den die Spirale mit der Werkstückachse einschließt. Das Werkstück ist dabei im Sinne *2* langsam zu drehen und gleichzeitig im Sinne *1* vorzuschieben (Abb. 517). Diese Bewegungen des Werkstückes werden von der Tischspindel abgeleite . Sie schiebt den Aufspanntisch in Richtung *1* vor und treibt durch die Wechselräder den Teilkopf mit dem Werkstück im Sinne *2*. Für den letzten Antrieb ist bekanntlich die Teilscheibe zu entriegeln und die Teilkurbel in die Teilscheibe einzurücken.

Die Berechnung der Wechselräder: Beim Spiralfräsen ist das Werkstück bei jeder Umdrehung um die Steigung h der Spirale vorzuschieben. Diesen geraden Vorschub erzeugt die Tischspindel, die den Querschlitten mit dem Teilkopf und dem Werkstück dem Fräser zuschiebt. Macht die Tischspindel zur Erzeugung des Vorschubes von h mm n_2 Umläufe, und ist ihre Steigung s mm, so ist der Tischweg

$$h = n_2 \cdot s, \tag{1}$$

und die erforderlichen Umläufe der Tischspindel sind

$$n_2 = \frac{h}{s}.$$

Während des Vorschubes h hat der Teilkopf dem Werkstück eine volle Umdrehung zu erteilen. Diese Bedingung ist erfüllt, sobald die Übersetzung von der Tischspindel auf die Teilspindel (Abb. 529):

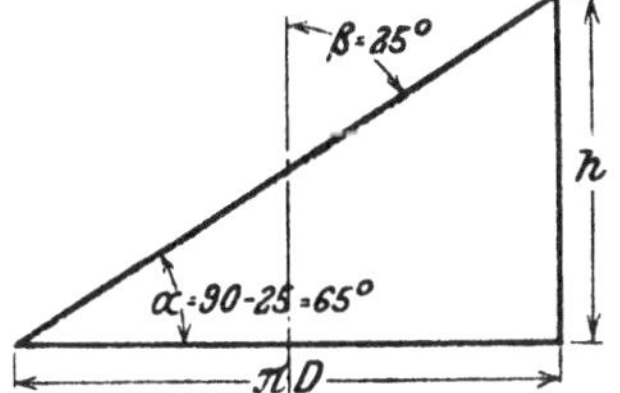

Abb. 536. Abwicklung des Schraubenganges.

$$\frac{z_1}{z_2} \cdot \frac{z_3}{z_4} \cdot \frac{z_5}{z_6} \cdot \frac{m}{z} = \frac{1}{n_2}$$

ist. Setzt man hierin die Übersetzung der Wechselräder $\frac{z_1}{z_2} \cdot \frac{z_3}{z_4} = \varphi$, und ist $z_5 = z_6$, so ist die Übersetzung:

$$\varphi = \frac{z}{m} \cdot \frac{1}{n_2}. \tag{2}$$

Hierin ist nach der Gleichung (1): $n_2 = \frac{h}{s}$.

Aufgabe: Es ist ein Walzenfräser mit spiraligen Zähnen zu fräsen. Der Durchmesser sei 120 mm, $\beta = 25^0$ (Abb. 487).

Lösung:

1. Der Aufspanntisch ist auf 25^0 schräg einzustellen.
2. Die Berechnung der Wechselräder ist wie beim Gewindeschneiden
   a) Steigung der Spirale. Aus der Abwicklung des Schraubenganges (Abb. 536) ergibt sich:

$$tg\ \alpha = \frac{h}{\pi \cdot D}$$

oder: $h = \pi \cdot D \cdot tg\ \alpha = \pi \cdot 120 \cdot 2,15 = 810$ mm.

$$h = 810 \text{ mm.}$$

b) Umdrehungen der Tischspindel bei $\frac{1}{4}''$ Steigung:

Nach (1) $\qquad h = n_2 \cdot s,$

$$810 = n_2 \cdot \frac{1}{4} \cdot 25,4,$$

$$n_2 = \frac{810 \cdot 4}{25,4} = 127,6.$$

$$n_2 = 127,6 \text{ Umdrhg.}$$

c) Übersetzung der Wechselräder. Schneckenrad: 42 Zähne, Schnecke zweigängig ($m = 2$).

Nach (2) $\qquad \dfrac{1}{n_2} = \varphi \cdot \dfrac{m}{z},$

$$\varphi = \frac{z}{m} \cdot \frac{1}{n_2} = \frac{42}{2} \cdot \frac{1}{127,6} = \frac{420}{2552} = \frac{14}{58} \cdot \frac{30}{44},$$

$$\varphi = \frac{14}{58} \cdot \frac{30}{44},$$

d. h. Rad 1 — 14 Zähne, 2 — 58, 3 — 30 und 4 — 44 Zähne.

3. Einteilen des Fräsers. (Teilscheibe verriegelt.)

Zähnezahl: $\qquad z_f \sim 2\,\sqrt{D}$ bei Schruppfräsern,

$$z_f \sim 2,6 \div 3\,\sqrt{D} \text{ bei Schlichtfräsern,}$$

Gewählt: Schruppfräser $z_f = 2\,\sqrt{120} = 22$ Zähne.

Es war vorhin (S. 296): $\dfrac{x}{n} = \dfrac{z}{m}.$

Hierin ist: $\qquad n = \dfrac{1}{z_f} = \dfrac{1}{22},$

also: $\qquad x = \dfrac{n \cdot z}{m} = \dfrac{1}{22} \cdot \dfrac{42}{2} = \dfrac{21}{22},$

$$x = \frac{21}{22},$$

d. h. auf dem Lochkreis 22 ist die Kurbel jedesmal um 21 Löcher weiter zu drehen.

3. Das Fräsen von Schraubenrädern.

Das Fräsen von Schraubenrädern ist nichts anderes als ein Spiralfräsen. Es sind daher dieselben Rechnungen maßgebend. Die Einstellung des Tisches ist in gleicher Weise vorzunehmen, ebenso die Handhabung des Teilkopfes, nur ist zu beachten, daß für das Einteilen des Rades die Stirnteilung t_s maßgebend ist, die ich aus der Normalteilung t_n berechnen läßt. Es ist nämlich nach Abb. 537 und 538:

$$\cos \beta = \frac{t_n}{t_s}$$

und

$$t_s = \frac{t_n}{\cos \beta}.$$

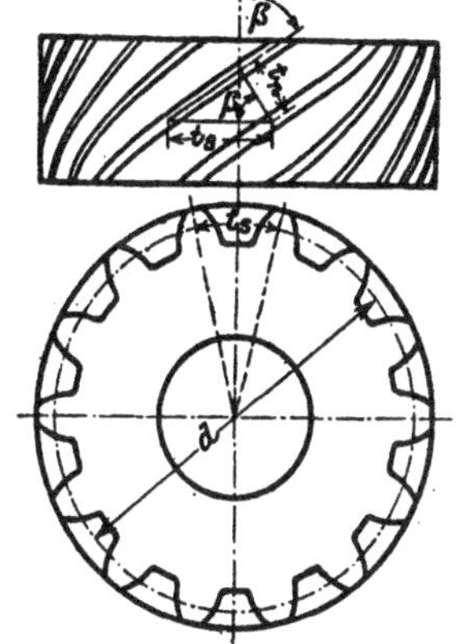

Abb. 537 und 538. Schraubenrad.

Aufgabe: Es sind 2 Schraubenräder zu fräsen für 2 Wellen, die sich unter 90^0 kreuzen. Das Rad *I* hat 31 Zähne und eine Normalteilung von $3\,\pi$. Der Winkel β, den die Zähne mit der Radachse einschließen, sei 50^0. Das Rad *II* hat $\beta = 40^0$ und 61 Zähne.

Rad *I*: Stirnteilung $t_s = \dfrac{t_n}{\cos 50^0} = \dfrac{3 \cdot \pi}{0{,}643} = 4{,}665\,\pi$,

$$t_s = 4{,}665 \cdot \pi, \text{ also } M_s = 4{,}665,$$

Teilkreisdurchmesser $= M_s \cdot z_1 = 4{,}665 \cdot 31 = 144{,}62$ mm.

Steigung der Schraubenzähne nach Abb. 536 aus:

$$\operatorname{tg} \alpha = \frac{h}{\pi\,d}, \text{ hierin } \alpha = 90^0 - \beta = 40^0,$$

$$h = \pi\,d \cdot \operatorname{tg} \alpha = \pi \cdot 144{,}62 \cdot \operatorname{tg} 40^0 = 380 \text{ mm} = 15''.$$

Umdrehungen der Tischspindel bei $1/_4''$ Steigung: $n_2 = \dfrac{h}{s} = \dfrac{15}{1/_4} = 60$.

Übersetzung der Wechselräder bei einem Teilkopf mit einem Schneckenrad von $z = 40$ Zähnen und einer eingängigen Schnecke ($m = 1$):

Nach (2).

$$\varphi = \frac{z}{m} \cdot \frac{1}{n_2} = \frac{40}{60},$$

$$\varphi = \frac{5}{6} \cdot \frac{8}{10} = \frac{15}{18} \cdot \frac{24}{30}.$$

Tisch auf 50^0 einstellen, Wechselräder $z_1 = 15$, $z_2 = 18$, $z_3 = 24$, $z_4 = 30$. Der Fräser ist von der Normalteilung und vom Steigungswinkel des Schraubenrades abhängig. Um letzten zu berücksichtigen, wählt man den Fräser nicht nach der wirklichen Zähnezahl des Schraubenrades, sondern nach der Zähnezahl eines gedachten Rades, das den Krümmungshalbmesser R der Schnittellipse als Halbmesser hat.

Es ist nach Abb. 539

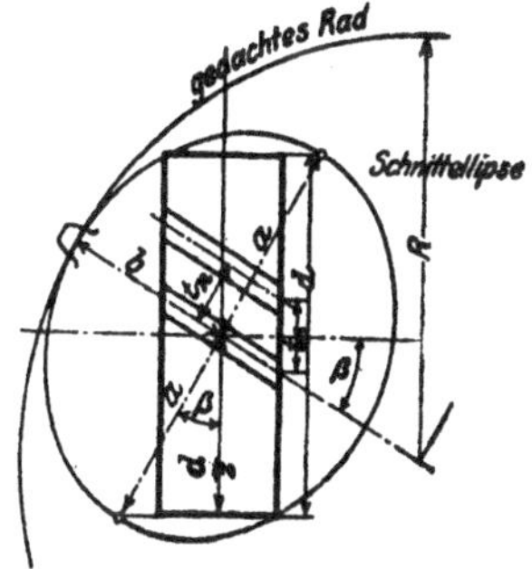

Abb. 539. Schraubenrad.

$$R = \frac{a^2}{b}; \quad b = \frac{d}{2} \quad \text{und} \quad a = \frac{d}{2} \cdot \frac{1}{\cos \beta}$$

$$R = \frac{d^2}{4} \cdot \frac{1}{\cos^2 \beta} \cdot \frac{2}{d} = \frac{d}{2 \cdot \cos^2 \beta}$$

Die Zähnezahl des gedachten Rades $Z_i = \dfrac{2R}{M_n} = \dfrac{d}{\cos^2 \beta \cdot M_n}$

und
$$M_n = M_s \cdot \cos \beta$$

$$Z_i = \frac{d}{\cos^3 \beta \, M_s} = \frac{Z}{\cos^3 \beta} = \frac{31}{0{,}643^3} = 116.$$

Fräser für $M_n = 3$ und $Z_i = 116$.

Rad II: Stirnteilung $t_s = \dfrac{3\,\pi}{\cos 40^0} = \dfrac{3\,\pi}{0{,}766} = 3{,}92 \cdot \pi, \quad M_s = 3{,}92.$

Teilkreisdurchmesser $= M_s \cdot z_2 = 3{,}92 \cdot 61 = 239{,}12 \text{ mm}.$

Steigung der Zähne $h = \pi \cdot d \cdot \text{tg}\, 50^0 = \pi \cdot 239 \cdot \text{tg}\, 50^0 = 35''.$

Umdrehungen der Tischspindel $n_2 = 35 \cdot 4 = 140.$

Übersetzung der Wechselräder $\varphi = \dfrac{40}{140} = \dfrac{12}{15} \cdot \dfrac{30}{84}.$

Tisch auf 40^0 einstellen, Wechselräder $z_1 = 12$, $z_2 = 15$, $z_3 = 30$, $z_4 = 84$, Fräser vom Modul 3 und $z_i = \dfrac{61}{0{,}766^3} = 136.$

4. Das Fräsen von Schneckenrädern.

Größere Schneckenräder können nur auf Sondermaschinen geschnitten werden, kleinere auch auf der allgemeinen Fräsmaschine nach einem Annäherungsverfahren oder nach dem Wälzverfahren.

Bei dem Fräsen von Schneckenrädern ist der Arbeitstisch auf den Steigungswinkel der Schnecke einzustellen. Das Schneckenrad wird zunächst mit einem scheibenförmigen Stirnradfräser vorgefräst. Hierzu ist, um den hohlen Zahn des Schneckenrades zu erhalten, die Radmitte genau auf Fräsermitte einzustellen und hierauf das Rad von unten her dem Fräser allmählich zuzuschieben. Dies verlangt, den Winkeltisch gegen einen Anschlag hochzukurbeln, durch den die verlangte Zahntiefe festgelegt ist. Um den nächsten Zahn schneiden zu können, ist der Arbeitstisch wieder zu senken und mit dem Teilkopf die Teilung des Rades einzustellen. Durch dieses Verfahren entsteht ein schräger, hohler Zahn mit geringen Ungenauigkeiten.

Soll das Schneckenrad noch mit dem Schneckenfräser nachgeschnitten werden, so darf es mit dem Scheibenfräser nicht bis zur vollen Zahntiefe vorgefräst werden. Zum Nachfräsen ist das Rad zwischen den Spitzen freilaufend einzuspannen und genau unter die Mitte des Schneckenfräsers zu bringen; der Tisch muß dabei auf 0^0 eingestellt werden. Der Schneckenfräser wälzt sich beim Nachfräsen auf dem Kranze des vorgefrästen Rades ab, das dabei in langsame Drehung kommt. Der Winkeltisch muß bis zur richtigen Zahntiefe langsam hochgestellt werden. Auf diese Weise werden die nach einer Schraubenlinie geschweiften Zähne genau herausgeschnitten.

Die Berechnung der Winkelstellung des Tisches: Zu einer Schnecke von 192 mm Durchmesser und 4″ Steigung soll das Schneckenrad gefräst werden.

Lösung: Aus der Abwicklung des Schraubenganges ergibt sich:

$$\operatorname{tg}\alpha = \frac{h}{\pi \cdot d} = \frac{4 \cdot 25{,}4}{\pi \cdot 192} = \frac{101{,}6}{603{,}2} = 0{,}1684,$$
$$\alpha = 9^0\,34'.$$

5. Das Fräsen von Kegelrädern.

Vollkommen genaue Kegelräder lassen sich ebenfalls nur auf Kegelräderhobel- oder Fräsmaschinen herstellen. Die allgemeine Fräsmaschine liefert auch hier nur Annäherungsarbeit. Das zu fräsende Kegelrad wird an dem Teilkopf eingespannt, der so weit aufzurichten ist, bis die Erzeugende des Zahnfußes wagerecht liegt (Abb. 540). Für das Fräsen der Zahnflanken ergeben sich drei Möglichkeiten:

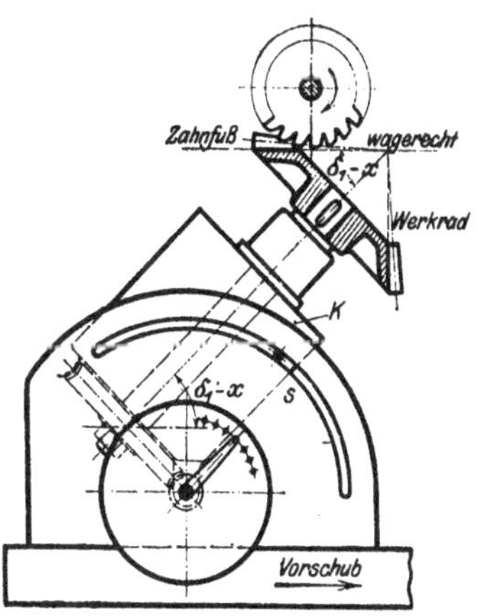

Abb. 540. Kegelräderfräsen.

1. Das Kegelrad wird vorgefräst mit einem Fräser von der Form der inneren Zahnlücke und hierauf an der Außenseite mit einem Fräser von der äußeren Lücke angefräst. Die eigentliche Zahnflanke ist jetzt, so gut wie eben möglich, von Hand herauszufeilen. Das Verfahren erfordert Geschick und ist wenig leistungsfähig.

2. Das Kegelrad wird wie vorhin vorgefräst. Zum Nachfräsen dient ein Fräser, dessen Zähne der größeren, äußeren Zahnlücke entsprechen, aber nur die Breite der kleineren, inneren Lücke haben. Um nun die allmählich breiter werdende Zahnlücke zu bekommen, ist der Teilkopf auf dem Aufspanntisch um α^0 schräg zur Tischachse zu stellen, so daß die schräg laufende Zahnflanke an den Fräser kommt (Abb. 541). Ist z. B. bei der Zahnlücke $b_a = 8$ mm, $b_i = 5$ mm und die Zahnbreite selbst $b = 50$ mm, so ist:

Abb. 541.

$$\operatorname{tg}\alpha = \frac{b_a - b_i}{2\,b} = \frac{8 - 5}{2 \cdot 50} = \frac{3}{100} = 0{,}03,$$
$$\alpha = 1^0\,43'.$$

In dieser Stellung sind zunächst alle linken Flanken zu fräsen. Für die rechten Flanken ist der Teilkopf um α^0 nach der anderen Seite schräg zur Tischachse zu stellen.

3. Das Kegelrad wird wie vorhin vorgefräst und nachgefräst. Zum Nachfräsen wird, um die nach außen breiter werdende Lücke zu bekommen, die Teilscheibe gegenüber dem Riegel um einige Löcher nach rechts oder links verstellt. Das Rad kommt dadurch mit dem vorgefrästen Zahn in eine schräge Lage zur Tischachse. Die einen Flanken werden jetzt gefräst. Zum Fräsen der Gegenflanken stellt man die Teilscheibe zuerst auf die Anfangsstelle und dann um die gleiche Lochzahl auf die Gegenseite. Ist z. B. wieder $b_a = 8$ mm und $b_i = 5$ mm, so müßte das Rad beim Fräsen einer Flanke im äußeren Teilkreise jedesmal um 1,5 mm nach rechts oder links gedreht werden. Hat der

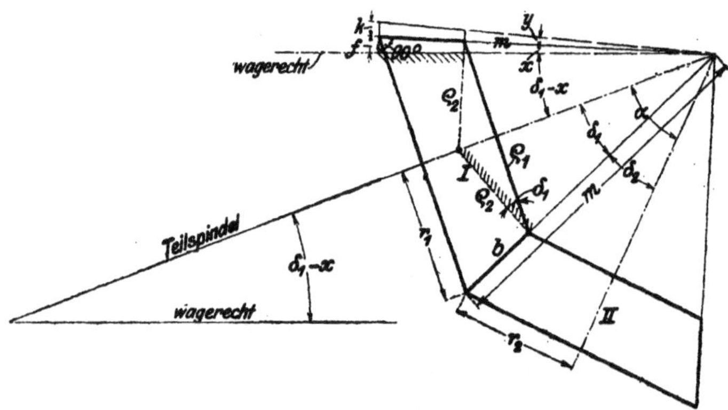

Abb. 542.   Schrägstellen des Teilkopfes.

Teilkreis 90 mm Durchmesser, so wäre das Kegelrad jedesmal um $n = \dfrac{1,5}{\pi \cdot 90}$ zu drehen. Hiernach ergibt sich die Zahl der mit der Teilkurbel zurückzulegenden Löcher bei einer Schnecke von $m = 2$ und einem Rade von $z = 42$ aus:

$$x = \frac{nz}{m} = \frac{1,5}{\pi \cdot 90} \cdot \frac{42}{2} = \sim \frac{1}{9}.$$

Der Arbeiter hätte z. B. auf dem Lochkreise 36 beim Fräsen der Flanken die Teilkurbel jedesmal um 4 Löcher nach rechts oder nach links zu drehen.

Aufgabe: Auf welchen Winkel ist der Teilkopf beim Fräsen von Kegelrädern hochzustellen?

Lösung: Der Teilkopf ist auf den Fräswinkel $\delta_1 - x$ einzustellen, damit die Fußlinie des Kegelrades wagerecht zu liegen kommt.

Nach dem Sinussatz (Abb. 542) läßt sich der Kegelwinkel δ_1 aus dem Achsenwinkel a und der Übersetzung φ der Kegelräder wie folgt berechnen:

$$\frac{\sin \delta_1}{\sin \delta_2} = \frac{r_1}{r_2} = \varphi.$$

Hierin ist δ_2 durch δ_1 zu ersetzen.

Nach Abb. 542 ist:

$$a = \delta_1 + \delta_2$$

und

$$\delta_2 = a - \delta_1.$$

Dies oben eingesetzt, ergibt:

$$\sin \delta_1 = \varphi . \sin \delta_2 = \varphi . \sin (a - \delta_1),$$
$$= \varphi . (\sin a . \cos \delta_1 - \cos a . \sin \delta_1),$$
$$\sin \delta_1 + \varphi . \cos a . \sin \delta_1 = \varphi . \sin a . \cos \delta_1,$$
$$\sin \delta_1 (1 + \varphi \ \cos a) = \varphi . \sin a . \cos \delta_1,$$
$$\frac{\sin \delta_1}{\cos \delta_1} = \frac{\varphi \cdot \sin a}{1 + \varphi \cdot \cos a},$$
$$tg \ \delta_1 = \frac{\varphi \cdot \sin a}{1 + \varphi \cdot \cos a}.$$

Den Fußwinkel x bestimmt man aus:

$$tg \ x = \frac{f}{m} \qquad \text{und} \qquad \sin \delta_1 = \frac{r_1}{m}, \qquad \text{also} \qquad m = \frac{r_1}{\sin \delta_1},$$

demnach:

$$tg \ x = \frac{f}{r_1} \cdot \sin \delta_1.$$

Der Außenwinkel oder Drehwinkel, auf den das Kegelrad vor dem Fräsen abzudrehen ist, wäre $\delta_1 + y$.

$\measuredangle y$ ergibt sich aus $tg \ y = \dfrac{k}{m}$; $\qquad m = \dfrac{r_1}{\sin \delta_1},$

eingesetzt:

$$tg \ y = \frac{k}{r_1} \cdot \sin \delta_1.$$

Beispiel: Es sei $a = 70^0$, $r_1 - 50$ Zähne, $r_2 - 25$ Zähne, $t = 3 \pi$ mm. Zahnkopf = 3 mm, Zahnfuß = 4 mm.

Lösung:

1. Fräswinkel = $\delta_1 - x$,

$$tg \ \delta_1 = \frac{\varphi \cdot \sin a}{1 + \varphi \cdot \cos a}; \qquad \varphi = \frac{r_1}{r_2} = \frac{50}{25} = 2,$$
$$tg \ \delta_1 = \frac{2 \cdot 0{,}9397}{1 + 2 \cdot 0{,}342} = \frac{1{,}8794}{1{,}684} = 1{,}116,$$
$$\delta_1 = 48^0 8',$$
$$tg \ x = \frac{f}{r_1} \cdot \sin \delta_1.$$

r_1 berechnet man aus der Teilung t und der Zähnezahl z zu: $2 \cdot r_1 \cdot \pi = z \cdot t$.

$$r_1 = \frac{z \cdot t}{2 \cdot \pi} = \frac{50 \cdot 3}{2} = 75 \text{ mm}.$$

Demnach wird:

$$\operatorname{tg} x = \frac{4 \cdot 0{,}7447}{75} = 0{,}0397,$$

$$x = 2^0\,17'.$$

$$\text{Fräswinkel} = 48^0\,8' - 2^0\,17' = 45^0\,51'.$$

$$\text{Drehwinkel} = \delta_1 + y.$$

$$\operatorname{tg} y = \frac{k \cdot \sin \delta_1}{r_1} = \frac{3 \cdot 0{,}7447}{75} = 0{,}0298,$$

$$y = 1^0\,43'.$$

$$\text{Drehwinkel} = 48^0\,8' + 1^0\,43' = 49^0\,51'.$$

Vorfräser vom Modul M_i der inneren Teilung: $M_i = M_a \dfrac{\varrho_1}{r_1}$.

Nach Abb. 542 ist $\dfrac{\varrho_1}{r_1} = \dfrac{m-b}{m}$.

$$\text{Es war} \quad m = \frac{r_1}{\sin \delta_1} = \frac{75}{0{,}7447} = 100$$

$$b = 2{,}5\,t = 25 \text{ mm}$$

$$\frac{\varrho_1}{r_1} = \frac{100 - 25}{100} = \frac{75}{100} = \frac{3}{4}$$

$$M_i = M_a \cdot \frac{\varrho_1}{r_1} = 3 \cdot \frac{3}{4} = 2{,}25$$

Die Zähnezahl des Vorfräsers muß der Zähnezahl z_i eines gedachten Rades vom Halbmesser ϱ_2 entsprechen.

Nach Abb. 542 ist $\cos \delta_1 = \dfrac{\varrho_1}{\varrho_2}$ und $\varrho_2 = \dfrac{\varrho_1}{\cos \delta_1}$

also $\quad z_i = \dfrac{2\,\varrho_2}{M_i} = \dfrac{2\,\varrho_1}{M_i \cdot \cos \delta_1} = \dfrac{z_1}{\cos \delta_1} = \dfrac{50}{0{,}667} = 75$

größte Breite des Vorfräsers $= \dfrac{ti}{2} = \dfrac{M_i \cdot \pi}{2} = 3{,}53 \text{ mm}$. Nachfräser M_a $= 3$, $z_i = 75$ und Breite $3{,}53$ mm.

Für den Fall $a = 90^0$, wie er in der Praxis meistens vorliegt, vereinfacht sich die Rechnung durch die Beziehungen $\sin 90^0 = 1$ und $\cos 90^0 = 0$. Demnach:

$$\operatorname{tg} \delta_1 = \varphi = \frac{r_1}{r_2}, \quad \operatorname{tg} x = \frac{f}{m} \quad \text{und} \quad m = \frac{r_1}{\sin \delta_1} \quad \text{oder} \quad m = \sqrt{r_1{}^2 + r_2{}^2}.$$

Für das Schneiden von Kegelrädern auf Sondermaschinen sind noch weitere Angaben notwendig. Sie ergeben sich aus Abb. 543.

1. Äußerer Zahnwinkel $\beta = 90^0 - y = 88^0\,17'$.
2. Innerer Zahnwinkel $\gamma = 90^0 + \delta_1 + y = 139^0\,51'$.
3. Kopfkreis-Durchm. = Teilkreis-Durchm. $+\,2\,k' = 150\,+$
$+\,2\,k\cos\delta_1 = 154$ mm,

$$\text{da}\ \cos\delta_1 = \frac{k'}{k}\quad\text{und}\quad k' = k\cdot\cos\delta_1.$$

4. Fußkreis-Durchm. $= 150 - 2\,f' = 150 - 2\,f\,.\,\cos\delta_1 = 145$,

$$\text{da}\ \cos\delta_1 = \frac{f'}{f}\quad\text{und}\quad f' = f\cdot\cos\delta_1.$$

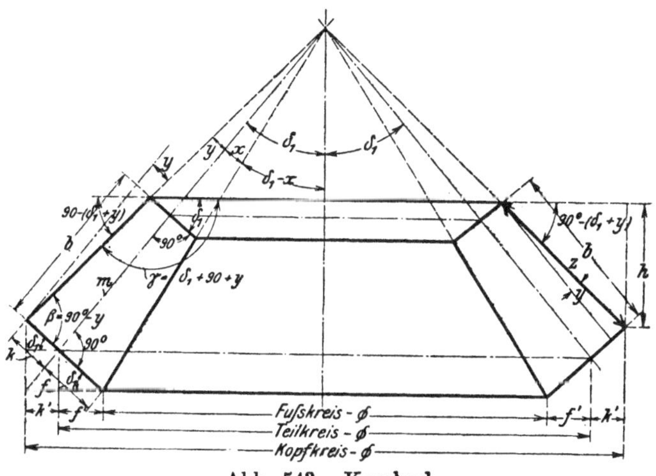

Abb. 543. Kegelrad.

5. Die Höhe h berechnet man nach Abb. 543 wie folgt:

$$\sin\left[90^0 - (\delta_1 + y)\right] = \frac{h}{z},$$

$$\cos y = \frac{b}{z},\ z = \frac{b}{\cos y},$$

$$h = \frac{b}{\cos y}\cdot\sin\left[90^0 - (\delta_1 + y)\right] = \frac{20}{0,999}\cdot 0,76 = 15,2\ \text{mm}.$$

In gleicher Weise sind auch die Abmessungen des zweiten Rades zu berechnen.

Die Schnellteilvorrichtung.

Beim Fräsen von Vielkanten, Kupplungszähnen und Nuten der Gewindebohrer und Reibahlen ist das Einteilen, sobald es mit der Teilkurbel erfolgt, zu langwierig. Viel schneller wäre in diesen Fällen mit der Teilspindel selbst zu teilen. Das schnelle Teilen erfordert aber eine Abänderung des Teilkopfes. Um nämlich die Teilspindel unmittelbar benutzen zu können, muß das Schneckengetriebe 7, 8 ausgerückt werden. Hierzu kann das Schneckenrad *8* oder auch die Schnecke *7* benutzt werden. Die Ausrückung der Schnecke wäre durch außerachsig gebohrte Lagerbüchsen zu erreichen oder durch eine Fallschnecke. Das schnelle Teilen verlangt noch ein weiteres. Auf dem Schwanzende der Teilspindel muß nämlich eine zweite Teilscheibe sitzen, in deren Löcher ein Teilstift einspringt, der zugleich die Teilspindel festhält. Ist z. B. eine Kupplung mit 6 Zähnen zu fräsen, so ist der Stift auf den Lochkreis 24 einzustellen und die Teilspindel jedesmal um 4 Löcher zu drehen.

Neuere Teilkopf-Ausführungen.

Die neueren Teilköpfe sind aus dem Bestreben hervorgegangen, die Einzelteile mehr vor Staub zu schützen und den toten Gang, soweit als möglich, ausgleichen zu können.

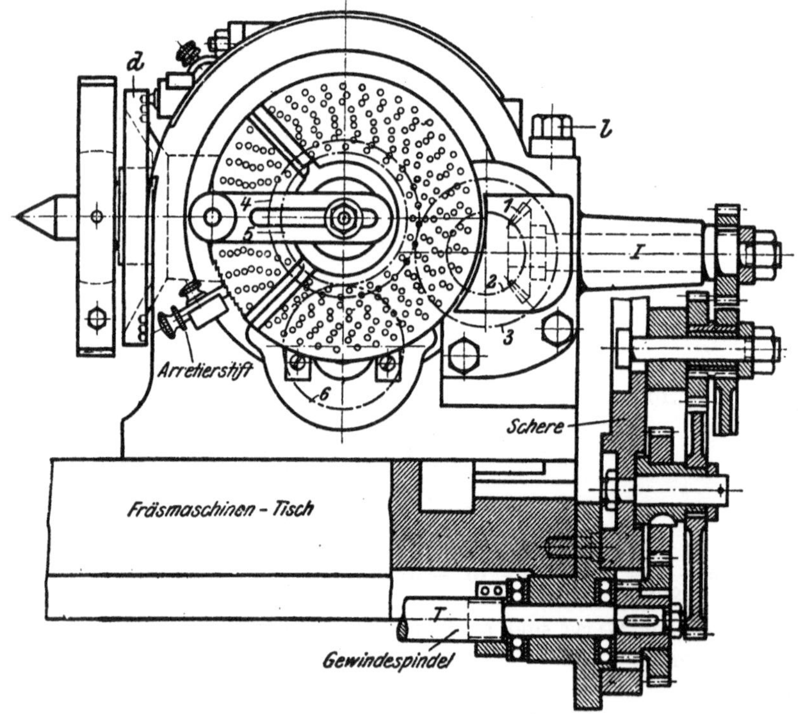

Abb. 544.   Neuer Teilkopf.

Musterhaft ist der Teilkopf in den Abb. 544 bis 546 durchgebildet. Die Teilspindel *a* ist bei ihm in einem runden Spindelgehäuse *b* untergebracht. Zum Schrägstellen ist das Spindelgehäuse *b* durch 2 große Zapfenlager in dem Teilkopfgehäuse *c* drehbar und in ihm mit der Schraube *l* festzuklemmen. Die Teilkopfspindel *a* zeigt äußerst starke

Abmessungen und besitzt beiderseits Einheitskegel zur Aufnahme von Dornen und Körnerspitzen. Bei der Arbeit wird sie durch eine Klemmvorrichtung, die in den Klemmring g faßt, festgehalten, so daß das Schneckengetriebe vom Arbeitsdruck entlastet ist.

Der Teilkopf ist für schnelles und langsames Teilen eingerichtet. Für das schnelle Teilen ist die kleine Teilscheibe d vorgesehen. Sie sitzt unmittelbar auf der Teilspindel a und hat 3 Lochkreise mit 24, 30 und 36 Löchern. Nach jeder Einstellung des Werkstückes wird sie durch den in den Abb. 544 und 545 sichtbaren Riegel gehalten.

Das schnelle Teilen verlangt bekanntlich, daß das Schneckengetriebe ausgerückt wird. Diese Aufgabe hat hier durch eine Fallschnecke eine hübsche Lösung gefunden. Die ständig in Öl laufende Schnecke h ist in einem Schneckenkasten untergebracht. Wie aus dem Längsschnitt ersichtlich, ist dieser Kasten zu beiden Seiten in dem

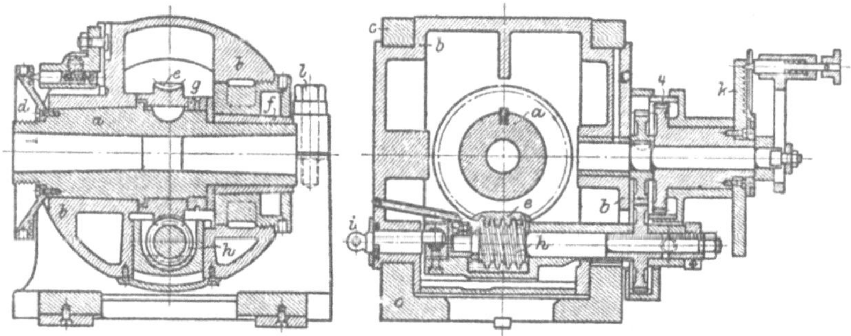

Abb. 545 und 546. Längs- und Querschnitt des Teilkopfes.

Spindelgehäuse geführt. Zum Ausrücken der Schnecke wird er von einer Kurbel getragen. Vor dem schnellen Teilen ist daher mit dem Knebel i die Kurbel herumzulegen. Dabei fällt· die Schnecke h aus dem Schneckenrade e heraus. Die Verbindung der Kurbel mit dem sich geradlinig senkenden Schneckenkasten erfordert in sich eine gewisse Beweglichkeit. Sie ist in der Weise geschaffen, daß der Kurbelzapfen ein kugeliges Gleitstück faßt. Es kann sich in einem geteilten Schieber hin- und herbewegen, der durch Stellschrauben mit dem Kasten verschraubt ist. Das langsame Teilen wird wie früher mit der Teilkurbel und der großen Teilscheibe k vorgenommen.

Eine sinnreiche Lösung hat auch die Nachstellbarkeit der Einzelteile gefunden. Soll der Teilkopf Arbeitsstücke von hochgradiger Genauigkeit liefern, so muß bekanntlich jeder tote Gang auszugleichen sein, der durch die Abnutzung der Lager und Getriebe entsteht. Bei der Teilspindel ist jeder tote Gang durch eine Bronzebüchse f zu beseitigen, die mit der vorderen Mutter nachzustellen ist. Interessant ist die Nachstellung der Schnecke. Macht sich in dem Schneckengetriebe eine Abnutzung bemerkbar, so läßt sich die Schnecke näher an das

Rad anstellen. Hierzu sind die Einstellschrauben des vorerwähnten Schiebers etwas anzuziehen, wodurch der Schneckenkasten gehoben und die Schnecke in engeren Eingriff gebracht wird. Durch die seitliche Führung des Kastens wird selbst bei mehrmaligem Nachstellen die genaue Mittellage der Schnecke zum Rade gewahrt bleiben. Der Schneckenantrieb läßt sich hier auch seitlich nachstellen und zwar durch die auf dem rechten Ende der Schneckenwelle angebrachte Büchse, die mit einer Stellmutter versehen ist.

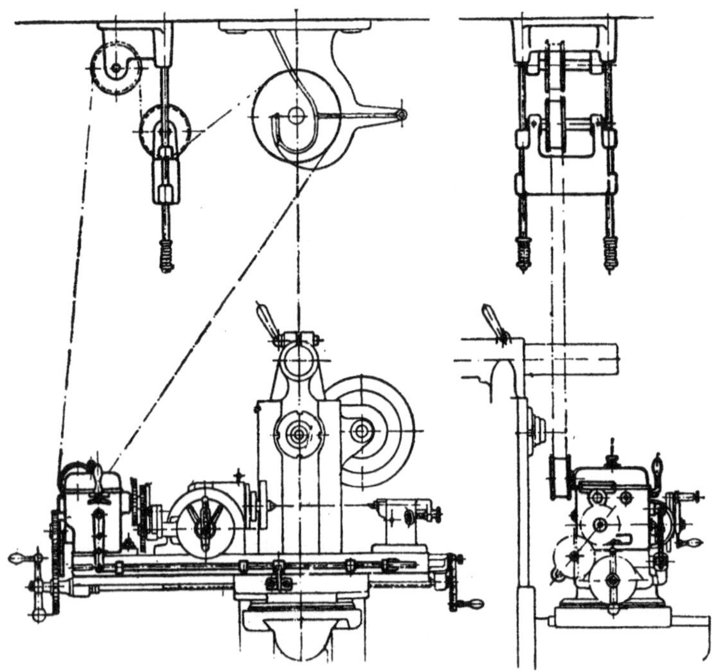

Abb. 547 und 548.   Antrieb des selbsttätigen Schalt- und Teilkopfes.
Ludw. Loewe & Co., A.-G., Berlin.

Zum Spiralfräsen muß der Teilkopf bekanntlich von der Tischspindel T angetrieben werden. Diesen Antrieb bewirken die in Abb. 544 eingezeichneten Wechselräder. Sie arbeiten über I auf 2 Kegelräder 1, 2 und die Stirnräder 3 bis 6, von denen 6 die Schnecke treibt. Um aber die Teilkurbel benutzen zu können, ohne jedesmal die Wechselräder auszuschalten, ist auch hier das lose Rad 4 mit der Teilscheibe verschraubt. Der Selbstgang des Teilkopfes verlangt daher, zuvor die Teilkurbel auf die Teilscheibe k einzustellen. Beim langsamen Teilen kann sie durch einen Stift festgehalten werden.

Der selbsttätige Schalt- und Teilkopf.

Eine wertvolle Erweiterung für das Fräsen von Zahnrädern wäre, den Arbeitstisch mit selbsttätiger Umsteuerung und den Teilkopf mit selbsttätiger Teilung einzurichten. Ein derartiger Schalt- und Teilkopf würde die allgemeine Fräsmaschine zu einer selbsttätig arbeitenden Zahnradfräsmaschine machen.

In den Abb. 547 und 548 wird der Schaltkopf durch einen Riemen mit Spanner vom Deckenvorgelege betrieben. Durch die linken Wechselräder treibt er die Tischspindel des Querschlittens und erzeugt so den Vorschub des Tisches. Durch die verstellbaren Anschläge, welche den Umschalthebel herumlegen, steuert der Schaltkopf den Tisch nach beendetem Schnitt in den beschleunigten Rücklauf um und hierauf wieder in den langsamen Arbeitsgang. Der Antrieb des Tisches von der Frässpindel muß daher ausgeschaltet werden.

Der Teilkopf wird für das selbsttätige Teilen vom Schaltkopf durch die rechten Wechselräder angetrieben. Das treibende Rad macht hierfür nach jedem Rücklauf des Tisches eine volle Umdrehung und stellt damit die Teilung des Werkstückes ein. Die Übersetzung dieser Wechselräder

$$\text{ist daher} = \frac{\text{Zähnezahl des Schneckenrades}}{\text{Zähnezahl des Werkstückes}}.$$

γ) Die Planfräsmaschine.

Das Bestreben des Werkzeugmaschinenbaues, die Arbeitsleistung der Fräsmaschine zu steigern, forderte namentlich unter dem Einfluß des Schnellstahlfräsers eine widerstandsfähigere Bauart der Maschine. Die schwächste Stelle der bisher besprochenen Fräsmaschinen liegt in dem Winkeltisch, der trotz aller Verrippungen und Verstrebungen selten die für schwere Schnitte notwendige Widerstandskraft besitzt. Dieser Umstand zwang, den Winkeltisch durch ein kräftiges Kastenbrett zu ersetzen. Mit dem Kastenbett geht aber die Hochstellung des Arbeitstisches verloren, so daß der Fräser auf das Werkstück einzustellen ist. Dies verlangt einen Frässchlitten, mit dem die Frässpindel auf dem Ständer der Maschine hoch und tief gestellt werden kann. Die Fräsmaschinen dieser Bauart sind besonders für Planfräsarbeiten geeignet. Ihre Kennzeichnung liegt in der verschiebbaren Frässpindel gegenüber der festliegenden Spindel der einfachen und allgemeinen Fräsmaschine.

Nach obigen Gesichtspunkten ist die Planfräsmaschine von J. E. Reinecker, Chemnitz, gebaut (Abb. 549 bis 558). Die Frässpindel läuft hier in langen Lagern des Frässchlittens (Abb. 549), von denen das Hauptlager nachstellbar ist. Mit dem Schlitten kann die Spindel mit dem Fräser auf das Werkstück eingestellt werden. Der Fräsdorn wird mit einer Spannschraube in die Spindel eingezogen und auf der Gegenseite durch einen Reitstock abgestützt. Für ein er-

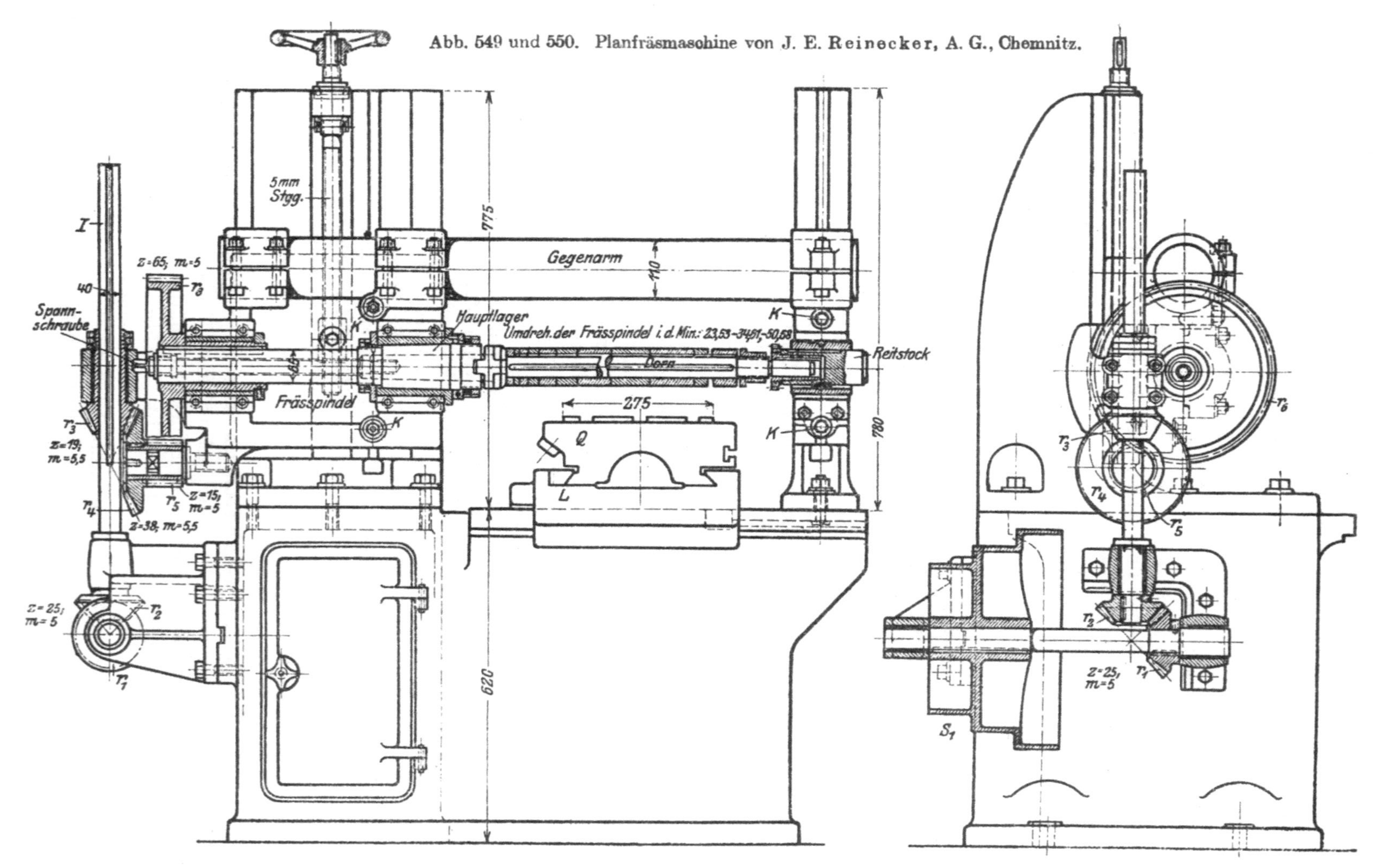

Abb. 549 und 550. Planfräsmaschine von J. E. Reinecker, A. G., Chemnitz.

Additional information of this book

(Die Werkzeugmaschinen; 978-3-642-89890-7;

978-3-642-89890-7_OSFO20) is provided:

http://Extras.Springer.com

schütterungsfreies Arbeiten des Fräsers sind Frässchlitten und Reitstock auf ihren Ständern mit den Schrauben K festzuklemmen und
durch einen kräftigen Gegenarm verbunden. Durch ihn ist auch die
gleichachsige Lage von Schlitten und Reitstock stets gesichert, da
beide gemeinsam verstellt werden.

Der Antrieb der verschiebbaren Frässpindel (Abb. 549 bis 551) er-
folgt von der Scheibe S_1, die über die Kegeltriebe r_1, r_2, r_3, r_4 und das

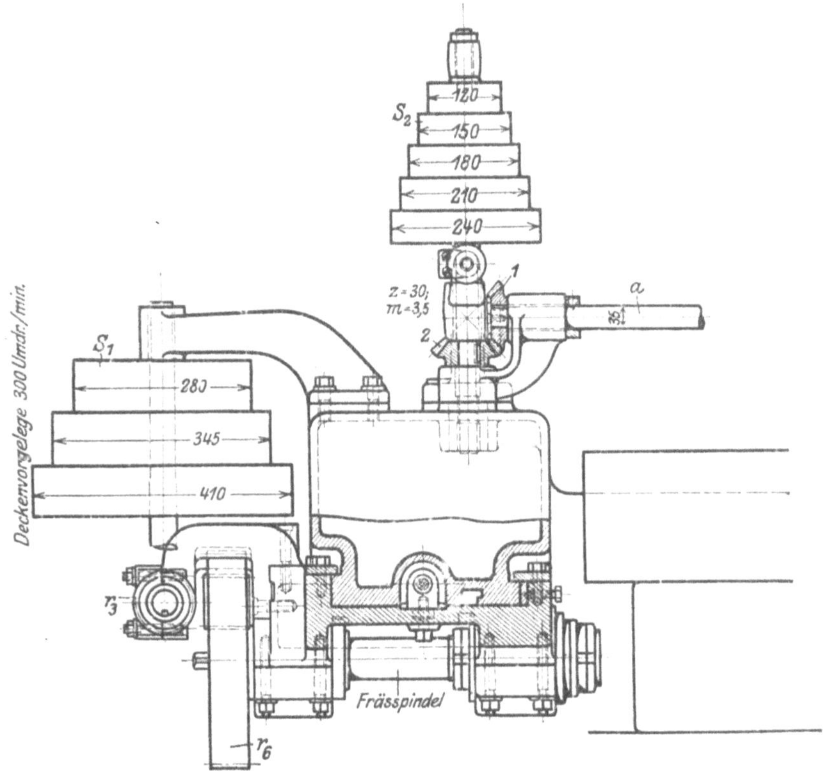

Abb. 551. Antriebe.

Stirnrad r_5 das Hauptrad r_6 treibt. Die Verstellbarkeit des Schlittens
ist hierbei durch das Verschieberad r_3 gewahrt.

Der Arbeitstisch der Planfräsmaschine (Abb. 552 bis 556) hat das
Werkstück längs und quer anzustellen und den Vorschub zu erzeugen.
Er besteht hierzu aus dem Längsschlitten und dem Querschlitten, die als
Kreuzschlitten auf dem Kastenbett geführt sind.

Der Vorschub des Arbeitstisches wird von der Stufenscheibe S_2
hergeleitet. Sie treibt über 1, 2 die Schneckenwelle a, die durch das
Schneckengetriebe 3, 4 und die Stirnräder 5, 6 auf die Schnecke 7 wirkt.

Die Schnecke *7* kämmt mit der Schraubenzahnstange *8* und erzeugt dadurch den Vorschub des Tisches.

Die 10 Vorschübe, die zwischen 10,34 und 228,4 mm i. d. Min. liegen, werden durch die fünfläufige Stufenscheibe S_2 mit 2 eingebauten Rädervorgelegen $\dfrac{a}{b} \cdot \dfrac{c}{d}$ erreicht (Abb. 557 bis 558). Wird die Zapfenplatte Z durch den Federbolzen *f* mit S_2 gekuppelt, so gelangen die vollen Umläufe von S_2 auf die Welle, da die Räder stillstehen. Sperrt man durch

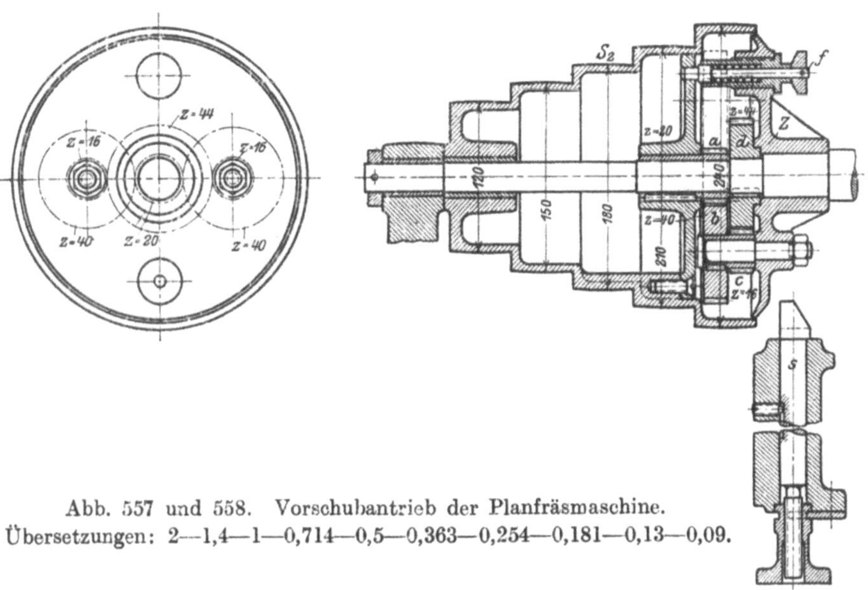

Abb. 557 und 558. Vorschubantrieb der Planfräsmaschine.
Übersetzungen: 2—1,4—1—0,714—0,5—0,363—0,254—0,181—0,13—0,09.

Einrücken des Gabelbolzens *s* auf *f* die Zapfenplatte, so wirken die Rädervorgelege durch ihre Übersetzung $\dfrac{a}{b} \cdot \dfrac{c}{d} = \dfrac{20}{40} \cdot \dfrac{16}{44}$ mit.

Die Selbstauslösung des Vorschubes (Abb. 552 bis 556) wird durch die Fallschnecke *3* hervorgerufen. Hierzu ist das Schneckenlager mit der Schlittengabel *g* an den Ausrückhebel *h* gelenkig gehängt. Mit dem vorderen Griff wird die Schnecke eingerückt und durch den Sperrhebel *x* unter Mitwirkung des Federriegels *y* in Eingriff gehalten. Sobald beim Fräsgang der Tischanschlag *A* den Sperrhebel *x* ausklinkt, fällt die Schnecke *3* aus *4* heraus und löst den Vorschub aus.

Der nächste Schritt in der Vervollkommnung der Fräsmaschine wäre, auch hier den Arbeitstisch mit selbsttätigem, beschleunigtem Rücklauf auszustatten, so daß der Arbeiter von dem Zurückkurbeln entlastet wird, was namentlich bei größeren Hüben mühsam ist. Diese Aufgabe ist bereits in Abb. 526 bis 528 gelöst, nur ist hier die Drehscheibe aus dem Arbeitstische auszuschalten.

2. Die senkrechten Fräsmaschinen.

Die senkrechten Fräsmaschinen werden sowohl in der Feinmechanik als auch im Maschinenbau benutzt. Sie verrichten die mannigfachsten

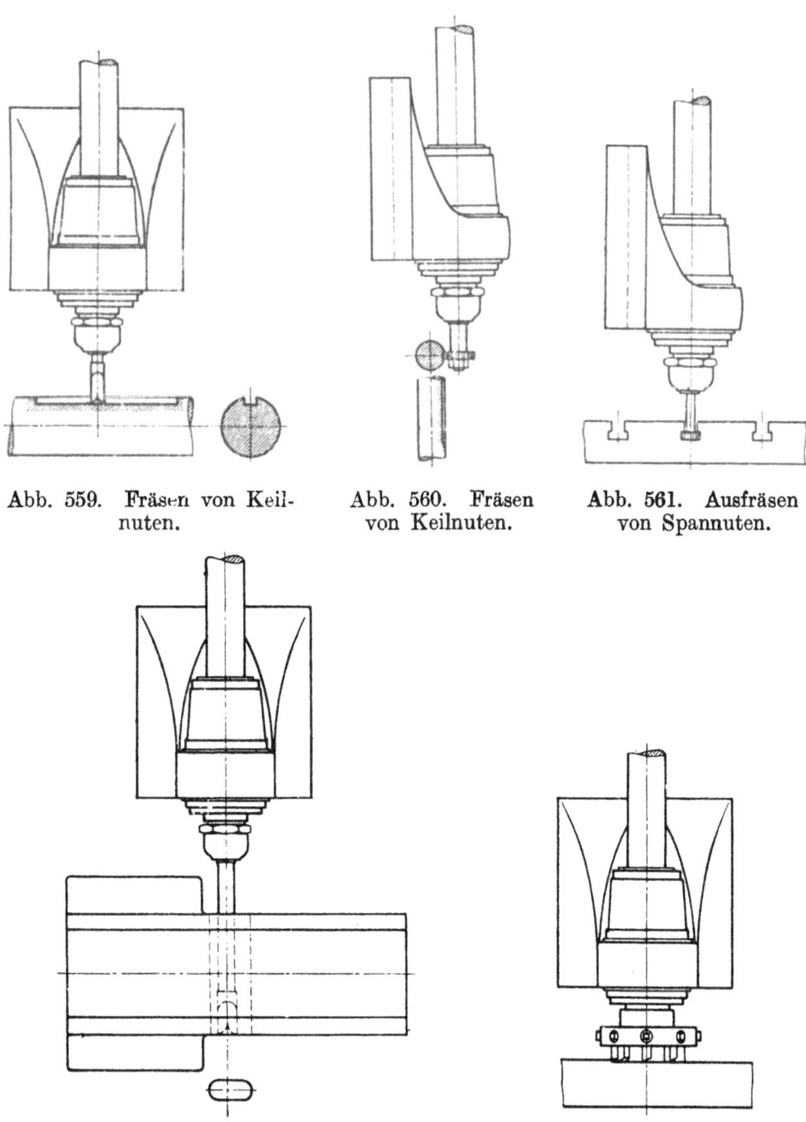

Abb. 559. Fräsen von Keilnuten.

Abb. 560. Fräsen von Keilnuten.

Abb. 561. Ausfräsen von Spannuten.

Abb. 562. Fräsen von Schlitzen.

Abb. 563. Planfräsen mit dem Messerkopf.

Abb. 559 bis 563. Verschiedene Arbeiten der senkrechten Fräsmaschine.

Arbeiten, sei es das Fräsen von Keilnuten, Spannuten und Schlitzen (Abb. 559 bis 562), oder sei es das Fräsen von Flächen (Abb. 563 bis

565) und Führungen (Abb. 566). Mit Vorliebe verwendet man sie auch im Lokomotivbau als Ersatz für Hobel- und Stoßmaschinen zum Bearbeiten von Lokomotivrahmen und Steuerungsteilen.

Abb. 564. Rundfräsen.

Abb. 565. Abfräsen von Nocken.

Abb. 566. Ausfräsen eines Schiebers.

Das Kennzeichen der senkrechten Fräsmaschinen liegt bekanntlich in der senkrechten Frässpindel, die zum Einstellen des Spanes in einem verschiebbaren Spindelstock, dem Frässchlitten, gelagert ist.

Mit dieser Anordnung ist eine größere Handlichkeit verbunden, da sich die leichte Spindel feiner einstellen läßt als der schwere Tisch.

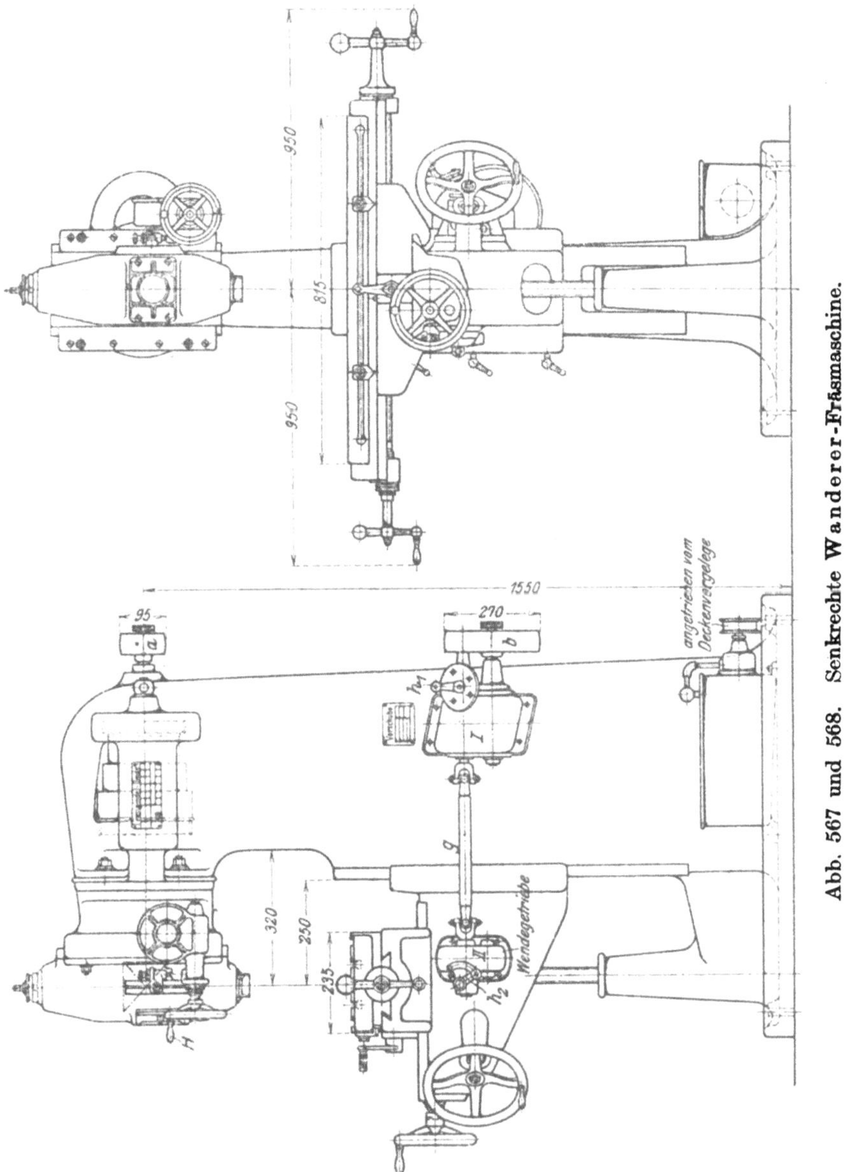

Abb. 567 und 568. Senkrechte Wanderer-Fräsmaschine.

In dem Frässchlitten muß die Frässpindel in langen, nachstellbaren Lagern laufen, die nach den bekannten Grundsätzen gebaut sind.

Etwas umständlicher gestaltet sich der Antrieb dieser Maschinen, weil die senkrechte Frässpindel die Stufenscheibe nicht aufnehmen kann, wie das bei der wagerechten der Fall ist.

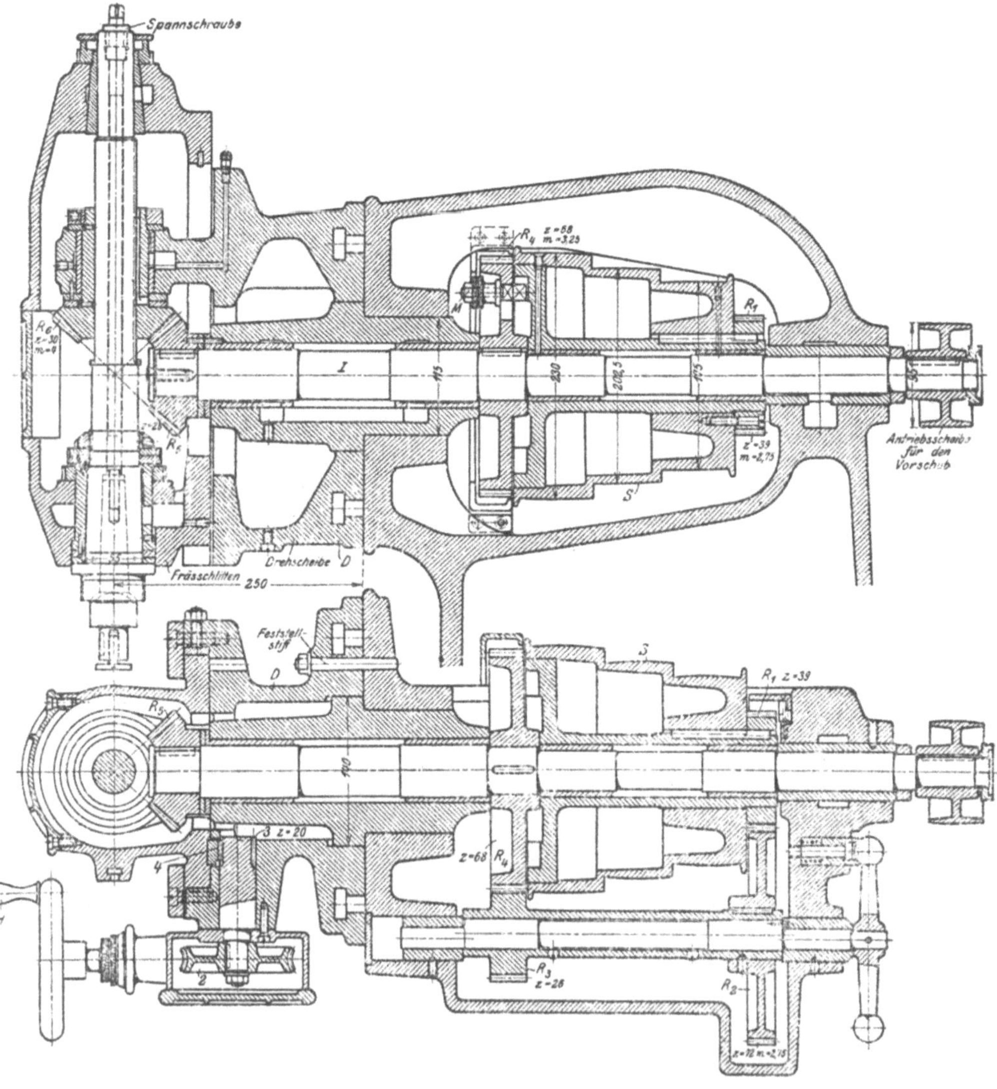

Abb. 569 und 570. Antrieb der senkrechten Frässpindel.

Die kleine senkrechte Wanderer-Fräsmaschine (Abb. 567 und 568) hat als äußeres Merkmal den Antrieb im Ständerkopf. Diese Anordnung vereinfacht den Antrieb, spart einen Riemen und beschränkt den Raumbedarf. Sie ist möglich, weil der leichte Riemen bei der geringen Höhe der Maschine bequem umgelegt werden kann. Der Antrieb (Abb. 569 und 570) besteht aus der Stufenscheibe S und den Vorgelegen $\dfrac{R_1}{R_2} \cdot \dfrac{R_3}{R_4}$ in bekannter Schaltung. Die Antriebswelle erhält dadurch 6 Geschwindigkeiten, die durch das doppelte Deckenvorgelege mit $n = 190$ und 425 auf 12 gebracht sind. Durch die Kegelräder $\dfrac{R_5}{R_6}$ gelangen die 12 Geschwindigkeiten auf die Frässpindel. Der

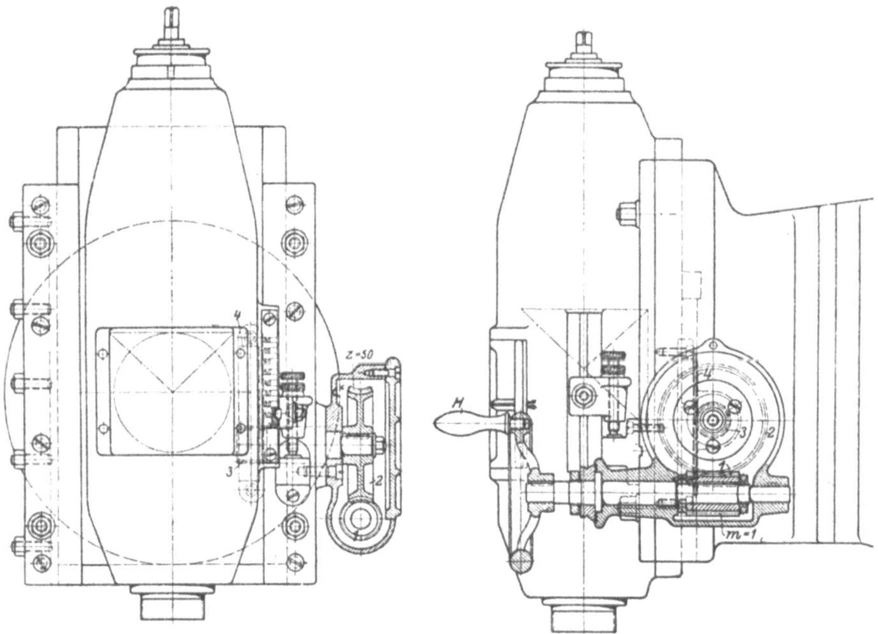

Abb. 571 und 572. Einstellvorrichtung des Frässchlittens.

Frässchlitten ist stößelartig ausgebaut, so daß die Spindel vollkommen geschützt liegt. Sie läuft mit einem Kegelzapfen im Hauptlager, das durch Druckringe den senkrechten Schnittdruck aufnimmt. Das Endlager ist mit einer Kegelschale nachstellbar. Der Frässchlitten wird mit dem Handrade H angesetzt und hochgestellt (Abb. 571 und 572). Das Feineinstellen geschieht mit Maßstab und Stellschraube. Diese Einrichtung kann auch zum Bohren vorgeschriebener Tiefen dienen. Für das Fräsen schrägliegender Flächen kann die Drehscheibe D am Ständer verstellt werden.

Der Arbeitstisch der senkrechten Fräsmaschine hat die gleichen Aufgaben wie der der wagerechten. Er hat also den Vorschub des Werkstückes zu erzeugen und es grob anzustellen, während der Span

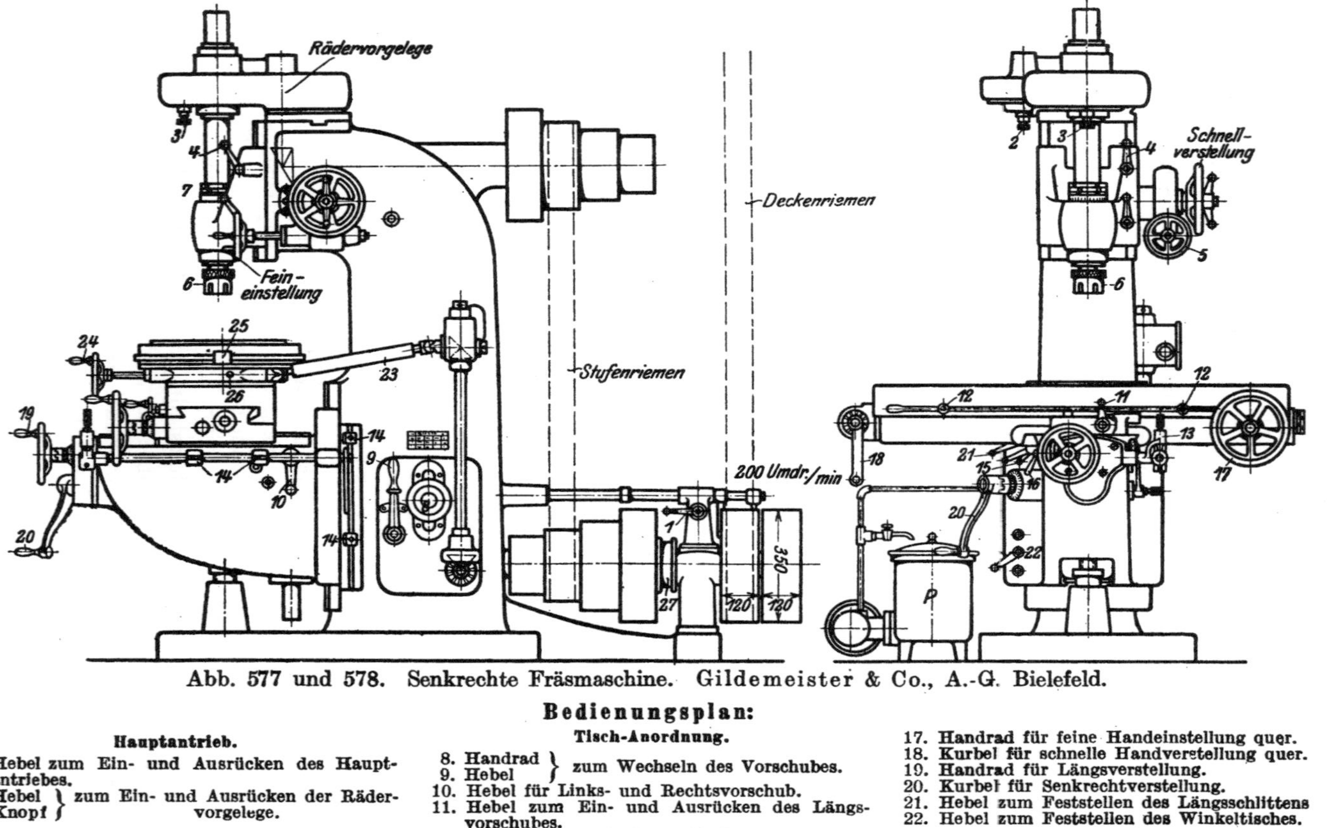

Abb. 577 und 578.   Senkrechte Fräsmaschine. Gildemeister & Co., A.-G. Bielefeld.

Bedienungsplan:

Hauptantrieb.

1. Hebel zum Ein- und Ausrücken des Haupt-antriebes.
2. Hebel } zum Ein- und Ausrücken der Räder-
3. Knopf }   vorgelege.

Frässchlitten.

4. Hebel zum Feststellen des Frässchlittens.
5. Handrad zum Einstellen des Frässchlittens.
6. Spannmutter zum Festziehen und Lösen des Fräsdornes.
7. Muttern zum Einstellen des Spindellagers.

Tisch-Anordnung.

8. Handrad } zum Wechseln des Vorschubes.
9. Hebel   }
10. Hebel für Links- und Rechtsvorschub.
11. Hebel zum Ein- und Ausrücken des Längs-vorschubes.
12. Anschläge zum Auslösen des Längsvorschubes.
13. Hebel zum Ein- und Ausrücken des Längs- und Senkrechtvorschubes.
14. Anschläge zum Auslösen des Längs- und Senk-rechtvorschubes.
15. Hebel für Längsvorschub.
16. Hebel für Senkrechtvorschub.

17. Handrad für feine Handeinstellung quer.
18. Kurbel für schnelle Handverstellung quer.
19. Handrad für Längsverstellung.
20. Kurbel für Senkrechtverstellung.
21. Hebel zum Feststellen des Längsschlittens
22. Hebel zum Feststellen des Winkeltisches.

Rundtisch.

23. Gelenkwelle für selbsttätige Rundbewegung.
24. Handrad für Rundbewegung.
25. Anschläge für Auslösung der Rundbewegung.
26. Hebel zum Ein- und Ausrücken der Rund-bewegung.
27. Pumpenantrieb.

Additional information of this book

(Die Werkzeugmaschinen; 978-3-642-89890-7;

978-3-642-89890-7_OSFO21) is provided:

http://Extras.Springer.com

mit dem Frässchlitten fein eingestellt wird. In seinem Aufbau ist der Tisch daher derselbe. wie bei der wagerechten Fräsmaschine in Abb. 498, nur hat der Winkeltisch eine einfache Stellspindel (Abb. 573 bis 576). Der Tisch kann auch mit selbsttätigem Längsgang ausgerüstet werden, um Arbeiten nach Abb. 565 usw. verrichten zu können. Hierzu müßte die Spindel L von der Welle a angetrieben werden. In Abb. 575 geschieht dies mit den Rädern r_{20} und r_{21}. Die Selbstauslösung vollzieht der Anschlag a_1, der den Schieber b_1 zurückdrückt und durch Ritzel r_1 und Zahnstange z_1 die Kupplung k_1 ausrückt. Der Vorschub wird durch die Umsteckscheiben $a\,b$ von der Frässpindel abgeleitet Das Ziehkeilgetriebe I (Abb. 120 und 121) gestattet mit dem Griff h_1 nach einer Tafel 4 Schaltungen. Die 2×4 Geschwindigkeiten gelangen durch die Gelenkwelle g auf das Ziehkeilwendegetriebe II. Mit dem Griff h_2 kann der Tisch auf Rechts- und Linksgang geschaltet werden.

Bei größeren Maschinen würde bei der Bauweise in den Abb. 567 und 568 die Stufenscheibe ziemlich hoch liegen und das Riemenumlegen erschweren. Der nächste Schritt in der Entwicklung der Maschine war, die Stufenscheibe am Fuß des Ständers anzuordnen und von hier aus die Frässpindel mit einem Winkelriemen zu treiben. Der lange Deckenriemen war aber unhandlich und der Winkelriemen bald verschlissen. Heute sitzen beide Stufenscheiben an dem Ständer der Maschine (Abb. 577). Der lange Deckenriemen treibt das Fußvorgelege und wird nur zum Ein- und Ausrücken der Maschine mit dem Griff l verschoben. Der kurze und leichte Stufenriemen kann bequemer verlegt werden. Bei der Gildemeister - Fräsmaschine (Abb. 577 und 578) treibt der Stufenriemen die obere Welle mit Geschwindigkeiten, die über 2 Kegelräder auf 3 ausrückbare Vorgelege gelangen. Die Frässpindel erfährt daher 3×4 Geschwindigkeiten.

Schwere Maschinen mit einem Arbeitsbedarf von mehr als 5 PS. erhalten zweckmäßig den Einscheibenantrieb. Die neue Gildemeister-Fräsmaschine mit Einscheibenantrieb (Abb. 579 und 580) hat 16 Antriebsgeschwindigkeiten für die Frässpindel. Die Einscheibenwelle I (Abb. 581 und 582) treibt durch 4 Räderpaare die Welle II, die durch 2 weitere Räderpaare auf die Welle III wirkt. Die Welle III erfährt daher 8 Geschwindigkeiten, die durch 3 Verschiebeblockräder gewechselt werden. Die Rädervorgelege $\dfrac{r_{14}}{r_{15}}$, $\dfrac{r_{16}}{r_{17}}$ werden mit der Kupplung k geschaltet, die mit einem Stift festgestellt wird.

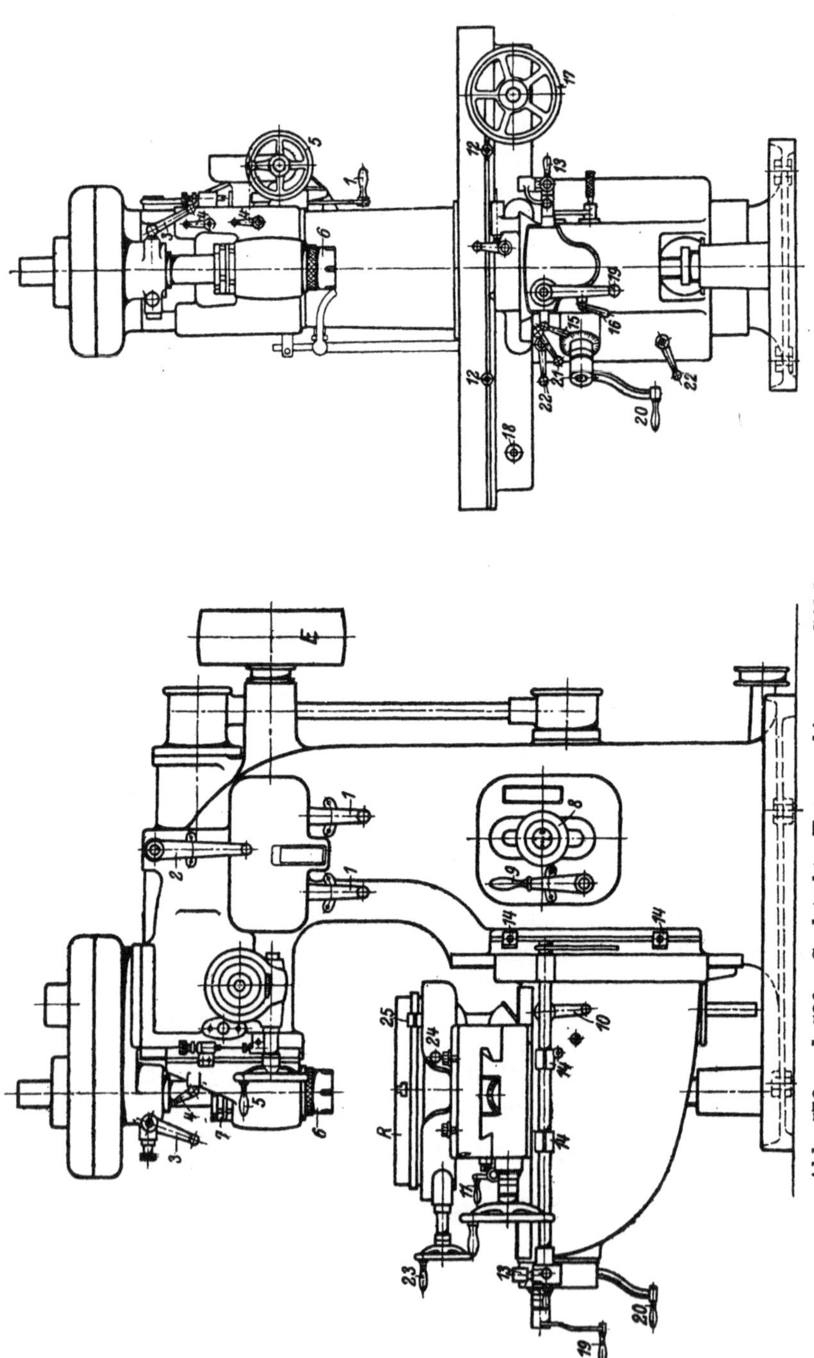

Abb. 579 und 580. Senkrechte Fräsmaschine von Gildemeister & Co., A. G., Bielefeld.
Bedienung: Hebel 1, 2 zum Wechsel der Spindelgeschwindigkeiten, Hebel 3 für Ausrücken der Vorgelege usw. nach Abb. 577.

Schaltplan zu den Abb. 581 und 582.

Stellung der Schalthebel h_1	h_2	h_3	h_4	Räderübersetzung	Umläufe der Maschine
				$\varphi_1 = \dfrac{r_5}{r_6}\cdot\dfrac{r_9}{r_{10}}\cdot\dfrac{r_{12}}{r_{13}}\cdot\dfrac{r_{14}}{r_{15}}$	$n_1 = n\,\varphi_1$
				$\varphi_2 = \dfrac{r_7}{r_8}\cdot\dfrac{r_9}{r_{10}}\cdot\dfrac{r_{12}}{r_{13}}\cdot\dfrac{r_{14}}{r_{15}}$	$n_2 = n\,\varphi_2$
				$\varphi_3 = \dfrac{r_3}{r_4}\cdot\dfrac{r_9}{r_{10}}\cdot\dfrac{r_{12}}{r_{13}}\cdot\dfrac{r_{14}}{r_{15}}$	$n_3 = n\,\varphi_3$
				$\varphi_4 = \dfrac{r_1}{r_2}\cdot\dfrac{r_9}{r_{10}}\cdot\dfrac{r_{12}}{r_{13}}\cdot\dfrac{r_{14}}{r_{15}}$	$n_4 = n\,\varphi_4$
				$\varphi_5 = \dfrac{r_5}{r_6}\cdot\dfrac{r_6}{r_{11}}\cdot\dfrac{r_{12}}{r_{13}}\cdot\dfrac{r_{14}}{r_{15}}$	$n_5 = n\,\varphi_5$
				$\varphi_6 = \dfrac{r_7}{r_8}\cdot\dfrac{r_6}{r_{11}}\cdot\dfrac{r_{12}}{r_{13}}\cdot\dfrac{r_{14}}{r_{15}}$	$n_6 = n\,\varphi_6$
				$\varphi_7 = \dfrac{r_3}{r_4}\cdot\dfrac{r_6}{r_{11}}\cdot\dfrac{r_{12}}{r_{13}}\cdot\dfrac{r_{14}}{r_{15}}$	$n_7 = n\,\varphi_7$
				$\varphi_8 = \dfrac{r_1}{r_2}\cdot\dfrac{r_6}{r_{11}}\cdot\dfrac{r_{12}}{r_{13}}\cdot\dfrac{r_{14}}{r_{15}}$	$n_8 = n\,\varphi_8$

Diese 8 Schaltungen wiederholen sich, nur ist der Hebel h_4 wagerecht zu stellen. Es ist dann $\varphi_9 = \dfrac{r_5}{r_6}\cdot\dfrac{r_9}{r_{10}}\cdot\dfrac{r_{12}}{r_{13}}\cdot\dfrac{r_{16}}{r_{17}}\;\ldots\ldots\;\varphi_{16} = \dfrac{r_1}{r_2}\cdot\dfrac{r_6}{r_{11}}\cdot\dfrac{r_{12}}{r_{13}}\cdot\dfrac{r_{16}}{r_{17}}$ und $n_9 = n\,\varphi_9 \ldots\ldots$ und $n_{16} = n\cdot\varphi_{16}$.

Die Griffe h_1 und h_2 sind nach Abb. 175 gesichert, so daß ein fahrlässiges Schalten ausgeschlossen ist.

Die Arbeitstische größerer Fräsmaschinen haben meist Selbstgang nach allen Richtungen. Sie sind daher für das Lang- und Querfräsen, sowie für das selbsttätige Hoch- und Tiefstellen eingerichtet, eine Aufgabe, die bereits in Abb. 524 gelöst ist. Der Vorschub wird von der Welle *III* des Hauptantriebes hergeleitet und mit einem Schaltwerk nach Abb. 513 gewechselt. Für das Rundfräsen ist auf dem Querschlitten ein Rundtisch *R* vorgesehen, der von einer Tischwelle seinen Antrieb erhält.

In der Entwicklung der senkrechten Fräsmaschinen ist man die gleichen Wege gegangen wie bei der wagerechten. Um sie auch für schwere Schnitte auszubauen, mußte der Winkeltisch fortfallen. Der Fräser ist daher mit dem Frässchlitten auf das Werkstück einzustellen. Der Arbeitstisch besteht wie bei der Planfräsmaschine aus einem

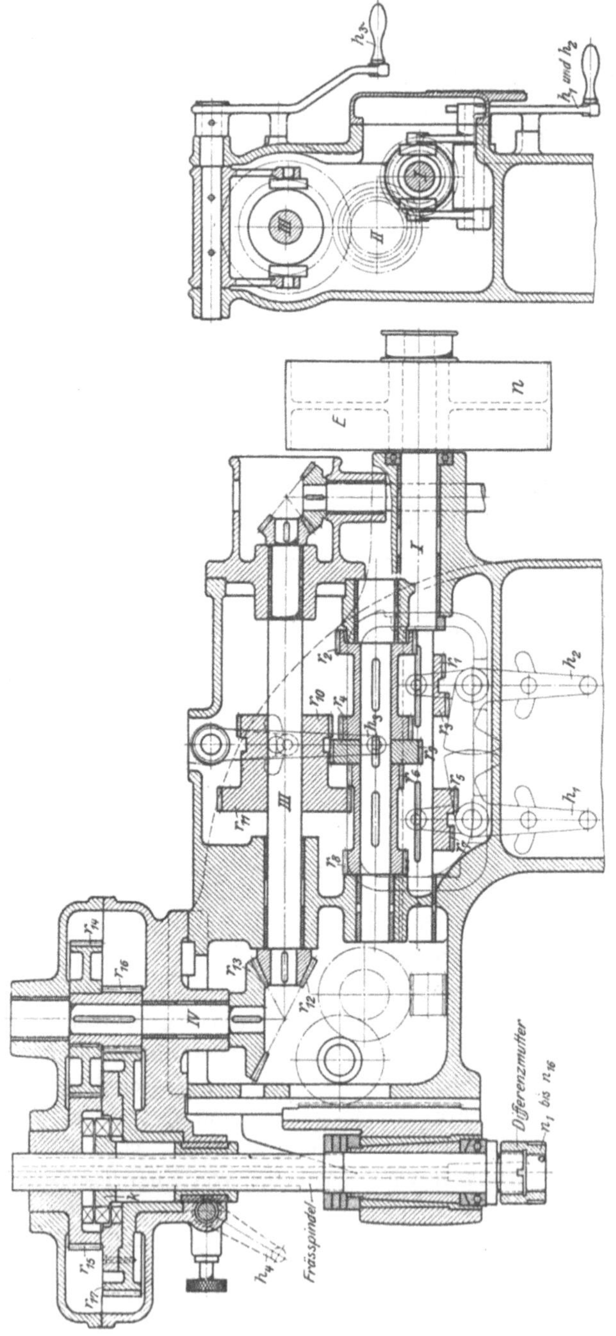

Abb. 581 und 582. Antrieb der Gildemeister-Fräsmaschine.

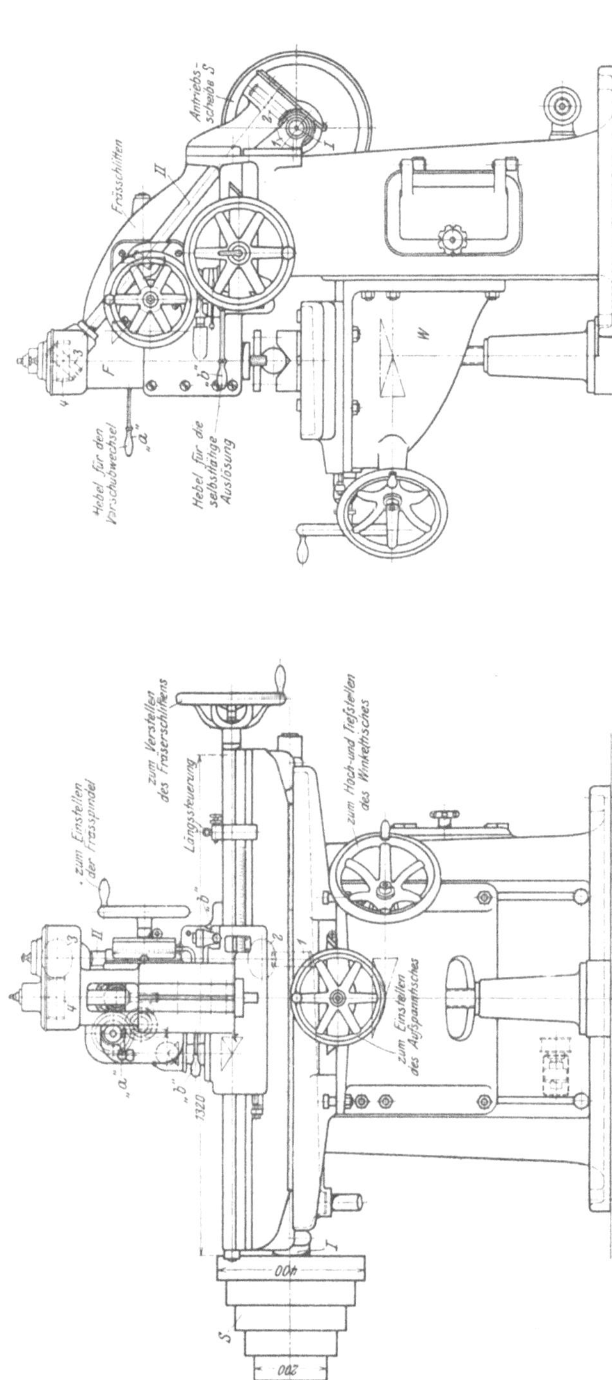

Abb. 583 und 584. Langlochfräsmaschine. de Fries & Co., A. G. Düsseldorf.

Kreuzschlitten, der auf dem Bett der Maschine sitzt. Die schweren senkrechten Fräsmaschinen haben daher ihr Vorbild in der Stoßmaschine, deren Stößel durch den Frässchlitten ersetzt ist (Abb. 878).

3. Sonderfräsmaschinen.

α) Die Langlochfräsmaschine.

Das Fräsen von Keilnuten ist für viele Betriebe eine alltägliche Arbeit, die wirtschaftlich auf einer Sondermaschine vorgenommen wird. Die Langlochfräsmaschine (Abb. 583 und 584) hat hierzu eine senkrechte Frässpindel, die sich bequem auf die Welle einstellen läßt. Der Antrieb der Hauptbewegung erfolgt von der hinteren Stufenscheibe S, die durch die schräge Welle II und die Räderpaare $\dfrac{1}{2}, \dfrac{3}{4}$ die Frässpindel F treibt.

Das Fräsen von Keilnuten setzt außer der kreisenden Hauptbewegung noch 2 Vorschübe voraus: 1. einen senkrechten Vorschub, durch den der Fräser auf die Tiefe der Nut in die Welle eindringt, 2. einen wagerechten Vorschub von der Länge der Keilnut.

Die beiden Vorschübe vollzieht die Maschine mit der Frässpindel, die auf dem Kastenbette mit einem Frässchlitten geführt ist. Wird die Maschine eingerückt, so dringt durch die Senkrechtsteuerung der Frässpindel der Fräser zuerst auf die Tiefe der Nut in die Welle ein. Ist die Tiefe erreicht, so wird durch Anschläge die Senkrechtsteuerung der Spindel ausgerückt und die Steuerung für den Längsvorschub des Schlittens eingeschaltet. Sobald die Nut die eingestellte Länge hat, wird durch einen anderen Anschlag der wagerechte Vorschub des Schlittens ausgelöst. Die Langlochfräsmaschine liefert daher mit einem Schnitt die Nut in ihrer vollen Länge und Tiefe.

β) Die Langfräsmaschinen.

Die Langfräsmaschinen (Abb. 585 und 586) sind Planfräsmaschinen von größerem Hub und daher den Hobelmaschinen nachgebaut. Sie sind Arbeitsmaschinen der Großfräserei, die das Werkstück gleichzeitig mit mehreren Fräsern oder Messerköpfen anfassen.

So zeigen die Abb. 587 bis 596 einige Arbeitsbeispiele für Langfräsmaschinen. In den Abb 587 bis 594 werden die Arbeitsflächen a bis d von Lagern mit 2 Messerköpfen gefräst und in den Abb. 595 und 596 die Führung eines Kreuzkopfes. Hier ist stets ein Stück neu aufzuspannen, während das andere bearbeitet wird.

Derartige Fräsarbeiten verlangen in dem Aufbau der Maschine 2 wagerechte Frässpindeln, die sich seitlich und in der Höhe an das Werkstück anstellen lassen. Um die Fräser auf die Höhe des Werkstücks einstellen zu können, sind die Frässpindeln F auf Schlitten ge-

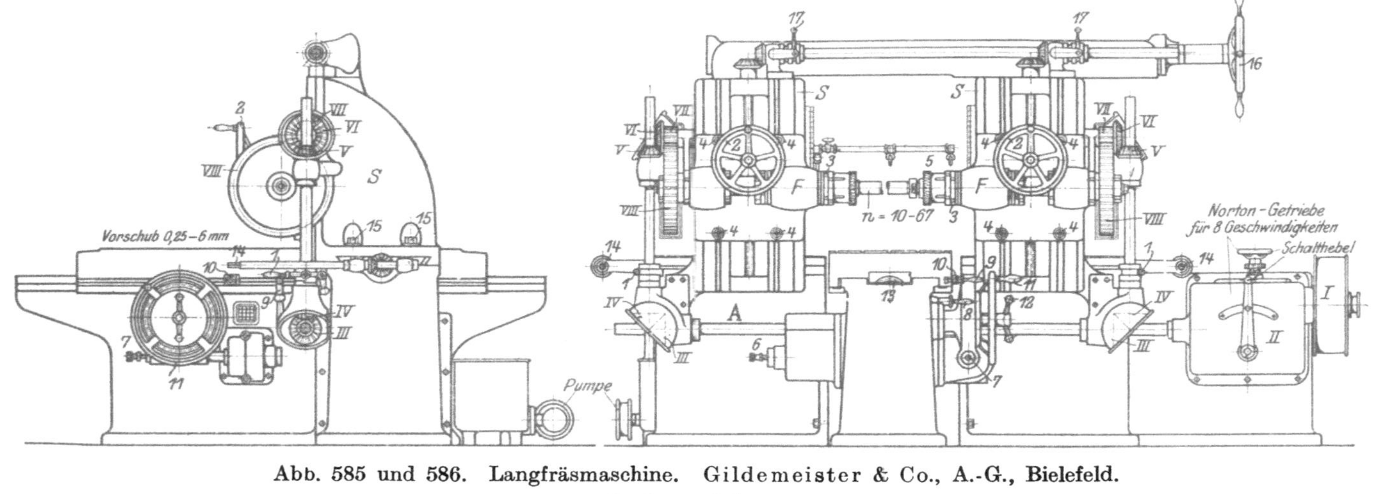

Abb. 585 und 586. Langfräsmaschine. Gildemeister & Co., A.-G., Bielefeld.

Bedienungsplan.

Hauptantrieb I bis VIII.

1. Hebel zum Ein- und Auslösen der Spindelgeschwindigkeiten.

Spindelschlitten.

2. Handrad zum Verstellen des Spindelschlittens.
3. Muttern zum Feineinstellen der Arbeitsspindel.
4. Schrauben zum Festziehen der Spindelschlitten.
5. Schraube zum Festziehen und Lösen des Fräsdornes.

Tisch-Antrieb.

6. Ziehkeil für schnellen und langsamen Vorschub.
7. Ziehkeil zum Wechseln des Vorschubes.
8. Hebel für Vorschub und schnelle Tischverstellung.
9. Hebel für Rechts- und Linksvorschub.
10. Anschläge für Vorschubauslösung.
11. Handrad für Tischverstellung von Hand.

12. Bremshebel zum Ein-u. Auslösen des Vorschubes.
13. Schneckenzahnstange zur Tischbewegung.

Fräsständer und -Schlitten.

14. Vierkant zur Verstellung der Fräsständer S.
15. Schrauben zum Festziehen der Fräsständer.
16. Handrad zum gemeinsamen Verstellen der Schlitten.
17. Kupplungshebel zum Ein- und Ausschalten der gemeinsamen Schlittenverstellung.

lagert, die sich auf den beiden Ständern S hoch- und tiefstellen lassen. Zum seitlichen Anstellen der Fräser sind die Ständer auf den Führungen der Seitenbetten quer zum Tisch zu verstellen und festzuklemmen. Diese doppelte Verstellbarkeit verlangt allerdings, daß sich der Antrieb der Frässpindel mit den Ständern auf der Querwelle A verschieben läßt.

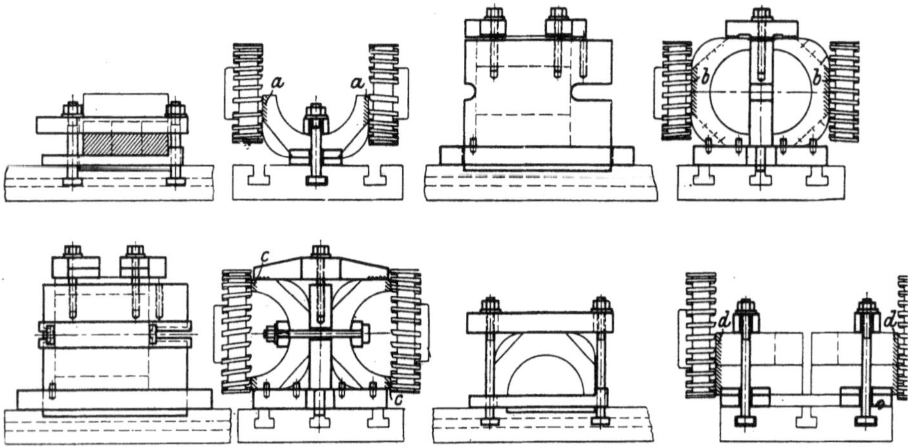

Abb. 587 bis 594. Bearbeitung von Lagern.

Der Arbeitstisch erhält die 6 Vorschübe von der Querwelle aus, die über das Ziehkeil-Schaltwerk und Schneckengetriebe auf die Schneckenzahnstange des Tisches wirkt.

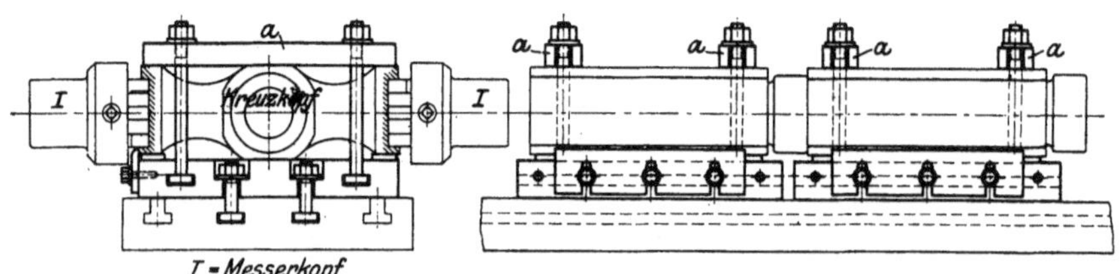

Abb. 595 und 596. Bearbeitung der Führungen eines Kreuzkopfes.

Größere Fräswerke haben vielfach 2 wagerechte und 2 senkrechte Frässpindeln, welche die Leistung dieser Maschinen außerordentlich steigern. Sie können daher gleichzeitig zum Plan- und Parallelfräsen dienen oder Schlitten mit 2 Spannuten (Abb. 492 und 493) mit einem Gang fräsen. Die beiden wagerechten Spindeln sitzen mit ihren Schlitten auf den Seitenständern der Maschine. Auf ihnen ist auch der Querträger geführt, der die beiden Schlitten mit den senkrechten Spindeln trägt. Die Maschine gleicht in ihrer Bauweise der Hobelmaschine in Abb. 825.

γ) **Die Rundfräsmaschine.**

Die Rundfräsmaschine (Abb. 597) ist eine Art Drehbank, die mit einem Formfräser arbeitet (Abb. 491). Das Werkzeug muß daher bei dieser Drehbank die kreisende Hauptbewegung ausführen und das Werkstück den langsam kreisenden Vorschub.

Das Rundfräsen gleicht dem Formdrehen mit dem Formstahl. Die zu fräsende Form ist schon durch den Formstahl festgelegt, so daß der Dreher sie nicht mit seiner Handfertigkeit herauszuholen braucht. Er hat die Maschine nur einzustellen und kann daher 4 bis 6 zugleich bedienen. Formfräser sind teuere Werkzeuge, die sich nur bei ausreichender Arbeitsgelegenheit lohnen. Heute tritt jedoch die Schnelldrehbank mit der Rundfräsmaschine scharf in den Wettbewerb.

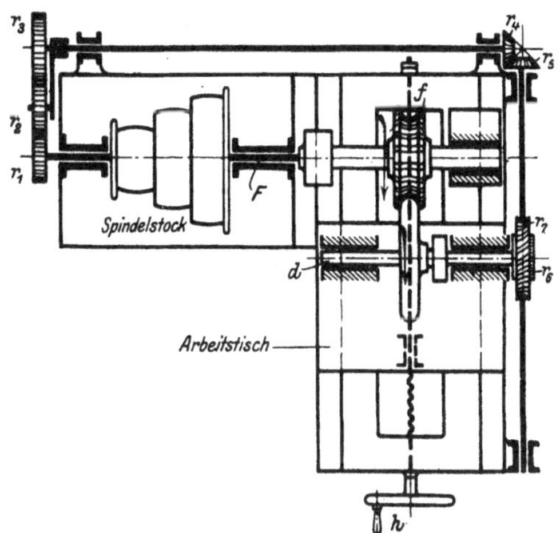

Abb. 597. Plan einer Rundfräsmaschine.

$$\text{Die Arbeitszeit der Rundfräsmaschine} = \frac{\text{Umfang des Werkstückes}}{\text{Geschwindigkeit ,, ,,}}$$

$$= \frac{\pi d}{u}\ (\text{Min}); \text{ hierin } u = 20 \text{ bis } 60\ \frac{\text{mm}}{\text{min}}$$

δ) **Die Formfräsmaschinen.**

Die Formfräsmaschinen sind Sondermaschinen für Massenarbeiten. Ihre Anwendung erstreckt sich, wie schon der Name sagt, auf das Fräsen gleichartig geformter Werkstücke. Die Maschinen müssen daher grundsätzlich mit der Formdrehbank übereinstimmen. Bei beiden Maschinen dient auch zur Formgebung eine Lehre, die den wechselseitigen Vorschub des Werkzeuges hervorbringt. Durch diese Arbeitsweise erhält die Formfräsmaschine folgenden Aufbau (Abb. 598 und 599). Der Frässchlitten trägt neben der eigentlichen Frässpindel eine Kopier-

oder Führungsspindel. Sie hat die Aufgabe, dem Fräser den Quervorschub II zu erteilen und zwar nach der Form der Lehre. Hierzu sitzt auf dem Arbeitstisch neben dem Werkstück W die Lehre S,

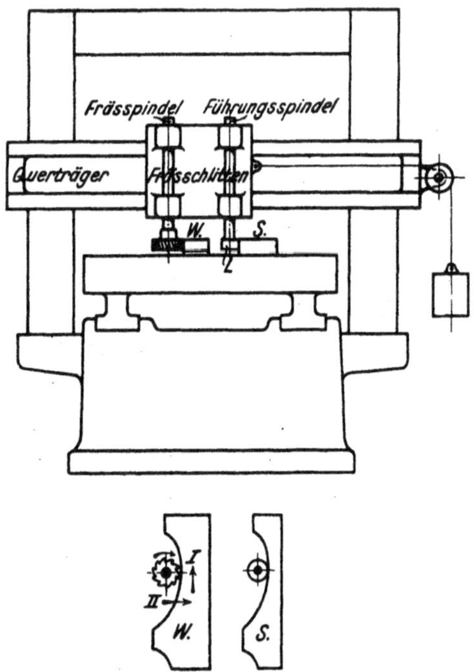

Abb. 598 und 599.   Plan der Formfräsmaschine.

gegen die durch ein Spanngewicht oder durch Federdruck die Leitrolle L der Führungsspindel gedrückt wird. Auf Grund dieser Bauart arbeiten die Formfräsmaschinen wie die Formdrehbänke gleichzeitig mit zwei senkrecht zueinander gerichteten Vorschüben. Von ihnen hat das Werkstück W den Hauptvorschub I, der vom Arbeitstisch vollzogen wird, der Fräser dagegen erhält außer der Hauptbewegung noch den Quervorschub II, den die Lehre S erzeugt.

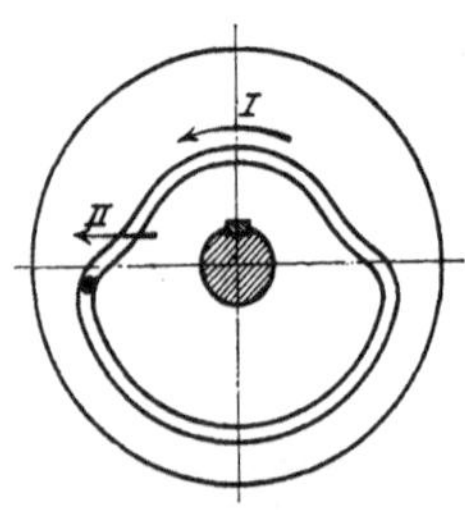

Abb. 600.   Fräsen von unrunden Nuten.

Nach denselben Grundzügen sind auch die Formfräsmaschinen zum Fräsen unrunder Steuernuten (Abb. 600) zu entwerfen. Hierbei ist allerdings der gerade Vorschub durch eine langsame Drehbewegung des Werkstückes im Sinne des Pfeiles I zu ersetzen. Diese Arbeitsweise versinnbildlicht Abb. 601. Der Fräser hat hier nur die Hauptbewegung, das Werkstück hingegen beide Vorschübe. Von ihnen wird der Hauptvorschub I von dem Querschlitten erzeugt. Er ist nämlich zum Rundfräsen mit einer Spindel ausgestattet, die die zu fräsende Nutenscheibe langsam in Richtung *I* dreht. Ihr Antrieb erfolgt von der Maschine durch den Riemen *1* und das Schneckengetriebe *2, 3*.

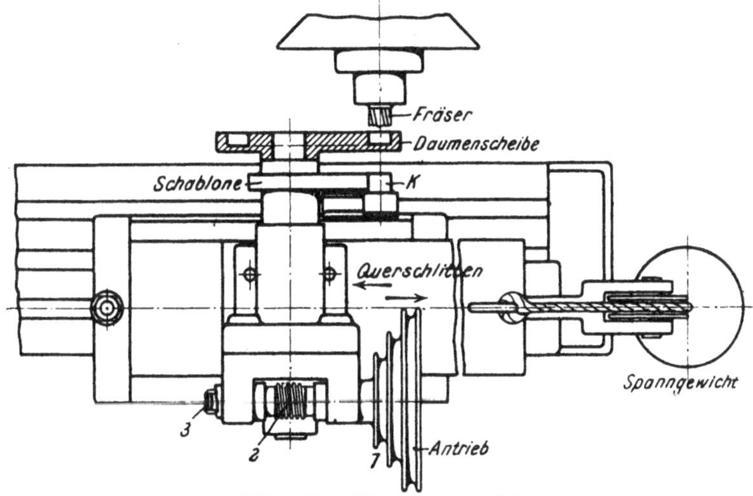

Abb. 601. Nutenfräsmaschine.

Den Quervorschub *II* besorgt ebenfalls der Schlitten und zwar mit einer Lehre. Sie dreht sich mit dem Werkstück und besitzt außen die Form der zu fräsenden Nut. Durch den Querschlitten, der durch

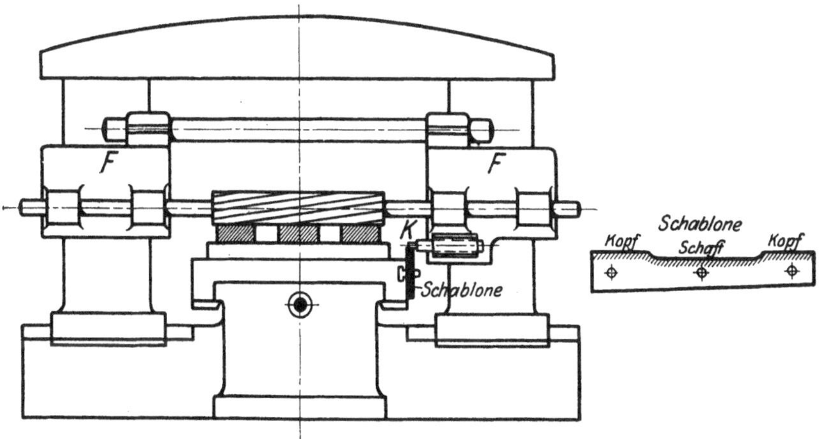

Abb. 602. Fräswerk für Formarbeiten.

das Spanngewicht ständig nach rechts gezogen wird, legt sich daher die langsam kreisende Lehre gegen den Leitstift *K*. Auf diese Weise vollzieht das Werkstück zugleich beide Vorschübe zwangläufig, so daß der Fräser die Nut nach Maßgabe der Lehre herausfräsen muß.

Auch die Fräswerke (Abb. 602) werden viel zum Fräsen nach Lehren benutzt. Hierzu sind in Abb. 586 einige kleine Abänderungen nötig. Die beiden Frässchlitten F sind zunächst durch einen Querarm zu verbinden, die Muttern der Stellspindeln auszurücken und an einem der Schlitten ist ein Leitstift K anzubringen. Wird nun seitlich an dem Tisch die Lehre stehend festgespannt, so werden beim Fräsen die beiden Frässchlitten durch den Leitstift entsprechend der Form der Lehre gehoben und gesenkt. Auf diese Weise werden z. B. mehrere nebeneinander gespannte Lokomotiv-Schubstangen nach Lehre gefräst.

ε) Die Gewindefräsmaschine.

Das Gewindefräsen ist ein Gewindeschneiden, bei dem der Gewindeschneidstahl der Drehbank durch den Gewindefräser ersetzt wird

Abb. 603. Gewindefräser.

(Abb. 603). Es ist dies ein Fräser mit versetzten Zähnen, die nur mit einer Seitenkante schneiden. Nur der Kontrollzahn A hat 2 Schneiden, die der Gewindelücke genau entsprechen.

Beim Gewindefräsen vollzieht der Fräser als mehrschneidiges Werkzeug die Hauptbewegung. Wie beim Spiralfräsen, sind auch hier 2 Vorschübe erforderlich. Den Vorschub in der Längsrichtung vollzieht der Fräser mit dem Frässchlitten, während der kreisende Vorschub vom Werk-

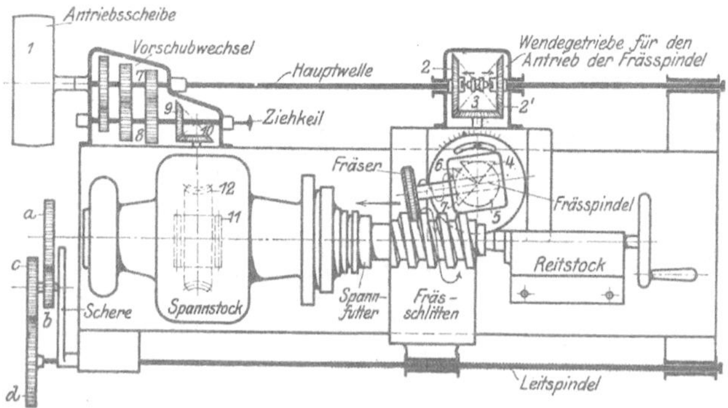

Abb. 604. Plan einer Gewindefräsmaschine.

stück ausgeführt wird. Dabei muß der Fräser schrägstehen und zwar unter dem Steigungswinkel des zu schneidenden Gewindes.

Der grundsätzliche Zusammenhang zwischen dem Gewindefräsen und dem Gewindeschneiden auf der Drehbank zeigt sich auch in dem Aufbau der Gewindefräsmaschine (Abb. 604 und 605). Zum Festspannen der Werkstücke trägt die Hohlspindel des Spannstockes ein Spannfutter, und zum Abstützen der Gegenseite ist ein Reitstock vorgesehen. Den langsam kreisenden Vorschub erfährt das Werkstück von der Hauptwelle über das Ziehkeilgetriebe *7, 8* durch die Kegelräder *9, 10* und das Schneckengetriebe *11, 12.* Der mit der Schnittgeschwindigkeit kreisende Fräser ist in der Frässpindel eingespannt, die zum Schrägstellen auf einer Drehscheibe des Frässchlittens sitzt. Die Hauptbewegung empfängt der Fräser von dem Antriebe *1* bis *7* und den Längsvorschub von der Leitspindel, die durch die Wechselräder *a, b, c, d* von der Hohlspindel des Spannstockes angetrieben wird. Der Fräser muß auch hier mit dem Schlitten bei jedem Umlauf des Werkstückes um die zu

Abb. 605.   Gewindefräsmaschine der Wanderer-Werke, Chemnitz.

schneidende Steigung vorgeschoben werden. Die Berechnung der Wechselräder $\dfrac{a}{b}\dfrac{c}{d}$ ist daher in gleicher Weise wie bei der Drehbank vorzunehmen.

Zum Unterschied von der Drehbank liefert die Gewindefräsmaschine mit einem Schnitt fertiges Gewinde, dessen Form bereits durch den Formfräser festgelegt ist. Die Genauigkeit der Drehbank wird wegen des Werfens der Spindeln selten erreicht, doch wird der Genauigkeitsgrad durch sauber vorgeschliffene Spindeln wesentlich erhöht.

Für die Bedienung der Maschine genügt das Einstellen und Anlassen; ein Dreher kann daher eine Gewindefräsmaschine nebenbei bedienen oder auch mehrere zugleich.

Die Fräszeit wächst mit dem Umfang $\pi\,d$ und der Länge L des

Werkstückes, sie nimmt dagegen mit wachsender Steigung S und Vorschubgeschwindigkeit, d. h. Umfangsgeschwindigkeit u der Spindel, ab. u beträgt 80 bis 120 mm i. d. Min

$$\text{Fräszeit} = \frac{\pi d \cdot L}{u \cdot S}.$$

Aufgabe: Es ist eine Spindel von 30 mm Außendurchmesser und 200 mm Länge und 5 mm Steigung zu fräsen bei einer Vorschubgeschwindigkeit von 120 mm.

$$\text{Fräszeit} = \frac{\pi \cdot 30 \cdot 200}{120 \cdot 5} = 31 \text{ Min.}$$

Hat nun der Dreher die Gewindefräsmaschine nebenbei bedient, und wird hierfür $\frac{1}{5}$ seines Stundenlohnes von 60 Pfg. gerechnet, so kostet das Fräsen der Spindel 6,2 Pfg. Zum Schneiden derselben Spindel gebraucht die Drehbank etwa 1 Std. und 30 Min., so daß sich die Kosten auf 90 Pfg. stellen würden.

ζ) Die Zahnräderfräsmaschinen.

Mit der Einführung des Schnellbetriebes hat die Zahnräderfräsmaschine eine außergewöhnliche Bedeutung gewonnen. Bei den hohen Arbeitsgeschwindigkeiten unserer heutigen Maschinen und Triebwerke genügt der rohe Zahn für ruhigen Gang nicht mehr Der Schnellbetrieb verlangt hierfür genau geschnittene Zähne, die auf den Zahnräderfräsmaschinen herzustellen sind.

Die Zahnräderfräsmaschinen arbeiten entweder nach dem Teilverfahren oder nach dem Wälzverfahren. Die Werkzeuge für das Teilverfahren sind die Scheibenfräser und die Kopf- oder Fingerfräser, die Werkzeuge für das Wälzverfahren sind der Schneckenfräser und das Schlagmesser.

1. Die verschiedenen Fräsverfahren
a) für Stirnräder.

Um ein Stirnrad nach dem Teilverfahren zu fräsen, muß der Scheibenfräser außer der kreisenden Hauptbewegung *1* einen senkrechten Vorschub *2* ausführen. Durch diese Schaltung *2* wird der Fräser durch den Radkranz geschoben und die Zahnlücke herausgeschnitten. Für jeden weiteren Schnitt muß der Fräser schnell in seine Anfangsstellung zurückgeführt und das zu fräsende Rad nach *3* geteilt werden (Abb. 606 und 607). Die Teilschaltung *3* darf erst einsetzen, wenn der zurücklaufende Fräser das Zahnrad freigegeben hat und muß beendet sein, bevor der neue Schnitt beginnt. Das Spiel wiederholt sich bei einem Rade mit z Zähnen z mal.

Als Werkzeug verlangt das Teilverfahren, wie bereits erwähnt, einen hinterdrehten Scheibenfräser, dessen Zahnform der Zahnlücke entspricht. Da sich die Zahnlücke mit der Zähnezahl des Rades ändert, so verlangt, streng genommen, jede andere Zähnezahl derselben Stichzahl einen neuen Fräser. Für die praktische Genauigkeit genügt es

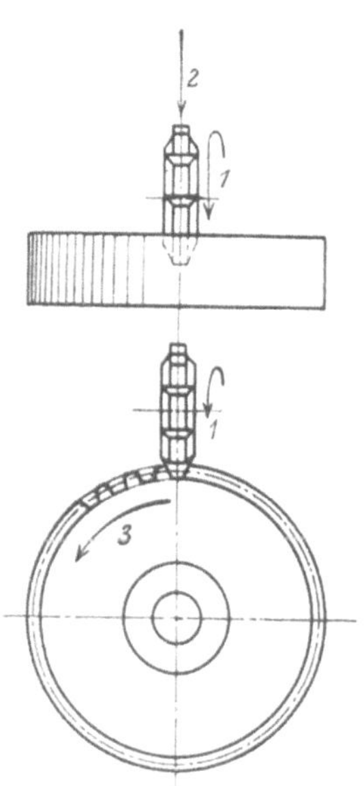

Abb. 606 und 607. Fräsen der Stirnräder nach dem Teilverfahren.

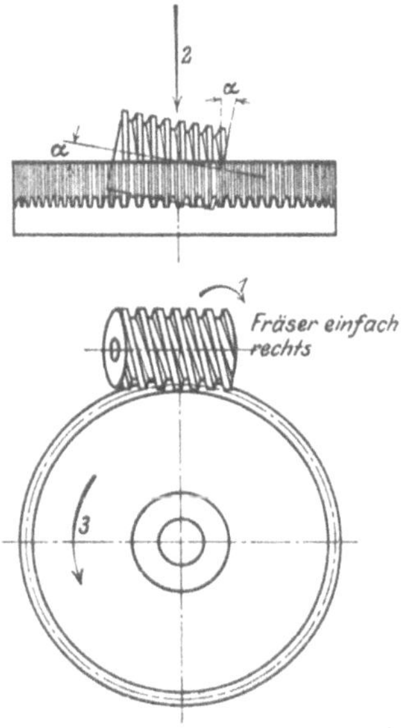

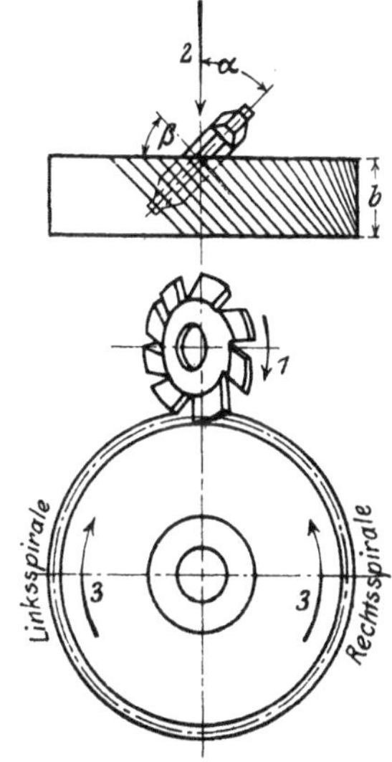

Abb. 609 und 610. Fräsen der Stirnräder nach dem Wälzverfahren.

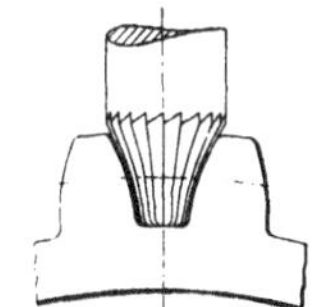

Abb. 608. Fräsen der Stirnräder mit dem Kopffräser.

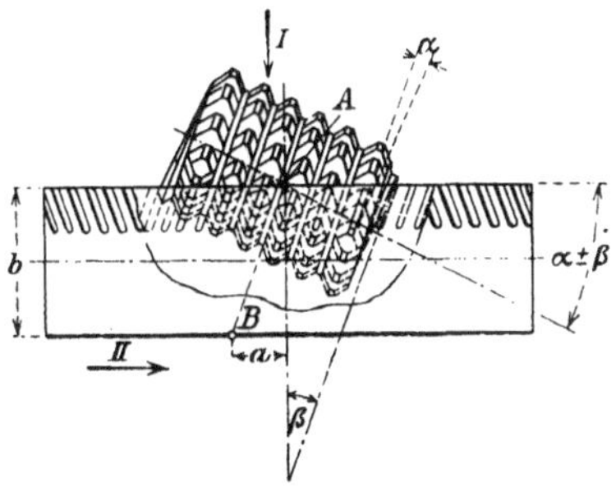

Abb. 611. Fräsen der Schraubenräder nach dem Wälzverfahren.

Abb. 612 und 613. Fräsen der Schraubenräder nach dem Teilverfahren.

jedoch, wenn der für eine bestimmte Zähnezahl entworfene Fräser auch die benachbarten Zähnezahlen mitfräst. So erfordert das Teilverfahren, je nach der gewünschten Genauigkeit, für jede Stichzahl einen Satz von 8 oder 15 Fräsern.

Um bei hartem Rohstoff und großen Teilungen den Fräser zu entlasten und das Verfahren leistungsfähiger zu gestalten, sitzt neben dem Fertigfräser ein Vorfräser, der die Lücke vorschneidet. Für genaue Verzahnungen ist noch ein feiner Schlichtgang zu empfehlen. Gegen schädliche Erwärmungen ist das Rad jedesmal um 3, 4 oder 5 Zähne zu teilen.

Das Teilverfahren mit dem Kopf- oder Fingerfräser (Abb. 608), der auf die Form der Zahnlücke gedreht ist, vollzieht sich in gleicher Weise. Der Fräser dringt zuerst bis auf die Zahntiefe auf das Rad ein und schneidet dann mit senkrechtem Vorschub die Lücke durch. Hierauf geht der Fräser aus der Zahnlücke zurück und steuert in den schnellen Rücklauf um. Am Ende des Rücklaufs wird das Rad geteilt.

Bei dem Wälzverfahren wälzt sich der Schneckenfräser auf dem Kranze des langsam kreisenden Rades ab. Das Teilen geschieht infolgedessen nicht mehr ruckweise sondern stetig (Abb. 609 und 610). Da die Zahnflanken durch Abwälzen des Schneckenfräsers entstehen, dessen Grundform eine Evolventenzahnstange ist, so genügt für alle Zähnezahlen derselben Stichzahl der gleiche Fräser.

Das Wälzverfahren ist dem Zusammenarbeiten von Schnecke und Rad nachgebildet. Dreht sich nämlich die eingängige Schnecke z mal, so macht das Rad eine volle Umdrehung. Denkt man sich die Schnecke als Fräser, so müßte er die Zahnlücken herausschneiden, wenn er in der Achsenrichtung des Rades vorgeschoben wird.

Dieser Gedanke wird zum Fräsen von Stirnrädern in der Weise ausgenutzt, daß bei einer Umdrehung des Rades (nach *3*) der Schneckenfräser z Umdrehungen nach *1* macht und dabei in Richtung *2* vorgeschoben wird. Infolgedessen schneidet er bei der ersten Umdrehung des Rades sämtliche Zähne an, und bei jeder weiteren führt er den begonnenen Schnitt um den Vorschub weiter. Dieses Spiel wiederholt sich so lange, bis das Rad fertig gefräst ist. Damit die Zähne des Stirnrades parallel zur Achse verlaufen, ist der Schneckenfräser um seinen Steigungswinkel a schräg zu stellen (Abb. 609). Die Schneckengänge laufen daher in der Mitte mit der Radachse gleich.

b) für Schraubenräder.

Das Fräsen von Schraubenrädern läßt sich nach dem Wälzverfahren in der Weise bewirken, daß der Fräser nicht mehr gerade vorgeschoben wird, sondern auf einer Schraubenlinie, die um den Radkörper gelegt ist. Dies wird praktisch möglich, sobald der Schraubenweg $A\,B$ des Fräsers in die Teilwege a und b zerlegt wird (Abb. 611). Soll daher der Fräser die Schraubenlücke $A\,B$ schneiden, so muß das

Rad um den Sprung a voreilen, während der Fräser um die Radbreite b vorgeschoben wird. Das Rad macht also außer der Teilbewegung eine Zusatzbewegung für die Schraubenwindung der Zähne. Diese Zusatzbewegung beträgt einen vollen Umlauf des Rades, wenn der Fräser um die Steigung der Schraubenlinie vorgeschoben würde. Der Fräser muß auch hier wie beim Spiralfräsen schräg zum Rade stehen. Sind

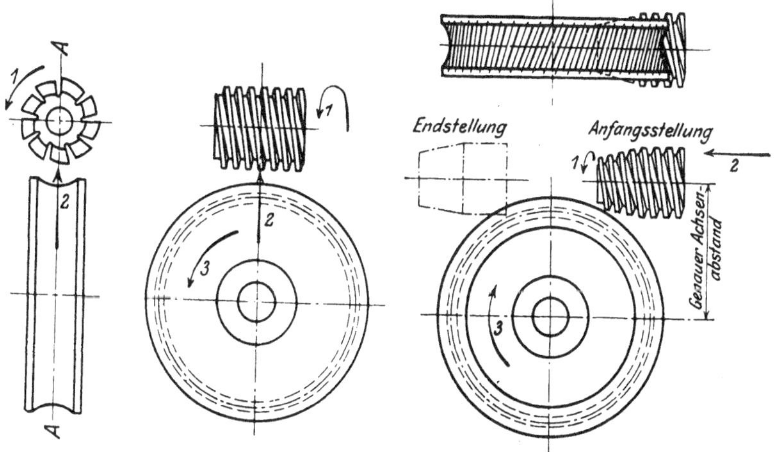

Abb. 614 und 615. Fräsen der Schnekkenräder mit zylindrischem Fräser.

Abb. 616 und 617. Fräsen der Schnekkenräder mit kegeligem Fräser.

Rad und Fräser rechtsgängig oder beide linksgängig, so ist der Fräser auf $\beta - \alpha$ einzustellen; sind beide entgegengesetzt, auf $\beta + \alpha$.

Schraubenräder werden nach dem Teilverfahren wie Stirnräder geschnitten (Abb. 612 und 613). Der Scheibenfräser muß unter dem Spiralwinkel β, d. h. $\alpha = \beta$, stehen und das Rad sich um den Sprung drehen, wenn der Fräser um die Radbreite vorgeschoben wird (s. auch S. 298).

Mit dem Kopffräser ist das Verfahren das gleiche.

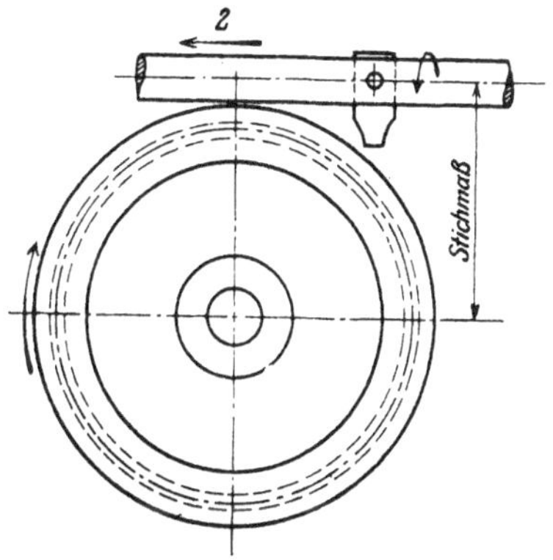

Abb. 618. Fräsen der Schneckenräder mit Schlagmesser.

c) für Schneckenräder.

Beim Fräsen von Schneckenrädern ist der Frässchlitten auf 0^0 einzustellen, so daß der Schneckenfräser rechtwinklig zur Radachse steht. Hierauf ist der Fräser genau auf die Mittelebene $A\,A$ des Rades auszurichten. Beim Wälzen muß der Fräser z Umdrehungen machen, während das Rad sich einmal dreht. Dabei geht das Rad jedesmal um den Vorschub nach 2 auf den zylindrischen Schneckenfräser zu, bis die hohle Zahnform in ihrer richtigen Tiefe geschnitten ist (Abb. 614 und 615).

Bei dem Reinecker - Verfahren dient als Werkzeug ein kegeliger Schneckenfräser nach Art eines Gewindebohrers (Abb. 616 und 617). Soll er beim Abwälzen auf dem Zahnkranz die richtige Zahntiefe schaffen, so muß er in seiner Achsenrichtung 2 auf das Rad zugehen, damit die vollen Fräserzähne zum Schnitt kommen. Das Rad muß außer der Teilbewegung noch eine dem Fräservorschub entsprechende Zusatzbewegung machen.

Schneckenräder können auch mit dem Einzelzahn oder Schlagmesser geschnitten werden. Das Verfahren ist dem vorhergehenden gleich. Der Einzelzahn oder das Schlagmesser (Abb. 618) geht in der Vorschubrichtung 2 vor, während das Rad die Teilbewegung und Zusatzbewegung macht.

Die wirtschaftliche Herstellung von Zahnrädern ist für viele Fabrikbetriebe eine Frage von weittragender Bedeutung. Brauchte doch eine unserer ersten Werkzeugmaschinenfabriken im Jahre 1906 nicht weniger als 32 300 Stirnräder und 6900 Kegel-Schrauben- und Schneckenräder. Es dürfte sich daher wohl lohnen, die Vorzüge beider Verfahren gegenüberzustellen, um daraus Schlüsse für die wirtschaftliche Verwendbarkeit zu ziehen.

Das Teilverfahren verursacht bei selten gebrauchten Zähnezahlen und bei ungewöhnlichen Zahnformen geringere Werkzeugkosten, da für diese Einzelräder ein Scheibenfräser billiger ist als ein Schneckenfräser. Bei großen Zahnbreiten und großen Zähnezahlen ist auch die Leistung des Teilverfahren größer als die des Wälzverfahrens, hingegen nicht bei kleinen und mittleren Zähnezahlen und Zahnbreiten. Bei Satzrädern ist das Wälzverfahren mit geringeren Werkzeugkosten verbunden, da für alle Zähnezahlen nur ein Fräser erforderlich ist. Zieht man hieraus die Schlüsse auf die Wirtschaftlichkeit, so wären häufig vorkommende Teilungen, d. h. Satzräder, sowie kleinere und mittlere Zähnezahlen und Zahnbreiten nach dem Wälzverfahren zu fräsen, hingegen seltene Zähnezahlen und Zahnformen, sowie große Zahnbreiten und Zähnezahlen nach dem Teilverfahren. Doch ist zu beachten, daß das Wälzverfahren bei Rädern mit weniger als 25 Zähnen unterschnittene Zahnfüße liefert. Über die Genauigkeit der beiden Verfahren ist zu bemerken, daß der Scheibenfräser nur bei einer Zähnezahl theoretisch genaue Arbeit liefert, dagegen der Schneckenfräser bei allen; jedoch bietet seine genaue Herstellung größere Schwierigkeiten. So kommt es auch, daß zwei nach verschiedenen Verfahren geschnittene Räder selten gut zusammen arbeiten.

Zahlentafel XIII [1]).

Vergleich des Wälzverfahrens mit dem Teilverfahren.
Fräszeiten für 1 Zahn in Minuten.

Stoff des Rades	Flußeisen und weicher Flußstahl		Gußeisen		Stahlguß		Bemerkung
Stoff des Fräsers	Schnellstahl		Werkzeugstahl oder Schnellstahl		Werkzeugstahl oder Schnellstahl		
	Wälzverfahren	Teilverfahren	Wälzverfahren	Teilverfahren	Wälzverfahren	Teilverfahren	
Modul 3	0,8	0,87	0,9	1,0	1,65	1,92	Radbreite = 3 *t*.
„ 5	1,54	1,72	1,88	1,95	3,24	3,82	
„ 10	4,9	5,8	6,1	6,6	11,0	12,4	
„ 15	12,3	12,1	14,9	14,6	23,3	25,7	
„ 20	23,4	23,1	26,8	26,4	43,0	42,3	
„ 25	42,0	41,0	45,0	45,0	76,0	75,0	

2. Die Bauarten der Räderfräsmaschinen.

a) Die allgemeine Räderfräsmaschine.

Die allgemeine Räderfräsmaschine gestattet, Stirn-, Schrauben- und
Schneckenräder nach dem Wälzverfahren und die Stirn- und Schraubenräder auch nach dem Teilverfahren zu schneiden. Die allgemeine Räderfräsmaschine der Firma J. E. Reinecker in Chemnitz - Gablenz
hat als äußere Merkmale einen verschiebbaren Ständer und einen senkrechten Aufspanndorn (Abb. 619 bis 621 und Tafel XIV und XV). Der
senkrechte Aufspanndorn ermöglicht eine gute Abstützung der Werk-
räder durch Spannböcke und dergl., der verschiebbare Ständer läßt
als Arbeitstisch einen einfachen Drehtisch zu, der gegen den einseitigen
Schnittdruck durch einen kräftigen Zapfen und eine Rundbahn gut
abgestützt werden kann. Die große Vielseitigkeit der Maschine setzt
naturgemäß ein umfangreiches Trieb- und Schaltwerk voraus. Je einfacher und übersichtlicher diese Räderwerke sind, um so besser ist die
Maschine durchgearbeitet. Der Antrieb der Hauptbewegung (Tafel XIV
und XV) des Fräsers geht von der Stufenscheibe *1* aus und umfaßt die
Wellen *I* bis *VII* und die Räder *2* bis *18*, von denen das innen verzahnte
Rad *18* die Frässpindel treibt. Mit dem doppelten Deckenvorgelege
und der vierläufigen Stufenscheibe *1* stehen für den Fräser 8 Schnittgeschwindigkeiten verfügbar.

Beim Fräsen der Stirnräder nach dem Wälzverfahren muß 1. der
Schneckenfräser unter dem Steigungswinkel *a* schräg zum Rade stehen,
2. der Frässchlitten den senkrechten Vorschub *2* (Abb. 609) und 3. der

---

[1]) Z. d. V. d. Ing. 1911, S. 2182.

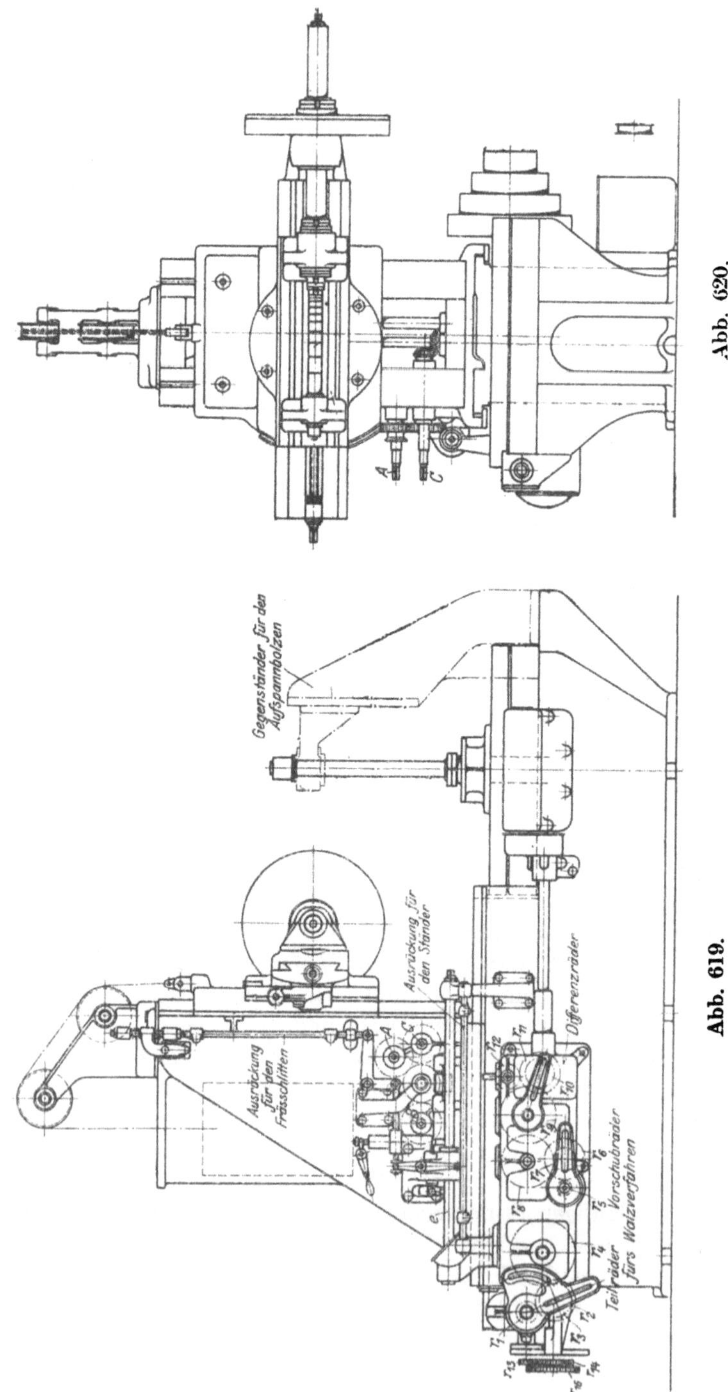

Abb. 620.

Abb. 619.

Tisch mit dem Werkrade die Teilbewegung *3* ausführen. Das Schrägstellen des Fräsers geschieht mit der Drehscheibe *D*, die sich auf dem Frässchlitten nach einer Gradteilung einstellen läßt (Abb. 1 und 4, Tafel XV). Die Schrägstellvorrichtung besteht aus der Vierkantwelle *E*, den Kegelrädern *60, 61*, der Schnecke *62* und dem Zahnkranzbogen *63* an dem Frässchlitten. Die Teilbewegung des Tisches (Tafel XIV, Abb. 2) kommt von der Antriebswelle *II* und zwar über die Wellen *a* bis *f* und die Räder *19* bis *28*. Die Wechselräder r_1 bis r_4 müssen der Zähnezahl

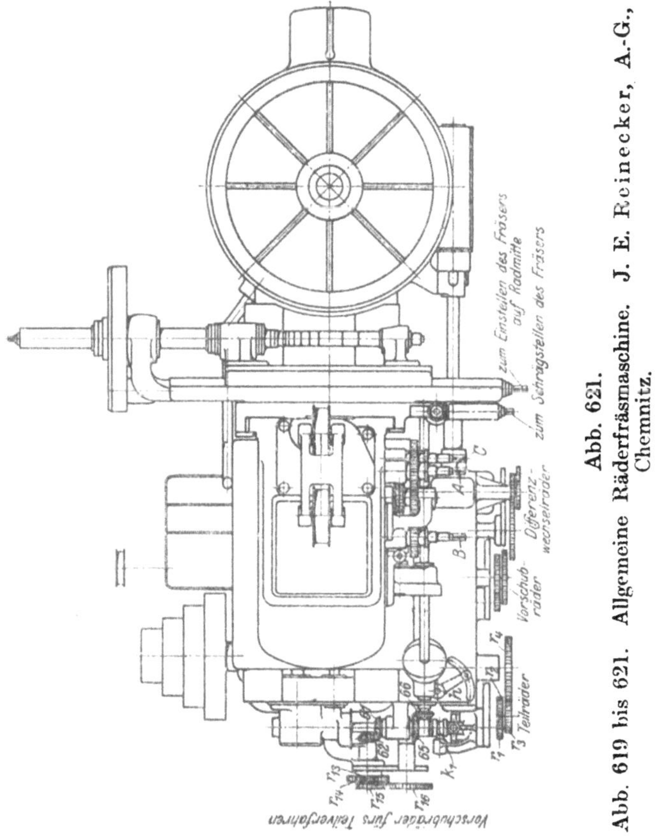

Abb. 621.

Abb. 619 bis 621. Allgemeine Räderfräsmaschine. J. E. Reinecker, A.-G., Chemnitz.

des Werkrades angepaßt werden. Zum Wälzfräsen muß die Teilscheibe entriegelt und mit der Kupplung k_1 auf *b* gekuppelt werden (Abb. 2 und 3). Den senkrechten Vorschub des Frässchlittens leitet die Maschine von der Welle *d* her (Abb. 1), die über das Schneckengetriebe $\dfrac{29}{30}$, die Wechselräder r_5 bis r_8, die Wellen *h* bis *q* und die Räder *31* bis *47* die Leitspindel L_1 treibt (Tafel XIV, Abb. 6, 1 und 7). Das Aufsteckrad

42 muß für den senkrechten Vorschub auf Welle *o* sitzen. Hat der Frässchlitten den Fräser durch das Rad geführt, so stößt er gegen den unteren Anschlag a_1 der Ausrückstange, die mit dem Winkelhebel w_1 die Stange b_1 nach links schiebt. Der Federbolzen f_1 wird ausgelöst und schnappt in die Kupplung k_2 und rückt sie aus. Damit ist der senkrechte Vorschub ausgeschaltet und das Rad fertig. Durch Vorschieben des Ständers wird der Fräser auf den Teilkreis des Rades eingestellt. Dieses Einstellen geschieht mit der Kurbel auf Vierkant *B* durch die Triebe *48* bis *53*, von denen sich das Mutterrad *53* mit dem Ständer auf der Leitspindel L_2 weiterschraubt (Abb. 7 und 9, Tafel XV). Mit der Kurbel auf Vierkant *A* bringt man den Fräser auf die Höhe des Rades und mit der Kurbel auf *C* oder *D* auf die Mittelebene. Die

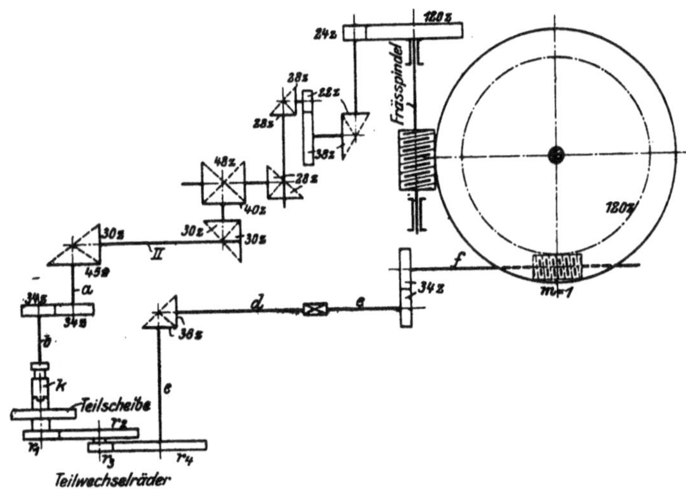

Abb. 622. Antrieb der Teilbewegung des Tisches.

letzte Einstellvorrichtung umfaßt die Wellen *u*, *v*, *w* mit den Rädern *54* bis *59*, von denen das letzte die Leitspindel L_3 des Querschlittens *Q* treibt (Abb. 1 und 4).

Berechnung der Teilwechselräder r_1, r_2, r_3, r_4 (Abb. 622):

Bei einer Umdrehung des Rades, also auch des Tisches, d. h. $n_T = 1$, muß der eingängige Schneckenfräser *z* Umläufe machen, wenn das Rad *z* Zähne hat, d. h. $n_F = z$. Das Räderwerk zwischen Frässpindel und Tisch muß daher die Übersetzung $\varphi = \dfrac{n_T}{n_F} = \dfrac{1}{z}$ haben.

Bei der Reinecker-Maschine ist diese Übersetzung durch die Zähnezahlen des Räderwerkes ausgedrückt:

$$\varphi = \frac{120}{24} \cdot \frac{22}{38} \cdot \frac{38}{22} \cdot \frac{28}{28} \cdot \frac{28}{28} \cdot \frac{48}{40} \cdot \frac{30}{30} \cdot \frac{30}{45} \cdot \frac{34}{34} \cdot \frac{r_1}{r_2} \cdot \frac{r_3}{r_4} \cdot \frac{36}{36} \cdot \frac{34}{34} \cdot \frac{1}{120} = \frac{1}{z}$$

$$\frac{r_1}{r_2} \cdot \frac{r_3}{r_4} = \frac{30}{z}.$$

Berechnung der Vorschubwechselräder r_5 bis r_8 (Abb. 623):

Bei jeder Umdrehung des Tisches $n_T = 1$ muß die Leitspindel L_1 den Frässchlitten um den Vorschub δ mm gegen das Rad vorschieben, also $n_{L_1} = \dfrac{\delta}{s}$. Die Übersetzung zwischen Tisch und Leitspindel L_1 ist:

$$\frac{120}{1} \cdot \frac{34}{34} \cdot \frac{1}{30} \cdot \frac{r_5}{r_6} \cdot \frac{r_7}{r_8} \cdot \frac{24}{36} \cdot \frac{36}{36} \cdot \frac{30}{30} \cdot \frac{21}{42} \cdot \frac{5}{25} \cdot \frac{48}{48} \cdot \frac{30}{30} \cdot \frac{40}{40} = \frac{n_{L_1}}{n_T}$$

$$\frac{r_5}{r_6} \cdot \frac{r_7}{r_8} = \frac{15}{4} \cdot n_{L_1} = \frac{15}{4} \cdot \frac{\delta}{s}.$$

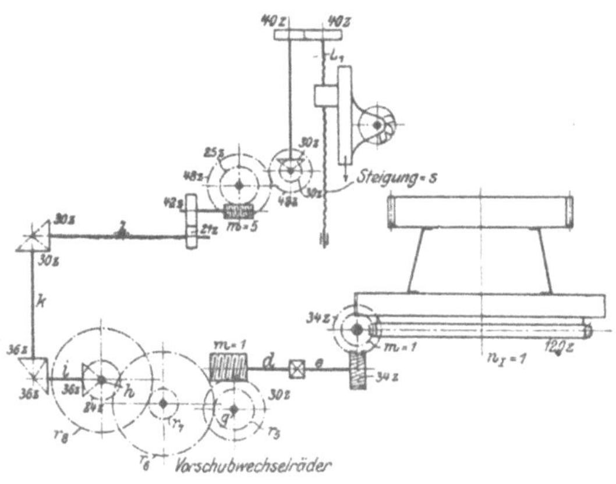

Abb. 623. Antrieb der Vorschubbewegung des Fräsers.

Beispiel. Ein Stirnrad mit 54 Zähnen ist bei einem Vorschub von 1,35 mm zu fräsen.

Teilwechselräder: $\dfrac{r_1}{r_2} \cdot \dfrac{r_3}{r_4} = \dfrac{30}{z} = \dfrac{30}{54} = \dfrac{5}{9} = \dfrac{5}{8} \cdot \dfrac{8}{9} = \dfrac{30}{48} \cdot \dfrac{80}{90}$

r_1 auf b = 30 Zähne

r_2 an Schere hinten = 48   ,,

r_3 ,,   ,,   vorn = 80   ,,

r_4 auf c = 90   ,,

Vorschubwechselräder: $\dfrac{r_5}{r_6} \cdot \dfrac{r_7}{r_8} = \dfrac{15}{4} \cdot \dfrac{1{,}35}{^1/_2 \, 25{,}4} = 0{,}4 = \dfrac{40}{100}$

r_5 auf g =   40 Zähne

r_8 ,, h = 100   ,,

Schere mit Zwischenrad.

Das Fräsen der Schraubenräder verlangt 1. die Drehscheibe auf den Unterschied zwischen dem Spiralwinkel β des Rades und dem Steigungswinkel α des Schneckenfräsers, d. h. auf $\beta - \alpha$, einzustellen, wenn beide rechtsgängig oder beide linksgängig sind, 2. dem Rade außer der Teilbewegung noch eine Zusatzbewegung für die Schraubenwindung der Zähne zu geben. Im übrigen arbeitet die Maschine wie beim Fräsen der Stirnräder. Die Zusatzbewegung des Tisches wird durch die Kegelräder $\frac{70}{71}$ von der Vorschubwelle i abgeleitet (Abb. 2, XV) und über die Wechselräder r_9 bis r_{12}, das Umlaufräderwerk von der Übersetzung $\frac{2}{60}$ auf die Teilschnecke übertragen.

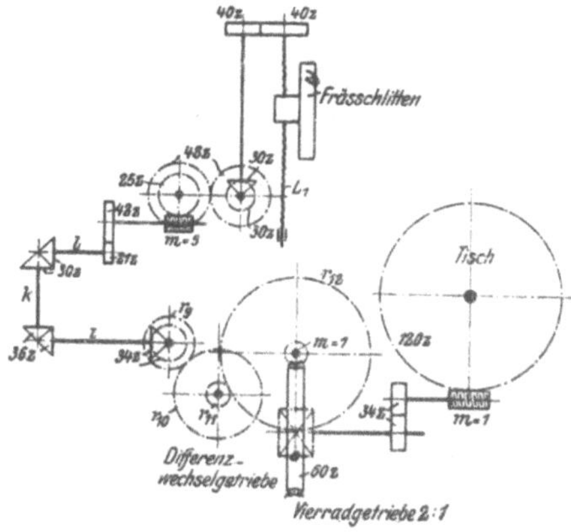

Abb. 624. Antrieb der Zusatzbewegung für Schraubenräder.

Für die Teilwechselräder gilt auch hier $\dfrac{r_1}{r_2} \cdot \dfrac{r_3}{r_4} = \dfrac{30}{z}$

ebenso für die Vorschubwechselräder $\dfrac{r_5}{r_6} \cdot \dfrac{r_7}{r_8} = \dfrac{15}{4} \cdot \dfrac{\delta}{s}$

Die Wechselräder für die Zusatzbewegung des Tisches berechnet man nach dem Grundsatz des Spiralfräsens: Bei einer Umdrehung des Rades muß die Leitspindel L_1 den Frässchlitten um die Spiralsteigung S vorschieben, d. h. $n_T = 1$ und $n_F = \dfrac{S}{s}$. Die für die Zusatzbewegung in Betracht kommende Räderübersetzung zwischen der Leitspindel L_1 und dem Tisch ist nach Abb. 624:

$$\varphi = \frac{40}{40} \cdot \frac{30}{30} \cdot \frac{48}{48} \cdot \frac{25}{5} \cdot \frac{42}{21} \cdot \frac{30}{30} \cdot \frac{36}{36} \cdot \frac{34}{34} \cdot \frac{r_9}{r_{10}} \cdot \frac{r_{11}}{r_{12}} \cdot \frac{2}{60} \cdot \frac{34}{34} \cdot \frac{1}{120} = \frac{n_T}{n_F} = \frac{1}{S/s}$$

$$\frac{r_9}{r_{10}} \cdot \frac{r_{11}}{r_{12}} = 360 \cdot \frac{s}{S}$$

bei $s = {}^1/_2''$ Steigung der Leitspindel und S'' Spiralsteigung ist

$$\frac{r_9}{r_{10}} \cdot \frac{r_{11}}{r_{12}} = \frac{180}{S''}$$

oder bei $s = 12,7$ mm: $\dfrac{r_9}{r_{10}} \cdot \dfrac{r_{11}}{r_{12}} = \dfrac{127 \cdot 36}{S}$, hier S in mm

oder $\dfrac{r_9}{r_{10}} \cdot \dfrac{r_{11}}{r_{12}} = 360 \cdot \dfrac{12,7}{S} = 360 \dfrac{4,04\,\pi}{S_1\,\pi} = \dfrac{97 \cdot 15}{S_1}$

wenn S_1 Stichzahl der Steigung ist.

Nach Abb. 536 ist die Spiralsteigung $S = \pi\,d \cdot \mathrm{tg}\,\alpha$.

Beispiel. Ein Schraubenrad mit 36 Zähnen, Stichzahl der Teilung $M = 6$, Spiralwinkel $= 45^0$, ist bei 0,56 mm Vorschub zu fräsen

Teilwechselräder: $\dfrac{r_1}{r_2} \cdot \dfrac{r_3}{r_4} = \dfrac{30}{z} = \dfrac{30}{36} = \dfrac{15}{18} = \dfrac{5}{9} \cdot \dfrac{3}{2} = \dfrac{30}{54} \cdot \dfrac{72}{48}$

$$r_1 = 30z, \quad r_3 = 72z,$$
$$r_2 = 54z, \quad r_4 = 48z.$$

Vorschubwechselräder: $\dfrac{r_5}{r_6} \cdot \dfrac{r_7}{r_8} = \dfrac{15}{4} \cdot \dfrac{\delta}{s} = \dfrac{15}{4} \cdot \dfrac{0,56}{12,7}$

$$= 0,165 \sim \dfrac{1}{6} = \dfrac{1}{2} \cdot \dfrac{1}{3} = \dfrac{30}{60} \cdot \dfrac{25}{75}$$

$$r_5 = 30z, \quad r_7 = 25z,$$
$$r_6 = 60z, \quad r_8 = 75z.$$

Unterschiedswechselräder: $\dfrac{r_9}{r_{10}} \cdot \dfrac{r_{11}}{r_{12}} = \dfrac{97 \cdot 15}{S_1}$

$$\mathrm{tg}\,\alpha = \frac{\pi\,d}{S} = \frac{\pi\,d}{\pi\,S_1} = \frac{M\,z}{S_1}$$

für $\alpha = 45^0$: $S_1 = M\,z = 6 \cdot 36$.

$$\frac{r_9}{r_{10}} \cdot \frac{r_{11}}{r_{12}} = \frac{97}{6} \cdot \frac{15}{36} = \frac{97}{54} \cdot \frac{15}{4} = \frac{97}{54} \cdot \frac{120}{32}$$

$$r_9 = 97z, \quad r_{11} = 120z,$$
$$r_{10} = 54z, \quad r_{12} = 32z.$$

Das Fräsen der Schneckenräder mit dem zylindrischen Schneckenfräser verlangt, daß der Frässchlitten mit dem Fräser auf die Mittelebene des Rades (Kurbel auf A) und die Drehscheibe D auf 0^0 gestellt wird (Kurbel auf E). Der Ständer muß den Vorschub ausführen und auf das Rad zugehen. Das Aufsteckrad *42* muß daher auf der Welle mit Vierkant B sitzen, so daß das Vorschubräderwerk das Mutterrad *54* auf L_2 treibt.

Für die Teilwechselräder gilt wie vorhin: $\dfrac{r_1}{r_2} \cdot \dfrac{r_3}{r_4} = \dfrac{30}{z}$ bei

eingängiger Schnecke, $\dfrac{r_1}{r_2} \cdot \dfrac{r_3}{r_4} = \dfrac{m \cdot 30}{z}$ bei $m =$ gängiger Schnecke.

Die Unterschiedswechselräder sind auszurücken.

Für die Berechnung der Vorschubwechselräder ist maßgebend, daß die Leitspindel L_2 den Ständer bei jeder Umdrehung des Rades um den Vorschub verschieben muß, d. h. $n_T = 1$ und $n_{53} = \dfrac{\delta}{s}$.

Die Übersetzung zwischen Tisch und Leitspindel L_2 ist nach Tafel XV und XVI

$$\frac{120}{1} \cdot \frac{34}{34} \cdot \frac{1}{30} \cdot \frac{r_5}{r_6} \cdot \frac{r_7}{r_8} \cdot \frac{24}{36} \cdot \frac{36}{36} \cdot \frac{30}{30} \cdot \frac{21}{42} \cdot \frac{5}{25} \cdot \frac{48}{48} \cdot \frac{30}{30} \cdot \frac{5}{30} \cdot \frac{30}{30} = \frac{\delta}{s}$$

$$\frac{r_5}{r_6} \cdot \frac{r_7}{r_8} = \frac{45}{2} \cdot \frac{\delta}{s}$$

Das Ausrücken des Vorschubes bei der vorgeschriebenen Zahntiefe besorgt der Ständer mit einer wagerechten Ausrückstange, die den Federbolzen f_1 entriegelt und die Kupplung k_2 auslöst (Abb. 6, XVI).

Beispiel. Ein Schneckenrad mit 70 Zähnen für eine zweigängige Schnecke ist bei 0,38 mm Vorschub zu fräsen.

$$\text{Teilwechselräder:} \quad \frac{r_1}{r_2} \cdot \frac{r_3}{r_4} = \frac{30 \cdot m}{z} = \frac{30 \cdot 2}{70} = \frac{30}{35} = \frac{6}{7} = \frac{64}{80} \cdot \frac{60}{56}$$

$$r_1 = 64z, \; r_3 = 60z,$$
$$r_2 = 80z, \; r_4 = 56z.$$

$$\text{Vorschubwechselräder:} \quad \frac{r_5}{r_6} \cdot \frac{r_7}{r_8} = \frac{45}{2} \cdot \frac{0{,}38}{12{,}7} = 0{,}675 \sim \frac{2}{3}$$

$$\begin{aligned} r_5 &= 50\,z \\ r_8 &= 75\,z \end{aligned} \quad \text{für } r_6 \text{ und } r_7 \text{ Zwischenrad an der Schere.}$$

Um Schneckenräder mit dem spitzen Schneckenfräser zu schneiden, ist der Ständer auf den Achsenabstand an das Rad heranzustellen (Kurbel auf B). Der Fräser muß wieder auf die Mittelebene des Rades gebracht werden (Kurbel auf A), aber seitlich vom Rade stehen. Der Vorschub muß daher vom Querschlitten Q des Frässchlittens ausgeführt werden. Das Aufsteckrad 42 muß daher auf der Welle u mit Vierkant C sitzen. Der Vorschub wird auch jetzt von der Welle d hergeleitet und zwar durch die Getriebe 29/30, die Vorschubwechselräder r_5 bis r_8, die Räder 31 bis 42 auf C, 54 bis 59 auf der Leitspindel L_3 des Querschlittens Q. Das Rad muß außer der Teilbewegung noch eine Zusatzbewegung ausführen, da der Fräser quer verschoben wird. Das Teilen geschieht wie früher.

Für die Bestimmung der Vorschubwechselräder gilt, daß die Leitspindel L_3 bei jeder Umdrehung des Rades den Querschlitten um den Vorschub δ verschieben muß, d. h. $n_T = 1$ und $n_{L_3} = \dfrac{\delta}{s}$. Die Übersetzung zwischen Tisch und Leitspindel L_3 ist:

$$\frac{120}{1} \cdot \frac{34}{34} \cdot \frac{1}{30} \cdot \frac{r_5}{r_6} \cdot \frac{r_7}{r_8} \cdot \frac{24}{36} \cdot \frac{36}{36} \cdot \frac{30}{30} \cdot \frac{21}{42} \cdot \frac{5}{25} \cdot \frac{48}{48} \cdot \frac{30}{30} \cdot \frac{30}{30} \cdot \frac{22}{22} = \frac{\delta}{s}$$

$$\text{Vorschubwechselräder:} \quad \frac{r_5}{r_6} \cdot \frac{r_7}{r_8} = \frac{15}{4} \cdot \frac{\delta}{s}$$

$$\text{Teilwechselräder wie oben:} \quad \frac{r_1}{r_2} \cdot \frac{r_3}{r_4} = \frac{30 \cdot m}{z}$$

Bei der Berechnung der Unterschiedswechselräder für die Zusatzbewegung des Tisches ist wieder zu beachten, daß der Tisch für eine volle Spirale eine Umdrehung mehr machen muß. Da aber jetzt der Vorschub nicht in der Spiralsteigung erfolgt, sondern in Richtung des abgewickelten Radumfanges, so muß die Leitspindel L_3 $n_L = \dfrac{\pi \cdot D}{s} = \dfrac{z\,t}{s}$ Umläufe machen. Die Übersetzung zwischen Tisch und L_3 ist:

$$\frac{120}{1} \cdot \frac{34}{34} \cdot \frac{60}{2} \cdot \frac{r_{12}}{r_{11}} \cdot \frac{r_{10}}{r_9} \cdot \frac{34}{34} \cdot \frac{36}{36} \cdot \frac{30}{30} \cdot \frac{21}{42} \cdot \frac{5}{25} \cdot \frac{48}{48} \cdot \frac{30}{30} \cdot \frac{22}{22} = \frac{z\,t}{s}$$

$$\text{Unterschiedsräder} \quad \frac{r_9}{r_{10}} \cdot \frac{r_{11}}{r_{12}} = 360 \cdot \frac{s}{z\,t} = \frac{180}{z \cdot t}, \text{ hierin } t = \text{Teilung des Rades in}''$$

$$\frac{r_9}{r_{10}} \cdot \frac{r_{11}}{r_{12}} = \frac{127 \cdot 36}{z \cdot t} \qquad\qquad t = \quad ,, \quad\quad ,, \quad\quad ,, \; ,, \text{ mm}$$

$$\frac{r_9}{r_{10}} \cdot \frac{r_{11}}{r_{12}} = \frac{97 \cdot 15}{z \cdot M} \qquad\qquad M = \text{Stichzahl der Teilung.}$$

Beispiel. Das obige Schneckenrad mit $M = 8$ soll mit dem spitzen Schneckenfräser geschnitten werden.

Teilwechselräder wie oben: $r_1 = 64z$, $r_3 = 60z$, $r_2 = 80z$, $r_4 = 56z$.

$$\text{Unterschiedswechselräder:} \; \frac{r_9}{r_{10}} \cdot \frac{r_{11}}{r_{12}} = \frac{97 \cdot 15}{70 \cdot 8} = \frac{120}{64} \cdot \frac{97}{70}; \quad \begin{aligned} &r_9 = 120\,z, \; r_{10} = 64\,z \\ &r_{11} = 97\,z, \; r_{12} = 70\,z. \end{aligned}$$

Vorschubwechselräder bei 2,26 mm Vorschub

$$\frac{r_5}{r_6} \cdot \frac{r_7}{r_8} = \frac{15}{4} \cdot \frac{\delta}{s} = \frac{15}{4} \cdot \frac{2,26}{12,7} = 0,66 = \frac{2}{3} = \frac{50}{75}$$

$r_5 = 50z$, $r_8 = 75z$, für r_6 und r_7 Zwischenrad an der Schere.

Beim Fräsen der Schneckenräder mit dem Schlagmesser (Einzelzahn) arbeitet die Maschine in derselben Weise. Es gelten daher auch dieselben Rechnungen. Um z. B. ein Schneckenrad für eine zweigängige Schnecke zu schneiden, werden zuerst die ungeraden Zähne 1, 2, 3 fertig gefräst. Das Rad wird dann geteilt, und die geraden Zähne 2, 4, 6 werden geschnitten. Zum Teilen bringt man eins der Wechselräder r_1 bis r_4 außer Eingriff. Hierauf wird ein Wechselrad von der Zähnezahl des Werkrades um einen Zahn gedreht und das obige Wechselrad wieder in Eingriff gebracht.

Die Reinecker-Fräsmaschine ist auch für das Teilverfahren mit dem Scheibenfräser eingerichtet. Bei diesem Verfahren muß aber das Teilen des Rades und das Umsteuern des Frässchlittens jedesmal mit der Hand vorgenommen werden — Handteilverfahren —. Die Kupplung k_1 für die selbsttätige Teilbewegung ist daher auszurücken. Die Teilscheibe muß zum Teilen entriegelt und mit der Hand einmal gedreht werden. Hierauf läßt man den Riegel wieder einschnappen. Die jedesmalige Drehung der Teilscheibe gelangt über die Wechselräder $\frac{r_1}{r_2} \cdot \frac{r_3}{r_4}$, die Kegelräder $\frac{23}{24}$, die Stirnräder $\frac{25}{26}$ auf die Teilschnecke 27 des Tisches. Da der Tisch beim Fräsen nach dem Teilverfahren stillsteht, muß der Vorschub des Frässchlittens bereits von der Welle b hergeleitet werden. Die Kegelräder $\frac{64}{65}$ treiben durch die Wechselräder $\frac{r_{13}}{r_{14}} \cdot \frac{r_{15}}{r_{16}}$ an der Stirnseite der Maschine die Welle x, die durch das Vorgelege $\frac{66}{67}$ auf die bekannte Vorschubwelle i wirkt. Durch die Vorschubgetriebe *33* bis *47* erhält die Leitspindel L_1 des Frässchlittens ihren Antrieb. Das Aufsteckrad *42* muß wieder auf dem Zapfen A sitzen und die Wechselräder r_5 bis r_8 und r_9 bis r_{12} außer Eingriff sein. Der Frässchlitten setzt sich nach beendetem Schnitt durch den bekannten Selbstausrücker still. Mit dem Griff h wird der schnelle Rücklauf eingestellt, der durch die Kegelräder $\frac{68}{69}$ unmittelbar von b abgeleitet wird. Die Kupplung k_2 schaltet dabei den Vorschubantrieb aus.

Berechnung der Teilwechselräder r_1 bis r_4:

Zum Teilen muß die Teilscheibe jedesmal um $n_t = 1$ und der Tisch bei z Zähnen des Rades um $n_T = \dfrac{1}{z}$ gedreht werden. Die Übersetzung zwischen Teilscheibe und Tisch ist:

$$\frac{r_1}{r_2} \cdot \frac{r_3}{r_4} \cdot \frac{36}{36} \cdot \frac{34}{34} \cdot \frac{1}{120} = \frac{n_T}{n_t} = \frac{1}{z}$$

$$\frac{r_1}{r_2} \cdot \frac{r_3}{r_4} = \frac{120}{z}$$ und bei x Umdrehungen mit der Teilscheibe

$$\frac{r_1}{r_2} \cdot \frac{r_3}{r_4} = \frac{120}{x \cdot z}$$

Berechnung der Vorschubwechselräder r_{13} bis r_{16}:

Beim Teilverfahren muß bei jeder Umdrehung des Fräsers $n_F = 1$ die Leitspindel L_1 den Frässchlitten um den Vorschub δ vorschieben, d. h. $n_{L_1} = \dfrac{\delta}{s}$. Die Übersetzung zwischen Frässpindel und Leitspindel L_1 ist:

$$\frac{120}{24} \cdot \frac{22}{38} \cdot \frac{38}{22} \cdot \frac{28}{28} \cdot \frac{28}{28} \cdot \frac{48}{40} \cdot \frac{30}{30} \cdot \frac{30}{45} \cdot \frac{34}{34} \cdot \frac{36}{36} \cdot \frac{r_{13}}{r_{14}} \cdot \frac{r_{15}}{r_{16}} \cdot \frac{22}{66} \cdot \frac{36}{36} \cdot \frac{30}{30} \cdot \frac{21}{42} \cdot \frac{5}{25} \cdot$$
$$\frac{48}{48} \cdot \frac{30}{30} \cdot \frac{40}{40} = \frac{n_{L_1}}{n_F} = \frac{\delta}{s}$$

$$\frac{r_{13}}{r_{14}} \cdot \frac{r_{15}}{r_{16}} = \frac{15}{2} \cdot \frac{\delta}{s}$$

Beispiel. Ein Stirnrad mit 31 Zähnen ist bei 0,42 mm Vorschub zu fräsen

Teilwechselräder: $\dfrac{r_1}{r_2} \cdot \dfrac{r_3}{r_4} = \dfrac{120}{x \cdot z}$; bei $x = 4$ Umdrehungen der Teilscheibe

$$\frac{r_1}{r_2} \cdot \frac{r_3}{r_4} = \frac{120}{4 \cdot 31} = \frac{48}{64} \cdot \frac{80}{62}$$

$$r_1 = 48z, \quad r_3 = 80z, \quad r_2 = 64z, \quad r_4 = 62z.$$

Vorschubwechselräder: $\dfrac{r_{13}}{r_{14}} \cdot \dfrac{r_{15}}{r_{16}} = \dfrac{15}{2} \cdot \dfrac{\delta}{s} = \dfrac{15}{2} \cdot \dfrac{0{,}42}{12{,}7} =$

$$\sim 0{,}25 = \frac{1}{4} = \frac{30}{60} \cdot \frac{50}{100}$$

$$r_{13} = 30z, \quad r_{15} = 50z, \quad r_{14} = 60z, \quad r_{16} = 100z.$$

Das Fräsen der Schraubenräder mit dem Scheibenfräser verlangt 1. die Frässpindel auf den Spiralwinkel β, z. B. $\beta = 45^0$, einzustellen (Kurbel auf E), 2. dem Fräser wie beim Stirnradfräsen einen senkrechten Vorschub von der Welle b über die Wechselräder r_{13} bis r_{16} zu erteilen, 3. dem Rade durch die Unterschiedsräder $\dfrac{r_9}{r_{10}} \cdot \dfrac{r_{11}}{r_{12}}$ eine langsame Drehung für die Schraubenwindung der Zähne zu geben, 4. das Teilen jedesmal mit der Teilscheibe vorzunehmen, 5. den Frässchlitten nach jedem Schnitt mit dem Griff h umzusteuern, 6. die Vorschubwechselräder r_5 bis r_8 abzunehmen. Für die Teil- und Vorschubwechselräder gelten die Beziehungen für Stirnräder:

Teilwechselräder: $\dfrac{r_1}{r_2} \cdot \dfrac{r_3}{r_4} = \dfrac{120}{x \cdot z}$

Vorschubwechselräder: $\dfrac{r_{13}}{r_{14}} \cdot \dfrac{r_{15}}{r_{16}} = \dfrac{15}{2} \cdot \dfrac{\delta}{12{,}7}$

Für die Unterschiedsräder gelten die Beziehungen vom Wälzverfahren:

$$\frac{r_9}{r_{10}} \cdot \frac{r_{11}}{r_{12}} = \frac{180}{\text{Steigung der Spirale in } ''} = \frac{127 \cdot 36}{\text{Spiralsteigung in mm}} = \frac{97 \cdot 15}{\text{Stichzahl der Steigung}}$$

Beispiel. Das Schraubenrad mit 36 Zähnen, $M = 6$, $\beta = 45^0$, $\delta = 0{,}56$ mm, ist zu fräsen.

Drehscheibe auf 45^0 einstellen.

Teilwechselräder: $\dfrac{r_1}{r_2} \cdot \dfrac{r_3}{r_4} = \dfrac{120}{4 \cdot 36} = \dfrac{48}{64} \cdot \dfrac{80}{72}$

$r_1 = 48z, \; r_3 = 80z, \; r_2 = 64z, \; r_4 = 72z$, jedesmal 4 Umdrehungen mit der Teilscheibe.

Vorschubwechselräder: $\dfrac{r_{13}}{r_{14}} \cdot \dfrac{r_{15}}{r_{16}} = \dfrac{15}{2} \cdot \dfrac{0{,}56}{12{,}7} = \sim \dfrac{1}{3} = \dfrac{30}{60} \cdot \dfrac{50}{75}$

$$r_{13} = 30z, \quad r_{15} = 50z, \quad r_{14} = 60z, \quad r_{16} = 75z.$$

Unterschiedsräder: $\dfrac{r_9}{r_{10}} \cdot \dfrac{r_{11}}{r_{12}} = \dfrac{97 \cdot 15}{6 \cdot 36} = \dfrac{97}{54} \cdot \dfrac{120}{32}$ (s. S. 345)

$$r_9 = 97z, \quad r_{11} = 120z, \quad r_{10} = 54z, \quad r_{12} = 32z.$$

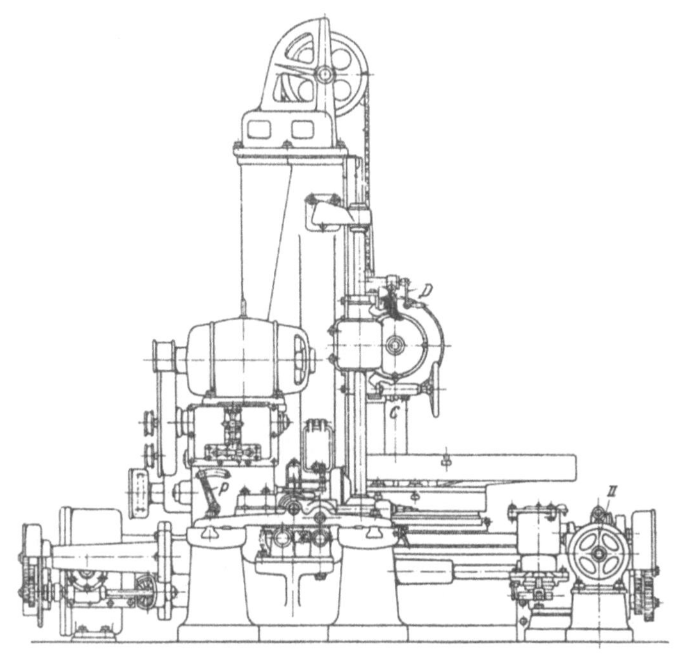

β) Die Schraubenräderfräsmaschine.

Soll die Räderfräsmaschine mit dem Fingerfräser arbeiten, so muß die Frässpindel senkrecht zum Rade stehen. Der Ständer der Maschine muß daher auf dem Bett um 90⁰ versetzt sein. Die Lorenzschen Räderfräsmaschinen, Abb. 625 bis 627, fräsen Stirn-, Schrauben- und Pfeilräder nach dem Teilverfahren selbsttätig. Beim Stirnradfräsen wird der Fräser durch den Wechselräderantrieb K auf die Zahntiefe vorgeschoben und dieser Tiefenvorschub durch den Anschlag F ausgeschaltet. Die Wechselräder J vermitteln den Vorschub des Frässchlittens in Richtung der Radbreite, der durch die Anschläge E umgesteuert wird. Zugleich wird der Fräser aus der Zahnlücke zurückgezogen. Während des Rücklaufs bewirken die Teilwechselräder G das Teilen des Rades. Die Hauptarbeit erstreckt sich auf das Fräsen der Schraubenräder und Pfeilräder. Das Schraubenräderfräsen erfordert, daß das Rad, während der Fräser die Lücke schneidet, um den Sprung durch die Wechselräder H gedreht wird. Beim Fräsen von Pfeilrädern muß in halber Zahnbreite die Drehbewegung des Tisches durch ein Wendegetriebe, das sich mit dem Handgriff V einrücken läßt, umgesteuert werden.

Mit den erhöhten Ansprüchen an den ruhigen Gang schnellaufender Räderwerke haben die Schraubenräder immer mehr Aufnahme gefunden. Der Werkzeugmaschinenbau hat daher für das Fräsen der Schrauben-

Abb. 625 bis 627.

Lorenz-Räderfräsmaschine.
Maschinenfabrik Lorenz, Ettlingen.

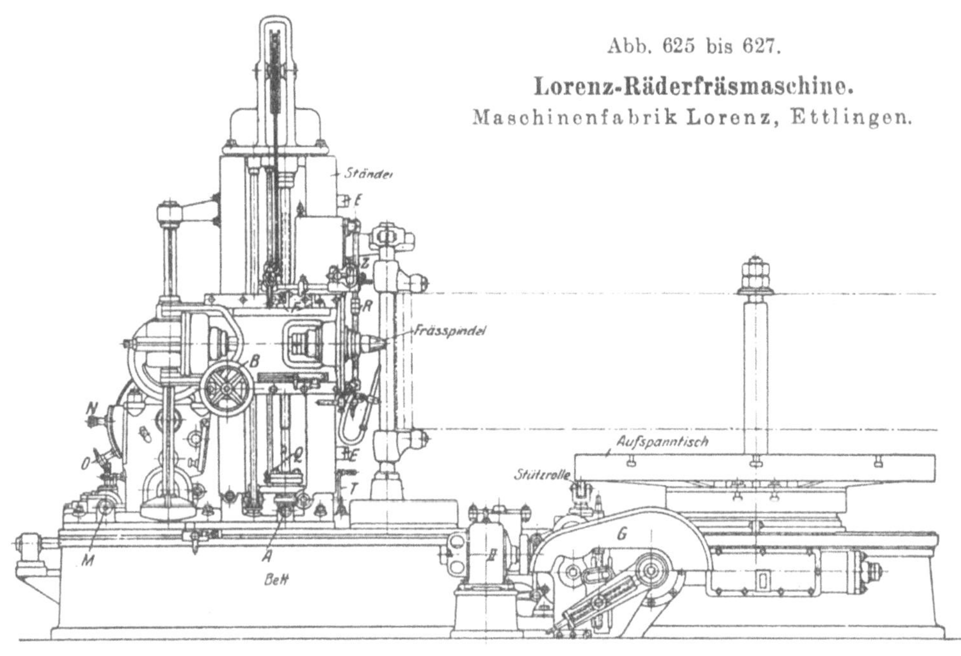

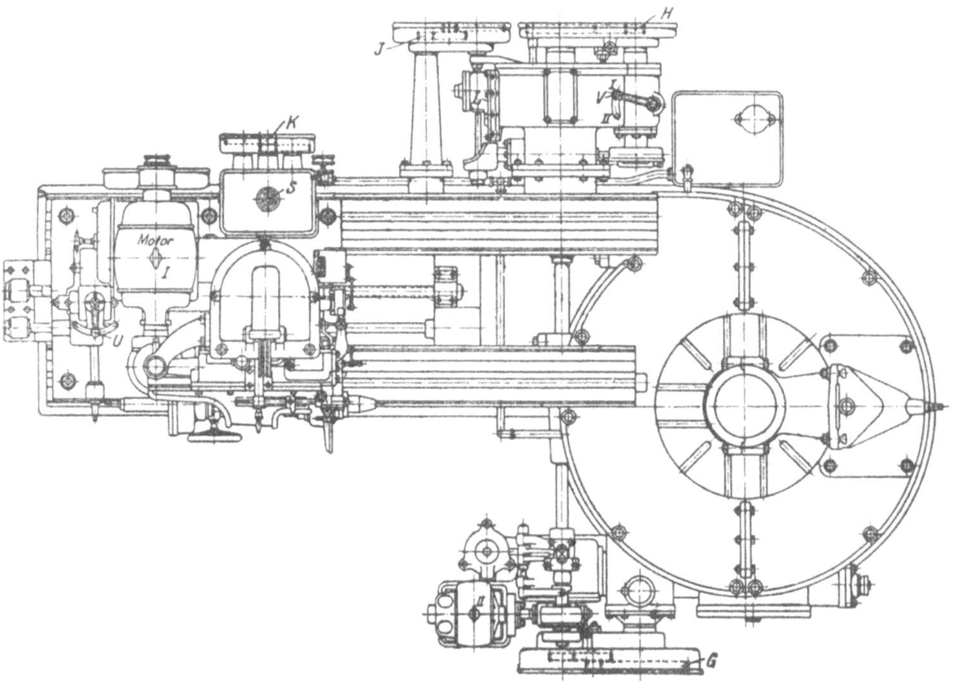

räder Sondermaschinen gebaut. Die Schraubenräder-Fräsmaschine von
J. E. Reinecker, A.-G., Chemnitz (Abb. 628 bis 629), fräst Schraubenräder bis 4200 mm Durchmesser. Die Maschine hat als schwere Sondermaschine elektrischen Einzelantrieb. In ihrem Aufbau gleicht sie der
allgemeinen Räderfräsmaschine, sie ist aber nur für ihren Sonderzweck
eingerichtet.

γ) Die Kammwalzen - Fräsmaschinen.

Das Fräsen von Kammwalzen mit Winkelzähnen ist nichts
anderes als ein Spiralfräsen, nur muß die Kammwalze umgesteuert
werden, sobald der Fräser die halbe Zahnbreite geträst hat. Als Werkzeug ist ein Kopffräser oder Fingerfräser von der Form der normalen
Zahnlücke zu benutzen.

Bei der Lorenzschen Kammwalzen - Fräsmaschine (Abb. 630
bis 632) wird die Frässpindel von der Einscheibe E aus über das Stufenrädergetriebe mit 8 Schaltungen (Schalthebel N, O, P), die wagerechte
Welle I und die Schrägwelle II angetrieben. Die Kammwalze wird in
den Teilkopf gespannt und durch den Reitstock und 2 Rollenlager
abgestützt.

Die Arbeitsweise beim Schneiden der Pfeilzähne ist folgende: Der
Fräser bohrt sich zunächst, vorgeschoben durch die Wechselräder K,
auf die eingestellte Zahntiefe in die Walze ein. Hierauf wird durch den
Anschlag E der Tiefenvorschub ausgeschaltet und der Längsvorschub
des Frässchlittens, angetrieben durch die Wechselräder J, eingerückt.
Mit dem Frässchlitten wird zugleich der Wechselräderantrieb H des
Teilkopfes eingeschaltet, so daß durch den Längsvorschub des Fräsers
und die gleichzeitige Drehbewegung der Walze der Schraubenzahn
gesetzmäßig geschnitten wird. Hat der Frässchlitten den Fräser bis
auf die halbe Zahnbreite durchgeführt, so wird der Teilkopf und mit
ihm die Kammwalze zwangläufig umgesteuert und hierdurch der Pfeil-
zahn erzeugt. Ist der Fräser durch die Walze durch, so wird er schnell
aus der Lücke herausgezogen, der Frässchlitten läuft beschleunigt in
die Anfangsstellung zurück, und das Teilen der Walze setzt ein.

Das Fräsen der Pfeilräder geschieht in gleicher Weise, weil das
Pfeilrad nichts anderes als eine Kammwalze von größerem Durchmesser
ist. Der Teilkopf muß daher aus der Spitzenlinie der Bank verstellt
werden, und der Aufspanndorn des Rades in dem Gegenlager laufen.

δ) Die Pfeilrad - Fräsmaschinen.

Die Pfeilräderfräsmaschinen haben den Frässchlitten auf einem
senkrechten Ständer, so daß die Zähne mit senkrechtem Vorschub geschnitten werden. Ihre Arbeitsweise ist wie bei der Kammwalzen-
Fräsmaschine und ist in Abb. 626 besprochen.

Additional information of this book

(Die Werkzeugmaschinen; 978-3-642-89890-7;

978-3-642-89890-7_OSFO22) is provided:

http://Extras.Springer.com

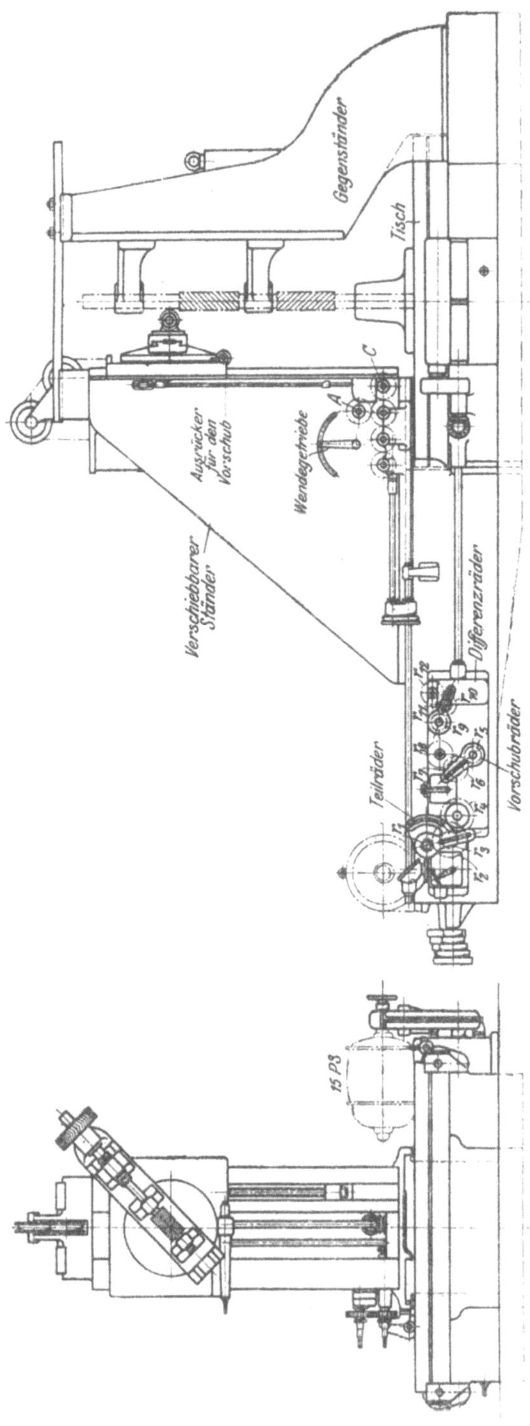

Abb. 628 und 629. Schraubenräderfräsmaschine von J. E. Reinecker, A. G., Chemnitz.

ε) Die Kegelräderfräsmaschine.

Die Kegelräderfräsmaschine von Warren (Ludw. Loewe & Co., Berlin) arbeitet auch nach dem Wälzverfahren. Ihre Werkzeuge sind

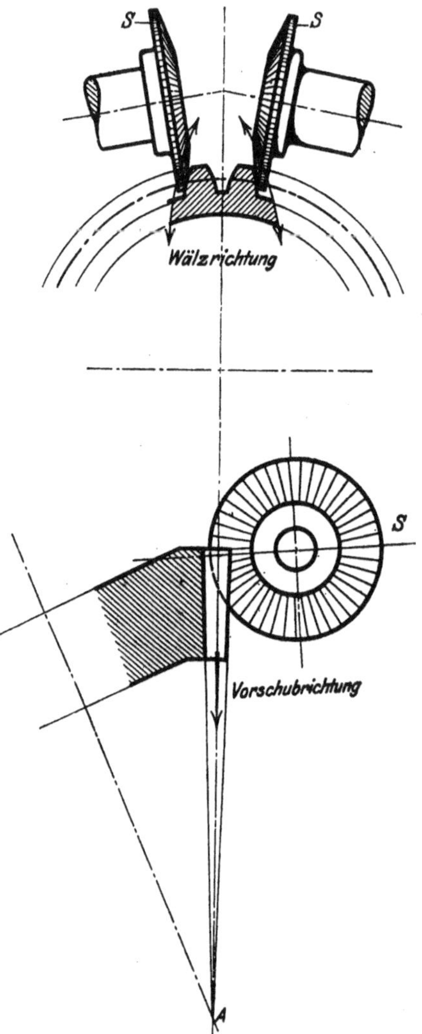

Abb. 633 und 634. Kegelräderfräsen nach dem Wälzverfahren.

zwei Scheibenfräser S von 120 mm Durchmesser, die die Außenflanken zweier Nachbarzähne bearbeiten (Abb. 633 und 634). Die Fräser greifen aber nur auf einen Teil der Zahnbreite an, so daß sie einen Vorschub nach der Kegelspitze A erfahren müssen. Bei dieser Vorschubbewegung wälzen sich die Fräser ständig auf der zu fräsenden Zahnflanke hin und her, so daß mit einem Durchgang die Gegenflanken zweier Nachbarzähne geschnitten werden. Der Fräserrücklauf kann zum Nachschlichten benutzt werden.

4. Die Schleifmaschinen.

Mit der Entwicklung der Schleifverfahren ist den Schleifmaschinen eine doppelte Aufgabe zugefallen:

1. Das Schärfen von Werkzeugen — Werkzeugschleifmaschinen.
2. Das Schleifen von Flächen — Flächenschleifmaschinen.

a) Die Werkzeugschleifmaschinen.

Eine wesentliche Vorbedingung für gute Arbeit ist ein scharfes Werkzeug. Um es arbeitsfähig zu halten, ist es rechtzeitig nachzuschleifen. Dieser Aufgabe dient die Werkzeugschleifmaschine.

Das rechtzeitige Nachschleifen hat auf die Werkzeuge einen unverkennbaren Einfluß. Es erhöht nicht nur ihre Schneidwirkung und die Güte ihrer Arbeit, sondern beseitigt auch die starken Schwankungen in dem Arbeitsbedarf der Maschine. Eine besondere Bedeutung gewinnt die Schleifmaschine bei den mehrschneidigen Werkzeugen, insbesondere bei den Fräsern. Bei keinem anderen Werkzeug ist eine gute Instandhaltung so lohnend wie gerade beim Fräser, der gut geschliffen sich stets als preiswert erwiesen hat. Von dem Gesichtspunkte betrachtet, bildet die Werkzeugschleifmaschine ein unentbehrliches Hilfsmittel für eine nach zeitgemäßen Grundsätzen arbeitende Werkstatt.

1. Die allgemeine Werkzeugschleifmaschine.

Eine Maschine, die den Aufgaben der Werkzeugschleiferei angepaßt ist, ist die Werkzeugschleifmaschine von J. E. Reinecker, Chemnitz (Abb. 635 und 636).

In ihrem Aufbau und ihrer Arbeitsweise zeigt sie eine grundsätzliche Übereinstimmung mit der allgemeinen Fräsmaschine; denn diese hat bekanntlich die Schneidwerkzeuge zu fräsen, während jene sie schärfen soll. Beide Maschinen müssen daher die gleichen Arbeitsstellungen und Bewegungen zwischen Werkzeug und Werkstück zulassen. Hieraus erklärt sich auch die Ähnlichkeit in ihrer Bauart.

Als kennzeichnende Unterschiede sind die höhere Schnittgeschwindigkeit und die geringere Spanstärke der Schleifmaschine hervorzuheben, sowie der gefährliche Schleifstaub, der Zapfen und Lager anfrißt. Sie verdienen daher die besondere Beachtung des Erbauers.

Die hohe Schnittgeschwindigkeit erheischt zunächst lange Spindellager, welche die Wärme gut ableiten und gegen den schädlichen Schleifstaub abgedichtet sind. Die Schleifspindel wird sich bei den hohen

Umläufen erwärmen und ausdehnen. Die Lagerung muß daher eine
Ausdehnung der Spindel in einer Richtung zulassen.

Die geringe Spanstärke und die hohen Ansprüche, die man an gute

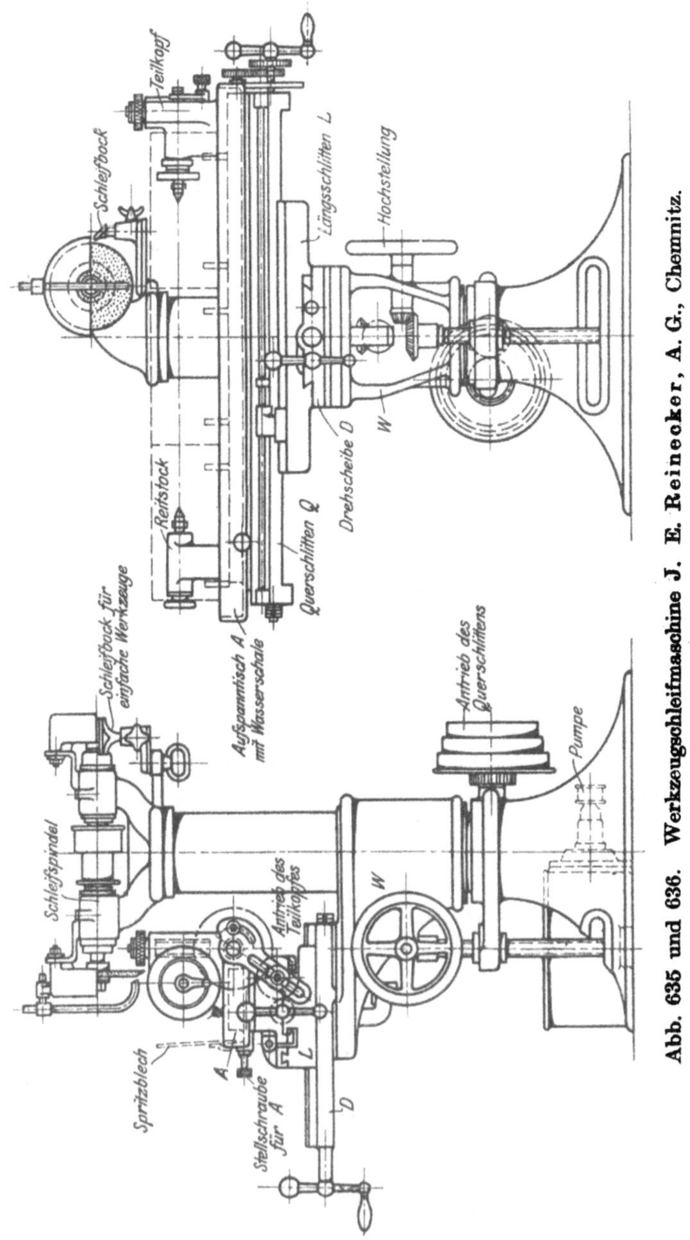

Abb. 635 und 636. Werkzeugschleifmaschine J. E. Reinecker, A. G., Chemnitz.

Schleifarbeiten stellt, verlangen einen besonders ruhigen Gang der Maschine. Selbst die geringste Ungleichförmigkeit und die kleinste Federung der Schleifspindel machen sich schon am Schliff bemerkbar. Es sind daher alle Mittel für einen gleichmäßigen und ruhigen Gang zu benutzen. Hierzu sind, um Erschütterungen durch die Fliehkraft möglichst fern zu halten, die kreisenden Massen genau auszugleichen. In besonderem Maße gilt dies von dem fliegend angebrachten Schleifstein. Für den Antrieb der Maschine soll stets ein dünner und geschmeidiger Riemen dienen, der gleichmäßig durchzieht. Um selbst die geringste Ungleichförmigkeit, die vielleicht das Riemenschloß in dem Lauf des Schleifrades verursachen könnte, zu beseitigen, haben Mayer & Schmidt, Offenbach, den Riemen durch eine Anzahl Leder-

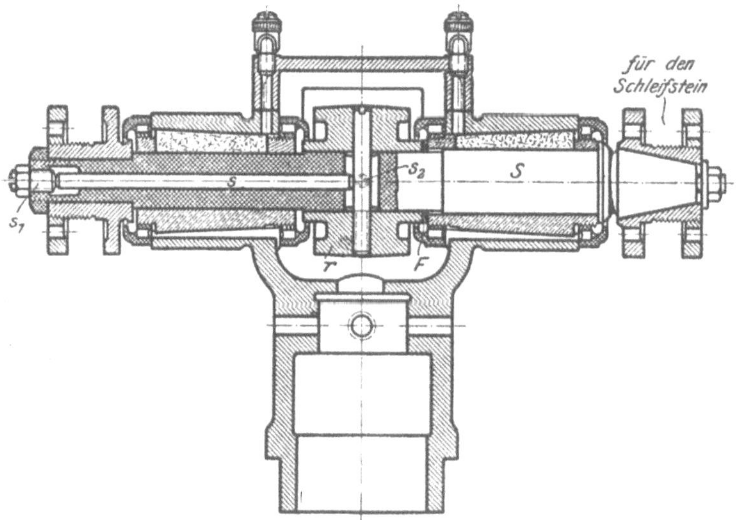

Abb. 637. Spindelstock der Loewe - Schleifmaschine.

schnüre mit versetzten Stoßstellen ersetzt. Ein wesentlicher Punkt ist auch eine kurze und kräftige Schleifspindel, die genau läuft und nicht federt.

Das Werkzeug der Schleifmaschine ist eine Schmirgelscheibe, die die kreisende Hauptbewegung auszuführen hat. Für ihren Antrieb ist wie bei der Fräsmaschine ein Spindelstock erforderlich, in dem die kurze Schleifspindel beiderseits in nachstellbaren Lagern laufen soll.

Ein treffendes Beispiel für die Lagerung der Schleifspindel bietet die Loewe - Schleifmaschine (Abb. 637). Die Schleifspindel S läuft hier in langen Bronzeschalen, die, um den Verschleiß ausgleichen zu können, mit Ringmuttern nachzustellen sind. Die Ringmuttern sind als Kappen ausgebildet, um den Schleifstaub abzuhalten. Eigenartig ist die Festlegung der Spindel gegen Längsverschiebungen. Sie ist mit der Riemenrolle r und der Stange s durchgeführt. Zum Einstellen der Spindel wird nämlich die Stellschraube s_1 angezogen. Sie schiebt durch die Stange s zuerst die Riemenrolle r gegen den Fiberring F und zieht dann die Spindel S nach links. Die Stellschraube s_1 ist durch eine Gegenmutter gesichert und die Riemenrolle durch die punktierte Setzschraube s_2. Die Spindel liegt also rechts durch den Bund und links durch die Rolle r gegen Längsverschiebungen fest. Bei einer Erwärmung kann sie sich nach links ausdehnen.

Das Werkstück wird entweder mit der Hand an den Schleifstein gehalten oder mit dem Arbeitstisch angestellt und vorgeschoben.

Der Arbeitstisch der Schleifmaschine muß daher alle Arbeitsstellungen und Vorschübe gestatten, die zum Schärfen gerader und spiraliger Schneidzähne notwendig sind. Er stimmt daher grundsätzlich mit dem der allgemeinen Fräsmaschine überein. Danach besteht der Arbeitstisch aus dem Winkeltisch W, der hier unmittelbar die Drehscheibe D trägt (Abb. 635 und 636). Auf ihr ist der Längsschlitten L mit dem Querschlitten Q geführt. Auf dem Querschlitten sitzt noch eine drehbare Aufspannplatte A zum Anstellen kegelförmiger Werkstücke. Da heute die Werkzeuge meist naß geschliffen werden, so ist die Aufspannplatte mit einer Wasserschale ausgestattet.

Für das Schärfen einfacher Werkzeuge, wie Dreh-, Hobelstähle usw., ist auf der Rückseite der Maschine ein kleiner verschiebbarer Bock mit einer einstellbaren Platte vorgesehen.

Das Schleifen der Werkzeuge.

Zum Schleifen spitzer Fräser kann als zweckmäßiges Werkzeug die Topf- oder Tellerscheibe benutzt werden. Sie darf jedoch nur mit

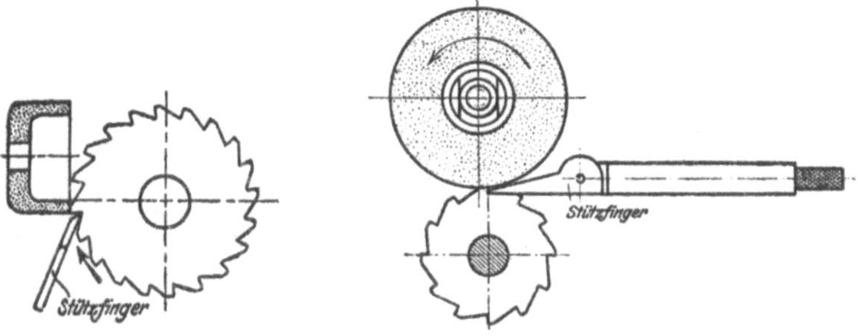

Abb. 638. Schärfen mit der Teller-   Abb. 639. Schärfen mit der Flachscheibe.
scheibe.

einer Planseite schleifen, wenn sie ebene und ungeschwächte Zähne liefern soll. Diese Bedingung erfordert aber, die Tellerscheibe nach Abb. 638 anzusetzen. Das Schleifen mit der Rundseite erzeugt hohle Schneidflächen, welche die Zähne schwächen. Doch nimmt der Hohlschliff mit der Größe des Schleifrades ab, so daß auch große Flachscheiben gute Dienste leisten. Wesentlich für guten Schliff ist eine wirksame

Abstützung des Werkzeuges, die möglichst an demselben Zahn stattfinden soll (Abb. 639).

Zum Schärfen hinterdrehter Fräser sind die Kegelscheiben zu benutzen, die gegen Ausglühen des Fräsers nach Abb. 640 mit der kleinsten Fläche, also mit der hohlen Seite, schleifen sollen. Auch hier ist möglichst der zu schärfende Zahn durch einen Stellfinger abzustützen. Allgemein ist die Schmirgelscheibe der Form der zu schleifenden Fläche oder Nut anzupassen.

Die Bedienung einer derartigen Werkzeugschleifmaschine ist daher folgende:

Die Walzenfräser mit geraden, spitzen Zähnen sind nach Abb. 638 oder 639 anzustellen und mit dem Arbeitstisch allmählich vorzuschieben.

Mehr Geschick erfordert das Schärfen von Spiralfräsern. Hierbei ist die Spirale genau einzuhalten, wenn das Profil nicht verletzt werden soll. Der zu schärfende Fräser muß daher wie beim Spiralfräsen (Abb. 517) zugleich vorgeschoben und langsam gedreht werden. Das Drehen besorgt ein feststehender Finger, der sich gegen den spiraligen Fräserzahn stemmt (Abb. 638 und 639). Der Fräser stellt daher selbst den Spiralzahn nach und nach an das Schleifrad an, sobald er mit dem Arbeitstisch vorgeschoben wird. Das Verfahren verlangt für einen guten Schliff ziemlich viel Geschick. Mängel sind hierbei nicht ausgeschlossen, da die Stellfinger federn und die Zähne ungenau angesetzt werden können.

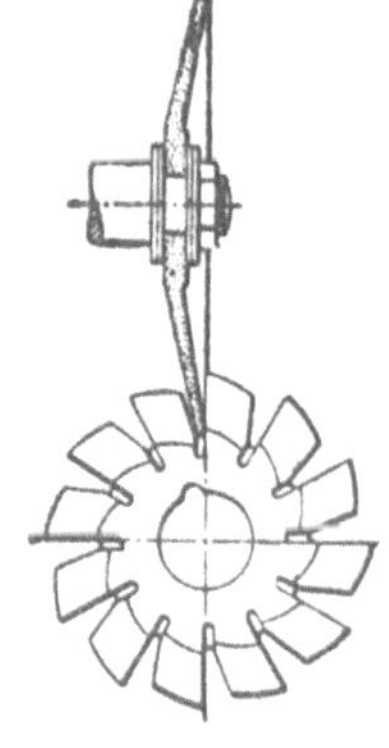

Abb. 640. Schärfen mit der Kegelscheibe.

Kegelförmige Werkzeuge sind so anzustellen, daß die zu schärfende Zahnschneide senkrecht zur Schleifspindel steht und in dieser Richtung vorgeschoben werden kann. Hierzu ist der Aufspanntisch nach einer Gradteilung auf die Neigung des Kegels einzustellen.

Hinterdrehte Fräser werden nach Abb. 640 angestellt und mit einer Teilscheibe und einem Schnäpper Zahn für Zahn geschaltet. Durch eine Lehre werden sie auf genauen Rundlauf und die genaue Stellung der Schneidfläche geprüft.

Der Teilkopf für das Schleifen von Spiralfräsern.

Die Mängel, die beim Schärfen spiralig gewundener Zähne entstehen, hat J. E. Reinecker, Chemnitz, durch einen Teilkopf zu beseitigen versucht. Der Teilkopf führt die zu schärfende Spirale zwangläufig, beseitigt eine ungleiche Teilung, die federnden Stellfinger und erleichtert auch den gleichmäßigen Schliff der einzelnen Zähne. Er bedeutet daher einen wesentlichen Fortschritt für das genaue Schärfen der bewährten Spiralfräser.

Der Grundgedanke dieses Teilkopfes ist naturgemäß dem Teilkopf

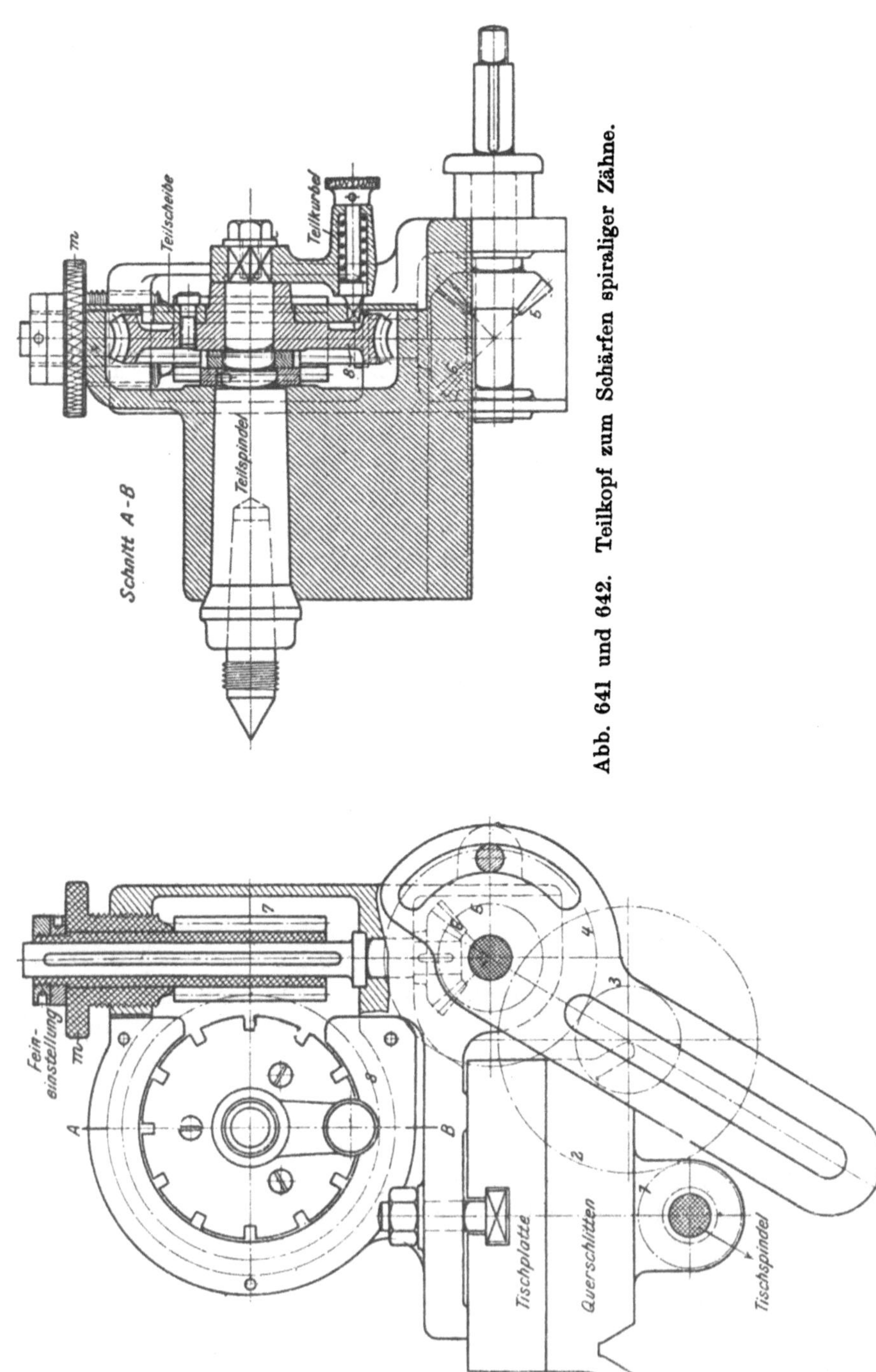

Abb. 641 und 642. Teilkopf zum Schärfen spiraliger Zähne.

der Fräsmaschine entnommen. Er hat wie dieser eine Teilspindel, die das Werkstück trägt und mit einer Teilkurbel eingestellt wird (Abb. 641 und 642). Für das Spiralschleifen wird der Teilkopf wie beim Spiralfräsen, durch die Wechselräder *1* bis *4*, die Kegelräder *5, 6* und das Schneckengetriebe *7, 8* von der Tischspindel angetrieben. Infolgedessen wird der zu schärfende Fräserzahn durch die Tischspindel gleichzeitig vorgeschoben und auch der Steigung der Spirale entsprechend an den Schleifstein herangedreht (Abb. 517). Das Anstellen der einzelnen Fräserzähne geschieht auch hier mit einer Teilkurbel und einer auswechselbaren Teilscheibe. In diesen Punkten stimmen also Schleif- und Frästeilkopf vollständig überein, nur kann der Schleifkopf nicht aufgerichtet werden. Die Schrägstellung darf aber fehlen, da der Schleifstein das kegelförmige Werkzeug ja seitlich faßt

Eine Neuerung bietet bei diesem Teilkopf die Feineinstellung des zu schärfenden Zahnes. Sie ist besonders wichtig bei hinterdrehten

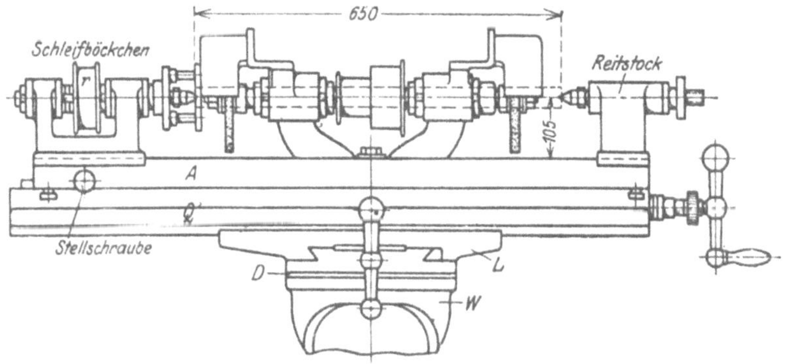

Abb. 643. Rundschleifen.

Fräsern, die ja genau mittig zu schleifen sind. Die Feineinstellung liegt hier in der Schnecke *7*, die verschiebbar auf ihrer Spindel sitzt. Durch die obere Mutter *m* kann sie nämlich ein wenig nachgeschoben werden, wobei sich der Fräserzahn genau auf den Schliff einstellt. Mit dieser Einrichtung läßt sich daher ein gleichmäßiger Schliff bei allen Zähnen erreichen. Hiermit sind die Hauptaufgaben der Werkzeugschleiferei erschöpft.

Das Rundschleifen gehärteter Werkstücke auf der Werkzeugschleifmaschine.

Die Werkzeugschleifmaschine läßt sich auch zum Rundschleifen kleiner gehärteter Voll- und Hohlkörper benutzen. Sie ist somit auch als allgemeine Schleifmaschine ausgebaut.

Das Rundschleifen einer Spindel erfordert, daß der Tisch um die Säule geschwenkt wird, damit Werkstück und Schleifspindel parallel liegen (Abb. 643).

Kegelzapfen werden durch Drehen der Tischplatte A angestellt und Hohlkörper, wie Büchsen u. dgl., in ein Spanfutter des Schleifböckchens gespannt.

Bei allen Rundschleifarbeiten muß das Werkstück außer dem geraden Vorschub noch eine Drehung erfahren. Hierzu besitzt das Böckchen eine Riemenrolle r, die von einem Vorgelege mit langer Trommel und wanderndem Riemen angetrieben wird. Das Zuschieben des Werkstückes geschieht mit der Tischspindel.

2. Schwere Werkzeugschleifmaschinen.

Für schwere Werkzeuge bis 400 mm Durchmesser und 900 mm Länge haben Mayer & Schmidt in Offenbach eine selbsttätige Schleifmaschine gebaut (Abb. 644 bis 647). Das äußere Merkmal der Maschine liegt in der senkrechten Bauart. Sie gewährt den Vorzug, daß 2 gegenüberliegende Schleifscheiben das Werkzeug schärfen können. Die Leistung ist damit verdoppelt, da der Fräser nach einer halben Drehung scharf ist. Die eine Scheibe kann eine Topfscheibe, die andere eine Kegelscheibe sein, so daß der Fräser erforderlichenfalls auf der einen Maschinenseite an der Brust, auf der anderen am Rücken geschliffen werden kann. Der Schleifdruck der Gegenscheiben hebt sich auf, so daß das Werkstück eine ruhige Lage hat. Lange und dünne Fräser, Reibahlen usw. können ohne Durchbiegen geschliffen werden. Die Arbeitsweise der Maschine ist so gewählt, daß bei Spiralfräsern die Schleifscheiben in der Achsenrichtung 1 (Abb. 517) vorgehen und dabei den stillstehenden Fräser in Richtung 2 umkreisen. Unten angekommen, steuern sie um und setzen beim Hochgang an denselben Zähnen zum neuen Schliff an. Nach dem Hochgang wird mit dem Umsteuern das Werkstück um einen Zahn geteilt. Alle Bewegungen vollführt die Maschine selbsttätig. Die Schleifscheiben sitzen auf der Ankerwelle des Kapselmotors, von dem sie die Hauptbewegung erhalten. Mit einer Drehscheibe werden Motor und Schleifscheibe auf den Spiralwinkel des Fräsers gestellt. Die beiden Schleifschlitten sind auf den Seitenbahnen S des Hohlgußständers geführt. Sie erhalten ihren auf- und abwärtsgerichteten Vorschub 1 von den Leitspindeln L. Der Leitspindelantrieb geht von dem 2 PS.-Motor über das Vorgelege 1, Wendegetriebe 2, die Kegelräder 3, 4 und die Stirnräder 5, 6, 7. Der kreisende Vorschub 2 für die Spiralwindung der Fräserzähne wird von dem Rundtisch ausgeführt, der auf 3 Rollen r läuft. Der Tischantrieb wird ebenfalls von dem Motor vermittelt und zwar über die Getriebe 1, 2, $\frac{3}{4}$, $\frac{8}{9}$, $\frac{10}{11}$, die Spiralwechselräder r_1 bis r_4, das Schneckengetriebe $\frac{12}{13}$ auf das Ritzel 14, das den großen Zahnkranz 15 des Rundtisches treibt. Beide Bewegungen werden mit dem Wendegetriebe 2 umgesteuert. Die Maschine trägt das Werkstück

Additional information of this book

(Die Werkzeugmaschinen; 978-3-642-89890-7;

978-3-642-89890-7_OSFO23) is provided:

http://Extras.Springer.com

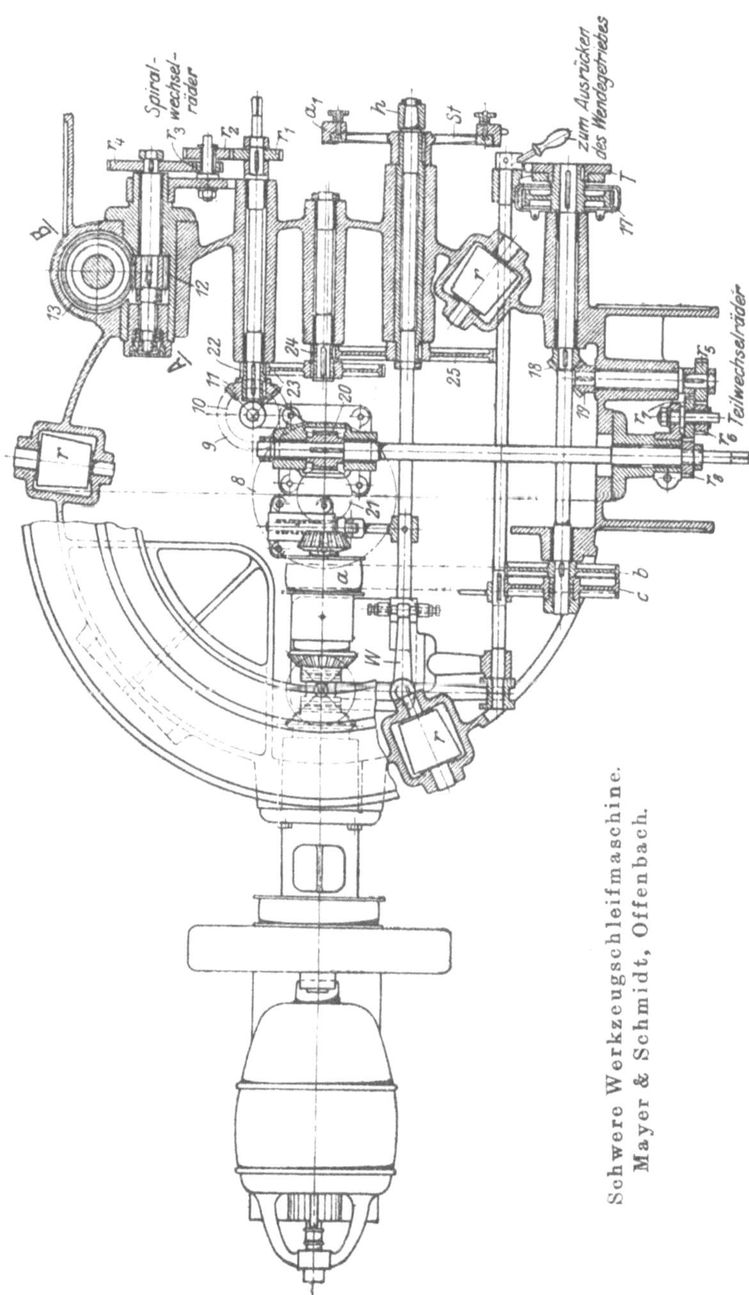

Schwere Werkzeugschleifmaschine.
Mayer & Schmidt, Offenbach.

Abb. 647. Antrieb und Steuerung.

zwischen den Spitzen des Reitstockes und der Teilspindel. Der Reitstock ist zum Einstellen der Spitzenweite auf der Mittelbahn M des Ständers geführt. Die Teilbewegung des Fräsers wird von der Scheibe a durch einen Schleifriemen hergeleitet, der halb auf der Festscheibe b und halb auf der Losscheibe c läuft. Die Stirnräder 16, 17 übertragen sie über die Kegelräder 18, 19 und die Teilwechselräder r_5 bis r_8 auf das Schneckengetriebe $20/21$ der Teilspindel. Der Schleifriemenantrieb ist beim Schleifen durch die Teilscheibe T gesperrt und zieht beim Teilen nur so lange durch, bis die Teilscheibe einen Umlauf gemacht hat. Die selbsttätige Steuerung der Maschine muß sich daher auf das Umschalten des Kegelräderwendegetriebes 2 und das Entriegeln der Teilscheibe T erstrecken. In dieser Steuerung hat die Maschine noch eine bemerkenswerte Neuerung für den Ausgleich des Zahnspiels der Räder. Ungenaue

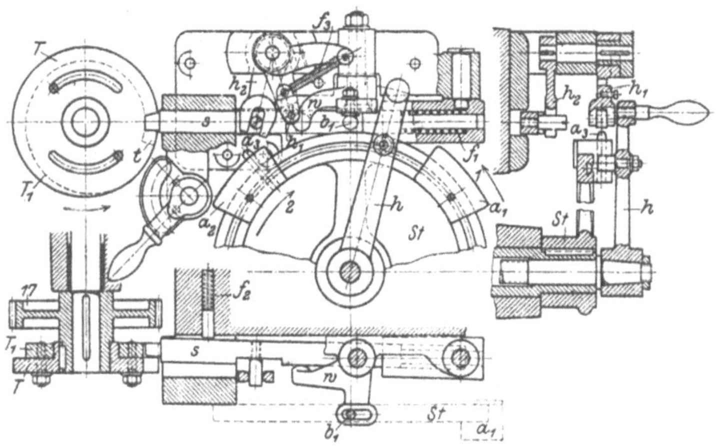

Abb. 648 bis 650. Steuerung der Werkzeugschleifmaschine.

Räderbewegungen haben nämlich zur Folge, daß die Schleifscheiben nach dem Umsteuern der Schleifschlitten die Fräserzähne nicht mehr richtig angreifen. Um aber beim Aufwärtsgang des Schleifschlittens ein gleichmäßiges Angreifen der Scheiben zu erzielen, erhält der Fräser beim unteren Umsteuern eine Zusatzbewegung von der Größe des Abstandes der Scheiben von den Fräserzähnen.

Das Umsteuern und Teilen leitet die Steuerscheibe St ein, die vom Tischantriebe durch die Vorgelege $\dfrac{22}{23} \cdot \dfrac{24}{25}$ angetrieben wird. Bewegen sich die Schleifschlitten abwärts, so dreht sich der Rundtisch nach der Windung der Zähne um den Fräser. Nach beendetem Schliff legt die Steuerscheibe St mit dem Anschlage a_1 den Umsteuerhebel h herum. Mit dem Doppelwinkel W wird unter Mitwirkung der Umsteuerschneiden (Abb. 648 bis 650) das Wendegetriebe 2 augenblicklich umgeschaltet.

Die Räder des Tisch- und Schlittenantriebes laufen entgegengesetzt, und die Schleifscheiben würden wegen des Räderspiels nicht mehr richtig ansetzen. Der richtige Angriff ist hier aber durch eine zweite Teilscheibe T_1 gesichert. Sie kann gegenüber der ersten durch Bogennut und Klemmschrauben verstellt werden. Wenn nun der Anschlag a_1 den Umsteuerhebel h umlegt, so nimmt er auch den Gegenanschlag b_1 mit. Der Winkel w drückt daher den drehbaren Riegel s aus der vorderen Teilscheibe T in die Ebene der hinteren Teilscheibe T_1. Der Schleifriemen zieht im gleichen Augenblick durch und erteilt dem Fräser eine Zusatzdrehung, bis sich die Rast t gegen den Riegel s legt, Diese Zusatzbewegung setzt die Fräserzähne an die beiden Schleifscheiben an. Da der Winkel der Zusatzdrehung bei allen Werkstücken gleich ist, so genügt eine einmalige Einstellung der Teilscheiben. Beim Aufwärtsgang der Schleifschlitten läuft die Steuerscheibe nach dem Pfeil 2. Sind die Schleifscheiben oben angekommen, so legt der Anschlag a_2 den Umsteuerhebel h zurück, der das Wendegetriebe augenblicklich umschaltet.

Kurz vor dem Umsteuern nimmt für das Entriegeln der Teilscheiben der verstellbare Stift a_3 den losen Rollenhebel h_1 mit. Durch Mitnehmerflächen legt h_1 den Hebel h_2 um, der mit seiner Gabel den Riegel s von der Teilscheibe T_1 wegzieht. Sofort schiebt die Feder f_2 den Riegel s in die Ebene der vorderen Teilscheibe T. Inzwischen zieht der Schleifriemen durch und teilt das Werkstück, bis die Rast von T vor dem Riegel s steht. In diesem Augenblick springt s unter dem Druck der Feder f_1 ein und sperrt die Teilbewegung. Nach dem Umsteuern läuft die Steuerscheibe wieder nach dem Pfeile 1. Der Teilstift a_3 nimmt h_1 mit, der sich jetzt lose auf h_2 dreht. Sobald a_3 ihn freigibt, zieht die Feder f_3 ihn zurück gegen die Mitnehmerfläche.

Für den Naßschliff ist der Rundtisch mit einer Wasserschale ausgestattet und die Schleifscheiben mit Schutzhauben gegen Spritzer versehen. Das Kühlwasser wird von einer Pumpe durch die Leitung gedrückt, die zur Stopfbüchse führt. Von hier leiten es Schläuche zu den Scheiben.

Die Berechnung der Spiral- und Teilwechselräder erfolgt nach S. 340 u. f.

b) Die Flächenschleifmaschinen.

Der Ruf nach größerer Genauigkeit, wie sie die Austauschbarkeit der Einzelteile im Maschinenbau fordert, hat eine großzügige Entwicklung der Schleifmaschinen zur Folge gehabt. Aus der Werkzeugschleifmaschine, die ja auch für das Rundschleifen kleiner, gehärteter Teile benutzt wird, sind Flächenschleifmaschinen entstanden, die den Bedürfnissen der Praxis in vollendetem Maße angepaßt sind, sei es für den Feinschliff oder für den Grobschliff.

Die wichtigsten Grundregeln für den Bau der Flächenschleifmaschinen sind folgende:

1. Der wirtschaftliche Betrieb einer Schleifmaschine schreibt Schnittgeschwindigkeiten von 15 bis 35 m/Sek. vor. Diese hohen Geschwindigkeiten verlangen besonders starke und lange Spindellager mit vorzüglicher Schmierung und Abdichtung gegen Wasser und Staub.

2. Besondere Beachtung verdient die hohe Genauigkeit, die man von der Arbeit einer Flächenschleifmaschine fordern muß. Sie verlangt ein vollkommen erschütterungsfreies Arbeiten der Maschine. Die Schleifspindel muß daher reichlich bemessen sein, in ihren Lagern spielfrei laufen und sich durch die Wärme dehnen können. Die Schleifscheibe selbst muß aufs genaueste ausgewuchtet sein, damit die Spindel nicht zittert.

Die Naxos-Union hat diese Aufgabe, wie in Abb. 651 dargestellt.

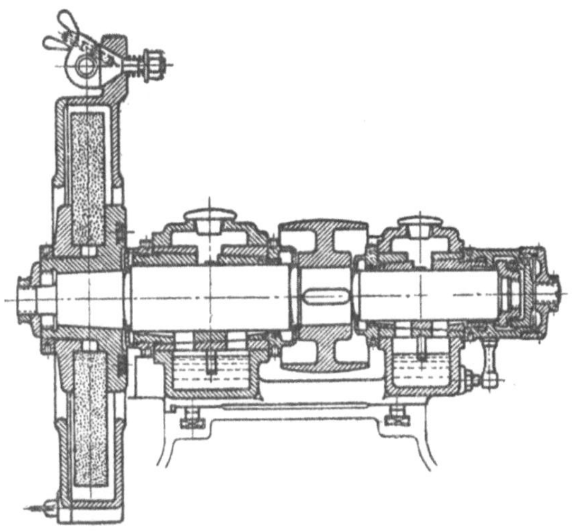

Abb. 651. Schleifspindelstock. Naxos-Union, Frankfurt/M.

gelöst. Die Schleifspindel läuft in nachstellbaren Kegelschalen aus Phosphorbronze. Sie ist am Spindelschwanz durch Druckringe festgelegt, so daß sie sich mit dem Kopfende frei dehnen kann. Als Schmierung ist die Ringschmierung gewählt Zwischen den Flanschen läßt sich die Scheibe genau ausrichten.

Der ruhige Gang des Werkstückes erfordert kräftige Spannvorrichtungen und bei langen und runden Teilen zahlreiche Stützbrillen, einen kräftigen Schleiftisch, der den Druck auf möglichst breite und lange Führungsflächen verteilt. Vor allem muß das Bett für den Schleifbock und Schleiftisch durchaus widerstandsfähig und aufs genaueste bearbeitet und ausgerichtet sein. Besonderer Wert ist auf den Tischantrieb zu legen, dessen Räder aufs sorgfältigste gefräst, gehärtet und geschliffen sein sollten. Was von dem Staub- und Wasserschutz der Spindellager gesagt wurde, gilt auch von den Tischführungen.

Einen einfachen Wasserschutz führt die Naxos-Union aus, indem sie das Schleifwasser selbst zum Dichten benutzt. Es schließt durch Kapillarwirkung den Spalt in den Abb. 652 und 653, so daß weder Staub noch Wasser noch Wassernebel an die Führung können. Der Staubschutz der freiliegenden Führungen wird durch Stahlbänder, gußeiserne Schutzkappen oder Leisten gewährleistet.

3. Die Feinheit der Späne stellt besonders hohe Anforderungen an die Genauigkeit der Steuerung, die Zustellungen der Schleifscheibe von $^{1}/_{1000}$ mm ermöglichen soll. Von hoher Genauigkeit muß auch die Umsteuerung des Tisches sein, wenn man bedenkt, daß die Maschine gegen einen Bund schleifen muß. Eine derartige hohe Genauigkeit läßt sich aber nur erzielen, wenn die Maschine frei von jeder Erzitterung arbeitet.

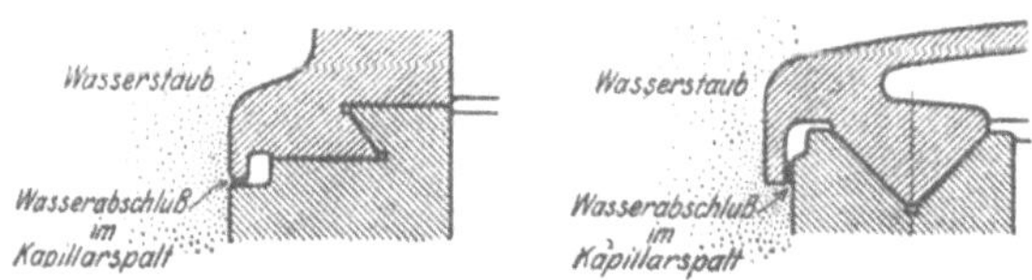

Abb. 652 und 653. Abdichtung der Führungen.

Darin liegt der Schwerpunkt des Schleifmaschinenbaues. Noch eine weitere Aufgabe fällt der Steuerung zu. Da sich die besten Schleifscheiben abnutzen, so muß die Steuerung den Ausgleich bewirken, wenn die vorgeschriebene Genauigkeit erzielt werden soll.

4. Eine große Rolle spielt beim Schleifen eine wirksame Wasserkühlung — Naßschliff. Sie wird um so nötiger je größer die Berührung zwischen Werkstück und Scheibe ist, da mit der Größe der Berührungsfläche die Reibung und Wärme wächst. Wird die Wärmeentwicklung zu stark, so bräunen sich die Teile. Wirksame Gegenmittel sind reichliche Kühlung, große Werkstückgeschwindigkeit und richtiges Verhältnis zwischen Werkstück- und Scheibendurchmesser.

5. Für den Aufbau einer Schleifmaschine ist wesentlich, die Getriebe der Maschine in einem Kasten unterzubringen. Der Getriebekasten erleichtert einmal den genauen Zusammenbau, eine gute Ölung der Getriebe und Lager durch ein Ölbad oder von einer Hauptstelle aus. Alle Handgriffe, Schalthebel usw. liegen bequem zur Hand und der Getriebekasten läßt sich austauschbar herstellen.

Die wichtigsten Flächenschleifmaschinen sind je nach der Form der zu schleifenden Flächen die Rundschleifmaschinen und die Planschleifmaschinen.

1. Die Rundschleifmaschinen für kreisende Werkstücke.

Die Rundschleifmaschinen sind für den Rundschliff von Außenflächen und Innenflächen kreisender Werkstücke bestimmt. Seit der Einführung des Schnellstahles ist die Rundschleifmaschine ein wichtiges Ergänzungsstück zur Drehbank geworden. Sie hat für viele Betriebe eine neue Arbeitsteilung gebracht: Schruppen auf der Drehbank und Schlichten auf der Schleifmaschine. Sie ist somit eine spanabhebende Werkzeugmaschine für die Bearbeitung ungehärteter Maschinenteile geworden. Ja, einfache, glatte Stücke lassen sich sogar aus rohen Stangen ohne Vordrehen vorteilhaft herausschleifen. Geht jedoch die zu zerspanende Stoffschicht über 2 mm hinaus, so ist das Schruppen mit dem Stahl vorzuziehen. Die Stoffzugabe für das Fertigschleifen soll zwischen 0,5 bis 0,8 mm betragen.

Das Rundschleifen verlangt von der Arbeitsweise der Maschine, daß das Schleifrad die kreisende Hauptbewegung erfährt und das Werkstück eine langsame Drehbewegung und dazu den geraden hin- und herspielenden Vorschub. Nach jedem Hub muß die Schleifscheibe dem Werkstück um $^1/_{10}$ bis $^1/_{100}$ mm beigestellt werden. Diese Arbeitsweise ist bei Rundschleifmaschinen fast allgemein, weil sie die größte Gewähr für sauberen Schliff bietet. Von der geraden Bewegung des mit etwa 30 m/Sek kreisenden, schweren Schleifrades wird nur noch bei doppelten Schleifmaschinen Gebrauch gemacht, um die beiden Schleifscheiben voneinander unabhängig zu machen.

a) Die einfache Rundschleifmaschine.

Die einfache Rundschleifmaschine ist (Abb. 654 und 655) für den Außenschliff runder Maschinenteile eingerichtet, die zwischen Reitstock und Spindelstock gespannt werden. Beide Teile sitzen auf dem Schleiftisch, dessen Obertisch O die bewährte Dreieckform hat und zum Schleifen von Kegeln auf dem Untertisch U drehbar ist. Das Schleifen erfolgt, um saubere Flächen zu erlangen, zwischen toten Spitzen. Die in langen Bronzelagern des Spindelstockes gelagerte Spindel kann daher festgestellt werden. Das Werkstück wird durch die lose Mitnehmerscheibe M angetrieben. Der Reitstock hat eine unter Federdruck stehende Patrone, so daß sich das Werkstück bei Erwärmungen dehnen kann und keine Durchbiegungen erleidet. Das Abstützen langer, dünner Werkstücke besorgen die Brillen B, die mit Feinstellschrauben die Stützbacken ansetzen. Der Schleiftisch ist auf dem kräftigen Längsbett L geführt.

Um neue Werkstücke einspannen und geschliffene nachmessen zu können, ohne jedesmal das Schleifrad stillzusetzen, wird der Antrieb des Tisches und des Werkstückes von dem hinteren Maschinenvorgelege V hergeleitet, das sich mit dem Hebel h ein- und ausrücken läßt. Die Scheibe E (Abb. 656), die vom Vorgelege V betrieben wird, wirkt über die Ziehkeilgetriebe I und II auf das Rad R_1. Mit den 5 Schaltungen des Ziehkeiles Z_1 und den 2 Schaltungen des Ziehkeiles Z_2 sind 2×5

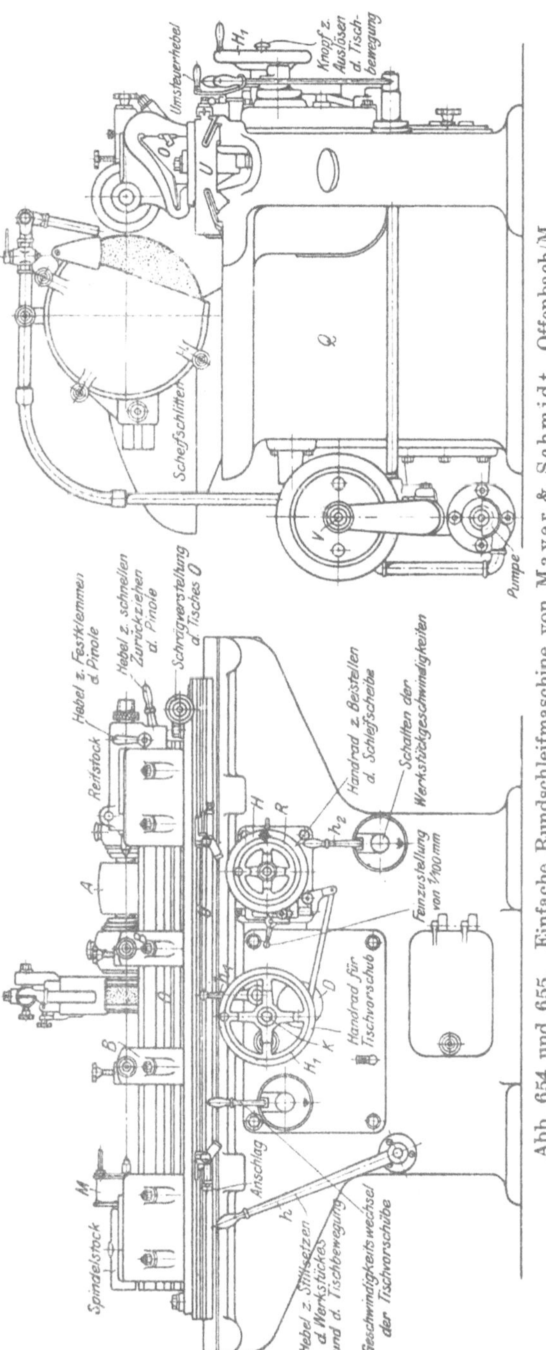

Abb. 654 und 655.   Einfache Rundschleifmaschine von Mayer & Schmidt, Offenbach/M.

Tischvorschübe verfügbar. Das Rad R_1 überträgt die Bewegung über R_2, das Wendegetriebe R_3, R_3', R_4 und die Räder R_5 bis R_7 auf die Tischzahnstange Z (Abb. 657). Das ständige Hin- und Herspielen des Tisches verlangt eine selbsttätige Umsteuerung des Tisches, die aufs genaueste

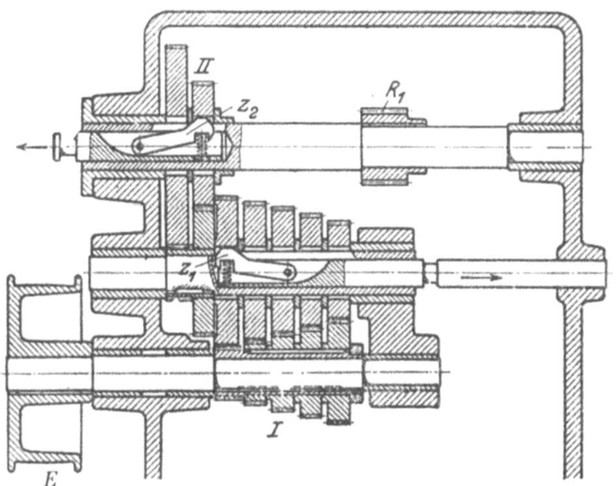

Abb. 656. Tischantrieb.

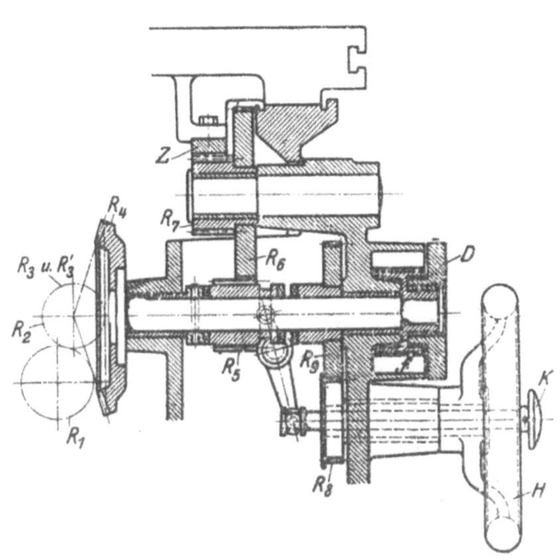

Abb. 657. Tischantrieb.

wirken muß. Sie ist in Abb. 658 und 659 dargestellt. Das Verschieberad R_2 kuppelt hier das Rad R_3' des Wendegetriebes und die Sperrklaue k_1 sichert. Legt der Anschlag a den Schalthebel h_1 um, so spannt er mit der Schiebemuffe m zuerst die Feder f_1 und hebt dann die Sperrklaue k_1

aus. In diesem Augenblick schnellt die gespannte Feder f_1 das Kuppelrad R_2 auf das Gegenrad R_3 und steuert aufs genaueste den Tisch um. Dabei fällt die Klaue k_2 ein, so daß beim nächsten Hubwechsel sich das Spiel auf der Gegenseite wiederholen kann. Bemerkenswert ist, daß

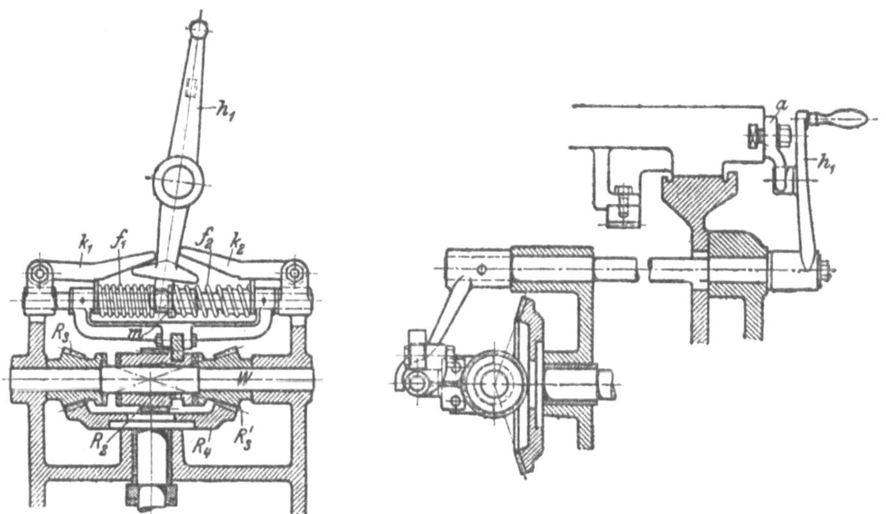

Abb. 658 und 659. Umsteuerung des Tisches.

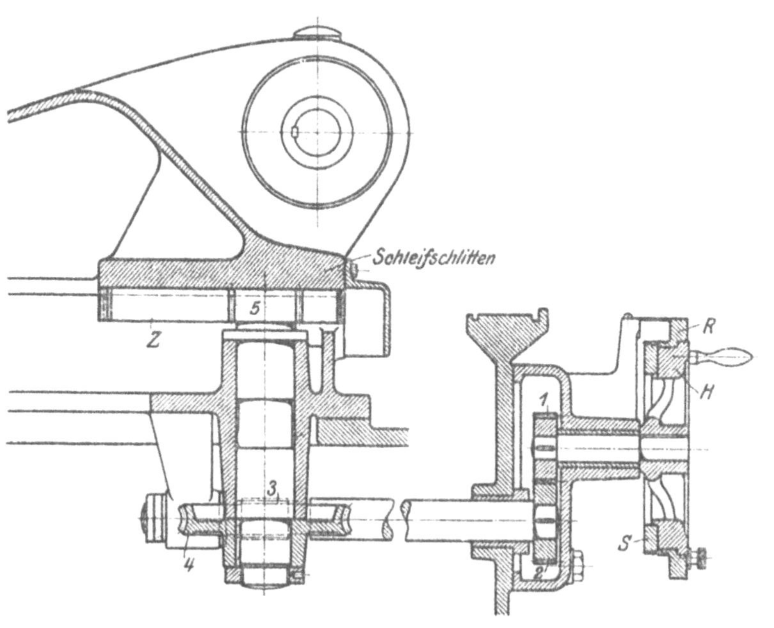

Abb. 660. Anstellvorrichtung des Schleifrades.

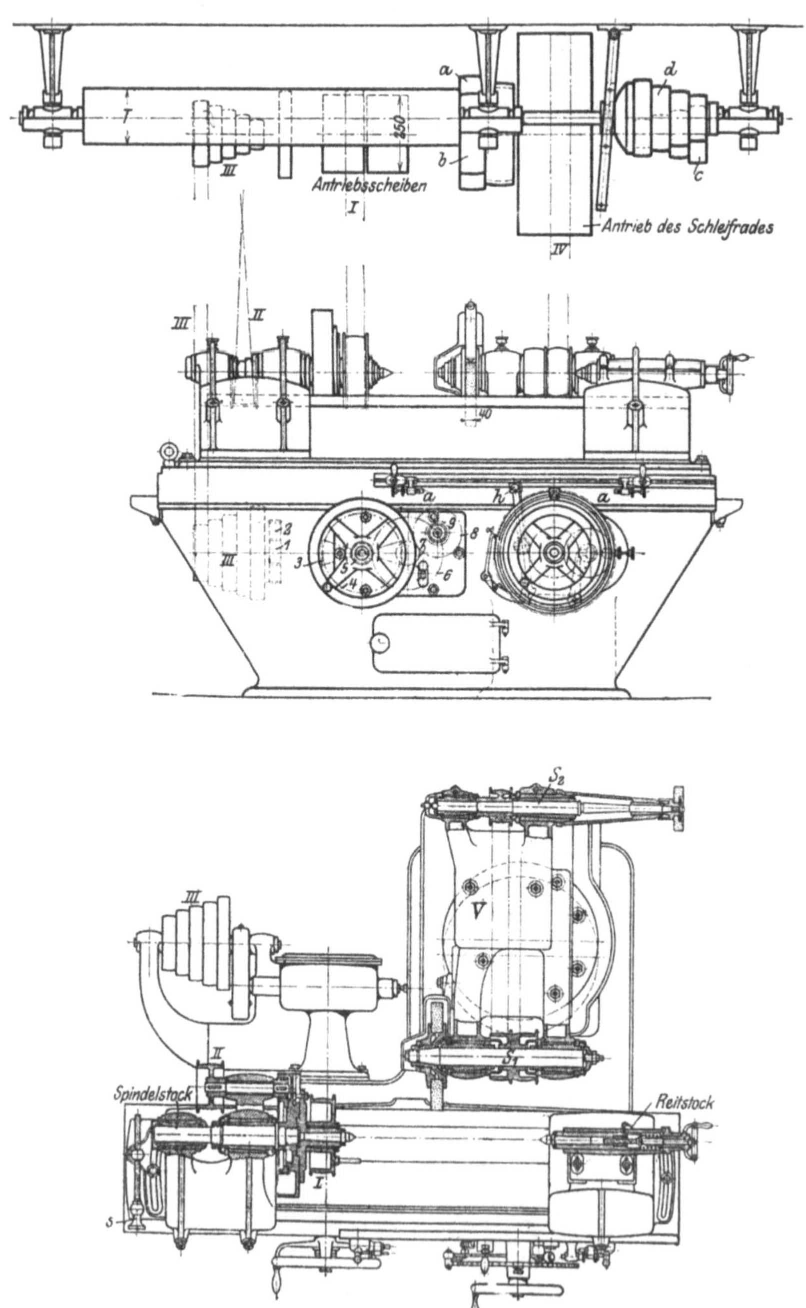

Abb. 661 bis 664. Allgemeine Rundschleifmaschine.

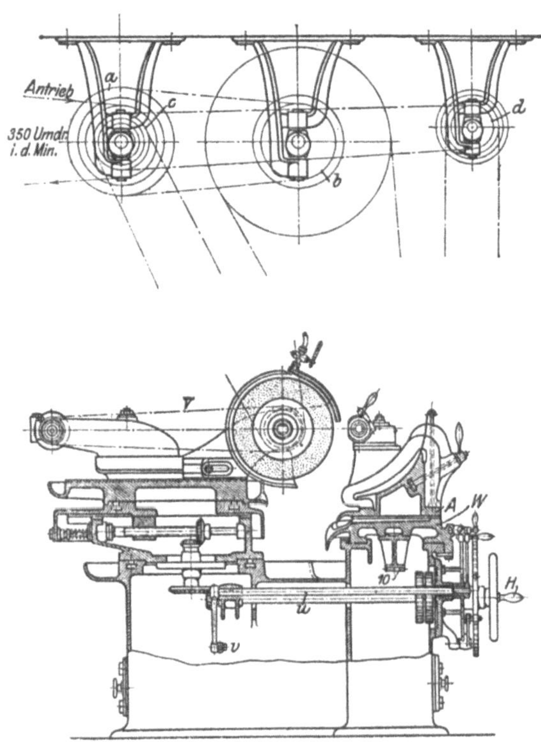

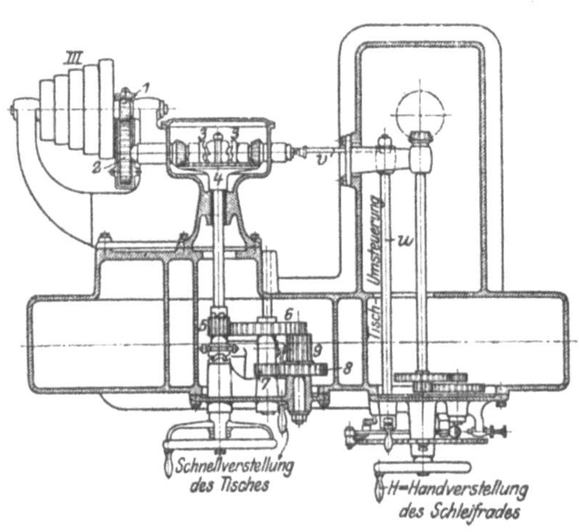

Fr. Schmaltz, G. m. b. H., Offenbach a. M.

das Wendegetriebe keine Keile hat. Um den Tisch mit dem Handrade H einstellen zu können, muß der Selbstgang ausgelöst werden (Abb. 657). Das Rad R_5 ist hierzu als Kuppelrad mit dem Knopf K auf R_9 einzurücken.

Das Werkstück erhält ebenfalls vom Vorgelege V den Antrieb. Es treibt zunächst ein Stufenrädergetriebe, das sich mit dem Handgriff h_2 von der Vorderseite der Maschine aus schalten läßt. Das Stufenrädergetriebe wirkt durch einen Riemen auf ein Deckenvorgelege, von deren langer Trommel ein Wanderriemen die Mitnehmerscheibe M treibt. Die Werkstückgeschwindigkeit kann daher ohne Riemenwechsel jederzeit geändert werden. Das Schleifrad erhält von einem besonderen Deckenvorgelege mit 3 Umlaufszahlen die Hauptbewegung. Das grobe Anstellen des Schleifrades gegen das Werkstück geschieht mit dem Handrade H (Abb. 660), mit dem sich der Schleifschlitten durch die Räder 1 bis 5 und die Zahnstange Z verstellen läßt. Zum Feineinstellen ist das Sperrad S durch ein Klinkwerk jedesmal um 1 Zahn verstellbar, entsprechend einer Zustellung von 0,01 mm. Die selbsttätige Zustellung besorgt die Hubscheibe D (Abb. 654), die durch eine Bremsfeder betätigt wird. Sie wirkt mit der Hubstange auf ein Klinkwerk, das das Schaltrad um 1 bis 20 Zähne dreht, was einer Zustellung von 0,005 bis 0,1 mm entspricht. Die Größe der Zustellung wird mit dem drehbaren Meßring R eingestellt. Um den toten Gang in den Getrieben auszugleichen, wird der Schleifschlitten durch ein Gegengewicht stets nach hinten gezogen.

β) Die allgemeine Rundschleifmaschine.

Die allgemeine Rundschleifmaschine ist sowohl für den Außenschliff als auch für den Innenschliff eingerichtet. Auf ihr können daher Spindeln und Büchsen geschliffen werden. Für den Außenschliff hat sie eine Schleifspindel mit größerer Schleifscheibe und für den Innenschliff eine zweite Spindel mit kleiner Scheibe. Durch den drehbaren Schleifbock kann die eine oder andere Spindel angestellt werden. In diesem drehbaren Schleifbock mit den beiden Schleifspindeln liegt der Hauptunterschied zwischen der einfachen und allgemeinen Rundschleifmaschine.

Nach diesem Grundgedanken ist auch die allgemeine Rundschleifmaschine von Fr. Schmaltz, G. m. b. H. in Offenbach, gebaut (Abb. 661 bis 664). Lange Werkstücke, wie Wellen, werden für den Außenschliff zwischen die Spitzen des Spindelstockes und Reitstockes gespannt und als Sicherheit gegen Verbiegen durch zahlreiche Brillen abgestützt. Der Reitstock bietet noch eine besondere Sicherheit durch die Feder, die nachgibt, sobald sich das Werkstück durch Erwärmen ausdehnen sollte. Werkstücke für den Innenschliff spannt man in eine Planscheibe oder in ein Spannfutter.

Der Antrieb des Werkstückes geschieht von der langen Deckentrommel T, die durch die Stufenscheiben c, d 4 Geschwindigkeiten er-

Additional information of this book

(Die Werkzeugmaschinen; 978-3-642-89890-7;

978-3-642-89890-7_OSFO24) is provided:

http://Extras.Springer.com

fährt. Durch den Riemen *I* empfängt der Spindelstock 4 Geschwindigkeiten und ebensoviel durch den Riemen *II* über das Rädervorgelege, so daß für das Werkstück 8 Geschwindigkeiten zur Verfügung stehen. Die Riemen wandern beim Schleifen auf der langen Deckentrommel hin und her.

Der gerade Vorschub wird dem Werkstück durch den Arbeitstisch *W* erteilt. Er wird von der Stufenscheibe *III* aus durch das Räderwerk *1* bis *10* mit 5 Geschwindigkeiten angetrieben und mit dem Wendegetriebe *3, 3, 4* umgesteuert. Die Aufspannplatte *A* ist für das Schleifen von Kegeln mit der Stellschraube *s* schräg zu stellen. Sie ist gegen das Schleifrad abfallend und zugleich als Wasserschutz ausgebildet. Ihre Oberfläche ist mit den Führungen für den Spindelstock, Reitstock und die Stützbrillen versehen.

Der Schleifschlitten trägt eine Schleifspindel S_1 mit fliegendem Schleifrade von 350 mm Durchmesser und 40 mm Breite für den Außenschliff und eine lange Schleifspindel S_2, dreifach gelagert, für den Innenschliff. Mit einer Drehscheibe können sie nach Bedarf angestellt werden, dabei behält der offen oder gekreuzt laufende Antriebsriemen *IV* seine Spannung. Die Spindel S_2 wird für den Innenschliff durch den Riemen *V* von S_1 angetrieben.

Das selbsttätige Umsteuern des Tisches, das Zustellen des Schleifrades werden von den Tischanschlägen *a* eingeleitet, die durch den Schalthebel *h* und das Gestänge *u, v* die Kupplung des Wendegetriebes *3, 3, 4* umschalten und zugleich durch das vordere Schaltwerk das Schleifrad dem Werkstück zustellen.

Die Maschine ist besonders geeignet für den Rundschliff von Heißdampfschieberbüchsen und den zugehörigen Ringen, von Luftpumpen und Bremszylindern der Westinghouse-Bremsen, von Wellen, Bolzen u. dergl.

2. Die Kolbenstangen- und Schieberstangen-Schleifmaschinen.

Ein sehr dankbares Arbeitsfeld für die Rundschleifmaschine ist das Schleifen von Achsen, Lokomotivkolbenstangen und Schieberstangen. Die Stangen können bei der Maschine in Abb. 665 und 666 wegen der Tischkröpfung, ohne den Kolbenkörper oder den Schieberrahmen abnehmen zu müssen, zwischen die Spitzen gespannt werden. Der Tisch, durch Riemen *3* vom Hauptmotor *I* angetrieben, hat 10 Vorschübe, die augenblicklich auslösbar sind. Für den Antrieb des Werkstückes sitzt auf dem Spindelstock der Motor *II*. Mit den angegebenen Schalthebeln können 20 Werkstückgeschwindigkeiten eingestellt werden. Das Schleifrad wird durch die Riemen *1, 2* vom Hauptmotor *I* angetrieben. Durch eine besondere Vorrichtung mit entsprechend kleiner Schmirgelscheibe können auch die Nuten des Kolbenkörpers ausgeschliffen werden.

Die Genauigkeit des Schliffs verlangt, die Werkstücke durch möglichst viele Brillen zu unterstützen, damit jede Federung ausgeschlossen ist. Die Wirtschaftlichkeit des Rundschleifens ist aus der Zahlentafel XIV, S. 375, zu ersehen.

3. Die Rundschleifmaschinen für sperrige Werkstücke.

Die einfachen und allgemeinen Rundschleifmaschinen lassen sich nur für Schleifarbeiten an kreisenden Werkstücken benutzen, nicht

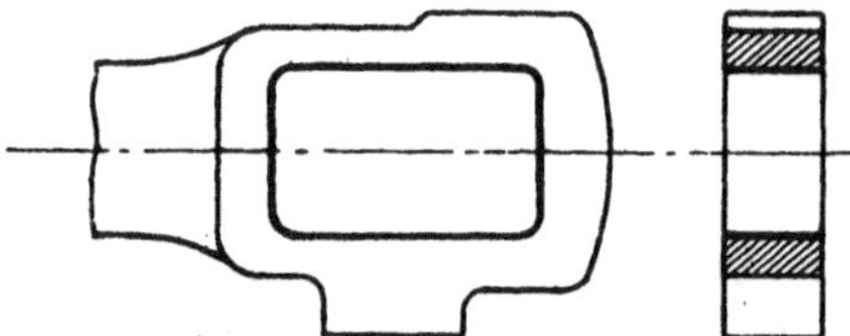

Abb. 667 und 668.   Schubstangenkopf.   Schleifflächen gerändert.

aber an sperrigen Maschinenteilen, die keine Drehbewegung zulassen. Zahlreiche Fälle dieser Art bietet der Lokomotivbau, sei es bei dem Ausschleifen von Büchsen, dem Rundschleifen von Zapfen oder sei es bei dem Planschleifen von Paßflächen an sperrigen Steuerungsteilen (Abb. 667 bis 670).

Schleifmaschinen für derartige Zwecke müssen daher dem Schleif-

Abb. 669 und 670.   Steuerstange.   Schleifflächen gerändert.

rade die Hauptbewegung und beide Schaltbewegungen erteilen, damit das sperrige Werkstück stillsteht. Sie haben deshalb das Schleifrad nicht nur anzustellen, sondern auch in allen Arbeitsstellungen nach den erforderlichen Richtungen selbsttätig zu schalten. So ist bei dem Rundschleifen eines Zapfens das Schleifrad S auf den Halbmesser R einzustellen und an dem Zapfenmantel in Richtung I und II zu schalten (Abb. 671 und 672). Zum Ausschleifen einer Büchse ist der Schleifstein S auf den inneren Halbmesser R einzustellen und in gleicher Weise auf dem inneren Mantel nach I und II durch die Maschine zu führen (Abb. 673 und 674). Beim Planschleifen muß hingegen das Schleifrad S eine ebene Fläche bestreichen (Abb. 675 und 676). Es hat daher nur den

Zahlentafel XIV[1]).

Nummer	Gegenstand:	Zeit						Zeitersparnis durch Schleifen in v. H.	Stoffzugabe für das Schleifen mm	Bemerkungen
		für das Schleifen		für Vordrehen u. Fertigschleifen		für vollständ. Bearbeitung auf der Drehbank				
		Std.	Min.	Std.	Min.	Std.	Min.			
1	Kolbenstange aus Stahl	—	20	—	55	2	15	59	0,45	
2	Welle aus weichem Stahl	—	34	2	24	4	40	49	0,50	
3	Wagenachse	1	5	—	—	4	30	76	0,80	Nur Schlichtarbeit. Ohne die Abrundungen in 45 Min. geschliffen
4	Lokomotivachse	1	—	—	—	5	10	81		Nur Schlichtarbeit. Ohne die Abrundungen in 45 Min. geschliffen
5	Frässpindel aus Maschinenstahl	—	50	7	15	10	20	30	0,50	
6	Hartgußwalze	3	—	—	—	8	—	63	0,60	Nur Schlichtarbeit. Lichtdicht geschliffen
7	Gasmaschinenkolben	—	30	3	5	5	10	40	1,00	Einschließl. Einpassen

Vorschub *II* zu vollziehen, während das Werkstück selbst in Richtung *I* mit dem Arbeitstisch zu schalten ist.

Diese verschiedenen Aufgaben erfordern für die Vorschübe des Schleifrades und seine verschiedenen Arbeitsstellungen eine dreifache

[1]) Ludw. Löwe & Co., Berlin: Daten aus der Praxis des Rundschleifens.

Planetenspindel (Abb. 677). Sie besteht aus der Schleifspindel a, die um e_1 außermittig in der Spindel b sitzt und in ihr mit etwa $n = 4000$ läuft. Die Innenspindel b ist wiederum außermittig in der Außenspindel c

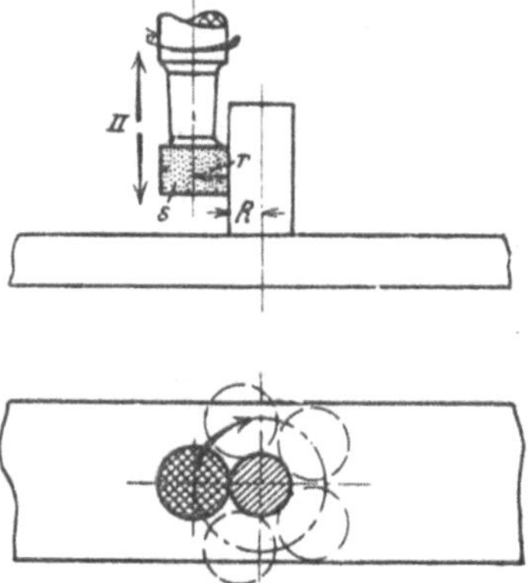

Abb. 671 und 672. Rundschleifen eines Zapfens.

untergebracht. Der Grundgedanke dieser doppelt außermittigen Lagerung ist, die Schleifspindel a sowohl gleichmittig als auch außermittig zur Außenspindel c einstellen zu können und zwar durch gegenseitiges

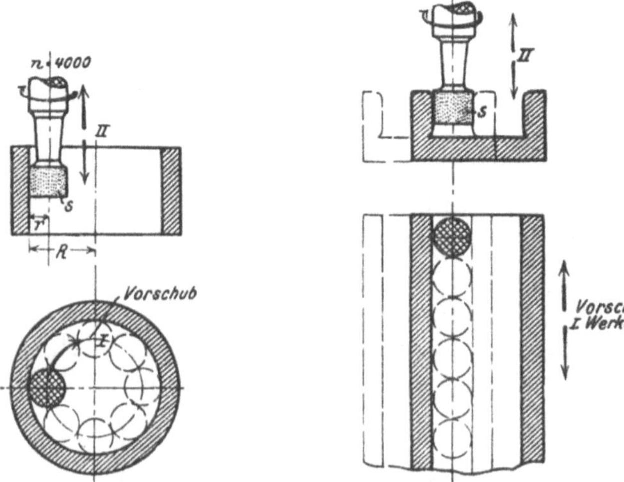

Abb. 673 und 674. Ausschleifen   Abb. 675 und 676. Planschleifen.
einer Büchse.

Verstellen von b und c. Dies geschieht mit einem Handrade, mit dem auch die Schleifscheibe während des Schleifens zugestellt wird. Da die Außenspindel c in Richtung I etwa 50 Umläufe in der Minute vollführt, so wird die schnellaufende Schleifscheibe auf einem Kreise wandern, d. h. eine Planetenbewegung ausführen, deren Halbmesser von O bis E mm geregelt werden kann, wie dies beim Plan- und Rundschleifen erforderlich ist.

Auf Grund dieser Einrichtung bietet die gleichachsige Lage von a und c (Abb. 678) die Arbeitsstellung des Planschiffs. Hierbei wird die Schleifspindel a in der Achse C der Außenspindel c ohne Planetenbewegung laufen, da $E = O$ ist. Die Schleifscheibe bleibt infolgedessen

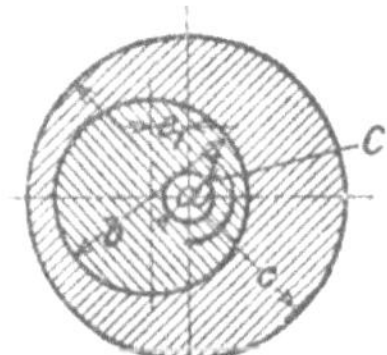

Abb. 678. Anstellung fürs Planschleifen.

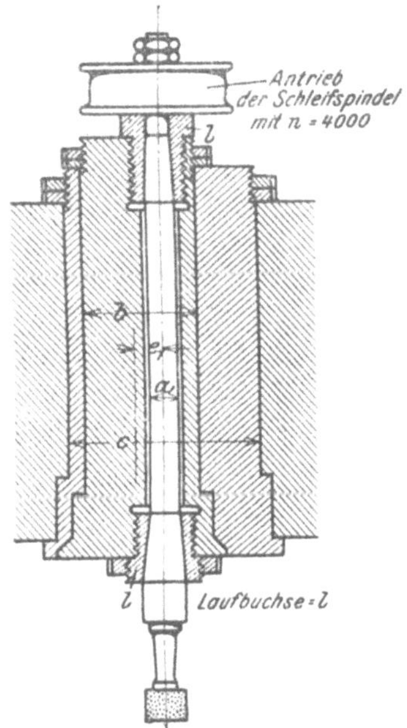

Abb. 677. Plan einer Planetenspindel.

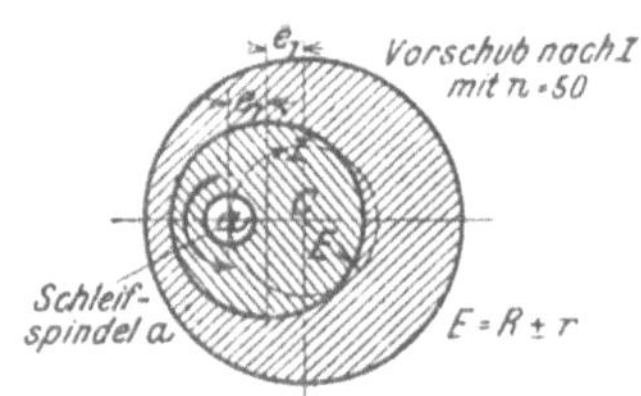

Abb. 679. Anstellung fürs Rundschleifen.

stets an der ebenen Schleiffläche, wenn das Werkstück nach I vorgeschoben wird.

Für das Umschleifen von Zapfen ist die Schleifspindel a durch Verstellen von b und c außermittig auf das Maß $E = r + R$ einzustellen. In dieser Einstellung (Abb. 679) vollzieht das Schleifrad gleichzeitig die Hauptbewegung mit 4000 und den Planetenvorschub I mit 50 Umdrehungen in der Minute. Das gleiche findet statt beim Ausschleifen von Büchsen in der außerachsigen Anstellung $E = R - r$. Außer den beiden kreisenden Bewegungen hat das Schleifrad s noch eine dritte zu vollziehen und zwar in Richtung II. Für sie ist die Schleifspindel in einem auf- und abspielenden Schlitten gelagert.

Die vorstehende Arbeitsweise ist bei den senkrechten allgemeinen Schleifmaschinen der Firma Fr. Schmaltz, G. m. b. H., Offenbach, in sinnreicher Weise durchgebildet (Abb. 680 bis 685). Die Schleifspindel S läuft außermittig in der hohlen Innenspindel B. Den Antrieb vermittelt ein auf Laufrollen geführter Riemen (Abb. 681). Die Schnittgeschwindigkeit der Scheibe soll möglichst 25 m/Sek. betragen. Die Innenspindel B liegt wiederum außermittig in der Außenspindel A, die in den Lagern des Schleifschlittens S_1 langsam läuft. Das Verstellen der Planetenspindel auf die Außermittigkeit E geschieht mit dem Handrade J, mit dem auch das Zustellen der Schleifscheibe erfolgt. Da die Außenspindel A beim Schleifen mit etwa $n = 50$ läuft, so erfordert das Beistellen der Scheibe eine Zusatzbewegung der Außenspindel A und eine Gegenbewegung der Innenspindel B. Diese Zusatzbewegung wird mit dem Handrade J über das Vierradgetriebe HGE und das Stirnräderpaar DC erzeugt. Die Gegenbewegung der Innenspindel B besorgt das Rad R mit den Zahnkränzen L, die durch MN auf das Schneckengetriebe O von B wirkt (Abb. 682). Mit dieser Einrichtung ist die Verstellbarkeit der Planetenspindel und das Beistellen der Scheibe gelöst. Der Antrieb der Planetenbewegung liegt in der Scheibe E, die mit dem Griff t durch eine Reibkupplung unter Mitwirkung einer Sicherheitsschneide gekuppelt werden kann. Ein großes Schneckengetriebe sichert einen ruhigen Lauf der Außenspindel in den großen Schlittenlagern. Beim Planschleifen wird E entkuppelt und A mit der Schraube x festgestellt Zum leichten Auf- und Abspielen ist der Schleifschlitten ausgeglichen. Der Schlittenantrieb umfaßt die Stufenscheibe E_1, das Räderwerk *10* bis *19* und die Zahnstange *20*. Für das Umsteuern ist das Wendegetriebe *12, 13, 14* vorgesehen, das mit der Kupplung geschaltet wird. Die Selbstumsteuerung vollzieht die Anschläge f, g mit dem Umsteuerhebel p (Abb. 680), der mit dem Hebel k und der Stange i den Winkel q herumlegt. Der zweite Schenkel von q steht unter dem Druck einer Umsteuerschneide und springt daher augenblicklich um. Dabei faßt die Gabel den Kupplungshebel und schaltet die Kupplung auf die Gegenseite. Damit ist die Umsteuerung des Schleifschlittens vollzogen (Abb. 714). Das Schnellverstellen geschieht mit dem Handrade b, nachdem man mit dem Griff a das Rad *15* mit b gekuppelt hat. Soll auch Feineinstellung mit dem Handrade c vorgesehen werden, so ist b als Schneckenrad zu verzahnen (Abb. 680). Die bisherigen Antriebe und Schaltungen sind lediglich für die Schleifscheibe.

Das Einstellen des Werkstückes fällt dem Arbeitstisch zu. Beim Rundschleifen muß mit ihm die Mittelachse des zu schleifenden Zapfens oder der Büchse auf die Drehachse des Außenzylinders A ausgerichtet werden. Hierzu genügt ein einfacher Kreuzschlitten, der aus dem Längs- und Querschlitten besteht. Das Planschleifen verlangt allerdings einen Längszug mit selbsttätiger Umsteuerung. Der Längszug des Tisches besteht aus der Stufenscheibe *1*, dem Wendegetriebe *2, 3, 4* und den Stirnrädern *5, 6*, die die Leitspindel L_1 des Langschlittens treiben. Die Umsteuerung gleicht der des Schleifschlittens. Der Langschlitten ver-

Additional information of this book

(Die Werkzeugmaschinen; 978-3-642-89890-7;

978-3-642-89890-7_OSFO25) is provided:

http://Extras.Springer.com

schiebt mit den Anschlägen u, v die Umsteuerstange, die mit dem Winkel w und der Umsteuerschneide s augenblicklich die Gabel umlegt und die Kupplung des Wendegetriebes umschaltet. Mit dem Griff y kann der Tischantrieb ausgelöst und gesperrt und der Tisch mit der Kurbel z verstellt werden.

Eine besondere Vorrichtung ist noch für das Ausschleifen der Bogenschleifen (Abb. 686) vorgesehen. Derartige Steuerungsteile müssen durch den Arbeitstisch auf die Kreisbogen von R und r geschaltet werden. Hierzu ist die rückseitige Schwinge auf den Mittelpunkt M der Schleife einzustellen, so daß die obere Aufspannplatte Q_1 auf dem Drehteil D_1 bei dem Hin- und Herspielen des Tisches die Bogenschleifen an der Schleifscheibe vorbeiführt.

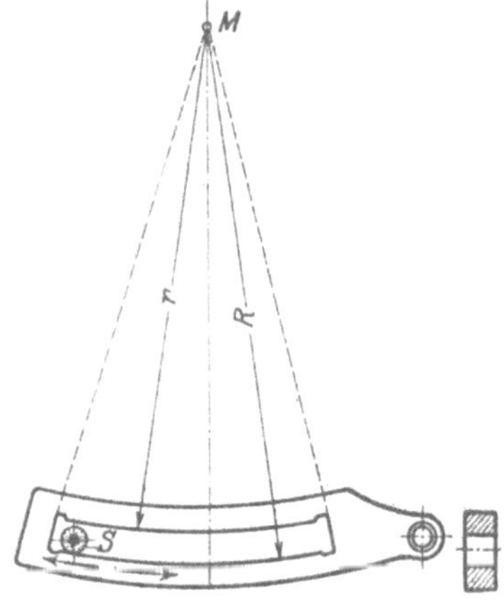

Abb. 686. Ausschleifen einer Bogenschleife.

4. Die Zylinderschleifmaschinen.

Die Zylinderschleifmaschinen (Abb. 687 und 688) sind Sondermaschinen für das Ausschleifen von Zylindern, die keine kreisende Bewegung zulassen.

Der Zylinder wird auf dem Arbeitstisch festgespannt, der sich zum Einstellen des Werkstückes hoch und quer verstellen läßt.

Die Schleifspindel der Zylinderschleifmaschinen muß daher ebenfalls eine dreifache Bewegung ausführen: 1. die kreisende Hauptbewegung um die eigene Achse, 2. einen kreisenden Vorschub, die Planetenbewegung am inneren Umfang des Zylinders und 3. einen hin- und herspielenden Vorschub in der Längsrichtung. Diese drei Bewegungen müssen wieder durch eine Planetenspindel hervorgebracht werden.

Die Zylinderschleifmaschinen haben daher eine Planetenspindel (Abb. 689), die aus der schrägen Innenspindel B, in der die Schleifspindel S läuft, und der Außenspindel A besteht. Das Einstellen der Schleifscheibe auf den Zylinderdurchmesser geschieht mit dem Spillrad H, das als Mutter die Stellspindel S_1 und damit die Außenspindel A für kleine Zylinder nach 2 und für große nach 1 verschiebt. Die selbsttätige Zustellung der Schleifscheibe besorgt ein Schaltwerk, das auf das Schaltrad S_2 an H wirkt. Für die Planetenbewegung I läuft die Außenspindel A in dem Trommelhaus. Der Antrieb der Planetenbewegung geht vom Riemen 3 aus, der durch Räder auf den Zahnkranz von A treibt. Den Hauptantrieb der Schleifspindel S vollziehen der Wanderriemen 1 und

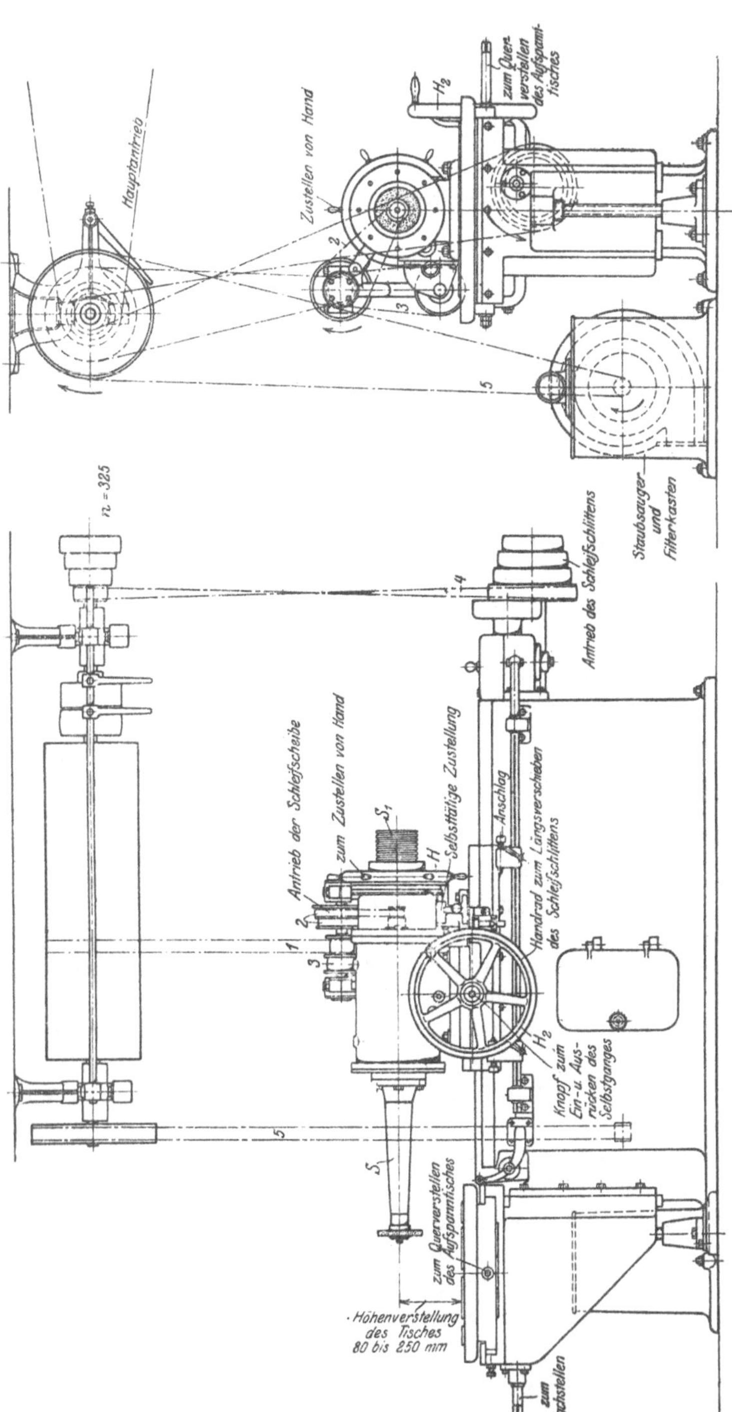

Abb. 687 und 688.   Zylinderschleifmaschine von Mayer & Schmidt, Offenbach/M.

der Stufenriemen *2*. Für den hin- und herspielenden Vorschub *II* in
der Zylindertiefe ist das Trommelhaus als Schlitten auf dem kräftigen
Bett geführt. Auf dem Schleifschlitten sind der ganze Antrieb und die
Schaltung untergebracht. Den Schlittenantrieb versieht der Stufenriemen *4* und eine Anschlagumsteuerung im Sinne der Abb. 684.

Die große Zylinderschleifmaschine von Mayer & Schmidt, Offenbach a. M. (Abb. 690 und 691), ist mit den neuesten Errungenschaften
ausgerüstet. Die Schleifspindel wird vom Motor durch die Ketten *1*,
2 und den Riemen *3* angetrieben. Mit dem Hebel h_1 lassen sich 6 Geschwindigkeiten der Schleifscheibe einstellen. Das Einstellen des Schleifrades auf den Zylindermantel geschieht mit dem Handrade h_2 und die
selbsttätige Zustellung für den nächsten Schliff durch das Schaltwerk *s*.
Für die Planetenbewegung des Schleifrades sind 2 Geschwindigkeiten

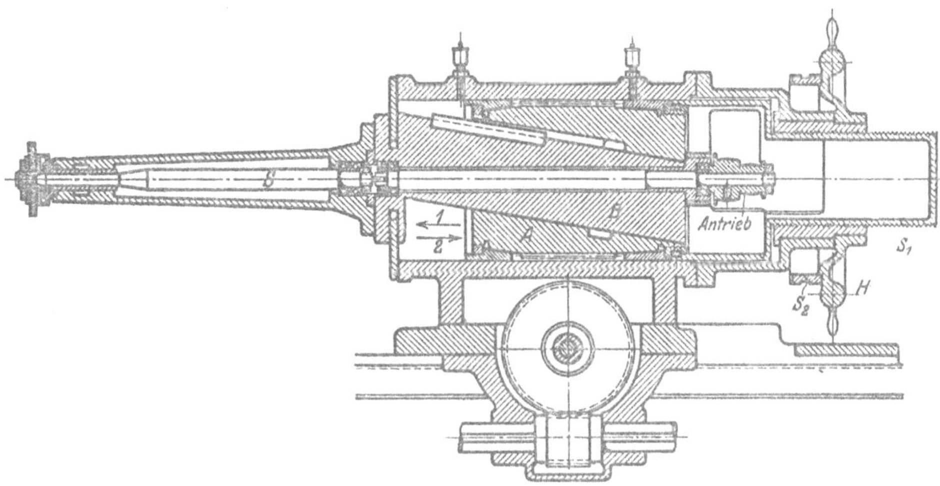

Abb. 689. Planetenspindel.

vorgesehen, die sich mit dem Griff h_3 wechseln lassen. Der Schleifschlitten wird mit dem Handrade h_4 auf das Werkstück eingestellt und
die 8 Längsvorschübe mit der Kurbel h_5 gewechselt. Mit h_6 kann der
Längsvorschub und mit h_7 die ganze Maschine stillgesetzt werden.

Der Arbeitstisch hat ebenfalls handliche Vorrichtungen. Die Grob-
einstellung in der Querrichtung geschieht mit h_8 und die Feineinstellung
mit h_9. Die Hoch- oder Tiefstellung wird mit dem Vierkant *a* vorgenommen.

5. Die Planschleifmaschinen.

Die Planschleifmaschinen haben als Werkzeug eine Flachscheibe,
die mit der Stirnfläche schleift, oder eine Topfscheibe, die mit einer Ring-
fläche schleift. Hauptbedingung ist, daß die Schleifscheiben mit mög-

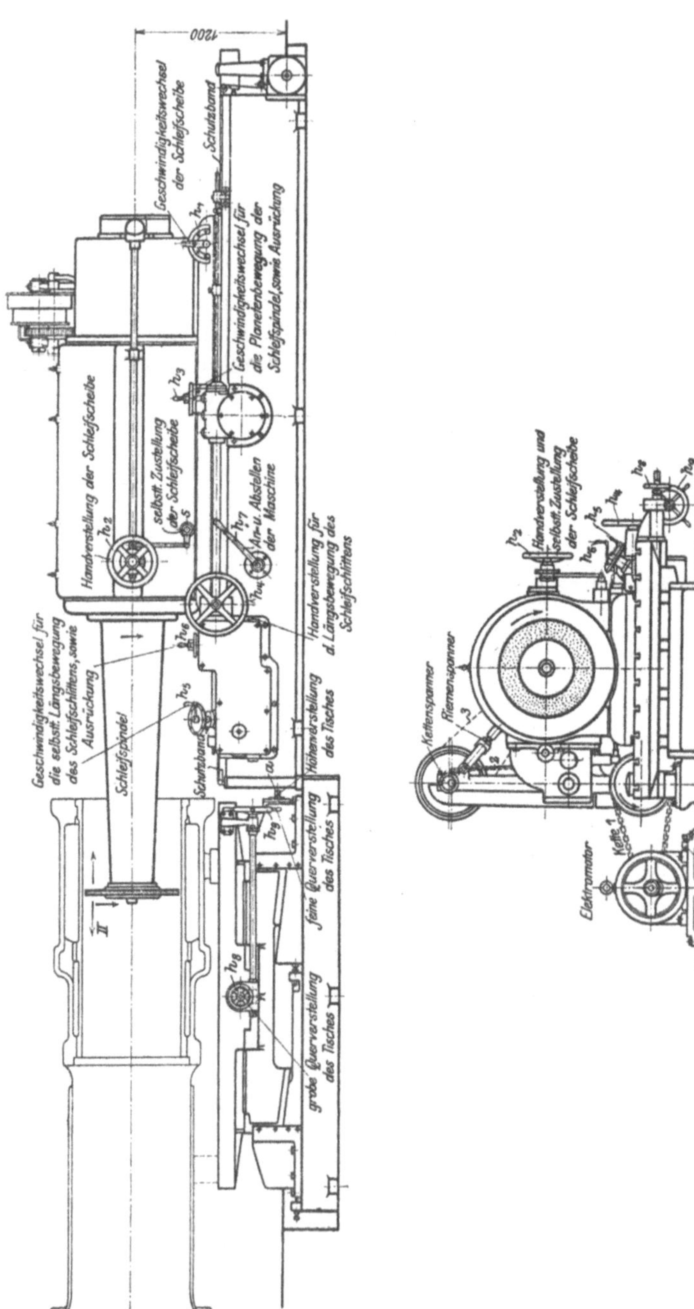

Abb. 690 und 691. Große Zylinderschleifmaschine. Mayer & Schmidt, Offenbach.

lichst geringer Berührungsfläche das Werkstück fassen. Denn je größer die Berührungsfläche zwischen beiden ist, um so größer ist die Reibung und die Wärmeentwicklung und die Gefahr des Bräunens der Schleifschläfen. Gerade bei der Topfscheibe ist diese Gefahr sehr groß. Die Gegenmittel sind Schrägstellen der Scheibe, ausgiebige Kühlung und hohe Werkstückgeschwindigkeit. Beim Entwerfen von Maschinenteilen müssen schon möglichst schmale Schnittflächen angestrebt werden. Ein wirksames Mittel ist auch die Aufteilung der Topfscheibe in die Klauenscheibe mit einigen Ringstücken.

Die Planschleifmaschinen mit Flachscheiben sind für Schlicht- und Schabarbeiten bestimmt, um Führungen von höchster Genauigkeit zu schleifen. Sie sind also Genauigkeitschleifmaschinen mit Feineinstellungen von $^1/_{1000}$ mm. Die Planschleifmaschinen mit Klauenscheiben sind Hochleistungsschleifmaschinen, die insbesondere für Gußstücke in Betracht kommen. Die Spanleistungen betragen bei Genauigkeiten von $^1/_{100}$ mm bis 2 kg/St, bei $^2/_{100}$ mm 3 bis 6 kg/St, bei $^1/_{10}$ mm 10 bis 12 kg/St. Bei geeigneten Gußstücken sind sogar 25 kg/St erreichbar.

a) Die Genauigkeitsschleifmaschinen für gerade Flächen.

Die Planschleifmaschinen mit Flachscheiben müssen sich auf folgenden Grundgedanken aufbauen: Soll die Flachscheibe eine gerade, ebene Fläche schleifen, so muß ihr das Werkstück in gerader Richtung zugeschoben werden. Außer dem geraden Vorschub muß die Maschine, um das Schleifrad auch in der Breite des Werkstückes schalten zu können, noch einen stetig hin- und herspielenden oder einen ruckweisen Quervorschub erzeugen. Diese Arbeitsweise zeigt eine gewisse Verwandtschaft mit der Hobelmaschine. Nur erhält das Schleifrad im Vergleich zum Hobelstahl außer dem Quervorschub noch die Hauptbewegung. Die Verwandtschaft beider Maschinen macht sich auch in dem Aufbau der Planschleifmaschine in Abb. 692 und 693 bemerkbar.

Das Schleifrad der Maschine wird durch die Riemen *III* und *IV* über die hintere, einstellbare Riementrommel angetrieben. Zum Anstellen des Schleifrades und zum Querschalten sitzt der Schleifschlitten auf einem Querträger, der wie bei der Hobelmaschine an den Ständern hoch und tief zu stellen ist. Die Feineinstellung geschieht mit dem Handrade *H*, das durch ein Schneckengetriebe den drehbaren Spindelbügel *B* mit dem Schleifrade aufs genaueste einstellt.

Der Quervorschub des Schleifschlittens erfolgt ununterbrochen und kann durch den Riemen *I* mit 3 Geschwindigkeiten vom Deckenvorgelege entnommen werden. Der Schlitten wird dabei durch die auf die Werkstückbreite einstellbaren Anschläge *a*, die das Wendegetriebe *5* schalten, ständig umgesteuert. Das Schleifrad bestreicht also die Arbeitsfläche ununterbrochen wellenförmig und schafft so sehr saubere Flächen. Der Arbeitstisch wird durch die Riemen *II*, die Vorgelege $\frac{a}{b} \cdot \frac{c}{d}$ und die Zahn-

stange e angetrieben. Durch die Riemenumsteuerung, die durch die
Anschläge k_1 und k_2, sowie den Steuerhebel h betätigt wird, wird der

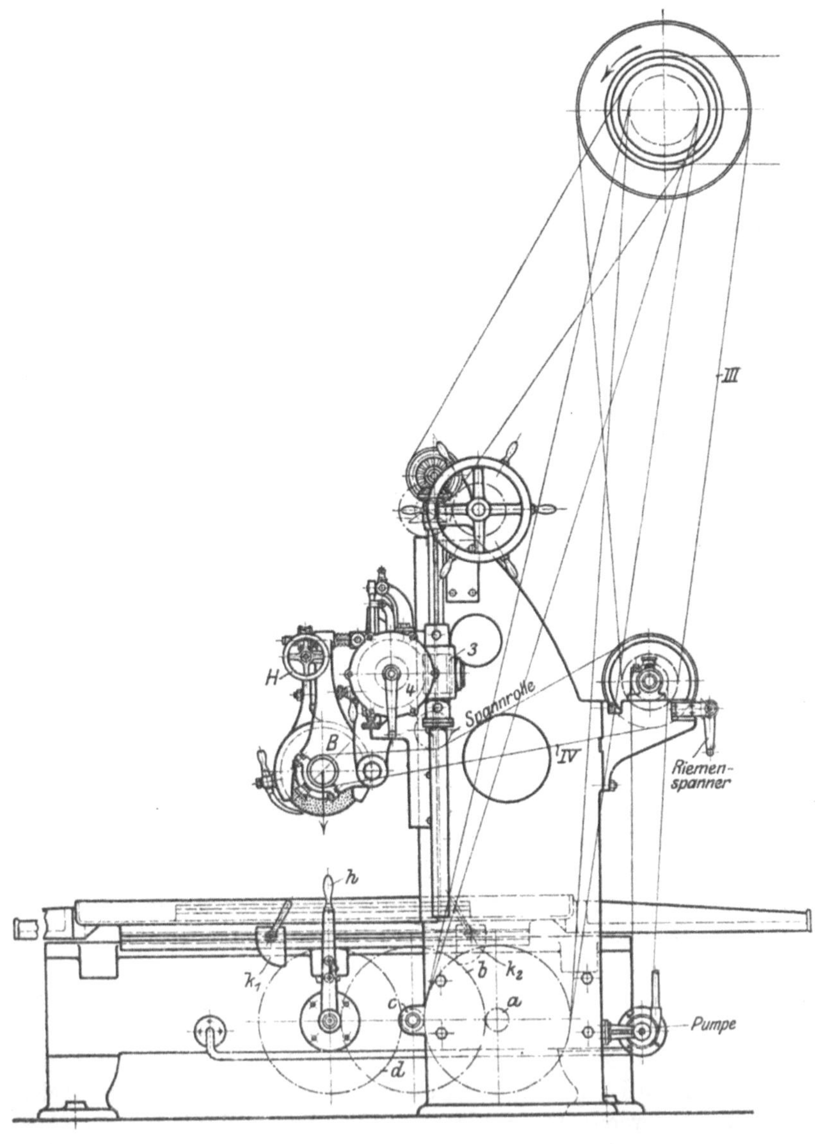

Abb. 692. Planschleifmaschine. Fr. Schmaltz G. m. b. H., Offenbach.

Tisch mit gleicher Geschwindigkeit umgesteuert, so daß beim Vor- und
Rücklauf geschliffen wird. Hierdurch wird nicht nur die Leistung größer,

sondern es fallen auch die erschütternd wirkenden Massendrücke des stark beschleunigten Leerlaufs fort.

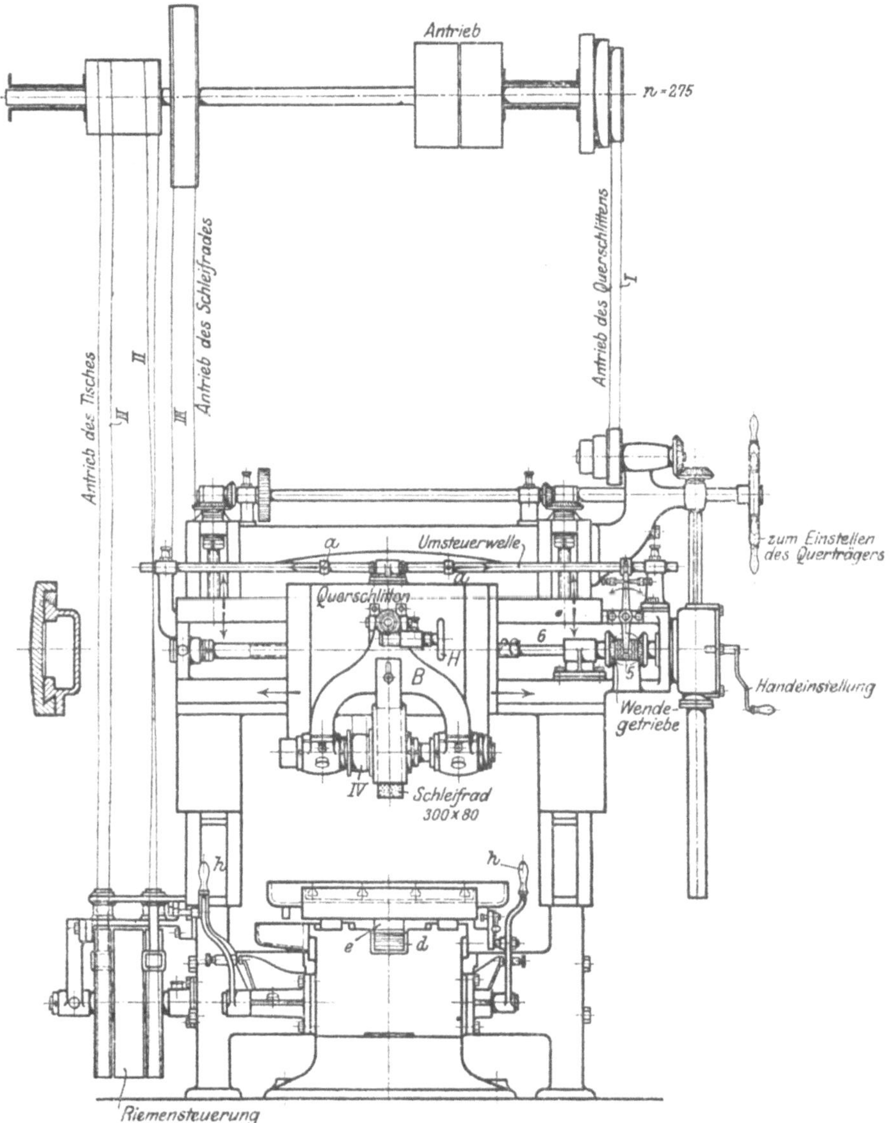

Abb. 693.   Ansicht der Planschleifmaschine.

b) Die Hochleistungsschleifmaschine.

Die Hochleistungsschleifmaschinen für gerade, ebene Flächen haben als Werkzeuge Klauenscheiben (Abb. 694 und 695), die den Topfscheiben an Schleifkraft überlegen sind, aber auch einen größeren Arbeitsaufwand erfordern. Sie fassen die ganze Breite der Schleifflächen, so daß das Hin- und Herspielen der Flachscheibe fortfällt. Die Klauenscheiben lassen eine wagerechte und senkrechte Anordnung der Schleifspindel zu. Lassen sich die Werkstücke mit den Arbeitsflächen senkrecht liegend bequem spannen, so ist die wagerechte Schleifspindel zu wählen. Sie hat den Vorzug eines einfachen Antriebes, indem man den Antriebsmotor mit der Schleifspindel kuppelt. Die wage-

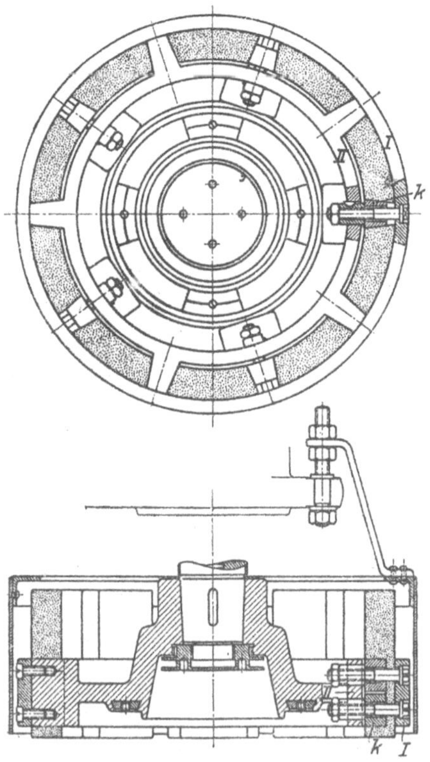

Abb. 694 und 695. Klauenscheibe. k = Spannschrauben.

rechten Maschinen sind daher für das Schrupp- und Glattschleifen von Motorfüßen, Schieberflächen, Gleitbahnen usw. bestimmt. Die senkrechten Schleifmaschinen sind hingegen für schmalere und kürzere Flächen gebaut.

Die Hochleistungsschleifmaschine von Fr. Schmaltz, G. m. b. H., Offenbach (Abb. 696 bis 702), hat elektrischen Antrieb durch den angekuppelten 25 PS.-Motor. Die Schleifspindel läuft in nachstellbaren Kegelschalen und nimmt den Schleifdruck am Kugellager auf (Abb. 696). Schleifbock und Motor sitzen zum Schräganstellen der Klauenscheibe

Additional information of this book

(Die Werkzeugmaschinen; 978-3-642-89890-7;

978-3-642-89890-7_OSFO26) is provided:

http://Extras.Springer.com

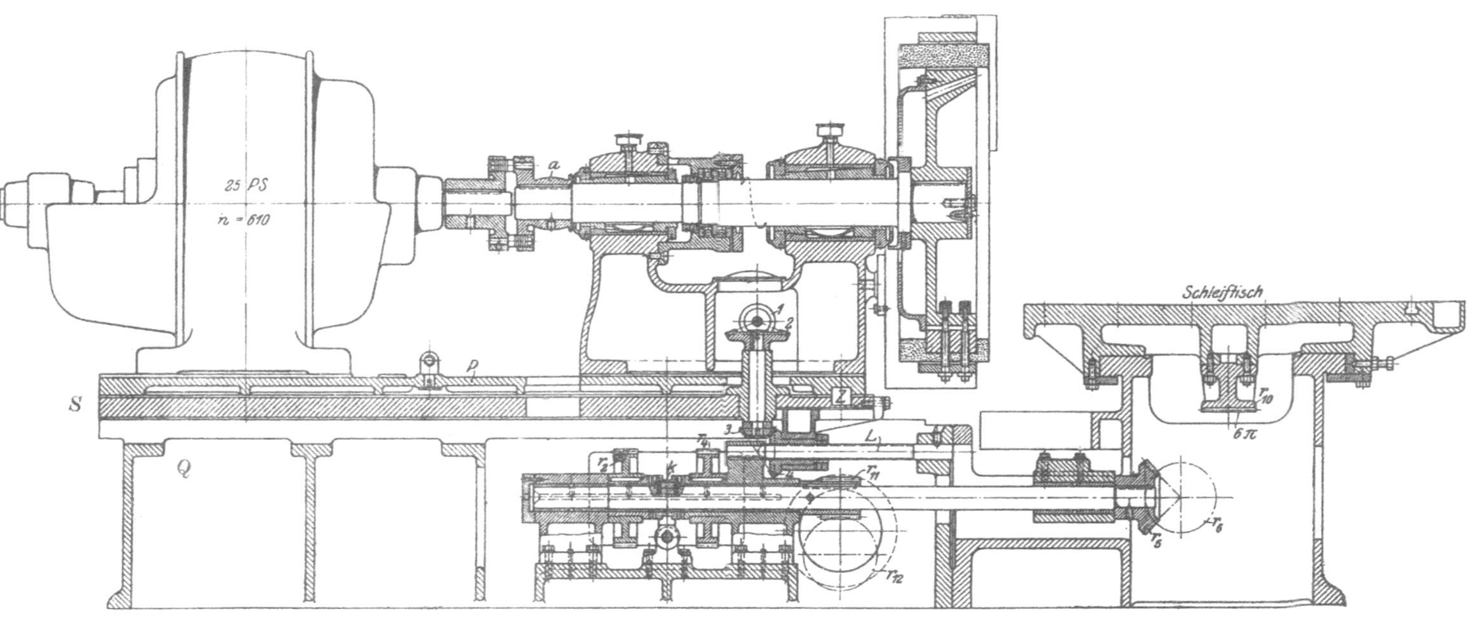

Abb. 696. Wagrechte Planschleifmaschine von Fr. Schmaltz, G. m. b. H., Offenbach/M.
Schleifbock mit Tischantrieb.

auf einer Platte P, die mit dem Handrade H_1 um Z gedreht und mit den Klemmschrauben K festgeklemmt wird (Abb. 698 und 702). Das Zustellen oder Zuspannen der Schleifscheibe gegen das Werkstück erfordert auf dem Querbett Q einen Schlitten S, der mit dem Handrade H_2, den Kegelrädern *1* bis *4*, von denen *4* als Mutterrad auf der feststehenden Leitspindel L sitzt, verstellt wird.

Der Schleiftisch hat das Werkstück an dem Schleifrade unter mehrfachem Hubwechsel vorbeizuführen. Sein Antrieb erfolgt durch den Riementrieb $\dfrac{a}{b}$ von der Schleifspindel aus. Für den Hubwechsel ist das Stirnräderwendegetriebe $\dfrac{r_1}{r}\dfrac{r}{r_2}$ und $\dfrac{r_3}{r_4}$ vorgesehen (Abb. 702), das mit der Kupplung k umgesteuert wird. Die Räder r_5 bis r_9 treiben auf die Zahnstange r_{10} des Tisches. Die Umsteuerung des Tisches besorgt die Steuerscheibe S, die durch das Schneckengetriebe $\dfrac{r_{11}}{r_{12}}$ und das Stirnräderpaar $\dfrac{r_{13}}{r_{14}}$ betrieben wird. Sie wirkt mit ihrem Anschlag auf den Umsteuerhebel, der mit einer Schneidenumsteuerung s die Kupplung k auf Rechtsoder Linksgang des Tisches schaltet. Mit dem Griff h_1 kann der Tischselbstgang augenblicklich ausgerückt und mit h_2 von Hand umgesteuert werden. Das Handrad H_3 gestattet, den Tisch in der Längsrichtung einzustellen.

Die senkrechte Hochleistungsschleifmaschine hat als äußeres Kennzeichen einen senkrechten Hohlgußständer, an dem sich der Schleifschlitten verstellen läßt (Abb. 703 und 704). Die Maschine gleicht daher in ihrem Aufbau der senkrechten Fräsmaschine. Der Antrieb der senkrechten, verschiebbaren Schleifspindel erfordert einen Winkelriemen auf breiter Riementrommel. Die Spindel (Abb. 705 bis 707) läuft in nachstellbaren Kegelschalen und fängt den Schleifdruck mit 2 Kugellagern auf. Sie ist durchbohrt und an die Kühlwasserleitung angeschlossen. Zum Schräganstellen der Topf- oder Klauenscheibe läßt sich der Spindelkorb P auf dem Schlitten S um den Zapfen Z mit dem Handrade H_1 drehen. Auf die Höhe der Schleiffläche wird der Schleifschlitten mit dem Handrade H_2 grob eingestellt. Die Feinzustellung besorgt das Schaltwerk des Tisches bei jedem Hubwechsel. Der Tischantrieb wird von dem Motor entnommen. Seine Umsteuerung erfolgt durch Anschläge unter Mitwirkung von Umsteuerschneiden. Der Tisch ist mit Wasserrinnen umgeben und allseitig mit Spritzblechen bekleidet.

6. Die Planschleifmaschinen für Ringflächen.

a) Die Zweiständerplanschleifmaschine.

Der Planschliff ringförmiger Werkstücke verlangt von der Maschine einen Drehtisch, der in Abb. 708 und 709 durch den Stufenriemen I vom

Additional information of this book

(Die Werkzeugmaschinen; 978-3-642-89890-7;

978-3-642-89890-7_OSFO27) is provided:

http://Extras.Springer.com

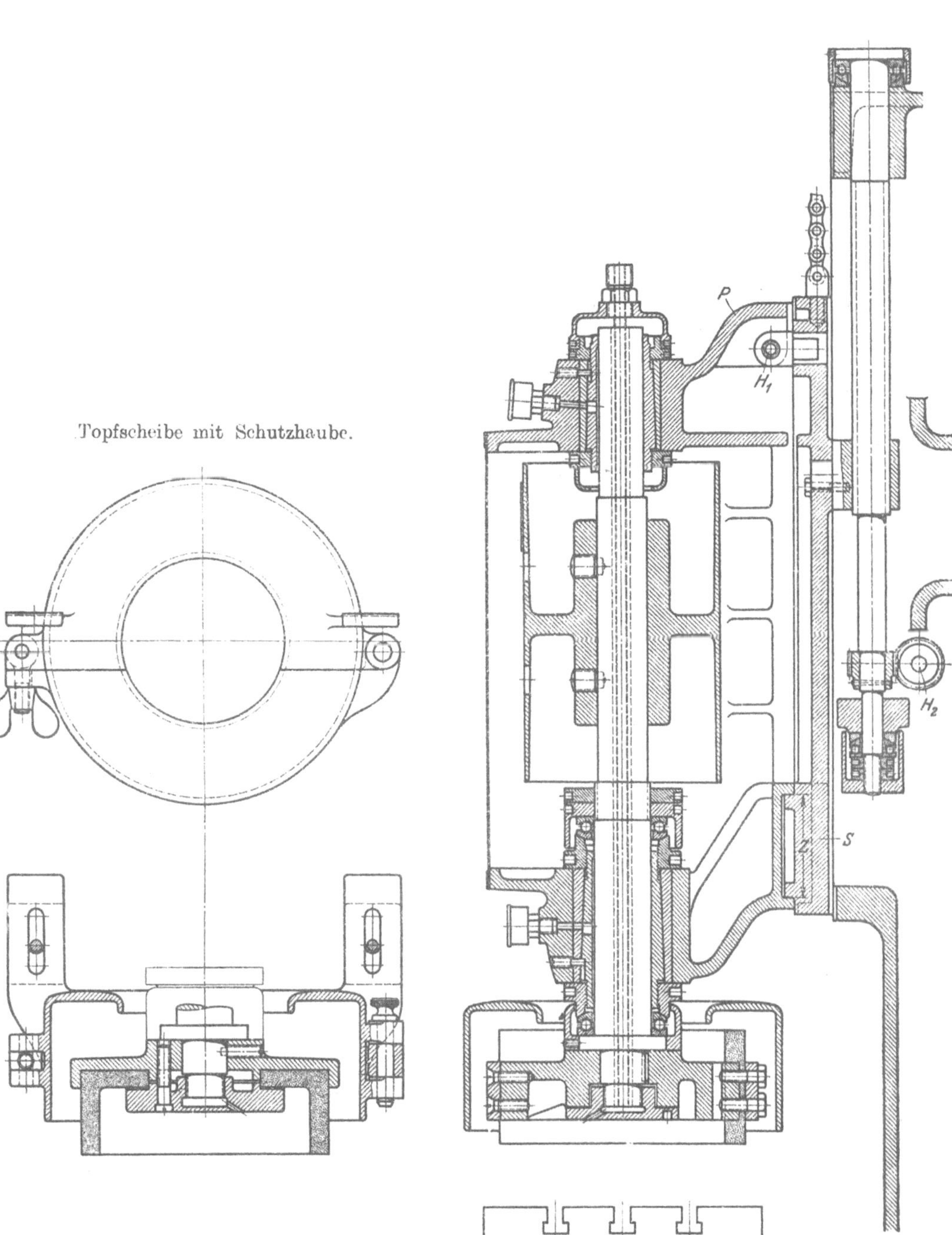

Abb. 705 bis 707. Schleifspindel. Fr. Schmaltz, G. m. b. H., Offenbach/M.

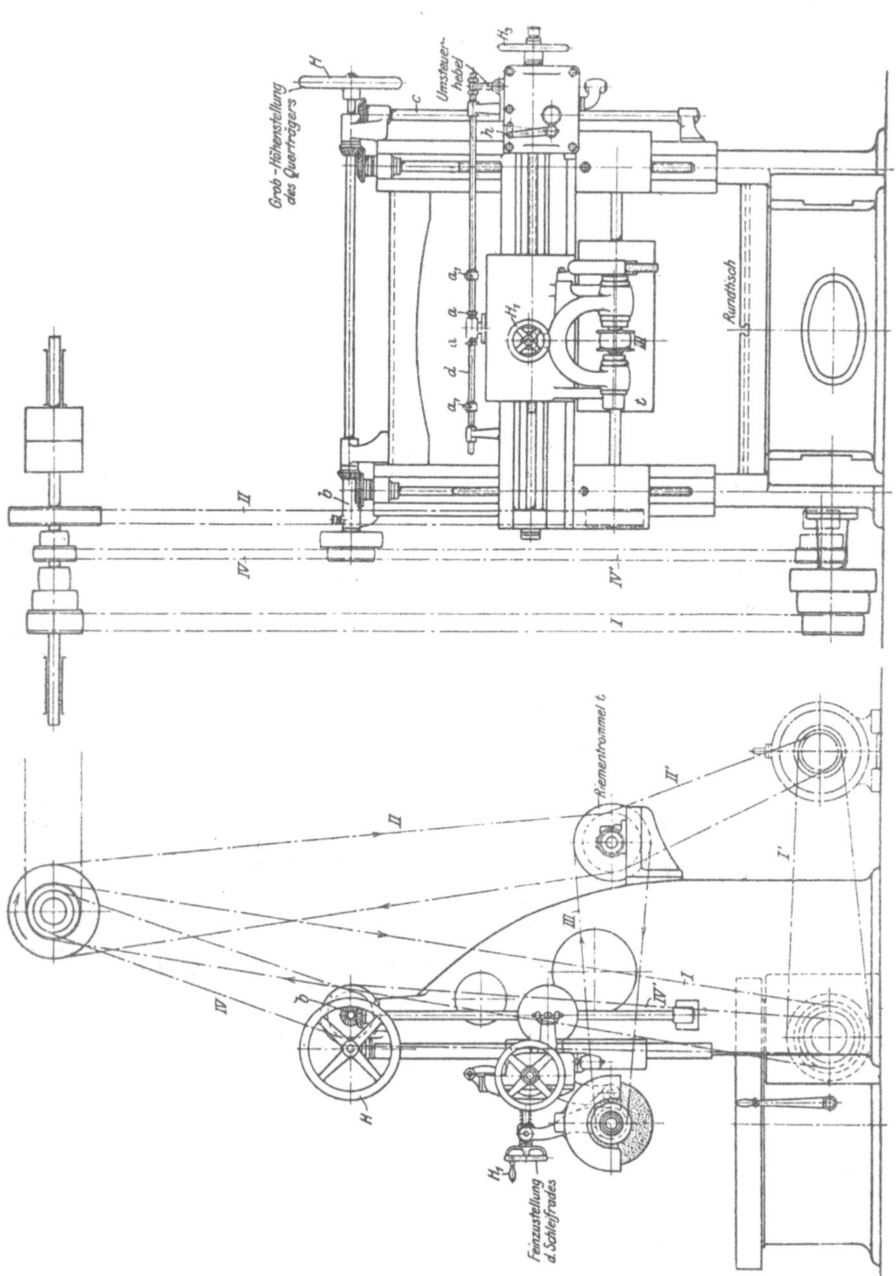

Abb. 708 und 709. Planschleifmaschine für Ringflächen. Fr. Schmaltz, G. m. b. H., Offenbach/M.

Deckenvorgelege oder bei elektrischem Antriebe durch den Riemen I' von dem Motor angetrieben wird. Der Drehtisch läuft wie bei dem Dreh- und Bohrwerk mit einem kräftigen Zapfen Z in einer Kegelschale (Abb. 710) und am äußeren Umfang auf einer Rundbahn R. Die Schmierung der Bahn erfolgt durch Ölrollen, die durch Federn angedrückt werden. Der Tischantrieb, bestehend aus den Kegelrädern $1, 2$ und den Stirnrädern $3, 4$, liegt auch hier in dem Rundbett der Maschine. Die Arbeitsweise der Maschine verlangt auch hier ein ständiges Hin- und Herschieben der Flachscheibe in der Ringbreite. Der Aufbau der Maschine für den Antrieb und die Steuerung der Schleifscheibe muß daher grundsätzlich mit dem in Abb. 693 übereinstimmen. Die Schleifscheibe wird durch die Riementriebe II, III angetrieben. Der Schleifschlitten sitzt für den hin- und herspielenden Vorschub auf dem Querträger Q. Mit dem Handrade H

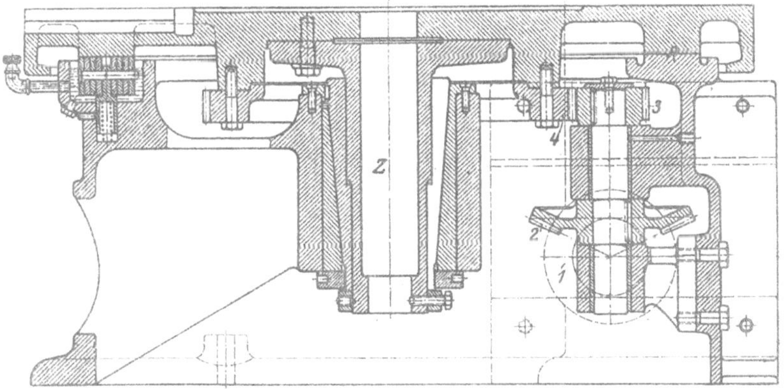

Abb. 710. Drehtisch der Planschleifmaschine.

kann er auf dem Rahmenständer verstellt und so die Schleifscheibe grob eingestellt werden. Das Feineinstellen geschieht mit dem Handrade H_1 (Abb. 711 und 712). Der Scheibenhalter S ist nämlich um die Zapfen z drehbar, so daß die Feder f die Scheibe dem Werkstück zustellt, sobald man H_1 etwas dreht. Der Vorschub der Flachscheibe wird vom Riemen IV oder IV' vom Deckenvorgelege oder Maschinenvorgelege hergeleitet. Die obere Querwelle b treibt die senkrechte Steuerwelle c, von der durch das Wendegetriebe $1, 2$ und das Schneckengetriebe $3, 4$ die Leitspindel L mit Rechts- und Linkslauf gesteuert wird. Die Umsteuerung liegt in dem Kasten des Querträgers (Abb. 713 bis 717). Sobald die Umsteuerstange d durch die Anschläge a des Schleifschlittens verschoben wird, legt der Hebel h_1 unter Mitwirkung von h_2 und h_3 die Doppelgabel g herum. Da dies unter dem Federdruck der Umsteuerschneide s geschieht, so springt die Kupplung k augenblicklich über und steuert die Leitspindel L um. Damit ist der hin- und herspielende Vorschub des Schleifschlittens

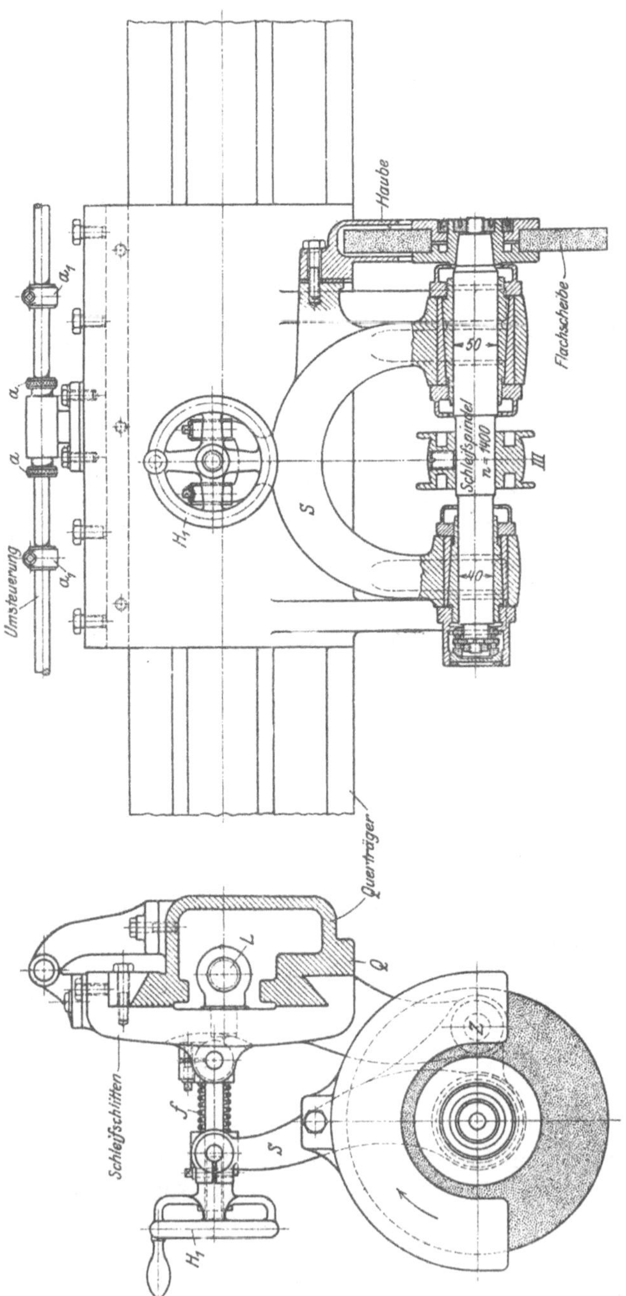

Abb. 711 und 712.   Schleifschlitten.

Additional information of this book

(Die Werkzeugmaschinen; 978-3-642-89890-7; 978-3-642-89890-7_OSFO28) is provided:

http://Extras.Springer.com

erreicht. Mit dem Griff h oder H_2 kann die Umsteuerung ausgerückt werden, so daß man mit dem Handrade H_3 den Schlitten seitlich verstellen kann.

b) Die Einständerplanschleifmaschine.

Die Zweiständermaschine hat einen begrenzten Arbeitsraum und ist daher für kleinere Werkstücke bestimmt. Größere Arbeitsstücke verlangen zum bequemen Auf- und Abspannen eine freie Seite, so daß die Maschine als Einständermaschine einzurichten ist. Die Naxos-Einständermaschine (Abb. 718 und 719) hat einen Drehtisch von 1500 mm Durchmesser. Er wird von dem Motor I durch den Stufenriemen $S_1 S_2$ über das Norton-Getriebe vor der Säule angetrieben. Für das Schleifen von Ringstücken ist der Tisch durch Anschläge umsteuerbar.

Die Schleifspindel wird von dem oberen Motor II angetrieben und der hin- und herspielende Quervorschub des Schlittens durch die Welle a von dem Antrieb des Tisches hergeleitet. In dem Räderkasten des Querträgers ist auch hier die Umsteuerung des Vorschubes untergebracht. Die Feinzustellung der Schleifscheibe geschieht mit einem Klinkenschaltwerk. Das senkrechte Verstellen des Querträgers auf der Säule besorgt der Heberiemen.

Eine besondere Einrichtung ist noch für das Schleifen schräger Ringflächen getroffen. Mit dem Handrade H kann nämlich die Querbahn Q_1 mit Schlitten und Räderkasten auf dem Querträger Q schräg gestellt werden.

Ersetzt man den Rundtisch durch einen geraden Tisch, so wäre damit eine Einständermaschine für gerade Werkstücke geschaffen.

c) Die Kolbenringschleifmaschine.

Eine im Kraftmaschinenbau häufig wiederkehrende Arbeit ist das Planschleifen der Kolbenringe. Hierfür hat die Naxos-Union mit ihrer Kolbenringschleifmaschine eine hübsche Lösung gefunden. Einer derartigen Schleifmaschine wäre die bekannte Arbeitsweise zugrunde zu legen: Der Kolbenring müßte durch eine langsame Drehung dem schnelllaufenden Schleifrade stetig zugeführt werden. Dabei hätte das Schleifrad, um den Ring auch in der Breite fassen zu können, ständig hin- und herzuspielen. Dieser Grundgedanke ist in der Maschine in den Abb. 720 bis 725 verkörpert, die in dem äußeren Aufbau mit der Stößelhobelmaschine verwandt ist.

Der Kolbenring wird magnetisch festgespannt. Hierdurch ist schon einem Verspannen des Ringes von vornherein vorgebeugt. Das magnetische Spannfutter M sitzt auf der Planscheibe P und erhält durch Schleifkontakte k Strom.

Eine wichtige Aufgabe ist, die langsam laufende Planscheibe P gegen Schwankungen zu schützen, die sich am Rande des Spannfutters besonders stark bemerkbar machen würden. Diese Bedingung ist hier

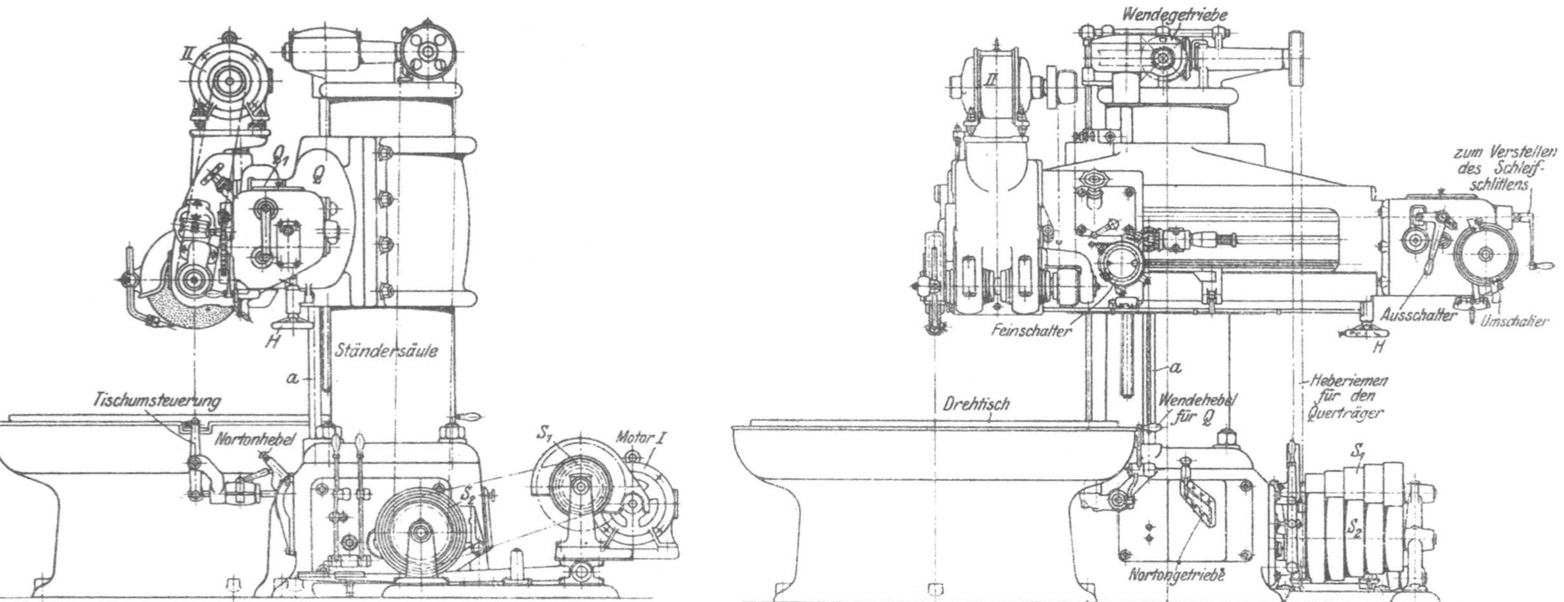

Abb. 718 und 719.   Einständerplanschleifmaschine der Naxos-Union, Frankfurt/M.

in vorzüglicher Weise erfüllt. Die Tischspindel T läuft nämlich in einer starken Kegelschale K eines außergewöhnlich langen, nachstellbaren Lagers L und der Tisch an seinem Umfang auf der Rundbahn R. Diese Lagerung sichert daher einen vollkommen ruhigen Gang der Planscheibe als Vorbedingung für gute Schleifarbeit. Für den kreisenden Vorschub des Kolbenringes bedarf die Planscheibe P noch eines Antriebes. Er wird durch die Einscheibe E eingeleitet. Sie treibt durch das Nortongetriebe I mit 6 Schaltungen (Abb. 726 bis 729) die Kegelräder 1, 2 das Zahnkranzgetriebe $\dfrac{3}{4}$ des Aufspanntisches.

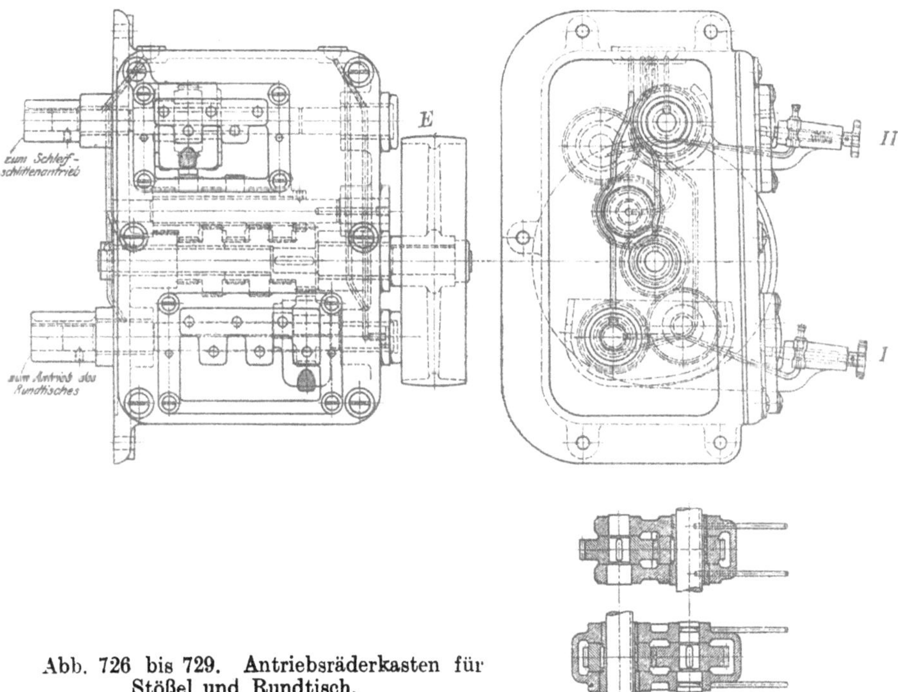

Abb. 726 bis 729. Antriebsräderkasten für Stößel und Rundtisch.

Die Schleifspindel liegt im Stößel (Abb. 730) und erhält ihre Hauptbewegung von der Stufenscheibe S aus, die mit einer Renoldkette auf eine im Maschinenständer liegende Riementrommel treibt (Abb. 731 bis 733). Ein unter einem Spanngewicht stehender Wanderriemen vermittelt den Antrieb der Schleifspindel. Mit dieser Anordnung des Antriebes ist der Schleifschlitten gegen Abheben geschützt, so daß er in den offenen Führungen des Unterschlittens einen stets ruhigen Gang erfährt. Der hin- und herspielende Vorschub des Schleifschlittens wird ebenfalls von der Einscheibe E entnommen und zwar durch das Nortongetriebe II mit 5 Schaltungen (Abb. 726 bis 729),

das über ein Wendegetriebe *1* bis *5* und die Räder *6* bis *9* (Abb. 734 bis
737) auf die Zahnstange *Z* des Stößels wirkt.

Die Umsteuerung des Stößels besorgen die Anschläge *a*, die vor
jedem Hubwechsel den Umsteuerhebel *h* umlegen, der mit der Kurbel h_1, den
Umsteuerschneiden *s* und der Gabel *g* die Kupplung *k* des Wendegetriebes
augenblicklich umschaltet (Abb. 734 bis 737). Durch Zurückschieben des Riegels *r* in die Stellung *I* läßt sich die Umsteuerung verriegeln, so daß der
Schleifschlitten in der rechten Totlage stillsteht. Mit dem Griff *k* läßt sich der
Selbstgang des Schlittens augenblicklich ausrücken und die Handverstellung
H_1 einrücken, indem das Rad *11* mit *10* zum Eingriff kommt (Abb. 736).
Durch diese Antriebe sind alle Haupt- und Schaltbewegungen für ein selbsttätiges Planschleifen der Kolbenringe gegeben.

Eine besondere Beachtung verdient noch das Einstellen der Maschine,
das sich für gewöhnlich auf drei Richtungen erstreckt. Zunächst muß
man die Planscheibe *P* zum Anstellen des Kolbenringes an die Schleifscheibe
hochstellen können. Diese Einstellung ist durch die verschiebbare, lange Lager-
büchse *L* und die Schrau-

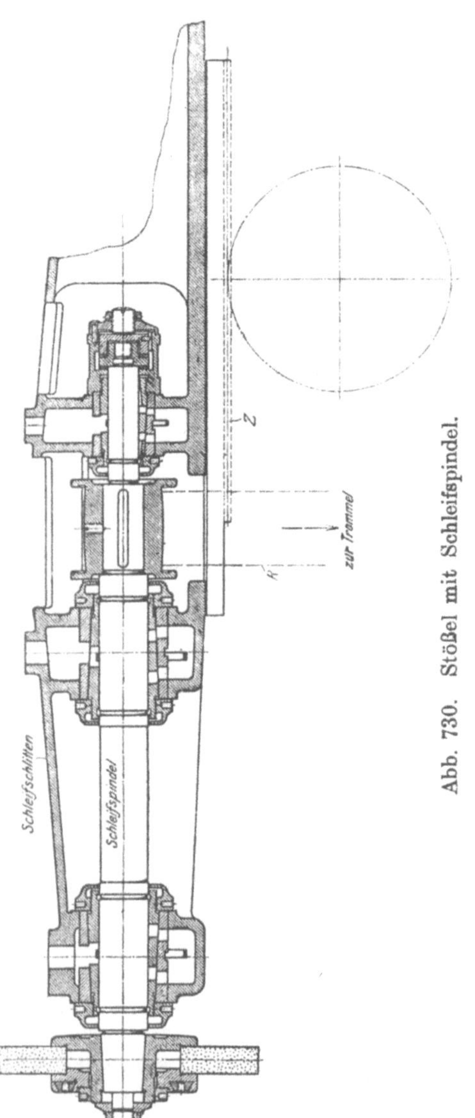

Abb. 730. Stößel mit Schleifspindel.

benwinde *m s* gegeben. Mit dem Handrade *H*, den Kegelrädern *5* bis *8*
und dem Schneckengetriebe *9*, *10* wird nämlich die Mutter *m* gedreht,
die mit der Stellschraube *s* die Planscheibe *P* mit dem ganzen

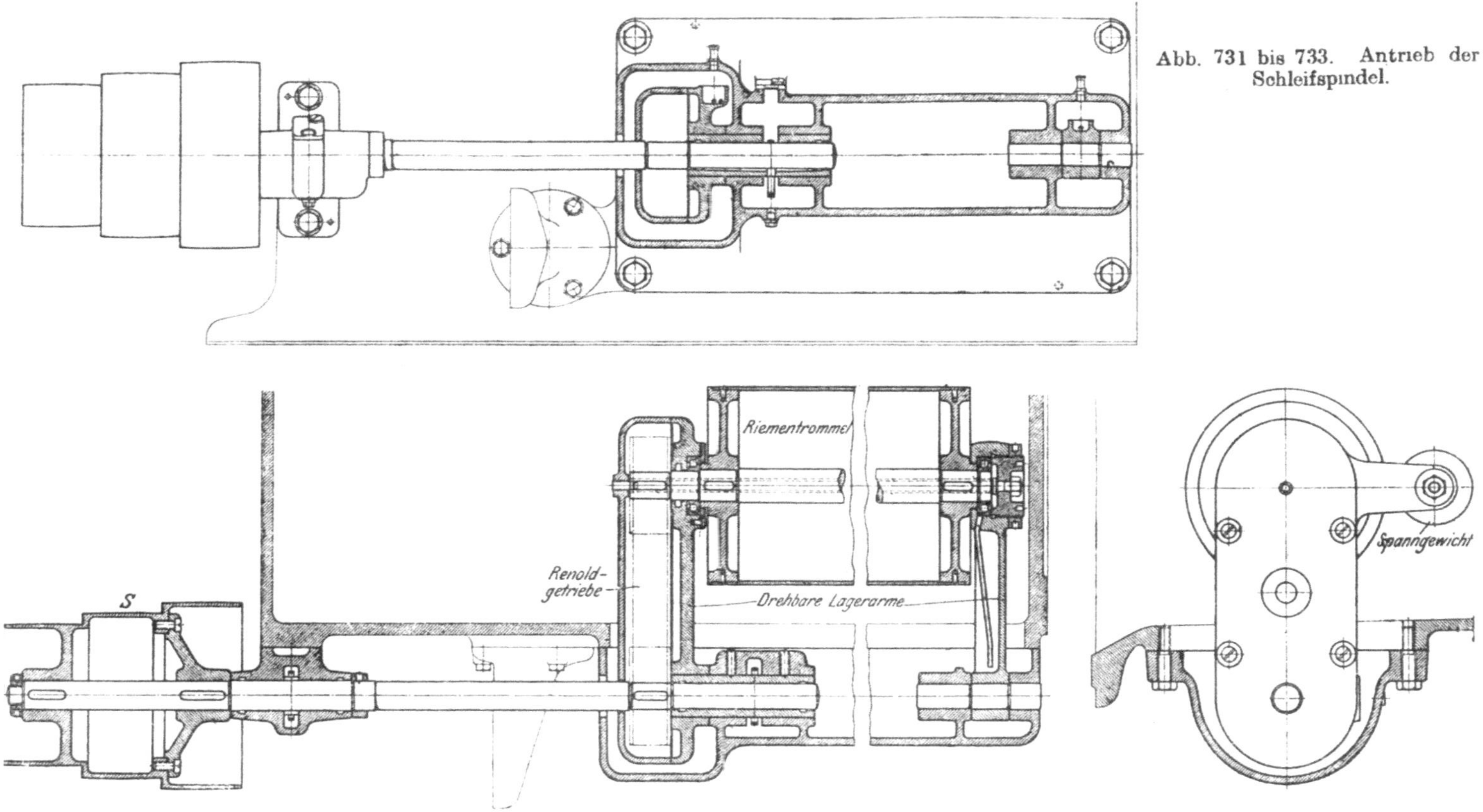

Abb. 731 bis 733. Antrieb der Schleifspindel.

Führungskorb *K* anhebt (Abb. 720 bis 725). Dieses Hubwerk ist zugleich als selbsttätige Zustellung ausgebaut, indem der Schaltkopf

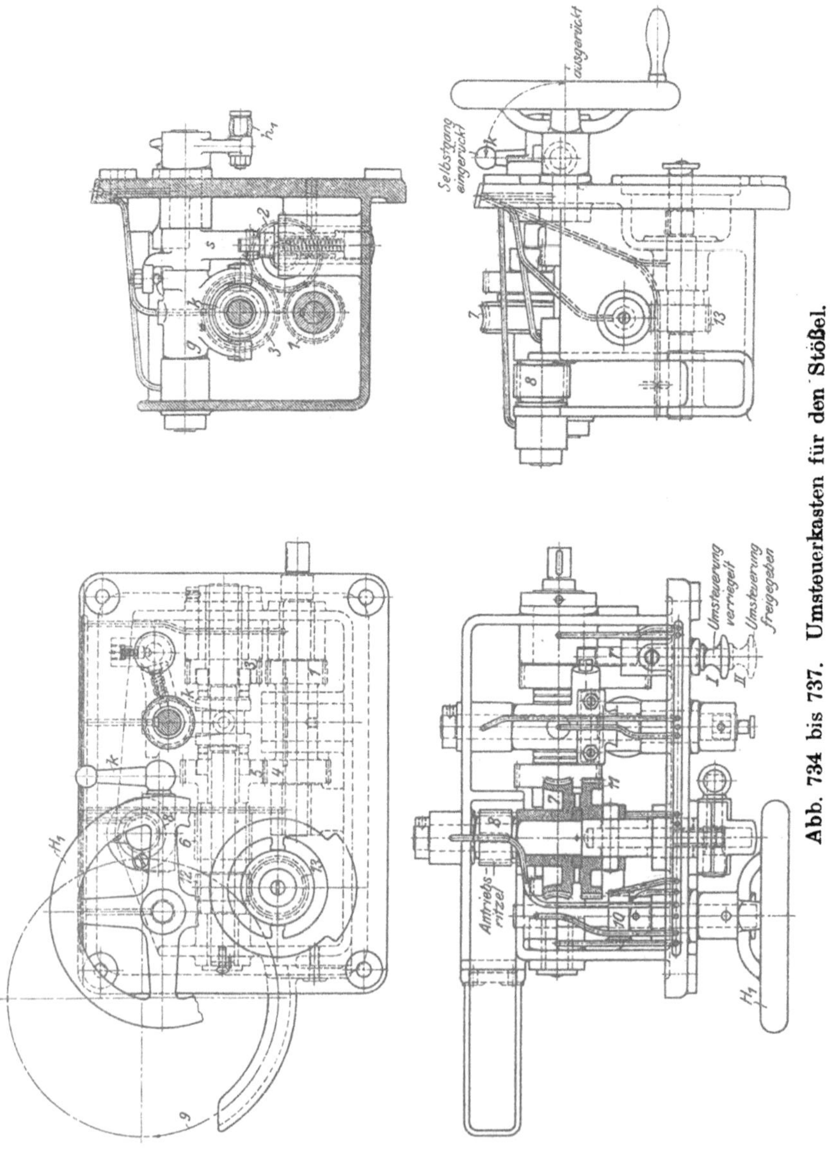

Abb. 734 bis 737. Umsteuerkasten für den Stößel.

durch eine Klinke auf das mit dem Handrade *H* verschraubte Schaltrad wirkt. Der Antrieb dieser selbsttätigen Beistellung liegt auch in dem Getriebekasten und zwar in den Schraubenrädern *12, 13.*

Die Maschine ist also in ihrer Arbeitsweise ganz selbsttätig. Die zweite Einstellbarkeit erstreckt sich auf das Einstellen der Schleifscheibe auf den Durchmesser des Kolbenringes. Der Schleifschlitten muß hierzu quer zum Ring verschoben werden, eine Bedingung, die durch das Handrad H_1, das auf das Zahnstangenritzel wirkt, erfüllt ist. Die dritte Einstellung hat den hin- und herspielenden Vorschub des Schleifrades der Breite des Ringes anzupassen. Es geschieht durch Verstellen der Anschläge a am Stößel.

Auf der Maschine lassen sich auch Ringe mit schrägen Stirnflächen schleifen. Dies verlangt bekanntlich nichts anderes, als den Schleifschlitten schrägstellen zu können. Dieser Schrägeinstellung ist dadurch Rechnung getragen, daß sich der Unterschlitten U um einen Zapfen drehen läßt. Mit den Stellschrauben s_1 kann daher das Schleifrad auf die ebene oder schräge Stirnfläche des Ringes ausgerichtet werden. Die Naxos-Maschine steht in ihrer Durchbildung auf selten erreichter Höhe.

7. Die Zahnräderschleifmaschinen.

1. Die Stirnräderschleifmaschinen.

Für Kraftfahrzeuge von großer Bedeutung sind die Zahnräderschleifmaschinen. Die gehärteten Zahnräder, wie sie bei Kraftfahrzeugen angewandt werden, verursachen einen geräuschvollen Gang, weil die Zähne sich beim Härten verziehen. Das Geräusch nimmt natürlich mit der Geschwindigkeit der Räder zu. Mit dem Aufschwung der Kraftfahrzeuge entstand somit für den Werkzeugmaschinenbau die Aufgabe, durch eine Schleifmaschine die Ungenauigkeiten in der Verzahnung der schnellaufenden Getrieberäder zu beseitigen.

Die heutigen Zahnräderschleifmaschinen arbeiten sowohl nach dem Teilverfahren als auch nach dem Wälzverfahren. Das Teilverfahren verlangt als Werkzeug ein Schleifrad, dessen Umfang nach der genauen Form der Zahnlücke abgedreht ist. Mit dieser Scheibe, die vor jedem Schliff genau auf die Lückenform nachzudrehen ist, müssen die Zähne aufs genaueste nachgeschliffen werden.

Das vorgeschruppte, gehärtete Rad mit der nötigen Stoffzugabe an den Flanken wird wie bei der Zahnräderfräsmaschine einzeln oder zu mehreren auf den Dorn des Teilkopfes gespannt. Die Formscheibe sitzt auf der kreisenden Spindel des Schleifschlittens (Abb. 738 und 739), der wie der Stößel einer Hobelmaschine eine hin- und hergehende Bewegung macht. Hierdurch geht das Schleifrad zwischen den Zähnen des zu schleifenden Rades hin und her und schleift sowohl die beiden Flanken als auch den Zahngrund. Nach jedem Rücklauf wird nach dem Teilverfahren eine andere Zahnlücke selbsttätig vor die Schleifscheibe gestellt.

Um Zähne von größter Genauigkeit schleifen zu können, wird die Scheibe S vor jedem Schliff durch ein Schaltwerk tiefer gestellt und auf die genaue Lückenform nachgedreht. Zu Beginn des Vorlaufs hält nämlich der Stößel S_1 kurze Zeit an. Die Scheibe kreist zwischen 3 Diamanten A, die sie nach Lehren aufs genaueste nachdrehen. Sind so alle Zähne vorgeschliffen, so wird die Scheibe nochmals genau nachgedreht und das Zahnrad fertig geschlichtet.

Das Wälzverfahren hat den Vorzug einer einfachen Schleifscheibe, deren Rand auf die Form der schrägen Evolventenzahnstange abgedreht wird. Die Zahnform entwickelt sich selbsttätig durch Abwälzen mit dem üblichen Eingriffswinkel von 15°. Die theoretische Grundlage ist dieselbe wie beim Stoßwälzverfahren in Abb. 899, nur ist der Stoßmeißel durch das Schleifrad zu ersetzen. Soll sich das Flanken-

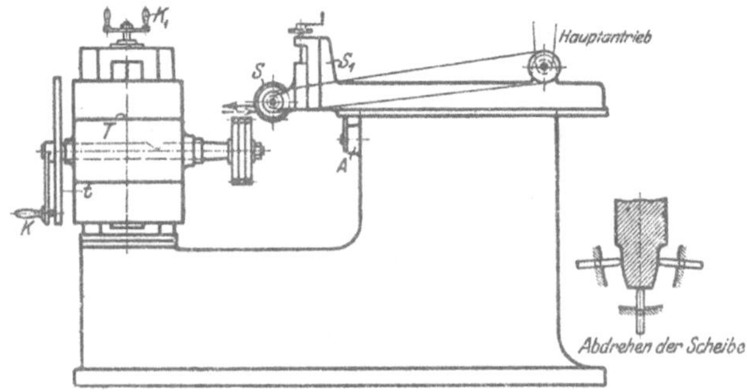

Abb. 738 und 739. Plan einer Stirnräderschleifmaschine.

stück $O\,A$ auf der Schleifscheibe abwälzen, so muß das Rad um den Bogen $a\,A$ nach links gedreht und um die Strecke $a\,A_1$ nach rechts verschoben werden.

Die Reinecker-Stirnräderschleifmaschine (Abb. 740 und 741) arbeitet nach dem Wälzverfahren. Das Schleifrad sitzt am Stößelkopf. Es wird durch ein Gurtband vom Deckenvorgelege angetrieben. An der Schutzhaube ist die Abdrehvorrichtung angebracht. Nach Bedarf werden die 3 Diamantspitzen am Rand der Scheibe vorbeigeführt und die genaue Zahnform wieder hergestellt. Der Arbeiter hat hierzu nur 3 Schrauben zu drehen. Die Diamanten selbst sind zum Nachstellen in feingängigen Schrauben gehalten. Der Stößel empfängt die hin- und hergehende Bewegung von einer Kurbelschwinge. Das gehärtete Rad wird auf den Aufspanndorn gesteckt, der am Gegenende die Wälz- und Teilvorrichtung trägt und für den Vorschub auf einem Querschlitten gelagert ist. Die Wälzvorrichtung besteht in einem Rollzylinder, der nach Abb. 875 mit 2 Stahlbändern aufgehängt ist. Wird der Querschlitten durch das Klinkwerk und die Wechselräder um den Vorschub geschaltet, so erzeugen die Stahlbänder mit dem Rollzylinder

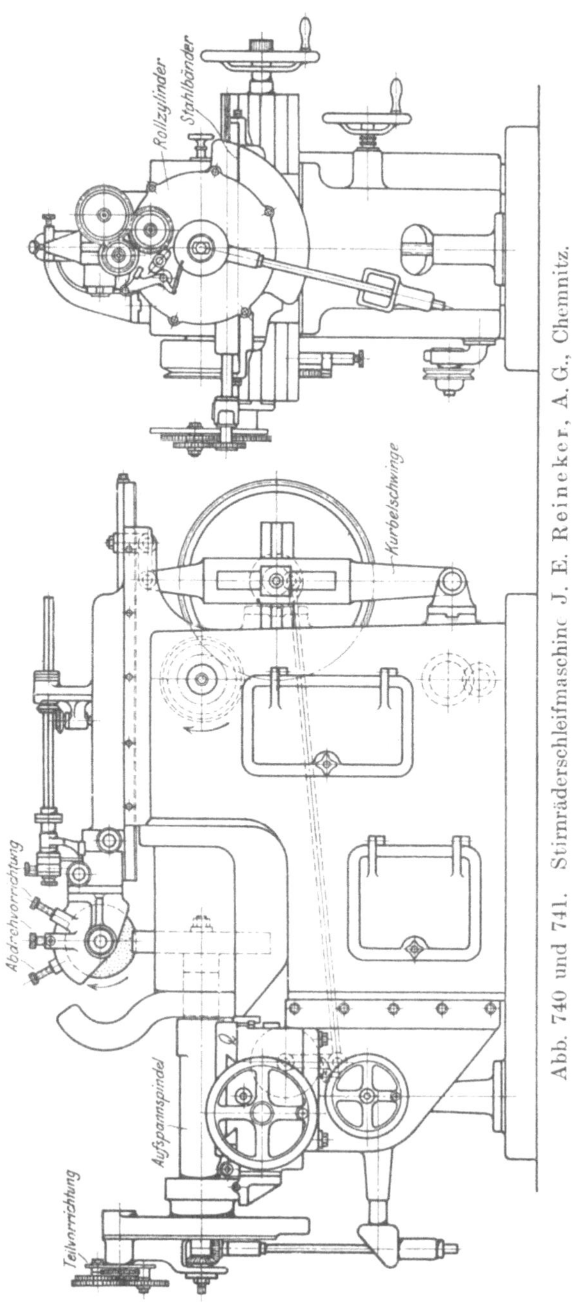

Abb. 740 und 741. Stirnräderschleifmaschine J. E. Reineker, A. G., Chemnitz.

ein Wälzen der Zahnflanken auf der Schleifscheibe. Der Vorschub erfolgt nach jedem Stößelhub. Gleichzeitig wird das Rad durch die Teilvorrichtung um einen Zahn geteilt, so daß jeder Zahn nach einer Umdrehung wieder an das Schleifrad kommt und weiter abgewälzt wird. Durch diese Arbeitsweise ist eine gleichmäßige Zahnstärke gesichert. Würde jeder Zahn für sich fertig geschliffen, so würden alle folgenden Zähne stärker, da sich die Schleifscheibe abnutzt. Die Zahntiefe wird mit dem Winkeltisch eingestellt. Um ein ruhiges Arbeiten der Maschine zu gewährleisten, geht das Teilen mit allmählich steigender Geschwindigkeit vor sich, und das Rad wird während des Schliffs durch ein Ankerwerk gehalten.

2. Die Kegelräderschleifmaschine.

Das Schleifen der Kegelräder erfolgt wie das Hobeln nach dem Wälzverfahren. Die theoretische Grundlage ist in Abb. 876 behandelt,

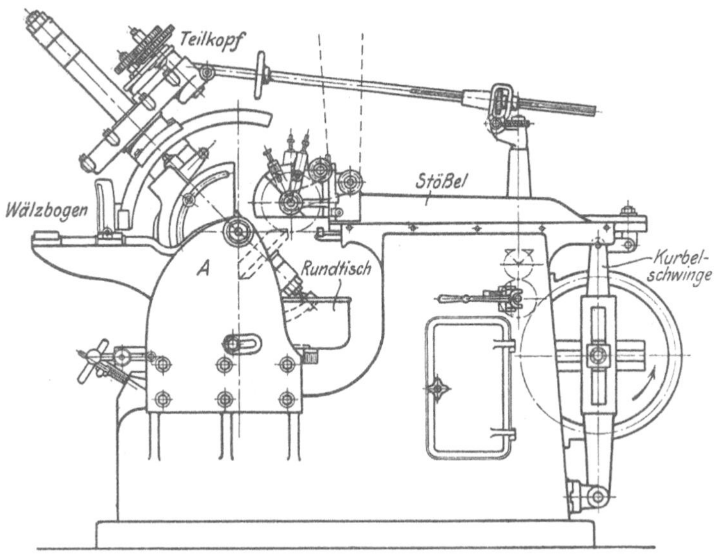

Abb. 742. Kegelräderschleifmaschine J. E. Reinecker, A. G., Chemnitz.

nur tritt an die Stelle des Hobelstahles das Schleifrad. Alle Schliffe müssen durch die Kegelspitze A gehen, und das Schleifrad darf höchstens die Breite der inneren Zahnlücke haben. Das Kegelrad ist mit dem Aufspanndorn auf den Kegelwinkel einzustellen. Der Wälzbogen muß ein Teil des Gegenkegels $A\,D\,E$ (Abb. 876) sein. Der Vorschub ist eine Drehbewegung, da die Zahnlücke nach außen breiter wird. Der Hauptunterschied zwischen der Stirnräder- und Kegelräderschleifmaschine liegt daher in der Aufspannvorrichtung des Kegelrades (Abb. 742). Sie besteht aus einem Drehtisch mit dem Aufspannkasten, an dem der Aufspanndorn unter dem Kegelwinkel eingestellt wird. Er trägt wieder am Gegenende den Wälzbogen mit den Stahlbändern und dem Teilkopf. Nach jedem Stößelhub wird auch hier durch ein Klinkwerk der Drehtisch etwas geschaltet und das Rad durch die Stahlbänder und den Rollbogen ein wenig gewälzt. Gleichzeitig teilt der Teilkopf das Rad um einen Zahn weiter. Es wird also auch hier an jedem Zahn nach einer Umdrehung des Rades wieder ein Schliff gemacht. Nur ist zu beachten, daß bei Kegelrädern erst sämtliche linken Flanken und dann alle rechten zu schleifen sind.

8. Die Kugelschleifmaschine.

Die Güte der Kugellager hängt sehr von der Genauigkeit der einzelnen Kugeln ab, die in ihren Durchmessern um höchstens 0,001

Abb. 743. Kugelschleifmaschine der Norma Compagnie, Cannstatt.

bis 0,002 mm abweichen sollen. Die neuzeitliche Massenherstellung ist bestrebt, die Kugeln mit größter Genauigkeit bei geringstem Abfall herzustellen. Hierzu werden von der Chromstahlstange kleine Zylinder von passender Länge abgestochen, kalt oder warm zu Kugeln gepreßt, vorgeschliffen, gehärtet, fertig geschliffen und poliert. Das Schleifen der Kugeln fällt der Kugelschleifmaschine zu.

Eine sinnreiche Lösung dieser Aufgabe ist mit der Kugelschleifmaschine von Hirth & Hoffmann in Cannstatt gefunden (Abb. 743). Die Maschine hat eine Schleifscheibe a, die um eine wagerechte Achse kreist. Als Kugelspeicher dient die Metallscheibe b mit gleichlaufenden Rillen. Die Kreisrillen werden mit Kugeln gefüllt, die zwischen den zusammengeschobenen Scheiben a, b gehalten werden. Beim Schleifen wird die Kugel nach jedem Umlauf der Maschine von dem Finger c aufgefangen, in einen Kugelmischer und von hier bei d in die nächste Rille geleitet. Jede Kugel muß daher sämtliche Rillen durchlaufen, dabei wird sie allmählich auf die vorgeschriebene Größe heruntergeschliffen. Das Polieren erfolgt in Trommeln.

Die Auswahl der Schleifräder[1]).

Zum Schluß noch einige Worte über die Wahl der Schleifräder. Als Grundregel gilt: Je fester die Korundkörnchen in die Scheibe eingebunden sind, um so länger bleiben sie haften und um so stumpfer werden sie. Harte Scheiben werden daher mit ihren stumpfen Körnern leicht reißen und nie saubere Flächen liefern. Weiche Scheiben stoßen die Körnchen vor dem Stumpfwerden ab, so daß stets scharfe arbeitsbereit stehen. Hieraus folgt, daß weiche Scheiben stets scharf und rund bleiben und daher auch genauer schleifen als harte Scheiben. Sehr wesentlich ist auch die Korngröße. Je gröber das Schleifrad in der Körnung ist, um so tiefer kann im allgemeinen der Span genommen werden. Grobkörnige Scheiben sind daher mehr fürs Grobschleifen und feinkörnige mehr fürs Schlichten geeignet. Je zarter die Schlichtfläche sein soll, um so feiner muß das Rad angestellt werden und um so schneller muß es laufen. Dabei ist noch zu beachten, daß härtere Werkstücke weiche Scheiben erfordern, weil die Körnchen früher stumpf werden und infolgedessen auch schneller abzustoßen sind. Besonders stark werden die Scheiben von Schmiedeeisen und Stahl angegriffen, weniger von Gußeisen. Schmiede- und Stahlgußstücke verlangen daher besonders weiche Scheiben, Gußeisen weniger.

Die Leistung eines Schleifrades wächst natürlich mit der Umfangsgeschwindigkeit, weil mit ihr die scharfen Körnchen schneller zum Eingriff und die stumpfen rascher ausgestoßen werden. Dies gilt insbesondere für Schmiedeeisen und Stahl, bei Gußeisen hat die Geschwindigkeit weniger Einfluß. Die beste Leistung erzielt man mit 30 m Umfangsgeschwindigkeit i. d. Sek.

Die Umfangsgeschwindigkeit des Werkstückes soll nicht zu groß sein, weil sonst die Flächeneinheit des Schleifrades zu sehr belastet wird. Sie ist vom Tischvorschub abhängig. Für Werkstücke von etwa 150 mm Durchmesser aus Schmiedeeisen und Stahl sei die Umfangsgeschwindigkeit 12 bis 15 m i. d. Min., bei schwächeren Stücken, z. B.

---

[1]) Pockrandt, Z. d. Ver. deutsch. Ing. 1910. S. 1775.

50 mm Durchmesser, nur 9 bis 12 m i. d. Min., bei Gußeisen ist eine etwas höhere Geschwindigkeit zulässig.

Der Vorschub bei einer Umdrehung des Werkstückes soll nicht zu klein sein, für Schmiedeeisen und Stahl etwa $^1/_3$ bis $^1/_4$ der Scheibenbreite, für Gußeisen etwa $^3/_4$ bis $^5/_6$. Wirtschaftlicher ist es, das Werkstück etwas langsamer laufen zu lassen und den Vorschub größer zu nehmen.

5. Die Gewindeschneidmaschinen.

Die Gewindeschneidmaschinen dienen zur massenweisen Herstellung der Gewinde an Schrauben und Muttern.

Die Gewindedrehbank.

Die Drehbank kann auch für das Gewindeschneiden benutzt werden (S. 134), sie ist jedoch für Massenarbeit nicht genügend durchgebildet und zu wenig leistungsfähig. Sie ist eine vorzügliche Gewindeschneidmaschine für Einzelarbeit, sie verlangt aber die volle Geschicklichkeit eines gelernten Drehers, der das Gewinde mit mehreren Schnitten herauszuholen hat. Aber auch auf diesem Gebiete hat die Technik Fortschritte gemacht. Wie bereits bekannt, vollzieht die Gewindedrehbank (S. 136) alle Bewegungen des Werkstückes und des Stahles selbsttätig und setzt sich nach dem letzten Schnitt auch von selbst still.

Die Revolverbank.

Die Revolverbank mit Patronen-Werkzeughalter ist für das massenweise Gewindeschneiden schon weit praktischer als die Drehbank; sie bietet in dieser Ausstattung eine große Vervollkommnung.

Der Grundgedanke des Patronen-Werkzeughalters ist dem Gewindeschneiden auf der Drehbank entnommen. Bei diesem Verfahren wird bekanntlich der Gewindeschneidstahl bei jeder Umdrehung des Schraubenbolzens um die Steigung des Gewindes vorgeschoben. Den betreffenden Vorschub erzeugt der Patronen-Werkzeughalter (Abb. 744 und 745) unmittelbar durch Schraube und Mutter, also ohne Wechselräder.

Die Schraube sitzt hierzu als Patrone auf dem Schwanzende der Arbeitsspindel und die Mutter an dem hinteren Arm des Werkzeughalters. Beide müssen daher für die verschiedenen Gewindesteigungen auszuwechseln sein. Der Schneidstahl ist in den vorderen Stahlhalter gespannt, der an dem Kopf der verschiebbaren Welle w sitzt. Durch diese handliche Anordnung von Patrone, Mutter und Stahl entsteht folgende Arbeitsweise: Sobald die Bank läuft, erteilt die Mutter dem Werkzeughalter und hiermit dem Schneidstahl einen Vorschub von der

Steigung ihres Gewindes. Der Schraubenbolzen sitzt in einem Spannfutter am Spindelkopf und vollzieht mit ihm die kreisende Hauptbewegung. Auf Grund dieser Arbeitsweise muß durch die Drehbewegung des Werkstückes und den gleichzeitigen geraden Vorschub des Werkzeuges Gewinde entstehen.

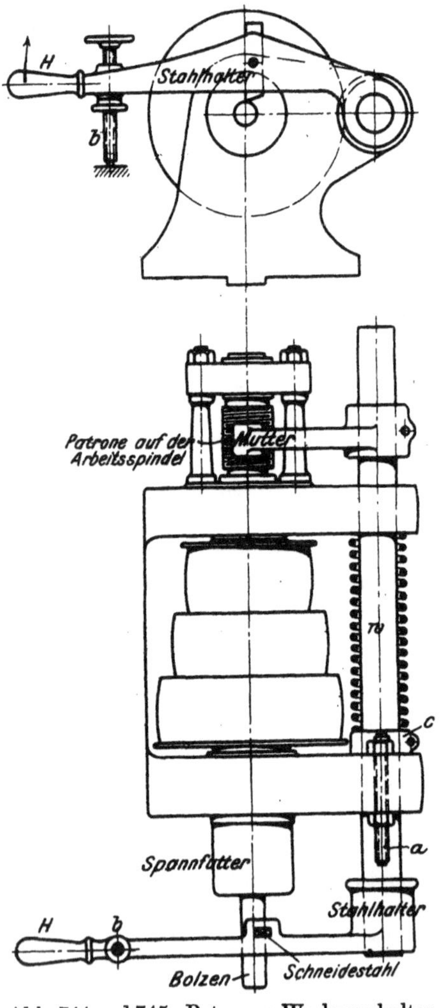

Nach dem Grundsatz der Massenherstellung bliebe nur noch die Maßgleichheit der einzelnen Schrauben festzulegen und die Bedienung des Werkzeughalters zu vereinfachen. Die Bedienung soll sich nur auf das Vorschieben der Rohstange und das Ansetzen des Stahles erstrecken und höchstens zwei Handgriffe erfordern. Diese Aufgabe ist dadurch gelöst, daß die Patronenmutter und der Schneidstahl mit dem einzigen Handgriff H zu fassen sind. Die verschiebbare Welle w ist nämlich in ihren Lagern drehbar, so daß sie beim Umlegen des Stahlhalters Mutter und Stahl zugleich ansetzt oder zurückzieht. Die Maßgleichheit der einzelnen Arbeitsstücke wird durch verstellbare Anschläge gesichert. So soll der Anschlag a, je nachdem die Bank arbeitet, die Anfangs- oder Endstellung des Schnittes festlegen und die Stellschraube b die Gewindetiefe. Arbeitet die Bank z. B. nach dem Spindelstock hin, so wird sie so lange Gewinde schneiden, bis der Stahlhalter gegen a stößt. In dem Augenblick muß der Werkzeughalter ausgeschwenkt werden. Für jeden neuen Schnitt ist er wieder vorzuschieben. Um dies selbsttätig zu gestalten, wird er wie der Ausrücker in Abb. 116 durch eine kräftige Spiralfeder zurückgeschnellt. Dabei hält der Ring c die Anfangsstellung des Schnittes fest.

Soll der Stahl vorn frei auslaufen, so muß die Bank verkehrt laufen. Der Anschlag a wird dann die Anfangsstellung des Schnittes angeben,

Abb. 744 und 745. Patronen-Werkzeughalter.

und für das Zurückschnellen des Werkzeughalters muß c gegen das
hintere Lager stoßen. Hierzu ist der Stellring c vor dem hinteren Lager
festzuklemmen. Um dies zu vereinfachen, ist meist an beiden Lagern
ein Stellring vorgesehen. Von ihnen ist, sobald die Maschine vom Spindelstock weg arbeitet, der vordere Ring zu lösen und der hintere auf w
festzuklemmen.

Für das vorherrschende Arbeiten von der Stange besitzt die Revolverbank einen ausgebildeten Stangenvorschub. Er ist derart
eingerichtet, daß die Rohstange mit einem Handrade vorgeschoben
und wieder festgeklemmt werden kann, wobei die gleichen Arbeitslängen
durch einen Anschlag am Revolverkopf einzustellen sind (Abb. 225). Die
ähnliche Einrichtung hat auch der Pittler-Revolver in Abb. 256 u. f.
Die Räder 1, $2'$, $3'$ treiben die Patrone P, in die mit dem Führungsarm
die Gewindebacke eingelegt wird. Den Gewindesträhler spannt man in
den Hebel a_1, der sich am Führungshebel a_2 genau einstellen läßt.

Kürzere Gewinde können auch mit der im Revolverkopf eingespannten Kluppe geschnitten werden (Abb. 266).

Die selbsttätige Revolverbank.

Die selbsttätige Revolverbank hat als Schraubendrehbank und Gewindeschneidmaschine ein großes Arbeitsfeld in der Massenherstellung
erobert. Sie vollzieht bekanntlich alle Bewegungen selbsttätig, die nötig
sind, um aus der Rohstange eine Formschraube herzustellen (S. 180).

Die Schraubenschneidmaschinen.

Die Schraubenschneidmaschinen sind entweder für Bolzengewinde
oder für Muttergewinde eingerichtet. Die Werkzeuge der ersteren sind
die Gewindeschneidbacken einer Schneidkluppe, die der letzteren die
Gewindebohrer.

Die Benutzung einer Schneidkluppe gestattet bei den Bolzenschneid-
maschinen zwei Arbeitsweisen. Bei ihnen kann entweder das Werkzeug
die Hauptbewegung vollziehen und das Werkstück den Vorschub oder
auch umgekehrt. Für die erste Arbeitsweise ist die Schneidkluppe an
dem Spindelstock unterzubringen, für die letzte in dem Spannstock. In
gleicher Weise ist auch die Mutternschneidmaschine einzurichten, nur
ist die Schneidkluppe durch den Gewindebohrer zu ersetzen.

Die erste Arbeitsweise ist in Abb. 746 gewählt. Die Schneidbacken
sitzen hier in dem kreisenden Schneidkopf des Spindelstockes. Der
Schraubenbolzen wird in den schraubstockartig ausgebildeten Spannstock gespannt. Der Betrieb einer derartigen Maschine erfordert demnach, daß man den Spannstock mit dem Bolzen so lange dem Schneidkopf zuschiebt, bis die kreisenden Schneidbacken das weitere Vorschieben
selbst übernehmen. Nach vollendetem Schnitt ist der Spindelstock umzusteuern, damit die Maschine den Spannstock so weit zurückschiebt,

bis der Schneidkopf den Bolzen freigibt. Dieser Rücklauf verursacht nicht nur Zeitverluste sondern auch eine starke Abnutzung der Schneidbacken. Bessere Maschinen haben daher einen sich selbst auslösenden Schneidkopf. Durch die Selbstauslösung geben die Schneidbacken den Bolzen nach beendetem Schnitt zwangläufig frei, so daß der Spannstock von Hand zurückgezogen werden kann.

Ein weiteres Bestreben zielt bei den Schraubenschneidmaschinen auf genauere Arbeit hin, indem der Schneidkopf von dem Vorschieben des Spannstockes entlastet wird. Diese Aufgabe ist bei größeren Maschinen durch eine Leitspindel gelöst, die den Spannstock vorschiebt. Hierdurch wird nicht nur genaueres Gewinde erreicht, sondern auch

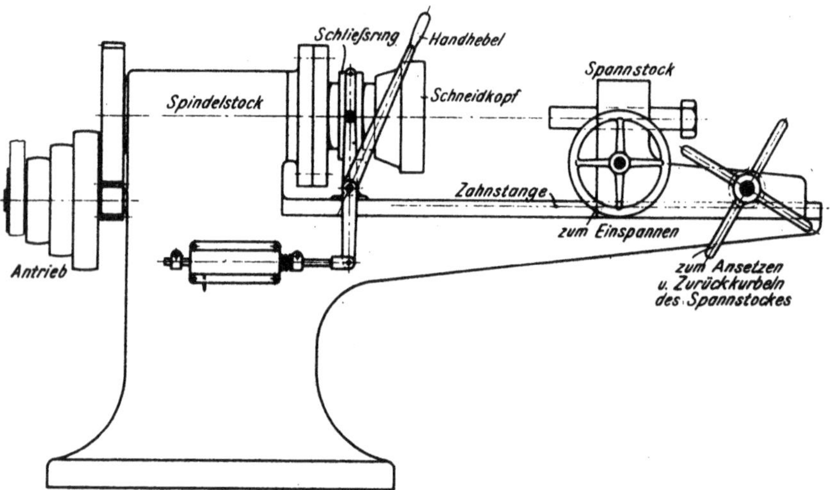

Abb. 746. Plan einer Schraubenschneidmaschine.

die Schneidbacken werden entlastet. Der Schneidkopf hat daher nur den Schnitt, nicht aber den Vorschub zu übernehmen. Das Zurückkurbeln des Spannstockes ist hierbei durch ein Mutterschloß ermöglicht, das mit dem Schneidkopf geöffnet wird.

Neuere Schraubenschneidmaschinen sind noch weiter durchgebildet. Sie lösen nicht nur den Schneidkopf sondern auch die Leitspindelmutter selbsttätig aus und lassen beide durch einen Handhebel gleichzeitig wieder schließen (Abb. 747).

Die Gewindeschneidköpfe.

Der wichtigste Einzelteil der Schraubenschneidmaschine ist der bereits erwähnte Schneidkopf. Er ist entweder mit dem Spindelstock verschraubt — kreisender Schneidkopf — oder im Spannstock untergebracht — feststehender Schneidkopf.

Ein kreisender Schneidkopf ist in den Abb. 748 bis 750 dargestellt.

Seine Werkzeuge sind die vier Schneidbacken *m*, die von vorn in den rohrförmigen Grundkörper eingesetzt und in ihm durch die Stirnscheibe *a* gehalten werden. Diese Verbindung ermöglicht, das Gewinde bis dicht an den Schraubenkopf zu schneiden. Die Hauptaufgabe ist nun, die vier

Abb. 747. Selbsttätige Gewindeschneidmaschine mit Stufenräderantrieb für 10 Geschwindigkeiten. Gust. Wagner, Reutlingen.

Schneidbacken gleichzeitig ansetzen und wieder zurückziehen zu können. Sie ist bei dem gezeichneten Schneidkopf durch den verschiebbaren Stellring *b* gelöst, der vier schräglaufende Führungsnuten hat. In den Nuten sind die vier Messer mit gehärteten Stahlkappen *k* (Abb. 751 und 752) geführt, so daß zum Öffnen und Schließen des Schneidkopfes nur der Stellring b zu verschieben ist. Schiebt man b nach links, so werden sämtliche Backen durch ihre schräge Führung zugleich angesetzt und beim Zurückziehen von b wieder ausgelöst. Der Arbeitsdruck der einzelnen Messer wird durch die Stahlkappe und das gehärtete Futter der Führung aufgenommen.

Zu seiner Vollendung bedarf der Schneidkopf noch einer Vorrichtung, den Stellring b handlich verschieben und in der Arbeitsstellung festhalten zu können. Diese Schließvorrichtung ist ähnlich wie das

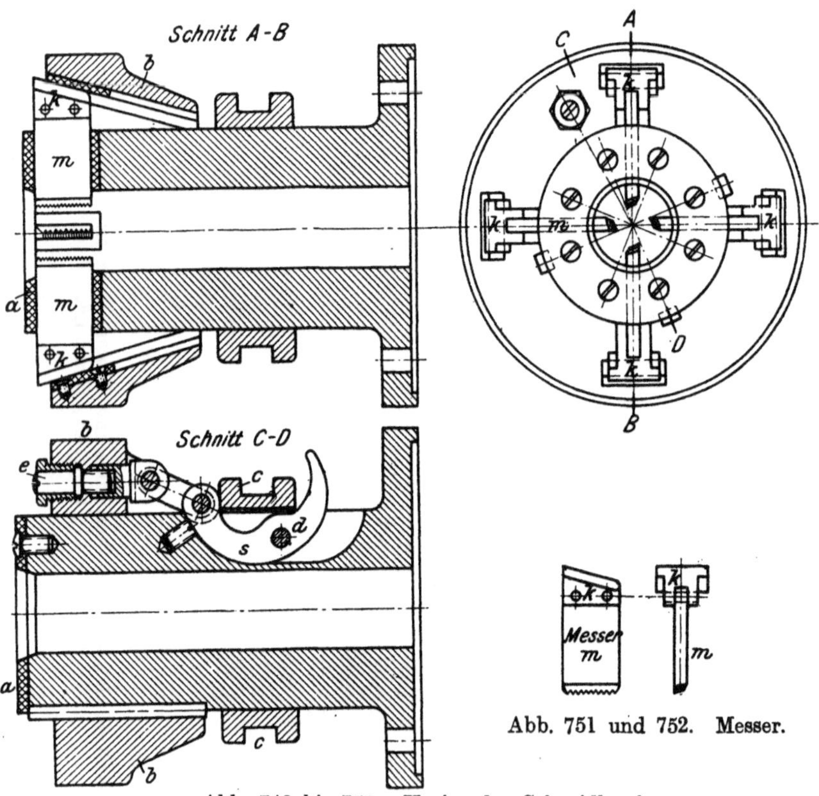

Abb. 748 bis 750. Kreisender Schneidkopf.

Kuppelschloß in Abb. 52 gebaut. Sie besteht aus dem Schließring c, der durch einen Handhebel gefaßt wird. Der Ring c legt die um d drehbare Sichel s herum, die gelenkig mit dem Stellring b verbunden ist. Schiebt man in Abb. 748 bis 750 diesen Schließring nach rechts, so zieht die Sichel den Stellring zurück, der den Schneidkopf zwangläufig öffnet. Beim Verschieben nach links drückt die Sichel den Stellring wieder vor, der den Kopf wieder schließt. Die Verriegelung des Schneidkopfes bewirkt ebenfalls die Sichel s. Sie ist in ihrer Form so gehalten, daß der Kopf sich nicht auslösen kann, bevor der Schließring verschoben

wird. Die Tiefe des Schnittes kann durch die Stellschraube e eingestellt werden, wobei sich die Endstellungen des Stellringes etwas
ändern.

Die Selbstausrückung eines derartigen Schneidkopfes läßt sich durch
verstellbare Anschläge erreichen. Sie legen gegen Hubende ein Hebel-

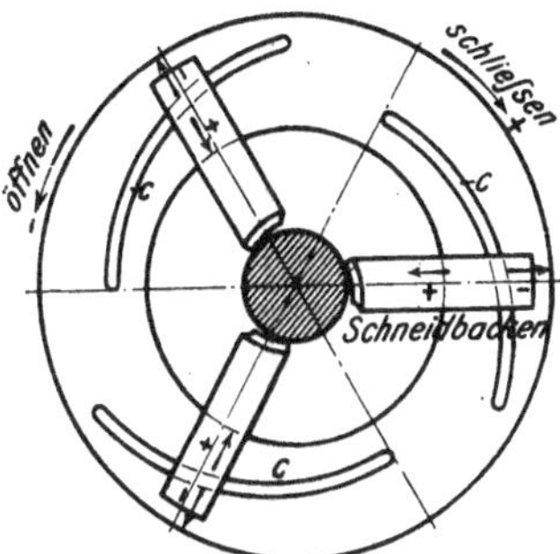

Abb. 753. Schließring.

werk herum, durch das die Maschine
den Schneidkopf selbst auslöst und
beim Zurückziehen des Spannstockes
wieder schließt.

Für das Öffnen und Schließen
des feststehenden Schneidkopfes
kann ein Schließring mit außerachsigen Führungsleisten benutzt
werden, wie sie in Abb. 753 und 754
durchgeführt und bereits in ähnlicher
Weise bei dem Mutterschloß (Abb. 157)
besprochen worden sind. Bei dem
feststehenden Schneidkopf sitzen in
den nach dem Mittelpunkt verlaufenden Nuten der Scheibe a drei Schneidbacken, die durch die Stirnscheibe b
gehalten sind. Sie fassen mit einer
Nut je eine der drei außerachsigen
Führungsleisten c des Schließringes.
Um den Schneidkopf zu öffnen oder

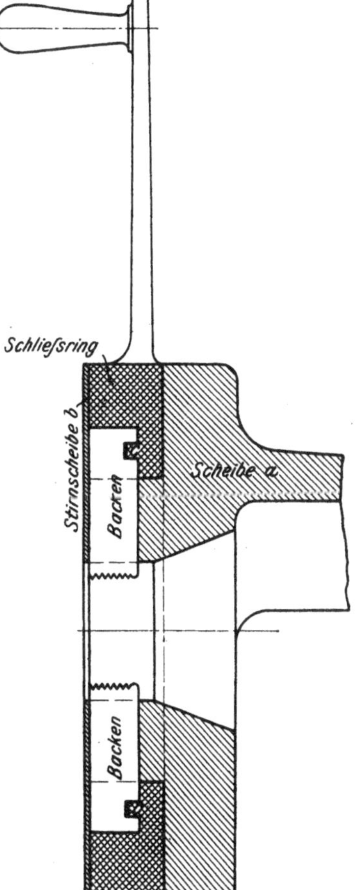

Abb. 754. Plan eines feststehenden
Schneidkopfes.

zu schließen, ist daher nur der Schließring nach links oder rechts
zu drehen (Abb. 753), wobei die Leisten die Messer zurückziehen oder
ansetzen. Der Schneidkopf sitzt bekanntlich an dem Spannstock und
wird mit ihm durch eine Leitspindel vorgeschoben. Der Schraubenbolzen ist in dem Spannfutter des Spindelstockes festgespannt und
erhält von ihm die Hauptbewegung.

Der vorstehende Schließring läßt sich auch bei dem kreisenden

Schneidkopf verwenden (Abb. 755 und 756). Die 4 Gewindebacken b werden auch hier von dem Schließring d mit den außerachsigen Leisten c gefaßt. Neben dem Schließring d sitzt der Klemmring e mit den Bogennuten f, durch die die beiden Schrauben g des Schließringes fassen.

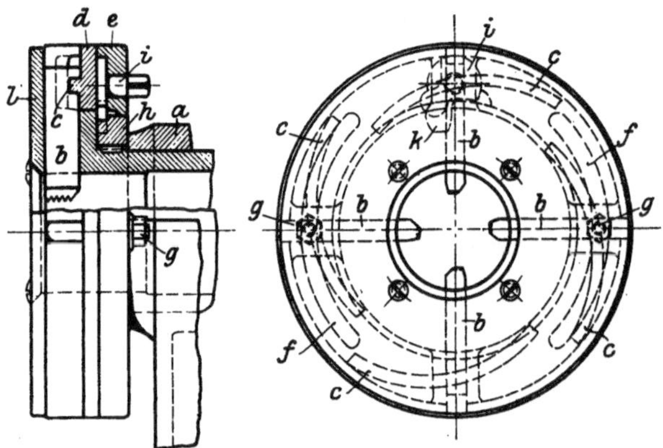

Abb. 755 und 756.   Kreisender Schneidkopf.

Durch Anziehen dieser Schrauben g lassen sich daher die Ringe d und e festklemmen. Innerhalb des Klemmringes e sitzt fest auf dem Schneidkopf der Ring h und zwar so, daß sich e um h drehen läßt. Das Einstellen der Gewindebacken wird mit dem Daumen i vorgenommen, der

Abb. 757.   Landis-Gewindeschneidkopf.

Abb. 758.   Schneidbacke.

in eine Zahnlücke k des feststehenden Ringes h greift. Die Form des Daumens und der Lücke ist so gewählt, daß der Daumen in den Endstellungen als Sperre zwischen den Ringen e und h wirkt. Ist nun der Ring d eingestellt und der Klemmring e mit g festgeklemmt, so kann durch Drehen des Daumens i der Schneidkopf immer auf denselben Schnittdurchmesser eingerückt werden.

Eine gewisse Bequemlichkeit bietet der Schneidkopf noch beim Auswechseln der Gewindebacken b. Werden nämlich die Klemmschrauben *g* gelöst und der Schließring *d* so weit gedreht, daß die Backen *b* hinter den höchsten Stellen der Leisten *c* stehen, so können sie nach Lüften der Stirnscheibe *l* nach außen herausgezogen werden, ohne *l* ganz abnehmen zu müssen.

Eine bemerkenswerte Bauart hat auch der Landis-Gewindeschneidkopf, der 4 lange Schneidbacken nach Art der Gewindestrehler hat (Abb. 757 und 758). Die Backen werden an der vorderen Stirnseite nachgeschliffen und können daher bis auf einen kurzen Rest verbraucht werden. Gegenüber den anderen Schneidköpfen mit ihren schmalen Messern gewährt der Landis-Schneidkopf eine größere Lebensdauer der Schneidbacken. Da die Messer vor dem Kopf sitzen, so fließen auch die Späne gut ab.

Die Schraubenschneidmaschinen besitzen gegenüber der Drehbank den Vorzug, daß sie mit einem Schnitt fertiges Gewinde liefern und infolge ihrer einfachen Handhabung viel leistungsfähiger sind. Höheren Ansprüchen auf Genauigkeit genügen ihre Erzeugnisse allerdings nicht.

Die Gewindefräsmaschinen.

Die Gewindefräsmaschinen arbeiten bekanntlich mit einem Formfräser und schneiden mit einem Gang der Maschine fertiges Gewinde.

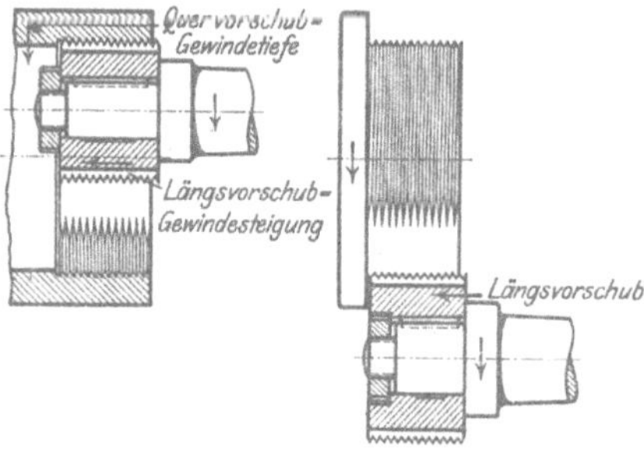

Abb. 759 und 760. Gewindefräsen mit Rillenfräser.

Sie sind ebenfalls für Massenarbeit bestimmt und können zu mehreren Maschinen von einem Arbeiter bestellt werden (S. 330).

Eine besondere Art ist das Gewindefräsen mit dem Rillenfräser (Abb. 759 und 760). Dieses Werkzeug hat Rillen, die in ihrer Zahl der Gangzahl und in ihrer Form dem Querschnitt des zu fräsenden Gewindes entsprechen, aber ohne Steigung verlaufen. Man kann den Rillenfräser gewissermaßen als kreisenden Gewindestrehler auffassen. Er kann Außen- und Innengewinde schneiden und ist nur entsprechend an das Werkstück anzustellen.

Das Gewindefräsen mit dem Rillenfräser verlangt von der Arbeitsweise der Maschine (Abb. 761), daß das Werkzeug die kreisende Hauptbewegung erfährt. Hierzu sitzt es auf der Frässpindel, die mit dem rechten Frässchlitten angestellt wird. Das Werkstück muß mit dem Fräser gleich oder entgegengesetzt kreisen und auf ihm seinen äußeren oder inneren Mantel abwälzen. Diese Bewegung wird dem Werkstück von dem linken Spannstock erteilt. Soll nun die Maschine mit einem Umlauf

Abb. 761. Gewindefräsmaschine. Karl Hasse & Wrede, Berlin N.

fertiges Gewinde fräsen, so muß der Frässchlitten den Fräser um die Gewindesteigung in der Längsrichtung vorschieben und der Spannstock das Werkstück um die Gewindetiefe quer.

Das Verfahren liefert praktisch brauchbares Gewinde für Geschosse u. dgl.

Die Gewinderollmaschinen.

Beim Gewinderollen wird das Gewinde unter Druck auf den Bolzen aufgerollt, der daher aus dehnbarem Stoff bestehen muß. Das Verfahren ist also kein Gewindeschneiden sondern ein Druckverfahren, das auf der

Dehnbarkeit beruht und keine Späne erzeugt. Als Werkzeuge dienen 2 Gewindebacken aus gehärtetem Stahl, die mit Rillen von dem Quer-

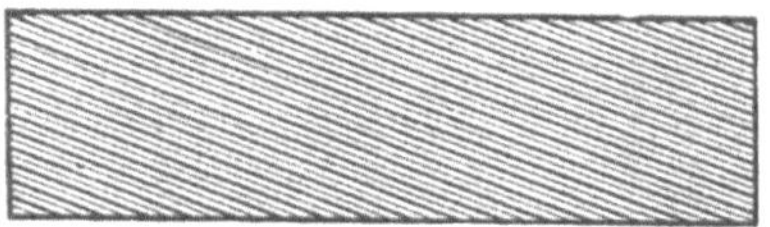

Abb. 762. Gewindebacken für Linksgewinde.

Abb. 763. Gewindebacken für Rechtsgewinde.

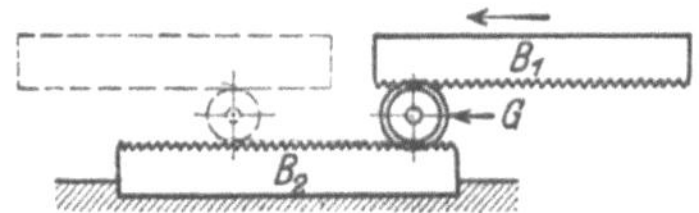

Abb. 764. Gewinderollen.

schnitt und der Steigung des zu schneidenden Gewindes versehen sind (Abb. 762 und 763). Die beiden Backen B_1 und B_2 (Abb. 764) werden

Abb. 765. Gewinderollmaschine. A. H. Schütte, Köln-Deutz.

unter Druck übereinander gerollt, so daß sich die Zähne in den zwischen den Platten rollenden Bolzen G eindrücken und so das Gewinde aufrollen. Diese Arbeitsweise ist in der Gewinderollmaschine (Abb. 765) dadurch verkörpert, daß der Backen B_2 festgespannt ist. Der bewegliche Backen B_1 sitzt in einem Schlitten, der von der Maschine durch eine

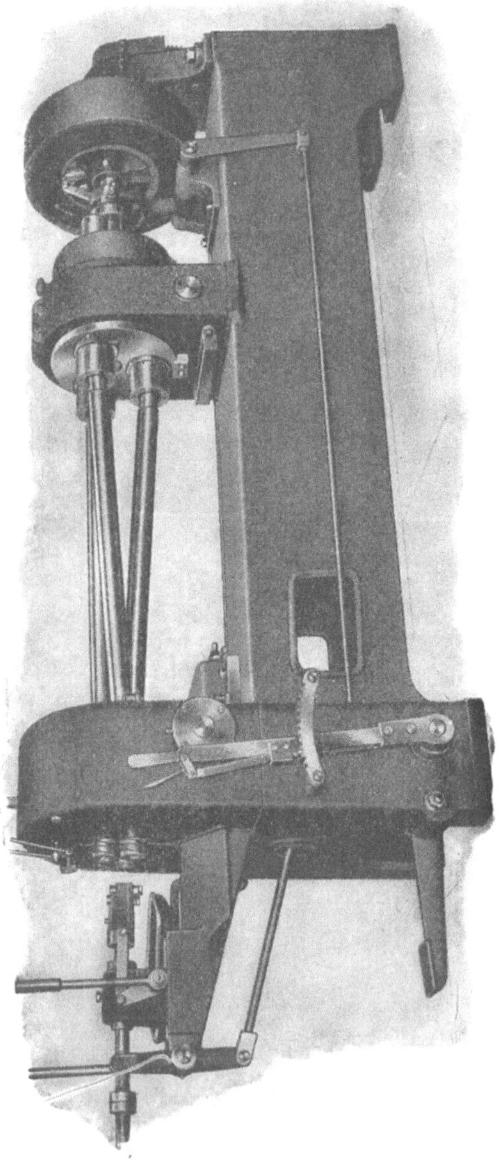

Abb. 766. Gewindewalzmaschine. A. H. Schütte, Köln-Deutz.

Schwinge vor der festen Gewindeplatte hin- und herbewegt wird. Zwischen beide Backen steckt der Arbeiter den Bolzen, der selbsttätig hindurchgerollt wird und als fertige Schraube in einen Sammelkasten fällt.

Die wichtigste Bedingung für genaues Gewinde ist, daß die Bolzen in dem Augenblick eingesteckt werden, in dem die Gewindespitzen von B_1 dem Gewindegrund von B_2 gegenüberstehen, damit nach einer halben Umdrehung des Bolzens die von B_1 erzeugten Gänge mit den von B_2 herrührenden zusammentreffen.

Da der Stoff durch die Backen in die Rillen hochgewalzt wird, muß der Bolzendurchmesser gleich dem mittleren Gewindedurchmesser sein. Für das Gewinderollen sind Bolzen aus weichem, gebeiztem Stahl am besten geeignet. Höheren Ansprüchen auf Genauigkeit genügt das Gewinderollen nicht, dagegen ist es sehr leistungsfähig.

Die Gewindewalzmaschinen.

Bei dem Gewindewalzen wird der Bolzen durch 3 Kaliberwalzen gefaßt (Abb. 766) und in ihrer Längsrichtung durch die Maschine hindurchgezogen. Die Kaliber entsprechen dem Gewindequerschnitt und walzen dadurch das Gewinde auf den Bolzen auf. Bei dem Gewindewalzen wird daher der Bolzen in seinem Gefüge verdichtet und in seiner Länge gestreckt, so daß er entsprechend kürzer sein muß.

Das Einführen des rotwarmen Bolzens in die Maschine geschieht mit dem linken Halter, der zugleich mit einem Anschlage die Gewindelänge festlegt. Die Walzen haben spitzen Einlauf, so daß sie den Bolzen rasch fassen und hindurchziehen. Ist der Anschlag erreicht, so werden durch Hebelübertragung die Walzen geöffnet und die fertigen Gewindebolzen freigegeben. Beim Zurückziehen des Handhebels schließen die Gewindewalzen wieder zur Aufnahme des nächsten Bolzens.

Das Gewindewalzen eignet sich am besten für das grobe Holzgewinde der Schwellenschrauben, Isolatorstützen usw. und ist sehr leistungsfähig.

Viertes Kapitel

Die Werkzeugmaschinen mit gerader Hauptbewegung.

In dem Wettbewerb mit der leistungsfähigen Fräsmaschine haben die Werkzeugmaschinen mit gerader Hauptbewegung, wie die Hobel- und Stoßmaschine, ein großes Arbeitsfeld eingebüßt.

Diese Tatsache findet ihre Begründung in dem weniger leistungsfähigen, einschneidigen Werkzeug und der geraden hin und hergehenden Hauptbewegung selbst. Mit ihr ist stets ein leerer Rücklauf verbunden, der für die Ausnutzung der Maschine tote Arbeitszeit bedeutet. Durch den beschleunigten Rücklauf läßt sich der Zeitverlust zwar abkürzen, doch sind der Beschleunigung Grenzen gesetzt, um den ruhigen Gang der Maschine nicht zu gefährden. Die stark zu beschleunigenden Massen erfordern nämlich nicht nur einen größeren Arbeitsaufwand der Maschine, sondern sie erzeugen auch bei jedem Hubwechsel Massenwirkungen $\frac{M v^2}{2}$, welche mit dem Quadrate der Geschwindigkeit wachsen. Diese Arbeitswucht der bewegten Massen, welche die Maschine bei jedem Auslauf des Hobeltisches abzubremsen und im nächsten Augenblick in entgegengesetzter Richtung wieder aufzubringen hat, verursacht in ihrem Gange Erschütterungen, die besonders bei dem beschleunigten Rücklauf stark auftreten und nur durch eine schwere Bauart zu bekämpfen sind (s. Zahlentafel VIII, S. 88). Sie setzen sowohl der Schnittgeschwindigkeit eine Grenze als auch vor allem der Beschleunigung des Rücklaufs.

Die größte Beschleunigung, die bisher für den Rücklauf der Hobelmaschine ausgeführt wurde, ist die achtfache Schnittgeschwindigkeit. Unter gewöhnlichen Verhältnissen bildet jedoch die vierfache Beschleunigung die Grenze, so daß von zehn Arbeitsstunden immer noch zwei Stunden verloren sind. Aus diesen Gründen erklärt sich auch das jüngste Bestreben der Technik, die Arbeitsmaschinen der geraden Hauptbewegung, wo angängig, durch solche mit kreisender zu ersetzen.

Trotz dieser Anbahnung sind und bleiben die Werkzeugmaschinen mit geradem Schnitt für viele Bedürfnisse der Metallbearbeitung noch unentbehrlich. In besonderem Maße gilt dies von der Hobelmaschine, sobald es sich um eine höhere Genauigkeit der Arbeitsflächen handelt. Für viele Betriebe hat bekanntlich der Kampf zwischen Hobeln und Fräsen nur eine neue Arbeitsteilung gebracht: Schruppen auf der Fräsmaschine und Schlichten auf der Hobelmaschine. Auf dem letzten Arbeitsgebiet tritt auch die Schleifmaschine mit bestem Erfolg in den Wettbewerb.

Die Hobelmaschinen.

Nach dem allgemeinen Grundgedanken arbeiten die Hobelmaschinen mit hin- und hergehender Hauptbewegung und mit geradem, ruckweisem Vorschub. Die Ausführung dieser beiden Bewegungen steht in einem wirtschaftlichen Zusammenhang mit der Größe des zu bearbeitenden Werkstückes.

Lange und schwere Werkstücke erfordern nämlich für den Hauptweg einen großen Arbeitsaufwand und ein Maschinenbett von mehr als der doppelten Länge des größten Arbeitsstückes. In den Gleitbahnen des Hobeltisches verursachen sie große Reibungswiderstände und bei dem beschleunigten Rücklauf übergroße Massendrücke. Die sich bewegenden, schweren Massen verlangen aber als Vorbedingung für ruhigen Gang Maschinen von schwerer und kostspieliger Bauart. Es wäre daher unwirtschaftlich, schweren Arbeitsstücken die Hauptbewegung zu geben.

Mit diesem Grundsatz steht die Arbeitsweise der **Blechkanten-** und **Grubenhobelmaschinen** (Abb. 906 und 908) in engster Beziehung. Bei ihnen hat das Werkzeug die Haupt- und Schaltbewegung, während das schwere Werkstück auf dem Bett festgespannt ist und keine Bewegung ausführt. Neuzeitlich eingerichtete Betriebe gehen sogar so weit, daß sie schwere Werkstücke auf eine ausgerichtete Grundplatte legen und die elektrisch betriebenen Werkzeugmaschinen heranfahren.

Getrennte Bewegungen sind daher nur wirtschaftlich bei Hobelmaschinen für Werkstücke bis Mittelgröße. Auf Grund dieser Erkenntnis vollzieht auch bei der Tischhobelmaschine das Werkstück die Hauptbewegung und der Hobelstahl den Vorschub. Hierzu wird das Arbeitsstück auf den beweglichen Hobeltisch gespannt und der Stahl in den steuerbaren Hobelschlitten. Der Hobeltisch erfährt durch sein Eigengewicht und durch die Belastung des Werkstückes einen ruhigen und sicheren Gang. Dieser Einfluß der Gewichte ist von besonderer Bedeutung bei dem Zahnstangenantrieb, bei dem der schräge Zahndruck den Tisch zu heben sucht. Auf diese Weise sichert die Hauptbewegung mittlerer Werkstücke jederzeit einen ruhigen Gang und demzufolge einen glatten Schnitt.

Bei kleineren Werkstücken gibt man am besten dem Stahl die Hauptbewegung und dem Arbeitsstück den Vorschub, weil diese Arbeitsweise einen einfacheren Aufbau der Maschine zuläßt, wie dies das Kastenbett der Stößelhobelmaschine zeigt.

1. Die Tischhobelmaschine.

Die Kennzeichnung der Tischhobelmaschine (Abb. 767 bis 770) liegt in dem beweglichen Hobeltisch, der durch seinen Hin- und Hergang die einzelnen Schnitte verursacht.

Der Arbeitsbereich der Tischhobelmaschine erstreckt sich auf das Hobeln wagerechter, senkrechter und schräger Flächen.

Durch den Aufschwung der Fräserei hat jedoch die Anwendung der Tischhobelmaschine in neuzeitlich eingerichteten Werkstätten vielfach eine Änderung erfahren. Die Erfahrungen auf dem Gebiete der Metallbearbeitung lehren nämlich, größere Werkstücke vorzufräsen und für eine hochgradige Genauigkeit, wie sie bei Gleitflächen gefordert wird, auf der Hobelmaschine zu schlichten. Unter dem starken Arbeitsdruck des Fräsers erwärmt und verzieht sich das Werkstück, weil sich die Gußspannungen ausgleichen. Für diesen Spannungsausgleich läßt man das Werkstück zweckmäßig eine Zeitlang stehen, bevor es geschlichtet wird. Für das Schlichten erscheint die Hobelmaschine mit ihrem einschneidigen Werkzeug und ihrem ruhigen Gange besonders geeignet.

Der Aufbau der Tischhobelmaschine läßt sich aus der Bedingung entwickeln, daß der Stahl beim Hobeln wagerechter Flächen über dem Werkstück quergeschaltet werden muß (Abb. 771). Das Querschalten des Stahles verlangt demnach einen Hobelschlitten, der sich auf einer Querbahn, dem Querträger, verschieben und mit ihm auf die Werkstückhöhe einstellen läßt. Zur Aufnahme und zum Einstellen des Querträgers sind 2 Ständer erforderlich, die mit dem Bett zu einem geschlossenen Rahmen verbunden sind. Die Hauptbewegung des Werkstückes verlangt einen Schlitten, den Hobeltisch, der in den langen Bahnen des Bettes unter dem Stahl hin- und herläuft. Hierzu ist der Hobeltisch mit einem Antrieb für die gerade Hauptbewegung und für den ständigen Hubwechsel mit einer selbsttätigen Umsteuerung auszustatten. Soll das Querschalten des Hobelschlittens selbsttätig vor sich gehen, so beansprucht die Maschine noch eine Augenblicksschaltsteuerung.

Die wichtigsten Einzelteile der Tischhobelmaschine sind daher: der Hobelschlitten mit der Schaltsteuerung, der Hobeltisch mit seinem Antrieb und seiner Umsteuerung und das Bett mit dem Ständerrahmen.

Der Hobelschlitten.

Der Hobelschlitten ist die Einspannvorrichtung für den zu schaltenden Hobelstahl. Hieraus ergibt sich auch sein Aufbau. Wie der Werkzeugschlitten der Drehbank, so muß auch der Hobelschlitten alle Arbeitsstellungen und alle Vorschübe des Werkzeuges hervorbringen, die für

Additional information of this book

(Die Werkzeugmaschinen; 978-3-642-89890-7;

978-3-642-89890-7_OSFO29) is provided:

http://Extras.Springer.com

die einzelnen Hobelarbeiten nötig sind. Da es sich hierbei vorzugsweise
um wagerechte und senkrechte Vorschübe handelt, deren Richtungen
sich also kreuzen (Abb. 771), so muß die Grundform des Hobelschlittens
wie bei der Drehbank ein Kreuzschlitten sein. Er wird gebildet durch
den Querschlitten Q und den Senkrechtschlitten V (Abb. 772 bis 775).
Von ihnen ist der Querschlitten Q für die wagerechten Vorschübe bestimmt, die also quer zum Tisch gerichtet sind. Hierzu ist Q unmittelbar
auf den Bahnen des Querträgers geführt. Der Senkrechtschlitten V
dient zum Hobeln senkrechter und schräger Flächen. Er ist für diese
Arbeiten mit der Lyraspindel senkrecht zu schalten.

Das Schräghobeln verlangt noch eine kleine Abänderung des gewöhnlichen Kreuzschlittens. Beim Hobeln schräger Flächen muß nämlich
der Senkrechtschlitten auf den Neigungswinkel der Arbeitsfläche eingestellt und in der schrägen Richtung gesteuert werden (Abb. 771).
Diese Gradstellungen des Hobelschlittens erfordern als Zwischenglied
des Kreuzschlittens eine Drehscheibe (Lyra) D, die auf der Vorderseite
den Senkrechtschlitten V führt und auf der Rückseite mit einem Zapfen Z

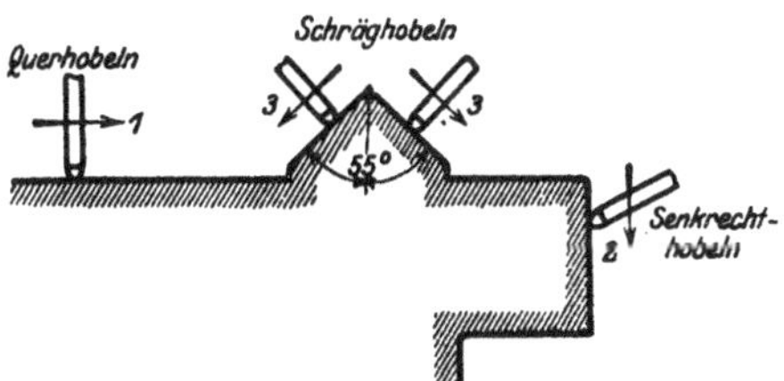

Abb. 771. Die Vorschübe und Schnittstellungen des Hobelstahles bei den verschiedenen Hobelarbeiten.

auf dem Querschlitten Q drehbar sitzt. Die Drehscheibe gestattet daher,
den Senkrechtschlitten V schräg zu stellen, wobei sie gegenüber dem
Arbeitsdruck durch eine Kreisnut und Klemmschrauben auf Q festzuklemmen ist.

Zu dieser Grundform des Hobelschlittens treten noch einige Einzelheiten für das Einstellen und Abheben des Stahles. Um nämlich die
Schneide zu schonen, muß sich der Hobelstahl beim Rücklauf der Maschine von dem Werkstück abheben können. Dieser Forderung ist durch
die Klappe K genügt, die die Stahlhalter trägt und zwischen den Wangen
des Klappenträgers K_1 gelenkig aufgehängt ist. Die Klappe gestattet
daher, daß sich der Stahl beim Rücklauf lose an die bestrichene Fläche
legt (Abb. 772 und 773). Neuere Hobelschlitten sind noch weiter vervollkommnet. Sie besitzen eine selbsttätige Meißelabhebung, die vor
Beginn des Rücklaufes den Stahl abhebt und vor jedem Schnitt wieder
ansetzt.

Die richtige Schnittstellung des Hobelstahles beim Bearbeiten senkrechter und schräger Flächen verlangt noch ein Schrägstellen des Klappen-

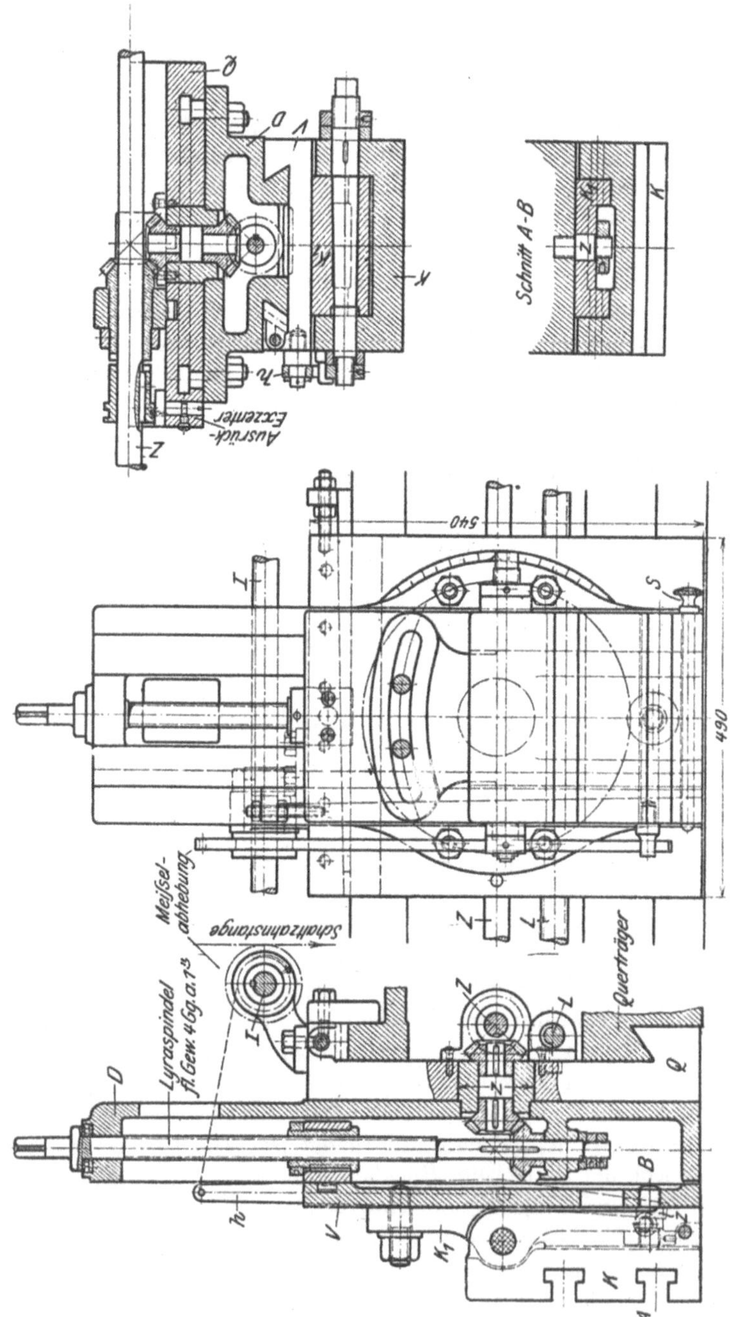

Abb. 772 bis 775. Hobelschlitten nach Billeter & Klunz, Aschersleben.

trägers K_1. Hierzu ist er um den Zapfen z auf dem Senkrechtschlitten V drehbar und durch Schrauben und Bogennut festzuklemmen.

Soll die Hobelmaschine selbsttätig arbeiten, so muß der Hobelschlitten für alle Vorschübe Selbstgang haben. Die hierzu erforderlichen Züge sind in allen Arbeitsstellungen des Schlittens von der Steuerung der Maschine anzutreiben. Hierzu liegen in dem Querträger eine Leitspindel und eine Zugspindel. Die Leitspindel steuert den Querschlitten beim Hobeln wagerechter Flächen und die Zugspindel den Senkrechtschlitten beim Senkrecht- und Schräghobeln, indem sie durch die im Drehpunkt von D liegenden Kegeltriebe die Lyraspindel treibt.

Das Einstellen des Hobelschlittens ist wie folgt vorzunehmen: Um ihn auf die Höhe des Werkstückes zu bringen, ist der Querträger zu heben oder zu senken. Die hierzu erforderliche Vorrichtung wird zweckmäßig durch Schraube und Mutter gebildet. Bei kleineren Maschinen (Abb. 767) wird sie von dem Arbeiter bedient, bei größeren durch die Maschine selbst (Abb. 825). Zum seitlichen Anstellen ist der Hobelschlitten mit der Leitspindel auf dem Querträger zu verschieben.

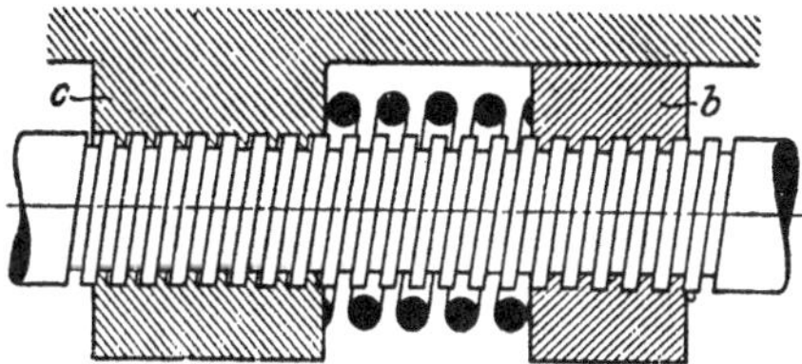

Abb. 776.   Lyramutter mit selbsttätiger Nachstellung.

Das Einstellen des Spanes ist bei wagerechten Flächen mit der Lyraspindel oder mit der Zugspindel selbst vorzunehmen, bei senkrechten Flächen dagegen mit der Leitspindel. Sämtliche Spindeln besitzen daher einen Vierkant zum Aufstecken einer Kurbel und zwar die Leit- und Zugspindel auf beiden Seiten.

Das Einstellen des Hobelschlittens mit der Lyraspindel verlangt noch, bei größeren Maschinen den Selbstgang auszuschalten. Hierzu ist das Kegelrad der Zugspindel Z durch Umlegen einer Kurbel zu entkuppeln (Abb. 774).

Beim Schlichten ist noch eine Vorsicht zu beachten. Damit beim Rücklauf der Maschine der Stahl die Flächen nicht verletzt, ist die Klappe durch Einstecken eines Stiftes S in dem Klappenträger festzuhalten. Durch diese Verbindung steht der Stahl vollkommen fest, so daß er nicht auf die gehobelten Flächen aufschlagen kann.

Die Bestrebungen, die Hobelmaschine immer mehr als Genauigkeitsmaschine auszubilden, haben dazu geführt, in den Schlittenführungen jeden toten Gang auszugleichen. So besitzt der Billeter-Hobelschlitten in seinen Führungen schräge Stelleisten, die sich jederzeit durch Anziehen einer Stellschraube nachstellen lassen.

Auch für die Lyramutter ist eine einfache und praktische Lösung gefunden. Sie ist der nachstellbaren Mutter in Abb. 88 nachgebaut, indem man die dortigen Stellschrauben durch eine Spiralfeder ersetzte, die den verschiebbaren Teil der Mutter nachdrückt. Abb. 776 zeigt diese Einrichtung. Der Senkrechtschlitten besitzt eine feste Mutter c und eine nachstellbare Mutter b, die mit einem glatten Fuß an dem Schlitten geführt ist. Zwischen beiden liegt eine Feder gespannt, die jeden toten Gang in der Mutter ausgleichen soll. Die Spannkraft der Feder muß hierzu das Gewicht der senkrecht verschiebbaren Teile des Hobelschlittens übertreffen. Unter dieser Voraussetzung drückt die Feder die verschiebbare Mutter b nach unten, so daß sie sich gegen die obere Gewindefläche der Senkrechtspindel stützt. Die feste Mutter c wird hingegen nach oben, also gegen die untere Gewindefläche der Spindel gedrückt, wodurch an der oberen, wie gezeichnet, Spiel entsteht. Das Spiel vergrößert sich in dem Maße, wie der Verschleiß zunimmt.

Welchen Einfluß der Kampf zwischen Hobeln und Fräsen auf die Durchbildung der Hobelmaschine ausgeübt hat, zeigt sich schon an dem Hobelschlitten. Er hatte früher für das Hobeln senkrechter Flächen einen kurzen Senkrechtschlitten, der nur für schwache Schnitte ausreichte. Für schwere Schnitte mußte das Werkstück umgespannt werden. Um die hiermit verbundenen Zeitverluste zu umgehen, sind neuere Hobelschlitten selbst bei leichteren Maschinen schon für höhere Werkstücke ausgebaut (Abb. 772 bis 775). Sie besitzen eine auffallend hohe Drehscheibe mit einem kräftigen und langen Senkrechtschlitten. Der Hobelschlitten ist dadurch imstande, schwere senkrechte Schnitte aufzunehmen, selbst wenn der Schlitten V zum Teil freihängt.

In noch ausdrucksvoller Weise zeigt sich diese Verbesserung bei dem Hobelschlitten in Abb. 777 und 778. Hier ist der Senkrechtschlitten V außergewöhnlich lang und stark gehalten, so daß er stets auf der ganzen Drehscheibe geführt bleibt. Mit dieser Form des Schlittens V wird in Vergleich zu Abb. 772 eine kleine Änderung der Senkrechtsteuerung notwendig. Die Senkrechtspindel muß jetzt für den Vorschub des Senkrechtschlittens die Drehbewegung und die auf- und absteigende Bewegung ausführen, während die Mutter m fest in der Drehscheibe D sitzt. Wird nun die Senkrechtspindel von der Zugspindel Z aus angetrieben, so schraubt sie sich mit V hoch oder tief.

Bei großen Maschinen (Abb. 825) verlangt die Handlichkeit noch einige Sondervorrichtungen an den Hobelschlitten. Das Schrägstellen des Senkrechtschlittens erfordert eine verzahnte Drehscheibe, mit der eine Schnecke kämmt. Mit einer Kurbel auf Vierkant 16 oder 24 können die Seitenschlitten schräg gestellt werden und mit Vierkant 40 die Senkrechtschieber der Hobelschlitten auf dem Querträger. Die Höhe der Maschine läßt die Kurbel der Senkrechtspindel schwer fassen. Zur größeren Handlichkeit kann daher die Feineinstellung des Spanes mit dem Handrade 40 geschehen.

Das Hobeln nach Lehre.

Eine Erweiterung hat noch die Hobelmaschine durch das Hobeln nach Lehren erfahren (Abb. 779). Um beliebige Flächen selbsttätig hobeln zu können, muß wie beim Formdrehen der Stahl zugleich mit

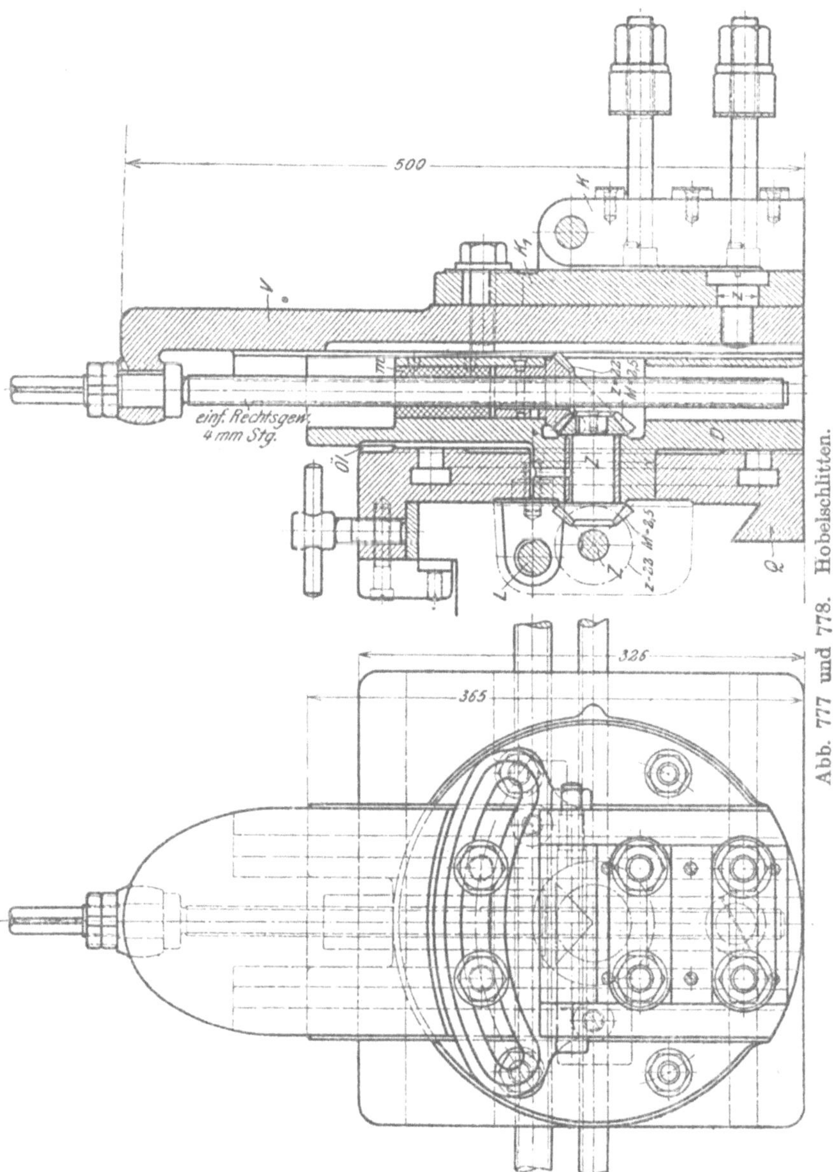

einem wagerechten und einem senkrechten Vorschub arbeiten. Die
Lösung dieser Aufgabe kann auch hier nur in der Schlittensteuerung
liegen. Sie müßte den Querschlitten und zugleich den Senkrechtschlitten
steuern. Die letzte Bewegung wird wie bei den Formdrehbänken durch
eine Lehre S erzeugt, die an den Armen l des Querträgers gehalten ist.
Das Arbeiten nach Lehre verlangt aber bei dem gewöhnlichen Schlitten
noch eine kleine Änderung. Die Spindelmutter muß nämlich für das Hobeln
nach Lehre ausrückbar sein und dazu der Senkrechtschlitten mit einer
Rolle in der Nut der Lehre S laufen. Die Folge dieser Bauart wird sein,
daß, sobald der Hobelschlitten durch die Leitspindel L quergeschaltet
wird, die Lehre S gleichzeitig den Senkrechtschlitten steuert.

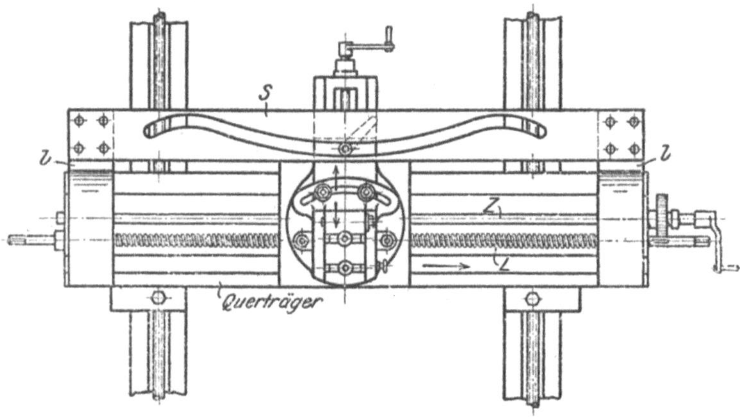

Abb. 779. Hobelschlitten mit Lehre. Brune, G. m. B. H., Köln.

Von dem Hobeln nach Lehre wird in neuerer Zeit viel Gebrauch
gemacht, so beim Hobeln vielgestalteter Schlitten- und Bettformen.
Die Lehre wird hierbei vor dem Werkstücke aufgespannt, und nach
ihr werden die einzelnen Schlittenstellungen und Spantiefen genommen.

Der Hobeltisch.

Der bewegliche Hobeltisch hat bei der Tischhobelmaschine das
Werkstück aufzunehmen und ihm die Hauptbewegung zu erteilen. Soll
auch durch den Tisch saubere Arbeit gesichert werden, so darf er sich
nicht verziehen, weder beim Festspannen des Werkstückes noch beim
größten Hub, bei dem er am weitesten über dem Bett überhängt. Der
Tisch muß daher besonders schwer gehalten und stark verrippt werden.
Zum Festspannen muß er die genügende Zahl von ⊥-Spannuten und
Spannlöchern haben.

Die Führung des Hobeltisches.

Als Vorbedingung für ruhigen Gang muß der Hobeltisch in dem Maschinenbett gut geführt werden, so daß er selbst beim Umsteuern keine Querbewegungen noch Stöße erfährt. Die Führung darf weder ein Kippen noch ein Entgleisen des Tisches zulassen. Um den Gang und Hubwechsel stoßfrei zu gestalten, muß sich der Tisch schon bei der geringsten Abnutzung in seinen Führungen entweder selbst nachstellen

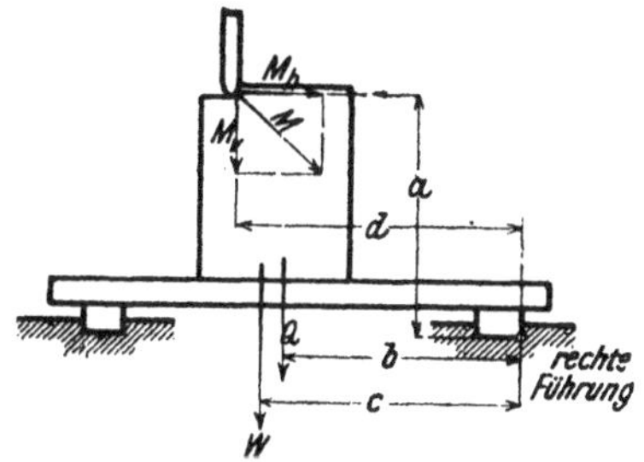

Abb. 780. Das Kippen des Hobeltisches.

oder durch Stelleisten nachstellen lassen. In derartig nachstellbaren Führungen kann daher der Hobeltisch ohne toten Gang laufen und seinen Hubwechsel stoßfrei vollziehen. Der Gang des Hobeltisches läßt sich mit dem Fühlhebel prüfen, den man in den Hobelschlitten spannt und mit dem Taster an den Tisch ansetzt.

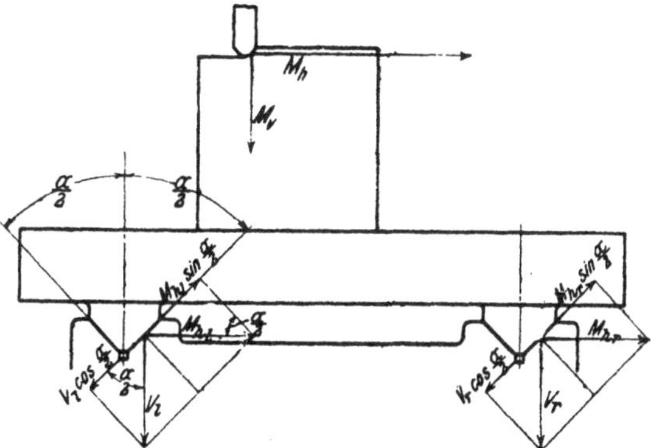

Abb. 781. Das Entgleisen des Hobeltisches.

Das Kippen des Hobeltisches findet für gewöhnlich seine Ursache in der falschen Lage des Werkstückes (Abb. 780). Der Stahldruck M erzeugt nämlich durch die Seitenkraft M_h ein rechtsdrehendes Kippmoment $M_h \cdot a$, das den Tisch um die rechte Führungskante zu kippen sucht. Ihm entgegen wirken die Eisengewichte Q des Tisches und W des Werkstückes, sowie der Seitendruck M_v. Sie erzeugen ein Gegenmoment von der Größe $Q \cdot b + W \cdot c + M_v \cdot d$. Soll nun der Tisch nicht kippen, so muß sein:

$$Q \cdot b + W \cdot c + M_v \cdot d = M_h \cdot a.$$

Dieser theoretische Grenzfall erhebt aber praktische Bedenken. In der obigen Gleichgewichtslage würde nämlich die rechte Führung außer der Schubkraft M_h noch den ganzen Senkrechtdruck $Q + W + M_v$ aufzunehmen haben, während die linke Bahn ganz entlastet ist. Sollen aber beide Gleitbahnen gleichmäßig tragen, so muß das linksdrehende Moment größer sein als das rechtsdrehende. Die Bedingung ist nur erfüllt, sobald das Werkstück beim Hobeln nach rechts in entsprechender Entfernung von der rechten Gleitbahn aufgespannt wird, so daß die Hebelarme d und c entsprechend größer ausfallen.

Das Entgleisen des Hobeltisches wird meist durch die Dachform der Gleitbahn verursacht (Abb. 781). Denn die vom Stahldruck herrührende, wagerechte Seitenkraft M_h erzeugt rechts und links eine Kraft M_{h_r} und M_{h_l}. Diese Kräfte drücken den Tisch gegen die nach rechts aufsteigenden Gleitbahnen, und ihre Schrägkräfte $M_{h_r} \cdot \sin \dfrac{\alpha}{2}$ und $M_{h_l} \cdot \sin \dfrac{\alpha}{2}$ versuchen, den Tisch zu entgleisen. Ihnen entgegen wirken aber die Senkrechtkräfte V_r und V_l, die sich aus dem Eigengewicht des Tisches, sowie des Werkstückes und aus dem Stahldruck ergänzen. Sie erzeugen beiderseits die Seitenkräfte $V_l \cdot \cos \dfrac{\alpha}{2}$ und $V_r \cdot \cos \dfrac{\alpha}{2}$. Soll nun das Entgleisen des Tisches durch die Form der Führung verhindert werden, so ist Bedingung, daß abgesehen von der Reibung an jeder Gleitbahn

$$M_{h_l} \cdot \sin \frac{\alpha}{2} < V_l \cdot \cos \frac{\alpha}{2}$$

und

$$M_{h_r} \cdot \sin \frac{\alpha}{2} < V_r \cdot \cos \frac{\alpha}{2}$$

ist. Aus diesen beiden Gleichungen läßt sich der Neigungswinkel der Gleitbahn wie folgt bestimmen. Das Zusammenziehen der Gleichungen ergibt:

$$\left(M_{h_r} + M_{h_l}\right) \cdot \sin \frac{\alpha}{2} < \left(V_r + V_l\right) \cdot \cos \frac{\alpha}{2}.$$

Da nun $M_{h_r} + M_{h_l} = M_h$ und $V_r + V_l = V$ ist, so muß

$$M_h \cdot \sin \frac{\alpha}{2} < V \cdot \cos \frac{\alpha}{2} \text{ sein.}$$

Folglich ist der Neigungswinkel der Führung:

$$\operatorname{tg} \frac{\alpha}{2} < \frac{V}{M_h}.$$

In dieser Gleichung kann angenähert gesetzt werden:

$$V = \text{Eigengewicht des Tisches und des Werkstückes,}$$

$$M_h \sim M \text{ (Stahldruck).}$$

Mit diesen Annäherungen ist:

$$\operatorname{tg}\frac{\alpha}{2} < \frac{V}{M} = \frac{\text{Tischgewicht} + \text{Werkstückgewicht}}{\text{Stahldruck}}.$$

Die praktisch ausgeführten Werte sind $\alpha = 90^0$ bis 100^0.

Die in der Praxis vielfach angewandte Flachführung (Abb. 782) verlangt genau geschabte, ebene Gleitbahnen. Die Schmierung be-

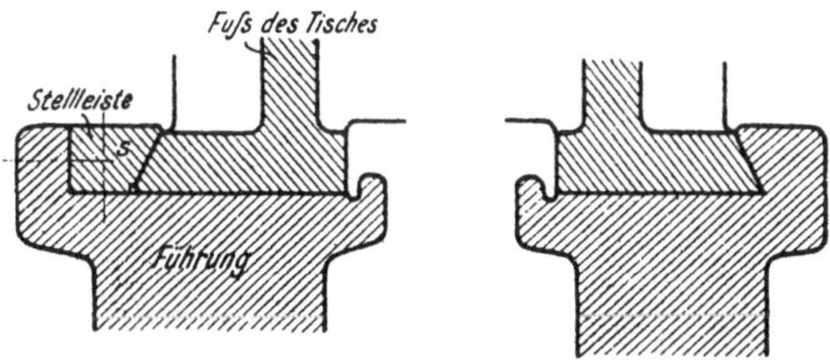

Abb. 782. Flache Tischführung.

wirken Ölrollen, die durch Blattfedern gegen die Gleitbahn gedrückt werden. Die Rollen laufen mit dem Tisch und führen wie bei der Ringschmierung das Öl ständig den Gleitbahnen zu. Um toten Gang auszugleichen, ist die Stelleiste s vorgesehen, die sich durch Stellschrauben andrücken läßt.

Die Dachführung (Abb. 783) hat im Vergleich zur Flachführung den Vorzug, daß sie sich sehr sauber hält, vor allem, wenn sie mit einem

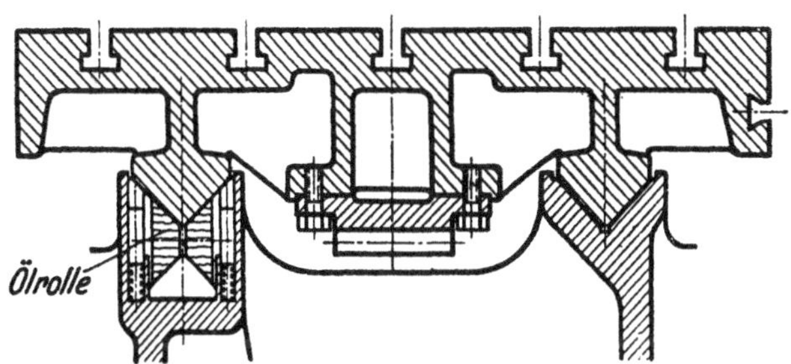

Abb. 783. Dachförmige Tischführung.

Schutzdach (Abb. 784) versehen ist. Allerdings halten die schrägen Dachflächen das Öl nicht so gut. Es ist daher eine reichliche Zahl Ölrollen einzubauen. Die Dachführung läuft sich gut ein und stellt sich unter der Last des Tisches selbst nach, so daß das zeitraubende Anziehen der Stelleisten fortfällt. Ein Übelstand, der den Dachführungen anhaftet und besondere Beachtung verdient, ist, daß der Hobeltisch entgleisen

kann. Doch ist die Gefahr des Entgleisens bei Dachwinkeln von 90 bis
100⁰ unbedeutend.

Die geschlossene Dachführung (Abb. 785) bietet die größte

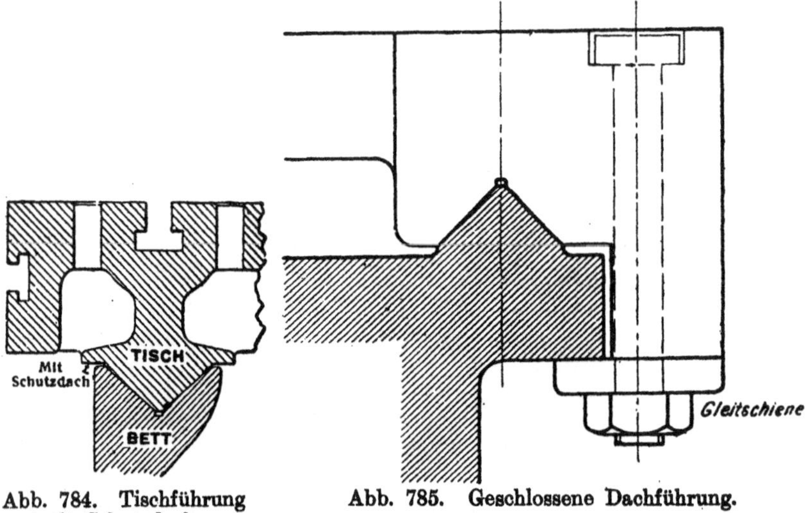

Abb. 784. Tischführung   Abb. 785. Geschlossene Dachführung.
mit Schutzdach.

Sicherheit gegen Kippen und Entgleisen des Tisches. Sie empfiehlt sich
daher bei schweren Maschinen mit großem Kippmoment.

Der Antrieb des Hobeltisches.

Bei der Tischhobelmaschine hat der Hobeltisch bekanntlich die
gerade Hauptbewegung auszuführen.

Die Antriebe des Hobeltisches sind daher bekannt (S. 53). Es sind:

      1. das Kurbelgetriebe,
      2. der Zahnstangenantrieb,
      3. der Schraubenantrieb,

Das Kurbelgetriebe kommt wegen seiner Unvollkommenheit bei
größeren Hüben und Arbeitswiderständen für schwere Maschinen nicht
in Frage. Selbst bei leichten Hobelmaschinen kommt es nur selten
noch vor.

Der Schrauben- und Zannstangenantrieb findet hingegen
ausgedehnte Anwendung. Die jüngsten Verbesserungen dieser beiden
Antriebe gehen darauf hinaus, ihre Grundbedingungen, d. h. den ruhigen
Gang und die stoßfreie Bewegungsumkehr des Tisches, möglichst zu
vervollkommnen. Aus dem Grunde ist, wie bereits erwähnt, jeder tote
Gang in den einzelnen Getrieben möglichst zu vermeiden. Die gefrästen
Räder laufen daher in ihrer Verzahnung fast ohne Spiel, und die Riemen
zum schnellen und sanften Umsteuern mit der 40- bis 50fachen Tisch-

geschwindigkeit. Das Treibrad der Zahnstange muß für gute Eingriffsverhältnisse groß sein, damit möglichst viel Zähne zugleich kämmen. Mit dem großen Treibrade ist allerdings ein Nachteil in Kauf zu nehmen:

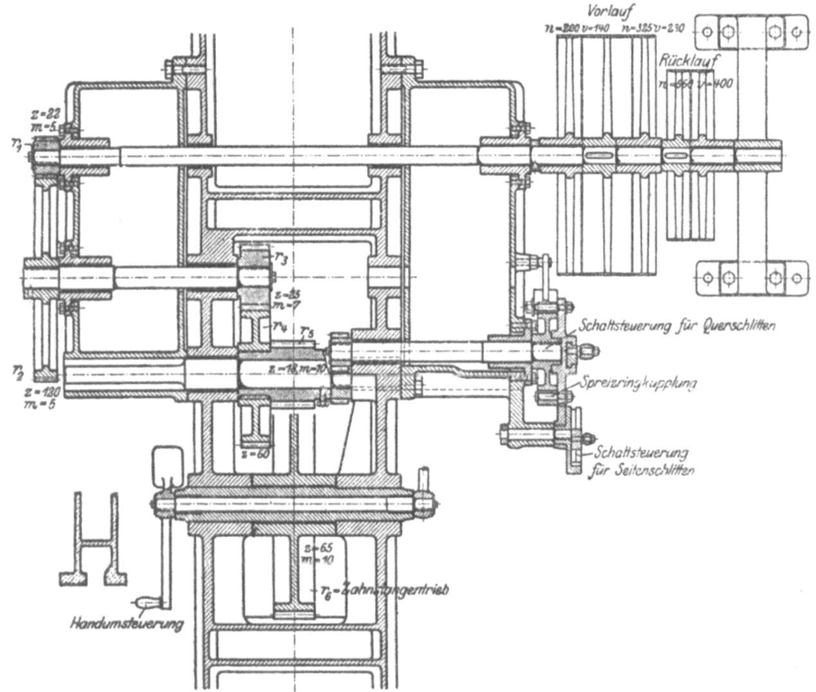

Abb. 786, **Antrieb** des Hobeltisches. Gebr. Böhringer, Göppingen.

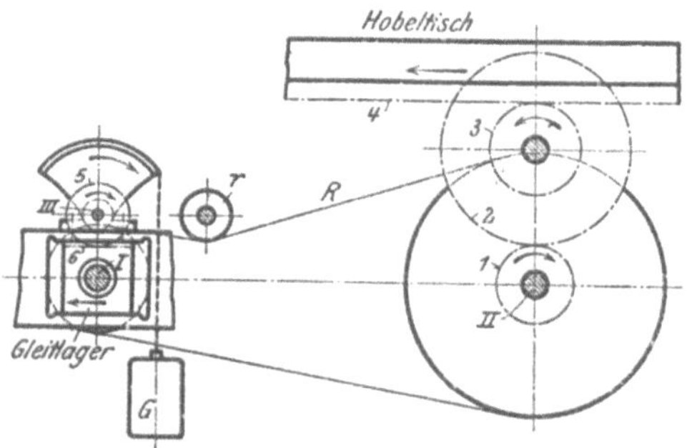

Abb. 787. Tischantrieb der Whitcomb-Hobelmaschine.

Bei den hohen Riemengeschwindigkeiten wird nämlich eine große Übersetzung in dem Tischantriebe (Abb. 786) erforderlich, damit die Schnittgeschwindigkeit nicht überschritten wird. Diese Rädervorgelege verteuern den Antrieb und vermindern seinen Wirkungsgrad.

Auch hiergegen hat der Werkzeugmaschinenbau siegreich gekämpft, indem er die ersten Räder, die meist durch ihren schnellen Lauf viel Geräusch verursachen, durch einen Riementrieb ersetzte.

Die Whitcomb-Hobelmaschine (Abb. 787) hat diese Eigenart in ihrem Antriebe. Die Welle *I*, die durch einen offenen und einen gekreuzten Riemen vom Deckenvorgelege angetrieben und umgesteuert wird, treibt durch den neu eingeschalteten Riemen *R* die Welle *II*. Durch das Rädervorgelege *1, 2* und das Zahnstangengetriebe *3, 4* gelangt der Antrieb auf den Tisch. Besondere Sorgfalt hat der Erfinder auf das gleichmäßige Durchziehen des Riemens gelegt. Um bei der kleinen Antriebsscheibe eine größere Umspannung des Riemens zu bekommen, ist die Spannrolle *r* eingebaut. Bemerkenswert ist, wie der Riemen bei leichten und starken Schnitten gleichmäßig in Spannung gehalten wird. Hierzu läuft die Antriebswelle *I* beiderseits in Gleitlagern, mit denen sie sich etwas verschieben läßt. Dies erfolgt selbsttätig durch ein Spanngewicht *G*. Es hängt an einem Bogen, der fest auf der Welle *III* sitzt. Die Welle *III* trägt 2 Triebe *5*, die mit den Zahnstangen *6* der Gleitlager kämmen. Sobald die Riemenspannung nachläßt, tritt daher das Gewicht in Wirkung. Es zieht den Bogen nach rechts herum, so daß die Gleitlager nach links gehen und den Riemen nachspannen. Der Antrieb soll sich gut bewähren, ohne jeden Stoß und Zischen der Riemen arbeiten.

Eine Vervollkommnung für ruhigen Gang des Tisches bieten auch die Doppelzahnstange und das Doppelrad, die sich gegenseitig verstellen lassen, sobald sich der Verschleiß bemerkbar macht. Die Leitspindelmutter ist, um den toten Gang auszugleichen, nachstellbar auszuführen (Abb. 88).

Der Schneckenantrieb der Zahnstange hat eine Verbesserung durch die Schraubenzahnstange erfahren. Sie gewährt bekanntlich ein größeres Eingriffsfeld in der Verzahnung (Abb. 85 und 86).

Die Steuerung.

Die Steuerung der Hobelmaschine hat durch den Kampf zwischen Hobeln und Fräsen vielfache Umgestaltungen und Verbesserungen erfahren, weil sie in ihrer alten Form bei den heutigen höheren Tischgeschwindigkeiten zu starke Stöße verursachen würde.

Die Steuerung der Hobelmaschine hat die Aufgabe, den Hobeltisch umzusteuern und den Vorschub des Werkzeuges hervorzubringen. Sie besteht daher aus einer Umsteuerung für den Hobeltisch und einer Schaltsteuerung für den Hobelschlitten.

Die Umsteuerung des Hobeltisches.

Die Riemenumsteuerung: Die Umsteuerung des Hobeltisches muß als Vorbedingung für ruhigen Gang einen stoßfreien Hubwechsel sichern. Die bereits bekannten Räderwendegetriebe (Abb. 101 bis 104) sind für höhere Ansprüche weniger geeignet, weil sich toter Gang in ihrer Verzahnung nie ganz vermeiden läßt. Aus dem Grunde wird seit langem die Riemenumsteuerung allgemein bevorzugt. In ihrer verbesserten Form laufen die Riemenwendegetriebe mit höheren Riemengeschwindigkeiten, durch welche die Riemen ohne zu großen Kraftaufwand schnell und sanft umsteuern.

Die Riemenumsteuerung muß, sobald der Hubwechsel selbsttätig erfolgen soll, von der Maschine selbst bedient werden. Den hierzu erforderlichen Selbstgang der Umsteuerung leitet man praktisch von dem umzusteuernden Hobeltisch ab. Der Tisch hat hierzu zwei verstellbare Anschläge, Frösche oder Knaggen (Abb. 107), die sich auf den jedesmaligen Hub der Maschine einstellen lassen. Sie legen vor jedem Hubwechsel den Steuerhebel w herum, der die Riemen verschiebt.

Soll das Umsteuern stoßfrei vor sich gehen, so muß zwischen dem Durchziehen der beiden Riemen genügend Zeit für den Auslauf des Tisches sein, andernfalls zischen die Riemen durch das Gleiten auf den Scheiben. Man kann bei manchen Maschinen beobachten, daß dann die Riemen erst nach 6 bis 12 Umläufen durchziehen.

Der Umsteuerung in Abb. 107 könnte man vorhalten, daß der Schieber S für den Riemenwechsel einen zu großen Weg beansprucht, so daß die Maschine für das Umsteuern zu viel Arbeit aufwenden muß. Der Übelstand ist aber leicht beseitigt, sobald man die Riemengabeln als umlegbare Hebel mit den zwei teils runden und teils unrunden Steuernuten einbaut. Der Gedanke ist in Fig. 788 verkörpert. Der Drehschieber S wird hier durch die Steuerstange a abwechselnd nach rechts oder links gedreht, während die Riemengabeln g_1 und g_2 als Hebel um die Zapfen A und B ausschlagen und hierdurch die Riemen nacheinander verschieben. Stößt z. B. beim Rücklauf der Anschlag a_1 gegen die Klaue K, so dreht sich der Schieber S nach rechts. Hierbei bringt die Gabel g_2 durch den unrunden Teil der Nut zuerst den Rücklaufriemen auf die Losscheibe, währenddessen befindet sich g_1 noch in der runden Nut. Bei der weiterer Drehung führt schließlich die Gabel g_1 durch den unrunden Teil ihrer Nut den Arbeitsriemen auf die Festscheibe, so daß die Maschine zum Arbeiten umsteuert. Steuert der Schieber in den Rücklauf um, so führt die Gabel g_1 zuerst den offenen Riemen wieder auf die Losscheibe zurück, und hierauf zieht g_2 den gekreuzten Riemen auf die feste Scheibe.

Ein wichtiger Punkt bei der Riemenumsteuerung ist auch die Geschwindigkeit, mit der die Riemenverschiebung erfolgt. Werden z. B. die Riemen bei einem stark beschleunigten Rücklauf allzuschnell verschoben, so muß der Tisch vor jedem Hubwechsel stark gebremst werden. Hierzu gebraucht die Maschine zu viel Kraft und erfährt zu starke Erschütterungen. Aus dem Grunde werden neuerdings bei den erhöhten Tischgeschwindigkeiten ungleichschenklige Frösche angewandt (Abb.

789). Der schnell zurücklaufende Tisch hat hierbei den größeren Hebel K_1 herumzulegen. Er wirkt also bei demselben Ausschlag des Steuerhebels auf einem größeren Wege auf die Umsteuerung ein. Hierdurch gewinnt

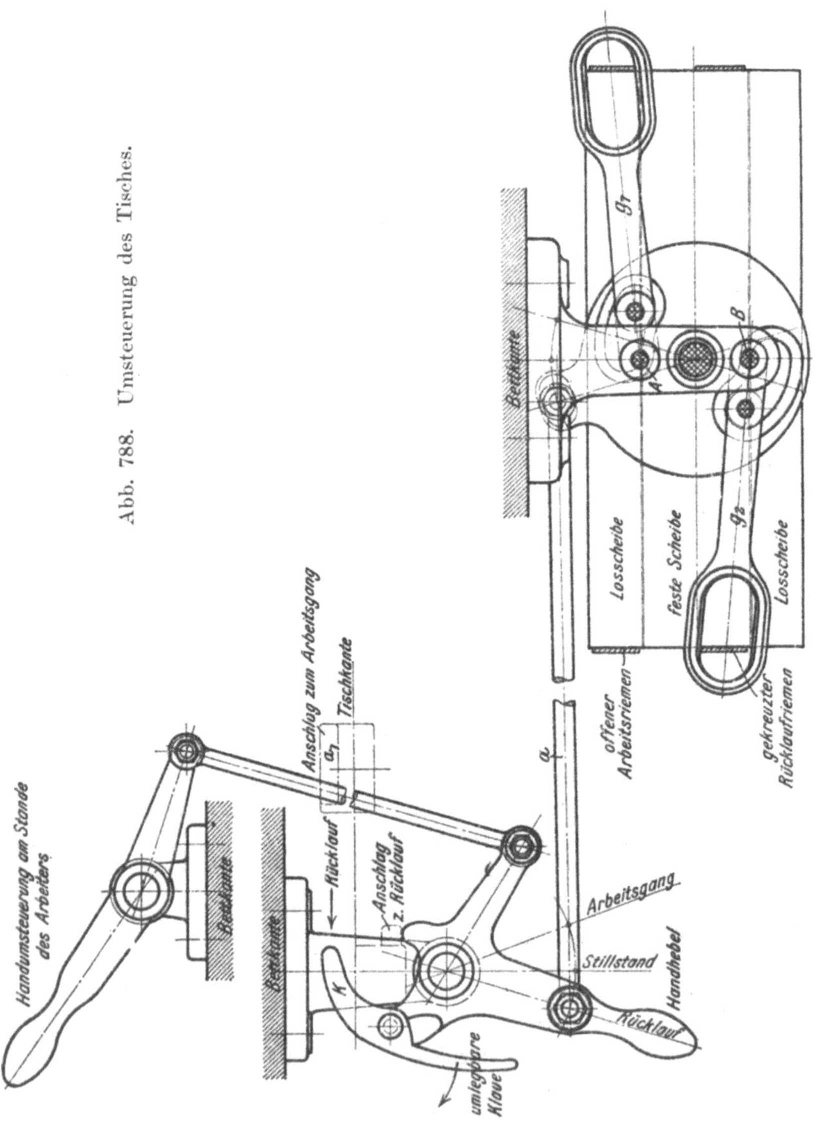

der Tisch mehr Zeit, ruhig auslaufen zu können, bevor der Arbeitsriemen wieder durchzieht. Beide Schenkel stehen nahezu in einem
Verhältnis wie die Tischgeschwindigkeiten beim Vor- und Rücklauf.

Die Handlichkeit der Steuerung verlangt noch einige Zutaten. Der Rücklaufhebel wird mit einer umlegbaren Klaue K versehen (Abb. 788). Schlägt man sie zurück, so läuft der Tisch über seine gewöhnliche Grenze

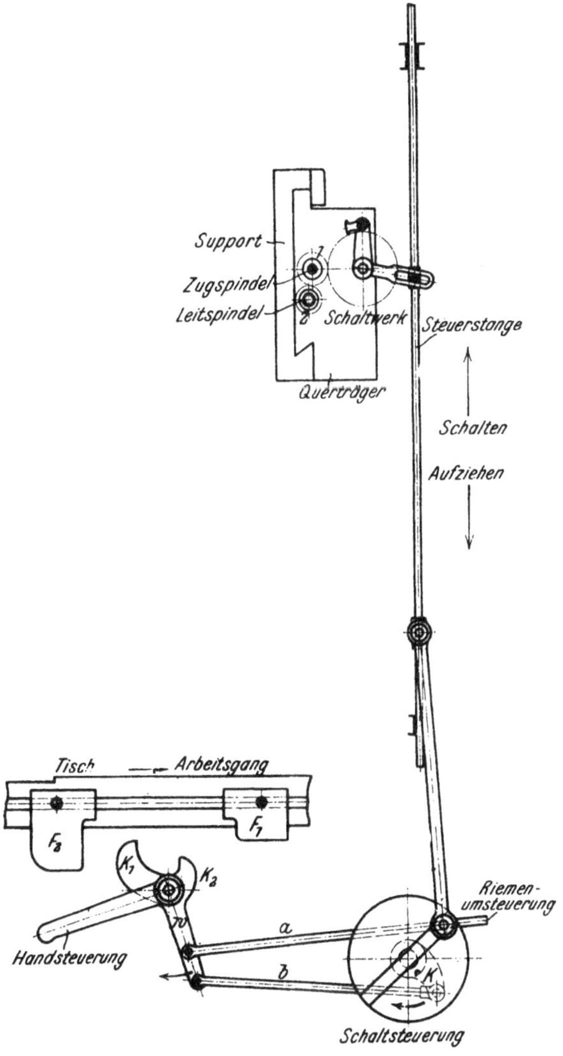

Abb. 789. Plan der Steuerung.

hinaus. Kleine Zwischenarbeiten können daher leicht erledigt werden, ohne die Maschine jedesmal ausrücken zu müssen.

Außer der Umlegklaue K erhält die Riemensteuerung zweckmäßig noch einen Handhebel Mit ihm ist die Möglichkeit geboten, die Maschine auch mit der Hand umsteuern zu können, sobald der Arbeiter durch irgendwelche Umstände gezwungen ist, den Tisch bei bereits angefangenem Span wieder zurücklaufen zu lassen.

Die Kupplungs-Umsteuerung: Neuerdings hat man auch die Riemenverschiebung beseitigt, weil sich die Riemen bei dem häufigen Hubwechsel stark abnutzen und das Gegeneinanderarbeiten mit beträchtlichen Arbeitsverlusten verknüpft ist. Besonders hat sich die Vulkankupplung bei Hobelmaschinen bewährt (Abb. 108).

Die Schaltsteuerung des Hobelschlittens.

Die vereinigte Schalt- und Umsteuerung: Die Schaltsteuerung der Hobelmaschine muß wie bei allen Maschinen mit gerader Hauptbewegung eine Augenblickssteuerung sein. Der Zeitraum, in dem der Vorschub zu erzeugen ist, erstreckt sich bekanntlich auf Ende Rücklauf und Anfang Arbeitsgang. Um nämlich die Schneide des Hobelstahles nach Möglichkeit zu schonen, darf der Vorschub erst beginnen, wenn das zurücklaufende Werkstück den Stahl freigegeben hat, und er muß beendet sein, bevor der neue Schnitt beginnt. Dieser Zeitpunkt fällt also mit dem Umsteuern in den Arbeitsgang zusammen. Aus dem Grunde benutzt man auch vielfach den Antrieb der Umsteuerung zugleich für die Schaltsteuerung (Abb. 789).

Für den Antrieb der Schaltsteuerung ist daher der Ausschlag des Steuerhebels w auf die Leitspindel oder die Zugspindel des Hobelschlittens in entsprechender Größe zu übertragen. Bei dieser Bewegungsübertragung ist jedoch Voraussetzung, daß der Steuerhebel w die Schaltspindeln nur in einer Richtung betätigt und nicht wieder zurückdreht. Hierzu dient, wie bereits aus Abb. 117 bekannt, ein Schaltwerk, das hier lose auf einem Zapfen des Querträgers sitzt. Stößt demnach beim Arbeitsgang der Maschine der Knaggen F_2 gegen K_2, so wird der Steuerhebel w unten nach links ausschlagen. Die Kurbel K zieht daher das senkrechte Gestänge nach unten, das die Steuerung aufzieht. Beim Rücklauf stößt der Tisch den Hebel w wieder zurück. Hierbei schlägt das Steuergestänge nach oben aus, so daß die Steuerung den Vorschub vollzieht.

Um den mit dem Aufziehen und Schalten der Steuerung verbundenen Stoß zu mildern, ist das Steuergestänge durch ein Gegengewicht auszugleichen. Da Leit- und Zugspindel einzeln arbeiten sollen, so sind ihre Triebe 1 und 2 lose anzuordnen und durch Zahnkupplungen zu kuppeln. Soll quer gehobelt werden, so ist deshalb die Leitspindel zu kuppeln und das Treibrad 1 zu entkuppeln, während für das Senkrechthobeln die Triebe·umgekehrt einzuschalten sind.

Bei der praktischen Ausführung wird die senkrechte Steuerstange durch eine Zahnstange z_1 ersetzt (Abb. 767), die das Schaltwerk in der beabsichtigten Weise betätigt. Das Kuppeln und Entkuppeln der Leit- und Zugspindelräder wird meist durch ein Umstecken eines Rades bewirkt. So zeigen die Abb. 790 und 791 den ruckweise arbeitenden Antrieb

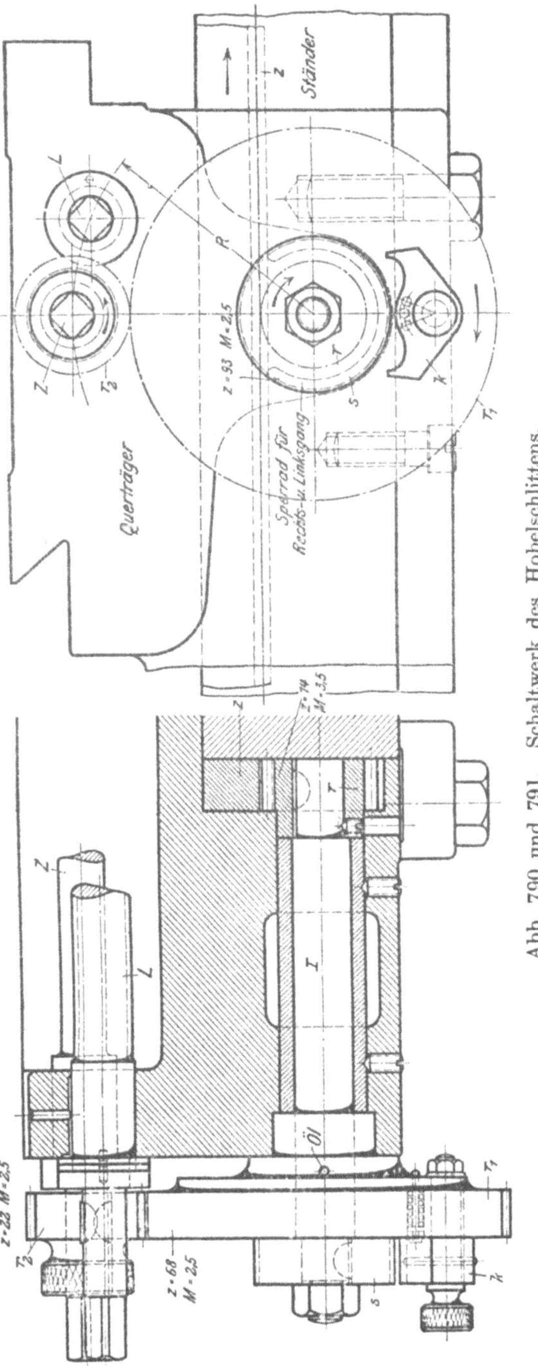

Abb. 790 und 791. Schaltwerk des Hobelschlittens.

der beiden Schlittenspindeln. Die Zahnstange z geht beim Umsteuern in den Arbeitsgang nach oben. Sie dreht durch das Rad r den Zapfen I, auf dessen Kopfende das Schaltrad s fest sitzt. Hinter s ist freilaufend das Zahnrad r_1 angebracht. Um es durch das Schaltrad s ruckweise antreiben zu können, trägt es eine Klinke k, die in s einzurücken ist. Wird die Klinke z. B. oben eingestellt, so nimmt die aufwärtssteigende Zahnstange für einen Augenblick das Rad r_1 mit. Diese ruckweise Drehung von r_1 ist nun auf die Leitspindel L oder die Zugspindel Z zu übertragen. Hierzu ist das Rad r_2 auf eine der beiden Schaltspindeln I oder Z zu stecken. Das Verfahren verlangt jedoch, daß die Schaltspindeln Z und L im Abstande R von I angeordnet sind.

Die getrennte Schalt- und Umsteuerung: Die bisher besprochene Steuerung (Abb. 789) war lange vorherrschend und wird auch heute noch bei den gewöhnlichen Tischhobelmaschinen ausgeführt. Seitdem aber die Fräsmaschine mit der Hobelmaschine in den Wettbewerb trat, versuchte man mit allen Mitteln, die Leistung dieser Maschine zu heben. Die zunächst liegenden Versuche erstreckten sich auf die Anwendung einer höheren Schnittgeschwindigkeit und eines schnelleren Rücklaufes der Maschine. Soll aber die Hobelmaschine bei der hohen Tischgeschwindigkeit und den größeren Arbeitswiderständen die Eigenschaft einer Genauigkeitsmaschine wahren, so darf sie vor allem den ruhigen Gang nicht einbüßen. Der Erbauer hat daher alle Mittel anzuwenden, die zur Stoßmilderung beitragen können. Dieser Gedanke diente als Grundlage für die Umgestaltung der Steuerung.

Die Steuerknaggen des Hobeltisches werden nämlich einen um so stärkeren Stoß verursachen, je größer die Tischgeschwindigkeit und je größer der Widerstand der anzutreibenden Steuerung ist. Man baute daher, um den Stoß zu mildern, in die Frösche Federpuffer ein, ohne allerdings besondere Erfolge zu erzielen.

Die Hauptbedingung für einen sanften Hubwechsel ist jedenfalls, bei höheren Tischgeschwindigkeiten die viel Kraft erfordernde Schaltsteuerung von der Umsteuerung zu trennen. Mit diesen getrennten Steuerungen ist noch der Vorzug verbunden, daß selbst schwere Maschinen mit einem Handhebel nach Bedarf umzusteuern und auch ohne Benutzung des Deckenvorgeleges augenblicklich stillzusetzen sind. Die Umsteuerung wird bei neueren Hobelmaschinen nach wie vor von dem Hobeltisch bedient. Die Schaltsteuerung kann ebenfalls von dem Tisch betätigt werden oder auch von einer Vorlegewelle des Tischantriebes. Im ersten Falle ist es aber notwendig, um einen milderen Stoß zu bekommen, die beiden Steuerungen zu verschiedenen Zeiten durch die Steuerknaggen des Tisches zu betätigen.

Werden beide Steuerungen von den Knaggen des Tisches bedient, so kann der Tisch zuerst die Umsteuerung herumlegen und dann die Schaltsteuerung. Hierdurch wird ein Teil der lebendigen Kraft des Tisches durch die Schaltsteuerung verbraucht, so daß der Tisch schneller ausläuft und umgesteuert werden kann. Dieser Weg ist aber nur möglich bei großen Tischgeschwindigkeiten und genügend großen Überwegen, damit vor jedem neuen Schnitt der Stahl rechtzeitig zur Ruhe kommt.

Bei den gewöhnlichen Geschwindigkeiten ist wohl der umgekehrte Weg einzuschlagen, d. h. die Steuerung schaltet zuerst den Stahl in die nächste Schnittstellung und steuert hierauf den Tisch um.

Bei den Billeter-Hobelmaschinen wird nach obigem Gedankengang zuerst die Schaltsteuerung von dem Tisch herumgelegt und hierauf die Umsteuerung (Abb. 792). Hierzu sitzen zwei lose Steuerhebel W_1 und W_2 auf je einem Zapfen des Bettes. Der vordere W_1 bedient die Umsteuerung, der hintere W_2 die Schaltsteuerung. Beide Hebel müssen aber, wenn sie obige Bedingung erfüllen sollen, um einige Grade versetzt sein. Beim Arbeitsgang muß daher der Steuerknaggen F_2 zuerst

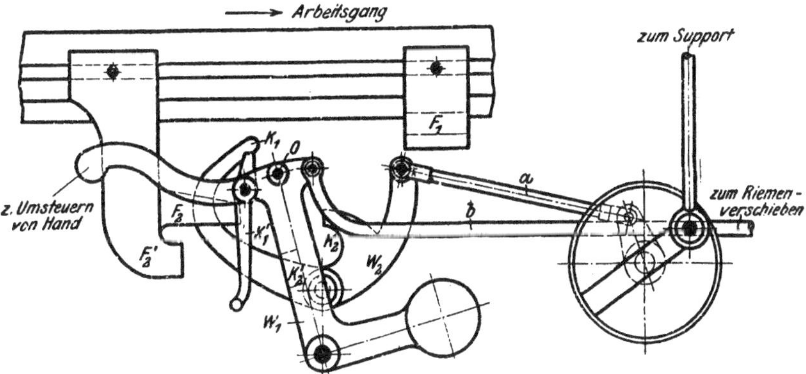

Abb. 792. Getrennte Schalt- und Umsteuerung. Billeter & Klunz.

gegen den Anschlag K_2 an W_2 stoßen und hierdurch die Schaltsteuerung herumlegen. Hierauf kommt F'_2 gegen die hintere Klaue K'_2 und legt den vorderen Hebel W_1 herum, wodurch die Umsteuerung bewirkt wird. Beim Rücklauf stößt der Frosch F_1 mit dem punktierten Anschlag zuerst gegen die soeben höher gerückte Klaue K_1, wodurch der Hobelschlitten geschaltet wird. Kurz darauf kommt der Frosch F_1 gegen K'_1 und steuert den Tisch um. Der Stahl kommt also vor jedem Schnitt rechtzeitig zur Ruhe. Die beiden Steuerungen werden daher einzeln und zu verschiedenen Zeiten bedient. Der Tisch erfährt daher nacheinander zwei leichtere Stöße, so daß sich der Hubwechsel sanfter vollzieht. Um bei dem schnellen Rücklauf ein zu starkes Bremsen des Tisches zu umgehen, sind auch hier die Frösche stark ungleichschenklig gehalten.

Für das Umsteuern des Tisches von Hand sind die getrennten Steuerungen ebenfalls bequemer. Verbindet man nämlich mit dem vorderen Steuerhebel W_1 einen Handgriff, so kann hiermit die Umsteuerung augenblicklich von Hand bewerkstelligt werden, ohne die

Schaltsteuerung zu beeinflussen. Auch läßt sich die Maschine mit diesem
Handgriff augenblicklich stillsetzen. Diese Einrichtung ist besonders
wertvoll, bei kurzen Unterbrechungen zum Nachmessen oder Ausrichten
des Werkstückes. Dabei kann der Tisch durch Einstecken eines Stiftes
bei O noch besonders gesichert werden, so daß er sich nicht durch zu-
fälliges Verschieben der Riemen in Bewegung setzen kann. Wie in
Abb. 788, so kann auch hier die Klaue K'_1 zurückgeschlagen werden,
so daß für kleinere Zwischenarbeiten der Tisch mal über seine gewöhnliche Hubgrenze hinaus läuft.

Soll der zweite Stoß vom Tisch ferngehalten werden, so ist die
Schaltsteuerung von einer Welle des Tischantriebes zu betätigen. Dadurch entsteht die Aufgabe, durch den jedesmaligen Richtungswechsel
dieser Welle die Steuerung abwechselnd aufzuziehen und zu schalten.

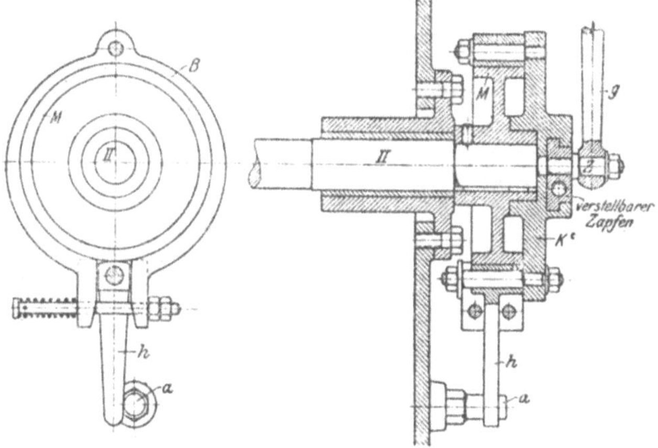

Abb. 793 und 794.   Spreizringkupplung.

Hierzu dient die in Abb. 793 und 794 dargestellte Spreizringkupplung.
Sie hat also, sobald die Vorlegewelle umgesteuert wird, die Kurbelscheibe K der Schaltsteuerung für einen Augenblick mitzunehmen und
gleich darauf wieder freizugeben. Diese Bedingung erfüllt die Kupplung
durch einen Bremsring B, der die ständig kreisende Scheibe M mit der
Kurbel K kuppelt und kurz darauf wieder losläßt.

Die Schaltsteuerung ist wie folgt eingerichtet: Auf der Vorgelegewelle II des Tischantriebes (Abb. 767 und 770) sitzt lose die Schalt-
kurbel K mit dem Spreizring B. Der Ring B wird durch eine kräftige
Feder gegen den Umfang der Mitnehmerscheibe M gepreßt, so daß er
beide durch Reibung kuppelt. Auf diese Weise würde die Steuerung
ständig arbeiten. Um aber die Schaltung ruckweise zu gestalten, wird
die Kupplung schon nach einem kurzen Ausschlag zwangläufig ausgelöst.
Hierzu dient der an der Kurbelscheibe K drehbar befestigte Hebel h. Er
stößt gegen den Anschlag u der Maschine, stellt sich übereck und spreizt

hierdurch den Spreizring B auf. Bis zu diesem Zeitpunkt wird die Schaltung aufgezogen oder vollzogen, denn von jetzt ab steht die Kurbel still, während die Scheibe M weiterläuft. Wird nun umgesteuert, so gibt zunächst der Hebel h nach. Die Feder schließt infolgedessen den Bremsring von neuem, so daß die Kurbel entgegengesetzt mitgenommen wird, bis ein zweiter Anschlag a die Kupplung wieder auslöst. Die Spreizringkupplung besitzt den Vorzug, daß durch den Reibungsschluß die Schaltung des Hobelschlittens fast stoßfrei erfolgt. Der Tisch bekommt nur den Stoß der Riemenumsteuerung.

Eine ähnliche Ausrückkupplung bringt die Abb. 795. Die Kupplung besteht aus der losen Steuerkurbel K und einer Mitnehmer-

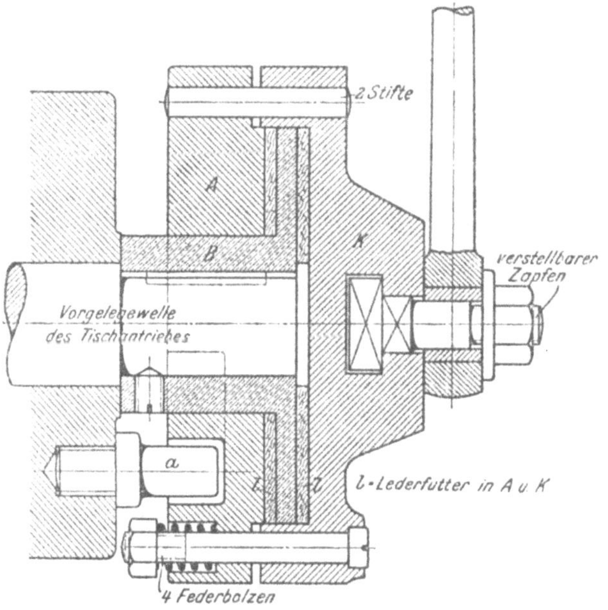

Abb. 795. Selbsttätige Ausrückkupplung. M = 1 : 3.

scheibe B, die auf der betreffenden Vorlegewelle sitzt. Soll die Kurbel den Hobelschlitten augenblicklich steuern, so muß sie bei jedem Hubwechsel von der umgesteuerten Scheibe B mitgenommen werden und kurz darauf wieder stillstehen. Um diese Bedingung zu erfüllen, schließt die Kupplung wiederum durch Reibung, so daß sie ziemlich stoßfrei arbeitet. Die vier kräftigen Federbolzen drücken nämlich die losen Scheiben A und K, die mit einem Lederfutter ausgestattet sind, beiderseits fest gegen die ständig kreisende Mitnehmerscheibe B, so daß die beiden Scheiben durch Reibung mitgenommen werden. Die Steuerkurbel wird daher im Sinne von B laufen und die Schaltsteuerung betätigen, bis sie ausgelöst wird. Die Ausrückung besorgt die Sperr-

scheibe A, die eine Nut für einen Ausschlag von etwa 120⁰ hat. In die
Nut faßt nämlich der feste Anschlag a, der die Scheiben A und K festhält, weil beide außer durch die Federbolzen noch durch zwei Stifte
verbunden sind, die die Bolzen entlasten. Die Steuerkurbel K wird daher
bei jedem Hubwechsel um 120⁰ nach rechts oder links ausschlagen und
dadurch den Hobelschlitten steuern. Jede dieser Kupplungen leidet an
dem Übel, daß sie bremst und sich ziemlich abnutzt. Allerdings haben
diese Mängel keine größere praktische Bedeutung.

Mit der Ableitung des Vorschubes von einer Antriebswelle ist ein
Nachteil verbunden: Wird mal bei angefangenem Span von Hand umgesteuert, so wird auch gleich der Stahl geschaltet.

Die Schaltdose: Das Schaltwerk der Hobelmaschine hat eben-

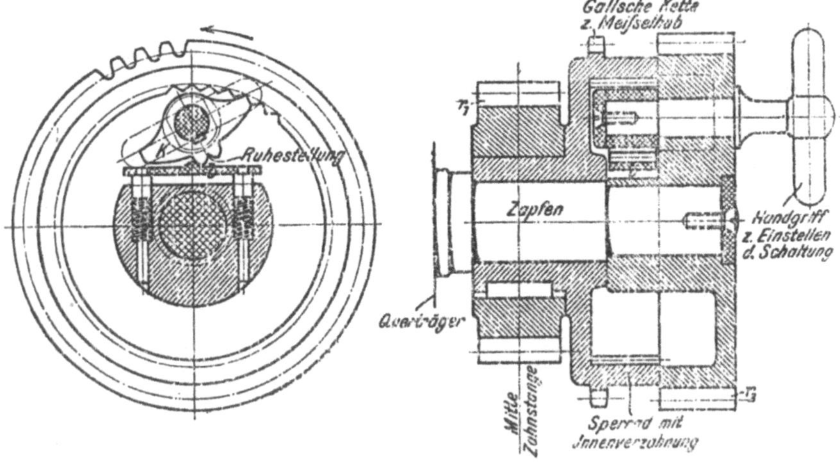

Abb. 796 und 797. Schaltdose. Billeter & Klunz, Aschersleben. M = 1 : 3.

falls eine verbesserte Form erhalten. Das offene Schaltwerk (Abb. 790)
ist gegen Schmutz wenig geschützt. Der Übelstand verschwindet aber,
sobald das Schaltrad Innenverzahnung erhält, so daß die Klinke verdeckt liegt. Dieser Gedanke liegt der Schaltdose zugrunde, die als
geschlossenes Schaltwerk ausgebildet ist (Abb. 796 und 797). Sie
wirkt in der Weise, daß die auf- und absteigende Zahnstange das Zahnrad r_1 ruckweise betätigt und mit ihm auch das innen verzahnte Schaltrad. Um von ihm beim Umsteuern in den Arbeitsgang den Vorschub
zu erhalten, ist die an dem Rade r_2 sitzende Sperrklinke K durch den
Handschlüssel auf die Innenverzahnung einzurücken. Hierdurch wird
in der gezeichneten Klinkenstellung die aufsteigende Zahnstange die
Schaltung vollziehen, indem das Sperrad das Zahnrad r_2 mitnimmt.
Mit r_2 stehen die Räder der Zug- und Leitspindel in Eingriff.

Soll mit der Steuerung senkrecht geschaltet werden, so ist daher
das Rad auf der Zugspindel Z zu kuppeln, die Räder auf L_1 und L_2

sind hingegen zurückzuziehen. Für das Querhobeln mit beiden Hobelschlitten ist das Rad auf Z zu entkuppeln, während die auf L_1 und L_2
in das lose Zugspindelrad einzurücken sind. Für den Richtungswechsel
des Vorschubes ist die Klinke K auf die Gegenseite einzurücken. Damit
aber gegen Ende Rücklauf geschaltet wird, ist vorher der Kurbelzapfen
an der Scheibe K auf die Gegenseite einzustellen (Abb. 767). Zum Ausschalten der Steuerung ist die Klinke K auf die Mittelbrust zu bringen. In
allen drei Stellungen ist die Klinke durch die Stahlplatte b verriegelt.

Die selbsttätige Meißelabhebung.

Die selbsttätige Meißelabhebung muß, um den Stahl beim Rücklauf
der Maschine zu schonen, beim Umsteuern in den Rücklauf in Kraft
treten. Sie wird daher gleich mit dem Aufziehen der Schaltung vereinigt, indem die nach unten gehende Zahnstange den Stahl abhebt und
nachher beim Aufsteigen wieder ansetzt. Dies wird erreicht durch einen
Hebel h (Abb. 772), der die Meißelklappe faßt und durch einen Ketten-
oder Seilzug von der Welle I aus herumgelegt wird. Auf I sitzen nämlich
das verschiebbare Kettenrad und am vorderen Ende ein Zahnrad, das
mit der Schaltzahnstange in Eingriff steht. Infolgedessen wird die abwärts gehende Zahnstange den Stahl zwangläufig abheben und bei dem
folgenden Hubwechsel wieder ansetzen.

Die vorhin erwähnte Schaltdose läßt sich leicht mit einer selbsttätigen Meißelabhebung ausrüsten. Für sie ist das Schaltrad außen nur
noch als Kettenrad auszubilden, das beim Aufziehen der Schaltung wie
vorhin den Stahl abhebt.

Der Hauptvorzug der Schaltdose tritt jedoch erst zutage, wenn die
Maschine mit mehreren Schlitten zugleich hobelt. An ihre Steuerung
tritt dann die Forderung, daß die einzelnen Schlitten nach allen Richtungen unabhängig arbeiten sollen. Diese Bedingung erfüllen die einfachen Schaltdosen (ohne r_1 und Kettenrad), die sich leicht auf die betreffenden Schaltspindeln stecken lassen. Die Steuerung gestattet dann
zugleich quer und senkrecht zu hobeln und durch entsprechendes Einstellen der Klinken K auch gleichzeitig nach rechts und links zu schalten.

2. Die Einständer-Hobelmaschinen.

Das Bestreben des Werkzeugmaschinenbaues, die Hobelmaschine
auf dem Weltmarkt wettbewerbsfähig zu halten, ließ zu manchen Mitteln
greifen. Durch den äußeren Aufbau versuchte man, die Hobelmaschine
auch für sperrige Werkstücke einzurichten.

Unerläßliche Vorbedingung für ruhigen Gang ist eine kräftige und
gut versteifte Bauart der Maschine. Mit Rücksicht hierauf wird auch
die Hobelmaschine meist als Zweiständermaschine (Zweipilaster-
Hobelmaschine) (Abb. 767 bis 770) gebaut. In dieser Ausführung bietet
sie aber in der Breite nur einen beschränkten Arbeitsraum, der das

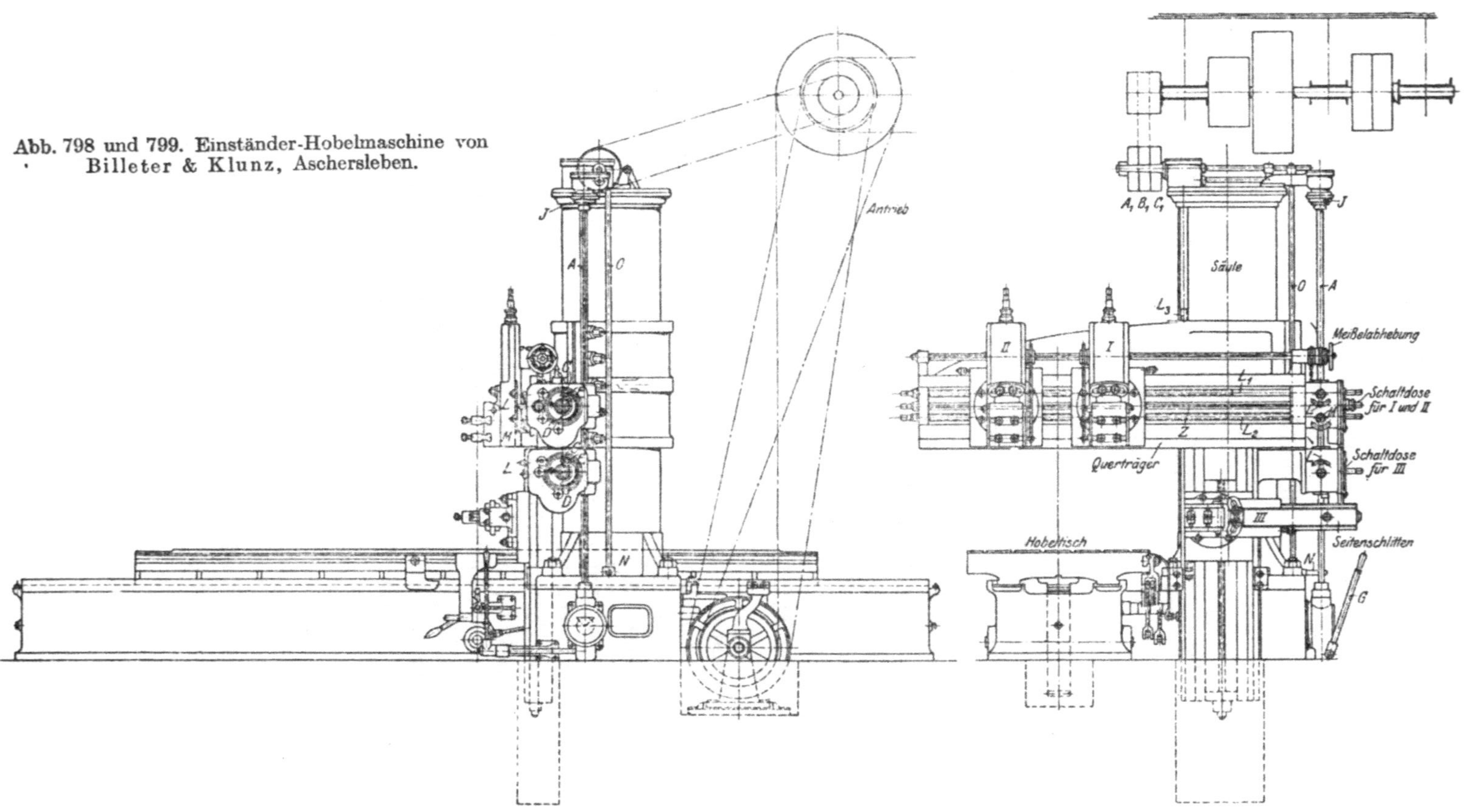

Abb. 798 und 799. Einständer-Hobelmaschine von Billeter & Klunz, Aschersleben.

Aufspannen und Bearbeiten sperriger Werkstücke erschwert oder gar
ausschließt. Je mehr Fortschritte der Großmaschinenbau machte, um
so mehr trat dieser Mangel der Zweiständermaschine zutage. Er führte,
den Bedürfnissen der Praxis folgend, zu den Einständer-Hobelmaschinen
(Abb. 798 und 799). Ihr Grundgedanke ist, durch die freie Längsseite
einen Arbeitsraum für sperrige Werkstücke zu schaffen und das Auf-
und Abbringen der schweren Arbeitsstücke zu erleichtern (Abb. 800)

Abb. 800. Einständer-Hobelmaschine. H. Hessenmüller, Ludwigshafen.

Sollen diese Einständer-Hobelmaschinen genaue Arbeit liefern, so verlangen
sie eine äußerst kräftige Säule oder einen Kastenständer und einen starken
und gut verrippten Querträger.

Führend auf dem Gebiete der Einständer-Hobelmaschinen war die
Firma Billeter & Klunz, Aschersleben. Ein treffendes Bild von der
Entwicklung der Einständermaschinen zeigt die Billeter-Maschine in
Abb. 801. Sie ist für besonders schwere Schnitte und außergewöhnlich

breite Werkstücke gebaut. Um diese gegen Durchbiegen und Durchhängen zu schützen, besitzt die Maschine bei *b* noch eine Hilfslaufbahn mit einem Rolltisch.   Auf ihm wird die freie Seite des Werkstückes

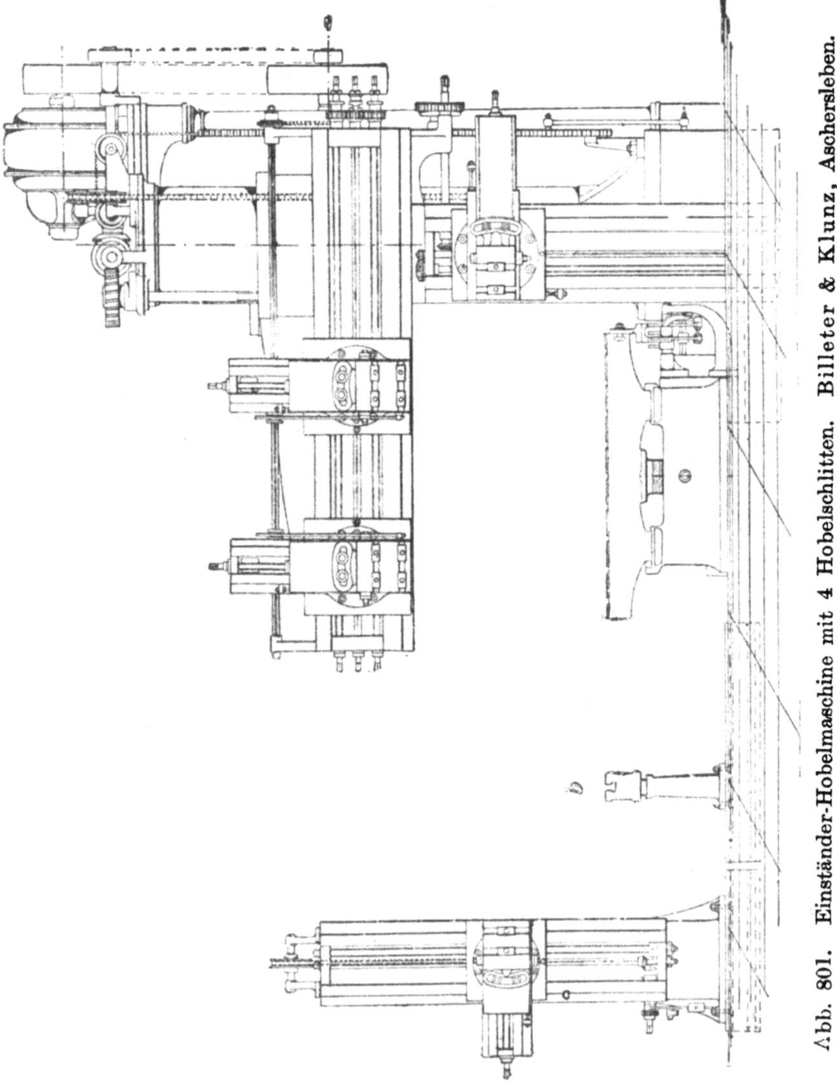

Abb. 801. Einständer-Hobelmaschine mit 4 Hobelschlitten. Billeter & Klunz, Aschersleben.

befestigt. Zum Einstellen des Rolltisches auf die jeweilige Breite des Arbeitsstückes liegt neben dem Hobelmaschinenbett noch eine Grundplatte, auf der sich die Laufbahn seitlich verschieben läßt.

   Auch die Anwendung in Abb. 802 spricht von der Vielseitigkeit der

Einständermaschine. Sie ist hier mit einer Sondervorrichtung für das Hobeln von Schwungrädern ausgestattet.

Die Radhälften werden in einer Grube an der seitlichen Spannfläche des Bettes festgespannt, weil das Aufspannen auf dem Tisch zu

Abb. 802. Einständer-Hobelmaschine mit Sondervorrichtung für das Hobeln von Schwungrädern. Billeter & Klunz, Aschersleben.

schwierig ist Hierdurch ist man gezwungen, dem Stahl die Hauptbewegung und den Vorschub zu geben. Auf dem Hobeltisch ist daher ein Winkel mit einem Ausleger festgespannt, auf dem der Hobelschlitten geschaltet wird. Der Hobeltisch führt infolgedessen den Stahl über die Arbeitsflächen des Rades, während er durch ein Klinkwerk quergeschaltet wird. Die Einständer-Hobelmaschine ist durch diese Einrichtung zu einer Grubenhobelmaschine geworden.

3. Die Schnellhobelmaschinen.

Die Schnellhobelmaschinen sind in dem Zeitalter des Schnellstahles entstanden. Während früher die Schnittgeschwindigkeit selten über 5,4 m i. d Min. hinausging, ist sie nach Einführung des Schnellstahles bis auf 18 oder gar 20 m i. d. Min. gesteigert worden. Was aber eine hohe Schnittgeschwindigkeit für die Leistung einer Hobelmaschine bedeutet, lehrt eine einfache Rechnung:

Hat eine Hobelmaschine z. B. einen Hub von 3,60 m bei einer Geschwindigkeit von nur 9 m i. d. Min. zurückzulegen und ist der Rücklauf nur auf das Doppelte beschleunigt, so gebraucht sie für den Arbeitsgang 0,4 Minuten und für den Rücklauf 0,2 Minuten. Sie kann also in der Stunde 100 Arbeitshübe machen und dadurch bei 1 mm Vorschub eine Fläche von etwa 0,33 qm und in 10 Stunden 3,3 qm bestreichen.

Ist hingegen die Schnittgeschwindigkeit nur 5 m i. d. Min., dagegen der Rücklauf auf 1 : 4 beschleunigt, so erfordert jeder Arbeitsgang 0,72 Minuten und jeder Rücklauf 0,18 Minuten. Die Maschine würde bei diesen Geschwindigkeitsverhältnissen in der Stunde 66 Hübe ausüben können. Bei 1 mm Vorschub würde sich demnach die bestrichene Fläche auf 0,22 qm und in 10 Stunden auf 2,2 qm stellen, mithin 1,10 m weniger betragen. Die Einführung des Schnellhobelstahles bedeutet daher einen gewaltigen Sprung in der Leistung der Hobelmaschinen.

Mit dem Bestreben, eine größere Leistung der Hobelmaschine zu schaffen, eng verknüpft ist auch das Hobeln mit mehreren Schnittgeschwindigkeiten. In der Praxis war es schon längst zu einem Bedürfnis geworden, die Maschine mit verschiedenen Geschwindigkeiten schruppen und schlichten zu lassen. Seitdem aber der Schnellhobelstahl seinen Einzug gehalten, wurde das Bedürfnis zur Notwendigkeit. Die Lösung dieser Frage liegt natürlich in dem Antriebe des Hobeltisches. Hat er mehrere Übersetzungen, so kann die Schnittgeschwindigkeit der Maschine besser der Härte des Werkstückes, der Güte des Stahles und dem Hobelverfahren selbst angepaßt werden. Die Schnellhobelmaschinen arbeiten daher beim Schruppen mit dem Schnellstahl mit 12 bis 20 m Schnittgeschwindigkeit i. d. Min. und schlichten mit 8 bis 12 m, während die gleichbleibende Rücklaufgeschwindigkeit zwischen 18 und 30 m/Min und höher liegt.

Die Firma Billeter & Klunz wählt bei der Riemenumsteuerung und einer Schnittgeschwindigkeit $v = 8,4$ m/Min, bei der elektrischen Umsteuerung und zwei Schnittgeschwindigkeiten $v_1 = 8,4$ m/Min und $v_2 = 15$ m/Min. Bei leichten Hobelmaschinen ist die Schnittgeschwindigkeit $v = 9$ bis 18 m/Min, bei mittleren $v = 8$ bis 16 m/Min und bei schweren Maschinen $v = 6$ bis 12 m/Min. Die Rücklaufgeschwindigkeit bei Maschinen mit einer Hobelbreite bis 1000 mm beträgt 27 m/Min, bei größeren 21 bis 24 m/Min.

Manche Maschinen haben sogar 3, 4 oder 6 Tischgeschwindigkeiten, die sich nach ihrer Hobelbreite richten:

Hobelbreite in mm	Tischgeschwindigkeit in m/Min
610 bis 765	6, 9, 12, 17
765 „ 915	6, 9, 11, 14
1070 „ 1830	5, 6, 8, 9, 10, 12

Rücklaufgeschwindigkeit 18 bis 30 m/Min.

Eine größere Zahl Schnittgeschwindigkeiten läßt sich mit einem Deckenvorgelege erreichen, das verschiedene Umlaufszahlen hat. Doch ist hiermit ein Nachteil verbunden: Die Rücklaufgeschwindigkeit ändert sich nämlich mit der Schnittgeschwindigkeit, so daß mit

Abb. 803.   Antrieb der Gray-Hobelmaschine.

der kleinsten Schnittgeschwindigkeit auch die geringste Beschleunigung des Rücklaufs verbunden ist. Dadurch wird aber die Ausnutzung der Maschine stark beeinträchtigt. Die Grundbedingung für den wirtschaftlichen Betrieb einer Hobelmaschine mit mehreren Schnittgeschwindigkeiten ist daher eine gleichbleibende, hohe Rücklaufgeschwindigkeit.

Die Bedingung ist erfüllt, sobald man zwischen Deckenvorgelege und Maschine mehrere Arbeitsriemen mit verschiedenen Übersetzungen einbaut. Demnach würde das Hobeln mit 2 Schnittgeschwindigkeiten zwei Arbeitsriemen und einen Rücklaufriemen erfordern.

Nach diesem Grundsatz hat die Schnellhobelmaschine von Gebr. Böhringer 2 Riemen fürs Hobeln mit 8,4 m und 15 m i. d. Min. und einen Rücklaufriemen für 27 m Geschwindigkeit i. d. Min. (Abb. 767).

Von den beiden Arbeitsriemen darf natürlich nur einer die Maschine treiben, der andere muß auf einer Losscheibe festgestellt werden. Hierzu ist beim Hobeln mit 8,4 m die Rolle r auf die Gabel g_1 einzustellen und die Gabel g_2 mit dem Einsteckstift s festzuhalten. Infolgedessen wird der Hobeltisch mit den beiden äußeren Riemen gesteuert.

Eine bemerkenswerte Einrichtung besitzt die Powel-Hobelmaschine in ihrem Antriebe. Sie setzt den Schnitt mit 9 m/Min an, schaltet dann die Geschwindigkeit auf 36 m/Min und kurz vorm Aushobeln wieder auf 9 m. Sie hat also 2 Hobelriemen, einen für das An- und Aushobeln und einen fürs Schnellhobeln. Der Zweck des langsamen

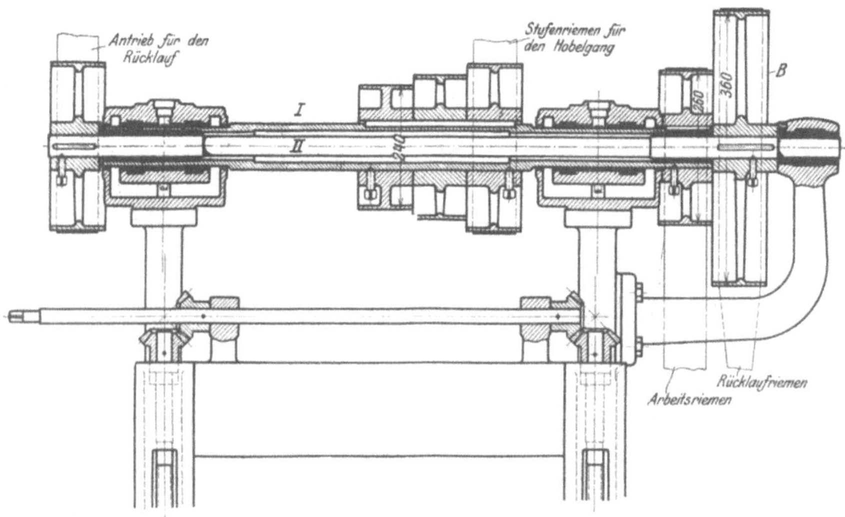

Abb. 804. Ständervorgelege mit mehreren Geschwindigkeiten.
Brune, G. m. b. H., Köln-Ehrenfeld.

An- und Aushobelns ist, ein Ausbrechen der Gußkanten zu verhindern. Der Rücklauf des Tisches erfolgt mit 36 m/Min.

Der Geschwindigkeitswechsel mit mehreren Arbeitsriemen läßt sich praktisch nicht gut weiter als bis zu 2 Schnittgeschwindigkeiten durchführen. Darüber hinaus muß man schon zum Stufenriemen greifen. Die Gray-Hobelmaschine (Abb. 803) vollzieht den Geschwindigkeitswechsel mit einem Stufenriemen für 4 Geschwindigkeiten. Wie bei dem Deckenvorgelege in Abb. 38, so wird auch hier der Riemen zum raschen Verschieben zuerst durch einen leichten Hebeldruck gelüftet und dann mit dem Handrade von Stufe zu Stufe gebracht.

Ein besonderes Ständervorgelege für den Geschwindigkeitswechsel hat die Hobelmaschine der Werkzeugmaschinenfabrik Brune, G. m. b. H., Köln-Ehrenfeld (Abb. 804). Für das Hobeln mit 3 Schnittgeschwindigkeiten treibt der Stufenriemen die Hohlwelle I, von deren Scheibe der

Hobelgang abgeleitet wird. Der Rücklauf wird mit gleichbleibender Geschwindigkeit von der inneren Welle *II* betrieben.

Mit dem Einzug der Stufenrädergetriebe hat auch bei der

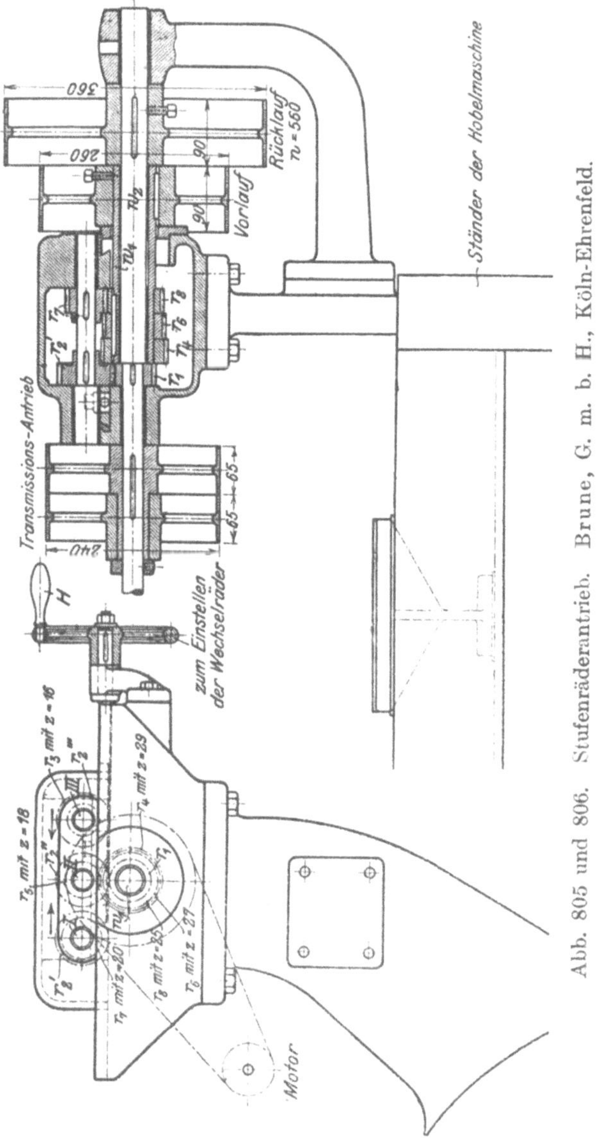

Abb. 805 und 806. Stufenräderantrieb. Brune, G. m. b. H., Köln-Ehrenfeld.

Hobelmaschine der Stufenriemen vielfach das Feld räumen müssen, denn zur Durchführung des Schnellbetriebes gehört eine rasche Bedienung.

Die Werkzeugmaschinenfabrik Brune, G. m. b. H., Köln, führt bei ihren Schnellhobelmaschinen für den Geschwindigkeitswechsel ein Stufenrädergetriebe nach Abb. 805 und 806 aus. Es ist für 3 Schnittgeschwindigkeiten und eine Rücklaufgeschwindigkeit eingerichtet. In dem Räderkasten sind 3 Wellen I, II, III mit je 2 Rädern vorgesehen, die sich mit 2 entsprechenden Rädern auf w_1 und w_2 in Eingriff bringen lassen. Hierzu ist der obere Räderkasten als Schlitten in dem unteren geführt und zu verschieben. Mit dem Handrade H lassen sich daher die Wellen I, II, III genau über w_1, w_2 einstellen, so daß die betreffenden Räderpaare kämmen können. Der Hobelgang wird auch hier von der Hohlwelle w_1 und der Rücklauf von w_2 abgeleitet.

Schalttafel zu Abb. 805 und 806.

Lfd. Nr.	Räderpaare	Einstellung ·	Umläufe der Antriebsscheibe i. d. Min.	Schnittgeschwindigkeit in m i. d. Min.	Rücklaufgeschwindigkeit in m i. d. Min.
1	$\dfrac{r_1}{r_2'''} \cdot \dfrac{r_3}{r_4} = \dfrac{19}{26} \cdot \dfrac{16}{29}$	III auf w_1, w_2	225	7,5	27
2	$\dfrac{r_1}{r_2''} \cdot \dfrac{r_5}{r_6} = \dfrac{19}{26} \cdot \dfrac{18}{27}$	II auf w_1, w_2	273	9,0	27
3	$\dfrac{r_1}{r_2'} \cdot \dfrac{r_7}{r_8} = \dfrac{19}{26} \cdot \dfrac{20}{25}$	I auf w_1, w_2	327	10,8	27

Der Schnellbetrieb hat nicht nur den elektrischen Antrieb, wie er in Abb. 807 mit einem 9 PS.-Motor und Riemenwechsel für 2 Schnittgeschwindigkeiten und eine Rücklaufgeschwindigkeit durchgeführt ist, allgemein begünstigt, sondern auch in dem Antriebe der Schnellhobelmaschine eine neue Entwicklungsstufe gebracht, die mit dem Stufenmotor verknüpft ist. Seine Umläufe lassen sich innerhalb eines Bereiches von 1 : 3 regeln, was für das Hobeln mit mehreren Schnittgeschwindigkeiten äußerst wichtig geworden ist. Dazu ist der Motor umkehrbar, so daß die Maschine durch ihn umgesteuert werden kann (Abb. 808 und 809). An Stelle des Umkehrmotors lassen sich Rechts- und Linksmotoren verwenden, die vom Tisch aus abwechselnd geschaltet werden.

Die elektromagnetische Umsteuerung.

Auch auf die Umsteuerungen hat der Schnellbetrieb seinen Einfluß gehabt. Da bei den erhöhten Schnittgeschwindigkeiten die Hubwechsel schneller folgen und infolgedessen die Riemen häufiger verschoben werden müssen, so galt es in erster Linie, den starken Riemenverschleiß zu beseitigen. Dies führte bei den Schnellhobelmaschinen zu den Kupplungs-Umsteuerungen (S. 70).

Einen erfreulichen Vorsprung brachte seinerzeit die elektromagnetische Umsteuerung von Billeter & Klunz. Zwei Elektromagnete kuppelten mit Reibkupplungen abwechselnd die Arbeitsscheibe und die Rücklaufscheibe. Durch die 4 Stufen der Arbeitsscheibe war die Maschine mit 4 Schnittgeschwindigkeiten ausgestattet.

Die Reibkupplungen sind allerdings starken Abnutzungen unterworfen. Diesem Umstande ist es wohl zuzuschreiben, daß die Vulkan-Kupplung heute das Feld behauptet (Abb. 108).

Bei Maschinen mit elektrischem Antriebe ist mit dem Umsteuern stets eine starke Belastung des Motors verbunden. Denn gegen Ende

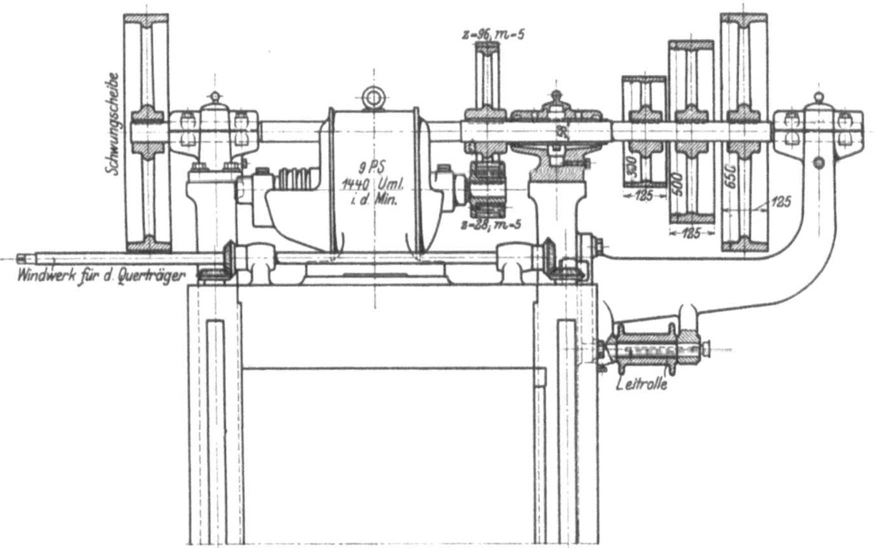

Abb. 807. Elektrischer Hobelmaschinenantrieb. Gebr. Böhringer, Göppingen.

des Hubes muß der Tisch abgebremst und gleich darauf in entgegengesetzter Richtung beschleunigt werden. Hierdurch steigt bei stark beschleunigten Rückläufen die Belastung des Motors etwa aufs doppelte. Sehr gute Dienste gegen die starken Belastungen des Motors leistet ein Schwungrad, das beim Umsteuern durch seine Arbeitswucht mitwirkt (Abb. 807). Ein weiteres Mittel sind Riemscheiben aus Aluminiumguß, die wegen ihres geringen Gewichtes schneller umsteuern.

Bemerkenswert ist auch das Abbremsen und Beschleunigen des Tisches mit einer Feder. Hierzu ist unter dem Tisch eine Stange mit einer kräftigen Spiralfeder gelagert. Gegen Ende des Hobelganges stößt der Tisch mit einem Anschlag gegen die Feder, die zusammengedrückt wird und so den Tisch abbremst. Bei dem kurz darauf folgenden Umsteuern in den Rücklauf hilft die Spannkraft der Feder, den Tisch be-

schleunigen. Diese Einrichtung zeigt eine gewisse Verwandtschaft mit
der Selbstausrückung der Zugspindel in Abb. 187.

Die elektrische Umsteuerung.

Bei schweren Maschinen verursacht das Umsteuern mit Kupplungen
eine zu starke Erwärmung der Kupplungsteile. Sie hat deshalb ver-

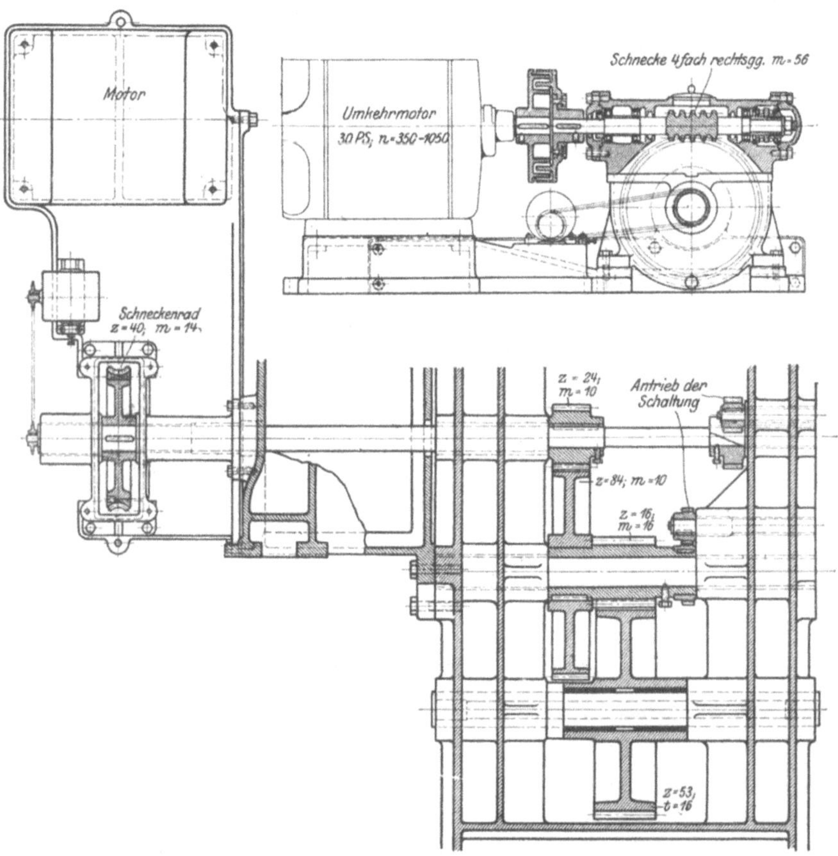

Abb. 808 und 809. Antrieb mit regelbarem Umkehrmotor.
Gebr. Böhringer, Göppingen.

anlaßt, Ventilatoren zum Kühlhalten der Kupplungsscheiben einzubauen.
Derartige vielgestaltete Vorrichtungen sind zwar technisch höchst bemerkenswert, doch für den Werkstättenbetrieb zu weitgehend.

Die beste und einfachste Umsteuerung für schwere Maschinen ist
der regelbare Umkehrmotor, der die jüngste Entwicklungslinie im Hobel-
maschinenbau darstellt. Der Motor ist zum Abhalten der Stöße durch

eine nachgiebige Kupplung mit dem Tischantriebe zu kuppeln. Er läßt
bei seiner hohen Umlaufszahl ein Schneckengetriebe zu, so daß die Zahl
der Rädervorgelege beschränkt werden kann (Abb. 808 und 809).

Bei der elektrischen Umsteuerung haben sich zwei Verfahren heraus-
gebildet:

1. Das Umsteuern mit dem regelbaren Umkehrmotor.
2. Das Umsteuern mit dem gewöhnlichen Motor und Umformer.

Bei dem Umsteuern mit dem regelbaren Umkehrmotor sind ein
Umschalter und ein Anlasser erforderlich, die in einem Steuerkasten
untergebracht sind (Abb. 810). Die Umsteuerung wird auch hier durch
die Tischknaggen eingeleitet, die durch das Umlegen des Steuerhebels

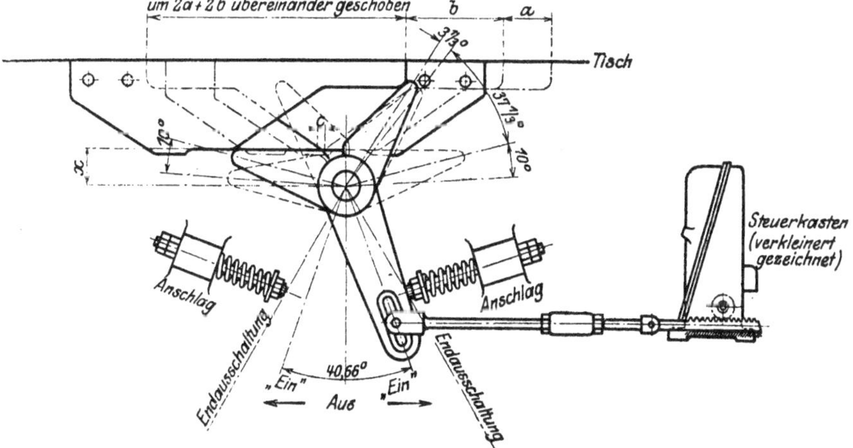

Abb. 810. Elektrische Umsteuerung ohne Feldverstärker. A. E.-G., Berlin.

die Umkehrwalze des Selbstanlassers betätigen und so den Motor umsteuern. Eine besondere Bedeutung hat hierbei das Abbremsen des Motors
für einen ruhigen Auslauf des Tisches. Dies wird ebenfalls elektrisch
durchgeführt. Vor Hubende stößt nämlich die abgesetzte Knagge gegen
den Steuerhebel und dreht den Anlasser um etwa 10° zurück. In dieser
Stellung wird ein Feldkontakt kurzgeschlossen, so daß der Motor bei
vollem, magnetischem Felde arbeitet und auf dem Bremswege b kräftig
gebremst wird. Durch einen zweiten Absatz der Knaggen wird kurz
darauf der Anlasser rasch umgeschaltet. Der Gegenstrom setzt dabei
erst am Ende des Umsteuerweges a ein. Sollte der Tisch übers Ziel
laufen, so führt ein dritter Absatz die Endausschaltung herbei, in der
durch ein Bremsschütz der Motor stillgesetzt wird.

Das Abbremsen des Motors kann auch mit besonderen Feldverstärkern geschehen, die in entsprechenden Entfernungen vor dem
Steuerhebel w sitzen (Abb. 811). Auf dem Bremswege b werden die Hebel
der Feldverstärker durch Schleifschienen der Knaggen mitgenommen,

wodurch der Stromschluß und das Bremsen des Motors erfolgt. Die Hebel fallen nachher durch das Gegengewicht in die Ausschaltstellung zurück.

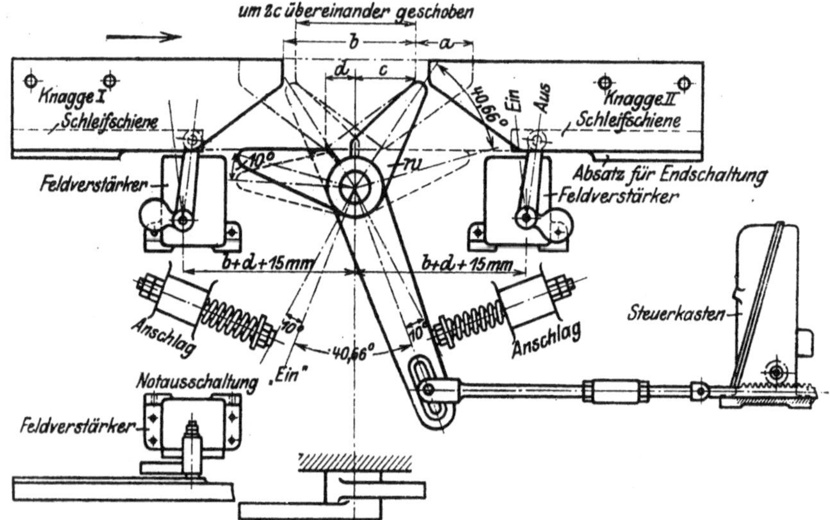

Abb. 811. Elektrische Umsteuerung mit Feldverstärkern. A. E.-G., Berlin.

Bei dem zweiten Verfahren (Abb. 812) ist der Antriebsmotor nicht gleich an das Hauptnetz angeschlossen, sondern er erhält seinen Strom von einer Anlaßdynamo. Die Dynamo wird von einem an das Haupt-

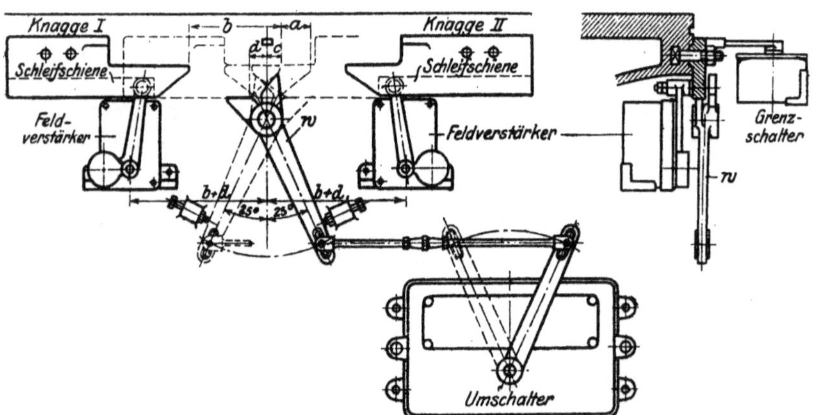

Abb. 812. Umsteuerung mit Anlaßdynamo. A. E.-G., Berlin.

netz angeschlossenen Motor angetrieben und läuft mit gleichbleibender Umlaufszahl. Zum Umsteuern und Regeln der Schnittgeschwindigkeit ist daher nur der Erregerstrom der Anlaßdynamo umzuschalten und zu regeln. Die ganze Regelbarkeit liegt also in dem Motor, der hierdurch außergewöhnlich groß wird. Das Umschalten geschieht auch hier durch die Knaggensteuerung, die auf den Umschalter wirkt. Die Umläufe des Motors sind hierbei von der Stellung des Reglers abhängig. Für den Rücklauf wird der Nebenschlußregler durch einen mit dem Umschalter verbundenen Hilfskontakt außer Wirkung gesetzt, so daß der Motor mit der größten Umlaufszahl läuft. Die Feldverstärker haben auch hier kurz vor dem Hubwechsel den Motor abzubremsen.

Die weiteren Bestrebungen in dem Bau von Schnellhobelmaschinen sind darauf gerichtet, 1. die Zeitverluste, die der Rücklauf verursacht, möglichst zu kürzen und 2. das Einstellen der Maschine durch Schnellverstellungen zu erleichtern und zu beschleunigen, denn der Schnellbetrieb verlangt Maschinen, die viel leisten und sich rasch einstellen lassen.

Ein sehr dankbares Mittel, die Hobelmaschine leistungsfähiger zu

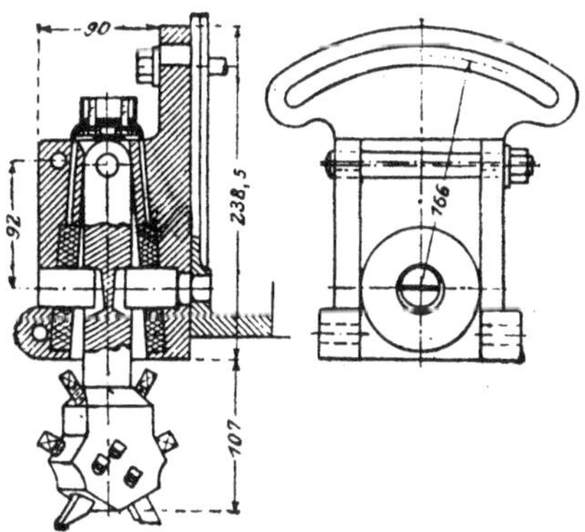

Abb. 813 und 814 [1]). Doppelstahlhalter mit elektromagnetischer Umsteuerung.

gestalten, ist das Hobeln beim Vor- und Rücklauf. Damit wären die Massendrücke und zugleich die tote Arbeitszeit auf das Mindestmaß beschränkt. Um den Gedanken zu verwirklichen, lassen sich mehrere Wege beschreiten. Man kann z. B. denselben Stahl beim Vor- und Rücklauf arbeiten lassen. Zu diesem Zweck wäre er mit jedem Hubwechsel um 180° umzusteuern. Dieser Weg ist bereits von Sellers benutzt, jedoch ohne dauernden Erfolg.

Seit die Elektrotechnik ihren Einzug gehalten hat, baut man für denselben Zweck Doppelstahlhalter mit elektromagnetischer Umsteuerung. Bei ihnen werden durch zwei Magnete abwechselnd die Stähle für den Vor- und Rücklauf angesetzt (Abb. 813 und 814). Die Maschine wird daher vor- und rückwärts arbeiten. Sie besitzt einen gleichmäßigen Arbeitsaufwand, der besonders auf den Antriebsmotor

---

[1]) Schlesinger, Z. Ver. deutsch. Ing. 1904, S. 1383.

günstig wirkt. Mit dieser Einrichtung lassen sich bei größeren Maschinen mehr als 25% an Leistung gewinnen.

Ein anderer Weg ist, auf beiden Seiten des Querträgers je einen oder zwei Hobelschlitten für den Vor- und den Rückgang anzuordnen. An derartigen Versuchen hat es auch nicht gefehlt. Sie haben aber bei Tischhobelmaschinen keinen durchgreifenden Erfolg gezeitigt, wohl aber bei langhubigen Blechkanten-Hobelmaschinen seit der Einführung des Umkehrmotors.

Vor einiger Zeit ist der Firma Billeter & Klunz eine Erfindung geschützt worden (D. R.-P. 146 076), durch die die Hobelmaschine an Leistungsfähigkeit gewinnen muß. Der Grundgedanke dieser Erfindung ist, den Hobelstahl und den Hobeltisch gleichzeitig anzutreiben und zwar derart, daß sich Werkstück und Werkzeug beim Arbeitsgang aufeinander zu bewegen, während sie sich beim Rücklauf wieder voneinander entfernen. Bei dieser Arbeitsweise wäre die Schnitt- und Rücklaufgeschwindigkeit gleich der Summe der einzelnen Geschwindigkeiten. Hobelmaschinen, nach diesem Grundsatz gebaut, würden besonders für die Ausnutzung des Schnellhobelstahles geeignet sein. In ihrer Baulänge fallen sie kürzer aus, und die Massendrücke bleiben innerhalb der zulässigen Grenzen. Wenn diese Erfindung vielleicht auch nur einen wissenschaftlichen Wert behalten wird, so zeigt sie doch, wie die Technik bemüht ist, wirtschaftlich arbeitende Maschinen zu schaffen.

Der beste Weg dürfte nach den bisherigen Erfahrungen bei Tischhobelmaschinen wohl der sein, sobald die Massendrücke zu bewältigen sind, den Rückgang zu beschleunigen und beim Arbeitsgang mehrere Werkzeuge arbeiten zu lassen. Ein treffendes Beispiel zeigt auch hier die Billeter-Maschine (Abb. 801). Sie besitzt am Querträger a 2 Hobelschlitten, die zum Querhobeln nach beiden Richtungen arbeiten. Zum Hobeln senkrechter Flächen ist am Ständer der Maschine ein dritter Hobelschlitten mit senkrechter Schaltung angebracht. Außerdem hat die Maschine noch eine Erweiterung durch den Ständer c erfahren. Um nämlich sehr breite Stücke auch von außen hobeln zu können, sitzt auf ihm ein vierter Schlitten mit selbsttätiger Schaltung.

Die weitere Entwicklung der Hobelmaschine steuert darauf hinaus, sie auch für andere Arbeitsverfahren einzurichten. Hierzu stattet man sie mit einer Bohr-, Fräs- oder Schleifspindel aus, so daß die Werkstücke ohne Umspannen gehobelt, gebohrt, gefräst oder geschliffen werden können (Abb. 825 und 826).

Auch auf die Einstellvorrichtung der Hobelschlitten erstrecken sich, wie bereits erwähnt, die Vervollkommnungen der Hobelmaschine. Das große Gewicht des Querträgers erfordert vor allem eine selbsttätige Vorrichtung zum Einstellen der Schlitten auf die Höhe des Arbeitsstückes. Das Windwerk des Querträgers wird hierzu in Abb. 815 und 816 von dem Deckenvorgelege nach beiden Richtungen angetrieben. Dies wird durch einen Antriebsriemen erreicht, der über ein Stirnräderwendegetriebe auf die Stellspindeln des Querträgers arbeitet. Mit dem Handhebel h kann entweder die Reibkupplung von r_1 eingerückt und damit durch $\frac{r_1}{r_2}$ das Windwerk betrieben werden oder es wird mit h das Rad r_3 gekuppelt, so daß das Zwischenrad r_4 die Richtung umsteuert.

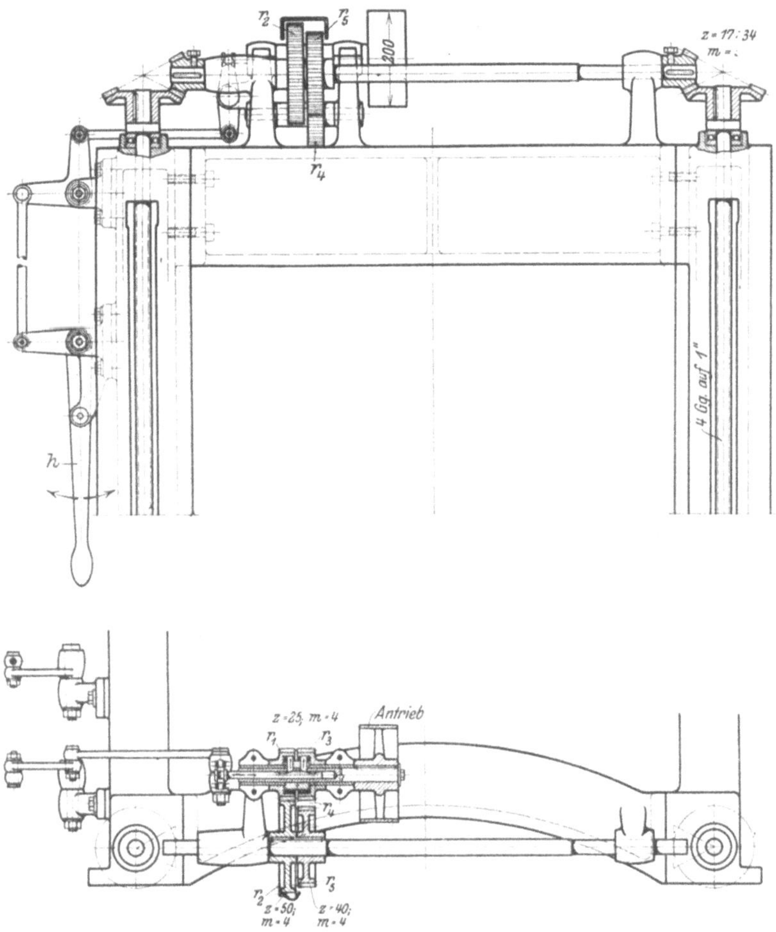

Abb. 815 und 816. Selbsttätige Einstellvorrichtung für den Querträger. Gebr. Böhringer, Göppingen.

Auf diese Weise ist es möglich, den schweren Querträger durch Umlegen des Handhebels h zu heben und zu senken.

Selbst die Zeit für das Einstellen der Schlitten in wagerechter und senkrechter Richtung versucht man zu kürzen. So führt die Firma Billeter & Klunz auch hierfür eine selbsttätige Schnellverstellung (Abb. 817) aus. Sie kann, sobald der Vorschub ausgerückt ist, eingeschaltet werden, so daß der Hobelschlitten schneller nach der nächsten Arbeitsstelle befördert wird.

Die Schnellverstellung besteht aus einem kleinen Elektromotor, der auf einem Lager des Auslegers sitzt. Er arbeitet durch eine Kette auf die Schalträder der Schlittenspindeln und kann durch einen Umschalter auf Rechts- und Linksgang eingestellt werden. Auf diese Weise ist es

Abb. 817.   Schnellverstellung für die Hobelschlitten.

ermöglicht, die Schlitten wagerecht nach zwei gleichen und entgegengesetzten Richtungen und auch senkrecht schnell einstellen zu können.

Die bisher bekannten Schaltsteuerungen steuerten die Hobelschlitten auf dem Querträger und dem Ständer meist mit einer Kurbel und Zahnstange, die auch die Meißelabhebung besorgte. Der Nachteil dieser Anordnung ist die gegenseitige Abhängigkeit der Vorschübe und des Meißelhubes. Sobald man den Vorschub ändert, wird auch der Meißelhub anders. Sollen Vorschub und Meißelhub der einzelnen Hobelschlitten unabhängig sein, so muß man getrennte Steuerungen ausführen, die aber die Bedienung sehr erschweren.

Die Schnellhobelmaschine von Billeter & Klunz, Aschersleben.

Die Firma Billeter & Klunz, Aschersleben, hat sich bei ihrer neuen Steuerung der Einständermaschine in den Abb. 798 und 799 die Aufgabe gestellt, die Vorschübe der Hobelschlitten und den Meißelhub unabhängig zu machen und die Bedienung auf das Verstellen einiger Handgriffe zu beschränken (Abb. 818 bis 820). Sie verwendet hierzu Schaltdosen B mit doppeltem Schaltbereich, einem kleinen Schaltbereich von 0,5 bis 4 mm Vorschub und einem großen von 4,5 bis 15 mm. Ist der kleine Schaltbereich eingestellt, so hat die

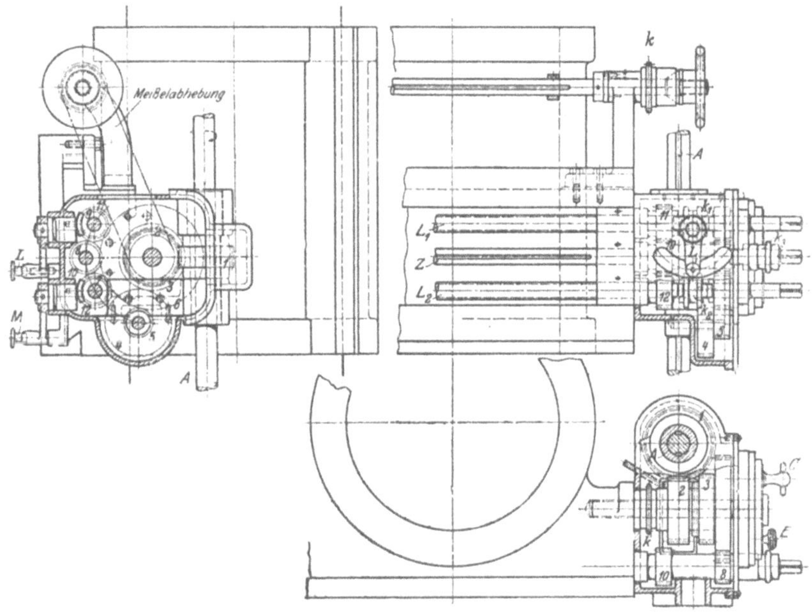

Abb. 818 bis 820. Unabhängige Schlittensteuerung.

Maschine 0,5 mm Vorschub, wenn man den Knebel C im Schlitz D ganz nach links stellt, und 4 mm Vorschub, wenn C in D ganz rechts steht. Dreht man den Einstellknopf C nach einer Marke um 180°, so ist der Vorschub der Maschine 3,5 mm, wenn der Knebel C am linken Schlitzende steht, und 15 mm, wenn C am rechten Schlitzende steht.

Sämtliche Schlitten und auch der Meißelhub werden von der senkrechten Steuerwelle A gesteuert, die von den Tischknaggen jedesmal um den gleichen Winkel gedreht wird. Die Hobelschlitten des Querträgers werden von den Leitspindeln L_1 und L_2 quer und von der Zugspindel Z senkrecht geschaltet (Abb. 799). Die Steuerwelle A treibt

mit den Schraubenrädern *1, 2* die verstellbare Schaltdose, die den mit
dem Knebel *C* eingestellten Ausschlag macht, der über die Räder *3, 4, 5*
auf das Rad *6* gelangt. Mit dem Rade *6* kämmen die Leitspindelräder *7*
und *9*, sowie das Zugspindelrad *8*. Um die Schlitten nach beiden Richtungen steuern zu können, sind die Leitspindelräder *11* und *12* vorgesehen, die von dem losen Doppelrade *8, 10* auf *Z* betrieben werden.
Mit den Handgriffen *L* und *M* lassen sich daher die Hobelschlitten auf
dem Querträger nach rechts und links steuern, mit dem Knebel *C* der

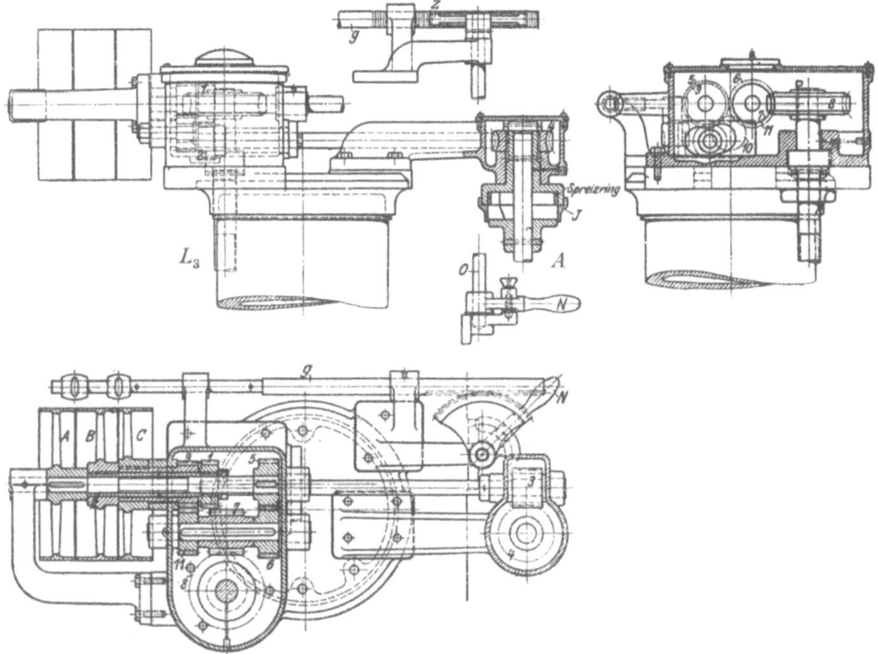

Abb. 821 bis 823.   Antrieb der Schnellverstellung der Schlitten.

Vorschub ohne Stillsetzen der Maschine ändern und mit dem Knopf *E*
der große oder kleine Schaltbereich der Schaltdose einstellen.

Der ähnliche Schaltkasten mit der gleichen Schaltdose *B* ist auch
für den Ständerhobelschlitten vorgesehen. Es kann daher der Seitenschlitten mit kleinem Vorschub arbeiten und die Schlitten auf dem
Querträger mit großem Vorschub, sei es in gleicher oder entgegengesetzter
Richtung. Die Unabhängigkeit der Vorschübe ist daher soweit als
nötig gewahrt. Der Meißelhub wird von dem Kettenzug unabhängig
von der Schaltdose vollzogen. Er ist daher unabhängig von den jeweiligen
Vorschüben, weil das Kettenrad *k* stets gleichen Ausschlag hat.

Das Schnellverstellen der Hobelschlitten (Abb. 821 bis 823) geschieht
ebenfalls von der Welle *A* aus, die aber für diesen Zweck ständig schnell
laufen muß. Drückt man nämlich den Handhebel *G* am Säulenfuß nieder,

Additional information of this book

(Die Werkzeugmaschinen; 978-3-642-89890-7;

978-3-642-89890-7_OSFO30) is provided:

http://Extras.Springer.com

so hebt man die Welle A aus der Klauenkupplung des unteren Tisch-antriebes aus und schaltet zugleich oben die Reibkupplung J ein. Die Steuerwelle erhält damit von der mittleren Riemscheibe B und den Rädern *1* bis *4* eine schnelle Drehbewegung, die mit L und M auf Rechts- oder Linksgang der beiden Schlitten *I II* und Auf- und Abwärtsgang des Seitenschlittens *III* geschaltet wird. Die Auf- und Abwärtsbewegung des Querträgers wird mit der Hubspindel L_3 vollzogen. Liegt der Riemen auf A, so treiben die Räder *5, 6, 7, 8* die Spindel L_3 zum Aufwärtsgang des Querträgers, auf C die Räder *9, 10, 11, 7, 8* zum Abwärtsgang. Auf B läuft der Riemen lose, solange die Reibkupplung J ausgerückt ist. Das Verschieben des Riemens wird mit dem Handgriff N und der Welle O vorgenommen, die oben mit dem Zahnbogen Z die Riemengabel g ver-stellt. Die Steuerung erfüllt daher alle Forderungen, die der Schnell-betrieb an eine Hobelmaschine stellen kann.

Die Schnellhobelmaschine von Gebr. Böhringer, Göppingen.

Nach diesen Erörterungen über die Entwicklungslinien im Hobel-maschinenbau soll noch die Hobelmaschine von Gebr. Böhringer, Göppingen, besprochen werden.

Die Maschine (Abb. 767 bis 770) hobelt mit 2 Schnittgeschwindig-keiten von 8,4 m und 15 m i. d. Min., und der Rücklauf erfolgt mit 27 m i. d. Min. Der Geschwindigkeitswechsel wird wie bekannt mit 2 Arbeitsriemen vollzogen, von denen stets einer festzustellen ist. Den Tischantrieb vollziehen die Scheiben $\dfrac{a}{c}$ oder $\dfrac{b}{c}$ und die Vorgelege $\dfrac{r_1}{R_1} \cdot \dfrac{r_2}{R_2}$, von denen R_2 mit der Zahnstange Z kämmt. Das Umsteuern besorgen die Tischknaggen F_1 und F_2, die den Steuerhebel w herum-legen. Durch das Gestänge s, s_1, s_2 wird der Steuerschieber S verstellt, der in der bekannten Weise die Riemen nacheinander verschiebt und dadurch umsteuert. Um den Tisch nach Bedarf übers Ziel laufen lassen zu können, sind für beide Richtungen umlegbare Klauen k_1, k_2 vorgesehen und zum Umsteuern von Hand die Handhebel H zu beiden Seiten der Maschine.

Die Schaltsteuerung wird durch eine Spreizringkupplung nach Abb. 793 und 794 von der Vorlegewelle *II* angetrieben. Die Schalt-kurbel K ist durch die Stange g mit der Schaltzahnstange z_1 verbunden, die auf r_3 des Schaltwerkes wirkt. Mit den umsteckbaren Schaltdosen d kann der Vorschub von r_4 nach jeder Richtung entnommen werden. Die Meißelabhebung wird ebenfalls von der Zahnstange z_1 über r_3, r_5, r_6 und die Hubscheiben bewirkt.

Welch riesenhafte Entwicklung der Hobelmaschinenbau in einem fast 100 jährigen Lebensalter durchgemacht hat, beweist ein Blick auf die Abb. 824 bis 826.

Hier die erste Metallhobelmaschine von Richard Roberts mit einem Tisch von 32 Zoll Länge und 11 Zoll Breite, erbaut 1817, und dort ein Meisterstück deutschen Fleißes, eine Tischhobelmaschine von 5 m Hobelbreite, 4 m Hobelhöhe, 10,5 m Hobellänge mit allen Neuerungen der Technik, erbaut 1911 für die Schichau-Werft von der Firma Wagner & Co., G. m. b. H. in Dortmund. Die Maschine ist für das Hobeln und Fräsen der Trommelgehäuse von Schiffsturbinen bestimmt. Sie hat für diese Arbeiten 4 Hobelschlitten, 2 auf dem Querträger und 2 auf den Seitenständern. Für das Fräsen der Putzen usw. ist noch ein Fräs-

Abb. 824 [1]). Älteste Metallhobelmaschine von Rich. Roberts aus dem Jahre 1817.

schlitten auf dem Querträger vorgesehen. Der Antrieb der Maschine erfolgt von dem 60 PS.-Motor, und alle selbsttätigen Einstellbewegungen für den Querträger und die Schlitten gehen von dem 14 PS.-Motor auf dem Ständerrahmen aus.

Auch beim Hobeln von schweren Panzerplatten werden heute die schweren Tischhobelmaschinen bevorzugt. Der Tisch hat dabei 4 Führungen, so daß sich der Druck gut verteilt. Die Schnittgeschwindigkeit beträgt 3 bis 12 m/Min und der Rücklauf ist auf 9 bis 18 m/Min beschleunigt.

---

[1]) Z. des Ver. deutsch. Ing. 1912.

Die Stößelhobelmaschine oder Shapingmaschine.

Die Stößelhobelmaschine oder Shapingmaschine (Abb. 827 und 828)
ist eine Kurzhobelmaschine von höchstens 600 bis 800 mm Hub. Für

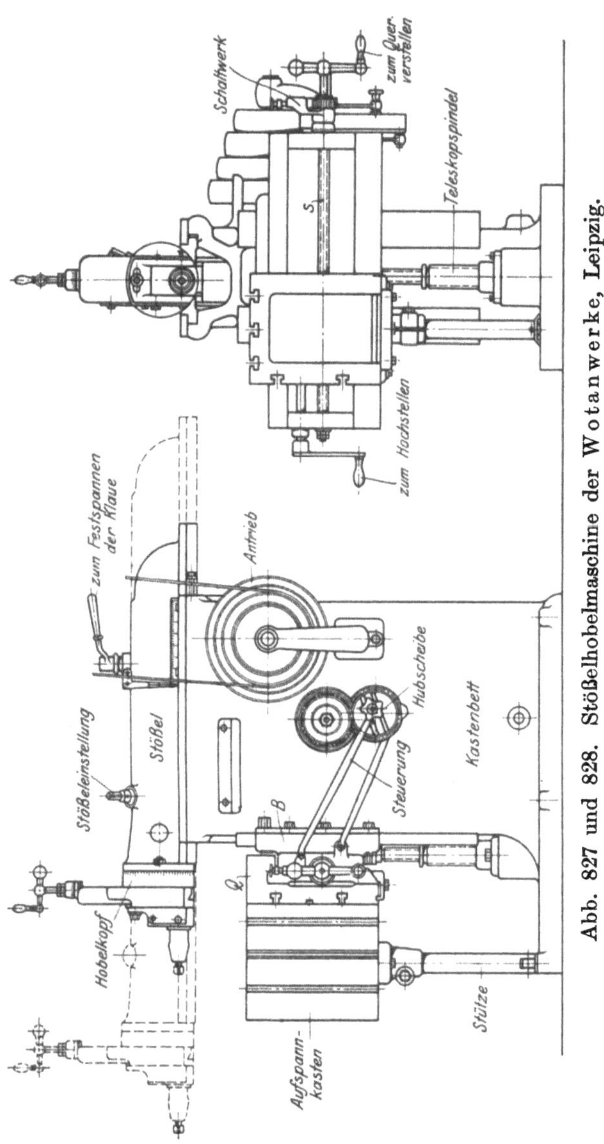

Abb. 827 und 828. Stößelhobelmaschine der Wotanwerke, Leipzig.

ihren Arbeitsbereich kommen daher nur kleinere Werkstücke oder auch
kurze Flächen an sperrigen Werkstücken in Frage. Nach der Form

und Größe der Werkstücke gibt es daher Stößelhobelmaschinen für kleine Werkstücke und solche für sperrige Werkstücke.

Die Stößelhobelmaschinen für kleine Werkstücke.

Die Stößelhobelmaschinen für kleine Werkstücke arbeiten wie die Tischhobelmaschine mit getrennten Bewegungen, allerdings mit dem Unterschiede, daß das Werkzeug die Hauptbewegung ausführt und das Werkstück den Vorschub. Für die Hauptbewegung beansprucht die Maschine einen Stößel, der das Werkzeug über die Arbeitsflächen führt. In diesem beweglichen Stößel liegt die Kennzeichnung der Kurzhobelmaschinen. Ihre Arbeitsweise ist begründet durch die geringen Arbeitswiderstände beim Feilen und durch den kurzen Hub der Maschine. Sie besitzt den Vorzug, daß die hin- und hergehende Bewegung des Arbeitstisches fortfällt. Die erschütternd wirkenden Massendrücke, die mit der Hauptbewegung des Tisches und Werkstückes verbunden sind, treten bei dem Stößel in geringerem Maße auf, und das Schalten des leichten Werkstückes verursacht keine fühlbaren Stöße. Unter diesen Verhältnissen gestattet die Stößelhobelmaschine eine gedrängte und kastenförmige Bauart des Bettes (Abb. 827 und 832) und das Werkstück eine bessere Beobachtung der Arbeitsflächen.

Die wichtigsten Einzelteile sind auch hier: der Hobelschlitten, der Arbeitstisch, der Antrieb und die Steuerung.

Der Hobelschlitten.

Nach der Arbeitsweise der Stößelhobelmaschinen vollzieht bekanntlich das Werkzeug den geraden Hauptweg. Für ihn ist der Hobelschlitten (Abb. 829 und 830) in seiner Eigenschaft als Werkzeugträger auszubilden. Seine Grundform ist daher ein Stößel, der in dem Maschinenbett in nachstellbaren Führungen geführt ist und mit dem Hobelschlitten die gerade hin- und hergehende Hauptbewegung ausführt. Für den weiteren Aufbau des Schlittens gelten ähnliche Gesichtspunkte, wie sie bereits bei dem Hobelschlitten der Tischhobelmaschine besprochen sind. Danach hat der Hobelschlitten dem Stahl die richtige Schnittstellung zu geben. Für die Gradstellungen des Stahles beim Schräghobeln ist er daher mit einer Drehscheibe an dem Stößelkopf zu befestigen und für die richtigen Schnittstellungen mit einem drehbaren Klappenträger auszurüsten. Durch die gelenkige Klappe ist dem Stahl die Möglichkeit gegeben, beim Rücklauf das Werkstück lose zu streifen. Von der Schrägstellung des Hobelschlittens wird besonders Gebrauch gemacht beim Nutenhobeln stärkerer Wellen. Sie werden seitlich vom Stößel in den Schraubstock des Tisches gespannt, so daß der Stahl beim Arbeiten schräg stehen muß. Der Senkrechtschlitten dient vorzugsweise zum Einstellen der Spanstärke, weil leichte Werkstücke zum Bearbeiten seitlicher Flächen bequemer umgespannt werden. Die Maschine hobelt daher für gewöhnlich nur quer — Querhobelmaschine.

Eine besondere Beachtung verdient bei dieser Maschine noch der Einfluß des einseitig wirkenden Stahldruckes auf die Bewegung und Führung des Stößels. Nach Abb. 831 erzeugen die Schnittkräfte W_1 und

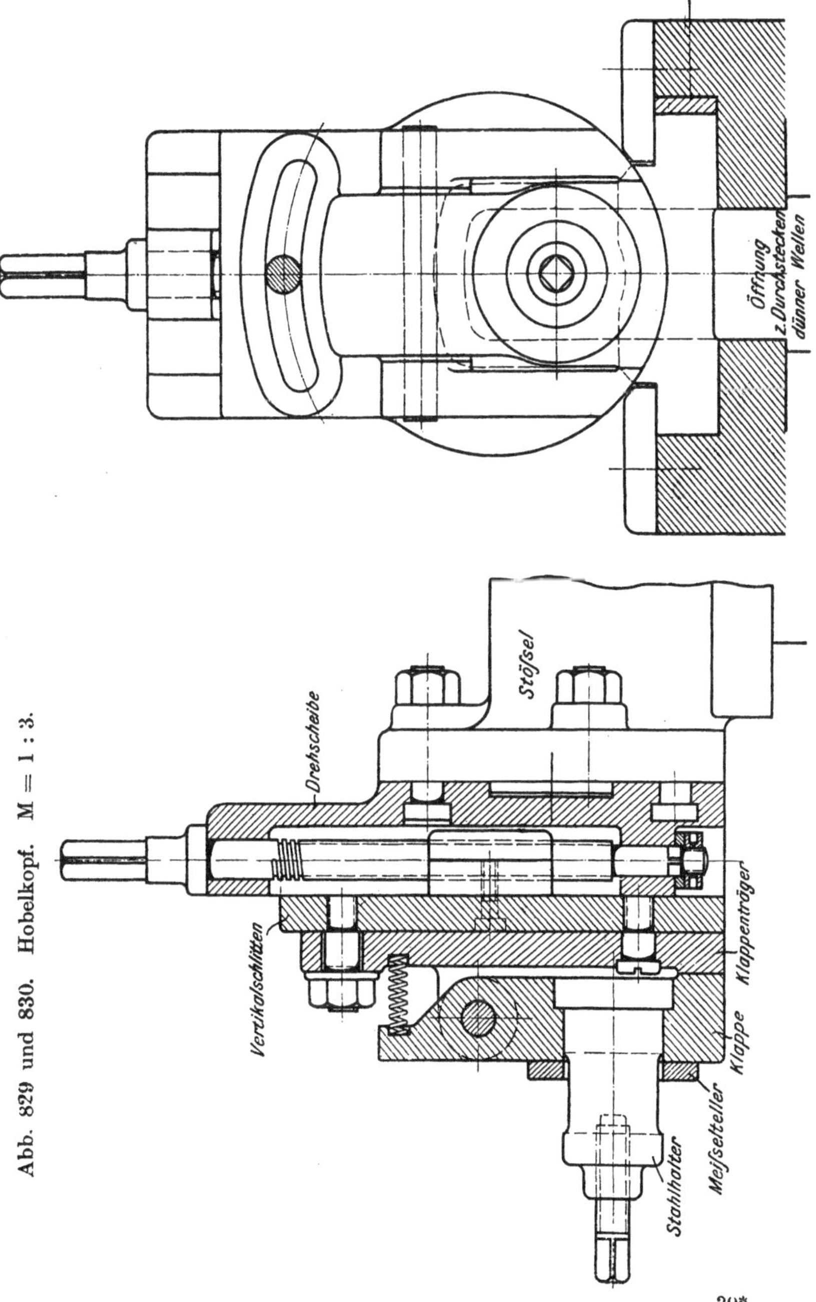

Abb. 829 und 830.　Hobelkopf.　M = 1 : 3.

W_2 ein Kippmoment $W_1 \cdot l - W_2 \cdot x$. Solange $W_1 \cdot l \gtreqless W_2 \cdot x$ ist, sucht das Moment den Stößel um A zu kippen. Die obere Führung muß daher einen entsprechenden Gegendruck G auf den Stößel ausüben. Wird bei weitergehendem Stößel $W_2 \cdot x > W_1 (l + a)$, so kippt er um B, und die untere Führung hat den Gegendruck auszuüben. Mit dem Druckwechsel wächst zugleich die Gefahr eines unruhigen Ganges. Denn der Schnittdruck wirkt nicht nur eckend auf den Stößel sondern auch biegend. Er wird daher um so stärker federn, je weiter er sich aus seiner Führung herausbewegt. Durch diese Verhältnisse wird aber die Arbeit der Maschine wesentlich beeinträchtigt und die Führung des Stößels namentlich in den äußersten Punkten A und B stark beansprucht. Aus den Gründen erscheint für den Hub eine Höchstgrenze von 600 bis 800 mm

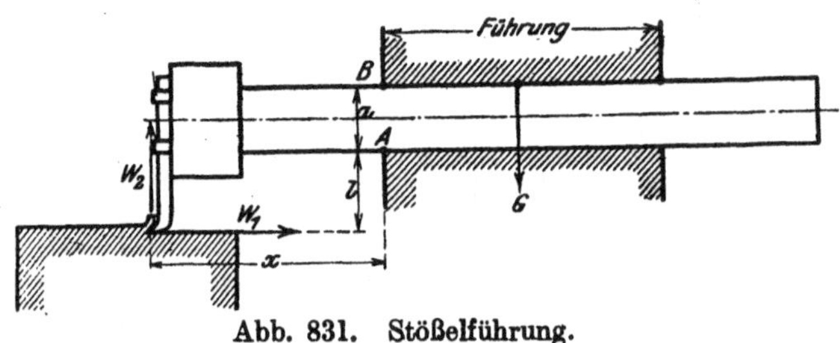

Abb. 831.   Stößelführung.

geboten. Für ruhigen Gang ist ein kräftiger Stößel und eine dauernd gute Führung unerläßliche Vorbedingung.

Der Antrieb.

Die Mittel und Grundsätze für den Antrieb der hin- und hergehenden Hauptbewegung des Stößels sind bereits bekannt (s. S. 56).

Der Schwingenantrieb: Eine ausgedehnte Anwendung findet bei den Stößelhobelmaschinen für leichtere Werkstücke die Kurbelschwinge. Ihre Mängel erheben bei den kleinen Hüben und den geringen Arbeitswiderständen wenig Bedenken. Hingegen sichert sie durch ihr zwangläufiges Umsteuern eine scharfe Hubbegrenzung. Die Schwinge beansprucht wenig Raum und läßt sich infolgedessen bequem in das Maschinengehäuse einbauen. Ihre Anordnung bringen die Abb. 832 bis 835. Um den Geschwindigkeitswechsel rasch vollziehen zu können, ist hier der Einscheibenantrieb mit einem vierfachen Stufenrädergetriebe gewählt. Die Schaltung erfolgt mit den Verschieberädern 1, 2 und 6, die sich mit den Handgriffen h_1 und h_2 einstellen lassen. Die Welle II erhält von der Einscheibenwelle I durch die Schaltungen $\dfrac{1}{3}$ und $\dfrac{2}{4}$ 2 Geschwindigkeiten. Sie gelangen über $\dfrac{3}{6}$ oder über $\dfrac{5}{7}$ auf Welle III, die die Kurbelscheibe R_1 mit 4 Geschwindigkeiten treibt. Der Kurbelzapfen Z bewegt die Schwinge langsam nach links und schnell zurück. Die

Additional information of this book

(Die Werkzeugmaschinen; 978-3-642-89890-7;

978-3-642-89890-7_OSFO31) is provided:

http://Extras.Springer.com

Schwinge schwingt dabei um den Bolzen B und faßt den Stößel mit der
Klaue K. Mit dem Griff h_3 kann der Riemen von der Einscheibe E
auf die Losscheibe L gebracht und die Maschine stillgesetzt werden.
Der Hub wird wie in Abb. 100 mit dem verstellbaren Kurbelzapfen
Z von außen geregelt. Mit der Ringmutter m wird die Stellspindel a
festgezogen. Zum Anstellen des Stößels ist mit dem Klemmgriff die
Klaue K zu lösen und die Stellspindel mit einer Kurbel auf Vierkant k anzuziehen.

Das Bestreben, die Stößelhobelmaschine als Feinhobelmaschine auszubilden, hat veranlaßt, die Stirnräder des Schwingenantriebes durch
Schraubenräder oder auch durch ein ruhig laufendes Schneckengetriebe

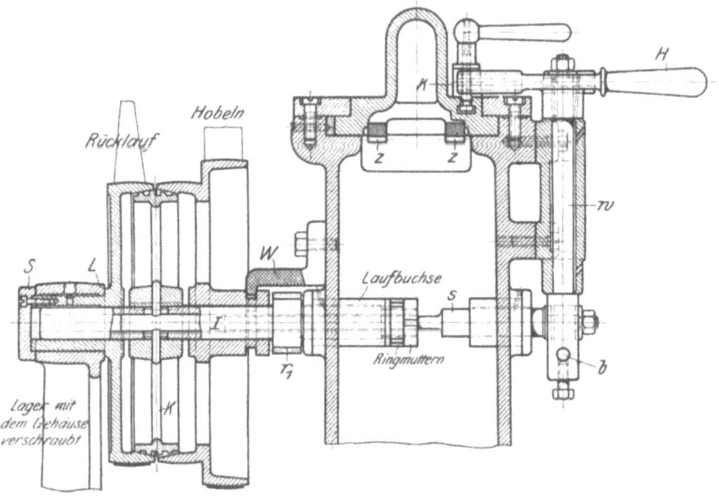

Abb. 836. Umsteuerung für den Zahnstangenantrieb. Wotanwerke, Leipzig.

zu ersetzen. Hiermit ist die Gewähr für saubere Arbeit erhöht, ein nicht
zu unterschätzender Vorzug für Schlichtarbeiten. Fürs Schruppen
würde das Schneckengetriebe noch den Vorteil bieten, daß der Riemen
schneller laufen kann und daher besser durchzieht.

Der Zahnstangenantrieb: Seitdem durch die erhöhte Riemengeschwindigkeit ein schnelles und sicheres Umsteuern erreicht ist, wird
der Zahnstangenantrieb auch bei den Stößelhobelmaschinen angewandt.
Er gewährt eine gleichmäßige Schnittgeschwindigkeit und einen stark
beschleunigten Rücklauf, verlangt aber eine besondere Umsteuerung.
Sie kann eine Riemenumsteuerung mit verschiebbaren Riemen im Sinne
der Abb. 107 oder eine Kupplungs-Umsteuerung sein.

Die Riemenumsteuerung wird von den Anschlägen des Stößels
betrieben und verschiebt durch den Steuerschieber die Riemen nacheinander. Bei den kurzen Hüben folgen die Hubwechsel sehr rasch, so

daß mit der häufigen Riemenverschiebung ein starker Verschleiß der Riemen verbunden ist.

Die Kupplungs-Umsteuerung des Stößels wird daher bevorzugt, weil sie scharf umsteuert und den starken Riemenverschleiß beseitigt. Sie wird von den Wotan-Werken nach Abb. 836 bis 839 ausgeführt.

Die losen Antriebsscheiben für den Vor- und Rücklauf der Maschine sitzen hier auf der durchbohrten Antriebswelle I. Die Rücklaufscheibe ist einerseits durch den Ring S und andererseits durch die Lauffläche L gegen Verschieben festgelegt, während die Arbeitsscheibe des offenen Riemens durch den Winkel W gehalten wird. Beide Scheiben lassen sich abwechselnd durch die Doppelkegelkupplung K auf I kuppeln, und zwar wird dieses Kuppeln durch den Stößel selbst vollzogen. Hierzu legt er vor jedem Hubwechsel den Hebel H herum, der durch die Welle w die Kupplungsspindel s vor- oder zurückschiebt. Die Spindel s faßt die Kupplung K mit einem Stift, so daß K jedesmal mitgenommen wird. Steuert der Stößel z. B. in den Rücklauf um, so schiebt die Spindel s die Kupplung K in die Rücklaufscheibe des gekreuzten Riemens. Um dabei ein Zurückgehen der Kupplung durch den Rückdruck zu verhindern, wird sie zugleich verriegelt. Dieser Aufgabe dient der Federhebel a mit dem Dreikant. Sobald nämlich der Anschlag K des Stößels gegen den Hebel H (Abb. 836 und

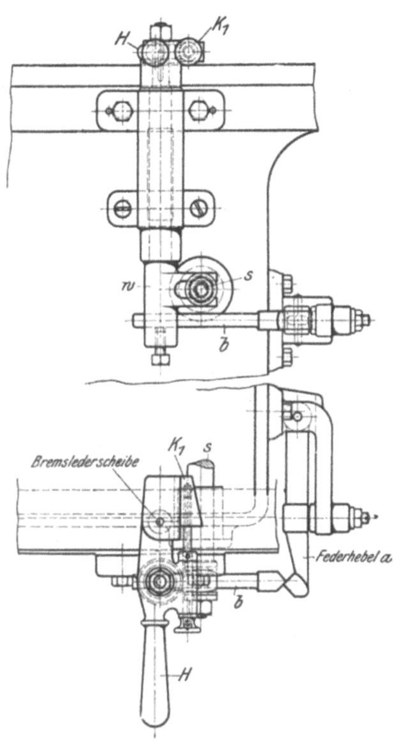

Abb. 837 und 838.   Umsteuerung des Zahnstangenantriebes.   M = 1 : 8.

838) stößt, wird mit der Spindel w auch der Bolzen b herumgelegt. Der Bolzen b drückt zunächst den Federhebel a etwas zurück, der aber sofort auf die Gegenseite einspringt und die Kupplung, wie gezeichnet, verriegelt. Die Umsteuerung liefert einen scharfen und stoßfreien Hubwechsel, da die Kupplung nur um wenige Millimeter zu verschieben ist. Für das Feineinstellen des Hubes besitzt die Steuerung noch eine erwähnenswerte Einrichtung. Der Umsteuerhebel H ist nämlich mit einem schwalbenschwanzförmig geführten Keil K_1 ausgestattet, der sich mit einer Stellschraube auf den genauen Hub einstellen läßt (Abb. 838).

Die Antriebswelle I wird durch das abwechselnde Arbeiten des offenen und des gekreuzten Riemens vor jedem Hubwechsel umgesteuert. Sie arbeitet durch das Rad r_1 auf R_1 (Abb. 836 und 839), das durch

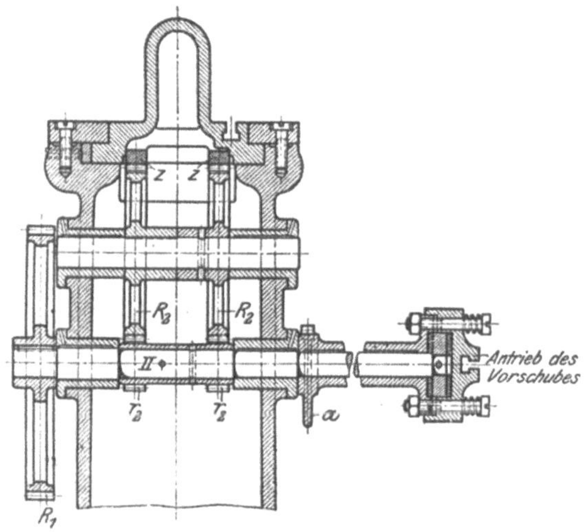

Abb. 839. Zahnstangenantrieb des Stößels. $M = 1 : 8$.

2 weitere Vorgelege $\dfrac{r_2}{R_2}$ die Zahnstangen Z und hiermit den Stößel treibt.

Durch die großen Vorgelege $\dfrac{r_1}{R_1}$, $\dfrac{r_2}{R_2}$ können einmal die Riemen schnell

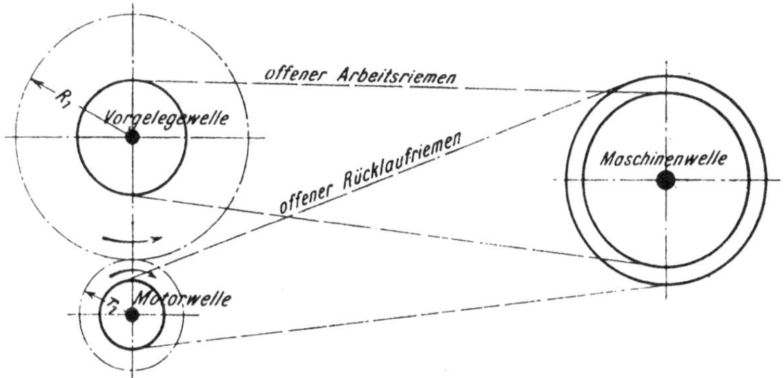

Abb. 840. Umsteuerung durch zwei offene Riemen.

laufen und rasch umsteuern. Zum andern sichern die großen Treiburäder R_2 einen guten Eingriff und die doppelte Zahnstange stoßfreien Gang, der noch verbessert werden kann, wenn die Zahnstangen um die halbe Teilung versetzt sind. Mit der Doppelzahnstange ist zugleich Platz geboten für das Durchstecken der Wellen beim Nutenhobeln.

Eine weitere Verbollkommnung der Riemensteuerung wäre, den ungünstig beanspruchten, gekreuzten Riemen zu beseitigen. Gelegenheit hierfür bietet der elektrische Einzelantrieb. Soll die Maschine bei dem Vor- und Rücklauf durch je einen offenen Riemen angetrieben werden, so ist der beschleunigte Rücklauf von der schnellaufenden Motorwelle und der Arbeitsgang von der entgegengesetzt und langsamer laufenden Vorgelegewelle abzuleiten (Abb. 840). Die Antriebsscheiben auf der Maschinenwelle müßten dabei nach Abb. 836 abwechselnd zu kuppeln sein.

Der Arbeitstisch.

Der Arbeitstisch der Stößelhobelmaschine (Abb. 827, 828, 832 und 833) hat das Werkstück anzustellen und quer zu schalten. Zum Ansetzen des Werkstückes muß der Arbeitstisch hoch und quer zu verstellen sein. Für diese sich kreuzenden Bewegungen ist er als Kreuz-

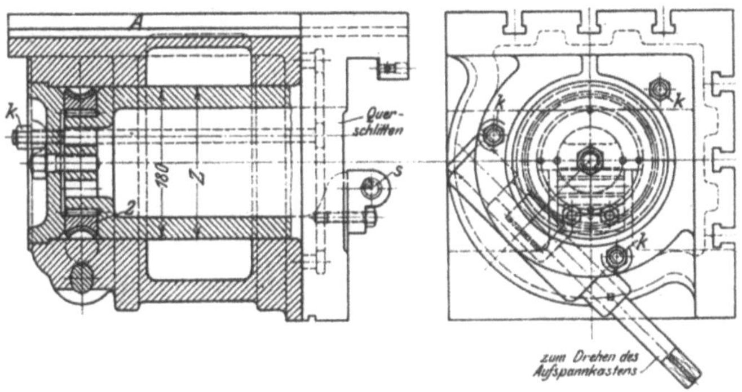

Abb. 841 und 842. Drehbarer Arbeitstisch, Wotanwerke, Leipzig.

schlitten ausgebildet. Von ihm ist der Bettschlitten B an dem Kastenbett geführt, so daß durch ihn das Werkstück auf die Arbeitshöhe des Stahles gehoben werden kann. Als Windwerk dient eine Gliederspindel nach Abb. 510, so daß die Durchlochung des Fußbodens fortfällt (Abb. 827 und 828). Auf dem Bettschlitten ist der Querschlitten Q geführt, der das Werkstück seitlich ansetzt. Da die Maschine vorwiegend querhobelt, so hat der Querschlitten auch den Vorschub auszuführen. Hierzu erhält seine Schaltspindel s Selbstgang durch die Steuerung. Der kastenförmige Aufspanntisch besitzt praktisch oben und an den Seitenflächen Spannuten, so daß für das Aufspannen des Werkstückes jede Möglichkeit geboten ist.

Eine bemerkenswerte und praktische Einrichtung besitzen die Wotan-Hobler (Abb. 841 und 842) für das Hobeln keilförmiger Werkstücke. Um sie ohne Unterlagen ausrichten zu können, steckt der Aufspannkasten A auf einem Zapfen Z des Querschlittens. Mit Schnecke und Schneckenrad kann er nach einer Gradteilung auf die Neigung der Hobelfläche schräggestellt und mit den langen Klemmschrauben k festgestellt werden. Der Arbeitstisch gestattet ein Drehen um 90°, so daß beide Aufspannflächen des Winkels benutzt werden können.

Die Steuerung.

Die Steuerung hat beim Kurbelantrieb der Maschine nur das Werkstück zu schalten. Der zu erzeugende Vorschub ist ein Ruckvorschub, der beendet sein muß, bevor der neue Schnitt beginnt. Die Steuerung hat daher den Querschlitten anzutreiben. Dies geschieht meistens durch eine Hubscheibe, das ein Sperrwerk auf der Querschlittenspindel s betätigt. Hierbei ist Bedingung, daß die Hubscheibe die Steuerung aufzieht, sobald der Stößel den Arbeitsgang vollzieht, und schaltet, wenn der Stößel zurückläuft. Mit Rücksicht hierauf wird die Hubscheibe mit der Übersetzung 1 : 1 von der Kurbelwelle angetrieben (Abb. 832). Den Vorschubwechsel vollzieht man mit dem verstellbaren Kurbelzapfen z_1 (Abb. 834).

Die in Abb. 843 bis 845 dargestellte Steuerung zeigt eine Eigenart in dem Vorschubwechsel. Er wird mit einer verstellbaren Hubscheibe vollzogen, bei der durch Drehen der Scheibe s der Hub geändert werden kann. Hierzu besteht die Steuerung aus dem Hubzapfen z und der Hubscheibe s. Die Scheibe s ist um z drehbar und gestattet so, die verschiedenen Mittenentfernungen e_1 bis e_5 einzustellen, mit denen sich auch die Größe des Vorschubes ändert. Zum Einstellen ist nur der Ausrücker b auf die Löcher von 1 bis 5 einzusetzen, so daß viel Zeit gespart wird. Die Hubstange muß ausziehbar sein, da sich beim Heben und Senken des Tisches ihre Länge ändert. Die Steuerung zeichnet sich daher durch eine einfache Bedienung aus. Die Vorschubrichtung wird durch Umstellen des Klinkbolzens um 180° gewechselt, so daß die schräge Fläche auf der Gegenseite steht und das Schaltwerk nach der Gegenrichtung schaltet. Der Schalter wird ausgerückt durch das Zurückziehen der Sperrklinke, die durch den Stift a gehalten wird.

Bei dem Zahnstangenantrieb des Stößels muß im Augenblick des Umsteuerns geschaltet werden. Die Wotanwerke, Leipzig, leiten daher bei ihren Maschinen den Vorschub von der Antriebswelle II ab (Abb. 839) und zwar durch eine Ausrückkupplung nach Abb. 795, die mit jedem Umsteuern des Stößels kurz schaltet oder aufzieht.

Soll die Maschine auch senkrecht hobeln, so muß die Steuerung den Senkrechtschlitten schalten. Hierzu muß das Schaltwerk auf die Senkrechtspindel des Hobelkopfes wirken. Grundgesetz für diese Steuerung ist aber, daß der Stahl erst gegen Ende Rücklauf geschaltet wird. Eine derartige Senkrechtsteuerung hat die Maschine in Abb. 832 und 833. Der Stößel trägt den Schalter b, der kurz vor beendetem Rücklauf gegen den Anschlag a stößt. Die Schaltklinke dreht dadurch das Schaltrad, das über 2 Kegelräderpaare die Senkrechtspindel L treibt. Beim Vorgehen des Stößels zieht die Feder den Schalter wieder auf. Das letzte Kegelrad ist als Mutter ausgeführt, so daß zum Senkrechthobeln die Spindel L mit der Stellschraube s_2 festzustellen ist.

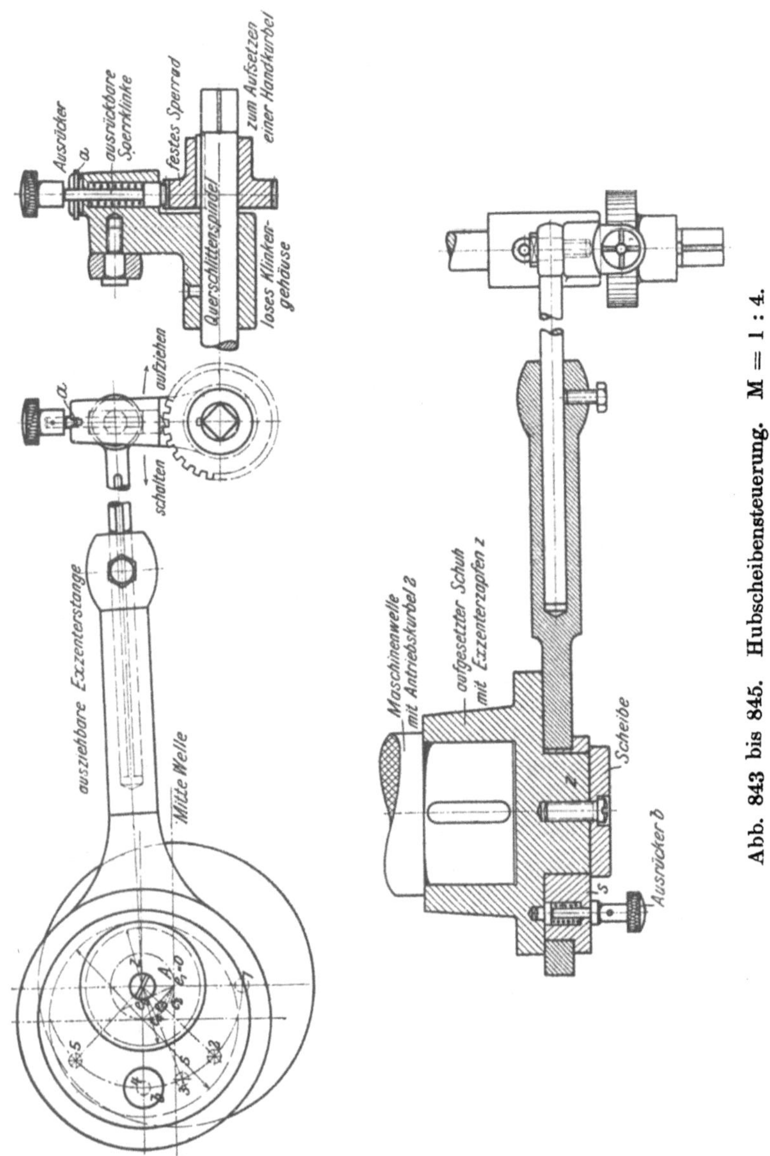

Abb. 843 bis 845.   Hubscheibensteuerung.   M = 1 : 4.

Die Schnellhobelmaschinen.

Auch an der Stößelhobelmaschine ist der Schnellbetrieb nicht spurlos vorübergegangen. Eine stärkere Beschleunigung des Rücklaufs und ein rascher und größerer Geschwindigkeitswechsel, sowie selbsttätige Bewegungen des Arbeitstisches nach beiden Richtungen und Selbstauslösung des Vorschubes waren die Richtlinien für die weitere Entwicklung.

Für eine stärkere Beschleunigung des Rücklaufs haben die Mammutwerke in Nürnberg eine Schwinge mit einer Umlaufschleife vereinigt (Abb. 846 bis 855) und dadurch eine $2^1/_2$- bis 5fache Beschleunigung erreicht.

Abb. 846. Stößelhobelmaschine mit Einscheibenantrieb.
Mammutwerke, Nürnberg.

Der Antrieb geht bei der Maschine in Abb. 848 und 849 von der Stufenscheibe S aus, die von einem Deckenvorgelege mit 130 Umläufen i. d. Min. betrieben wird. Durch das Vorgelege $\dfrac{r_7}{r_8}$ setzt die Scheibe S die beiden Kurbelschleifen in Bewegung. Das Rad r_8, das um M_2 kreist, nimmt nämlich durch den Mitnehmer M die um M_1 kreisende Umlaufscheibe U mit. U setzt durch den Kurbelzapfen Z die Schwinge s in Bewegung, die unten um ein Gelenk schwingt und oben den Kloben R des Stößels faßt.

In der Abb. 847 ist der Antrieb für die kleinste Maschine von 400 mm Hub aufgezeichnet. Geht hier der Stößel von B nach A, so läuft der Zapfen Z der Scheibe U von E_1 nach E_2 im Sinne des Pfeiles. Die Schwinge s schwingt infolgedessen aus ihrer rechten Totlage $C B$ in die linke $C A$. Beim Zurückschwingen von s geht der Zapfen Z von E_2 nach E_1. Der Arbeitsgang vollzieht sich also von E_1 bis E_2 und der Rücklauf von E_2 bis E_1. Der Mitnehmer M vom Rade r_8 faßt die Umlaufscheibe U im Vergleich zu Z um 180⁰ versetzt. Er geht also beim Arbeitsgang von D_1 nach D_2 und beim Rücklauf von D_2 nach D_1. In-

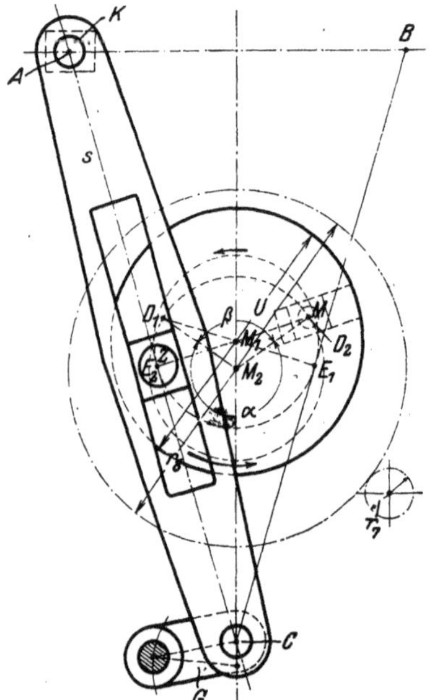

folgedessen verhalten sich die Zeiten für den Arbeitsgang und den Rücklauf wie die Winkel $\dfrac{\alpha}{\beta} \sim \dfrac{2{,}5}{1}$.

In der Hubverstellung besitzt die Maschine eine gewisse Bequemlichkeit. Zum Einregeln des Hubes ist hier zum Unterschiede von anderen Ausführungen das Handrad H_1 vorgesehen (Abb. 849). Mit ihm kann der Arbeiter, ohne jedesmal den Schraubenschlüssel zu nehmen, unter ständiger Beobachtung der Arbeitsflächen die Maschine genau einstellen. Beim Drehen des Handrades verschiebt nämlich die Stellschraube s_1 den Kurbelzapfen Z, so daß der Ausschlag der Schwinge geändert wird.

Für das Einstellen des Stößels ist ebenfalls eine eigenartige Vorrichtung getroffen (Abb. 848). An dem Stößel sitzt nämlich eine Zahnstange Z_1, mit der das Schraubenrad s_2 kämmt. Mit dem Handrad H_2 läßt sich daher der Stößel in die richtige Lage zum Werkstück bringen und mit dem Griff H_3 der Kloben R wieder festklemmen.

Abb. 847. Plan des Antriebes, bestehend aus Umlaufschleife und Schwinge.

Der Hobelkopf zeigt in seinen Formen Ähnlichkeit mit den neueren Hobelschlitten: kräftiger und langer Senkrechtschieber für das Senkrechthobeln. Die Senkrechtsteuerung ist in Abb. 848, 850 bis 854 dargestellt. Sie schaltet gegen Ende des Rücklaufs durch den Anschlag u tiefer, indem das Schaltwerk über 1 bis 4 auf die Senkrechtspindel arbeitet.

Die Steuerung für das Querhobeln ist an der Welle der Umlaufschleife U aufgehängt (Abb. 849 bis 851). Durch das Rad 1 wird von ihr aus die verzahnte Kurbel 2 mit dem verstellbaren Zapfen angetrieben,

Additional information of this book

(Die Werkzeugmaschinen; 978-3-642-89890-7; 978-3-642-89890-7_OSFO32) is provided:

http://Extras.Springer.com

die in der bekannten Weise den Vorschub des Arbeitstisches vollzieht. Durch Umstecken des Rades r (Abb. 849 und 851) von der Gewindespindel x auf die Spindel y zum Hochstellen des Tisches erfolgt die

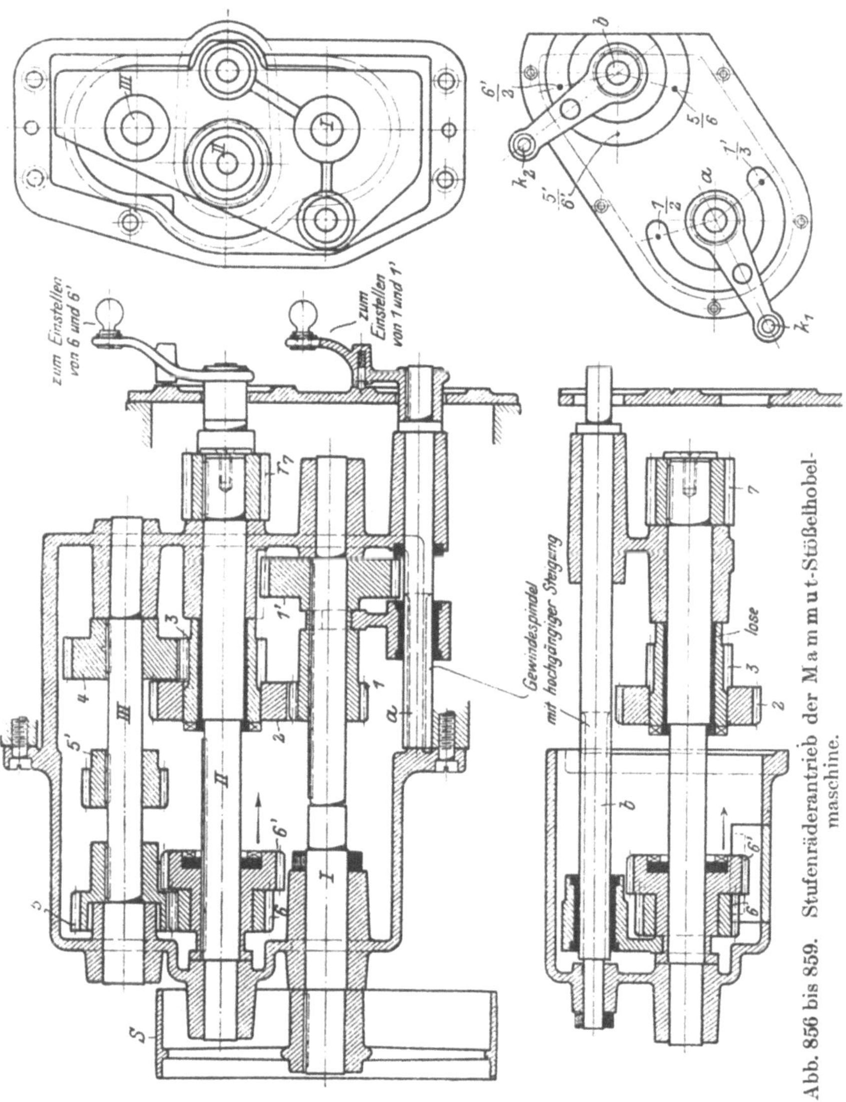

Abb. 856 bis 859. Stufenräderantrieb der Mammut-Stößelhobelmaschine.

Senkrechtbewegung, so daß die Maschine auch beim Einstellen des Tisches die größte Bequemlichkeit bietet.

Für einen rascheren Geschwindigkeitswechsel kann die Stufenscheibe S durch ein Stufenrädergetriebe ersetzt werden (Abb. 856

bis 859). Dieser Schritt ist zu begrüßen, da namentlich bei kleineren Arbeiten der Arbeiter gern den lästigen Riemenwechsel unterläßt. Durch die Übertragung des Einscheibenantriebes auf die Stößelhobelmaschine ist jede Unbequemlichkeit beseitigt. Die Maschine läßt sich besser ausnutzen, zumal es jetzt möglich ist, eine größere Zahl von Geschwindigkeiten einzubauen (Abb. 832)

Der vorliegende Einscheibenantrieb ist für 6 Geschwindigkeiten eingerichtet (Abb. 856 bis 859). Die Scheibe S, die 150 Umläufe in der Minute macht, treibt durch den auf I verschiebbaren Räderblock 1, $1'$ das Doppelrad 2, 3, das durch Verschieben von 1, $1'$ zwei Geschwindigkeiten erhält. Das Doppelrad kann die Maschine nun über 2 Wege treiben. Für den mittelbaren Antrieb läuft es zunächst lose auf II. Dazu kämmt von ihm das Rad 3 mit dem Rade 4, das die Welle III treibt. Von III aus kann wiederum die Antriebswelle II der Maschine entweder durch das Vorgelege $\frac{5}{6}$ oder $\frac{5'}{6'}$ betrieben werden. Hierzu ist das Doppelrad 6, $6'$ auf II auf Federn verschiebbar. Auf diese Weise erfolgt der mittelbare Antrieb der Maschine mit 4 Geschwindigkeiten, die über das Rad r_7 auf das Rad r_8 in Abb. 848 und 849 gelangen, das die beiden Kurbelschleifen betätigt. Für den unmittelbaren Antrieb ist das lose Doppelrad 2, 3 auf II zu kuppeln, d. h. 6, $6'$ auf 2, 3 einzuschalten. Zum Einstellen der einzelnen Geschwindigkeiten sind 2 Handkurbeln k_1 und k_2 vorgesenen, die mit den hochgängigen Gewindespindeln a und b die Doppelräder 1, $1'$ und 6, $6'$ einstellen.

Lfd. Nr.	Übersetzungen	Einstellungen	
		k_1	k_2
1	$\frac{1}{2} \cdot \frac{3}{4} \cdot \frac{5}{6} \cdot \frac{r_7}{r_8}$	$\frac{1}{2}$	$\frac{5}{6}$
2	$\frac{1}{2} \cdot \frac{3}{4} \cdot \frac{5'}{6'} \cdot \frac{r_7}{r_8}$	$\frac{1}{2}$	$\frac{5'}{6'}$
3	$\frac{1}{2} \cdot \frac{r_7}{r_8}$	$\frac{1}{2}$	$\frac{6'}{2}$

Lfd. Nr.	Übersetzungen	Einstellungen	
		k_1	k_2
4	$\frac{1'}{4} \cdot \frac{5}{6} \cdot \frac{r_7}{r_8}$	$\frac{1'}{3}$	$\frac{5}{6}$
5	$\frac{1'}{4} \cdot \frac{5'}{6'} \cdot \frac{r_7}{r_8}$	$\frac{1'}{3}$	$\frac{5'}{6'}$
6	$\frac{1'}{3} \cdot \frac{r_7}{r_8}$	$\frac{1'}{3}$	$\frac{6'}{2}$

Die nächste Entwicklungslinie ist der Antrieb mit dem Stufenmotor, mit dem die Geschwindigkeit geregelt wird. Diese Antriebsweise kommt aber nur für schwere Maschinen in Frage.

Die Verwendung der Stößelhobelmaschine für Massenarbeiten hat auch in der Steuerung des Querschlittens eine Neuerung gezeitigt, die von den Fräsmaschinen übernommen ist. Die Massenherstellung verlangt, wie schon häufig erwähnt, daß ein Mann mehrere Maschinen bedient. Dies würde eine Selbstauslösung des Quervorschubes voraussetzen, wie sie in Abb. 860 durchgeführt ist. Durch die auf die Hobelbreite einzustellenden Anschläge entkuppelt der Querschlitten nach beiden Richtungen das Schaltwerk auf der Querspindel.

Abb. 860. Selbstausrückung des Quervorschubes. Wotanwerke, Leipzig.

Das Rundhobeln.

Wie die Tischhobelmaschine, so hat auch die Stößelhobelmaschine Erweiterungen erfahren. Einen Beweis hierfür liefert der Arbeitstisch in Abb. 841 und 842. Er läßt sich bekanntlich 1. hoch und niedrig stellen, 2. von Hand und selbsttätig quer verschieben und 3. schräg stellen und drehen bis zu 90°, so daß die Aufspannflächen des Winkels ohne weiteres benutzt werden können.

Die weitere Vervollkommnung der Maschine liegt in der Vorrichtung für das Rundhobeln hohler Flächen. Hierzu muß der Hobelstahl auf dem Hohlkreise geschaltet werden, eine Aufgabe, die ebenfalls der Steuerung zufällt. Die Rundhobelkopfbewegung wird nach Abb. 850 gesteuert. Am Ende des Rücklaufs wird nämlich die Drehscheibe des Hobel-

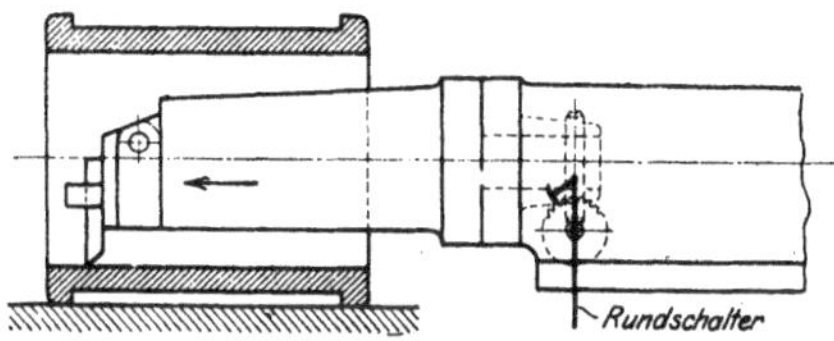

Abb. 861. Rundhobelkopf.

schlittens durch Schnecke und Schneckenrad etwas gedreht, so daß der Stahl von neuem zum Schnitt angestellt wird.

Auch für das Rundhobeln von Büchsen usw. kann die Stößelhobelmaschine benutzt werden. Es erfordert allerdings eine Ergänzung des Aufspanntisches. Beim Rundhobeln muß nämlich das Werkstück nach jedem Schnitt eine ruckweise Drehung erfahren. Hierzu ist die

Büchse auf einem Dorn festzuspannen, der durch die Steuerung ruckweise gedreht wird.

Dieser Gedanke ist in der Rundhobelvorrichtung der Werkzeugmaschinenfabrik Brune, Köln, vertreten (Abb. 862 und 863). Das Werkstück wird zwischen 2 Kegeln auf dem Dorn festgespannt. Die Steuerung (nach Abb. 843) betätigt die Schnecke *1*, die durch das Schneckenrad *2* das Werkstück augenblicklich rundschaltet. Diese Vorrichtung läßt sich

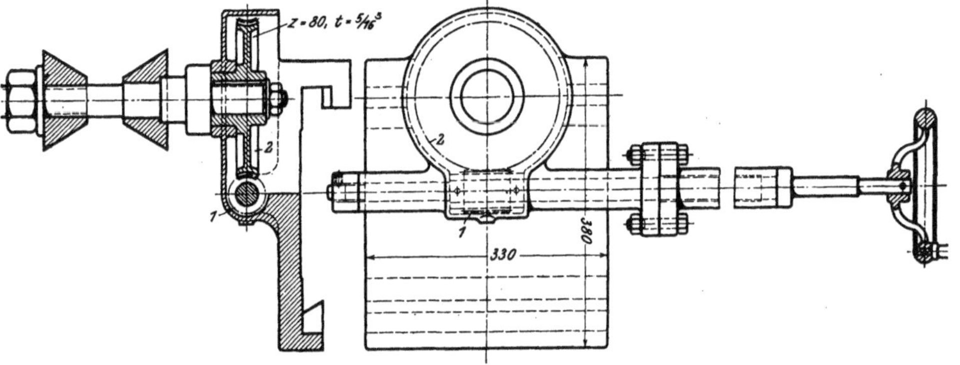

Abb. 862 und 863.   Rundhobelschlitten.   Brune, Köln.

mit dem Schlitten auf den Bettschlitten der Maschine aufschieben. Für das Hobeln von Zähnen und Nuten müßte sie noch eine Teilvorrichtung haben.

Das Kegelräderhobeln.

Das Anwendungsgebiet der Stößelhobelmaschine hat noch eine Erweiterung erfahren durch das Hobeln von Kegelrädern. Diesem Ver-

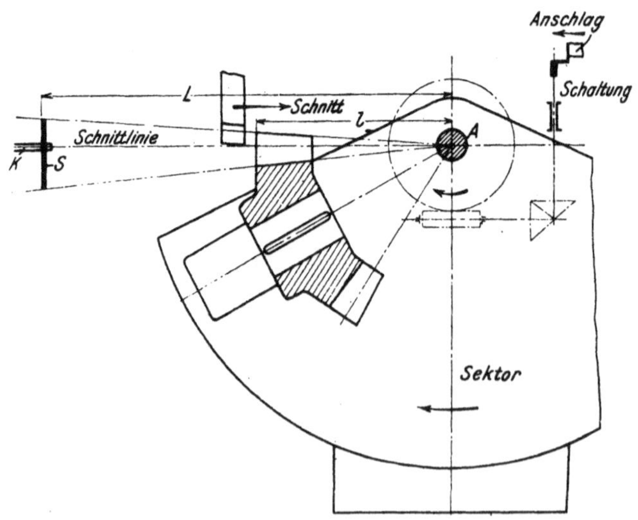

Abb. 864.   Kegelräderhobeln.

fahren müßte folgendes Gesetz zugrunde liegen: Soll der Hobelstahl den spitz verlaufenden Zahn gesetzmäßig herausschneiden, so müssen alle Schnitte durch die Kegelspitze A gerichtet sein (Abb. 864). Hierzu muß die Einspannvorrichtung des Rades um A schwingen und es für jeden neuen Schnitt an die Schnittlinie des Stahles anheben. Um hierbei die genaue Zahnflanke zu erhalten, muß eine der Zahnform entsprechende Lehre S den zu schneidenden Zahn ständig gegen den Hobelstahl drücken.

Diesen Gedanken hat die Akt.-Ges. für Schmirgel- und Maschinenfabrikation in Bockenheim bei Frankfurt a. M. als Grundlage für ihre Kegelräder-Hobelvorrichtung benutzt (D. R.-P. 125 080), die sich bequem an Stößelhobelmaschinen (Abb. 865) anbringen läßt.

Das zu hobelnde Kegelrad sitzt hierbei in einer Einspannvorrichtung, die sich um die festgelegte Kegelspitze A bewegt. Zum Ansetzen der aufeinanderfolgenden Schnitte ist sie als Bogen ausgebildet, der durch ein Schaltwerk um A gedreht wird. Der Stahl schneidet nur beim Rücklauf der Maschine. Die Schaltung vollzieht vor jedem Schnitt ein Anschlag des Stößels, der die aus einem Sperrwerk, 2 Kegelrädern und einem Schneckengetriebe bestehende Rücksteuerung betätigt. Durch sie wird das Rad um einen Span nach dem andern in die Schnittlinie des Stahles gehoben, so daß

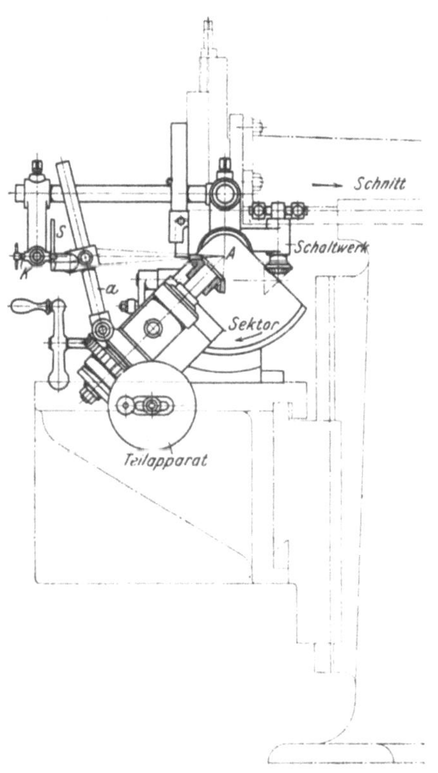

Abb. 865. Kegelräder-Hobelvorrichtung.

alle Schnitte durch A gerichtet sind. Dies setzt allerdings voraus, daß auch die schneidende Kante des Stahles durch die Mitte der Hobelvorrichtung geht. Für das Aushobeln der Zahnflanke drückt der Bogen zugleich die an dem Arm a sitzende Lehre S gegen den feststehenden Leitstift K, so daß sich das Kegelrad auch jedesmal seitlich auf die Flanke einstellt. Durch diese zwangläufige Bewegung hobelt der Stahl theoretisch genau die Zähne heraus, wobei sich das Schaltwerk selbst auslöst, wenn die eingestellte Zahnhöhe erreicht ist. Der zur Verwendung kommende Hobelstahl muß natürlich schmaler sein als die innere Zahnlücke. Die Lehre S ist stets ein genaues Vielfaches

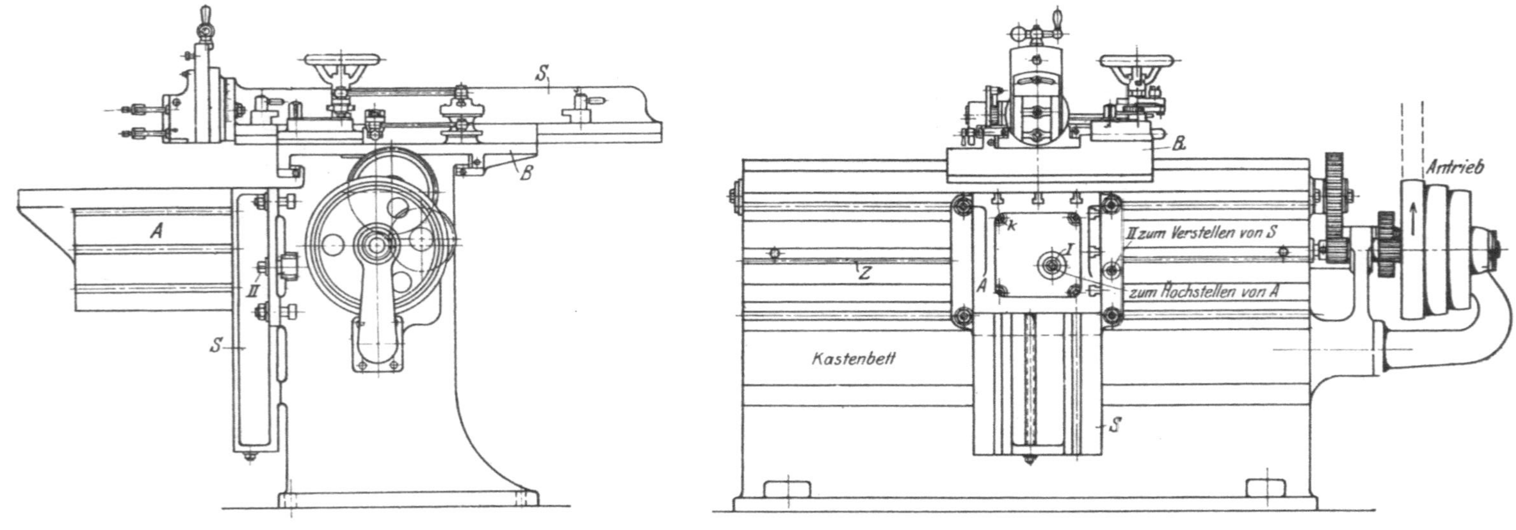

Abb. 866 und 867. Stößelhobelmaschine von Geilen & Lange, Halle a. S.

der zu hobelnden Zahnform, gewöhnlich ein Zahn von 20 π Teilung, welcher der Zähnezahl entsprechen muß. Soll nun ein Rad von 5 π Teilung geschnitten werden, so ist die Lehre auf $L = 4\,l$ einzustellen. Das Einstellen der Teilung des Rades erfolgt mit einem Teilkopf, der dem der Fräsmaschine nachgebaut ist.

Die Stößelhobelmaschinen für sperrige Werkstücke.

Die Stößelhobelmaschinen für sperrige Werkstücke verlangen, daß der Stahl die Haupt- und die Schaltbewegung ausführt. Hierzu muß der Stößel S auf einem Bettschlitten B geführt sein (Abb. 866 und 867). Der Stößel vollzieht dann bei jedem Rücklauf den Quervorschub mit dem Bettschlitten, der durch die Steuerung ruckweise geschaltet wird.

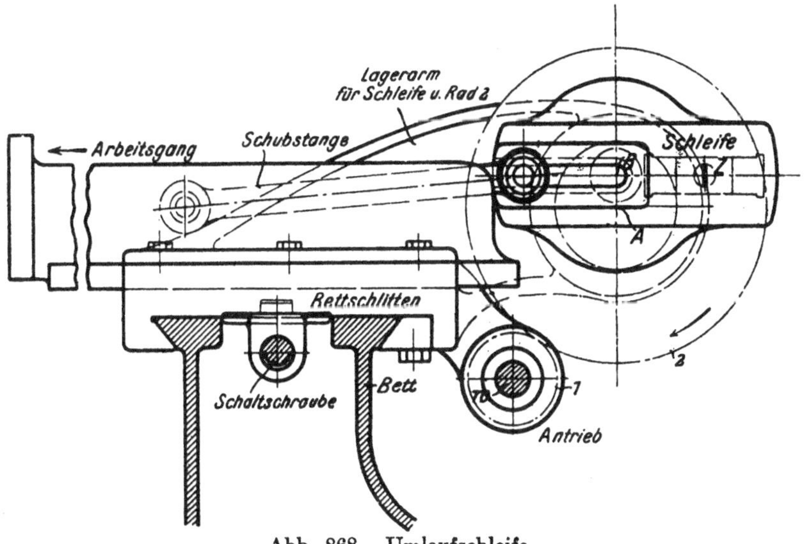

Abb. 868. Umlaufschleife.

Das Merkmal dieser Maschine liegt demnach in der Querschaltung des Stößels mit einem Bettschlitten auf einem langen Kastenbett.

Der Arbeitstisch ist meist ein einfacher Aufspannkasten A, der zum Anstellen des Werkstückes mit einer Ratsche auf I auf der Spannplatte S verstellt und mit k festgeklemmt werden kann.

Für den Antrieb des Stößels empfiehlt sich die Umlaufschleife, weil sie sich auf dem Bettschlitten bequem aufbauen läßt (Abb. 868). Sie wird durch die Räder $1, 2$ von der durch Stufenriemen angetriebenen Welle w in Umlauf gesetzt. Das Rad 2 dreht sich um A und nimmt durch den Zapfen z die um B kreisende Schleife mit. Die Schleife faßt mit der Schubstange den Stößel, den sie langsam vorschiebt und schnell zurückzieht.

Der Zahnstangenantrieb hat auch hier Aufnahme gefunden. Die

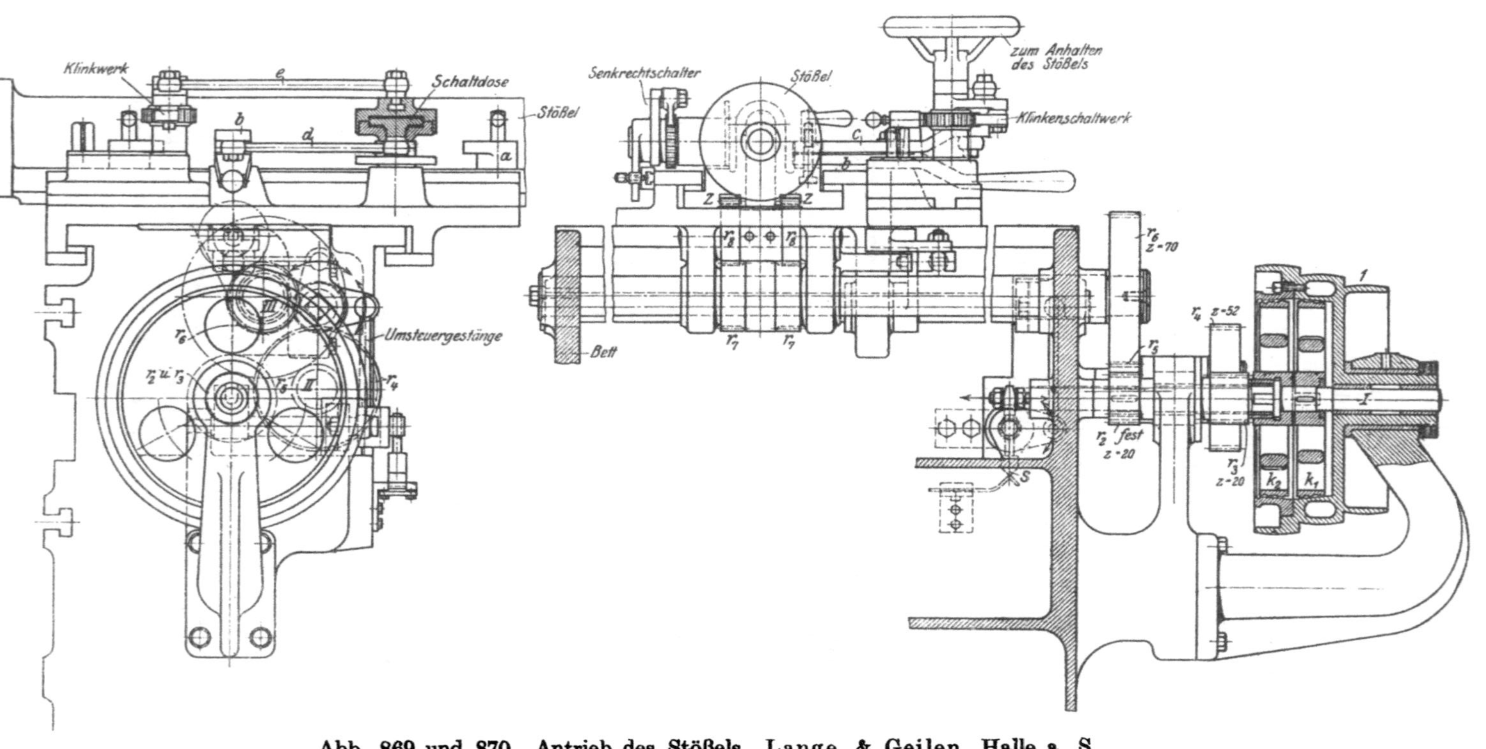

Abb. 869 und 870. Antrieb des Stößels. Lange & Geilen, Halle a. S.

Stößelhobelmaschine von Lange & Geilen, Halle a. d. Saale, hat in dem Stößelantrieb eine Räderumsteuerung, die mit einer doppelten Reibkupplung geschaltet wird (Abb. 869 und 870). Der Reibkegel k_1 und das Rad r_2 sind auf der Antriebswelle I festgekeilt, während k_2 mit r_3 auf I lose läuft. Den Hobelgang des Stößels vollziehen die Vorgelege $\frac{r_3}{r_4} \cdot \frac{r_5}{r_6}$, den beschleunigten Rücklauf das Vorgelege $\frac{r_2}{r_6}$. Für einen ruhigen Gang treiben die Doppelräder r_7, r_8 die um eine halbe Teilung versetzten Stößelzahnstangen Z. Das Umsteuern geschieht wie in Abb. 836. Die Anschläge a legen den Umleghebel b herum der mit dem gezeichneten Hebelwerk die Antriebswelle I mit k_1 und k_2 vor- oder zurückschiebt und jedesmal durch den Sperrbolzen s sperrt. Beim Umsteuern in den Hobelgang wird k_2 eingerückt, so daß $\frac{r_3}{r_4} \cdot \frac{r_5}{r_6}$ den Stößel umsteuern. Der Quervorschub des Stößels erfolgt am Ende des Rücklaufs durch den Anschlag a, der gegen den Umleghebel c stößt. Die Drehung dieses Hebels wird durch die Zugstange d auf die Schaltdose übertragen, die mit der Stange e das Klinkenschaltwerk betätigt. Letztes wirkt auf die Schaltspindel des Bettschlittens und erzeugt dessen Vorschub. Der Gegenanschlag a zieht nach beendetem Hobelgang das Schaltwerk wieder auf. Die Schalt-

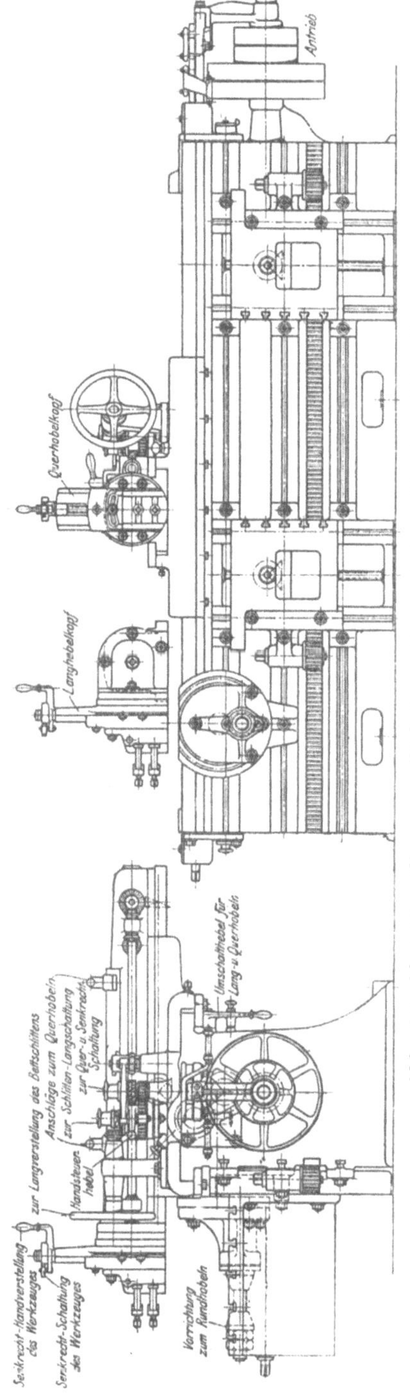

Abb. 871 bis 872. Allgemeine Hobelmaschine. Klingelhöfer, Rheydt.

dose schließt durch Reibung und kann so eingestellt werden, daß sie die Maschine vor Überlastung schützt. Durch eine Ratsche auf dem linken Vierkant wird der Bettschlitten schnell verstellt.

Das Hobeln ist wirtschaftlich bei langen, schmalen Flächen. Sind an einem Werkstück Längs- und Querleisten zu hobeln, so müßten die ersteren in der Längsrichtung, die letzteren in der Querrichtung gehobelt werden. Eine derartige Lang- und Querhobelmaschine oder Kreuzhobelmaschine verlangt, daß beim Hobeln in der Bettrichtung der Bettschlitten die Hobelgänge und der Stößel den Vorschub ausführt, dagegen beim Hobeln mit dem Stößel der Bettschlitten den Vorschub vollzieht (Abb. 871 und 872). Mit der Rundhobelvorrichtung und der Senkrechtschaltung wird sie zu einer allgemeinen Hobelmaschine.

Die Stößelhobelmaschinen für besonders schwere Werkstücke müssen tragbar sein (S. 543).

3. Die Kegelräderhobelmaschinen.

Die Kegelräderhobelmaschinen arbeiten entweder nach Lehren oder nach dem Wälzverfahren.

Bei den Maschinen, die nach Lehren arbeiten, hat der Hobelstahl entweder beide Bewegungen oder nur die Hauptbewegung und das Kegelrad den Vorschub. Beide Maschinenarten beruhen jedoch auf demselben Grundgedanken, d. h. 1. alle Schnitte des Hobelstahles müssen bekanntlich durch die Kegelspitze gerichtet sein, und 2. der Vorschub muß nach einer Lehre der vergrößerten Zahnform erfolgen.

Bei der Kegelräderhobelmaschine mit getrennten Bewegungen (Abb. 873) hat der Hobelstahl A stets dieselbe Schnittrichtung $E E$ durch die Kegelspitze G. Infolgedessen muß das Kegelrad B für jeden Schnitt nach der Lehre D dem Stahl A zugeschoben werden. Hierzu sitzt es auf einem Dorn, der, um G drehbar, nach jedem Rücklauf des Stahles das Rad vorrückt. Damit hierbei die gewölbte Zahnflanke herausgehobelt wird, drückt ein Gewicht die Lehre D ständig gegen einen Leitstift E. Der Dorn muß hierzu um die Achse $F F$ drehbar sein. Durch diese doppelte Beweglichkeit des Aufspanndornes kann der Vorschub des Rades nach der Zahnlehre erfolgen. Für ein genaues Arbeiten muß noch eine Bedingung sein: Kegelspitze G, Schneide des Stahles A und der Leitstift E müssen auf einer Erzeugenden der Zahnflanke liegen.

Hat der Hobelstahl beide Bewegungen, so wird er nach jedem Rücklauf nach der Lehre tiefer geschaltet. Diese Arbeitsweise ist in Abb. 874 dadurch möglich, daß die Gleitbahn B des Hobelschlittens die doppelte Beweglichkeit hat. Sie ist einmal um E und zum andern um den Zapfen drehbar. Der Hobelschlitten führt daher mit dem Stahl A die durch E gerichteten Schnitte aus. Nach jedem Rücklauf rollt die Bahn B mit der Leitrolle C auf der Lehre F tiefer, so daß alle Schnitte

Erzeugende der Zahnlehre sind. Auch bei dieser Maschine müssen Kegelspitze, Schneide und Berührungspunkt der Lehre auf einer Erzeugenden liegen.

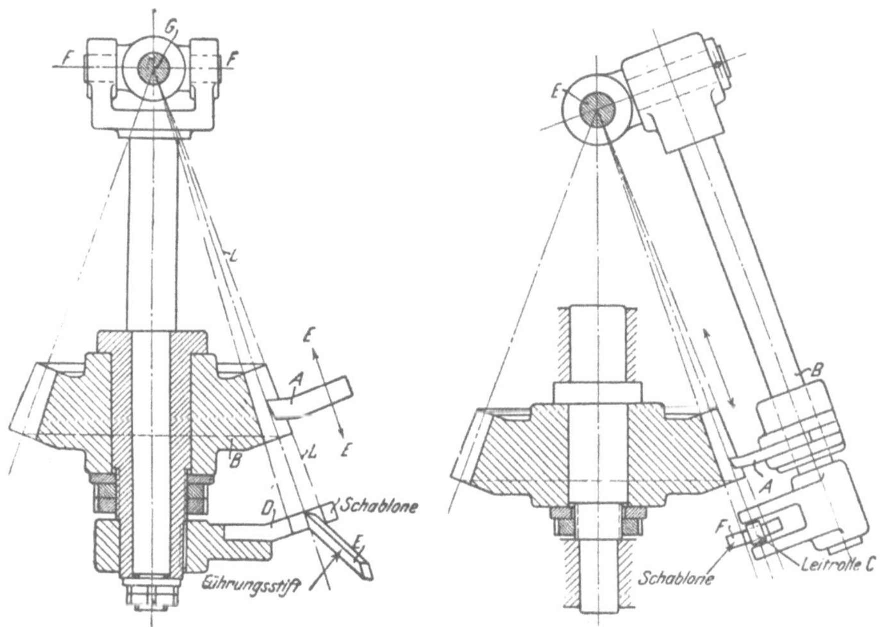

Abb. 873 und 874[1]). Arbeitsplan der Kegelräderhobelmaschinen mit Lehren.

Die Lehre muß bei beiden Maschinen die im Verhältnis der Abstände vergrößerte Zahnform haben.

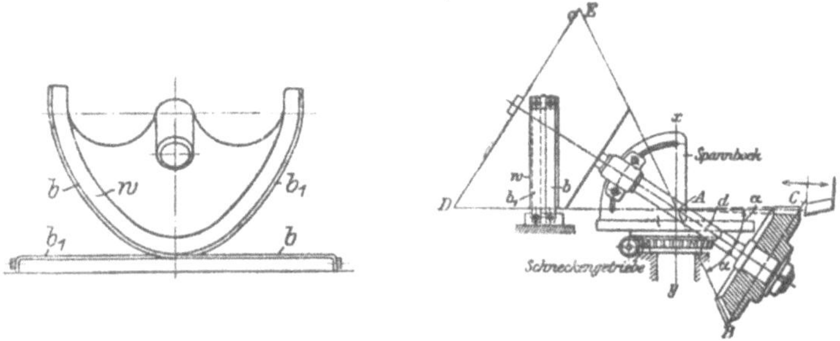

Abb. 875 und 876. Arbeitsplan der Bilgram-Kegelräderhobelmaschine
nach dem Wälzverfahren.

Die neueren Kegelräderhobelmaschinen arbeiten nach dem Wälzverfahren, weil das Hobeln nach Lehren mit Ungenauigkeiten behaftet

---

[1]) Barth, Die Grundlagen der Zahnradbearbeitung.

ist. Die bekannteste Kegelräderhobelmaschine nach dem Wälzverfahren ist die Bilgram-Maschine, die von J. E. Reinecker in Chemnitz ausgeführt wird (Abb. 875 bis 877).

Das Kegelrad wird als Werkstück auf einen Dorn d gesteckt, der zugleich die Achse des Grundkegels $A\,B\,C$ ist. Mit dem Dorn d läßt sich der jeweilige Kegelwinkel α einstellen, so daß die Radachse stets durch die Kegelspitze A gerichtet ist.

Der Aufspanndorn d hat nun die Aufgabe, die zu hobelnden Zahnflanken des Kegelrades auf dem Hobelstahle abzuwälzen. Hierzu wird er von dem Wälzbogen w um seine eigene Achse gedreht. Der Wälzbogen ist nichts anderes als ein senkrechter Schnitt des Gegenkegels $A\,D\,E$,

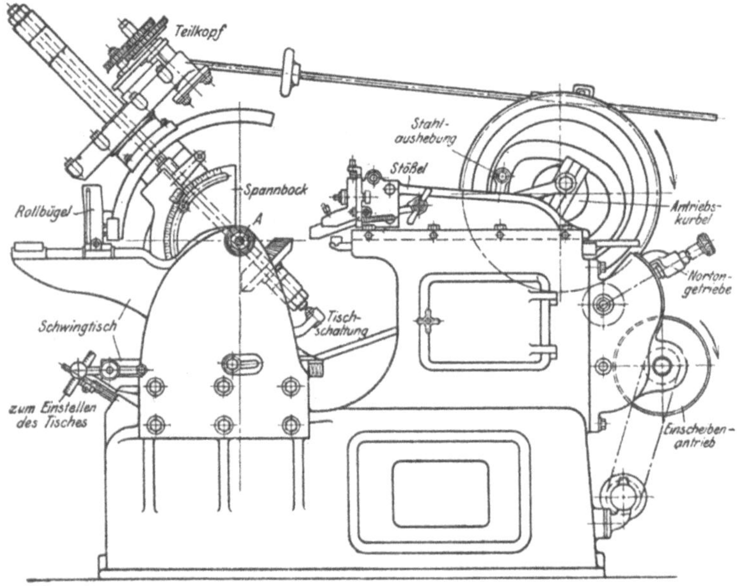

Abb. 877. Kegelräderhobelmaschine. J. E. Reinecker, A. G., Chemnitz.

d. h. eine Ellipse. Um mit dem Wälzbogen die Wälzbewegung hervorzubringen, laufen über w zwei Stahlbänder b und b_1, die einerseits an w und andererseits am Bett der Maschine befestigt sind. Der Spannbock des Dornes d sitzt auf einer Drehscheibe, die durch ein Schneckengetriebe ruckweise gedreht wird. Bei einer Drehung des Drehtisches vollzieht der Aufspanndorn d daher 2 Bewegungen zwangläufig, nämlich: 1. eine Drehung um die Achse $x\,y$ des Drehtisches für die radial verlaufende Zahnlücke und 2. eine Wälzbewegung um die eigene Achse, durch die sich die Zahnflanke auf dem Hobelstahl langsam abwälzt. Das Abwälzen wird durch die Stahlbänder und den Wälzbogen w hervorgerufen, der sich ganz langsam dreht.

Die Maschine arbeitet in der Weise, daß nach jedem Schnitt des Stahles das Rad durch den Teilkopf geteilt wird. Nach einer ganzen Umdrehung des Rades trifft daher der Hobelstahl den ersten Zahn wieder und schneidet die neue schmale Flankenfläche, die gegenüber der ersten um den geringen Vorschub versetzt ist. Ist auf diese Weise die rechte Flanke fertiggestellt, so muß für die linke ein anderer Stahl eingespannt und die Drehscheibe nach der Gegenseite gedreht werden. Für jeden anderen Kegelwinkel α ist ein anderer Wälzbogen w nötig die in Abstufungen von 5^0 zu 5^0 vorrätig sind. Die Maschine verlangt für das Wälzen vorgeschnittene Zähne, die mit einem dritten Stahl vorher hergestellt werden.

4. Die Stirnräderhobelmaschine.

Die neue Stirnräderhobelmaschine von J. E. Reinecker, Akt.-Ges., Chemnitz-Gablenz, erzeugt die Zahnflanken durch Wälzen des Rades auf einem Formstahl mit 15^0 Flankenneigung, d. h. auf einem Stahl von der Zahnform einer Evolventen-Zahnstange.

Die Grundlage dieses Hobelwälzverfahrens ist in Abb. 899 dargestellt. Soll das Flankenstück bis A durch Wälzen strichweise gehobelt werden, so muß das Rad um den Bogen $a\,A$ nach links gedreht und um die Strecke $a\,A_1$ nach rechts verschoben werden. Das Verfahren ist also dasselbe wie beim Schleifen der Stirnräder nach dem Wälzverfahren.

Die Stirnräderhobelmaschine gleicht daher in ihrem Aufbau der Stirnräderschleifmaschine in den Abb. 740 und 741. Der Schleifkopf des Stößels ist durch einen Hobelkopf zu ersetzen, so daß Stößel und Antrieb mit dem der Kegelräderhobelmaschine in Abb. 877 übereinstimmen. Da der Arbeitstisch dieselben Bewegungen des Stirnrades wie beim Schleifen hervorzubringen hat, so zeigen beide Maschinen in ihren Steuerungen der Tische große Übereinstimmung. (Abb. 740 und 741.)

Die Stirnräderhobelmaschine hobelt in der Weise, daß nach jedem Schnitt des Stahles das Rad um einen Zahn weitergeteilt wird. Das Teilwerk wird hierzu durch Gelenkwellen und Räder von einer Vorgelegewelle der Maschine angetrieben. Es teilt während des Stößelrücklaufs, bei dem der Stahl abgehoben wird. Während dieser Zeit wird auch der Querschlitten Q für die Wälzbewegung des Rades entsprechend der Strecke $a\,A_1$ verschoben. Der Rollbogen, der auch hier mit Stahlbändern beiderseits aufgelegt ist, besorgt die Drehbewegung des Rades um den Bogen $a\,A$.

Die Maschine hobelt zunächst mit einem Mittelstahl alle Lücken vor und hierauf mit einem Rechtsstahl alle rechten Flanken strichweise nach und dann mit einem Linksstahl alle linken Flanken. Für besonders ruhigen Gang schnellaufender Räder wird der Zahnkopf durch einen Abrunder stärker als die Evolvente abgerundet.

5. Die Stoßmaschine.

Die Anwendung der Stoßmaschine erstreckt sich auf das Stoßen von geraden und runden Außen- und Innenflächen. Durch die Fräsmaschine ist ihr Arbeitsfeld jedoch stark beschnitten worden, so daß die Stoßmaschine heute nur noch da angewandt wird, wo die Arbeitsflächen dem Fräser nicht zugänglich sind. Ihre Hauptarbeit erstreckt sich also auf das Stoßen versteckter Flächen, wie Keilnuten in Naben, bei denen der Stahl von oben nach unten durchstoßen muß.

Die neueren Bestrebungen sind auch hier nicht ohne Einfluß geblieben. Man hat die Stoßmaschine, um sie vielseitiger zu gestalten, auch für andere Arbeitsverfahren, wie Bohren, eingerichtet, so daß mehrere Arbeiten an einem Werkstück vorgenommen werden können, ohne es umspannen zu müssen. Dieser Vorzug kommt aber erst zur Geltung bei der Bearbeitung schwerer Werkstücke, wie Panzerplatten u. dgl.

Die gleiche Arbeitsweise der Stoß- und der Stößelhobelmaschine erklärt auch die grundsätzliche Übereinstimmung in ihren wichtigsten Einzelteilen (Abb. 878 bis 881). Bei beiden Maschinen hat das Werkzeug die gerade Hauptbewegung und das Werkstück den Vorschub. Der einzige Unterschied, der auch für den Aufbau der Stoßmaschine ausschlaggebend ist, liegt in der auf- und absteigenden Bewegung des Stößels. Sie darf weder durch den Stahldruck noch durch den Massendruck Erschütterungen in der Maschine verursachen. Unter dieser Voraussetzung ergibt sich die gekennzeichnete Hakenform des Gestelles, das in dem gefährdeten Querschnitt die Biegungsmomente des Massen- und Stahldruckes aufzunehmen hat.

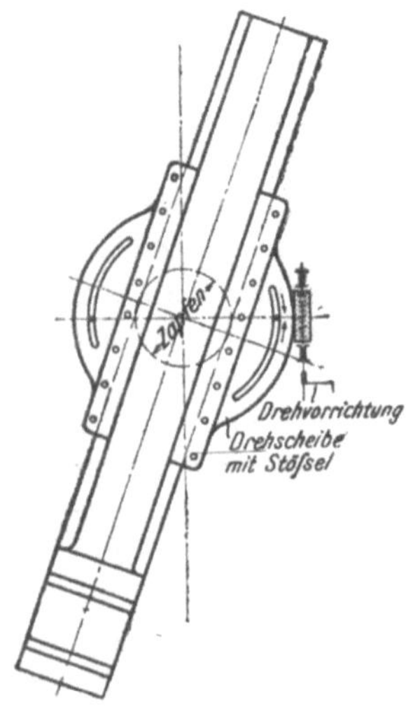

Abb. 882. Schrägstellung des Stößels.

Der Stößel.

Der Werkzeugträger der Stoßmaschine vereinfacht sich dadurch, daß der Stahl erst gegen Ende Rücklauf vom Werkstück abgehoben werden könnte. Infolgedessen sind im Vergleich zum Hobelschlitten Klappe, Klappenträger und Drehscheibe für gewöhnlich zwecklos. Die Stahlhalter sitzen daher unmittelbar in den Spannuten des Stößels (Abb. 878 und 880). Sie gestatten dadurch eine gute Befestigung langer Stähle und Stahlhalter, wie sie zum Bestoßer hoher Werkstücke notwendig sind.

Die auf- und absteigende Bewegung des Stößels erzeugt unter dem einseitig wirkenden Stahldruck ähnliche Beanspruchungen, wie sie bei

Additional information of this book

(Die Werkzeugmaschinen; 978-3-642-89890-7; 978-3-642-89890-7_OSFO33) is provided:

http://Extras.Springer.com

der Hobelmaschine auftreten. Sie wachsen auch hier mit der Größe des Hubes und der Stärke des Spanes, so daß auf eine gute Führung des Stößels (Abb. 881) gebührend Rücksicht zu nehmen ist.

Soll die Maschine auch für das Stoßen kegelförmiger Flächen und Keilnuten mit Anzug eingerichtet werden, so muß der Stößel wie beim Schräghobeln bestimmte Gradstellungen einnehmen. Für sie ist die Führung des Stößels als Drehscheibe (Lyra) auszubilden (Abb. 882), durch die er auf die entsprechende Neigung eingestellt werden kann.

Der Antrieb.

Der Antrieb des Stößels ist auf Grund der bereits bekannten Gesichtspunkte zu entwerfen. Bei kleineren Hubgrößen von 400 bis 500 mm ist die Kurbelschwinge sehr gebräuchlich.

Einen Stößelantrieb mit einer Kurbelschwinge zeigen die Abb. 883 bis 885. Die von der Stufenscheibe und einem Rädervorgelege angetriebene Kurbel K treibt die um Z_1 schwingende Kurbelschleife. Ihre pendelnde Bewegung wird durch die Schubstange auf den Stößel übertragen, der hierdurch während des Kurbelwinkels α den Arbeitsgang langsam und während des Kurbelwinkels β den Rücklauf schnell vollzieht. Das Einstellen des Hubes erfolgt mit dem verstellbaren Kurbelzapfen z.

Der Antrieb der Loeweschen Stoßmaschine (Abb. 878 und 880) geht von der fünfläufigen Stufenscheibe 1 aus über das Vorgelege $\dfrac{2}{3}$ auf die Umlaufscheibe U. Das große Treibrad 3 dreht sich um die Büchse B, in der die Kurbelwelle w außermittig läuft. Rechts sitzt auf ihr die Umlaufschleife U und links die Antriebskurbel K. Die Umlaufschleife empfängt vom Zapfen z des Rades 3 ihre Drehbewegung und vermittelt mit der um 90^0 versetzten Kurbel K und der Schubstange S in der bekannten Weise den langsamen Hub des Stößels und den schnellen Rückgang entsprechend den Kurbelwinkeln. Der Hub der Maschine wird auch hier mit dem verstellbaren Kurbelzapfen Z an K geregelt.

Das Ansetzen des Stahles erfordert meist ein Herabsenken des Stößels auf das Werkstück. Hierzu ist die Stellschraube s eingebaut und der Kloben a als Mutter ausgebildet und in dem Stößel geführt Zum Anstellen des Stahles ist daher nur die Stellschraube s mit dem Handrade H zu drehen. Dabei schraubt sie sich in der feststehenden Mutter a weiter und nimmt den Stößel mit. Um die Spindel s im Be riebe von dem Arbeitsdruck zu entlasten, wird der Kloben a in dem Stößel festgeklemmt (Abb. 878 und 880).

Neuere Bestrebungen suchen auch bei der Stoßmaschine die tote Arbeitszeit möglichst abzukürzen und infolgedessen den Rücklauf stark zu beschleunigen. Durch die vereinigte Umlauf- und Schwingschleife ist es bereits gelungen, die tote Arbeitszeit auf etwa $^1/_6$ und durch Hintereinanderschalten von mehreren Umlaufschleifen auf etwa $^1/_3$ abzukürzen.

Bei schweren Stoßmaschinen bietet der Kurbelantrieb infolge des Druckwechsels im Gestänge zu wenig Sicherheit für einen glatten Schnitt.

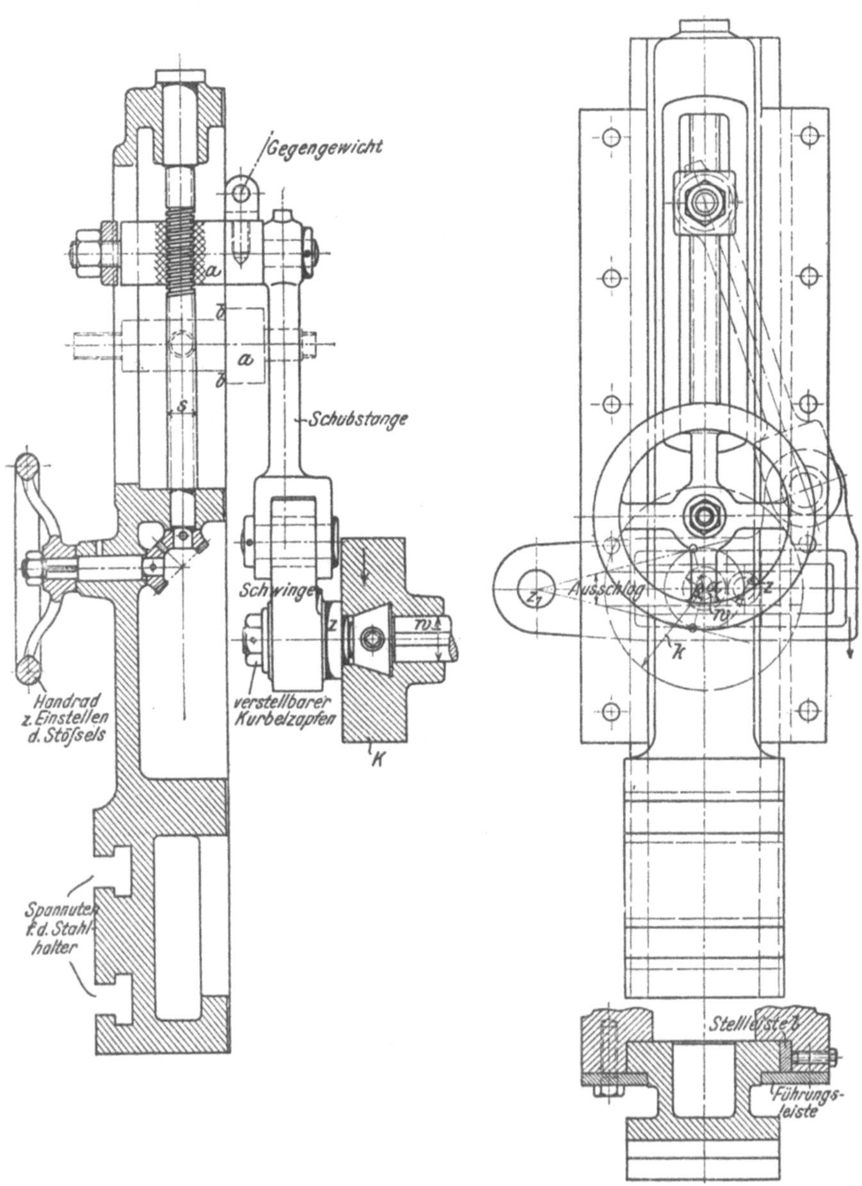

Abb. 883 bis 885. Stößel mit Schwinge. $M = 1:6$.

Bei diesen Maschinen wird daher der Schraubenantrieb des Stößels bevorzugt (Abb. 894). Er gewährt selbst bei starker Inanspruchnahme einen ruhigen Gang und für die heutigen hohen Riemengeschwindigkeiten oder für den elektrischen Antrieb eine große Übersetzung. Für den

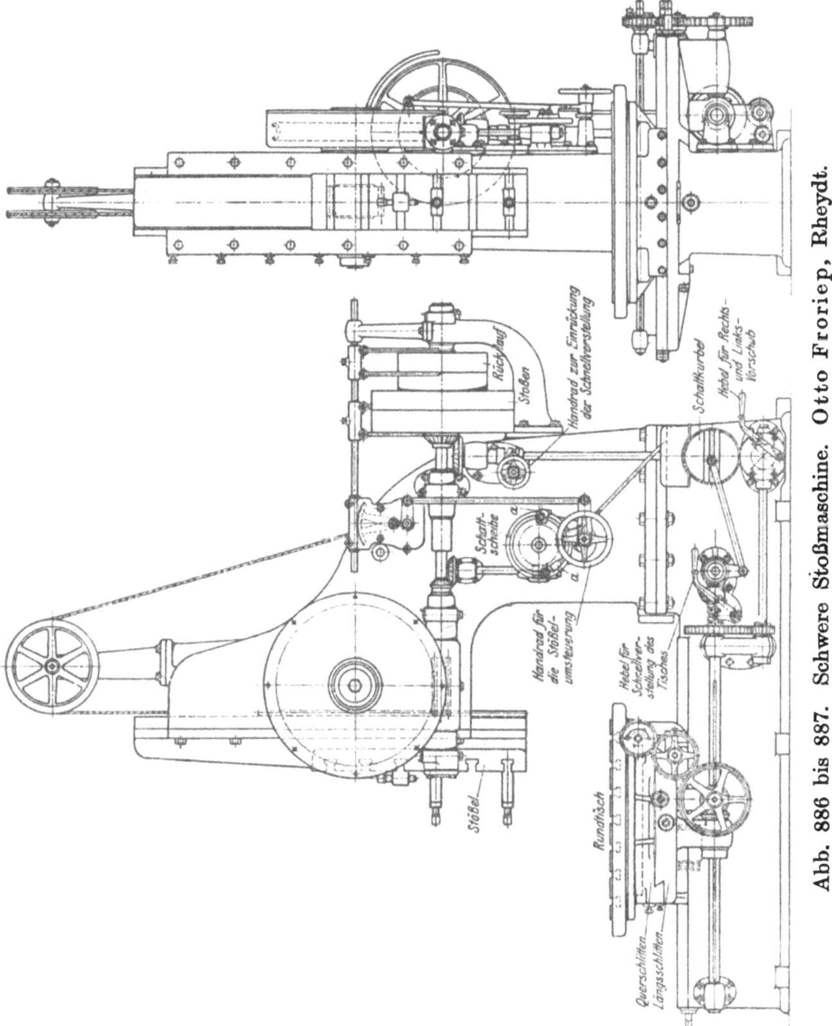

Abb. 886 bis 887. Schwere Stoßmaschine. Otto Froriep, Rheydt.

Hubwechsel erfordert der Schraubenantrieb allerdings eine besondere Umsteuerung.

In ähnlicher Weise wird auch der Zahnstangenantrieb benutzt. Allerdings verlangt er für eine ausreichende Übersetzung, daß die Riemen zunächst auf ein großes Schneckengetriebe wirken (Abb. 886 und 887).

Die Steuerung.

Die Umsteuerung der auf- und abgehenden Hauptbewegung des Stößels erfolgt beim Kurbelantrieb von selbst, beim Schrauben- und Zahnstangenantrieb (Abb. 886) durch die verstellbaren Anschläge *a* der Schaltscheibe nach Maßgabe der Umsteuerung der Tischhobelmaschine. Die Anschläge legen vor jedem Hubwechsel den Winkelhebel herum, der durch das Gestänge die Riemen verschiebt. Mit einem Handrad kann man die Maschine augenblicklich umsteuern und stillsetzen.

Auch bei schweren Stoßmaschinen hat man versucht, wie bei den Hobelmaschinen das Riemenverschieben zu umgehen, indem man die Antriebswelle oder eine Vorlegewelle der Maschine mit einem Räderwendegetriebe umsteuerte. Die Vorbedingung hierzu ist, die Räder-

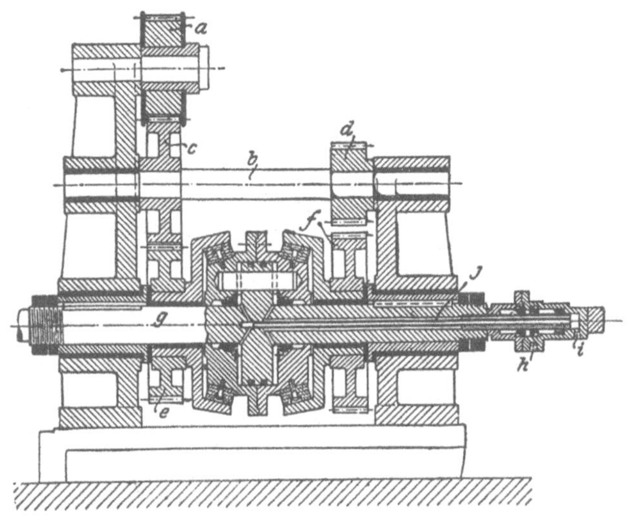

Abb. 888.   Druckluft-Umsteuerung von Riddell.

getriebe für den Vor- und Rücklauf der Maschine abwechselnd kuppeln zu können und zwar im Sinne der Abb. 836.

Dieser Gedanke ist auch dem Wendegetriebe von Riddell zugrunde gelegt. Seine Kennzeichnung gegenüber der Abb. 836 liegt darin, daß die Maschine mit Druckluft umsteuert (Abb. 888). Der Elektromotor treibt nämlich durch das Rohhautrad *a* zunächst die Vorgelegewelle *b*, auf der die Räder *c* und *d* festgekeilt sind. Auf die Umsteuerwelle *g* arbeiten daher entweder die Vorgelege $\frac{a}{c} \cdot \frac{c}{e}$ oder $\frac{a}{c} \cdot \frac{d}{f}$. Das Umsteuern bewirkt hierbei ein Zwischenrad, das mit *d* und *f* kämmt (in der Figur ist das Zwischenrad nicht gezeichnet). Für das abwechselnde Arbeiten der beiden Antriebe müssen die Räder *e* und *f* lose laufen und auf *g* zeitweise zu kuppeln sein. Diese Aufgabe ist wie früher durch eine doppelseitige Kegelkupplung gelöst, die hier allerdings durch Druckluft eingerückt wird. Gegen Ende Rücklauf verstellt nämlich der Stößel der Maschine einen Zweiwegehahn, der Druckluft durch die Eintrittsöffnung h in die Bohrungen von g strömen läßt. Die Folge ist, daß der rechte Kegel das Arbeitsgetriebe $\dfrac{a}{c} \cdot \dfrac{d}{f}$ kuppelt, während e von jetzt ab lose mitläuft. Am Ende des Arbeitsganges wird der Steuerhahn von neuem umgestellt. Jetzt strömt die Druckluft durch die Öffnung i in das Rohr J und von hier auf den linken Kegel. Er kuppelt das Rad e und schaltet somit das Rücklaufgetriebe $\dfrac{a}{e}$ ein. — Die Druckluftumsteuerung ist bereits von den Hobelmaschinen her bekannt (Z. Ver. deutsch. Ing. 1904, S. 1331).

Die Schaltsteuerung muß auch hier eine Ruckssteuerung sein, die in Kraft tritt, bevor der neue Schnitt beginnt. Sie wird betätigt von dem Antrieb des Stößels aus. Der Kurbelantrieb besitzt hierfür die Eigenart, daß in der höchsten Stellung die Kurbel einem verhältnismäßig großen Kurbelweg nur ein kleiner Stößelweg entspricht. Auf diesem Überwege ist der Vorschub zu vollziehen und die Schaltung wieder aufzuziehen. Als Antrieb dient in der Regel eine Nutenscheibe, die mit Hilfe eines Sperrwerkes während des oberen Hubwechsels schaltet (Abb. 117).

Bei der Stoßmaschine in Abb. 878 bis 881 bewirkt das Steuerrad 3 mit seiner ausgekragten Nut beim oberen Hubwechsel des Stößels einen hin- und hergehenden Ausschlag des Gestänges. Das Steuergestänge arbeitet auf ein Sperrwerk, das hier, wie aus Abb. 117 bekannt, die einzelnen Züge des Tisches ruckweise betätigt.

Der Arbeitstisch.

Der Arbeitstisch (Abb. 889 bis 891) hat als Einspannvorrichtung des Werkstückes die verschiedenen Vorschübe auszuführen, die beim Lang- Quer- und Rundstoßen erforderlich sind. Für die sich kreuzenden Vorschübe beim Lang- und Querstoßen ist der Arbeitstisch als Kreuzschlitten auszubilden. Diese Grundform besteht aus dem Längsschlitten L und dem Querschlitten Q. Soll der Arbeitstisch auch für das Rundstoßen eingerichtet sein, so ist er noch durch einen drehbaren Aufspanntisch, Rundtisch R, zu ergänzen. Der Rundtisch sitzt mit dem Kegelzapfen Z auf dem Querschlitten Q und ist außen durch eine Rundführung noch besonders abgestützt. Mit dem Kreuzschlitten läßt sich das Werkstück längs und quer einstellen und mit dem Rundschlitten drehen.

Das selbsttätige Arbeiten der Maschine verlangt auch hier für die einzelnen Vorschübe Selbstgang. Hierzu müssen die Schaltspindeln des Längsschlittens und des Querschlittens, sowie das Schneckengetriebe des Rundschlittens einzeln von der Maschine ruckweise betätigt werden. Sie erhalten ihren Antrieb von der Schaltsteuerung, die in den Abb. 117

Additional information of this book

(Die Werkzeugmaschinen; 978-3-642-89890-7;

978-3-642-89890-7_OSFO34) is provided:

http://Extras.Springer.com

und 878 klargelegt ist. Diese Steuerung betätigt durch das auf- und absteigende Gestänge ruckweise das Sperrad s und mit ihm die Schaltwelle a. Von ihr sind nun die einzelnen Vorschübe abzuleiten. Den Längsgang des Arbeitstisches vermitteln hier die hintereinander liegenden

Abb. 894. Schwere Stoßmaschine. Maschinenfabrik Schieß. A. G., Düsseldorf.

Stirnräder *1*, *2* und *3*, von denen *3* auf der Längsschlittenspindel L sitzt. Der Plangang und der Rundgang werden wie bei dem Drehbankschlitten bewerkstelligt. Sie haben einen gemeinsamen Antrieb in den Kegelrädern *4* und *5* und dem Stirnrade *6* (Abb. 878 und 879). Mit dem Verschieberad *7* wird der Quergang und mit *9* der Rundgang einzeln eingerückt.

Größere Stoßmaschinen haben eine Schnellverstellung des Tisches, damit die Bedienung der Maschine erleichtert und beschleunigt wird. Mit einem Handhebel wird in Abb. 886 durch Umschalten der Kupplung einerseits das Schaltwerk ausgeschaltet und andererseits der Schnellgang mit Rechts- oder Linksgang eingerückt.

Auch die Stoßmaschine hat durch den Schnellbetrieb Vervollkommnungen erfahren, wie sie bei der schweren Stoßmaschine (Abb. 892 und 893) von Wagner & Cie. in Dortmund ausgeführt sind. Der Stößel hat mehrere Geschwindigkeiten für den Vor- und Rücklauf und eine verstellbare Führungsbahn. Er wird elektrisch angetrieben und elektromagnetisch umgesteuert. Der Arbeitstisch hat selbsttätige Tischbewegungen und Schnellverstellungen, die umsteuerbar sind. Um einen Überblick über die Entwicklung der Stoßmaschine zu gewinnen, vergleiche man die Abb. 878 mit 892.

Die Zweiständer-Stoßmaschine.

Die Einständer-Stoßmaschine (Abb. 878) verlangt in ihrer Arbeitsweise, daß das Werkstück durch den Tisch geschaltet wird. Bei schweren und sperrigen Stücken ist dies nicht möglich. Das Werkzeug muß daher beide Bewegungen übernehmen. In dem Aufbau der Maschine verlangt diese Arbeitsweise einen Zweiständerrahmen, auf dessen Querhaupt ein Querschlitten sitzt, der nach jedem Stahlrücklauf durch die Steuerung der Maschine vorgeschoben wird. Die stößelartige Längsbahn des Werkzeugschlittens läßt sich auf dem Querschlitten hoch und tief stellen. Der Arbeitstisch ist ein einfacher Schlitten mit Drehtisch und selbsttätigen Einstellbewegungen (Abb. 894).

Die Stirnrad-Stoßmaschinen.

Die Stirnrad-Stoßmaschinen (Abb. 897) arbeiten nach dem Wälzverfahren entweder mit einem Stoßrad oder mit einem Formstahl. Die Werkzeuge werden nach dem Härten auf die genaue Form geschliffen und liefern beim Stoßwälzen genaue Verzahnungen für schnellaufende Räder. Für Teilungen bis etwa $M = 7$ wird das Stoßrad, für größere Teilungen der Formstahl benutzt.

Bei dem Fellows-Verfahren ist das Stoßrad ein Stirnrad mit 24 Zähnen, mit dem die Zahnlücken des Werkrades ausgestoßen werden. Ein derartiges Stoßrad verlangt folgendes Verfahren: Da sich die Zahnflanken von zwei in Eingriff stehenden Rädern punktweise aufeinander abwälzen, so müssen Stoßrad und Werkrad mit gleicher Teilkreisgeschwindigkeit ruckweise geschaltet werden, d. h. wälzen. In den Zwischenpausen muß das Stoßrad die Schnitte ausführen (Abb. 895 und 896). Bei der Röber-Stoßmaschine (Abb. 897 und 898) wird dieser Arbeitsvorgang in der Weise vollzogen, daß das Stoßrad beim Niedergang des Stößels (Abb. 895) jedesmal Flankenpunkte stößt. Damit beim Rückgang das Stoßrad nicht an der Flanke schleift, zieht der Tisch mit dem Um-

Additional information of this book

(Die Werkzeugmaschinen; 978-3-642-89890-7; 978-3-642-89890-7_OSFO35) is provided:

http://Extras.Springer.com

steuern des Stößels das Werkrad mit einem Ruck zurück. Nach beendetem Rücklauf wälzen beide Räder um den Vorschub. Die Steuerung der Maschine dreht hierzu ein wenig die Stößelspindel mit dem Stoßrade und den Rundtisch mit dem Werkrade. Zugleich schiebt der Tisch das Rad wieder vor, so daß mit dem nächsten Stößelhub neue Flankenpunkte gestoßen werden. Mit einer Umdrehung ist das Rad fertig.

Mit einem Stoßrad können alle Zähnezahlen derselben Teilung gestoßen werden. Um bei Rädern mit weniger als 24 Zähnen Unterschneidungen der Zahnfüße zu vermeiden, wird die Erzeugende der Evolvente nicht wie sonst üblich unter 15° sondern unter 20° gelegt, ohne Rücksicht auf die verkürzte Eingriffsstrecke. Das Verfahren kann für Innen- und Außenverzahnung benutzt werden.

Das Dietel-Stoßverfahren mit dem Zahnstangen-Formstahl ist dem Abwälzen von Zahnrad und Zahnstange nachgebildet. Dabei

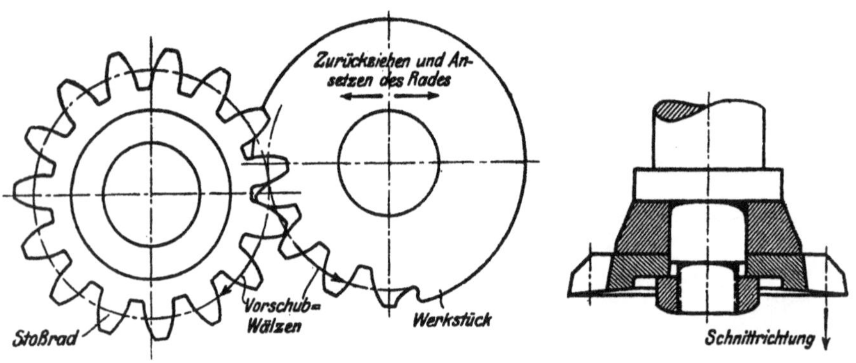

Abb. 895. Stoßwälzverfahren mit Stoßrad.   Abb. 896. Stoßrad.

sind die geraden Flanken der Zahnstange als Schneiden des Werkzeuges benutzt, so daß sich das Verfahren durch das einfache Werkzeug, den Formstahl, auszeichnet, der bei allen Zähnezahlen derselben Teilung benutzt werden kann. Den geraden Formstahl kann man allerdings nur bei Außenzähnen verwenden, bei Innenzähnen muß er die Zahnform des Stoßrades haben.

Die Grundlage dieses Verfahrens müßte folgende sein (Abb. 899 und 900): Soll z. B. die Zahnflanke bis A gestoßen werden, so müßte sich der Zahnstangenpunkt A_1 mit dem Radpunkt A in a auf der Eingriffslinie beim Abwälzen berühren. Da aber die Stoßmaschine immer in derselben Ebene stößt, so muß der Querschlitten des Tisches das Rad um das Stück c nach rechts schieben, während der Rundschlitten es um das Bogenstück $a\,A$ dreht. Durch diese Doppelbewegung wälzt die Radflanke Punkt für Punkt auf dem Stahl ab, genau so wie sich die Zahnflanken von Zahnrad und Zahnstange aufeinander abwälzen.

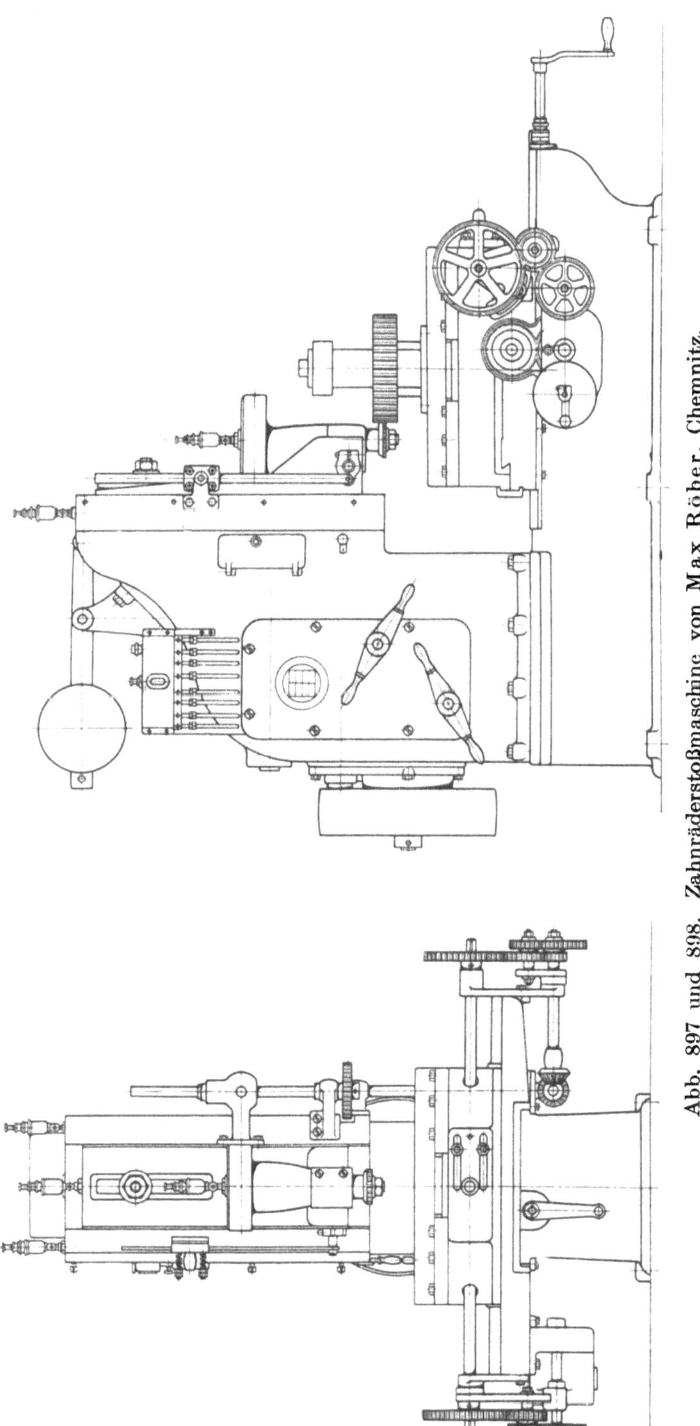

Abb. 897 und 898. Zahnräderstoßmaschine von Max Röber, Chemnitz.

Bei der praktischen Durchführung des Verfahrens führt der Stößel der Stoßmaschine den Formstahl durch die Lücke. Beim Umsteuern des Stößels zieht der Tisch das Rad zurück. Nach beendetem Rücklauf dreht die Steuerung den Rundtisch und verschiebt den Quer-

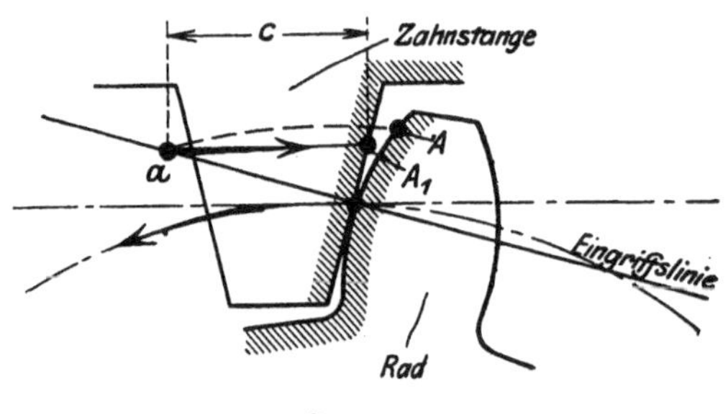

Abb. 899. Stoßwälzverfahren mit Formstahl.

schlitten nach der Gegenseite. Damit ist das Wälzen des Zahnes auf dem Formstahl bewirkt. Der Tisch setzt das Rad wieder an, und der Stößel stößt von neuem durch. Das Spiel wiederholt sich, bis die Lücke ausgestoßen ist. Für die nächste Lücke läuft der Tisch schnell zurück,

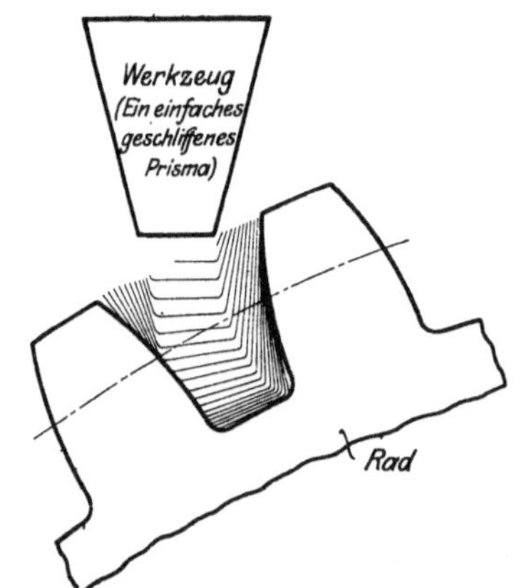

Abb. 900. Stoßwälzen mit einem Formstahl.

das Rad wird um die Teilung gedreht. Bei großen Teilungen werden die Lücken durch zwei Einstiche nach Abb. 901 vorgestoßen. Kammwalzen mit versetzten Zähnen können in der Weise gestoßen werden, daß zuerst die eine Hälfte gestoßen wird und dann durch Umstecken die andere.

Die Stoßwälzverfahren liefern alle saubere Flanken und zeichnen sich gegenüber den Fräswälzverfahren durch die Einfachheit ihrer Werkzeuge aus. Die Wagner-Stoßmaschine hat die erforderlichen Einrichtungen zum Zahnradstoßen. Bei dem Stoßen ist der Quer- und Rundgang des Tisches einzuschalten und beim Teilen auszuschalten (siehe Bedienungsplan)

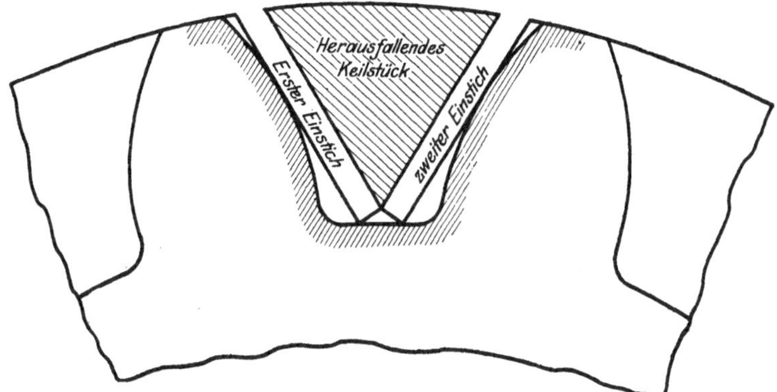

Abb. 901. Vorstoßen großer Zahnlücken.

6. Die Keilnutenhobelmaschine.

Die Stoßmaschine hat in ihrer Eigenschaft als Nutenstoßmaschine einen scharfen Wettbewerb durch die Keilnutenhobelmaschine (Abb. 902) erhalten. Der Grundgedanke der Keilnutenhobelmaschine liegt darin, daß ein Stahl durch die zu nutende Nabe mehrmals hindurchgezogen und dabei vor jedem neuen Schnitt etwas tiefer gestellt wird. Hierdurch wird der Stahl die Nut herausschneiden.

Die praktische Durchführung dieses Verfahrens verlangt in erster Linie eine Werkzeugstange B (Abb. 903), in deren Aussparung der Nutstahl D sitzt. Soll dieser Stahl die einzelnen Schnitte vollziehen, so muß die Stange B mehrmals auf- und abwärts gehen. Hierzu ist die Werkzeugstange B in einem Stößel befestigt, der unterhalb des Tisches geführt ist. Der Antrieb des Stößels erfolgt durch ein verstellbares Kurbelgetriebe, das durch eine Stufenscheibe und ein Rädervorgelege betrieben wird.

Ein genaues Arbeiten dieser Maschine beansprucht noch einige Feinheiten. Zunächst muß die Stange B gegenüber dem Stahldruck gut geführt sein. Diese Führung übernimmt das Stahlrohr A. Es ist mit dem Flanschen G auf dem Tisch H befestigt und für den Durchtritt des Stahles D vorn genutet. Eine weitere Versteifung bietet die Hülse F, die ebenfalls auf dem Flanschen G befestigt und auf der Vorderseite für den Nutstahl aufgeschnitten ist. Die Hülse F dient zugleich zur Aufnahme der zu nutenden Naben.

Soll der Nutstahl D die verschiedenen Schnitte nehmen, so ist er, wie bereits erwähnt, vor jedem neuen Schnitt tiefer zu stellen. Diese

Schaltung vollzieht der Keil C. Er drückt beim Anziehen der oberen
Stellschraube den Stahl gegen das Werkstück etwas weiter vor, so daß
er beim Niedergang von neuem schneiden kann. Hierbei zeigt die
Maschine noch ein einfaches und praktisches Mittel für gleiche Nuttiefen
bei Massenarbeiten. Durch die beiden Gegenmuttern E auf der Stellschraube kann nämlich die Einstellung von D auf gleiche Tiefen begrenzt werden.

Eine hübsche Lösung hat auch das Abheben des Stahles beim Rück-

Abb. 902. Keilnutenhobelmaschine. A. H. Schütte, Köln-Deutz.

gang der Maschine gefunden. Der Stahl wird nämlich durch den Gegendruck des Werkstückes zurückgedrückt und nachher wieder selbsttätig
angesetzt. Sobald die Stange B hoch geht, spannt der Stahl D durch
Niederdrücken des Bolzens K die untere Feder an und hebt sich zugleich
von der schiefen Ebene des Keiles C ab. Hierdurch kann der Stahl von
der Nutsohle zurückweichen und beim Rückgang seine Schneide schonen.
Das Ansetzen des Stahles erfolgt wiederum selbsttätig, sobald ihn das

Werkstück freigibt. In dem Augenblick drückt ihn die untere Feder wieder an C hoch, so daß der Stahl mit der Stellschraube von neuem nachgestellt werden kann.

Die Anwendung dieser Maschine setzt nicht voraus, daß für jede zu nutende Nabe eine passende Hülse F vorrätig ist. Es genügt vielmehr, wenn zwischen Hülse und Nabe passende Keile gleichmäßig eingefügt werden.

Eine besondere Beachtung verdient noch das Schneiden von Keilnuten mit Anzug. Dies verlangt nichts anderes, als die Hülse F schräg zu bohren (Abb. 903). Auch das Einsetzen des Nutstahles D bietet keine Schwierigkeiten. Er ist nur auf K so weit niederzudrücken, bis er sich bequem in die Aussparung von B legt. Alsdann springt er durch den Gegendruck der Feder in seine richtige Lage.

Mit der Keilnutenhobelmaschine schwerer Bauart und mit Rundtisch lassen sich auch Schubstangenköpfe aushobeln, wie dies in Abb. 904 dargestellt ist.

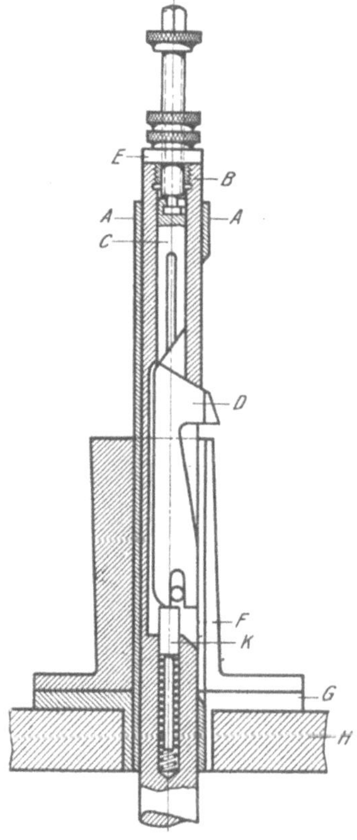

Abb. 903. Messerstange.

Abb. 904. Aushobeln eines Stangenkopfes.

Hat der Nutstahl die Form der Zahnlücke, so kann die Keilnutenhobelmaschine auch als Zahnstangenhobelmaschine benutzt werden (Abb. 905).

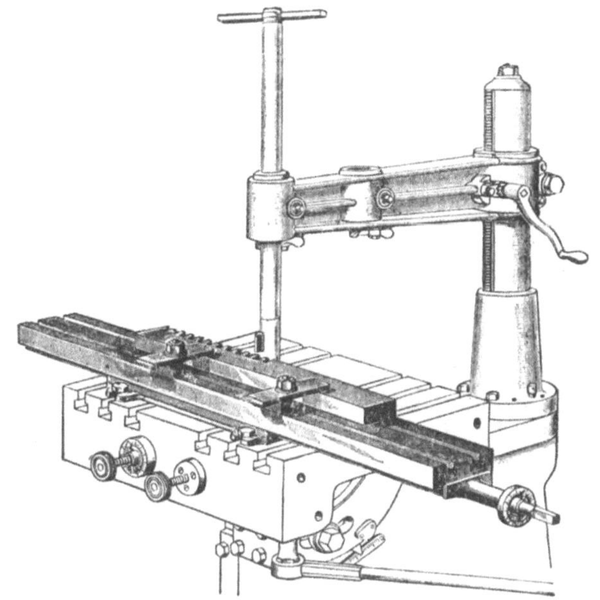

Abb. 905. Hobeln einer Zahnstange.

7. Die Blechkantenhobelmaschinen.

Die Blechkantenhobelmaschinen dienen zum Abhobeln der Blechkanten an Kessel-, Schiffsblechen u. dgl.

Wie bereits erwähnt, arbeiten die Werkzeuge der Blechkantenhobelmaschinen zweckmäßig mit der Haupt- und der Schaltbewegung. Diese Aufgabe läßt sich nach Abb. 906 und 907 in folgender Weise lösen.

Für die hin- und hergehende Hauptbewegung des Hobelstahles ist der Werkzeugträger als Schlitten ausgebildet, der wie bei der Drehbank auf dem Maschinenbett geführt und durch die Leitspindel L angetrieben wird. Um bei den großen Hüben den zeitraubenden Leergang zu umgehen, hobelt die Maschine beim Vor- und Rücklauf. Hierzu hat sie 2 Hobelschlitten I und II, die von der Leitspindel L gemeinsam betrieben werden und abwechselnd beim Hin- und Rückgang arbeiten. Der Hubwechsel der Schlitten erfordert daher ein Wendegetriebe, das die Leitspindel nach jedem Hube umsteuert. Soll dabei beidemal die gleiche Schnittgeschwindigkeit gewahrt bleiben, so muß das Wendegetriebe mit derselben Umlaufszahl umsteuern. Diese Bedingung erfüllt das Räderwendegetriebe durch entsprechende Vorgelege. Liegt z. B.

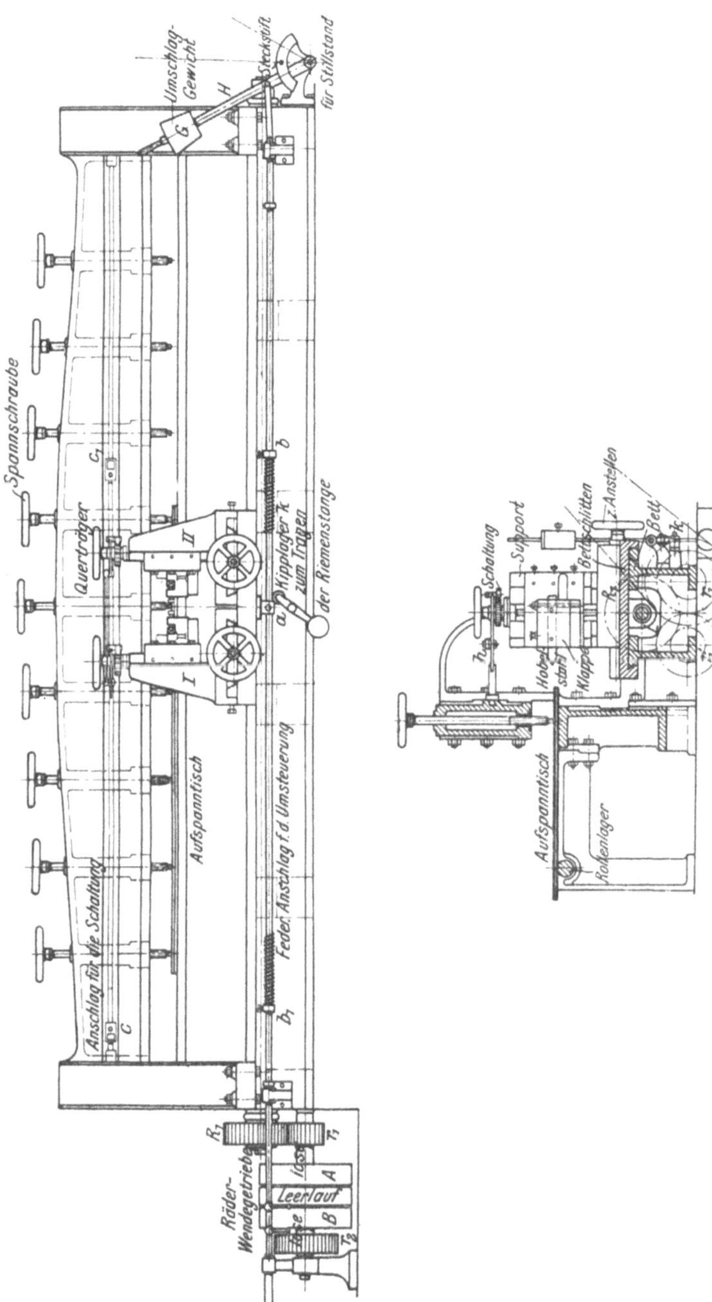

Abb. 906 und 907. Blechkantenhobelmaschine. Kalker Maschinenfabrik, Kalk bei Köln a. Rh.

der Riemen auf A, so treibt das Vorgelege $\dfrac{r_1}{R_1}$ die Leitspindel, die die beiden Schlitten vorschiebt. Wird umgesteuert, so kommt derselbe Riemen auf B. Die Vorgelege $\dfrac{r_2}{R_2} \cdot \dfrac{r'_1}{R_1}$ kehren die Drehrichtung der Leitspindel um, so daß sie die Schlitten mit gleicher Geschwindigkeit zurückschiebt. Die für das Umsteuern erforderliche Riemenverschiebung besorgt die Maschine durch verstellbare Anschläge. Der Anschlag a stößt nämlich auf dem Hube nach rechts gegen b und nimmt hierdurch die Riemenstange mit, die den Riemen von B auf A zieht. Um hierbei ohne zu große Überwege umsteuern zu können, wird mit der Stange zugleich der Hebel H herumgelegt. Sobald H über seine Mittellage kommt, zieht die Stange durch das Umschlaggewicht G den Riemen schnell auf die Rücklaufscheibe A. Der Hebel H gestattet auch, die Maschine mit der Hand stillzusetzen. Wird er nämlich auf Mitte eingestellt, so kommt der Riemen auf die mittlere Losscheibe, so daß die Maschine ausgerückt ist.

Der Vorschub des Hobelstahles wird durch ein Schaltwerk erzeugt, das wie alle Rucksteuerungen aus einem Sperrwerk besteht. Da es sich beim Behobeln der Blechkanten um senkrechte Vorschübe handelt, so ist der Senkrechtschlitten zu steuern. Jeder Hobelschlitten besitzt zu diesem Zweck eine Höhensteuerung. Beide werden durch je einen Steuerhebel h betätigt, der gegen die Anschläge c und c_1 stößt. Bei der Schaltsteuerung ist aber zu beachten, daß beim Aufziehen von I der Schlitten II schalten muß. Diese Bedingung ist erfüllt, sobald beide Steuerungen durch eine Schiene zwangläufig verbunden und die Klinken entsprechend eingelegt sind. Arbeitet z. B. Schlitten I nach links, so muß sein Schaltwerk durch c aufgezogen werden, wodurch der Stahl in derselben Schnittebene zurücklaufen kann. Der Schlitten II ist aber durch c zu schalten, so daß sein Stahl den Span nach rechts nimmt. Die Größe der Schaltung muß hier gleich der doppelten Spanstärke sein.

Für das Aufspannen der Blechtafel dient der Aufspanntisch. Um das Vorschieben der Bleche zu erleichtern, ist er mit Rollen ausgerüstet. Das Festspannen geschieht durch Anziehen einer Reihe Spannschrauben, die in einem Querträger sitzen.

Die gleiche Arbeitsweise hat auch die Hobelmaschine (Abb. 908 und 909), die die Firma Wagner & Co., Dortmund, für die Gutehoffnungshütte gebaut hat. Die Maschine ist für das Behobeln schwerer Bleche bestimmt und hat hierzu einen festen Aufspanntisch und bewegliche Ständer S_1, S_2 mit einem Querbalken Q, auf dessen Vorder- und Rückseite je 2 Hobelschlitten sitzen. Die Hobellänge ist 15 000 mm, die Hobelbreite 2250 mm und die Höhe 250 mm. Das Bett ist bei der erwähnten Hobellänge von 15 m nur 20 m lang, weil ja die Werkzeuge beide Bewegungen haben.

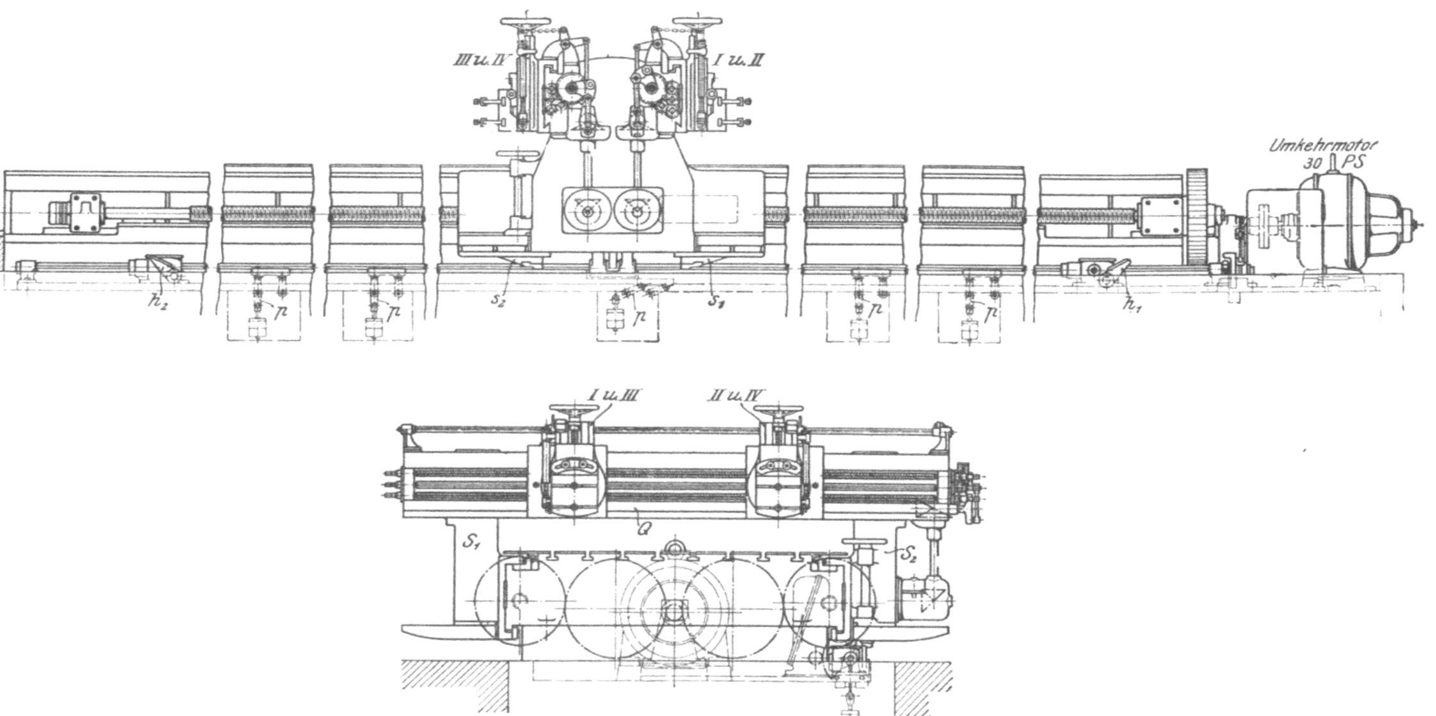

Abb. 908 und 909. Blechkantenhobelmaschine mit 4 Werkzeugschlitten. Wagner & Co., G. m. b. H. Dortmund.

Die Leistung der Maschine ist dadurch gehoben, daß sie nach beiden Richtungen mit je 2 Stählen bei 6 bis 12 m Schnittgeschwindigkeit schruppen kann. Zum Schlichten soll sie nur in einer Richtung hobeln und den Rücklauf mit 18 m i. d. Min. vollziehen.

Den Antrieb besorgt ein Umkehrmotor von 30 PS., der durch Räder die rechte und linke Leitspindel treibt. Die Steuerknaggen s_1, s_2, die gegen Hubende die Hebel h_1, h_2 herumlegen, steuern den Umschalter und Anlasser des Motors und damit auch die Maschine um. Die lange Umsteuerwelle ist durch die Pendellager p unterstützt.

Von den Hobelschlitten arbeiten I und II nach rechts, III und IV nach links. Ihr Vorschub wird von einer langen Zahnstange, die unter der Leitspindel liegt, abgeleitet. Dies geschieht im Augenblick des jeweiligen Umsteuerns durch eine Ausrückkupplung im Sinne der Abb 795. Jedes Schlittenpaar hat getrennte Steuerungen, die so einzustellen sind, daß z. B. beim Umsteuern nach rechts die rechten Schlitten um die doppelte Spantiefe geschaltet werden, während die linke Steuerung aufgezogen wird.

8. Die Blechzungenhobelmaschinen oder Zuspitzmaschinen.

Zu den Blechhobelmaschinen zählen noch die Hobelmaschinen zum Bearbeiten der Stoß- und Überlappungsflächen an Kessel- und Schiffs-

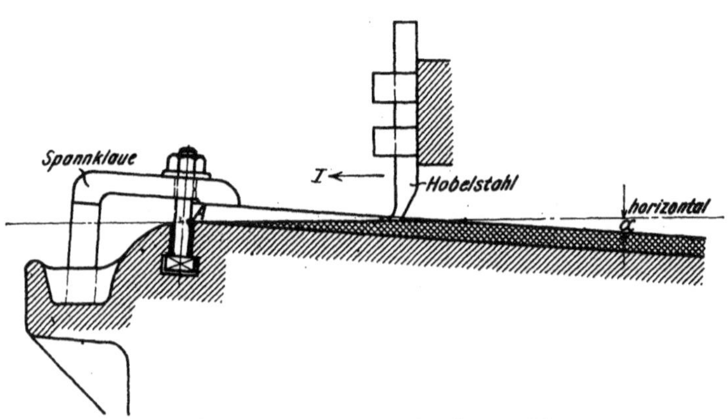

Abb. 910.   Arbeitsplan der Zuspitzmaschine.

blechen. Bei diesen Zuspitzmaschinen erhält das Werkzeug ebenfalls beide Bewegungen, von denen die Hauptbewegung die Richtung I hat, während der Vorschub quer zum Blech gerichtet ist (Abb. 910). Das Kennzeichen der Maschine liegt in der schrägen Stellung des Arbeitstisches. Soll nämlich die Blechzunge durch den Hobelstahl zugespitzt werden, so ist Bedingung, daß der Arbeitstisch um a^0 schräggestellt wird, und die äußerste Blechkante mit dem höchsten Punkte A der Tischebene abschneidet.

9. Die Grubenhobelmaschinen.

Die Grubenhobelmaschine ist ebenfalls eine Hobelmaschine mit festem Tische und beweglichen Ständern mit je 2 Hobelschlitten für

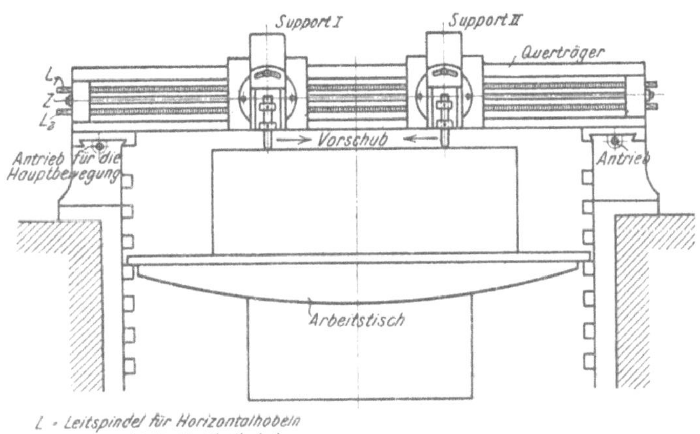

Abb. 911. Plan einer Grubenhobelmaschine.

das Hobeln beim Vor- und Rücklauf (Abb. 911). Der Tisch kann in der Grube auf Tragleisten hoch und tief eingeführt werden.

Abb. 912. Neue Grubenhobelmaschinen der Kalker Maschinenfabrik, A. G., Köln-Kalk.

Die Abb. 912 zeigt die neuzeitliche Bauart einer Grubenhobelmaschine der **Kalker Maschinenfabrik, A. G.**, in Kalk. Sie ist für die Bearbeitung von Panzerplatten gebaut. Der Querträger trägt 4 Hobelschlitten, mit denen nach beiden Richtungen oder auch mit schnellem Rücklauf gehobelt werden kann. Die größte Hobelbreite ist 4,5 m und die größte Hobellänge 10 m. Der Antrieb erfolgt von einem Umkehrmotor.

10. Die Senkrecht- und Wagerecht-Hobelmaschinen.

Für das Bearbeiten hoher und langer Werkstücke dient die Senkrecht- und Wagerecht-Hobelmaschine. Mit der Entwicklung des Schiffs-

Abb. 913. Senkrecht- und Wagerecht-Hobelmaschine der **Kalker Maschinenfabrik, A. G.**, Köln-Kalk.

turbinenbaues ist diese Maschine für das Hobeln der Teilflächen der Gehäuse und für andere Planarbeiten von besonderer Bedeutung geworden. Der Senkrecht- und Wagerecht-Hobler in Abb. 913 hobelt vor- und rückwärts, auf- und abwärts, so daß arbeitslose Rückläufe der

Werkzeuge vermieden sind. Beim Wagerechthobeln schieben die obere und untere Leitspindel den senkrechten Schieber mit dem Hobelkopf auf den beiden Bahnen des Ständers hin und her. Den Antrieb der Leitspindeln vollzieht ein Umkehrmotor. Den senkrechten Vorschub erhält der Hobelkopf auf dem Senkrechtschieber. Beim Senkrechthobeln treibt der Motor die Leitspindel im Senkrechtschieber, die den Hobelkopf auf- und abwärts bewegt. Der Vorschub wird hierbei vom Senkrechtschieber vollzogen. Um diese Maschinen besser ausnutzen zu können, werden sie auch mit 2 unabhängigen Hobelwerkzeugen ausgerüstet. Sie können daher an zwei Stellen oder gar an zwei Stücken zugleich hobeln. Die größte Maschine hobelt Stücke von 12 m Länge und 7 m Höhe.

Fünftes Kapitel

Die Maschinensägen.

Die Maschinensägen zeigen in ihrer Wirkungsweise eine ziemlich große Verwandtschaft mit den Fräsmaschinen. Sie arbeiten beide mit mehrschneidigen Werkzeugen.

Das Arbeitsgebiet der Sägen umfaßt das Zerschneiden von Walzeisen, wie Trägern, Blechen und sonstigen Formeisen, sowie das Abtrennen verlorener Köpfe und Eingüsse an Eisen- und Stahlgußstücken. Zur Erzeugung von Einschnitten in geschmiedeten Kurbelwellen, Schubstangen u. dgl. werden sie mit Vorliebe angewandt. Die Sägen sind daher sehr dankbare Arbeitsmaschinen für Hüttenwerke, Schiff-, Brücken- und Kesselbauanstalten. Sie bearbeiten vorwiegend sperrige Werkstücke. Infolgedessen besitzt das Sägeblatt meist die Hauptbewegung und den Vorschub.

Nach der Form des Sägeblattes lassen sich die Sägen in Kreis- und Bandsägen einteilen. Die ersteren haben ein ungespanntes, kreisförmiges Sägeblatt, während die letzteren gespannte Sägen sind, die als endloses Band wie ein offener Riemen arbeiten.

1. Die Kreissägen.

Um die Bauart einer Kreissäge sachgemäß beurteilen zu können, ist es erforderlich, zunächst ihre Arbeitsweise zu untersuchen. Bei den **T**-, **I**-, **U**-, **Z**-förmigen Walzeisen wechselt die Größe der zu durchschneidenden Querschnitte stark, so daß bei gleichbleibendem, zwangläufigem Vorschub der Schnittdruck sehr schwanken würde. Dieser starke Wechsel in dem Arbeitsdruck würde nicht nur den Gang der Maschine beeinträchtigen sondern auch ihre Getriebe übermäßig beanspruchen. Die einzige Möglichkeit, diesem Übel zu begegnen, bietet die Regelung des Vorschubes entsprechend den Schwankungen des Querschnittes, so daß die Maschine mit stets gleichem Druck arbeitet und infolgedessen einen glatten Schnitt erzeugt. Diese Regelung des Vorschubes kann entweder mit der Hand erfolgen oder durch die Maschine selbst.

Bei der Handsteuerung ist der Größenwechsel des Vorschubes dem Gefühl des Arbeiters überlassen, wie dies bei der Pendelsäge (Abb. 914 und 915) durchgeführt ist. Der Rahmen dieser Kreissäge pendelt um die obere Welle, die zugleich den Antrieb trägt. Für den Vorschub ist ein Handgriff -vorgesehen, mit dem der Arbeiter die Säge nach Gefühl durch das Werkstück führt. Dabei liegt es in seiner Hand, den Vorschub der Säge dem jedesmaligen Querschnitt anzupassen.

Sägen mit Selbststeuerung regeln den Vorschub selbsttätig.

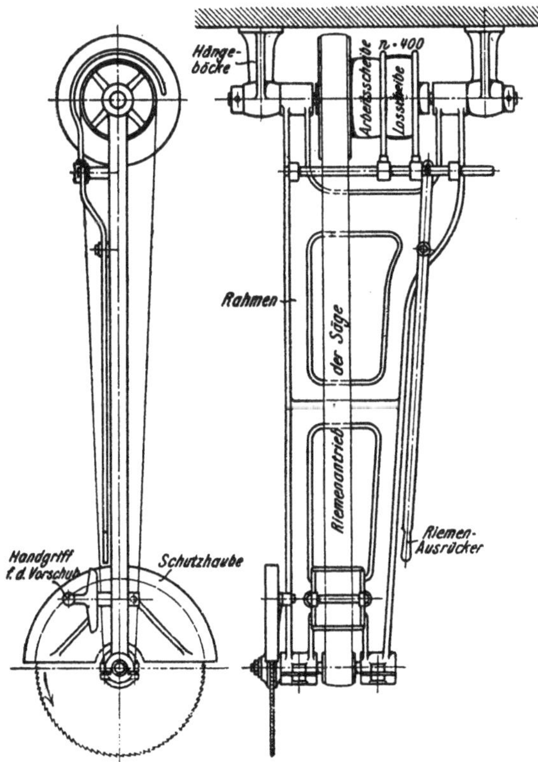

Abb. 914 und 915. Pendelsäge (Warmsäge).

Sie bieten den Vorzug, daß die Säge, sobald man ihre Selbstregelung sachgemäß benutzt, nicht zu stark beansprucht wird. Praktisch läßt sich die Selbstregelung des Vorschubes durch einen drehbaren Sägearm erreichen (Abb. 916), der um eine wagerechte Achse A schwingt und das Sägeblatt trägt. Diese Bauart regelt den Vorschub durch das Eigengewicht des Armes und durch das einstellbare Belastungsgewicht G, so daß sich die Maschine selbst dem Schnitt anpassen kann. Der Antrieb der Säge erfolgt durch einen Riemen. Er treibt durch die Kegelräder 1 und 2 und das Schneckengetriebe 3 und 4 die Sägewelle mit dem Sägeblatt.

Die neuzeitliche Selbstregelung des Vorschubes ist auch bei der
in Abb. 917 und 918 dargestellten Kaltsäge mit kurzem Arm durchgeführt. Das Sägeblatt sitzt hier an einem um A drehbaren Rahmen.
Um mit dieser Maschine einen glatten Schnitt zu erzielen, ist die Sägewelle doppelt gelagert und der Sägearm an dem Bogen b zweiseitig
geführt. Der Antrieb der Säge erfolgt auch hier durch einen Riemen,
die Kegelräder *1, 2* und das Schneckengetriebe *3, 4*. Seine Übersetzung
beträgt etwa 2 : 25, so daß die Säge mit 7 Umdrehungen in der Minute
schneidet. Der Vorschub der Maschine wird durch das Rahmengewicht
erzeugt, das auch die Selbstregelung übernimmt. Hierbei bietet das verschiebbare Belastungsgewicht G noch ein Mittel, den Sägedruck zu ändern.

Um die Bedienung der Maschine handlich zu gestalten, bedarf es
noch eines Windwerkes, das die Säge ansetzt und nach jedem Schnitt

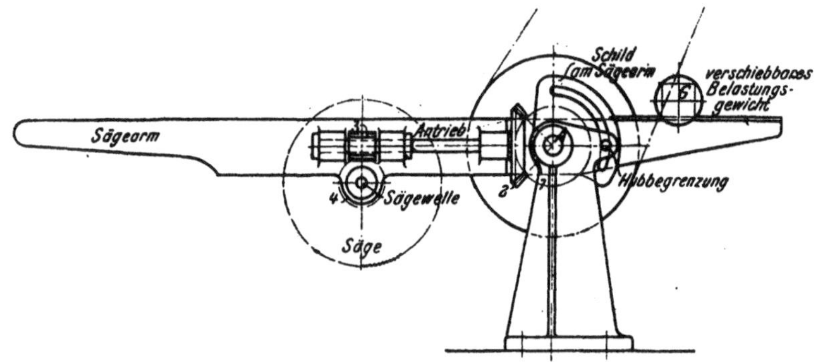

Abb. 916. Kaltsäge mit langem Arm.

wieder hochzieht. Es besteht aus dem am Bogen b befestigten Zahnkranz z, mit dem das im Rahmen gelagerte Zahnrad a kämmt. Dreht
man die vordere Handkurbel, so wird der Arm durch das Schnecken-
und Zahnkranzgetriebe gehoben oder gesenkt. Beim Arbeiten der Säge
muß dieses Windwerk durch die Kupplung k ausgerückt werden.

Das Aufspannen des Werkstückes verlangt noch, den Rahmen in
passender Höhe über dem Tisch festzuhalten. Hierzu dient eine Bremse.
Ihre Bremsscheibe c sitzt neben dem Schneckenrade der Winde. Der
Sägearm wird daher schwebend gehalten, sobald man den Bremskegel
fest in die Scheibe c drückt. Diese Bremse kann auch den Vorschub
regeln. Die Vervollständigung der Maschine bedarf noch einer Hubgrenze gegen das Einschneiden der Säge in den Arbeitstisch. Sie wird
von dem verstellbaren Anschlag d gebildet, der auch die Schnittiefe
angeben kann.

Zum Aufspannen des Werkstückes dient der Arbeitstisch, der zum
Ansetzen der Schnittlinie als Kreuzschlitten ausgeführt und von Hand
zu bedienen ist. Durch den kurzen Arm gibt die Säge den Tisch stets
frei, so daß das Werkstück bequem nachzuspannen ist.

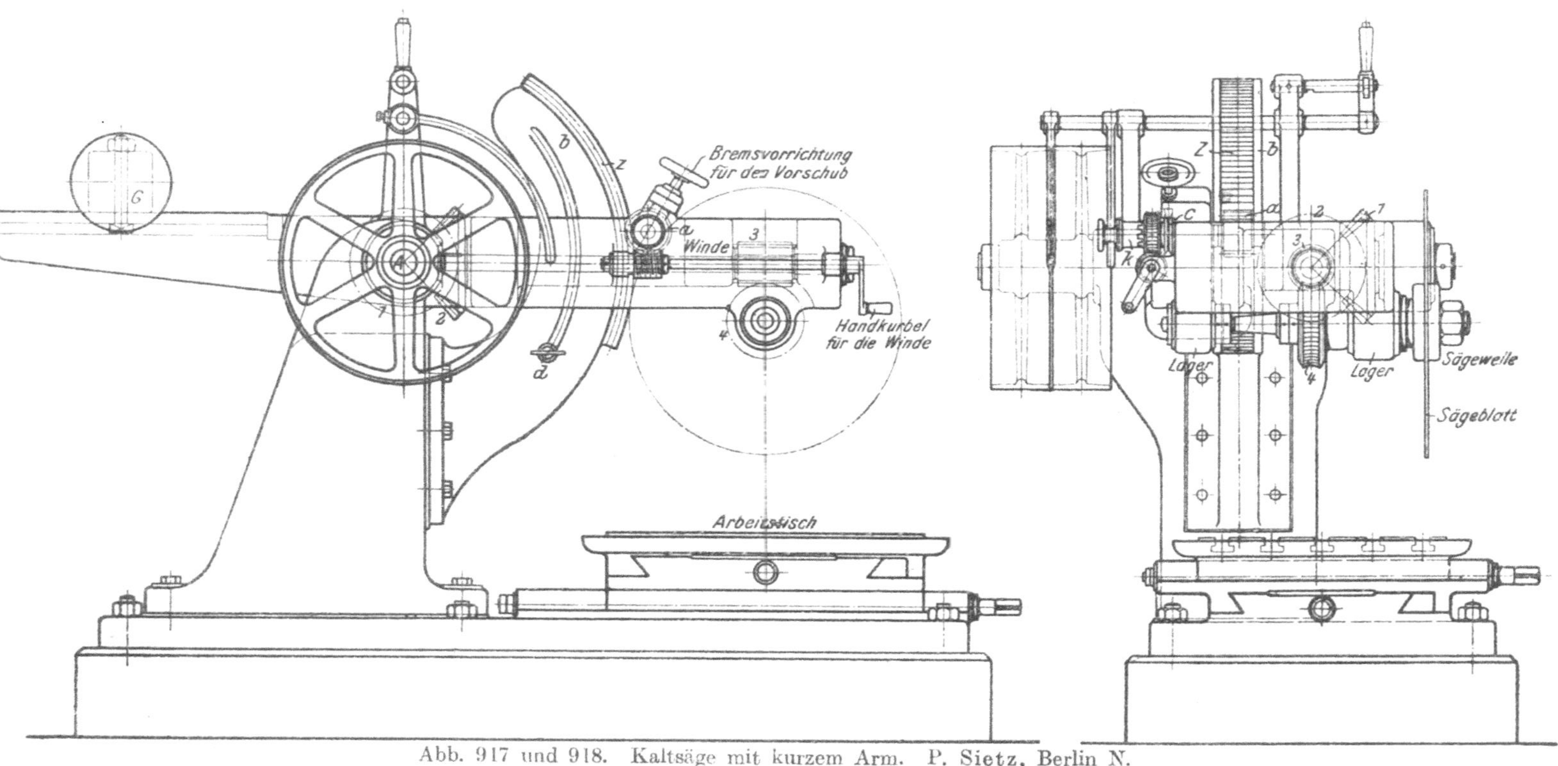

Abb. 917 und 918. Kaltsäge mit kurzem Arm. P. Sietz, Berlin N.

Eine hübsche Lösung für die selbsttätige Unterbrechung des Vorschubes bei zu starkem Schnittdruck führt die Firma G. Wagner, Reutlingen, bei ihren Kaltsägen aus. Bei dieser Steuerung ist es sogar ermöglicht, den Sägeschlitten bei ein- und ausgerücktem Vorschub umzusteuern, so daß die Säge nach Bedarf zurückgezogen werden kann.

Diese Aufgabe ist in den Abb. 919 bis 922 gelöst. Für den Antrieb der Säge sind eine Fest- und eine Losscheibe R vorgesehen. Beide Scheiben sitzen auf der im Sägeschlitten S laufenden Antriebswelle, die durch das Schneckengetriebe $1, 2$ die doppelt gelagerte Sägewelle mit dem Sägeblatt treibt. Den Vorschub der Säge besorgt die Leitspindel L mit einer Schaltmutter, die im Gehäuse g untergebracht ist. Den hierzu erforderlichen Selbstgang erhält die Vorschubsteuerung von der Hauptwelle durch den Riemen 3. Er arbeitet über die Laufbüchse l mit dem Triebe 4 auf 2 größere Rädervorgelege $\dfrac{4}{5} \cdot \dfrac{6}{7}$. Durch diesen Antrieb wird die Leitspindel L langsam gedreht und vorgeschraubt, und so der Sägeschlitten S mit der Säge dem Werkstück zugeschoben. Durch Zurückziehen des Rades 6 läßt sich die Leitspindel nach Bedarf stillsetzen.

Die Frage der selbsttätigen Unterbrechung des Vorschubes bei zu starkem Schnittwiderstand ist durch die verschiebbare Schaltmutter m gelöst. Solange nämlich der Schnittdruck in gewöhnlichen Grenzen bleibt, hält das Laufgewicht G die Schaltmutter m in der in Abb. 922 gezeichneten Lage. In dieser Stellung wird die in der Zahnstangenbüchse drehbare Mutter m mit dem Bund b so fest gegen den Lagerbock g gedrückt, daß sie durch Reibung gehalten wird. Sobald aber der Schnittdruck zu groß wird, schiebt die Spindel L die Schaltmutter m etwas nach rechts, wobei das Gewicht G stärker ausschlägt. Die Reibfläche der Mutter m wird dadurch von dem Lager g entfernt. Von jetzt ab wird die Leitspindel L mit m zusammen laufen, so daß der Vorschub der Säge unterbrochen wird. Er tritt erst wieder ein, sobald das Gewicht G imstande ist, die Mutter m wieder fest gegen das Lager g zu drücken.

Interessant ist auch die Umsteuerung des Vorschubes zum Zurückziehen des Sägeschlittens S. Sie ist dadurch erreicht, daß man die Schaltmutter m wesentlich schneller laufen lassen kann als die Leitspindel L. Die Folge wird die sein, daß bei entsprechendem Drehsinn von m die Säge wird zurückgehen müssen. Für diesen Antrieb sitzt auf der Schaltmutter m die breite Scheibe r mit einem offenen und einem gekreuzten Riemen. Die Riementriebe werden von der Nebenwelle w einzeln betrieben. Hierzu ist nur der Handhebel h herumzulegen. Er schaltet durch eine Kupplung K entweder den offenen oder den gekreuzten Riemen ein. Die Nebenwelle w wird ebenfalls von der Hauptwelle angetrieben und zwar durch den Riemen 8. Soll nun von w aus ein Zurückgehen der Säge erzielt werden, so muß die Nebenwelle w wesentlich schneller laufen als die Leitspindel L. Bei dieser Einrichtung ist daher für das Zurückziehen der Säge nur der Hebel h herumzulegen. Er schaltet

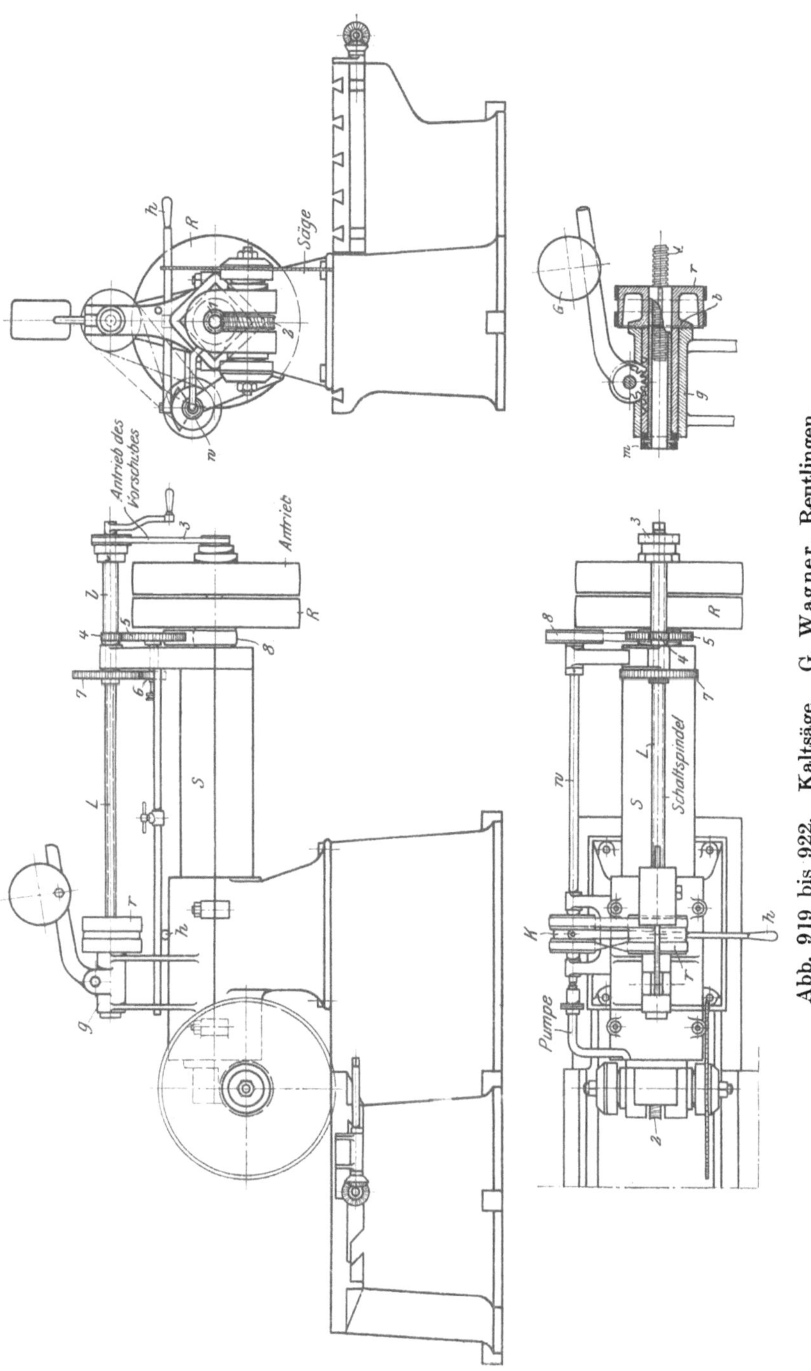

Abb. 919 bis 922. Kaltsäge. G. Wagner, Reutlingen.

entweder den offenen oder den gekreuzten Riemen auf die Schaltmutter m ein, die hierdurch wesentlich schneller laufen wird als die Leitspindel L. Der Unterschied der Geschwindigkeiten wird bei entsprechendem Dreh-

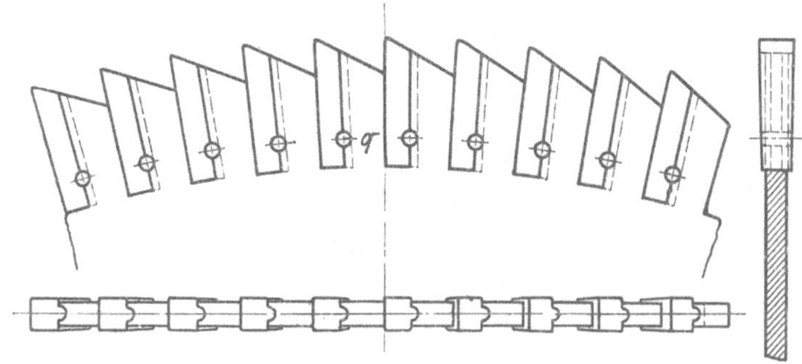

Abb. 923 und 924. Kreissägeblatt mit eingesetzten Schnellstahlzähnen. G. Wagner. Reutlingen.

Abb. 925. Kaltkreissäge mit elektrischem Antriebe. L. Burkhardt und Weber, Reutlingen.

sinn von *m* eine Umsteuerung des Sägeschlittens hervorrufen und die Säge zurückziehen, selbst wenn der Vorschub eingerückt ist. Um hierbei die Gewichtswirkung auszuschalten, kann man beim Einrücken der Riemen das Laufgewicht *G* so einstellen, daß die Schaltmutter etwas verschoben wird und mit ihrer Reibfläche von dem Lager *g* freikommt.

Auch die Kreissäge hat ihre Wandlung zum Schnellbetriebe vollzogen. Da es praktisch schwierig ist, aus Schnellstahl bruchsichere Sägeblätter von größerem Durchmesser gleichmäßig hart und zu annehmbaren Preisen herzustellen, so hat man der Kreissäge Zähne aus Schnellstahl

Abb. 926.   Bamag-Schnellsäge.

eingesetzt. In den Abb. 923 und 924 sind die Schnellstahlzähne mit Feder und Nut in das Sägeblatt eingesetzt und durch Querstifte gesichert.

Auch an der Maschine zeigen sich die Spuren des Schnellbetriebes. So hat die Kreissäge in Abb. 925 elektrischen Einzelantrieb, hochstellbaren Sägeschlitten, drehbaren Sägekopf und Arbeitstisch.

Für das Zertrennen von Trägern und anderen Formeisen hat die Bamag-Schnellsäge (Abb. 926) an Bedeutung gewonnen. Ihr Kennzeichen liegt in dem am äußeren Umfang aufgerauhten Sägeblatt, das mit hoher Geschwindigkeit kreist. Hierdurch durchschmilzt es förmlich die Träger, so daß eine reichliche Wasserkühlung wesentlich ist. Das Sägeblatt ist nur von Zeit zu Zeit mit einem Meißel aufzurauhen und mal auf der Drehbank abzurichten.

2. Die Bandsägen.

Die Bandsägen werden mit Erfolg im Lokomotiv- und Wagenbau angewandt, und zwar dienen sie hier zum Zerschneiden von Blechen,

Winkeln, Trägern und Achsen, sowie zum Ausschneiden von Stahl-
und Eisenblechen mit geraden und geschweiften Begrenzungen. In der
Schmiede gewährt die Bandsäge große Ersparnisse an Schmiedearbeit
durch das Ausschneiden von Stangenköpfen (Abb. 927), Kurbeln (Abb.
928) und sonstigen Steuerungsteilen. Hierbei bietet sie einen guten
Ersatz oder Ergänzung für die Stoßmaschine.

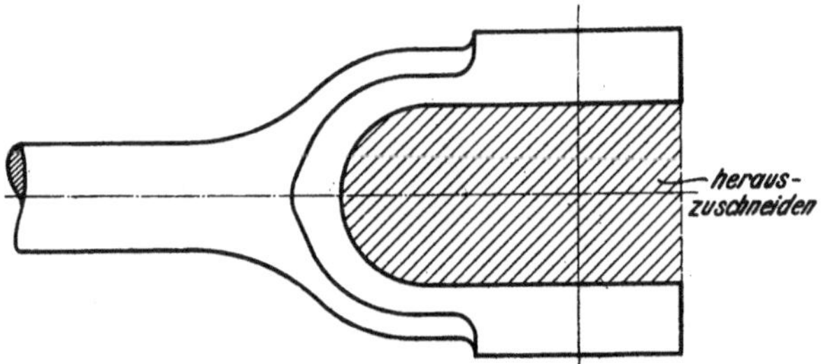

Abb. 927. Ausschneiden eines Stangenkopfes.

Der Aufbau einer Bandsäge verlangt ein geschlossenes Sägeband,
das wie ein offener Riemen auf Rollen geführt ist. Soll eine derartige
Säge gleichmäßig durchziehen und einen glatten Schnitt liefern, so muß
das Band gespannt laufen und
wie der Riemen sich selbst leiten.
Beide Aufgaben fallen der Rol-
lenlagerung zu. Sie hat also
das Sägeband anzuspannen und
auszurichten, damit es nicht
abläuft. Das Anspannen und
Ausrichten des Sägebandes verlangt daher nachstellbare
Rollenlager.

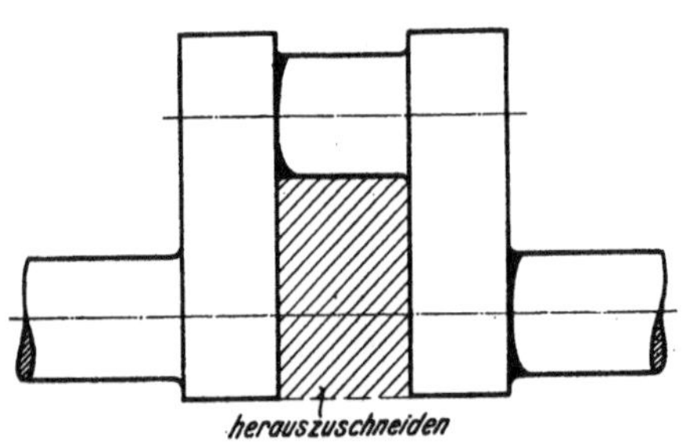

Abb. 928. Ausschneiden einer Kurbel.

Ein Mittel, die Lager nachstellen zu können, ist die Stell-
schraube. In dieser Ausführung würden die Rollenlager die Form
eines Triebwerkslagers annehmen, das seine Lagerschale zwischen nachstellbaren Spindeln trägt. Ein derartiges Spindellager läßt das Band
durch Anziehen der Spindeln anspannen. Durch seine gelenkigen Schalen
können sich die Rollen selbst einstellen, so daß die Säge nicht abspringt.

Die Spannvorrichtung der Säge läßt sich mit einfachen Mitteln
sogar selbsttätig gestalten. Eine derartige Lösung bietet ein sich selbst
einstellendes Schlittenlager (Abb. 929). Das Lager ist hier als Schlitten
an dem Maschinengestell geführt, wobei das Sägeband durch ein Spanngewicht oder durch eine Spannfeder selbsttätig angespannt wird. Es
hat den Vorzug, daß das Sägeband sich besser dem Schnitt anzupassen
vermag.

Zum Ausrichten der Rollen sitzen die Lager vielfach mit einer Drehscheibe auf dem Spannschlitten, wie dies in Abb. 930 und 931 bei dem mit der Hand nachzustellenden Lager ausgeführt ist. Die Drehscheibe läßt hier die Rollen mit dem Sägeband genau einstellen und ist in dieser ausgerichteten Lage durch die Schrauben a festzuklemmen.

Der glatte Schnitt einer Säge verlangt noch mehr. Er fordert von dem Sägeband, daß es gegenüber dem Werkstück nach keiner Richtung ausbiegt. Dies ist aber nur durch eine allseitige Führung des Sägebandes über und unter dem Arbeitstisch zu erreichen. Die Seitenführung vermitteln meist 2 nachstellbare Backen oder Rollen, zwischen denen das Band ohne Spiel läuft. Die Rückenführung bedarf einer größeren Sorgfalt. Sie hat den Gegendruck der Säge aufzunehmen. Für diesen Druck würde zwar eine gehärtete Stahlscheibe oder eine Rolle genügen, gegen die sich das Band stützt. Will man aber die bei der Scheibe sich bildenden Rillen vermeiden, so muß der Stahlteller mitlaufen. Eine derartige Rückenführung bringen die Abb. 932 und 933 (D. R. G. M. 101 506). Der gehärtete Stahlteller läuft hier beiderseits in

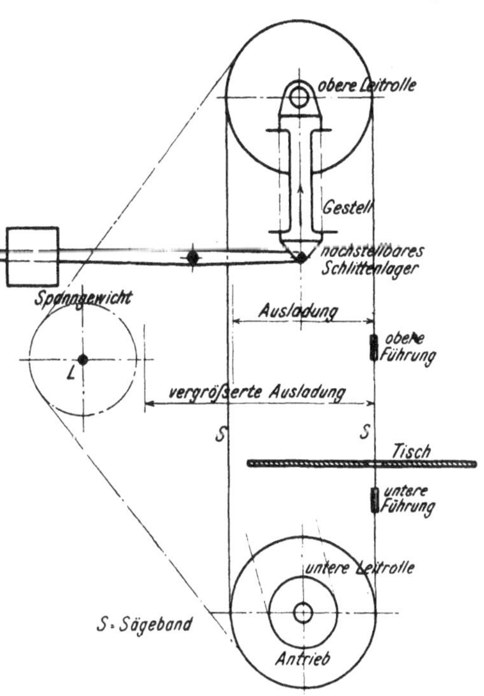

Abb. 929. Plan der Bandsäge.

Kugeln und wird durch das seitlich angreifende Band mitgenommen.

Über die Bauart der Bandsäge ist noch allgemein zu sagen, daß große Triebrollen nicht nur das Sägeband schonen, sondern auch den Arbeitsraum der Maschine vergrößern. Ihr Durchmesser beträgt daher bis etwa 1,5 m. Ist eine größere Ausladung vorgeschrieben, so läßt sie sich ohne zu große Scheiben durch eine dritte Leitrolle L nach Abb. 929 erreichen. Diese Anordnung gestattet daher, breitere Gegenstände zu zerschneiden. Der Antrieb der Maschine erfolgt zweckmäßig von der unteren Scheibe, weil hier das Vorgelege ruhiger liegt.

Eine Bandsäge nach vorstehenden Grundzügen baut das Grusonwerk in Magdeburg-Buckau. Die Maschine (Abb. 934 bis 936) erhält ihren Antrieb durch einen 3fachen Stufenriemen. Er treibt die Säge durch ein Vorgelege, das aus dem Rade *1* und der innen verzahnten Leitrolle *2* besteht.

Die Eigenart der Maschine liegt in der Steuerung des Aufspanntisches. Sie bietet bei 8 Räderpaaren 15 verschiedene Vorschübe. Dieser Größenwechsel ist in einfacher und sinnreicher Weise durch zwei Gruppen

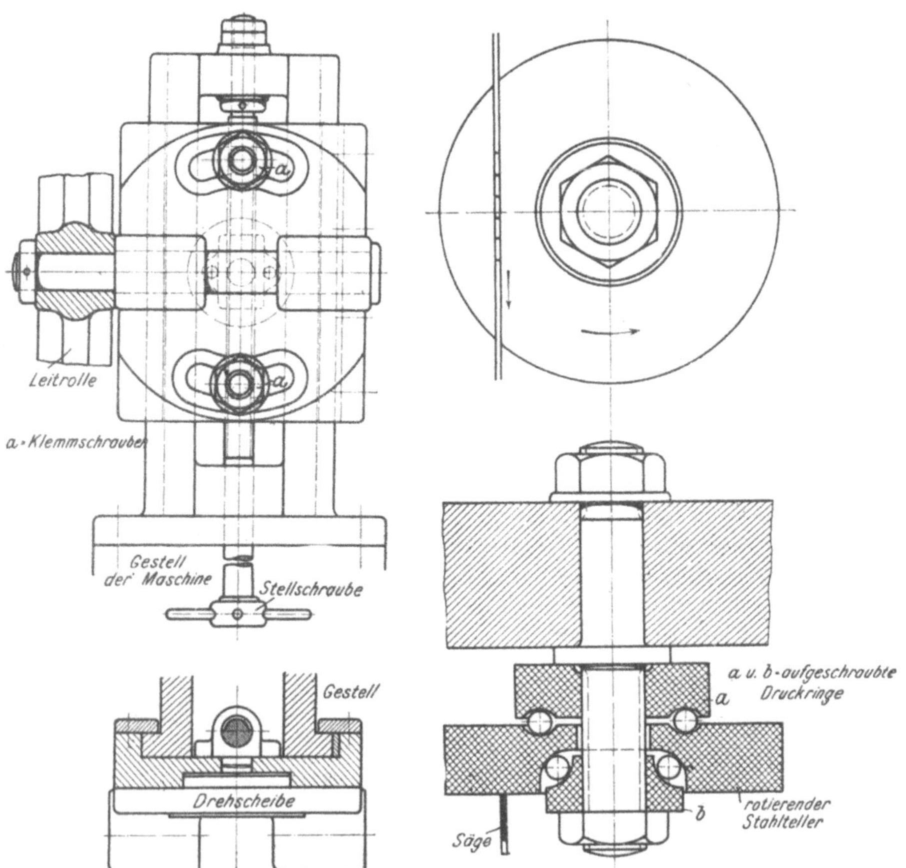

Abb. 930 und 931. Einstellbares Lager.   Abb. 932 und 933. Rückenführung.

von festen und losen Rädern geschaffen. Ihre Anordnung ist so getroffen, daß jedes der drei Räderpaare der ersten Gruppe mit sämtlichen fünf der zweiten einzeln arbeiten kann, so daß der Arbeitstisch 3×5 Vorschübe hat. Die betreffende Steuerung bringt Abb. 937. Sie leitet den Vorschub des Aufspanntisches von der unteren Leitrolle ab (Abb. 938). Sie treibt durch die Zahnräder *3*, *4* und *5* die Welle *A*. Auf ihr sitzen links die drei festen Räder *6*, *8* und *10* der Gruppe *I* und rechts die fünf Räder *13*, *15*, *17*, *19* und *21* der Gruppe *II*, diese fest auf der

Nabe des losen Kegelrades *22*. Die losen Räder beider Gruppen befinden sich auf der unteren Vorgelegewelle *B*. Die drei linken Räder *7, 9* und *11*

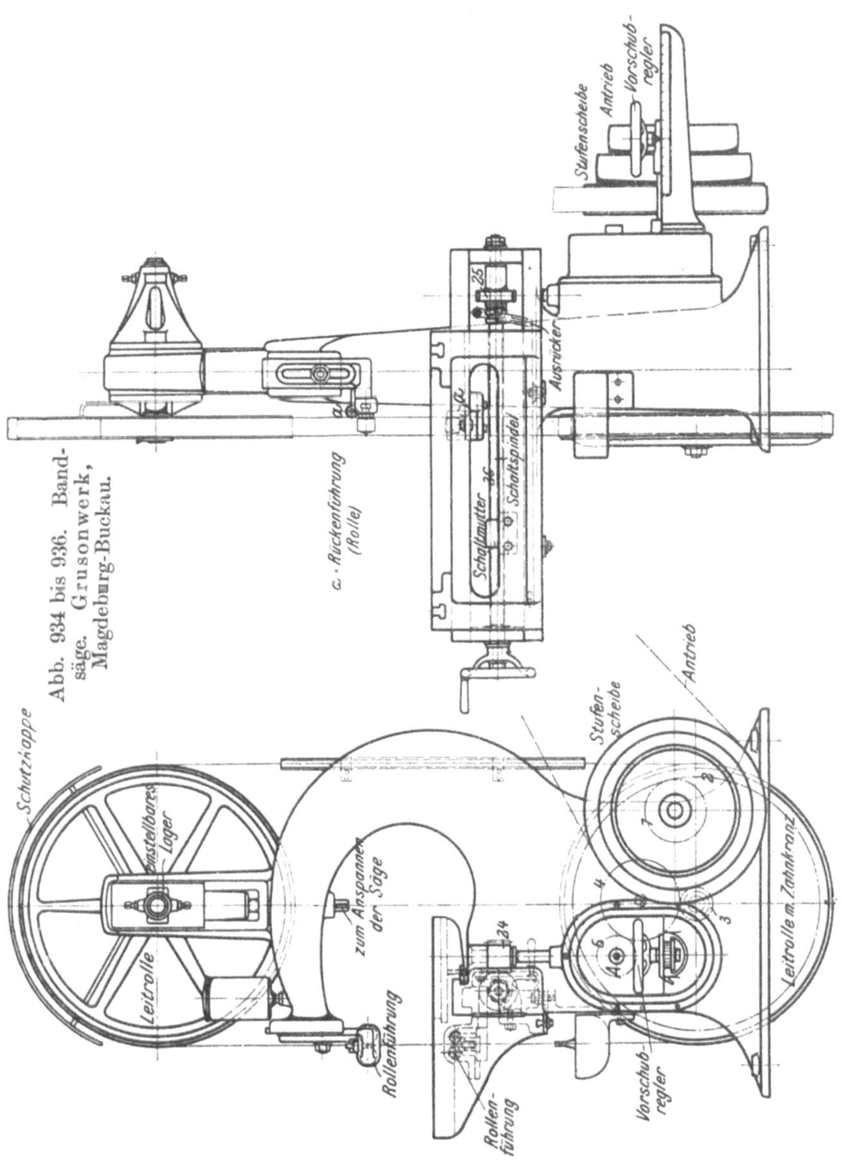

Abb. 934 bis 936. Bandsäge. Grusonwerk, Magdeburg-Buckau.

sitzen lose auf der Laufbüchse *L* und die fünf rechten *12* bis *20* lose auf *B* selbst. Der Schwerpunkt des Getriebes liegt jetzt darin, jedes linke Räderpaar mit sämtlichen rechts einzeln kuppeln zu können. Dies wird

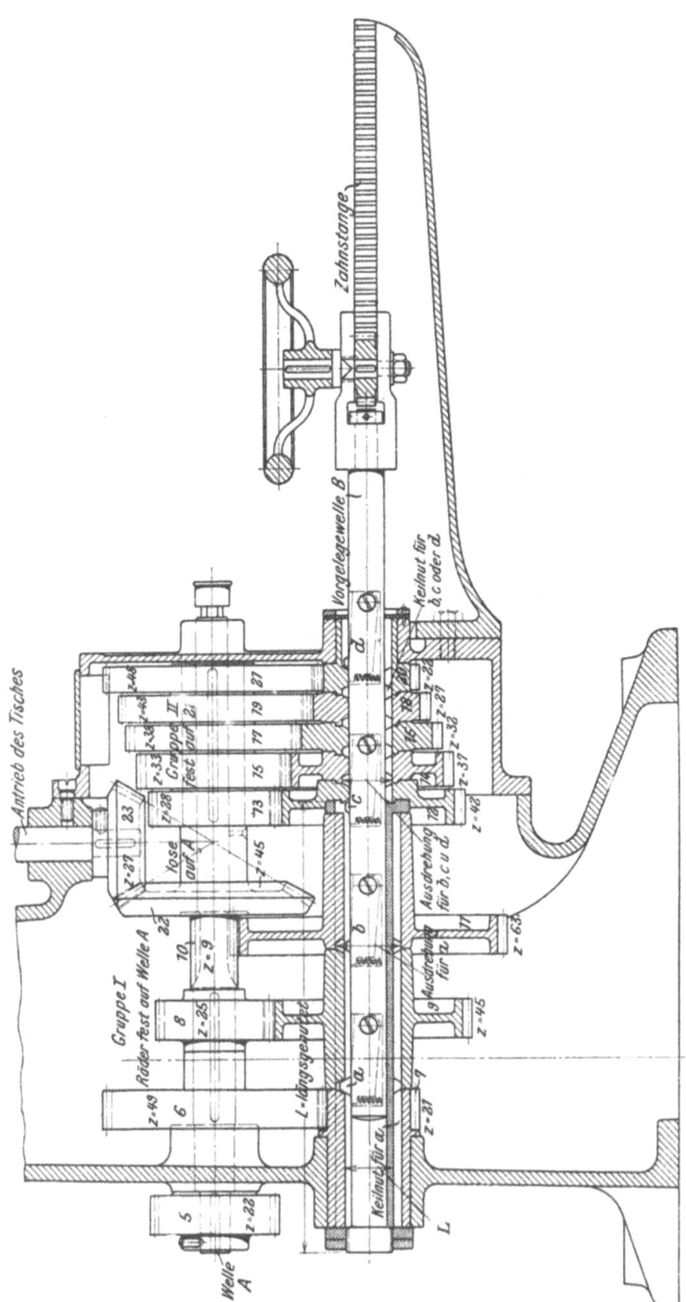

Abb. 937. Vorschubregler. Grusonwerk, Magdeburg-Buckau.

in ähnlicher Weise wie in Abb. 81 durch vier Springkeile a, b, c und d bewirkt, die in der ausziehbaren Vorgelegewelle B in entsprechenden Abständen sitzen. Von den Ziehkeilen hat der größere Keil a die drei linken Räderpaare zu kuppeln. Hierzu sind die Laufbüchse L und die Räder *7*, *9* und *11* genutet (Abb. 939), so daß a von einem Rade ins andere gezogen werden kann. Für das Kuppeln der rechten Gruppe dienen die kleineren Springkeile b, c und d. Sie lassen sich in dem Schlitz von L verschieben, fassen aber nur die rechten Räder *12* bis *20* und kuppeln sie nacheinander durch Ausziehen der Vorgelegewelle B. Um nun jedes Vorgelege links mit jedem rechts kuppeln zu können, besitzen die Räder *7*, *9* und *11* Naben von entsprechender Länge. In ihnen ist der Keil a so lange geführt, wie der entsprechende Keil b, c oder d in sämtliche Räder rechts gezogen werden kann. Zum Ausrücken der Steuerung besitzt jedes lose Rad eine ringförmige Ausdrehung, in der die Keile nicht kuppeln.

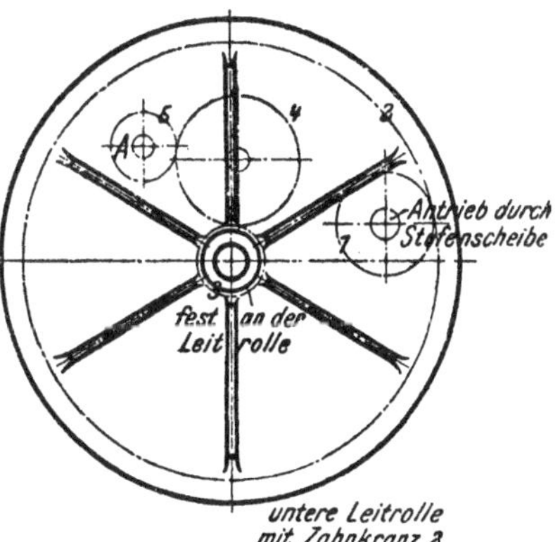

Abb. 938. Antrieb der Steuerung.

Soll auf Grund dieser Anordnung das Vorgelege *6/7* mit *12/13* arbeiten, so ist der Keil a in *7* und d in *12* zu ziehen, während die Keile b und c nur die Laufbüchse fassen. Sind die Vorgelege *10/11* und *16/17* zu benutzen, so ist a so weit in *11* zu ziehen, bis der Keil b das Rad *16* kuppelt. Die Steuerung treibt dann mit diesen Vorgelegen die Kegelräder *22* und *23*, von denen die Schaltung des Tisches abgeleitet wird. Hierzu dient das Schneckengetriebe *24/25*, das auf die Schaltspindel *26* wirkt. Die Bedienung dieses Vorschubgetriebes ist äußerst einfach. Sie verlangt nur, die Vorgelegewelle B vorzuschieben oder zurückzuziehen. Dies geschieht mit Hilfe von Zahnrad und Zahnstange an Hand einer Tafel. Die Maschine gestattet daher, den Vorschub jederzeit dem Schnitt anzu-

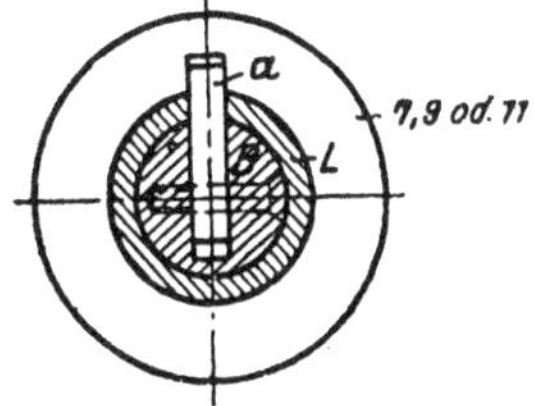

Abb. 939. Schnitt.

passen. Sie kann durch Entkuppeln von *25* plötzlich ausgerückt werden.

Die Hubsägen.

Die Hubsägen arbeiten ebenfalls mit gespanntem Sägeband. Sie sind der Handsäge nachgebaut und erhalten ihre hin- und hergehende Bewegung durch ein Kurbelgetriebe. In den Sägebügel können mehrere Sägeblätter in passenden Abständen gespannt werden.

Sechstes Kapitel

Die Maschinen für die Blechbearbeitung.

Die Blechbearbeitungsmaschinen haben die Bleche auf ihren Verwendungszweck vorzubereiten. Diese Vorbereitungsarbeiten erstrecken sich auf das Biegen und Richten, Beschneiden und Lochen der Bleche, sowie das Bearbeiten ihrer Stemmkanten. Für das Biegen und Richten der Bleche dienen die Blechbiege- und Richtmaschinen. Das Beschneiden der Bleche auf die vorgeschriebene Plattengröße fällt den Scheren zu und das Lochen den Lochmaschinen, während das Bearbeiten der Stemmkanten Sache der Blechkantenhobelmaschinen ist.

1. Die Blechbiegemaschinen.

Die Blechbiegemaschinen haben den Blechen die genaue technische Form zu geben und bei dieser Formgebung kleinere Unebenheiten auszugleichen, wie sie die hüttenmännische Gewinnung mit sich bringt. Als formgebende Werkzeuge besitzen die Maschinen mehrere Walzen, die in zwei Gruppen gelagert sind. Durch diese Walzenstraße ist das Blech hindurchzuziehen, wobei die Oberwalzen die Formgebung vollziehen, während die Unterwalzen lediglich als Auflage des Bleches dienen. Die Wirkungsweise der Biegemaschinen beruht daher auf einem Durchbiegen der Bleche, wobei die Oberwalzen den auf Biegung wirkenden Druck (Druckwalzen) und die unteren Walzen den Gegendruck ausüben. Das Blech selbst wird durch die am Umfang der Walzen auftretende Reibung durch die Maschine hindurchgezogen.

Nach der herzustellenden Grundform unterscheiden wir Blechbearbeitungsmaschinen für das Biegen von Zylindern oder Blechbiegemaschinen und solche für das Richten ebener Platten oder Blechrichtmaschinen. Die Biegemaschinen verlangen mindestens drei Walzen, die nach Abb. 940 an den Zylindermantel anzuordnen sind. Zum Richten von Blechplatten beanspruchen die Richtmaschinen fünf bis sieben Walzen, die nach Abb. 941 das zu streckende Blech fassen müssen.

Eine interessante Aufgabe bietet bei diesen Blechbiege- und Richtmaschinen der Antrieb der Walzengruppen. Die Ober- und die Unterwalzen müssen nämlich, um das Blech selbsttätig durch die Walzenstraße zu ziehen, in entgegengesetzter Richtung laufen. Um ferner die

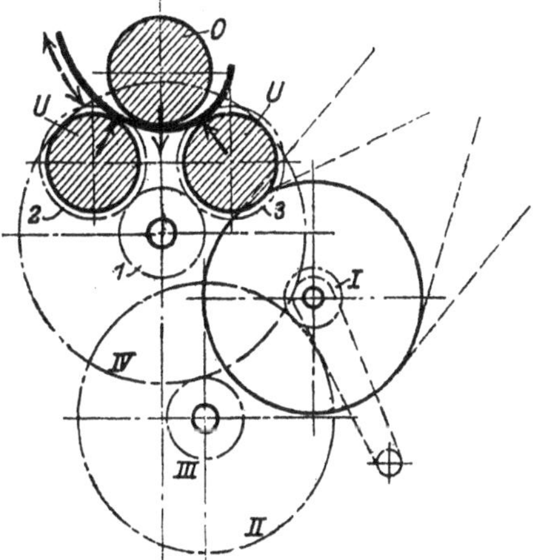

Abb. 940. Anordnung und Antrieb der Walzen fürs Blechbiegen.

Walzen auf den jeweiligen Durchmesser des zu biegenden Zylinders einstellen zu können, müssen sie außerdem einstellbar gelagert sein. Bei kleineren Blechbiegemaschinen erhalten in der Regel nur die Unterwalzen U Kraftantrieb, während die Druckwalze O durch die Reibung

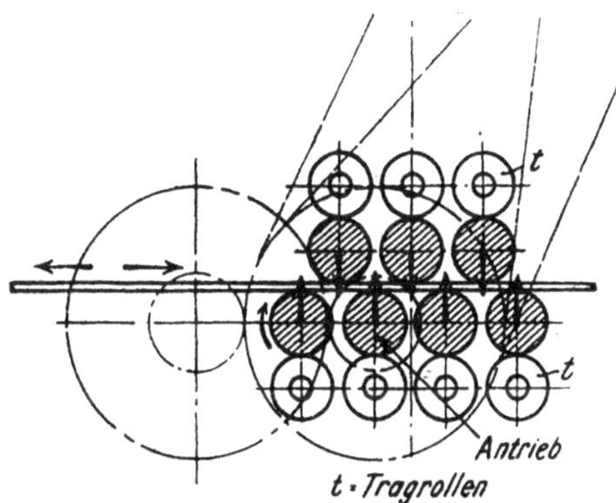

Abb. 941. Anordnung und Antrieb der Walzen fürs Blechrichten.

mitläuft. Da das Blech bis zum Fertigbiegen mehrmals durch die Maschine hin- und herwandern muß, so beansprucht der Antrieb dieser Walzen ein Wendegetriebe.

Diese Gesichtspunkte sind bei der Biegemaschine in Abb. 942 und 943 durch folgende Einrichtungen berücksichtigt: Der Antrieb der beiden

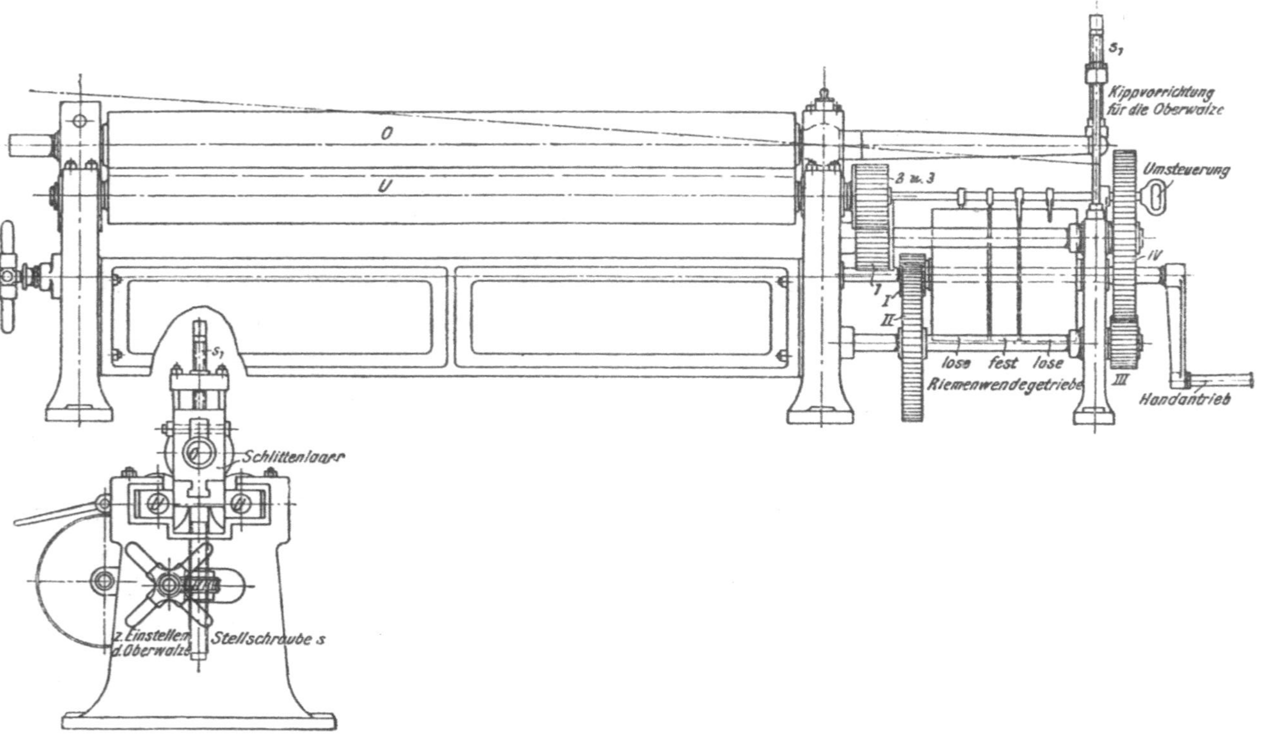

Abb. 942 und 943. Blechbiegemaschine. Dampfkessel- und Gasmotorenfabrik, Braunschweig.

Unterwalzen U erfolgt hier durch die Zahnräder *2* und *3*. Sie sitzen auf den Laufzapfen der Walzen und werden durch das gemeinsame Treibrad *1* betrieben. Das Rad *1* erhält seinen Antrieb von einem Riemenwendegetriebe mit doppeltem Vorgelege $\dfrac{I}{II} \cdot \dfrac{III}{IV}$. Die Einstellbarkeit der Oberwalze O ist hier durch das linke Walzenlager gewahrt. Es ist in dem Walzenständer geführt und mit der Stellschraube s durch Drehen des Handkreuzes einzustellen.

Ein wichtiger Punkt ist noch bei den Biegemaschinen, den fertig gebogenen Kesselschuß bequem abnehmen zu können. Hierzu müßte die Druckwalze O abzuheben sein. Diese Möglichkeit wird dadurch

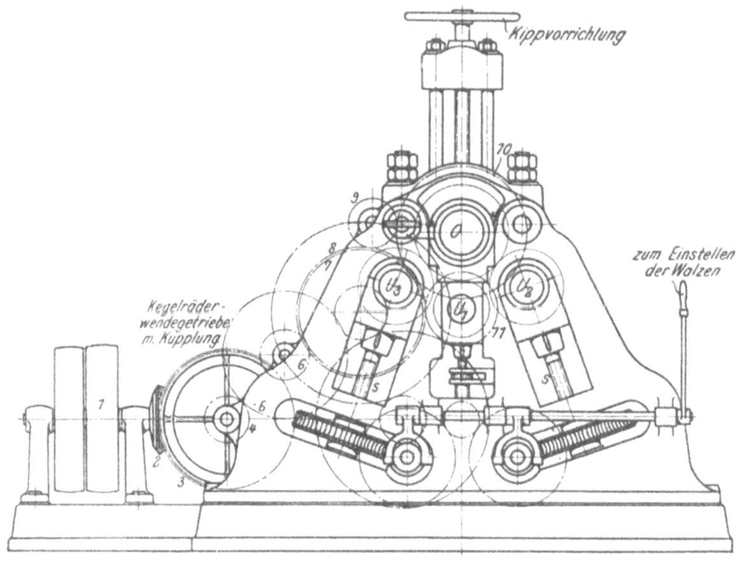

Abb. 944. Blechbiegemaschine.

geboten, daß die Oberwalze rechts mit einem Kugelzapfen läuft und das linke Walzenlager entweder einseitig offen, aufzuklappen oder von der Walze abzuziehen ist. Zum Abheben der Walze dient hier eine Kippvorrichtung, die aus dem vorderen Hals und der Schraube s_1 besteht. Zieht man die Schraube s_1 an, so stellt sich die Walze O schräg, so daß der Schuß nach links entfernt werden kann. Diese Vorrichtung kann noch einen zweiten Zweck erfüllen. Zum Biegen kegeliger Kesselschüsse müssen bekanntlich die Walzen bei dem kleinsten Durchmesser des Schusses näher zusammen liegen als bei dem größten. Dies ist nur möglich, wenn die Oberwalze O mit der Kippvorrichtung schräg zu stellen ist.

Das Drei-Walzensystem leidet an dem Übel, daß der vordere Blechrand gerade bleibt und von Hand nachzurichten ist. Dieser Fehler verschwindet aber, sobald die Maschine mit vier Walzen arbeitet. Ein Nachteil der liegenden Maschine ist, daß sich die Bleche leicht überhängen und verbiegen, was bei der stehenden Maschine nicht der Fall ist.

Eine Biegemaschine nach dem Vier-Walzensystem bringt die Abb. 944. Bei dieser Maschine werden die Oberwalze O und die mittlere Unterwalze U_1 von einem Kegelräderwendegetriebe angetrieben. Den Antrieb der Oberwalze O bewirken die Triebe 1 bis 10, den der Unterwalze U_1 die Getriebe 1 bis 7, 8 und 11. Die Verstellbarkeit liegt hauptsächlich in den Seitenwalzen U_2 und U_3, die selbsttätig eingestellt werden. Durch Räder- und Schneckengetriebe werden nämlich die 2 Stellschrauben s betrieben, die die Walzenlager verschieben. Die Vorrichtung läßt sich durch Umlegen eines Handhebels ein- und ausrücken.

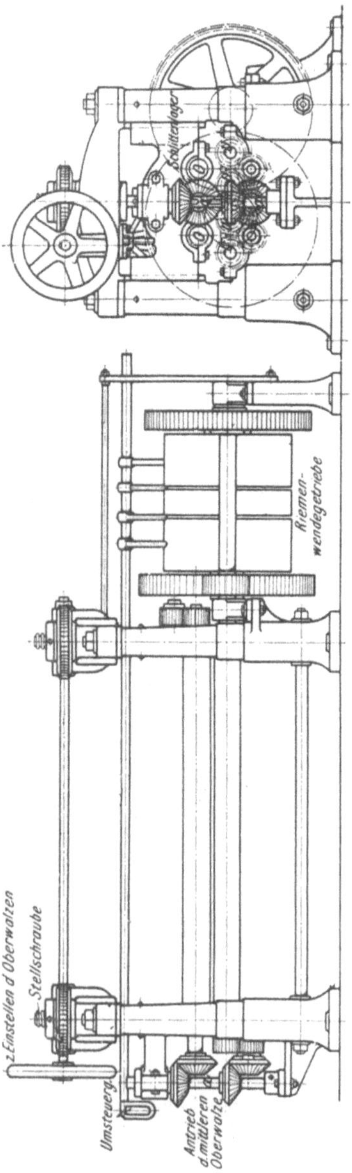

Die Blechrichtmaschinen (Abb. 945 und 946) dienen zum Ausrichten der Bleche, wobei sie Unebenheiten, wie Beulen, Spannungen u. dgl., zu entfernen haben. Ihr Arbeitsvorgang beruht daher auf einem Strecken der Bleche. Hierzu hat die Richtmaschine bei dünneren, also empfindlicheren Blechen sieben Walzen, die in zwei Gruppen geordnet sind (Abb. 941). Von ihnen enthält die Obergruppe 3 Walzen und die untere 4. Für schwere Bleche genügen 5 Walzen, von denen in der Obergruppe 2 und in der unteren 3 liegen. Um durch den Druck der Walzen das Blech richten zu können, ist Bedingung, daß die Ober- und Unterwalzen gegenseitig versetzt d.

Abb. 945 und 946. Blechrichtmaschine.

Der Antrieb der Walzen erfolgt ähnlich wie bei der Biegemaschine. Die untere Walzengruppe liegt fest. Sie wird zum Umsteuern der

Maschine durch ein Riemenwendegetriebe angetrieben. Dabei erhalten alle Unterwalzen durch die Zwischentriebe gleiche Drehrichtung. Die stehende Welle a vermittelt den Antrieb der mittleren Oberwalze, die durch das vordere Räderwerk die übrigen Oberwalzen treibt. Die Ein-

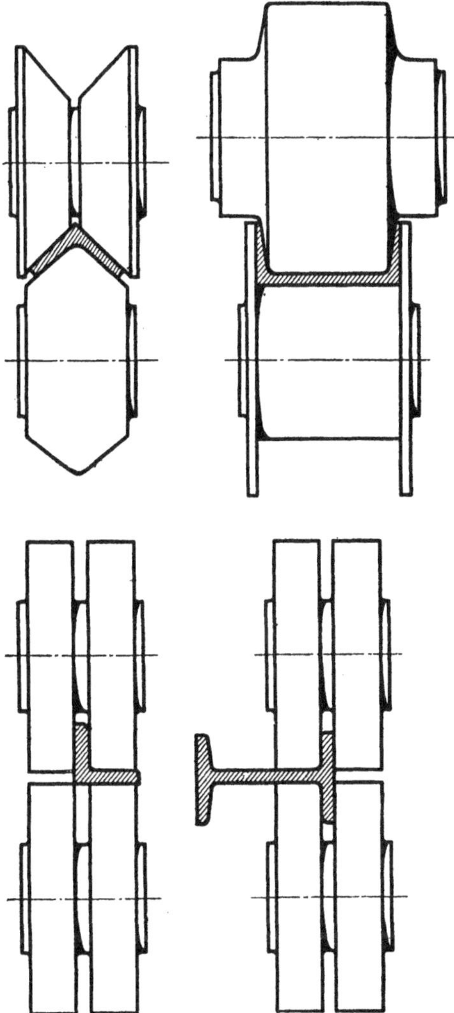

Abb. 947 bis 950. Das Richten von Formeisen.

stellbarkeit der Maschine liegt ebenfalls in den Oberwalzen, die hier beiderseits in Schlittenlagern laufen, die mit dem Handrade verstellt werden. Für diesen Zweck muß der ganze Antrieb der oberen Walzengruppe an den Schlittenlagern angebracht sein.

Eine wichtige Bedingung für Richtmaschinen ist noch, daß sich die

Richtwalzen unter dem Arbeitsdruck der Maschine nicht selbst verbiegen. Aus diesem Grunde sind vielfach die Ober- und Unterwalzen
noch durch besondere Tragrollen t unterstützt (Abb. 941).

In ähnlicher Weise sind auch die Richtmaschinen für Träger und
Profileisen gebaut. An die Stelle der langen Richtwalzen treten hier
kurze Richtrollen (Abb. 947 bis 950), deren Kaliber dem betreffenden
Formeisen angepaßt sind.

2. Die Scheren und Lochmaschinen.

Die Wirkung dieser Maschinen beruht auf einem Abscheren der
Querschnitte, wobei sich die scherenden Werkzeuge ziemlich rechtwinklig
auf das Blech aufsetzen (Abb. 951 und 952). Die Maschine hat demnach

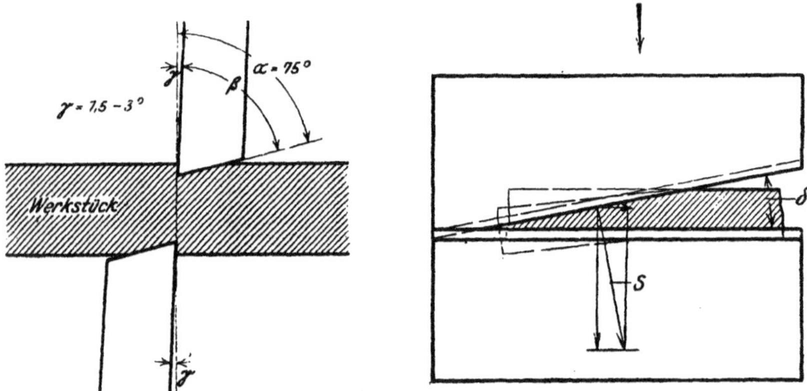

Abb. 951 und 952. Schere.

die Scherfestigkeit des Bleches zu überwinden, wodurch der Schnitt
herbeigeführt wird.

Als Werkzeuge besitzt die Schere zwei Scherblätter. Soll mit
ihnen der Schnitt ausgeführt werden, so ist das eine Blatt als Auflage
für die Blechplatte festzuspannen und das zweite Scherblatt kraft-
schlüssig zu bewegen. Diese Aufgabe ist meist in der Weise gelöst, daß
das bewegliche Scherblatt an einem Schlitten sitzt, der durch Hebel,
Kurbel oder Wasserdruck bewegt wird. Um in dem Antriebe der
Maschine einen möglichst geringen und gleichmäßigen Arbeitsbedarf
zu erzielen, muß der Schnitt in der Breite allmählich fortschreiten.
Hierzu stehen die Schneidkanten der Scherblätter unter einem Winkel δ.
Mit der schrägen Blattkante tritt allerdings die Gefahr auf, daß das
Blech durch den Schnittdruck zurückgeschoben wird. Dies ist jedoch
ausgeschlossen, sobald $\delta < \varrho$, d. h. sobald der Winkel δ kleiner ist als
der Reibungswinkel zwischen Scherblatt und Werkstück. Praktisch
wird daher $\delta = 9 - 14°$ gewählt.

Mit der Schere ist vielfach eine Lochmaschine vereinigt. Ihre Arbeit besteht darin, die Bleche für das Nieten zu lochen. Hierzu hat die Maschine als Werkzeuge einen Stempel und einen Lochring (Matrize) (Abb. 953). Die Matrize dient wie das feste Scherblatt als Auflage, während der Stempel durch das Blech hindurchgedrückt wird. Für diese Kraftäußerung hat die Maschine eine auf- und absteigende Bewegung des Stempels zu erzeugen, die wie bei der Schere durch Hebel, Kurbel oder Wasserdruck bewirkt wird.

Der Kurbelantrieb ist bei der in den Abb. 954 und 955 dargestellten Schere und Lochmaschine ausgeführt. Diese Maschine ist,

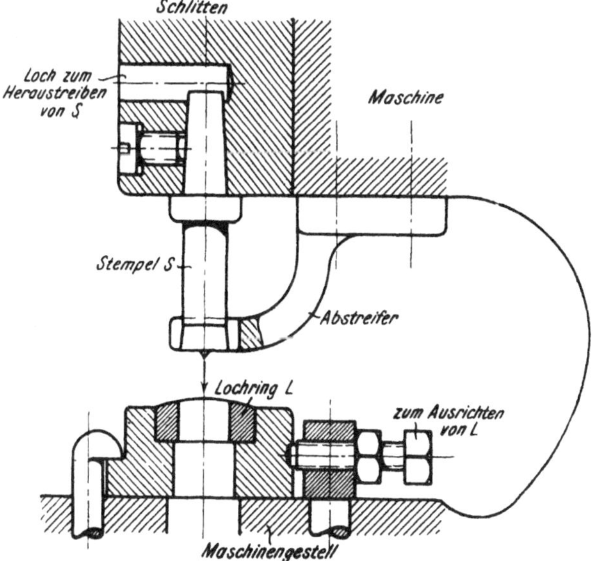

Abb. 953. Lochmaschine.

um beim Lochen eine gute Übersicht zu haben, unten als Lochmaschine ausgebildet und oben als Schere. Das feste Scherblatt ist mit dem oberen Ausleger verschraubt, während der auswechselbare Lochring unten in dem Ständer sitzt. Der Stempel und das bewegliche Scherblatt sind mit dem auf- und absteigenden Werkzeugschlitten verbunden. Der Antrieb dieses Schlittens geht von der Kurbelwelle E aus, die durch einen Riemen und das Vorgelege I/II betrieben wird. Die Kurbel überträgt durch den auf E sitzenden Stein den Arbeitsdruck auf den Schlitten, so daß die Maschine beim Hochgehen schneiden oder beim Niedergehen lochen kann.

Besondere Beachtung verdient noch bei diesen Maschinen die Steuerung. Da die Werkzeuge nur kurze Wege zurücklegen, so bleibt nur wenig Zeit, das Blech nach jedem Schnitt wieder genau aufzulegen. Für diese Zwecke kann zwar durch eine kleinere Schnittgeschwindigkeit oder auch durch größere Überwege der Werkzeuge Zeit gewonnen werden, die Bedienung wird jedoch wesentlich einfacher, wenn sich der Antrieb nach jedem Schnitt selbst auslöst oder auch nach Bedarf von Hand ausgelöst werden kann. Hierdurch hat es der Arbeiter in der Hand, das Blech vor jedem Schnitt in die richtige Lage zu bringen und die Maschine wieder anzulassen. Diese Einrichtung wird bei Scheren besonders benutzt, wenn neue Bleche aufgelegt werden, wozu der Arbeiter stets mehr Zeit gebraucht als zwischen den einzelnen Schnitten. Bei Lochmaschinen

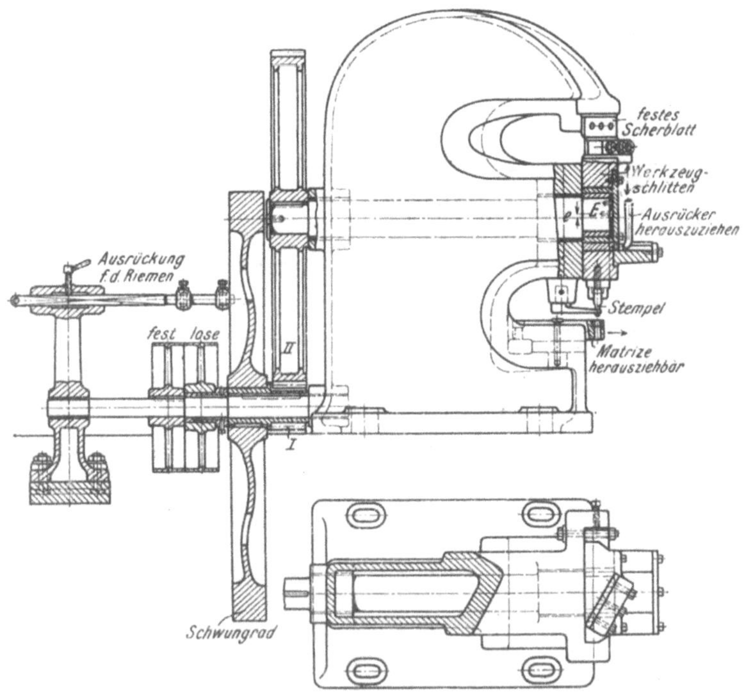

Abb. 954 und 955. Schere und Lochmaschine. E. Schieß, Düsseldorf.

besitzt die Auslösung des Antriebes eine noch größere Bedeutung, da beim Lochen jedesmal die Nietteilung genau einzuhalten ist.

Für die Selbstauslösung des Antriebes bieten sich verschiedene Lösungen. So kann sich ein Rad auf der langsam laufenden Antriebswelle entkuppeln. Hierzu dient vielfach ein auf den Wellendurchmesser abgedrehter Drehkeil, der nach Abb. 957 Rad und Welle nur so lange kuppelt, bis er in die punktiert dargestellte Lage kommt und das Rad freigibt, so daß die Maschine ausgerückt ist.

Eine sinnreiche Drehkeilkupplung führt L. Schuler in Göppingen aus. Sie ist mit einer Sicherheitsvorrichtung versehen, daß der Stempel jedesmal in der höchsten Stellung stehen bleibt. Es können daher keine Fingerverletzungen beim Verlegen des Werkstückes vorkommen.

In den Abb. 958 und 959 läuft das Antriebsrad mit einer Mitnehmer-

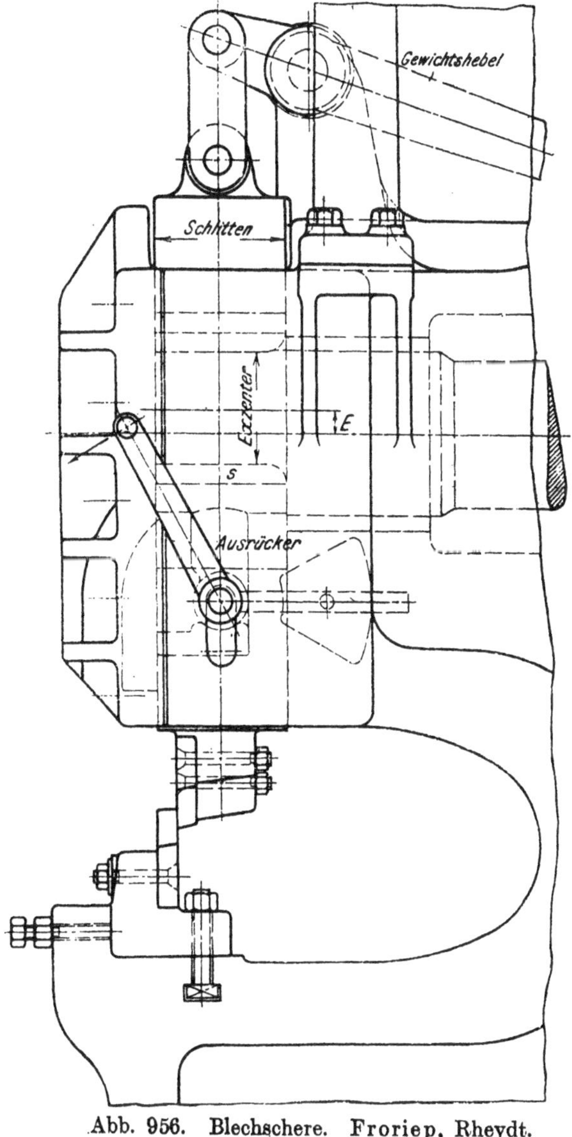

Abb. 956. Blechschere. Froriep, Rheydt.

büchse M auf der Kurbelwelle. Tritt nun der Arbeiter auf den Fußtritt, so legt die Stange z den Winkel a herum, dessen Arm d den Drehkeil freigibt. Infolgedessen zieht die Feder f den Drehkeil k in eine der

Nuten der Mitnehmerbüchse *M*. Von jetzt ab ist das Antriebsrad gekuppelt und die Maschine eingerückt. Läuft das Antriebsrad weiter,
so stößt der Anschlag *F* gegen den Hebel *e*, der
den Federbolzen *x* nach rechts drückt. Der Federbolzen *x* stößt gegen den Anschlag *c*, der durch
das Auftreten vor ihn gekommen ist, und rückt
dadurch die Kupplung *b* aus. Der Daumen *d*
wird jetzt durch die Feder *g* wieder in die Aus-
rückstellung gebracht, in der er den Drehkeil *k*
anhält. Der Antrieb der Maschine wird daher
in der höchsten Stellung des Stempels ausgerückt, selbst wenn der Arbeiter vergißt, den
Fuß vom Fußtritt zu nehmen. Ein neuer Hub
kann erst erfolgen, wenn der Arbeiter den
Fußtritt losläßt. Dann rückt die Feder *h* die
Kupplung *b* wieder ein. Bei erneutem Auftreten
zieht dann die Stange *Z* den Daumen *d* zurück,
so daß die Feder *f* den Drehkeil wieder einrückt.

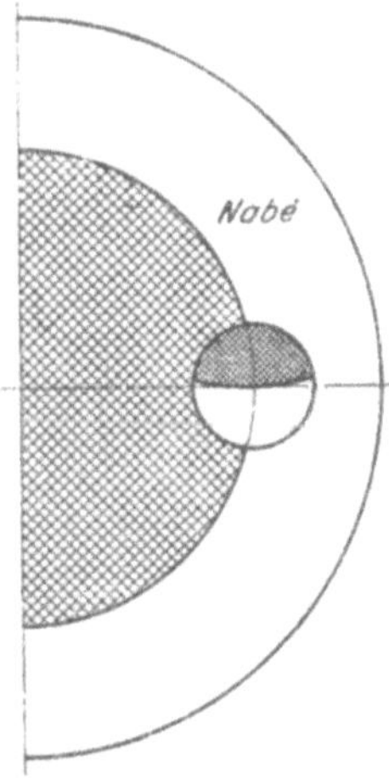

Abb. 957. Auslösung
eines Antriebsrades
durch einen Drehkeil.

Der Kurbelantrieb läßt sich auch von Hand

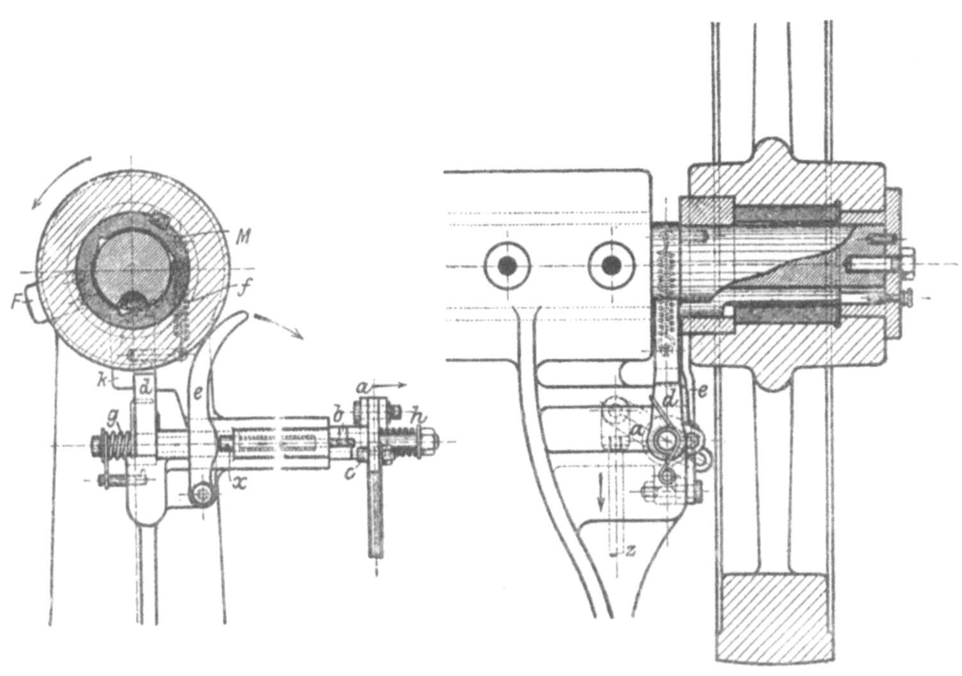

Abb. 958 und 959. Drehkeilkupplung. L. Schuler, Göppingen.

durch das Zurückziehen oder das Umlegen eines Ausrückers auslösen, so daß der Druck der Kurbel nicht mehr auf den Stempel oder das Scherblatt kommt. Wird z. B. in Abb. 954 der untere Druckklotz zurückgezogen, so steigt die Kurbel auf und ab und der Werkzeugschlitten hängt lose an ihr. Die Maschine arbeitet erst wieder, wenn der Druckklotz eingeschoben wird.

Bei der zweiten Schere von Otto Froriep, Rheydt (Abb. 956), drückt die Kurbel mit dem Stein s auf einen Schieber, der den Druck durch den unteren Druckklotz auf den Werkzeugschlitten überträgt. Um den Schlitten ausschalten zu können, ist der Druckklotz als Ausrücker mit einem Handgriff herumzulegen. Die Folge ist, daß die Kurbel in dem Schlitten frei auf- und abspielt.

Eine selbsttätige Auslösung des Kurbelantriebes bringt Abb. 960 (D. R.-P. 25 923). Die Druckstelze a, die den Druck der Kurbel auf den Stempel überträgt, besitzt eine rechts erweiterte Schleife. In ihr kann sich die Kurbel frei bewegen, ohne einen Druck auf das Werkzeug auszuüben. Die Steuerung wirkt daher wie folgt: In der Figur hat die Maschine soeben den Schnitt vollzogen. Die Kurbel muß daher den Stempel wieder hochziehen. Hierbei wird die linkslaufende Kurbel an der oberen Schleife gleiten und durch Reibung die gelenkige Druckstelze nach links abwerfen. Der Kurbelzapfen kommt dabei in die erweiterte Schleife, in der er nach jedem Schnitt frei weiterläuft und die Maschine ausrückt. Um dabei ein Zurückgehen des Schlittens zu verhindern, wodurch das Vorschieben des Bleches erschwert würde, ist an der Stelze eine Nase n vorgesehen. Sie setzt sich beim

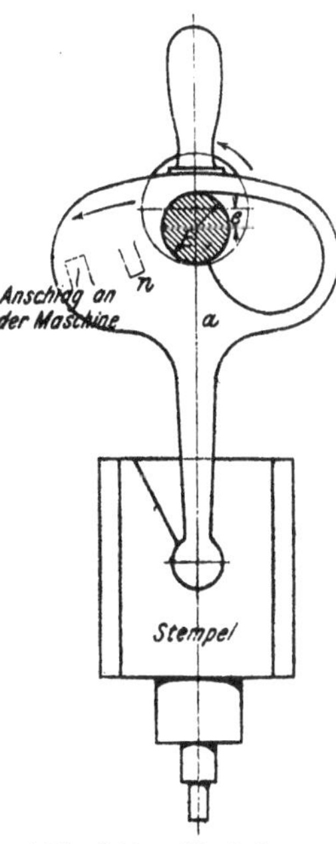

Abb. 960. Kurbelauslösung. D. R.-P. 25 923.

Abwerfen der Stelze auf einen Anschlag der Maschine und hält so den Schlitten hoch. Zum Einrücken der Druckstelze dient der Handgriff.

Seit einigen Jahren bringt die Berlin-Erfurter Maschinenfabrik, Berlin, die Johnschen Blechscheren und Lochmaschinen auf den Markt, die das Interesse vieler Fachleute gefunden haben. Diese Maschinen zeichnen sich durch ihre leichte Bauart und durch ihre wirtschaftliche Arbeitsweise aus. Ihr Gestell besteht aus Schmiedeeisen oder Stahl, wodurch die Maschine eine große Sicherheit gegen Brüche und Verbiegen bietet (Abb. 961).

Bemerkenswert ist der Antrieb dieser Maschinen, der mit dem Johnschen Schwinghebel (D. R.-P.) erfolgt. Der Hebel betreibt in Verbindung mit einem Drückerschaltwerk ruckweise die Kurbelwelle,

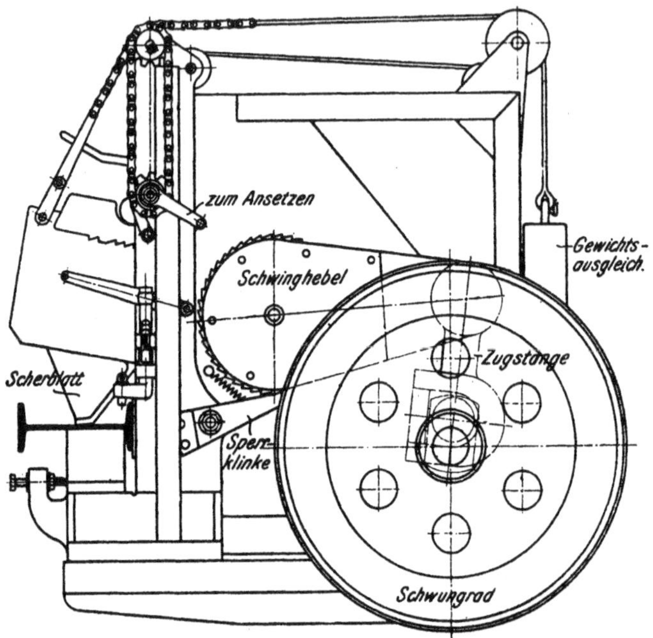

Abb. 961. Johns Trägerschere. Berlin-Erfurter Maschinenfabrik, Berlin.

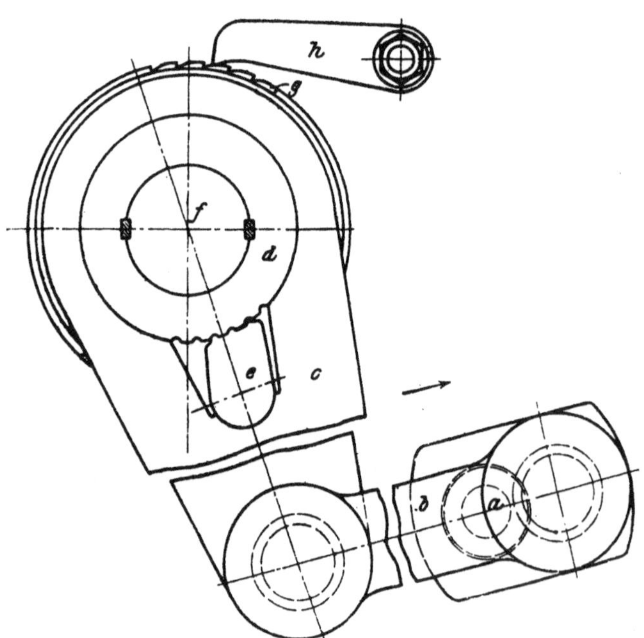

Abb. 962. Johnscher Schwinghebel.

von der das Scherblatt oder der Stempel betätigt wird. Der Grundgedanke dieses Antriebes ist, den langsam wirkenden Druck der gewöhnlichen Schere durch rasch aufeinanderfolgende kurze Druckwirkungen zu ersetzen, wobei das Kraft abgebende Schwungrad rasch laufen kann.

Abb. 963. Werners Hebelschere. Berlin-Erfurter Maschinenfabrik.

Die Maschine wird daher einen sehr günstigen Kraftbedarf haben. Die Bauart des Johnschen Antriebes ist aus Abb. 962 ersichtlich.

Die Kurbelwelle a, die zum Antriebe der Maschine dient und auch das Schwungrad trägt, ist durch die Zugstange b mit dem eigentlichen Schwinghebel c verbunden. Der Hebel umgibt lose den auf der Kurbelwelle f festgekeilten Druckring d. Läuft die Maschine, so schwingt der Hebel c um den Ring d hin und her. Um diese Schwingungen in einer

Richtung auf die Arbeitskurbel f zu übertragen, ist in dem Schwinghebel c ein Drücker e eingebaut. Er faßt in die Zähne von d und bildet
mit diesem Druckring d ein Sperrwerk. Sobald demnach der Schwinghebel c nach rechts ausschlägt, stemmt sich der Drücker e kniehebelartig
gegen den Ring d und kuppelt somit c und f. Durch den Kraftschluß
dreht sich die Arbeitskurbel f nach links etwas weiter. Schwingt c
nach links, so gleitet e über die Zähne zurück und springt von neuem ein,
sobald c wieder nach rechts ausschlägt. Während dieser Zeit ist die
Kurbel durch das Sperrwerk g, h gegen Zurückgehen gehalten. Der
Vorgang wiederholt sich so oft, bis der Schnitt vollzogen ist. Durch
die kurz aufeinanderfolgenden Druckwirkungen arbeiten die Werkzeuge
unterbrochen, wobei das rasch laufende Schwungrad Kraft aufnimmt

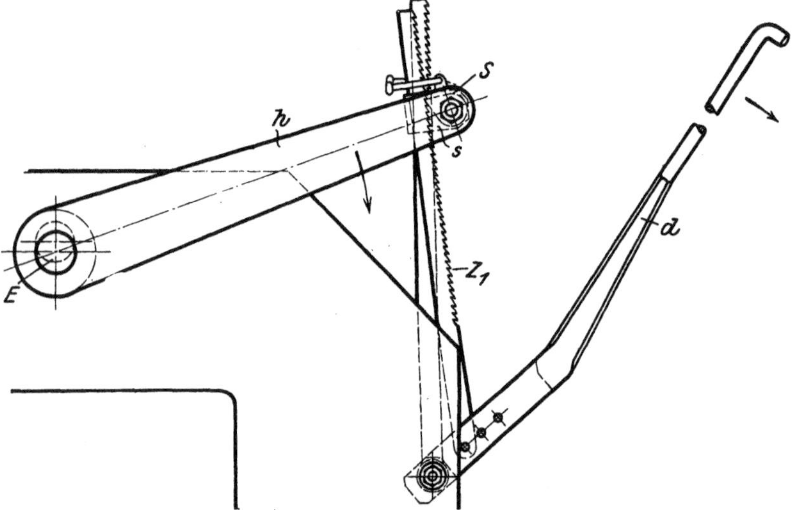

Abb. 964.   Werners Hebelantrieb.

und wieder abgibt. Um die Maschine augenblicklich stillzusetzen, kann
der Drücker e mit einem Handhebel ausgerückt werden.

Die Wirtschaftlichkeit dieses Antriebes beruht darauf, daß keine
großen Massen zu bewegen und keine großen Reibungswiderstände in
Lagern und Rädern zu überwinden sind. Das Schwungrad sammelt
den Kraftüberschuß und gibt ihn in den Arbeitszeiten wieder ab.

Die Berlin-Erfurter Maschinenfabrik Henry Pels & Co.,
Berlin, führt auch die Wernerschen Träger- und Formeisen-Schneidmaschinen aus (Abb. 963). Die Eigenart dieser Maschinen, die für Kraft-
und Handbetrieb gebaut werden, liegt in der großen Hebelübersetzung.
Sie gestattet, I-Träger bis zu N.P 40 von Hand zu zerschneiden.

Die Arbeitsweise der Maschine ist folgende: Drückt der Arbeiter
den Handhebel d nach unten (Abb. 964), so zieht die Zahnstange Z_1 die
beiden Kurbelhebel h herum. Hierzu ist die Zahnstange in der oberen

Schnalle s geführt. Ihre Zähne wirken dort auf eine Sperrklinke S, die den Druck auf die Kurbelhebel h überträgt. Dieser Druck kann noch durch ein Verstellen von Z_1 auf die 3 Löcher von d geregelt werden. Die Kurbel E drückt beim Herumlegen des Hebels d die Messer in den Träger hinein, wodurch der Schnitt vollzogen wird. Das Zuschieben und Umkanten der Träger für die folgenden Schnitte wird dadurch erleichtert, daß beim Umlegen des linken Handhebels die vorn sichtbare Rolle den Träger anhebt (Abb. 963). Vor dem Schneiden muß aber die Rolle wieder gesenkt werden, damit der Druck lediglich auf die Messer wirkt.

Die Wernerschen Maschinen lassen sich auch unter Anwendung von besonderen Werkzeugen für das Zerschneiden aller Träger und Formeisen verwenden. So zeigt die Abb. 965 die 3 Messer für das Zer-

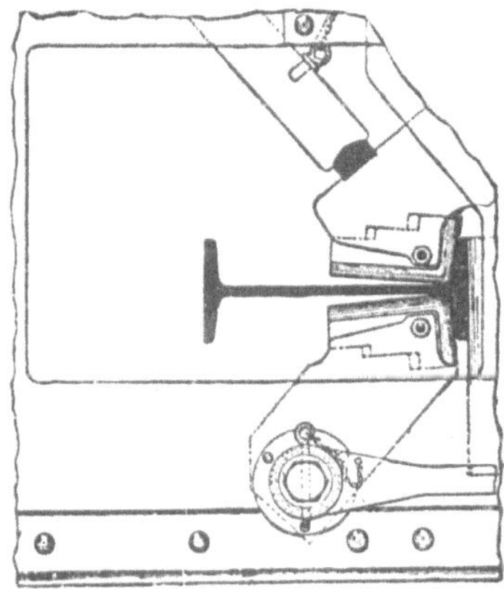

Abb. 965. Zerschneiden eines I.

schneiden von einem I-Träger. Von ihnen erhält das Obermesser den Kurbeldruck.

Die stetig wachsende Verwendung von Walzeisen hat dazu geführt, die Scheren für die wichtigsten Formen von Walzeisen einzurichten. Mit dem Eisenschneider (Abb. 966 bis 968) von Heyligenstaedt, Gießen, kann L-Eisen bis 80 × 10, ⌐ bis 80 × 9, Rundeisen bis zu 35 mm, ☐-Eisen bis 30 mm, Flacheisen 80 × 16 geschnitten werden. Dazu kann die Maschine Löcher von 20 mm Durchmesser in 16 mm Eisen lochen. Sie ist also für allgemeine Zwecke ausgebaut. Die einzelnen Schermesser sitzen, soweit sie beweglich sein müssen, an dem langen Schlitten S, während die festen Messer mit dem Gestell verschraubt sind. Zum Niederhalten der Eisenstangen dient der Arm A, der sich auf die Höhe der Messer einstellen läßt. Die Schnittlängen werden mit dem Anschlag b festgelegt.

Der Antrieb des Messerschlittens S geschieht über A, $\frac{r_1}{R_1} \cdot \frac{r_2}{R_2}$ durch die Kurbel *E*, das durch den Druckstab *d* den Schlitten für den Schnitt nach unten drückt. Dabei spannt sich die Pufferfeder, die den Schlitten hochzieht. Ausgerückt wird die Maschine mit dem Griff *h*, der die ausgehöhlte Stelle des Steines *s* unter *d* stellt, so daß die Kurbel frei spielt.

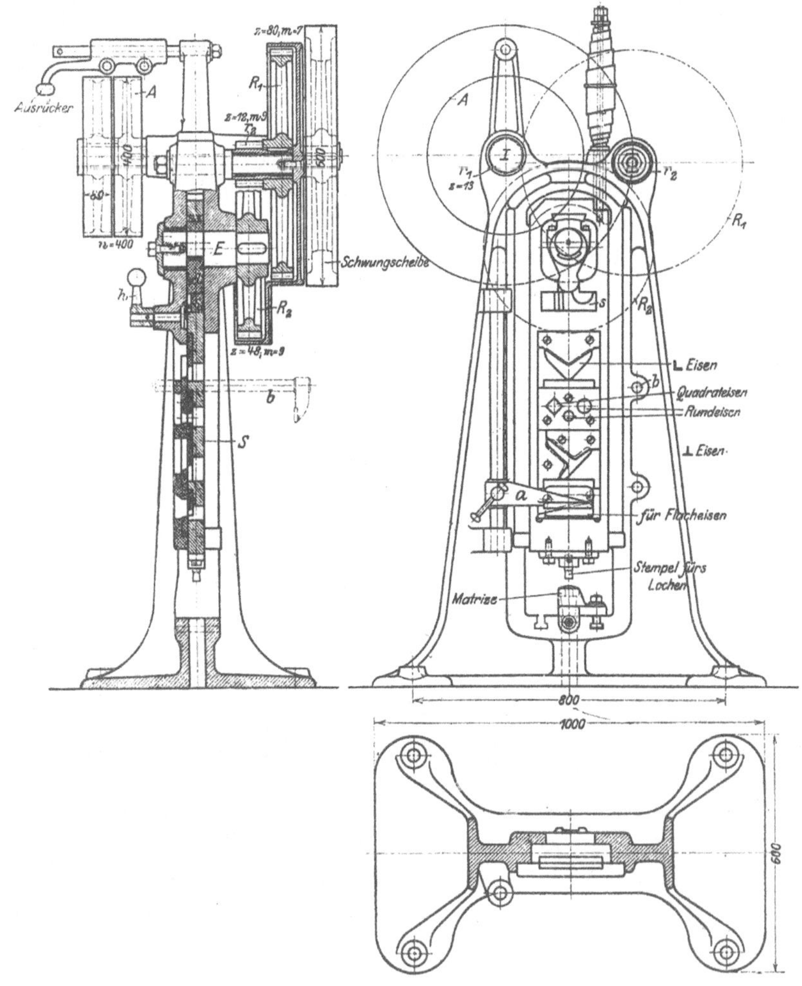

Abb. 966 bis 968.   Eisenschneider.   Heyligenstaedt & Co., Gießen.

Auch bei den Scheren hat der Kampf zwischen der kreisenden und geraden Hauptbewegung eingesetzt.

Bei der Kreisschere (Abb. 969) sind die geraden Scherblätter durch Kreismesser ersetzt, die sich wagerecht und senkrecht gegeneinander verstellen lassen. Das obere Messer ist von der doppelten Größe

Siebentes Kapitel

Die ortsbeweglichen Werkzeugmaschinen.

Die Ausleger-Bohrmaschine verfolgt bekanntlich den Grundgedanken, mittelschwere Werkstücke ohne Umspannen an mehreren Stellen bohren zu können. Hierzu hat die ortsfeste Maschine eine drei- bis fünffache Einstellbarkeit.

Mit der Entwicklung des Großmaschinenbaues ist der Grundgedanke der Ausleger-Bohrmaschine noch weiter ausgebaut worden. Die

Abb. 970. Tragbare Bohrmaschinen. Collet & Engelhard, Offenbach a/M.

schweren Werkstücke werden mit dem Kran auf große Richtplatten oder Stützböcke gelegt und die Werkzeugmaschinen je nach ihrer Größe an die Arbeitsstelle getragen oder gefahren.

Der Dampfturbinenbau hat besonders befruchtend auf die Ausbildung der ortsbeweglichen Werkzeugmaschinen gewirkt, weil an den Turbinengehäusen eine ganze Reihe Löcher zu bohren und Putzen zu hobeln oder zu fräsen sind. Die Auslegerbohrmaschine hat zu ihren des unteren. Es wird von der Riemenscheibe d und 2 großen Rädervorgelegen angetrieben. Die Riemenscheibe d läßt sich zum Ein- und Ausschalten der Schere mit einer Reibkupplung kuppeln. Der Seitendruck der Messer wird durch Kugellager aufgefangen, und die Gestellhälften sind durch die Bolzen a und b verbunden. Das große Kreismesser zieht wie die Walzen das Blech selbsttätig durch die Schere,

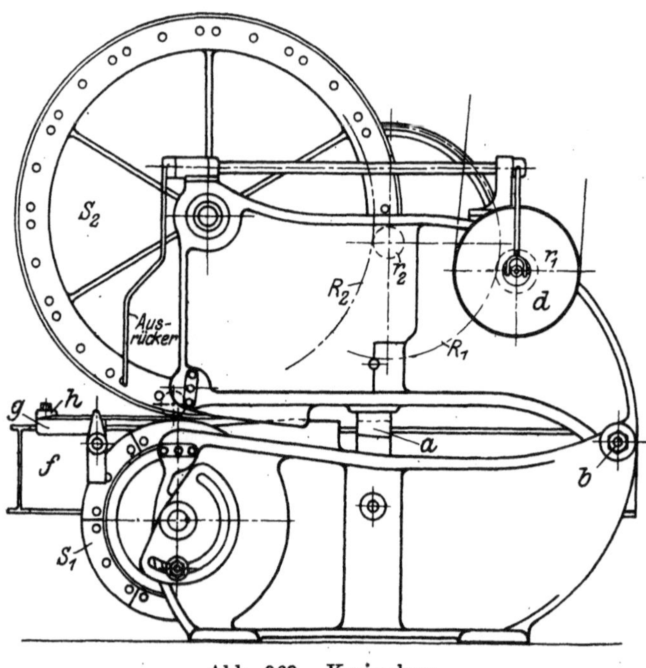

Abb. 969. Kreisschere.

so daß Tafeln beliebiger Länge ohne das zeitraubende Nachschieben zerschnitten werden können. Um hierbei einen geraden Schnitt zu sichern, ist ein Führungsbalken f mit Schlitten g und Pratze h zum Festhalten des Bleches vorgebaut.

Die Leistung dieser Kreisschere übersteigt die der Blattscheren bedeutend. Der Schnittweg soll nach den Angaben der Erbauer 10—20 m i. d. Min. sein.

Abb. 971. Tragbare Hobelmaschine. Collet & Engelhard, Offenbach a/M.

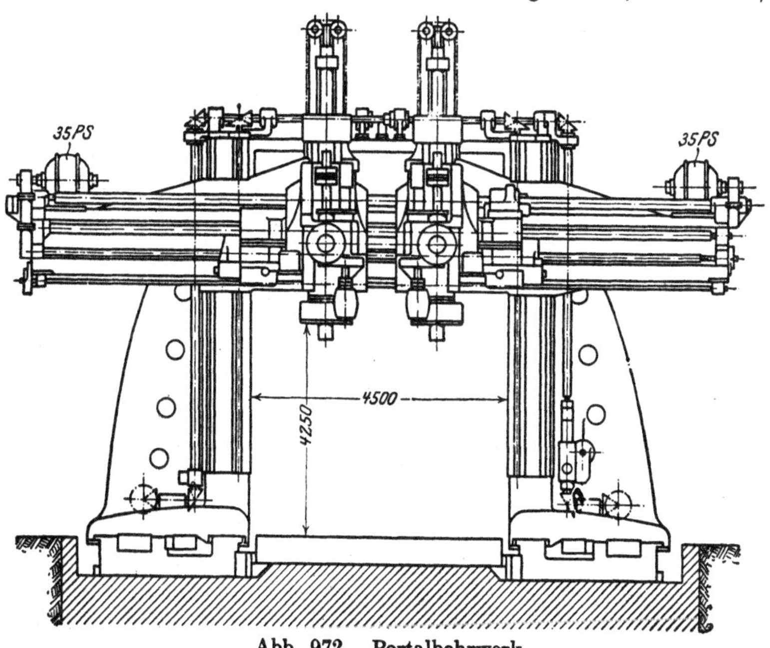

Abb. 972. Portalbohrwerk.

bekannten Einstellbarkeiten noch die Ortsbeweglichkeit erhalten, so
daß sie an die Bohrstelle mit einem Kran getragen werden kann
(Abb. 970). Zum Behobeln der Putzen ist die Stößelhobelmaschine
tragbar und weitergehend einstellbar gemacht (Abb. 971). Der Stößel-
schlitten läßt sich auf dem Ständer hoch- und tiefstellen, der Ständer
auf dem Bettschlitten drehen und mit letztem auf der Grundplatte
verschieben. Die Maschine kann daher mehrere Putzen hobeln, bevor

Abb. 973. Kranbohrmaschine.

der Kran sie weitertragen muß. Will man sich von dem Kran unabhängig
machen, so ist die Maschine als Portalwerk mit Bohr- und Frässchlitten
auszubauen (Abb. 972), das das ganze Werkstück befahren kann.

Für Brücken- und sonstige Eisenbauten müssen die ortsbeweglichen
Bohrmaschinen in alle möglichen Lagen gebracht werden. Sie hängen
daher an der Kette einer Laufkatze (Abb. 973). Alle tragbaren Werkzeugmaschinen verlangen naturgemäß elektrischen Einzelantrieb.

Achtes Kapitel

Die Abnahme und das Prüfen von Werkzeugmaschinen.

Bei der Anschaffung von Werkzeugmaschinen muß man sich Klarheit verschaffen über die Bedingungen, die an die Maschinen zu stellen sind. Sie richten sich nach den vorliegenden Betriebsverhältnissen.

In unserer Zeit des Schnellbetriebes ist wohl die erste Prüfbedingung die Leistung der Werkzeugmaschine. Hierbei ist zu entscheiden, ob die Werkzeugmaschine als Schruppmaschine oder als Schlichtmaschine oder als Maschine für allgemeine Zwecke, d. h. als Schrupp- und Schlichtmaschine, anzusehen ist.

Bei Schruppmaschinen ist der Maßstab für die Leistung das Spangewicht i. d. Std. Bei Massenarbeiten kann auch die Stückzahl der in der Stunde aus dem Vollen herausgeschälten Arbeitsstücke benutzt werden. Die Feststellung der Leistung erfordert daher nur einen einfachen Versuch, den man auf jedem Probestand und in jeder Werkstatt durchführen kann. Gewaltproben sollen dabei vermieden werden. Das Ziel des Versuches soll neben einem hohen Spangewicht eine annehmbare Schnittdauer der Werkzeuge und eine genügende Lebensdauer der Maschine sein.

Bei Schlichtmaschinen ist der Maßstab für die Leistung die geschlichtete Fläche oder die Stückzahl i. d. Std.

Werkzeugmaschinen für allgemeine Zwecke dürfen mit der vollen Spanleistung niemals ausgenutzt werden, weil sie dann als Schlichtmaschinen unbrauchbar werden. Man muß sich daher mit geringeren Schruppleistungen begnügen. In wirtschaftlicher Hinsicht liegt hier entschieden ein Mangel vor, der eine reine Scheidung zwischen Schrupp- und Schlichtmaschine fordert. In der Massenbearbeitung ist diese Scheidung mit der Einführung der Rundschleifmaschine streng durchgeführt. Im allgemeinen Maschinenbau läßt sich die reine Scheidung bei der großen Verschiedenartigkeit der Werkstücke selten durchführen

Bei dem Leistungsversuch kann die Werkzeugmaschine auf ihren Wirkungsgrad geprüft werden. Der elektrische Antrieb läßt diese Prüfung leicht zu. Der Arbeitsverbrauch der Maschine läßt sich ja am Volt- und Ampèremeter ablesen und beträgt:

$$N_e = \eta_m \frac{\text{Volt} \times \text{Ampère}}{735} \text{ PS}$$ (η_m des Motors $= 0{,}8 - 0{,}85$). Den Wirkungsgrad der Werkzeugmaschine η_w erhält man aus: $\eta_w = \dfrac{W_1 \cdot v}{75 \cdot 60\, N_e}$ (Seite 562).

Beispiel: Eine Schruppbank nimmt bei 12 m/Min. Schnittgeschwindigkeit einen Span von 33,4 qmm Querschnitt bei einem Arbeitsaufwand von 15 PS. Die Festigkeit des Rohstoffes ist zu 60 kg/qmm ermittelt.

Schnittdruck $W_1 = q \cdot K_z \cdot a = 33{,}4 \cdot 60 \ 2{,}5 = 5010$ kg. Wirkungsgrad der Werkzeugmaschine

$$\eta_w = \frac{W_1 \cdot v}{75 \cdot 60\, N_e} = \frac{5010 \cdot 12}{75 \cdot 60 \cdot 15} = 0{,}89.$$

Der Wirkungsgrad einer Werkzeugmaschine läßt sich wie bei jeder Kraftmaschine auch durch Abbremsen mit dem Bremszaum bestimmen. Das Ergebnis wäre von der Stoffzahl a unabhängig. Das Messen des Arbeitsverbrauches beim Leerlauf gibt auch Aufklärung über die Reibungswiderstände in der Maschine.

Die wirtschaftliche Bedeutung des Wirkungsgrades einer Werkzeugmaschine lehrt eine einfache Vergleichsrechnung. Von 2 Werkzeugmaschinen gleicher Spanleistung hat die erste $\eta_w = 0{,}8$, die zweite $\eta_w = 0{,}85$. Braucht die erste Maschine $N_1 = 20$ PS. $= \dfrac{735 \cdot 20}{1000} = 14{,}7$ Kw., so ist der Arbeitsaufwand der zweiten $N_2 = 20 \cdot \dfrac{0{,}8}{0{,}85} = 18{,}82$ PS $= \dfrac{735 \cdot 18{,}82}{1000} = 13{,}83$ Kw. Bei einem zehnstündigen Arbeitstag würde der Energieverbrauch der ersten Maschine 147 Kwst. und der zweiten 138,3 Kwst. sein. Bei einem Strompreis von 0,20 M. wäre die tägliche Ersparnis 1,74 M. und bei 300 Arbeitstagen 522 M. durch den besseren Wirkungsgrad der Maschine allein.

Die weitere Prüfung der Werkzeugmaschinen hat sich auf ihre Verwendbarkeit zu erstrecken. Eine Sondermaschine soll in technisch vollendeter Weise ihrem Sonderzweck angepaßt sein. Sie soll in ihrem Geschwindigkeits- und Vorschubwechsel und ihrer sonstigen Ausstattung nicht mehr und nicht weniger aufweisen, als ihr Sonderzweck erfordert. Die Maschine muß gedrungene und kräftige Bauformen zeigen. Alle Handhaben für das Einstellen der Werkzeuge, der Geschwindigkeiten und Vorschübe müssen bequem zur Hand liegen und gefahrlos zu bedienen sein. Besonderes Augenmerk ist auf rasches und sicheres Auf- und Abspannen der Arbeitsstücke zu richten. So nebensächlich diese Forderungen zunächst erscheinen mögen, so wichtig werden sie, wenn man bedenkt, daß mit dem Schnellstahl die reine Arbeitszeit der Maschine wesentlich geringer geworden ist. Zum geordneten Schnellbetrieb gehört aber, daß die Auf- und Abspannzeiten in günstigem Verhältnis zu den Arbeitszeiten der Maschine stehen. Werkzeugmaschinen für allgemeine Zwecke sind in der Vielseitigkeit ihrer Arbeit zu prüfen. Eine zu weit getriebene Vielseitigkeit kostet allerdings nur Geld und kann selten genügend ausgenutzt werden.

Die letzte allgemeine Prüfbedingung für Werkzeugmaschinen ist die Genauigkeit ihrer Arbeitserzeugnisse. Die Genauigkeit der Arbeit tritt bei Schruppmaschinen gegenüber der Forderung einer großen Spanleistung zurück, da es sich bei diesen Maschinen nur um ein Vorarbeiten der Werkstücke handelt. Bei Schlichtmaschinen und Werkzeugmaschinen für allgemeine Zwecke spielt die Arbeitsgenauigkeit die Hauptrolle. Denn je ungenauer die Maschinenarbeit ist, um so teurer sind die Paßarbeiten und um so größer ist das Heer der Schlosser. Mit dem Vorschreiten der Massenherstellung im Maschinenbau, die ja als ersten Grundsatz die Austauschbarkeit der Massenteile aufstellte, sind an die Arbeitsgenauigkeit der Werkzeugmaschinen immer höhere Ansprüche gestellt worden. Der alte Begriff „Genauigkeitsmaschine" mußte erst in die Tat umgesetzt werden, und damit erwuchsen dem Werkzeugmaschinenbau neue Aufgaben. Um sie zu lösen, mußten neue Meßwerkzeuge für das Prüfen der Arbeitsstücke erfunden und neue Meßverfahren für das Prüfen der Werkzeugmaschinen aufgestellt werden.

Der erste Grundsatz für das Prüfen einer Genauigkeitsmaschine ist die genaue gegenseitige Lage und der ruhige Gang der das Werkstück und das Werkzeug tragenden Teile der Maschine. Denn genaue Arbeit ist erfahrungsgemäß nur dann zu erreichen, wenn Werkstück und Werkzeug auf der Maschine ihre vorschriftsmäßige Lage genau einnehmen und ihre Bewegungen vollkommen erschütterungsfrei ausführen. Dies hat zur Voraussetzung, daß alle Führungen aufs sauberste bearbeitet sein müssen. Beim Zusammenbau müssen alle Einzelteile auf ihre genaue Lage und ihren ruhigen, schlagfreien Gang geprüft werden. Wird bei dem schrittweisen Aufbau der Maschine jede Prüfung gewissenhaft durchgeführt, so lassen sich die Fehlerquellen leicht feststellen und beseitigen.

Es sollen hier nur die werkstatttechnischen Prüfverfahren besprochen werden. Als Meßwerkzeuge dienen Wasserwage, Lichtspaltzeiger und Fühlhebel. Wasserwage und Fühlhebel geben jede Ungenauigkeit mit einem Ausschlag der Luftblase oder des Zeigers auf einem Maßstabe an. Den Lichtspalt mißt man, indem man dünnes Seidenpapier zwischen Fläche und Zeiger oder Winkel hin- und herschiebt und fühlt, ob es sich an allen Stellen mit derselben Leichtigkeit verschieben läßt.

Bei allen Werkzeugmaschinen hat die Untersuchung mit dem Bett oder Ständer zu beginnen. Das sauber getuschte und geschabte Bett ist auf einer Richtplatte auf die genaue Lage seiner Führungen zu prüfen.

Das Drehbankbett mit Flachführungen wird lang und quer mit der Wasserwage abgetastet (Abb. 974), die überall einspielen muß. Die gleichlaufenden Seitenführungen können mit Winkel und Reißnadel abgefahren werden, indem man den Lichtspalt mit Seidenpapier mißt, oder auch mit Schieber und Fühlhebel, der nicht ausschlagen darf (Abb. 975). Fehler sind durch Nachschaben zu beseitigen. Dachführungen tragen nur mit den schrägen Dachflächen, die nach Abb. 976 unter Benutzung der Meßklötzchen m lang und quer zu prüfen sind. Die gleiche Richtung der Dachleisten wird am einfachsten mit einem Musterschlitten untersucht.

Der Ständer einer wagerechten Fräsmaschine kann mit Winkel und Wasserwage an den Führungsflächen a und b untersucht werden, die unterbrochenen Flächen a mit einem Lineal auf gleiche Lage.

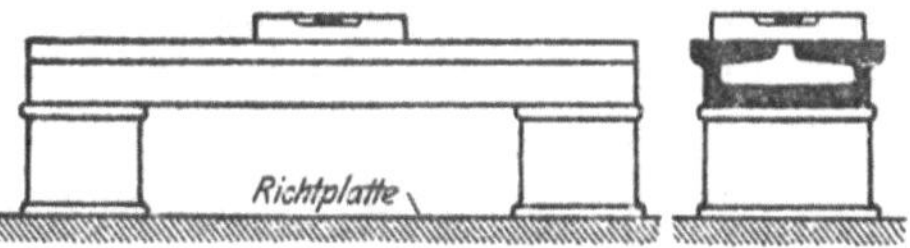

Abb. 974. Prüfen des Drehbankbettes.

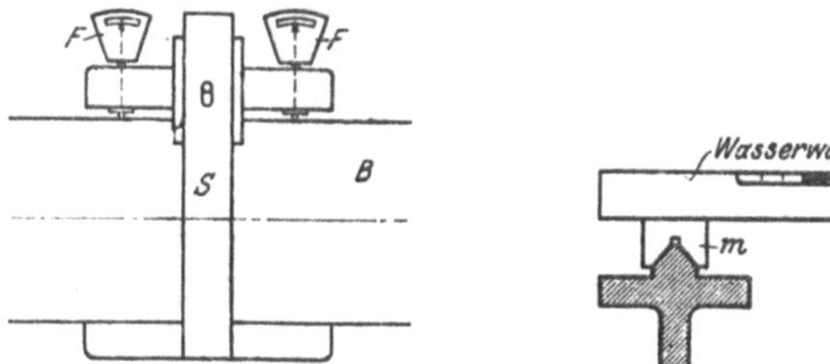

Abb. 975. Prüfen der Bettkanten.   Abb. 976. Prüfen der Dachleisten.

Die Bohrung für den Gegenarm läßt sich mit einem Prüfdorn und Wasserwage abfühlen (Abb. 977 bis 978).

Die Ständer senkrechter Werkzeugmaschinen haben Führungen für den Werkzeugschlitten und den Arbeitstisch. Beide Führungsflächen müssen rechtwinklig zueinander stehen oder gleichlaufend sein. Um letztes festzustellen, prüft man zuerst die Führung des Ständers für den Arbeitstisch mit der Wasserwage. Hierauf wird der Arbeitstisch aufgeschoben und ebenfalls mit der Wasserwage untersucht. Alsdann setzt man nach Abb. 979 und 980 den Prüfwinkel W an und nimmt mit Seidenpapier einige Zugproben gegen die Flächen a und b.

Bei den Werkzeugmaschinen mit kreisender Hauptbewegung spielen die Lage und der Lauf der Hauptspindel eine große Rolle. Die genaue Lage der wagerechten Spindel kann man mit einem Dorn d_1 und durch Entlangfahren eines Fühlhebels B untersuchen, das Schlagen in der Längsrichtung durch Ansetzen des Fühlhebels bei a und das Querschlagen bei A am Dorn d unter Ziehen am Riemen (Abb. 981 bis 982). Die senkrechte Spindel muß senkrecht zum Arbeitstisch stehen; ihre Lage prüft man nach Abb. 983 mit der Reißnadel und Seidenpapier, das sich überall gleich leicht verschieben lassen muß, ihren Lauf durch Ansetzen des Fühlhebels.

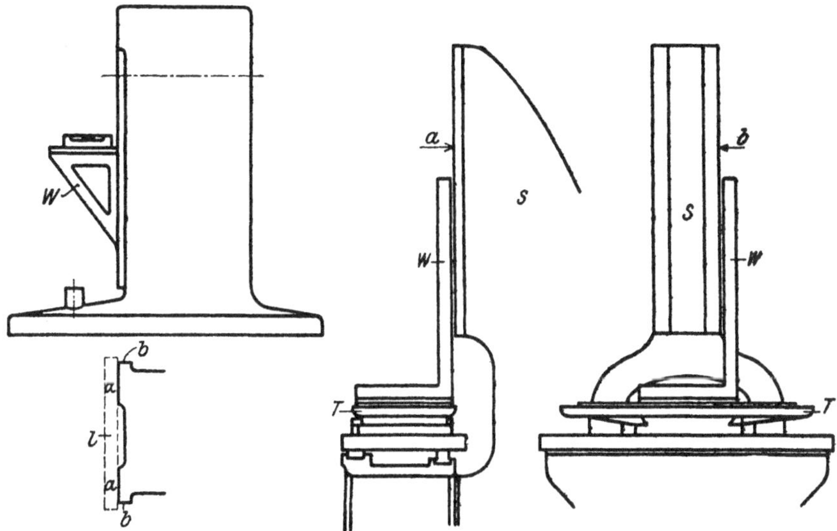

Abb. 977 und 978. Prüfen eines Ständers. Abb. 979 und 980. Prüfen eines Ständers.

Der Kreuzschlitten der Werkzeugschlitten oder der Arbeitstische wird durch Aufsetzen einer Wasserwage auf seine Lage geprüft und durch Ansetzen eines Fühlhebels (Abb 984) auf ruhigen Gang auf dem

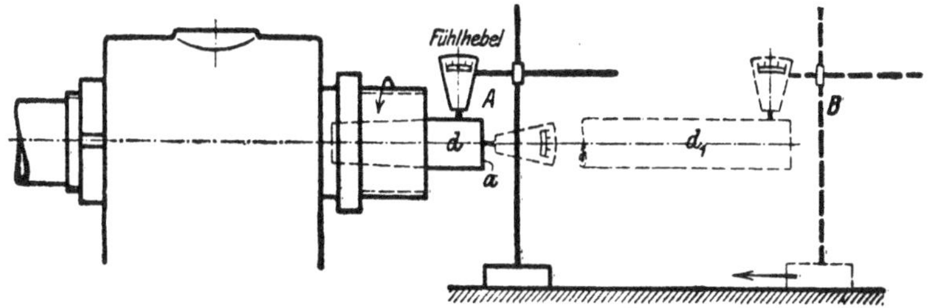

Abb. 981 und 982. Prüfen der Spindel.

Bett. Den Quer- oder Planschlitten fühlt man nach Abb. 985 auf schlagfreien Gang ab. Seine senkrechte Lage zum Langschlitten läßt sich mit Winkel und Reißnadel prüfen. Der senkrecht verstellbare Winkeltisch kann nach Abb. 986 mit Winkel, Reißnadel und Seidenpapier untersucht werden und zwar in 2 Stellungen des Winkels. In gleicher Weise müßte man die Untersuchung der senkrechten Bohr-, Schleif- und Frässchlitten vornehmen (Abb. 988 und 989).

Bei den Werkzeugmaschinen mit gerader Hauptbewegung sind die Untersuchungen dieselben. Der Tisch der Hobelmaschine wird mit

der Wasserwage auf seine Lage und mit dem Fühlhebel auf seinen Gang
geprüft. Den Rahmenständer und Querträger kann man nach Abb. 979
und 980 untersuchen. Die obere Führungsfläche des Querträgers läßt

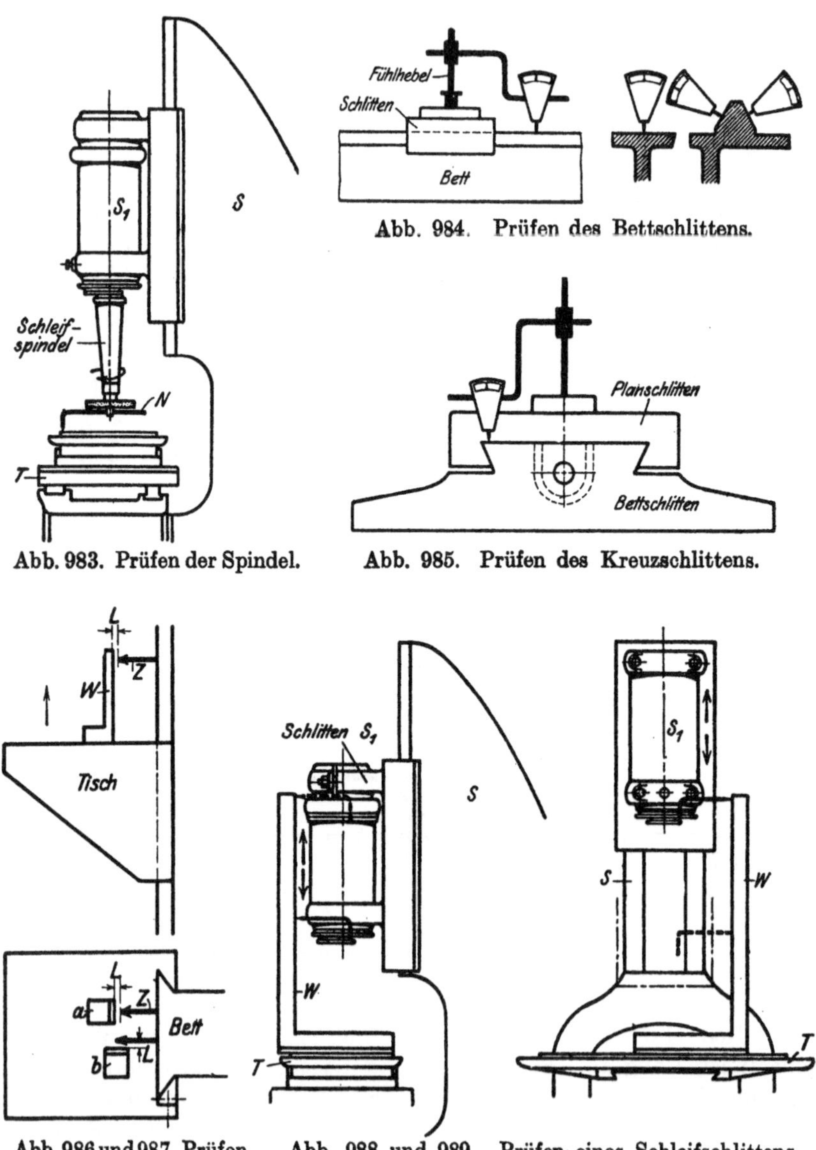

Abb. 983. Prüfen der Spindel.   Abb. 985. Prüfen des Kreuzschlittens.

Abb. 984. Prüfen des Bettschlittens.

Abb. 986 und 987. Prüfen   Abb. 988 und 989. Prüfen eines Schleifschlittens.
  des Winkeltisches.

sich mit der Wage abfühlen. Der Hobelschlitten ist ein Kreuzschlitten,
der nach Abb. 985 zu prüfen ist. Der Stößel der Stoßmaschine wird auf
seine Lage nach Abb. 988 und 989 untersucht und der der Stößelhobel-

maschine nach Abb. 990 mit dem Fühlhebel oder mit der Reißnadel. Unebenheiten in den Schlittenführungen sind durch Nachstellen der Stelleisten oder gar durch Nachschaben zu beseitigen.

Sind die Einzelteile einer Werkzeugmaschine in der vorstehenden Weise untersucht und auf dem Bett oder dem Ständer ausgerichtet, so folgt die Probe auf die genaue gegenseitige Lage. Die Drehbank kann nur genau langdrehen, wenn die Spitzen des Spindelstockes und Reitstockes als Träger des Werkstückes fluchten und die Stahlschneide sich gleichlaufend mit der Spitzenlinie bewegt. Reitstock und Spindelstock sind daher auf gleiche Spitzenhöhe und gleiche Spitzenrichtung zu prüfen. Es geschieht mit einem genau geschliffenen Prüfdorn nach Abb. 991 bis 992 und Entlangführen des Werkzeugschlittens mit dem Fühlhebel, der keine Ausschläge zeigen darf. Mit dieser Untersuchung ist auch die genaue Langführung des Schlittens bewiesen. Ungenauigkeiten

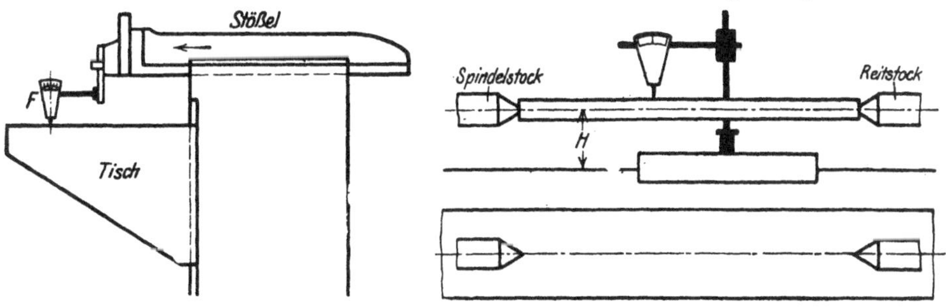

Abb. 990. Prüfen des Stößels.   Abb. 991 und 992. Prüfen der Spitzen.

in der Spitzenhöhe sind durch Nachstellen der Spindellager oder Nachschaben am Spindelkasten oder Reitstock zu beseitigen, in der Spitzenrichtung mit der Querverstellung des Reitstockes. Ein genaues Plandrehen erfordert, daß der Planschlitten sich gleichlaufend mit der Planscheibe bewegt. Man prüft dies mit der Reißnadel, die man auf dem Werkzeugschlitten festspannt und an der Planscheibe entlangführt. Der Sitz der Planscheibe auf der Spindel läßt sich zuvor mit Winkel und Wage abfühlen.

Die wagerechte Fräsmaschine fräst nur genau wagerecht, wenn die Frässpindel mit der Tischfläche gleichläuft. Diese gegenseitige Lage von Tisch und Spindel kann man mit einem Prüfdorn und Fühlhebel feststellen. Alle senkrechten Werkzeugmaschinen geben nur genaue Arbeit, wenn die Hauptspindel senkrecht zum Tisch steht (Abb. 983).

Die Tischhobelmaschine hobelt nur genau wagerecht oder senkrecht, wenn die Hobelschlitten des Querträgers und des Ständers nach vorstehenden Regeln untersucht sind.

Die Hauptprobe bleibt immer die Arbeitsprobe, die mit Grenzlehren auf ihre Brauchbarkeit zu prüfen ist. Ohne die schrittweise Untersuchung der Einzelteile und die Gesamtprüfung der Maschine ist den hohen Anforderungen der Neuzeit nicht mehr zu genügen.

Zahlentafel XVII. Schnittgeschwindigkeiten und Vorschübe[1]).

Arbeitsverfahren	Gußeisen				Schmiedeeisen			
	mit gewöhnlichem Werkzeugstahl		mit Schnellstahl		mit gewöhnlichem Werkzeugstahl		mit Schnellstahl	
	Umfangs- oder Schnittgeschwindigkeit m/Min.	Vorschub mm/Umdr.	Umfangs- oder Schnittgeschwindigkeit m/Min.	Vorschub mm/Umdr.	Umfangs- oder Schnittgeschwindigkeit m/Min.	Vorschub mm/Umdr.	Umfangs- oder Schnittgeschwindigkeit m/Min.	Vorschub mm/Umdr.
Drehen	6—12	0,1—3	15—20	0,5—5	10—13	0,1—3	20—30	0,5—5
Gewindeschneiden . .	2—5	—	—	—	2—5	—	—	—
Ein- und Abstechen	5—10	0,05—1,5	15—20	0,05–1,5	6—12	0,02—1	15—20	0,02—1
Bohren { mit Spiralbohrer	8—12	0,1—0,5	16—20	0,2–2	10—15	0,1—0,5	18—25	0,2–1,5
„ Bohrstange .	6—12	0,1—0,3	15–20	0,2—5	8—12	0,1—3	10—20	0,1—2
„ Kanonenbohrer . . .	5—10	0,02—0,5	—	—	6—12	0,02—0,5	—	—
Reiben	3—6	0,5—10	—	—	3—6	0,5—10	—	—
		Vorschub mm/Min.		Vorschub mm/Min.		Vorschub mm/Min.		Vorschub mm/Min.
Fräsen { Lang- und Plan-	10—15	15—150	25—40	25—250	12—18	15—150	ˮ0—50	30—300
Rund-	10—15	20—60	—	—	12—15	15—50	—	—
Zahn-	9—12	15—75	15—20	25–90	10—15	15—50	16—20	25—70
Gewinde- . . .	—	—	—	—	12—15	40—100	—	—
		Vorschub mm/Hub		Vorschub mm/Hub		Vorschub mm Hub		Vorschub mm/Hub
Hobeln	5–10	wager. 0,1–5 senkr. 0,1—8	10—15	wager.0,5—10 senkr. 0,6—12	6—12	wager. 0,1—5 senkr. 0,1—8	10—15	wager.0,5—10 senkr. 0,6—12
Stoßen (senkrecht und wagerecht)	5—10	0,1—2	10—15	0,2—5	6—12	0,1—2	10—15	0,2—5

[1]) Hütte II, S. 336.

Zahlentafel XVII. Schnittgeschwindigkeiten und Vorschübe.

| | Maschinenstahl | | | | Bronze, Rotguß, Messing | | | |
| | mit gewöhnlichem Werkzeugstahl | | mit Schnellstahl | | mit gewöhnlichem Werkzeugstahl | | mit Schnellstahl | |
Arbeitsverfahren	Umfangs- oder Schnittgeschwindigkeit m/Min.	Vorschub mm/Umdr.	Umfangs- oder Schnittgeschwindigkeit m/Min.	Vorschub mm/Umdr.	Umfangs- oder Schnittgeschwindigkeit m/Min.	Vorschub mm/Umdr.	Umfangs- oder Schnittgeschwindigkeit m/Min.	Vorschub mm/Umdr.
Drehen	8—12	0,1—3	15—25	0,5—5	15—30	0,1—3	20—40	0,1—3
Gewindeschneiden . .	2—4	—	—	—	6—15	—	—	—
Ein- und Abstechen .	5—10	0,02—1	12—18	0,02—1	12—20	0,02—1	—	—
Bohren { mit Spiralbohrer .	6—10	0,1—0,5	15—20	0,2—1,5	16—20	0,1—1	25—35	0,1—1
,, Bohrstange . .	6—10	0,1—3	12—18	0,1—2	15—20	0,1—3	—	—
,, Kanonenbohrer	5—10	0,02—0,5	—	—	15—20	0,02—1	—	—
Reiben	3—5	0,5—10	—	—	16—20	0,5—10	—	—
		Vorschub mm/Min.		Vorschub mm/Min.		Vorschub mm/Min.		Vorschub mm/Min.
Fräsen { Lang- und Plan- .	10—15	15—150	25—40	25—250	25—40	25—200	40—70	30—300
Rund-	10—15	12—40	—	—	20—40	15—80	—	—
Zahn-	8—12	12—40	15—18	20—60	20—40	25—100	—	—
Gewinde-	10—12	40—100	—	—	—	—	—	—
		Vorschub mm/Hub		Vorschub mm/Hub		Vorschub mm/Hub		
Hobeln	5—10	wager. 0,1—5 senkr. 0,1—8	10—15	wager. 0,5—10 senkr. 0,6—12	10—20	wager. 0,1—6 senkr. 0,1—10	—	—
Stoßen (senkrecht und wagerecht)	5—10	0,1—2	10—15	0,2—5	10—20	0,1—2	—	—

| | Schmiedeeisen, Stahl und Gußeisen | | | |
| Verfahren | Umfangsgeschwindigkeit | | Anstellung der Schleifscheibe mm | seitlicher Vorschub der Scheibe mm/Umdr. d. Werkstückes |
	des Arbeitsstückes m/Min.	der Schleifscheibe m/Sek.		
Schleifen	9—15	25—35 ∼ 30	0,01—0,15	$^2/_3$—$^5/_6$ der Scheibenbreite

2. Die Berechnung des Schnittdruckes und des Arbeitsbedarfs einer Werkzeugmaschine.

a) Der Schnittdruck bei einschneidigen Werkzeugen.

Der an der Schneide des Stahles auftretende Schnittwiderstand oder Schnittdruck W_1 (Abb. 993) wächst mit der Größe des zu nehmen-

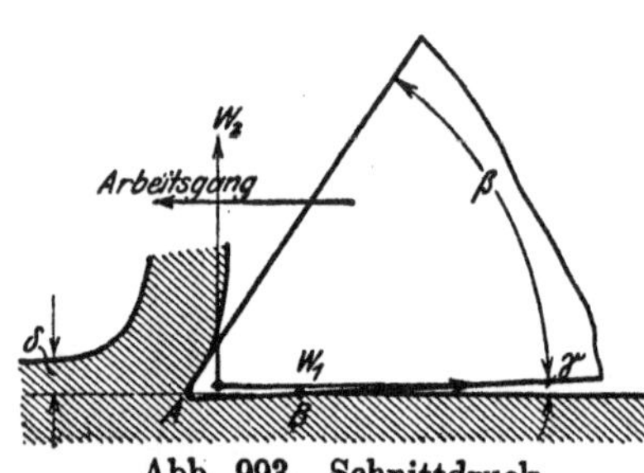

Abb. 993. Schnittdruck.

den Spanquerschnittes und der Festigkeit des zu bearbeitenden Stoffes. Der Schnittdruck W_1 steht daher in direktem Verhältnis zum Spanquerschnitt q und zur Zerreißfestigkeit Kz des Stoffes.

Da jedoch beim Spanabnehmen größere Reibungswiderstände zu überwinden sind, und auch die Beschaffenheit der Schneide wesentlich mitspielt, so ist bei der Ermittlung des Schnittdruckes an Stelle der Zerreißfestigkeit Kz die Stoffzahl K zu setzen, die ein Vielfaches von K_z ist.

Danach ist der Schnittdruck:

$$W_1 = q \cdot K \text{ kg.} \tag{1}$$

Diese Gleichung gilt für alle einschneidigen Werkzeuge, wie Drehstähle, Hobelstähle, Stoßmeißel u. dgl.

Der Spanquerschnitt q läßt sich aus dem Vorschub δ in mm und der Spantiefe s in mm ermitteln:

$$q = \delta \cdot s \text{ qmm.}$$

Die Stoffzahl K ist $K = a\,K_z\,\dfrac{\text{kg}}{\text{qmm}}$.

Werte für a:

$a = 2{,}5$ bis $3{,}2$ für das Bearbeiten von Schmiedeeisen und Stahl,
$a = 4$ bis 5 bis 6 ,, ,, ,, ,, Gußeisen.

Werte für K_z:

$K_z = 33$ bis $40\ \dfrac{\text{kg}}{\text{qmm}}$ Schweißeisen,

,, $= 34$,, 50 ,, Flußeisen,
,, $= 45$,, 100 ,, Flußstahl,
,, $= 45$,, 70 ,, Stahlguß,
,, $= 12$,, 24 ,, Gußeisen,
,, $= 20$,, Rotguß,
,, $= 15$,, Messing.

Die Stoffzahl K ist nach H. Fischer:

$$K = \ 70 \text{ bis } 120 \ \frac{kg}{qmm} \ \text{ Gußeisen,}$$
$$\text{,, } = 110 \ \text{,, } 170 \ \text{,, } \ \text{ Schmiedeeisen,}$$
$$\text{,, } = 160 \ \text{,, } 240 \ \text{,, } \ \text{ Stahl,}$$
$$\text{,, } \sim 130 \ \qquad\quad \text{,, } \ \text{ Stahlguß,}$$
$$\text{,, } = \ 50 \ \text{,, } 100 \ \text{,, } \ \text{ Bronze.}$$

Taylor ermittelte für Gußeisen die Stoffzahl K abhängig vom Vorschub:

$$\text{weiches Gußeisen} \ \left\{ \begin{array}{l} \text{bei großem Vorschub } K = 50 \ \dfrac{kg}{qmm} \\[2ex] \text{,, kleinem } \quad \text{,, } \qquad \text{,, } = 75 \ \text{,,} \end{array} \right.$$

$$\text{hartes Gußeisen} \ \left\{ \begin{array}{l} \text{bei großem Vorschub } K = 115 \ \dfrac{kg}{qmm} \\[2ex] \text{,, kleinem } \quad \text{,, } \qquad \text{,, } = 140 \ \text{,,} \end{array} \right.$$

Wie die Abb. 993 zeigt, drückt sich die Schneide des Stahles um das Stück $A\,B$ in das Werkstück ein. Infolgedessen muß auf den Stahl

1. der Druck W_1 in der Arbeitsrichtung auf die Brust der Schneide wirken und

2. der Druck W_2 senkrecht zum Rücken der Schneide.

Soll der Stahl beim Arbeiten nicht „hacken", so muß der Druck gegen den Rücken der Schneide mindestens ebenso groß sein wie der Druck auf die Schneide. Für die Berechnung der Abmessungen einer Maschine setzt man daher:

$$W_2 = W_1.$$

Ist z. B. der Durchmesser des größten Werkstückes $= D$ mm, so ist das Drehmoment, das auf die Drehbankspindel wirkt:

$$M = W_1 \frac{D}{2} \ \textbf{kgmm.} \tag{2}$$

Außer diesem Drehmoment wirkt auf die Spindel der Rückdruck W_2, der sie auf Biegung beansprucht. In gleicher Weise wirkt auch das Gewicht des Werkstückes. Doch ist hierbei zu beachten, daß der Schnittdruck dem Gewicht des Werkstückes entgegenwirkt und so die Spindel teilweise entlastet.

Beispiel für die Berechnung des Schnittdruckes: Auf einer Drehbank ist eine Welle aus Schmiedeeisen von 40 kg Festigkeit abzudrehen. Die Spantiefe ist 5 mm, der Vorschub 2 mm.

$$\text{Schnittdruck } . W_1 = q \cdot K.$$
$$\text{Hierin Spanquerschnitt } q = s \cdot \delta = 5 \cdot 2 = 10 \ \text{qmm,}$$
$$\text{Stoffzahl } K = a\,K_z = 3 \cdot 40 = 120 \ \frac{kg}{qmm},$$
$$W_1 = 10 \cdot 120 = 1200 \ \text{kg,}$$
$$W_2 = 1200 \ \text{kg.}$$

Die Vorschubkraft hat Taylor zu $0{,}45 \cdot W_1$ bis $0{,}5\ W_1$ ermittelt. Sie ist aber bei stumpfen Schneiden viel größer. Taylor empfiehlt daher, die Vorschubgetriebe, insbesondere die der Schruppmaschinen, für den Schnittdruck W_1 zu berechnen.

b) Der Schnittdruck bei Lochbohrern.

Der Bohrer schneidet mit zwei Schneiden. Bei jeder Drehung löst jede Schneide die halbe Metallschicht los (Abb. 995). Ist der Bohrvorschub für jede Umdrehung δ mm und der Durchmesser des Bohrers d mm, so nimmt jede Schneide einen Span von dem Querschnitt $q = \dfrac{d}{2} \cdot \dfrac{\delta}{2}$ qmm. An jeder Schneide ist daher der Rückdruck gegen den Rücken.

$$W_2 = qK = \frac{d}{2} \cdot \frac{\delta}{2} \cdot K \text{ kg.}$$

Aus dem Rückdruck W_2 läßt sich auch der Schaltdruck P ermitteln, der von der Schaltzahnstange auszuüben ist. Bei dem Spitzenwinkel α ist nämlich nach Abb. 994

$$\sin \frac{\alpha}{2} = \frac{\dfrac{P}{2}}{W_2},$$

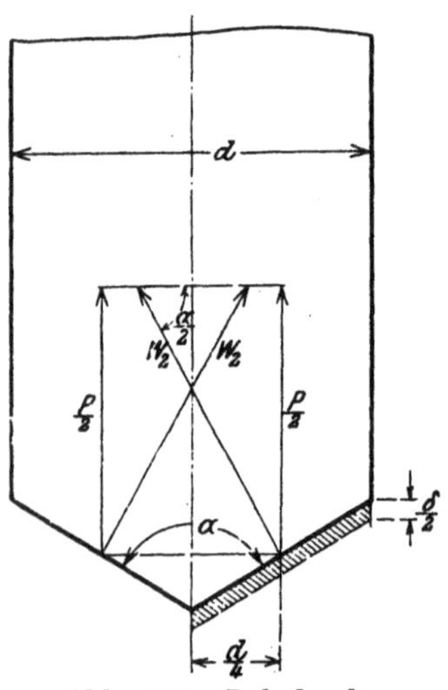

Abb. 994. Bohrdruck.

also

$$\frac{P}{2} = W_2 \cdot \sin \frac{\alpha}{2} = \frac{d}{2} \cdot \frac{\delta}{2} \cdot K \cdot \sin \frac{\alpha}{2}$$

und

der Schaltdruck $P = 2 \cdot \dfrac{P}{2} = d \cdot \dfrac{\delta}{2} \cdot K\ \sin \dfrac{\alpha}{2}.$

Das Drehmoment, das auf den Bohrer und die Bohrspindel kommt, ist nach Abb. 995

$$M = 2\,W_1 \cdot \frac{d}{4}.$$

Hierin ist

$$W_1 = W_2.$$

Demnach ist das Drehmoment

$$M = 2 \cdot \frac{d}{2} \cdot \frac{\delta}{2} \cdot K \cdot \frac{d}{4} = \frac{d_2}{8} \cdot \delta \cdot K \text{ kgmm.}$$

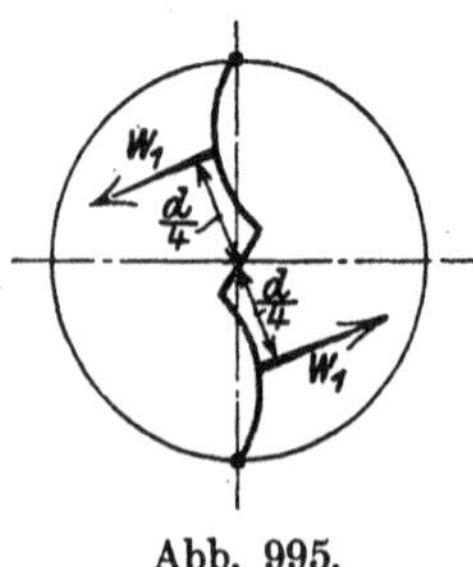

Abb. 995.

Bei gewöhnlichen Bohrern (Spiralbohrern) ist $\alpha = 120^0$.

Für $\dfrac{\alpha}{2} = 60^0$ ist:

$$\text{Schaltdruck } P = d \cdot \frac{\delta}{2} \cdot K \cdot \sin \frac{\alpha}{2} = 0{,}433\, d \cdot \delta \cdot K.$$

$$\text{Drehmoment } M = \frac{d^2}{8} \cdot \delta \cdot K.$$

Bei Kanonenbohrern ist: $\alpha = 180^0$.

Für $\dfrac{\alpha}{2} = 90^0$ ist:

$$\text{Schaltdruck } P = d \cdot \frac{\delta}{2} \cdot K \cdot \sin \frac{\alpha}{2} = d \cdot \frac{\delta}{2} \cdot K.$$

$$\text{Drehmoment } M = \frac{d^2}{8} \cdot \delta \cdot K.$$

Beispiel: Ein Loch von 40 mm Durchmesser ist in Gußeisen von 20 kg Festigkeit bei 0,2 mm Vorschub zu bohren.

Schaltdruck $P = 0{,}433 \cdot d\,\delta \cdot K.$

Hierin $d = 40$ mm, $\delta = 0{,}2$ mm, $K = 5 \cdot Kz = 100$ kg.
$$P = 0{,}433 \cdot 40 \cdot 0{,}2 \cdot 100 = 346 \sim 350 \text{ kg.}$$

Drehmoment $M = \dfrac{d^2}{8} \cdot \delta \cdot K = 4000$ kgmm.

c) Der Schnittdruck bei mehrschneidigen Werkzeugen, Fräsern.

Wird das Werkstück dem Fräser (Abb. 996 bis 997) in jeder Sekunde um den Vorschub von c mm zugeschoben, so nimmt er in jeder Sekunde eine Spanmenge von $s \cdot b \cdot c$ cbmm. Um diese Stoffmenge zu zerspanen, muß der Fräser dieselbe Arbeit aufwenden wie ein einschneidiges Werkzeug, das den Span vom Querschnitt $q = b \cdot s$ qmm mit der Geschwindigkeit von $c \dfrac{\text{mm}}{\text{Sek.}}$ nehmen würde. Das einschneidige Werkzeug hätte dabei den Schnittwiderstand $W_1 = q \cdot K$ mit der Geschwindigkeit von $c \dfrac{\text{mm}}{\text{Sek.}}$ zu nehmen.

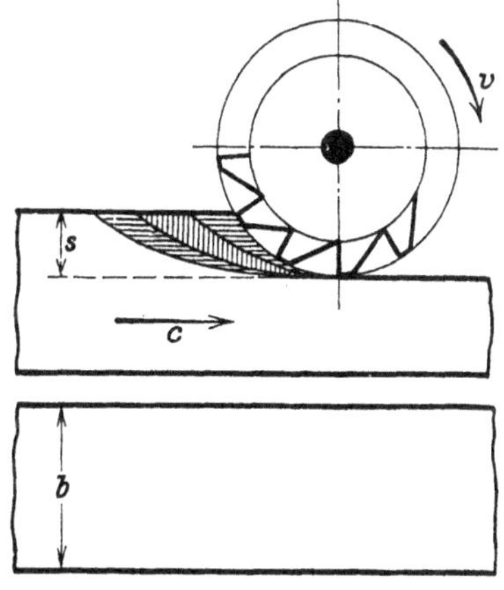

Abb. 996 und 997.   Fräsdruck.

Hierfür würde es einen Arbeitsaufwand beanspruchen von
$$A = W_1 \cdot c = b \cdot s \cdot K \cdot c \text{ mmkg.}$$

Der Fräser hat an den arbeitenden Schneiden den Schnittwiderstand W_1 mit der Umfangsgeschwindigkeit v zu nehmen. Hierfür ist der Arbeitsbedarf
$$A = W_1 \cdot v \text{ mmkg.}$$

Da der Arbeitsbedarf beider Werkzeugarten gleich ist, so ist

$$W_1 \cdot v = b \cdot s \cdot K \cdot c$$

und der Schnittdruck des Fräsers:

$$W_1 = b \cdot s \cdot K \cdot \frac{c}{v} \, \text{kg.}$$

Hierin ist $b =$ Spanbreite in mm, $s =$ Spantiefe in mm, $c =$ Vorschub in $\frac{\text{mm}}{\text{Sek.}} = \frac{n \cdot \delta}{60}$, wenn $\delta =$ Vorschub für 1 Umdrehung ist, und $v =$ Schnittgeschwindigkeit in $\frac{\text{mm}}{\text{Sek.}}$.

Die Gleichung $W_1 = b \cdot s \cdot K \cdot \frac{c}{v}$ lehrt, daß auch beim mehrschneidigen Werkzeug der Schnittdruck mit der Spantiefe und der Spanbreite, sowie der Festigkeit des zu bearbeitenden Stoffes wächst. Er wächst ebenso mit der Größe des Vorschubes c, weil bei großem Vorschub der Fräser in der Sekunde mehr Stoff zu zerspanen hat als bei kleinem Vorschub. Dagegen nimmt der Schnittdruck an den Fräserzähnen mit der Schnittgeschwindigkeit v ab, weil bei großer Umfangsgeschwindigkeit auf die einzelnen Zähne geringere Spanmengen kommen.

Der quer zur Fräserachse gerichtete Druck ist $R = \sqrt{W_1{}^2 + W_2{}^2} = 1{,}4\,W_1$ und das Drehmoment für die Frässpindel $M = W_1 \frac{D}{2}$, hierin $D =$ Durchmesser des Fräsers.

Der Querdruck R zur Fräserachse und das widerstehende Moment M läßt sich bei verschiedenen Fräsern, wie folgt, berechnen:

1. Fräser mit vielen Zähnen:

$$R = 1{,}4 \cdot b \cdot s \cdot \frac{c}{v} \cdot K$$

$$M = 0{,}5 \cdot b \cdot s \cdot \frac{c}{v} \cdot K \cdot D \ \text{kgmm.}$$

2. Fräser mit geringerer Zähnezahl z und bei geringer Spantiefe s:

$$R \leqq \frac{8{,}85}{z} \cdot b \cdot \frac{c}{v} \cdot K \cdot \sqrt{s \cdot D - s^2} \ \text{kg,}$$

$$M \leqq \frac{3{,}2}{z} \cdot b \cdot \frac{c}{v} \cdot K \cdot D \cdot \sqrt{s \cdot D - s^2} \ \text{kgmm.}$$

3. Zweischneidige Langlochbohrer:

$$R \leqq 2{,}2 \cdot b \cdot \frac{c}{v} \cdot K \cdot D \ \text{kg,}$$

$$M \leqq 1{,}1 \cdot b \cdot \frac{c}{v} \cdot K \cdot D^2 \ \text{kgmm.}$$

4. Langlochfräser:

$$R = 1,1 \cdot b \cdot D \cdot \frac{c}{v} \cdot K$$

$$M = 0,5 \cdot b \cdot D \cdot \frac{c}{v} \cdot K \cdot D = 0,5 \cdot b \cdot D^2 \cdot \frac{c}{v} \cdot K \text{ kgmm.}$$

Beispiel: Es ist von einem Gußstück von 300 mm Breite eine Schicht von 5 mm Tiefe bei 300 mm Schnittgeschwindigkeit und 2 mm Vorschub i. d. Sek. abzufräsen.

$$\text{Schnittdruck } W_1 = b \cdot s \cdot K \cdot \frac{c}{v} = 300 \cdot 5 \cdot 100 \cdot \frac{2}{300} = 1000 \text{ kg.}$$

$$\text{Druck senkrecht zur Fräserachse } R = 1,4 \cdot W_1 = 1400 \text{ kg.}$$

d) Der Schnittdruck bei Lochwerkzeugen.

Bei den Lochmaschinen (Abb. 953) nimmt man, um glatte Lochwandungen zu erhalten, den Stempeldurchmesser $d_1 = d - \frac{1}{8} \cdot s$, wenn d die Lochweite und s die Blechstärke in mm ist. Dem Lochring gibt man einen Durchmesser $d_2 = d + \frac{1}{8} \cdot s$ mm oder man wählt auch $d_1 = d$ und $d_2 = d + \frac{1}{4} \cdot s$. Bei Feinblechen muß zur Vermeidung von Grat der Stempel genau in den Lochring passen. Um die Reibungswiderstände beim Lochen zu vermindern, wird der Stempel von der Schneidkante ab nach oben etwas verjüngt und der Lochring schwach kegelförmig gehalten.

Der Schnittwiderstand steht auch hier in unmittelbarem Verhältnis zu dem herauszuscherenden Querschnitt:

$$W_1 = \pi \, d \cdot s \cdot K.$$

Die Stoffzahl K ist hier etwa $1,7 \times$ Schubfestigkeit

für Stahlblech, weich	$K = 60$	bis 70	$\frac{\text{kg}}{\text{qmm}}$	
,, Schmiedeeisen	,, $= 40$	,, 60	,,	
,, ,, , dunkelrot .	,, $= 12$	,, 20	,,	
,, Kupferblech	,, $= 25$	,, 40	,,	
,, Zinkblech	,, $= 9$	,, 15	,,	
,, Zinn	,, $= 2$	,, 3	,,	
,, Blei	,, $= 1,5$	,, 2,4	,,	

Der Hub des Stempels ist etwa gleich der 2- bis 3fachen Blechstärke zu nehmen und die Schnittgeschwindigkeit zu 15 bis 20 $\frac{\text{mm}}{\text{Sek.}}$.

e) Der Schnittdruck bei Scheren.

Bei den Scheren (Abb. 951) läßt sich der Schnittdruck in ähnlicher Weise bestimmen.

Bei den gleichlaufenden Scherblättern von der Breite b ist bei der Blechdicke s:

$$W_1 = b \cdot s \cdot K.$$

Bei den um den Winkel δ gegeneinander geneigten Scherblättern ist nach H. Fischer

$$W_1 = \frac{0{,}225\, s^2}{\mathrm{tg}\, \delta} \cdot K$$

und für $\delta = 9^0$

$$W_1 = 1{,}4\, s^2 \cdot K.$$

Schnittgeschwindigkeit $= 15$ bis $30\, \dfrac{\mathrm{mm}}{\mathrm{Sek.}}$.

f) Der Arbeitsbedarf der Werkzeugmaschinen.

Der Arbeitsbedarf einer Werkzeugmaschine hängt von so vielen Umständen ab, daß eine genaue Bestimmung nur durch Messungen erfolgen kann. Jede Rechnung ergibt nur Annäherungswerte.

1. Berechnung des Arbeitsbedarfs aus Schnittdruck und Schnittgeschwindigkeit.

Hat die Maschine den Schnitt mit einer Schnittgeschwindigkeit von v m i. d. Sek. zu vollziehen, und ist der Schnittwiderstand an der Schneide des Stahles W_1 kg, so ist

$$\text{die reine Schnittarbeit} = W_1 \cdot v\, \frac{\mathrm{mkg}}{\mathrm{Sek.}} = \frac{W_1 \cdot v}{75}\, \mathrm{PS}.$$

Berücksichtigt man die Reibungswiderstände in der Maschine, die ja im Betriebe überwunden werden müssen, durch den Wirkungsgrad η, so ist

der wirkliche Arbeitsbedarf der Werkzeugmaschine

$$N = \frac{W_1 \cdot v}{75} \cdot \frac{1}{\eta}\, \mathrm{PS}. \tag{3}$$

Hierin ist $W_1 = $ Schnittdruck in kg.

$$v = \text{Schnittgeschwindigkeit in } \frac{\mathrm{m}}{\mathrm{Sek.}}.$$

Wirkungsgrade: $\eta \sim 0{,}7$ bei Drehbänken, Bohrmaschinen, Fräsmaschinen gewöhnlicher Bauart.

$\eta = 0{,}6$ bei Hobelmaschinen.

Die Vorschubarbeit, die der Antriebsriemen oder die Antriebsräder des Vorschubes zu leisten haben, ist

$$N_v = \frac{\text{Vorschubkraft} \times \text{Vorschubgeschwindigkeit}}{75}$$

$$N_v = 0{,}5\, W_1 \cdot \frac{n \cdot \delta}{60} \cdot \frac{1}{75} \text{ bis } W_1 \cdot \frac{n \cdot \delta}{60} \cdot \frac{1}{75}\, \mathrm{PS}.$$

Hierin ist $\delta =$ Vorschub in $\dfrac{m}{Umdr.}$ und $n =$ Umläufe/Min.

1. Beispiel: Wie groß ist der Arbeitsbedarf der Drehbank im Beispiel auf S. 557, wenn die Schnittgeschwindigkeit $v = 20\,\dfrac{m}{Min.} = \dfrac{20}{60}\,\dfrac{m}{Sek.}$ ist?

$$N = \frac{W_1 \cdot v}{75} \cdot \frac{1}{\eta} = \frac{1200 \cdot 20}{75 \cdot 60} \cdot \frac{1}{0,7} \sim 7,6\ \mathrm{PS}.$$

Wie groß ist die Arbeit des Vorschubriemens?

Hat die Welle 65 mm Durchmesser, so muß sie bei $v = 20\,\dfrac{m}{Min.}$

$$n = \frac{v}{\pi d} = \frac{20}{0,204} = 100\ \text{Umläufe machen. Da der Vorschub/Umdr.} = 2\,\mathrm{mm}$$

ist, so ist die Vorschubgeschwindigkeit $= \dfrac{n \cdot \delta}{60} = \dfrac{100 \cdot 0,002}{60} = \dfrac{1}{300}\,\dfrac{m}{Sek.}$

Demnach ist $N_v = \dfrac{W_1}{300} \cdot \dfrac{1}{75} = \dfrac{1200}{300 \cdot 75} = 0,05\ \mathrm{PS}.$

2. Beispiel: Wie groß ist der Arbeitsbedarf der Bohrmaschine im Beispiel auf S. 559, wenn die Umfangsgeschwindigkeit des Bohrers $10\,\dfrac{m}{Min.}$ ist.

Nach Abb. 995 tritt der Schnittwiderstand W_1 auf Mitte der beiden Schneiden auf.

Infolgedessen ist

$$N = 2\,W_1\,\frac{v}{2}\,\frac{1}{75} \cdot \frac{1}{\eta} = \frac{W_1 v}{75} \cdot \frac{1}{\eta}\ \mathrm{PS}.$$

Der Schnittwiderstand an jeder Schneide ist

$$W_1 = \frac{d}{2} \cdot \frac{\delta}{2} \cdot K = \frac{40}{2} \cdot \frac{0,2}{2} \cdot 100 = 200\ \mathrm{kg}.$$

$$N = \frac{200 \cdot 10}{60 \cdot 75} \cdot \frac{1}{0,7} = 0,64\ \mathrm{PS}.$$

2. Die Berechnung des Arbeitsbedarfs aus Spanleistung und Leergangsarbeit.

Der Arbeitsbedarf N einer Werkzeugmaschine setzt sich zusammen aus der Leergangsarbeit N_1 und der Nutzarbeit N_2. Hiernach wäre

$$N = N_1 + N_2\ \mathrm{PS}.$$

Die Leergangsarbeit N_1 wird im wesentlichen von der Größe der Maschine, der Anzahl ihrer Vorgelege und deren Umdrehungen abhängen.

Die Nutzarbeit N_2 hat E. Hartig auf das Gewicht der in einer Stunde abgedrehten Späne bezogen. Leistet die Maschine in 1 Std. G kg Späne, und ist ε der Arbeitsaufwand in PS. für $1\,\dfrac{\text{kg}}{\text{Std.}}$, so ist

$$N_2 = \varepsilon\, G.$$

Werte für ε und N_1 nach Hartig.

1. Drehbänke [1]): Bei einem mittleren Spanquerschnitt $q = 2{,}8$ qmm ist für

Gußeisen . . . . $\varepsilon = 0{,}069$ PS.,
Schmiedeeisen . . . . . . ,, $= 0{,}072$,,
Stahl . . . . ,, $= 0{,}104$,,
$$N_1 = 0{,}1 \text{ bis } 0{,}7 \text{ PS.}$$

2. Lochbohrmaschinen mit Spitzbohrern vom Durchm. d_{mm}:

Gußeisen, trocken . . . . $\varepsilon = 0{,}135 + \dfrac{0{,}135}{d_{mm}}$,

Schmiedeeisen, mit Öl geschmiert . ,, $= 0{,}135 + \dfrac{0{,}55}{d_{mm}}$.

$$N_1 = 0{,}05 \text{ bis } 0{,}5 \text{ PS.}$$

3. Ausbohrmaschinen:

Gußeisen . . . . . . $\varepsilon = 0{,}034 + \dfrac{0{,}13}{q}$,

$$q = \text{ Spanquerschnitt in qmm.}$$
$$N_1 = 0{,}05 \text{ bis } 0{,}3 \text{ PS.}$$

4. Fräsmaschinen [2]):

Gußeisen . . . . $\varepsilon = 0{,}07$
Gußhaut . . . . ,, $= 0{,}24$.
$$N_1 = 0{,}55 \text{ bis } 0{,}1 \text{ PS.}$$

5. Hobelmaschinen:

Graues Gußeisen . . . $\varepsilon = 0{,}034 + \dfrac{0{,}13}{q}$,

Schmiedeeisen . . . . . ,, $= 0{,}114$,
Stahl . . . . ,, $= 0{,}246$,
Bronze . . . . ,, $= 0{,}028$.
$$q = \text{Spanquerschnitt in qmm.}$$
$$N_1 = 0{,}6 \text{ bis } 0{,}1 \text{ PS.}$$

6. Lochmaschinen:

$$N = N_1 + N_2.$$
$$N_1 = 0{,}16 \text{ bis } 0{,}82 \text{ PS.}$$
$$N_2 = 3{,}71\, a F.$$

---

[1]) W T 1907, S. 80, 366, 391.
[2]) W T 1907, S. 22.

$\alpha = 0{,}25 + 0{,}0145\,s$, hierin $F =$ Schnittfläche in $\dfrac{\text{qm}}{\text{Std.}}$ und $s =$ Blechstärke in mm.

Aufgabe: Auf einer Drehbank soll eine Welle von 120 mm Durchmesser abgedreht werden bei einer Spanstärke von 7 mm und einem Vorschub von 0,4 mm. Die Schnittgeschwindigkeit sei 100 $\dfrac{\text{mm}}{\text{Sek.}}$. Welchen Arbeitsaufwand verlangt die Maschine?

Die Umdrehungen der Maschine:

$$v = \frac{\pi \cdot d \cdot n}{60},$$
$$100 = \frac{\pi \cdot 120 \cdot n}{60},$$
$$n = 16.$$

Die Maschine muß also, um die Schnittgeschwindigkeit von 100 mm auszunutzen, in der Minute 16 Umläufe machen. Bei jeder Umdrehung schiebt die Maschine den Stahl um 0,4 mm vor, also ist der Vorschub in der Minute = 0,4 16 mm und in der Stunde — 0,4 · 16 · 60 = 384 mm = 3,84 dcm. Es wird also in der Stunde eine Spansäule abgedreht, die 120 mm äußeren Durchmesser und 106 mm inneren Durchmesser hat. Das Gewicht dieser Spansäule wäre demnach:

$$G = \left(\frac{1{,}2^2\,\pi}{4} - \frac{1{,}06^2\,\pi}{4}\right) \cdot 3{,}84 \cdot 7{,}8 = 7{,}5 \text{ kg},$$

wenn 7,8 das Einheitsgewicht ist.

Für dieses stündliche Spangewicht von 7,5 kg wäre eine Nutzarbeit aufzuwenden von:

$$N_2 = \varepsilon \cdot G = 0{,}072 \cdot 7{,}5 = 0{,}54 \text{ PS.}$$
$$N_1 = 0{,}3 \text{ PS.}$$
$$\text{Arbeitsaufwand} \quad N = N_1 + N_2 = 0{,}84 \text{ PS.}$$

3. Berechnung des Arbeitsbedarfs aus dem Stromverbrauch:

$$N = \frac{\text{Volt} \times \text{Amp.}}{735} \cdot \eta m \quad (\eta m = \text{Wirkungsgrad des Motors})$$

4. Die Berechnung der Antriebe von Werkzeugmaschinen.

a) Die Berechnung der Stufenscheibe und Rädervorgelege.

Will man bei einer Werkzeugmaschine die Schnittgeschwindigkeit ausnutzen, so muß die Maschine verschiedene Umdrehungen haben Diese Umdrehungen ordnet man in der Regel nach einer geometrischen Reihe. Sind z. B. z verschiedene Umdrehungen geplant, so wäre ihre Reihe:

$$n_1, \qquad n_2, \qquad n_3, \ldots n_z.$$

Nach der geometrischen Reihe ist hierin:

$$n_2 = n_1 \varphi, \qquad n_3 = n_2 \varphi = n_1 \varphi^2, \qquad n_4 = n_1 \varphi^3, \ldots$$
$$n_z = n_1 \varphi^{z-1}.$$

(1)

Für gewöhnlich sind die größte und die kleinste Umdrehungszahl vorgeschrieben, so daß der Quotient φ der Reihe aus (1) berechnet werden kann auf Grund der Beziehung:

$$(2) \qquad \varphi = \sqrt[z-1]{\frac{n_z}{n_1}}.$$

In gleicher Weise läßt sich die Anzahl z der verschiedenen Umdrehungen aus Gleichung (1) bestimmen, sobald φ angenommen wird.

$$(3) \qquad z = 1 + \frac{lg\left(\dfrac{n_z}{n_1}\right)}{lg\,\varphi}.$$

In der Regel $\varphi = 1{,}25$ bis 2.

Die Berechnung der Rädervorgelege.

Richtet man in dem Spindelstock ein doppeltes Rädervorgelege ein, so hat man die geometrische Reihe der Umdrehungen in zwei Gruppen von je $\dfrac{z}{2}$ Gliedern zu zerlegen. Hiernach sind die Umdrehungen:

ohne Vorgelege $\quad n_1\,\varphi^{z-1}, \qquad n_1\,\varphi^{z-2}, \ldots n_1\,\varphi^{z-\frac{z}{2}} = n_1\,\varphi^{\frac{z}{2}}$

mit Vorgelegen $\quad n_1\,\varphi^{\frac{z}{2}-1}, \qquad n_1\,\varphi^{\frac{z}{2}-2}, \ldots n_1.$

Läuft die Maschine mit Vorgelegen, so ist ihre kleinste Umlaufszahl n_1. Werden die Vorgelege von der Übersetzung i ausgerückt, und liegt der Riemen auf der größten Scheibe, so läuft die Maschine nach der obigen Reihe mit $n_1\,\varphi^{\frac{z}{2}}$ Umdrehungen, also muß

$$n_1\,\varphi^{\frac{z}{2}} \cdot i = n_1 \text{ sein.}$$

Hieraus läßt sich die Übersetzung der Rädervorgelege berechnen:

$$(4) \qquad i = \frac{1}{\varphi^{\frac{z}{2}}}.$$

Die Umläufe des Deckenvorgeleges.

Nimmt man für den Spindelstock und das Deckenvorgelege zwei gleiche Stufenscheiben, so lassen sich die Umläufe n des Deckenvorgeleges berechnen aus der Beziehung (Abb. 998):

$$n\,d_1 = n_z \cdot d_{\frac{z}{2}} \qquad \left(\text{Riemen an der Maschine auf } d_{\frac{z}{2}}\right),$$

$$n\,d_{\frac{z}{2}} = n_1\,\varphi^{\frac{z}{2}} \cdot d_1 \qquad (\text{Riemen an der Maschine auf } d_1),$$

$$\overline{\qquad\qquad\qquad\qquad\qquad}$$

$$n^2 = n_z\,n_1\,\varphi^{\frac{z}{2}}$$

Nach Gleichung (1) ist: $n_1 = \dfrac{n_z}{\varphi^{z-1}}$. Dies eingesetzt, ergibt:

$$n^2 = \frac{n_z^2 \,\varphi^{\frac{z}{2}}}{\varphi^{z-1}},$$

$$n^2 = n_z^2 \,\varphi^{-\frac{z}{2}+1} = \frac{n_z^2}{\varphi^{\frac{z}{2}-1}}.$$

Umläufe des Deckenvorgeleges:

(5)
$$n = \frac{n_z}{\sqrt{\varphi^{\frac{z}{2}-1}}}.$$

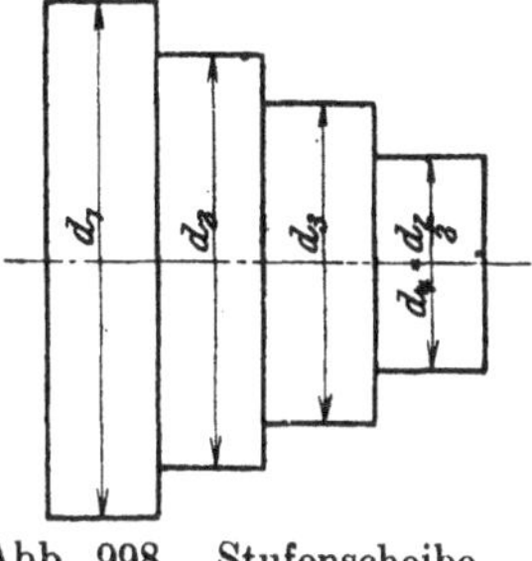

Abb. 998.   Stufenscheibe.

Die Berechnung der Scheibendurchmesser.

Nach Abb. 998 ist: $\dfrac{d_1}{d_{\frac{z}{2}}} = \dfrac{n_z}{n}$ und nach Einführung der Gl. 5.

(6)
$$\frac{d_1}{d_{\frac{z}{2}}} = \sqrt{\varphi^{\frac{z}{2}-1}}.$$

Hierin wird der kleinste Scheibendurchmesser $d_{\frac{z}{2}}$ in der Regel durch den Aufbau gegeben sein (Abb. 47), so daß aus Gleichung (6) der größte Scheibendurchmesser d_1 berechnet werden kann.

Größter Scheibendurchmesser:

$$d_1 = d_{\frac{z}{2}} \cdot \sqrt{\varphi^{\frac{z}{2}-1}}$$

Für die Zwischenstufen ergeben sich:

$$\frac{d_2}{d_{\frac{z}{2}-1}} = \frac{n_{z-1}}{n} = \frac{n_1 \varphi^{z-2}}{n_z}\sqrt{\varphi^{\frac{z}{2}-1}} = \frac{q^{z-2}}{\varphi^{z-1}}\cdot\sqrt{\varphi^{\frac{z}{2}-1}} = \frac{\sqrt{\varphi^{\frac{z}{2}-1}}}{\varphi}.$$

(7)
$$\left\{ \begin{aligned} \frac{d_2}{d_{\frac{z}{2}-1}} &= \sqrt{\varphi^{\frac{z}{2}-3}}\,; \\[2mm] \frac{d_3}{d_{\frac{z}{2}-2}} &= \sqrt{\varphi^{\frac{z}{2}-5}} \end{aligned} \right.$$

In diesen Gleichungen sind die Durchmesser $d_{\frac{z}{2}-1}$ und $d_{\frac{z}{2}-2}$ auf Grund der gleichbleibenden Riemenlänge L zu berechnen. Sind d_1 und $d_{\frac{z}{2}}$

nach Gl. 6 bekannt, und ist e der Achsenabstand, so ergibt sich die Riemenlänge L aus:

$$L \sim \frac{\pi}{2}\left(d_1 + d_{\frac{z}{2}}\right) + 2e + \frac{\left(d_1 \mp d_{\frac{z}{2}}\right)^2}{4e},$$

worin $-$ für offene und $+$ für gekreuzte Riemen gilt.

Soll nun L bei jedem folgenden Stufenpaar gleich bleiben, so genügt für den gekreuzten Riemen

$$d_1 + d_{\frac{z}{2}} = d_2 + d_{\frac{z}{2}-1} = d_3 + d_{\frac{z}{2}-2}$$

zu setzen, d. h. die Summe der zusammengehörigen Scheibendurchmesser muß stets gleich bleiben.

Bei einer vierstufigen Scheibe müßte daher sein

$$d_1 + d_4 = d_2 + d_3 \ldots \ldots = \text{konst.}$$

Bei dem offenen Riemen genügt diese Bedingung nur, wenn

$$e \geqq 10\left(d_1 - d_{\frac{z}{2}}\right) \geqq 10\left(d_{\max} - d_{\min}\right).$$

Ist der Achsenabstand e kleiner, und wird bei dem folgenden Stufenpaar die Übersetzung $\psi = \dfrac{d_2}{d_{\frac{z}{2}-1}} = \sqrt{\varphi^{\frac{z}{2}-3}}$ (7) verlangt, so ermittelt

man $d_{\frac{z}{2}-1}$ aus:

$$\frac{1}{4}\,d^2_{\frac{z}{2}-1}\,(\psi-1)^2 + \pi\,(\psi+1)\,e\cdot\frac{d_{\frac{z}{2}-1}}{2} + 2\,e^2 = e\,L$$

und

$$d_2 = \psi \cdot d_{\frac{z}{2}-1}$$

Bei der vierläufigen Stufenscheibe mit Vorgelegen ergibt sich also d_3 aus:

$$\left(\frac{d_3}{2}\right)^2(\psi-1)^2 + \pi\,(\psi+1)\,e\cdot\frac{d_3}{2} + 2\,e^2 = e\,L$$

und

$$d_2 = \psi \cdot d_3.$$

Sind keine Rädervorgelege vorhanden, so ist in die Gleichungen (5), (6) und die folgenden statt $\dfrac{z}{2}$ die Größe z einzuführen.

Sind 3 Rädervorgelege einzubauen, so ist in allen Gleichungen statt $\dfrac{z}{2}$ der Exponent $\dfrac{z}{3}$ zu setzen. Danach wäre die

(4a) **Übersetzung des 1. und 3. Rädervorgeleges** $i_1 = \dfrac{1}{\varphi^{\frac{z}{3}}}$,

  ,,   ,, 2. und 3.   ,, $i_2 = \dfrac{1}{\varphi^{\frac{2}{3}z}}$

(5a) **Umläufe des Deckenvorgeleges** $n = \dfrac{n_z}{\sqrt{\varphi^{\frac{z}{3}-1}}}$

(6a)   **Scheibendurchmesser** $\dfrac{d_1}{d_{\frac{z}{3}}} = \sqrt{\varphi^{\frac{z}{3}-1}}$.

Die Praxis wählt die aufeinander folgenden Stufen vielfach nach einer arithmetischen Reihe.

Ist daher der kleinste Stufendurchmesser $d_{\frac{z}{2}}$ angenommen worden und der größte d_1 aus Gleichung (6) bestimmt, so wäre bei einer Stufenzahl $\frac{z}{2}$

$$d_1 = d_{\frac{z}{2}} + \left(\frac{z}{2} - 1\right)d$$

und der Unterschied der Reihe

$$d = \frac{d_1 - \dfrac{d_z}{2}}{\left(\dfrac{z}{2} - 1\right)}$$

Demnach

(7a) $\begin{cases} d_{\frac{z}{2}-1} = d_{\frac{z}{2}} + d \\[2mm] d_{\frac{z}{2}-2} = d_{\frac{z}{2}} + 2\,d. \end{cases}$

Die Rechnung vereinfacht sich noch etwas, wenn die Umlaufzahl des Deckenvorgeleges gleich angenommen wird.

1. Aufgabe: Es ist eine Drehbank mit Stufenscheibenantrieb zu berechnen. Sie soll 15 Geschwindigkeiten haben, die kleinste Umlaufzahl sei 25, die größte 600 i. d. Min. Die Bank soll Späne von 1,7 qmm Querschnitt bei 20 m Schnittgeschwindigkeit und Stahl von 50 kg Festigkeit nehmen (Abb. 999 und 1000).

Gegebene Werte: $n_1 = 25$, $n_{15} = 600$, $z = 15$, $q = 1,7$ qmm, $Kz = 50\,\dfrac{\text{kg}}{\text{qmm}}$, $v = 20\,\dfrac{m}{\text{Min.}}$.

1. Berechnung der fünfläufigen Stufenscheibe.

Quotient der geometrischen Reihe $\varphi = \sqrt[z-1]{\dfrac{n_z}{n_1}} = \sqrt[14]{\dfrac{600}{25}} = 1{,}255$,

$$\varphi = 1{,}255.$$

Größter Stufendurchmesser $d_1 = d_5 \sqrt{\varphi^{\frac{z}{3}-1}} = d_5\,\varphi^2.$

Nach Zeichnung erhält die kleinste Stufe $d_5 = 180$ mm $\varnothing$, also
$$a_1 = 180 \cdot 1{,}255^2 = 284 \text{ mm } \varnothing.$$

Sprung der Stufen $d = \dfrac{d_1 - d_5}{\dfrac{z}{3}-1} = \dfrac{284 - 180}{4} = 26,$

Zwischenstufendurchmesser $d_4 = d_5 + d = 180 + 26 = 206,$
$$d_3 = d_4 + d = 206 + 26 = 232,$$
$$d_2 = d_3 + d = 232 + 26 = 258.$$

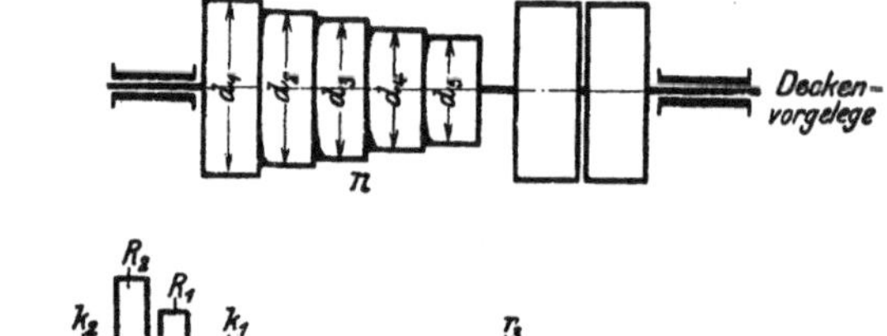

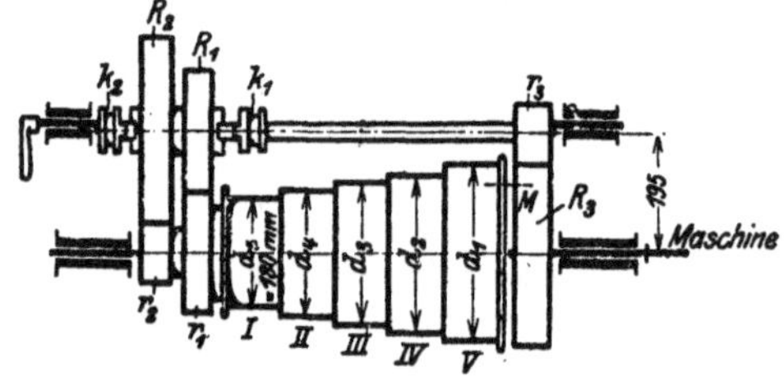

Abb. 999 und 1000.   Plan des Antriebes.

Die Stufenbreite ist aus der Riemenbreite zu bestimmen, die sich aus der Durchzugskraft des Riemens ermitteln läßt.

Die Riemenleistung ist $N = \dfrac{Z \cdot v_r}{75}$,

wenn Z die Durchzugskraft des Riemens in kg und v_r die Riemengeschwindigkeit in $\dfrac{\text{m}}{\text{Sek.}}$ ist.

Beim Bearbeiten der schwersten Werkstücke liegt der Riemen im Decken-vorgelege auf der 180er Stufe. Dann ist $v_r = \dfrac{\pi \cdot 0{,}180 \cdot n}{60}$, wenn n die Umläufe des Deckenvorgeleges sind.

Umläufe des Deckenvorgeleges nach Gl. 5a:
$$n = \frac{n_z}{\sqrt{\varphi^{\frac{z}{3}-1}}} = \frac{600}{\sqrt{\varphi^4}} = \frac{600}{1{,}255^2} = 382.$$
$$n = 382.$$

Die Riemengeschwindigkeit ist daher $v_r = \dfrac{\pi \cdot 0{,}180 \cdot 382}{60} = 3{,}6$ m.

Nach Abb. 1001 ist bei einem Stufendurchmesser von 180 mm und einer Riemengeschwindigkeit von $3{,}6\ \dfrac{\text{m}}{\text{Sek.}}$ die Nutzlast auf 1 cm Riemenbreite $p \backsim 3{,}5\ \dfrac{\text{kg}}{\text{cm}}$. Wird der Riemen b cm breit, so ist

die Durchzugskraft $Z = p \cdot b$ kg.

Der Arbeitsbedarf der Bank ist nach Gl. 3, S. 562: $N = \dfrac{W_1 v}{75} \cdot \dfrac{1}{\eta}$ PS.

Hierin ist der Schnittwiderstand $W_1 = q \cdot K = 1{,}7 \cdot 2{,}5 \cdot 50 \backsim 210$ kg und $v = 20\,\dfrac{\text{m}}{\text{Min.}} = \dfrac{20}{60}\,\dfrac{\text{m}}{\text{Sek.}}$; $\eta = 0{,}7$ angenommen, also:

$$N = \frac{210 \cdot 20}{60 \cdot 75} \cdot \frac{1}{0{,}7} = 1{,}4 \text{ PS.}$$

Arbeitsbedarf der Bank $N = 1{,}4$ PS.

Riemenbreite: Es war

$$N = \frac{Z \cdot v_r}{75} = \frac{p \cdot b \cdot v_r}{75},$$

$$1{,}4 = \frac{3{,}5\,b \cdot 3{,}6}{75}; \text{ hieraus } b = 8 \text{ cm.}$$

Riemenbreite $b = 80$ mm,
Stufenbreite $= 90$ mm,
Durchzugskraft $Z = p \cdot b = 3{,}5 \cdot 8 = 28$ kg.

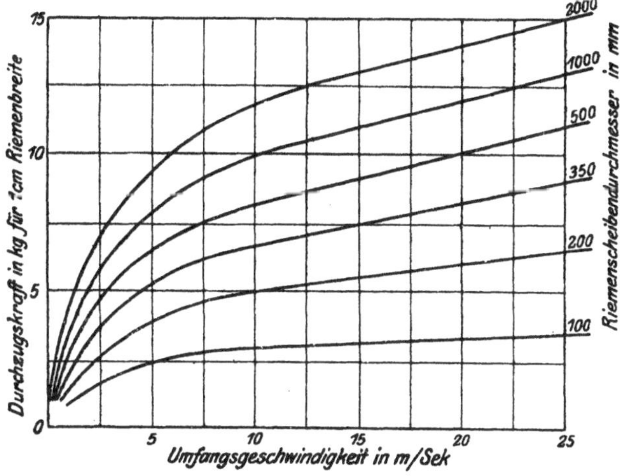

Abb. 1001. Tafel über die zulässige Riemenbelastung in $\dfrac{\text{kg}}{\text{cm}}$.

2. Berechnung der Rädervorgelege.

Übersetzung der Vorgelege $\dfrac{r_1}{R_1} \cdot \dfrac{r_3}{R_3} = \dfrac{1}{\varphi^{\frac{z}{3}}} = \dfrac{1}{\varphi^5} = \dfrac{1}{1{,}255^5} = \dfrac{1}{3}.$

Setzt man nach Abb. 999 und 1000 $r_1 = R_1$, so ist $\dfrac{r_3}{R_3} = \dfrac{1}{3}.$

Übersetzung der Vorgelege $\dfrac{r_2}{R_2} \cdot \dfrac{r_3}{R_3} = \dfrac{1}{\varphi^{\frac{2}{3}z}} = \dfrac{1}{\varphi^{10}} = \dfrac{1}{1{,}255^{10}} = \dfrac{1}{9{,}6}.$

Da $\dfrac{r_3}{R_3} = \dfrac{1}{3}$, so ist $\dfrac{r_2}{R_2} \cdot \dfrac{1}{3} = \dfrac{1}{9{,}6}$ und

$$\frac{r_2}{R_2} = \frac{1}{3{,}2}.$$

Nach Abb. 1000 ist

$$r_1 + R_1 = r_3 + R_3 = r_2 + R_2 = 195 \text{ mm.}$$

Räder r_1, R_1: Da $r_1 = R_1$ ist, so erhält $r_1 = 195$ mm $\varnothing$ und $R_1 = 195$ mm $\varnothing$.

Räder r_3, R_3: $r_3 + R_3 = 195$.

$$\frac{r_3}{R_3} = \frac{1}{3}$$

$$r_3 = 98 \text{ mm } \varnothing, \quad R_3 = 292 \text{ mm } \varnothing.$$

Räder r_2, R_2: $r_2 + R_2 = 195$.

$$\frac{r_2}{R_2} = \frac{1}{3,2}$$

$$r_2 = 93 \text{ mm } \varnothing, \quad R_2 = 297 \text{ mm } \varnothing.$$

Teilung der Räder r_2, R_2.

Moment an r_2: $M = \eta\, Z\, \dfrac{d_1}{2} = c\, b \cdot t \cdot r_2$;

hierin $c = 0{,}07 \cdot k_b = 0{,}07 \cdot 340 = 24$ und $b = 4{,}5$ cm, ($k_b = 340$ kg Gußeisen).

$$M = 0{,}95 \cdot 28 \cdot \frac{28{,}4}{2} = 24 \cdot 4{,}5\, t \cdot \frac{9{,}3}{2},$$

hieraus $t = 3\,\pi$, $M = 3$.

$$\text{Zähnezahl von } r_2 = \frac{93}{3} = 31,$$

$$\text{,,} \qquad \text{,, } R_2 = \frac{297}{3} = 99.$$

Teilung von r_1, R_1 aus praktischen Gründen ebenfalls zu $3\,\pi$, $M = 3$ gewählt.

$$\text{Zähnezahl von } r_1 \text{ und } R_1 = \frac{195}{3} = 65.$$

Teilung von r_3, R_3.

$$M \text{ an } R_3: \eta \cdot Z \cdot \frac{d_1}{2} \cdot \frac{R_2}{r_2} \cdot \frac{R_3}{r_3} = c \cdot b \cdot t \cdot R_3,$$

$$\eta = 0{,}85, \quad b = 6 \text{ cm,}$$

$$0{,}85 \cdot 28 \cdot \frac{28{,}4}{2} \cdot 9{,}6 = 24 \cdot 6 \cdot t \cdot \frac{29{,}2}{2},$$

$$t = 5\,\pi, \quad M = 5.$$

Zähnezahl von $r_3 = \dfrac{98}{5} = 19$ und $r_3 = 95$ mm $\varnothing$,

,, ,, $R_3 = \dfrac{292}{5} = 59$ und $R_3 = 295$ mm $\varnothing$.

$r_3 + R_3 = 47{,}5$
$+ 147{,}5 = 195$ mm.

3. Theoretische Umläufe der Maschine.

$n_1 = 25$	$n_6 = 77$	$n_{11} = 243$
$n_2 = 25 \cdot 1{,}255 = 31$	$n_7 = 97$	$n_{12} = 303$
$n_3 = 25 \cdot 1{,}255^2 = 39$	$n_8 = 122$	$n_{13} = 382$
$n_4 = 25 \cdot 1{,}255^3 = 49$	$n_9 = 153$	$n_{14} = 477$
$n_5 = 25 \cdot 1{,}255^4 = 61$	$n_{10} = 193$	$n_{15} = 600$

Abmessungen der Stufenscheiben: Stufen-$\varnothing$ 180, 206, 232, 258, 284 mm, Stufenbreite = 90 mm.

Umläufe des Deckenvorgeleges = 382 i. d. Min., Riemenbreite = 80 mm.

Abmessungen der Räder.

Bezeich-nung	Zähnezahl	Stichzahl M	Teilkreis- ∅ mm	Kopfkreis- ∅ mm	Breite mm	Stoff
r_1	65	3	195	201	45	Gußeisen
R_1	65	3	195	201	45	„
r_2	31	3	93	99	45	Bronze
R_2	99	3	297	303	45	Gußeisen
r_3	19	5	95	105	60	„
R_3	59	5	295	305	60	„

Zeichnerische Lösung.

1. **Umläufe der Maschine:**
Nach der geometrischen Reihe ist:

$$\frac{n_1}{n_2} = \frac{n_2}{n_3} = \frac{n_3}{n_4} \ldots \ldots \frac{1}{\varphi}$$

$$= \frac{1}{1,255} = 0,79681.$$

Im rechtwinkligen Dreieck ist nach Abb. 1002:

$$\cos \alpha = \frac{n_1}{n_2} = \frac{n_2}{n_3} = \ldots \ldots 0,79681.$$

$$\alpha = 37^0\, 10'$$

Aus der Ähnlichkeit der Dreiecke folgt für $n_1 = 25$; $n_2 = 31,5$; $n_3 = 40$; $n_4 = 50$; $n_5 = 62,5$; $n_6 = 78,5$; $n_7 = 98,5$; $n_8 = 123$; $n_9 = 154$; $n_{10} = 193$; $n_{11} = 243$; $n_{12} = 305$ (1 : 10 gezeichnet); $n_{13} = 380$; $n_{14} = 478$; $n_{15} = 600$.

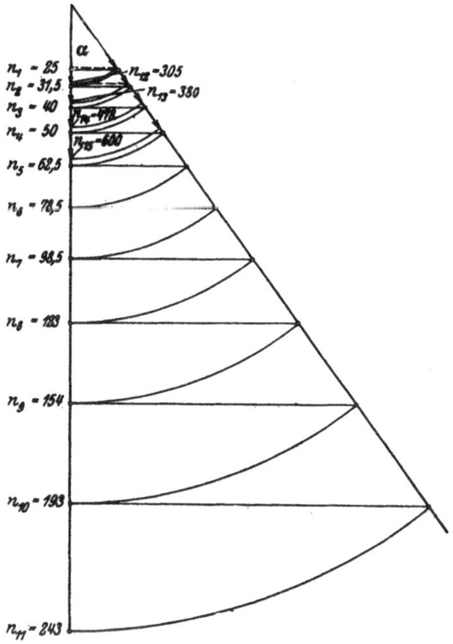

2. **Umläufe des Deckenvorgeleges:**

$$\frac{d_1}{d_5} = \frac{n_{15}}{n} \quad \text{und} \quad \frac{d_1}{d_5} = \frac{n}{n_{11}}$$

$$\frac{n_{15}}{n} = \frac{n}{n_{11}}.$$

Abb. 1002. Ermittelung der Umläufe.

Dieser Ausdruck ist in Abb. 1003 dargestellt, in der n die mittlere Proportionale zwischen n_{15} und n_{11} ist. Nach Zeichnung ist $n = 380$.

3. **Stufenscheibe:**
In Abb. 1004 ist gezeichnet:

$$\frac{d_1}{d_5} = \frac{n_{15}}{n} = \frac{600}{380},$$

$$\frac{d_2}{d_4} = \frac{n_{14}}{n} = \frac{478}{380},$$

$$\frac{d_3}{d_3} = \frac{n_{13}}{n} = \frac{380}{380},$$

$$\frac{d_4}{d_2} = \frac{n_{12}}{n} = \frac{305}{380},$$

$$\frac{d_5}{d_1} = \frac{n_{11}}{n} = \frac{243}{380},$$

Bei der Annahme $d_5 = 180$ mm ist nach Zeichnung $d_4 = 206$ mm, $d_3 = 232$ mm, $d_2 = 258$ mm, $d_1 = 284$ mm.

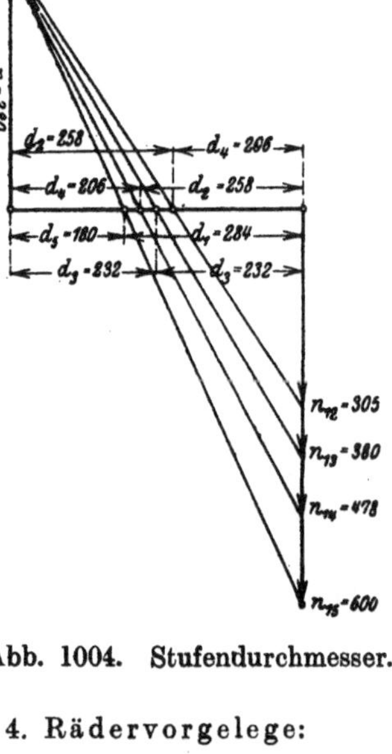

Abb. 1004. Stufendurchmesser.

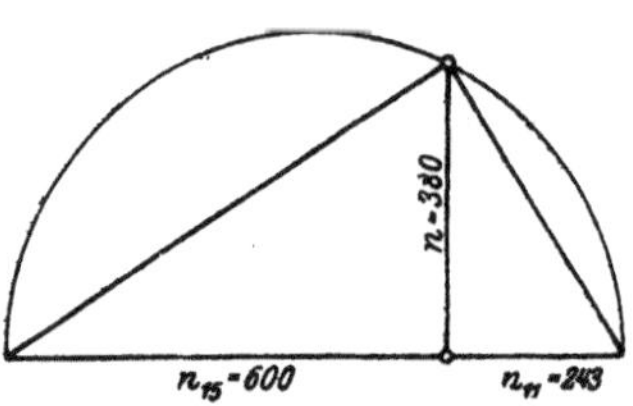

Abb. 1003. Umläufe des Deckenvorgeleges.

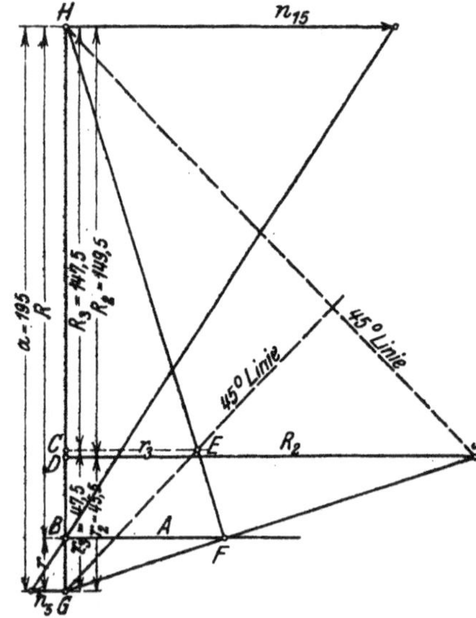

Abb. 1005. Durchmesser der Vorgelegeräder.

4. Rädervorgelege:

$$\frac{r_1}{R_1} \cdot \frac{r_3}{R_3} = \frac{n_{10}}{n_{15}} = \frac{193}{600}, \text{ hierin } \frac{r_1}{R_1} = 1$$

$$\frac{r_3}{R_3} = \frac{n_{10}}{n_{15}} = \frac{193}{600} \text{ ist in Abb. 1005}$$

für $a = 195$ gezeichnet:

$$r_3 = 47,5, \quad R_3 = 147,5.$$
$$r_1 = R_1 = 97,5.$$

$$\frac{r_2}{R_2} \cdot \frac{r_3}{R_3} = \frac{n_5}{n_{15}} = \frac{62,5}{600}.$$

Zur zeichnerischen Ermittlung denkt man sich das Doppelvorgelege durch ein einfaches Vorgelege $\frac{r}{R}$ ersetzt, so ist

$$\frac{r_2}{R_2} \cdot \frac{r_3}{R_3} = \frac{r}{R} = \frac{r \cdot A}{R A} \text{ oder}$$

$$\frac{r_3}{R_3} = \frac{A}{R} \text{ und } \frac{r_2}{R_2} = \frac{r}{A}.$$

Um diese Ausdrücke zu zeichnen, ist in Abb. 1005:

1. Der Achsenabstand $a = 195$ mm in $\frac{r}{R} = \frac{n_5}{n_{15}} = \frac{62,5}{600}$ zerlegt und in B eine Wagerechte gezogen.
2. In G und H sind die 45°-Linien gezogen.
3. $GC = r_3 = 47,5$ mm aufgetragen und $CE = r_3$ gezogen.
4. Linie HE bis zum Schnitt mit BF.
5. Linie GF bis zum Schnitt mit 45°-Linie aus H.

Jetzt ist im $\Delta\ E\,C\,H$ und im $\Delta\ F\,B\,H$

$$\frac{r_3}{R_3} = \frac{A}{R}$$

und im $\Delta\ J\,D\,G$ und $\Delta\ F\,B\,G$

$$\frac{r_2}{R_2} = \frac{r}{A}.$$

Nach Zeichnung $r_2 = 45,5$ mm; $R_2 = 149,5$ mm.

Alle Halbmesser müssen noch auf die Stichzahl d M der Teilung geprüft werden. (Schalttafel zu Abb. 1000 auf S. 576 und 577.)

b) Die Berechnung der Stufenrädergetriebe.

Die Stufenrädergetriebe werden in gleicher Weise wie die Stufenscheiben nach der geometrischen Reihe berechnet. Man hat nur die Stufen der Scheiben durch entsprechende Räderpaare zu ersetzen.

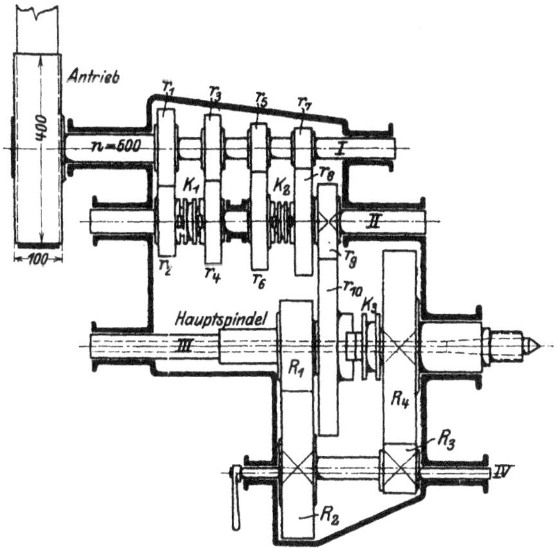

Abb. 1006. Plan des Stufenrädergetriebes.

1. **Aufgabe:** Es ist der Stufenräderantrieb einer Drehbank zu berechnen (Abb. 1006). Die Bank soll zum Schruppen von Stahl von $50\ \dfrac{\text{kg}}{\text{qmm}}$ Festigkeit dienen und Späne von 14 qmm Querschnitt bei einer Schnittgeschwindigkeit von 20 m i. d. Min. abheben. Die Maschine soll 8 geometrisch abgestufte Umläufe haben, von denen die kleinste Umlaufzahl 12 und die größte 240 ist.

a) Rechnerische Lösung.

1. Arbeitsbedarf der Maschine.

Der Wirkungsgrad des Stufenrädergetriebes sei zu $\eta = 0,65$ geschätzt.

Nach Gl. (3) S. 562: $\eta \cdot N = \dfrac{W_1\, v}{75}$,

$$\text{hierin } v = 20\ \frac{\text{m}}{\text{Min.}} = \frac{20}{60}\ \frac{\text{m}}{\text{Sek.}}.$$

$$\text{Schnittdruck } W_1 = q \cdot K = 14 \cdot 2{,}5 \cdot 50 = 1750 \text{ kg.}$$

$$N = \frac{1750 \cdot 20}{75 \cdot 60 \cdot 0{,}6} \sim 12 \text{ PS.}$$

Arbeitsbedarf der Drehbank = 12 PS.

2. Antriebsriemen und Scheibe.

Die Scheibe möge 400 mm Durchmesser haben und 600 Umläufe i. d. Min. machen (Abb. 1006). Der Riemen hat $N = 12$ PS. zu leisten. Die erforderliche Durchzugskraft Z des Riemens ist zu berechnen aus: $N = \dfrac{Z \cdot v_r}{75}$.

$$\text{Riemengeschwindigkeit } v_r = \frac{\pi D n}{60} = \frac{\pi \cdot 0{,}4 \cdot 600}{60} = 12{,}6 \, \frac{\text{m}}{\text{Sek.}}$$

$$\text{Riemenzug } Z = \frac{75 \cdot 12}{12{,}6} = 72 \text{ kg.}$$

Nach Abb. 1001 kann 1 cm Riemenbreite bei 12,6 m Geschwindigkeit und 400 mm Scheibendurchmesser etwa 8 kg übertragen, infolgedessen muß der Riemen $= \dfrac{72}{8} = 9$ cm breit sein und die Scheibe 100 mm.

Antriebsscheibe: 400 mm $\varnothing$, 100 mm Breite, 600 Umläufe i. d. Min.
Antriebsriemen: 90 mm breit.

3. Umläufe der Maschine n_1 bis n_8.

$$n_1 = 12, \quad n_8 = 240.$$

Nach Gl. (2) ist der Quotient der Reihe:

$$\varphi = \sqrt[z-1]{\frac{n_8}{n_1}} = \sqrt[7]{\frac{240}{12}} = \sqrt[7]{20} = 1{,}535.$$

Schalttafel des Spindelstockes in Abb. 1000.

Lage des Riemens	Vorgelege	Schaltung des Mitnehmers M	Schaltung der Kupplungen k_1	k_2	Theoretische Umläufe	Wirkliche Umläufe der Maschine
I	ausgerückt	eingerückt	—	—	$n_{15} = 600$	$n_{15} = 382 \cdot \dfrac{284}{180} = 602$
II	,,	,,	—	—	$n_{14} = 477$	$n_{14} = 382 \cdot \dfrac{258}{206} = 478$
III	,,	,,	—	—	$n_{13} = 382$	$n_{13} = 382 \cdot \dfrac{232}{232} = 382$
IV	,,	,,	—	—	$n_{12} = 303$	$n_{12} = 382 \cdot \dfrac{206}{258} = 305$
V	,,	,,	—	—	$n_{11} = 243$	$n_{11} = 382 \cdot \dfrac{180}{284} = 242$
I	eingerückt	ausgerückt	R_1	—	$n_{10} = 193$	$n_{10} = n_{15} \cdot \dfrac{r_1}{R_1} \cdot \dfrac{r_3}{R_3} = 194$
II	,,	,,	,,	—	$n_9 = 153$	$n_9 = n_{14} \cdot \dfrac{r_1}{R_1} \cdot \dfrac{r_3}{R_3} = 154$
III	,,	,,	,,	—	$n_8 = 122$	$n_8 = n_{13} \cdot \dfrac{r_1}{R_1} \cdot \dfrac{r_3}{R_3} = 123$

Lage des Riemens	Vorgelege	Schaltung des Mitnehmers M	Schaltung der Kupplungen k_1	k_2	Theoretische Umläufe	Wirkliche Umläufe der Maschine
IV	eingerückt	ausgerückt	R_1	—	$n_7 = 97$	$n_7 = n_{12} \cdot \dfrac{r_1}{R_1} \cdot \dfrac{r_3}{R_3} = 98$
V	„	„	„	—	$n_6 = 77$	$n_6 = n_{11} \cdot \dfrac{r_1}{R_1} \cdot \dfrac{r_3}{R_3} = 78$
I	„	„	—	R_2	$n_5 = 61$	$n_5 = n_{15} \cdot \dfrac{r_2}{R_2} \cdot \dfrac{r_3}{R_3} = 60$
II	„	„	—	„	$n_4 = 49$	$n_4 = n_{14} \cdot \dfrac{r_2}{R_2} \cdot \dfrac{r_3}{R_3} = 48$
III	„	„	—	„	$n_3 = 39$	$n_3 = n_{13} \cdot \dfrac{r_2}{R_2} \cdot \dfrac{r_3}{R_3} = 38$
IV	„	„	—	„	$n_2 = 31$	$n_2 = n_{12} \cdot \dfrac{r_2}{R_2} \cdot \dfrac{r_3}{R_3} = 31$
V	„	„	—	„	$n_1 = 25$	$n_1 = n_{11} \cdot \dfrac{r_2}{R_2} \cdot \dfrac{r_3}{R_3} = 24$

Geometrische Reihe der Umläufe:

Langsam:

$$n_1 = 12$$
$$n_2 = \varphi \cdot n_1 = 18{,}4$$
$$n_3 = \varphi^2 \cdot n_1 = 28{,}2$$
$$n_4 = \varphi^3 \cdot n_1 = 43{,}2$$

Schnell:

$$n_5 = \varphi^4 \cdot n_1 = 66{,}6$$
$$n_6 = \varphi^5 \cdot n_1 = 102{,}2$$
$$n_7 = \varphi^6 \cdot n_1 = 157{,}0$$
$$n_8 = \varphi^7 \cdot n_1 = 240{,}0$$

4. Berechnung der Räder.

Würde man die Räder r_2, r_4, r_6 und r_8 (Abb 1006) gleich auf *III* anbringen, so müßte $\dfrac{r_7}{r_8} = \dfrac{n_5}{n} = \dfrac{66{,}6}{600} = \dfrac{1}{9}$ sein. Diese Übersetzung verlangt zu große Räder, die in dem Räderkasten schwer unterzubringen sind. Aus baulichen Gründen ist daher zwischen *II* und *III* eine Übersetzung $\dfrac{r_9}{r_{10}} = \dfrac{2}{5}$ vorgesehen.

Die Welle *II* muß daher folgende Umläufe in der Minute machen:

$$n_8' = n_8 \cdot \frac{r_{10}}{r_9} = 240{,}0 \cdot \frac{5}{2} = 600{,}0 \text{ mit } \frac{r_1}{r_2}$$
$$n_7' = n_7 \cdot \frac{r_{10}}{r_9} = 157{,}0 \cdot \frac{5}{2} = 392{,}5 \;\; „ \;\; \frac{r_3}{r_4}$$
$$n_6' = n_6 \cdot \frac{r_{10}}{r_9} = 102{,}2 \cdot \frac{5}{2} = 255{,}5 \;\; „ \;\; \frac{r_5}{r_6}$$
$$n_5' = n_5 \cdot \frac{r_{10}}{r_9} = 66{,}6 \cdot \frac{5}{2} = 166{,}5 \;\; „ \;\; \frac{r_7}{r_8}$$

a) Die Übersetzungen der 4 ersten Räderpaare sind daher:

$$\frac{r_1}{r_2} = \frac{600}{600} = 1$$
$$\frac{r_3}{r_4} = \frac{392{,}5}{600} \backsim \frac{33}{50}$$

$$\frac{r_5}{r_6} = \frac{255{,}5}{600} = \frac{17}{40}$$
$$\frac{r_7}{r_8} = \frac{166{,}5}{600} = \frac{21}{75}$$

b) **Teilung der Räder r_1 bis r_8:**

Wirkungsgrad der Rädervorgelege $\eta_1 = 0,94$ bis $0,96$.

Wirkungsgrad für die Wellen $\eta_2 = 0,95$ bis $0,97$.

Rad r_7: Die Räder auf I haben das Moment des Riemenzuges zu übertragen, vermindert um die Lagerreibung. Die größte Belastung erfahren die Zähne vom kleinsten Rade r_7, das aus baulichen Gründen 72 mm Durchmesser erhält.

$$M_{r_7} = \eta_2\, Z \cdot \frac{D}{2} = P \cdot r_7$$
$$0,95 \cdot 72 \cdot 20 = P \cdot 3,6$$
$$P = 380 \text{ kg.}$$

Zahndruck an r_7: $P = 380$ **kg.**

Rad aus bestem Schmiedestahl $k_b = 1000$ **kg.**

Teilung aus: $P = c\,b\,t$.

$$c = 0,07\ k_b = 0,07 \cdot 1000 = 70$$
$$b = 3,5\ t$$
$$380 = 70 \cdot 3,5\ t^2$$
$$t^2 = 1,55$$
$$t = 1,25 \text{ cm} = 12,5 \text{ mm.}$$

Teilung von r_7: $M = 4$.

Zähnezahl von r_7: $z_7 = \dfrac{72}{M} = \dfrac{72}{4} = 18$.

Rad r_8: Da $\dfrac{r_7}{r_8} = \dfrac{21}{75}$ ist, so ist $z_8 = \dfrac{75}{21} \cdot 18 = 64$.

Die Räder r_1 bis r_8 können dieselbe Teilung erhalten, also $M = 4$.

Räder r_5, r_6:

Der gleiche Mittenabstand verlangt bei allen 4 Räderpaaren

$$r_5 + r_6 = r_7 + r_8.$$
$$\frac{M}{2}\,(z_5 + z_6) = \frac{M}{2}\,(z_7 + z_8),$$
$$z_5 + z_6 = z_7 + z_8 = 18 + 64 = 82.$$
$$\frac{r_5}{r_6} = \frac{z_5}{z_6} = \frac{17}{40},$$
$$z_5 = 26,$$
$$z_6 = 56.$$

Räder r_3, r_4:

$$z_3 + z_4 = z_7 + z_8 = 82.$$
$$\frac{z_3}{z_4} = \frac{33}{50},$$
$$z_3 = 32,$$
$$z_4 = 50.$$

Räder r_1, r_2:

$$z_1 + z_2 = 82,$$
$$\frac{z_1}{z_2} = 1.$$
$$z_1 = 41,\quad z_2 = 41.$$

Vor der Berechnung von r_9 und r_{10} empfiehlt es sich, die Räder R_1 bis R_4 zu bestimmen, weil dann der Abstand der Wellen II und III leichter geschätzt werden kann.

Ausrückbare Vorgelege $\dfrac{R_1}{R_2} \cdot \dfrac{R_3}{R_4}$.

Übersetzung $\dfrac{R_1}{R_2} \cdot \dfrac{R_3}{R_4} = \dfrac{n_4}{n_8} = \dfrac{43,2}{240} = \dfrac{1}{5,55} = \dfrac{3}{5} \cdot \dfrac{3}{10}$,

also $\qquad \dfrac{R_1}{R_2} = \dfrac{3}{5}$ und $\dfrac{R_3}{R_4} = \dfrac{3}{10}$.

Das große Rad R_4 soll 450 mm $\varnothing$ erhalten.

Dann ist $R_3 = \dfrac{3}{10} \cdot R_4 = \dfrac{3}{10} \cdot 450 = 135\,$mm $\varnothing$.

Teilung von R_4: Wirkungsgrad für 4 Wellen $\qquad = 0,95^4$

$\qquad\qquad\qquad\quad$ „ $\qquad$ „ 3 Räderpaare $= 0,95^3$

$\qquad\qquad\qquad\qquad\qquad$ Gesamtwirkungsgrad $= 0,68$.

Moment an R_4:

$$M = 72 \cdot 20 \cdot \frac{64}{18} \cdot \frac{5}{2} \cdot \frac{5}{3} \cdot \frac{10}{3} \cdot 0,68 = 48\,356 \ \text{kgcm}.$$

$$M = c \cdot b \cdot t \cdot R_4,$$

$$48\,356 = 70 \cdot 4\, t^2 \cdot \frac{45}{2},$$

$$t^2 = 7,68, \qquad t = 27,7 \ \text{mm}, \qquad M = 9.$$

Rad R_3: $\qquad Z_4 = \dfrac{450}{9} = 50,$

$\qquad\qquad Z_3 = \dfrac{135}{9} = 15.$

Räder R_1 und R_2 erhalten ebenfalls $M = 9$.

$$Z_1 + Z_2 = Z_3 + Z_4 = 65,$$

$$Z_1 = \frac{3}{5} \cdot Z_2,$$

$$Z_2 = 41, \ \varnothing = 369,$$
$$Z_1 = 24, \ \varnothing = 216.$$

Räder r_9 und r_{10}: $\dfrac{r_9}{r_{10}} = \dfrac{2}{5} \cdot$ Rad r_{10} erhält aus baulichen Gründen etwa 420 mm $\varnothing$.

$$M = c \cdot b \cdot t \cdot r_{10}.$$

M am Rade r_{10}: $72 \cdot 20 \cdot \dfrac{64}{18} \cdot \dfrac{5}{2} \cdot 0,95^2 \cdot 0,95 = 10\,900$ kgcm.

$$10\,900 = 70 \cdot 4\, t^2 \cdot 21,$$

$$t^2 = 1,87, \ t = 13,7 \ \text{mm}, \ M = 5.$$

$$z_{10} = 420 : 5 = 84, \ \text{gewählt} \ z_{10} = 85, \ \varnothing = 425 \ \text{mm}.$$

$$z_9 = \frac{2}{5} \cdot 85 = 34, \ \varnothing = 170 \ \text{mm},$$

$$z_{10} = 85, \ z_9 = 34.$$

Abmessungen der Räder.

Bezeich-nung	Zähne-zahl	Stichzahl M	Teilkreis $\varnothing$	Kopfkreis $\varnothing$	Rad-breite	Wellen-abstand in mm	Stoff
r_1	41	4	164	172	45	164	Stahl
r_2	41	4	164	172	45	—	„
r_3	32	4	128	136	45	164	„
r_4	50	4	200	208	45	—	„
r_5	25	4	100	108	45	164	„
r_6	57	4	228	236	45	—	„
r_7	18	4	72	80	45	164	„
r_8	64	4	256	264	45	—	„
r_9	34	5	170	180	60	297,5	„
r_{10}	85	5	425	435	60	—	„
R_1	24	9	216	234	110	292,5	„
R_2	41	9	369	387	110	—	„
R_3	15	9	135	153	110	292,5	„
R_4	50	9	450	468	110	—	„

β) Zeichnerische Lösung [1]).

1. Stufenrädergetriebe.

Nach der geometrischen Reihe ist

$$n_2 = n_1 \varphi \quad \text{und} \quad \frac{n_2}{n_1} = \varphi,$$

$$n_3 = n_2 \varphi \quad \text{,,} \quad \frac{n_3}{n_2} = \varphi,$$

$$n_4 = n_3 \varphi \quad \text{,,} \quad \frac{n_4}{n_3} = \varphi.$$

Diese Ausdrücke lassen sich am einfachsten als rechtwinklige Dreiecke darstellen, bei denen

$$\cos \alpha = \frac{n_1}{n_2} = \frac{n_2}{n_3} = \frac{n_3}{n_4} =$$

$$\dots \frac{1}{\varphi} = \frac{1}{1,535} = 0,65146$$

und $\alpha = 50^0$.

Nach der Ähnlichkeit der rechtwinkligen Dreiecke ist

$$\frac{n_1}{n_2} = \frac{n_2}{n_3} \dots \frac{n_7}{n_8}.$$

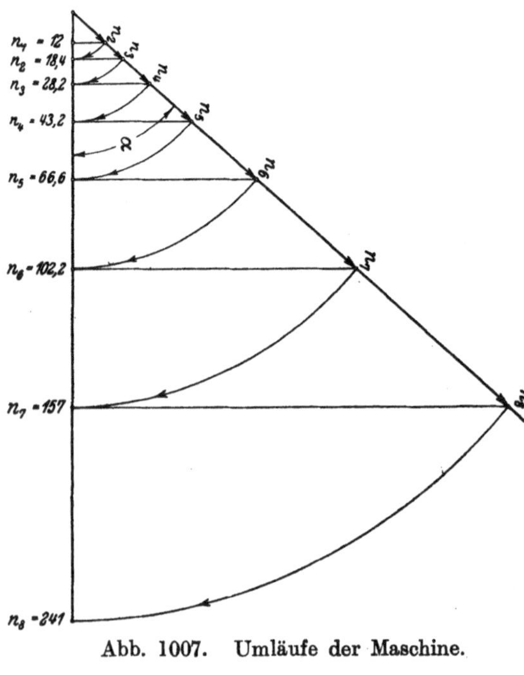

Abb. 1007. Umläufe der Maschine.

[1]) Rud. Langner, Zeichnerische Ermittlung von Stufenrädergetrieben. Z. d. V. deutsch. Ing. 1913, S. 1537.

Nach Abb. 1007 sind die Umläufe der Drehspindel:

$$n_1 = 12 \qquad\qquad n_5 = 66,6$$
$$n_2 = 18,4 \qquad\quad n_6 = 102,2$$
$$n_3 = 28,2 \qquad\quad n_7 = 157$$
$$n_4 = 43,2 \qquad\quad n_8 = 241$$

Aus baulichen Gründen sollte zwischen den Wellen *II* und *III* ein Vorgelege mit der Übersetzung $2:5$ eingebaut werden. Die Welle *II* macht daher $\dfrac{5}{2}$ mal so viel Umläufe als die Drehspindel *III*. Die Umlaufszahlen von *II* sind in Abb. 1008 zeichnerisch ermittelt zu

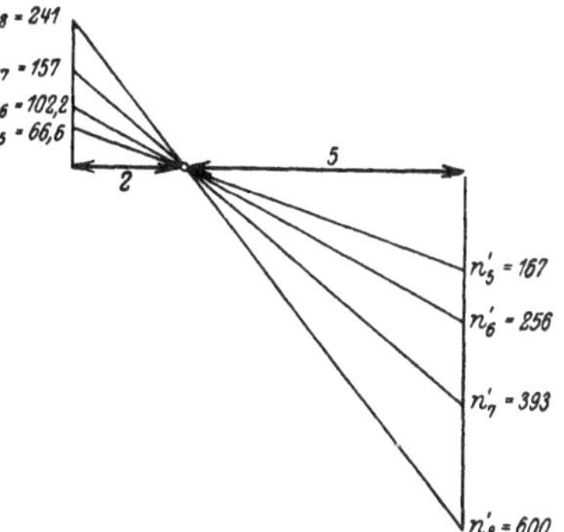

$$n_5' = 167$$
$$n_6' = 256$$
$$n_7' = 393$$
$$n_8' = 600$$

Die Übersetzungen zwischen den Wellen *I* und *II* sind daher:

$$\frac{r_1}{r_2} = \frac{600}{600} \qquad\qquad \frac{r_5}{r_6} = \frac{256}{600}$$
$$\frac{r_3}{r_4} = \frac{393}{600} \qquad\qquad \frac{r_7}{r_8} = \frac{167}{600}.$$

Abb. 1008. Umläufe der Welle II.

In Abb. 1009 sind die Stufenräder für den Achsenabstand $a = 164$ mm gezeichnet. Die Halbmesser sind hieraus ermittelt zu

$$r_1 = 82 \text{ mm}, \quad r_3 = 65 \text{ mm}, \quad r_5 = 50 \text{ mm}, \quad r_7 = 35 \text{ mm},$$
$$r_2 = 82 \text{ „} \qquad r_4 = 99 \text{ „} \qquad r_6 = 114 \text{ „} \qquad r_8 = 129 \text{ „}$$

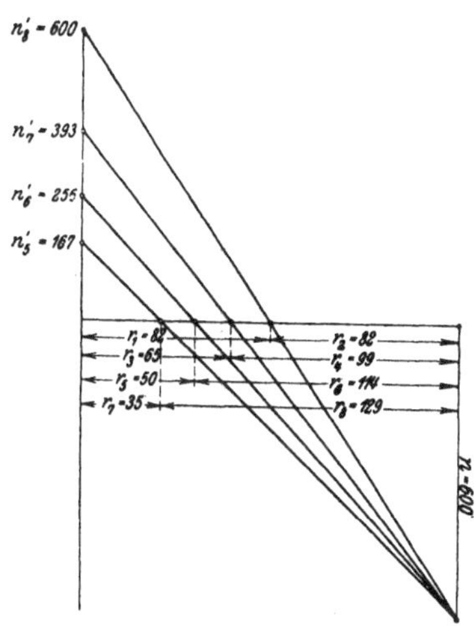

Abb. 1009. Stufenräder.

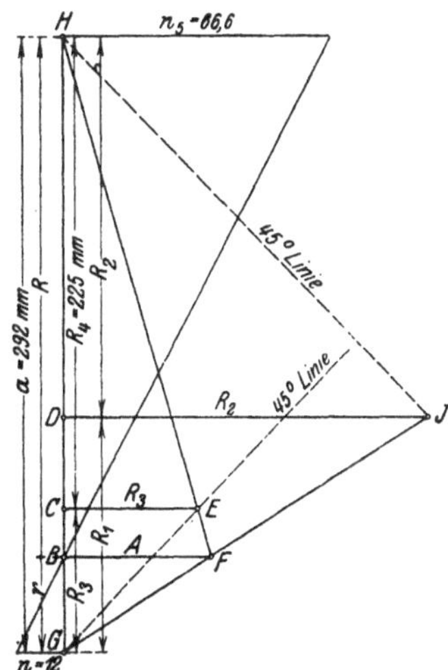

Abb. 1010. Vorgelegeräder.

2. Rädervorgelege.

Die Rädervorgelege $\dfrac{R_1}{R_2} \cdot \dfrac{R_3}{R_4}$ haben n_5 auf n_1 zu übersetzen:

$$\frac{R_1}{R_2} \cdot \frac{R_3}{R_4} = \frac{n_1}{n_5} = \frac{12}{66,6}.$$

Wie auf S. 574 ist gesetzt

$$\frac{R_1}{R_2} \cdot \frac{R_3}{R_4} = \frac{r}{R} = \frac{n_1}{n_5} = \frac{12}{66,6}.$$

Das Vorgelege $\frac{r}{R}$ ist in Abb. 1010 für den Achsenabstand von 292 mm gezeichnet und wie auf S. 574 die Ausdrücke

$$\frac{R_1}{R_2} \cdot \frac{R_3}{R_4} = \frac{r}{R} \cdot \frac{A}{A}$$

oder $\frac{R_1}{R_2} = \frac{r}{A}$ und $\frac{R_3}{R_4} = \frac{A}{R}.$ Hierbei ist $R_4 = 225$ mm gewählt.

In den ähnlichen Dreiecken $H C E$ und $H B F$ ist

$$\frac{R_3}{R_4} = \frac{A}{R}$$

und in den Dreiecken $G D J$ und $F B G$:

$$\frac{R_1}{R_2} = \frac{r}{A}$$

Nach der Zeichnung ist $R_1 = 110$ mm und $R_2 = 182$ mm.

Diese Halbmesser müssen natürlich nachgeprüft werden, ob die Stichzahl aufgeht. Schalttafel auf S. 583.

2. Aufgabe: Nach dem in Abb. 1011 dargestellten Plan soll der Antrieb einer Fräsmaschine berechnet werden. Die Maschine soll 16 verschiedene Umläufe haben. Die kleinste Umlaufszahl sei 16, die größte 300. Die Antriebsscheibe mache 300 Umläufe, ihr Durchmesser sei 300 mm, die Breite 125 mm.

Rechnerische Lösung.

1. Die geometrisch abgestuften Umläufe.

$$n_1 = 12, \ n_{16} = 300.$$

Nach Gl. (2), S. 566 ist der Quotient der geometrischen Reihe:

$$\varphi = \sqrt[z-1]{\frac{n_{16}}{n_1}} = \sqrt[15]{\frac{300}{12}} = 1,24.$$

$n_1 = 12,$	$n_9 = 12 \cdot 1{,}24^8 = 67,$
$n_2 = 12 \cdot 1{,}24 = 14{,}9,$	$n_{10} = 12 \cdot 1{,}24^9 = 83,$
$n_3 = 12 \cdot 1{,}24^2 = 18{,}5,$	$n_{11} = 12 \cdot 1{,}24^{10} = 103,$
$n_4 = 12 \cdot 1{,}24^3 = 22{,}9,$	$n_{12} = 12 \cdot 1{,}24^{11} = 127,$
$n_5 = 12 \cdot 1{,}24^4 = 28{,}6,$	$n_{13} = 12 \cdot 1{,}24^{12} = 158,$
$n_6 = 12 \cdot 1{,}24^5 = 35{,}2,$	$n_{14} = 12 \cdot 1{,}24^{13} = 196,$
$n_7 = 12 \cdot 1{,}24^6 = 43,$	$n_{15} = 12 \cdot 1{,}24^{14} = 242,$
$n_8 = 12 \cdot 1{,}24^7 = 54,$	$n_{16} = 12 \cdot 1{,}24^{15} = 300.$

Schalttafel des Getriebes in Abb. 1006.

Lfd. Nr.	Arbeitende Räderpaare	Schaltungen			Vorgelege $\dfrac{R_1}{R_2}\cdot\dfrac{R_3}{R_4}$	Theoretische Umläufe	Wirkliche Umläufe der Maschine
		K_1	K_2	K_3			
1	$\dfrac{r_1}{r_2}\cdot\dfrac{r_9}{r_{10}}$	r_2	—	r_{10}	ausgerückt	$n_8 = 240$	$n_8 = 600\cdot\dfrac{41}{41}\cdot\dfrac{34}{85} = 240$
2	$\dfrac{r_3}{r_4}\cdot\dfrac{r_9}{r_{10}}$	r_4	—	r_{10}	,,	$n_7 = 157$	$n_7 = 600\cdot\dfrac{32}{50}\cdot\dfrac{34}{85} = 154$
3	$\dfrac{r_5}{r_6}\cdot\dfrac{r_9}{r_{10}}$	—	r_6	r_{10}	,,	$n_6 = 102,2$	$n_6 = 600\cdot\dfrac{25}{57}\cdot\dfrac{34}{85} = 105$
4	$\dfrac{r_7}{r_8}\cdot\dfrac{r_9}{r_{10}}$	—	r_8	r_{10}	,,	$n_5 = 66,6$	$n_5 = 600\cdot\dfrac{18}{64}\cdot\dfrac{34}{85} = 68$
5	$\dfrac{r_1}{r_2}\cdot\dfrac{r_9}{r_{10}}\cdot\dfrac{R_1}{R_2}\dfrac{R_3}{R_4}$	r_2	—	—	eingerückt	$n_4 = 43,2$	$n_4 = 240\,\dfrac{24}{41}\cdot\dfrac{15}{50} = 42$
6	$\dfrac{r_3}{r_4}\cdot\dfrac{r_9}{r_{10}}\cdot\dfrac{R_1}{R_2}\cdot\dfrac{R_3}{R_4}$	r_4	—	—	,,	$n_3 = 28,2$	$n_3 = 154\cdot\dfrac{24}{41}\cdot\dfrac{15}{50} = 27$
7	$\dfrac{r_5}{r_6}\cdot\dfrac{r_9}{r_{10}}\cdot\dfrac{R_1}{R_2}\cdot\dfrac{R_3}{R_4}$	—	r_6	—	,,	$n_2 = 18,4$	$n_2 = 105\cdot\dfrac{24}{41}\cdot\dfrac{15}{50} = 18$
8	$\dfrac{r_7}{r_8}\cdot\dfrac{r_9}{r_{10}}\cdot\dfrac{R_1}{R_2}\cdot\dfrac{R_3}{R_4}$	—	r_8		,,	$n_1 = 12$	$n_1 = 68\cdot\dfrac{24}{41}\cdot\dfrac{15}{50} = 12$

2. Berechnung der Räder.

a) Übersetzung $\dfrac{r_6}{r_7}$:

Nach Abb. 1011 ist für die größte Umlaufszahl der Spindel

$$\frac{n_{16}}{n} = \frac{r_1}{r_3}\cdot\frac{r_6}{r_7}\cdot\frac{r_9}{r_{10}}\cdot\frac{r_{11}}{r_{12}}.$$

In der Ausführung soll angenommen werden:

$$r_1 = r_3,\quad r_{11} = r_{12},\quad \frac{r_9}{r_{10}} = \frac{2}{3}.$$

Mit diesen Annahmen ist:

$$\frac{r_6}{r_7}\cdot\frac{2}{3} = \frac{300}{300}$$

$$\frac{r_6}{r_7} = \frac{3}{2}.$$

b) Norton-Getriebe:

Die Welle II des Norton-Getriebes hat bei der Schaltung

$$\frac{r_6}{r_7}\cdot\frac{r_9}{r_{10}}\cdot\frac{r_{11}}{r_{12}} = \frac{3}{2}\cdot\frac{2}{3}\cdot\frac{1}{1} = \frac{1}{1}$$

die gleichen 4 höchsten Umlaufszahlen wie die Frässpindel,

d. h. für II: $n_{16} = 300$, $n_{15} = 242$, $n_{14} = 196$, $n_{13} = 158$.

Hieraus lassen sich die Übersetzungen des Norton-Getriebes berechnen:

$$\frac{r_1}{r_3} = \frac{n_{16}}{n} = \frac{300}{300} = \frac{1}{1},$$

$$\frac{r_1}{r_4} = \frac{n_{15}}{n} = \frac{242}{300} = \frac{121}{150} \backsim \frac{4}{5},$$

$$\frac{r_1}{r_5} = \frac{n_{14}}{n} = \frac{196}{300} = \frac{49}{75} \backsim \frac{2}{3},$$

$$\frac{r_1}{r_6} = \frac{n_{13}}{n} = \frac{158}{300} = \frac{79}{150} \backsim \frac{8}{15}.$$

c) Übersetzung $\dfrac{r_4}{r_8}$: Nach Abb. 1011 ist:

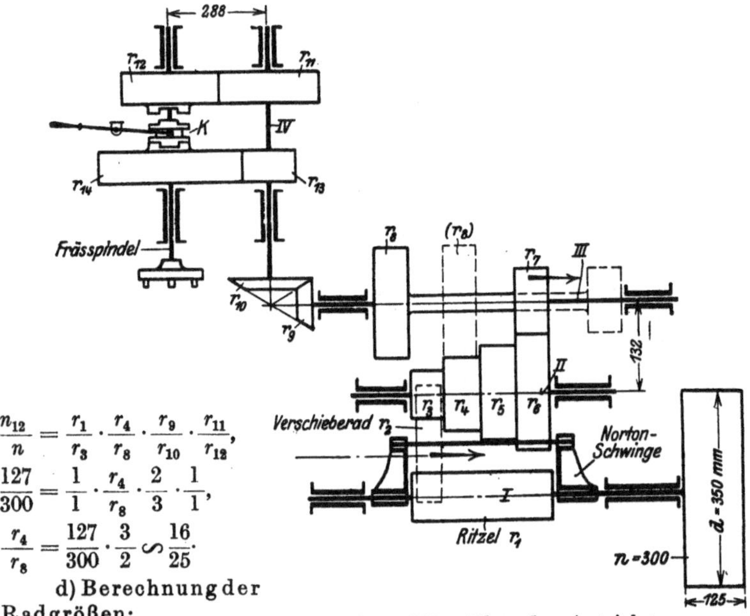

Abb. 1011. Plan des Antriebes.

$$\frac{n_{12}}{n} = \frac{r_1}{r_3} \cdot \frac{r_4}{r_8} \cdot \frac{r_9}{r_{10}} \cdot \frac{r_{11}}{r_{12}},$$

$$\frac{127}{300} = \frac{1}{1} \cdot \frac{r_4}{r_8} \cdot \frac{2}{3} \cdot \frac{1}{1},$$

$$\frac{r_4}{r_8} = \frac{127}{300} \cdot \frac{3}{2} \backsim \frac{16}{25}.$$

d) Berechnung der Radgrößen:

Nach Abb. 1011 ist $r_4 + r_8 = r_6 + r_7.$

Die baulichen Verhältnisse lassen einen Wellenabstand von 132 mm zu,

d. h. $r_4 + r_8 = r_6 + r_7 = 132.$

Räder r_4 und r_8: $\qquad r_4 + r_8 = 132$ mm,

$$\frac{r_4}{r_8} = \frac{16}{25}$$

$$r_4 = 102 \text{ mm } \varnothing, \ r_8 = 162 \text{ mm } \varnothing.$$

Räder r_6 und r_7: $\qquad r_6 + r_7 = 132$ mm,

$$\frac{r_6}{r_7} = \frac{3}{2}$$

$$r_6 = 159 \text{ mm } \varnothing, \ r_7 = 105 \text{ mm } \varnothing.$$

e) Übersetzung $\dfrac{r_{13}}{r_{14}}$:

$$\frac{n_1}{n} = \frac{r_1}{r_6} \cdot \frac{r_4}{r_8} \cdot \frac{r_9}{r_{10}} \cdot \frac{r_{13}}{r_{14}},$$

$$\frac{12}{300} = \frac{8}{15} \cdot \frac{16}{25} \cdot \frac{2}{3} \cdot \frac{r_{13}}{r_{14}}, \text{ demnach } \frac{r_{13}}{r_{14}} = \frac{1}{5,7}.$$

f) Berechnung der Teilungen:

Wegen des abwechselnden Eingriffs müssen die Räder r_1 bis r_8 gleiche Teilung haben. Die größte Belastung erfährt das Rad r_8, für das die Teilung unter Zugrundelegung der Durchzugskraft des Riemens zu berechnen ist.

Der Riemen habe eine Breite von 10 cm, seine Geschwindigkeit ist:

$$v_r = \frac{\pi \cdot 0{,}35 \cdot 300}{60} = 5{,}5\ \frac{\text{m}}{\text{Sek.}}$$

Bei 350 mm Scheibendurchmesser und 5,5 m Geschwindigkeit ist die Nutzlast auf 1 cm Riemenbreite $p = 6$ kg (Abb. 1001).

Durchzugskraft des Riemens $Z = p \cdot b = 6 \cdot 10 = 60$ kg.

Das größte Moment am Rad r_8 ist:

$$Mr_8 = \eta\, Z \cdot \frac{d}{2} \cdot \frac{r_6}{r_1} \cdot \frac{r_8}{r_4} = c\, b\, t \cdot r_8.$$

Bei dem Wirkungsgrad sind 2 Radeingriffe und 3 Wellen bzw. Lagerreibungen zu berücksichtigen $\eta = 0{,}95^2 \cdot 0{,}95^3 = 0{,}95^5 = 0{,}77$. Sind die Räder aus Stahl, so kann $c = 70$ genommen werden; Breite der Räder 45 mm.

$$Mr_8 = 0{,}77 \cdot 60 \cdot \frac{35}{2} \cdot \frac{15}{8} \cdot \frac{25}{16} = 70 \cdot 4{,}5 \cdot t \cdot 8{,}1$$
$$t = 9{,}28\ \text{mm},$$
$$M = 3,\ t = 9{,}24\ \text{mm}.$$

Das Ritzel r_1 erhält einen Durchmesser von 81 mm und damit $\dfrac{81}{3} = 27$ Zähne und $M = 3$.

Rad r_3. $\qquad \dfrac{r_1}{r_3} = \dfrac{1}{1}$; $r_3 = r_1 = 27$ Zähne, $M = 3$.

Rad r_4: r_4 hatte nach d) 102 mm $\varnothing$, demnach $\dfrac{102}{3} = 34$ Zähne.

Rad r_5 nach b): $\qquad \dfrac{r_1}{r_5} = \dfrac{2}{3}$,

$$r_5 = \frac{3}{2} \cdot r_1 = \frac{3}{2} \cdot 27 = 41\ \text{Zähne}.$$

Rad r_6: r_6 hatte nach d) 159 mm $\varnothing$, demnach $\dfrac{159}{3} = 53$ Zähne.

Rad r_7: r_7 hatte nach d) 105 mm $\varnothing$, $r_7 = \dfrac{105}{3} = 35$ Zähne.

Rad r_8: r_8 hatte nach d) 162 mm $\varnothing$, demnach 54 Zähne. Das Zwischenrad r_2 kann 45 Zähne haben.

Räder r_{11}, r_{12}, r_{13}, r_{14}. Nach Abb. 1011 ist
$$r_{11} + r_{12} = r_{13} + r_{14} = 288\ \text{mm},$$
$$\frac{r_{11}}{r_{12}} = \frac{1}{1}.$$
$$r_{11} = r_{12} = 288\ \text{mm}\ \varnothing$$
$$r_{13} + r_{14} = 288$$
$$\frac{r_{13}}{r_{14}} = \frac{1}{5{,}7}$$
$$r_{13} = 86\ \text{mm}\ \varnothing,\ r_{14} = 490\ \text{mm}\ \varnothing.$$

Teilung von r_{11}:

Radbreite = 50 mm.

$$M_{r11} = \eta\, Z \cdot \frac{d}{2} \cdot \frac{r_6}{r_1} \cdot \frac{r_8}{r_4} \cdot \frac{r_{10}}{r_9} = c \cdot b \cdot t \cdot r_{11}.$$

Für 5 Wellen- und Lagerreibungen und 4 Zahneingriffe $\eta = 0{,}95^9 = 0{,}63$

$$M = 0{,}63 \cdot 60 \cdot \frac{35}{2} \cdot \frac{53}{27} \cdot \frac{54}{34} \cdot \frac{3}{2} = 70 \cdot 5 \cdot t \cdot 14{,}4$$

$$t = 6{,}1 \text{ mm.}$$

Gewählt $M = 3$, $t = 9{,}24$ mm.

Die Räder r_{11} und r_{12} erhalten bei $M = 3$

$$\frac{288}{3} = 96 \text{ Zähne.}$$

Teilung von r_{13}:

Radbreite $= 60$ mm.

$$M = \eta \cdot Z \cdot \frac{d}{2} \cdot \frac{r_6}{r_1} \cdot \frac{r_8}{r_4} \cdot \frac{r_{10}}{r_9} = c \cdot b \cdot t \cdot r_{13},$$

$$0{,}63 \cdot 60 \frac{35}{2} \cdot \frac{53}{27} \cdot \frac{54}{34} \cdot \frac{3}{2} = 70 \cdot 6 \cdot t \cdot 4{,}3,$$

$$t = 17{,}1 \text{ mm,}$$

$$M = 6, \quad t = 18{,}85 \text{ mm.}$$

Rad r_{13} erhält bei 86 mm $\varnothing$ und $M = 6$

$$\frac{86}{6} = 15 \text{ Zähne, also } r_{13} = 90 \; \varnothing$$

und r_{14} bei 490 mm $\varnothing$ und $M = 6$

$$\frac{490}{6} = 81 \text{ Zähne, also } r_{14} = 486 \; \varnothing.$$

Die Kegelräder r_9, r_{10} beanspruchen als Teilung $M = 5$, die Zähnezahlen seien wie folgt gewählt:

r_9 erhält 20 und $r_{10} = 30$ Zähne, da $\dfrac{r_9}{r_{10}} = \dfrac{2}{3}$ ist.

Abmessungen der Räder.

Bezeichnung	Zähne-zahl	Stich-zahl M	Teilkreis $\varnothing$ mm	Kopfkreis $\varnothing$ mm	Radbreite mm	Wellen-abstand	Stoff
r_1	27	3	81	87	180	—	Stahl
r_2	45	3	135	141	45	—	,,
r_3	27	3	81	87	45	—	,,
r_4	34	3	102	108	45	—	,,
r_5	41	3	123	129	45	—	,,
r_6	53	3	159	165	45	} 132	,,
r_7	35	3	105	111	45		,,
r_8	54	3	162	168	45	132 v. r_4 u. r_8	,,
r_9	20	5	100	—	—	—	,,
r_{10}	30	5	150	—	—	—	,,
r_{11}	96	3	288	294	50	} 288	,,
r_{12}	96	3	288	294	50		,,
r_{13}	15	6	90	102	60	} 288	,,
r_{14}	81	6	486	498	60		,,

(Siehe die Schalttafel auf Seite 587.)

Schalttafel des Getriebes in Abb. 1011.

Lfd. Nr.	Arbeitende Räderpaare	r_2	r_7	r_8	k	Theoretische Umläufe der Maschine	Wirkliche Umläufe der Maschine
1	$\dfrac{r_1}{r_3}\cdot\dfrac{r_6}{r_7}\cdot\dfrac{r_9}{r_{10}}\cdot\dfrac{r_{11}}{r_{12}}$	r_3	r_6	—	r_{12}	300	$n_{16}=300\cdot\dfrac{27}{27}\cdot\dfrac{53}{35}\cdot\dfrac{20}{30}\cdot\dfrac{96}{96}=302$
2	$\dfrac{r_1}{r_4}\cdot\dfrac{r_6}{r_7}\cdot\dfrac{r_9}{r_{10}}\cdot\dfrac{r_{11}}{r_{12}}$	r_4	,,	—	,,	242	$n_{15}=300\cdot\dfrac{27}{34}\cdot\dfrac{53}{35}\cdot\dfrac{20}{30}\cdot\dfrac{96}{96}=241$
3	$\dfrac{r_1}{r_5}\cdot\dfrac{r_6}{r_7}\cdot\dfrac{r_9}{r_{10}}\cdot\dfrac{r_{11}}{r_{12}}$	r_5	,,	—	,,	196	$n_{14}=300\cdot\dfrac{27}{41}\cdot\dfrac{53}{35}\cdot\dfrac{20}{30}\cdot\dfrac{96}{96}=199$
4	$\dfrac{r_1}{r_6}\cdot\dfrac{r_6}{r_7}\cdot\dfrac{r_9}{r_{10}}\cdot\dfrac{r_{11}}{r_{12}}$	r_6	,,	—	,,	158	$n_{13}=300\cdot\dfrac{27}{53}\cdot\dfrac{53}{35}\cdot\dfrac{20}{30}\cdot\dfrac{96}{96}=155$
5	$\dfrac{r_1}{r_3}\cdot\dfrac{r_4}{r_8}\cdot\dfrac{r_9}{r_{10}}\cdot\dfrac{r_{11}}{r_{12}}$	r_3	—	r_4	,,	127	$n_{12}=300\cdot\dfrac{27}{27}\cdot\dfrac{34}{54}\cdot\dfrac{20}{30}\cdot\dfrac{96}{96}=126$
6	$\dfrac{r_1}{r_4}\cdot\dfrac{r_4}{r_8}\cdot\dfrac{r_9}{r_{10}}\cdot\dfrac{r_{11}}{r_{12}}$	r_4	—	,,	,,	103	$n_{11}=300\cdot\dfrac{27}{34}\cdot\dfrac{34}{54}\cdot\dfrac{20}{30}\cdot\dfrac{96}{96}=100$
7	$\dfrac{r_1}{r_5}\cdot\dfrac{r_4}{r_8}\cdot\dfrac{r_9}{r_{10}}\cdot\dfrac{r_{11}}{r_{12}}$	r_5	—	,,	,,	83	$n_{10}=300\cdot\dfrac{27}{41}\cdot\dfrac{34}{54}\cdot\dfrac{20}{30}\cdot\dfrac{96}{96}=83$
8	$\dfrac{r_1}{r_6}\cdot\dfrac{r_4}{r_8}\cdot\dfrac{r_9}{r_{10}}\cdot\dfrac{r_{11}}{r_{12}}$	r_6	—	,,	,,	67	$n_9=300\cdot\dfrac{27}{53}\cdot\dfrac{34}{54}\cdot\dfrac{20}{30}\cdot\dfrac{96}{96}=64$
9	$\dfrac{r_1}{r_3}\cdot\dfrac{r_6}{r_7}\cdot\dfrac{r_9}{r_{10}}\cdot\dfrac{r_{13}}{r_{14}}$	r_3	r_6	—	r_{14}	54	$n_8=300\cdot\dfrac{27}{27}\cdot\dfrac{53}{35}\cdot\dfrac{20}{30}\cdot\dfrac{15}{81}=56$
10	$\dfrac{r_1}{r_4}\cdot\dfrac{r_6}{r_7}\cdot\dfrac{r_9}{r_{10}}\cdot\dfrac{r_{13}}{r_{14}}$	r_4	,,	—	,,	43	$n_7=n_{15}\cdot\dfrac{15}{81}=44$
11	$\dfrac{r_1}{r_5}\cdot\dfrac{r_6}{r_7}\cdot\dfrac{r_9}{r_{10}}\cdot\dfrac{r_{13}}{r_{14}}$	r_5	,,	—	,,	35,2	$n_6=n_{14}\cdot\dfrac{15}{81}=37$
12	$\dfrac{r_1}{r_6}\cdot\dfrac{r_6}{r_7}\cdot\dfrac{r_9}{r_{10}}\cdot\dfrac{r_{13}}{r_{14}}$	r_6	,,	—	,,	28,6	$n_5=n_{13}\cdot\dfrac{15}{81}=29$
13	$\dfrac{r_1}{r_3}\cdot\dfrac{r_4}{r_8}\cdot\dfrac{r_9}{r_{10}}\cdot\dfrac{r_{13}}{r_{14}}$	r_3	—	r_4	,,	22,9	$n_4=n_{12}\cdot\dfrac{15}{81}=23$
14	$\dfrac{r_1}{r_4}\cdot\dfrac{r_4}{r_8}\cdot\dfrac{r_9}{r_{10}}\cdot\dfrac{r_{13}}{r_{14}}$	r_4	—	,,	,,	18,5	$n_3=n_{11}\cdot\dfrac{15}{81}=19$
15	$\dfrac{r_1}{r_5}\cdot\dfrac{r_4}{r_8}\cdot\dfrac{r_9}{r_{10}}\cdot\dfrac{r_{13}}{r_{14}}$	r_5	—	,,	,,	14,9	$n_2=n_{10}\cdot\dfrac{15}{81}=15$
16	$\dfrac{r_1}{r_6}\cdot\dfrac{r_4}{r_8}\cdot\dfrac{r_9}{r_{10}}\cdot\dfrac{r_{13}}{r_{14}}$	r_6	—	,,	,,	12	$n_1=n_9\cdot\dfrac{15}{81}=12$

c) Die Berechnung des Vorschubantriebes.

Bei einer Drehbank sollen mit der Zugspindel 6 Vorschübe erreicht werden. Der größte Vorschub sei bei einer Umdrehung der Drehspindel 1,5 mm, der kleinste 0,25 mm. Die Schloßplatte (Abb. 169) habe in ihrem Längszug eine Übersetzung von $\dfrac{3}{100}$ und das Treibrad der Zahnstange einen Durchmesser $d_8 = 48\,\text{mm}$. Der Antrieb erfolge nach Abb. 1012. Das Rädervorgelege *1, 2* habe die Übersetzung $\dfrac{1}{3}$. Es wird verlangt, daß die 6 Vorschübe unter sich geometrisch abgestuft sind.

Beim größten Vorschub hat das Rad *8* (Abb. 169), das mit der Zahnstange arbeitet, als größte Umdrehungszahl:

$$n_{\max} = \frac{\delta_{\max}}{\pi\, d_8} = \frac{1{,}5}{\pi\,48} = \frac{1{,}5}{150} = \frac{1}{100},$$

$$n_{\max} = \frac{1}{100}$$

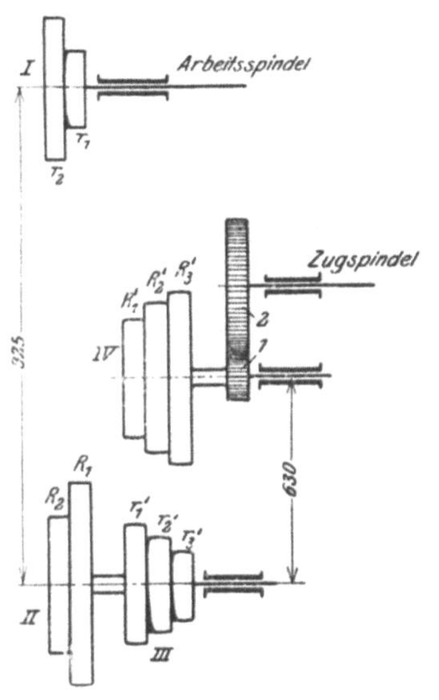

Abb. 1012. Riemenantrieb der Zugspindel.

Da der Längszug und das Rädervorgelege *1, 2* bereits die Gesamtübersetzung $\dfrac{1}{3} \cdot \dfrac{3}{100} = \dfrac{1}{100}$ hat, so muß die Scheibe *IV*, um den größten Vorschub zu erzeugen, bei einer Umdrehung der Arbeitsspindel ebenfalls einen ganzen Umlauf machen, d. h. für

Scheibe *IV*: $n_{\max} = 1$.

Die kleinste Umdrehungszahl der Scheibe *IV* ergibt sich in gleicher Weise aus dem kleinsten Vorschub. Das Rad *8* hat hierbei:

$$n_{min} = \frac{\delta_{min}}{\pi\, d_8} = \frac{0{,}25}{150} = \frac{1}{600}.$$

Da bereits die Übersetzung $\dfrac{1}{100}$ vorhanden ist, so bleibt für die Scheibe *IV* als kleinste Umdrehung $n_{\min} = \dfrac{1}{6}$ bei einem Umlauf der Drehspindel.

$$\text{Scheibe } IV: n_{\min} = \frac{1}{6}.$$

Sollen die 6 Vorschübe unter sich nach einer geometrischen Reihe abgestuft sein, so müssen auch die Umläufe der Scheibe *IV* geometrisch geordnet werden,

d. h. $n_1 = n_{\min}$, n_2, n_3, n_4, n_5, $n_6 = n_{\max}$, hierin $n_6 = n_1\,\varphi^5$.

Nach Gleichung (2) S. 566:

$$\varphi = \sqrt[z-1]{\frac{n_6}{n_1}} = \sqrt[5]{\frac{1}{\frac{1}{6}}} = \sqrt[5]{6} = 1{,}43.$$

Reihe der Umläufe der Scheibe IV:

$$n_1 = \frac{1}{6}, \qquad n_2 = n_1 \cdot \varphi = \frac{1{,}43}{6}, \quad n_3 = n_1 \cdot \varphi^2 = \frac{1{,}43^2}{6},$$

$$n_4 = \frac{1{,}43^3}{6}, \qquad n_5 = \frac{1{,}43^4}{6}, \qquad n_6 = \frac{1{,}43^5}{6} = 1.$$

Hieraus ergeben sich die einzelnen Übersetzungen des Riemenantriebes:

$$1. \quad \frac{r_1}{R_1} \cdot \frac{r_3{'}}{R_3{'}} = \frac{n_1}{1} = \frac{1}{6}. \qquad\qquad 4. \quad \frac{r_2}{R_2} \cdot \frac{r_3{'}}{R_3{'}} = \frac{1{,}43^3}{6}.$$

$$2. \quad \frac{r_1}{R_1} \cdot \frac{r_2{'}}{R_2{'}} = \frac{n_2}{1} = \frac{1{,}43}{6}. \qquad 5. \quad \frac{r_2}{R_2} \cdot \frac{r_2{'}}{R_2{'}} = \frac{1{,}43^4}{6}.$$

$$3. \quad \frac{r_1}{R_1} \cdot \frac{r_1{'}}{R_1{'}} = \frac{n_3}{1} = \frac{1{,}43^2}{6}. \qquad 6. \quad \frac{r_2}{R_2} \cdot \frac{r_1{'}}{R_1{'}} = \frac{1{,}43^5}{6} = 1.$$

Durch Teilen von 1 und 4. ergibt sich:

$$\frac{r_1 r_3{'} R_2 R_3{'}}{R_1 R_3{'} r_2 r_3{'}} = \frac{r_1}{R_1} \cdot \frac{R_2}{r_2} = \frac{1}{1{,}43^3} = \frac{1}{2{,}92}.$$

Wählt man als größte Übersetzung für den Riemen:

$$\frac{r_1}{R_1} = \frac{1}{2{,}75},$$

so ergibt sich für $\dfrac{r_2}{R_2} = \dfrac{1 \cdot 2{,}92}{2{,}75} = 1{,}06.$

Die übrigen Scheibenverhältnisse lassen sich jetzt aus den einzelnen Gleichungen bestimmen, z. B.:

$$\frac{r_3{'}}{R_3{'}} \text{ aus 1 oder 4:}$$

$$\frac{r_3{'}}{R_3{'}} \cdot \frac{r_1}{R_1} = \frac{1}{6},$$

$$\frac{r_3{'}}{R_3{'}} = \frac{1 \cdot 2{,}75}{6} = 0{,}46,$$

$$\text{aus 2 oder 5:} \quad \frac{r_2{'}}{R_2{'}} = \frac{1{,}43}{6} \cdot 2{,}75 = 0{,}65,$$

$$\text{aus 3 oder 6:} \quad \frac{r_1{'}}{R_1{'}} = \frac{1{,}43^2}{6} \cdot 2{,}75 = 0{,}94.$$

Die Abmessungen der Scheiben *I* und *II*.

Verlangt die Dicke der Drehspindel für r_1 einen Durchmesser von 80 mm, so wäre $R_1 = 2{,}75 \cdot r_1 = 220$ mm Durchmesser.

Die Durchmesser für die Stufen r_2 und R_2 ergeben sich aus $\dfrac{r_2}{R_2} = 1{,}06$ und der Riemenlänge L_1 des 1. Riemens bei einem Wellenabstand $e = 925$ mm nach S. 568.

$$\text{Riemenlänge } L_1 \sim \frac{\pi}{2}(80 + 220) + 2 \cdot 925 + \frac{(220-80)^2}{4 \cdot 925} = 2326{,}5\,\text{mm}.$$

Aus $\psi = \dfrac{r_2}{R_2} = 1{,}06$ und

$$\frac{1}{4} R_2{}^2 (\psi - 1)^2 + \pi (\psi + 1)\, e \cdot \frac{R_2}{2} + 2\, e^2 = e\, L_1$$

$$\frac{1}{4} R_2{}^2\, 0{,}0036 + \pi\, 2{,}06 \cdot 925 \cdot \frac{R_2}{2} + 2 \cdot 925^2 = 925 \cdot 2326{,}5$$

erhält man:

$$R_2 = 145{,}6 \text{ mm Durchmesser.}$$
$$r_2 = 1{,}06 \cdot 145{,}6 = 154{,}3 \text{ mm Durchmesser.}$$

$$\text{Scheibe } I \begin{cases} r_1 = 80 \quad \text{mm Durchmesser.} \\ r_2 = 154{,}3 \quad \text{,,} \qquad\quad \text{,,} \end{cases}$$
$$\text{,,} \quad\quad II \begin{cases} R_1 = 220 \quad\quad \text{,,} \qquad\quad \text{,,} \\ R_2 = 145{,}6 \quad\; \text{,,} \qquad\quad \text{,,} \end{cases}$$

Die Abmessungen der Scheiben *III* und *IV*.

Die kleinste Stufe von *III* sei durch den Aufbau gegeben zu 80 mm Durchmesser;

$$r_3' = 80 \text{ mm Durchmesser.}$$

R_3' ergibt sich aus: $\dfrac{r_3'}{R_3'} = 0{,}46.$

$$R_3' = \frac{r_3'}{0{,}46} = \frac{80}{0{,}46} = 174\,\text{mm}.$$

r_2' und R_2' lassen sich wie vorhin aus $\dfrac{r_2'}{R_2'} = 0{,}65$ und der Riemenlänge L_2 berechnen.

Die Länge des 2. Riemens berechnet man für $e = 630$ mm aus:

$$L_2 = \frac{\pi}{2}(80 + 174) + 2 \cdot 630 + \frac{(174 - 80)^2}{4 \cdot 630} = 1662{,}5\,\text{mm}$$

und mit $\psi = \dfrac{r_2'}{R_2'} = 0{,}65$ ergeben sich die Halbmesser in cm:

$$R'_2{}^2 (0{,}65 - 1)^2 + \pi \cdot 1{,}65 \cdot 63\, R_2' + 2 \cdot 63^2 = 63 \cdot 166{,}25.$$
$$R_2' = -1360{,}7 \pm \sqrt{1\,851\,504 + 21\,131} = 7{,}7 \text{ cm}.$$

$$R_2' = 7{,}7 \text{ cm Halbmesser} = 154 \text{ mm Durchmesser.}$$
$$r_2' = 0{,}65 \cdot 154 = 100 \text{ mm } \oslash.$$

In gleicher Weise berechnet man r_1' und R_1' aus L_2 und $\dfrac{r_1'}{R_1'} = 0{,}94$.

$$R'^2_1 (0{,}94 - 1)^2 + \pi (0{,}94 + 1) \, 63 \, R_1' + 2 \cdot 63^2 = 63 \cdot 166{,}25.$$
$$R_1' = 130{,}5 \text{ mm Durchmesser.}$$
$$r_1' = 122{,}5 \quad ,, \qquad\qquad ,,$$

<table>
<tr><td>Scheibe III.</td><td>Scheibe IV.</td></tr>
</table>

$r_1' = 122{,}5$ mm Durchmesser.			$R_1' = 130{,}5$ mm Durchmesser.	
$r_2' = 100{,}0$,,	,,		$R_2' = 154{,}0$,,	,,
$r_3' = 80{,}0$,,	,,		$R_3' = 174{,}0$,,	,,

Vorschübe der Bank:

$$\delta_1 = \frac{r_2}{R_2} \cdot \frac{r_1'}{R_1'} \cdot \frac{1}{100} \cdot 150 = 1{,}06 \cdot 0{,}94 \cdot \frac{1}{100} \cdot 150 = 1{,}5 \text{ mm.}$$

$$\delta_2 = \frac{r_2}{R_2} \cdot \frac{r_2'}{R_2'} \cdot \frac{1}{100} \cdot 150 = 1{,}06 \cdot 0{,}65 \cdot 1{,}5 = 1{,}03 \text{ mm.}$$

$$\delta_3 = \frac{r_2}{R_2} \cdot \frac{r_3'}{R_3'} \cdot \frac{150}{100} = 1{,}06 \cdot 0{,}46 \cdot 1{,}5 = 0{,}73 \text{ mm.}$$

$$\delta_4 = \frac{r_1}{R_1} \cdot \frac{r_1'}{R_1'} \cdot \frac{150}{100} = 0{,}36 \cdot 0{,}94 \cdot 1{,}5 = 0{,}51 \text{ mm.}$$

$$\delta_5 = \frac{r_1}{R_1} \cdot \frac{r_2'}{R_2'} \cdot \frac{150}{100} = 0{,}36 \cdot 0{,}65 \cdot 1{,}5 = 0{,}35 \text{ mm.}$$

$$\delta_6 = \frac{r_1}{R_1} \cdot \frac{r_3'}{R_3'} \cdot \frac{150}{100} = 0{,}36 \cdot 0{,}46 \cdot 1{,}5 = 0{,}25 \text{ mm.}$$

Die Berechnung der Wechselräder für den Antrieb der Leitspindel erfolgt in der auf S. 134 angegebenen Weise, indem man für s die Steigung der zu schneidenden Gewinde oder für g deren Gangzahl auf $1''$ einsetzt. Um dabei mit einem möglichst kleinen Rädersatz auszukommen, ist die Teilung für alle Räder gleich zu nehmen.

5. Die wirtschaftliche Ausnutzung der Werkzeugmaschinen.

a) Rechnerische Ermittlung der Geschwindigkeiten, Vorschübe und der Leistungsfähigkeit von Werkzeugmaschinen.

α) Drehbank.

1. **Aufgabe:** Es sollen die Geschwindigkeiten und Vorschübe, sowie die Leistung einer Schnelldrehbank von 200 mm Spitzenhöhe ermittelt werden. Der Antrieb der Spindel ist nach Abb. 1013 und der Vorschubantrieb nach Abb. 1014 eingerichtet.

Die Geschwindigkeitsverhältnisse.

1. Umläufe der Maschine.

(Siehe Schalttafel zu Abb. 1013.)

Schalttafel zu Abb. 1013.

Lfd. Nr.	Arbeitende Räderpaare	Schaltung der Kupplungen				Umläufe der Maschine
		k_1	k_2	k_3	k_4	
1	$\dfrac{r_4}{R_4} \cdot \dfrac{r_5}{R_5}$	—	R_4	R_5	L	$n_1 = n \cdot \dfrac{r_4}{R_4} \cdot \dfrac{r_5}{R_5} = 560 \cdot \dfrac{60}{60} \cdot \dfrac{43}{79} = 305$
2	$\dfrac{r_4}{R_4} \cdot \dfrac{r_6}{R_6}$	—	,,	R_6	,,	$n_2 = n \cdot \dfrac{r_4}{R_4} \cdot \dfrac{r_6}{R_6} = 560 \cdot \dfrac{60}{60} \cdot \dfrac{36}{86} = 234$
3	$\dfrac{r_3}{R_3} \cdot \dfrac{r_5}{R_5}$	—	R_3	R_5	,,	$n_3 = n \cdot \dfrac{r_3}{R_3} \cdot \dfrac{r_5}{R_5} = 560 \cdot \dfrac{45}{75} \cdot \dfrac{43}{79} = 183$
4	$\dfrac{r_3}{R_3} \cdot \dfrac{r_6}{R_6}$	—	,,	R_6	,,	$n_4 = n \cdot \dfrac{r_3}{R_3} \cdot \dfrac{r_6}{R_6} = 560 \cdot \dfrac{45}{75} \cdot \dfrac{36}{86} = 141$
5	$\dfrac{r_2}{R_2} \cdot \dfrac{r_5}{R_5}$	R_2	—	R_5	,,	$n_5 = n \cdot \dfrac{r_2}{R_2} \cdot \dfrac{r_5}{R_5} = 560 \cdot \dfrac{32}{88} \cdot \dfrac{43}{79} = 111$
6	$\dfrac{r_2}{R_2} \cdot \dfrac{r_6}{R_6}$	,,	—	R_6	,,	$n_6 = n \cdot \dfrac{r_2}{R_2} \cdot \dfrac{r_6}{R_6} = 560 \cdot \dfrac{32}{88} \cdot \dfrac{36}{86} = 85$
7	$\dfrac{r_1}{R_1} \cdot \dfrac{r_5}{R_5}$	R_1	—	R_5	,,	$n_7 = n \cdot \dfrac{r_1}{R_1} \cdot \dfrac{r_5}{R_5} = 560 \cdot \dfrac{22}{98} \cdot \dfrac{43}{79} = 68$
8	$\dfrac{r_1}{R_1} \cdot \dfrac{r_6}{R_6}$	,,	—	R_6	,,	$n_8 = n \cdot \dfrac{r_1}{R_1} \cdot \dfrac{r_6}{R_6} = 560 \cdot \dfrac{22}{98} \cdot \dfrac{36}{86} = 53$
9	$\dfrac{r_4}{R_4} \cdot \dfrac{r_5}{R_5} \cdot \dfrac{r_7}{R_7} \cdot \dfrac{r_8}{R_8}$	—	R_4	R_5	R_8	$n_9 = n_1 \cdot \dfrac{r_7}{R_7} \cdot \dfrac{r_8}{R_8} = 305 \cdot \dfrac{30}{60} \cdot \dfrac{16}{64} = 38$
10	$\dfrac{r_4}{R_4} \cdot \dfrac{r_6}{R_6} \cdot \dfrac{r_7}{R_7} \cdot \dfrac{r_8}{R_8}$	—	,,	R_6	,,	$n_{10} = n_2 \cdot \dfrac{r_7}{R_7} \cdot \dfrac{r_8}{R_8} = 234 \cdot \dfrac{30}{60} \cdot \dfrac{16}{64} = 29$
11	$\dfrac{r_3}{R_3} \cdot \dfrac{r_5}{R_5} \cdot \dfrac{r_7}{R_7} \cdot \dfrac{r_8}{R_8}$	—	R_3	R_5	,,	$n_{11} = n_3 \cdot \dfrac{r_7}{R_7} \cdot \dfrac{r_8}{R_8} = 183 \cdot \dfrac{1}{8} = 23$
12	$\dfrac{r_3}{R_3} \cdot \dfrac{r_6}{R_6} \cdot \dfrac{r_7}{R_7} \cdot \dfrac{r_8}{R_8}$	—	,,	R_6	,,	$n_{12} = n_4 \cdot \dfrac{r_7}{R_7} \cdot \dfrac{r_8}{R_8} = 141 \cdot \dfrac{1}{8} = 17{,}6$
13	$\dfrac{r_2}{R_2} \cdot \dfrac{r_5}{R_5} \cdot \dfrac{r_7}{R_7} \cdot \dfrac{r_8}{R_8}$	R_2	—	R_5	,,	$n_{13} = n_5 \cdot \dfrac{r_7}{R_7} \cdot \dfrac{r_8}{R_8} = 111 \cdot \dfrac{1}{8} = 13{,}9$
14	$\dfrac{r_2}{R_2} \cdot \dfrac{r_6}{R_6} \cdot \dfrac{r_7}{R_7} \cdot \dfrac{r_8}{R_8}$	,,	—	R_6	,,	$n_{14} = n_6 \cdot \dfrac{r_7}{R_7} \cdot \dfrac{r_8}{R_8} = 85 \cdot \dfrac{1}{8} = 10{,}6$
15	$\dfrac{r_1}{R_1} \cdot \dfrac{r_5}{R_5} \cdot \dfrac{r_7}{R_7} \cdot \dfrac{r_8}{R_8}$	R_1	—	R_5	,,	$n_{15} = n_7 \cdot \dfrac{r_7}{R_7} \cdot \dfrac{r_8}{R_8} = 68 \cdot \dfrac{1}{8} = 8{,}5$
16	$\dfrac{r_1}{R_1} \cdot \dfrac{r_6}{R_6} \cdot \dfrac{r_7}{R_7} \cdot \dfrac{r_8}{R_8}$	,,	—	R_6	,,	$n_{16} = n_8 \cdot \dfrac{r_7}{R_7} \cdot \dfrac{r_8}{R_8} = 53 \cdot \dfrac{1}{8} = 6{,}6$

Reihe der Umläufe: 6,6 — 8,5 — 10,6 — 13,9 — 17,6 — 23 — 29 — — 38 — 53 — 68 — 85 — 111 — 141 — 183 — 234 — 305.

2. Der kleinste und größte Vorschub beim Langdrehen,

Die äußeren Wechselräder *1* und *3* haben z. B. 75 Zähne. Für den kleinsten Vorschub ist das Rad *13* des Mäander-Getriebes auf *12* einzustellen (Abb. 1014), die Nortonschwinge auf das Rad *16* und der Hebel h_2 der Schloßplatte auf *L* (Tafel VI, Abb. 3). In dem Längszug arbeiten dann folgende Räderpaare:

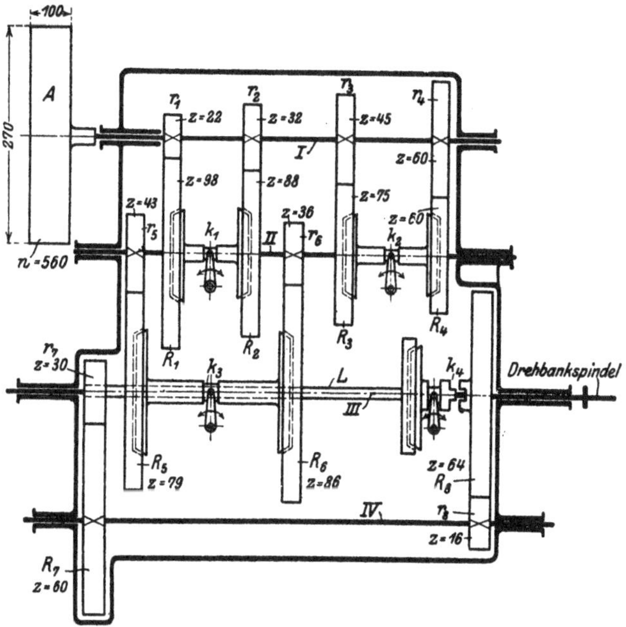

Abb. 1013.　Plan des Stufenrädergetriebes.

$$\text{Längszug:}\quad \frac{1}{2}\cdot\frac{2}{3}\cdot\underbrace{\left(\frac{7}{8}\cdot\frac{9}{10}\cdot\frac{11}{12}\cdot\frac{12}{13}\right)}_{}\cdot\underbrace{\left(\frac{14}{15}\cdot\frac{15}{16}\right)}_{}\cdot\underbrace{\left(\frac{24}{25}\cdot\frac{27}{28}\right)}_{}\cdot\underbrace{\left(\frac{r_1}{r_3}\cdot\frac{r_4}{r_5}\cdot\frac{r_6}{r_7}\cdot\frac{r_8}{r_9}\right)}_{}.$$

Schere   Mäander   Norton   Vorgelege   Schloßplatte

Dieser Längszug hat bei 60 Zähnen des Rades *13* die Übersetzung:

$$\varphi l=\frac{75}{75}\cdot\left(\frac{30}{60}\cdot\frac{30}{60}\cdot\frac{30}{60}\right)\cdot\left(\frac{40}{75}\right)\cdot\left(\frac{30}{30}\cdot\frac{26}{52}\right)\cdot\left(\frac{29}{29}\cdot\frac{24}{46}\cdot\frac{16}{42}\cdot\frac{14}{68}\right)=\frac{1}{733}.$$

Bei einem Umlauf der Drehbankspindel macht also der Zahnstangentrieb $r_{10}=\dfrac{1}{733}$ Umläufe. Demnach ist der

kleinste Längsvorschub $=\pi\cdot d_{10}\cdot\dfrac{1}{733}=\pi\cdot 44\cdot\dfrac{1}{733}=0{,}19$ mm $\backsim 0{,}2$ mm.

Für den größten Vorschub ist das Rad *13* beim Mäander-Getriebe auf *6* einzuschalten und die Norton-Schwinge auf Rad *23*.

$$\text{Längszug:}\quad \underbrace{\left(\frac{1}{3}\right)}_{}\cdot\underbrace{\left(\frac{4}{5}\cdot\frac{6}{13}\right)}_{}\cdot\underbrace{\left(\frac{14}{23}\right)}_{}\cdot\underbrace{\left(\frac{24}{25}\cdot\frac{27}{28}\right)}_{}\cdot\underbrace{\left(\frac{r_1}{r_3}\cdot\frac{r_4}{r_5}\cdot\frac{r_6}{r_7}\cdot\frac{r_8}{r_9}\right)}_{},$$

Schere Mäander Norton Vorgelege   Schloßplatte

Übersetzung $\varphi l = \left(\dfrac{75}{75}\right) \cdot \left(\dfrac{60}{30} \cdot \dfrac{60}{60}\right) \cdot \left(\dfrac{40}{40}\right) \cdot \left(\dfrac{30}{30} \cdot \dfrac{26}{52}\right) \cdot \left(\dfrac{29}{29} \cdot \dfrac{24}{46} \cdot \dfrac{16}{42} \cdot \dfrac{14}{68}\right) = \dfrac{1}{24,4}$,

größter Längsvorschub $= \pi \ d_{10} \cdot \dfrac{1}{24,4} = \pi \cdot 44 \cdot \dfrac{1}{24,4} = 5,7$ mm.

Die zwischenliegenden Vorschübe berechnet man in gleicher Weise aus den Schaltungen des Norton- und Mäander-Getriebes.

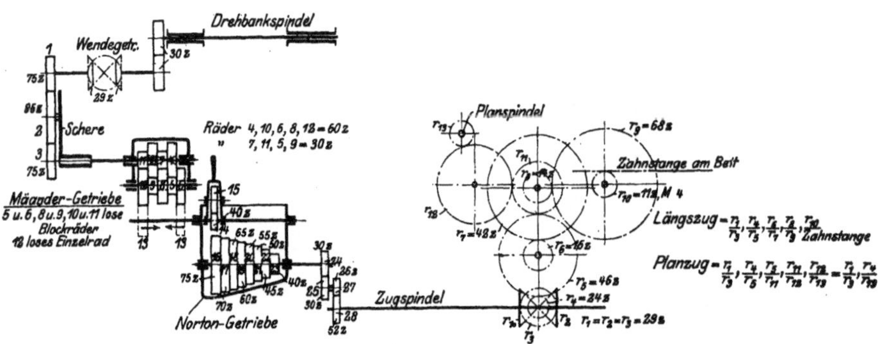

Abb. 1014.   Vorschubantrieb.

3. Der größte und kleinste Vorschub beim Plandrehen.

Für den größten Planvorschub ist am Mäander-Getriebe Rad *13* wieder auf *6*, am Norton-Getriebe ist die Schwinge auf *23* und an der Schloßplatte ist h_2 auf P einzustellen.

Planzug: $\left(\dfrac{1}{3}\right) \cdot \left(\dfrac{4}{5} \cdot \dfrac{6}{13}\right) \cdot \left(\dfrac{14}{23}\right) \cdot \left(\dfrac{24}{25} \cdot \dfrac{27}{28}\right) \cdot \left(\dfrac{r_1}{r_3} \cdot \dfrac{r_4}{r_5} \cdot \dfrac{r_5}{r_{11}} \cdot \dfrac{r_{11}}{r_{12}} \cdot \dfrac{r_{12}}{r_{13}}\right)$.

Schloßplatte

Übersetzung $\varphi p = \left(\dfrac{75}{75}\right) \cdot \left(\dfrac{60}{30} \cdot \dfrac{60}{60}\right) \cdot \left(\dfrac{40}{40}\right) \cdot \left(\dfrac{30}{30} \cdot \dfrac{26}{52}\right) \cdot \left(\dfrac{29}{29} \cdot \dfrac{24}{46} \cdot \dfrac{46}{26} \cdot \dfrac{26}{48} \cdot \dfrac{48}{21}\right) = \dfrac{8}{7}$

Die Planspindel macht also $\dfrac{8}{7}$ Umläufe bei einem Umlauf der Drehbankspindel. Die Steigung der Planspindel ist 5 mm, folglich

größter Planvorschub $= 5 \cdot \dfrac{8}{7} = \dfrac{40}{7} = 5,7$ mm.

Für den kleinsten Planvorschub ist das Rad *13* am Mäander-Getriebe auf *12* und die Norton-Schwinge auf *16* einzustellen.

Planzug: $\left(\dfrac{1}{3}\right) \cdot \left(\dfrac{7}{8} \cdot \dfrac{9}{10} \cdot \dfrac{11}{12} \cdot \dfrac{12}{13}\right) \cdot \left(\dfrac{14}{16}\right) \cdot \left(\dfrac{24}{25} \cdot \dfrac{27}{28}\right) \cdot \left(\dfrac{r_1}{r_3} \cdot \dfrac{r_4}{r_5} \cdot \dfrac{r_5}{r_{11}} \cdot \dfrac{r_{11}}{r_{12}} \cdot \dfrac{r_{12}}{r_{13}}\right)$.

Übersetzung $\varphi p = \left(\dfrac{75}{75}\right) \cdot \left(\dfrac{30}{60} \cdot \dfrac{30}{60} \cdot \dfrac{30}{60}\right) \cdot \left(\dfrac{40}{75}\right) \cdot \left(\dfrac{30}{30} \cdot \dfrac{26}{52}\right) \cdot \left(\dfrac{29}{29} \cdot \dfrac{24}{46} \cdot \dfrac{46}{26} \cdot \dfrac{26}{48} \cdot \dfrac{48}{21}\right) = \dfrac{4}{105}$

kleinster Planvorschub $= \dfrac{5 \cdot 4}{105} \backsim 0,2$ mm.

In gleicher Weise lassen sich auch die anderen Planvorschübe berechnen.

Die Leistung.

1. Die Riemengeschwindigkeit.

Riemengeschwindigkeit $=$ Umfangsgeschwindigkeit der Scheibe A

$$v_r = \frac{\pi \cdot 0{,}27 \cdot 560}{60} = 8 \text{ m.}$$

2. Durchzugskraft des Riemens

bei 90 mm Breite:

$$Z = p\,b = 6 \cdot 9 = 54 \text{ kg.}$$
$$p = 6\,\frac{\text{kg}}{\text{cm}} \text{ (nach Abb. 1001).}$$

3. Riemenleistung.

$$N = \frac{Z \cdot v_r}{75} = \frac{54 \cdot 8}{75} = 5{,}8 \text{ PS.} \backsim 6 \text{ PS.}$$

4. Verfügbarer Schnittdruck

bei Schnittgeschwindigkeiten von $v = 10,\ 15,\ 20,\ 25,\ 30$ m i. d. Min.

Wirkungsgrad $\eta = 0{,}65$ (siehe 1. Aufgabe).

a) $v = 10$ m i. d. Min. $= \dfrac{10}{60}$ m i. d. Sek.

$$\eta \cdot N = \frac{W_1 \cdot v}{75},$$
$$0{,}65 \cdot 6 = W_1 \cdot \frac{10}{60} \cdot \frac{1}{75},$$
$$W_1 = 1755 \text{ kg.}$$

$W_1 = 6{,}5 \cdot H = 6{,}5 \cdot 200 = 1300$ kg. Bedingung der Schnelldrehbank erfüllt.

b) $v = 15$ m i. d. Min.

$$0{,}65 \cdot 6 = W_1 \cdot \frac{15}{60} \cdot \frac{1}{75},$$
$$W_1 = 1170 \text{ kg.}$$

c) $v = 20$ m i. d. Min.

$$0{,}65 \cdot 6 = W_1 \cdot \frac{20}{60} \cdot \frac{1}{75},$$
$$W_1 = 878 \text{ kg.}$$

d) $v = 25$ m i. d. Min.

$$0{,}65 \cdot 6 = W_1 \cdot \frac{25}{60} \cdot \frac{1}{75},$$
$$W_1 = 702 \text{ kg.}$$

e) $v = 30$ m i. d. Min.

$$0{,}65 \cdot 6 = W_1 \cdot \frac{30}{60} \cdot \frac{1}{75},$$
$$W_1 = 585 \text{ kg.}$$

5. Zulässige Spanquerschnitte.

a) Gußeisen mit $K_z = 18$ kg,

Stoffzahl $K = 5 \cdot K_z = 90$ kg.

Nach $W_1 = q\,K$ ist:

$$\text{bei } v = 10\,\frac{m}{\text{Min.}} \quad q = \frac{W_1}{K} = \frac{1755}{90} = 19{,}5 \text{ qmm,}$$

$$\text{,,} \quad v = 15 \quad \text{,,} \quad q = \frac{1170}{90} = 13 \text{ qmm,}$$

$$\text{,,} \quad v = 20 \quad \text{,,} \quad q = \frac{878}{90} = 9{,}8 \quad \text{,,}$$

b) Schmiedeeisen mit $K_z = 40$ kg, $K = 3 \cdot K_z = 120$ kg;

$$\text{bei } v = 10\,\frac{m}{\text{Min.}} \quad q = \frac{1755}{120} = 14{,}6 \text{ qmm,}$$

$$\text{,,} \quad v = 15 \quad \text{,,} \quad q = \frac{1170}{120} = 9{,}8 \quad \text{,,}$$

$$\text{,,} \quad v = 20 \quad \text{,,} \quad q = \frac{878}{120} = 7{,}3 \quad \text{,,}$$

$$\text{,,} \quad v = 25 \quad \text{,,} \quad q = \frac{702}{120} = 5{,}9 \quad \text{,,}$$

$$\text{,,} \quad v = 30 \quad \text{,,} \quad q = \frac{585}{120} = 4{,}9 \quad \text{,,}$$

c) Stahl mit $K_z = 50\,\dfrac{kg}{qmm}$, $K = 3 \cdot 50 = 150\,\dfrac{kg}{qmm}$;

$$\text{bei } v = 10\,\frac{m}{\text{Min.}} \quad q = \frac{1755}{150} = 11{,}7 \text{ qmm,}$$

$$\text{,,} \quad v = 15 \quad \text{,,} \quad q = \frac{1170}{150} = 7{,}8 \quad \text{,,}$$

$$\text{,,} \quad v = 20 \quad \text{,,} \quad q = \frac{878}{150} = 5{,}9 \quad \text{,,}$$

$$\text{,,} \quad v = 25 \quad \text{,,} \quad q = \frac{702}{150} = 4{,}7 \quad \text{,,}$$

Zahlentafel über Schnittdruck und Spanquerschnitte.

Schnittgeschwindigkeit $\dfrac{m}{\text{Min.}}$	Verfügbarer Schnittdruck in kg	Spanquerschnitte in qmm		
		Gußeisen $K_z = 18$ kg	Schmiedeeisen $K_z = 40$ kg	Stahl $K_z = 50$ kg
10	1755	19,5	14,6	11,7
15	1170	13,0	9,8	7,8
20	878	9,8	7,3	5,9
25	702	—	5,9	4,7
30	585	—	4,9	—

6. Die Spanleistung der Bank.

Bei einem Werkstück von 300 mm $\varnothing$ und Stahl wären die Umläufe der Maschine bei $v = 20\,\dfrac{m}{\text{Min.}}$:

$$v = \pi\,d\,n,$$
$$20 = \pi \cdot 0{,}30 \cdot n,$$
$$n = 21,$$
$$\text{gewählt } n = 23.$$

Bei $v = 20$ m ist der zulässige Spanquerschnitt $q = 5{,}9$ qmm. Stellt man den Vorschub auf 1 mm ein, so kann ein Span von etwa 6 mm Tiefe genommen werden.

Macht die Maschine 23 Umläufe i. d. Min., so dreht sie bei 1 mm Vorschub eine Länge von $23 \cdot 60 = 1380$ mm i. d. Std. Der Werkstückdurchmesser vor dem Schnitt ist 300 mm, nach dem Schnitt $300 - 2 \cdot 6 = 288$ mm.

Das Spangewicht ist daher $G = \left(\dfrac{\pi}{4} 3^2 - \dfrac{\pi}{4} 2{,}88^2 \right) 13{,}8 \cdot 7{,}8 = 60$ kg.

b) Zeichnerische Ermittelung der Drehdurchmesser.

Den besten Überblick über die Ausnutzung einer Werkzeugmaschine gewährt der Arbeitsplan (Abb. 1015). Er wird aus der Geschwindigkeitsgleichung $v = \pi\, d\, n$ entwickelt. Da bei einer vorhandenen Maschine die Umläufe n festliegen, die Schnittgeschwindigkeiten und die Werkstückdurchmesser dagegen veränderlich sind, so ist für jede Umlaufszahl n:

$$\frac{v}{d} = n \cdot \pi.$$

Um zu dem Schaubild zu gelangen, trägt man d auf der x-Achse auf, $x = d$, und v auf der y-Achse, $y = v$.

$\dfrac{y}{x} = n \cdot \pi = a$, d. i. die Gleichung einer Geraden, die durch den Nullpunkt geht.

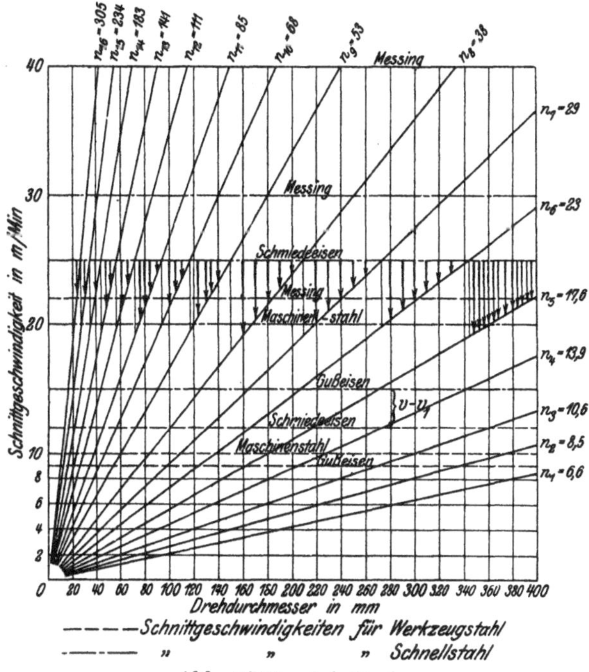

Abb. 1015. Arbeitsplan.

Für $x = 350$ mm sind die Lote y folgende:

$n_1 = 6{,}6$	$y_1 = 350 \cdot \pi \cdot 6{,}6 = 7{,}26$ m	$n_9 = 53$	$y_9 = 58{,}3$ m
$n_2 = 8{,}5$	$y_2 = 9{,}35$ m	$n_{10} = 68$	$y_{10} = 74{,}8$ „
$n_3 = 10{,}6$	$y_3 = 11{,}66$ „	$n_{11} = 85$	$y_{11} = 93{,}5$ „
$n_4 = 13{,}9$	$y_4 = 15{,}29$ „	$n_{12} = 111$	$y_{12} = 122{,}1$ „
$n_5 = 17{,}6$	$y_5 = 19{,}36$ „	$n_{13} = 141$	$y_{13} = 155{,}1$ „
$n_6 = 23$	$y_6 = 25{,}3$ „	$n_{14} = 183$	$y_{14} = 201{,}3$ „
$n_7 = 29$	$y_7 = 31{,}9$ „	$n_{15} = 234$	$y_{15} = 257{,}4$ „
$n_8 = 38$	$y_8 = 41{,}8$ „	$n_{16} = 305$	$y_{16} = 335{,}5$ „

Mit diesen Senkrechten ist der Arbeitsplan in Abb. 1015 gezeichnet. Aus dem Schaubilde lassen sich ohne weiteres die Drehdurchmesser ablesen und zu einer Tafel zusammenstellen, die in der Hand des Drehers große wirtschaftliche Dienste leisten kann.

Umläufe der Maschine	Stellung der Schalthebel				Drehdurchmesser							
					Gußeisen		Maschinenstahl		Schmiedeeisen		Messing	
	k_1	k_2	k_3	k_4	Werkzeugstahl	Schnellstahl	Werkzeugstahl	Schnellstahl	Werkzeugstahl	Schnellstahl	Werkzeugstahl	Schnellstahl
$n_1 = 6,6$					—	—	—	—	—	—	—	—
$n_2 = 8,5$					340	—	365	—	—	—	—	—
$n_3 = 10,6$					270	—	300	—	360	—	—	—
$n_4 = 13,9$					205	345	230	—	275	—	—	—
$n_5 = 17,6$					160	270	180	360	215	—	400	—
$n_6 = 23$					125	205	140	275	165	345	305	—
$n_7 = 29$					100	165	110	220	130	275	240	330
$n_8 = 38$					75	125	85	165	100	210	185	250
$n_9 = 53$					55	90	60	120	70	150	130	180
$n_{10} = 68$					40	70	45	95	55	120	105	140
$n_{11} = 85$					35	55	40	75	45	95	85	110
$n_{12} = 111$					25	45	30	60	35	70	65	90
$n_{13} = 141$					20	35	25	45	30	55	50	70
$n_{14} = 183$					—	25	15	35	20	45	40	50
$n_{15} = 234$					—	—	—	25	—	35	—	40
$n_{16} = 305$					—	-	—	20	—	25	—	—

Die Geschwindigkeitsverluste lassen sich aus dem Schaubilde ablesen.

Es sei z. B. ein Gußstück von 280 mm Durchmesser mit Schnellstahl zu bearbeiten. Für $v = 15$ m und den Drehdurchmesser $d = 280$ mm ist $n_4 = 13,9$ zu nehmen. Der Geschwindigkeitsverlust ist demnach $v - v_1 = 2,75$ m/Min.

Zeichnerische Ermittelung der Arbeitszeit.

Die reine Arbeitszeit der Drehbank ist $t = \dfrac{L}{n \cdot \delta} = \dfrac{\text{Drehlänge}}{\text{Vorschub i. d. Min.}}$

Nimmt man z. B. $L = 100$ an, so ist $t \cdot n \cdot \delta = 100$. Um zu einem Schaubilde zu kommen, trägt man t auf der Y-Achse, $y = t$ und $n \cdot \delta$ auf der X-Achse auf, $x = n \cdot \delta =$ Vorschub i. d. Min. Dann ist $y\,x = 100$ und für $y = x$; $x^2 = 100$ und $x = 10$, d. i. eine gleichseitige Hyperbel (Abb. 1016).

Beispiel: Ein Gußstück von 280 mm Durchmesser und 300 mm Länge ist mit einem Vorschub von 1,2 mm/Umdr. zu schruppen.

Nach Abb. 1015 ist bei Schnellstahl und Gußeisen $n = 13,9$. Der Vorschub i. d. Min. ist $1,2 \cdot 13,9 = 16,68$ mm.

Nach Abb. 1016 ist für $x = 16,68$ $y = 6$ Min. für $L = 100$ mm.

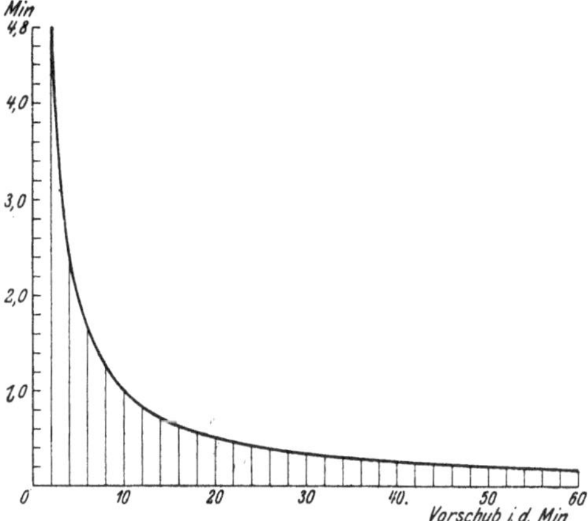

Abb. 1016. Arbeitszeitlinie.

Bei 300 mm Länge des Gußstückes ist $t = 18$ Min.

b) Hobelmaschine.

Der Antrieb einer Hobelmaschine erfolgt nach Abb. 1017. Für das Hobeln mit der kleinsten Schnittgeschwindigkeit ist der Riemen auf Scheibe A zu benutzen, für das Hobeln mit der größten Schnittgeschwindigkeit der Riemen auf Scheibe B. Der Rücklauf geschieht mit dem Riemen auf Scheibe C.

1. Berechnung der Schnittgeschwindigkeiten und der Rücklaufgeschwindigkeit des Hobeltisches.

Riemen auf A.

Umläufe i. d. Min. des Zahnstangentriebes R_4:

$$n_1 = 176 \cdot \frac{r_1}{R_1} \cdot \frac{r_2}{R_2} \cdot \frac{r_3}{R_3} \cdot \frac{r_4}{R_4} = 176 \cdot \frac{17}{49} \cdot \frac{27}{55} \cdot \frac{22}{54} \cdot \frac{24}{50} = 5,9$$

kleinste Schnittgeschwindigkeit $c = \dfrac{\pi \cdot 453 \cdot 5,9}{60} \sim 140 \dfrac{\text{mm}}{\text{Sek.}}$

Riemen auf B.

Umläufe i. d. Min. von R_4:

$$n_2 = 315 \cdot \frac{17}{49} \cdot \frac{27}{55} \cdot \frac{22}{54} \cdot \frac{24}{50} = 10,5$$

größte Schnittgeschwindigkeit $c = \dfrac{\pi \cdot 453 \cdot 10,5}{60} \sim 250 \dfrac{\text{mm}}{\text{Sek.}}$

Riemen auf C.

Umläufe i. d. Min. von R_4:

$$n_3 = 505 \cdot \frac{17}{49} \cdot \frac{27}{55} \cdot \frac{22}{54} \cdot \frac{24}{50} = 16,9$$

$$\text{Rücklaufgeschwindigkeit } c_r = \frac{\pi \cdot 453 \cdot 16,9}{60} \sim 400 \, \frac{\text{mm}}{\text{Sek.}}$$

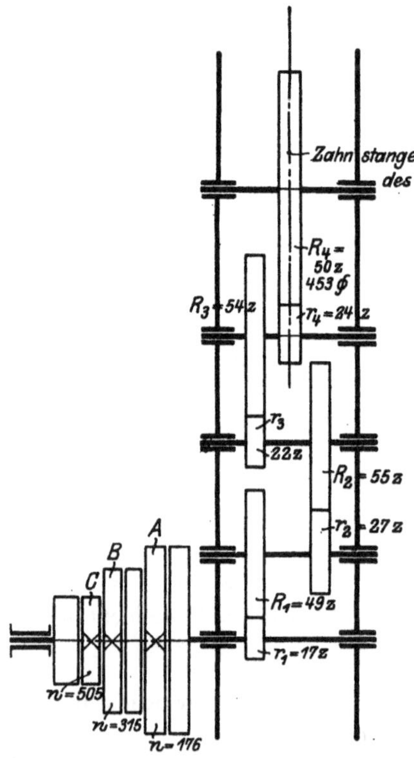

Abb. 1017. Plan des Tischantriebes.

2. Leistungsfähigkeit der Maschine bei 140 mm Schnittgeschwindigkeit.

Die Berechnung erfolgt nach dem Grundsatz: Schnittarbeit = Riemenarbeit — Reibungsarbeit.

Der Riemen liegt auf Scheibe A, die 500 mm Durchmesser hat und 176 Umläufe macht.

Riemengeschwindigkeit $v_r =$

$$\frac{\pi \cdot 0,5 \cdot 176}{60} = 4,6 \, \frac{\text{m}}{\text{Sek.}}$$

Riemenbreite $b = 7$ cm,

Durchzugskraft des Riemens auf 500-Scheibe, $p = 7 \frac{\text{kg}}{\text{cm}}$ (Abb. 1001),

$$Z = p \, b = 7 \cdot 7 = 49 \text{ kg,}$$

Riemenleistung $N =$

$$\frac{Z \cdot v_r}{75} = \frac{49 \cdot 4,6}{75} = 3 \text{ PS?}$$

Die Reibungsarbeit in den Getrieben soll mit dem Wirkungsgrad des Getriebes berechnet werden. Es handelt sich hier um den Wirkungsgrad von 5 Wellen- oder Laufbüchsen $\eta_1 = 0,97^5 = 0,86$ und 5 Zahneingriffen $\eta_2 = 0,96^5 = 0,82$. Der Wirkungsgrad des Getriebes ist daher $\eta = \eta_1 \cdot \eta_2 = 0,86 \cdot 0,82 = 0,70$.

Die vom Riemen an die Zahnstange des Tisches abgegebene Arbeitsleistung ist demnach $\eta \cdot N = 0,7 \cdot 3 = 2,1$ PS. Hierdurch erfährt die Zahnstange einen bestimmten Zahndruck P und die Geschwindigkeit $c = 0,140 \frac{\text{m}}{\text{Sek.}}$, also

$$\frac{Pc}{75} = \eta \cdot N = 0,7 \cdot 3 = 2,1 \text{ PS.}$$

Zahndruck an der Stange $P = 75 \cdot \dfrac{\eta \cdot N}{c} = \dfrac{2,1 \cdot 75}{0,14} = 1125$ kg.

Die Durchzugskraft des Tisches ist gleich dem Zahndruck P an der Zahnstange vermindert um die Reibung in den Gleitbahnen.

Der Hobeltisch wiegt 1300 kg, bei $\mu = 0,025$ ist daher die Tischreibung $= 0,025 \cdot 1300 = 32,5 \sim 33$ kg.

Das schwerste Werkstück wiege 2000 kg, die zusätzliche Tischreibung ist daher $= 2000 \cdot 0,025 = 50$ kg. Demnach verbleibt als Durchzugskraft des Tisches $= 1125 - 83 = 1042$ kg. Da die Durchzugskraft des Tisches $=$ verfügbarem Schnittdruck W_1 ist, so ergibt sich als zulässiger Spanquerschnitt bei Gußeisen mit $K_z = 18\,\dfrac{\text{kg}}{\text{qmm}}$.

$$W_1 = q \cdot K = q \cdot 5 \cdot 18$$

$$q = \frac{1042}{90} = 11,6 \text{ qmm.}$$

Das Werkstück wiege 1500 kg.

Zusätzliche Reibung $= 0,025 \cdot 1500 = 37,5$ kg,
Tischreibung . . . . 32,5 „
____
70 kg.

Durchzugskraft des Tisches $W_1 = 1125 - 70 = 1055$ kg.

Spanquerschnitt $q = \dfrac{W_1}{K} = \dfrac{1055}{90} = 11,7$ qmm.

Das Werkstück wiege 1000 kg.

Zusätzliche Reibung $= 1000 \cdot 0,025 = 25$ kg,
Tischreibung . . . . 32,5 „
____
~ 58 kg.

Durchzugskraft des Tisches $= 1125 - 58 = 1067$ kg,

Spanquerschnitt $q = \dfrac{W_1}{K} = \dfrac{1067}{90} = 11,9$ qmm ~ 12 qmm.

Die Rechnung zeigt, daß das Gewicht des Werkstückes keinen bedeutenden Einfluß auf den Spanquerschnitt hat.

Die Spanleistung i. d. Std. bei einem Arbeitschub von 2500 mm.

Bei $c = 140$ mm Schnittgeschwindigkeit gebraucht der Tisch für jeden Hobelgang $= \dfrac{2500}{140} = 18$ Sek., bei der Rücklaufgeschwindigkeit von 400 mm $= \dfrac{2500}{400} = 6,25$ Sek. für jeden Rücklauf. Jeder Hin- und Rücklauf des Tisches erfordert demnach $24,25 \sim 30$ Sek.

Die Maschine macht daher in der Stunde $\dfrac{3600}{30} \sim 120$ Arbeitshübe.

Ist der Überlauf des Tisches je 100 mm, so ist die ausnutzbare Hobellänge 2300 mm. Bei einem Span von $q = 12$ qmm ist das Spangewicht

$$G = q \cdot L \cdot 120 \cdot 7,2 = 0,0012 \cdot 23 \cdot 120 \cdot 7,2 \sim 24 \text{ kg.}$$

3. Leistung der Maschine bei $c = 250 \dfrac{\text{mm}}{\text{Sek.}}$ Schnittgeschwindigkeit.

Der Riemen auf Scheibe B mit 435 mm Durchmesser und 315 Umläufen ist zu benutzen.

$$\text{Riemengeschwindigkeit } v_r = \frac{\pi \cdot 0,435 \cdot 315}{60} = 7,2 \text{ m}$$

Nutzlast des Riemens (Abb. 1001) $p = 7$ kg,

Durchzugskraft des Riemens $Z = p \cdot b = 7 \cdot 7 \sim 50$ kg,

$$\text{Riemenleistung } N = \frac{Z \cdot v_r}{75} = \frac{50 \cdot 7,2}{75} = 4,8 \text{ PS.,}$$

$$\text{Zahndruck an der Zahnstange aus: } \frac{Pc}{75} = \eta \cdot N.$$

$$P = \frac{\eta \cdot N \cdot 75}{c} = \frac{0,7 \cdot 4,8 \cdot 75}{0,25} = 1008 \text{ kg.}$$

Durchzugskraft des Tisches bei einem Werkstück

$$\text{von } 2\,t: W_1 = 1008 - 83 = 925 \text{ kg,}$$
$$\text{,, } 1,5\,t: W_1 = 1008 - 70 = 938 \cdot \text{ ,,}$$
$$\text{,, } 1\,t: W_1 = 1008 - 58 = 950 \text{ ,,}$$

Zulässiger Spanquerschnitt bei Gußeisen mit $K_z = 18 \dfrac{\text{kg}}{\text{qmm}}$

$$\text{bei } 2\,t \text{ Werkstück: } q = \frac{W_1}{90} = \frac{925}{90} = 10,3 \text{ qmm,}$$

$$\text{,, } 1,5\,t \quad \text{,,} \quad : q = \frac{938}{90} = 10,4 \text{ qmm,}$$

$$\text{,, } 1\,t \quad \text{,,} \quad : q = \frac{950}{90} = 10,6 \text{ qmm,}$$

Spanleistung bei einem Hobelhub von 2500 mm.

$$\text{Zeit für einen Arbeitshub} = \frac{2500}{250} = 10 \text{ Sek.}$$

$$\text{,, ,, ,, Rücklauf} = \frac{2500}{400} = 6,25 \text{ ,,}$$

$$\overline{\qquad\qquad 16,25 \text{ Sek.}}$$

Die Maschine braucht daher für jeden Hin- und Rücklauf ~ 20 Sek.

$$\text{Arbeitshübe i. d. Std.} = \frac{3600}{20} \sim 180.$$

Spangewicht i. d. Std. $G = 0,0010 \cdot 23 \cdot 180 \cdot 7,2 = 30$ kg.

Zahlentafel über den verfügbaren Schnittdruck und den zulässigen Spanquerschnitt.

Werkstück-gewicht	Schnittgeschwindigkeit $c = 140$ mm				Schnittgeschwindigkeit $c = 250$ mm			
	Schnitt-druck	Spanquerschnitte in qmm			Schnitt-druck	Spanquerschnitte in qmm		
		Guß-eisen	Schmiede-eisen	Stahl		Guß-eisen	Schmiede-eisen	Stahl
kg	kg	$K = 90$	$K = 120$	$K = 150$	kg	$K = 90$	$K = 120$	$K = 150$
2000	1042	11,6	8,7	6,9	925	10,3	7,7	6,2
1500	1055	11,7	8,8	7,0	938	10,4	7,8	6,3
1000	1067	11,9	8,9	7,1	950	10,6	7,9	6,3
500	1080	12,0	9	7,2	963	10,7	8,0	6,4
400	1083	12,0	9	7,2	965	10,7	8,0	6,4
300	1085	12,0	9	7,2	968	10,8	8,1	6,5
200	1088	12,1	9,1	7,3	970	10,8	8,1	6,5
100	1090	12,1	9,1	7,3	973	10,8	8,1	6,5
Mittelwerte:	1066	12,0	8,9	7,1	949	10,6	7,9	6,4

c) Stoßmaschine.

Die Stoßmaschine hat einen Schwinghebelantrieb für den Stößel (Abb. 1018). Der Schwinghebel wird durch den in Abb. 1019 dargestellten Stufenscheibenantrieb betätigt. Der größte Hub der Maschine ist 450 mm, der kleinste 80 mm.

1. Berechnung der Geschwindigkeitsverhältnisse.

a) Umläufe der Antriebskurbel.

$$\text{Riemen auf } I : n_1 = 100 \cdot \frac{510}{270} \cdot \frac{16}{96} = 31,5 \text{ i. d. Min.}$$

$$„ \quad „ \quad II : n_2 = 100 \cdot \frac{430}{350} \cdot \frac{16}{96} = 20,4 \text{ „ „ „}$$

$$„ \quad „ \quad III : n_3 = 100 \cdot \frac{350}{430} \cdot \frac{16}{96} = 13,6 \text{ „ „ ,}$$

$$„ \quad „ \quad IV : n_4 = 100 \cdot \frac{270}{510} \cdot \frac{16}{96} = 8,8 \text{ „ „}$$

b) Mittlere Schnittgeschwindigkeiten bei größtem Hub.

Durchläuft die Kurbel den größeren Winkel a, so vollzieht bekanntlich der Stößel den Arbeitshub (Abb. 1018). Ist der Stößelhub $H = 450$ mm und nimmt er t_a Sek. in Anspruch, so ist die mittlere Schnittgeschwindigkeit

$$c_a = \frac{H}{t_a} \cdot \frac{\text{mm}}{\text{Sek.}}.$$

Die Zeit t_a für den Arbeitshub des Stößels läßt sich wie folgt berechnen: Während der Stößel niedergeht, durchläuft die gleichmäßig kreisende Kurbel den Bogen $A\,B = 2\,R\,\pi \cdot \dfrac{\alpha}{360}$. Der Kurbelzapfen Z

hat die Geschwindigkeit $v = \dfrac{2\,R\,\pi\,n}{60}\left(\dfrac{\mathrm{m}}{\mathrm{Sek.}}\right)$. Infolgedessen gebraucht

die Kurbel für das Durchlaufen des Winkels α

$$t = \frac{2\,R\,\pi\,\alpha}{360}\cdot\frac{1}{v} = \frac{2\,R\,\pi\,\alpha\,.\,60}{2\,.\,R\,.\,\pi\,.\,360\,.\,n} = \frac{\alpha}{6\,n}\ \mathrm{Sek.}$$

Es war
$$c_a = \frac{H}{t_a} = \frac{H\,6\,n}{\alpha},$$

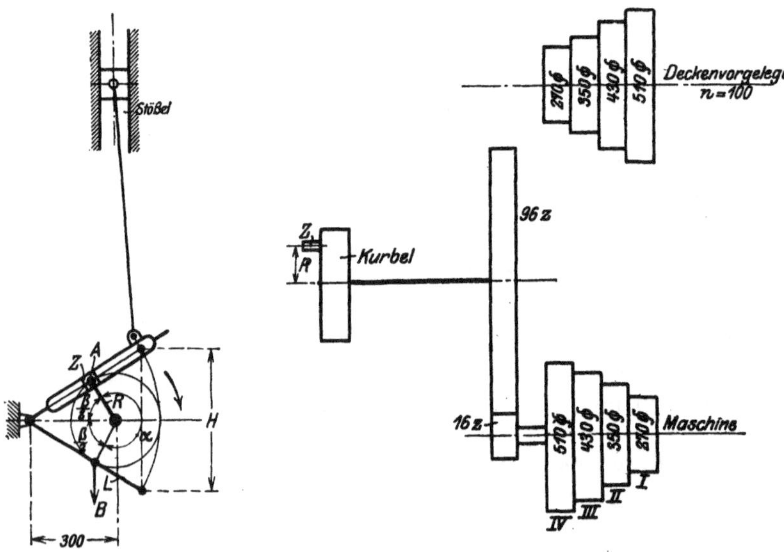

Abb. 1018. Schwinge.   Abb. 1019. Antrieb.

$$\text{Mittlere Schnittgeschwindigkeit}\ c_a = \frac{6\,H\,.\,n}{\alpha},$$

hierin n = Umläufe der Kurbel.

Da die Kurbel beim Rückgang des Stößels den $\sphericalangle\,\beta$ durcheilt, so ist

$$\text{die mittlere Rücklaufgeschwindigkeit}\ c_r = \frac{6\,H\,n}{\beta}$$

Die Winkel α und β lassen sich aus Abb. 1018 bestimmen. Hiernach ist

$$\cos\frac{\beta}{2} = \frac{H}{2\,L},$$

wenn L die angegebene Länge der Schwinge ist und $\alpha = 360 - \beta$.

Die Kurbelschwinge ist bis zum Zapfen 450 mm lang, der größte Hub war 450 mm, demnach

$$\cos \frac{\beta}{2} = \frac{H}{2\,L} = \frac{450}{2 \cdot 450} = \frac{1}{2},$$

$$\frac{\beta}{2} = 60^0, \ \beta = 120^0,$$

$$\alpha = 360 - \beta = 240^0.$$

Die mittleren Geschwindigkeiten bei größtem Hub sind daher:

$$\text{Riemen auf} \quad I \ c_a = \frac{6\,H \cdot n_1}{\alpha} = \frac{6 \cdot 450 \cdot 31,5}{240} = 354 \ \frac{\text{mm}}{\text{Sek.}},$$

$$,, \quad ,, \quad II: c_a = \frac{6\,H \cdot n_2}{\alpha} = \frac{6 \cdot 450 \cdot 20,4}{240} = 230 \quad ,,$$

$$,, \quad ,, \quad III: c_a = \frac{6\,H \cdot n_3}{\alpha} = \frac{6 \cdot 450 \cdot 13,6}{240} = 153 \quad ,,$$

$$,, \quad ,, \quad IV: c_a = \frac{6\,H \cdot n_4}{\alpha} = \frac{6 \cdot 450 \cdot 8,8}{240} = 99 \quad ,,$$

Da sich die Geschwindigkeiten beim Niedergang und Hochgang des Stößels wie $\dfrac{\beta}{\alpha}$ verhalten, so ist

$$\frac{c_a}{c_r} = \frac{\beta}{\alpha}$$

und die Rücklaufgeschwindigkeit:

$$c_r = c_a \cdot \frac{\alpha}{\beta} = c_a \ \frac{240}{120},$$

$$c_r = 2\,c_a.$$

$$\text{Riemen auf } I \quad c_r = 2 \cdot 354 = 708 \ \text{mm},$$

$$,, \quad ,, \quad II \quad c_r = 2 \cdot 230 = 460 \quad ,,$$

$$,, \quad ,, \quad III \ c_r = 2 \cdot 153 = 306 \quad ,,$$

$$,, \quad ,, \quad IV \ c_r = 2 \cdot 99 = 198 \quad ,,$$

Mittlere Schnittgeschwindigkeit bei kleinstem Hube.
$H = 80$ mm, Riemen auf Scheibe I:

$$\cos \frac{\beta}{2} = \frac{H}{2\,L} = \frac{80}{2 \cdot 450} = 0,08889,$$

$$\frac{\beta}{2} = 85^0, \ \beta = 170^0,$$

$$\alpha = 360^0 - 170^0 = 190^0.$$

Mittlere Schnittgeschwindigkeit

$$c_a = \frac{6\,H \cdot n_1}{\alpha} = \frac{6 \cdot 80 \cdot 31,5}{190} = 80 \ \text{mm}.$$

Mittlere Rücklaufgeschwindigkeit

$$c_r = c_a \cdot \frac{\alpha}{\beta} = 80 \cdot \frac{190}{170} \sim 90 \ \text{mm},$$

Größter Kurbelhalbmesser, auf den der Kurbelzapfen Z einzustellen ist. Nach Abb. 1018:

$$\cos \frac{\beta}{2} = \frac{r_{max}}{300}, \quad \text{für } \frac{\beta}{2} = 60^0,$$

$$r_{max} = 300 \, \cos \frac{\beta}{2} = 300 \cdot 0,5 = 150 \text{ mm.}$$

Kleinster Kurbelhalbmesser:

$$\cos \frac{\beta}{2} = \frac{r_{min}}{300}, \quad \text{für } \frac{\beta}{2} = 85^0,$$

$$r_{min} = 300 \, \cos \frac{\beta}{2} = 300 \cdot 0,08716 = 26 \text{ mm.}$$

c) Die verfügbaren Schnittdrücke bei größtem Hube.
Riemen auf Scheibe I:

$$\text{Riemengeschwindigkeit } v_r = \frac{0,51 \cdot \pi \cdot 100}{60} = 2,7 \text{ m,}$$

Riemenbreite $b = 90$ mm, $p = 3,5$ kg (Abb. 1001),
Riemenzugkraft $Z = p \cdot b = 3,5 \cdot 9 \sim 32$ kg,

$$\text{Riemenleistung } N_I = \frac{Z \, v_r}{75} = \frac{32 \cdot 2,7}{75} = 1,2 \text{ PS,}$$

Arbeitsvermögen des Stößels $= \eta \cdot N_I = 0,7 \cdot 1,2 = 0,84$ PS.
Ist der Schnittdruck W_1 und die Geschwindigkeit des Stößels $c_a \dfrac{\text{m}}{\text{Sek.}}$, so ist

$$\eta \cdot N_I = \frac{W_1 \cdot c_a}{75},$$

$$W_I = \frac{\eta \cdot N_I \cdot 75}{c_a} = \frac{0,84 \cdot 75}{0,354} \sim 180 \text{ kg.}$$

Riemen auf Scheibe II:

$$\text{Riemengeschwindigkeit } v_r = \frac{\pi \cdot 0,430 \cdot 100}{60} = 2,3 \text{ m}$$

Durchzugskraft $Z = p \, b = 3,5 \cdot 9 = 32$ kg,

$$\text{Riemenleistung } N_{II} = \frac{Z \cdot v_r}{75} = \frac{32 \cdot 2,3}{75} = 1 \text{ PS.}$$

Verfügbarer Schnittdruck am Stößel:

$$\eta \cdot N_{II} = \frac{W_1 \cdot c_a}{75},$$

$$0,7 \cdot 1 = \frac{W_1 \cdot 0,230}{75}$$

$$W_1 = \frac{0,7 \cdot 1 \cdot 75}{0,230} = 228 \text{ kg.}$$

Riemen auf Scheibe *III*:

$$v_r = \frac{\pi \cdot 0{,}350 \cdot 100}{60} = 1{,}8 \text{ m.}$$

Nach Abb. 1001 $p = 3$ kg.

Durchzugskraft $Z = 3 \cdot 9 = 27$ kg.

Riemenleistung $N_{III} = \dfrac{Z \cdot v_r}{75} = \dfrac{27 \cdot 1{,}8}{75} = 0{,}65$ PS.

Verfügbarer Schnittdruck am Stößel:

$$\eta \cdot N_{III} = \frac{W_1 \cdot c_a}{75},$$

$$W_1 = \frac{\eta \cdot N_{III} \cdot 75}{c_a} = \frac{0{,}7 \cdot 0{,}65 \cdot 75}{0{,}153} = 223 \text{ kg.}$$

Riemen auf Scheibe *IV*:

$$v_r = \frac{\pi \cdot 0{,}270 \cdot 100}{60} = 1{,}4 \text{ m.}$$

Nach Abb. 1001 $p = 2{,}5$ kg, $Z = 2{,}5 \cdot 9 \sim 23$ kg.

Riemenleistung $N_{IV} = \dfrac{Z \cdot v_r}{75} = \dfrac{23 \cdot 1{,}4}{75} = 0{,}43$ PS.

Verfügbarer Stahldruck am Stößel:

$$\eta \cdot N_{IV} = \frac{W_1 \cdot c_a}{75},$$

$$W_1 = \frac{\eta \cdot N_{IV} \cdot 75}{c_a} = \frac{0{,}7 \cdot 0{,}43 \cdot 75}{0{,}099} = 228 \text{ kg.}$$

Zahlentafel für den größten Hub.

Scheibe	Schnittgeschwindigkeit		Verfügbarer Schnittdruck
	$\dfrac{\text{mm}}{\text{Sek.}}$	$\dfrac{\text{m}}{\text{Min.}}$	kg
I	354	21,2	180
II	230	13,8	228
III	153	9,2	223
IV	99	6,0	228

2. Leistung.

Es soll ein Gußstück von 380 mm Höhe mit etwa $9 \frac{\text{m}}{\text{Min.}}$ Schnittgeschwindigkeit bearbeitet werden. Wie groß ist die Spanleistung in der Stunde?

Nach der Zahlentafel ist der Riemen auf Scheibe *III* zu legen, und die Maschine ist auf den größten Hub einzustellen, so daß $c_a = 9{,}2 \frac{\text{m}}{\text{Min.}}$ beträgt.

Den zulässigen Spanquerschnitt berechnet man aus:

$$W_1 = q \cdot K$$
$$223 = q \cdot 90,$$

$$\text{Spanquerschnitt } q = \frac{223}{90} = 2{,}5 \text{ qmm.}$$

Der Stößel gebraucht bei $c_a = 153 \frac{\text{mm}}{\text{Sek.}}$ für jeden Arbeitshub $=$

$\frac{450}{153} = \sim 3$ Sek. Da der Rücklauf bei größtem Hub mit doppelter Geschwindigkeit erfolgt, so beansprucht der Stößel hierfür 1,5 Sek. Demnach dauern ein Niedergang und ein Hochgang des Stößels 4,5 Sek.,

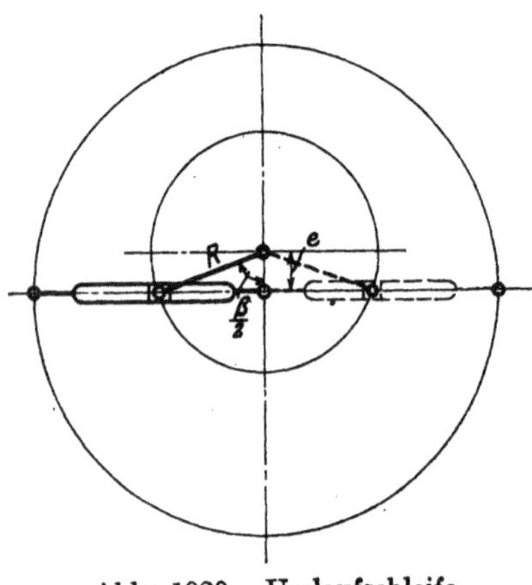
Abb. 1020. Umlaufschleife.

infolgedessen kann der Stößel in der Stunde $= \frac{3600}{4{,}5} = 800$ Arbeitshübe ausführen, d. h. 800 mal einen Span von 3,8 dm Länge und 0,00025 qdm Querschnitt nehmen, demnach ist das Spangewicht $G = 800 \cdot 3{,}8 \cdot 0{,}00025 \cdot 7{,}2 = 5{,}5$ kg.

Wieviel Zeit erfordert das Stossen, wenn das Werkstück 500 mm breit ist und die Spantiefe 2,5 mm ist. Da der zulässige Spanquerschnitt 2,5 qmm ist, so ist ein Vorschub von $\frac{2{,}5}{2{,}5} = 1$ mm einzustellen. Infolgedessen muß der Stößel für die 500 mm breite Fläche $\frac{500}{1} = 500$ Arbeitshübe machen. Da ein Niedergang und Hochgang des Stößels 4,5 Sek. beanspruchen, so ist die Arbeitszeit $= 500 \cdot 4{,}5 = \sim 38$ Min.

In ähnlicher Weise sind auch die Berechnungen für die Umlaufschleife durchzuführen. Für sie gilt ebenfalls:

$$c_a = \frac{6\,H\,n}{\alpha},$$

nur ist nach Abb. 1020:

$$\cos \frac{\beta}{2} = \frac{e}{R}.$$

Sachregister.

Additional information of this book

(Die Werkzeugmaschinen; 978-3-642-89890-7; 978-3-642-89890-7_OSFO36) is provided:

http://Extras.Springer.com